“十四五”时期国家重点出版物出版专项规划项目

第二次青藏高原综合科学考察研究丛书

羌塘地块古生代—中生代地质演化的岩浆－变质作用记录

王　强　但　卫　张修政　等　著

科学出版社

北　京

内 容 简 介

本书系中国科学院广州地球化学研究所自2019年开展的“第二次青藏高原综合科学考察研究”任务七“高原生长与演化”之专题二“典型地区岩石圈组成、演化与深部过程”的科考专著，亦系青藏高原岩石圈演化之集成成果之一，由参与羌塘地区考察的人员共同编著。本书聚焦羌塘地块古生代—中生代岩浆岩、变质岩和龙木错－双湖－澜沧江缝合带中蛇绿岩研究，共分5章。本书的特点是以科考获取的大量第一手岩浆岩、变质岩为基础，通过系统的岩石学、年代学、地球化学、古地磁学和岩石大地构造学方法，并结合前人的构造、沉积和地球物理资料，对羌塘高原地质演化的岩浆－变质作用记录开展了深入研究，限定了羌塘地块基底组成和高原隆升前初始格架的形成过程，包括南、北羌塘地块基底特征与古地理位置，龙木错－双湖古特提斯洋盆的形成与演化，龙木错－双湖古特提斯洋俯冲、闭合及碰撞后岩石演化过程与班公湖－怒江新特提斯洋的开启，以及羌塘晚中生代岩浆作用与班公湖－怒江洋的俯冲、穿时闭合及碰撞后陆内演化过程等。本书能够为青藏高原古生代—中生代岩浆岩与变质岩时空格架构建、羌塘乃至整个青藏高原历史演化与重建、青藏高原岩石圈演化，以及羌塘油气和铜金形成背景的研究等提供重要的理论支撑。

全书内容系统全面、资料严谨翔实、结构逻辑清楚，极大地推动了青藏高原古生代—中生代岩浆岩、变质岩成因与岩石圈演化的深入研究。本书可供地学专业的科研、教学等相关人员参考使用。

审图号：GS京（2024）1619号

图书在版编目（CIP）数据

羌塘地块古生代－中生代地质演化的岩浆－变质作用记录 / 王强等著. —北京 ：科学出版社，2025.5.

（第二次青藏高原综合科学考察研究丛书）. -- ISBN 978-7-03-079246-4

Ⅰ. P618.130.2

中国国家版本馆CIP数据核字第2024VB0631号

责任编辑：王 运 / 责任校对：何艳萍

责任印制：肖 兴 / 封面设计：吴霞暖

科学出版社 出版

北京东黄城根北街16号

邮政编码：100717

http://www.sciencep.com

北京建宏印刷有限公司印刷

科学出版社发行 各地新华书店经销

*

2025年5月第 一 版 开本：787×1092 1/16

2025年5月第一次印刷 印张：36 3/4

字数：872 000

定价：498.00元

（如有印装质量问题，我社负责调换）

刘丛强　天津大学

龚健雅　武汉大学

焦念志　厦门大学

赖远明　中国科学院西北生态环境资源研究院

胡春宏　中国水利水电科学研究院

郭正堂　中国科学院地质与地球物理研究所

王会军　南京信息工程大学

周成虎　中国科学院地理科学与资源研究所

吴立新　中国海洋大学

夏　军　武汉大学

陈大可　自然资源部第二海洋研究所

张人禾　复旦大学

杨经绥　南京大学

邵明安　中国科学院地理科学与资源研究所

侯增谦　国家自然科学基金委员会

吴丰昌　中国环境科学研究院

孙和平　中国科学院精密测量科学与技术创新研究院

于贵瑞　中国科学院地理科学与资源研究所

王　赤　中国科学院国家空间科学中心

肖文交　中国科学院新疆生态与地理研究所

朱永官　中国科学院城市环境研究所

“第二次青藏高原综合科学考察研究丛书”

编辑委员会

《羌塘地块古生代—中生代地质演化的岩浆–变质作用记录》编写委员会

第二次青藏高原综合科学考察队

广州岩石圈演化考察分队人员名单

姓名	职务	工作单位
王　强	分队长	中国科学院广州地球化学研究所
但　卫	副分队长	中国科学院广州地球化学研究所
张修政	副分队长	中国科学院广州地球化学研究所
王　军	队员	中国科学院广州地球化学研究所
郝露露	队员	中国科学院广州地球化学研究所
胡万龙	队员	中国科学院广州地球化学研究所
杨宗永	队员	中国科学院地球化学研究所
王子龙	队员	中国科学院广州地球化学研究所
马　林	队员	中国科学院广州地球化学研究所
马义明	队员	中国科学院广州地球化学研究所
张　龙	队员	中国科学院广州地球化学研究所
范晶晶	队员	中国科学院广州地球化学研究所
周金胜	队员	中国科学院广州地球化学研究所
薛伟伟	队员	中国科学院广州地球化学研究所
欧　权	队员	中国科学院广州地球化学研究所
齐　玥	队员	中国科学院广州地球化学研究所
唐功建	队员	中国科学院广州地球化学研究所
孙　鹏	队员	中国科学院广州地球化学研究所

丛书序一

青藏高原是地球上最年轻、海拔最高、面积最大的高原，西起帕米尔高原和兴都库什、东到横断山脉，北起昆仑山和祁连山、南至喜马拉雅山区，高原面海拔4500米上下，是地球上最独特的地质–地理单元，是开展地球演化、圈层相互作用及人地关系研究的天然实验室。

鉴于青藏高原区位的特殊性和重要性，新中国成立以来，在我国重大科技规划中，青藏高原持续被列为重点关注区域。《1956—1967年科学技术发展远景规划》《1963—1972年科学技术发展规划》《1978—1985年全国科学技术发展规划纲要》等规划中都列入针对青藏高原的相关任务。1971年，周恩来总理主持召开全国科学技术工作会议，制订了基础研究八年科技发展规划（1972—1980年），青藏高原科学考察是五个核心内容之一，从而拉开了第一次大规模青藏高原综合科学考察研究的序幕。经过近20年的不懈努力，第一次青藏综合科考全面完成了250多万平方千米的考察，产出了近100部专著和论文集，成果荣获了1987年国家自然科学奖一等奖，在推动区域经济建设和社会发展、巩固国防边防和国家西部大开发战略的实施中发挥了不可替代的作用。

自第一次青藏综合科考开展以来的近50年，青藏高原自然与社会环境发生了重大变化，气候变暖幅度是同期全球平均值的两倍，青藏高原生态环境和水循环格局发生了显著变化，如冰川退缩、冻土退化、冰湖溃决、冰崩、草地退化、泥石流频发，严重影响了人类生存环境和经济社会的发展。青藏高原还是“一带一路”环境变化的核心驱动区，将对“一带一路”沿线20多个国家和30多亿人口的生存与发展带来影响。

2017年8月19日，第二次青藏高原综合科学考察研究启动，习近平总书记发来贺信，指出“青藏高原是世界屋脊、亚洲水塔，是地球第三极，是我国重要的生态安全屏障、战略资源储备基地，是中华民族特色文化的重要保护地”，要求第二次青藏高原综合科学考察研究要“聚焦水、生态、人类活动，着力解决青藏高原资源环境承载力、灾害风险、绿色发展途径等方面的问题，为守护好世界上最后一方净土、建设美丽的青藏高原作出新贡献，让青藏高原各族群众生活更加幸福安康”。习近平总书记的贺信传达了党中央对青藏高原可持续发展和建设国家生态保护屏障的战略方针。

第二次青藏综合科考将围绕青藏高原地球系统变化及其影响这一关键科学问题，开展西风-季风协同作用及其影响、亚洲水塔动态变化与影响、生态系统与生态安全、生态安全屏障功能与优化体系、生物多样性保护与可持续利用、人类活动与生存环境安全、高原生长与演化、资源能源现状与远景评估、地质环境与灾害、区域绿色发展途径等10大科学问题的研究，以服务国家战略需求和区域可持续发展。

“第二次青藏高原综合科学考察研究丛书”将系统展示科考成果，从多角度综合反映过去50年来青藏高原环境变化的过程、机制及其对人类社会的影响。相信第二次青藏综合科考将继续发扬老一辈科学家艰苦奋斗、团结奋进、勇攀高峰的精神，不忘初心，砥砺前行，为守护好世界上最后一方净土、建设美丽的青藏高原作出新的更大贡献！

孙鸿烈

第一次青藏科考队队长

丛书序二

青藏高原及其周边山地作为地球第三极矗立在北半球，同南极和北极一样既是全球变化的发动机，又是全球变化的放大器。2000年前人们就认识到青藏高原北缘昆仑山的重要性，公元18世纪人们就发现珠穆朗玛峰的存在，19世纪以来，人们对青藏高原的科考水平不断从一个高度推向另一个高度。随着人类远足能力的不断加强，逐梦三极的科考日益频繁。虽然青藏高原科考长期以来一直在通过不同的方式在不同的地区进行着，但对于整个青藏高原的综合科考迄今只有两次。第一次是20世纪70年代开始的第一次青藏科考。这次科考在地学与生物学等科学领域取得了一系列重大成果，奠定了青藏高原科学研究的基础，为推动社会发展、国防安全和西部大开发提供了重要科学依据。第二次是刚刚开始的第二次青藏科考。第二次青藏科考最初是从区域发展和国家需求层面提出来的，后来成为科学家的共同行动。中国科学院的A类先导专项率先支持启动了第二次青藏科考。刚刚启动的国家专项支持，使得第二次青藏科考有了广度和深度的提升。

习近平总书记高度关怀第二次青藏科考，在2017年8月19日第二次青藏科考启动之际，专门给科考队发来贺信，作出重要指示，以高屋建瓴的战略胸怀和俯瞰全球的国际视野，深刻阐述了青藏高原环境变化研究的重要性，要求第二次青藏科考队聚焦水、生态、人类活动，揭示青藏高原环境变化机理，为生态屏障优化和亚洲水塔安全、美丽青藏高原建设作出贡献。殷切期望广大科考人员发扬老一辈科学家艰苦奋斗、团结奋进、勇攀高峰的精神，为守护好世界上最后一方净土顽强拼搏。这充分体现了习近平生态文明思想和绿色发展理念，是第二次青藏科考的基本遵循。

第二次青藏科考的目标是阐明过去环境变化规律，预估未来变化与影响，服务区域经济社会高质量发展，引领国际青藏高原研究，促进全球生态环境保护。为此，第二次青藏科考组织了10大任务和60多个专题，在亚洲水塔区、喜马拉雅区、横断山高山峡谷区、祁连山－阿尔金区、天山－帕米尔区等5大综合考察研究区的19个关键区，开展综合科学考察研究，强化野外观测研究体系布局、科考数据集成、新技术融合和灾害预警体系建设，产出科学考察研究报告、国际科学前沿文章、服务国家需求评估和咨询报告、科学传播产品四大体系的科考成果。

两次青藏综合科考有其相同的地方。表现在两次科考都具有学科齐全的特点，两次科考都有全国不同部门科学家广泛参与，两次科考都是国家专项支持。两次青藏综合科考也有其不同的地方。第一，两次科考的目标不一样：第一次科考是以科学发现为目标；第二次科考是以摸清变化和影响为目标。第二，两次科考的基础不一样：第一次青藏科考时青藏高原交通整体落后、技术手段普遍缺乏；第二次青藏科考时青藏高原交通四通八达，新技术、新手段、新方法日新月异。第三，两次科考的理念不一样：第一次科考的理念是不同学科考察研究的平行推进；第二次科考的理念是实现多学科交叉与融合和地球系统多圈层作用考察研究新突破。

“第二次青藏高原综合科学考察研究丛书”是第二次青藏科考成果四大产出体系的重要组成部分，是系统阐述青藏高原环境变化过程与机理、评估环境变化影响、提出科学应对方案的综合文库。希望丛书的出版能全方位展示青藏高原科学考察研究的新成果和地球系统科学研究的新进展，能为推动青藏高原环境保护和可持续发展、推进国家生态文明建设、促进全球生态环境保护做出应有的贡献。

姚檀栋

第二次青藏科考队队长

前 言

“羌塘”是根据藏语“羌东门梅龙东”翻译过来的，意指“北部空地”或“藏北无人区”，是“世界屋脊”上一块相对闭塞的高地，是平均海拔大于4700 m的青藏高原地势最高的一级台地，是“世界屋脊上的屋脊”。羌塘地区自然条件非常艰苦，大部分为高寒缺氧的无人区。地理上，羌塘高原位于青藏高原的中部，青藏公路以西、黑阿公路以北、昆仑山以南、喀喇昆仑山以东。在构造上，羌塘地块夹于拉萨与松潘–甘孜地块之间，北边通过金沙江缝合带与松潘–甘孜地块相连，南边通过班公湖–怒江缝合带与北拉萨地块相连，羌塘地块本身又被龙木错–双湖–澜沧江古特提斯缝合带分为南、北羌塘地块。本科考报告重点关注羌塘地块古生代—中生代岩石圈组成与演化，通过对羌塘高原地质演化的岩浆–变质作用记录的深入研究，限定了羌塘地块基底组成和高原隆升前初始格架的形成过程。

本书分为5章，主要内容如下：

第1章介绍羌塘高原形成的地质背景和南、北羌塘地块基底特征、古地理位置等，由王军、但卫、张修政、马义明、周金胜、唐功建、杨宗永、郝露露、王强、薛伟伟、张龙编写。

第2章介绍古特提斯洋与新特提斯洋演化的蛇绿岩记录，由张修政、但卫、胡万龙、郝露露、王军、王强、张龙编写。

第3章介绍羌塘古特提斯洋演化的岩浆–变质记录，主要由但卫、张修政、王军、王强、张龙编写。

第4章阐述羌塘班公湖–怒江特提斯洋俯冲、闭合的变质、岩浆记录，主要由张修政、马林、郝露露、胡万龙、杨宗永、王子龙、范晶晶、孙鹏、唐功建、王强、张龙编写。

第5章阐述羌塘古生代—中生代地质演化，主要由王强、但卫、郝露露、张修政、王军、王子龙、欧权、齐玥、张龙编写。

本书是中国科学院广州地球化学研究所王强研究员带领团队长期在羌塘无人区的辛苦劳动成果。除本书的各位撰稿人外，参加野外科考工作的还有中国科学院广州地球化学研究所的魏译文、陈兵、余志伟、许传兵、姜子琦、曾纪鹏、黄彤宇、刘懋锐、苟国宁、陈怡伟等。感谢科技部、第二次青藏高原综合科学考察办公室的大力支持和帮助。衷心感谢姚檀栋院士、吴福元院士、丁林院士、高锐院士、莫宣学院士、沈树忠院士、徐义刚院士、王成善院士、侯增谦院士、郑永飞院士、陈发虎院士、胡瑞忠院士、朱敏院士、方小敏院士、何宏平院士、邓涛研究员、许文良教授、王汝成教授、陈凌研究员、杨进辉研究员、许继峰教授、张进江教授、黄宝春教授、李才教授、戴霜教授、赵俊猛研究员、王剑教授、史仁灯研究员、胡修棉教授等专家的指导和帮助。与郭正府研究员、赵志丹教授、朱弟成教授、曾令森研究员、郑建平教授、张宏飞教授、王秉璋正高级工程师、曾庆高正高级工程师、李五福正高级工程师、王涛正高级工程师、彭头平研究员、王保弟研究员和夏小平研究员等的讨论获益良多，特此感谢。同时也要感谢米玛师傅带领司机团队长期以来在青藏高原特别是藏北无人区野外科考中给予的大力帮助和支持。

本书的研究材料是作者所在科考团队在青藏高原多年来的考察中采集的，相关研究得到了第二次青藏高原综合科学考察研究（2019QZKK0702）和国家自然科学基金项目（42021002、91855215 和 41630208）的联合资助。

本书难免存在不足之处，敬请读者批评指正！

作　者

2024 年 3 月

摘 要

羌塘地块夹于拉萨与松潘–甘孜地块之间，北边通过金沙江缝合带与松潘–甘孜地块相连，南边通过班公湖–怒江缝合带与北拉萨地块相连，羌塘地块本身又被龙木错–双湖–澜沧江古特提斯缝合带分为南、北羌塘地块。针对羌塘地块古生代—中生代岩石圈组成与演化的这一关键科学问题，选取羌塘地块古生代—中生代岩浆岩、变质岩和龙木错–双湖–澜沧江缝合带中的蛇绿岩作为重点研究对象，通过岩石学、年代学、地球化学、古地磁学和岩石大地构造学方法，并结合前人的构造、沉积和地球物理资料，对羌塘高原地质演化的岩浆–变质作用记录开展了深入研究，限定了羌塘地块基底组成和高原隆升前初始格架的形成过程。

初步查明了北羌塘地块可能具有新元古代（828±7 Ma）的变质基底，南羌塘都古尔早奥陶世（480~465 Ma）片麻状花岗岩可能为其基底岩石；北羌塘地块于二叠纪晚期（约 259 Ma）位于近赤道的古纬度（–7.6°±5.6°N），并在二叠纪期间与华南板块一起向北漂移。

龙木错–双湖–澜沧江缝合带南、北两侧地块上石炭统—下二叠统地层中的碎屑锆石年代学以及前人的古生物资料，证实该缝合带是一条能够分隔不同地理环境及古生物区系的重要地质界线，为经历了多阶段演化的古特提斯洋主洋盆残迹。

基于岩浆岩的研究，揭示古特提洋向北的俯冲在北羌塘形成了晚泥盆世—中晚三叠世（370~233 Ma）火山弧，在约 233 Ma 南、北羌塘碰撞、龙木错–双湖古特提斯洋闭合；在南羌塘地块识别出两期（290~285 Ma、239 Ma）基性岩墙群，形成于被动陆缘演化阶段，其中早二叠世岩墙群是地幔柱成因的羌塘–潘伽大火成岩省的一部分，其形成与俯冲板片拉力和地幔柱的共同作用有关，这也导致了早二叠世东基梅里陆块的裂解和新特提斯洋在二叠纪打开，而中三叠世基性岩墙群形成则与俯冲古特提斯板片回卷期间导致的被动陆缘拉力增强有关；北羌塘地块在晚三叠世中期—早侏罗世（220~191 Ma）进入后碰撞伸展阶段。

厘定了羌塘中晚侏罗世—晚白垩世（170~68 Ma）岩浆岩时空分布格架：晚中生代（中晚侏罗世、早白垩世晚期和晚白垩世）岩浆岩主要分布于南羌塘地块，晚侏罗世—晚白垩世（148 Ma、90 Ma）钠质玄武岩和辉绿岩零星分布于北羌塘地块；班公湖–怒江缝合带洞错榴辉岩约 177 Ma 的变质年龄证实班公湖–怒江洋向北俯冲至少开始于早侏罗世之前；南羌塘中晚侏罗世—早白垩世（168~125 Ma）发生了大洋高原的平坦俯冲，导致了俯冲侵蚀作用，平坦俯冲的板片回卷触发了 125~104 Ma 的南羌塘岩浆爆发和金属成矿；结合班怒带 115~85 Ma 岩浆岩时空分布的特征，揭示了特提斯洋沿着该带发生了东向西穿时（115~85 Ma）碰撞，并逐渐闭合，之后南羌塘地块在晚白垩世中晚期（79~75 Ma）进入了陆内岩石圈伸展演化阶段。

目　　录

第1章

羌塘高原形成的地质背景

1.1 羌塘地块的大地构造背景

青藏高原位于非洲–阿拉伯–印度–澳大利亚与欧亚大陆板块之间的特提斯域的东段（图 1.1）（吴福元等，2020；朱日祥等，2022）。羌塘地块位于青藏高原中部，其北部以金沙江缝合带与松潘–甘孜–可可西里地块相邻，其南部以班公湖–怒江缝合带与拉萨地块北部相连（图 1.1）。一般认为，金沙江在晚古生代—早中生代向南俯冲在羌塘地块之下并在三叠纪闭合，导致羌塘和北部的松潘–甘孜–可可西里地块相连，而班公湖–怒江洋则是在晚中生代闭合，导致羌塘地块与拉萨地块相连（Dewey et al.，1988；Yin and Harrison，2000）。羌塘地块自身以其中部的龙木错–双湖缝合带为界线，可划分为北羌塘和南羌塘地块（李才等，1995；Zhai et al.，2011a，2013a；Zhang et al.，2017）。龙木错–双湖缝合带在我国境内西起龙木错湖，经过红脊山、果干加年山、双湖、才多茶卡、恰格勒拉向西南延伸至三江地区，向西南方向延伸与澜沧江相连又称为龙木错–双湖–澜沧江缝合带，被认为是劳亚大陆与冈瓦纳大陆的分界线，其中北羌塘属于劳亚大陆，而南羌塘属于冈瓦纳大陆（李才等，1995；Zhang et al.，2017）。有关该缝合带的争议和形成演化历史，后面会有详细的介绍。

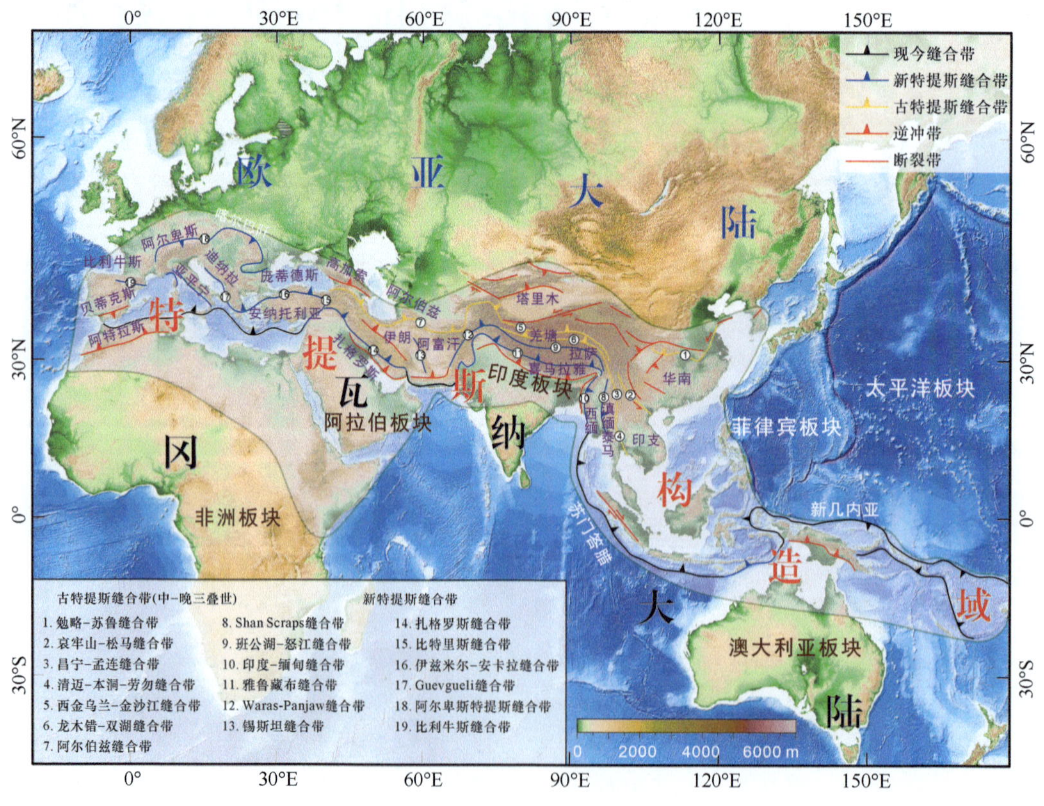

图 1.1　特提斯构造域分布图（据朱日祥等，2022）

北羌塘地块变质基底一直存在争议，但可能存在新元古代的变质基底（姜庆运等，2021）。古生代地层包括了上奥陶统至二叠系，主体被中生界三叠纪—侏罗纪地层覆盖，未发生明显的变形和变质作用，地层序列清晰。北羌塘地块发育有晚泥盆世至早石炭世、二叠纪岩浆岩，主要出露于冈玛错、日湾茶卡、拉雄错以及雁石坪、杂多县、治多县和玉树地区，岩石组合主要为玄武岩、安山岩、英安岩、流纹岩和花岗岩，形成的时间为 381~260 Ma（施建荣等，2009；胡培远等，2013；张乐等，2014；Jiang et al.，2015；刘函等，2015；Zhang et al.，2016；Dan et al.，2018，2019；Wang et al.，2018）。这些岩石最有可能是龙木错 – 双湖古特提斯洋的北向俯冲形成的弧岩浆岩组合（Jiang et al.，2015；Zhang et al.，2016；Dan et al.，2018，2019；Wang et al.，2018）。北羌塘三叠纪岩浆岩在龙木错 – 双湖 – 澜沧江缝合带两侧及各拉丹冬、雁石坪镇、治多县、杂多县、玉树等地均有分布，整体上以晚三叠世为主，岩石组合为镁铁质和长英质火山岩以及一些花岗闪长岩、花岗岩（Wang et al.，2008a，2021a；Zhai et al.，2013b；Liu et al.，2016），其形成或与俯冲的龙木错 – 双湖特提斯洋板片断离有关，或与金沙江特提斯洋的向南俯冲有关。北羌塘有零星的早侏罗世镁铁质 – 超镁铁质侵入岩，主要出露于雀莫错地区（Wang et al.，2022a）。北羌塘地块新生代岩浆岩发育，分布范围较广，主要出露于羌塘中北部的巴毛穷宗 – 黑虎岭 – 半岛湖 – 多格错仁 – 祖尔肯乌拉地区，岩石类型包括碧玄岩 – 粗面安山岩和玄武岩 – 安山岩 – 英安岩 – 流纹岩等，时代为始新世—第四纪（48~2.3 Ma），其形成主要与印度 – 欧亚大陆碰撞后岩石圈演化有关（Chung et al.，2005；Lai et al.，2007；Wang et al.，2008b，2010，2016；Ou et al.，2017，2022；Zhang et al.，2022a，2022b；Qi et al.，2021，2023）。

南羌塘地块变质基底一直存在争议，但可能为早古生代奥陶纪变形花岗岩（Dan et al.，2020）。南羌塘地块古生代地层主要包括奥陶纪至二叠纪地层。上三叠统分布在北羌塘地块南缘并与下部地层呈角度不整合接触，以那底岗日组为代表，上三叠统普遍夹有火山碎屑岩和熔岩（翟庆国和李才，2007）。侏罗纪和早白垩世地层在南羌塘地块分布广泛，主要由滨浅海相碎屑岩和碳酸盐岩组成，层序发育完整，化石丰富（Yang et al.，2017a；Zhang，2000，2004；Zhang et al.，2004，2012）。上白垩统阿布山组红层包含大量的富钾安山岩和流纹岩（Li et al.，2013），古近纪和新近纪地层分布广泛，局部夹富钾基性至酸性火山岩。南羌塘地块最老的岩浆岩为早奥陶世花岗片麻岩（Dan et al.，2020）。南羌塘地块二叠纪和三叠纪岩浆活动以大量的基性岩墙群和同期分布在古生代地层中的玄武岩为特征，中酸性岩浆活动较少，岩石的形成与二叠纪地幔柱活动和被动陆缘的伸展有关（Dan et al.，2021a，2021b）。南羌塘地块侏罗纪至早白垩世的岩浆作用主要分布在南缘靠近班公湖 – 怒江缝合带的区域，且分布相对集中，在西部日土县北边至改则县北边附近以及东部安多县的两边多有集中分布，其形成可能与班公湖 – 怒江洋的北向俯冲有关（Li et al.，2014；Hao et al.，2016，2019；Yang et al.，2021）。晚白垩世至早古新世岩浆活动则主要是在安多县西和县城北有发现，总体上以中酸性岩石系列为主，多具高钾钙碱性特征（Chen et al.，2017；Li et al.，2017；He et al.，2019；Wang et al.，2021a，2022b；Ji et al.，2022）。南羌塘地块新生代岩浆岩发育规模较小，且分布极为分散，主要出露晚始新世—渐新世早期（35~30 Ma）岩浆岩，主要分布在纳丁错、依布茶卡、走构由茶错、尖山、戈木茶卡、鱼鳞山和昂达尔错地区，其形成主要与印度－欧亚大陆碰撞后岩石圈演化有关（Ding et al.，2003，2007；Wang et al.，2010；Ou et al.，2019，2020；Qi et al.，2021）。

1.2 羌塘地块的基底

羌塘地块面积超过 4.0×10^5 km^2，被中新生代地层大面积覆盖，造成了对其基底进行研究工作的困难。但是，羌塘地块是否存在古老基底，以及基底的时代和性质一直是青藏高原大地构造研究的关键问题之一。这直接关系到羌塘地块的形成和演化，是否可以划分为南羌塘地块和北羌塘地块，以及羌塘盆地演化的控制因素等问题。但是，羌塘地块是否有统一的结晶或变质基底以及基底形成时代，长期以来存在争议。一些研究认为，北羌塘地块发育晋宁期基底，以宁多岩群为代表（李才等，2016）。宁多岩群主体分布在北羌塘地块的东部，如治多县和玉树市内，主要由绿片岩－黑云斜长片麻岩－石榴石二云石英片岩－石英岩－片岩－大理岩组成（何世平等，2011）。在北羌塘东延的昌都地块的宁多岩群中发现了约 990 Ma 的片麻状黑云母花岗岩，将其时代限定在新元古代晚期或早古生代（何世平等，2013），但是关于该套岩石能否代表北羌塘地块真正的基底物质目前还无定论。关于南羌塘地块的变质基底，早期的研究根据在玛依岗日发现的不含化石的浅变质地层，推测早古生代可能存在相对稳定的基底（任纪舜等，1997）。黄继钧（2001）根据在戈木日、果干加年山的研究成果，系统地总结并提出了羌塘地块是具有双层结构的，即“结晶硬基底”和“变质软基底”。王国芝和王成善（2001）根据锆石定年的结果对羌塘基底变质岩系进行了解析，认为戈木日群和果干加年山群均属于元古宇的变质基底，该结晶基底的形成时间最晚是在中元古代中期，并可能有太古宙陆核（黄继钧，2001；谭富文等，2009）。基于野外工作和同位素年代学研究结果，有研究者对羌塘古老基底提出了质疑，将羌塘中部的太古宇—元古宇戈木日群、果干加年山群、玛依岗日群等解体为晚石炭世—早二叠世和晚三叠世的地层，提出南羌塘地块具有冈瓦纳型泛非－早古生代的结晶基底（李才，2003；李才等，2005）。南羌塘浅变质碎屑岩、糜棱岩以及上石炭统—下二叠统碎屑锆石年龄显示最小的为约 490 Ma，峰值为 580~490 Ma（董春艳等，2011；杨耀等，2014），可与安多、云南怒江、保山及印度板块和喜马拉雅造山带中的早古生代地层中的碎屑锆石和花岗岩（510~460 Ma）相对比（Gehrels et al.，2011；Dan et al.，2023），证明了南羌塘地块与印度大陆具有亲缘性。但是，南羌塘变质基底的时代并不确定。

针对上述问题，本研究选取南羌塘地块变质带和北羌塘地块双湖地区的岩石（图 1.2）开展了深入的年代学和地球化学研究，发现了南、北羌塘地块可能分别具有新元古代和早古生代的基底岩石，下面分别介绍。

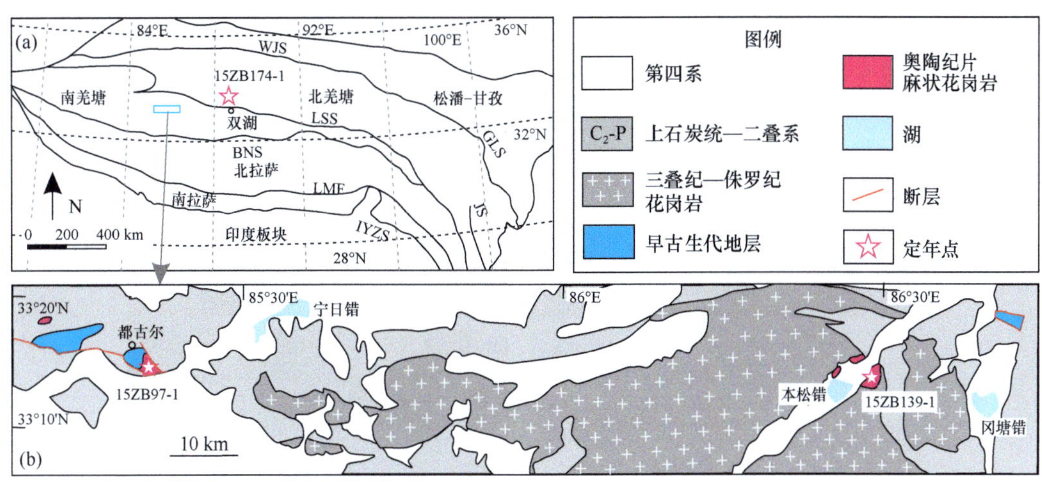

图 1.2　青藏高原羌塘地区基底岩石分布图（据 Dan et al.，2020 修改）

缝合带字母缩写如下：BNS. 班公湖 – 怒江缝合带；GLS. 甘孜 – 理塘缝合带；IYZS. 印度 – 雅鲁藏布缝合带；LMF. 洛巴堆 – 米拉山断裂；LSS. 龙木错 – 双湖 – 澜沧江缝合带；WJS. 西金沙江缝合带；JS. 金沙江缝合带

1.2.1　南羌塘地块的基底

在羌塘盆地的中央地带出露数万平方千米的浅变质岩系，局部变质较深，化石稀少，21 世纪以前长期被认为是羌塘地块的基底。经过近 20 年的研究，发现其是由早古生代的浅变质岩、晚古生代的高级变质岩和一些早古生代的片麻状花岗岩组成。寒武纪低级变质石英砂岩被中 – 上奥陶统底砾岩和石英砂岩不整合覆盖。碎屑锆石显示它们来自冈瓦纳大陆（杨耀等，2014）。早古生代片麻状花岗岩主要出露于都古尔和本松错地区。在都古尔地区，片麻状花岗岩侵入寒武纪砂岩；但在本松错地区，则被包裹在三叠纪本松错岩基中［图 1.3（a）和（c）］。片麻状花岗岩主要由石英、钾长石、斜长石、白云母和少量黑云母组成［图 1.3（b）和（d）]，为片麻状二云母花岗岩。

前人对片麻状二云母花岗岩进行了一些激光剥蚀电感耦合等离子体质谱（LA-ICP-MS）锆石 U-Pb 定年，认为其形成于 497~471 Ma。我们对片麻状二云母花岗岩进行了二次离子探针（SIMS）锆石 U-Pb 年代学研究（Dan et al.，2020）。都古尔片麻状花岗岩的锆石年龄比较一致，$^{206}Pb/^{238}U$ 平均年龄为 465±4 Ma（图 1.4）。本松错花岗岩的定年结果显示，绝大部分样品点年龄集中，$^{206}Pb/^{238}U$ 年龄平均值为 480±4 Ma。2 个颗粒具有老的年龄（1.9~1.7 Ga），并且没有年轻的结晶年龄边，表明它们为捕获的老锆石。一个颗粒不谐和，并具有低于 480 Ma 的年龄，表明它们经历了 Pb 丢失。

奥陶纪片麻状二云母花岗岩具有高的 K_2O 含量，可划分为高钾钙碱性系列。它们具有高的 A/CNK［$Al_2O_3/(CaO+Na_2O+K_2O)_{摩尔}$］值（> 1.1），属于强过铝质岩石。由于岩石经历强烈的变形，具有较大的 Rb/Sr 值，只进行了全岩 Nd 同位素分析。片麻状二云母花岗岩样品具有相似的 $\varepsilon_{Nd}(t)$ 值，为 –8.3~–6.4（图 1.5）。

都古尔片麻状二云母花岗岩样品的锆石 $\delta^{18}O$ 值为 8.1‰~10.9‰，峰值为 10.4‰。

图 1.3　羌塘中央变质带中早古生代片麻状二云母花岗岩野外产状及岩相学（Dan et al.，2020）

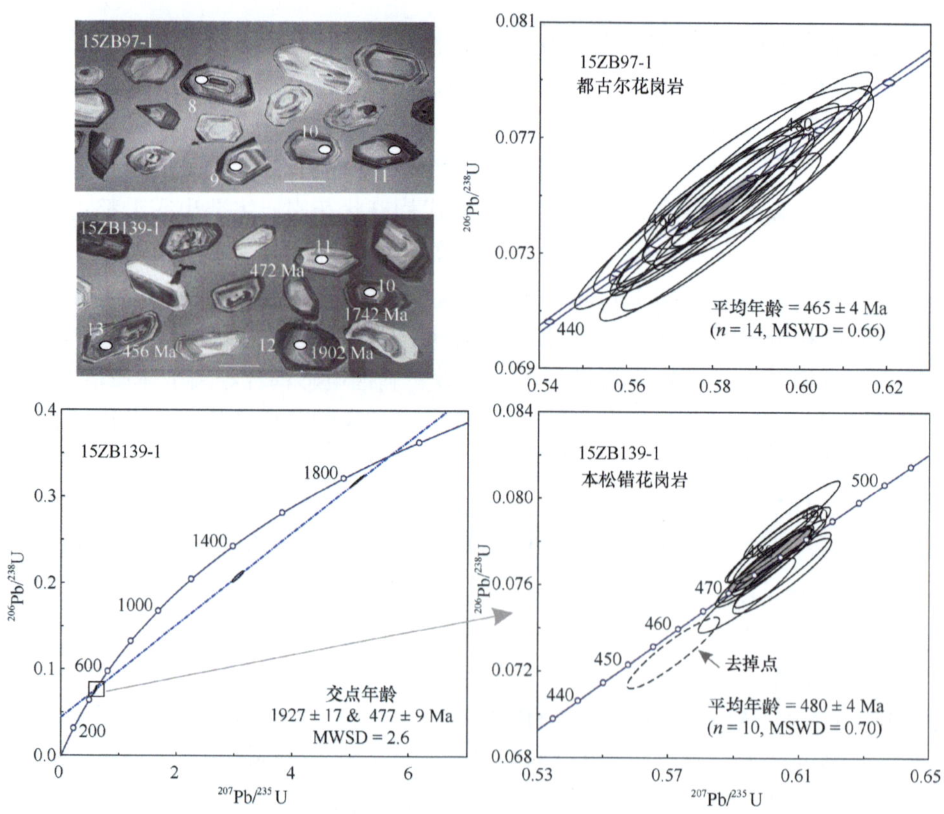

图 1.4　羌塘早古生代片麻状二云母花岗岩锆石阴极发光和 U-Pb 年龄图（Dan et al.，2020）

阴极发光图像中白色比例尺为 100 μm；平均年龄是指 $^{206}Pb/^{238}U$ 年龄

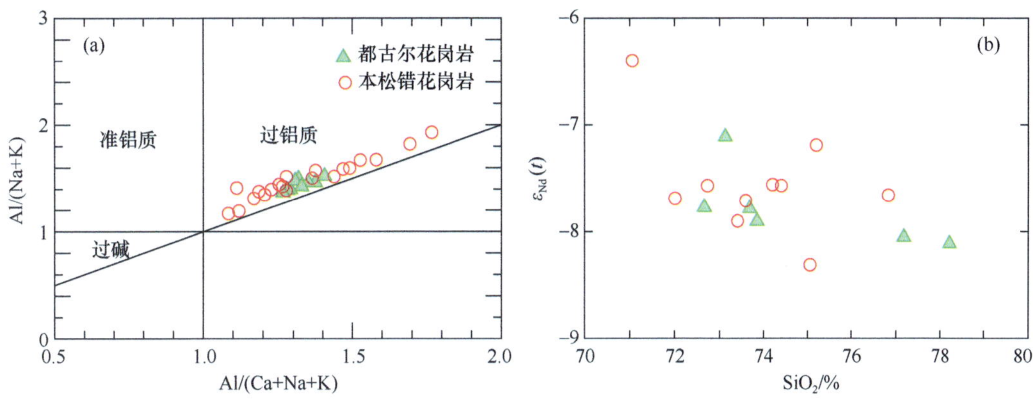

图 1.5　南羌塘早古生代片麻状二云母花岗岩地球化学特征（Dan et al.，2020）

本松错片麻状二云母花岗岩样品的锆石 $\delta^{18}O$ 值除了一个样品为 9.3‰，绝大部分位于 10.5‰~11.4‰。2 个捕获锆石 $\delta^{18}O$ 值分别为 10.7‰ 和 6.5‰。都古尔样品的锆石 $\varepsilon_{Hf}(t)$ 值为 −8.2~−3.9，平均值为 −5.4±2.1（2SD）（图 1.6）。本松错样品的锆石 $\varepsilon_{Hf}(t)$ 值具有较大的范围，为 −6.8~−2.3，平均值为 −4.2±1.9（2SD）。因此，这些过铝质花岗岩来自古老沉积物的部分熔融作用。锆石 Hf 同位素和 O 同位素组成不显示相关性，并且 $\delta^{18}O$ 值均大于 8.1‰，表明其源区基本为纯的沉积岩。

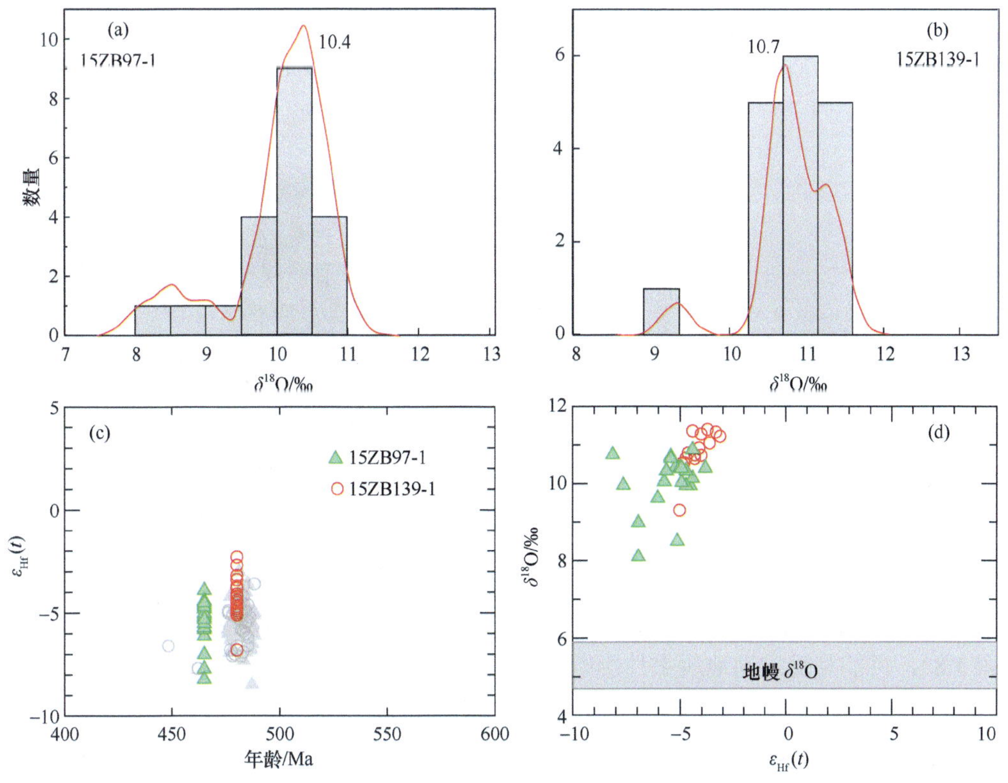

图 1.6　羌塘早古生代花岗岩的锆石 O-Hf 同位素组成（Dan et al.，2020）

虽然这些片麻状二云母花岗岩形成的构造背景还存在争议，比如是形成于俯冲背景还是伸展背景（Dan et al.，2020），但是它们与喜马拉雅－拉萨－三江地区的早古生代岩浆岩一起很可能构成了一个酸性大火成岩省（Dan et al.，2023）。这些花岗岩是南羌塘地块迄今为止发现的最老的结晶岩石，应当是南羌塘地块的基底岩石。这里需要强调的是，寒武纪浅变质沉积岩不能作为羌塘地块的基底，因为基底岩石应该是高级变质岩或火成岩。这些寒武纪岩石或稍早的变沉积岩可能是花岗岩的源区，在中晚寒武世或奥陶纪经历部分熔融和固结作用形成南羌塘地块的基底。

1.2.2 北羌塘地块的基底

北羌塘地块被大面积的中－新生代地层所覆盖，其基底的研究更为困难，目前在地块本身没有发现古老岩石的出露。在北羌塘地块向东南延伸的昌都地区的宁多岩群发现了新元古代（约 990 Ma）的片麻状黑云母花岗岩（何世平等，2013）；在向西延伸的甜水海地块发现了形成于约 2.5 Ga 的火山岩（计文化等，2011）以及侵入其中的新元古代（约 840~830 Ma）片麻状花岗岩（Zhang et al.，2018）。但是，狭义的北羌塘地块本身是否有古老的基底需要更多的证据。

在岩浆向上运移的过程中，它们可能会同化混染一些围岩，如果有古老的基底岩石，它们可能会被捕获。在双湖地区分布有许多三叠纪花岗岩，侵入二叠纪玄武岩和复理石中。在一个花岗岩样品中发现了捕获的新元古代锆石群，可能代表了北羌塘地块的基底信息。花岗岩具有等粒结构，主要由钾长石、石英、斜长石、黑云母和少量角闪石组成（图 1.7）。斜长石蚀变严重，多已绢云母化。

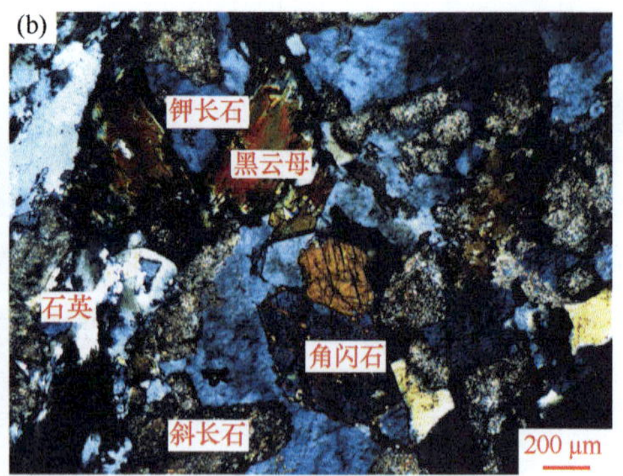

图 1.7　双湖花岗岩野外产状及岩相学（姜庆运等，2021）

双湖花岗岩中的锆石颗粒晶形完好，大部分显示清晰的振荡环带，少部分环带模糊（图 1.8），可能是受后期地质事件影响所致。SIMS 锆石 U-Pb 定年显示，所有分析点的年龄位于 866~214 Ma 之间。最小的位于谐和线上有 8 个样品点，其 $^{206}Pb/^{238}U$ 平均年龄为 217±2 Ma，代表了花岗岩的结晶年龄。剩余 8 个点的上交点年龄为 831±14 Ma，而 6 个样品点的 $^{207}Pb/^{206}Pb$ 平均年龄为 828±7 Ma，这个年龄作为捕获锆石的年龄。

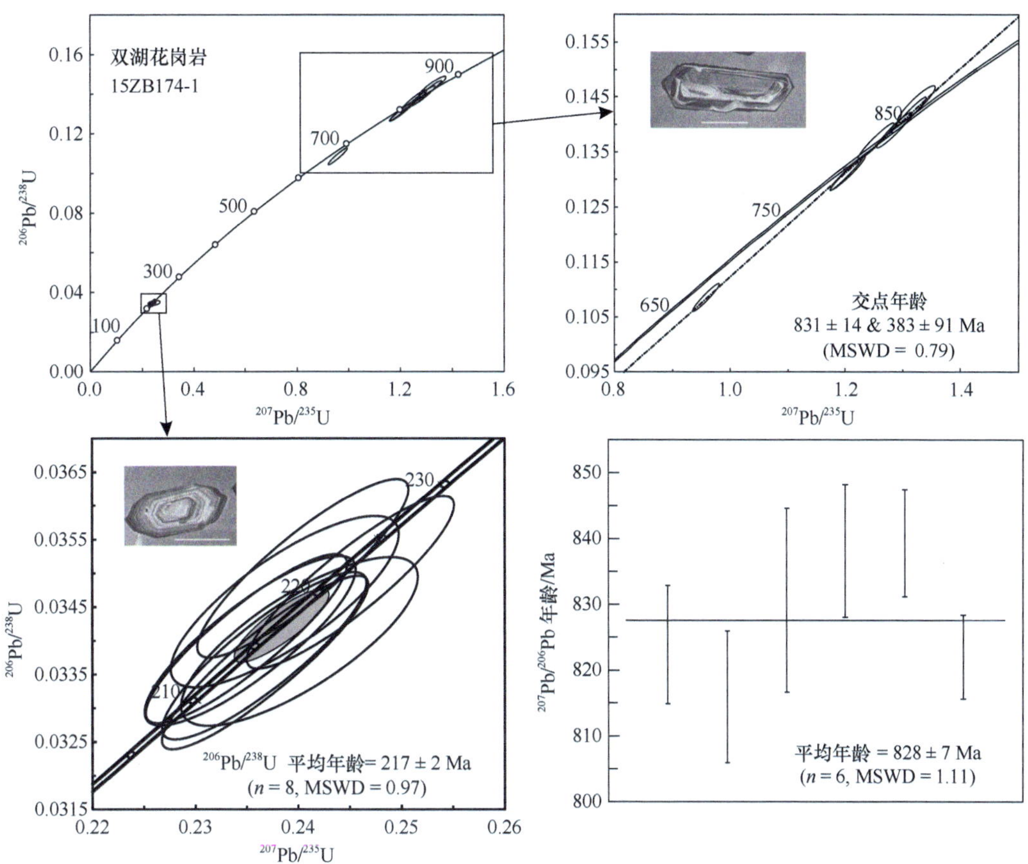

图 1.8　羌塘双湖花岗岩的锆石年龄（姜庆运等，2021）

对这些锆石进行了原位的 Hf-O 同位素分析。三叠纪岩浆锆石 $\delta^{18}O$ 值为 7.0‰~8.3‰，平均值为 7.9±0.7‰（2SD）。捕获锆石 $\delta^{18}O$ 值具有较大的范围，为 8.2‰~10.2‰。三叠纪锆石 $\varepsilon_{Hf}(t)$ 值在 –10.8 至 –8.1，捕获锆石 $\varepsilon_{Hf}(t)$ 值在 –2.2 至 0.2 之间（图 1.9）。

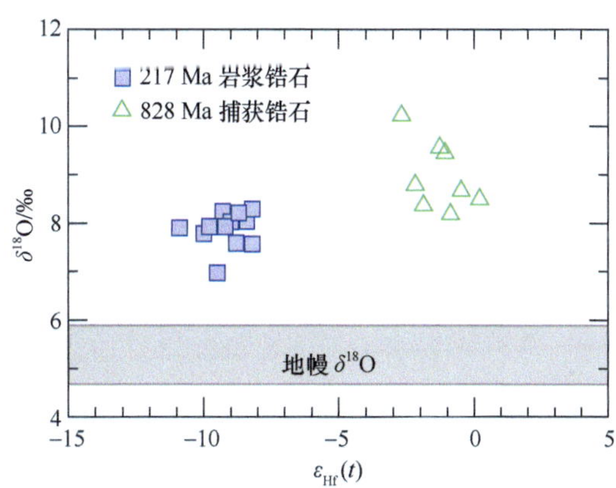

图 1.9　羌塘双湖花岗岩锆石 Hf-O 同位素组成（修改自姜庆运等，2021）

花岗岩中有特征的角闪石矿物，以及锆石平均 $\delta^{18}O$ 值为 7.9‰，表明双湖花岗岩为 I 型花岗岩。而捕获锆石的 $\delta^{18}O$ 值明显大于岩浆锆石，表明这些锆石是来自岩浆上升过程中捕获的而并不是继承自源区的。这些捕获锆石自形程度较好，不同于沉积岩中的碎屑锆石通常具有磨圆特征。由于没有发现其他的老锆石，指示这些锆石可能是来自基底岩石。这些锆石具有高的 $\delta^{18}O$ 值（8.2‰~10.2‰），类似于 S 型花岗岩。因此，北羌塘地块可能与东边的昌都地块和西边的甜水海地块一样，具有新元古代的基底岩石。

1.3 羌塘地块的地层

羌塘盆地被认为是青藏高原含油气远景最好且最大的中生代海相沉积盆地（王成善等，2001；王剑等，2004）。如图 1.10 所示，盆地内发育最广泛的是侏罗纪地层，其次是三叠纪和白垩纪地层，总的沉积厚度达 6000~13000 m；古生代和新生代地层出露相对较少（王剑等，2004）。在盆地中部，发育一条长达 600 km 以上、宽约 30~130 km 的呈东西向展布的隆起区，称为“中央隆起带”，其主要由晚古生代岩石和一系列变质-混杂岩组成。羌塘中央隆起带实际上是龙木错-双湖-澜沧江缝合带（李才，1987）。前人以中央隆起带为界，根据地层岩性组合和岩相展布等差异性将中生代羌塘盆地分为南羌塘盆地（或拗陷）和北羌塘盆地（王成善等，2001；王剑等，2004）。本节在介绍羌塘盆地地层的基础上，阐述南、北羌塘盆地的地层岩性、古生物和岩相古地理的差异。

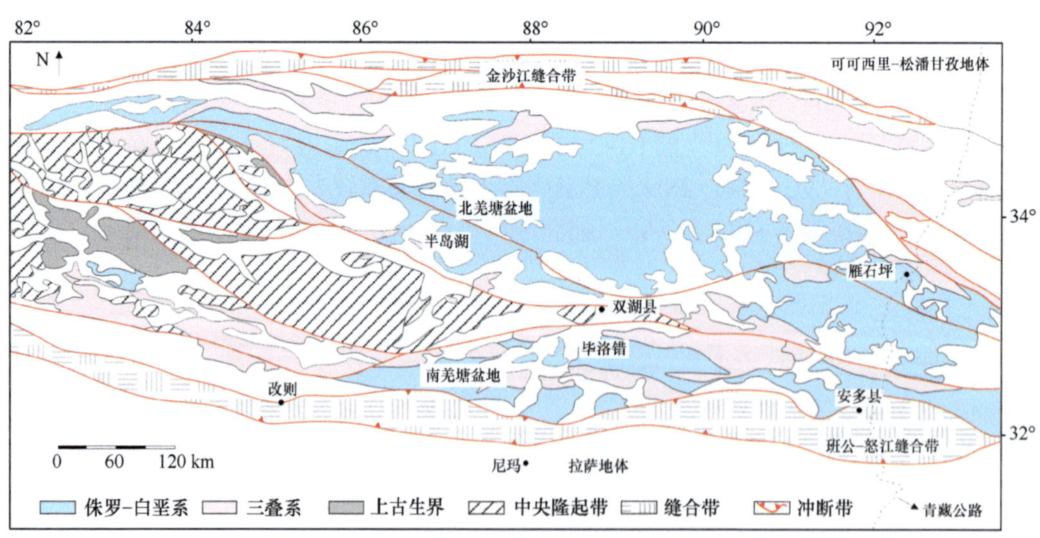

图 1.10 羌塘盆地地层分布图（修改自薛伟伟等，2020）

1.3.1 古生界

对于南羌塘盆地（表 1.1），目前可能的最老变沉积岩位于尼玛县荣玛乡的温泉附近，由厚层石英岩组成，根据最年轻的碎屑锆石年龄，初步认为温泉石英岩的时代为寒武纪至早奥陶世（董春艳等，2011）。奥陶系、志留系和泥盆系仅出露在荣玛乡的塔石山和温泉地区。有化石（鹦鹉螺类）时代依据的奥陶纪地层包括下奥陶统的下古拉组（变质细碎屑岩夹结晶灰岩）和中–上奥陶统塔石山组（结晶灰岩为主），另外在改则县察布乡发现一套含火山岩的碎屑岩地层，为中–晚奥陶世达瓦山组。志留系三岔沟组（含笔石化石）为一套中浅变质的细碎屑岩夹砂屑结晶灰岩薄层或透镜体组合。泥盆系长蛇山组顶部是变质粉砂岩，底部是大理岩化灰岩（李才等，2016）。南羌塘古生界的上石炭统—下二叠统出露面积最大，西起喀喇昆仑山南坡，向东到玛依岗日一带，主要由展金组构成，其岩性以变质石英砂岩、粉砂岩、板岩、千枚岩和冰海杂砾岩为主，并夹多层玄武岩（也被大量的基性岩墙群所侵入）。古生物（典型冷水动物群和冈瓦纳植物群）和碎屑锆石的物源分析表明展金组是晚古生代冈瓦纳（印度北缘）大陆冰川的产物（Zhang et al.，2013；Fan et al.，2015）。晚二叠世地层包括曲地组和鲁谷组，前者以碎屑岩为主，被解释为与裂谷相关的浊积岩沉积；后者以灰岩和枕状

表 1.1　羌塘寒武系—三叠系划分（修改自李才等，2016）

系	统	年龄/Ma	代号	南羌塘（冈瓦纳体系）	代号	北羌塘（扬子大陆体系）	
三叠系	上统	201–237	T_3	日干配错组（T_3r）；扎那组（T_3z）；角木茶卡组（T_3jm）；姜钟组（T_3jz）/肖切保组（T_3x）		火山岩（那底岗日组）	
					T_3jh	菊花山组：灰岩及鲕粒灰岩，含双壳类、珊瑚类	
	中统	237–247	T_2		T_2k	康南组：鲕粒灰岩，含双壳类、菊石类	
	下统	247–252	T_1		T_1y	硬水泉组：灰岩、砂岩，含双壳类、腕足类	
					T_1k	康鲁组：灰岩、砂岩，含双壳类、腕足类	
二叠系	上统	252–257	P_3j	吉普日阿组	P_3r	热觉茶卡组：灰岩、砂岩，含䗴类、腕足类、华夏植物群	9个连续的䗴科化石带
	中统	257–272	P_2l	鲁谷组：灰岩+玄武岩洋岛组合	P_2x	雪源河组：灰岩，含䗴类、珊瑚类、腕足类	
	下统	272–299	P_1q	曲地组：深海斜坡复理石	P_1c	长蛇湖组：灰岩夹砂岩，含䗴类、腕足类	
石炭系	上统	299–323	C_2P_1z	展金组：碳酸盐岩+碎屑岩+玄武岩+冰海杂砾岩	C_2w	瓦垄山组：灰岩、碎屑岩，含䗴类、腕足类	
	下统	323–359		?	C_1r	日湾茶卡组：灰岩，扬子型生物	
					C_1 D_3	望果山组（D_3C_1w）：中性火山岩、火山岩浆弧（火山岩年龄375～358 Ma）	
泥盆系	上统	359–382	Dch	长蛇山组：稳定环境碳酸盐岩沉积，竹节石			
	中统	382–393			D_2c	查桑组：灰岩，含珊瑚类、腕足类	
	下统	393–419			D_1p	平沙沟组：砂岩及灰岩，含双壳类、腕足类、珊瑚类	
志留系	未分	419–444	Ss	三岔沟组：笔石页岩			
奥陶系	上统	444–458	O_3	塔石山组（$O_{2-3}t$）泥质硅质灰岩 鹦鹉螺，笔石；达瓦山组（$O_{2-3}d$）碎屑岩夹火山岩，碎屑锆石＞510 Ma			
	中统	458–470	O_2				
	下统	470–485	O_1x	下古拉组（O_1x）			
寒武系	未分	485–541	€	前奥陶系（AnO）温泉石英岩 前奥陶系（AnOq）齐陇乌如变质岩系			

玄武岩为主，被认为是海山型碳酸盐岩覆盖在枕状玄武岩之上，记录了二叠纪期间南羌塘从冈瓦纳大陆北缘逐渐裂开的历史（Zhang et al.，2012）。

对于北羌塘盆地，古生代地层主要分布在西边的冈玛错到查桑的一条狭长地带（表 1.1；李才等，2016）。此外，在羌塘东边的温泉兵站和杂多地区也分布有大量二叠纪开心岭群地层（Zhang et al.，2013）。羌塘西边的地层包括下泥盆统平沙沟组（细碎屑岩夹碳酸盐岩）、中泥盆统查桑组（生物碎屑细晶灰岩）、上泥盆统—下石炭统望果山组（火山岩地层）、下石炭统日湾茶卡组（近等比例的碳酸盐岩与碎屑岩互层）、上石炭统瓦垄山组（下部灰岩和上部细碎屑岩为主）、二叠系长蛇湖组、雪源河组和热觉茶卡组（灰岩为主）。羌塘东边的地层包括二叠系扎日根组（灰岩）、诺日巴尕日保组（砂岩夹灰岩和火山岩）、九十道班组（灰岩）、那益雄组（砂砾岩夹灰岩和火山岩）。石炭—二叠纪地层中的古生物研究表明，北羌塘有温暖环境的华夏动植物群，比如与华南地块类似的有孔虫、腕足类和珊瑚（He et al.，2009；Zhang et al.，2013，2015），表明此时它们都位于赤道热带附近。

1.3.2 中生界

三叠纪以来，南、北羌塘地块开始逐渐汇聚和拼贴，虽然两个地块在沉积和生物演化等方面已经不具备古生代沉积和生物古地理的明显差异，但由于羌塘南部班公湖 – 怒江洋的扩张和消减的影响，南、北羌塘的沉积演化仍然存在一定的差异性（表 1.2）。

对于南羌塘盆地，三叠纪地层仅仅见上三叠统，呈东西向展布，但是南北差异较大。靠近龙木错 – 双湖 – 澜沧江缝合带南侧的角木茶卡 – 肖茶卡地区为肖切保组（火山岩为主）、姜钟组（岩屑石英砂岩）、角木茶卡组（下部砾岩和上部灰岩）和扎那组（砂岩为主）。靠近班公湖 – 怒江缝合带北侧的日干配错 – 多玛地区为日干配错组，岩性以微晶灰岩和鲕粒灰岩为主（李才等，2016）。侏罗纪地层主要分布在帕度错 – 毕洛错 – 其香错 – 安多地区（图 1.10），主要包括索布查组（生屑灰岩和微晶灰岩为主）、曲色组（泥岩夹灰岩）、色哇组（泥页岩和灰岩为主）、布曲组（灰岩）、夏里组（砂岩和泥岩）、毕洛错组（砂岩和砾岩）和索瓦组（灰岩为主）。晚白垩世的阿布山组角度不整合于下伏侏罗纪海相地层之上，其底部以几百米厚的红色含砾石砂岩为主，向上过渡为砂岩和泥岩（薛伟伟等，2020）。

对于北羌塘盆地，三叠系发育更齐全，包括下三叠统康鲁组（砂岩夹泥灰岩）、硬水泉组（灰岩为主）、中三叠统康南组（灰岩夹粉砂岩）、上三叠统菊花山组（灰岩）以及顶部的那底岗日组火山岩层（李才等，2016）。北羌塘盆地侏罗纪地层分布非常广（图 1.10），包括雀莫错组（砂岩与泥岩为主）、布曲组（泥晶灰岩和生物碎屑灰岩）、夏里组（砂岩和泥岩为主）、索瓦组（灰岩为主）和白龙冰河组（砂岩和生屑灰岩互层）。由于缺乏可靠的化石约束，白垩纪地层的代表可能是粉砂岩和泥岩互层的雪山组（薛伟伟等，2020）。

表 1.2　羌塘中生界划分（修改自薛伟伟等，2020）

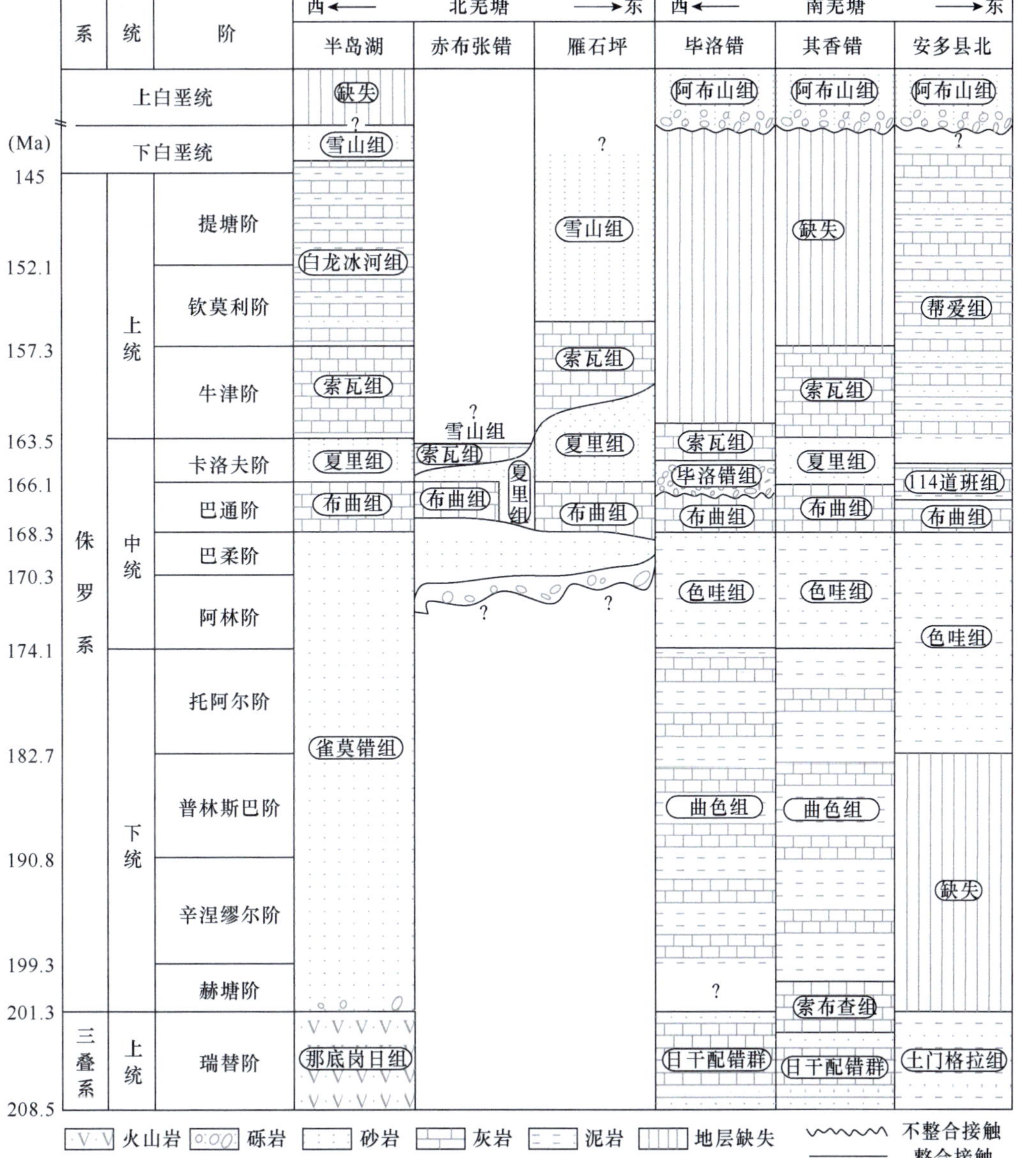

虽然南羌塘侏罗纪的大部分地层是依据北羌塘雁石坪地区的地层序列所创建的，但近年来的研究发现侏罗纪南、北羌塘在地层序列和沉积环境等方面不尽相同。比如南羌塘发现的中侏罗世晚期的毕洛错组，与北羌塘对应的夏里组明显不同，前者与下伏地层角度不整合接触，其特征是具有大量砾石沉积的扇三角洲相，但后者则是稳定的潮坪相。另外毕洛错组的物源也与下伏地层色哇组存在差异（Ma et al.，2017），物源转变和角度不整合共同指示了南羌塘受构造活动的影响较强，这与北羌塘稳定沉积的夏里组形成鲜明对比（Xue et al.，2020）。此外，晚侏罗世—早白垩世，北羌塘分布

有广泛的雪山组沉积，而南羌塘则为无沉积区，这可能也与班公湖－怒江洋闭合导致的南羌塘的早期隆升有关（Ma et al.，2018）。

近 20 年来，羌塘盆地的油气地质调查表明该盆地具有形成大型油气田的地质条件，是我国最有希望取得突破的油气勘探新区。北羌塘上三叠统巴贡－波里拉组前三角洲相是羌塘盆地最重要的勘探目的层（即优质的烃源岩），其次是中侏罗统布曲组生物礁滩相白云岩以及中－下侏罗统雀莫错组碎屑岩。预测金星湖－半岛湖、白云湖－龙尾湖、托纳木－吐错区带是羌塘盆地重要的远景区（王剑等，2020）。

1.3.3 新生界

新生代是青藏高原重要的地质历史时期，在此期间，地球上新生代最大规模的大陆碰撞事件——印度－亚洲大陆碰撞发生，羌塘盆地新生代的地层可能受到了该碰撞事件远程效应的影响。羌塘和可可西里－松潘甘孜地块新生代地层都处于板内陆相沉积环境，地层分布十分广泛，前人统称之为羌塘－川西地层区，其包括羌塘地层分区（双湖－多格错仁以西）、可可西里－玉树地层分区和川西－藏东地层分区（表 1.3；张克信等，2010）。其中羌塘地层分区包括牛堡组、康托组、丁青湖组、唢呐湖组和布隆组的碎屑岩地层，以及美苏组、鱼鳞山组、纳丁错组和石坪顶组的火山岩地层。可可西里－玉树地层分区包括沱沱河组、五道梁组、雅西措组、曲果组和昆仑组的碎屑岩地层，以及查保马组和湖东梁组的火山岩地层。大部分地层的年代是通过古生物和古地磁来确定的，火山岩地层也有一些同位素年代学数据报道（张克信等，2010）。羌塘地层分区主要包括以牛堡组、康托组、丁青湖组和唢呐湖组为代表的陆相地层。牛堡组和丁青湖组主要分布在南羌塘盆地南缘，沿洞错－尼玛－伦坡拉地区分布。牛堡组底部为紫红色砂砾岩沉积，向上变细，以灰色、灰绿色泥页岩夹油页岩为主，局部夹凝灰岩，含孢粉、植物叶片和介形虫等化石（Su et al.，2019），以河湖相沉积为主。区域上牛堡组厚度变化较大，最厚可达 3000 m（赵珍等，2020）。牛堡组的时代在伦坡拉盆地限定得最好，但是争议也相对较大，孢粉、介形虫化石指示牛堡组的时代为古新世—始新世（夏代祥，1993；张克信等，2010）。近年来，牛堡组中发现大量凝灰岩层，指示牛堡组的沉积时代可能为始新世—渐新世（约 50~26.5 Ma；Han et al.，2019；赵珍等，2020；Fang et al.，2020；Xiong et al.，2022）。丁青湖组以灰色泥页岩为主，夹细－粉砂岩，见少量油页岩和凝灰岩，产孢粉、介形虫以及轮藻等化石，为湖相或湖相三角洲沉积。伦坡拉盆地丁青湖组发育较好，厚度大于 1000 m。孢粉、介形虫、轮藻等化石和凝灰岩的证据表明丁青湖组的沉积时代为渐新世—中新世（夏代祥，1993；Han et al.，2019；Fang et al.，2020；Xiong et al.，2022）。

康托组和唢呐湖组主要分布在羌塘盆地内部，康托组以冲积扇－辫状河相的紫红色砾岩夹灰色砂岩、粉砂岩为主，区域上厚度从几百米到上千米不等（最厚可达 3000 m；沈利军，2020）。唢呐湖组以紫红色泥岩、粉砂岩夹砂砾岩和灰岩为主，层内常见大量石膏层，以河流－湖泊沉积环境为特征（沈利军，2020）。康托组和唢呐湖组的时代争

表 1.3　羌塘盆地新生界划分（修改自张克信等，2010）

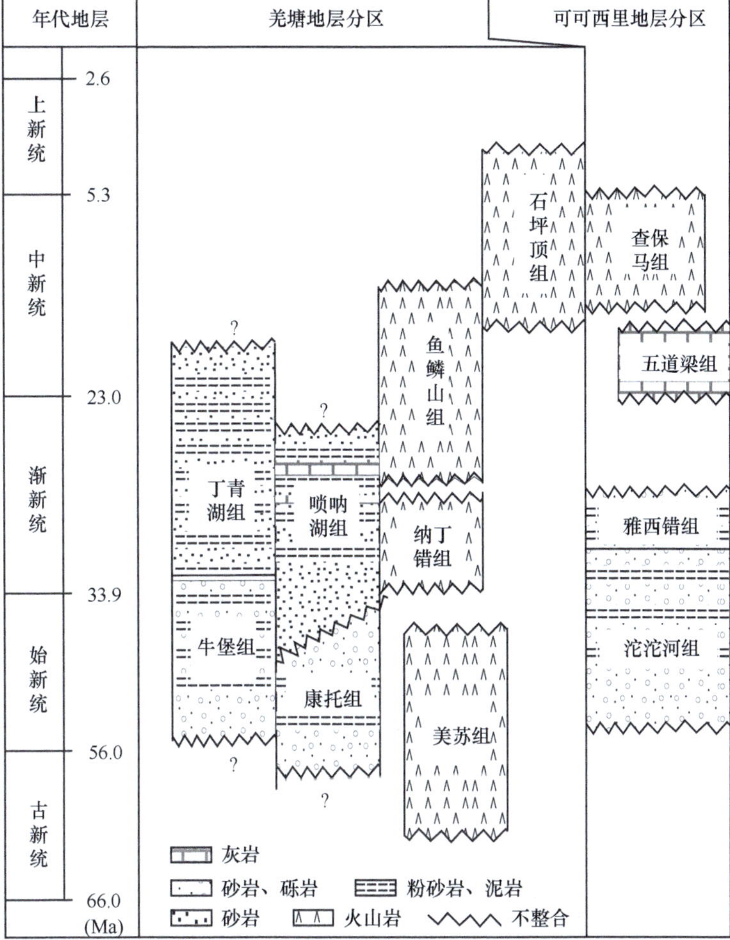

议较大，一部分学者认为康托组和唢呐湖为同时异相沉积，康托组沉积稍早，为古新世—早渐新世，唢呐湖组为始新世—渐新世（李才等，2006c；王剑等，2019；沈利军，2020；赵珍等，2020）；而也有学者认为唢呐湖组不整合在康托组之上，沉积时代为中新世—上新世（张克信等，2010）。另外，羌塘地层分区也广泛分布以陆相火山岩为主的地质单元，如美苏组、鱼鳞山组、纳丁错组和石坪顶组，这些火山岩的时代已经被较好地限定，如美苏组（35~69 Ma，K-Ar 年龄；张克信等，2010；张耀玲等，2018）、鱼鳞山组（19~32 Ma，K-Ar 和 Ar-Ar 年龄；丁林等，2000；李才等，2002）、纳丁错组（33 Ma，K-Ar 年龄；Ding et al.，2007；谢元和等，2008）、石坪顶组（5~16 Ma，K-Ar 年龄；张克信等，2010）等。

可可西里－玉树地层分区在羌塘部分主要分布在唐古拉山以北的可可西里盆地，主要为以沱沱河组、雅西措组、五道梁组为代表的陆相地层。沱沱河组以紫红色砾岩、砂岩为主，偶含粉砂岩，厚度可达 1000 m 以上，沉积环境为冲积扇－河流相，沉积时

冈瓦纳大陆北缘裂离出来。

由于北羌塘地块的起源及漂移历史依旧缺乏可信赖的古地理重建（Huang et al.，1992；Cheng et al.，2012），Ma 等（2019）报道了北羌塘地块晚二叠世那益雄组火山岩的古地磁数据。这一新结果揭示了北羌塘地块于二叠纪晚期（约 259 Ma）位于近赤道的古纬度（–7.6°±5.6°N），确证了北羌塘地块在早二叠世至晚三叠世期间发生了快速的北向运动。结合古生物学和岩浆岩岩石学的证据，作者认为北羌塘地块在二叠纪期间与华南板块一起向北漂移，北羌塘地块是在泥盆纪时期，先于南羌塘地块，从冈瓦纳大陆的北缘裂离出来的（图 1.12）。

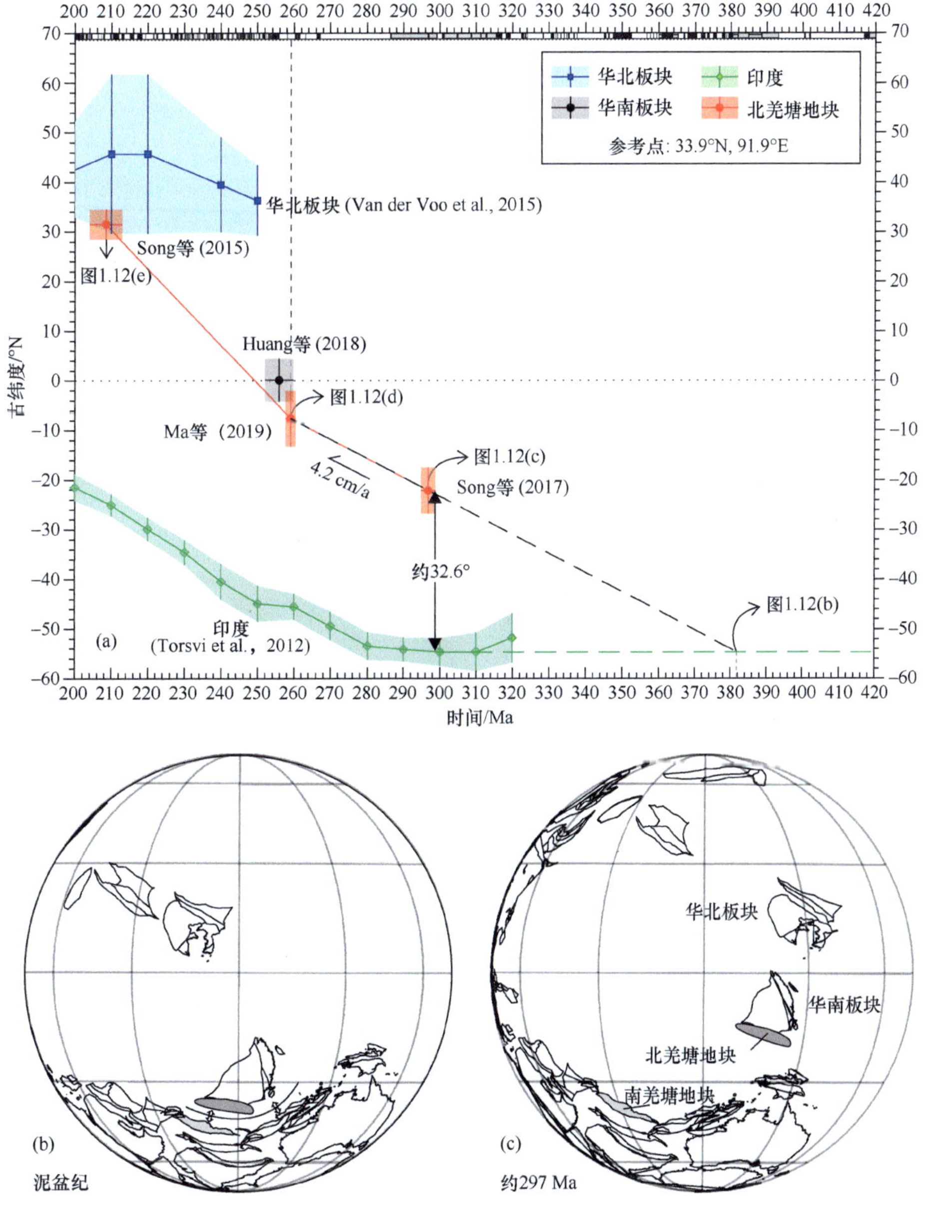

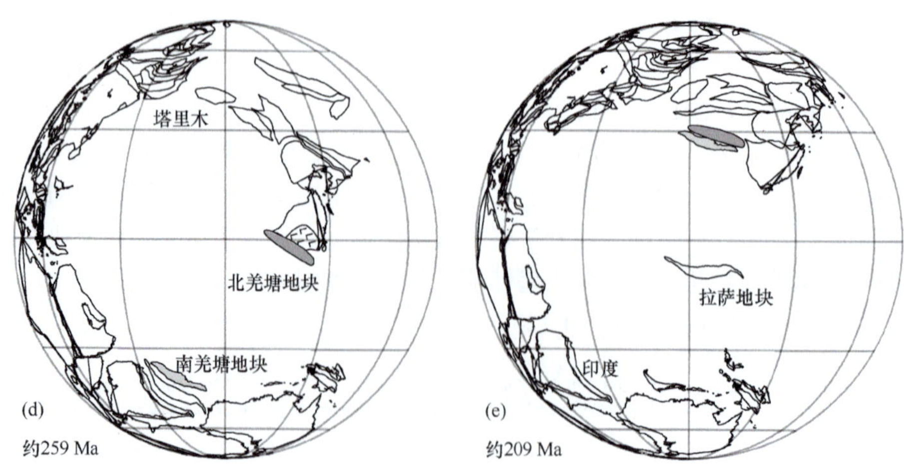

图 1.12　泥盆纪—三叠纪时期北羌塘地块和相邻地块的古纬度演化（a）和古地理重建（b~e）图解（修改自 Ma et al.，2019）

古纬度的计算以（33.9°N，91.9°E）为参考点。华北板块和印度的古纬度分别是由 Van der Voo 等（2015）和 Torsvik 等（2012）中对应的极移曲线计算得到。地磁极性柱引自 Ogg 等（2016）。北羌塘地块在约 297 Ma、约 259 Ma 和约 209 Ma 时期的古纬度分别由 Song 等（2017）、Ma 等（2019）和 Song 等（2015）报道的古地磁数据计算得出。华南板块在晚二叠世的古纬度由 Huang 等（2018）报道的古地磁数据计算得出

1.6　羌塘地块的铜金矿化

沿着羌塘高原的南缘，即班公湖－怒江缝合带，近期的勘探工作发现有一系列的大型－超大型铜金矿床，大都分布在该带的西段（汪东波等，2016；唐菊兴等，2017；王立强等，2017），包括多不杂、波龙、铁格隆南、拿若、尕尔穷－嘎拉勒、青草山等矿床（统称为多龙矿集区），使得该带有望成为西藏继玉龙和冈底斯成矿带之后的又一重要铜金资源基地（图 1.13）。多龙矿集区中大部分矿床以斑岩型为主，部分为与斑岩

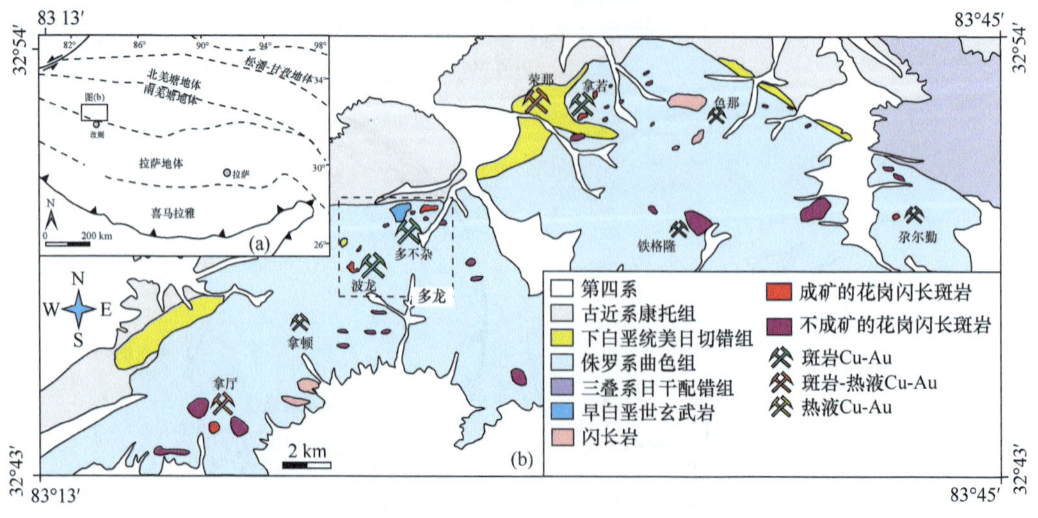

图 1.13　多龙矿集区地质图（修改自 Li et al.，2011）

有关的浅成低温热液矿床，该矿集区金属资源储量巨大，已控制的 Cu 的资源量大于 2000 万 t，Au 大于 300 t（表 1.5；唐菊兴等，2014，2016a）。

多龙矿集区出露的地层主要包括上三叠统日干配错组灰岩、下侏罗统曲色组碎屑岩、下白垩统美日切错组火山岩、新近系康托组碎屑岩和第四系。矿集区内岩浆作用主要发生在早白垩世（约 120~105 Ma），包括花岗闪长斑岩、石英闪长玢岩为主的侵入岩和中基性喷出岩为主的火山岩（Li et al.，2011）。矿集区内可见多种走向的断裂构造，其中矿床和同期火山岩均沿着北东向断裂分布，表明该断裂可能为成矿岩浆运移就位的主要通道（孙嘉等，2019）。作为矿集区中的典型矿床之一，多不杂矿床是该区发现最早的矿床，也是整个班公湖 – 怒江成矿带中首例大型斑岩型铜金矿床（曲晓明和辛洪波，2006），矿体长达 1500 m，厚度约为 200~500 m，含有 273 万 t Cu，并伴生有 85 t Au（陈红旗等，2015）。多不杂矿床斑岩体成岩年龄为 120.9 Ma，辉钼矿 Re-Os 年龄为 118 Ma（佘宏全等，2009），经历了三阶段的成矿过程（孙嘉等，2019）：早阶段以钾化蚀变为主，发育有石英 – 磁铁矿脉和石英 – 钾长石 – 辉钼矿脉；主阶段仍然为钾化蚀变，但广泛发育含黄铜矿和斑铜矿等金属硫化物的矿脉；晚阶段则以较为低温的绢英岩化和泥化蚀变为主，部分为黄铜矿、方铅矿、闪锌矿、辉钼矿和石膏等的矿脉。波龙矿床是区内另外一个重要的斑岩型矿床，矿体长达 900 m，宽约 500~900 m，含有 369 万 t Cu 和 177 万 t Au（陈红旗等，2015）。波龙矿床斑岩体成岩年龄为 119~120 Ma（陈华安等，2013），辉钼矿 Re-Os 年龄为 119 Ma（祝向平等，2011），蚀变和矿化的阶段与多不杂矿床类似，主要热液蚀变类型为钾化、绿泥石化、绢英岩化和泥化（孙嘉等，2019）。铁格隆南矿床是多龙矿集区中规模最大的浅成低温热液型矿床，矿体长达 2000 m，宽 1200 m，该矿床含有 1100 万 t Cu 和 120 t Au（唐菊兴等，2014，2016b），矿床斑岩体年龄为 123~122 Ma，辉钼矿 Re-Os 年龄为 121 Ma（Lin et al.，2017a），矿床显示出深部为钾硅酸盐化、黄铁绢英岩化、青磐岩化和浅部高级泥化的蚀变规律，早期高温阶段形成的金属硫化物包括黄铜矿、斑铜矿和黄铁矿；晚期浅成低温阶段形成的金属硫化物有铜蓝、蓝辉铜矿、辉铜矿、久辉铜矿、吉硫铜矿、斯硫铜矿、硫砷铜矿和黄铁矿（唐菊兴等，2017）。流体包裹体研究表明，多龙矿集区部分矿床含有富气相包裹体、含子矿物多相包裹体和富液相包裹体（孙嘉等，2019）。多不杂矿床中富气相包裹体的均一温度为 345~534℃，多相包裹体均一温度为 305~502℃，盐度为 31%~46%；波龙矿床中富气相包裹体均一温度为 345~533℃，多相包裹体的均一温度为 335~502℃，盐度为 33%~46%；铁格隆南矿床富液相包裹体均一温度为 364~422℃，富气相包裹体均一温度为 409~495℃（孙嘉等，2019）。

与成矿有关的岩浆岩是研究成矿深部过程最为有效的探针。多龙矿集区中，与成矿有关的岩浆岩多为中酸性斑岩，例如铁格隆南矿床中，与成矿有关的岩体从闪长玢岩变化到闪长斑岩，多不杂矿床中与成矿有关的岩体为花岗闪长斑岩，波龙矿床中的成矿岩体成分从花岗闪长斑岩变化到花岗斑岩（唐菊兴等，2017）。矿集区中的成矿岩体集中在 124~114 Ma 之间侵位，大部分岩体出露面积较小（$< 0.5\ km^2$）或呈隐伏状（王立强等，2017）。大部分岩石为钙碱性到高钾钙碱性系列，富集大离子亲石元素和

表 1.5　多龙矿集区主要矿床的地质特征

矿床	围岩	成矿岩体	蚀变特征	矿石类型	矿石矿物	成岩年龄 /Ma	成矿年龄 /Ma	储量	参考文献
多不杂	曲色组长石石英砂岩	花岗闪长斑岩	钾化、绢英岩化、青磐岩化、高岭土化、角岩化	浸染状、脉状	黄铜矿、斑铜矿、黄铁矿、自然金	120.9（SHRIMP，U-Pb）	118（Re-Os）	Cu：295 万 t Au：93 t	佘宏全等，2009；李玉彬等，2012a；张志等，2014
波龙	曲色组长石石英砂岩	花岗闪长斑岩－花岗斑岩	钾化、绢英岩化、青磐岩化、泥化	细脉浸染状、块状	黄铜矿、辉钼矿、黄铁矿、斑铜矿、自然金	120~119（LA-ICP-MS，U-Pb）	119.4（Re-Os）	Cu：272 万 t Au：126 t	祝向平等，2011；李玉彬等，2012b；陈华安等，2013；杨毅等，2015
铁格隆南	色洼组石英砂岩、粉砂岩	闪长玢岩－花岗闪长斑岩	钾化、绢英岩化、青磐岩化、泥化	细脉浸染状	黄铜矿、黄铁矿、斑铜矿、硫砷铜矿、蓝辉铜矿、久辉铜矿	125.7~116.1（LA-ICP-MS，U-Pb）	119（Re-Os）	Cu：1098 万 t Au：100 t Ag：2609 t	唐菊兴等，2014，2016b；方向等，2015；Lin et al.，2017a，2017b
拿若	色洼组石英砂岩、粉砂岩、板岩	花岗闪长斑岩－花岗闪长岩	钾化、黄铁绢英岩化、青磐岩化、角岩化	细脉浸染状、网脉状、角砾状	黄铜矿、黄铁矿、辉钼矿、赤铁矿、磁铁矿、蓝辉铜矿、铜蓝	120（LA-ICP-MS，U-Pb）	117（Re-Os）	Cu：251 万 t Au：82 t Ag：873 t	丁帅，2014，2017；高轲等，2016a
色那	色洼组石英砂岩、粉砂岩、板岩	石英闪长玢岩	硅化、角岩化、黏土化、青磐岩化	角砾状、浸染状	黄铁矿、黄铜矿、自然金	118（LA-ICP-MS，U-Pb）			高轲等，2016b；韦少港等，2016
青草山	雀莫错组变质砂岩、粉砂岩	花岗闪长斑岩、花岗斑岩	钾化、硅化、绢云母化、青磐岩化、角岩化		黄铜矿	114.6（LA-ICP-MS，U-Pb）			周金胜等，2013
尕尔勤	曲色组长石石英砂岩	花岗闪长斑岩	钾化、硅化、绢云母化、高岭土化、绿泥石化	细脉浸染状、块状	黄铜矿、黄铁矿	124.4（LA-ICP-MS，U-Pb）		Cu：6.46 万 t	张志等，2017
拿顿	曲色组石英砂岩	花岗闪长斑岩	绢云母化、泥化、明矾石化、高岭土化		黄铜矿、黄铁矿、斑铜矿、蓝辉铜矿、黝铜矿、砷黝铜矿、硫砷铜矿	117.5（LA-ICP-MS，U-Pb）			孙嘉等，2020
拿厅	曲色组长石石英砂岩	花岗闪长岩－花岗闪长斑岩	硅化、黏土化、碳酸盐化、绢云母化、青磐岩化、褐铁矿化	浸染状、网脉状	黄铜矿、黄铁矿、斑铜矿、方铅矿、闪锌矿			Cu：156 万 t Au：118 t	李玉昌等，2016
地堡	曲色组长石石英砂岩	花岗斑岩	硅化、泥化、石膏化、青磐岩化、褐铁矿化	细脉状、浸染状	黄铜矿、铜蓝、斑铜矿、蓝辉铜矿、黄铁矿	122（LA-ICP-MS，U-Pb）			林彬等，2016；张文磊等，2016

亏损高场强元素，稀土配分图解上显示出右倾的配分模式，缺少明显的负 Eu 异常，部分岩石具有埃达克质的特征，而另一部分岩石则具有较低的 Sr/Y 值（王勤等，2015；孙嘉等，2017；王立强等，2017；李玉彬等，2019；林彬等，2019）。成矿岩浆具有高的氧逸度（ΔNNO ＞ +1）、高的硫（约 1800 ppm[①]）和氯含量（＞ 1.0%）（Li et al., 2021）。综合这些特征，班公湖 – 怒江成矿带北侧（包括多龙矿集区）矿床的形成类似于当今环太平洋斑岩成矿带，即为班公湖 – 怒江洋壳向北俯冲的产物（李金祥等，2008；周金胜等，2013；王立强等，2017；林彬等，2019）。

参考文献

陈红旗, 曲晓明, 范淑芳, 2015. 西藏改则县多龙矿集区斑岩型铜金矿床的地质特征与成矿–找矿模型. 矿床地质34, 321–332.

陈华安, 祝向平, 马东方, 黄瀚霄, 李光明, 李玉彬, 李玉昌, 卫鲁杰, 刘朝强, 2013. 西藏波龙斑岩铜金矿床成矿斑岩年代学、岩石化学特征及其成矿意义. 地质学报87, 1593–1611.

丁林, 周勇, 张进江, 邓万明, 2000. 藏北鱼鳞山新生代火山岩及风化壳复合堆积物的组成和时代. 科学通报14, 1475–1481.

丁帅, 2014. 西藏改则县拿若铜(金)矿地质特征研究. 成都理工大学硕士论文.

丁帅, 2017. 西藏冈底斯成矿带斯弄多浅成低温热液型银铅锌矿床成岩与成矿作用研究. 成都理工大学博士论文.

董春艳, 李才, 万渝生, 王伟, 吴彦旺, 颉颃强, 刘敦一, 2011. 西藏羌塘龙木错–双湖缝合带南侧奥陶纪温泉石英岩碎屑锆石年龄分布模式: 构造归属及物源区制约. 中国科学: 地球科学41, 299–308.

董学斌, 王忠民, 谭承泽, 杨惠心, 程立人, 周姚秀, 1991. 青藏高原古地磁研究新结果. 地质论评37, 160–164.

董永胜, 李才, 2009. 藏北羌塘中部果干加年山地区发现榴辉岩. 地质通报28, 1197–1200.

方向, 唐菊兴, 宋杨, 杨超, 丁帅, 王艺云, 王勤, 孙兴国, 李玉彬, 卫鲁杰, 张志, 杨欢欢, 高轲, 唐攀, 2015. 西藏铁格隆南超大型浅成低温热液铜(金、银)矿床的形成时代及其地质意义. 地球学报36, 168–176.

高轲, 多吉, 唐菊兴, 张志, 宋俊龙, 丁帅, 宋扬, 林彬, 冯军, 2016a. 西藏多龙矿集区拿若铜(金)矿床蚀变特征. 矿物岩石地球化学通报35, 1226–1237.

高轲, 唐菊兴, 方向, 张志, 王勤, 杨欢欢, 王艺云, 冯军, 2016b. 西藏多龙矿集区色那铜金矿地质特征、侵入岩地球化学特征及其地质意义. 矿物学报36, 199–207.

何世平, 李荣社, 王超, 张宏飞, 计文化, 于浦生, 辜平阳, 时超, 2011. 青藏高原北羌塘昌都地块发现~4.0 Ga碎屑锆石. 科学通报56, 573–585.

何世平, 李荣社, 王超, 辜平阳, 于浦生, 时超, 查显锋, 2013. 昌都地块宁多岩群形成时代研究: 北羌塘基

① ppm 代表质量分数，1 ppm 为 10^{-6}。

底存在的证据. 地学前缘20, 15–24.

胡培远, 李才, 解超明, 吴彦旺, 王明, 苏犁, 2013. 藏北羌塘中部桃形湖蛇绿岩中钠长花岗岩——古特提斯洋壳消减的证据. 岩石学报29, 4404–4414.

黄继钧, 2001. 羌塘盆地基底构造特征. 地质学报75, 333–337.

计文化, 李荣社, 陈守建, 何世平, 赵振明, 边小卫, 朱海平, 崔继岗, 任绢刚, 2011. 甜水海地块古元古代火山岩的发现及其地质意义. 中国科学: 地球科学41, 1268–1280.

姜庆运, 但卫, 王强, 张修政, 唐功建, 2021. 青藏高原北羌塘三叠纪花岗岩中发现新元古代的基底信息: 来自锆石SIMS U-Pb年龄和Hf-O同位素的约束. 大地构造与成矿学45, 389–400.

李才, 1987. 龙木错–双湖–澜沧江板块缝合带与石炭二叠纪冈瓦纳北界. 长春地质学院学报17, 155–166.

李才, 2003. 羌塘基底质疑. 地质论评49, 4–9.

李才, 程立人, 胡克, 杨曾荣, 洪裕荣, 1995. 西藏龙木错–双湖古特提斯缝合带研究. 北京: 地质出版社.

李才, 朱志勇, 迟效国, 2002. 藏北改则地区鱼鳞山组火山岩同位素年代学. 地质通报11, 732–734.

李才, 翟庆国, 程立人, 徐峰, 黄小鹏, 2005. 青藏高原羌塘地区几个关键地质问题的思考. 地质通报24, 295–301.

李才, 翟庆国, 董永胜, 黄小鹏, 2006a. 青藏高原羌塘中部榴辉岩的发现及其意义. 科学通报51, 70–74.

李才, 黄小鹏, 翟庆国, 朱同兴, 于远山, 王根厚, 曾庆高, 2006b. 龙木错–双湖–吉塘板块缝合带与青藏高原冈瓦纳北界. 地学前缘13, 136–147.

李才, 黄小鹏, 牟世勇, 迟效国, 2006c. 藏北羌塘南部走构由茶错地区火山岩定年与康托组时代的厘定. 地质通报Z1, 226–228.

李才, 翟庆国, 董永胜, 于介江, 黄小鹏, 2007. 青藏高原羌塘中部果干加年山上三叠统望湖岭组的建立及意义. 地质通报8, 1003–1008.

李才, 翟庆国, 董永胜, 蒋光武, 解超明, 吴彦旺, 王明, 2008. 冈瓦纳大陆北缘早期的洋壳信息——来自青藏高原羌塘中部早古生代蛇绿岩的依据. 地质通报27, 1605–1612.

李才, 翟刚毅, 王立全, 尹福光, 毛晓长, 2009. 认识青藏高原的重要窗口——羌塘地区近年来研究进展评述(代序). 地质通报28, 1169–1177.

李才, 解超明, 王明, 吴彦旺, 胡培远, 张修政, 徐锋, 范建军, 吴浩, 刘一鸣, 彭虎, 江庆源, 陈景文, 徐建鑫, 翟庆国, 董永胜, 张天羽, 黄小鹏, 2016. 羌塘地质. 北京: 地质出版社.

李建国, 2015. 可可西里新生代雅西措组和五道梁组孢粉组合浅探. 第四纪研究35, 787–790.

李金祥, 李光明, 秦克章, 肖波, 2008. 班公湖带多不杂富金斑岩铜矿床斑岩–火山岩的地球化学特征与时代: 对成矿构造背景的制约. 岩石学报24, 531–543.

李玉彬, 多吉, 钟婉婷, 李玉昌, 强巴旺堆, 陈红旗, 刘鸿飞, 张金树, 张天平, 徐志忠, 范安辉, 索朗旺钦, 2012a. 西藏改则县多不杂斑岩型铜金矿床勘查模型. 地质与勘探48, 274–287.

李玉彬, 钟婉婷, 张天平, 陈华安, 李玉昌, 陈红旗, 范安辉, 2012b. 西藏改则县波龙斑岩型铜金矿床地球化学特征及成因浅析. 地球学报33, 579–587.

李玉彬, 钟婉婷, 郭建慈, 秦志鹏, 张志, 李建力, 邓时强, 李玉昌, 2019. 西藏班公湖–怒江成矿带西段拿厅斑岩Cu(Au)矿床的火成岩岩石成因与成矿物质来源. 岩石学报35, 1717–1737.

李玉昌, 唐菊兴, 祝向平, 陈红旗, 宋扬, 2016. 西藏多龙整装勘查区专项填图与技术应用示范报告. 格尔木: 西藏自治区地质矿产勘查开发局第五地质大队.

林彬, 陈毓川, 唐菊兴, 宋扬, 王勤, 冯军, 李彦波, 唐晓倩, 林鑫, 刘治博, 王艺云, 方向, 杨超, 杨欢欢, 费凡, 李力, 高轲, 2016. 西藏多龙矿集区地堡Cu(Au)矿床含矿斑岩锆石U-Pb测年、Hf同位素组成及其地质意义. 地质论评62, 1565–1578.

林彬, 方向, 王艺云, 杨欢欢, 贺文, 2019. 西藏铁格隆南超大型铜(金、银)矿含矿斑岩岩石成因及其对多龙地区早白垩世成矿动力学机制的启示. 岩石学报35, 642–664.

刘函, 王保弟, 陈莉, 李小波, 王立全, 2015. 龙木错–双湖古特提斯洋俯冲记录——羌塘中部日湾茶卡早石炭世岛弧火山岩. 地质通报1, 274–282.

陆济璞, 张能, 黄位鸿, 唐专红, 李玉坤, 许华, 周秋娥, 陆刚, 李乾, 2006. 藏北羌塘中北部红脊山地区蓝闪石+硬柱石变质矿物组合的特征及其意义. 地质通报25, 70–75.

彭虎, 李才, 解超明, 王明, 江庆源, 陈景文, 2014. 藏北羌塘中部日湾茶卡组物源——LA-ICP-MS锆石U-Pb年龄及稀土元素特征. 地质通报33, 1715–1727.

曲晓明, 辛洪波, 2006. 藏西班公湖斑岩铜矿带的形成时代与成矿构造环境. 地质通报7, 792–799.

任海东, 颜茂都, 孟庆泉, 宋春晖, 方小敏, 2013. 羌塘盆地磁倾角浅化校正及其在构造上的应用——中侏罗纪以来约1000 km的南北向缩短. 地质科学48, 543–556.

任纪舜, 王作勋, 陈炳蔚, 姜春发, 牛宝贵, 李锦轶, 谢广连, 和政军, 刘志刚, 1997. 新一代中国大地构造图. 中国区域地质16, 225–248.

佘宏全, 李进文, 马东方, 李光明, 张德全, 丰成友, 屈文俊, 潘桂棠, 2009. 西藏多不杂斑岩铜矿床辉钼矿Re-Os和锆石U-Pb SHRIMP测年及地质意义. 矿床地质28, 737–746.

沈利军, 2020. 北羌塘盆地唢呐湖组沉积环境与高原隆升响应. 成都理工大学博士论文.

施建荣, 董永胜, 王生云, 2009. 藏北羌塘中部果干加年山斜长花岗岩定年及其构造意义. 地质通报 28, 1236–1243.

宋春彦, 王剑, 付修根, 冯兴雷, 陈明, 何利, 2012. 青藏高原羌塘盆地晚三叠世古地磁数据及其构造意义. 吉林大学学报(地球科学版) 42, 526–535.

孙嘉, 毛景文, 姚佛军, 段先哲, 2017. 西藏多龙矿集区岩浆岩成因与成矿作用关系研究. 岩石学报33, 3217–3238.

孙嘉, 毛景文, 林彬, 姚佛军, 李玉彬, 贺文, 刘泽群, 2019. 西藏多龙矿集区典型矿床(点)矿化特征与成矿作用对比研究. 矿床地质38, 1159–1184.

孙嘉, 毛景文, 王佳新, 姚佛军, 李玉彬, 2020. 西藏多龙矿集区拿顿铜金矿床成矿时代的厘定及其找矿指示意义. 矿床地质39, 1091–1102.

谭富文, 王剑, 付修根, 陈明, 杜佰伟, 2009. 藏北羌塘盆地基底变质岩的锆石SHRIMP年龄及其地质意义. 岩石学报25, 139–146.

唐菊兴, 孙兴国, 丁帅, 王勤, 王艺云, 杨超, 陈红旗, 李彦波, 李玉彬, 卫鲁杰, 张志, 宋俊龙, 杨欢欢, 段吉琳, 高轲, 方向, 谭江云, 2014. 西藏多龙矿集区发现浅成低温热液型铜(金银)矿床. 地球学报35, 6–10.

唐菊兴, 丁帅, 孟展, 胡古月, 高一鸣, 谢富伟, 李壮, 袁梅, 杨宗耀, 陈国荣, 李于海, 杨洪钰, 付燕刚, 2016a. 西藏林子宗群火山岩中首次发现低硫化型浅成低温热液型矿床——以斯弄多银多金属矿为例. 地球学报37, 461–470.

唐菊兴, 宋扬, 王勤, 林彬, 杨超, 郭娜, 方向, 杨欢欢, 王艺云, 高轲, 丁帅, 张志, 段吉琳, 陈红旗, 粟登逵, 冯军, 刘治博, 韦少港, 贺文, 宋俊龙, 李彦波, 卫鲁杰, 2016b. 西藏铁格隆南铜(金银)矿床地质特征及勘查模型——西藏首例千万吨级斑岩–浅成低温热液型矿床. 地球学报37, 663–690.

唐菊兴, 王勤, 杨欢欢, 高昕, 张泽斌, 邹兵, 2017. 西藏斑岩–矽卡岩–浅成低温热液铜多金属矿成矿作用、勘查方向与资源潜力. 地球学报38, 571–613.

汪东波, 江少卿, 董方浏, 2016. 藏北多龙矿集区荣那斑岩铜矿找矿突破的实践. 中国地质43, 1599–1612.

王保弟, 王立全, 王冬兵, 李奋其, 唐渊, 王启宇, 闫国川, 吴喆, 2021. 西南三江金沙江弧盆系时空结构及构造演化. 沉积与特提斯地质41, 246–264.

王成善, 伊海生, 李勇, 邓斌, 刘登忠, 王国芝, 石和, 李佑国, 2001. 西藏羌塘盆地地质演化与油气远景评价. 北京: 地质出版社.

王国芝, 王成善, 2001. 西藏羌塘基底变质岩系的解体和时代厘定. 中国科学D辑: 地球科学 S1, 77–82.

王剑, 谭富文, 李亚林, 李永铁, 陈明, 王成善, 郭祖军, 王小龙, 杜佰伟, 朱忠发, 2004. 青藏高原重点沉积盆地油气资源潜力分析. 北京: 地质出版社.

王剑, 丁俊, 王成善, 谭富文, 陈明, 胡平, 李亚林, 高锐, 方慧, 朱利东, 李秋生, 张明华, 李忠雄, 杜佰伟, 付修根, 万方, 张建龙, 陈文彬, 凌小明, 2009. 青藏高原油气资源战略选区调查与评价. 北京: 地质出版社.

王剑, 曾胜强, 付修根, 陈文彬, 戴婕, 任静, 2019. 羌塘盆地唢呐湖组时代归属新证据. 地质通报38, 1256–1258.

王剑, 付修根, 沈利军, 谭富文, 宋春彦, 陈文彬, 2020. 论羌塘盆地油气勘探前景. 地质论评66, 1091–1113.

王立强, 王勇, 旦真王修, 李宝龙, 李壮, 李申, 范源, 李威, 龚福志, 2017. 班公湖—怒江成矿带西段主要岩浆热液型矿床成矿特征初探. 地球学报38, 615–626.

王勤, 唐菊兴, 方向, 林彬, 宋扬, 王艺云, 杨欢欢, 杨超, 李彦波, 卫鲁杰, 冯军, 李力, 2015. 西藏多龙矿集区铁格隆南铜(金银)矿床荣那矿段安山岩成岩背景: 来自锆石U-Pb年代学、岩石地球化学的证据. 中国地质42, 1324–1336.

韦少港, 宋扬, 唐菊兴, 高轲, 冯军, 李彦波, 侯淋, 2016. 西藏色那铜(金)矿床石英闪长玢岩年代学、地球化学与岩石成因. 中国地质43, 1894–1912.

魏启荣, 李德威, 王国灿, 郑建平, 2007. 青藏高原北部查保马组火山岩的锆石SHRIMP U-Pb定年和地球化学特点及其成因意义. 岩石学报11, 2727–2736.

吴福元, 万博, 赵亮, 肖文交, 朱日祥, 2020. 特提斯地球动力学. 岩石学报36, 1627–1674.

夏代祥, 1993. 西藏自治区区域地质志. 北京: 地质出版社 .

谢元和, 王永胜, 郑春子, 李学彬, 王忠恒, 孙忠刚, 2008. 藏北南羌塘陆块北缘毕洛错地区古近纪纳丁错组火山岩的特征及构造环境. 地质通报154, 356–363.

薛伟伟, 马安林, 胡修棉, 2020. 羌塘盆地侏罗系—白垩系岩石地层格架厘定. 地质论评66, 1114–1129.

杨耀, 赵中宝, 苑婷媛, 刘焰, 李聪颖, 2014. 藏北羌塘奥陶纪平行不整合面的厘定及其构造意义. 岩石学报30, 2381–2392.

杨毅, 张志, 唐菊兴, 陈毓川, 李玉彬, 王立强, 李建力, 高轲, 王勤, 杨欢欢, 2015. 西藏多龙矿集区波龙斑岩铜矿床蚀变与脉体系统. 中国地质42, 759–776.

叶祥华, 李家福, 1987. 古地磁与西藏板块及特提斯的演化. 成都地质学院学报1, 65–79.

翟庆国, 李才, 2007. 藏北羌塘菊花山那底岗日组火山岩锆石SHRIMP定年及其意义. 地质学报81, 795–800.

翟庆国, 李才, 黄小鹏, 2006. 西藏羌塘中部角木日地区二叠纪玄武岩的地球化学特征及其构造意义. 地质通报25, 1419–1427.

张克信, 王国灿, 季军良, 骆满生, 寇晓虎, 王岳明, 徐亚东, 陈奋宁, 陈锐明, 宋博文, 张楗钰, 梁银平, 2010. 青藏高原古近纪–新近纪地层分区与序列及其对隆升的响应. 中国科学: 地球科学40, 1632.

张乐, 董永胜, 张修政, 邓明荣, 许王, 2014. 藏北羌塘中西部红脊山地区早二叠世埃达克质岩石的发现及其地质意义. 地质通报33, 1728–1739.

张文磊, 于涛, 刘堂, 汪东, 熊义军, 2016. 西藏地堡那木岗矿区水系沉积物地球化学特征及找矿预测. 地质与资源25, 356–359.

张修政, 董永胜, 李才, 陈文, 施建荣, 张彦, 王生云, 2010a. 青藏高原羌塘中部不同时代榴辉岩的识别及其意义–来自榴辉岩及其围岩^{40}Ar-^{39}Ar年代学的证据. 地质通报29, 1815–1824.

张修政, 董永胜, 李才, 施建荣, 王生云, 2010b. 青藏高原羌塘中部榴辉岩地球化学特征及其大地构造意义. 地质通报29, 1804–1814.

张修政, 董永胜, 施建荣, 王生云, 2010c. 羌塘中部龙木错–双湖缝合带中硬玉石榴石二云母片岩的成因及意义. 地学前缘17, 93–103.

张修政, 董永胜, 李才, 解超明, 王明, 邓明, 荣张乐, 2014. 从洋壳俯冲到陆壳俯冲和碰撞: 来自羌塘中西部地区榴辉岩和蓝片岩地球化学的证据. 岩石学报30, 2821–2834.

张耀玲, 沈燕绪, 吴珍汉, 赵珍, 2018. 西藏改则地区美苏组岩浆岩锆石U-Pb年龄及地质意义. 地质力学学报24, 128–136.

张志, 陈毓川, 唐菊兴, 李玉彬, 高轲, 王勤, 李壮, 李建力, 2014. 西藏多不杂富金斑岩铜矿床蚀变与脉体系统. 矿床地质33, 1268–1286.

张志, 方向, 唐菊兴, 王勤, 杨超, 王艺云, 丁帅, 杨欢欢, 2017. 西藏多龙矿集区尕尔勤斑岩铜矿床年代学及地球化学——兼论硅帽的识别与可能的浅成低温热液矿床. 岩石学报33, 476–494.

赵珍, 吴珍汉, 杨易卓, 季长军, 2020. 羌塘中部陆相红层时代的U-Pb年龄约束. 地质论评66, 1155–1171.

周金胜, 孟祥金, 臧文栓, 杨竹森, 徐玉涛, 张雄, 2013. 西藏青草山斑岩铜金矿含矿斑岩锆石U-Pb年代学、微量元素地球化学及地质意义. 岩石学报29, 3755–3766.

朱日祥, 赵盼, 赵亮, 2022. 新特提斯洋演化与动力过程. 中国科学: 地球科学32, 751.

朱同兴, 张启跃, 董瀚, 王玉净, 于远山, 冯心涛, 2006. 藏北双湖才多茶卡一带构造混杂岩中新发现晚泥盆世和晚二叠世放射虫硅质岩. 地质通报25, 1413–1418.

祝向平, 陈华安, 马东方, 黄瀚霄, 李光明, 李玉彬, 李玉昌, 2011. 西藏波龙斑岩铜金矿床的Re-Os同位素年龄及其地质意义. 岩石学报27, 2159–2164.

Achache, J., Courtillot, V., Zhou, Y.X., 1984. Paleogeographic and tectonic evolution of southern Tibet since middle Cretaceous time-new paleomagnetic data and synthesis. Journal of Geophysical Research 89, 311–339.

Cao, Y., Sun, Z., Li, H., Pei, J., Liu, D., Zhang, L., Ye, X., Zheng, Y., He, X., Ge, C., Jiang, W., 2019. New paleomagnetic results from middle Jurassic limestones of the Qiangtang terrane, Tibet: constraints on the evolution of the Bangong-Nujiang Ocean. Tectonics 38, 215–232.

Cao, Y., Sun, Z., Li, H., Ye, X., Pan, J., Liu, D., Zhang, L., Wu, B., Cao, X., Liu, C., Yang, Z., 2020. Paleomagnetism and U-Pb geochronology of early Cretaceous volcanic rocks from the Qiangtang Block, Tibetan Plateau: implications for the Qiangtang-Lhasa collision. Tectonophysics 789, 228500.

Cawood, P.A., Hawkesworth, C.J., Dhuime, B., 2012. Detrital zircon record and tectonic setting. Geology 40, 875–878.

Chen, W., Zhang, S., Ding, J., Zhang, J., Zhao, X., Zhu, L., Yang, W., Yang, T., Li, H., Wu, H., 2017. Combined paleomagnetic and geochronological study on Cretaceous strata of the Qiangtang terrane, central Tibet. Gondwana Research 41, 373–389.

Cheng, X., Wu, H., Guo, Q., Hou, B., Xia, L., Wang, H., Diao, Z., Huo, F., Ji, W., Li, R., Chen, S., Zhao, Z., Liu, X., 2012. Paleomagnetic results of Late Paleozoic rocks from northern Qiangtang Block in Qinghai-Tibet Plateau, China. Science China Earth Sciences 55, 67–75.

Cheng, X., Wu, H., Diao, Z., Wang, H., Ma, L., Zhang, X., Yang, G., Hong, J., Ji, W., Li, R., Chen, S., Zhao, Z., 2013. Paleomagnetic data from the Late Carboniferous-Late Permian rocks in eastern Tibet and their implications for tectonic evolution of the northern Qiangtang-Qamdo block. Science China Earth Sciences 56, 1209–1220.

Chung, S.L., Chu, M.F., Zhang, Y., Xie, Y., Lo, C.H., Lee, T.Y, Lan, C.Y., Li, X.H, Zhang, Q., Wang, Y., 2005. Tibetan tectonic evolution inferred from spatial and temporal variations in post-collisional magmatism. Earth-Science Reviews 68,173–196.

Dan, W., Wang, Q., White, W.M., Zhang, X.Z., Tang, G.J., Jiang, Z.Q., Hao, L.L., Ou, Q., 2018. Rapid formation of eclogites during a nearly closed ocean: revisiting the Pianshishan eclogite in Qiangtang, central Tibetan Plateau. Chemical Geology 477, 112–122.

Dan, W., Wang, Q., Li, X.H., Tang, G.J., Zhang, C.F., Zhang, X.Z., Wang, J., 2019. Low $\delta^{18}O$ magmas in the carboniferous intra-oceanic arc, central Tibet: implications for felsic magma generation and oceanic arc accretion. Lithos 326, 28–38.

Dan, W., Wang, Q., Murphy, J.B., Zhang, X.Z., Xu, Y.G., White, W.M., Jiang, Z.Q., Ou, Q., Hao, L.L., Qi, Y., 2021a. Short duration of Early Permian Qiangtang-Panjal large igneous province: implications for origin of the Neo-Tethys Ocean. Earth and Planetary Science Letters 568, 117054.

Dan, W., Wang, Q., White, W.M., Li, X.H., Zhang, X.Z., Tang, G.J., Ou, Q., Hao, L.L., Qi, Y., 2021b. Passive-margin magmatism caused by enhanced slab-pull forces in central Tibet. Geology 49, 130–134.

Dan, W., Wang, Q., Zhang, X.Z., Tang, G.J., 2020. Early Paleozoic S-type granites as the basement of Southern Qiantang Terrane, Tibet. Lithos 356, 105395.

Dan, W., Murphy, J.B., Tang, G.J., Zhang, X.Z., White, W.M., Wang, Q., 2023. Cambrian–Ordovician magmatic flare-up in NE Gondwana: a silicic large igneous province? Geological Society of America Bulletin 135, 1618–1632.

DeCelles, P.G., Kapp, P., Ding, L., Gehrels, G.E., 2007. Late Cretaceous to middle Tertiary basin evolution in the central Tibetan Plateau: changing environments in response to tectonic partitioning, aridification, and regional elevation gain. Geological Society of America Bulletin 119, 654–680.

Dewey, J.F., Shackleton, R.M., Chengfa, C., Yiyin, S., 1988. The tectonic evolution of the Tibetan Plateau. Philosophical Transactions of the Royal Society of London. Series A, Mathematical and Physical Sciences 327, 379–413.

Ding, L., Kapp, P., Zhong, D.L., Deng, W.M., 2003. Cenozoic volcanism in Tibet: evidence for a transition from oceanic to continental subduction. Journal of Petrology 44, 1833–1865.

Ding, L., Kapp, P., Yue, Y., Lai, Q., 2007. Postcollisional calc-alkaline lavas and xenoliths from the southern Qiangtang terrane, central Tibet. Earth and Planetary Science Letters 254, 28–38.

Dong, Y.L., Wang, B.D., Zhao, W.X., Yang, T.N., Xu, J.F., 2016. Discovery of eclogite in the Bangong Co-Nujiang ophiolitic mélange, central Tibet, and tectonic implications. Gondwana Research 35, 115–123.

Fan, J.J., Li, C., Wang, M., Xie, C.M., Xu, W., 2015. Features, provenance, and tectonic significance of Carboniferous-Permian glacial marine diamictites in the Southern Qiangtang-Baoshan block, Tibetan Plateau. Gondwana Research 28, 1530–1542.

Fan, J.J., Li, C., Xie, C.M., Liu, Y.M., Xu, J.X., Chen, J.W., 2017. Remnants of late Permian–middle Triassic ocean islands in northern Tibet: implications for the late-stage evolution of the Paleo-Tethys Ocean. Gondwana Research 44, 7–21.

Fan, J.J., Niu, Y.L., Liu, Y.M., Hao, Y.J., 2021. Timing of closure of the Meso-Tethys Ocean: constraints from remnants of a 141–135 Ma ocean island within the Bangong-Nujiang Suture Zone, Tibetan Plateau. Geological Society of America Bulletin 133, 1875–1889.

Fang, X., Dupont-Nivet, G., Wang, C., Song, C., Meng, Q., Zhang, W. Nie, J., Zhang, T., Mao, Z., Chen, Y., 2020. Revised chronology of central Tibet uplift (Lunpola Basin). Science Advances 6, eaba7298.

Gehrels, G., Kapp, P., DeCelles, P., Pullen, A., Blakey, R., Weislogel, A., Ding, L., Guynn, J., Martin, A., McQuarrie, N., Yin, A., 2011. Detrital zircon geochronology of pre-Tertiary strata in the Tibetan-Himalayan orogen. Tectonics 30, TC5016.

Guan, C., Yan, M., Zhang, W., Zhang, D., Fu, Q., Yu, L., Xu, W., Zan, J., Li, B., Zhang, T., Shen, M., 2021. Paleomagnetic and chronologic data bearing on the Permian/Triassic boundary position of Qamdo in the Eastern Qiantang Terrane: implications for the closure of the Paleo-Tethys. Geophysical Research Letters 48, e2020GL092059.

Han, Z., Sinclair, H.D., Li, Y., Wang, C., Tao, Z., Qian, X., Ning, Z., Zhang, J., Wen, Y., Lin, J., Zhang, B., Xu, M., Dai, J., Zhou, A., Liang, H., Cao, S., 2019. Internal drainage has sustained low-relief Tibetan landscapes since the Early Miocene. Geophysical Research Letters 46, 8741–8752.

Hao, L.L., Wang, Q., Wyman, D.A., Ou, Q., Dan, W., Jiang, Z.Q., Wu, F.Y., Yang, J.H., Long, X.P., Li, J., 2016. Underplating of basaltic magmas and crustal growth in a continental arc: evidence from Late Mesozoic intermediate-felsic intrusive rocks in southern Qiangtang, central Tibet. Lithos 245, 223–242.

Hao, L.L., Wang, Q., Zhang, C., Ou, Q., Yang, J.H., Dan, W., Jiang, Z.Q. 2019. Oceanic plateau subduction during closure of Bangong-Nujiang Tethys: insights from Central Tibetan volcanic rocks. Geological Society of American Bulletin 131, 864–880.

He, H.Y., Li, Y.L., Wang, C.S., Han, Z.P., Ma, P.F., Xiao, S.Q., 2019. Petrogenesis and tectonic implications of late cretaceous highly fractionated I-type granites from the Qiangtang block, central Tibet. Journal of Asian Earth Science 176, 337–352.

He, W.H., Bu, J.J., Niu, Z.J., Zhang, Y., 2009. A new Late Permian brachiopod fauna from Tanggula, Qinghai-Tibet Plateau and its palaeogeographical implications. Alcheringa 33, 113–132.

Hu, P.Y., Li, C., Wu, Y.W., Xie, C.M., Wang, M., Li, J., 2014. Opening of the Longmu Co-Shuanghu-Lancangjiang Ocean: constraints from plagiogranites. Chinese Science Bulletin 59, 3188–3199.

Huang, B., Yan, Y., Piper, J. D., Zhang, D., Yi, Z., Yu, S., Zhou, T., 2018. Paleomagnetic constraints on the paleogeography of the East Asian blocks during Late Paleozoic and Early Mesozoic times. Earth-Science Reviews 186, 8–36.

Huang, K., Opdyke, N.D., Peng, X.G., Li, J.G., 1992. Paleomagnetic results from the upper Permian of the eastern Qiangtang terrane of Tibet and their tectonic implications. Earth and Planetary Science Letters 111, 1–10.

Ji, C., Yan, L.L., Lu, L., Jin, X., Huang, Q., Zhang, K.J., 2021. Anduo Late Cretaceous high-K calc-alkaline and shoshonitic volcanic rocks in central Tibet, western China: relamination of the subducted Meso-Tethyan oceanic plateau. Lithos 400, 106345.

Jiang, Q.Y., Li, C., Su, L., Hu, P.Y., Xie, C.M., Wu, H., 2015. Carboniferous arc magmatism in the Qiangtang area, northern Tibet: zircon U-Pb ages, geochemical and Lu-Hf isotopic characteristics, and tectonic implications. Journal of Asian Earth Sciences 100, 132–144.

Kapp, P., Yin, A., Manning, C.E., 2003. Tectonic evolution of the early Mesozoic blueschist-bearing Qiangtang metamorphic belt, central Tibet. Tectonics 22, 1043.

Lai, S., Qin, J., Li, Y., Liu, X., 2007. Cenozoic volcanic rocks in the Belog Co area, Qiangtang, northern Tibet, China: petrochemical evidence for partial melting of the mantle-crust transition zone. Chinese Journal of Geochemistry 26, 305–311.

Li, J.X., Qin, K.Z., Li, G.M., Xiao, B., Zhao, J.X., Chen, L., 2011. Magmatic-hydrothermal evolution of the Cretaceous Duolong gold-rich porphyry copper deposit in the Bangongco metallogenic belt, Tibet: evidence from U-Pb and $^{40}Ar/^{39}Ar$ geochronology. Journal of Asian Earth Sciences 41, 525–536.

Li, J.X., Li, G.M., Evans, N.J., Zhao, J.X., Qin, K.Z., Xie, J., 2021. Primary fluid exsolution in porphyry copper systems: evidence from magmatic apatite and anhydrite inclusions in zircon. Mineralium Deposita 56, 407–415.

Li, P.W., Rui, G., Cui, J.W., Ye, G., 2004. Paleomagnetic analysis of eastern Tibet: implications for the collisional and amalgamation history of the Three Rivers Region, SW China. Journal of Asian Earth Sciences 24, 291–310.

Li, S.M., Zhu, D.C., Wang, Q., Zhao, Z.D., Sui, Q.L., Liu, S.A., Liu, D., Mo, X.X., 2014. Northward subduction of Bangong–Nujiang Tethys: insight from Late Jurassic intrusive rocks from Bangong Tso in western

Tibet. Lithos 205, 284–297.

Li, Y., He, J., Wang, C., Santosh, M., Dai, J., Zhang, Y., Wei, Y., Wang, J., 2013. Late Cretaceous K-rich magmatism in central Tibet: evidence for early elevation of the Tibetan plateau? Lithos 160, 1–13.

Li, Y., He, H., Wang, C., Wei, S., Chen, X., He, J., Ning, Z., Zhou, A., 2017. Early Cretaceous (ca. 100 Ma) magmatism in the southern Qiangtang subterrane, central Tibet: product of slab break-off? International Journal of Earth Sciences 106, 1289–1310.

Li, Y.L., Wang, C.S., Zhao, X.X., Yin, A., Ma, C., 2012. Cenozoic thrust system, basin evolution, and uplift of the Tanggula Range in the Tuotuohe region, central Tibet. Gondwana Research 22, 482–492.

Lin, B., Tang, J.X., Chen, Y.C., Song, Y., Hall, G., Wang, Q., Yang, C., Fang, X., Duan, J.L., Yang, H.H., Liu, Z.B., Wang, Y.Y., Feng, J., 2017a. Geochronology and genesis of the Tiegelongnan porphyry Cu (Au) deposit in Tibet: evidence from U-Pb, Re-Os dating and Hf, S, and H-O isotopes. Resource Geology 67, 1–21.

Lin, B., Chen, Y.C., Tang, J.X., Wang, Q., Song, Y., Yang, C., Wang, W.L., He, W., Zhang, L.J., 2017b. $^{40}Ar/^{39}Ar$ and Rb-Sr Ages of the Tiegelongnan porphyry Cu-(Au) deposit in the Bangong Co-Nujiang metallogenic belt of Tibet, China: implication for generation of super-large deposit. Acta Geologica Sinica-English Edition 91, 602–616.

Lin, J., Dai, J.G., Zhuang, G., Jia, G., Zhang, L., Ning, Z., Li, Y., Wang, C., 2020. Late Eocene-Oligocene high relief paleotopography in the North Central Tibetan Plateau: insights from detrital zircon U-Pb geochronology and leaf wax hydrogen isotope studies. Tectonics 39, e2019TC005815.

Lin, J.L., Watts, D.R., 1988. Paleomagnetic results from the Tibetan plateau. Philosophical Transactions of the Royal Society A 327, 239–262.

Liu, B., Ma, C.Q., Guo, Y.H., Xiong, F.H., Guo, P., Zhang, X., 2016. Petrogenesis and tectonic implications of Triassic mafic complexes with MORB/OIB affinities from the western Garzê-Litang ophiolitic mélange, central Tibetan Plateau. Lithos 260, 253–267.

Liu, J.H., Xie, C.M., Li, C., Wang, M., Wu, H., Li, X.K., Liu, Y.M., Zhang, T.Y., 2018. Early Carboniferous adakite-like and I-type granites in central Qiangtang, northern Tibet: implications for intra-oceanic subduction and back-arc basin formation within the Paleo-Tethys Ocean. Lithos 296–299, 265–280.

Ma, A.L., Hu, X.M., Garzanti, E., Han, Z., Lai, W., 2017. Sedimentary and tectonic evolution of the southern Qiangtang basin: implications for the Lhasa-Qiangtang collision timing. Journal of Geophysical Research: Solid Earth 122, 4790–4813.

Ma, A.L., Hu, X.M., Kapp, P., Han, Z., Lai, W., BouDagher-Fadel, M., 2018. The disappearance of a Late Jurassic remnant sea in the southern Qiangtang Block (Shamuluo Formation, Najiangco area): implications for the tectonic uplift of central Tibet. Palaeogeography Palaeoclimatology Palaeoecology 506, 30–47.

Ma, Y.M., Wang, Q., Wang, J., Yang, T.S., Tan, X.D., Dan, W., Zhang, X.Z., Ma, L., Wang, Z.L., Hu, W.L., Zhang, S.H., Wu, H.C., Li, H.Y., Cao, L.W., 2019. Paleomagnetic constraints on the origin and drift history of the north Qiangtang terrane in the Late Paleozoic. Geophysical Research Letters 46, 689–697.

Meng, J., Zhao, X., Wang, C., Liu, H., Li, Y., Han, Z., Liu, T., Wang, M., 2018. Palaeomagnetism and detrital zircon U-Pb geochronology of Cretaceous redbeds from central Tibet and tectonic implications. Geological Journal 53, 2315–2333.

Metcalfe, I., 1988. Origin and assembly of Southeast Asian continental terranes. In: Audley-Charles, M.G., Hallam, A. (Eds), Gondwana and Tethys. Geological Society Special Publication 37, 101–118.

Metcalfe, I., 1994. Gondwanaland origin, dispersion, and accretion of East and Southeast Asian continental terranes. Journal of South American Earth Sciences 7, 333–347.

Metcalfe, I., 2011a. Palaeozoic–Mesozoic history of SE Asia. Geological Society Special Publication 355, 7–35.

Metcalfe, I., 2011b. Tectonic framework and Phanerozoic evolution of Sundaland. Gondwana Research 19, 3–21.

Metcalfe, I., 2013. Gondwana dispersion and Asian accretion: tectonic and palaeogeographic evolution of eastern Tethys. Journal of Asian Earth Sciences 66, 1–33.

Ogg, J.G., Ogg, G., Gradstein, F.M., 2016. A concise geologic time scale. Elsevier.

Ou, Q., Wang, Q., Wyman, D.A., Zhang, H.X., Yang, J.H., Zeng, J.P., Hao, L.L., Chen, Y.W., Liang, H., Qi, Y., 2017. Eocene adakitic porphyries in the central-northern Qiangtang Block, central Tibet: partial melting of thickened lower crust and implications for initial surface uplifting of the plateau. Journal of Geophysical Research: Solid Earth 122, 1025–1053.

Ou, Q., Wang, Q., Wyman, D.A., Zhang, C., Hao, L.L., Dan, W., Jiang, Z.Q., Wu, F.Y., Yang, J.H., Zhang, H.X., 2019. Postcollisional delamination and partial melting of enriched lithospheric mantle: evidence from Oligocene (ca. 30 Ma) potassium-rich lavas in the Gemuchaka area of the central Qiangtang Block, Tibet. Geological Society of America Bulletin 131, 1385–1408.

Ou, Q., Wang, Q., Zhang, C., Zhang, H.X., Hao, L.L., Yang, J.H., Lai, J.Q., Dan, W., Jiang, Z.Q., Xia, X.P., 2020. Petrogenesis of late Early Oligocene trachytes in central Qiangtang Block, Tibetan Plateau: crustal melting during lithospheric delamination? International Geology Review 62, 225–242.

Ou, Q., Wang, Q., Wyman, D.A., Zhang, X.Z., Hao, L.L., Zeng, J.P., Yang, J.H., Zhang, H.X., Hou, M.C., Qi, Y., 2022. Formation of late Miocene silicic volcanic rocks in the central Tibetan Plateau by crustal anatexis of granulites. Lithos 432, 106882.

Peng, Y., Yu, S., Li, S., Liu, Y., Santosh, M., Lv, P., Li, Y., Li, C., Liu, Y., 2022. Tectonics erosion and deep subduction in Central Tibet: evidence from the discovery of retrograde eclogites in the Amdo microcontinent. Journal of Metamorphic Geology 40, 1545–1572.

Pullen, A., Kapp, P., Gehrels, G.E., Vervoort, J.D., Ding, L., 2008. Triassic continental subduction in central Tibet and Mediterranean-style closure of the Paleo-Tethys Ocean. Geology 36, 351–354.

Qi, Y., Wang, Q., Wei, G.j., Zhang, X.Z., Dan, W., Hao, L.L., Yang, Y.N., 2021. Late Eocene post-collisional magmatic rocks from the southern Qiangtang terrane record the melting of pre-collisional enriched lithospheric mantle. Geological Society of America Bulletin 133, 2612–2624.

Qi, Y., Wang, Q., Wei, G.J., Wyman, D.A., Zhang, X.Z., Dan, W., Zhang, L., Yang, Y.N., 2023. Post-collisional silica-undersaturated Bamaoqiongzong volcanic rocks from northern Qiangtang: indicators of the mantle heterogeneity and geodynamic evolution of central Tibet. Journal of Petrology 64, egac123.

Song, P., Ding, L., Li, Z., Lippert, P.C., Yang, T., Zhao, X., Fu, J., Yue, Y., 2015. Late Triassic paleolatitude of the Qiangtang block: implications for the closure of the Paleo-Tethys Ocean. Earth and Planetary Science Letters 424, 69–83.

Song, P., Ding, L., Li, Z., Lippert, P.C., Yue, Y., 2017. An early bird from Gondwana: paleomagnetism of Lower Permian lavas from northern Qiangtang (Tibet) and the geography of the Paleo-Tethys. Earth and Planetary Science Letters 475, 119–133.

Song, P., Ding, L., Lippert, P.C., Li, Z., Zhang, L., Xie, J., 2020. Paleomagnetism of Middle Triassic lavas from northern Qiangtang (Tibet): constraints on the closure of the Paleo-Tethys Ocean. Journal of Geophysical Research: Solid Earth 125, e2019JB017804.

Su, T., Farnsworth, A., Spicer, R.A., Huang, J., Wu, F.X., Liu, J., Li, S.F., Xing, Y.W., Huang, Y.J., Deng, W.Y.D., Tang, H., Xu, C.L., Zhao, F., Srivastava, G., Valdes, P.J., Deng, T., Zhou, Z.K., 2019. No high Tibetan Plateau until the Neogene. Science Advances 5, eaav2189.

Tang, Y., Qin, Y.D., Gong, X.D., Duan, Y.Y., Chen, G., Yao, H.Y., 2020. Discovery of eclogites in Jinsha River suture zone, Gonjo County, eastern Tibet and its restriction on Paleo-Tethyan evolution. China Geology 3, 83–103.

Tong, Y.B., Yang, Z.Y., Gao, L., Wang, H., Zhang, X.D., An, C.Z., Xu, Y.C., Han, Z.R., 2015. Paleomagnetism of Upper Cretaceous red-beds from the eastern Qiangtang Block: clockwise rotations and latitudinal translation during the India-Asia collision. Journal of Asian Earth Sciences 114, 732–749.

Torsvik, T.H., Van der Voo, R., Preeden, U., Mac Niocaill, C., Steinberger, B., Doubrovine, P.V., van Hinsbergen, D.J.J., Domeier, M., Gaina, C., Tohver, E., Meert, J.G., McCausland, P.J.A., Cocks, L.R.M., 2012. Phanerozoic polar wander, palaeogeography and dynamics. Earth-Science Reviews 114, 325–368.

Van der Voo, R., van Hinsbergen, D.J., Domeier, M., Spakman, W., Torsvik, T.H., 2015. Latest Jurassic–earliest Cretaceous closure of the Mongol-Okhotsk Ocean: a paleomagnetic and seismological-tomographic analysis. Geological Society of America Special Papers 513, 589–606.

Wang, J., Wang, Q., Zhang, C., Dan, W., Qi, Y., Zhang, X.Z., Xia, X.P., 2018. Late Permian bimodal volcanic rocks in the northern Qiangtang Terrane, central Tibet: evidence for interaction between the Emeishan plume and the Paleo-Tethyan subduction system. Journal of Geophysical Research: Solid Earth 123, 6540–6561.

Wang, J., Dan, W., Wang, Q., Tang, G.J., 2021a. High-Mg$^{\#}$ adakitic rocks formed by lower-crustal magma differentiation: mineralogical and geochemical evidence from garnet-bearing diorite porphyries in central Tibet. Journal of Petrology 62, 1–25.

Wang, J., Wang, Q., Zeng, J.P., Ou, Q., Dan, W., Yang, Y., Alexandra, Chen, Y.W., Wei, G., 2022a. Generation of continental alkalic mafic melts by tholeiitic melt-mush reactions: a new perspective from contrasting mafic cumulates and dikes in central Tibet. Journal of Petrology 63, 1–21.

Wang, Q., Wyman, A., Xu, J.F., Wan, Y.S., Li, C.F., Zi, F., Jiang, Z.Q., Qiu, H.N., Chu, Z.Y., Zhao, Z.H., Dong, Y.H., 2008a. Triassic Nb-enriched basalts, magnesian andesites, and adakites of the Qiangtang terrane (central Tibet): evidence for metasomatism by slab-derived melts in the mantle wedge. Contributions to Mineralogy and Petrology, 155, 473–490.

Wang, Q., Wyman, D.A., Xu, J., Dong, Y., Vasconcelos, P.M., Pearson, N., Wan, Y., Dong, H., Li, C., Yu, Y., Zhu, T., Feng, X., Zhang, Q., Zi, F., Chu, Z., 2008b. Eocene melting of subducting continental crust and early uplifting of central Tibet: evidence from central-western Qiangtang high-K calc-alkaline andesites, dacites and rhyolites. Earth and Planetary Science Letters 272, 158–171.

Wang, Q., Wyman, D.A., Li, Z.X., Sun, W.D., Chung, S.L., Vasconcelos, P.M., Zhang, Q.Y., Dong, H., Yu, Y.S., Pearson, N., Qiu, H.N., Zhu, T.X., Feng, X.T., 2010. Eocene north-south trending dikes in central Tibet: new constraints on the timing of east-west extension with implications for early plateau uplift? Earth and Planetary Science Letters 298, 205–216.

Wang, Q., Hawkesworth, C.J., Wyman, D., Chung, S.L., Wu, F.Y., Li, X.H., Li, Z.X., Gou, G.N., Zhang, X.Z., Tang, G.J., 2016. Pliocene-Quaternary crustal melting in central and northern Tibet and insights into crustal flow. Nature Communications 7, 11888.

Wang, Z.L., Fan, J.J., Wang, Q., Hu, W.L., Yang, Z.Y., Wang, J., 2021b. Reworking of juvenile crust beneath the Bangong–Nujiang suture zone: evidence from Late Cretaceous granite porphyries in Southern Qiangtang, Central Tibet. Lithos 390, 106097.

Wang, Z.L., Fan, J.J., Wang, Q., Hu, W.L., Wang, J., Ma, Y.M., 2022b. Campanian transformation from post-collisional to intraplate tectonic regime: evidence from ferroan granites in the southern Qiangtang, central Tibet. Lithos 408, 106565.

Wei, Y., Zhang, K., Garzione, C.N., Xu, Y., Song, B., Ji, J., 2016. Low palaeoelevation of the northern Lhasa terrane during late Eocene: fossil foraminifera and stable isotope evidence from the Gerze Basin. Scientific Reports 6, 27508.

Xiong, Z., Liu, X., Ding, L., Farnsworth, A., Spicer, R.A., Xu, Q., Valdes, P., He, S., Zeng, D., Wang, C., Li, Z., Guo, X., Su, T., Zhao, C., Wang, H., Yue, Y., 2022. The rise and demise of the Paleogene Central Tibetan Valley. Science Advances 8, eabj0944.

Xu, Q., Ding, L., Zhang, L., Cai, F., Lai, Q., Yang, D., Liu-Zeng, J., 2013. Paleogene high elevations in the Qiangtang Terrane, central Tibetan Plateau. Earth and Planetary Science Letters 362, 31–42.

Xue, W.W., Hu, X.M., Ma, A.L., Garzanti, E., Li, J., 2020. Eustatic and tectonic control on the evolution of the Jurassic North Qiangtang Basin, northern Tibet, China: impact on the petroleum system. Marine and Petroleum Geology 120, 104558.

Yan, M., Zhang, D., Fang, X., Ren, H., Zhang, W., Zan, J., Song, C., Zhang, T., 2016. Paleomagnetic data bearing on the Mesozoic deformation of the Qiangtang Block: implications for the evolution of the Paleo- and Meso-Tethys. Gondwana Research 39, 292–316.

Yang, X., Cheng, X., Zhou, Y., Ma, L., Zhang, X., Yan, Z., Peng, X., Su, H., Wu, H., 2017b. Paleomagnetic results from Late Carboniferous to Early Permian rocks in the northern Qiangtang terrane, Tibet, China, and their tectonic implications. Science China Earth Sciences 60, 124–134.

Yang, Y.T, Guo, Z.X, Luo, Y.J., 2017a. Middle-Late Jurassic tectonostratigraphic evolution of Central Asia, implications for the collision of the Karakoram-Lhasa Block with Asia. Earth-Science Reviews 166, 83–110.

Yang, Z.Y., Wang, Q., Hao, L.L., Wyman, D.A., Ma, L., Wang, J., Qi, Y., Sun, P., Hu, W.L., 2021. Subduction erosion and crustal material recycling indicated by adakites in central Tibet. Geology 49, 708–712.

Yin, A., Harrison, T.M., 2000. Geologic Evolution of the Himalayan-Tibetan Orogen. Annual Review of Earth and Planetary Sciences 28, 211–280.

Zhai, Q.G., Zhang, R.Y., Jahn, B.M., Li, C., Song, S.G., Wang, J., 2011a. Triassic eclogites from central Qiangtang, northern Tibet, China: petrology, geochronology and metamorphic P-T path. Lithos 125, 173–189.

Zhai, Q.G., Jahn, B.M., Zhang, R.Y., 2011b. Triassic subduction of the Paleo-Tethys in northern Tibet, China: evidence from the geochemical and isotopic characteristics of eclogites and blueschists of the Qiangtang Block. Journal of Asian Earth Sciences 42, 1356–1370.

Zhai, Q.G., Jahn, B.M., Su, L., Wang, J., Mo, X.X., Lee, H.Y., Wang, K.L., Tang, S., 2013a. Triassic arc magmatism in the Qiangtang area, northern Tibet: zircon U-Pb ages, geochemical and Sr-Nd-Hf isotopic characteristics, and tectonic implications. Journal of Asian Earth Sciences 63, 162–178.

Zhai, Q.G., Jahn, B.M., Wang, J., 2013b. The Carboniferous ophiolite in the middle of the Qiangtang terrane, northern Tibet: SHRIMP U-Pb dating, geochemical and Sr-Nd-Hf isotopic characteristics. Lithos 168, 186–199.

Zhai, Q.G., Jahn, B.M., Su, L., Ernst, R.E., Wang, K.L., Zhang, R.Y., Wang, J., Tang, S.H., 2013c. SHRIMP zircon U-Pb geochronology, geochemistry and Sr-Nd-Hf isotopic compositions of a mafic dyke swarm in the Qiangtang terrane, northern Tibet and geodynamic implications. Lithos 174, 28–43.

Zhai, Q.G., Jahn, B.M., Wang, J., Hu, P.Y., Chung, S.L., Lee, H.Y., Tan, S.H., Tang, Y., 2016. Oldest Paleo-Tethyan ophiolitic mélange in the Tibetan plateau. Geological Society of America Bulletin 128, 355–373.

Zhang, C.L., Zou, H.B., Ye, X.T., Chen, X.Y., 2018. A newly identified Precambrian terrane at the Pamir Plateau: the Archean basement and Neoproterozoic granitic intrusions. Precambrian Research 304, 73–87.

Zhang, K.J., 2000. Cretaceous paleogeography of Tibet and adjacent areas (China): tectonic implications. Cretaceous Research 21, 23–33.

Zhang, K.J., 2004. Secular geochemical variations of the Lower Cretaceous siliciclastic rocks from central Tibet (China) indicate a tectonic transition from continental collision to back-arc rifting. Earth and Planetary Science Letters 229, 73–89.

Zhang, K.J., Xia, B.D., Wang, G.M., Li, Y.T., Ye, H.F., 2004. Early Cretaceous stratigraphy, depositional environment, sandstone provenance, and tectonic setting of central Tibet, western China. Geological Society of America Bulletin 116, 1202–1222.

Zhang, X.Z., Dong, Y.S., Li, C., Deng, M.R., Zhang, L., Xu, W., 2014. Silurian high-pressure granulites from Central Qiangtang, Tibet: constraints on early Paleozoic collision along the northeastern margin of Gondwana. Earth and Planetary Science Letters 405, 39–51.

Zhang, X.Z., Dong, Y.S., Wang, Q., Dan, W., Zhang, C., Deng, M.R., Xu, W., Xia, X.P., Zeng, J.P., Liang, H., 2016. Carboniferous and Permian evolutionary records for the Paleo-Tethys Ocean constrained by newly discovered Xiangtaohu ophiolites from central Qiangtang, central Tibet. Tectonics 35, 1670–1686.

Zhang, X.Z., Dong, Y.S., Wang, Q., Dan, W., Zhang, C.F., Xu, W., Huang, M.L., 2017. Metamorphic records for subduction erosion and subsequent underplating processes revealed by garnet-staurolite-muscovite schists in central Qiangtang, Tibet. Geochemistry Geophysics Geosystems 18, 266–279.

Zhang, X. Z., Wang, Q., Wyman, D., Kerr, A., Dan, W., Qi, Y., 2022a. Tibetan Plateau insights into >1100℃ crustal melting in the Quaternary. Geology 50, 1432–1437.

Zhang, X.Z., Wang, Q., Wyman, D., Ou, Q., Qi, Y., Gou, G.N., Dan, W., Yang, Y.N., 2022b. Tibetan Plateau growth linked to crustal thermal transitions since the Miocene. Geology 50, 610–614.

Zhang, Y.C., Shen, S.Z., Shi, G.R., Wang, Y., Yuan, D.X., Zhang, Y.J., 2012. Tectonic evolution of the Qiangtang Block, northern Tibet during the Late Cisuralian (Late Early Permian): evidence from fusuline fossil records. Palaeogeography Palaeoclimatology Palaeoecology 350, 139–148.

Zhang, Y.C., Shi, G.R., Shen, S.Z., 2013. A review of Permian stratigraphy, palaeobiogeography and palaeogeography of the Qinghai-Tibet Plateau. Gondwana Research 1, 55–76.

Zhang, Y.C., Shen, S.Z., Zhai, Q.G., Zhang, Y.J., Yuan, D.X., 2015. Discovery of a Sphaeroschwagerina fusuline fauna from the Raggyorcaka Lake area, northern Tibet: implications for the origin of the Qiangtang Metamorphic Belt. Geological Magazine 153, 537–543.

Zhou, Y., Cheng, X., Wu, Y., Kravchinsky, V., Shao, R., Zhang, W., Wei, B., Zhang, R., Lu, F., Wu, H., 2019. The northern Qiangtang Block rapid drift during the Triassic Period: paleomagnetic evidence. Geoscience Frontiers 10, 2313–2327.

第2章

古特提斯洋与新特提斯洋演化的蛇绿岩记录

2.1 古特提斯洋研究进展及存在问题

自特提斯（Tethys）概念提出以来，特提斯的演化和冈瓦纳大陆北缘微陆块的裂解过程以及相关古地理重建就一直是地球科学领域研究的关键科学问题之一。研究表明，冈瓦纳大陆北缘在显生宙存在 4 个依次演化的大洋，即 Iapetus、Rheic、古特提斯和新特提斯。除了 Iapetus 是由于罗迪尼亚超大陆的裂解而形成的外，其他三个大洋都是通过微陆块的裂解形成的，但其形成时间和过程并不十分清晰，对其形成的动力学机制的研究还处在初始阶段。主流观点认为 Laurentia 和 Baltica-Avalonia 之间的大洋称为 Iapetus 洋（Cocks and Torsvik，2002，2007；Stampfli et al.，2013）。Rheic 洋为 Avalonia 和冈瓦纳之间的大洋，但目前对于该大洋初始扩张时间还存在从晚前寒武世至中奥陶世的不同看法。古特提斯洋是指从奥陶纪（或晚志留世）扩张演化至早中生代，存在于欧洲和冈瓦纳中东部边缘地体间的大洋。对古特提斯洋打开的时间曾经有多种不同的认识，目前多集中于晚志留—早中泥盆世（Stampfli et al.，2013）。研究表明古特提斯洋是从西向东穿时打开的（Stampfli et al.，2013），证据越往东也越丰富。在西部末端，西北非洲摩洛哥的 anti-Atlas（小阿特拉斯山）区域在早泥盆世已经演化至被动陆缘环境（Ouanaimi and Lazreq，2008）。泥盆纪俯冲有关的花岗岩在北土耳其的 Sakarya 地体相继被发现（Aysal et al.，2012）。古特提洋的打开在伊朗则保存较好的证据（Bagheri and Stampfli，2008）：晚奥陶世—志留纪的裂谷充填巨厚的火山沉积，老裂谷在早泥盆世夭折的同时伴随新裂谷的打开。新裂谷依次充填中泥盆世早期的红色砂岩和蒸发岩、中泥盆世晚期的海相沉积，而裂谷间的海侵发生在晚泥盆世（Bagheri and Stampfli，2008）。

在中国境内，古特提斯洋的演化记录主要保存在羌塘中部龙木错 – 双湖 – 澜沧江缝合带一线，相关蛇绿岩主要沿缝合带出露，出露单元主要包括枕状玄武岩、堆晶辉长岩、蛇纹石化橄榄岩、大洋斜长花岗岩等（李才等，2008；胡培远等，2009；翟庆国等，2010；Zhai et al.，2013a；吴彦旺，2013），从严格意义上来讲缺少典型的席状岩墙群。羌塘地区蛇绿岩整体遭受了区域内绿片岩相变质作用的改造；这些蛇绿岩具有十分复杂的地球化学特征，包括 N-MORB（正常洋中脊玄武岩）、E-MORB（富集洋中脊玄武岩）、OIB（洋岛玄武岩）以及 SSZ（上俯冲带型）等不同类型（Zhai et al.，2013a；吴彦旺，2013）。锆石 U-Pb 的测年结果表明这些蛇绿岩的形成时代具有较大的跨度，目前羌塘地区的蛇绿岩或具有蛇绿岩地球化学特征的变质基性岩（和斜长花岗岩）年代记录可以从寒武纪（517 Ma）一直持续到二叠纪（李才等，2008；Zhai et al.，2013a；吴彦旺，2013），吴彦旺（2013）根据羌塘地区蛇绿岩的年代记录进一步指出这是一个从寒武纪持续演化到三叠纪的大洋。最近，基于对龙木错 – 双湖 – 澜沧江缝合带蛇绿岩、岩浆岩和变质岩的综合研究，Dan 等（2023）提出缝合带中的早古生代蛇绿岩与晚古生代蛇绿岩分属不同的洋盆，前者为新命名的原羌塘洋，后者才是古特提斯洋的组成部分。

本研究主要介绍金沙江缝合带的西金乌兰缝合带、龙木错 – 双湖 – 澜沧江缝合带以及班公湖–怒江缝合带，其中龙木错–双湖–澜沧江缝合带是我们这次科考的重点。

2.2　西金乌兰缝合带

金沙江缝合带以前常用来泛指北羌塘–昌都地块与松潘–甘孜地块之间的缝合带。但是，对于这条缝合带，只有在三江地区的金沙江缝合带进行了较多的研究，在这里发现了350~290 Ma的蛇绿岩（Jian et al.，2008，2009a；Zi et al.，2012）。而对于玉树以西的广大地区，研究程度很薄弱。玉树以西的缝合带通常被称为西金乌兰缝合带，而松潘–甘孜地块与中咱地块之间的缝合带称为甘孜–理塘缝合带（图2.1）。

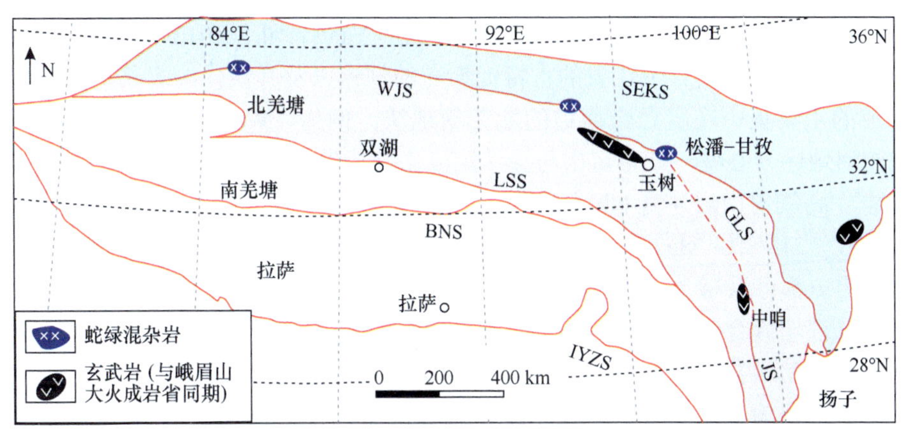

图2.1　青藏高原中部大地构造图

字母缩写如下：BNS. 班公湖–怒江缝合带；GLS. 甘孜–理塘缝合带；IYZS. 印度–雅鲁藏布缝合带；JS. 金沙江缝合带；LSS. 龙木错–双湖–澜沧江缝合带；SEKS. 昆南缝合带；WJS. 西金乌兰缝合带

在西金乌兰缝合带，至今已发现的蛇绿岩主要集中在可可西里地区的西金乌兰湖北、蛇形沟和岗齐曲一带（边千韬等，1997），以及更西边查多岗日地区的弯岛湖（张能等，2012）。值得注意的是，这些已经报道的蛇绿岩，由于受到后期构造作用的强烈影响，其蛇绿岩的原始层位已被完全改造，蛇绿岩各个单元都是呈不连续的长条状–透镜状构造岩片或岩块杂乱地分散在浅变质的构造混杂岩中，甚至有些蛇绿岩缺少一些主要的组成单元。如治多地区的当江–多彩–隆宝“蛇绿岩”缺少典型的地幔橄榄岩单元，并且形成于约260 Ma（金贵善，2006；Liu et al.，2016a），与峨眉山大火成岩省同期，可能是板内岩浆作用。

对于西金乌兰洋以及甘孜–理塘洋演化历史的研究程度还很薄弱。虽然一些研究者根据带内的OIB型岩石，认为西金乌兰洋打开时间早至志留纪（Liu et al.，2019），但带中确切的蛇绿岩年龄主要为三叠纪。张能等（2012）测定弯岛湖蛇绿混杂岩（西金乌兰湖以西）中的变辉长岩的全岩Sm-Nd等时线年龄为232±11 Ma，并且在该蛇绿岩上覆的硅质岩中发现不少中三叠世拉丁晚期至晚三叠世卡宁早期的放射虫。段其发等（2009）利用SIMS测定的治多县扎河乡蛇绿岩残片（属于治多以西的通天河蛇绿混杂带）中的辉长岩锆石 U-Pb 年龄为 239±3 Ma，并认为辉长岩具有板内和弧岩浆岩的双重属性，蛇绿岩形成环境为弧后盆地。甘孜－理塘缝合带已发现的蛇绿岩也形成于三叠世（266~234 Ma；Liu et al.，2016b）。

西金乌兰缝合带的大地构造意义争议较大，特别是其西部的西金乌兰湖地区，一些学者认为西金乌兰湖地区是很少或无蛇绿岩出现的洋盆或弧后洋盆，其基性－超基性岩属板内裂谷或陆壳基底上弧后盆地扩张的产物，比如赖绍聪和刘池阳（1999）认为西金乌兰－金沙江古特提斯洋扩张规模从东段往西段（玉树地区为界）呈收敛趋势，由发育较完整的蛇绿岩组合的有限洋盆，转变为陆间裂谷至大陆边缘裂谷，蛇绿岩组合逐渐消失，火成岩渐变为裂谷型双峰式火山岩组合。这表明西金乌兰－金沙江缝合带所代表的古特提斯洋的演化历史是穿时的，即西金乌兰洋与金沙江洋并不连通为一个大洋，而西金乌兰洋可能与甘孜－理塘洋相连（Yang et al.，2012）。

另外，西金乌兰缝合带代表的古特提斯洋的规模以及其演化的岩浆记录仍不明确，现在报道的主要集中在缝合带南边的北羌塘地块。例如，Wang 等（2008a）在羌塘北部的沱沱河地区开心岭一带鉴定出与金沙江洋南向俯冲相关的晚三叠世（219~229 Ma）埃达克岩－高镁安山岩－富 Nb 玄武岩组合。Yang 等（2012）在治多－玉树地区发现了晚三叠世（213~214 Ma）岩浆活动，称之为“玉树弧”，其岩浆活动历史、地层以及变质变形历史都可以与“义敦弧”类比，称为“玉树－义敦弧”；并认为西金乌兰缝合带与甘孜－理塘缝合带相连，而不是与金沙江缝合带相连。同样，Zhao 等（2015）对北羌塘东北缘治多县多彩乡的晚三叠世（221±1 Ma）巴塘群火山岩进行了研究分析，认为该套火山岩为形成于甘孜－理塘洋西南方向俯冲带的弧火山岩，并推测甘孜－理塘古特提斯洋可能从义敦地体的北缘向西延伸到治多地区，甚至可能向西北延伸到更远的沱沱河地区，这也暗示西金乌兰缝合带与甘孜－理塘缝合带相连。

2.3 龙木错－双湖古特提斯洋

对于龙木错－双湖古特提斯缝合带的成因，国际学术界存在完全相反的认识，一部分研究者认为缝合带中晚三叠世的蓝片岩和榴辉岩是金沙江洋向南平板俯冲之后构造底辟的产物，与之伴生的蛇绿岩（尤其是早古生代蛇绿岩）则被视为变质核杂岩（Kapp et al.，2000；Pullen et al.，2011），因此并不能代表古特提斯洋闭合的遗迹。另外，国际主流观点认为古特提斯洋是一个晚古生代的大洋，其演化时限为泥盆纪—三叠纪（Metcalfe，2013），而在羌塘却报道了大量寒武纪—奥陶纪的蛇绿岩（吴彦旺，2013），明显早于古特提斯洋的形成时代，这可能是造成不同认识的一个重要原因。

针对上述问题，我们在羌塘中部的香桃湖地区（图 2.2），发现了一套石炭—二叠纪的蛇绿岩，其出露单元相对完整。我们对其进行了系统的岩石学、矿物学、年代学以及同位素地球化学的研究，证实其记录了古特提斯洋主洋盆的演化。同时我们结合区域内新发现的志留纪高压麻粒岩，确定了羌塘中部早古生代蛇绿岩和晚古生代蛇绿岩分别代表的地质意义，为区域构造演化的研究提供了重要的证据。

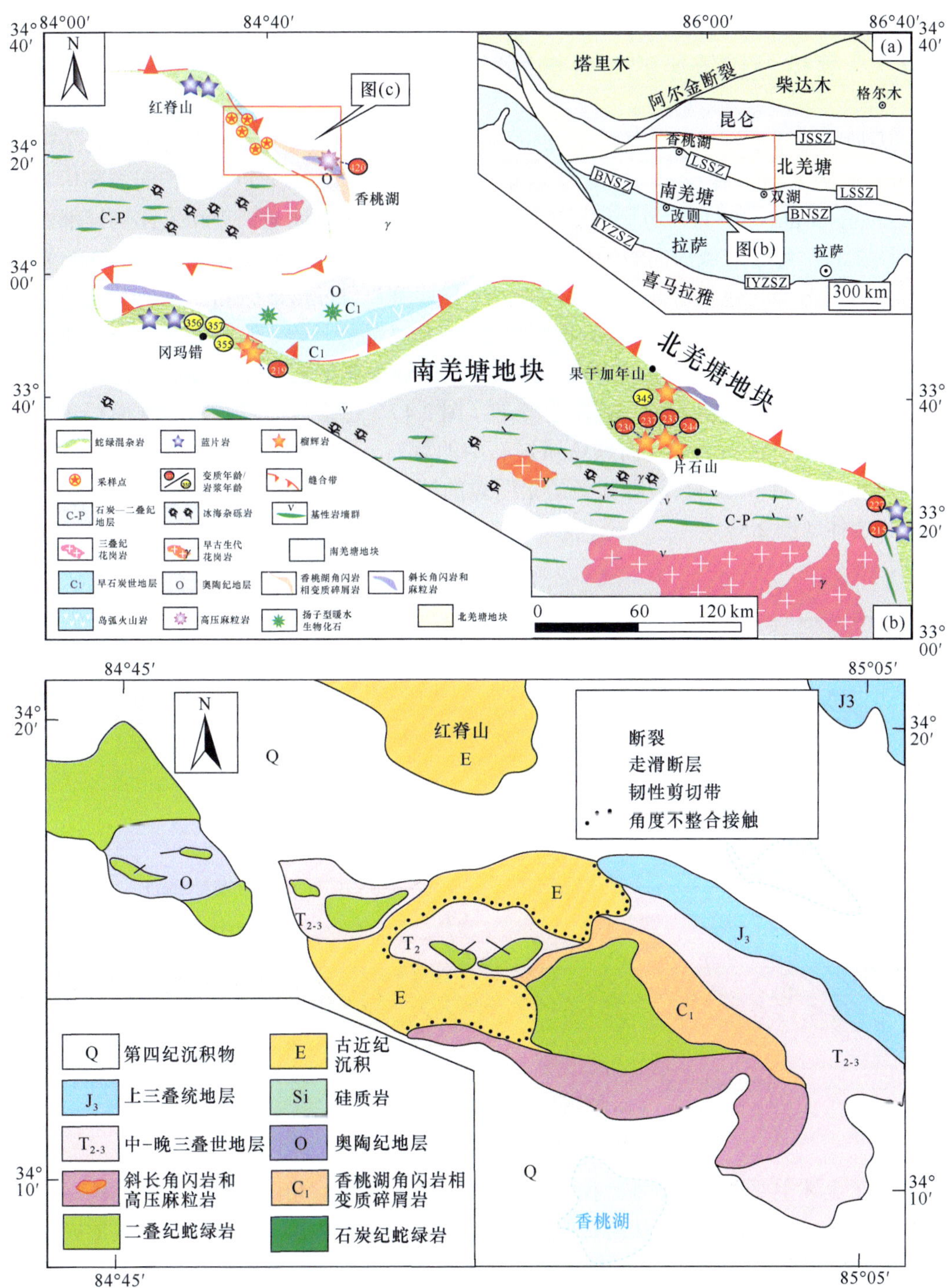

图 2.2　青藏高原羌塘中部地区地质简图

（a）青藏高原大地构造单元划分图及古生代岩浆岩出露位置（朱弟成等，2012）。字母缩写为：JSSZ. 金沙江缝合带；LSSZ. 龙木错－双湖－澜沧江缝合带；BNSZ. 班公湖－怒江缝合带；IYZSZ. 印度河－雅鲁藏布缝合带；（b）羌塘中部蛇绿岩及高压变质岩分布图（Zhang et al.，2016）；（c）香桃湖地区地质简图（Zhang et al.，2016）

2.3.1 香桃湖蛇绿岩的野外地质特征

羌塘中部香桃湖地区蛇绿岩分布于该区北西－南东向构造混杂岩带中，混杂带长 25 km，宽约 8 km。蛇绿岩与区域内奥陶纪—三叠纪变质沉积岩以及志留纪的高压麻粒岩（Zhang et al.，2014a）均呈构造接触。通过详细的野外地质调查和大比例尺剖面研究（图 2.3），可将区域内的蛇绿岩残片分为两套组合：第一套蛇绿岩组合（Oph_1）在区域内广泛分布，包括了几乎完整的“彭罗斯序列”（Penrose Conference Participants，1972），主要岩石类型包括蛇纹石化橄榄岩、变质堆晶辉长岩、变质辉长岩、变质玄武岩、变质辉绿岩和少量变质硅质岩（图 2.4），但缺少典型的席状岩墙群。这些岩石大多经历过绿片岩相变质和不同程度的变形（图 2.4）。超镁铁质岩石中的橄榄石几乎完全蚀变为蛇纹石（图 2.5），而镁铁质岩石中的辉石一般已被绿泥石、阳起石所取代，变质辉长岩中的一些斜长石颗粒经历了明显的钠黝帘石化，转变为钠长石＋细粒状黝帘石集合体（图 2.5）。

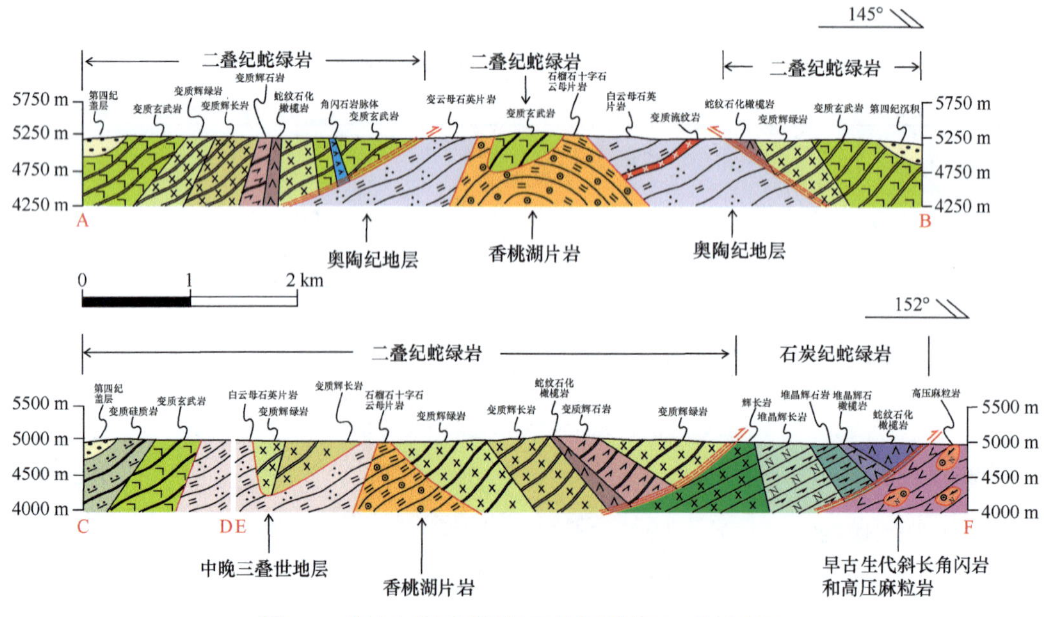

图 2.3 羌塘中部香桃湖地区蛇绿岩岩石－构造剖面

除了上述主要岩石类型外，我们还发现了一些特殊的富角闪石基性岩脉［图 2.4（e）和图 2.5（e）］。它们通常被认为是俯冲带（SSZ）蛇绿岩的重要组成部分，其形成需要富水的原始岩浆（Metcalf and Shervais，2008）。

另一套蛇绿岩残片（Oph_2）仅分布于香桃湖地区东南部，与 Oph_1 和早古生代角闪岩－麻粒岩相变质岩均呈断层接触（图 2.2）。该套蛇绿岩残片出露的岩石类型有限，主要由层状超镁铁质至镁铁质堆晶岩组成，包括堆晶辉石橄榄岩、堆晶辉石岩、堆晶辉长岩和辉长岩（图 2.3）。Oph_2 的大部分岩石是块状构造，没有经历显著的变质和变

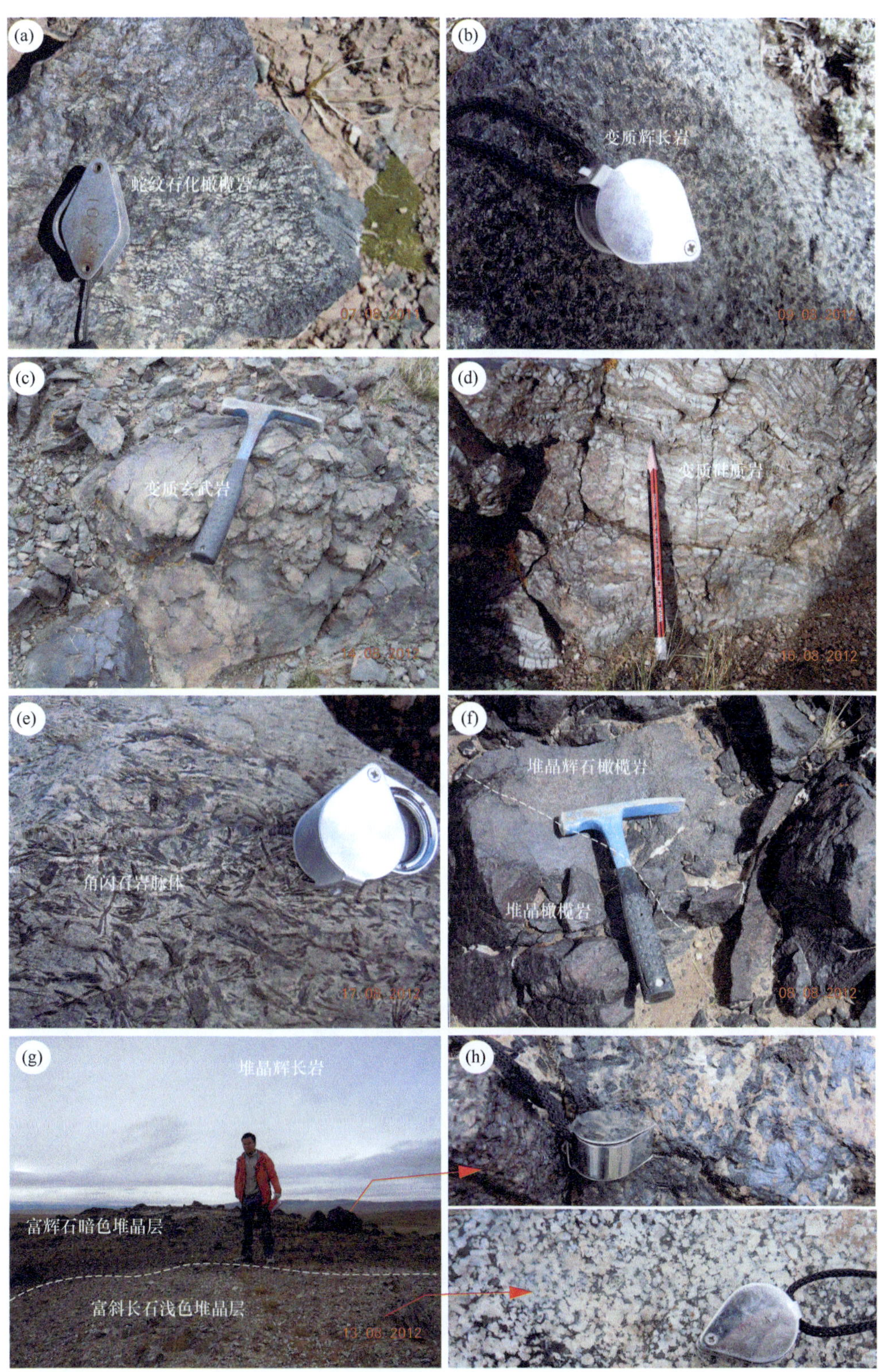

图 2.4　香桃湖蛇绿岩的野外地质特征

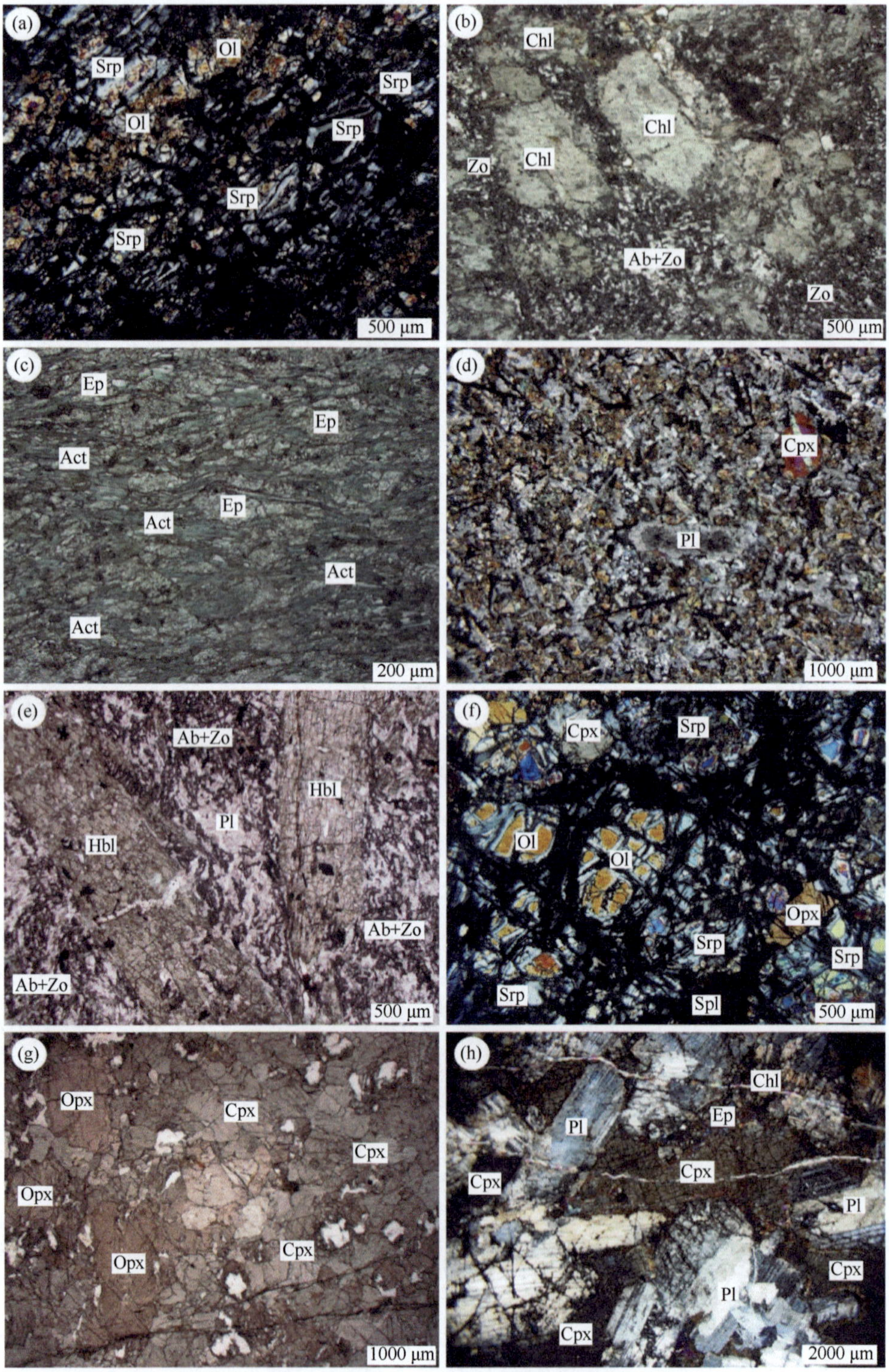

图 2.5　香桃湖蛇绿岩的岩石学特征

矿物缩写：Ab. 钠长石；Act. 阳起石；Chl. 绿泥石；Cpx. 单斜辉石；Ep. 绿帘石；Hbl. 角闪石；Ol. 橄榄岩；Opx. 斜方辉石；Pl. 斜长石；Srp. 蛇纹石；Zo. 黝帘石

形作用的改造，只表现出轻微的绿帘石化和绿泥石化特征（图 2.5）。

2.3.2 香桃湖蛇绿岩的年代学和同位素地球化学研究

2.3.2.1 香桃湖蛇绿岩的锆石 U-Pb 定年

本研究在第一套蛇绿岩组合（Oph_1）中选择 2 件代表性的变质辉长岩样品（L1223-1 和 L1223-2）和 1 件角闪石岩岩脉样品（L1231）进行锆石 U-Pb 年代学分析（表 2.1 和图 2.6）。锆石颗粒呈自形的宽板状，晶体长度为 80~200 μm，长宽比约为 2 ∶ 1，锆石阴极发光图像呈现宽缓且平直的条带［图 2.6（a）~（c）］，所测锆石的 U（9~761 ppm）和 Th（6~1006 ppm）含量变化较大，Th/U 值为 0.43~2.74（表 2.1），所有特征与典型的基性岩岩浆锆石特征一致（Dan et al.，2021a，2021b）。两个辉长岩样品的 $^{206}Pb/^{238}U$ 加权平均年龄十分接近，分别为 274.8±2.7 Ma（MSWD=0.21）和 275.2±2.5 Ma（MSWD=0.58）［图 2.6（a）和（b）］。角闪石岩脉体的 $^{206}Pb/^{238}U$ 加权平均年龄为 280.8±2.2 Ma（MSWD=1.3）［图 2.6（c）］。

表 2.1 羌塘中部香桃湖地区蛇绿岩的锆石 U-Pb 定年结果（Zhang et al.，2016）

分析点	Th/ppm	U/ppm	Pb^*/ppm	$^{232}Th/^{238}U$	普通 Pb校准后同位素比值						普通 Pb 校准后 U-Pb 年龄 /Ma					
					$^{207}Pb^*/^{206}Pb^*$	1σ	$^{207}Pb^*/^{235}U$	1σ	$^{206}Pb^*/^{238}U$	1σ	$^{207}Pb/^{206}Pb$	1σ	$^{207}Pb/^{235}U$	1σ	$^{206}Pb/^{238}U$	1σ
L1223-1，变质辉长岩，纬度 34°16′1″N，经度 84°51′22″E，LA-ICP-MS																
1.1	11	15	1	0.73	0.0519	0.0149	0.310	0.088	0.0434	0.0015	279	465	274	68	274	9
2.1	85	75	4	1.13	0.0574	0.0037	0.350	0.023	0.0442	0.0008	506	110	305	17	279	5
3.1	30	34	2	0.89	0.0518	0.0048	0.315	0.029	0.0441	0.0010	276	163	278	22	278	6
4.1	41	74	4	0.55	0.0543	0.0049	0.326	0.029	0.0436	0.0009	382	208	287	22	275	5
5.1	50	60	3	0.84	0.0519	0.0035	0.312	0.021	0.0436	0.0009	279	114	276	16	275	5
6.1	8	15	1	0.52	0.0518	0.0112	0.315	0.068	0.0441	0.0014	275	362	278	52	278	8
7.1	67	66	4	1.02	0.0518	0.0026	0.309	0.015	0.0432	0.0008	276	79	273	12	273	5
8.1	263	96	7	2.74	0.0516	0.0034	0.305	0.020	0.0429	0.0009	266	114	270	16	271	5
9.1	27	35	2	0.78	0.0519	0.0067	0.309	0.040	0.0433	0.0010	280	247	274	31	273	6
10.1	48	46	3	1.04	0.0515	0.0040	0.310	0.024	0.0437	0.0009	265	135	274	18	275	6
11.1	65	64	3	1.02	0.0517	0.0037	0.307	0.021	0.0430	0.0009	273	123	271	17	271	5
12.1	136	97	6	1.41	0.0519	0.0028	0.309	0.017	0.0431	0.0008	283	87	273	13	272	5
13.1	67	60	3	1.13	0.0520	0.0032	0.316	0.019	0.0440	0.0009	285	100	279	15	278	6
14.1	32	33	2	0.97	0.0518	0.0051	0.309	0.030	0.0432	0.0011	278	172	273	23	273	7
15.1	21	21	1	0.97	0.0518	0.0080	0.309	0.047	0.0433	0.0013	276	284	274	37	273	8
16.1	46	44	2	1.03	0.0521	0.0046	0.314	0.027	0.0437	0.0010	289	155	277	21	276	6
17.1	14	15	1	0.95	0.0521	0.0101	0.310	0.059	0.0432	0.0015	288	332	274	46	272	9
18.1	60	139	7	0.43	0.0521	0.0020	0.318	0.012	0.0442	0.0007	288	58	280	9	279	5
19.1	13	14	1	0.96	0.0519	0.0104	0.314	0.062	0.0438	0.0016	281	333	277	48	277	10
20.1	6	9	0	0.65	0.0517	0.0164	0.312	0.098	0.0438	0.0017	273	503	276	76	276	11
21.1	14	16	1	0.91	0.0516	0.0110	0.310	0.065	0.0436	0.0014	269	355	274	51	275	9

续表

分析点	Th/ppm	U/ppm	Pb^*/ppm	$^{232}Th/^{238}U$	普通Pb校准后同位素比值						普通Pb校准后U-Pb年龄/Ma					
					$^{207}Pb^*/^{206}Pb^*$	1σ	$^{207}Pb^*/^{235}U$	1σ	$^{206}Pb^*/^{238}U$	1σ	$^{207}Pb/^{206}Pb$	1σ	$^{207}Pb/^{235}U$	1σ	$^{206}Pb/^{238}U$	1σ
L1223-2，变质辉长岩，纬度34°15′58″N，经度84°48′32″E，LA-ICP-MS																
1.1	13	22	1	0.59	0.0515	0.0102	0.310	0.060	0.0437	0.0014	261	337	274	47	276	9
2.1	16	16	1	1.03	0.0526	0.0106	0.318	0.063	0.0440	0.0017	311	341	281	49	277	10
3.1	36	38	2	0.93	0.0517	0.0052	0.310	0.031	0.0435	0.0009	270	187	274	24	275	5
4.1	11	21	1	0.54	0.0518	0.0140	0.312	0.084	0.0438	0.0015	274	435	276	65	276	9
5.1	10	14	1	0.73	0.0526	0.0132	0.314	0.078	0.0433	0.0018	312	400	277	60	273	11
6.1	7	11	1	0.64	0.0510	0.0174	0.306	0.104	0.0435	0.0018	239	529	271	81	275	11
7.1	19	28	1	0.70	0.0517	0.0068	0.311	0.040	0.0437	0.0010	272	251	275	31	276	6
8.1	84	141	7	0.60	0.0513	0.0021	0.310	0.012	0.0439	0.0006	256	69	274	10	277	3
9.1	63	74	4	0.86	0.0515	0.0030	0.309	0.018	0.0436	0.0007	263	102	273	14	275	4
10.1	19	25	1	0.76	0.0518	0.0126	0.308	0.075	0.0432	0.0012	275	410	273	58	272	7
11.1	51	48	3	1.06	0.0518	0.0050	0.311	0.030	0.0437	0.0008	275	180	275	23	275	5
12.1	34	39	2	0.86	0.0518	0.0056	0.309	0.033	0.0434	0.0009	275	202	274	25	274	5
13.1	12	17	1	0.69	0.0518	0.0099	0.309	0.058	0.0433	0.0014	275	330	273	45	273	8
14.1	54	86	4	0.63	0.0515	0.0031	0.309	0.018	0.0436	0.0007	263	106	274	14	275	4
15.1	22	25	1	0.87	0.0516	0.0097	0.308	0.057	0.0433	0.0013	270	327	273	44	273	8
16.1	33	34	2	0.97	0.0514	0.0059	0.310	0.034	0.0438	0.0014	259	193	274	27	276	8
17.1	34	49	3	0.69	0.0517	0.0039	0.309	0.023	0.0434	0.0009	273	130	273	18	274	5
18.1	27	38	2	0.70	0.0519	0.0047	0.314	0.028	0.0439	0.0009	279	161	277	21	277	6
19.1	20	25	1	0.78	0.0516	0.0073	0.308	0.043	0.0433	0.0011	266	264	273	33	274	7
20.1	33	34	2	0.95	0.0523	0.0077	0.315	0.046	0.0437	0.0010	298	285	278	36	276	6
L1231，角闪石岩岩脉，纬度34°18′57″N，经度84°22′30″E，LA-ICP-MS																
1.1	157	327	16	0.48	0.0519	0.0020	0.319	0.012	0.0446	0.0006	280	62	281	9	281	4
2.1	216	352	18	0.61	0.0521	0.0018	0.320	0.011	0.0446	0.0006	289	55	282	9	281	4
3.1	140	298	15	0.47	0.0520	0.0020	0.322	0.012	0.0449	0.0007	285	62	283	10	283	4
4.1	105	236	11	0.44	0.0521	0.0027	0.321	0.016	0.0447	0.0007	290	89	283	13	282	4
5.1	183	215	12	0.85	0.0519	0.0025	0.318	0.016	0.0445	0.0007	279	85	281	12	281	4
6.1	73	142	7	0.51	0.0521	0.0030	0.326	0.019	0.0455	0.0007	288	103	287	14	287	4
7.1	252	368	18	0.69	0.0517	0.0022	0.308	0.013	0.0432	0.0006	272	70	272	10	272	4
8.1	163	276	14	0.59	0.0517	0.0018	0.311	0.011	0.0436	0.0006	273	53	275	8	275	4
9.1	348	357	19	0.98	0.0518	0.0021	0.314	0.013	0.0440	0.0006	277	66	277	10	277	4
10.1	1006	761	46	1.32	0.0527	0.0016	0.329	0.010	0.0453	0.0006	315	44	289	8	286	4
11.1	79	135	7	0.59	0.0520	0.0037	0.318	0.022	0.0445	0.0007	284	130	281	17	280	5
12.1	252	391	20	0.65	0.0521	0.0021	0.326	0.013	0.0453	0.0007	290	63	286	10	286	4
13.1	234	232	13	1.01	0.0521	0.0027	0.314	0.016	0.0437	0.0007	288	89	277	12	275	4
14.1	334	398	22	0.84	0.0519	0.0019	0.323	0.012	0.0452	0.0007	281	57	284	9	285	4

续表

分析点	Th/ppm	U/ppm	Pb^*/ppm	$^{232}Th/^{238}U$	普通 Pb校准后同位素比值						普通 Pb 校准后 U-Pb 年龄 /Ma					
					$^{207}Pb^*/^{206}Pb^*$	1σ	$^{207}Pb^*/^{235}U$	1σ	$^{206}Pb^*/^{238}U$	1σ	$^{207}Pb/^{206}Pb$	1σ	$^{207}Pb/^{235}U$	1σ	$^{206}Pb/^{238}U$	1σ
L1203-2，堆晶辉长岩，纬度 34°13′57″N，经度 84°59′11″E，LA-ICP-MS																
1.1	313	203	17	1.54	0.0529	0.0035	0.406	0.026	0.0558	0.0011	323	108	346	19	350	7
2.1	486	686	49	0.71	0.0533	0.0017	0.418	0.013	0.0569	0.0008	342	45	355	9	357	5
3.1	31	62	4	0.49	0.0540	0.0084	0.415	0.063	0.0558	0.0019	373	277	353	45	350	12
4.1	16	72	4	0.22	0.0527	0.0112	0.411	0.085	0.0565	0.0031	317	329	349	61	354	19
5.1	482	285	25	1.69	0.0538	0.0028	0.417	0.021	0.0562	0.0009	364	84	354	15	352	6
6.1	18	60	4	0.30	0.0552	0.0103	0.423	0.078	0.0556	0.0022	422	335	358	55	349	13
7.1	253	174	15	1.45	0.0539	0.0035	0.418	0.026	0.0563	0.0012	366	102	355	19	353	8
8.1	37	84	6	0.44	0.0540	0.0071	0.421	0.054	0.0565	0.0019	371	227	357	39	354	12
9.1	268	172	14	1.56	0.0551	0.0036	0.425	0.027	0.0560	0.0012	415	102	360	19	351	8
10.1	129	114	9	1.13	0.0531	0.0051	0.407	0.038	0.0557	0.0015	333	160	347	27	349	9
11.1	461	261	23	1.76	0.0557	0.0037	0.426	0.027	0.0555	0.0013	441	100	360	19	348	8
12.1	171	138	11	1.24	0.0524	0.0045	0.409	0.034	0.0567	0.0013	302	146	348	25	355	8
13.1	294	186	16	1.59	0.0516	0.0037	0.402	0.028	0.0565	0.0012	270	118	343	20	354	7
14.1	243	144	12	1.69	0.0540	0.0043	0.413	0.032	0.0556	0.0013	369	130	351	23	349	8
15.1	248	150	13	1.65	0.0518	0.0040	0.405	0.030	0.0568	0.0013	276	126	345	22	356	8
16.1	43	143	9	0.30	0.0536	0.0041	0.409	0.030	0.0554	0.0013	352	124	348	22	348	8
17.1	255	159	14	1.61	0.0533	0.0039	0.413	0.029	0.0562	0.0013	343	121	351	21	352	8
18.1	396	180	17	2.19	0.0533	0.0036	0.415	0.027	0.0565	0.0012	339	108	352	19	354	7
19.1	47	43	3	1.08	0.0537	0.0091	0.418	0.069	0.0566	0.0022	358	297	355	50	355	13
20.1	333	223	18	1.49	0.0544	0.0038	0.419	0.028	0.0559	0.0013	389	111	356	20	351	8
21.1	201	106	9	1.90	0.0541	0.0064	0.418	0.048	0.0561	0.0017	375	205	355	34	352	10
22.1	45	93	6	0.49	0.0560	0.0072	0.433	0.054	0.0561	0.0018	452	223	365	39	352	11
23.1	120	320	21	0.38	0.0579	0.0036	0.440	0.026	0.0552	0.0011	526	96	370	19	346	7

分析点	普通 $^{206}Pb_c$/%	U/ppm	Th/ppm	$^{232}Th/^{238}U$	$^{206}Pb^*$/ppm	$^{207}Pb^*/^{206}Pb^*$	±1σ/%	$^{207}Pb^*/^{235}U$	±1σ/%	$^{206}Pb^*/^{238}U$	±1σ/%	$^{206}Pb/^{238}U$ ±1σ	年龄/Ma	$^{207}Pb/^{206}Pb$ ±1σ	年龄/Ma	$^{208}Pb/^{232}Th$ ±1σ	年龄/Ma	不谐和度/%
L1203-1，辉长岩，纬度 34°13′59″N，经度 84°58′01″E，SHRIMP																		
1.1	0.56	151	215	1.47	7.34	0.0510	5.6	0.396	5.8	0.05629	1.6	353.0	5.6	240	130	346.8	9.3	–47
3.1	0.52	269	468	1.80	12.9	0.0508	4.7	0.391	4.9	0.05574	1.4	349.7	4.8	234	110	353.9	7.1	–50
4.1	0.42	237	299	1.31	11.2	0.0537	5.1	0.407	5.3	0.05495	1.4	344.8	4.8	360	110	347.4	8.6	4
5.1	0.43	215	272	1.31	10.2	0.0526	6.1	0.398	6.3	0.05480	1.8	343.9	5.9	313	140	336.8	9.7	–10
6.1	0.44	133	192	1.49	6.39	0.0572	4.4	0.440	4.7	0.05576	1.6	349.8	5.6	498	98	355.0	12	30
7.1	0.17	168	282	1.73	8.11	0.0564	3.5	0.436	3.8	0.05610	1.5	351.9	5.1	469	78	343.3	7.5	25
8.1	0.53	224	425	1.96	10.7	0.0498	3.6	0.380	3.8	0.05524	1.4	346.6	4.8	188	83	336.7	6.6	–85
9.1	0.84	188	271	1.49	9.1	0.0495	5.2	0.381	5.4	0.05576	1.5	349.8	5.0	172	120	349.6	8.3	–103
10.1	0.41	172	166	1.00	8.32	0.0544	3.6	0.421	3.9	0.05604	1.5	351.5	5.1	389	80	342.7	8.7	10
11.1	0.46	216	410	1.97	10.8	0.0494	3.5	0.394	4	0.05790	1.8	362.8	6.4	165	83	355.5	8.2	–119
12.1	1.42	134	49	0.38	6.49	0.0488	15	0.373	15	0.05539	1.8	347.5	6	138	350	298.0	55	–151
13.1	1.61	101	105	1.08	5.14	0.0440	12	0.355	12	0.05850	1.9	366.3	6.7	–109	300	357.0	17	437
14.1	0.64	171	292	1.77	8.16	0.0501	3.8	0.382	4.1	0.05529	1.5	346.9	5	198	88	350.9	7.5	–75

注：Pb_c 和 Pb^* 分别代指普通 Pb 和放射成因 Pb 部分，普通 Pb 利用 ^{204}Pb 校准。

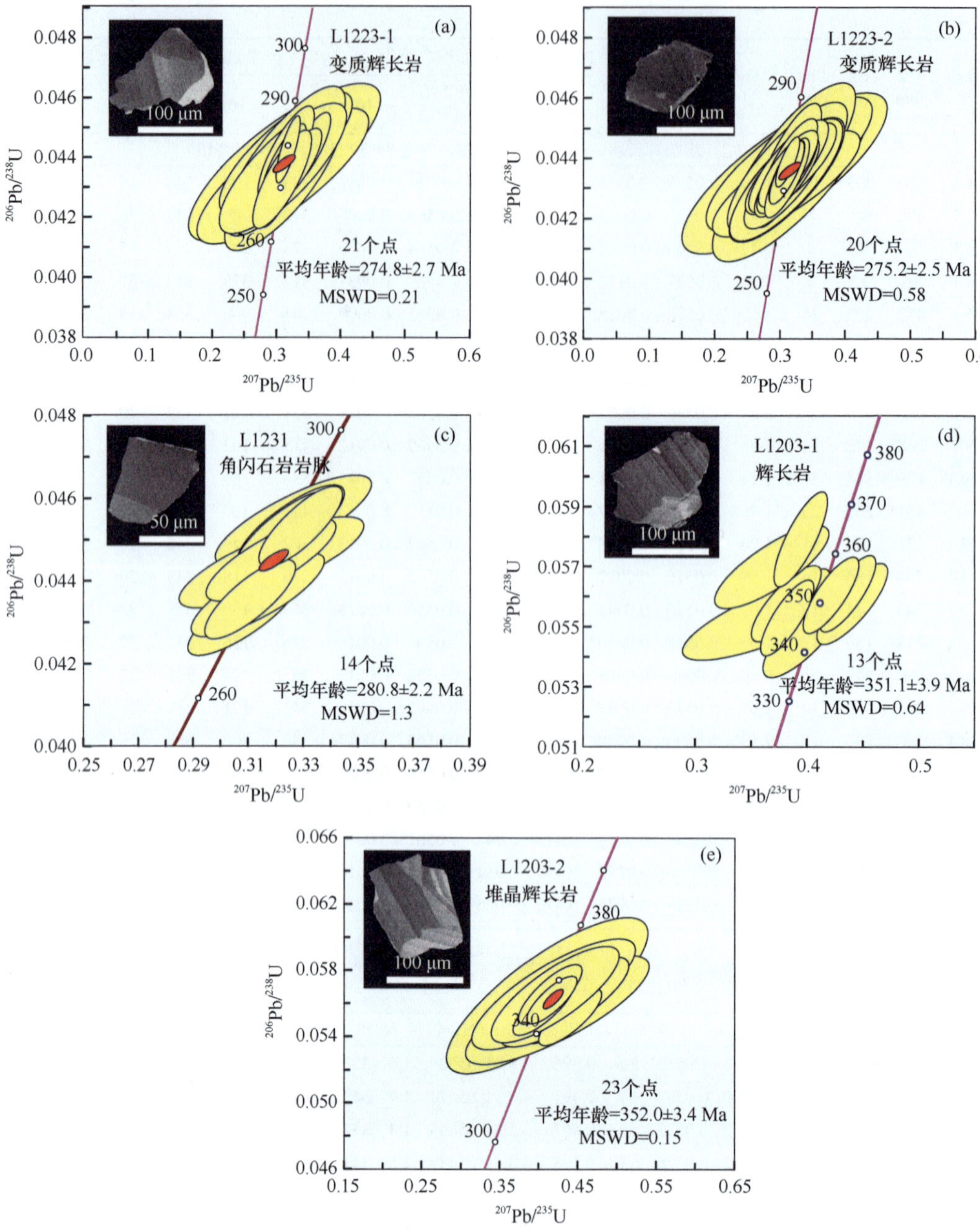

图 2.6　香桃湖蛇绿岩的锆石 CL 图像以及 U-Pb 谐和图解

另外我们在第二套蛇绿岩残片（Oph_2）中选取 1 件代表性的辉长岩（L1203-1）和 1 件堆晶辉长岩（L1203-2）样品，分别采用 SHRIMP 和 LA-ICP-MS 进行了锆石 U-Pb 定年（表 2.1 和图 2.6）。两件样品的锆石形态特征以及阴极发光图像特征与 Oph_1 中样品特征相似，均为具有宽缓平直条带的板柱状锆石颗粒，大多数锆石测点具有高度变化的 U（43~686 ppm）和 Th（16~486 ppm）含量，以及较高的 Th/U 值 0.22~2.19，显示出典型的基性岩岩浆锆石特征（Dan et al.，2021a，2021b）。L1203-1 和 L1203-2 样品的 $^{206}Pb/^{238}U$ 加权平均年龄相似，分别为 351.1±3.9 Ma（MSWD=0.64）和 352.0±3.4 Ma（MSWD=0.15）[图 2.6（d）和（e）]。

2.3.2.2　香桃湖蛇绿岩的地球化学特征

本研究对香桃湖地区蛇绿岩中的 31 件样品进行了全岩主量和微量元素分析，具体分析结果可见表 2.2。这些样品包括 5 件变质玄武岩（Oph_1）、6 件变质辉长岩（Oph_1）、5 件角闪石岩岩脉（Oph_1）、8 件辉长岩（Oph_2）、2 件堆晶辉长岩（Oph_2）和 5 件新鲜的堆晶辉石橄榄岩样品（Oph_2）。

表 2.2　羌塘中部香桃湖地区蛇绿岩的全岩主量（%）和微量（ppm）元素含量（Zhang et al.，2016）

样品	L1212-H1	L1212-H2	L1212-H3	L1212-H5	L1212-H6	L1223-H1	L1223-H2	L1223-H3	L1223-H4	L1223-H5	L1223-H6
岩性	变玄武岩	变玄武岩	变玄武岩	变玄武岩	变玄武岩	变辉长岩	变辉长岩	变辉长岩	变辉长岩	变辉长岩	变辉长岩
SiO_2	47.12	49.65	48.90	49.06	51.50	49.15	48.57	48.22	47.34	51.72	48.84
TiO_2	1.89	1.45	1.26	1.32	1.76	0.31	0.26	0.26	0.26	0.17	0.26
Al_2O_3	13.85	13.95	14.12	14.63	13.68	16.77	16.99	20.59	17.21	19.67	16.95
FeO^T	12.37	10.30	9.91	10.36	10.35	4.88	4.64	3.64	4.20	3.01	4.41
MnO	0.23	0.19	0.18	0.19	0.19	0.10	0.10	0.08	0.11	0.06	0.10
MgO	6.94	7.17	8.20	7.35	6.06	10.22	10.46	7.66	9.67	6.77	10.39
CaO	10.76	10.94	11.86	10.52	9.60	13.64	13.89	14.08	16.42	12.86	14.84
Na_2O	3.07	2.45	1.97	3.00	3.20	1.84	1.71	2.22	1.11	3.21	1.45
K_2O	0.28	0.29	0.27	0.31	0.46	0.19	0.15	0.14	0.11	0.13	0.12
P_2O_5	0.11	0.14	0.10	0.13	0.16	0.03	0.02	0.02	0.01	0.01	0.01
烧失量	1.02	1.04	1.13	1.06	0.99	1.94	2.02	2.30	2.36	2.02	1.97
总量	98.74	98.50	98.80	98.75	98.73	99.47	99.15	99.58	99.31	99.96	99.64
$Mg^{\#}$	0.50	0.55	0.60	0.56	0.51	0.79	0.80	0.79	0.80	0.80	0.81
Sc	47.4	44.3	42.4	44.9	44.7	34.2	36.5	24	35.3	23.1	35.9
V	382	338	319	330	353	152	154	108	157	91	147
Cr	88.9	158	280	249	51.9	558	550	351	839	881	566
Co	55.4	46.4	46.5	50.9	51.6	41.6	42.6	29.8	35.6	22.8	37.7
Ni	64.6	64.2	92.2	83.2	58.9	177	197	141	165	122	167
Ga	16	17.2	15.9	15.6	17	11.8	11.3	12.6	12.7	9.37	10.8
Rb	3.38	4.34	5.12	4.97	9.81	4.58	2.71	2.33	1.45	2.2	2.01
Sr	84.8	91.2	72.2	111	109	99.7	86.1	138	123	163	82.2
Y	40	35.6	30.6	33.3	43	11.6	8.02	7.62	7.63	5.22	7.61
Zr	115	82	70.3	79.3	116	31.4	9.71	12.9	9.81	10.6	10.6
Nb	1.89	1.56	1.2	1.36	2.21	0.9	0.33	0.45	0.27	0.44	0.41
Cs	0.06	0.1	0.1	0.11	0.29	0.35	0.49	0.46	0.49	0.21	0.34
Ba	16.9	13.2	7.28	12.7	15.9	28.6	20.7	35.8	10.6	25.3	15.3
La	4.12	3.27	2.49	2.6	4.2	1.25	0.59	0.99	0.48	0.69	0.58

续表

样品	L1212-H1	L1212-H2	L1212-H3	L1212-H5	L1212-H6	L1223-H1	L1223-H2	L1223-H3	L1223-H4	L1223-H5	L1223-H6
岩性	变玄武岩	变玄武岩	变玄武岩	变玄武岩	变玄武岩	变辉长岩	变辉长岩	变辉长岩	变辉长岩	变辉长岩	变辉长岩
Ce	12.5	9.51	7.52	7.75	12.2	3.2	1.47	2.32	1.27	1.72	1.46
Pr	2.29	1.77	1.42	1.5	2.28	0.56	0.26	0.38	0.23	0.27	0.26
Nd	13.1	10.2	8.26	8.72	12.9	3.09	1.6	2.13	1.49	1.38	1.6
Sm	4.3	3.34	2.82	2.88	4.17	1.01	0.61	0.71	0.56	0.47	0.62
Eu	1.17	1.12	0.95	0.99	1.35	0.42	0.3	0.37	0.3	0.22	0.31
Gd	6.21	4.92	4.26	4.31	5.97	1.51	1.03	1.04	0.96	0.73	1
Tb	1.09	0.9	0.76	0.81	1.08	0.27	0.2	0.19	0.19	0.13	0.18
Dy	7.18	5.8	5.13	5.29	7.06	1.94	1.29	1.26	1.24	0.85	1.27
Ho	1.56	1.25	1.1	1.18	1.56	0.41	0.29	0.28	0.27	0.18	0.27
Er	4.76	3.93	3.41	3.62	4.74	1.22	0.9	0.84	0.83	0.6	0.83
Tm	0.64	0.54	0.49	0.47	0.64	0.18	0.12	0.11	0.11	0.08	0.12
Yb	4.39	3.6	3.17	3.25	4.32	1.18	0.8	0.75	0.72	0.51	0.73
Lu	0.66	0.55	0.5	0.51	0.66	0.18	0.11	0.11	0.11	0.08	0.11
Hf	3.17	2.24	1.98	2.12	3.09	1	0.32	0.38	0.31	0.29	0.34
Ta	0.17	0.13	0.09	0.1	0.17	0.06	0.05	0.05	0.05	0.05	0.05
Pb	0.81	0.84	0.72	0.73	0.7	0.84	2.46	2.51	1.65	0.33	0.75
Th	0.38	0.29	0.14	0.14	0.32	0.62	0.15	0.14	0.08	0.21	0.16
U	0.1	0.08	0.05	0.08	0.09	0.06	0.05	0.05	0.05	0.05	0.05

样品	L1231-H1	L1231-H2	L1231-H3	L1231-H4	L1231-H5	L1227-H1	L1227-H2	L1227-H3	L1227-H4	L1227-H5
岩性	角闪石岩脉	角闪石岩脉	角闪石岩脉	角闪石岩脉	角闪石岩脉	辉石橄榄岩	辉石橄榄岩	辉石橄榄岩	辉石橄榄岩	辉石橄榄岩
SiO_2	46.39	43.93	48.04	45.02	44.17	38.12	37.34	37.48	38.47	38.10
TiO_2	1.14	1.26	1.08	1.25	1.26	0.23	0.21	0.19	0.21	0.22
Al_2O_3	20.52	21.86	19.98	20.85	21.40	5.49	4.60	5.99	5.46	5.60
FeO^T	9.29	9.91	8.74	10.19	10.04	10.06	11.59	11.09	10.87	10.64
MnO	0.18	0.22	0.17	0.25	0.21	0.15	0.16	0.15	0.15	0.15
MgO	4.70	4.34	3.95	4.45	4.07	31.66	32.86	31.88	32.42	31.93
CaO	8.86	8.45	8.31	9.19	9.70	3.20	2.44	2.32	2.97	2.80
Na_2O	3.54	2.94	3.45	3.28	2.85	0.44	0.44	0.51	0.44	0.46
K_2O	0.98	1.58	1.27	1.10	1.35	0.02	0.02	0.02	0.02	0.03
P_2O_5	0.14	0.16	0.14	0.16	0.13	0.02	0.01	0.01	0.02	0.01
烧失量	2.71	3.43	2.99	2.40	2.71	8.46	8.64	8.41	7.46	8.34
总量	99.54	99.34	99.22	99.33	99.11	99.34	99.93	99.59	99.95	99.81
$Mg^{\#}$	0.47	0.43	0.44	0.43	0.41	0.84	0.83	0.83	0.84	0.84
Sc	42	41.1	39.2	46.5	46.6	20.2	17.6	14	18.3	17.6
V	250	254	234	247	252	115	121	102	107	111
Cr	375	341	339	376	365	3759	4002	3814	3864	3919
Co	53.5	53.7	47.3	56.1	52.9	116	131	122	117	120

续表

样品	L1231-H1	L1231-H2	L1231-H3	L1231-H4	L1231-H5	L1227-H1	L1227-H2	L1227-H3	L1227-H4	L1227-H5
岩性	角闪石岩脉	角闪石岩脉	角闪石岩脉	角闪石岩脉	角闪石岩脉	辉石橄榄岩	辉石橄榄岩	辉石橄榄岩	辉石橄榄岩	辉石橄榄岩
Ni	104	97.5	96.3	104	100	1327	1430	1344	1314	1344
Ga	17.3	17.2	15.8	18	18.6	7.74	7.58	8.17	7.47	7.87
Rb	21.8	36.6	30.4	25.1	26.1	0.4	0.28	0.34	0.44	0.76
Sr	161	217	191	196	180	34.3	26.7	44.7	38.5	38.2
Y	28.4	28.8	25.5	30.8	32.3	4.78	4.16	3.02	4.18	3.97
Zr	68.2	73.9	65.8	72.5	74.6	6.31	4.37	3.67	8.89	4.99
Nb	1.84	1.77	1.76	1.89	1.92	0.12	0.06	0.07	0.11	0.08
Cs	1.05	1.78	2.02	1.42	1.19	0.19	0.17	0.22	0.29	0.31
Ba	41.1	66.5	72.8	49.1	45.2	6.49	3.69	4.91	6.76	7.73
La	3.74	5.47	4.34	3.98	3.65	0.34	0.18	0.21	0.34	0.25
Ce	6.83	7.29	6.57	7.15	7.53	0.94	0.53	0.57	0.89	0.68
Pr	1.46	1.8	1.49	1.54	1.54	0.17	0.11	0.1	0.15	0.13
Nd	8.16	9.83	7.93	8.77	8.76	1.08	0.81	0.69	0.93	0.84
Sm	2.58	3.01	2.43	2.82	2.86	0.43	0.33	0.26	0.37	0.34
Eu	0.89	1.01	0.83	0.96	1.03	0.2	0.16	0.16	0.18	0.18
Gd	3.82	4.4	3.7	4.06	4.45	0.7	0.56	0.42	0.57	0.53
Tb	0.71	0.82	0.66	0.77	0.82	0.12	0.1	0.07	0.1	0.09
Dy	4.73	5.39	4.36	5.03	5.45	0.83	0.66	0.5	0.68	0.62
Ho	1.03	1.12	0.95	1.1	1.21	0.18	0.14	0.11	0.14	0.13
Er	3.16	3.58	2.97	3.38	3.62	0.55	0.46	0.33	0.44	0.42
Tm	0.45	0.48	0.41	0.46	0.49	0.07	0.06	0.05	0.06	0.06
Yb	2.99	3.24	2.69	3.09	3.35	0.5	0.44	0.34	0.43	0.42
Lu	0.46	0.47	0.41	0.46	0.51	0.08	0.07	0.05	0.07	0.07
Hf	1.83	2.03	1.77	1.97	2.04	0.24	0.16	0.12	0.28	0.17
Ta	0.12	0.12	0.11	0.13	0.13	0.05	0.05	0.05	0.05	0.05
Pb	0.89	1.48	1.31	0.91	0.86	0.64	0.49	0.5	0.51	0.51
Th	0.2	0.2	0.2	0.21	0.23	0.06	0.05	0.06	0.08	0.08
U	0.26	0.45	0.33	0.28	0.28	0.05	0.05	0.05	0.05	0.05

样品	L1203-H1	L1203-H2	L1203-H3	L1203-H4	L1203-H5	L1203-H6	L1203-H7	L1203-H8	L1203-H9	L1203-H10
岩性	辉长岩	堆晶辉长岩	堆晶辉长岩	辉长岩	辉长岩	辉长岩	辉长岩	辉长岩	辉长岩	辉长岩
SiO_2	48.79	48.57	48.71	49.02	48.47	48.43	47.87	48.68	48.10	48.40
TiO_2	0.25	0.14	0.12	0.24	0.23	0.22	0.22	0.20	0.23	0.22
Al_2O_3	20.52	23.23	28.41	21.22	22.21	22.01	23.73	22.15	21.33	22.32
FeO^T	3.66	3.73	1.73	3.52	3.31	3.45	2.94	3.24	3.73	3.36
MnO	0.09	0.07	0.04	0.08	0.08	0.08	0.07	0.08	0.08	0.08
MgO	6.63	5.80	2.51	6.48	6.02	6.15	4.80	5.79	6.39	5.84
CaO	15.17	13.32	14.60	15.99	15.92	15.12	15.23	15.21	14.78	15.23

续表

样品	L1203-H1	L1203-H2	L1203-H3	L1203-H4	L1203-H5	L1203-H6	L1203-H7	L1203-H8	L1203-H9	L1203-H10
岩性	辉长岩	堆晶辉长岩	堆晶辉长岩	辉长岩	辉长岩	辉长岩	辉长岩	辉长岩	辉长岩	辉长岩
Na_2O	2.07	2.24	2.50	1.81	1.85	1.97	2.11	1.99	1.95	2.01
K_2O	0.29	0.31	0.21	0.21	0.13	0.19	0.21	0.26	0.23	0.18
P_2O_5	0.01	0.01	0.01	0.01	0.01	0.01	0.01	0.01	0.01	0.01
烧失量	1.92	1.58	1.02	0.77	0.87	1.20	1.41	1.32	1.90	1.42
总量	99.75	99.30	100.04	99.61	99.39	99.06	98.81	99.19	99.01	99.31
$Mg^{\#}$	0.76	0.73	0.72	0.77	0.76	0.76	0.74	0.76	0.75	0.75
Sc	49.5	18.7	11.2	48.8	42.5	40.8	41.4	32.8	45.2	41.5
V	163	74.5	53.4	161	139	138	138	120	144	137
Cr	553	111	73	458	399	347	354	248	461	413
Co	25.7	30.2	12.4	24.4	23.3	23.8	23.3	18.8	25.6	23.1
Ni	79.4	109	55.4	87.1	95.1	76.5	112	72.9	82.2	78.3
Ga	12.9	13.6	14.8	13.3	13.3	13.3	13.3	13.6	12.4	13.3
Rb	4.55	5.4	2.83	3.07	1.75	2.97	4	3.15	3.65	2.87
Sr	396	487	465	386	383	405	436	445	402	420
Y	7.94	3.82	3.03	7.68	6.8	6.52	6.45	6.24	7.1	6.73
Zr	9.14	4.56	3.54	8.9	7.14	6.02	5.28	6.91	7.67	7.07
Nb	0.23	0.29	0.1	0.23	0.17	0.15	0.11	0.14	0.22	0.19
Cs	0.44	0.68	0.38	0.42	0.21	0.44	0.54	0.35	0.33	0.27
Ba	68.5	82.5	51.4	51.1	32.1	49.1	65.5	53.7	55.8	46.6
La	0.93	1.39	0.85	1.03	0.8	0.78	0.74	0.95	0.98	0.92
Ce	2.21	2.74	1.92	2.37	1.99	1.85	1.66	2.2	2.16	2.02
Pr	0.38	0.37	0.26	0.4	0.33	0.3	0.28	0.35	0.35	0.32
Nd	2.21	1.78	1.37	2.16	1.86	1.7	1.62	1.94	1.96	1.77
Sm	0.77	0.47	0.36	0.73	0.65	0.61	0.58	0.62	0.66	0.64
Eu	0.38	0.37	0.31	0.37	0.35	0.33	0.31	0.36	0.34	0.33
Gd	1.09	0.62	0.48	1.04	1.01	0.89	0.9	0.92	1.01	0.92
Tb	0.2	0.1	0.08	0.2	0.17	0.16	0.16	0.17	0.18	0.17
Dy	1.34	0.69	0.52	1.29	1.19	1.1	1.05	1.12	1.22	1.14
Ho	0.29	0.14	0.11	0.28	0.26	0.25	0.25	0.24	0.27	0.23
Er	0.87	0.43	0.32	0.84	0.78	0.72	0.7	0.71	0.79	0.72
Tm	0.11	0.06	0.05	0.11	0.1	0.09	0.1	0.09	0.11	0.1
Yb	0.71	0.36	0.27	0.73	0.63	0.61	0.59	0.61	0.69	0.64
Lu	0.1	0.05	0.05	0.1	0.1	0.1	0.09	0.08	0.1	0.09
Hf	0.31	0.15	0.13	0.31	0.26	0.23	0.2	0.24	0.28	0.25
Ta	0.05	0.05	0.05	0.05	0.05	0.05	0.05	0.05	0.05	0.05
Pb	0.7	1.07	0.77	0.52	0.54	0.69	0.65	0.73	1.01	0.8
Th	0.07	0.08	0.08	0.11	0.07	0.09	0.06	0.08	0.11	0.09
U	0.05	0.06	0.05	0.05	0.05	0.05	0.05	0.05	0.05	0.05

Oph_1 的玄武岩样品的 SiO_2 含量在 47.1%~51.5% 之间，TiO_2 含量适中（1.26%~1.89%），Al_2O_3 含量较低（13.7%~14.6%），FeO^T 含量较高（9.9%~12.4%）。角闪石岩岩脉样品的 SiO_2（43.9%~48.0%）、TiO_2（1.08%~1.26%）和 FeO^T（8.74%~10.19%）含量与变质玄武岩相近，但 Al_2O_3 含量相对较高（20.0%~21.9%）。与之相比，无论是 Oph_1 还是 Oph_2 的下地壳镁铁质岩（辉长岩和堆晶辉长岩）都具有相近的 SiO_2 含量（47.3%~51.7%），较低的 TiO_2 含量（0.12%~0.31%），较高的 Al_2O_3 含量（16.8%~28.4%）和十分低的 FeO^T 含量（1.73%~4.88%）。此外，新鲜超镁铁质岩石样品（堆晶辉石橄榄岩）具有较低的 SiO_2 含量（37.3%~38.5%），非常高的 MgO（31.7%~32.9%）、Cr（3759~4002 ppm）和 Ni（1314~1430 ppm）含量。

Oph_1 和 Oph_2 中的镁铁质岩样品的 MgO 含量变化较大（2.51%~10.46%），对应的 $Mg^\#$ 值为 0.41~0.81（表 2.2），Cr 含量为 51.9~881 ppm，Ni 含量为 55.4~197 ppm。在 Zr/TiO_2-Nb/Y 岩石分类图解上（Winchester and Floyd，1977），所有样品均落入亚碱性玄武岩 – 安山岩区域[图 2.7（a）]。在 SiO_2-FeO^T/MgO 岩浆系列判别图解上[图 2.7（b）]，蛇绿岩层位中上部的变质玄武岩和角闪石岩岩脉落入了典型的拉斑玄武岩系列区域，而下部层位的变质辉长岩和堆晶辉长岩则落入了钙碱性系列区域。

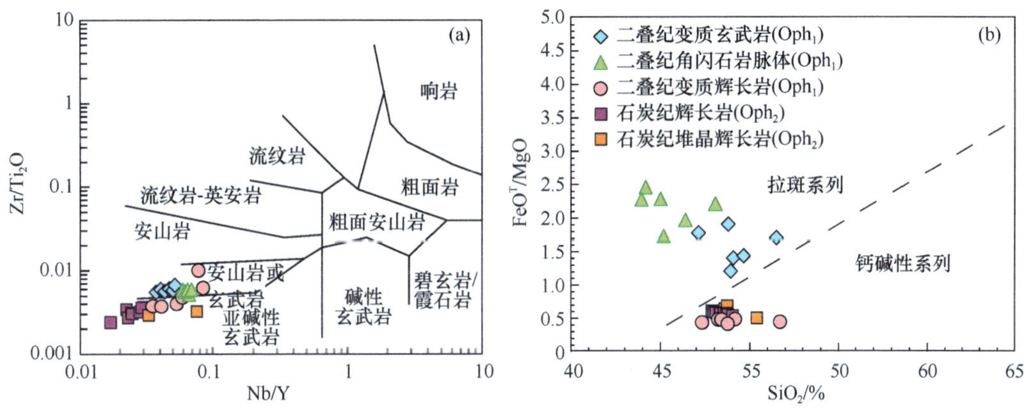

图 2.7　香桃湖蛇绿岩的地球化学分类图解

香桃湖地区蛇绿岩样品的稀土元素含量变化较大（3.76~63.3 ppm），但稀土元素的球粒陨石标准化曲线基本一致。除 L1203-2 和 L1203-3 两件样品具有弱的轻稀土富集［$(La/Yb)_N$=2.26~2.77］和 Eu 正异常（Eu/Eu^*=2.10~2.28）外，大多数样品相对亏损轻稀土［$(La/Yb)_N$=0.29~1.21］、具有平坦的稀土配分曲线，且重稀土相对平坦［$(Gd/Yb)_N$=1.02~1.33］，具有变化的 Eu 异常（Eu/Eu^*=0.69~1.46）［表 2.2；图 2.8（a）、(c)、(e) 和（g）］，这些特征与普通大洋中脊玄武岩（N-MORB）的稀土特征十分相似（Sun and McDonough，1989）。此外，这些样品在 N-MORB 标准化元素蛛网上具有接近水平的元素配分模式，仅 Th 轻微富集，Nb 和 Ti 不同程度亏损［图 2.8（b）、(d)、(f) 和（h）］。

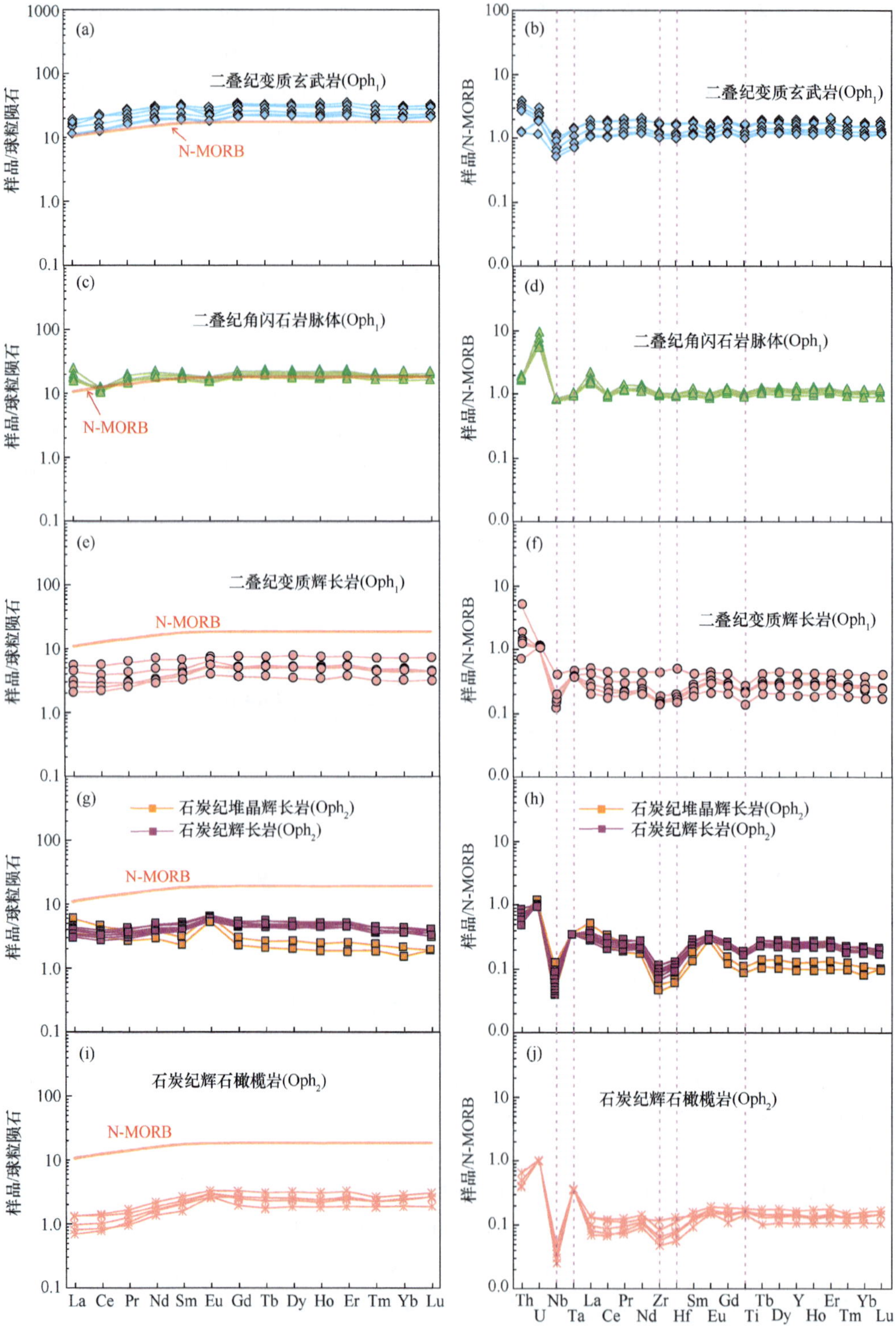

图 2.8　香桃湖蛇绿岩的稀土和微量元素特征

N-MORB 指普通大洋中脊玄武岩

2.3.2.3　香桃湖蛇绿岩的 Sr-Nd 同位素特征

本次研究对 10 件具有代表性的全岩样品进行了 Sr-Nd 同位素分析［表 2.3 和图 2.9（a）］。大部分样品的初始 $^{87}Sr/^{86}Sr$ 值变化不大，在 0.7032~0.7051 之间，只有两个样品的初始 $^{87}Sr/^{86}Sr$ 值较高（0.7059 和 0.7061），这两个样品可能受到了海水或热液蚀变的影响（如，McCulloch et al.，1981；Godard et al.，2006）抑或后期变质作用的改造。此外，所有样品的 $\varepsilon_{Nd}(t)$ 值均为正值（表 2.3），且来自 Oph_1 的样品 $\varepsilon_{Nd}(t)$ 值（4.67~8.15）相对高于来自 Oph_2 的样品（1.12~4.08）。在 $^{87}Sr/^{86}Sr$ 与 $\varepsilon_{Nd}(t)$ 图解上，所有蛇绿岩样品均落入了前人发表的古、新特提斯蛇绿岩范围内（Xu and Castillo，2004）。

表 2.3　羌塘中部香桃湖地区蛇绿岩的全岩 Sr-Nd 同位素特征（Zhang et al.，2016）

样品	年龄 / Ma	$^{87}Rb/^{86}Sr$	$^{87}Sr/^{86}Sr$	2SE	$(^{87}Sr/^{86}Sr)_i$	$^{147}Sm/^{144}Nd$	$^{143}Nd/^{144}Nd$	2SE	$\varepsilon_{Nd}(t)$	T_{DM}/ Ma	T_{DM2}/ Ma	$f_{Sm/Nd}$
L1203-H1	350	0.0332	0.705289	0.000004	0.7051	0.2105	0.512843	0.000010	3.38	15000	823	0.07
L1203-H2	350	0.0321	0.704630	0.000005	0.7045	0.1595	0.512610	0.000012	1.12	1525	1015	–0.19
L1203-H3	350	0.0176	0.704345	0.000004	0.7043	0.1588	0.512612	0.000008	1.19	1498	1009	–0.19
L1203-H4	350	0.0230	0.704379	0.000005	0.7043	0.2042	0.512864	0.000010	4.08	4645	773	0.04
L1203-H5	350	0.0132	0.704614	0.000005	0.7045	0.2111	0.512795	0.000011	2.42	21516	894	0.07
L1223-H2	275	0.0910	0.703516	0.000007	0.7032	0.2303	0.512974	0.000004	5.38	–1612	606	0.17
L1223-H3	275	0.0488	0.704675	0.000007	0.7045	0.2014	0.513053	0.000005	7.94	1233	397	0.02
L1223-H4	275	0.0341	0.704877	0.000008	0.7047	0.2271	0.513110	0.000006	8.15	–462	379	0.15
L1231-H2	281	0.4876	0.707878	0.000010	0.7059	0.1850	0.512856	0.000005	4.67	1577	669	–0.06
L1231-H4	281	0.3702	0.707551	0.000007	0.7061	0.1943	0.512973	0.000005	6.64	1406	508	–0.01

注：$(^{87}Sr/^{86}Sr)_i=(^{87}Sr/^{86}Sr)-(^{87}Rb/^{86}Sr)\times(e^{\lambda t}-1)$；$\lambda_{Rb\text{-}Sr}=0.0142\ Ga^{-1}$；

$\varepsilon_{Nd}(t)=10000\times\{[(^{143}Nd/^{144}Nd)_s-(^{147}Sm/^{144}Nd)_s\times(e^{\lambda t}-1)]/[(^{143}Nd/^{144}Nd)_{CHUR,0}-(^{147}Sm/^{144}Nd)_{CHUR}\times(e^{\lambda t}-1)]-1\}$；

$T_{DM}=1/\lambda\times\ln\{1+[(^{143}Nd/^{144}Nd)_s-(^{143}Nd/^{144}Nd)_{DM}]/[(^{147}Sm/^{144}Nd)_s-(^{147}Sm/^{144}Nd)_{DM}]\}$；

$T_{DM2}=T_{DM}-(T_{DM}-t)((f_c-f_s)/(f_c-f_{DM}))$；$f_{Sm/Nd}=(^{147}Sm/^{144}Nd)_s/(^{147}Sm/^{144}Nd)_{CHUR}-1$；

其中，f_c、f_s 和 f_{DM} 代指大陆地壳、样品和亏损地幔的 $f_{Sm/Nd}$ 值；$f_c=-0.4$、$f_{DM}=0.08592$；t= 结晶时间；$(^{147}Sm/^{144}Nd)_s$ 和 $(^{143}Nd/^{144}Nd)_s$ 是样品测量同位素值；$(^{147}Sm/^{144}Nd)_{CHUR}=0.1967$ 和 $(^{143}Nd/^{144}Nd)_{CHUR,0}=0.512638$；$(^{147}Sm/^{144}Nd)_{DM}=0.2135$ 和 $(^{143}Nd/^{144}Nd)_{DM}=0.51315$；$(^{147}Sm/^{144}Nd)_c=0.118$；$\lambda_{Sm\text{-}Nd}=0.00654\ Ga^{-1}$。

2.3.2.4　香桃湖蛇绿岩的锆石 O 同位素特征

本研究选取了两件具有代表性的辉长岩样品进行锆石原位 O 同位素分析，分别为 Oph_1（L1223-1）和 Oph_2（L1203-1），结果见表 2.4 和图 2.9。样品 L1203-1 的锆石 $\delta^{18}O$ 值变化不大，为 5.59‰~6.40‰，平均为 5.9‰±0.2‰。样品 L1223-1 的锆石 $\delta^{18}O$ 值范围为 5.26‰~5.82‰，呈近正态分布，平均值为 5.49‰±0.18‰。样品 L1223-1 和 L1203-1 中绝大部分锆石 $\delta^{18}O$ 值与亏损地幔的 $\delta^{18}O$ 值（5.3‰±0.3‰；Valley，2003）一致，少量样品略高于地幔值。

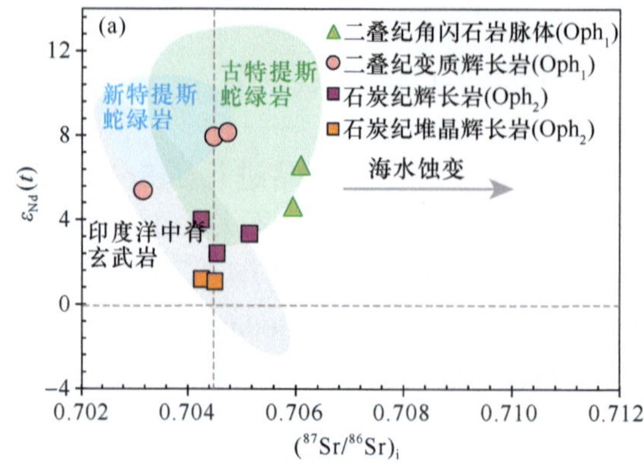

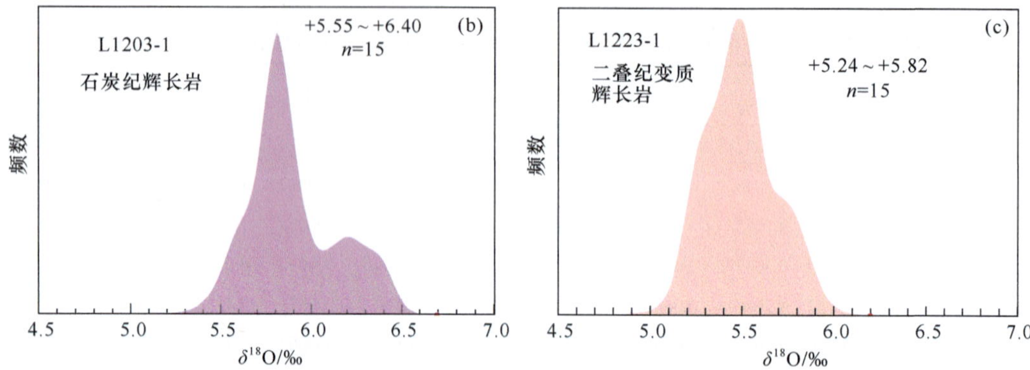

图 2.9　香桃湖蛇绿岩的全岩 Sr-Nd 同位素和锆石 O 同位素特征

表 2.4　羌塘中部香桃湖地区蛇绿岩的锆石 O 同位素特征（Zhang et al.，2016）

样品点	$\delta^{18}O$/‰	2SE/‰	样品点	$\delta^{18}O$/‰	2SE/‰
二叠纪变质辉长岩（L1223-1），平均年龄 =274.8±2.7 Ma			石炭纪辉长岩（L1203-1），平均年龄 =351.1±3.9 Ma		
L1223-1@01	5.78	0.16	L1203-1@01	5.86	0.19
L1223-1@02	5.47	0.19	L1203-1@02	5.59	0.14
L1223-1@03	5.82	0.22	L1203-1@03	5.55	0.25
L1223-1@04	5.67	0.21	L1203-1@04	5.80	0.18
L1223-1@05	5.41	0.13	L1203-1@05	5.86	0.23
L1223-1@06	5.60	0.19	L1203-1@06	6.19	0.19
L1223-1@07	5.29	0.14	L1203-1@07	6.26	0.18
L1223-1@08	5.48	0.15	L1203-1@08	5.75	0.14
L1223-1@09	5.48	0.13	L1203-1@09	5.83	0.13
L1223-1@10	5.57	0.23	L1203-1@10	5.73	0.22
L1223-1@11	5.26	0.16	L1203-1@11	5.87	0.17
L1223-1@12	5.41	0.23	L1203-1@12	5.78	0.12
L1223-1@13	5.24	0.26	L1203-1@13	5.89	0.22
L1223-1@14	5.32	0.21	L1203-1@14	6.10	0.20
L1223-1@15	5.52	0.12	L1203-1@15	6.40	0.15
平均 5.49‰±0.18‰（1σ）			平均 5.9‰±0.2‰（1σ）		

2.3.3 香桃湖蛇绿岩形成的时代及构造背景

2.3.3.1 羌塘中部蛇绿岩的形成时代

本次研究在羌塘中西部的香桃湖地区厘定出两套蛇绿岩残片，其中 Oph_1 具有接近完整“彭罗斯序列”的蛇绿岩，而 Oph_2 仅具有部分下地壳组成端元。Oph_1 中的变质辉长岩（L1223-1 和 L1223-2）和角闪石岩岩脉（L1231）的加权平均 $^{206}Pb/^{238}U$ 年龄为 281~275 Ma，表明香桃湖地区的蛇绿岩主要由一套二叠纪蛇绿岩组成。这与龙木错－双湖－澜沧江缝合带中发现的二叠纪远洋放射虫硅质岩的时代一致（朱同兴等，2006）。Oph_2 中的辉长岩（L1203-1）和堆晶辉长岩（L1203-2）的 $^{206}Pb/^{238}U$ 加权平均年龄大约为 350 Ma，与龙木错－双湖－澜沧江缝合带果干加年山地区石炭纪蛇绿岩时代（357~355 Ma）一致（Zhai et al.，2013a）。

近年来，沿羌塘地块中部龙木错－双湖－澜沧江缝合带一线已有大量早古生代蛇绿岩的报道，包括桃形湖地区变质堆晶辉长岩（467 Ma；Zhai et al.，2010）、冈玛错地区大洋斜长花岗岩（505~437 Ma；Hu et al.，2014；Zhai et al.，2016）、果干加年山地区堆晶辉长岩（438 Ma；李才等，2008）。综合上述证据，Zhai 等（2016）认为古特提斯洋盆主体可能在中寒武世打开，并持续演化到晚三叠世。然而，Metcalfe（2013）认为，龙木错－双湖－澜沧江缝合带中早古生代洋壳残片的时代相对于目前国际主流观点认可的古特提斯演化时限而言太老，不可能代表古特提斯洋演化的记录，因为古特提斯洋被广泛证实为泥盆纪至三叠纪的大洋。此外，羌塘地块中部志留纪高压麻粒岩的发现表明，冈瓦纳大陆北缘曾发生过一次碰撞闭合事件（Zhang et al.，2014a）。因此，早古生代蛇绿岩残片及其相关的高压变质岩可能是冈瓦纳北缘早古生代洋盆（原特提斯？）演化和闭合的记录。根据现有资料，羌塘地块中部古特提斯蛇绿岩形成的时间主要集中在石炭纪—二叠纪。

2.3.3.2 羌塘中部蛇绿岩形成的构造环境

海水和热液蚀变以及后期的变质作用会导致洋壳中部分元素发生明显的变化（McCulloch et al.，1981；Polat and Hofmann，2003；Godard et al.，2006）。由于本研究所涉及的样品均经历了低绿片岩相变质作用和不同程度变形作用的改造［图 2.5（a）~（h）］，因此在利用其地壳化学特征判别构造环境之前，首先应评估变质作用对于不同元素的影响。大量研究表明，利用最不活动元素（Zr）与其他元素之间的相关性，可以判断该元素在变质作用中是否被明显改造（Polat and Hofmann，2003）。香桃湖蛇绿岩所有样品的稀土元素和高场强元素（Nb、Ta、Th 和 Ti 等）与 Zr 具有非常好的线性相关性（图 2.10），说明这些元素在变质作用中未被明显改造。相比之下，部分大离子亲石元素（如 Rb 和 U）与 Zr 几乎没有相关性，表明其在变质作用过程中具有明显的

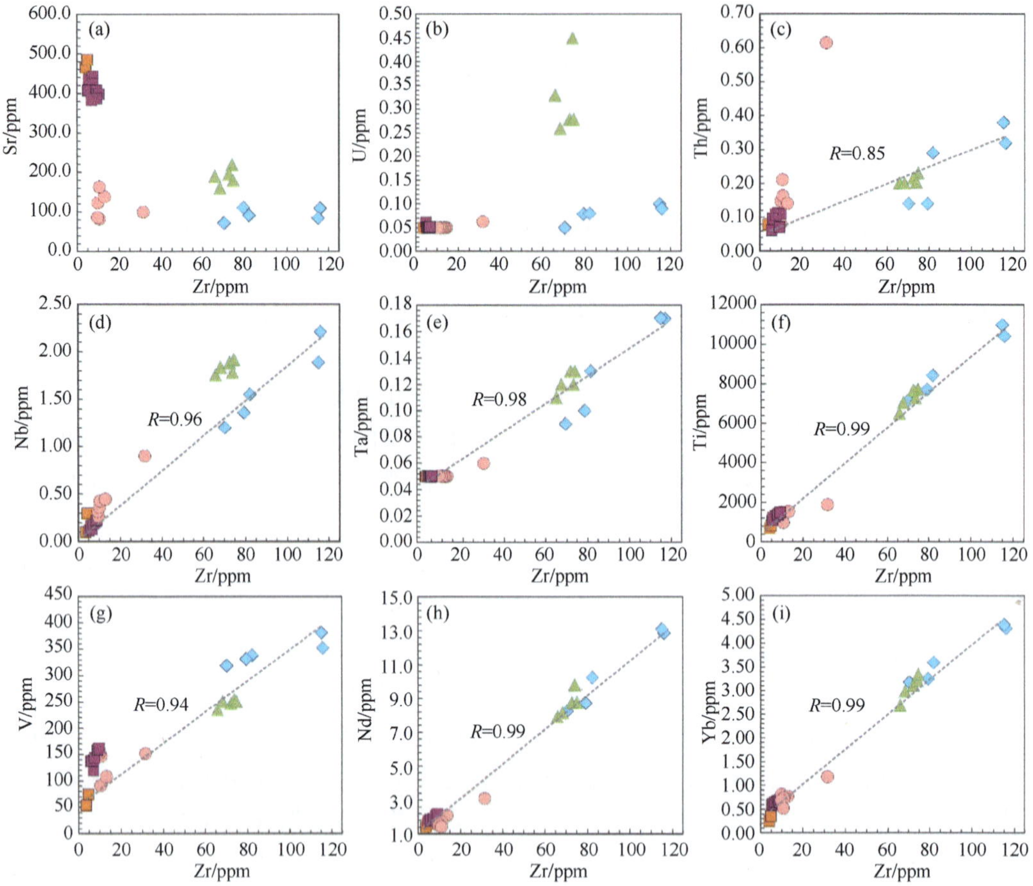

图 2.10　香桃湖蛇绿岩的不同元素与最不活动元素 Zr 相关性图解

活动性，因此下文讨论中省略了这些活动元素。

香桃湖地区蛇绿岩的镁铁质样品的 SiO_2 和 MgO 含量变化较大（分别为 43.9%~51.7% 和 2.51%~10.46%），相应的 $Mg^{\#}$ 值变化较大（0.41~0.81）（表 2.2），表明其原始岩浆可能经历了一定的分离结晶过程。在哈克图解（图 2.11）上，二叠纪蛇绿岩（Oph_1）上地壳样品的 MgO 与 CaO、Cr 以及 Ni 具有不同程度的正相关，同时 Cr 和 Ni 亦呈明显的正相关，表明其原始岩浆可能经历了显著的辉石和橄榄石的分离结晶作用。而对于蛇绿岩残片中的下地壳堆晶岩样品，在 MgO 与 Al_2O_3 的哈克图解以及 $FeO^T/MgO-CaO/Al_2O_3$ 协变图上（图 2.11），则显示出明显的斜长石堆晶的特征，表明其岩浆演化主要受控于斜长石的堆晶作用。

香桃湖地区蛇绿岩中所有镁铁质–超镁铁质样品均具有低的稀土总量和轻稀土亏损的特征，与 N-MORB 的特征一致。特别是二叠纪蛇绿岩的变质玄武岩［图 2.8（b）］和角闪石岩脉体［图 2.8（d）］样品的 N-MORB 标准化元素比值非常接近于 1，表明与 N-MORB 强烈的亲缘性。研究显示 Nb/Yb 和 Nb/Y 值在很大程度上不受部分熔融和分离结晶作用的影响，是地幔源区组成的良好示踪剂，通常能代表地幔富集和亏

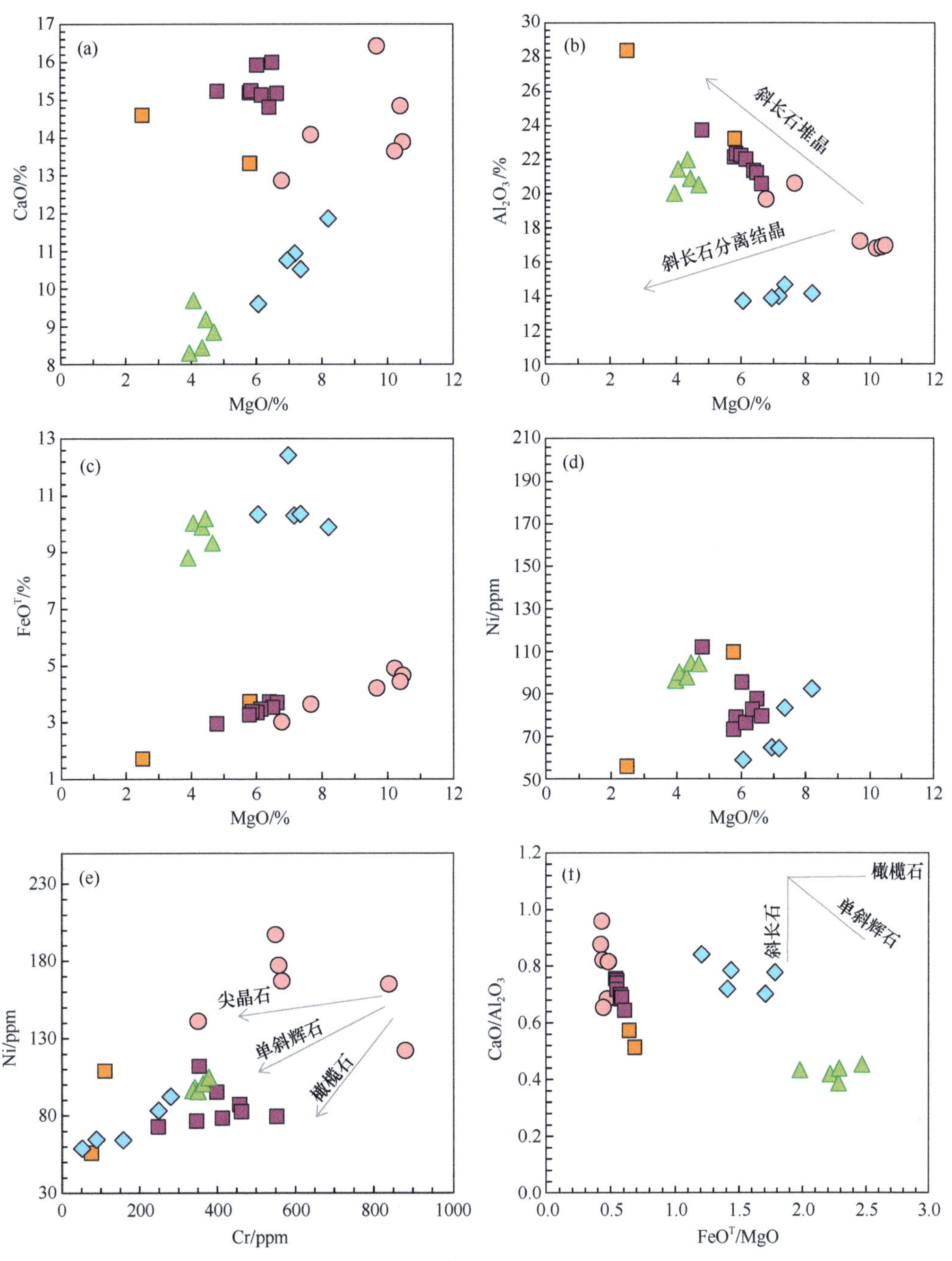

图 2.11　香桃湖蛇绿岩的元素协变图解

损程度（Pearce，2008）。本研究的镁铁质样品均具有非常低的 Nb/Yb 值（0.19~0.86）和 Nb/Y 值（0.02~0.08），与 N-MORB（Nb/Yb=0.76，Nb/Y=0.08；Sun and McDonough，1989）非常接近，表明其来源于类似于 N-MORB 的亏损地幔源区，这与其亏损的 Nd 同位素特征（高的 $^{143}Nd/^{144}Nd$ 值和正的 $\varepsilon_{Nd}(t)$ 值）一致。由于热液蚀变和变质作用，部

分具有高 $^{87}Sr/^{86}Sr$ 值的蛇绿岩样品并不能代表原始岩浆的 Sr 同位素组成，在这里不再讨论。综上所述，全岩地球化学和 Nd 同位素组成表明，香桃湖石炭纪和二叠纪蛇绿岩均具有类似于 N-MORB 的特征，表明其岩浆主要来源于亏损地幔源区。

但是与典型的 N-MORB 相比，几乎所有石炭纪和二叠纪蛇绿岩样品均有轻微富集 Th 的特征，而且 Nb 和 Ti 均有不同程度的亏损［图 2.8（b）、（d）、（f）和（h）］。这些特征可能是俯冲带（SSZ）的重要标志，表明其地幔源区受到俯冲物质的交代（Metcalf and Shervais，2008）。元素 Th 被广泛认为是俯冲带组分的示踪剂（Plank and Langmuir，1998），Th/Yb 值也与部分熔融和结晶分异程度无关。因此，Th/Yb 值的增加代表着俯冲物质贡献的增加（Elliott et al.，1997；Singer et al.，2007）。香桃湖地区石炭纪和二叠纪蛇绿岩样品均表现出较高的 Th/Yb 值而较低的 Nb/Yb 值，其地球化学投图落在 MORB-OIB 地幔演化趋势线的上方（图 2.12）。此外，锆石 $\delta^{18}O$ 值对岩浆分异作用相对不敏感（Valley，2003），可以反映原始岩浆的部分特征。石炭纪和二叠纪蛇绿岩中辉长岩（L1223-1 和 L1203-1）的锆石 $\delta^{18}O$ 平均值分别为 5.5‰±0.2‰ 和 5.9‰±0.2‰，在误差范围内与未蚀变的大洋中脊玄武岩 $\delta^{18}O$ 值（5.2‰±0.5‰，Grimes et al.，2011）接近或略高，进一步暗示其洋中脊的亲缘性以及俯冲物质的影响。

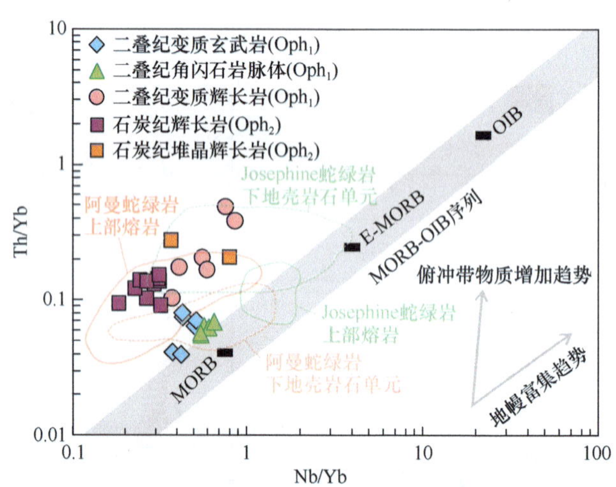

图 2.12　香桃湖蛇绿岩的 Th/Yb 与 Nb/Yb 构造环境判别图解

MORB、E-MORB 和 OIB 分别指洋中脊玄武岩、富集型洋中脊玄武岩和洋岛玄武岩

值得注意的是，在羌塘地块蛇绿岩中，从上至下的岩石序列中俯冲带（SSZ）的印记逐渐加强。蛇绿岩的上部岩石序列（变质玄武岩和岩脉等）的 TiO_2 含量相对较高（1.08%~1.89%），无明显的 Nb-Ti 负异常，稀土元素的总含量相对较高，岩石的 Th/Yb 值偏低，其总体地球化学特征更近似于 N-MORB（Sun and McDonough，1989）。虽然香桃湖地区石炭纪蛇绿岩缺失上部熔岩层序，但缝合带一线的冈玛错（357~354 Ma）和果干加年山地区（345 Ma）同期蛇绿岩的玄武岩也具有类似 N-MORB 的特征（Zhai et al.，2013a）。研究区无论是二叠纪还是石炭纪的蛇绿岩，其下部层位的堆晶岩或辉长岩均具更低的 TiO_2 含量（0.12%~0.31%），更显著的 Nb-Ta-Ti 负异常，明显升高的

Th/Yb 值，显示出更强烈的俯冲带特征。

综上所述，羌塘地块中部二叠系和石炭系蛇绿岩兼具俯冲带（SSZ）和 N-MORB 的地球化学特征，与世界上许多典型的 SSZ 型蛇绿岩相似（图 2.12），如加利福尼亚州北部和俄勒冈州南部的 Josephine 蛇绿岩和阿曼蛇绿岩（Alabaster et al.，1982；Godard et al.，2003；Harper，2003a，2003b；Metcalf and Shervais，2008），其成分从上到下的变化趋势与 Josephine 蛇绿岩更加相似（图 2.12）。

SSZ 蛇绿岩已经被识别和研究 40 多年（Miyashiro，1973；Pearce et al.，1984），目前的研究表明世界上古缝合带中保存的大多数蛇绿岩均形成于俯冲带（SSZ）环境，而并非典型的大洋扩张中脊（Shervais，2001；Metcalf and Shervais，2008；Pearce，2008；Wakabayashi et al.，2010）。但是一部分研究者认为，大多数具有 SSZ 特征的蛇绿岩可能形成于大洋中脊而并非俯冲带之上，其俯冲带的地球化学印记是继承了之前的古俯冲事件地幔源区特征（Moores et al.，2000）。因此，除了地球化学和同位素数据外，还需要进一步的证据来确定蛇绿岩的构造背景。实验数据表明，与大洋中脊岩浆形成于相对贫水环境相比，水在俯冲带岩浆的成因和演化中起着关键作用（Sisson and Grove，1993；Metcalf and Shervais，2008）。俯冲带岩浆在含水条件下具有橄榄石 – 单斜辉石 – 斜长石的结晶序列，与洋中脊相对贫水条件下结晶序列（橄榄石 – 斜长石 – 单斜辉石）具有显著的区别（Pearce et al.，1984；Hébert and Laurent，1990）。香桃湖地区保存完好的石炭纪超镁铁质 – 镁铁质堆晶岩（辉石橄榄岩 – 辉石岩 – 堆晶辉长岩）[图 2.4（f）～（h）和图 2.5（f）～（h）]，显示了明显的 SSZ 型岩浆结晶序列（辉石在斜长石之前结晶），表明其原始岩浆是相对富水的。此外，二叠纪蛇绿岩中角闪石岩岩脉的识别提供了岩浆中高水含量的直接证据（Metcalf and Shervais，2008；Murphy，2013）。综上所述，羌塘地块中部石炭—二叠纪蛇绿岩兼具不同程度 SSZ 地球化学印记和 N-MORB 型的地幔源区特征，并具有俯冲带高水含量岩浆的典型结晶序列以及特征富水岩脉，为典型的 SSZ 蛇绿岩。

2.3.4　龙木错 – 双湖 – 澜沧江洋的构造演化

越来越多的证据表明，青藏高原中部的羌塘地区是识别古特提斯洋演化遗迹和重建其演化历史的关键区域（李才，1987；Li and Zheng，1993；Kapp et al.，2000；Pullen et al.，2011；Zhai et al.，2011a，2011b，2013a，2013b；Metcalfe，2013）。虽然很早就已经在羌塘中部发现了典型的低温高压变质岩（李才等，2006；Zhang et al.，2006b；Zhai et al.，2011a，2011b），但是部分研究者并不认可原位缝合带的观点，认为这些高压变质岩是松潘 – 甘孜的混杂岩沿金沙江缝合带向北低角度俯冲之后在羌塘中部底辟的产物（如，Kapp et al.，2000；Pullen et al.，2011）。造成这些不同认识的主要原因是因为缝合带中缺乏与古特提斯演化相关的典型洋壳记录。香桃湖地区石炭—二叠纪典型蛇绿岩的发现，以及冈玛错、果干加年山地区石炭纪蛇绿岩的报道（Zhai et al.，2013a），为古海盆的存在提供了有力证据（图 2.13）。此外，SSZ 蛇绿岩的出现

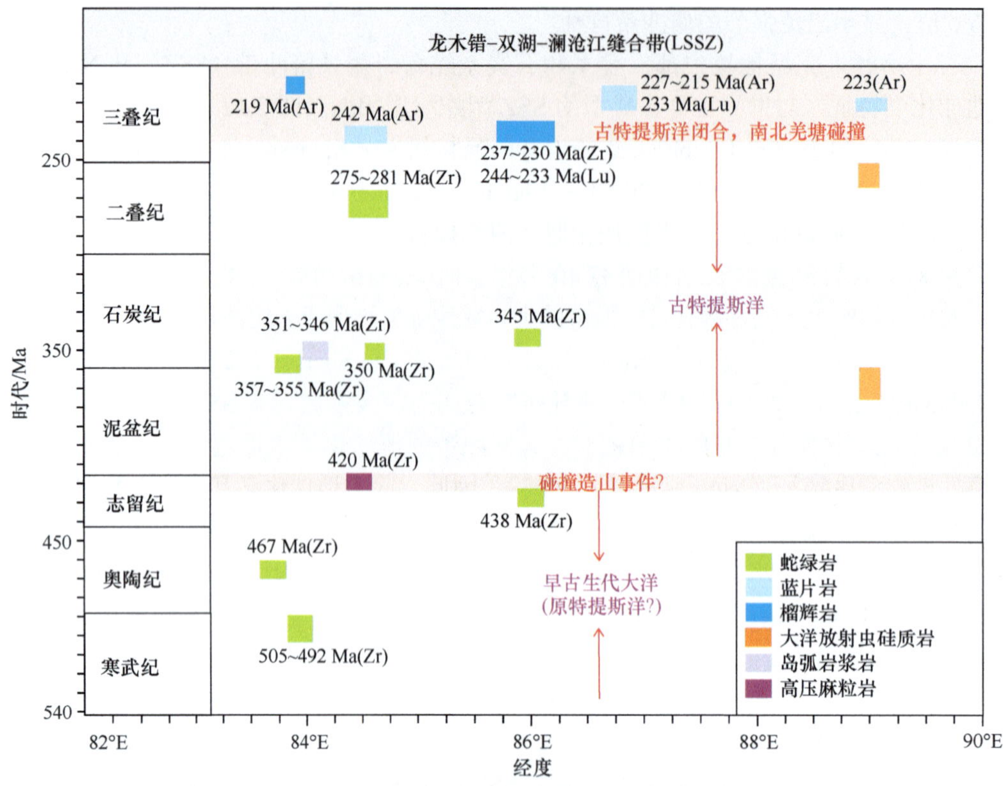

图 2.13　龙木错－双湖－澜沧江缝合带的蛇绿岩及高压变质岩记录

年龄来源：Zr. 锆石 U-Pb 定年；Ar. 蓝闪石和多硅白云母 $^{40}Ar/^{39}Ar$ 等时线定年；Lu. 石榴石 Lu-Hf 等时线定年

表明古大洋经历了洋内俯冲、板片回返、上盘洋壳拉伸、SSZ 洋壳的形成以及蛇绿岩的逆冲和增生等一系列复杂的演化过程（Stern and Bloomer，1992；Shervais，2001；Metcalf and Shervais，2008）。二叠纪和石炭纪 SSZ 蛇绿岩，结合晚泥盆世和二叠纪远洋放射虫硅质岩（朱同兴等，2006），进一步证实了龙木错－双湖－澜沧江缝合带代表了一个长期存在的古洋盆。这些洋壳演化记录与其他古特提斯主缝合带的演化记录完全吻合，如昌宁－孟连缝合带的泥盆纪—二叠纪 SSZ 蛇绿岩（Fang et al.，1994；Jian et al.，2009a，2009b）、清迈－茵他侬缝合带泥盆纪—三叠纪远洋硅质岩和 MORB 玄武岩（Zhang et al.，2008；Metcalfe，2013）。

构造－地层和古生物资料显示，在龙木错－双湖－澜沧江缝合带两侧，南羌塘地块石炭—二叠纪地层具有典型的冰海杂砾岩沉积和冈瓦纳系的冷水动物群，而北羌塘同时代地层具有华夏系的暖气候动物群，两者形成鲜明对比（Li and Zheng，1993；Metcalfe，1994，2013；Fan et al.，2014）。此外，物源分析结果表明，北羌塘地区石炭纪砂岩和杂砂岩样品的沉积年龄和主峰期时代十分接近，部分样品具有显著的碎屑锆石年龄孤峰，且峰值与沉积时代几乎一致，暗示其形成于典型的活动大陆边缘背景，与古特提斯洋的北向俯冲密切相关（Zhang et al.，2017a）。相反，南羌塘地区石炭—二叠纪沉积岩中碎屑锆石的最小年龄峰值集中在寒武纪—奥陶纪，最年轻碎屑锆石的年龄明显大于地层沉积年龄（Gehrels et al.，2011；Fan et al.，2014；Zhang et al.，2017a），显示出典型的被动大陆边缘的特征（Cawood et al.，2012）。低温高压变质岩（榴辉岩和蓝片岩）是大洋闭合以及随后陆－陆碰撞的岩石学标志（O'Brien and Rötzler，2003；Ernst and Liou，2008）。龙木错－双湖－澜沧江缝合带中榴辉岩和蓝片岩的形成时代集中在中晚三叠世（244~223 Ma）（图 2.13），表明古特提斯洋古洋盆的闭合以及随后南北羌塘的碰撞应该发生在晚三叠世。综上所述，龙木错－双湖－澜沧江缝合带代表了古特提斯洋主洋盆的演化记录，其存在和演化时间可能为泥盆纪到晚三叠世。

羌塘中部的龙木错－双湖－澜沧江缝合带向西与昌宁－孟连带、清迈－茵他侬缝合带、文东－劳布缝合带共同构成古特提斯洋的主缝合带（图 2.14）（Metcalfe，2013），其记录了大洋演化、冈瓦纳北缘裂解和北向漂移以及亚洲大陆增生历史的关键记录。在早古生代，构成当今东南亚地区的大部分块体（如华南、华北、印度支那和塔里木块体）均位于冈瓦纳大陆的东北缘（Metcalfe，1994，2013）。早泥盆世，这些

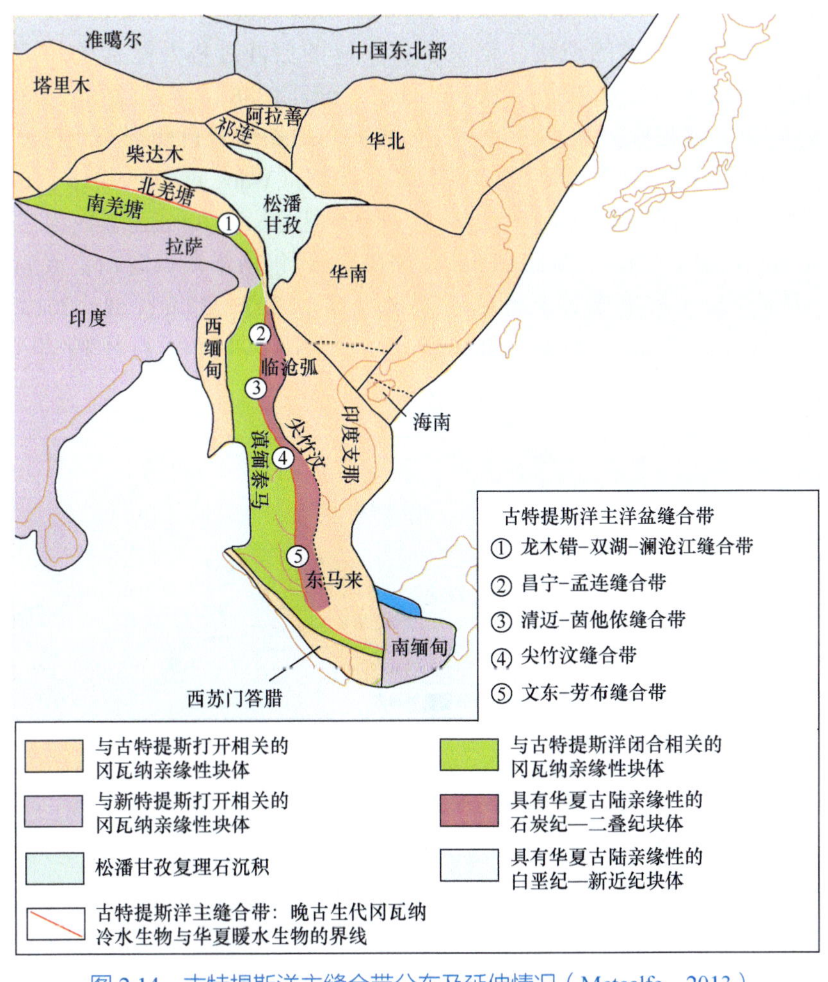

图 2.14　古特提斯洋主缝合带分布及延伸情况（Metcalfe，2013）

构成东南亚的块体（北羌塘、华南等）从冈瓦纳北缘裂解并开始向北漂移，导致了古特提斯洋的打开（Stampfli and Borel，2002；von Raumer et al.，2002；Ferrari et al.，2008；Lehmann et al.，2013；Metcalfe，2013）。随着古特提斯洋的扩张，这些区块向北迁移构成了欧亚大陆的一部分（Metcalfe，1994，2013）。中–晚三叠世基梅里陆块（如南羌塘–缅甸–苏门答腊等）与欧亚大陆的碰撞，导致古特提斯洋东部的闭合，最终奠定了整个东南亚地区基本的构造格局（图 2.14）。

2.4 班公湖–怒江特提斯洋

班公湖–怒江缝合带位于青藏高原中部的拉萨地块和羌塘地块之间，呈北西–南东向展布（图 2.15），在西藏境内延伸约 2800 km、宽约 5~50 km；其西起班公湖，向东经过改则、尼玛、东巧、索县、丁青、嘉玉桥等地区，再折向南至八宿县上林卡并沿怒江延伸进入滇西。该带向西延伸至克什米尔，向东南延伸进入缅甸，是一条巨型缝合带（Yin and Harrison，2000；Chung et al.，2005；Wang et al.，2016），代表班公湖–怒江特提斯洋的遗迹，记录了古大洋的俯冲过程及随后的拉萨–羌塘碰撞事件，很早就受到广泛的关注（Pearce and Deng，1988；潘桂棠等，2004）。沿该条缝合带，发育大量蛇绿岩残片，其中具有代表性的蛇绿岩自西向东包括班公湖、改则洞错、东巧–白拉、安多、那曲以及丁青蛇绿岩（Wang et al.，2016；Peng et al.，2020）。在班公湖–怒江缝合带中不仅包括 MOR 型蛇绿岩和 SSZ 型蛇绿岩（史仁灯等，2005；Shi et al.，2008；Wang et al.，2016），还包括洋岛–海山玄武岩–高镁安山岩–高镁流纹岩（朱弟成等，2006；鲍佩声等，2007；Zhu et al.，2013；Zeng et al.，2016；Yan and Zhang，2020；Zhang et al.，2020）和巨厚的浊积岩（Kapp 等，2005）。

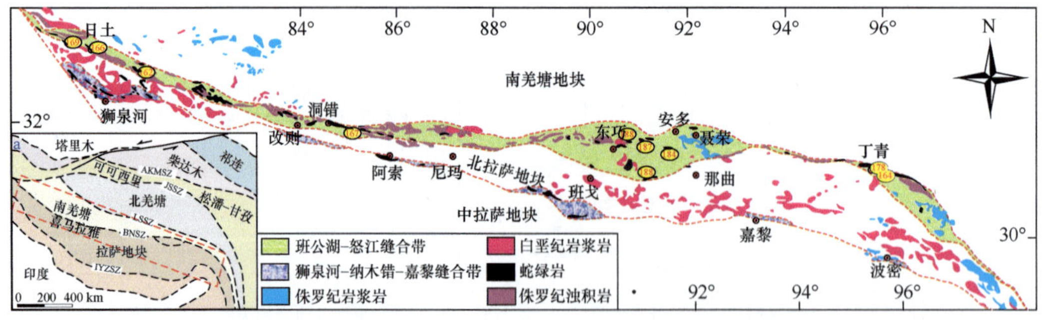

图 2.15 班公湖–怒江缝合带地质图（修改自 Wang et al.，2016；Zhang et al.，2017b）

字母缩写如下：AKMSZ. 阿尼玛卿–昆仑–木孜塔格缝合带；JSSZ. 金沙江缝合带；LSSZ. 龙木错–双湖缝合带；BNSZ. 班公湖–怒江缝合带；IYZSZ. 印度–雅鲁藏布江缝合带

日土蛇绿岩位于班公湖的南部和日土县北部，在构造上，位于班公湖–怒江缝合带的西段。蛇绿岩的岩石组合为方辉橄榄岩、辉长岩、基性岩墙、枕状和块状熔岩（史仁灯等，2005；Shi et al.，2008），并且许多孤立的基性–超基性岩块被白垩纪沉积岩所包裹（Wang et al.，2016）。其中熔岩可以分为两套，分别为 P-MOR 型角砾状和块状熔岩以及玻安质的玄武安山岩－安山岩（史仁灯等，2004）。日土蛇绿岩的堆晶辉长岩和淡色辉长岩的锆石 U-Pb 年龄为 169 Ma，指示班公湖－怒江特提斯洋俯冲应早于中侏罗世。地球化学特征表明日土地区蛇绿岩兼具有 MOR 和 SSZ 型蛇绿岩的特征（Shi et al.，2008；Wang et al.，2016）。Huang 等（2016）对日土东侧 Majiari 蛇绿岩中辉长岩进行锆石 U-Pb 定年，显示其也形成于中侏罗世（约 170 Ma）。同时，辉长岩中的斜长石 $^{40}Ar/^{39}Ar$ 定年显示其坪年龄和等时线年龄分别为 108 Ma 和 112 Ma。辉长岩的地球化学组成指示 Majiari 蛇绿岩具有 SSZ 型蛇绿岩的特征。位于班公湖南东热帮错的蛇绿岩与日土地区蛇绿岩的岩石组合类似，其中辉长岩的锆石 U-Pb 年龄为 161 Ma，兼具有 N-MOR 型和 SSZ 型蛇绿岩的特征（Liu et al.，2014）。而该区的居路蛇绿岩套由超基性岩、辉长岩、辉绿岩墙、枕状熔岩以及放射虫硅质岩组成。居路蛇绿岩中辉长岩的锆石 U-Pb 年龄为早白垩世晚期（103 Ma），地球化学组成和形成的构造背景与热帮错蛇绿岩类似（Liu et al.，2014）。因此，日土地区蛇绿岩的地球化学特征和年代学研究指示班公湖－怒江特提斯洋闭合应晚于早白垩世晚期。

洞错蛇绿岩位于改则县的东部，其呈大小不等的透镜体混杂于复理石建造之中（鲍佩声等，2007；Wang et al.，2008b；范建军等，2019）。根据蛇绿岩与地层的接触关系、硅质岩中放射虫时代、辉长岩、斜长岩的锆石 U-Pb 年龄等证据，认为洞错蛇绿岩形成时代为晚三叠世—中侏罗世（222~165 Ma；Wang et al.，2016；武勇等，2018；范建军等，2019；Yang et al.，2019）。通过对洞错蛇绿岩组合的地球化学研究和区域地质调查，认为其形成的构造背景主要包括以下观点：①不成熟的弧后盆地环境（张玉修，2007；Wang et al.，2008b；Yang et al.，2019）；②与初始拉张洋盆有关的洋中脊环境（曾庆高等，2010）；③洋岛环境（鲍佩声等，2007；Zhang et al.，2014b）；④正常洋中脊环境（李建峰等，2013）；⑤洋内俯冲背景（Wang et al.，2016；范建军等，2019）。因此，洞错蛇绿岩的形成时代和构造背景存在较大的争议。

东巧－白拉蛇绿岩位于班公湖－怒江缝合带中段的东巧－白拉地区，由蛇纹石化的超基性岩、基性－超基性堆晶岩、辉长岩、辉绿岩墙和枕状熔岩等组成，超基性岩中夹有豆荚状铬铁矿（Shi et al.，2007，2012；董玉飞等，2019；卢雨潇等，2019）。东巧蛇绿岩中辉长岩锆石 U-Pb 年龄介于 188~181 Ma 之间，指示蛇绿岩形成于早侏罗世（Liu et al.，2016c；Wang et al.，2016）。同时，位于东巧南部的江错蛇绿岩中辉长岩锆石 SHRIMP U-Pb 定年也证实东巧蛇绿岩形成于早侏罗世（189 Ma；黄强太等，2015）。江错南部拉弄蛇绿岩中枕状玄武岩具有类似于 N-MORB 的特征，锆石 U-Pb 定年显示其形成于晚侏罗世时期（约 148 Ma）（Zhong et al.，2017）。通过对蛇绿岩中辉长岩、玄武岩的地球化学研究，发现东巧地区蛇绿岩具有 N-MOR 和 SSZ 型蛇绿岩的特征，形成于弧后盆地扩张脊环境（黄强太等，2015；Liu et al.，2016c；Wang et al.，2016；陈晓坚等，2019）。同时，Zhang 等（2020）通过对蓬错混杂岩中堆晶岩的研究，发现在早侏罗世时期（约 188 Ma）该区域存在大洋高原，其与南羌塘地块发生碰撞，导致了班公湖－怒江特提斯洋北向的初始俯冲，并引发洋内弧岩浆作用（Yan and

Zhang，2020）。

安多蛇绿岩位于班公湖–怒江结合带东段的安多–聂荣地区，其上覆地层为晚白垩世竟柱山组（Shi et al.，2007，2012；李小波，2016）。蛇绿岩中基性岩具有N-MORB、BABB（弧后盆地玄武岩）和IAT（岛弧拉斑玄武岩）的特征（赖绍聪和刘池阳，2003），锆石U-Pb年龄为184 Ma（Wang et al.，2016），与放射虫硅质岩的形成时代一致。安多蛇绿岩属于岛弧型蛇绿岩，形成于典型的弧后盆地环境（赖绍聪和刘池阳，2003）。

丁青蛇绿岩位于班公湖–怒江缝合带的东段，分布广泛且以多伦和宗白地区的蛇绿岩岩石组合最为完整，主要由方辉橄榄岩、纯橄岩、辉长岩、辉绿岩、玄武质熔岩及放射虫硅质岩组成（韦振权等，2007；李小波，2016；Wang et al.，2016；薄容众等，2019）。蛇绿岩中辉长岩的形成时代为中侏罗世（178~164 Ma），其地球化学特征为SSZ型蛇绿岩（Wang et al.，2016；薄容众等，2019）。

综上所述，班公湖–怒江缝合带蛇绿岩分布广泛，大部分蛇绿岩组合较为完整，地球化学特征指示其具有N-MORB、E-MORB与SSZ型的亲缘性。蛇绿岩的形成时代从晚三叠世一直到晚白垩世，指示班公湖–怒江特提斯洋在晚白垩世时仍然存在。同时，在缝合带的中段存在早侏罗世（约188 Ma）大洋高原（Yan and Zhang，2020；Zhang et al.，2020），其与南羌塘地块发生碰撞，导致了班公湖–怒江特提斯洋北向的初始俯冲，并引发洋内弧岩浆作用。

参考文献

鲍佩声, 肖序常, 苏犁, 王军, 2007. 西藏洞错蛇绿岩的构造环境: 岩石学、地球化学和年代学制约. 中国科学: D辑37, 298–307.

边千韬, 郑祥身, 李红生, 沙金庚, 1997. 青海可可西里地区蛇绿岩的时代及形成环境. 地质论评4, 347–355.

薄容众, 杨经绥, 李观龙, 芮会超, 熊发挥, 张承杰, 董玉飞, 卢雨潇, 陈晓坚, 2019. 班–怒带东段丁青蛇绿岩中镁铁质岩石年代学及构造背景. 地质学报93, 2617–2638.

陈晓坚, 杨经绥, 董玉飞, 熊发挥, 卢雨潇, 李观龙, 薄容众, 2019. 西藏东巧蛇绿岩中玄武质岩石成因和构造背景探讨. 地质学报93, 2509–2530.

董玉飞, 杨经绥, 连东洋, 熊发挥, 赵慧, 陈晓坚, 李观龙, 王天泽, 2019. 西藏班公湖–怒江缝合带中段东巧地幔橄榄岩岩石成因及构造环境分析. 中国地质46, 87–114.

段其发, 王建雄, 白云山, 姚华舟, 何龙清, 张克信, 寇晓虎, 李俊, 2009. 青海南部蛇绿岩中辉长岩锆石SHRIMP U-Pb定年和岩石地球化学特征. 中国地质36, 291–299.

范建军, 张博川, 刘海永, 刘一鸣, 于云鹏, 郝宇杰, 2019. 班公湖–怒江洋早–中侏罗世洋内俯冲: 来自洞错蛇绿岩的证据. 岩石学报35, 3048–3064.

胡培远, 李才, 李林庆, 解超明, 吴彦旺, 2009. 藏北羌塘中部早古生代蛇绿岩堆晶岩中斜长花岗岩的地球化学特征. 地质通报28, 1297–1308.

黄强太, 李建峰, 夏斌, 殷征欣, 郑浩, 石晓龙, 胡西冲, 2015. 西藏班公湖–怒江缝合带中段江错蛇绿岩岩石学, 地球化学, 年代学及地质意义. 地球科学40, 34–48.

金贵善, 2006. 西金乌兰–金沙江缝合带西段部分岩浆岩地质年代学及地球化学特征. 中国地质科学院硕士论文.

赖绍聪, 刘池阳, 1999. 羌塘地块北界拉竹龙–西金乌兰–玉树结合带印支期构造环境探讨. 西北大学学报(自然科学版)01, 63–66.

赖绍聪, 刘池阳, 2003. 青藏高原安多岛弧型蛇绿岩地球化学及成因. 岩石学报19, 675–682.

李才, 1987. 龙木错–双湖–澜沧江板块缝合带与石炭二叠纪冈瓦纳北界. 长春地质学院学报17, 155–166.

李才, 翟庆国, 董永胜, 黄小鹏, 2006. 青藏高原羌塘中部榴辉岩的发现及其意义. 科学通报51, 70–74.

李才, 翟庆国, 董永胜, 蒋光武, 解超明, 吴彦旺, 王明, 2008. 冈瓦纳大陆北缘早期的洋壳信息—来自青藏高原羌塘中部早古生代蛇绿岩的依据. 地质通报27, 1605–1612.

李建峰, 夏斌, 王冉, 刘维亮, 2013. 洞错地幔橄榄岩、均质辉长岩矿物化学特征及其构造意义. 大地构造与成矿学37, 308–319.

李小波, 2016. 班公湖–怒江结合带安多–丁青蛇绿岩地球化学特征及构造演化研究. 中国地质大学(北京)硕士论文.

卢雨潇, 杨经绥, 董玉飞, 熊发挥, 陈晓坚, 李观龙, 薄容众, 2019. 西藏班公湖–怒江缝合带中段蓬湖蛇绿岩中的洋脊型二辉橄榄岩. 地质学报93, 2575–2597.

潘桂棠, 朱弟成, 王立全, 廖忠礼, 耿全如, 江新胜, 2004. 班公湖–怒江缝合带作为冈瓦纳大陆北界的地质地球物理证据. 地学前缘11, 371–382.

史仁灯, 杨经绥, 许志琴, 戚学祥, 2004. 西藏班公湖蛇绿混杂岩中玻安岩系火山岩的发现及构造意义. 科学通报49, 1179–1184.

史仁灯, 杨经绥, 许志琴, 戚学祥, 2005. 西藏班公湖存在MOR型和SSZ型蛇绿岩——来自两种不同地幔橄榄岩的证据. 岩石矿物学杂志24, 397–408.

韦振权, 夏斌, 周国庆, 钟立峰, 王冉, 胡敬仁, 陈国结, 2007. 西藏丁青宗白蛇绿混杂岩地球化学特征及其洋中脊叠加洋岛的成因. 地质论评53, 187–197.

吴彦旺, 2013. 龙木错–双湖–澜沧江洋历史记录. 吉林大学博士论文.

武勇, 陈松永, 秦明宽, 郭冬发, 郭国林, 张财, 杨经绥, 2018. 西藏班公湖–怒江缝合带西段洞错蛇绿岩中的辉长岩锆石U-Pb年代学及地质意义. 地球科学43, 1070–1084.

曾庆高, 毛国政, 王保弟, 2010. 1∶25万改则县幅等4幅区域地质调查报告.

翟庆国, 王军, 李才, 苏犁, 2010. 青藏高原羌塘中部中奥陶世变质堆晶辉长岩锆石SHRIMP年代学及Hf同位素特征. 中国科学: 地球科学40, 565–573.

张能, 李剑波, 杨云松, 那福超, 2012. 金沙江缝合带弯岛湖蛇绿混杂岩带的岩石地球化学特征及其构造背景. 岩石学报28, 1291–1304.

张玉修, 2007. 班公湖–怒江缝合带中西段构造演化. 中国科学院广州地球化学研究所博士论文.

朱弟成, 潘桂棠, 莫宣学, 王立全, 赵志丹, 廖忠礼, 耿全如; 董国臣, 2006. 青藏高原中部中生代OIB型玄武岩的识别: 年代学、地球化学及其构造环境. 地质学报80, 1312–1328.

朱弟成, 赵志丹, 牛耀龄, 王青, Dilek, Y., 董国臣, 莫宣学, 2012. 拉萨地体的起源和古生代构造演化. 高校地质学报18, 1–15.

朱同兴, 张启跃, 董瀚, 王玉净, 于远山, 冯心涛, 2006. 藏北双湖才多茶卡一带构造混杂岩中新发现晚泥盆世和晚二叠世放射虫硅质岩. 地质通报25, 1413–1418.

Alabaster, T., Pearce, J.A., Malpas, J., 1982. The volcanic stratigraphy and petrogenesis of the Oman ophiolite complex. Contributions to Mineralogy and Petrology 81, 168–183.

Aysal, N., Ustaömer, N., Öngen, S., Keskin, M., Köksal, S., Peytcheva, I., Fanning, M., 2012. Origin of the Early-Middle Devonian magmatism in the Sakarya Zone, NW Turkey: geochronology, geochemistry and isotope systematics. Journal of Asian Earth Sciences 45, 201–222.

Bagheri, S., Stampfli, G.M., 2008. The Anarak, Jandaq and Posht-e-Badam metamorphic complexes in central Iran: new geological data, relationships and tectonic implications. Tectonophysics 451, 123–155.

Cawood, P.A., Hawkesworth, C.J., Dhuime, B., 2012. Detrital zircon record and tectonic setting. Geology 40, 875–878.

Chung, S.L., Chu, M.F., Zhang, Y., Xie, Y., Lo, C. H., Lee, T.Y., Lan, C.Y., Li, X.H., Zhang, Q., Wang, Y., 2005. Tibetan tectonic evolution inferred from spatial and temporal variations in post-collisional magmatism. Earth-Science Reviews 68, 173–196.

Cocks, L.R.M., Torsvik, T.H., 2002. Earth geography from 500 to 400 million years ago: a faunal and palaeomagnetic review. Journal of the Geological Society 159, 631–644.

Cocks, L.R.M., Torsvik, T.H., 2007. Siberia, the wandering northern terrane, and its changing geography during the Paleozoic. Earth-Science Reviews 82, 29–74.

Dan, W., Wang, Q., Murphy, J.B., Zhang, X.Z., Xu, Y.G., White, W.M., Jiang, Z.Q., Ou, Q., Hao, L.L., Qi, Y., 2021a. Short duration of Early Permian Qiangtang-Panjal large igneous province: implications for origin of the Neo-Tethys Ocean. Earth and Planetary Science Letters 568, 117054.

Dan, W., Wang, Q., White, W.M., Li, X.H., Zhang, X.Z., Tang, G.J., Ou, Q., Hao, L.L., Qi, Y., 2021b. Passive-margin magmatism caused by enhanced slab-pull forces in central Tibet. Geology 49, 130–134.

Dan, W., Murphy, J.B., Wang, Q., Zhang, X.Z., Tang, G.J., 2023. Tectonic evolution of the Proto-Qiangtang Ocean and its relationship with the Palaeo-Tethys and Rheic oceans. In: Hynes, A.J., Murphy, J.B. (eds.), The Consummate Geoscientist: A Celebration of the Career of Maarten de Wit. Geological Society, London, Special Publications 531, 249–264.

Elliott, T., Plank, T., Zindler, A., White, W., Bourdon, B., 1997. Element transport from slab to volcanic front at the Mariana arc. Journal of Geophysical Research 102, 14991–15019.

Ernst, W.G., Liou, J.G., 2008. High- and ultrahigh-pressure metamorphism: past results and future prospects. American Mineralogist 93, 1771–1786.

Fan, J.J., Li, C., Wang, M., Xie, C.M., Xu, W., 2014. Features, provenance, and tectonic significance of Carboniferous-Permian glacial marine diamictites in the Southern Qiangtang-Baoshan block, Tibetan Plateau. Gondwana Research 28, 1530–1542.

Fang, N., Liu, B., Feng, Q., Jia, J., 1994. Late Palaeozoic and Triassic deep-water deposits and tectonic evolution of the Palaeotethys in the Changning-Menglian and Lancangjiang belts, southwestern Yunnan. Journal of Southeast Asian Earth Sciences 9, 363–374.

Ferrari, O.M, Hochard, C., Stampfli, G.M., 2008. An alternative plate tectonic model for the Palaeozoic-Early Mesozoic Palaeotethyan evolution of Southeast Asia (Northern Thailand-Burma). Tectonophysics 451, 346–365.

Gehrels, G., Kapp, P., DeCelles, P., Pullen, A., Blakey, R., Weislogel, A., Ding, L., Guynn, J., Martin, A., McQuarrie, N., Yin, A., 2011. Detrital zircon geochronology of pre-Tertiary strata in the Tibetan-Himalayan orogen. Tectonics 30, TC5016.

Godard, M., Dautria, J.M., Perrin, M., 2003. Geochemical variability of the Oman ophiolite lavas: relationship with spatial distribution and paleomagnetic directions. Geochemistry Geophysics Geosystems 4, 8609.

Godard, M., Bosch, D., Einaudi, F., 2006. A MORB source for low-Ti magmatism in the Semail ophiolite. Chemical Geology 234, 58–78.

Grimes, C.B., Ushikubo, T., John, B.E., Valley, J.W., 2011. Uniformly mantle-like $\delta^{18}O$ in zircons from oceanic plagiogranites and gabbros. Contributions to Mineralogy and Petrology 161, 13–33.

Harper, G.D. 2003a. Fe-Ti basalts and propagating-rift tectonics in the Josephine Ophiolite. Geological Society of America Bulletin 115, 771–787.

Harper, G.D., 2003b. Tectonic implications of boninite, arc tholeiite, and MORB magma types in the Josephine ophiolite, California, Oregon. In: Dilek, Y., Robinson P.T. (eds.), Ophiolites in Earth history. Geological Society Special Publication 218, 207–230.

Hébert, R., Laurent, R., 1990. Mineral chemistry of the plutonic section of the Troodos ophiolite: new constraints for genesis of arc-related ophiolites. Ophiolites: oceanic crustal analogues. Geol. Surv. Cyprus, Nicosia, Cyprus 149–163.

Hu, P.Y., Li, C., Wu, Y.W., Xie, C.M., Wang, M., Li, J., 2014. Opening of the Longmu Co-Shuanghu-Lancangjiang Ocean: constraints from plagiogranites. Chinese Science Bulletin 59, 3188–3199.

Huang, Q.T., Liu, W.L., Xia, B., Cai, Z.R., Chen, W.Y., Li, J.F., Yin, Z.X., 2017. Petrogenesis of the Majiari ophiolite (western Tibet, China): implications for intra-oceanic subduction in the Bangong-Nujiang Tethys. Journal of Asian Earth Sciences 146, 337–351.

Jian, P., Liu, D.Y., Sun, X.M., 2008. SHRIMP dating of the Permo-Carboniferous Jinshajiang ophiolite, southwestern China: geochronological constraints for the evolution of Paleo-Tethys. Journal of Asian Earth Sciences 32, 371–384.

Jian, P., Liu, D.Y., Kroner, A., Zhang, Q., Wang, Y.Z., Sun, X.M., Zhang, W., 2009a. Devonian to Permian plate tectonic cycle of the Paleo-Tethys Orogen in southwest China (II): insights from zircon ages of ophiolites, arc/back-arc assemblages and within-plate igneous rocks and generation of the Emeishan CFB province. Lithos 113, 767–784.

Jian, P., Liu, D.Y., Kroner, A., Zhang, Q., Wang, Y.Z., Sun, X.M., Zhang, W., 2009b. Devonian to Permian plate tectonic cycle of the Paleo-Tethys orogen in southwest China (I): geochemistry of ophiolites, arc/back-arc assemblages and within-plate igneous rocks. Lithos 113, 748–766.

Kapp, P., Yin, A., Manning, C.E., Murphy, M., Harrison, T.M., Spurlin, M., Ding, L., Deng, X.G., Wu, C.M., 2000. Blueschist-bearing metamorphic core complexes in the Qiangtang block reveal deep crustal structure of northern Tibet. Geology 28, 19–22.

Kapp, P., Yin, A., Harrison, T.M., Ding, L., 2005. Cretaceous-Tertiary shortening, basin development, and volcanism in central Tibet. Geological Society of America Bulletin 117, 865–878.

Lehmann, B., Zhao, X., Zhou, M., Du, A., Mao, J., Zeng, P., Henjes-Kunst, F., Heppe, K., 2013. Mid-Silurian back-arc spreading at the northeastern margin of Gondwana: the Dapingzhang dacite-hosted massive sulfide deposit, Lancangjiang zone, southwestern Yunnan, China. Gondwana Research 24, 648–663.

Li, C., Zheng, A., 1993. Paleozoic stratigraphy in the Qiangtang region of Tibet: relations of the Gondwana and Yangtze continents and ocean closure near the end of the Carboniferous. International Geology Review 35, 797–804.

Liu, B., Ma, C.Q., Guo, P., Sun, Y., Gao, K., Guo, Y.H., 2016a. Evaluation of late Permian mafic magmatism in the central Tibetan Plateau as a response to plume-subduction interaction. Lithos 264, 1–16.

Liu, B., Ma, C.Q., Guo, Y.H., Xiong, F.H., Guo, P., Zhang, X., 2016b. Petrogenesis and tectonic implications of Triassic mafic complexes with MORB/OIB affinities from the western Garze-Litang ophiolitic melange, central Tibetan Plateau. Lithos 260, 253–267.

Liu, T., Zhai, Q.G., Wang, J., Bao, P.S., Qiangba, Z., Tang, S.H., Tang, Y., 2016c. Tectonic significance of the Dongqiao ophiolite in the north-central Tibetan plateau: evidence from zircon dating, petrological, geochemical and Sr-Nd-Hf isotopic characterization. Journal of Asian Earth Sciences 116, 139–154.

Liu, W.L., Xia, B., Zhong, Y., Cai, J.X., Li, J.F., Liu, H.F., Cai, Z.R., Sun, Z.L., 2014. Age and composition of the Rebang Co and Julu ophiolites, central Tibet: implications for the evolution of the Bangong Meso-Tethys. International Geology Review 56, 430–447.

Liu, Y., Xiao, W.J., Windley, B.F., Schulmann, K., Li, R.S., Ji, W.H., Zhou, K.F., Sang, M., Chen, Y.C., Jia, X.L., Li, L., 2019. Late Silurian to Late Triassic seamount/oceanic plateau series accretion in Jinshajiang subduction melange, central Tibet, SW China. Geological Journal 54, 961–977.

McCulloch, M.T., Gregory, R.T., Wasserburg, G.J., Taylor Jr., H.P., 1981. Sm-Nd, Rb-Sr, and $^{18}O/^{16}O$ isotopic systematics in an oceanic crustal section: evidence from the Samail ophiolite. Journal of Geophysical Research 86, 2721–2735.

Metcalf, R.V., Shervais, J.W., 2008. Suprasubduction-zone ophiolites: is there really an ophiolite conundrum? Geological Society of America Special Papers 438, 191–222.

Metcalfe, I., 1994. Gondwanaland origin, dispersion, and accretion of East and Southeast Asian continental terranes. Journal of South American Earth Sciences 7, 333–347.

Metcalfe, I., 2013. Gondwana dispersion and Asian accretion: tectonic and palaeogeographic evolution of eastern Tethys. Journal of Asian Earth Sciences 66, 1–33.

Miyashiro, A., 1973. The Troodos ophiolitic complex was probably formed in an island arc. Earth and Planetary Science Letters 19, 218–224.

Moores, E.M., Kellogg, L.H., Dilek, Y., 2000. Tethyan ophiolites, mantle convection, and tectonic "historical contingency": a resolution of the "ophiolite conundrum". Geological Society of America Special Papers 349, 3–12.

Murphy, J.B., 2013. Appinite suites: a record of the role of water in the genesis, transport, emplacement and crystallization of magma. Earth-Science Reviews 119, 35–59.

O'Brien, P.J, Rötzler, J., 2003. High-pressure granulites: formation, recovery of peak conditions and implications for tectonics. Journal of Metamorphic Geology 21, 3–20.

Ouanaimi, H., Lazreq, N., 2008. The Rich Group of the Draa plain (Lower Devonian, Anti-Atlas, Morocco): a sedimentary and tectonic integrated approach. In: Ennih, N., Liégeois, J.P. (eds.), The boundaries of the West African Craton. Journal of the Geological Society 297, 467–482.

Pearce, J.A., 2008. Geochemical fingerprinting of oceanic basalts with applications to ophiolite classification and the search for Archean oceanic crust. Lithos 100, 14–48.

Pearce, J.A., Deng, W.M., 1988. The ophiolites of the Tibetan geotraverses, Lhasa to Golmud (1985) and Lhasa to Kathmandu (1986). Philosophical Transactions of the Royal Society of London A 327, 215–238.

Pearce, J.A., Lippard, S.J., Roberts, S., 1984. Characteristics and tectonic significance of supra-subduction zone ophiolites. Geological Society Special Publication 16, 77–94.

Peng, Y., Yu, S., Li, S., Liu, Y., Santosh, M., Lv, P., Li, Y., Xie, W., Liu, Y., 2020. The odyssey of Tibetan Plateau accretion prior to Cenozoic India-Asia collision: probing the Mesozoic tectonic evolution of the Bangong-Nujiang Suture. Earth-Science Reviews 211, 103376.

Penrose Conference Participants, 1972. Penrose field conference on Ophiolites. Geotimes 17, 24–25

Plank, T., Langmuir, C.H., 1998. The chemical composition of subducting sediment and its consequences for the crust and mantle. Chemical Geology 145, 325–394.

Polat, A., Hofmann, A.W., 2003. Alteration and geochemical patterns in the 3.7–3.8 Ga Isua greenstone belt, West Greenland. Precambrian Research 126, 197–218.

Pullen, A., Kapp, P., Gehrels, G.E., 2011. Metamorphic rocks in central Tibet: lateral variations and implications for crustal structure. Geological Society of America Bulletin 123, 585-600.

Shervais, J.W., 2001. Birth, death, and resurrection: the life cycle of suprasubduction zone ophiolites. Geochemistry Geophysics Geosystems 2, 2000GC000080.

Shi, R., Alard, O., Zhi, X., O'Reilly, S.Y., Pearson, N.J., Griffin, W.L., Zhang, M., Chen, X., 2007. Multiple events in the Neo-Tethyan oceanic upper mantle: evidence from Ru-Os-Ir alloys in the Luobusa and Dongqiao ophiolitic podiform chromitites, Tibet. Earth and Planetary Science Letters 261, 33–48.

Shi, R., Yang, J., Xu, Z., Qi, X., 2008. The Bangong Lake ophiolite (NW Tibet) and its bearing on the tectonic evolution of the Bangong-Nujiang suture zone. Journal of Asian Earth Sciences 32, 438–457.

Shi, R., Griffin, W.L., O'Reilly, S., Huang, Q., Zhang, X., Liu, D., Zhi, X., Xia, Q., Ding, L., 2012. Melt/mantle mixing produces podiform chromite deposits in ophiolites: implications of Re-Os systematics in the Dongqiao Neo-tethyan ophiolite, northern Tibet. Gondwana Research 21, 194–206.

Singer, B.S., Jicha, B.R., Leeman, W.P., Rogers, N.W., Thirlwall, M.F., Ryan, J., Nicolaysen, K.E., 2007.

Along-strike trace element and isotopic variation in Aleutian Island arc basalt: subduction melts sediments and dehydrates serpentine. Journal of Geophysical Research 112, B06206.

Sisson, T.W., Grove, T.L., 1993. Experimental investigations of the role of H_2O in calc-alkaline differentiation and subduction zone magmatism. Contributions to Mineralogy and Petrology 113, 143–166.

Stampfli, G., Hochard, C., Vérard, C., Wilhem, C., von Raumer, J., 2013. The formation of Pangea. Tectonophysics 593, 1–19.

Stampfli, G.M, Borel, G.D., 2002. A plate tectonic model for the Paleozoic and Mesozoic constrained by dynamic plate boundaries and restored synthetic oceanic isochrons. Earth and Planetary Science Letters 196, 17–33.

Stern, R.J., Bloomer, S.H., 1992. Subduction zone infancy: examples from the Eocene Izu-Bonin-Mariana and Jurassic California arcs. Geological Society of America Bulletin 104, 1621–1636.

Sun, S.S, McDonough, W.F., 1989. Chemical and isotopic systematics of oceanic basalts: implications for mantle composition and processes. Geological Society Special Publication 42, 313–345.

Valley, J.W., 2003. Oxygen isotopes in zircon. In: Hanchar, J.M., Hoskin, P.W.O. (eds.), Zircon. Reviews in Mineralogy and Geochemistry 53, 343–385.

von Raumer, J., Stampfli, G., Borel, G., Bussy, F., 2002. Organization of pre-Variscan basement areas at the north-Gondwanan margin. International Journal of Earth Sciences 91, 35–52.

Wakabayashi, J., Ghatak, A., Basu, A.R., 2010. Suprasubduction-zone ophiolite generation, emplacement, and initiation of subduction: a perspective from geochemistry, metamorphism, geochronology, and regional geology. Geological Society of America Bulletin 122, 1548–1568.

Wang, B.D., Wang, L.Q., Chung, S.L., Chen, J.L., Yin, F.G., Liu, H., Li, X.B., Chen, L.K., 2016. Evolution of the Bangong-Nujiang Tethyan Ocean: insights from the geochronology and geochemistry of mafic rocks within ophiolites. Lithos 245, 18–33.

Wang, Q., Wyman, D.A., Xu, J.F., Wan, Y.S., Li, C.F., Zi, F., Jiang, Z.Q., Qiu, H.N., Chu, Z.Y., Zhao, Z.H., Dong, Y.H., 2008a. Triassic Nb-enriched basalts, magnesian andesites, and adakites of the Qiangtang terrane (Central Tibet): evidence for metasomatism by slab-derived melts in the mantle wedge. Contributions to Mineralogy and Petrology 155, 473–490.

Wang, W.L., Aitchison, J.C., Lo, C.H., Zeng, Q.G., 2008b. Geochemistry and geochronology of the amphibolite blocks in ophiolitic mélanges along Bangong-Nujiang suture, central Tibet. Journal of Asian Earth Sciences 33, 122–138.

Winchester, J.A., Floyd, P.A., 1977. Geochemical discrimination of different magma series and their differentiation products using immobile elements. Chemical Geology 20, 325–343.

Xu, J.F, Castillo, P.R., 2004. Geochemical and Nd-Pb isotopic characteristics of the Tethyan asthenosphere: implications for the origin of the Indian Ocean mantle domain. Tectonophysics 393, 9–27.

Yan, L.L., Zhang, K.J., 2020. Infant intra-oceanic arc magmatism due to initial subduction induced by oceanic plateau accretion: a case study of the Bangong Meso-Tethys, central Tibet, western China. Gondwana Research 79, 110–124.

Yang, P., Huang, Q.T., Zhou, R.J., Kapsiotis, A., Xia, B., Ren, Z.L., Cai, Z.R., Lu, X.X., Cheng, C.Y., 2019. Geochemistry and geochronology of ophiolitic rocks from the Dongco and Lanong areas, Tibet: insights into the evolution history of the Bangong-Nujiang Tethys Ocean. Minerals 9, 466.

Yang, T.N., Hou, Z.Q., Wang, Y., Zhang, H.R., Wang, Z.L., 2012. Late Paleozoic to Early Mesozoic tectonic evolution of northeast Tibet: evidence from the Triassic composite western Jinsha-Garzê-Litang suture. Tectonics 31, TC4004.

Yin, A., Harrison, T.M., 2020. Geologic evolution of the Himalayan-Tibetan Orogen. Annual Review of Earth and Planetary Sciences 28, 211–280.

Zeng, Y.C., Chen, J.L., Xu, J.F., Wang, B.D., Huang, F., 2016. Sediment melting during subduction initiation: geochronological and geochemical evidence from the Darutso high-Mg andesites within ophiolite melange, central Tibet. Geochemistry Geophysics Geosystems 17, 48594877.

Zhai, Q.G., Wang, J., Li, C., Su, L., 2010. SHRIMP U-Pb dating and Hf isotopic analyses of Middle Ordovician meta-cumulate gabbro in central Qiangtang, northern Tibetan plateau. Science China Earth Sciences 53, 657–664.

Zhai, Q.G., Jahn, B.M., Zhang, R.Y., 2011a. Triassic subduction of the Paleo-Tethys in northern Tibet, China: evidence from the geochemical and isotopic characteristics of eclogites and blueschists of the Qiangtang Block. Journal of Asian Earth Sciences 42, 1356–1370.

Zhai, Q.G., Zhang, R.Y., Jahn, B.M., Li, C., Song, S.G., Wang, J., 2011b. Triassic eclogites from central Qiangtang, northern Tibet, China: petrology, geochronology and metamorphic P-T path. Lithos 125, 173–189.

Zhai, Q.G., Jahn, B., Wang, J., 2013a. The Carboniferous ophiolite in the middle of the Qiangtang terrane, Northern Tibet: SHRIMP U-Pb dating, geochemical and Sr-Nd-Hf isotopic characteristics. Lithos 168, 186 199.

Zhai, Q.G., Jahn, B.M., Su, L., Wang, J., Mo, X.X., Lee, H.Y., Wang, K.L., Tang, S., 2013b. Triassic arc magmatism in the Qiangtang area, northern Tibet: zircon U-Pb ages, geochemical and Sr-Nd-Hf isotopic characteristics, and tectonic implications. Journal of Asian Earth Sciences 63, 162–178.

Zhai, Q.G., Jahn, B.M., Li, X.H., Zhang, R.Y., Li, Q.L., Yang, Y.N., Wang, J., Liu, T., Hu, P.Y., Tan, S.H., 2016. Zircon U-Pb dating of eclogite from the qiangtang terrane, north-central tibet: a case of metamorphic zircon with magmatic geochemical features. International Journal of Earth Sciences 106, 1–17.

Zhang, K.J., Cai, J.X., Zhang, Y.X., and Zhao, T.P., 2006. Eclogites from central Qiangtang, northern Tibet (China) and tectonic implications. Earth and Planetary Science Letters 245, 722–729.

Zhang, K.J., Xia, B., Zhang, Y.X., Liu, W.L., Zeng, L., Li, J.F., Xu, L.F., 2014b. Central Tibetan Meso-Tethyan oceanic plateau. Lithos 210-211, 278–288.

Zhang, Q., Wang, C.Y., Liu, D., Jian, P., Qian, Q., Zhou, G., Robinson, P.T., 2008. A brief review of ophiolites in China. Journal of Asian Earth Sciences 32, 308–324.

Zhang, W.Q., Liu, C.Z., Liu, T., Zhang, C., Zhang, Z.Y., 2020. Subduction initiation triggered by accretion of a Jurassic oceanic plateau along the Bangong-Nujiang Suture in central Tibet. Terra Nova 33, 150–158.

Zhang, X.Z., Dong, Y.S., Li, C., Deng, M.R., Zhang, L., Xu, W., 2014a. Silurian high-pressure granulites from central Qiangtang, Tibet: constraints on early Paleozoic collision along the northeastern margin of Gondwana. Earth and Planetary Science Letters 405, 39–51.

Zhang, X.Z., Dong, Y.S., Wang, Q., Dan, W., Zhang, C., Deng, M.R., Xu, W., Xia, X.P., Zeng, J.P., Liang, H., 2016. Carboniferous and Permian evolutionary records for the Paleo-Tethys Ocean constrained by newly discovered Xiangtaohu ophiolites from central Qiangtang, central Tibet, Tectonics 35, 1670–1686.

Zhang, X.Z., Dong, Y.S., Wang, Q., Dan, W., Zhang, C.F., Xu, W., Huang, M.L., 2017a. Metamorphic records for subduction erosion and subsequent underplating processes revealed by garnet-staurolite-muscovite schists in central Qiangtang, Tibet. Geochemistry Geophysics Geosystems 18, 266–279.

Zhang, X.Z., Wang, Q., Dong, Y.S., Zhang, C., Li, Q.Y., Xia, X.P., Xu, W., 2017b. High-pressure granulite facies overprinting during the exhumation of eclogites in the Bangong-Nujiang Suture Zone, central Tibet: link to flat-slab subduction. Tectonics 36, 2918–2935.

Zhao, S.Q., Tan, J., Wei, J.H., Tian, N., Zhang, D.H., Liang, S.N., Chen, J.J., 2015. Late Triassic Batang Group arc volcanic rocks in the northeastern margin of Qiangtang terrane, northern Tibet: partial melting of juvenile crust and implications for Paleo-Tethys ocean subduction. International Journal of Earth Sciences 104, 369–387.

Zhong, Y., Liu, W.L., Xia, B., Liu, J.N., Guan, Y., Yin, Z.X., Huang, Q.T., 2017. Geochemistry and geochronology of the Mesozoic Lanong ophiolitic mélange, northern Tibet: implications for petrogenesis and tectonic evolution. Lithos 292–293, 111–131.

Zhu, D.C., Zhao, Z.D., Niu, Y., Dilek, Y., Hou, Z.Q., Mo, X.X., 2013. The origin and pre-Cenozoic evolution of the Tibetan Plateau. Gondwana Research 23, 1429–1454.

Zi, J.W., Cawood, P.A., Fan, W.M., Wang, Y.J., Tohver, E., 2012. Contrasting rift and subduction-related plagiogranites in the Jinshajiang ophiolitic mélange, southwest China, and implications for the Paleo-Tethys. Tectonics 31, TC2012.

第 3 章

羌塘古特提斯洋演化的岩浆－变质记录

龙木错-双湖洋作为古特提斯洋的主洋盆，经历了从古生代到三叠纪的演化。大洋自晚古生代以来经历了长期向北俯冲于北羌塘之下，而在中、晚三叠世的消亡导致南、北羌塘地块的碰撞。在大洋的消亡过程中，产生了一系列的岩浆作用和变质作用。此外，南羌塘地块也经历了一些板内岩浆作用。下面分三部分分别介绍。

3.1 北羌塘泥盆纪—早侏罗世岩浆岩

前人的研究表明，在北羌塘地块出露有许多与古特提斯洋俯冲作用有关的岩浆岩，形成时代从泥盆纪到三叠纪（Zhai et al.，2013a；Jiang et al.，2015）。在这里，介绍三个重要演化阶段的岩浆岩的成因和构造背景，包括俯冲最早期的泥盆纪—石炭纪岩浆岩、俯冲晚期的晚二叠世双峰式火山岩以及碰撞后的埃达克质石榴石闪长斑岩。

3.1.1 北羌塘泥盆纪—石炭纪岩浆岩

大洋演化早期常常伴随有洋内弧的产生和消亡。但是，对于古特提斯洋东段早期演化过程中是否有洋内弧的存在这个问题知之甚少，阻碍了对整个特提斯演化过程的深入理解。本研究以羌塘近年来发现的古特提斯洋最早的岩浆弧为研究对象，采用岩石学、地球化学以及大地构造研究手段，对其岩石成因和动力学背景进行研究。

3.1.1.1 岩石组成和特征

晚泥盆世—早石炭世弧岩浆岩出露在羌塘西部靠近龙木错-双湖-澜沧江缝合带的日湾茶卡地区（图 3.1）。岩石类型主要为由玄武岩、玄武安山岩、安山岩和流纹岩组成的火山岩（伴随有一些火山碎屑岩），以及少量的碱长花岗岩。日湾茶卡火山岩可分为东、西两部分，被早石炭世的日湾茶卡组隔开。日湾茶卡组由海相砾岩、灰岩和砂岩组成，与火山岩呈断层接触。东部火山岩主要由玄武岩、玄武安山岩、安山岩和流纹英安岩组成［图 3.2（a）］，出露面积约 76 km^2。在日湾茶卡火山岩西边 2.5 km 处出露一个小岩体，称为冈玛错花岗岩。岩体大部分为新生代沉积岩所包围，但在东边被与日湾茶卡火山岩类似的英安岩所侵入［图 3.2（b）］。西部火山岩主要由玄武岩、安山岩和流纹岩组成，出露面积约 65 km^2，有同期的蛇绿岩与火山岩接触。在火山岩内部，被英云闪长岩和奥长花岗岩侵入［图 3.2（c）和（d）］。英云闪长岩以小岩体产出，出露面积约 3 km^2，奥长花岗岩以岩脉状产出。

火山岩遭受了蚀变，但大部分保留了它们的原始斑状结构。在东部火山岩中，玄武岩中的斑晶由斜长石（65%~75%，指体积分数，下同）、辉石（10%~20%）和少量石英（5%）组成，安山岩中的斑晶由斜长石（65%~75%）和角闪石（10%~20%）组成。一些玄武岩显示斜长石堆晶。流纹英安岩显示流动构造，斑晶主要由斜长石和石英组成。这些岩石中的辉石和角闪石斑晶通常蚀变为阳起石和绿泥石，斜长石斑晶经历了

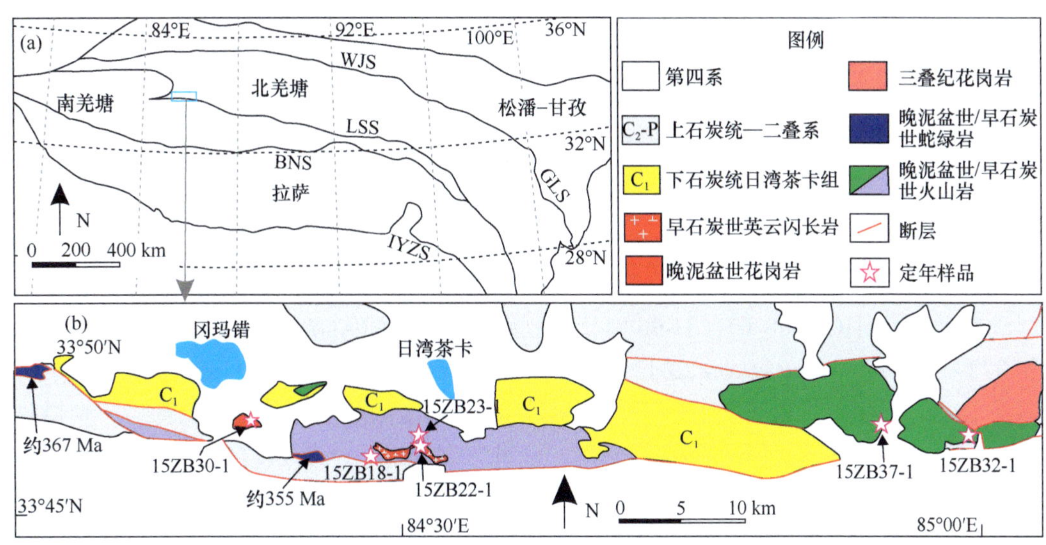

图 3.1　羌塘晚泥盆世—早石炭世日湾茶卡岩浆岩分布图

（a）图中字母缩写如下：IYZS. 印度 – 雅鲁藏布缝合带；BNS. 班公湖 – 怒江缝合带；LSS. 龙木错 – 双湖缝合带；GLS. 甘孜 – 理塘缝合带；WJS. 西金乌兰缝合带

图 3.2　日湾茶卡岩浆岩野外照片

钠黝帘化。西部火山岩中，玄武岩 / 玄武安山岩显示细粒无斑结构。英安岩显示斑状结构，斑晶主要由斜长石和石英组成。

冈玛错岩体由中粒碱性长石花岗岩组成，主要由钾长石（50%~60%）、石英（25%~35%）、斜长石（5%~8%）和角闪石（5%）组成，并有少量的磷灰石、锆石和榍石。

英云闪长岩主要由斜长石（60%~65%）、石英（15%~20%）、角闪石（10%~15%）和少量黑云母（< 5%）组成。奥长花岗岩主要由斜长石（75%~80%）和石英（20%~25%）组成。

3.1.1.2 年代学特征

许多研究者对日湾茶卡岩浆岩进行了年代学工作。比如针对日湾茶卡火山岩，不同研究者用 LA-ICP-MS 锆石 U-Pb 定年分别得到了约 351~346 Ma（Jiang et al.，2015）和 372~370 Ma（Wang et al.，2017）的年龄。而精确的 SIMS 锆石 U-Pb 年代学揭示日湾茶卡火山岩存在两期（表 3.1 和图 3.3）。东部火山岩的两个流纹英安岩样品分别得到了 371±3 Ma 和 365±3 Ma 的年龄（Dan et al.，2018a）。西部火山岩中的英安岩得到了 350±3 Ma 的年龄，侵入西部火山岩的英云闪长岩和奥长花岗岩的年龄分别为 349±3 Ma 和 350±3 Ma（Dan et al.，2019）。而冈玛错花岗岩形成于 359±3 Ma（Dan et al.，2018a）。

表 3.1 日湾茶卡岩浆岩 SIMS 锆石 U-Pb 定年数据（Dan et al.，2018a，2019）

样品点	Th/ppm	U/ppm	Th/U	f_{206}/%	$^{207}Pb/^{235}U$	±σ/%	$^{206}Pb/^{238}U$	±σ/%	ρ	$^{207}Pb/^{235}U$ 年龄 /Ma	±σ	$^{206}Pb/^{238}U$ 年龄 /Ma	±σ
15ZB37-5　33°47′31.1″N，84°55′19.7″E													
1	192	297	0.65	0.30	0.429	2.68	0.0589	2.00	0.75	362.3	8.2	369.1	7.2
2	436	474	0.92	0.74	0.438	1.76	0.0595	1.57	0.89	369.0	5.5	372.8	5.7
3	289	438	0.66	0.37	0.454	1.76	0.0609	1.53	0.87	379.8	5.6	381.1	5.7
4	195	250	0.78	0.34	0.424	2.13	0.0592	1.50	0.71	358.8	6.4	370.9	5.4
5	133	310	0.43	0.21	0.421	1.99	0.0569	1.58	0.79	356.5	6.0	356.5	5.5
6	266	402	0.66	0.38	0.421	2.22	0.0590	1.57	0.71	356.8	6.7	369.5	5.6
7	81	90	0.89	0.68	0.435	2.51	0.0587	1.58	0.63	366.7	7.8	367.7	5.7
8	292	456	0.64	0.44	0.440	1.93	0.0587	1.59	0.82	370.1	6.0	367.7	5.7
9	301	417	0.72	0.38	0.439	1.90	0.0586	1.50	0.79	369.9	5.9	367.2	5.4
10	101	190	0.53	0.09	0.434	2.01	0.0583	1.50	0.75	366.0	6.2	365.3	5.3
11	635	658	0.96	0.55	0.455	1.82	0.0616	1.68	0.92	381.0	5.8	385.2	6.3
12	341	429	0.79	0.37	0.443	1.82	0.0601	1.59	0.88	372.3	5.7	375.9	5.8
13	356	396	0.90	0.42	0.443	1.83	0.0593	1.59	0.87	372.1	5.7	371.6	5.8
14	71	162	0.44	0.21	0.447	2.12	0.0592	1.57	0.74	375.2	6.7	370.7	5.7
15ZB32-1　33°46′40.8″N，84°59′53.4″E													
1	301	294	1.02	0.43	0.451	2.63	0.0602	2.23	0.85	378.1	8.3	376.6	8.2
2	172	162	1.06	0.36	0.440	2.66	0.0598	1.57	0.59	370.4	8.3	374.3	5.7
3	270	192	1.41	0.36	0.441	2.26	0.0581	1.55	0.68	371.2	7.1	364.0	5.5
4	207	155	1.34	0.80	0.444	2.12	0.0578	1.60	0.75	373.2	6.7	362.1	5.6
5	156	158	0.99	0.35	0.444	2.44	0.0581	1.50	0.61	373.0	7.7	364.0	5.3
6	256	187	1.37	0.98	0.426	2.22	0.0575	1.69	0.76	360.1	6.8	360.7	5.9
7	304	213	1.43	0.42	0.437	1.98	0.0584	1.50	0.76	368.3	6.1	365.7	5.3

续表

样品点	Th/ppm	U/ppm	Th/U	f_{206}/%	$^{207}Pb/^{235}U$	±σ/%	$^{206}Pb/^{238}U$	±σ/%	ρ	$^{207}Pb/^{235}U$ 年龄 /Ma	±σ	$^{206}Pb/^{238}U$ 年龄 /Ma	±σ
15ZB32-1　33°46′40.8″N，84°59′53.4″E													
8	298	211	1.41	0.61	0.431	2.16	0.0577	1.59	0.73	364.2	6.6	361.5	5.6
9	481	295	1.63	0.71	0.447	1.97	0.0588	1.52	0.77	375.1	6.2	368.6	5.4
10	294	195	1.51	0.42	0.437	1.98	0.0587	1.52	0.77	368.4	6.1	367.5	5.4
11	220	199	1.11	0.32	0.436	2.29	0.0600	1.53	0.67	367.2	7.1	375.6	5.6
12	220	166	1.33	0.99	0.428	2.00	0.0572	1.51	0.76	361.9	6.1	358.6	5.3
13	192	158	1.22	0.72	0.445	2.07	0.0592	1.55	0.75	373.8	6.5	370.9	5.6
14	193	161	1.20	0.08	0.440	2.20	0.0590	1.55	0.70	369.9	6.8	369.4	5.6
15	300	257	1.17	0.65	0.428	1.89	0.0568	1.54	0.82	361.8	5.8	356.3	5.4
16	118	127	0.93	0.32	0.424	2.34	0.0571	1.52	0.65	359.1	7.1	358.2	5.3
15ZB30-1　33°47′18.2″N，84°22′39.9″E													
1	250	317	0.79	0.07	0.429	1.93	0.0568	1.56	0.81	362.2	5.9	356.3	5.4
2	216	264	0.82	0.00	0.422	2.01	0.0568	1.50	0.75	357.6	6.1	356.2	5.2
3	299	356	0.84	0.03	0.421	1.80	0.0567	1.50	0.84	357.0	5.4	355.5	5.2
4	208	265	0.78	0.06	0.425	2.11	0.0574	1.64	0.78	359.9	6.4	359.8	5.8
5	370	429	0.86	0.01	0.418	1.69	0.0566	1.51	0.89	354.6	5.1	354.8	5.2
6	216	316	0.68	0.09	0.428	1.80	0.0576	1.61	0.90	361.7	5.5	360.7	5.7
7	252	351	0.72	0.08	0.420	1.72	0.0566	1.54	0.90	356.3	5.2	355.0	5.3
8	63	113	0.56	0.17	0.423	2.80	0.0563	2.26	0.81	357.9	8.5	353.0	7.8
9	291	403	0.72	0.04	0.434	1.79	0.0582	1.58	0.88	365.7	5.5	364.7	5.6
10	201	300	0.67	0.06	0.435	1.70	0.0588	1.51	0.89	366.4	5.3	368.3	5.4
11	268	373	0.72	0.04	0.419	1.80	0.0571	1.60	0.89	355.4	5.4	358.0	5.6
12	173	241	0.72	0.13	0.422	2.15	0.0574	1.59	0.74	357.5	6.5	359.7	5.6
13	366	491	0.75	0.03	0.427	1.92	0.0580	1.79	0.94	360.8	5.8	363.5	6.3
14	210	321	0.65	0.06	0.422	1.73	0.0573	1.50	0.87	357.7	5.2	359.3	5.3
15ZB23-1　33°46′43.3″N，84°30′27.4″E													
1	528	618	1.17	0.05	0.426	1.71	0.0575	1.62	0.95	360.6	5.2	360.6	5.7
2	551	831	1.51	0.02	0.423	1.71	0.0569	1.61	0.94	358	5.2	357	5.6
3	600	766	1.28	0.11	0.413	1.74	0.0559	1.61	0.93	350.9	5.2	350.7	5.5
4	240	242	1.01	0.04	0.424	1.85	0.0564	1.62	0.88	358.8	5.6	353.8	5.6
5	562	551	0.98	0.13	0.402	1.78	0.0548	1.61	0.91	342.8	5.2	344.1	5.4
6	482	585	1.21	0.06	0.412	1.73	0.0556	1.61	0.93	350	5.1	348.6	5.5
7	803	1077	1.34	0.07	0.416	1.71	0.0555	1.62	0.95	353	5.1	348.3	5.5
8	593	754	1.27	0.14	0.413	1.74	0.0562	1.61	0.92	351.2	5.2	352.7	5.5
9	342	338	0.99	0.08	0.418	1.82	0.0555	1.65	0.9	354.3	5.5	348	5.6
10	115	64.6	0.56	0.18	0.411	2.09	0.0549	1.61	0.77	349.3	6.2	344.7	5.4
11	213	180	0.85	0.09	0.419	1.88	0.0551	1.62	0.86	355.6	5.6	345.6	5.4
12	618	715	1.16	0.02	0.415	1.71	0.0556	1.61	0.94	352.8	5.1	348.7	5.5

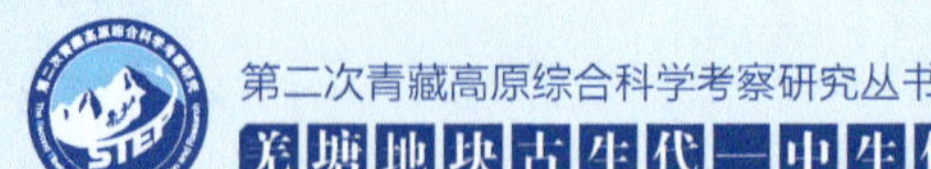

续表

样品点	Th/ppm	U/ppm	Th/U	f_{206}/%	$^{207}Pb/^{235}U$	±σ/%	$^{206}Pb/^{238}U$	±σ/%	ρ	$^{207}Pb/^{235}U$ 年龄 /Ma	±σ	$^{206}Pb/^{238}U$ 年龄 /Ma	±σ
15ZB22-1 33°46′40.9″N，84°30′28.7″E													
1	60.3	27.2	0.45	0.16	0.411	3.02	0.0547	1.62	0.54	349.7	9	343	5.4
2	76.8	42.2	0.55	0.32	0.421	2.42	0.0549	1.55	0.64	356.4	7.3	344.6	5.2
3	83.9	37.3	0.44	0.09	0.412	2.35	0.0551	1.54	0.66	350.2	7	345.8	5.2
4	81.5	49.5	0.61	0.22	0.421	2.85	0.055	1.71	0.6	356.7	8.6	345.1	5.8
5	27.7	10.8	0.39	0.05	0.417	3.46	0.0544	1.64	0.47	354.2	10.4	341.7	5.4
6	42.1	24.5	0.58	0.41	0.417	2.87	0.0567	1.51	0.53	353.7	8.6	355.8	5.2
7	45.5	20.3	0.45	0.02	0.417	3.32	0.0544	2.22	0.67	354	10	341.7	7.4
8	112	87.8	0.78	0.08	0.41	2.16	0.057	1.5	0.7	348.8	6.4	357.6	5.2
9	89.5	35.4	0.4	0.14	0.422	2.26	0.0563	1.51	0.67	357.6	6.8	352.8	5.2
10	50	23.7	0.47	0.5	0.425	4.63	0.0555	1.57	0.34	359.5	14.1	348.1	5.3
11	65.3	35.4	0.54	0.14	0.411	2.83	0.0561	1.54	0.54	349.8	8.4	352.2	5.3
12	49.3	21.6	0.44	0.52	0.433	3.37	0.056	1.53	0.45	365.1	10.4	351.5	5.2
13	80.8	40.5	0.5	0.27	0.427	2.81	0.056	1.5	0.54	361.3	8.6	351.4	5.1
14	49.7	24.7	0.5	0.13	0.448	3.28	0.0556	1.52	0.46	375.6	10.3	349	5.2
15	73	28.2	0.39	0.23	0.426	2.86	0.0551	1.51	0.53	360.3	8.7	345.6	5.1
16	70.3	37.1	0.53	0.07	0.417	2.47	0.0562	1.85	0.75	353.7	7.4	352.5	6.4
17	57.3	23.6	0.41	0.09	0.42	2.4	0.0561	1.55	0.65	356.2	7.2	351.9	5.3
18	62.2	27.1	0.44	0.17	0.418	2.36	0.0563	1.55	0.66	354.5	7.1	352.8	5.3
15ZB18-1 33°46′08.2″N，84°28′41.4″E													
1	117	73.7	0.63	0.2	0.42	2.28	0.0565	1.51	0.66	355.9	6.9	354.4	5.2
2	200	159	0.79	0.06	0.416	2.15	0.0567	1.56	0.73	353.4	6.4	355.5	5.4
3	87.5	42.9	0.49	0.15	0.41	3.04	0.0538	2.05	0.68	349.1	9	338.1	6.8
4	167	81	0.48	0.14	0.435	2.74	0.0576	2.03	0.74	366.6	8.5	361.2	7.1
5	94	65.9	0.7	0.17	0.428	2.4	0.0562	1.52	0.63	361.6	7.3	352.7	5.2
6	152	93.6	0.62	0.06	0.414	2.21	0.0548	1.64	0.74	351.5	6.6	344.1	5.5
7	275	146	0.53	0.06	0.42	2.05	0.0561	1.72	0.84	355.8	6.2	352.1	5.9
8	201	103	0.51	0.01	0.424	2.01	0.0571	1.5	0.75	359	6.1	357.8	5.2
9	99.2	76.1	0.77	0.05	0.417	2.55	0.0543	1.77	0.69	353.7	7.7	341	5.9
10	123	93	0.76	0.16	0.428	2.13	0.0561	1.5	0.71	361.8	6.5	351.7	5.2
11	155	110	0.71	0.14	0.426	2.13	0.0566	1.5	0.7	360.6	6.5	354.7	5.2
12	148	109	0.74	0.12	0.428	2.17	0.0558	1.52	0.7	361.5	6.6	349.8	5.2
13	133	99.1	0.75	0.61	0.398	3.07	0.0545	1.5	0.49	340.3	8.9	342.3	5
14	1367	93.5	0.07	0.05	0.414	1.6	0.0554	1.5	0.94	351.9	4.8	347.8	5.1
15	53.3	24.5	0.46	0.25	0.42	3.75	0.0536	2.75	0.73	356	11.3	336.6	9

3.1.1.3 岩石地球化学特征

1）全岩地球化学特征

日湾茶卡东部火山岩显示从玄武岩到安山岩和流纹英安岩连贯的成分变化（表 3.2

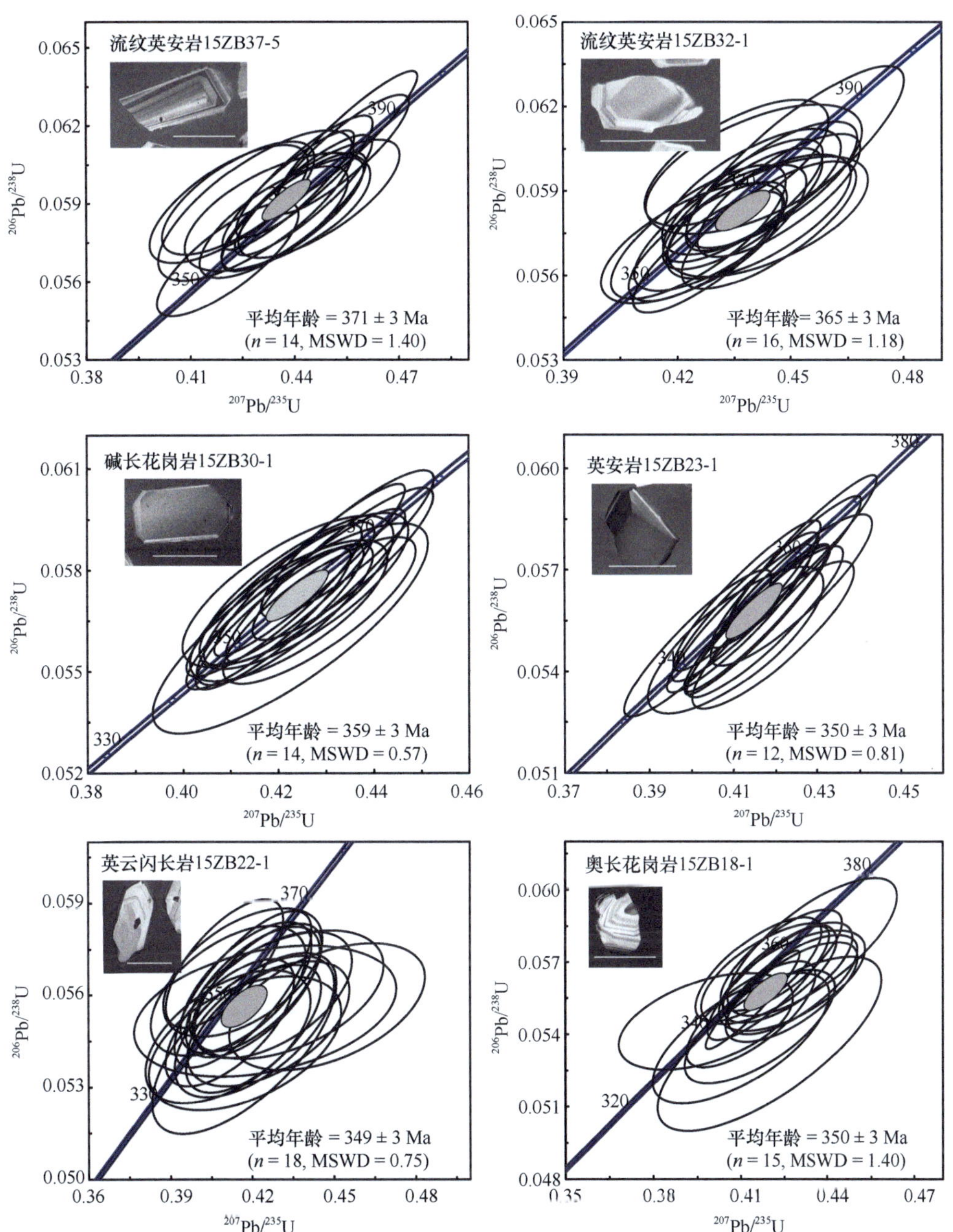

图 3.3　日湾茶卡岩浆岩典型锆石 CL 图像和 SIMS 分析 U-Pb 年龄谐和图解（Dan et al.，2018a，2019）

阴极发光图像中白色比例尺为 100 μm；年龄图解中平均年龄是指 $^{206}Pb/^{238}U$ 年龄

和图 3.4）。玄武岩 / 玄武安山岩属于亚碱性系列，具有低的 SiO_2（53.9%~58.6%）和 MgO（1.2%~10.7%）以及高的 Al_2O_3（10.9%~20.3%）含量。一个安山岩具有高的 MgO（10.7%）含量和 $Mg^{\#}$（0.72），被划分为高 Mg 安山岩。流纹英安岩具有高的 SiO_2（67.4%~77.6%）

表 3.2　日湾茶卡岩浆岩主量元素（%）和微量元素（ppm）含量（Dan et al.，2018a，2019）

岩石类型	玄武岩	玄武岩	高镁安山岩	安山岩	流纹英安岩	流纹英安岩	流纹英安岩	流纹英安岩	流纹英安岩	流纹英安岩	英安岩	英安岩
样品号	15ZB31-2	15ZB31-3	15ZB33-1	15ZB33-2	15ZB32-1	15ZB32-2	15ZB33-5	15ZB33-6	15ZB37-5	15ZB39-1	15ZB29-5	15ZB29-6
时代	370~365 Ma	370~365 Ma	370~365 Ma	370~365 Ma	370~365 Ma	370~365 Ma	370~365 Ma	370~365 Ma	370~365 Ma	370~365 Ma	370~365 Ma	370~365 Ma
主量元素												
SiO_2	53.88	53.90	58.61	54.07	72.31	72.15	69.20	68.31	77.63	67.39	68.06	67.88
TiO_2	0.59	0.75	0.71	1.18	0.40	0.41	0.57	0.65	0.22	0.81	0.56	0.58
Al_2O_3	20.33	18.53	10.90	21.59	14.70	14.97	15.83	15.89	12.70	15.88	14.59	14.71
$Fe_2O_3^T$	8.63	8.96	8.31	11.87	1.84	1.83	2.77	2.78	1.69	3.62	5.47	5.63
MnO	0.15	0.13	0.14	0.11	0.05	0.04	0.08	0.08	0.04	0.13	0.09	0.09
MgO	4.41	3.69	10.67	1.20	0.33	0.31	0.72	0.60	0.14	0.99	0.60	0.67
CaO	6.78	8.60	7.42	2.43	0.50	0.26	1.97	1.28	0.33	1.42	2.23	1.59
Na_2O	4.13	4.68	0.72	2.61	4.20	4.53	4.47	4.49	4.96	4.90	5.64	5.63
K_2O	1.06	0.17	2.10	4.70	5.46	4.82	4.22	5.59	2.20	4.42	2.51	2.69
P_2O_5	0.10	0.14	0.10	0.18	0.06	0.06	0.17	0.13	0.05	0.20	0.13	0.16
总量	100.06	99.56	99.69	99.93	99.84	99.38	99.99	99.80	99.96	99.77	99.88	99.64
烧失量	3.84	3.73	1.20	2.06	0.68	0.75	0.38	0.32	0.85	1.23	2.25	1.95
$Mg^{\#}$	0.50	0.45	0.72	0.17	0.26	0.25	0.34	0.30	0.14	0.35	0.18	0.19
微量元素												
Sc	22.7	29.0	26.4	33.0	6.18	6.39	8.72	9.52	4.62	11.5	14.6	14.9
V	203	267	205	131	17.9	19.3	43.7	36.7	12.5	42.7	5.93	5.55
Cr	13.2	8.87	624	47.64	2.33	1.52	2.36	2.74	1.79	2.70	1.52	1.98
Co	22.8	20.7	37.6	36.5	1.04	1.00	3.07	2.73	1.28	2.99	1.71	1.45
Ni	14.4	7.70	88.4	32.9	0.90	0.53	1.42	1.45	0.84	1.47	0.93	0.86
Cu	82.3	112	9.79	5.24	12.1	12.5	5.03	6.16	2.03	5.73	7.82	5.15
Zn	75.7	69.3	75.9	99.1	45.7	30.9	60.1	68.1	30.7	89.0	104	107
Ga	17.7	17.5	13.2	22.7	16.7	16.6	17.4	17.7	12.6	18.0	20.7	20.9
Ge	2.39	2.48	2.41	2.95	1.58	1.51	2.01	2.14	1.23	2.16	1.99	2.05
Rb	29.6	2.96	91.6	149	160	140	118	138	50.9	92.1	66.1	69.2
Sr	1223	704	315	605	276	247	414	297	79	478	182	184

续表

岩石类型	玄武岩	玄武岩	高镁安山岩	安山岩	流纹英安岩	流纹英安岩	流纹英安岩	流纹英安岩	流纹英安岩	流纹英安岩	英安岩	英安岩
样品号	15ZB31-2	15ZB31-3	15ZB33-1	15ZB33-2	15ZB32-1	15ZB32-2	15ZB33-5	15ZB33-6	15ZB37-5	15ZB39-1	15ZB29-5	15ZB29-6
时代	370~365 Ma	370~365 Ma	370~365 Ma	370~365 Ma	370~365 Ma	370~365 Ma	370~365 Ma	370~365 Ma	370~365 Ma	370~365 Ma	370~365 Ma	370~365 Ma
微量元素												
Y	10.7	12.6	12.5	19.1	27.5	28.4	27.1	29.7	19.4	30.2	48.8	50.8
Zr	33.0	30.4	111	82.5	294	310	255	273	140	258	412	409
Nb	1.23	1.30	5.30	5.11	17.5	18.5	14.1	15.5	11.3	15.1	16.3	16.2
Cs	2.00	0.43	7.07	7.03	2.57	2.18	2.86	1.51	0.54	0.62	0.76	0.85
Ba	301	240	367	970	1385	1671	1233	1619	613	1051	556	553
La	4.59	4.46	17.4	18.4	58.0	56.8	48.7	56.4	28.6	52.8	32.1	34.3
Ce	10.9	10.4	35.0	39.1	114	112	97.6	111	56.7	107	71.5	73.6
Pr	1.54	1.49	4.08	4.90	12.7	12.4	11.0	12.7	6.31	12.5	8.81	8.97
Nd	7.13	7.02	15.8	20.5	45.6	44.8	40.9	47.7	21.9	47.7	35.7	36.4
Sm	1.89	1.95	3.19	4.58	8.21	8.24	7.68	8.90	4.11	9.33	8.29	8.41
Eu	0.76	0.72	0.83	1.47	1.69	1.70	1.85	2.08	0.60	2.27	2.27	2.44
Gd	1.93	2.17	2.94	4.27	6.82	6.93	6.58	7.45	3.71	7.90	8.31	8.59
Tb	0.33	0.38	0.44	0.65	0.95	0.96	0.91	1.02	0.58	1.10	1.43	1.47
Dy	2.07	2.38	2.49	3.81	5.33	5.41	5.22	5.72	3.60	6.08	8.99	9.16
Ho	0.45	0.52	0.51	0.79	1.08	1.12	1.07	1.17	0.79	1.21	1.96	1.98
Er	1.25	1.44	1.36	2.11	3.03	3.11	2.94	3.18	2.30	3.30	5.53	5.52
Tm	0.19	0.21	0.20	0.30	0.46	0.47	0.44	0.48	0.36	0.48	0.84	0.83
Yb	1.25	1.40	1.29	1.99	3.06	3.20	2.94	3.18	2.48	3.21	5.50	5.47
Lu	0.20	0.22	0.20	0.30	0.48	0.50	0.46	0.50	0.38	0.49	0.85	0.84
Hf	0.97	0.90	3.00	2.17	7.25	7.61	6.23	6.59	3.99	6.45	9.63	9.48
Ta	0.08	0.09	0.38	0.30	1.23	1.31	0.90	0.97	0.92	0.95	1.02	1.00
Pb	6.61	5.74	4.21	21.4	18.2	17.6	19.2	16.2	8.48	16.2	10.8	9.99
Th	0.47	0.62	7.59	7.38	18.3	19.8	14.3	15.2	11.3	12.9	8.01	7.88
U	0.17	0.20	1.46	1.62	4.41	4.25	3.88	3.86	2.51	3.10	1.99	1.96
T_{Zr}/℃				743	843	855	818	821	788	818		856

续表

岩石类型	碱长花岗岩	碱长花岗岩	碱长花岗岩	碱长花岗岩	玄武岩	玄武岩	玄武岩	玄武岩	玄武岩	玄武岩	玄武岩	玄武岩	玄武岩	英安岩
样品号	15ZB29-1	15ZB29-2	15ZB30-1	15ZB30-2	15ZB17-3	15ZB17-4	15ZB19-1	15ZB19-2	15ZB21-4	15ZB27-1	15ZB28-2	15ZB28-3	15ZB28-7	15ZB23-1
时代	360 Ma	360 Ma	360 Ma	360 Ma	350 Ma	350 Ma	350 Ma	350 Ma	350 Ma	350 Ma	350 Ma	350 Ma	350 Ma	350 Ma
主量元素														
SiO_2	75.41	75.70	76.35	76.31	50.27	51.5	47.69	50.87	52.45	51.92	54.52	50.59	53.7	63.53
TiO_2	0.17	0.17	0.16	0.18	1.19	1.17	1.65	2.36	1.07	1.22	1.09	0.99	0.93	1.09
Al_2O_3	12.52	12.54	12.33	12.39	17.82	15.13	16.33	14.01	15.96	17.61	15.66	17.29	16.56	15.11
$Fe_2O_3{}^T$	2.49	2.40	2.24	2.40	10.1	10.35	13.41	13.77	9.32	10.07	9.76	9.45	9.73	6.78
MnO	0.04	0.05	0.03	0.02	0.17	0.17	0.21	0.21	0.15	0.16	0.12	0.15	0.11	0.14
MgO	0.22	0.27	0.31	0.23	6.51	6.8	7.84	4.76	5.02	5.62	5.01	6.14	3.91	1.33
CaO	0.71	0.49	0.10	0.08	9.46	10.29	8.13	10.95	11.31	8	9.84	11.97	9.96	6.36
Na_2O	4.32	4.56	4.39	4.82	3.66	3.86	3.05	2.15	4.3	3.38	2.75	2.88	4.58	4.51
K_2O	3.76	3.08	3.59	3.01	0.49	0.26	1.1	0.21	0.14	1.41	0.28	0.26	0.17	0.78
P_2O_5	0.03	0.03	0.04	0.03	0.23	0.2	0.3	0.49	0.21	0.45	0.3	0.34	0.27	0.36
总量	99.67	99.30	99.55	99.48	99.89	99.73	99.71	99.77	99.94	99.85	99.33	100.04	99.93	100.01
烧失量	1.08	1.17	0.72	0.87	1.77	1.59	2.63	1.93	2.08	2.38	4.17	3.93	2.42	1.27
$Mg^{\#}$	0.15	0.18	0.21	0.16	0.56	0.57	0.54	0.41	0.52	0.53	0.51	0.56	0.45	0.28
微量元素														
Sc	3.93	3.82	3.54	3.95	28.5	33.1	28.3	35.0	30.3	27.1	26.0	26.1	24.8	17.4
V	4.11	9.73	13.1	10.7	191	261	230	290	182	234	223	242	205	49.7
Cr	1.87	2.02	3.13	1.97	145	168	157	65.5	176	71.3	102	116	115	1.34
Co	0.53	0.78	0.83	1.31	32.8	34.9	44.3	27.7	27.2	30.7	34.0	31.2	26.7	6.84
Ni	0.70	0.80	0.92	1.54	76.6	88.0	126	45.6	76.6	63.7	82.5	92.4	85.5	1.52
Cu	10.1	5.20	12.4	17.3	105	10.1	23.1	136	63.5	52.9	102	115	236	6.10
Zn	106.3	58.9	40.9	30.4	85.7	83.7	114	107	57.8	89.6	72.3	75.6	56.4	60.9
Ga	21.3	21.2	17.1	18.4	16.0	14.5	17.9	24.0	17.1	20.3	16.7	21.6	14.7	23.8
Ge	1.83	1.93	1.56	1.69	2.38	2.69	3.21	3.96	2.62	2.72	2.4	2.61	2.61	2.74
Rb	76.8	71.1	71.0	58.7	9.68	4.53	21.4	2.10	0.89	20.2	3.84	4.15	3.54	10.4
Sr	58.9	53.8	45.0	41.5	349	244	262	499	603	741	547	377	257	636

续表

岩石类型	碱长花岗岩	碱长花岗岩	碱长花岗岩	碱长花岗岩	玄武岩	玄武岩	玄武岩	玄武岩	玄武岩	玄武岩	玄武岩	玄武岩	玄武岩	英安岩
样品号	15ZB29-1	15ZB29-2	15ZB30-1	15ZB30-2	15ZB17-3	15ZB17-4	15ZB19-1	15ZB19-2	15ZB21-4	15ZB27-1	15ZB28-2	15ZB28-3	15ZB28-7	15ZB23-1
时代	360 Ma	360 Ma	360 Ma	360 Ma	350 Ma	350 Ma	350 Ma	350 Ma	350 Ma	350 Ma	350 Ma	350 Ma	350 Ma	350 Ma
微量元素														
Y	77.7	77.9	65.9	58.3	21.3	18.6	27.1	46.7	18.1	19.2	17.4	17.5	15.3	38.4
Zr	425	385	372	444	84.2	60.8	111	208	64.8	104	89.4	90.6	87.2	190
Nb	23.1	23.3	22.1	23.0	3.89	2.82	5.38	9.53	2.98	6.32	4.38	4.70	4.16	9.16
Cs	0.69	0.82	0.73	0.64	1.67	0.47	1.11	0.13	0.07	3.82	0.29	1.09	0.75	0.19
Ba	868	552	586	455	271	47.9	252	38.7	33.6	404	76.1	82.0	32.7	191
La	46.6	48.4	30.5	39.2	8.22	5.72	9.96	17.3	8.09	17.8	13.0	14.7	12.8	22.7
Ce	106	108	74.2	86.9	19.3	14.1	24.7	43.1	18.2	39.7	29.0	32.1	28.2	50.8
Pr	13.2	13.3	9.31	10.8	2.73	2.09	3.60	6.31	2.48	5.12	3.78	4.13	3.66	6.75
Nd	53.4	53.6	38.2	43.1	12.6	10.0	17.0	29.6	11.3	21.4	16.2	17.2	15.6	29.5
Sm	12.6	12.5	9.79	9.94	3.41	2.88	4.61	7.94	2.98	4.65	3.68	3.77	3.45	7.07
Eu	2.13	1.95	1.63	1.61	1.22	1.17	1.60	2.67	1.14	1.50	1.25	1.28	1.12	2.18
Gd	12.8	12.7	10.4	10.2	3.7	3.24	4.96	8.65	3.20	4.35	3.65	3.65	3.38	7.17
Tb	2.28	2.29	1.99	1.85	0.65	0.57	0.86	1.48	0.56	0.66	0.57	0.57	0.52	1.20
Dy	14.5	14.7	12.8	11.9	4.06	3.59	5.33	9.21	3.49	3.82	3.44	3.35	3.06	7.29
Ho	3.17	3.22	2.77	2.58	0.87	0.77	1.14	1.95	0.74	0.79	0.72	0.71	0.63	1.57
Er	9.01	9.13	8.06	7.33	2.37	2.10	3.05	5.29	2.02	2.11	1.93	1.91	1.67	4.31
Tm	1.37	1.38	1.22	1.12	0.34	0.30	0.43	0.76	0.29	0.30	0.27	0.27	0.24	0.63
Yb	9.06	9.13	7.97	7.36	2.23	1.92	2.82	4.92	1.88	1.88	1.77	1.77	1.51	4.19
Lu	1.36	1.36	1.20	1.10	0.34	0.29	0.42	0.73	0.28	0.29	0.26	0.26	0.23	0.64
Hf	11.5	10.9	10.3	11.9	2.21	1.61	2.84	5.07	1.77	2.52	2.19	2.20	2.12	5.10
Ta	1.55	1.59	1.54	1.48	0.24	0.17	0.33	0.58	0.19	0.35	0.24	0.26	0.25	0.55
Pb	3.66	3.88	3.68	3.26	3.84	3.08	2.92	6.05	5.91	5.54	5.35	5.90	20.7	7.50
Th	12.2	12.5	11.8	12.1	0.96	0.32	0.77	1.45	0.51	1.38	1.02	1.19	1.14	4.75
U	2.39	2.91	2.32	2.44	0.24	0.11	0.20	0.50	0.13	0.34	0.28	0.34	0.26	1.21
T_{Zr}/℃	878	876	875	894										

续表

岩石类型	英安岩	英云闪长岩	英云闪长岩	英云闪长岩	英云闪长岩	奥长花岗岩	奥长花岗岩	奥长花岗岩
样品号	15ZB25-1	15ZB20-1	15ZB20-2	15ZB22-1	15ZB22-2	15ZB18-1	15ZB18-2	15ZB21-1
时代	350 Ma	350 Ma	350 Ma	350 Ma	350 Ma	350 Ma	350 Ma	350 Ma
主量元素								
SiO_2	64.51	69.1	69.44	69.71	70.25	76.12	74.69	75.68
TiO_2	1.04	0.51	0.48	0.5	0.54	0.1	0.15	0.22
Al_2O_3	13.4	15.74	15.88	15.11	13.9	11.84	12.81	12.97
$Fe_2O_3^T$	5.73	3.95	3.58	4.09	4.35	1.05	1.7	1.58
MnO	0.15	0.08	0.06	0.08	0.08	0.03	0.04	0.03
MgO	0.54	1.65	1.54	1.68	1.64	0.38	0.66	0.59
CaO	7.16	4.01	3.77	4.15	4.24	3.7	3.05	3.43
Na_2O	6.23	4.35	4.45	4.09	3.92	5.71	5.86	5.03
K_2O	0.72	0.45	0.48	0.72	0.72	0.37	0.76	0.3
P_2O_5	0.38	0.12	0.12	0.15	0.14	0.02	0.05	0.02
总量	99.87	99.94	99.8	100.29	99.77	99.32	99.75	99.87
烧失量	5.62	1.45	1.42	1.15	1.76	2.91	2.42	0.96
$Mg^{\#}$	0.16	0.46	0.46	0.45	0.43	0.42	0.44	0.43
微量元素								
Sc	18.0	8.16	6.76	7.96	6.62	3.18	4.32	5.49
V	74.9	55.5	51.8	57.3	57.4	13.4	23.9	21.6
Cr	1.94	11.4	10.5	6.40	6.26	4.01	8.95	4.05
Co	7.55	9.46	8.38	9.08	9.57	2.57	4.30	3.60
Ni	1.91	9.89	8.93	7.00	7.32	5.23	8.18	3.43
Cu	27.7	5.49	5.25	2.62	4.42	3.03	3.81	3.49
Zn	61.1	45.8	42.6	44.0	45.3	9.63	14.8	12.3
Ga	12.5	16.6	16.2	16.0	15.1	9.77	11.4	12.0
Ge	1.83	1.41	1.27	1.49	1.45	0.83	0.97	1.06
Rb	17.8	8.19	9.06	14.7	14.3	5.88	11.7	3.95
Sr	145	228	219	256	241	123	120	108

续表

岩石类型	英安岩	英云闪长岩	英云闪长岩	英云闪长岩	英云闪长岩	奥长花岗岩	奥长花岗岩	奥长花岗岩
样品号	15ZB25-1	15ZB20-1	15ZB20-2	15ZB22-1	15ZB22-2	15ZB18-1	15ZB18-2	15ZB21-1
时代	350 Ma	350 Ma	350 Ma	350 Ma	350 Ma	350 Ma	350 Ma	350 Ma
微量元素								
Y	22.1	12.2	11.7	11.9	11.0	20.6	21.6	20.1
Zr	159	123	123	94.2	95.6	44.2	45.1	85.1
Nb	6.46	4.35	4.21	4.85	5.24	4.13	4.70	4.91
Cs	1.00	1.62	1.22	0.42	0.57	0.25	0.30	0.19
Ba	71.6	120	122	201	179	70.7	211	87.3
La	19.9	11.5	13	6.32	8.41	9.71	13.0	20.6
Ce	40.9	23.9	26.3	15.2	19.4	20.9	27.5	43.1
Pr	5.15	2.91	3.21	2.12	2.42	2.56	3.29	4.99
Nd	21.1	11.7	12.8	9.52	10.1	9.59	12.3	18.7
Sm	4.6	2.68	2.73	2.49	2.39	2.40	3.08	4.19
Eu	1.45	0.74	0.75	0.71	0.65	0.44	0.62	0.56
Gd	4.57	2.63	2.68	2.36	2.32	2.59	3.20	3.99
Tb	0.72	0.41	0.4	0.39	0.36	0.52	0.58	0.65
Dy	4.23	2.36	2.29	2.27	2.11	3.36	3.71	3.77
Ho	0.89	0.47	0.46	0.47	0.42	0.73	0.79	0.76
Er	2.43	1.27	1.21	1.26	1.13	2.16	2.24	2.08
Tm	0.36	0.18	0.17	0.19	0.17	0.35	0.35	0.3
Yb	2.38	1.19	1.14	1.22	1.13	2.40	2.41	2.02
Lu	0.37	0.18	0.17	0.19	0.17	0.37	0.37	0.31
Hf	3.75	3.37	3.34	2.70	2.64	2.44	2.19	3.00
Ta	0.40	0.39	0.38	0.36	0.39	0.85	0.80	0.40
Pb	4.42	2.78	3.83	3.20	2.67	2.07	3.00	1.79
Th	2.98	2.28	2.65	1.37	1.82	4.51	4.76	6.77
U	0.81	0.52	0.49	0.40	0.41	0.76	1.14	0.85

注：T_{Zr} 为锆石饱和温度，依据 Watson 和 Harrison（1983）计算。

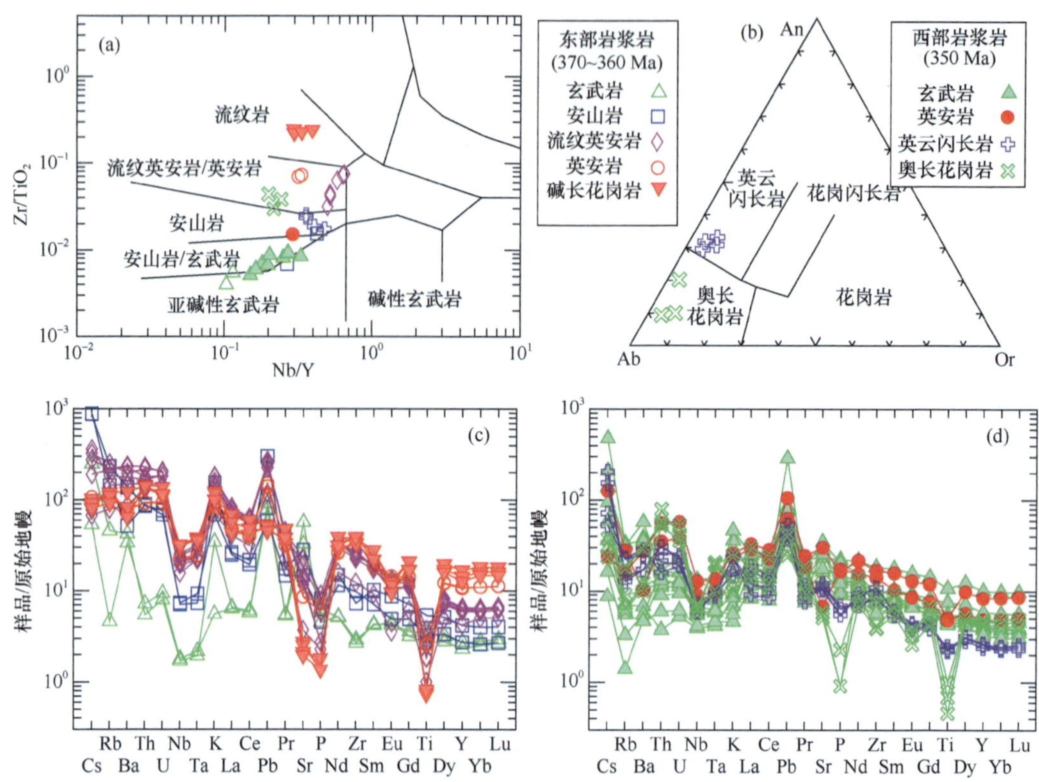

图 3.4 日湾茶卡地区岩浆岩全岩主微量元素组成图解

以及低的 MgO（0.14%~0.72%）和 Al_2O_3（12.7%~15.9%）含量。位于冈玛错的英安岩，具有类似于日湾茶卡东部流纹英安岩的组成。所有火山岩富集轻稀土元素和大离子亲石元素并亏损高场强元素，类似于弧岩浆的特征。

日湾茶卡西部火山岩主要位于玄武岩 / 玄武安山岩和英安岩区域。在 An-Ab-Or 图解中，长英质岩石位于英云闪长岩和奥长花岗岩区域。除了个别样品可能受到蚀变影响外，绝大部分岩石具有低的 K_2O 含量（< 1.0%），属于低 K 系列岩石。与东部火山岩一样，西部火山岩及其中的长英质侵入岩在微量元素上也具有弧岩浆的类似特征。

冈玛错碱长花岗岩，具有最高的 SiO_2（75.4%~76.4%）以及最低的 MgO（0.22%~0.31%）、Al_2O_3（12.3%~12.5%）和 P_2O_5（0.03%~0.04%）含量。碱长花岗岩除了富集轻稀土元素、大离子亲石元素和亏损高场强元素外，还具有显著的 Sr 和 Eu 负异常，类似于 A 型花岗岩。其高的 K_2O+Na_2O、Zr、FeO^T/MgO 和 Ga/Al 值，指示其是 A 型花岗岩（图 3.5）。这也得到了其具有高的 Zr 饱和温度（875~894℃）的支持。

2）Sr-Nd 同位素

日湾茶卡东部火山岩具有低的初始 $^{87}Sr/^{86}Sr$ 同位素组成（0.7035~0.7048）（表 3.3）。玄武岩具有最高的 $\varepsilon_{Nd}(t)$ 值（3.80~4.06），高 Mg 安山岩具有最低的 $\varepsilon_{Nd}(t)$ 值（−4.61）。其他中酸性样品的 $\varepsilon_{Nd}(t)$ 值为 −0.35~1.21。碱长花岗岩具有正的 $\varepsilon_{Nd}(t)$（0.75~0.78）

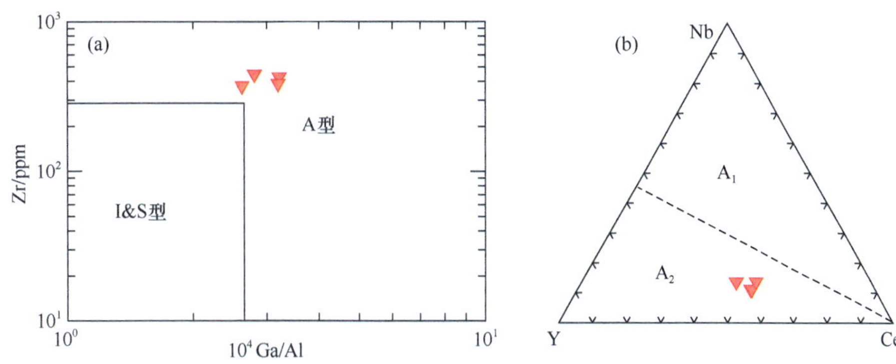

图 3.5　冈玛错碱长花岗岩的 A 型花岗岩判别图解（Dan et al.，2018a）

（图 3.6）。

表 3.3　日湾茶卡地区岩浆岩 Sr-Nd 同位素组成（Dan et al.，2018a，2019）

样品号	计算年龄 /Ma	$^{87}Rb/^{86}Sr$	$(^{87}Sr/^{86}Sr)_m$	1SE	$(^{87}Sr/^{86}Sr)_i$	$^{147}Sm/^{144}Nd$	$(^{143}Nd/^{144}Nd)_m$	1SE	$\varepsilon_{Nd}(t)$
15ZB31-2	350	0.0699	0.705065	0.000007	0.70472	0.1601	0.512762	0.000004	4.06
15ZB31-3	350	0.0122	0.704876	0.000008	0.704815	0.1680	0.512767	0.000005	3.80
15ZB33-1	350	0.8412	0.708625	0.000010	0.70443	0.1219	0.512230	0.000006	–4.61
15ZB33-2	350	0.7130	0.707475	0.000008	0.70392	0.1353	0.512557	0.000006	1.16
15ZB32-1	350	1.6690	0.712577	0.000011	0.70426	0.1089	0.512419	0.000005	–0.35
15ZB37-5	350	1.8737	0.712800	0.000010	0.70346	0.1134	0.512486	0.000005	0.76
15ZB29-5	350	1.0517	0.709835	0.000011	0.70460	0.1403	0.512571	0.000005	1.21
15ZB29-1	350					0.1430	0.512553	0.000007	0.75
15ZB30-1	350					0.1550	0.512582	0.000005	0.78
15ZB17-3	350	0.0803	0.704765	0.000010	0.70436	0.1636	0.512686	0.000005	2.42
15ZB28-2	350	0.0203	0.705193	0.000012	0.70509	0.1368	0.512638	0.000009	2.67
15ZB23-2	350	0.0475	0.704575	0.000009	0.70434	0.1448	0.512657	0.000005	2.70
15ZB25-1	350	0.3562	0.705636	0.000012	0.70386	0.1317	0.512632	0.000006	2.79
15ZB20-2	350	0.1196	0.705333	0.000012	0.70474	0.1291	0.512670	0.000005	3.65
15ZB22-1	350	0.1659	0.705005	0.000009	0.70418	0.1581	0.512680	0.000005	2.54
15ZB18-1	350	0.1376	0.705339	0.000010	0.70465	0.1513	0.512636	0.000005	1.98
15ZB21-1	350	0.1058	0.705248	0.000010	0.70472	0.1354	0.512716	0.000006	4.28

日湾茶卡西部火山岩也具有低的初始 $^{87}Sr/^{86}Sr$ 同位素组成（0.7039~0.7051）。玄武岩和英安岩具有相似的 $\varepsilon_{Nd}(t)$ 值（2.4~2.8）。英云闪长岩和奥长花岗岩也具有较高的 $\varepsilon_{Nd}(t)$ 值（2.0~4.3）。所有这些样品具有和早石炭世蛇绿岩类似的 Sr-Nd 同位素组成（图 3.6）。

3）锆石 O-Hf 同位素组成和 Ti 含量

对日湾茶卡东部火山岩的两个流纹英安岩样品进行了原位锆石氧同位素分析（表 3.4），都比较均一，$\delta^{18}O$ 平均值分别为 5.1‰±0.5‰（2SD）和 6.3‰±0.6‰（2SD）。

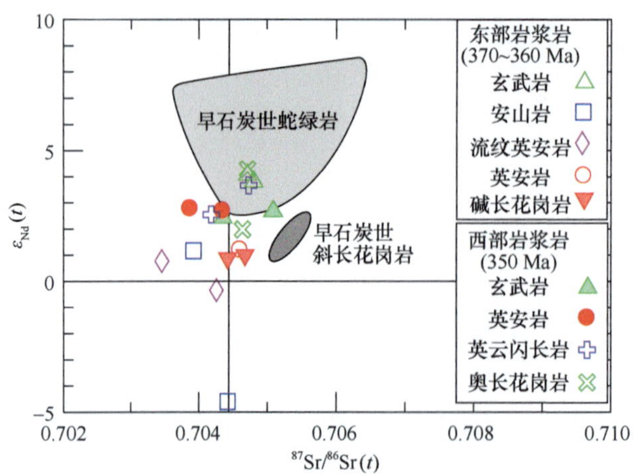

图 3.6 日湾茶卡地区岩浆岩 Sr-Nd 同位素组成图

所有岩石以 350 Ma 计算其同位素初始值，碱长花岗岩初始 $^{87}Sr/^{86}Sr$ 同位素值假设位于火山岩范围内

两个样品的锆石 $\varepsilon_{Hf}(t)$ 分别为 4.4~7.5 和 0.9~3.7，平均值分别为 5.9±1.8（2SD）和 1.9±1.5（2SD）。冈玛错碱长花岗岩也具有均一的 $\delta^{18}O$ 值，为 5.1‰±0.5‰（2SD）。锆石 $\varepsilon_{Hf}(t)$ 为 6.0~10.7，平均值为 8.4±2.8（2SD）。

表 3.4 日湾茶卡岩浆岩锆石 Hf-O 同位素组成和 Ti 温度计算（Dan et al.，2018a，2019）

分析点	t/Ma	$^{176}Yb/^{177}Hf$	$^{176}Lu/^{177}Hf$	$^{176}Hf/^{177}Hf$	2SE	$(^{176}Hf/^{177}Hf)_i$	$\varepsilon_{Hf}(t)$	2SE	$\delta^{18}O$/‰	2SE/‰	Ti/ppm	T/℃ #
15ZB30-1 01	359	0.090717	0.002333	0.282765	0.000011	0.282749	7.1	0.4	5.11	0.12		
15ZB30-1 02	359	0.116791	0.003054	0.282790	0.000012	0.282769	7.8	0.4	5.11	0.16		
15ZB30-1 03	359	0.115295	0.002949	0.282818	0.000012	0.282798	8.8	0.4	4.79	0.21		
15ZB30-1 04	359	0.099597	0.002585	0.282868	0.000013	0.282851	10.7	0.5	5.16	0.20		
15ZB30-1 05	359	0.131655	0.003409	0.282867	0.000012	0.282844	10.4	0.4	5.45	0.15		
15ZB30-1 06	359	0.114969	0.002950	0.282835	0.000012	0.282816	9.4	0.4	5.25	0.23		
15ZB30-1 07	359	0.060935	0.001575	0.282746	0.000011	0.282735	6.6	0.4	4.54	0.19		
15ZB30-1 08	359	0.111648	0.002840	0.282856	0.000012	0.282837	10.2	0.4	4.93	0.15		
15ZB30-1 09	359	0.136267	0.003521	0.282870	0.000011	0.282846	10.5	0.4	5.03	0.15		
15ZB30-1 10	359	0.114376	0.002968	0.282813	0.000013	0.282793	8.7	0.5	4.89	0.18		
15ZB30-1 11	359	0.118499	0.003044	0.282825	0.000013	0.282804	9.0	0.4	5.24	0.14		
15ZB30-1 12	359	0.096589	0.002481	0.282794	0.000012	0.282777	8.1	0.4	4.90	0.21		
15ZB30-1 13	359	0.092882	0.002399	0.282739	0.000012	0.282723	6.2	0.4	5.52	0.22		
15ZB30-1 14	359	0.105785	0.002738	0.282764	0.000013	0.282745	6.9	0.4	5.60	0.23		
15ZB30-1 15	359	0.106002	0.002724	0.282804	0.000011	0.282786	8.4	0.4	5.07	0.19		
15ZB30-1 16	359	0.101661	0.002645	0.282802	0.000013	0.282784	8.3	0.5	5.02	0.17		
15ZB30-1 17	359	0.099729	0.002569	0.282785	0.000011	0.282768	7.8	0.4	5.50	0.22		
15ZB30-1 18	359	0.099040	0.002550	0.282802	0.000011	0.282785	8.3	0.4	5.41	0.24		
15ZB30-1 19	359	0.130317	0.003402	0.282741	0.000012	0.282718	6.0	0.4	5.24	0.14		
15ZB30-1 20	359	0.089746	0.002310	0.282820	0.000011	0.282804	9.0	0.4	5.06	0.17		

续表

分析点	t/Ma	$^{176}Yb/^{177}Hf$	$^{176}Lu/^{177}Hf$	$^{176}Hf/^{177}Hf$	2SE	$(^{176}Hf/^{177}Hf)_i$	$\varepsilon_{Hf}(t)$	2SE	$\delta^{18}O$/‰	2SE/‰	Ti/ppm	T/℃ #
15ZB32-1 01	365	0.049183	0.001421	0.282580	0.000012	0.282570	0.9	0.4	6.72	0.18		
15ZB32-1 02	365	0.037469	0.001080	0.282602	0.000011	0.282594	1.7	0.4	6.43	0.21		
15ZB32-1 03	365	0.040123	0.001169	0.282607	0.000011	0.282599	1.9	0.4	6.04	0.20		
15ZB32-1 04	365	0.046747	0.001424	0.282581	0.000012	0.282571	0.9	0.4	5.83	0.19		
15ZB32-1 05	365	0.046383	0.001352	0.282598	0.000011	0.282589	1.5	0.4	6.41	0.22		
15ZB32-1 06	365	0.060008	0.001680	0.282639	0.000011	0.282628	2.9	0.4	6.61	0.17		
15ZB32-1 07	365	0.043021	0.001247	0.282604	0.000011	0.282595	1.8	0.4	6.36	0.23		
15ZB32-1 08	365	0.054355	0.001564	0.282640	0.000011	0.282629	3.0	0.4	6.22	0.18		
15ZB32-1 09	365	0.064259	0.001806	0.282592	0.000012	0.282580	1.2	0.4	6.82	0.27		
15ZB32-1 10	365	0.055771	0.001619	0.282614	0.000013	0.282603	2.0	0.4	6.39	0.14		
15ZB32-1 11	365	0.039312	0.001137	0.282599	0.000011	0.282591	1.6	0.4	6.24	0.18		
15ZB32-1 12	365	0.041348	0.001189	0.282641	0.000012	0.282633	3.1	0.4	6.04	0.12		
15ZB32-1 13	365	0.036498	0.001066	0.282614	0.000011	0.282607	2.2	0.4	6.29	0.27		
15ZB32-1 14	365	0.048327	0.001458	0.282590	0.000011	0.282581	1.2	0.4	7.66	0.21		
15ZB32-1 15	365	0.033438	0.000978	0.282601	0.000011	0.282594	1.7	0.4	5.62	0.24		
15ZB32-1 16	365	0.044738	0.001276	0.282591	0.000011	0.282582	1.3	0.4	6.12	0.25		
15ZB32-1 17	365	0.070747	0.001971	0.282592	0.000012	0.282579	1.2	0.4	6.26	0.21		
15ZB32-1 18	365	0.046498	0.001317	0.282658	0.000012	0.282649	3.7	0.4	6.53	0.19		
15ZB32-1 19	365	0.044301	0.001287	0.282608	0.000012	0.282599	1.9	0.4	6.47	0.21		
15ZB32-1 20	365	0.034756	0.001046	0.282609	0.000011	0.282602	2.0	0.4	6.32	0.17		
15ZB37-5 01	371	0.051496	0.001527	0.282763	0.000011	0.282752	7.5	0.4	5.58	0.20		
15ZB37-5 02	371	0.064227	0.001812	0.282715	0.000011	0.282702	5.7	0.4	5.33	0.17		
15ZB37-5 03	371	0.066273	0.001865	0.282709	0.000011	0.282696	5.5	0.4	4.78	0.16		
15ZB37-5 04	371	0.056724	0.001611	0.282709	0.000013	0.282698	5.5	0.4	4.82	0.23		
15ZB37-5 05	371	0.053088	0.001583	0.282710	0.000011	0.282699	5.6	0.4	5.08	0.20		
15ZB37-5 06	371	0.070663	0.001993	0.282722	0.000011	0.282708	5.9	0.4	5.15	0.23		
15ZB37-5 07	371	0.080911	0.002353	0.282736	0.000014	0.282720	6.3	0.5	5.09	0.13		
15ZB37-5 08	371	0.054351	0.001538	0.282723	0.000011	0.282712	6.0	0.4	4.72	0.20		
15ZB37-5 09	371	0.035536	0.001028	0.282721	0.000012	0.282714	6.1	0.4	5.30	0.20		
15ZB37-5 10	371	0.044483	0.001333	0.282715	0.000014	0.282706	5.8	0.5	4.95	0.18		
15ZB37-5 11	371	0.069239	0.001944	0.282709	0.000011	0.282696	5.5	0.4	4.68	0.18		
15ZB37-5 12	371	0.062466	0.001772	0.282699	0.000011	0.282687	5.1	0.4	4.80	0.24		
15ZB37-5 13	371	0.070526	0.002016	0.282753	0.000012	0.282739	7.0	0.4	5.14	0.16		
15ZB37-5 14	371	0.035951	0.001067	0.282759	0.000010	0.282752	7.4	0.4	5.29	0.23		
15ZB37-5 15	371	0.086096	0.002522	0.282743	0.000011	0.282726	6.5	0.4	5.40	0.16		
15ZB37-5 16	371	0.052213	0.001551	0.282684	0.000011	0.282674	4.7	0.4	4.92	0.20		
15ZB37-5 17	371	0.134780	0.003822	0.282779	0.000012	0.282752	7.5	0.4	5.24	0.32		
15ZB37-5 18	371	0.068975	0.001985	0.282694	0.000013	0.282681	4.9	0.5	5.45	0.12		
15ZB37-5 19	371	0.043019	0.001266	0.282675	0.000011	0.282666	4.4	0.4	4.98	0.15		

续表

分析点	t/Ma	$^{176}Yb/^{177}Hf$	$^{176}Lu/^{177}Hf$	$^{176}Hf/^{177}Hf$	2SE	$(^{176}Hf/^{177}Hf)_i$	$\varepsilon_{Hf}(t)$	2SE	$\delta^{18}O$/‰	2SE/‰	Ti/ppm	T/℃ #
15ZB37-5 20	371	0.066399	0.001913	0.282706	0.000012	0.282692	5.3	0.4	4.73	0.27		
15ZB23-1 01	350	0.119637	0.003835	0.282817	0.000012	0.282792	8.4	0.4	5.45	0.21	9.33	789
15ZB23-1 02	350	0.092883	0.003122	0.282799	0.000011	0.282778	7.9	0.4	5.26	0.14	12.96	824
15ZB23-1 03	350	0.10341	0.003332	0.28281	0.000011	0.282788	8.3	0.4	5.28	0.24	13.85	831
15ZB23-1 04	350	0.154962	0.00477	0.282836	0.000013	0.282805	8.9	0.4	5.31	0.14	13.52	828
15ZB23-1 05	350	0.152462	0.004745	0.282834	0.000013	0.282803	8.8	0.5	5.01	0.21	12.36	819
15ZB23-1 06	350	0.139534	0.004393	0.282818	0.000011	0.282789	8.3	0.4	5.2	0.16	13.06	825
15ZB23-1 07	350	0.127573	0.004154	0.282818	0.00001	0.282791	8.4	0.4	5.22	0.25	4.84	726
15ZB23-1 08	350	0.188262	0.006022	0.282811	0.000011	0.282771	7.7	0.4	4.84	0.23	10.88	805
15ZB23-1 09									5.09	0.27	6.44	753
15ZB23-1 10	350	0.042541	0.001481	0.282813	0.00001	0.282803	8.8	0.3	5.17	0.3	10.9	805
15ZB23-1 11	350	0.096227	0.003188	0.282815	0.000012	0.282794	8.5	0.4	5.21	0.16	8.38	778
15ZB23-1 12	350	0.181917	0.005707	0.282812	0.00001	0.282775	7.8	0.4	5.26	0.16	5.63	740
15ZB23-1 13	350	0.118213	0.00391	0.28281	0.000012	0.282784	8.1	0.4	4.9	0.18	9.99	796
15ZB23-1 14	350	0.099963	0.003288	0.282851	0.000011	0.282829	9.7	0.4	4.99	0.19	7.34	765
15ZB23-1 15	350	0.112611	0.003725	0.282827	0.000011	0.282803	8.8	0.4	5.1	0.21	19.38	869
15ZB23-1 16	350	0.077925	0.002677	0.282805	0.00001	0.282787	8.2	0.3	5.17	0.27		
15ZB23-1 17	350	0.105715	0.003526	0.282842	0.000011	0.282819	9.4	0.4	5.23	0.17		
15ZB23-1 18	350	0.062396	0.002134	0.282835	0.000011	0.282821	9.4	0.4	5.14	0.21		
15ZB23-1 19	350	0.106331	0.003409	0.282817	0.00001	0.282794	8.5	0.4	4.98	0.2		
15ZB23-1 20	350	0.105547	0.003305	0.28285	0.000012	0.282828	9.7	0.4	4.93	0.29		
15ZB23-1 21	350	0.108976	0.003542	0.2828	0.000011	0.282777	7.9	0.4	4.89	0.2		
15ZB23-1 22	350	0.222512	0.007007	0.282818	0.000013	0.282772	7.7	0.5	5.01	0.12		
15ZB23-1 23	350	0.109768	0.003611	0.282802	0.00001	0.282779	7.9	0.3	4.95	0.3		
15ZB23-1 24	350	0.090022	0.003001	0.282811	0.000011	0.282791	8.4	0.4	5.46	0.21		
15ZB23-1 25	350	0.098295	0.003277	0.282838	0.00001	0.282817	9.3	0.3	5.43	0.26		
15ZB23-1 26	350	0.168872	0.005189	0.282836	0.000012	0.282802	8.7	0.4	5.23	0.24		
15ZB23-1 27	350	0.036737	0.001468	0.282844	0.000014	0.282834	9.9	0.5	5.21	0.22		
15ZB23-1 28	350	0.096414	0.003233	0.282859	0.000012	0.282838	10	0.4	5.17	0.24		
15ZB23-1 29	350	0.083302	0.002804	0.282804	0.000011	0.282785	8.2	0.4	5.4	0.12		
15ZB23-1 30	350	0.092722	0.002998	0.282813	0.000011	0.282794	8.5	0.4	4.85	0.17		
15ZB23-1 31	350	0.125538	0.004194	0.282843	0.00001	0.282816	9.2	0.4	5.09	0.17		
15ZB23-1 32	350	0.136059	0.00449	0.282826	0.000011	0.282797	8.6	0.4	4.66	0.3		
15ZB23-1 33	350	0.097142	0.003051	0.282845	0.000008	0.282825	9.6	0.3	5.37	0.3		
15ZB23-1 34	350	0.122465	0.003678	0.282883	0.000011	0.282859	10.8	0.4	4.95	0.17		
15ZB23-1 35	350	0.113621	0.003364	0.282835	0.00001	0.282813	9.2	0.3	5.51	0.12		
15ZB23-1 36	350	0.129911	0.003831	0.282885	0.000011	0.28286	10.8	0.4	4.86	0.22		
15ZB23-1 37	350	0.090296	0.002774	0.282846	0.00001	0.282828	9.7	0.3	4.81	0.14		
15ZB23-1 38	350	0.130249	0.003985	0.28285	0.00001	0.282824	9.5	0.3	4.76	0.16		

续表

分析点	t/Ma	$^{176}Yb/^{177}Hf$	$^{176}Lu/^{177}Hf$	$^{176}Hf/^{177}Hf$	2SE	$(^{176}Hf/^{177}Hf)_i$	$\varepsilon_{Hf}(t)$	2SE	$\delta^{18}O$/‰	2SE/‰	Ti/ppm	T/℃ #
15ZB23-1 39	350	0.158347	0.004799	0.28282	0.000012	0.282789	8.3	0.4	5.48	0.16		
15ZB23-1 40	350	0.114102	0.003561	0.282823	0.000011	0.282799	8.7	0.4	5.01	0.25		
15ZB22-1 01	350	0.030505	0.00093	0.282887	0.000011	0.282881	11.6	0.4	4.15	0.21	4.84	726
15ZB22-1 02	350	0.033074	0.000998	0.282883	0.000011	0.282876	11.4	0.4	3.22	0.21	5.45	737
15ZB22-1 03	350	0.051521	0.001551	0.282789	0.000011	0.282779	7.9	0.4	4.98	0.17	6.03	746
15ZB22-1 04	350	0.032902	0.000958	0.282899	0.00001	0.282892	12	0.4	3.54	0.19	5.72	741
15ZB22-1 05	350	0.02624	0.000818	0.282841	0.00001	0.282836	10	0.4	3.69	0.22	5.92	745
15ZB22-1 06	350	0.024714	0.000755	0.282844	0.000012	0.282839	10.1	0.4	3.29	0.2	5.5	738
15ZB22-1 07	350	0.038195	0.001177	0.282836	0.000011	0.282828	9.7	0.4	4.39	0.35	6.52	754
15ZB22-1 08	350	0.055811	0.001616	0.282918	0.000012	0.282907	12.5	0.4	4.31	0.25	5.73	742
15ZB22-1 09	350	0.012688	0.000389	0.282825	0.00001	0.282822	9.5	0.4	4.66	0.27	5.23	733
15ZB22-1 10	350	0.027479	0.000842	0.282849	0.00001	0.282844	10.2	0.3			4.94	728
15ZB22-1 11	350	0.026062	0.000791	0.282886	0.000011	0.282881	11.5	0.4	3.92	0.26	4.56	721
15ZB22-1 12	350	0.027924	0.000844	0.282874	0.000011	0.282869	11.1	0.4	4.3	0.24	4.84	726
15ZB22-1 13	350	0.033271	0.001026	0.282837	0.000011	0.282831	9.8	0.4	4.67	0.15	6.69	756
15ZB22-1 14	350	0.027548	0.000854	0.282842	0.00001	0.282836	10	0.3	4.83	0.15	4.87	727
15ZB22-1 15	350	0.022682	0.000706	0.282876	0.000011	0.282871	11.2	0.4	4.55	0.28	6.06	747
15ZB22-1 16	350	0.036987	0.001125	0.282872	0.000011	0.282864	11	0.4	4.99	0.27	6.01	746
15ZB22-1 17	350	0.015828	0.000483	0.282886	0.000011	0.282883	11.6	0.4	3.22	0.13	5.12	731
15ZB22-1 18	350	0.034279	0.001048	0.282827	0.000011	0.28282	9.4	0.4	4.71	0.16	6.22	749
15ZB22-1 19	350	0.029827	0.000921	0.282826	0.00001	0.28282	9.4	0.4	2.74	0.25	5.5	738
15ZB22-1 20	350	0.035756	0.001077	0.282876	0.000012	0.282869	11.1	0.4	4.27	0.21	5.43	737
15ZB18-1 01	350	0.041534	0.001254	0.282889	0.000012	0.282881	11.5	0.4	4.72	0.17	6.55	740
15ZB18-1 02	350	0.042599	0.001267	0.282879	0.000011	0.282871	11.2	0.4	4.99	0.16	9.99	780
15ZB18-1 03	350	0.050535	0.001515	0.282852	0.000011	0.282842	10.2	0.4	4.4	0.23	9.51	776
15ZB18-1 04	350	0.036911	0.001104	0.282856	0.000012	0.282849	10.4	0.4	4.67	0.12	8.42	764
15ZB18-1 05	350	0.040666	0.001216	0.282868	0.00001	0.28286	10.8	0.3	4.53	0.12	5.48	723
15ZB18-1 06	350	0.045798	0.001363	0.282837	0.000011	0.282828	9.7	0.4	4.92	0.19	6.36	737
15ZB18-1 07	350	0.033627	0.001008	0.282836	0.000012	0.282829	9.7	0.4	4.47	0.21	4.9	713
15ZB18-1 08	350	0.037265	0.001133	0.28285	0.000011	0.282843	10.2	0.4	4.69	0.27	8.77	768
15ZB18-1 09	350	0.040144	0.001194	0.282868	0.000011	0.28286	10.8	0.4	4.6	0.18	6.53	739
15ZB18-1 10	350	0.037206	0.0011	0.2829	0.00001	0.282892	12	0.3	4.22	0.18	5.28	720
15ZB18-1 11	350	0.032948	0.000976	0.282835	0.000011	0.282828	9.7	0.4	4.22	0.14	5.23	719
15ZB18-1 12	350	0.044999	0.001381	0.282824	0.000012	0.282815	9.2	0.4	4.3	0.19	6.06	733
15ZB18-1 13	350	0.062316	0.001846	0.282881	0.000011	0.282869	11.1	0.4	4.88	0.22	8.2	761
15ZB18-1 14	350	0.03804	0.001162	0.282777	0.000011	0.282769	7.6	0.4	4.82	0.21	6.23	735
15ZB18-1 15	350	0.042865	0.001266	0.282831	0.000009	0.282823	9.5	0.3	4.9	0.17	7.16	748
15ZB18-1 16	350	0.024049	0.000721	0.282879	0.000011	0.282875	11.3	0.4	4.43	0.25		
15ZB18-1 17	350	0.033626	0.001045	0.28281	0.000011	0.282803	8.8	0.4	4.81	0.18		

续表

分析点	t/Ma	$^{176}Yb/^{177}Hf$	$^{176}Lu/^{177}Hf$	$^{176}Hf/^{177}Hf$	2SE	$(^{176}Hf/^{177}Hf)_i$	$\varepsilon_{Hf}(t)$	2SE	$\delta^{18}O$/‰	2SE/‰	Ti/ppm	T/℃ #
15ZB18-1 18	350	0.029532	0.000903	0.282871	0.000011	0.282865	11	0.4	4.98	0.2		
15ZB18-1 19	350	0.017255	0.000526	0.282867	0.000011	0.282864	10.9	0.4	4.41	0.24		
15ZB18-1 20	350	0.052328	0.001578	0.28282	0.000012	0.28281	9	0.4	4.15	0.17		

注：锆石 Ti 温度计算是基于 Ferry 和 Watson（2007），假设 α_{TiO_2}=0.5 和 α_{SiO_2}=1。

日湾茶卡西部火山岩中的英安岩具有均一的锆石氧同位组成，$\delta^{18}O$ 平均值为 5.1‰±0.4‰（2SD）。英云闪长岩具有较大范围的 $\delta^{18}O$ 值，为 2.7‰~5.0‰。奥长花岗岩的锆石 $\delta^{18}O$ 值较为均一，平均值为 4.6‰±0.5‰（2SD）。英安岩的锆石 $\varepsilon_{Hf}(t)$ 值为 7.7 至 10.8，平均值为 8.8±1.6（2SD）。英云闪长岩的锆石 $\varepsilon_{Hf}(t)$ 值为 7.9~12.5，平均值为 10.5±2.2（2SD）。奥长花岗岩的锆石 $\varepsilon_{Hf}(t)$ 值为 7.6 至 12.0，平均值为 10.2±2.2（2SD）。所有这些样品的锆石 Hf 和 O 同位素组成不显示相关性（图 3.7）。

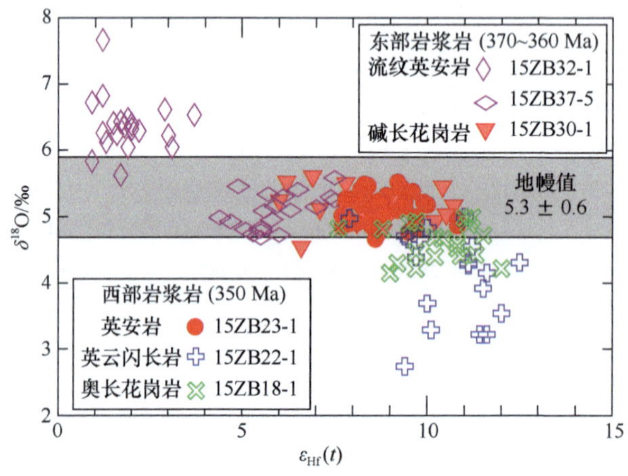

图 3.7　日湾茶卡地区岩浆岩锆石 Hf-O 同位素组成

对日湾茶卡西部火山岩和长英质岩石的锆石还进行了 LA-ICP-MS 的 Ti 含量分析，三个样品的 Ti 含量为 4.56~19.4 ppm。英安岩、英云闪长岩和奥长花岗岩的锆石 Ti 温度分别为 797±78℃（2SD）、738±20℃（2SD）和 744±43℃（2SD）。

3.1.1.4　日湾茶卡东部岩浆弧的岩石成因和构造背景

1）岩石成因

晚泥盆世弧岩浆岩（370~365 Ma）基本由火山岩组成，其地球化学特征与典型弧火山岩类似。绝大部分玄武岩具有较高的 MgO（＞3.5%）含量以及低的 Th/Yb 和 La/Sm 值，表明其主要来自受俯冲板片流体交代的地幔（图 3.8）。其具有较高的 $\varepsilon_{Nd}(t)$ 值（3.8~4.1），类似于同期蛇绿岩，因此这些玄武岩很可能是流体交代的地幔楔部分熔融

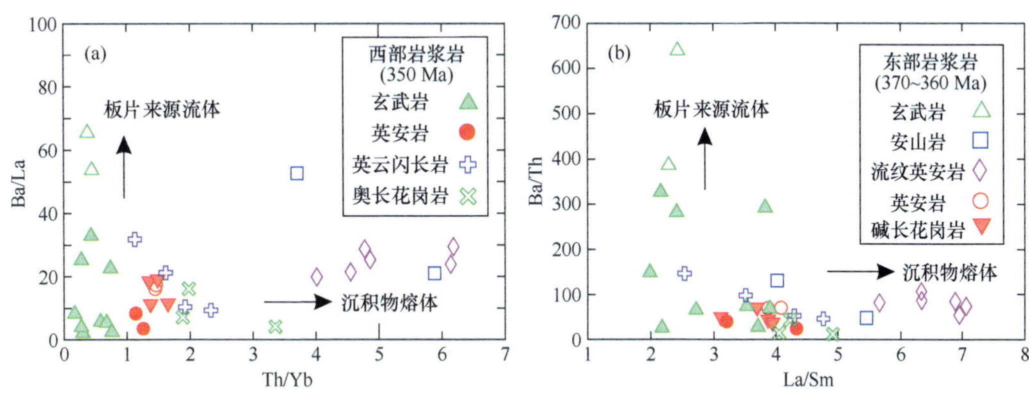

图 3.8　日湾茶卡岩浆岩源区特征相关图解

所形成。而这些安山岩具有高的 Th/Yb 值和稍低的 $\varepsilon_{Nd}(t)$ 值（1.2），表明其是沉积物熔体交代的地幔楔部分熔融所形成。流纹英安岩具有与安山岩类似的 Sr-Nd 同位素组成，表明其可能来自安山岩的分离结晶作用。其中约 370 Ma 流纹英安岩具有类似于地幔值的锆石 δ^{18}O 值（5.1‰），支持这一结论。约 365 Ma 流纹英安岩具有稍高于地幔值的锆石 δ^{18}O 值（6.3‰）和稍低的 $\varepsilon_{Hf}(t)$ 值（1.9），暗示可能有更多的沉积物熔体进入其岩浆源区。冈玛错碱长花岗岩类似于地幔值的锆石氧同位素组成，以及高的锆石 $\varepsilon_{Hf}(t)$ 值和正的 $\varepsilon_{Nd}(t)$ 值，表明其可能来自新生底侵基性岩的部分熔融作用。

2）构造背景

由 370~365 Ma 玄武岩－安山岩－英安岩－流纹英安岩组成的日湾茶卡东部火山岩，具有与典型弧岩浆岩类似的地球化学特征，表明其形成于俯冲带环境。中酸性岩石的源区由于受到沉积物的交代，不能用来有效判别构造环境，而需要用更原始的玄武岩来判别。玄武岩具有低的 Ce/Yb 值（8.1~14.3）（Dan et al.，2018a），类似于洋内弧背景下基性岩的 Ce/Yb 值（＜ 15）；早期流纹英安岩具有类似于地幔值的 O 同位素组成；并且在冈玛错西侧出露有同时代（约 367 Ma）的蛇绿岩，指示这期火山弧是特提斯洋东段最早的洋内弧。

这期火山岩与约 350 Ma 火山岩被日湾茶卡组所分隔，而日湾茶卡组主要来自这期火山岩，表明这期火山岩在 360 Ma 前已经增生至北羌塘。这得到了 360 Ma 构造热事件的支持。这期火山岩被 360 Ma 的 A_2 型花岗岩侵入［图 3.5（b）］，而 A_2 型花岗岩常常形成于后造山环境。另外，香桃湖高压麻粒岩也记录有 360 Ma 的退变质作用（Zhang et al.，2014）。因此，洋内弧在约 365~360 Ma 发生弧－陆碰撞，增生至北羌塘地块（图 3.9）。

3.1.1.5　日湾茶卡西部岩浆弧的岩石成因和构造背景

1）岩石成因

早石炭世火山岩主要由玄武岩、玄武安山岩和英安岩组成，具有和典型弧岩浆岩类似的地球化学特征，是俯冲带的产物。并且，它们与同期蛇绿岩类似的亏损的 Sr-Nd

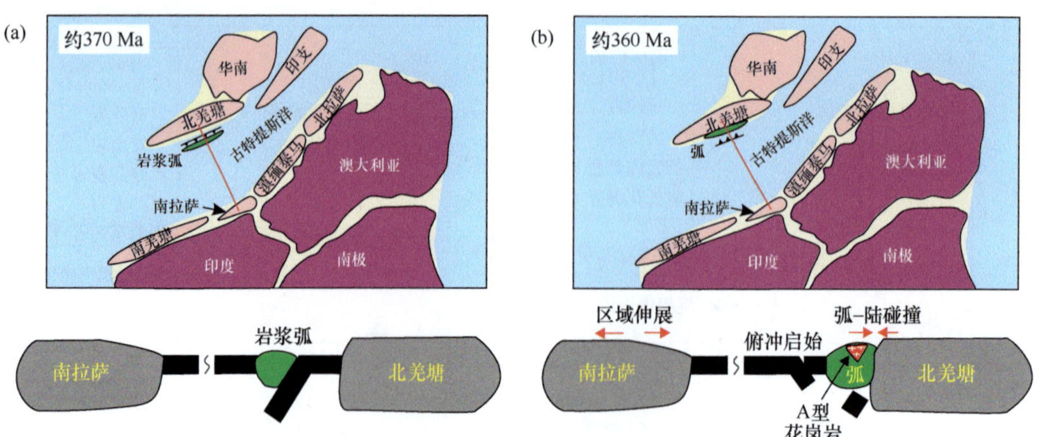

图 3.9 古生代中期古特提斯东段的古地理重建（Dan et al.，2018a）

同位素组成，暗示它们是来自同时代软流圈的部分熔融产物。

弧火山岩中的长英质岩石可以来自基性岩的结晶分异作用或者蚀变洋壳岩石的脱水熔融作用，区分这两种成因常常是很困难的。但研究发现，随着 SiO_2 的增加，玄武岩分异导致稀土含量不变或增加，而基性岩的部分熔融作用导致稀土含量降低（Brophy，2008）。这些长英质岩石的轻稀土和重稀土含量与 SiO_2 含量大致呈负相关（图 3.10），表明这些岩石来自基性岩的部分熔融作用。

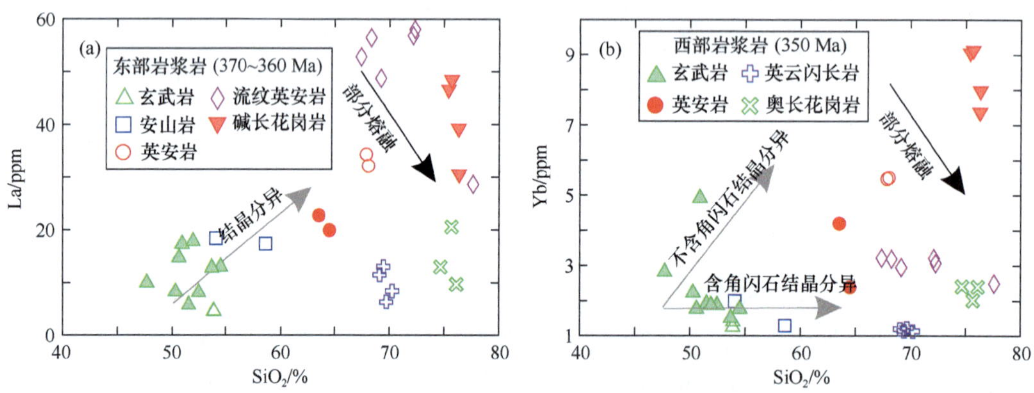

图 3.10 日湾茶卡洋内弧长英质岩石成因判别图解（Dan et al.，2019）

（a）La-SiO_2 图解；（b）Yb-SiO_2 图解

锆石 O 同位素更进一步揭示这些长英质岩石来自蚀变或未蚀变弧地壳的部分熔融作用。英安岩具有类似于地幔的氧同位素组成，表明它们的源区岩石未蚀变，结合它们具有与同期玄武岩类似的 Nd 同位素组成，表明这些英安岩来自未蚀变弧地壳的部分熔融作用［图 3.11（a）］。奥长花岗岩具有稍低于地幔的锆石 $\delta^{18}O$ 值（4.6‰±0.5‰，2SD），但由于其经历了具有高 $\delta^{18}O$ 值的斜长石的结晶分异（显著的 Eu 负异常），可以

导致岩浆具有低的 $\delta^{18}O$ 值。这种推论与奥长花岗岩具有低的锆石 Ti 温度是一致的。因此，奥长花岗岩与英安岩一样，也是来自未蚀变弧地壳的部分熔融作用。

与英安岩和奥长花岗岩相比，英云闪长岩具有宽广的锆石 $\delta^{18}O$ 值并可低至 2.7‰，这是不可能通过矿物的结晶分异产生的。由于弧岩浆是产生在洋壳基底上，而洋壳下部是一些 $\delta^{18}O$ 值低于地幔的蚀变岩石。因此，英云闪长岩是弧地壳下部的蚀变洋壳部分熔融产生的。

2）构造背景

日湾茶卡西部火山岩主要由玄武岩和英安岩组成，含有少量的安山岩，并被一些以小岩体产出的英云闪长岩和以岩脉或岩株产出的奥长花岗岩所侵入。这些岩浆岩都形成于约 350 Ma，在其南侧有同期的 SSZ 型蛇绿岩，并且都具有类似的 Sr-Nd 同位素组成。因此，同期的弧前蛇绿岩和火山岩构成了一个理想的洋内俯冲体系，表明这期岩浆弧为洋内弧。

这些弧岩浆仅仅晚于约 355 Ma 蛇绿岩 500 万年，表明其产于洋内弧的早期阶段，是一个年轻的洋内弧。年轻的洋内弧一般具有薄的地壳，在俯冲带中一般是俯冲进入地幔而不是拼贴至大陆。日湾茶卡西部岩浆弧现存的厚度小于 5 km，但是长英质岩石来自弧地壳的部分熔融作用表明这个洋内弧曾经在早期发生了部分熔融作用，这个部分熔融过程产生软弱的中地壳层。因此，在洋内弧拼贴过程中会造成上、下弧地壳的解耦，从而导致洋内弧的中上地壳拼贴和大陆的增生［图 3.11（b）］，而弧下地壳则俯冲进入地幔。

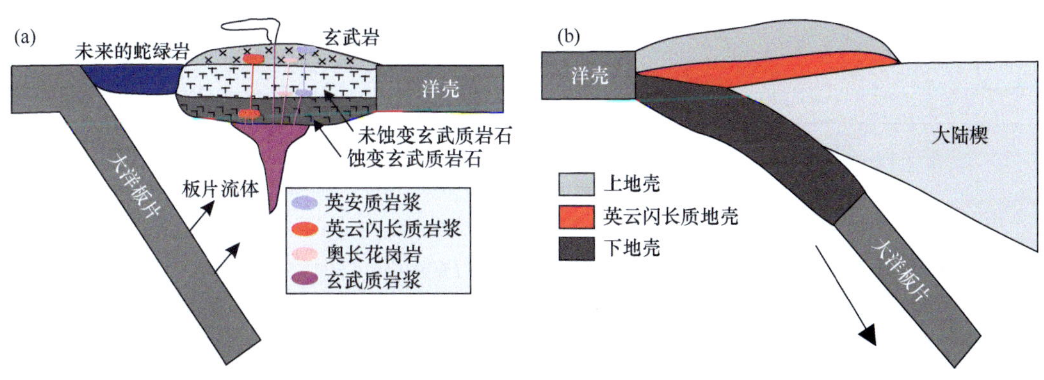

图 3.11　年轻洋内弧的成因和增生至大陆的模型（Dan et al.，2019）

3.1.2　北羌塘地块雁石坪晚二叠世双峰式火山岩

3.1.2.1　地质背景与岩相学特征

最近的研究在北羌塘地块的东部（雁石坪镇以东和玉树以西的区域）发现了广泛分布的二叠系沉积岩和其中的火山岩夹层（Yang et al.，2011；Zhang et al.，2017a）。本研究区位于北羌塘地块中部雁石坪镇以北 40 km 处的周琼玛鲁地区。研究区有三组二叠系地层出露（图 3.12），从下到上依次为：①中二叠统诺日巴尕日保组（P_2nr），主要由砂岩和泥岩以及少量的玄武岩夹层组成；②中二叠统九十道班组（P_2j），主要由厚层的生物碎屑灰岩组成；③上二叠统那益雄组（P_3n），可以依据火山岩夹层的含量进一步划分为三层，上下两层主要是由细粒砂岩和少量的凝灰岩组成，中层以玄武岩和玄武质火山碎屑岩为主，含有少量的流纹岩和流纹质凝灰岩夹层，且基性与酸性火山岩呈互层状产出［图 3.13（a）和（b）］，这表明中层火山岩构成了一套双峰式火山岩序列。野外调查发现一些灰绿色镁铁质岩脉贯穿玄武岩层［图 3.13（c）］。

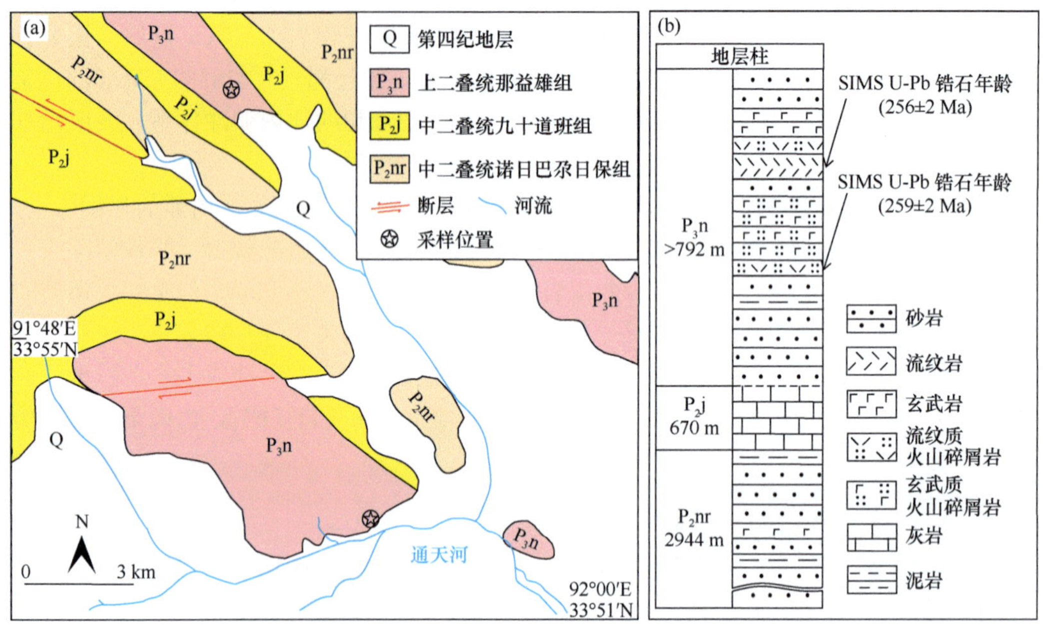

图 3.12 北羌塘地块雁石坪地区（a）简要地质图和（b）中－上二叠统地层柱状图

主要根据我们野外观察以及 He 等（2009）的资料来绘制

之前的研究发现那益雄组存在 *Palaeofusulina parafusiformis-Nanlingella simplex fusulinid* 古生物组合，表明该组形成于晚二叠世的吴家坪阶（He et al.，2009）。此外，研究区的二叠纪地层发现了大量典型的暖水型古生物化石（He et al.，2009；Zhang et al.，2013），具有典型的扬子生物区亲缘性，而区别于南羌塘地块的冈瓦纳生物区的冷水型生物。尽管龙木错－双湖－澜沧江缝合带在羌塘东部的延伸情况不清楚（双湖以东缺少典型的蛇绿岩和高压变质岩），但是上述古生物地层的研究表明研究区应该位于北羌塘地块。

本研究主要采集了那益雄组中层的火山岩以及侵入在玄武岩层中的基性岩脉，总共 21 个样品（8 个玄武岩、4 个基性岩脉、3 个流纹岩和 6 个流纹质凝灰岩）。其中玄武岩可以依据岩相学特征，进一步划分为两类（图 3.13）。第一类玄武岩表现为细粒和无斑结构［图 3.13（d）］，含有少量的长石微斑晶（＜ 5%），基质主要由微晶单斜辉石（35%~45%）、长石（40%~50%）和铁钛氧化物（＜ 5%）组成。相比之下，第二类玄武岩比第一类玄武岩蚀变更明显，具有方解石充填的杏仁。镜下具有斑状结构

[图 3.13（e）]，斑晶主要为长石（约 10%），基质主要由微晶长石（35%~45%）、玄武质玻璃（30%~40%）和次生的蚀变矿物（方解石和绿帘石，< 10%）组成，大多数长石斑晶已经蚀变成细粒的绢云母。基性岩脉表现出强烈的石英 – 绿帘石化蚀变，原生的岩浆矿物已经被次生的绿帘石、石英和绿泥石所替代，仅剩下极少量的辉石颗粒 [图 3.13（f）]。流纹岩具有斑状结构，包含 20%~30% 长石和石英斑晶，基质主要由隐晶质物质、石英和长石组成 [图 3.13（g）]。流纹质凝灰岩也表现为斑状结构，其矿物组合类似于流纹岩，但是前者含有富石英和长石的岩屑 [图 3.13（h）和（i）]。

图 3.13　雁石坪火山岩的（a~c）野外和（d~i）正交光显微照片

（a）和（b）深红色玄武岩与灰色流纹岩和流纹质凝灰岩互层；（c）灰绿色的绿帘石化基性岩脉部分侵入深红色的玄武岩；（d）第一类玄武岩的微晶单斜辉石和斜长石；（e）第二类玄武岩的斜长石斑晶和方解石充填的杏仁体；（f）由绿帘石、石英和少量原生的单斜辉石构成的绿帘石化基性岩脉；（g）流纹岩中的石英和斜长石斑晶；（h）和（i）流纹质凝灰岩中的富石英和长石的岩屑以及钾长石和石英的晶屑。矿物简写：Pl. 斜长石；Cpx. 单斜辉石；Qz. 石英；Ep. 绿帘石；Kf. 钾长石

3.1.2.2　分析结果

1）锆石 U-Pb 年代学

本书选取双峰式火山岩中的流纹岩（样品 15ZB184-1）和流纹质凝灰岩（样品

15ZB181-14）进行锆石单矿物的分选，并进行原位 SIMS 锆石 U-Pb 定年（表 3.5）。锆石颗粒大小为 50~150 μm，长宽比为 1 ∶ 1 到 2 ∶ 1，锆石 CL 图像显示出较明显的岩浆振荡环带（图 3.14）。对流纹质凝灰岩样品的锆石进行了 14 个点分析，产生的加权平均 $^{206}Pb/^{238}U$ 年龄为 259±2 Ma（2σ，MSWD=1.4）；对流纹岩样品的锆石进行了 15 个点分析，产生的加权平均 $^{206}Pb/^{238}U$ 年龄为 256±2 Ma（2σ，MSWD=0.85）。野外调查表明，基性与酸性火山岩呈整合的互层产出，表明这套双峰式火山岩喷发于约 259~256 Ma，这与前人的生物地层年代结果一致（He et al.，2009）。

表 3.5　北羌塘地块雁石坪流纹岩和流纹质凝灰岩 SIMS 锆石 U-Pb 年龄分析数据（Wang et al.，2018a）

点号	U/ppm	Th/ppm	Pb/ppm	Th/U	$^{207}Pb/^{235}U$	±1σ	$^{206}Pb/^{238}U$	±1σ	$^{207}Pb/^{206}Pb$	±1σ	$t_{207/206}$/Ma	±1σ	$t_{207/235}$/Ma	±1σ	$t_{206/238}$/Ma	±1σ	f_{206}/%
流纹质凝灰岩（15ZB181-14）																	
1	906	241	55	0.27	0.303	1.76	0.0418	1.52	0.0526	0.89	309.9	20.1	268.7	4.2	264.0	3.9	0.17
2	119	188	6	1.58	0.288	2.32	0.0423	1.59	0.0493	1.69	160.1	39.2	256.6	5.3	267.3	4.2	0.79
3	481	242	22	0.50	0.287	2.03	0.0400	1.64	0.0521	1.18	290.0	26.8	256.5	4.6	252.8	4.1	0.21
4	601	64	30	0.11	0.291	2.47	0.0404	1.55	0.0522	1.93	296.2	43.4	259.3	5.7	255.3	3.9	0.56
5	698	119	33	0.17	0.298	2.30	0.0404	1.50	0.0535	1.74	348.0	38.9	264.9	5.4	255.6	3.8	1.19
6	624	263	30	0.42	0.297	1.96	0.0407	1.51	0.0530	1.24	328.5	27.9	264.4	4.6	257.2	3.8	0.29
7	1406	153	66	0.11	0.288	2.38	0.0403	1.51	0.0519	1.84	281.5	41.6	257.2	5.4	254.6	3.8	0.31
8	1050	329	53	0.31	0.290	2.93	0.0401	1.54	0.0525	2.49	306.3	55.8	258.6	6.7	253.3	3.8	0.61
9	925	109	45	0.12	0.291	1.87	0.0409	1.50	0.0517	1.11	271.6	25.2	259.5	4.3	258.1	3.8	0.05
10	549	26	27	0.05	0.293	1.75	0.0412	1.50	0.0515	0.90	265.0	20.5	260.8	4.0	260.3	3.8	0.09
11	326	121	16	0.37	0.299	1.88	0.0418	1.51	0.0519	1.12	279.0	25.4	265.7	4.4	264.2	3.9	0.09
12	301	68	15	0.23	0.295	2.09	0.0421	1.54	0.0508	1.42	233.9	32.5	262.5	4.9	265.7	4.0	0.29
13	392	19	20	0.05	0.283	2.42	0.0410	1.50	0.0501	1.89	201.2	43.4	253.1	5.4	258.8	3.8	0.56
14	495	118	23	0.24	0.285	2.00	0.0405	1.51	0.0511	1.31	243.7	29.9	254.5	4.5	255.7	3.8	0.22
流纹岩（15ZB184-1）																	
1	467	41	23	0.09	0.293	2.09	0.0408	1.50	0.0520	1.45	287.3	32.8	260.6	4.8	257.6	3.8	0.15
2	576	172	28	0.30	0.282	1.98	0.0393	1.54	0.0521	1.24	287.7	28.0	252.2	4.4	248.4	3.8	0.68
3	487	51	25	0.11	0.284	1.93	0.0399	1.57	0.0517	1.12	271.3	25.4	253.9	4.3	252.0	3.9	1.45
4	431	52	21	0.12	0.296	2.12	0.0406	1.61	0.0530	1.39	328.4	31.1	263.6	4.9	256.3	4.0	0.69
5	588	47	28	0.08	0.274	3.00	0.0400	1.57	0.0497	2.56	182.3	58.5	246.0	6.6	252.7	3.9	0.44
6	429	35	21	0.08	0.285	2.46	0.0408	1.51	0.0506	1.93	221.6	44.1	254.3	5.5	257.8	3.8	0.28
7	362	164	18	0.45	0.266	2.88	0.0404	1.55	0.0478	2.43	88.1	56.5	239.8	6.2	255.6	3.9	0.64
8	215	115	10	0.54	0.289	2.29	0.0400	1.58	0.0524	1.66	301.7	37.5	257.5	5.2	252.7	3.9	0.15
9	80	137	4	1.71	0.293	2.40	0.0396	1.63	0.0536	1.77	354.2	39.5	260.9	5.5	250.6	4.0	1.30
10	411	78	21	0.19	0.290	2.38	0.0409	1.50	0.0514	1.85	258.4	41.9	258.4	5.4	258.4	3.8	0.31
11	617	168	31	0.27	0.294	2.27	0.0408	1.52	0.0523	1.69	300.2	38.1	261.8	5.3	257.5	3.8	0.32
12	234	65	11	0.28	0.276	2.69	0.0411	1.50	0.0487	2.24	133.1	51.8	247.7	5.9	259.9	3.8	0.46
13	253	46	13	0.18	0.303	1.87	0.0412	1.52	0.0532	1.08	338.2	24.3	268.5	4.4	260.5	3.9	1.17
14	550	50	27	0.09	0.292	1.97	0.0407	1.55	0.0519	1.22	283.1	27.6	259.8	4.5	257.3	3.9	0.27
15	382	46	20	0.12	0.289	1.74	0.0407	1.52	0.0515	0.85	264.7	19.4	257.7	4.0	257.0	3.8	1.66

注：f_{206} 表示普通 ^{206}Pb 占总的测量的 ^{206}Pb 的比例。

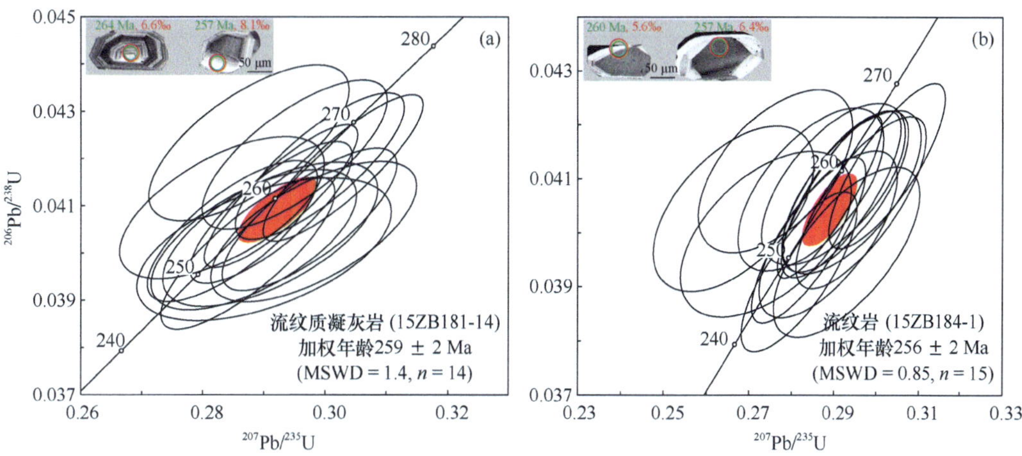

图 3.14　雁石坪流纹岩和流纹质凝灰岩 SIMS 锆石 U-Pb 年龄谐和图以及典型的锆石 CL 图像

绿色和红色的圆圈分别代表年龄和氧同位素分析点，对应的绿色和红色的数字代表 $^{206}Pb/^{238}U$ 年龄和 $\delta^{18}O$ 值。两个红色的椭圆代表 Isoplot 程序输出的谐和年龄

2）全岩主微量元素特征

将岩石的主微量元素地球化学成分（表 3.6）投到 Na_2O+K_2O 与 SiO_2［图 3.15（a）；Lebas et al.，1986］和 Zr/TiO_2 与 Nb/Y［图 3.15（b）；Winchester and Floyd，1977］图解，雁石坪火山岩存在明显的地球化学间断，是一套典型的双峰式火山岩。玄武岩的 SiO_2 含量范围为 46.4%~52.2%（扣除烧失量后归一化的结果，下同），而绿帘石化基性岩脉几乎不含 K_2O（＜ 0.5%）和 Na_2O（＜ 0.2%），但是非常富集 CaO（12.5%~17.7%）；这也与岩相学观察结果一致（图 3.13）。尽管基性岩脉经历了强烈的热液蚀变作用，但是其与玄武岩的不活动性微量元素特征类似，即蛛网图上表现为近乎平行的特征［图 3.16（b）］。此外，玄武岩和基性岩脉都富集大离子亲石元素（LILE），亏损高场强元素（HFSE，比如 Nb、Ta 和 Ti）。在球粒陨石归一化稀土图解中［图 3.16（a）］，它们表现为轻稀土元素富集，无明显的 Eu 异常。

表 3.6　北羌塘地块雁石坪双峰式火山岩以及绿帘石化镁铁质岩脉的主量（%）和微量（ppm）元素含量数据（Wang et al.，2018a）

样品	15ZB181-1	15ZB181-2	15ZB181-3	15ZB181-13	15ZB181-4	15ZB181-5	15ZB181-6	15ZB181-7	15ZB187-1	15ZB187-2
岩石类型	绿帘石化岩墙	绿帘石化岩墙	绿帘石化岩墙	绿帘石化岩墙	第二类玄武岩	第二类玄武岩	第二类玄武岩	第二类玄武岩	第一类玄武岩	第一类玄武岩
SiO_2	56.21	55.66	42.40	52.81	50.45	47.38	44.80	44.59	46.74	48.38
TiO_2	1.37	1.29	1.54	1.32	1.84	1.60	1.56	1.74	1.86	1.94
Al_2O_3	13.25	14.53	17.29	15.14	16.78	15.24	13.82	14.80	15.84	15.43
$Fe_2O_3^T$	8.68	8.42	10.58	9.01	10.65	11.10	8.94	11.51	10.92	10.75
MnO	0.16	0.16	0.17	0.16	0.14	0.17	0.14	0.11	0.19	0.19
MgO	2.67	3.10	4.24	3.19	4.06	4.05	2.84	4.12	6.75	6.64

续表

样品	15ZB181-1	15ZB181-2	15ZB181-3	15ZB181-13	15ZB181-4	15ZB181-5	15ZB181-6	15ZB181-7	15ZB187-1	15ZB187-2
岩石类型	绿帘石化岩墙	绿帘石化岩墙	绿帘石化岩墙	绿帘石化岩墙	第二类玄武岩	第二类玄武岩	第二类玄武岩	第二类玄武岩	第一类玄武岩	第一类玄武岩
CaO	14.33	12.05	16.56	13.27	5.65	8.89	12.12	12.45	9.40	10.22
Na_2O	0.15	0.17	0.10	0.11	6.29	5.64	6.29	6.44	4.10	3.09
K_2O	0.21	0.51	0.42	0.52	0.40	0.12	0.11	0.14	0.11	0.11
P_2O_5	0.28	0.18	0.23	0.20	0.32	0.22	0.27	0.29	0.36	0.37
烧失量	4.98	3.78	5.82	4.14	3.36	5.32	8.75	3.43	3.39	2.22
总量	99.48	99.85	99.36	99.88	99.94	99.75	99.66	99.62	99.66	99.34
Sc	23.6	22.5	28.5	21.8	28.8	26.7	25.7	28.3	28.8	28.5
V	162	192	199	170	210	75.1	122	270	222	225
Cr	113	116	144	113	158	156	124	126	130	158
Co	26.7	24.9	35.2	25.2	28.0	35.7	25.1	30.5	34.0	34.4
Ni	37.2	37.2	56.0	32.5	35.5	49.9	32.0	55.6	41.6	51.0
Cu	59.0	28.9	72.5	5.88	14.1	21.6	8.87	28.0	47.6	37.3
Zn	85.9	87.8	106	87.3	101	105	88.6	123	120	128
Ga	19.1	22.0	21.8	18.1	16.9	14.9	11.4	14.4	18.6	16.9
Ge	3.26	2.98	3.67	2.97	3.12	2.74	2.42	3.00	2.98	2.95
Rb	7.03	18.3	15.9	17.2	15.1	2.34	1.82	2.88	2.28	1.36
Sr	1647	1069	719	703	531	324	200	221	513	325
Y	23.9	22.3	29.2	21.9	30.5	24.3	25.8	27.9	31.5	32.5
Zr	171	156	194	156	227	185	184	215	210	226
Nb	11.8	11.3	14.7	11.2	15.9	14.1	13.3	14.6	16.4	17.7
Cs	1.05	2.57	2.41	2.31	1.02	0.172	0.151	0.397	1.53	2.14
Ba	33.2	78.1	71.0	45.9	165.8	44.7	61.7	24.2	114	84.2
La	20.8	17.5	21.1	18.5	27.4	18.7	19.1	27.0	25.8	24.8
Ce	43.0	37.2	46.0	40.1	58.7	42.7	41.3	54.4	55.2	53.8
Pr	5.49	4.89	5.98	5.16	7.36	5.14	5.31	6.86	6.97	6.93
Nd	22.6	20.1	24.7	21.4	30.3	21.1	22.5	27.4	29.3	28.6
Sm	4.90	4.56	5.67	4.62	6.50	4.77	4.97	5.86	6.36	6.40
Eu	1.63	1.57	1.77	1.54	2.12	1.58	1.74	2.01	2.27	2.14
Gd	4.93	4.43	5.61	4.66	6.19	4.79	5.01	5.84	6.31	6.32
Tb	0.777	0.739	0.929	0.748	1.003	0.793	0.830	0.947	1.03	1.04
Dy	4.74	4.44	5.69	4.43	6.00	4.84	5.04	5.80	6.23	6.28
Ho	0.984	0.903	1.179	0.899	1.25	1.00	1.05	1.23	1.28	1.30
Er	2.64	2.45	3.14	2.41	3.42	2.68	2.85	3.28	3.49	3.47
Tm	0.378	0.361	0.46	0.353	0.483	0.392	0.412	0.464	0.501	0.507
Yb	2.46	2.26	2.93	2.18	2.92	2.55	2.56	2.91	3.08	3.18
Lu	0.379	0.351	0.458	0.345	0.471	0.397	0.406	0.453	0.490	0.490
Hf	3.83	3.58	4.32	3.81	5.47	4.29	4.42	4.80	4.98	5.06

续表

样品	15ZB181-1	15ZB181-2	15ZB181-3	15ZB181-13	15ZB181-4	15ZB181-5	15ZB181-6	15ZB181-7	15ZB187-1	15ZB187-2
岩石类型	绿帘石化岩墙	绿帘石化岩墙	绿帘石化岩墙	绿帘石化岩墙	第二类玄武岩	第二类玄武岩	第二类玄武岩	第二类玄武岩	第一类玄武岩	第一类玄武岩
Ta	0.724	0.703	0.869	0.736	1.037	0.876	0.834	0.895	1.02	1.05
Pb	6.81	3.19	2.53	3.40	7.26	3.49	2.95	14.1	5.57	2.80
Th	2.34	2.28	2.36	2.05	2.52	2.29	2.40	2.80	2.71	2.80
U	0.566	0.592	0.748	0.674	1.50	0.419	0.742	1.54	0.724	0.749
Nb/Ta	16.34	16.13	16.88	15.23	15.32	16.12	15.96	16.34	16.17	16.90
Zr/Hf	44.55	43.61	44.94	41.08	41.42	43.19	41.75	44.83	42.10	44.60
Th/Nd	0.10	0.11	0.10	0.10	0.08	0.11	0.11	0.10	0.09	0.10
TiO_2/Yb	0.56	0.57	0.53	0.60	0.63	0.63	0.61	0.60	0.60	0.61
Nb/Yb	4.81	5.01	5.01	5.15	5.45	5.54	5.19	5.02	5.34	5.57

样品	15ZB187-3	15ZB187-4	15ZB181-8	15ZB181-9	15ZB181-10	15ZB181-11	15ZB181-12	15ZB181-14	15ZB184-2	15ZB184-3	15ZB184-4
岩石类型	第一类玄武岩	第一类玄武岩	流纹质凝灰岩	流纹质凝灰岩	流纹质凝灰岩	流纹质凝灰岩	流纹质凝灰岩	流纹质凝灰岩	流纹岩	流纹岩	流纹岩
SiO_2	47.25	47.09	75.95	74.81	75.41	77.85	75.83	73.71	73.59	73.21	72.82
TiO_2	1.94	1.76	0.35	0.38	0.34	0.29	0.36	0.31	0.32	0.31	0.31
Al_2O_3	15.85	16.28	11.99	12.58	12.53	10.90	11.61	12.37	13.03	13.20	12.51
$Fe_2O_3^T$	10.37	9.79	2.99	3.11	2.97	3.07	3.10	3.22	3.23	3.48	3.48
MnO	0.19	0.18	0.08	0.07	0.08	0.09	0.06	0.08	0.05	0.05	0.06
MgO	5.71	5.96	0.92	0.99	0.91	0.89	0.79	0.77	0.52	0.48	0.44
CaO	10.48	10.42	0.55	0.52	0.42	0.52	0.98	1.64	0.70	0.59	1.06
Na_2O	4.26	4.01	3.62	3.84	3.80	0.65	1.38	1.09	2.78	2.97	3.47
K_2O	0.11	0.07	1.76	1.78	1.85	3.24	2.80	3.46	3.49	3.61	3.16
P_2O_5	0.38	0.34	0.03	0.03	0.04	0.04	0.06	0.05	0.05	0.05	0.05
烧失量	3.29	3.62	1.59	1.65	1.59	2.02	2.36	2.78	2.05	1.86	1.97
总量	99.84	99.53	99.83	99.77	99.95	99.54	99.33	99.46	99.80	99.80	99.32
Sc	27.2	34.1	7.27	7.76	8.65	11.3	10.4	11.7	6.48	6.39	6.05
V	228	259	40.4	41.3	35.3	24.9	40.1	24.9	10.1	8.56	11.1
Cr	126	174	18.2	22.8	107	10.8	15.8	10.2	11.7	4.20	12.4
Co	31.4	36.9	4.99	5.26	7.31	2.33	3.60	3.21	2.21	1.89	1.97
Ni	39.1	56.0	4.22	3.73	102	3.72	8.33	4.43	2.03	1.54	3.21
Cu	43.8	39.7	42.9	23.6	15.3	13.9	24.3	13.4	4.71	3.89	4.74
Zn	119	129	81.6	60.3	67.7	103	101	83.7	46.1	51.5	45.1
Ga	20.0	22.3	14.8	15.7	18.4	18.2	15.8	18.1	18.6	18.9	17.0
Ge	2.79	3.40	1.84	2.03	2.46	2.14	2.06	2.25	1.93	1.83	1.86
Rb	2.19	1.65	72.2	71.6	85.5	168	132	172	107	90.8	91.0
Sr	381	529	422	439	538	726	960	1378	63.3	54.8	66.3
Y	33.1	34.3	37.7	39.7	41.0	38.2	32.8	42.1	44.9	43.9	55.0
Zr	226	238	182	180	216	202	195	221	395	393	394

续表

样品	15ZB187-3	15ZB187-4	15ZB181-8	15ZB181-9	15ZB181-10	15ZB181-11	15ZB181-12	15ZB181-14	15ZB184-2	15ZB184-3	15ZB184-4
岩石类型	第一类玄武岩	第一类玄武岩	流纹质凝灰岩	流纹质凝灰岩	流纹质凝灰岩	流纹质凝灰岩	流纹质凝灰岩	流纹质凝灰岩	流纹岩	流纹岩	流纹岩
Nb	17.4	18.0	16.6	16.9	19.2	13.6	14.2	15.0	17.1	17.3	17.2
Cs	1.12	2.77	4.23	4.08	5.56	10.90	11.90	11.07	6.17	7.05	5.34
Ba	85.9	138	326	294	385	951	453	930	300	318	354
La	26.7	23.8	38.9	43.8	40.6	49.3	37.7	48.5	47.5	43.8	42.7
Ce	57.3	52.0	72.1	81.2	82.4	93.6	75.4	96.9	95.0	87.5	87.7
Pr	7.27	6.47	8.26	9.09	9.27	10.7	8.74	10.9	11.2	10.2	10.3
Nd	30.3	27.0	30.3	33.7	32.9	39.3	32.5	40.2	42.2	38.4	38.8
Sm	6.43	6.03	6.29	6.79	6.85	7.72	6.63	7.98	8.56	7.84	8.46
Eu	2.25	2.10	0.84	0.86	0.80	0.69	0.73	0.73	1.05	1.01	1.13
Gd	6.40	6.07	6.13	6.65	6.46	7.36	6.18	7.62	8.01	7.46	8.59
Tb	1.05	1.00	1.05	1.12	1.10	1.20	1.02	1.27	1.34	1.27	1.53
Dy	6.38	5.99	6.62	6.92	6.83	7.47	6.39	7.82	8.26	8.05	9.90
Ho	1.33	1.24	1.44	1.48	1.42	1.56	1.35	1.65	1.76	1.72	2.13
Er	3.58	3.34	4.13	4.20	4.08	4.39	3.83	4.69	5.08	4.99	6.15
Tm	0.518	0.479	0.636	0.634	0.621	0.68	0.576	0.707	0.794	0.764	0.94
Yb	3.15	2.97	4.22	3.95	3.96	4.28	3.62	4.43	5.02	4.91	6.10
Lu	0.508	0.465	0.647	0.632	0.617	0.68	0.584	0.704	0.823	0.797	0.948
Hf	5.30	4.73	5.36	5.61	6.71	6.32	6.05	6.74	10.6	10.5	10.1
Ta	1.06	0.964	1.51	1.60	1.66	1.22	1.31	1.38	1.51	1.53	1.48
Pb	3.68	3.41	9.08	8.75	6.85	22.80	22.45	12.35	4.15	4.13	5.51
Th	2.82	2.51	14.6	14.9	16.5	17.5	16.9	18.8	16.1	16.4	15.8
U	0.744	0.683	3.78	3.55	4.08	3.70	4.12	3.81	2.91	3.04	3.46
Nb/Ta	16.43	18.69	10.98	10.54	11.57	11.17	10.85	10.91	11.35	11.31	11.63
Zr/Hf	42.74	50.23	34.02	32.13	32.21	31.97	32.21	32.83	37.41	37.54	39.09
Th/Nd	0.09	0.09	0.48	0.44	0.50	0.45	0.52	0.47	0.38	0.43	0.41
TiO_2/Yb	0.62	0.59	0.08	0.10	0.09	0.07	0.10	0.07	0.06	0.06	0.05
Nb/Yb	5.51	6.06	3.92	4.28	4.84	3.18	3.91	3.39	3.41	3.52	2.83
T_{Zr}			864	862	882	891	880	886	945	944	933
A/CNK			1.36	1.37	1.39	1.98	1.64	1.45	1.35	1.34	1.13

注：A/CNK=［Al_2O_3/（CaO+Na_2O+K_2O）］（摩尔比）；T_{Zr} 是全岩锆石饱和温度，依据 Watson 和 Harrison（1983）计算得到。

流纹岩和流纹质凝灰岩具有非常高的 SiO_2（74.8%~79.8%）含量［图 3.15（a）］和低的 MgO（0.5%~1.0%）含量，且具有强过铝质特征，其 A/CNK 值为 1.13~1.98。在蛛网图上［图 3.16（d）］，两者都显示富集 LILE 和亏损 HFSE 的特征。但是相对于流纹质凝灰岩而言，流纹岩具有更高的重稀土元素以及 Zr 和 Hf 含量［图 3.16（d）］以及 FeO^T/MgO 值。

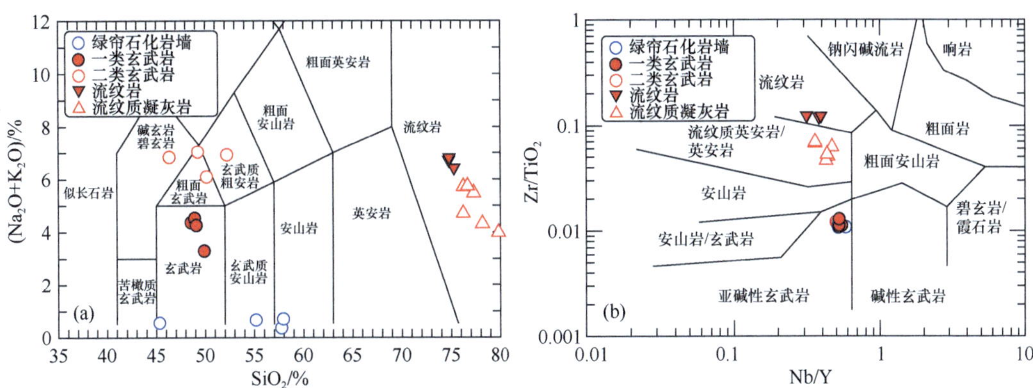

图 3.15 雁石坪火山岩的 TAS 图解（a）（Lebas et al.，1986）和 Zr/TiO_2 与 Nb/Y 图解（b）（Winchester and Floyd，1977）

全岩主量元素组成已经是去掉烧失量之后归一化的结果

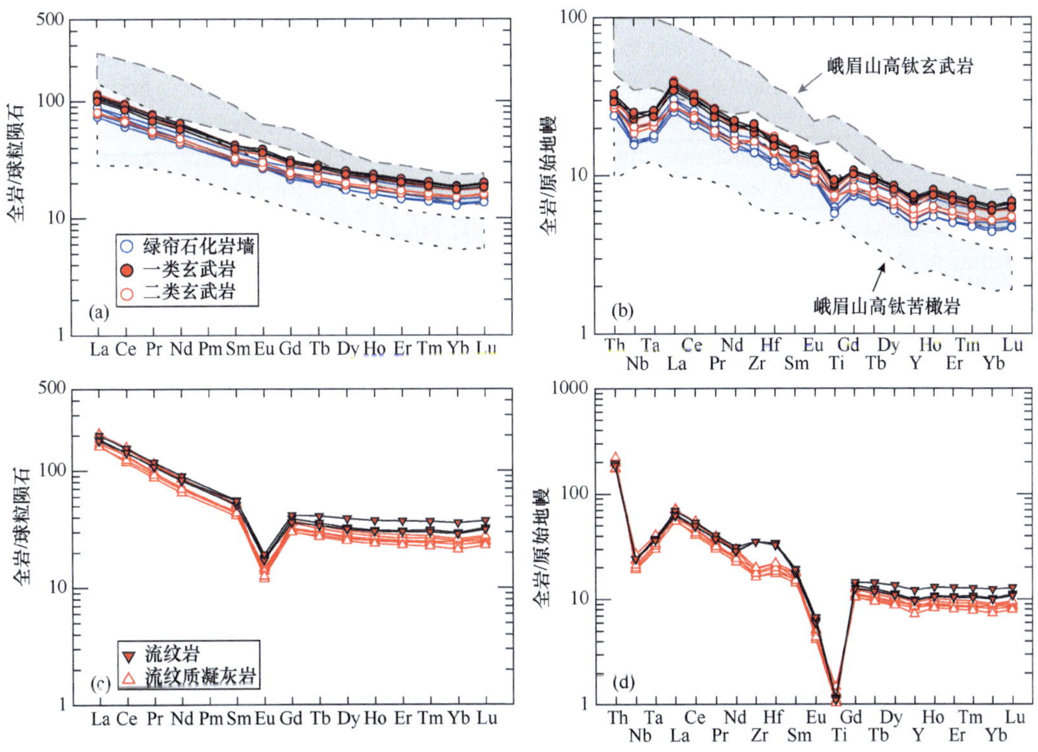

图 3.16 雁石坪基性岩（a 和 b）和酸性岩（c 和 d）的稀土元素和不活动微量元素标准化图解

峨眉山地幔柱相关的高钛玄武岩（Xiao et al.，2004）和苦橄岩（Zhang et al.，2006a）数据用作对比。标准化数据的值来自 Sun and McDonough（1989）

3）全岩 Sr-Nd-Hf 同位素和锆石 O 同位素组成

样品的初始同位素比值（表 3.7）是依据平均形成年龄 258 Ma 计算得到的。所有的基性岩具有不均一的初始 $(^{87}Sr/^{86}Sr)_i$ 同位素比值［0.7064~0.7073，图 3.17（a)］，但

是具有相对均一的 $\varepsilon_{Nd}(t)$ 同位素组成（3.1~3.5）和 $\varepsilon_{Hf}(t)$ 同位素组成（10.9~11.7），它们的 Nd-Hf 同位素位于大洋玄武岩数据拟合线之上，即表现出 Nd-Hf 同位素的解耦［图 3.17（b）］。流纹岩具有低的初始 $(^{87}Sr/^{86}Sr)_i$ 同位素比值（0.7034~0.7045）和高的 $\varepsilon_{Nd}(t)$ 同位素组成（2.7~2.8）和 $\varepsilon_{Hf}(t)$ 同位素组成［9.5~9.7，图 3.17（b）］。相比之下，流纹质凝灰岩具有更富集的和不均一的 $\varepsilon_{Nd}(t)$ 同位素组成（–1.7~1.9）和 $\varepsilon_{Hf}(t)$ 同位素组成［4.1~9.2，图 3.17（b）］。

表 3.7 北羌塘地块雁石坪双峰式火山岩以及绿泥石化镁铁质岩脉的 Sr-Nd-Hf 同位素数据（Wang et al.，2018a）

样号	岩石类型	$^{87}Sr/^{86}Sr\pm2\sigma$	$(^{87}Sr/^{86}Sr)_i$	$^{143}Nd/^{144}Nd\pm2\sigma$	$(^{143}Nd/^{144}Nd)_i$	$\varepsilon_{Nd}(t)$	$^{176}Hf/^{177}Hf\pm2\sigma$	$(^{176}Hf/^{177}Hf)_i$	$\varepsilon_{Hf}(t)$
15ZB181-1	绿帘石化岩墙	0.707364±15	0.707320	0.512704±08	0.512484	3.40	0.283006±09	0.282939	11.51
15ZB181-2	绿帘石化岩墙	0.707416±17	0.707236	0.512714±11	0.512483	3.39	0.282989±06	0.282923	10.94
15ZB181-3	绿帘石化岩墙	0.707357±17	0.707125	0.512722±11	0.512489	3.49	0.283005±09	0.282933	11.31
15ZB181-5	第二类玄武岩	0.706875±14	0.706799	0.512717±09	0.512487	3.46	0.282998±07	0.282935	11.38
15ZB181-7	第二类玄武岩	0.706566±16	0.706429	0.512687±12	0.512470	3.12	0.282988±10	0.282924	10.98
15ZB187-1	第一类玄武岩	0.706964±16	0.706918	0.512709±12	0.512488	3.47	0.283009±09	0.282943	11.65
15ZB187-2	第一类玄武岩	0.706768±18	0.706724	0.512715±09	0.512488	3.48	0.283010±10	0.282944	11.70
15ZB187-4	第一类玄武岩	0.706866±15	0.706833	0.512711±11	0.512484	3.41	0.283006±08	0.282939	11.52
15ZB181-9	流纹质凝灰岩	0.708832±14	0.707120	0.512613±10	0.512408	1.92	0.282951±08	0.282875	9.23
15ZB181-10	流纹质凝灰岩	0.708837±15	0.707170	0.512600±11	0.512389	1.54	0.282946±10	0.282873	9.19
15ZB181-11	流纹质凝灰岩	0.709561±16	0.707138	0.512422±10	0.512222	–1.71	0.282801±09	0.282728	4.07
15ZB181-14	流纹质凝灰岩	0.708590±13	0.707281	0.512448±10	0.512246	–1.25	0.282843±08	0.282773	5.63
15ZB184-3	流纹岩	0.720825±18	0.703441	0.512661±11	0.512454	2.82	0.282933±09	0.282882	9.49
15ZB184-4	流纹岩	0.718925±17	0.704526	0.512671±09	0.512449	2.73	0.282951±10	0.282888	9.70

流纹岩的锆石 $\delta^{18}O$（5.6‰~6.6‰）相对均一［表 3.8；图 3.17（c）］，这个范围比地幔来源岩浆的锆石的 $\delta^{18}O$ 上限（6.5‰）要低（Valley et al.，2005），或者轻微高于这个上限。相比之下，流纹质凝灰岩具有不均一的和相对高的锆石 $\delta^{18}O$［5.4‰~8.5‰，图 3.17（d）］。

4）矿物化学特征

本研究主要对新鲜的第一类玄武岩基质中的微晶单斜辉石和流纹岩中的铁钛氧化物进行了原位的电子探针分析（图 3.18）。单斜辉石主要是透辉石和普通辉石，所有单斜辉石具有变化的 MgO（10.2%~16.5%）和 TiO_2（0.7%~2.7%）含量。流纹岩中的铁钛氧化物主要由钛铁矿和少量的磁铁矿组成，它们出现在长石斑晶内部，表明是早期结晶的矿物。

3.1.2.3 基性火山岩成因

1）蚀变的影响

研究区玄武岩具有较高的烧失量（2.2%~8.8%），特别是烧失量更高的第二类玄武

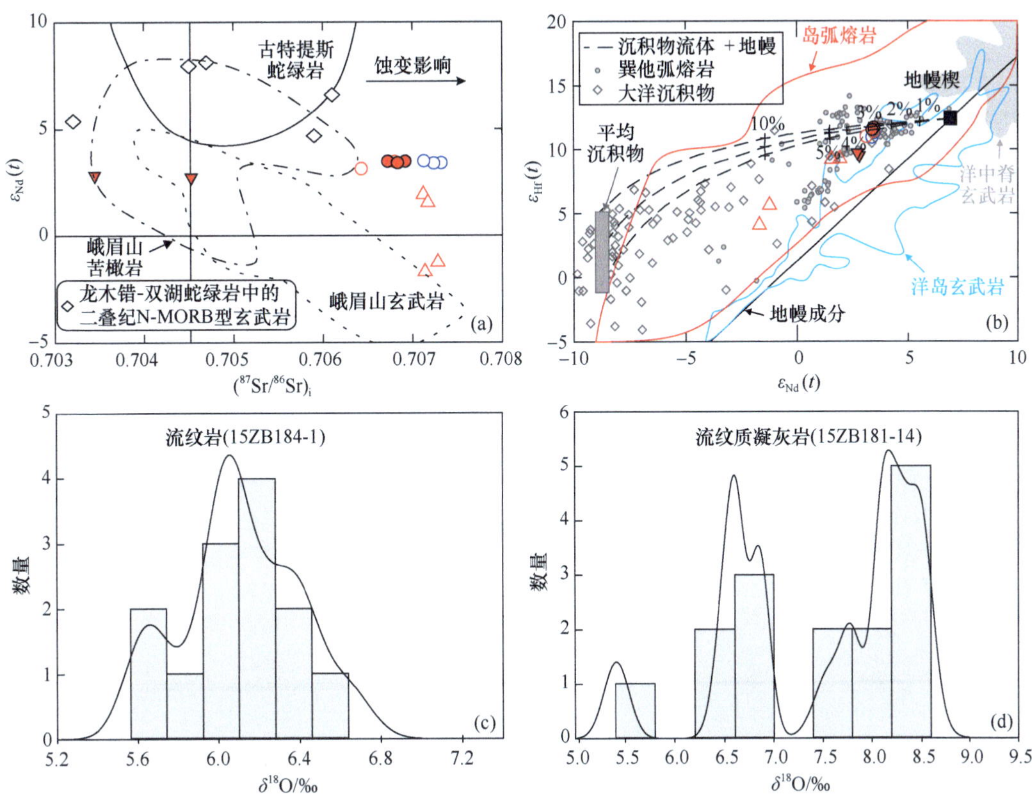

图 3.17　雁石坪岩浆岩 Sr-Nd-Hf-O 同位素组成图解

(a) $\varepsilon_{Nd}(t)$ 与 $(^{87}Sr/^{86}Sr)_i$；(b) $\varepsilon_{Hf}(t)$ 与 $\varepsilon_{Nd}(t)$；(c) 和 (d) 雁石坪流纹岩和流纹质凝灰岩的锆石 $\delta^{18}O$ 值的直方图。图中其他数据来源：古特提斯洋蛇绿岩（Xu et al.，2002；Xu and Castillo，2004），龙木错－双湖－澜沧江缝合带二叠纪蛇绿岩（Zhang et al.，2016）；峨眉山地幔柱相关的玄武岩（Xu et al.，2010）和苦橄岩（Li et al.，2010；Zhang et al.，2006a）。全球大洋沉积物的平均 ε_{Nd} 和 ε_{Hf} 值（ε_{Nd}=−8.9，ε_{Hf}=2±3）、岛弧岩浆岩、洋岛玄武岩（OIB）、大洋中脊玄武岩（MORB）以及地幔组成线（ε_{Hf}=1.59×ε_{Nd} + 1.28）取自 Chauvel 等（2008）和 Plank 和 Langmuir（1998）；巽他岛弧岩浆岩据 Handley 等（2011）。板片组分交代之前的地幔楔的 Nd 同位素组成是取自龙木错－双湖－澜沧江缝合带蛇绿岩的二叠纪 N-MORB 型玄武岩（Zhang et al.，2016），这也与峨眉山地幔柱相关的苦橄岩 Nd 同位素组成类似，其 Hf 同位素组成则依据地幔组成线计算得到。沉积物流体和地幔楔的混合曲线的同位素富集端员是具有三个不同 ε_{Hf} 值（−1、+2 和 +5）的沉积物

岩含有一些杏仁体，且玄武岩被许多绿帘石化基性脉体所贯穿，这些特征暗示玄武岩经历了不同程度的热液蚀变，因此讨论基性火山岩成因之前，需要评价热液蚀变对元素和同位素的影响。

Zr 通常被认为是基性岩低级变质和蚀变过程中最不活动的元素，因此其他元素与 Zr 元素的相关性可以用来评价其他元素在蚀变过程中的活动性（Polat and Hofmann，2003）。绿帘石化基性脉体和玄武岩的高场强元素（例如 Ti、Nb、Ta、Zr 和 Hf）、稀土元素、过渡族元素（例如 Cr 和 Ni）以及 Th 这些元素与 Zr 都具有较好的相关性（图 3.19），表明这些元素在热液蚀变过程中基本上是不活动的。同时它们近乎平行的蛛网图分布以及相似的 Nd-Hf 同位素组成［图 3.16（b）和 3.17（b）］，也表明绿帘石化基性脉体的原岩在地球化学上类似其周围的玄武岩。相比之下，碱金属以及碱土金

表 3.8 北羌塘地块雁石坪流纹岩和流纹质凝灰岩的锆石 O 同位素数据（Wang et al.，2018a）

分析点	$\delta^{18}O$/‰	2SE	分析点	$\delta^{18}O$/‰	2SE
流纹岩（15ZB184-1）			流纹质凝灰岩（15ZB181-14）		
15ZB184-1@1	6.2	0.24	15ZB181-14@1	6.9	0.19
15ZB184-1@2	6.0	0.20	15ZB181-14@2	8.1	0.18
15ZB184-1@3	6.0	0.21	15ZB181-14@3	6.6	0.17
15ZB184-1@4	6.4	0.23	15ZB181-14@4	8.5	0.21
15ZB184-1@5	6.6	0.23	15ZB181-14@5	7.6	0.30
15ZB184-1@6	5.6	0.20	15ZB181-14@6	7.8	0.21
15ZB184-1@7	5.7	0.21	15ZB181-14@7	6.5	0.22
15ZB184-1@8	6.2	0.31	15ZB181-14@8	6.6	0.22
15ZB184-1@9	6.2	0.31	15ZB181-14@9	8.3	0.21
15ZB184-1@10	6.1	0.16	15ZB181-14@10	8.2	0.27
15ZB184-1@11	6.4	0.20	15ZB181-14@11	8.1	0.27
15ZB184-1@12	6.1	0.35	15ZB181-14@12	8.5	0.25
15ZB184-1@13	5.9	0.34	15ZB181-14@13	8.5	0.34
			15ZB181-14@14	6.8	0.22
			15ZB181-14@15	5.4	0.25

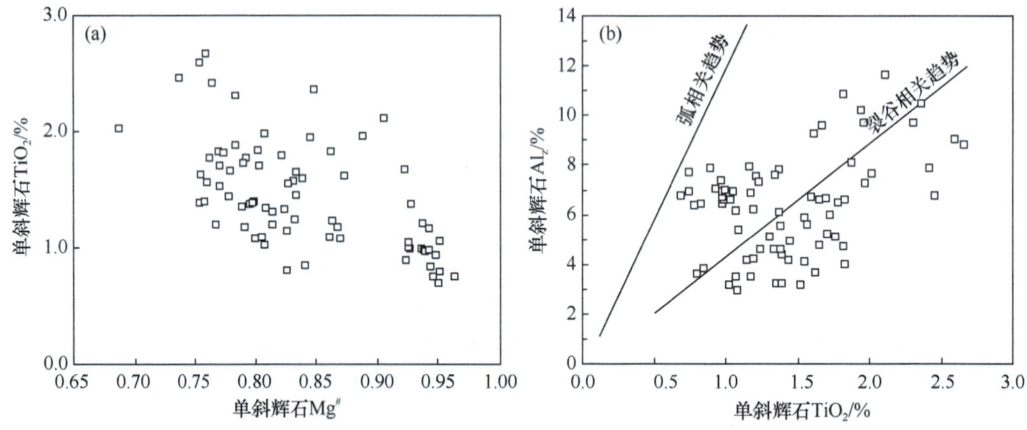

图 3.18 第一类玄武岩中单斜辉石的 TiO_2 与 $Mg^{\#}$（a）和 Al_z 与 TiO_2（Loucks，1990）（b）图解

Al_z 表示单斜辉石的四面体位置被 Al 所占的比例

属元素（例如 Rb 和 Sr）与 Zr 的相关性较差，表明这些元素在热液蚀变过程中经历了不同程度的改造。类似地，一些具有亏损的 Nd 同位素组成的基性岩表现出显著富集的 Sr 同位素组成［图 3.17（a)］，可能也是蚀变引起的。在所有的基性岩中，第一类玄武岩具有最低的烧失量（2.2%~3.6%），表明它们的主量元素组成没有受到蚀变的显著影响，这也与岩相学观察的结果一致［图 3.13（e)］，即镜下很少发现次生的蚀变矿物如方解石和绿帘石等。在下面的小节中，仅仅不活动性微量元素（比如高场强元素、稀土元素、Cr、Ni 和 Th）以及第一类玄武岩的主量元素参与成因讨论。

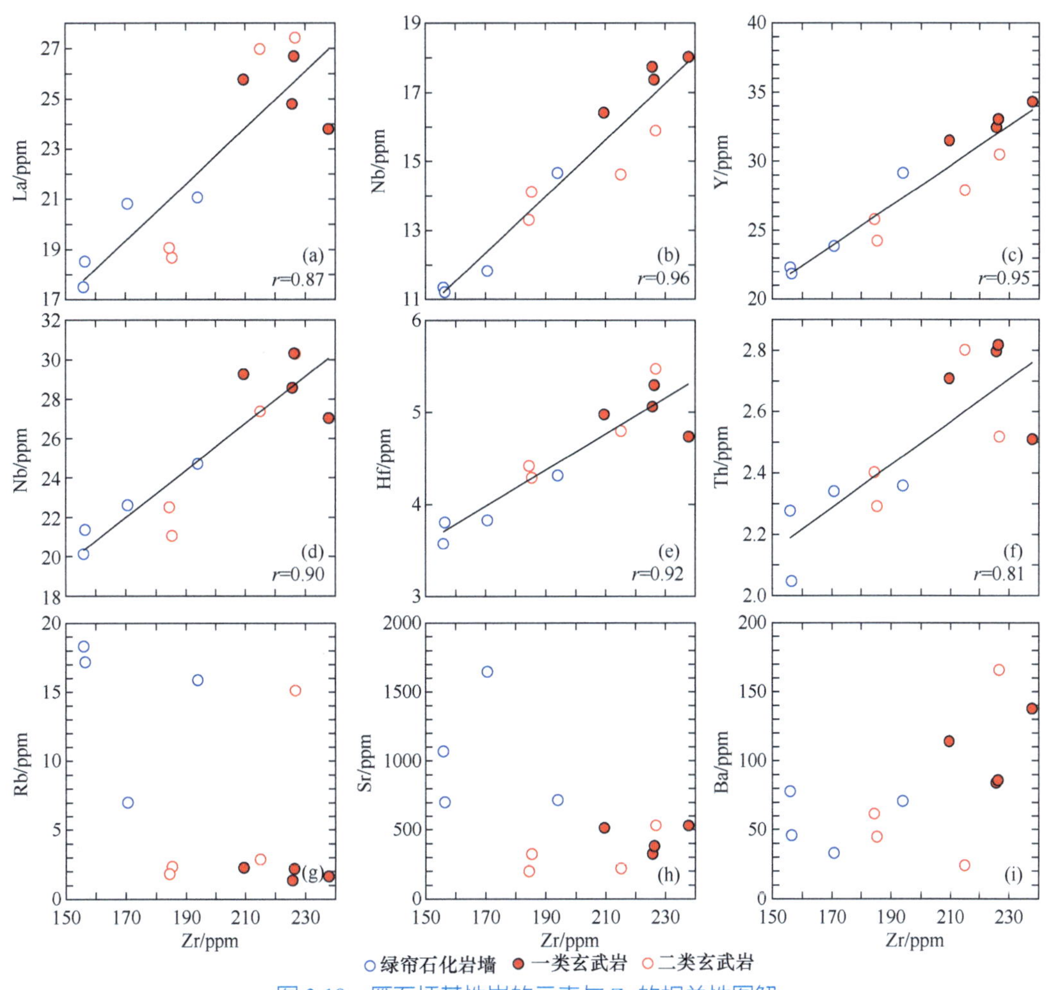

图 3.19　雁石坪基性岩的元素与 Zr 的相关性图解

2）分离结晶和地壳混染

一般来说，地幔来源的原生基性熔体具有较高的 Ni（> 300 ppm）、Cr（> 750 ppm）含量和 Mg#（> 0.68）值（Herzberg and O'Hara，2002）。相比之下，雁石坪基性岩具有显著低的 Ni（< 56 ppm）、Cr（< 174 ppm）含量和 Mg#（< 0.55）值，表明其经历了显著的橄榄石和单斜辉石结晶分异。所有分析的单斜辉石成分变化具有大洋拉斑质分异演化趋势（Stone and Niu，2009），即单斜辉石的 TiO_2 含量随着 Mg# 从 0.96 降低到 0.69 而一直升高［图 3.18（a）］。主要原因是岩浆在低氧逸度条件下，铁钛氧化物的结晶受到了抑制，导致岩浆分异演化过程中结晶的单斜辉石的 TiO_2 含量一直升高。此外，基性岩的全岩组成也投在 $FeO^T/MgO-SiO_2$ 图解的拉斑区域［图 3.20（a）］。而且 TiO_2 和 Nb/La 值缺乏相关性［图 3.20（b）］，也暗示基性岩未经历过显著的铁钛氧化物分异结晶，这也说明基性岩的 Nb-Ta 负异常［图 3.16（b）］不是由铁钛氧化物结晶分异导致的。所有的基性岩都缺乏 Eu 的负异常，表明它们没有经历过显著的斜长石结晶分异［图 3.16（a）］。在 La/Sm-La 图解中，所有的基性岩的 La/Sm 值随着 La 含量的增

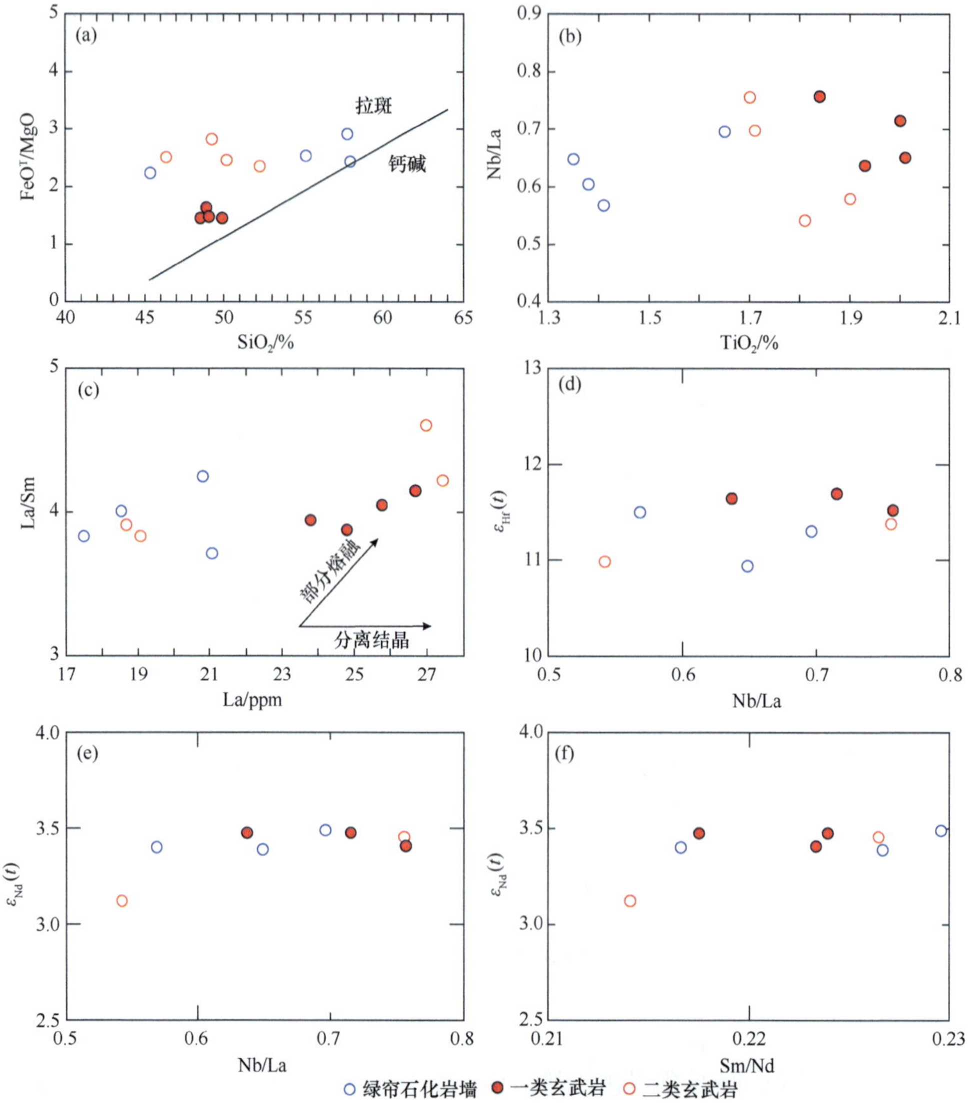

○ 绿帘石化岩墙 ● 一类玄武岩 ○ 二类玄武岩

图 3.20 雁石坪基性岩的 FeO^T/MgO 与 SiO_2（a）（Miyashiro，1974）、Nb/La 与 TiO_2（b）、La/Sm 与 La（c）、$\varepsilon_{Hf}(t)$ 与 Nb/La（d）、$\varepsilon_{Nd}(t)$ 与 Nb/La（e）和（f）$\varepsilon_{Nd}(t)$ 与 Sm/Nd 图解

加，没有显著的变化［图 3.20（c）］，表明结晶分异过程控制了基性岩的不相容微量元素含量的变化。总之，适量的橄榄石和单斜辉石分异没有导致基性岩的不相容微量元素的强烈分异，这也可以从基性岩近乎平行的蛛网图分布中看出［图 3.16（b）］。因此，不相容元素的比值可以用来探究基性岩地幔源区的特征。

雁石坪玄武岩的结晶温度和压力可以通过单斜辉石–熔体平衡的温压计估算出来（Putirka et al.，2003；Putirka，2008）。本研究仅选取新鲜的第一类玄武岩中与全岩铁镁交换平衡的微晶单斜辉石来参与计算，即把寄主的玄武岩全岩组成当作名义上的熔体组成，矿物与熔体平衡的判断依据主要是铁镁交换系数（$K_D[\text{Fe-Mg}]^{单斜辉石/熔体}$）在 0.27±0.03 范围之内（Putirka，2008）。计算结果表明单斜辉石结晶的温压范围为

1133~1188℃和 0.5~6.4 kbar（1 kbar=10^5 kPa）。需要指出的是，同一个寄主玄武岩样品中的不同单斜辉石结晶的压力是相对均一的，但是不同样品的单斜辉石结晶的压力是变化很大的，这说明不同全岩的样品所代表的岩浆在地壳中主要停留的深度不一样。上述温度压力变化范围可以计算出一个岩浆上升的温度梯度（约 2.7℃ /km），这个温度梯度显著低于大陆地壳的热传导温度梯度，表明岩浆上升速度很快，几乎没有热量丢失（接近绝热上升）。

在探讨大陆玄武岩的地幔源区特征之前，需要评价岩浆上升过程中的地壳混染对玄武岩地球化学组成的影响程度。$\varepsilon_{Hf}(t)$ 和 $\varepsilon_{Nd}(t)$ 对 Nb/La 近水平的相关性［图 3.20（d）和（e）］以及 $\varepsilon_{Nd}(t)$ 和 Sm/Nd 之间缺乏相关性［图 3.20（f）］都不支持基性岩经历过显著的地壳混染，这是因为地壳组分通常具有低的 $\varepsilon_{Nd}(t)$、$\varepsilon_{Hf}(t)$、Nb/La 和 Sm/Nd（Rudnick and Gao，2003）。此外，低的地温梯度（约 2.7℃ /km）表明基性岩浆迅速地上升到地表，因而与周围的地壳没有发生明显的相互作用。

3）与峨眉山溢流玄武岩的地球化学对比

许多大火成岩省溢流玄武岩的地球化学研究通常将玄武岩分成两类：高钛和低钛玄武岩（例如 Peate，1997）。同样，根据 Xu 等（2001）提出的分类标准，峨眉山大陆溢流玄武岩可分为两类：高钛（TiO_2 ＞ 2.5% 和 Ti/Y ＞ 500）和低钛（所有其他的玄武岩）。雁石坪基性岩具有低 TiO_2（＜ 2.0%）含量和 Ti/Y（＜ 419）值，这点类似于峨眉山低钛玄武岩。然而，下面的进一步讨论可以看出，雁石坪基性岩与峨眉山低钛玄武岩具有显著的地球化学差异，这些差异可以用来评价大陆岩石圈地幔（subcontinental lithospheric mantle，SCLM）是否参与到雁石坪基性岩的源区中。

尽管峨眉山大火成岩省不同地区的高钛和低钛玄武岩的成因仍然存在争议，但许多研究表明，相对于低钛玄武岩，高钛玄武岩的源区中含有更少的 SCLM 组分（Xu et al.，2001；Xiao et al.，2004；Zhou et al.，2006；Song et al.，2008；He et al.，2010），后者具有较高的 $\varepsilon_{Nd}(t)$ 值可以证明这点（图 3.21）。也就是说，高钛玄武岩是深部地幔柱熔融的产物，不是富集的 SCLM 熔融产物。然而，低钛玄武岩最有可能是由于地幔柱底垫提供的热量导致 SCLM 直接脱水熔融形成的（例如，Song et al.，2008），或者是地幔柱来源的岩浆与 SCLM±地壳发生了强烈的相互作用（例如，Xiao et al.，2004）。考虑到峨眉山低钛玄武岩的成分具有相当大的变化范围，需要两种不同类型的富集 SCLM 来源的组分参与到低钛玄武岩源区。第一种 SCLM 来源的富集组分（图 3.21 中的 SCLM-A），可能起源于元古宙俯冲期间板片来源的流体或熔体（Xiao et al.，2004；Zhou et al.，2006），一些具有低 $\varepsilon_{Nd}(t)$（＜ –7）值和 Nb/La（＜ 0.5）值的低钛玄武岩可能代表 SCLM-A 的熔融产物（图 3.21）。第二种 SCLM 来源的富集组分（图 3.21 中的 SCLM-B），可能起源于软流圈低程度富集的熔体（具有低 Sm/Nd 和 La/Nb 值），是经过长期放射性积累形成的（Song et al.，2008；Pilet et al.，2011）。一些具有极低的 $\varepsilon_{Nd}(t)$（＜ –10）值和高的 Nb/La（＞ 2）值的低钛玄武岩可能代表 SCLM-B 的熔融产物（图 3.21）。第二种 SCLM-B 组分的 Nb/La 值也类似于全球玄武岩或金伯利岩中橄榄岩捕虏体的平均组成（McDonough，1990），这些橄榄岩捕虏体所代表的

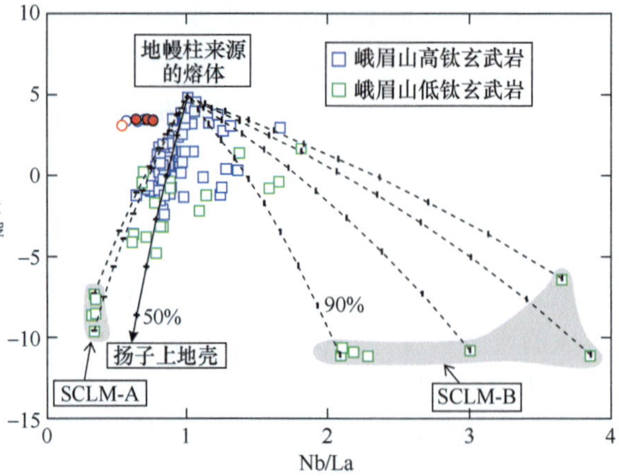

图 3.21　雁石坪基性岩、峨眉山低钛和高钛玄武岩的 $\varepsilon_{Nd}(t)$ 与 Nb/La 图解

峨眉山玄武岩的成分变化可以用地幔柱来源的熔体与富集岩石圈地幔（SCLM）的混合来解释，如图中虚线所示，但要求至少有两种富集的岩石圈地幔端员，即 SCLM-A 和 SCLM-B（见正文）。一些玄武岩可能是地幔柱来源的熔体混染地壳物质（如扬子上地壳的太古宙沉积物）后的产物，如图中实线所示。具有最高 $\varepsilon_{Nd}(t)$ 值的高钛玄武岩可以代表地幔柱来源的熔体（Xiao et al.，2004）。所有混合曲线上的刻度都是以 10% 增加的。图中的数据来源：峨眉山高钛和低钛玄武岩（Xu et al.，2001；Xiao et al.，2004；Zhang et al.，2006a；Zhou et al.，2006；Fan et al.，2008；Song et al.，2008；He et al.，2010）；扬子上地壳（Gao et al.，1999）

SCLM 的 Nb/La 值的中值为 3.5。当然，我们不能排除一些具有低 Nb/La（＜ 1）值的低钛玄武岩是地幔柱来源的熔体经过地壳混染的产物（图 3.21），比如，混染扬子板块上地壳的太古宙变质沉积物，而不是源区混入 SCLM-A 组分的结果，但是很难区分这两个互不排斥的过程（例如，Lassiter and DePaolo，1997）。

古生物、沉积岩和古地磁的研究证明了北羌塘和华南地块之间具有亲缘性（例如，Huang et al.，1992；He et al.，2009；Metcalfe，2013；Zhang et al.，2013；Ma et al.，2019），两个地块通常被认为是连在一起的，直到晚二叠世峨眉山地幔柱导致它们的分离（例如，Chung et al.，1998；Liu et al.，2016a）。因此，北羌塘地块的 SCLM 组成可能与华南地块类似，即包含上述两种富集的组分（SCLM-A 和 SCLM-B）。不管低钛玄武岩是什么成因，雁石坪基性岩的 HFSE 亏损的特征都不能通过地幔柱来源的熔体（即高钛玄武岩）和 SCLM-B（图 3.21）之间的混合形成。而且，雁石坪基性岩的组成落在所有低钛玄武岩所定义的区域之外，并且也偏离了地幔柱来源的熔体和 SCLM-A 之间的混合曲线（图 3.21）。这主要是因为在相同 Nb/La 值下，它们比所有低钛玄武岩具有更高的 $\varepsilon_{Nd}(t)$ 值。总的来说，雁石坪基性岩与峨眉山低钛玄武岩成因显著不同，即源区可能不涉及古老富集的 SCLM。

4）地幔源区特征

雁石坪基性岩具有 Nb-Ta 负异常特征和亏损的 Nd 同位素组成。由于前面讨论已经排除了地壳混染、富 Ti 氧化物分异结晶和古老的富集 SCLM 对岩浆成分的影响，所以这些地球化学特征最有可能是起源于俯冲板片来源的流体或熔体交代的软流圈地幔（Kelemen et al.，2014）。

考虑到北羌塘地块在晚二叠世期间处于龙木错 – 双湖古特提斯洋北向俯冲的环境下（Yang et al.，2011，2014；Liu et al.，2016a；Zhang et al.，2017a），依据下面的证据，我们认为雁石坪基性岩的地幔源区是俯冲沉积物来源的含水流体改造的弧下地幔楔。龙木错 – 双湖 – 澜沧江缝合带中二叠纪蛇绿岩中的 N-MORB 型玄武岩代表区域亏损的软流圈地幔组成（Zhang et al.，2016），它们具有高的 $\varepsilon_{Nd}(t)$ 值（4.7~8.2），这与之前的区域研究结论一致，即晚古生代的古特提斯地幔域具有和印度洋地幔域类似的高的 $\varepsilon_{Nd}(t)$ 值［4.3~11.5，图 3.17（a）；Xu et al.，2002；Xu and Castillo，2004］。相比之下，雁石坪基性岩具有较低的 $\varepsilon_{Nd}(t)$ 值（3.1~3.5），这意味着来自俯冲板片的一些同位素富集的组分（例如海洋沉积物）被添加到同位素亏损的地幔楔中。相对于轻稀土，富集流体不活动性元素 Th（例如，高的 Th/Nd 值）可以归因于俯冲沉积物的部分熔融（Johnson and Plank，2000；Plank，2005）。然而，雁石坪基性岩的极低 Th/Nd 值（0.08~0.11）表明沉积物组分是作为含水流体而不是熔体形式加入到地幔楔中的（可以进一步参考下一节中的定量模拟）。在雁石坪基性岩中观察到的显著的 Nd-Hf 同位素解耦进一步支持了这个推论［图 3.17（b）］。由于 HFSE（例如 Hf）和轻稀土（例如 Nd）之间的溶解度差异在富水流体中比在熔体中更明显（Johnson and Plank，2000；Kessel et al.，2005），因此沉积物来源的富水流体的 Nd/Hf 值高于其来源的熔体（Hanyu et al.，2006）。这将导致亏损的地幔楔与沉积物来源的流体的 Nd-Hf 同位素混合曲线变得更向上凸，即在靠近亏损地幔端员的位置，混合曲线趋于平坦［图 3.17（b）］。这在新生代岛弧火山岩中可以观察到，例如图 3.17（b）中的 Sunda 弧火山岩的 Nd-Hf 同位素特征（Handley et al.，2011）。

5）俯冲组分交代之前和之后的弧下地幔组成

尽管之前的研究已经得出结论，所有 HFSE 在板片熔体主导的俯冲带中都可能是活动的，但它们在板片流体主导的俯冲带中可能是不活动的，并且板片流体贡献到弧岩浆的 HFSE 的量相对于地幔楔而言是微不足道的，特别是在那些具有富集地幔楔组成的俯冲带，地幔的 HFSE 贡献远远大于板片流体的贡献（Münker et al.，2004；Barry et al.，2006）。因此，HFSE 可以用来限制俯冲流体交代之前的地幔楔组成（例如，Woodhead et al.，1993；Elliott et al.，1997；Pearce et al.，2005）。

由于 Nb 在简单的地幔橄榄岩矿物组合中比 Ta 更不相容，类似地，Zr 比 Hf 更不相容，因此地幔的低程度熔融应该产生高 Zr/Hf 和 Nb/Ta 值的熔体，以及低 Zr/Hf 和 Nb/Ta 值的残留物（Weyer et al.，2003；Pfänder et al.，2007）。因此，Zr/Hf 和 Nb/Ta 值通常反映了地幔富集或亏损的程度。例如，马里亚纳弧岩浆的低 Nb/Ta 值（相对于 N-MORB 而言）表明一个亏损的地幔楔源区，这主要是因为弧后经历了熔体抽取的残留亏损地幔对流到弧下地幔楔中（Elliott et al.，1997）。相对于古特提斯洋亏损的软流圈地幔来源的 N-MORB 型玄武岩（即龙木错 – 双湖 – 澜沧江缝合带中二叠纪玄武岩）而言，雁石坪基性岩具有更高的 Nb/Ta（15.2~18.7）和 Zr/Hf（41.1~50.2）值（图 3.22a）。这有两种可能性：①雁石坪基性岩来自古特提斯洋亏损的软流圈地幔更低程度的熔融，因为地幔更低程度熔融可能导致玄武岩具有更高的 Nb/Ta 和 Zr/Hf 值；

②雁石坪基性岩来自更富集的地幔熔融，即相对于古特提斯洋亏损的软流圈地幔而言，其地幔源区具有更高的 Nb/Ta 和 Zr/Hf 值，而不是部分熔融过程导致的高 Nb/Ta 和 Zr/Hf 值。对此，我们利用龙木错－双湖－澜沧江缝合带中二叠纪 N-MORB 型玄武岩的源区软流圈地幔作为熔融起点，进行非模式的批次熔融模拟［图 3.22（a）橙色实线］。模拟结果表明，雁石坪基性岩的 Nb/Ta 值太高，不能由古特提斯洋亏损的软流圈地幔低程度熔融形成。相反，雁石坪基性岩的 Nb/Ta 和 Zr/Hf 值落在了现今洋岛玄武岩（OIB）和峨眉山溢流玄武岩的区域［图 3.22（a）］，不同于洋中脊玄武岩（MORB），表明俯冲沉积物来源的流体交代之前的地幔楔组成类似 OIB 源区地幔，而不是 MORB 源区地幔。

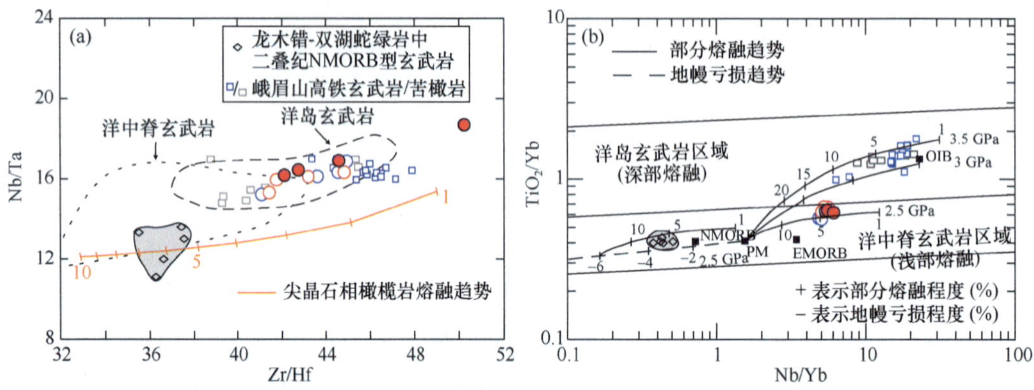

图 3.22 雁石坪基性岩的 Nb/Ta-Zr/Hf（a）和 TiO_2/Yb-Nb/Yb（b）（Pearce，2008）图解

NMORB、EMORB、OIB 和 PM 分别指正常洋中脊玄武岩、富集型洋中脊玄武岩、洋岛玄武岩和原始地幔。（a）中洋岛和洋中脊玄武岩的数据来自 Workman 和 Hart（2005）以及 Pfänder 等（2007）。（a）中模拟的尖晶石橄榄岩的非模式批次熔融曲线使用的高场强元素的分配系数与 Pfänder 等（2007）相同，模拟的初始地幔源区的高场强元素含量是古特提斯洋亏损的软流圈上地幔，后者根据龙木错－双湖－澜沧江缝合带的蛇绿岩中二叠纪 NMORB 型玄武岩回算得到，即假设这个玄武岩是软流圈地幔经过 6% 的熔融形成的（NMORB 的源区部分熔融程度取自 Workman and Hart，2005）。（b）中计算的不同压力（深度）条件下的地幔熔融和亏损趋势线是根据 Pearce（2008）的图 3.47 修改得到的

同理，TiO_2/Yb 与 Nb/Yb 图解进一步支持上述推论［图 3.22（b）］。Nb/Yb 和 Ti/Yb 值一般在部分熔融程度非常低或者深部石榴石相熔融时才会对部分熔融程度很敏感（Pearce，2008），但雁石坪基性岩源区没有石榴石残留（见下面的讨论），因此 Nb/Yb 和 Ti/Yb 值的变化主要反映了地幔源区的亏损或富集程度。根据 Pearce（2008）计算不同压力（或深度）下地幔熔融和亏损的趋势［图 3.22（b）］，龙木错－双湖－澜沧江缝合带的蛇绿岩中二叠纪 NMORB 玄武岩的组成揭示了其源区（古特提斯洋亏损的上地幔）可能是原始地幔（PM）经历了 6% 熔体抽取之后的残留［图 3.22（b）］。假如这个结论成立，那么雁石坪基性岩高的 Nb/Yb 值不能通过古特提斯洋亏损的上地幔的低程度部分熔融来实现。相反，它们很可能是由富集地幔在浅部熔融形成的，这个富集的地幔类似于原始地幔［图 3.22（b）］。以此类推，与峨眉山地幔柱相关的高钛玄武岩和苦橄岩都具有高 Ti/Yb 和 Nb/Yb 值［图 3.22（b）］，这些特征可以通过富集的地幔

（例如原始地幔）在深部石榴石相条件下熔融形成（Xu et al.，2001；Zhang et al.，2006a），这也与它们陡的稀土配分模式图一致［比雁石坪基性岩具有更亏损的重稀土组成；图 3.16（a）］。总的来讲，这些流体不活动性元素（即高场强元素和重稀土）的特征表明，雁石坪基性岩起源于一个富集的地幔（例如 OIB 型地幔或原始地幔），而不是古特提斯洋亏损的软流圈地幔。

地质年代学限定了峨眉山大火成岩省溢流玄武岩的喷发时代为 260~257 Ma，岩浆活动峰期为 259 Ma 左右（Zhong et al.，2014，以及里面的相关文献）。这个年龄与雁石坪双峰式火山岩喷发时代（约 259~256 Ma）一致。因此，在雁石坪基性岩的地幔源区中所识别的富集 OIB 型地幔组分最可能源自峨眉山地幔柱物质。我们根据 Nd-Hf 同位素来估算俯冲沉积物来源的流体对富集 OIB 型地幔楔的贡献比例，然后依据这个比例来进行源区微量元素混合和熔融模拟，以进一步定量验证峨眉山地幔柱物质参与到岩浆源区的可能性。如前面所述，地球化学的研究（例如，Xiao et al.，2004）表明，地幔柱来源的熔体与上覆 SCLM 和地壳的不同程度相互作用导致峨眉山大火成岩省的玄武岩具有大的化学变化（图 3.21）。为了避免地壳和古老的富集 SCLM 混染的相关问题，高 MgO 苦橄岩（Li et al.，2010）的高 $\varepsilon_{Nd}(t)$ 值（6.0~7.8）可能代表了峨眉山地幔柱源区的 Nd 同位素组成。这个同位素变化范围也与古特提斯洋亏损的软流圈上地幔组成一致［Zhang et al.，2016；图 3.17（a）］。由于峨眉山玄武岩缺少全岩 Hf 同位素的数据报道，所以假设峨眉山玄武岩的 Nd-Hf 同位素组成遵循现今大洋玄武岩阵列（ε_{Hf}=1.59×ε_{Nd}+1.28；Chauvel et al.，2008），以此推断地幔柱的 Hf 同位素组成。此外，我们选择了一个峨眉山地幔柱相关的高钛和高镁玄武岩（Zhang et al.，2006a），来回算峨眉山地幔柱的微量元素组成［图 3.23（b）中的橙色虚线］，因为它已经被证明是由石榴石相地幔橄榄岩通过 5% 熔融形成的原生熔体。尖晶石和石榴石相橄榄岩熔融过程是通过非模式的批次熔融来模拟的，这是产生幔源岩浆的常见过程（Kinzler and Grove，1992；Walter，1998）。地幔橄榄岩熔融过程的不同矿物分配系数来自 Kelemen 等（2003）和 Pilet 等（2011）。

Nd-Hf 同位素模拟结果表明，在富集的 OIB 型地幔楔中加入约 3% 的俯冲沉积物来源的流体可以产生雁石坪基性岩的 Nd-Hf 同位素组成［图 3.17（b）］。添加少量俯冲沉积物来源的流体组分到地幔楔中，而不是熔体组分，这也与 $\varepsilon_{Nd}(t)$ 和 Th/Nd 模拟的混合曲线一致［图 3.23（a）］。微量元素模拟的结果［图 3.23（b）］进一步揭示，雁石坪基性岩可以通过俯冲组分改造的 OIB 型地幔楔经历约 5% 熔融产生，并且熔融发生在尖晶石相地幔橄榄岩中，即相对较浅的深度（＜ 80 km；McKenzie and O'Nions，1991）。雁石坪基性岩平坦的重稀土配分模式［图 3.16（a）］和低 TiO_2/Yb 值（0.56~0.67）［图 3.22（b）］也说明石榴石不可能作为重要的残余相。需要指出的是，上面部分熔融程度的估计值仅是指示性的，因为图 3.23（b）中的这些曲线的位置可以随着部分熔融的模型、分配系数的选择和源区矿物比例的不同而变化。此外，由于橄榄石和单斜辉石分异结晶的影响，雁石坪基性岩中不相容元素的绝对含量肯定高于其原生母岩浆的不相容元素含量，这会使我们略微低估地幔的部分熔融程度。

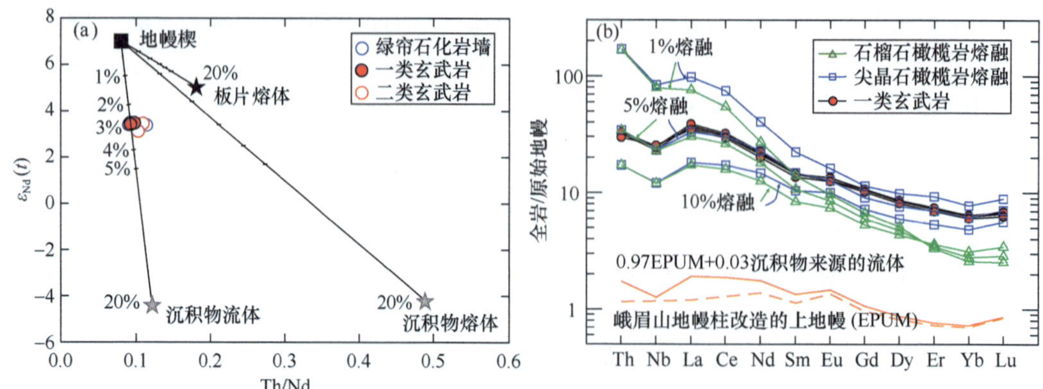

图 3.23 $\varepsilon_{Nd}(t)$ 与 Th/Nd 图解，显示不同板片组分对弧下地幔楔的贡献（a）和尖晶石和石榴石相橄榄岩的非模式批次熔融的微量元素模拟结果（b）

晚二叠世北羌塘地块之下的原来亏损的地幔楔已经被峨眉山地幔柱物质所改造或替换。所以峨眉山地幔柱改造的上地幔［图（b）中橙色的虚线］与俯冲组分（沉积物流体）混合形成了雁石坪基性岩的交代地幔楔源区［图（b）中橙色的实线］

3.1.2.4 酸性火山岩成因

雁石坪流纹岩具有高度分异的主量元素组成，比如高的 SiO_2 含量（约 75%）和 A/CNK 值（1.1~1.4）。它们还具有低的 MgO 和 CaO 含量，因此类似于高分异花岗岩。然而，它们在微量元素上具有高 Zr 含量（约 394 ppm）和相对低 Rb/Ba 值（＜ 0.36）的特征，这些不是高分异花岗岩的特征（Whalen et al.，1987）。利用 Watson 和 Harrison（1983）的方法，计算的全岩锆石饱和温度（T_{Zr}）的平均值为约 941℃，这与高温的 A 型花岗岩一致（Miller et al.，2003）。另外，雁石坪流纹岩不含原生的含水矿物，但包含原生的钛铁矿，因此岩浆形成于相对还原（Ni-NiO）的环境中（King et al.，2001）。King 等（1997）提出，形成铝质 A 型花岗岩的条件是贫水、相对低氧逸度和高温。因此，上述特征表明雁石坪流纹岩在地球化学和岩相学上与铝质 A 型花岗岩类似，正如 Zr 与 Ga/Al 判别图所显示的结果一样［图 3.24（a）；Whalen et al.，1987］。

前人已经提出了以下几个过程可以形成具有 A 型特征的长英质岩石：①中酸性或新底垫的镁铁质地壳岩石的部分熔融（例如，Collins et al.，1982；Frost and Frost，1997；King et al.，1997；Patiño Douce，1997；Wang et al.，2010a）；②玄武质岩浆的分异结晶，可能伴随着地壳混染（例如，Turner et al.，1992；Shellnutt and Zhou，2007；McCurry et al.，2008）；③酸性和基性岩浆的混合（例如，Yang et al.，2006）。流纹岩的锆石 $\delta^{18}O$ 值相对较低（5.6‰~6.6‰）［图 3.17（c）］，在幔源岩浆范围内（4.7‰~6.5‰；Valley et al.，2005），排除了表壳岩石（如变质沉积岩）熔融的可能性。流纹岩具有高的 $\varepsilon_{Nd}(t)$ 和 $\varepsilon_{Hf}(t)$ 值［图 3.17（b）］，也不可能是古老地壳熔融的产物，反而表明它们是由新底垫的玄武岩部分熔融或者极端分异产生的。

为了检验结晶分异模式的可能性，我们使用 Rhyolite-MELTS 热力学程序（Gualda et al.，2012）模拟了玄武岩的结晶分异过程，该程序针对富硅和含流体的岩浆系统进

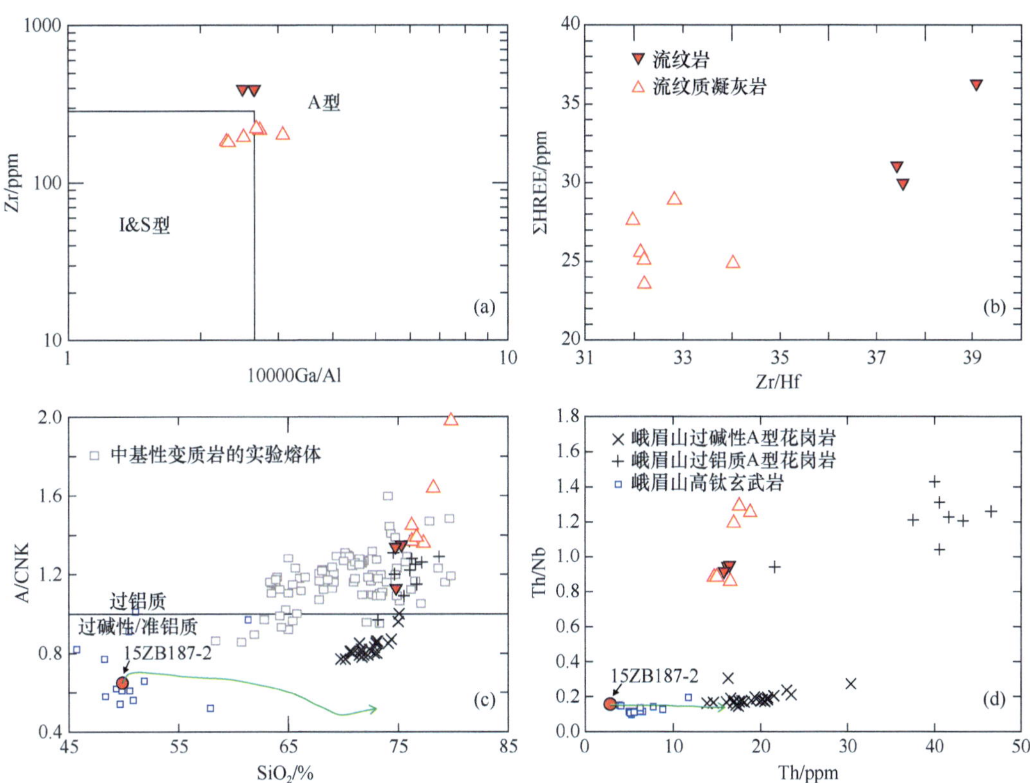

图 3.24　雁石坪酸性火山岩的 Zr-10000×Ga/Al（a）（Whalen et al.，1987）、∑HREE-Zr/Hf（b）、A/CNK-SiO_2（c）和 Th/Nb-Th（d）图解

（c）和（d）中绿色的线代表模拟的结晶分异趋势线，即使用 Rhyolite-MELTS 程序模拟第一类玄武岩（15ZB187-2）的结晶分异过程中演化的熔体成分变化（Gualda et al.，2012）。通过 Rhyolite-MELTS 输出的分异矿物的质量比例，以及不同矿物的分配系数（http://earthref.org/KDD/[2018-01-08]），可以计算出分异结晶过程中微量元素（Th 和 Nb）含量的变化。图中其他数据的来源：晚二叠世峨眉山过碱性和过铝质 A 型花岗岩（Shellnutt and Zhou，2007）；峨眉山高钛玄武岩（Xiao et al.，2004）；变质玄武岩和安山岩的部分熔融的实验熔体（Beard and Lofgren，1991）

行了优化。我们假设起始母岩浆组成等同于新鲜的玄武岩样品（15ZB187-2），结晶压力为 3.5 kbar（单斜辉石结晶的平均压力），温度是从液相线温度开始，每次降温 10℃，进行封闭系统的批次结晶。考虑到雁石坪玄武岩显示出拉斑分异趋势，我们使用固定的氧逸度 FMQ，以及初始水含量 1%，这个水含量在新生代弧后盆地玄武岩的水含量范围内（0.2%~2.0%；Dixon et al.，2004）。在设置这些条件后，Rhyolite-MELTS 计算出的 15ZB187-2 玄武岩样品的液相线温度约为 1168℃，这接近于第一类玄武岩中高 MgO 单斜辉石的平均结晶温度（约 1161℃），两个独立的计算方法得出一致的结论，暗示该模拟条件是可行的。

我们的模拟结果表明，研究区的玄武岩结晶分异形成的高硅熔体具有准铝质到过碱质特征［图 3.24（c）］。Frost 和 Frost（2010）也提出，拉斑或碱性玄武质熔体的极端分异可以产生 A 型富铁的花岗岩，其往往也具有准铝质或过碱质特征。此外，峨眉山晚二叠世过碱质 A 型花岗岩和流纹岩，也通常被认为是峨眉山溢流玄武岩极度分异

的产物［图 3.24（c）；Shellnutt and Zhou，2007；Xu et al.，2010］。然而，雁石坪流纹岩是过铝质的，其 A/CNK 值为 1.13~1.35［图 3.24（c）］。它们的过铝质特征可能是由于玄武质熔体在分离结晶过程中混染表层沉积物造成的（Frost and Frost，2010）。然而，它们高的 $\varepsilon_{Nd}(t)$ 和 $\varepsilon_{Hf}(t)$ 值［图 3.17（b）］和相对低的锆石 $\delta^{18}O$ 值［图 3.17（c）］可以排除这种可能性。此外，通过 Rhyolite-MELTS 输出的分异矿物的质量比例，以及不同矿物的分配系数，可以计算出结晶分异过程中微量元素含量的变化。结果表明，在模拟的结晶分异过程中 Th/Nb 值随着 Th 含量的增加而几乎保持恒定，类似于峨眉山高钛玄武岩分异形成过碱性 A 型花岗岩的演化趋势［图 3.24（d）］。然而，雁石坪流纹岩比伴生的玄武岩具有更高的 Th/Nb 值［图 3.24（d）］。类似地，峨眉山过铝质 A 型花岗岩（具有与雁石坪流纹岩类似的高 Th/Nb 和 A/CNK 值）被认为是地壳熔融而不是峨眉山玄武岩分离结晶的产物（Shellnutt and Zhou，2007）。这些结果都表明，雁石坪流纹岩不是由同时伴生的玄武岩直接结晶分异产生的。

前人对玄武岩及其含水的变质岩石（角闪岩）进行了部分熔融实验（Beard and Lofgren，1991），发现所有部分熔融产生的熔体都是过铝质的或轻微准铝质的［图 3.24（c）］，与雁石坪流纹岩的特征一致。此外，相对于玄武岩而言，其分异的产物或水化后的变质岩（如闪长岩和斜长角闪岩）具有更低的熔点，且熔体产出率更高（例如，Frost and Frost，1997），更适合作为酸性岩的源区岩石。而且，与玄武岩结晶分异出的矿物相比，这些演化的中性岩熔融残留可能包含更多的铁钛氧化物（Ryerson and Watson，1987）。因此，在部分熔融过程中，Nb 可能比 Th 更相容，这与模拟的结晶分异过程形成鲜明的对比，即在结晶分异过程中，Th 和 Nb 具有相似的相容性［图 3.24（d）］。因此，我们认为同期底垫的基性岩或其演化的中性岩熔融是形成雁石坪流纹岩的主要过程，而不是同期玄武质岩浆的直接分离结晶。

相对于流纹岩而言，流纹质凝灰岩具有明显较低的 Zr 和 Hf 含量［图 3.16（d）］，以及低的 Zr/Hf 值和重稀土含量［图 3.24（b）］，但是具有更高的 SiO_2 含量［图 3.24（c）］。这些特征可以通过锆石的分离结晶来解释，因为相对于 Hf 和轻稀土而言，锆石更富集 Zr 和重稀土（Linnen and Keppler，2002）。然而，流纹质凝灰岩具有高度不均一的 Nd 和 Hf 同位素组成，整体上具有比流纹岩更富集的同位素组成［图 3.17（b）］，其中两个样品甚至具有负的 $\varepsilon_{Nd}(t)$ 值［图 3.17（b）］，意味着在锆石分离结晶过程中，存在显著的地壳混染。此外，流纹质凝灰岩具有显著不均一的高的锆石 $\delta^{18}O$ 值［5.4‰~8.5‰；图 3.17（d）］，表明在岩浆上升过程中混染了高 $\delta^{18}O$ 的表壳沉积物（Kemp et al.，2007）。在显著高硅的流纹质凝灰岩样品（SiO_2 含量达到 80%）中发现了富石英的岩屑，其可能代表了混入的围岩沉积物。因此，流纹质凝灰岩可能是流纹岩经过锆石分异结晶和地壳混染之后的产物，而且可能是整体地混入围岩的沉积物碎屑。

3.1.2.5 地幔柱与俯冲带相互作用

缺少中间成分的双峰火山岩在板内或弧后裂谷构造体系相关的伸展环境中普遍

出现（例如，Draper，1991；Shinjo and Kato，2000；Streck and Grunder，2008）。第一类玄武岩中的大多数单斜辉石具有裂谷环境相关的组成趋势，也表明形成于伸展环境（Loucks，1990）。前面的讨论提供了基性岩的地幔源区中存在俯冲组分的证据。因此，雁石坪双峰式火山岩最有可能形成于与弧相关的伸展环境（即伸展的弧后盆地），这与下述的区域构造演化一致。北羌塘地块晚古生代的弧岩浆作用存在一个间歇期，即 345~275 Ma（图 3.25），前人研究将其归因于龙木错 – 双湖古特提斯洋的平坦俯冲（Wang et al.，2017），大洋板片的平坦俯冲（没有了热的软流圈地幔楔）导致弧岩浆的结束，也在现今的中安第斯弧有所体现（Ramos and Folguera，2009）。在岩浆间歇期之后，即二叠纪—中三叠世期间，北羌塘地块发育了一个典型的海沟 – 弧 – 弧后系统，这主要是由之前平坦俯冲的龙木错 – 双湖古特提斯洋板片后撤造成的（例如，Liu et al.，2016b；Zhang et al.，2017a）。

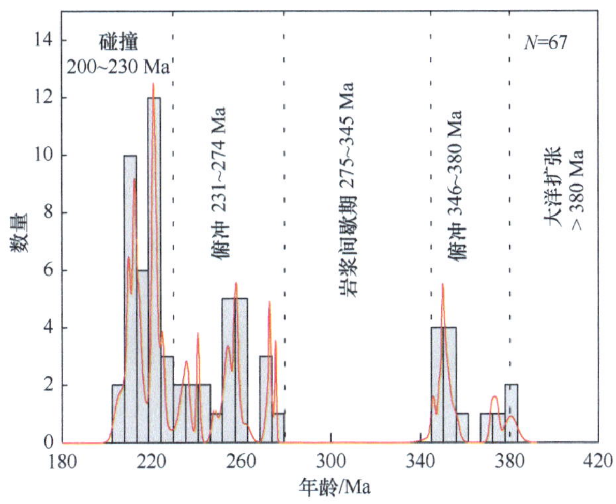

图 3.25　北羌塘地块泥盆纪到三叠纪岩浆岩年龄直方图

新生代双峰式弧后岩浆作用，同时伴随着 A 型流纹岩，这样的岩石组合通常与特殊的俯冲环境有关。例如，先前的研究已经将 Oregon High Lava Plains 的晚新生代双峰式岩浆作用（有 A 型流纹岩产出）归因于黄石地幔柱影响下的弧后伸展环境（例如，Draper，1991；Jordan et al.，2004；Streck and Grunder，2008；Kincaid et al.，2013）。同时，我们的研究也证明了峨眉山地幔柱物质参与到了雁石坪基性岩的弧后地幔源区。总的来说，具有极高锆石饱和温度（平均 T_{Zr}=941℃）的 A 型流纹岩和北羌塘地块之下存在的富集 OIB 型地幔楔，这两个独立的证据表明晚二叠世峨眉山地幔柱对北羌塘地块弧后伸展区域施加了显著的物质和热的影响。

导致峨眉山地幔柱的物质出现在古特提斯俯冲带的地幔楔中的深部动力学过程仍然不清楚。Kincaid 等（2013）进行了实验模拟，以研究黄石地幔柱与相邻的东太平洋俯冲带相互作用的形式，在这个北美西部地区，黄石地幔柱也是出现在了伸展的弧后区域。他们的模拟结果表明，俯冲的东太平洋板片后撤引起的地幔角流，可以使轻的地幔柱发生变形而侧向流动，即可以导致远离弧后的地幔柱物质向海沟方向迁移达到1500 km，最后可以进入到弧下地幔区域。考虑到二叠纪北羌塘和华南地块相互毗邻（Huang et al.，1992；He et al.，2009；Metcalfe，2013；Zhang et al.，2013），俯冲的古特提斯洋板片后撤引起的地幔对流可能导致轻的峨眉山地幔柱发生变形而向西流动，即从华南板块的西缘进入到北羌塘地块东北缘（图 3.26）。最近在北羌塘地块东北缘发现的与峨眉山地幔柱相关的 OIB 型镁铁质岩石（约 258 Ma）进一步证实了这一推论（图 3.26 中的［3］）（Liu et al.，2016a）。

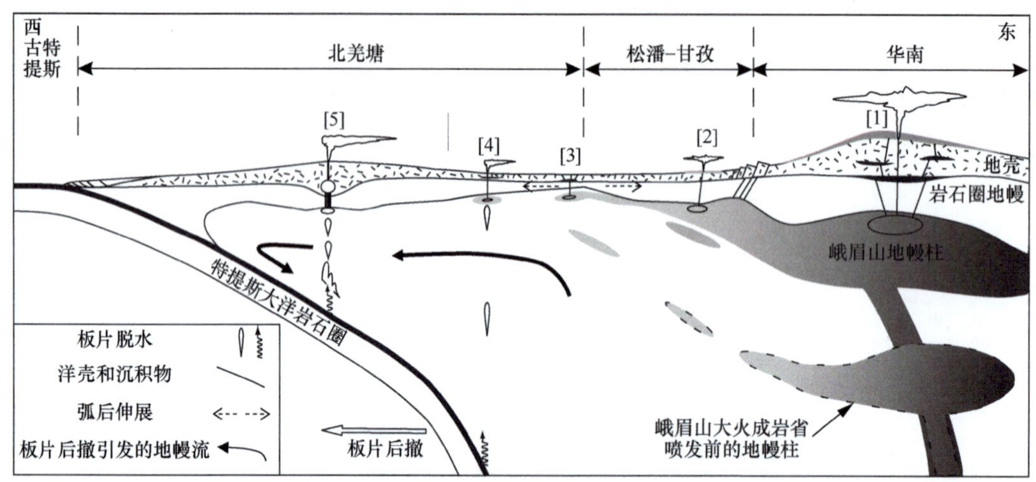

图 3.26　展示晚二叠世雁石坪双峰式火山岩形成过程的简要示意图

峨眉山地幔柱相关的岩浆活动主要出现在华南板块（［1］峨眉山大火成岩省：Xu et al.，2001；Xiao et al.，2004；Zhang et al.，2006a）、松潘甘孜地块（［2］大石包组高钛玄武岩：Song et al.，2004；Zi et al.，2010；Li et al.，2016）以及北羌塘地块的东北缘（［3］玉树高钛辉长岩：Liu et al.，2016a）。古特提斯洋俯冲相关的岩浆活动主要出现在远离华南板块的北羌塘地块的南部和中部（［4］弧后岩浆岩：比如雁石坪双峰式火山岩；［5］弧岩浆：Yang et al.，2011）。上述这些岩浆岩中，雁石坪晚二叠世双峰式火山岩是峨眉山地幔柱与古特提斯洋俯冲系统相互作用的产物

根据上述结论，我们构建如下的峨眉山地幔柱与古特提斯洋俯冲系统相互作用的地球动力学模型（图 3.26），来解释晚二叠世区域性观察到的不同类型的岩浆作用。在峨眉山溢流玄武岩喷发之前，俯冲的古特提斯洋板片后撤引起的地幔对流可能导致轻的峨眉山地幔柱发生变形、部分撕裂和进一步向西流动，即从华南板块的西缘进入到北羌塘地块东北缘。因此，富集的峨眉山地幔柱物质（图 3.26 中的软流圈地幔的灰色区域）部分替换和改造了原来北羌塘地块之下的亏损上地幔。最后，上涌的地幔柱发生大规模降压熔融形成了华南板块西缘的溢流玄武岩以及松潘甘孜和北羌塘地块东北缘零星的板内 OIB 型镁铁质岩石（分别对应图 3.26 中的［1］、［2］和［3］）。这些峨眉山地幔柱相关的高钛玄武岩具有 Nb-Ta 正异常［图 3.16（b）］以及显著的轻重稀土元素分异［图 3.16（a）］，表明它们是未受俯冲组分改造的深部石榴石相地幔熔融的产物，这是因为这些地区具有厚的岩石圈以及远离古特提斯洋俯冲系统。相比之下，在更接近古特提斯洋俯冲带的北羌塘地块的中心区域（图 3.26 中的［4］），弧后伸展以及俯冲板片的脱水诱发了俯冲组分改造的 OIB 型地幔楔在浅部发生熔融，形成了雁石坪

基性火山岩，部分基性岩以及其分异的中性岩在地壳内部发生高温熔融形成了 A 型流纹岩。因此，北羌塘地块雁石坪晚二叠世双峰式火山岩可能是峨眉山地幔柱与古特提斯洋俯冲系统相互作用的产物。

3.1.2.6　小结

北羌塘地块雁石坪火山岩喷发时代为晚二叠世（约 259~256 Ma），与峨眉山大火成岩省岩浆活动峰期时间基本一致。该套火山岩由玄武岩、流纹岩以及流纹质凝灰岩组成。流纹岩具有高温 A 型特征，是由新底垫的基性岩石高温部分熔融形成的，流纹质凝灰岩可能是流纹岩经过锆石分离结晶和地壳混染之后的产物。地球化学示踪表明玄武岩形成于弧后伸展环境，其源区包含有两个主要的组分：OIB 型的富集地幔和俯冲沉积物来源的流体。结合北羌塘地块的构造演化历史，我们提出俯冲的古特提斯洋板片后撤导致的地幔对流引起轻的峨眉山地幔柱发生变形而向西流动，其地幔柱物质部分替换和改造了原来的古特提斯洋亏损上地幔，因此地幔楔中的富集 OIB 型地幔可能是来自峨眉山地幔柱源区物质。弧后伸展的双峰式火山岩中出现高温的 A 型流纹岩也与地幔柱影响的特殊俯冲环境一致。因此，北羌塘地块雁石坪晚二叠世双峰式火山岩可能是峨眉山地幔柱与古特提斯洋俯冲系统相互作用的产物。

3.1.3　北羌塘三叠纪埃达克质石榴石闪长斑岩

3.1.3.1　引言

Defant 和 Drummond（1990）最初定义"埃达克岩"为俯冲的年轻（≤ 25Ma）洋壳熔融形成的一套中酸性（≥ 56% SiO_2）的弧岩浆岩，其相对于正常的弧安山岩 – 英安岩 – 流纹岩，具有高的 Al_2O_3 含量，低的 Y 和 Yb 含量。早期的研究认为埃达克岩具有相对低的 MgO（通常＜ 3%）含量，但是后面的研究发现，大多数弧埃达克岩都比实验得到的板片熔体具有更高的 MgO、Cr、Ni 含量以及 $Mg^{\#}$，这通常解释为板片熔体与地幔相互作用的结果（例如，Kay，1978；Kay et al.，1993；Sen and Dunn，1994；Yogodzinski et al.，1995；Rapp et al.，1999；Martin et al.，2005）。研究俯冲地壳的熔体与地幔反应的过程以及埃达克岩的成因，对于我们理解高镁安山质陆壳和斑岩型矿床的成因至关重要（Kelemen，1995；Mungall，2002）。

另外，也有研究者认为高镁埃达克质特征也可以通过幔源含水岩浆的石榴石（± 角闪石）分异来解释，或者通过壳源的低镁埃达克质酸性熔体与幔源岩浆的混合形成（如 Castillo et al.，1999；Macpherson et al.，2006；Streck et al.，2007；Zellmer et al.，2012）。石榴石分异的证据主要是全岩的地球化学组成变化，如 Dy/Yb 和 SiO_2 含量的变化（例如，Macpherson et al.，2006；Shibata et al.，2015）。但是，至今为止，没有在高镁埃达克质岩石中发现岩浆成因的石榴石。此外，一些含石榴石的中酸性岩浆岩都具有低 Sr 和 Sr/Y 的特征或者属于贫镁的淡色花岗岩（例如，Day et al.，1992；Harangi et al.，2001；Yuan et al.，2009；Shuto et al.，2013；Luo et al.，2018）。因此，幔源岩浆的石榴石结晶分异模型仍然缺乏直接的矿物学证据，这也导致我们对幔源岩浆结晶和保存石榴石的机制缺乏认识。不同阶段结晶的石榴石和角闪石往往具有不同的结构和地化特征，它们的组成变化可以用来示踪其平衡熔体的成分变化（例如，Bach et al.，2012；Ribeiro et al.，2016；Tang et al.，2017；Zhou et al.，2020）。而且它们的成分也记录了岩浆结晶深度等重要的信息（例如，Green，1977；Harangi et al.，2001；Prouteau and Scaillet，2003；Ridolfi and Renzulli，2012），因此矿物成分能提供全岩不能提供的重要信息。

我们对青藏高原中部羌塘地块进行野外地质考察期间，在保护站发现了两个闪长斑岩岩体，并在部分样品中发现了石榴石斑晶。我们对其进行了详细的矿物学、年代学和地球化学研究，试图对上述科学问题提供新的见解。

3.1.3.2 地质背景和岩相学特征

保护站离龙木错－双湖缝合带的片石山榴辉岩大约 50 km 远，保护站岩体侵入到北羌塘地块的泥盆系和二叠系的灰岩和砂岩中（图 3.27），本次研究共采集 16 个闪长斑岩样品，虽然所有样品都命名为闪长斑岩，但它们的斑晶矿物（如角闪石和石英）种类和比例不同。东边岩体依据其斑晶可以分为两类：第一类闪长斑岩以角闪石斑晶（1.0~2.5 mm；约 25%）为主，基质主要是细粒的角闪石、斜长石和少量的氧化物［图 3.28（a）］，部分角闪石斑晶可见显著的成分环带，比如在背散射电子（BSE）图上可见宽的、深色的核以及窄的浅色的边［单偏光下的颜色恰好相反，图 3.28（c）］；第二类闪长斑岩的斑晶主要是斜长石以及少量的角闪石和石榴石［＜ 5%；2.5~5.0 mm；图 3.28（b）］，石榴石斑晶是圆状的，并具有裂纹和重新吸收的不规则的边［图 3.28（d）］。石榴石中的包裹体很少，主要包括斜长石、磷灰石和氧化物。

Zhai 等（2013b）曾报道过西边岩体的锆石 U-Pb 年龄和全岩地球化学成分［图 3.27（b）］，他们样品的岩性为花岗闪长斑岩和闪长斑岩，且都具有埃达克质特征。他们收集的样品包括闪长岩和花岗闪长斑岩。我们新采集的闪长岩样品（命名为第三类闪长斑岩）也具有斑状结构，斑晶和基质矿物主要为长石、角闪石和石英［图 3.28（e）］。除了 Zhai 等（2013b）报道的这些矿物组合，我们在手标本中观察到棕色石榴石（0.5~1.5 mm），这些石榴石要么被大的斜长石斑晶包裹［图 3.28（e）~（g）］，要么以小的斑晶［图 3.28（h）］单独出现。石榴石的含量不超过 5%，并且都具有港湾状和不规则的边。与基质直接接触的石榴石斑晶通常发育有反应边结构，反应物包括交生的斜长石、角闪石（部分绿泥石化）、氧化物［图 3.28（h）］。在第三类闪长斑岩的一个样品中［GZ111-3；图 3.28（e）和（f）］发现了一个新鲜的角闪石巨晶（约 18 mm），其具有港湾状边和溶蚀隧道。相对较小的角闪石斑晶（1.0~4.0 mm）以自形晶［图 3.28（i）］或他形晶［图 3.28（j）］出现。大部分角闪石斑晶沿其解理面蚀变为阳起石和绿泥石。此

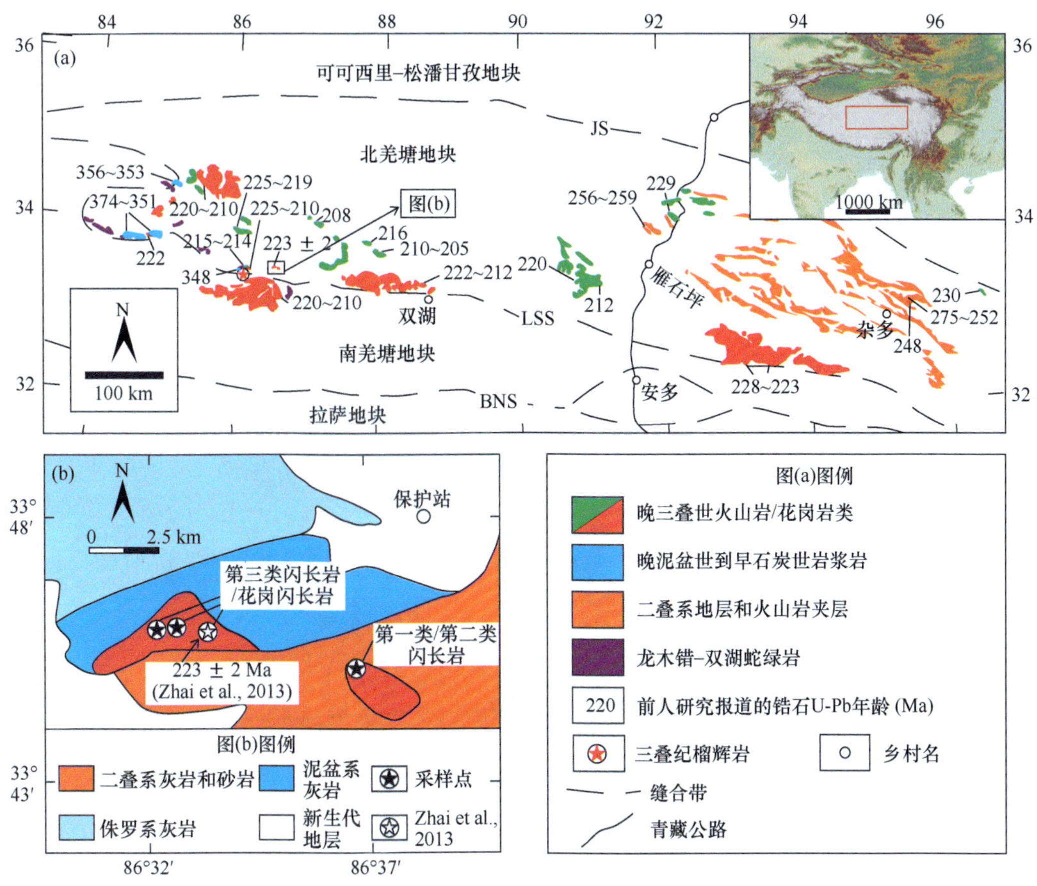

图 3.27　青藏高原中部羌塘地块泥盆纪—晚三叠世岩浆岩分布（a）（修改自 Wang et al.，2018a）和北羌塘地块保护站地质图（b）

外，在一些大的斜长石斑晶中会出现小的自形的角闪石包裹体（0.1~0.3 mm）。

3.1.3.3　分析结果

我们对保护闪长斑岩进行了全岩主微量和 Sr-Nd 同位素分析（表 3.9），锆石 U-Pb 年龄（表 3.10）、微量（表 3.11）和 Hf-O 同位素分析（表 3.12），以及矿物原位的主微量元素分析，取得了以下结果。

1）全岩组成

保护闪长斑岩和花岗闪长斑岩的 SiO_2（57.6%~71.7%）和 MgO（1.7%~6.5%）的含量变化范围较大（图 3.29）。第一类闪长斑岩的 SiO_2 含量最低（57.6%~59.6%），但 MgO（5.1%~6.5%）和 $Mg^{\#}$ 值（0.62~0.65）最高，符合“原始安山岩”（54%~65% SiO_2；$Mg^{\#} > 0.60$；Kelemen et al.，2003）的定义。相比之下，第二、三类闪长斑岩具有相对演化的成分，$Mg^{\#}$ 值为 0.45~0.56，SiO_2 含量为 62.3%~63.6%，与“高 $Mg^{\#}$ 安山岩”（54%~ 65% SiO_2；$Mg^{\#}$=0.45~0.60；Kelemen et al.，2003）的定义一致。

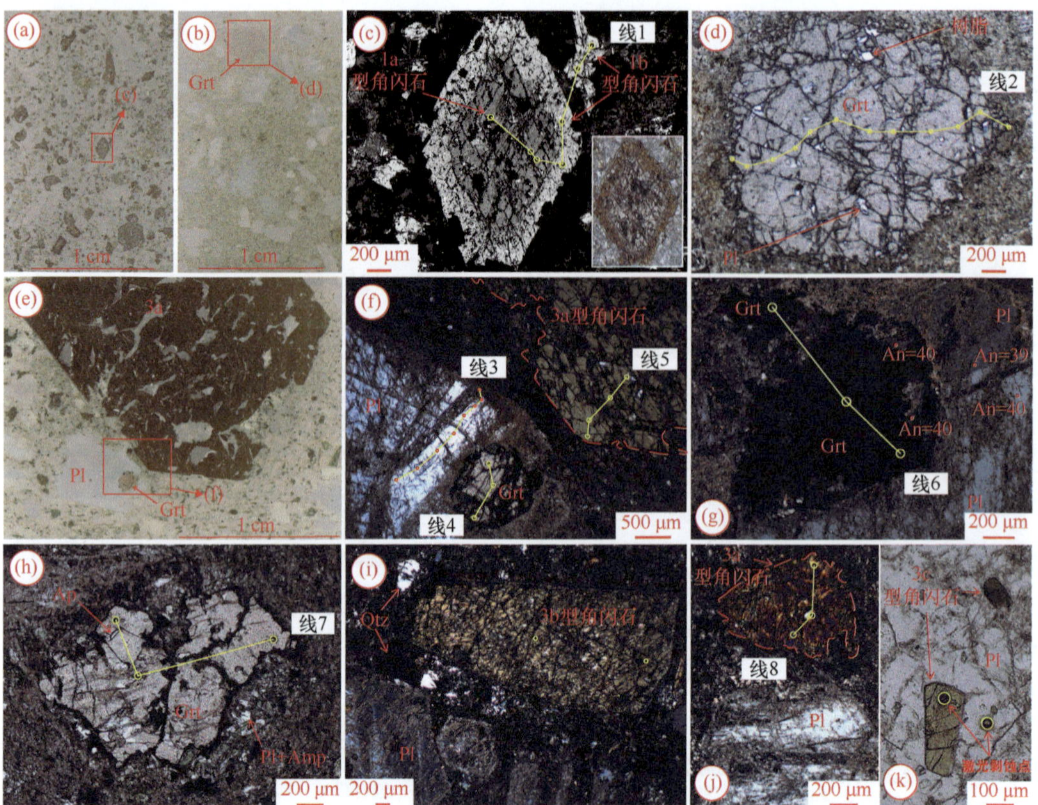

图 3.28　北羌塘保护闪长斑岩的岩相图

（a）第一类闪长斑岩；（b）第二类闪长斑岩；（c）第一类闪长斑岩中的角闪石斑晶；（d）第二类闪长斑岩中的石榴石斑晶；（e）第三类闪长斑岩；（f）第三类闪长斑岩中的石榴石、角闪石、斜长石斑晶；（g）第三类闪长斑岩中的斜长石斑晶与石榴石交生关系；（h）第三类闪长斑岩中的石榴石斑晶；（i）第三类闪长斑岩中的自形的角闪石和斜长石斑晶；（j）第三类闪长斑岩中的他形的角闪石斑晶；（k）第三类闪长斑岩的斜长石斑晶中的角闪石包裹体。矿物缩写如下：Grt. 石榴石；Amp. 角闪石；Pl. 斜长石；Qtz. 石英

表 3.9　保护闪长斑岩主量（%）和微量（ppm）元素和 Sr-Nd 同位素组成（Wang et al., 2021）

样号	GZ111-1	GZ111-2	GZ111-3	GZ111-4	GZ112-1	GZ112-2	GZ114-1	GZ114-2
岩石类型	第三类	第三类	第三类	第三类	第三类	第三类	第二类	第二类
SiO_2	62.00	61.85	62.06	61.96	61.22	61.45	60.54	60.58
TiO_2	0.45	0.43	0.47	0.44	0.47	0.47	0.47	0.46
Al_2O_3	17.81	17.88	17.74	17.75	17.66	17.67	17.55	17.48
$Fe_2O_3^T$	4.73	4.75	4.57	4.56	5.10	5.15	5.63	5.65
MnO	0.10	0.10	0.08	0.08	0.10	0.10	0.11	0.12
MgO	1.95	2.05	2.03	2.21	2.44	2.55	2.80	3.13
CaO	4.12	4.02	4.15	3.90	3.65	3.45	1.80	1.56
Na_2O	5.10	5.24	4.84	4.95	5.06	4.74	7.36	6.89
K_2O	1.38	1.15	1.53	1.56	1.49	1.72	0.44	0.86
P_2O_5	0.09	0.10	0.10	0.10	0.09	0.09	0.09	0.09

续表

样号	GZ111-1	GZ111-2	GZ111-3	GZ111-4	GZ112-1	GZ112-2	GZ114-1	GZ114-2
岩石类型	第三类	第三类	第三类	第三类	第三类	第三类	第二类	第二类
烧失量	1.91	2.09	1.95	2.17	2.37	2.27	2.84	2.82
总量	99.65	99.66	99.52	99.67	99.66	99.67	99.64	99.64
Sc	8.50	8.70	8.23	8.40	9.91	10.5	11.3	12.1
V	50.1	51.8	50.0	48.8	56.4	59.5	69.6	71.8
Cr	189	187	13.1	13.0	19.8	20.0	138	173
Ni	17.0	18.4	7.22	7.17	7.87	8.30	23.2	29.3
Ga	19.6	19.4	19.6	19.3	18.5	19.1	18.3	18.5
Rb	49.2	42.5	55.0	57.1	52.0	65.9	14.3	26.5
Sr	939	984	887	900	648	633	387	377
Y	8.81	9.49	9.00	8.89	11.7	12.0	8.93	9.09
Zr	95.8	110	91.9	94.9	105	87.7	94.0	87.7
Nb	2.86	2.96	2.80	2.72	2.54	2.58	2.59	2.55
Cs	2.81	2.92	3.19	3.20	2.56	3.38	0.36	0.80
Ba	359	287	364	354	386	400	138	361
La	9.70	11.5	14.5	9.39	12.4	12.9	10.8	9.93
Ce	19.8	23.9	29.8	19.1	24.6	25.6	21.9	20.1
Pr	2.58	3.13	3.71	2.46	3.05	3.15	2.70	2.48
Nd	10.7	12.8	14.9	10.4	12.3	12.4	10.6	9.95
Sm	2.40	2.71	2.96	2.31	2.56	2.58	2.18	2.04
Eu	0.78	0.83	0.84	0.77	0.81	0.82	0.66	0.64
Gd	2.29	2.47	2.58	2.26	2.42	2.51	2.05	1.96
Tb	0.33	0.38	0.35	0.33	0.38	0.39	0.30	0.30
Dy	1.76	2.01	1.83	1.76	2.17	2.25	1.73	1.70
Ho	0.34	0.37	0.34	0.34	0.46	0.47	0.35	0.37
Er	0.88	0.94	0.89	0.88	1.27	1.30	1.01	1.04
Tm	0.13	0.14	0.13	0.13	0.19	0.19	0.15	0.16
Yb	0.78	0.88	0.81	0.81	1.22	1.24	0.98	1.05
Lu	0.12	0.13	0.13	0.13	0.20	0.20	0.16	0.17
Hf	2.84	3.30	2.82	2.88	3.08	2.63	2.75	2.64
Ta	0.26	0.26	0.27	0.26	0.25	0.25	0.24	0.24
Pb	11.2	10.3	12.5	14.2	21.6	20.4	9.05	7.20
Th	3.22	4.01	4.97	3.11	4.68	4.61	4.47	4.43
U	1.35	1.73	1.55	1.32	1.22	1.37	1.26	1.36
$(^{143}Nd/^{144}Nd)_S$	0.512456		0.512417					0.512362
1SE	0.000005		0.000004					0.000005
$\varepsilon_{Nd}(t)$	−1.86		−2.15					−3.36
$(^{87}Sr/^{86}Sr)_S$	0.708521		0.708619					0.709914
1SE	0.000008		0.000007					0.000008
$(^{87}Sr/^{86}Sr)_i$	0.708042		0.708053					0.709278

续表

样号	GZ114-3	GZ114-5	GZ114-6	GZ114-7	GZ114-8	GZ114-9	GZ114-10	GZ114-11
岩石类型	第二类	第二类	第二类	第一类	第一类	第一类	第一类	第一类
SiO_2	60.20	60.78	60.34	55.58	56.48	58.03	56.59	57.34
TiO_2	0.48	0.49	0.47	0.56	0.54	0.52	0.57	0.55
Al_2O_3	17.57	17.76	17.61	16.51	16.37	16.50	16.35	16.30
$Fe_2O_3^T$	5.63	5.50	5.47	6.59	6.45	5.94	6.42	6.37
MnO	0.12	0.11	0.10	0.14	0.13	0.12	0.13	0.12
MgO	3.30	3.15	3.47	6.23	5.79	4.94	5.72	5.93
CaO	1.57	1.44	1.92	4.52	4.69	4.41	4.79	4.46
Na_2O	6.90	7.04	6.26	4.86	4.89	5.46	5.72	4.79
K_2O	0.82	0.89	1.16	1.45	1.52	1.31	0.96	1.48
P_2O_5	0.09	0.09	0.09	0.07	0.07	0.07	0.07	0.08
烧失量	2.98	2.40	2.79	3.16	2.73	2.34	2.34	2.27
总量	99.67	99.66	99.68	99.67	99.67	99.65	99.66	99.67
Sc	12.7	12.1	13.3	21.5	20.6	17.7	19.8	20.0
V	75.7	71.8	75.5	126	121	107	119	118
Cr	193	139	55	303	332	183	338	215
Ni	30.8	22.7	19.5	80.7	80.4	60.1	79.2	73.7
Ga	19.0	18.2	19.7	17.9	17.5	17.5	17.4	17.4
Rb	24.5	26.0	39.2	57.6	56.1	39.0	28.0	50.0
Sr	324	373	397	287	307	305	207	313
Y	9.69	10.5	11.4	13.8	13.4	11.5	13.4	13.5
Zr	86.0	98.9	98.6	84.6	84.7	93.8	89.7	87.1
Nb	2.57	2.65	2.69	2.08	2.12	2.36	2.17	2.24
Cs	0.91	2.67	5.16	31.8	22.2	1.32	15.7	3.43
Ba	305	366	514	580	544	496	222	412
La	11.7	12.3	12.5	9.70	9.88	10.8	10.3	10.7
Ce	23.0	24.5	25.0	19.7	19.9	21.4	20.6	21.5
Pr	2.84	3.01	3.09	2.54	2.53	2.60	2.60	2.69
Nd	11.3	11.9	12.4	10.5	10.5	10.5	10.7	10.9
Sm	2.28	2.44	2.51	2.44	2.35	2.26	2.38	2.43
Eu	0.72	0.75	0.78	0.74	0.73	0.72	0.77	0.74
Gd	2.17	2.35	2.49	2.54	2.48	2.31	2.47	2.52
Tb	0.33	0.36	0.38	0.43	0.41	0.36	0.41	0.41
Dy	1.86	2.06	2.14	2.56	2.44	2.17	2.45	2.46
Ho	0.39	0.42	0.45	0.55	0.52	0.45	0.53	0.52
Er	1.06	1.14	1.21	1.55	1.46	1.27	1.46	1.47
Tm	0.16	0.17	0.18	0.23	0.22	0.19	0.22	0.22
Yb	1.07	1.08	1.14	1.45	1.41	1.23	1.39	1.40
Lu	0.17	0.17	0.18	0.24	0.23	0.20	0.23	0.23

续表

样号	GZ114-3	GZ114-5	GZ114-6	GZ114-7	GZ114-8	GZ114-9	GZ114-10	GZ114-11
岩石类型	第二类	第二类	第二类	第一类	第一类	第一类	第一类	第一类
Hf	2.67	2.87	2.86	2.43	2.42	2.59	2.54	2.56
Ta	0.23	0.24	0.26	0.19	0.19	0.23	0.19	0.22
Pb	8.04	13.5	11.2	6.36	8.01	9.42	8.71	13.3
Th	4.50	4.54	4.61	3.73	3.68	4.03	3.69	4.12
U	1.45	1.30	1.45	1.17	1.22	1.05	1.20	1.30
$(^{143}Nd/^{144}Nd)_S$					0.512365		0.512377	0.512374
1SE					0.000004		0.000006	0.000005
$\varepsilon_{Nd}(t)$					−3.64		−3.38	−3.46
$(^{87}Sr/^{86}Sr)_S$					0.71075		0.710368	0.710581
1SE					0.000008		0.00001	0.000009
$(^{87}Sr/^{86}Sr)_i$					0.709094		0.709145	0.709136

表 3.10　保护闪长斑岩锆石 U-Pb 同位素数据（Wang et al.，2021）

分析点	Pb/ppm	Th/ppm	U/ppm	同位素比值						同位素年龄 /Ma					
				$^{207}Pb/^{206}Pb$	1σ	$^{207}Pb/^{235}U$	1σ	$^{206}Pb/^{238}U$	1σ	$^{207}Pb/^{206}Pb$	1σ	$^{207}Pb/^{235}U$	1σ	$^{206}Pb/^{238}U$	1σ
第三类闪长斑岩（GZ111-3）															
GZ111-3-01	13.8	54.5	367	0.0542	0.0019	0.2654	0.0083	0.0359	0.0006	389	80	239	7	227	4
GZ111-3-02	39.9	114	1100	0.0507	0.0013	0.2517	0.0069	0.0361	0.0008	228	59	228	6	228	5
GZ111-3-03	43.4	167	1212	0.0502	0.0012	0.2407	0.0058	0.0347	0.0005	211	57	219	5	220	3
GZ111-3-04	28.0	167	761	0.0508	0.0013	0.2458	0.0065	0.0349	0.0006	232	64	223	5	221	4
GZ111-3-05	36.9	114	1027	0.0489	0.0012	0.2384	0.0055	0.0354	0.0006	143	64	217	5	224	4
GZ111-3-06	33.0	153	861	0.0540	0.0016	0.2675	0.0085	0.0358	0.0007	372	69	241	7	227	5
GZ111-3-07	28.2	65.5	795	0.0494	0.0014	0.2404	0.0065	0.0352	0.0006	165	67	219	5	223	3
GZ111-3-08	14.6	58.4	415	0.0503	0.0029	0.2442	0.0141	0.0354	0.0009	209	131	222	11	224	6
GZ111-3-10	32.3	95.5	910	0.0492	0.0013	0.2384	0.0060	0.0351	0.0005	167	58	217	5	222	3
GZ111-3-12	33.4	94.9	943	0.0514	0.0013	0.2482	0.0064	0.0347	0.0005	257	62	225	5	220	3
GZ111-3-13	23.8	111	630	0.0532	0.0014	0.2667	0.0069	0.0363	0.0006	345	59	240	6	230	4
GZ111-3-14	38.9	127	1093	0.0496	0.0011	0.2396	0.0058	0.0347	0.0005	176	54	218	5	220	3
GZ111-3-15	40.3	138	1107	0.0500	0.0011	0.2451	0.0056	0.0352	0.0005	198	55	223	5	223	3
GZ111-3-16	25.2	79.3	689	0.0511	0.0014	0.2498	0.0067	0.0352	0.0005	243	58	226	5	223	3
GZ111-3-17	34.1	103	946	0.0513	0.0013	0.2469	0.0061	0.0348	0.0005	254	66	224	5	220	3
GZ111-3-19	30.6	134	853	0.0514	0.0013	0.2450	0.0061	0.0342	0.0004	257	56	223	5	217	3
GZ111-3-20	39.8	148	1104	0.0508	0.0012	0.2440	0.0059	0.0345	0.0004	232	54	222	5	219	3
GZ111-3-23	48.4	157	1306	0.0529	0.0014	0.2587	0.0067	0.0353	0.0005	324	59	234	5	224	3
第二类闪长斑岩（GZ114-2）															
GZ114-2-01	4.60	39.4	117	0.0543	0.0029	0.2568	0.0125	0.0352	0.0008	389	120	232	10	223	5
GZ114-2-02	4.92	58.0	124	0.0506	0.0028	0.2417	0.0131	0.0347	0.0007	220	121	220	11	220	4
GZ114-2-03	12.6	168	321	0.0508	0.0018	0.2409	0.0092	0.0343	0.0006	232	90	219	8	218	4

续表

分析点	Pb/ppm	Th/ppm	U/ppm	同位素比值						同位素年龄 /Ma					
				$^{207}Pb/^{206}Pb$	1σ	$^{207}Pb/^{235}U$	1σ	$^{206}Pb/^{238}U$	1σ	$^{207}Pb/^{206}Pb$	1σ	$^{207}Pb/^{235}U$	1σ	$^{206}Pb/^{238}U$	1σ
第二类闪长斑岩（GZ114-2）															
GZ114-2-04	9.65	130	246	0.0492	0.0025	0.2321	0.0110	0.0343	0.0006	167	149	212	9	217	4
GZ114-2-05	3.18	24.8	84.7	0.0509	0.0036	0.2460	0.0177	0.0351	0.0010	235	165	223	14	222	6
GZ114-2-07	3.41	27.6	89.5	0.0509	0.0034	0.2413	0.0148	0.0348	0.0009	235	156	219	12	220	5
GZ114-2-08	24.2	419	580	0.0497	0.0015	0.2387	0.0068	0.0344	0.0006	189	73	217	6	218	4
GZ114-2-09	11.5	145	290	0.0490	0.0020	0.2398	0.0092	0.0351	0.0006	150	96	218	8	223	4
GZ114-2-10	7.25	74.8	191	0.0483	0.0022	0.2356	0.0110	0.0349	0.0007	122	90	215	9	221	5
GZ114-2-11	14.4	202	359	0.0511	0.0016	0.2493	0.0079	0.0348	0.0007	256	74	226	6	221	4
GZ114-2-12	12.7	120	337	0.0521	0.0021	0.2411	0.0091	0.0335	0.0008	300	99	219	7	213	5
GZ114-2-13	10.9	151	271	0.0514	0.0025	0.2452	0.0110	0.0346	0.0007	261	109	223	9	219	4
GZ114-2-14	18.8	101	504	0.0495	0.0022	0.2463	0.0101	0.0360	0.0007	169	136	224	8	228	4
GZ114-2-15	10.6	115	277	0.0487	0.0017	0.2304	0.0077	0.0342	0.0006	200	81	211	6	217	4
GZ114-2-17	9.62	79.6	247	0.0526	0.0022	0.2545	0.0099	0.0353	0.0007	309	127	230	8	224	4
GZ114-2-19	17.9	56.0	494	0.0530	0.0017	0.2580	0.0082	0.0351	0.0005	328	106	233	7	222	3
第一类闪长斑岩（GZ114-8）															
GZ114-8-02	147	4522	2631	0.0560	0.0012	0.2659	0.0055	0.0343	0.0004	450	16	239	4	217	2
GZ114-8-06	131	4140	2431	0.0529	0.0010	0.2576	0.0068	0.0352	0.0007	324	43	233	5	223	4
GZ114-8-07	68.5	1941	1328	0.0563	0.0022	0.2682	0.0108	0.0348	0.0009	465	87	241	9	221	5
GZ114-8-08	91.2	2505	1705	0.0525	0.0013	0.2551	0.0070	0.0350	0.0004	309	57	231	6	222	3
GZ114-8-09	121	3874	2254	0.0532	0.0014	0.2525	0.0089	0.0341	0.0006	345	57	229	7	216	4
GZ114-8-10	75.3	442	1892	0.0530	0.0010	0.2532	0.0054	0.0345	0.0005	328	43	229	4	219	3
GZ114-8-11	145	4388	2503	0.0555	0.0015	0.2710	0.0098	0.0349	0.0006	432	63	243	8	221	4
GZ114-8-12	126	3854	2462	0.0505	0.0014	0.2415	0.0092	0.0346	0.0009	220	65	220	7	219	6
GZ114-8-15	70.0	2176	1331	0.0537	0.0012	0.2580	0.0070	0.0347	0.0007	367	48	233	6	220	4

表 3.11　保护闪长斑岩锆石稀土元素含量（ppm）数据（Wang et al.，2021）

点号	岩石类型	La	Ce	Pr	Nd	Sm	Eu	Gd	Tb	Dy	Y	Ho	Er	Tm	Yb	Lu
GZ111-3-01	第三类	0.22	3.40	0.12	0.61	3.31	0.96	16.1	4.80	44.2	438	13.8	49.3	10.5	99.3	15.2
GZ111-3-02	第三类	0.09	2.98	0.01	0.63	2.75	1.05	14.8	4.27	35.2	288	9.09	27.8	5.40	48.9	6.24
GZ111-3-03	第三类	b.d.l.	3.92	0.03	0.86	3.72	1.30	18.5	4.86	41.3	337	10.1	33.1	6.49	59.0	7.06
GZ111-3-04	第三类	0.06	6.38	0.06	1.52	4.80	1.84	32.1	9.11	90.0	863	27.2	103	21.9	211	30.5
GZ111-3-05	第三类	0.04	3.43	0.02	0.81	2.84	1.25	18.5	4.97	42.4	362	10.6	35.5	6.69	60.7	8.02
GZ111-3-06	第三类	0.18	4.66	0.14	1.17	3.44	1.19	16.8	4.95	43.6	364	11.4	38.0	7.61	75.0	9.63
GZ111-3-07	第三类	b.d.l.	2.47	0.01	0.35	2.43	0.92	16.5	4.90	40.7	368	10.6	36.1	6.83	58.6	8.50
GZ111-3-08	第三类	0.43	6.91	0.39	3.76	5.08	2.43	23.2	5.97	50.3	417	13.0	41.8	7.81	68.5	9.99
GZ111-3-10	第三类	0.02	3.46	0.01	0.62	4.29	1.32	25.0	7.49	62.1	526	15.8	49.6	8.62	74.0	10.6
GZ111-3-12	第三类	b.d.l.	3.24	0.04	0.90	3.48	1.54	23.1	6.46	55.2	470	13.9	43.7	7.90	64.9	9.48
GZ111-3-13	第三类	0.20	5.26	0.31	2.75	5.62	2.26	26.3	7.42	66.2	628	19.5	70.1	14.0	131	20.1

续表

点号	岩石类型	La	Ce	Pr	Nd	Sm	Eu	Gd	Tb	Dy	Y	Ho	Er	Tm	Yb	Lu
GZ111-3-14	第三类	0.41	3.52	0.20	1.10	3.39	1.25	15.5	4.70	43.6	419	12.7	46.2	9.73	89.1	14.4
GZ111-3-15	第三类	0.24	5.28	0.25	2.71	5.47	2.69	30.9	9.06	82.5	692	21.3	69.8	12.9	114	15.6
GZ111-3-16	第三类	0.04	3.23	0.05	1.13	3.67	1.29	21.3	6.11	53.0	472	14.2	45.9	8.67	78.5	11.1
GZ111-3-17	第三类	0.12	2.81	0.03	0.73	2.64	0.92	13.0	3.50	30.7	255	7.53	24.5	4.95	43.0	6.21
GZ111-3-19	第三类	0.02	4.74	0.02	0.76	3.86	1.34	23.5	6.29	56.5	518	15.7	53.7	10.6	99.7	14.7
GZ111-3-20	第三类	b.d.l.	3.82	0.07	0.83	2.31	1.13	13.7	3.68	32.5	284	9.01	29.9	6.59	61.0	8.39
GZ111-3-23	第三类	0.37	5.70	0.38	2.97	4.55	2.31	19.6	5.29	45.0	379	11.6	38.5	7.45	68.7	9.04
GZ114-2-01	第二类	0.25	4.36	0.05	0.59	1.25	0.33	4.38	1.88	22.5	311	9.52	49.0	14.1	179	34.6
GZ114-2-02	第二类	0.02	4.31	0.08	1.57	2.42	1.11	9.61	3.30	36.8	468	14.9	69.1	18.6	218	40.1
GZ114-2-03	第二类	0.08	6.13	0.13	1.93	3.37	1.81	15.1	5.43	64.5	819	26.0	124	33.3	397	73.4
GZ114-2-04	第二类	b.d.l.	5.12	0.18	2.24	3.11	1.64	16.7	5.90	66.3	836	26.9	127	32.2	370	72.8
GZ114-2-05	第二类	0.03	2.23	0.02	0.64	1.37	0.55	7.39	2.40	27.0	322	11.1	49.3	13.1	156	25.5
GZ114-2-07	第二类	b.d.l.	2.87	0.02	0.36	0.62	0.33	3.74	1.25	15.9	226	7.06	35.9	10.1	127	25.0
GZ114-2-08	第二类	0.04	14.9	0.36	6.45	12.9	4.97	61.1	19.9	222	2535	84.0	374	92.6	994	170
GZ114-2-09	第二类	0.06	5.13	0.10	1.57	3.33	1.39	13.8	4.77	58.4	756	23.6	117	31.0	373	74.2
GZ114-2-10	第二类	b.d.l.	4.37	0.12	1.51	3.23	1.52	19.4	6.65	80.3	948	31.3	146	37.8	427	72.9
GZ114-2-11	第二类	b.d.l.	10.4	0.20	3.21	5.56	2.35	28.5	10.3	126	1543	50.1	233	58.6	652	112
GZ114-2-12	第二类	0.20	5.96	0.44	1.67	3.07	1.80	18.3	6.67	77.1	953	30.4	141	36.8	445	77.5
GZ114-2-13	第二类	0.03	8.43	0.23	3.67	6.25	2.52	28.9	10.2	113	1323	42.8	196	48.5	551	94.6
GZ114-2-15	第二类	b.d.l.	5.43	0.09	0.88	2.36	1.02	13.6	5.04	62.0	784	25.4	120	30.7	363	63.1
GZ114-2-17	第二类	0.12	4.43	0.10	1.20	2.71	1.04	15.1	5.34	67.1	820	26.2	123	32.1	378	62.2
GZ114-8-02	第一类	4.73	96.6	5.19	67.4	56.1	17.8	188	52.6	564	6561	204	908	199	1883	406
GZ114-8-06	第一类	2.26	81.9	4.17	47.8	49.8	17.1	167	47.0	503	5913	182	823	182	1731	375
GZ114-8-07	第一类	1.97	79.3	5.57	57.4	48.6	16.6	144	39.0	413	4886	147	679	153	1510	332
GZ114-8-08	第一类	1.13	80.0	4.74	53.0	46.3	15.4	146	42.0	454	5486	166	781	179	1747	385
GZ114-8-09	第一类	1.83	87.5	4.66	52.7	52.9	16.8	166	46.8	504	5940	180	841	187	1810	393
GZ114-8-11	第一类	2.55	105	5.66	58.0	52.6	18.9	181	51.4	558	6570	202	927	203	1963	418
GZ114-8-12	第一类	1.07	82.5	3.82	46.6	50.5	15.9	170	47.7	515	5949	182	830	180	1734	375
GZ114-8-15	第一类	3.26	90.7	7.43	69.9	56.5	21.0	160	41.6	439	5057	153	706	160	1577	339

注：b.d.l. 指低于检出限。

表 3.12　保护闪长斑岩锆石 Hf-O 同位素数据（Wang et al.，2021）

分析点	$^{176}Yb/^{177}Hf$	$^{176}Lu/^{177}Hf$	$(^{176}Hf/^{177}Hf)_S$	2σ	$(^{176}Hf/^{177}Hf)_i$	$\varepsilon_{Hf}(t)$	2σ	$\delta^{18}O$/‰	2σ
GZ111-3-01	0.018075	0.00053	0.282718	0.000017	0.282716	2.89	0.59	5.87	0.18
GZ111-3-02	0.009351	0.00027	0.282749	0.000017	0.282748	4.00	0.58	5.98	0.32
GZ111-3-03	0.012469	0.00037	0.282757	0.000016	0.282756	4.29	0.58	5.60	0.28
GZ111-3-04	0.005247	0.00014	0.282709	0.000014	0.282709	2.61	0.49	5.95	0.24
GZ111-3-05	0.009218	0.00027	0.282697	0.000015	0.282696	2.18	0.53	6.22	0.21
GZ111-3-06	0.006932	0.0002	0.282781	0.000016	0.28278	5.16	0.57	5.26	0.29
GZ111-3-07	0.004802	0.00013	0.28272	0.000017	0.282719	2.99	0.61	5.45	0.29

续表

分析点	$^{176}Yb/^{177}Hf$	$^{176}Lu/^{177}Hf$	$(^{176}Hf/^{177}Hf)_S$	2σ	$(^{176}Hf/^{177}Hf)_i$	$\varepsilon_{Hf}(t)$	2σ	$\delta^{18}O$/‰	2σ
GZ111-3-08	0.013758	0.0004	0.282703	0.000016	0.282702	2.36	0.58	5.49	0.38
GZ111-3-09	0.006698	0.00019	0.282744	0.000015	0.282744	3.85	0.54	5.35	0.19
GZ111-3-10	0.015785	0.00058	0.282797	0.000017	0.282794	5.64	0.60	5.28	0.24
GZ111-3-11	0.010685	0.00032	0.282819	0.000018	0.282817	6.46	0.62	5.31	0.34
GZ111-3-12	0.007918	0.00025	0.282734	0.000015	0.282733	3.49	0.53	6.72	0.30
GZ111-3-13	0.007405	0.00022	0.282725	0.000018	0.282724	3.15	0.62	6.14	0.20
GZ111-3-14	0.011994	0.00036	0.282784	0.000016	0.282782	5.21	0.55	5.79	0.29
GZ111-3-15	0.010852	0.00031	0.282713	0.000017	0.282712	2.72	0.58	5.49	0.30
GZ111-3-16	0.008351	0.00023	0.282713	0.000016	0.282712	2.74	0.55	5.57	0.24
GZ111-3-17	0.008761	0.00025	0.282737	0.000017	0.282736	3.57	0.61	5.65	0.31
GZ111-3-18	0.010455	0.00031	0.282721	0.000016	0.282719	2.99	0.56	5.80	0.27
GZ111-3-19	0.031873	0.00115	0.282785	0.00002	0.28278	5.14	0.70	7.14	0.30
GZ111-3-20	0.012333	0.00035	0.282763	0.000015	0.282762	4.49	0.53	5.53	0.23
GZ111-3-21	0.003953	0.00011	0.282746	0.000017	0.282745	3.91	0.61	5.83	0.26
GZ111-3-22	0.014287	0.00044	0.282719	0.000017	0.282718	2.93	0.62	5.90	0.21
GZ111-3-23	0.00904	0.00026	0.28276	0.000017	0.282759	4.41	0.59	5.81	0.29
GZ111-3-24	0.005282	0.00014	0.282709	0.000016	0.282708	2.60	0.56	6.22	0.25
GZ111-3-25	0.007515	0.00021	0.282783	0.000018	0.282782	5.21	0.63	7.02	0.25
GZ114-2-01	0.071993	0.00259	0.282806	0.000022	0.282796	5.69	0.78	5.99	0.26
GZ114-2-02	0.050074	0.00172	0.282739	0.000022	0.282732	3.43	0.79	6.30	0.36
GZ114-2-03	0.039535	0.00139	0.282762	0.000021	0.282756	4.29	0.75	6.60	0.25
GZ114-2-04	0.046759	0.00163	0.282808	0.000021	0.282801	5.88	0.74	5.90	0.18
GZ114-2-05	0.05136	0.00178	0.282796	0.000018	0.282788	5.44	0.65	7.53	0.32
GZ114-2-06	0.052983	0.00191	0.282825	0.000018	0.282817	6.45	0.65	7.05	0.24
GZ114-2-07	0.048594	0.00166	0.282797	0.000021	0.28279	5.50	0.74	6.37	0.25
GZ114-2-08	0.046413	0.0016	0.282833	0.000022	0.282827	6.79	0.78	6.24	0.30
GZ114-2-09	0.03778	0.00141	0.282814	0.000019	0.282808	6.15	0.68	6.30	0.33
GZ114-2-10	0.048805	0.00187	0.282769	0.00002	0.282761	4.48	0.72	6.18	0.29
GZ114-2-11	0.079048	0.0028	0.282776	0.000021	0.282765	4.60	0.73	6.02	0.29
GZ114-2-12	0.092508	0.00345	0.282803	0.000027	0.282789	5.45	0.94	6.36	0.18
GZ114-2-13	0.036464	0.00135	0.282784	0.000021	0.282778	5.09	0.73	6.25	0.30
GZ114-2-14	0.029806	0.00095	0.282778	0.000022	0.282774	4.94	0.79	6.43	0.25
GZ114-2-15	0.03981	0.00146	0.282752	0.00002	0.282746	3.94	0.72	6.25	0.23
GZ114-2-16	0.045124	0.00152	0.28277	0.000032	0.282764	4.57	1.11	5.82	0.30
GZ114-2-17	0.039645	0.00145	0.282808	0.000041	0.282802	5.92	1.47	6.16	0.23

所有类型岩石都富集大离子亲石元素（LILE）和亏损高场强元素［HFSE；例如 Nb、Ta 和 Ti；图 3.30（b）］。它们显示了分异的稀土元素配分模式，从第一类、第二类到第三类，重稀土元素［图 3.30（a）］逐步亏损以及 Sr/Y 和 Dy/Yb 逐渐增加

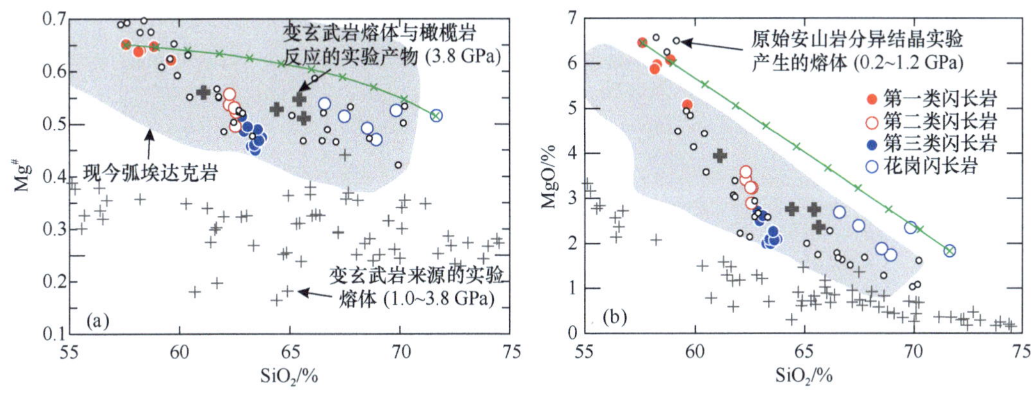

图 3.29　保护站闪长斑岩的主量元素成分图

（a）$Mg^{\#}$-SiO_2；（b）MgO-SiO_2

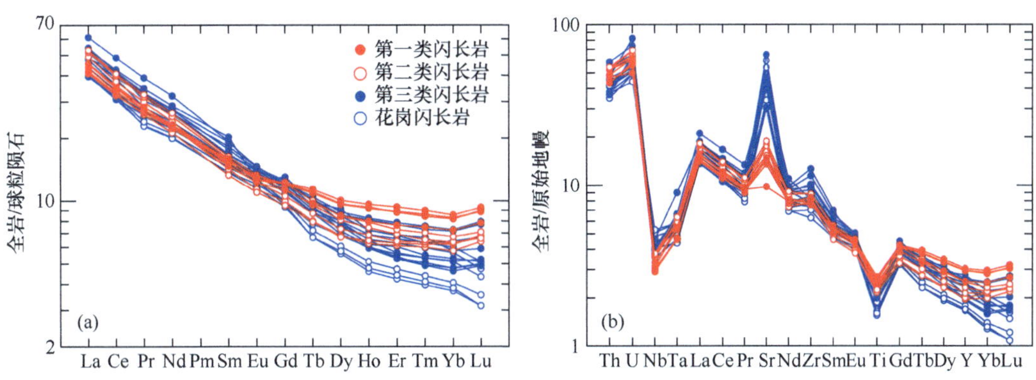

图 3.30　闪长斑岩的稀土元素配分图（a）和微量元素蛛网图（b）

标准化值来自 Sun 和 McDonough（1989）

[图 3.31（a）和（b）]，表明石榴石分异对它们化学演化的控制。

第三类闪长岩样品具有埃达克岩地球化学特征［图 3.31（a）；Defant and Drummond，1990］，即高的 Al_2O_3（18.1%~18.3%）和 Sr（633~984 ppm）含量以及高的 Sr/Y 值（53~107），低的 Y（8.8~12.0 ppm）和 Yb（0.78~1.24 ppm）含量，无 Eu 异常和强正 Sr 异常（图 3.30）。第二类闪长岩的 Sr/Y 值（33~43）低于第三类闪长岩，但仍位于埃达克岩的区域［图 3.31（a）］。第二类闪长岩具有比第三类闪长岩和花岗闪长岩更低的 CaO 和 SiO_2 含量以及更高的 MgO 含量［图 3.31（c）和（d）］。第一类闪长岩的 Sr（207~313 ppm）和 Sr/Y 值（15~26）比典型的埃达克岩[Sr > 400 ppm 和 Sr/Y > 22；图 3.31（a）]要低。东部岩体的第一和第二类闪长斑岩具有相似的 Sr-Nd 同位素组成，但它们比西部岩体的第三类闪长斑岩更富集［图 3.31（e）］。

2）锆石 U-Pb、Hf-O 同位素和微量元素组成

第三类闪长岩中的锆石 CL 显示出窄的振荡环带。而第一类闪长岩则显示出较宽的环带[图 3.32（d）]。环带宽度从第三类、第二类到第一类闪长岩逐渐增加[图 3.32（d）]，与全岩 MgO 含量的增加一致［图 3.29（b）］，即环带宽度的变化是扩散系数随温度升

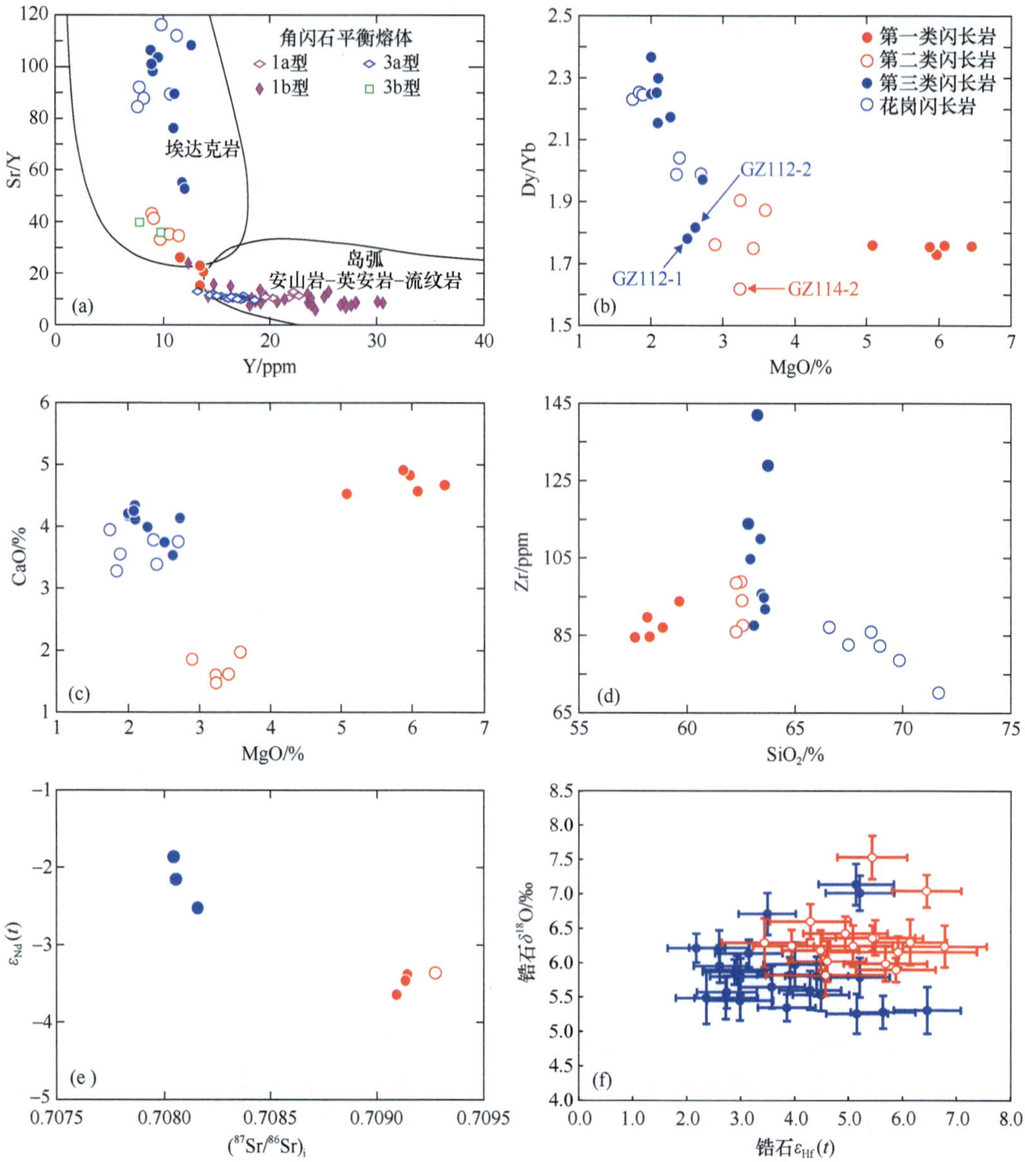

图 3.31　闪长斑岩的元素和同位素组成图解

（a）Sr/Y 与 Y（Defant and Drummond，1990）；（b）Dy/Yb 与 MgO；（c）CaO 与 MgO；
（d）Zr 与 SiO_2；（e）全岩 Sr-Nd 同位素组成；（f）锆石 Hf-O 同位素组成

高而增加的结果（Corfu et al.，2003）。因此这些锆石是寄主岩浆结晶的。三种类型闪长岩的锆石年龄（222~219 Ma）在误差范围内一致（图 3.32），第三类闪长岩的锆石 U-Pb 年龄（222±2 Ma）与先前报道的相同岩体的年龄一致（223±2 Ma；Zhai et al.，2013b）。

所有闪长岩锆石具有正 Ce 异常和轻微的负 Eu 异常以及重稀土富集的特征［图 3.32（e）］。与第一、二类闪长岩相比，第三类闪长岩的锆石具有更平坦的重稀土模式［图 3.32（e）］，更高的 Dy/Yb 值（0.43~0.85）和更宽的 Dy/Yb 值范围［图 3.32（f）］；

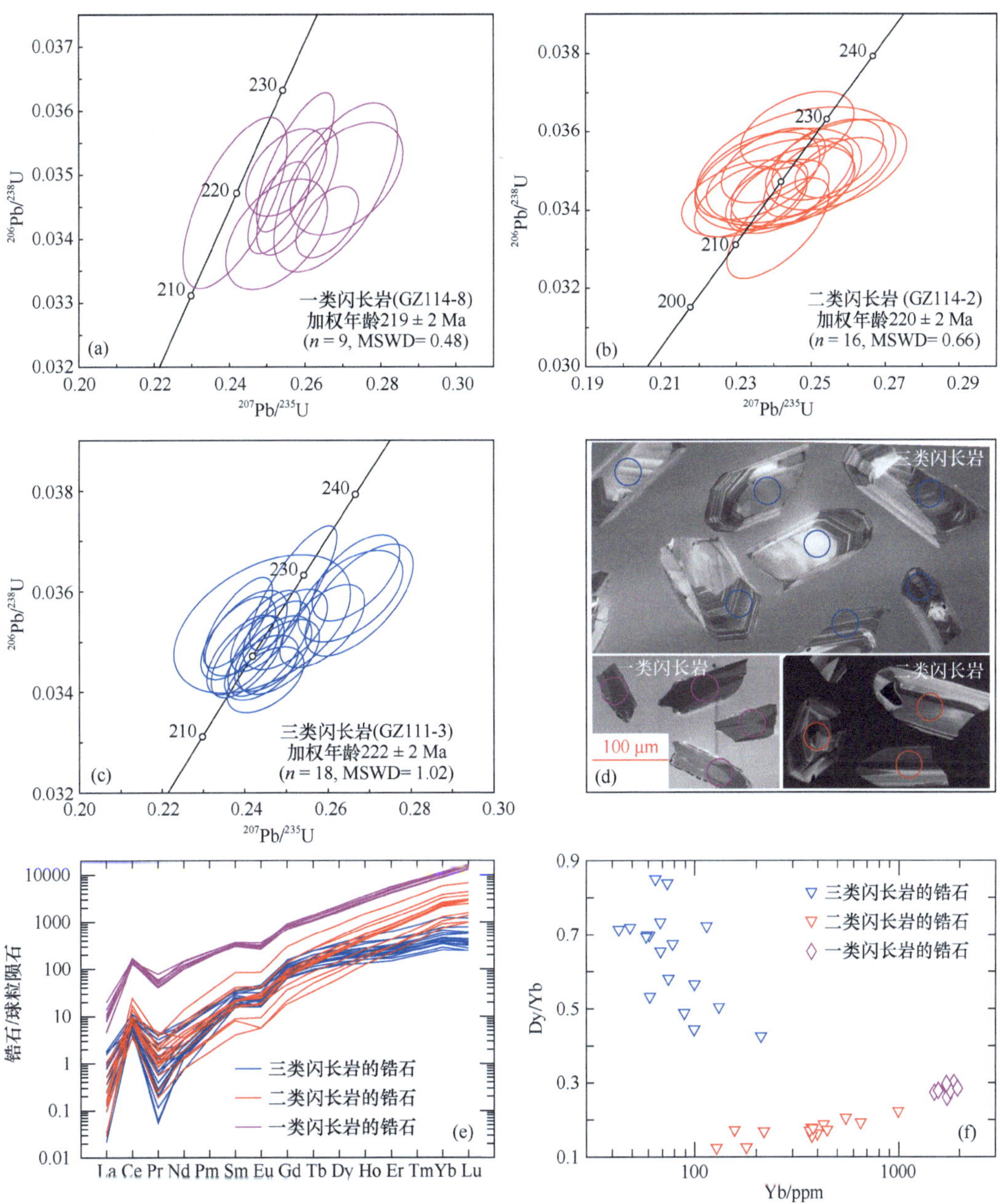

图 3.32　闪长斑岩锆石谐和年龄图（a~c）、锆石 CL 图（d）、锆石稀土配分图（e）和锆石 Dy/Yb-Yb 相关图解（f）

这些成分的差异也反映在它们的寄主全岩上［图 3.31（b）］。第二类闪长岩样品 GZ114-2 的锆石［图 3.32（f）］和寄主全岩［图 3.31（b）］的 Dy/Yb 均略低于第一类闪长岩，尽管第一、二类闪长岩的平均 Dy/Yb 值是相似的。锆石与它们寄主岩石之间的成分相关性进一步表明，它们是从寄主岩浆中结晶出来的，而不是捕虏晶。第三类闪长岩的锆石的平均 $\varepsilon_{Hf}(t)$ 值为 3.8±2.3，平均 $\delta^{18}O$ 值为 5.9‰±1.0‰，与第二类闪长岩的锆石

［$\varepsilon_{Hf}(t)$=5.2±1.8；$\delta^{18}O$=6.3‰±0.8‰；图 3.31（f）］部分重叠。

3）角闪石的主微量元素组成

所有分析的角闪石属于钙质角闪石。大多数具有 $(Na+K)_A \geqslant 0.5$ apfu（每个分子式中的原子数），并落在镁绿钙闪石（$Al^{VI} < Fe^{3+}$）– 韭闪石（$Al^{VI} \geqslant Fe^{3+}$）– 浅闪石和铁韭闪石的成分范围，但少数是镁质普通角闪石和铁质钙镁闪石，即 $(Na+K)_A < 0.5$ apfu（图 3.33a）。根据角闪石及其寄主全岩的组成和结构特征（图 3.28），可将第一类闪长岩中的角闪石（以下定义为 1 型）分为两种类型（1a 和 1b 型），第三类闪长岩中的角闪石（以下定义为 3 型）可以分为三种（3a、3b 和 3c 型）。不同的角闪石类型具有不同的主微量元素组成（图 3.33）。

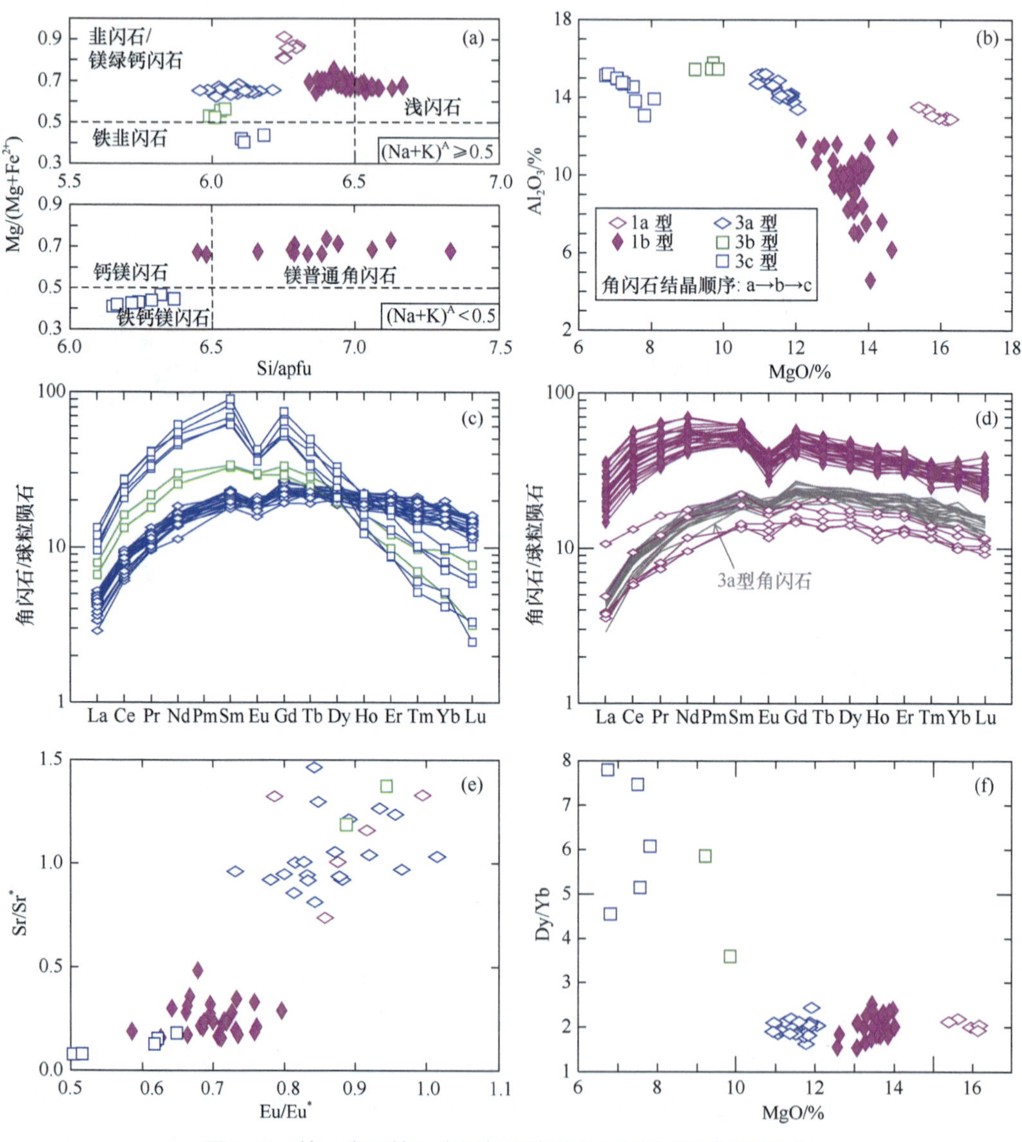

图 3.33　第一类和第三类闪长斑岩的角闪石主微量元素组成

1a 型角闪石出现在环带角闪石的核部。1b 型角闪石表现为基质里的小晶体，或者没有环带的斑晶，以及环带角闪石的边部［图 3.28（c）］。一个典型的角闪石斑晶［图 3.28（c）］表现出简单的正环带，即高镁和高铝的核被低镁和低铝边包围［图 3.34（a）］，其边的组成与相邻的基质中角闪石微晶的组成类似［图 3.34（a）］。1a 型角闪石一般具有比 1b 型角闪石更高的 MgO 和 Al_2O_3 含量［图 3.33（b）］，但更低的稀土含量［图 3.33（d）］，以及更高的 Eu/Eu* 和 Sr/Sr*（$2Sr_{PM}/(Ce_{PM}+Nd_{PM})$，其中 PM 表示原始地幔归一化值）。除了 Eu 异常外，1a 和 1b 型角闪石具有近似平行的稀土模式［图 3.33（d）］。

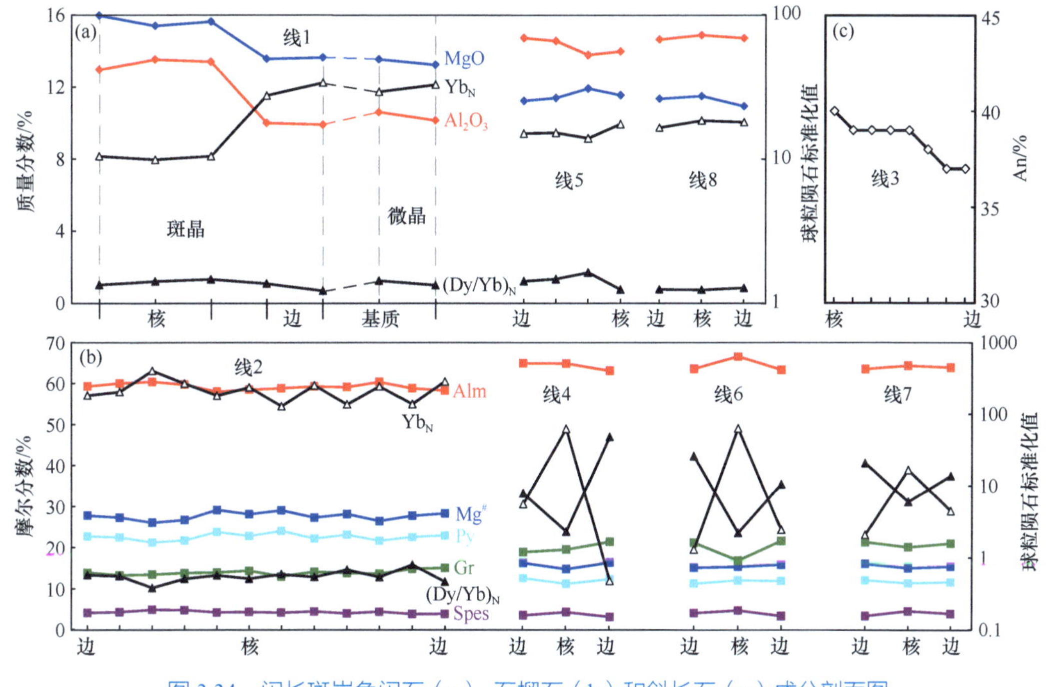

图 3.34　闪长斑岩角闪石（a）、石榴石（b）和斜长石（c）成分剖面图

剖面线见图 3.28 的黄色线。Alm、Py、Gr 和 Spes 分别指铁铝、镁铝、钙铝和锰铝石榴石

3a 型角闪石巨晶［图 3.28（e）和（f）］和小的、他形的角闪石斑晶［图 3.28（j）］具有非常均一的化学组成［图 3.34（a）中的线 5 和线 8］和港湾状的边。3b 型角闪石以自形的斑晶形式出现［图 3.28（i）］。大的斜长石斑晶中的小的角闪石包裹体被定义为 3c 型角闪石［图 3.28（k）］。从 3a 型到 3b 型到 3c 型角闪石，重稀土逐渐亏损［图 3.33（c）］，即 Dy/Yb 逐渐增加［图 3.33（f）］；MgO 含量［图 3.33（b）］以及 Eu/Eu* 和 Sr/Sr*［图 3.33（e）］也降低，但 Al_2O_3 含量［图 3.33（b）］相对不变。

4）石榴石的主微量元素组成

石榴石斑晶仅在第二类和第三类闪长斑岩中出现。所分析的石榴石都是铁铝石榴石（$Alm_{57\sim67}Py_{11\sim25}Gr_{12\sim22}$），具有低的锰铝石榴石（< 5%）端员组成。相对于第三类闪长岩的石榴石组成［Gr=16%~22%；Py=11%~13%；图 3.35（a）］而言，第二类闪长岩的石榴石的钙铝石榴石端员（12%~16%）含量更低，但镁铝石榴石端员（20%~25%）

更高［图 3.35（a）］。每种闪长岩类型中的石榴石主量成分均一，并未观察到明显的主量元素环带［图 3.34（b）］。

第二类闪长岩的石榴石显示出强烈的轻稀土亏损和重稀土富集［图 3.35（c）］，单个晶体的 Yb 含量和 Dy/Yb 的核边变化有限［图 3.34（b）中线 2］。相反，第三类闪长岩的石榴石具有变化的重稀土含量以及平坦到亏损的重稀土模式［图 3.35（c）］，例如，Yb 含量变化可达到三个数量级：0.08~39.5 ppm。第三类闪长岩的石榴石从核部到边缘，其 Yb 含量显著减少，同时 Dy/Yb 显著增加［图 3.34（b）中的线 4、6 和 7］。但是，它们的主量元素没有显著的变化。总体而言，与第二类闪长岩的石榴石相比，第三类闪长岩的石榴石具有更大的重稀土含量范围［图 3.35（c）］和更高的 Dy/Yb［图 3.35（d）］。

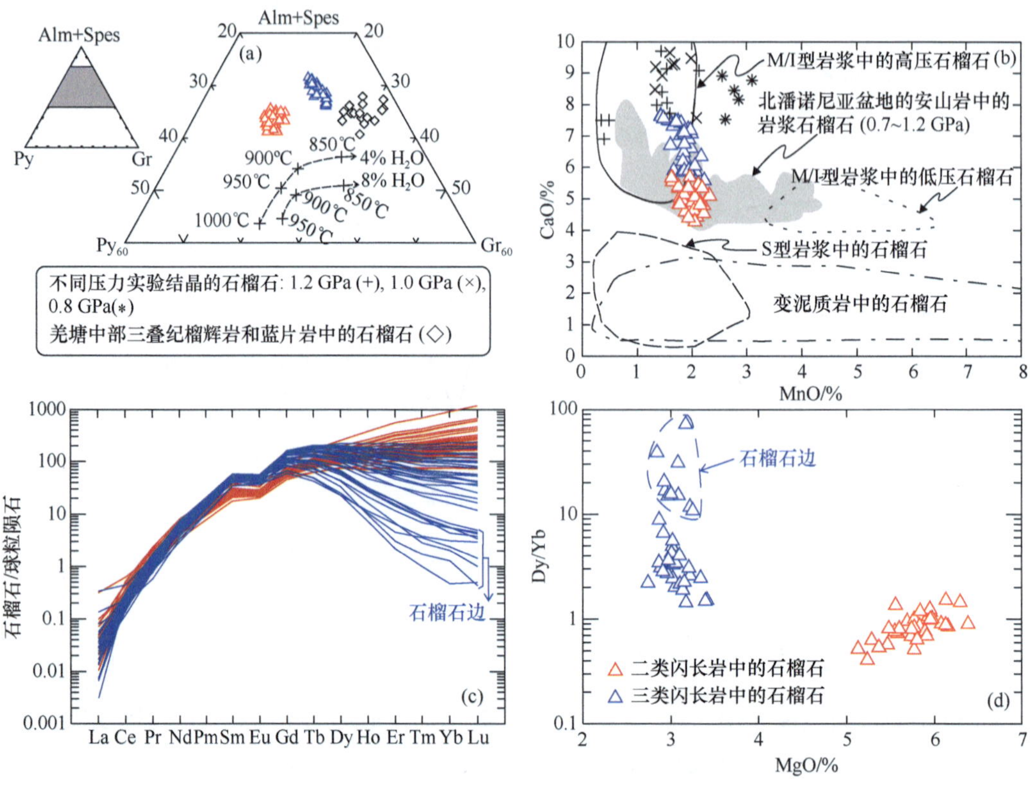

图 3.35 第二类和第三类闪长斑岩的石榴石主微量元素特征

5）斜长石主量元素组成

第三类闪长岩的斜长石斑晶具有相对均一的组成，其 An 排号值范围很窄（36~41）。一个典型的斜长石斑晶分析表明 An 含量从核到边略有下降［图 3.34（c）］。

3.1.3.4 闪长斑岩中铁铝石榴石的成因

前人对安山岩、英安岩以及它们对应的侵入岩中的铁铝石榴石的成因进行了很多的研究（如 Green and Ringwood，1968；Fitton，1972；Day et al.，1992；Harangi et al.，2001；Yuan et al.，2009；Bach et al.，2012；Shuto et al.，2013；Luo et al.，2018）。Harangi 等（2001）对含石榴石的岩浆岩进行了全球统计，发现 S 型花岗岩和变泥质岩中的铁铝石榴石具有较低的 CaO（< 4%）和变化的 MnO 含量［图 3.35（b）］，并且通常与石英、黑云母、钾长石、斜长石和堇青石共生。相反，地幔来源的（M 型）或 I 型岩浆岩的铁铝石榴石具有较高的 CaO 含量［> 4%；图 3.35（b）］，并且经常与角闪石和斜长石一起出现。因此，保护闪长岩中富钙（> 4.3%）和低锰（< 2.3%）的铁铝石榴石（且与角闪石共生）与 M 型或 I 型岩浆岩的结晶石榴石一致［图 3.35（b）］。基于实验石榴石的成分（Green，1977，1992），高的钙铝石榴石端员（> 12%）含量意味着高压（> 7 kbar）的结晶环境。北潘诺尼亚（Pannonian）盆地安山岩中的岩浆石榴石（Harangi et al.，2001）与我们的样品具有相似的 CaO 和 MnO 含量，也被认为是在高压下（7~12 kbar）从幔源岩浆中结晶的［图 3.35（b）］。此外，根据以下岩相学和地球化学特征，我们认为第二、三类闪长斑岩中的石榴石是从它们的寄主岩浆中结晶的：

（1）第三类闪长岩中的石榴石通常与斜长石斑晶呈交生关系。图 3.28（g）显示，包含在大的斜长石斑晶中的不规则、他形石榴石在其边缘也包含小的斜长石，这些斜长石包裹体具有与大的寄主斜长石斑晶相同的组成和消光位［图 3.28（g）］，这表明石榴石包裹体的边部和寄主斜长石斑晶同时从熔体中结晶出来。

（2）石榴石和寄主全岩成分之间存在相关性，这表明寄主全岩是石榴石的母岩浆。例如，第三类闪长岩中的石榴石比第二类闪长岩中的石榴石具有更低的 MgO 和更高的 CaO 以及 Dy/Yb［图 3.35（b）和（d）］，其相应的寄主全岩也体现出这种差异［图 3.31（b）和（c）］。从地壳围岩中捕获的石榴石的组成不可能随着它们寄主全岩组成的变化而变化。研究区的围岩石榴石最可能来源自相邻的三叠纪片石山榴辉岩和蓝片岩［图 3.27（a）中的红星］，但这些变质岩的石榴石具有比保护闪长岩的石榴石更高的钙含量和更低的镁含量［图 3.35（a）］，这是由于前者形成于更高压（2.0~2.5 GPa）和更低温（410~460℃）的变质条件（Zhai et al.，2011a）。

（3）相对于第二类闪长岩的锆石，第三类闪长岩的锆石具有更高的 Dy/Yb 值和更大的 Dy/Yb 变化范围［图 3.32（f）］。在每种闪长岩中，锆石和石榴石之间的平均重稀土分配系数介于在 850℃和 900℃的实验中测得的平均值之间（图 3.36；Rubatto and Hermann，2007）。因此，石榴石的重稀土模式表明它们与岩浆锆石是平衡的，都是来自寄主岩浆结晶。

保护闪长斑岩中的铁铝石榴石在相对较高的压力（> 7 kbar）下从安山质寄主岩浆中结晶出来。这种富钙的石榴石在低压下（即斑岩的侵位深度）不稳定，其与寄主岩浆不再保持平衡，开始溶解并反应形成不同的相（Green and Ringwood，1968；Day et al.，1992；Harangi et al.，2001）。第三类闪长岩中的石榴石（与寄主岩浆直接接触的斑晶），具有港湾状的边，以及交生的斜长石 + 角闪石 ± 氧化物的反应边［图 3.28（h）］。这与实验的石榴石消耗反应结果一致（Alonso-Perez et al.，2009）。实验产生的岩浆石榴石表现出成分演化趋势：随着温度的降低，铁铝石榴石端员和钙铝石榴石端员含量都

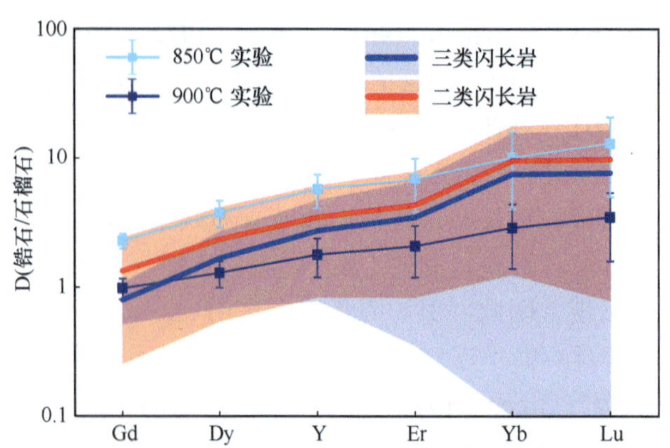

图 3.36　第二类和第三类闪长斑岩的锆石和石榴石之间的重稀土分配系数

实验数据来自 Rubatto 和 Hermann（2007）

增加［图 3.35（a）；Alonso-Perez et al.，2009；Ulmer et al.，2018］。因此，第二类闪长岩的石榴石成分比第三类闪长岩的石榴石具有更高的 MgO 和更低的 CaO 含量，表明第二类闪长岩从更原始的岩浆中结晶。

早期结晶的石榴石不一定与迅速上升的寄主岩浆分离。第三类闪长岩的石榴石从核部到边部，Yb 含量显著下降，Dy/Yb 显著增加［图 3.34（b）中的线 4、6 和 7］，反映了石榴石边部是从重稀土亏损的岩浆中结晶出来的，而早期石榴石的结晶分异导致了重稀土亏损。此外，不同类型角闪石的镁含量降低也伴随着它们的 Dy/Yb 值增加，也表明角闪石结晶于重稀土逐渐亏损的岩浆。第三类闪长斑岩和花岗闪长斑岩的全岩显示出随着 MgO 含量的降低，整个岩石的 Dy/Yb 值也增加［图 3.31（b）］，这进一步表明了第三类闪长斑岩经历了石榴石的结晶和分异。第三类闪长斑岩的石榴石没有显示出明显的主量元素环带，但在核部和边部的 Yb 含量上存在很大差异［线 4、6 和 7 行；图 3.34（b）］。由于石榴石中 REE^{3+} 的扩散速率明显慢于二价阳离子的扩散速率（例如，Mg^{2+}、Ca^{2+} 和 Fe^{2+}；Lanzirotti，1995；Van Orman et al.，2002），扩散可以抹平二价的主量元素含量变化，而没有显著改变从岩浆继承的稀土含量变化。相比之下，第二类闪长岩的石榴石更大，且缺乏斜长石＋角闪石的反应边，表明石榴石在岩浆中的停留时间较短。另外，第二类闪长岩的石榴石缺乏 Yb 环带［图 3.34（b）中的线 2］，并且寄主全岩石的 Dy/Yb 值变化范围狭窄［图 3.31（b）］，这也意味着大多数石榴石几乎没有时间与寄主岩浆分离。

3.1.3.5　压力和温度条件

根据角闪石温压计和矿物结晶顺序，我们对安山岩浆结晶和分异所处的温压条件提供了进一步的约束。

3a 型角闪石是他形的角闪石巨晶和斑晶，两者均具有不平衡的结构，如港湾状边和溶蚀隧道［图 3.28（e）、（f）和（j）］。3a 型角闪石具有几乎平坦的重稀土模式

[图 3.33（c）]，其 Dy/Yb 值（1.98±0.18）比其寄主岩石（样品 GZ111-3；Dy/Yb=2.25）还要低。从理论上讲，角闪石的 Dy/Yb 值应该比其平衡熔体要高，因为在角闪石晶体中 Dy 比 Yb 的相容性更高（Tiepolo et al.，2007）。因此，3a 型角闪石应该描述为循环晶（Davidson et al.，2007），其不是从演化的寄主岩浆中结晶，可能是生长在更原始的母岩浆中，该母岩浆具有较高的 MgO 含量和较低的 Dy/Yb 值，其成分类似于其他两个闪长岩样品 [GZ112-1 和 GZ112-2；图 3.31（b）]。

角闪石组成被广泛用于计算温压。我们选择了两个角闪石的压力计（Krawczynski et al.，2012；Ridolfi and Renzulli，2012）来计算压力，使用 Ridolfi 和 Renzulli（2012）和 Putirka（2016）温度计来计算温度。用两个温度计获得的温度（约 719~975℃）非常一致，这表明角闪石的成分对温度很敏感，即温度估算值是合理的（Erdmann et al.，2014；Putirka，2016）。每个闪长岩类型中不同的角闪石类型具有不同的结晶温度，揭示 a 型角闪石首先结晶，然后是 b 型，最后是 c 型 [图 3.37（b）]。但是，即使考虑到压力计误差相对较大，上述两个压力计也给出了显著不同的压力值。

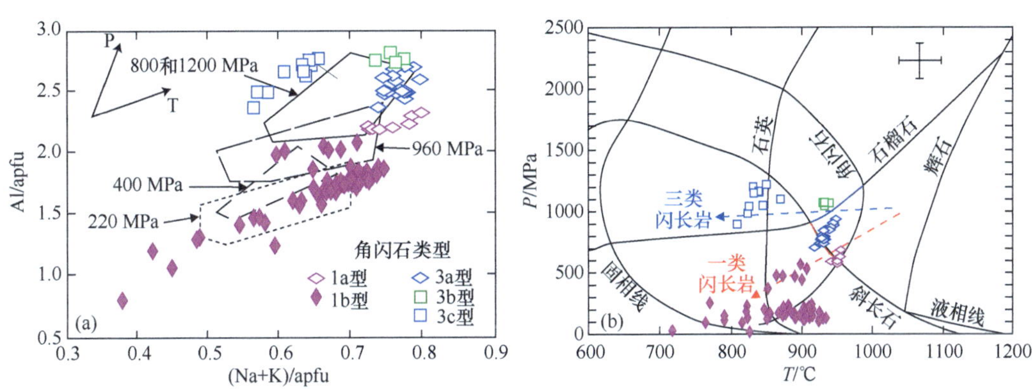

图 3.37 不同压力实验结晶的角闪石与保护岩体角闪石组成对比（a）和含水（5%）安山岩的相图与角闪石温压计的结果对比（b）

为了选择最合理的压力估算值，我们研究了保护角闪石的元素替换机制，包括压力敏感的 Al-tschermak 以及温度敏感的 Ti-tschermak 和 edenite 替换（如，Bachmann and Dungan，2002；Kiss et al.，2014）。每种闪长岩类型中 Al^{IV} 与 $(Na+K)^{A}$ 之间的正相关性表明，温度对成分控制作用显著 [图 3.38（a）]。3 型角闪石中 Al^{IV} 与 Ti 之间的相关性强于 1 型角闪石 [图 3.38（b）]，这意味着 3 型角闪石的成分变化受温度的控制更显著。相反，除了温度和压力外，1 型角闪石内部的组成变化也可能受熔体化学变化的影响。1 型角闪石的硅和铝含量范围很广 [图 3.33（a）和图 3.38] 也支持这一推论，因为角闪石的硅铝成分与熔体成分密切相关（Sisson and Grove，1993；Erdmann et al.，2014）。与从基性岩浆中结晶出来的高温角闪石相比，从长英质岩浆中结晶出的低温角闪石往往具有更高的 Si 含量，但 Al^{IV} 含量和 Mg/（$Mg+Fe^{2+}$）较低（Erdmann et al.，2014；Kiss et al.，2014）。因此，1a 型角闪石可能比 1b 型角闪石从更热、更原始的岩浆中结晶，这与温度计算结果一致，也与岩相学观察一致，即前者仅在后者的核部出现［图 3.28（c）］。1a 型和 1b 型角闪石的不同 Al_2O_3 含量不能仅通过在不同压力下的结晶来解释，而是反映了岩浆成分的显著变化。

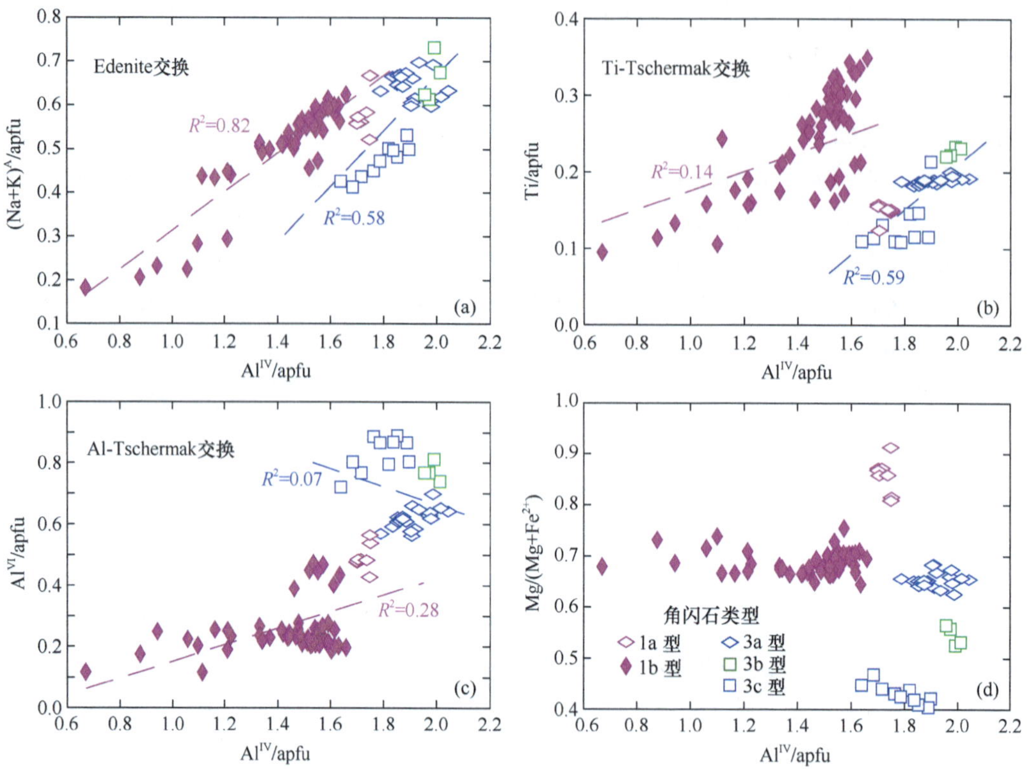

图 3.38 第一类和第三类闪长斑岩中角闪石不同晶格位置的元素替换机制

3 型角闪石比 1 型角闪石具有更高的 Al^{IV} 含量和更低的 $Mg/(Mg+Fe^{2+})$［图 3.38（d）］，表明这两种类型角闪石 Al_2O_3 含量的不同可能主要是由于结晶压力的差异，而不是由岩浆组成的差异造成的（Kiss et al.，2014）。另外，在每种闪长岩类型中，Al^{IV} 和 Al^{VI} 含量之间没有显著相关性［图 3.38（c）］，表明压力控制有限。但是，在不同闪长岩类型之间，Al^{IV} 和 Al^{VI} 含量的显著不同［图 3.38（c）］，表明结晶压力存在差异，其中 1 型角闪石的结晶压力低于 3 型角闪石。但是使用 Ridolfi 和 Renzulli（2012）的压力计获得的压力估计值表明 1a 型角闪石比 3 型角闪石在更高的压力下结晶。此外，3 型角闪石计算的压力（607±155 MPa）与从矿物结晶顺序推断的压力不一致（见后文）。因此，我们认为使用 Krawczynski 等（2012）的压力计来计算压力更可靠，虽然它可能无法准确地估计 1 型角闪石的结晶压力，因为是岩浆成分而不是压力的变化控制了角闪石的 Al 含量。

通过将保护角闪石的成分与在 220~1200 MPa 实验中安山质和英安质熔体结晶的角闪石的成分进行比较，可以进一步验证不同角闪石之间的相对压力（Scaillet and Evans，1999；Prouteau and Scaillet，2003；Alonso-Perez et al.，2009）。我们只选择了从中性到长英质熔体结晶的角闪石，以评估压力和温度，而不是熔体组成对角闪石组成的影响。结晶实验表明，角闪石的 Al 和 Na+K 含量随压力和温度而变化，保护角闪石投在了不同的压力相关的成分区域［图 3.37（a）］。1a 型和 3 型角闪石的特征是铝含量高，并且主要位于 800、960 和 1200 MPa 的区域［图 3.37（a）］。相比之下，1b 型角闪石具有较低的 Al 含量，并且大多落在 220 和 400 MPa 的区域中［图 3.37（a）］。某些角闪石并非严格落在这些组成区域内，即角闪石的 Na+K 含量较低［图 3.37（a）］，这可能是在较低温度下（相对实验温度而言）结晶的角闪石（Prouteau and Scaillet，2003）。这些半定量结果与上述使用 Krawczynski 等（2012）的压力计获得的压力估计值是一致的。

根据 Ridolfi 等（2010）汇总的实验结果，在高压下，具有较高 $Al^{\#}$ 值（$Al^{VI}/Al_{总数}>$ 0.21）的角闪石通常结晶于含水量高（4.5%~13.0%；平均值 =8.3%）的实验熔体。所有 3 型角闪石都具有较高的 $Al^{\#}$ 值（0.23±0.03）。使用 Ridolfi 等（2010）的角闪石湿度计来计算熔体中水含量，结果表明结晶 3 型角闪石的熔体水含量为 8.7%±0.3%，结晶 1 型角闪石的熔体水含量为 5.8%±0.6%。另外，也可以根据斜长石 – 熔体湿度计（Waters and Lange，2015）来计算结晶 3 型角闪石的熔体水含量（7.0%±0.1%），斜长石湿度计中关键的温度参数可以通过 3c 型角闪石的结晶温度来限制。因此，可以使用水含量为 5% 的安山岩熔体的相平衡图（Green，1982）来进一步约束在保护闪长岩中观察到的矿物组合的温度和压力。

保护闪长岩中矿物的结晶顺序可以根据在不同阶段结晶的不同角闪石类型的微量元素的变化来确定。在含石榴石的第三类闪长岩中，3a 型角闪石没有明显的 Eu 异常，具有平坦的重稀土模式[图 3.33（c）]，表明它在斜长石和石榴石之前就已经结晶了。3b 型角闪石具有与 3a 型角闪石相似的 Eu/Eu^{*} 和 Sr/Sr^{*}［图 3.33（e）］，但重稀土高度亏损［图 3.33（c）］，表明它在斜长石前结晶，但与石榴石同时结晶。大的斜长石斑晶中包含的小的 3c 型角闪石晶体具有 3 种角闪石中最低的 Eu/Eu^{*} 和 Sr/Sr^{*}［图 3.33（e）］和强烈亏损的重稀土模式［图 3.33（c）］，表明 3c 型角闪石与斜长石同时结晶，并且它们与石榴石同时或在石榴石之后结晶。由于石英主要存在于细粒基质中，则第三类闪长岩中矿物首次出现的顺序是角闪石、石榴石、斜长石、石英。在斜长石之前但在角闪石之后才结晶石榴石表明岩浆的 *P-T* 路径通过了相平衡图中的实蓝色线［图 3.37（b）］，所以第三类闪长岩的母岩浆在 900~1200 MPa 时经历结晶和分异。使用 Krawczynski 等（2012）的压力计估算的第三类闪长岩角闪石的结晶压力为 928±156 MPa，这恰好匹配结晶顺序推断的压力范围。总之，温压计和相平衡图显示了在约 1 GPa 压力下的等压冷却和分异趋势［图 3.37（b）中的蓝色虚线箭头］。

在第一类闪长岩中，1a 型角闪石没有明显的 Eu 异常［图 3.33（d）］，表明它在斜长石前结晶。尽管 1b 型角闪石边具有类似于 1a 型角闪石核的平坦重稀土模式［图 3.33（d）］，但 1b 型角闪石的 Eu 和 Sr 负异常更显著［图 3.33（d）和（e）］，表明 1b 型角闪石和斜长石同时结晶，且石榴石未结晶。这与岩相学观察一致，即在第一类闪长岩中没有发现石榴石，且在早期结晶的 1a 型角闪石中也没有石榴石包裹体。斜长石在角闪石之后结晶表明，岩浆上升期间的 *P-T* 路径通过了相平衡图中的实红色线［图 3.37（b）］，这表明结晶始于 500~900 MPa。对第一类闪长岩角闪石的 *P-T* 估计表明第一类闪长岩经历了同时冷却和降压的过程，如图 3.37（b）中的红色虚线所示。一些 1b 型角闪石晶体位于角闪石稳定域之外，是因为上述角闪石 Al^{VI} 压力计低估了它们的结晶压力。

3.1.3.6 下地壳岩浆分异形成高镁埃达克质岩

保护埃达克质闪长岩不可能直接由下地壳熔融产生（Atherton and Petford，1993；Wang et al.，2005），因为它们的 MgO 含量和 $Mg^{\#}$ 值要高于在变质玄武岩的高压（1.0~3.8 GPa）熔融实验中产生的熔体（图 3.29；Sen and Dunn，1994；Rapp and Watson，1995；Sisson and Kelemen，2018），但是它们的成分类似于变质玄武岩产生的熔体与橄榄岩反应实验产生的熔体成分（图 3.29；Rapp et al.，1999）。Kelemen（1995）收集的实验数据也显示，玄武岩在 1 bar 至 30 kbar 的压力下熔融产生的熔体，当其 SiO_2 含量大于 55% 时，其 $Mg^{\#}$ 值小于 0.33。

此外，保护埃达克质闪长岩也不可能通过幔源岩浆和壳源埃达克质岩浆的混合来形成（Streck et al.，2007）：首先，岩浆混合通常导致斑晶出现振荡或反环带，例如斜长石、角闪石和石榴石（Harangi et al.，2001；Bach et al.，2012；Ribeiro et al.，2016），但保护闪长岩中的这些矿物要么是均一的，要么具有简单的正环带（图 3.34）。其次，在保护地区岩浆混合的两个端员最可能是埃达克质的花岗闪长岩和非埃达克质的第一类闪长岩（$Mg^{\#} > 0.60$）；但是，保护闪长岩和花岗闪长岩在二元图中显示出弯曲的化学趋势，与岩浆混合形成的直线趋势不同（图 3.29 中的绿线）。CaO-MgO 图解表明不能通过花岗闪长岩和第一类闪长岩的混合来生成第二类闪长岩［图 3.31（c）］。随着 SiO_2 含量的增加，Zr 含量从增加到减少的转变可以用高 SiO_2［> 65%；图 3.31（d）］岩浆的锆石分异来解释，而不是通过岩浆混合来解释。锆石的分异可部分促进花岗闪长岩重稀土的亏损，但该过程不适用于 SiO_2 含量小于 65% 的闪长岩［图 3.31（d）］。Zhai 等（2013b）的第三类闪长岩中三个 Zr（114~142 ppm）含量最高的样品还表现出正的 Zr 异常［图 3.30（b）］，可能暗示锆石的堆晶。

最后，如果说保护高镁埃达克质闪长岩是由地壳（包括俯冲的板块、侵蚀的弧前地壳和拆沉的下陆壳）来源的熔体与地幔橄榄岩相互作用产生的，或者是由于下地壳熔融直接产生的，那么与高压下早期结晶的角闪石平衡的熔体成分应该显示出埃达克质特性（例如，Ribeiro et al.，2016；Tang et al.，2017）。Humphreys 等（2019）从实验角闪石的数据库开发了多元回归模型，该模型可以通过角闪石的主量元素来计算其微量元素的分配系数，我们用该模型来计算保护角闪石的分配系数，最后得到不同类型角闪石的平衡熔体的组成。相对于在石榴石后结晶的 3b 型角闪石的平衡熔体，在石榴石之前结晶的 3a 型角闪石平衡的熔体具有低 Sr/Y 值和高的 Y 含量，即最早结晶的角闪石平衡的熔体在 Y-（Sr/Y）图中落在了典型埃达克岩之外的区域［图 3.31（a）］。考虑到第三类闪长岩经历了石榴石的结晶分异，因此其全岩的埃达克质特征可能是通过深部地壳中的石榴石结晶分异形成的。

第一类闪长岩比第三类闪长岩具有较低的 Sr/Y、Dy/Yb、SiO_2 以及较高的 MgO（图 3.31），而且早期结晶的 1a 型和 3a 型角闪石具有相似的稀土模式［图 3.33（d）］。因此，第一类闪长岩可以代表第三类闪长岩的母岩浆。第一类闪长岩的主量元素组成与原始的安山岩相似，很可能是由于富水的地幔橄榄岩在低压下熔融产生的（1.0~2.0 GPa；Wood and Turner，2009；Mitchell and Grove，2015）。Wang 等（2018b）统计了天然样品和 0.2~1.2 GPa 压力下的实验数据，发现幔源的原始安山岩的分离结晶可以产生 $Mg^{\#}$ 值为 0.45~0.60 的安山岩和英安岩，因为演化的熔体从其母岩浆继承了高 Mg/Si 值（图 3.29）。

Müntener 等（2001）、Grove 等（2003）和 Ulmer 等（2018）研究了原始玄武安山岩在 1.2 GPa、1.0 GPa 和 0.2 GPa 压力下的液相演化线（LLD）。通过这些实验的 LLD 以及橄榄石－单斜辉石－石英三元相图（图 3.39）可以确定保护闪长斑岩分异的矿物组合和结晶压力。在 0.2 GPa 实验中，由于橄榄石、单斜辉石、斜长石和少量角闪石的结晶，残余熔体仍然是准铝质的（即具有正的单斜辉石端员组分）。相反，在 1.0 和 1.2 GPa 实验中，由于辉石、角闪石和石榴石的结晶，且橄榄石和斜长石结晶受到抑制的情况，残余熔体演化到过铝质安山岩和英安岩，即具有刚玉标准组成。第三类闪长岩中矿物出现的顺序也与 1.0 GPa 的实验一致。因此，在 1.0 GPa 的压力下，从第一类闪长岩

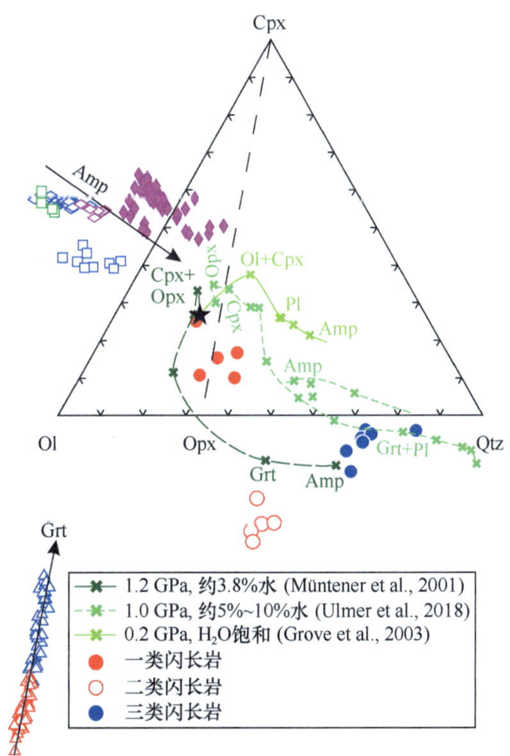

图 3.39　橄榄石－单斜辉石－石英三元相图展示不同压力实验的液相演化线以及保护岩体的全岩、角闪石和石榴石的组成

矿物缩写为：Ol. 橄榄石；Opx. 斜方辉石；Cpx. 单斜辉石；Pl. 斜长石；Qtz. 石英；Amp. 角闪石；Grt. 石榴石

中分离出石榴石、角闪石和辉石而生成过铝质的第三类闪长岩。与 1.0 GPa 相比，在 1.2 GPa 的实验中产生了更多的单斜辉石，更少的斜方辉石，这导致残留熔体的单斜辉石端员含量（即 CaO 含量）更低（图 3.39）。因此，第二类闪长岩可能是第一类闪长岩在更高压力下（> 1.2 GPa）下分异更多的单斜辉石形成的。综上所述，过铝质的安山岩不一定是幔源岩浆混染附近沉积岩的产物（Hildreth and Moorbath，1988）。较低的锆石 $\delta^{18}O$ 值（第三类闪长岩为 5.9‰±1.0‰；第二类闪长岩为 6.3‰±0.8‰）也排除了沉积岩的同化作用。

我们通过最小二乘法的质量平衡模型估算了分离矿物的比例（Cabero et al.，2012），即使用全岩和矿物主量元素组成。由于热液蚀变的潜在影响，该模型排除了 K_2O 和 Na_2O。建模的最佳拟合结果表明，通过 13% 的石榴石、斜方辉石和角闪石（矿物比例为 13 ∶ 28 ∶ 59）的分异，可以使第一类闪长岩演化到第三类闪长岩。通过 24% 的石榴石、单斜辉石和角闪石（矿物比例为 7 ∶ 34 ∶ 59）的分异，可以使第一类闪长岩演化到第二类闪长岩。与石榴石共存的辉石是单斜辉石还是斜方辉石取决于结晶的压力和水含量（图 3.39）。高压（H_2O 为 5% 时，压力> 10 kbar；H_2O 为 3% 时，压力> 15 kbar）将抑制斜方辉石结晶，但会增强单斜辉石的结晶（Green，1992）。第三类闪长岩的分异矿物组合包含的石榴石比第二类闪长岩的更多，这与微量元素的差异一致，即第三类闪长岩比第二类闪长岩具有更高的 Dy/Yb［图 3.31（b）］，并且第三类闪长岩的石榴石比第二类闪长岩的石榴石具有更显著的 Yb 环带［图 3.34（b）］。

将第一类闪长岩当作第二类闪长岩的母岩浆是可行的，因为它们是从相同的岩体中取样的［图 3.27（b）］，并且具有相似的 Sr-Nd 同位素组成［图 3.31（e）］。然而，第三类闪长岩和花岗闪长岩是从另外一个岩体中取样的［图 3.27（b）］，第三类闪长岩比第一类闪长岩的 Sr-Nd 同位素更亏损［图 3.31（e）］。这种差异可能是由分异过程中混染了新生的同位素亏损的弧地壳物质造成的，例如较早的俯冲相关的酸性岩石（如 Wang et al.，2018a；Dan et al.，2019）。尽管如此，所有样品在二元图中都显示出弯曲的演化趋势［图 3.29、3.31（c）和（d）］，表明地壳混染不如结晶分异重要。第二类和第三类闪长岩的锆石 O 和 Hf 同位素的部分重叠［图 3.31（f）］也进一步证明了这一点。因此，第三类闪长岩可能是第一类闪长岩通过结晶分异、混染少量地壳以及捕获少量再循环晶（例如角闪石巨晶）形成的。尽管仅基于全岩成分估算的分异矿物比例可能会因开放系统的演化而产生偏差，但毫无疑问，石榴石的分异在产生第三类闪长岩重稀土亏损的特征中起到了重要的作用，因为该结论是主要来自矿物的成分变化，而不是全岩。

3.1.3.7 碰撞后高镁埃达克质闪长斑岩中的石榴石结晶和保存的条件

保护闪长岩西南面 60 km 出露的榴辉岩的峰期变质年龄为约 233 Ma（Dan et al.，2018b），这标志着南、北羌塘地块的碰撞。晚三叠世（225~205 Ma）岩浆岩近似平行于龙木错－双湖－澜沧江缝合带分布［图 3.27（a）］，该岩浆爆发时间与榴辉岩的折返是同时发生的，这些都表明俯冲的古特提斯洋板块断离导致羌塘中部地区在三叠纪晚期处于碰撞后伸展环境（Wu et al.，2016）。龙木错 – 双湖 – 澜沧江缝合带周围晚三叠世 OIB 型玄武岩的发现也表明，浅部的板片断离诱发了上涌的软流圈降压熔融（Zhang et al.，2011）。上涌的软流圈会导致浅部热扰动，进而诱发先前俯冲交代的岩石圈地幔熔融（Davies and von Blanckenburg，1995）。

尽管富水的第一类闪长岩具有类似于原始弧安山岩的主量元素组成（如 $Mg^{\#}$）（Kelemen et al.，2003），但它们与后者的区别在于 Nd 和 Sr 同位素更为富集。这表明其来源于同位素富集的地幔熔融，或者幔源岩浆在壳内演化过程中混染了古老的地壳物质。但是保护闪长岩的分异过程中只混染了同位素亏损的新生地壳，因此，第一类闪长岩可能起源于富集的交代岩石圈地幔，交代的介质可能是板片断离前的大洋或大陆俯冲期间的陆壳物质或者侵蚀的弧前地壳（Goss et al.，2013；Couzinié et al.，2016）。与大洋俯冲相关的弧岩浆相比，由俯冲大陆物质交代的岩石圈地幔来源的碰撞后岩浆通常具有更富集的同位素组成（Couzinié et al.，2016）。另外，交代的古老岩石圈地幔的富集 Sr-Nd 同位素组成也可能是放射性积累的结果，即相对于 Sr 和重稀土，地幔富集轻稀土和 Rb。综合北羌塘中生代构造演化历史，我们认为板片断离诱发了俯冲交代的岩石圈地幔在浅部发生降压熔融，并形成了富水的第一类闪长岩。

在相图中的岩浆上升 *P-T* 路径［图 3.37（b）］可以解释为什么大多数火山岩或斑岩体都缺少石榴石斑晶，即使它们的幔源母岩浆在地壳底部经历了石榴石结晶。幔源准铝质岩浆并不饱和石榴石，直到它们经过辉石和角闪石的早期分异（且长石结晶受到抑制）而变得轻微过铝质的时候，其演化的岩浆才开始结晶石榴石［图 3.37（b）和图 3.39］。石榴石的结晶需要幔源岩浆滞留在地壳底部，发生等压冷却分异[图 3.37（b）中的蓝色虚线］；但降压冷却可能会导致岩浆越过石榴石的稳定域［图 3.37（b）中的红色虚线］，因此不会结晶石榴石。最后，在火山岩或斑岩中保存石榴石则要求下地壳的石榴石在结晶后，其寄主岩浆要迅速上升，因为石榴石可能会在低压下被寄主岩浆重新吸收或由于其高密度而从岩浆中沉降出来。深部大断裂的存在可以促进含石榴石的岩浆迅速上升。此外，富钙的铁铝石榴石通常结晶于富水的母岩浆（Green，1992；Alonso-Perez et al.，2009），例如 $H_2O > 5\%$ 的保护闪长岩。高挥发物含量也可能加速了岩浆的上升。俯冲之后或俯冲期间的岩石圈伸展的地区可以满足这些条件（Fitton，1972；Harangi et al.，2001；Bach et al.，2012；Luo et al.，2018）。例如，由于大洋板片断裂以及随后的造山带垮塌，大陆碰撞初始阶段形成的厚岩石圈将经历大规模伸展（Harangi et al.，2001；Luo et al.，2018）。在研究区，高密度榴辉岩的快速折返和剥露［图 3.27（a）；Zhai et al.，2011a］表明，在三叠纪晚期，龙木错 – 双湖 – 澜沧江缝合带周围存在贯穿岩石圈规模的深大断裂，这导致岩浆快速上升，并阻止了第二、三类闪长斑岩中早期结晶的石榴石被重新溶解到熔体中。简而言之，从岩浆的下地壳滞留演化到快速上升，意味着区域应力状态从挤压到伸展的迅速转变，这与研究区晚三叠世的构造演化历史吻合。

3.1.3.8 高镁埃达克质岩：不需要地壳熔体与地幔之间相互作用

现今弧埃达克岩的 MgO 含量和 Mg# 值均高于高压变玄武岩熔融的实验熔体，这种差异被认为是俯冲洋壳或侵蚀的弧前地壳熔体与地幔楔中的橄榄岩反应的结果（图 3.29；Kay，1978；Kay et al.，1993；Yogodzinski et al.，1995；Rapp et al.，1999；Goss et al.，2013；Kay et al.，2019）；非弧环境中的高镁埃达克岩是由拆沉的下地壳熔体与地幔相互作用产生的（Gao et al.，2004；Wang et al.，2006）。此外，弧岩浆岩的地幔橄榄岩捕虏体中出现了长英质脉体和玻璃质包裹体，这些成分具有较高的 Mg# 值和 Sr/Y 值，类似于地表喷发的埃达克岩（Schiano et al.，1995；Kepezhinskas et al.，1996），这些来自弧下的交代地幔橄榄岩提供了板片熔体与地幔反应的直接证据。

但是，是否可以将高镁埃达克岩当作地壳熔体和地幔之间相互作用的直接指标，仍存在争议。高镁安山岩可以通过原始玄武岩在高氧或高水逸度下分离结晶形成，该条件下会导致铁钛氧化物、铁铝石榴石和角闪石的早结晶（Sisson and Grove，1993）；由于铁钛氧化物和铁铝石榴石具有比橄榄石和辉石更高的 Fe-Mg 固－液分配系数（Green，1977；Alonso-Perez et al.，2009；Ulmer et al.，2018），因此它们的分异可以抑制残留熔体 Mg# 值的降低（如 Zellmer et al.，2012）。原始安山岩（Mg# ＞ 0.60）的结晶分异也可以生成高 Mg# 安山岩（图 3.29；Müntener et al.，2001；Grove et al.，2003；Kelemen et al.，2003；Wang et al.，2018b），并且通过石榴石（± 角闪石）分异，从原始安山岩或玄武岩演化来的高 Mg# 安山岩也将具有埃达克岩的地球化学特征。尽管在构造出露的弧地壳剖面（Jagoutz，2010）和弧玄武岩的捕虏体（Lee et al.，2006）中都发现了含石榴石的岩石，但是很难确定这些岩石是变质成因还是岩浆成因，也很难将它们与高镁埃达克岩直接联系起来。西藏中部的保护闪长斑岩是罕见的含石榴石的高镁埃达克质岩石，它是由幔源的原始安山岩经过辉石、角闪石和石榴石分异形成的，而不是由壳源熔体与地幔之间的反应形成的。最近的研究还表明，弧岩浆的石榴石分异可以解释为什么斑岩铜矿总是出现在钙碱性岩浆和厚地壳的弧环境（Tang et al.，2018；Lee and Tang，2020）。

因此，高镁埃达克质岩石并不能直接表示地壳熔体与地幔之间的相互作用，尽管在地幔楔中可能经常发生这种相互作用。仅使用高镁埃达克质岩石的全岩组成很难将熔体－地幔反应和壳内岩浆分异区分开，特别是当后期岩浆分异（例如同化作用和结晶分异）抹去了原生熔体的地化特征时。在本次研究中，我们发现 Mg# ＞ 0.62 的非埃达克质闪长斑岩，代表了高镁埃达克质岩的母岩浆。早期结晶的石榴石和角闪石的成分变化为下地壳（约 1 GPa）石榴石分异提供了直接的矿物学证据，这最终导致了高镁埃达克质岩的形成。

3.1.3.9 结论

我们在青藏高原中部北羌塘地块发现了晚三叠世（约 220 Ma）含石榴石高 Mg#

（0.45~0.56）的埃达克质闪长斑岩和不含石榴石的非埃达克质闪长斑岩（$Mg^{\#} > 0.62$）。富钙的石榴石组成随着寄主全岩的组成变化而变化，表明石榴石是从它们的寄主岩浆中结晶的。全岩和矿物的组成变化表明，高镁埃达克质岩最有可能是幔源岩浆经过辉石、角闪石和石榴石的分异形成的，幔源岩浆组成类似不含石榴石的非埃达克质闪长斑岩。富水（$H_2O > 5\%$）的幔源岩浆在地壳底部发生等压（约 1 GPa）降温分异导致了石榴石的结晶。本研究提供了石榴石分异形成高镁埃达克岩的直接矿物学证据，也就是说高镁埃达克质岩石并不能直接表示地壳熔体与地幔之间的相互作用，尽管在地幔楔中可能经常发生这种相互作用。

3.1.4　北羌塘雀莫错早侏罗世镁铁质侵入岩

3.1.4.1　引言

岩浆岩可以按照硅碱（TAS）图分为碱性和亚碱性系列（Miyashiro，1978）。TAS 图中它们的边界线与 Yoder 和 Tilley（1962）玄武岩四面体（MacDonald and Katsura，1964）中的拉斑和碱性玄武岩之间的低压热分界面对应。TAS 分类方案现在被广泛接受并使用，因为它可以直接显示岩浆演化和地幔熔融过程中熔体硅和碱含量的变化（Frey et al.，1991；Whitaker et al.，2007；Pilet，2015）。亚碱性系列包括拉斑和钙碱性系列，它们分别显示出岩浆演化初期的铁富集和亏损（Miyashiro，1974；Arculus，2003）。钙碱性演化趋势在富水（通常大于 2%）的弧岩浆中普遍存在（Sisson and Grove，1993；Zimmer et al.，2010），而拉斑演化趋势可以很好地通过干岩浆的分离结晶来再现（Juster et al.，1989）。在这里，我们采用 TAS 图来区分碱性和亚碱性玄武岩。

不同板内环境的碱性玄武岩通常与贫水的拉斑玄武岩共生，前者通常被认为是由地幔橄榄岩在更高压力下更低程度熔融形成的（Yoder and Tilley，1962；Green and Ringwood，1967；Jaques and Green，1980）。一些碱性玄武岩可能代表了不寻常的地幔岩性熔融产物，如碳酸盐化的橄榄岩、辉石岩和角闪石岩（如 Dasgupta et al.，2010；Pilet，2015）。以上所有结论主要来自玄武岩的主微量元素。但是，地幔来源的原生岩浆主微量元素组成不可避免地被壳内岩浆演化所改造。所以，一个关键的问题是，观察到的玄武岩主微量元素变化多少是壳内岩浆演化产生的，多少是由地幔不均一性或熔融过程而引起的。

从镁铁质岩石中得出地幔源区信息需要对壳内分异过程进行仔细的校正。常用的方法是假设熔体的成分变化主要是富熔体的岩浆房中分离结晶过程导致的（如，Grove et al.，1992；Dasgupta et al.，2010）。然而，最近的研究（如 Bachmann and Huber，2016；Cashman et al.，2017；Sparks et al.，2019，及其中的参考文献）表明，地壳岩浆储库主要由富晶体的晶粥体（晶体分数超过 50%）组成。富熔体的透镜体或岩浆房可以在晶粥体储库中逐渐发育，并产生可喷发的岩浆，但它们的体积是很小的且存在时间很短。晶粥体中熔体运输和分异过程与经典的富熔体岩浆房不同（Lissenberg et al.，2019）。在后一种情况下，集中的熔体流动可以通过岩墙进行，从而导致岩浆沿着分离结晶的路径演化。相反，在晶粥体中，浮力和压实作用驱动熔体通过孔隙流来迁移（如Ferrando et al.，2021a）。当迁移的粒间熔体与晶粥体格架晶体处于化学和热不平衡时，它们彼此就会发生反应，因此熔体–晶粥体反应被视为控制岩浆分异的主要机制（Jackson et al.，2018）。然而，熔体–晶粥体反应对板内玄武岩成分多样性的贡献仍然不清楚。

与分离结晶相比，熔体–晶粥体反应会导致熔体中不相容元素的过度富集，且不会导致熔体镁的亏损（如，Mathez，1995；Lissenberg et al.，2013；Coogan et al.，2000；Boulanger et al.，2020；Sanfilippo et al.，2020；Zhang et al.，2020；Ferrando et al.，2021b）。因此，碱性玄武质岩浆有可能通过拉斑质熔体–晶粥体反应形成的，在此反应过程中，熔体质量的减少可能导致渗透熔体的碱富集。但是，尚未有研究证实这一猜想。在这里，我们对青藏高原羌塘地块雀莫错地区一套共生的镁铁质堆晶岩和岩墙进行详细的矿物学和地球化学研究。该研究揭示了雀莫错镁铁质岩石形成于早侏罗世板内伸展环境，它们的母岩浆都是贫水的拉斑玄武岩。此外，这些岩石首次证明了高温拉斑质熔体–晶粥体反应可以形成碱性玄武质熔体。

3.1.4.2 地质背景与岩相学特征

羌塘地块被龙木错–双湖缝合带划分为南、北两个地块，该缝合带包含三叠纪蓝片岩和榴辉岩以及石炭—二叠纪蛇绿岩，代表了古特提斯洋闭合后的产物（Zhang et al.，2016）。大约233 Ma的榴辉岩峰期变质年龄标志着南北羌塘的碰撞时间（Dan et al.，2018b）。三叠纪晚期的岩浆岩形成了与龙木错–双湖缝合带平行的线性带［图3.40（a）］，这通常归因于碰撞后板片断裂（Wang et al.，2021）。随后的造山带垮塌触发了缝合带周围的侏罗纪早期双峰式岩浆作用［图3.40（a）；Zhang et al.，2011］。北羌塘地块除了始新世至早渐新世钾质岩以外，没有比早侏罗世更年轻的岩浆作用。

雀莫错湖位于北羌塘地块，毗邻青藏公路。雀莫错镁铁质岩石侵入上二叠统硅化砂岩［图3.40（b）；姚华舟等，2011］，它们主要分布在一条北西向断裂带两侧，东西两侧侵入岩的矿物结构和比例显著不同，西侧由橄长岩、斑状辉绿岩和少量富氧化物辉绿岩组成，东侧由橄榄辉长岩和无斑辉绿岩组成［图3.40（b）］。镁铁质堆晶岩（橄长岩和橄榄辉长岩）是正堆晶岩［图3.41（a）~（g）］，由含有尖晶石包裹体的橄榄石（0.5~2.0 mm；＞50%）、斜长石（0.2~0.8 mm）和单斜辉石组成（0.5~1.5 mm）。橄榄石是主要的堆晶相。他形的单斜辉石完全包围了半自形–自形斜长石或作为橄榄石和斜长石之间的晚期粒间相出现。许多空间分离但消光位一致的单斜辉石晶粒构成一个大的主晶，这些结构特征表明单斜辉石在橄榄石和斜长石之后结晶。一些单斜辉石具有棕色角闪石的反应边。角闪石是一种小的（＜100 μm）副矿物，代表最晚期结晶的粒间相。许多堆晶橄榄石晶体具有不平衡溶蚀特征，例如港湾状边。橄长岩和橄榄辉长岩具有上述相似的结构特征，只是前者比后者含有更多的斜长石和更少的单斜辉石［图3.41（a）~（g）］。

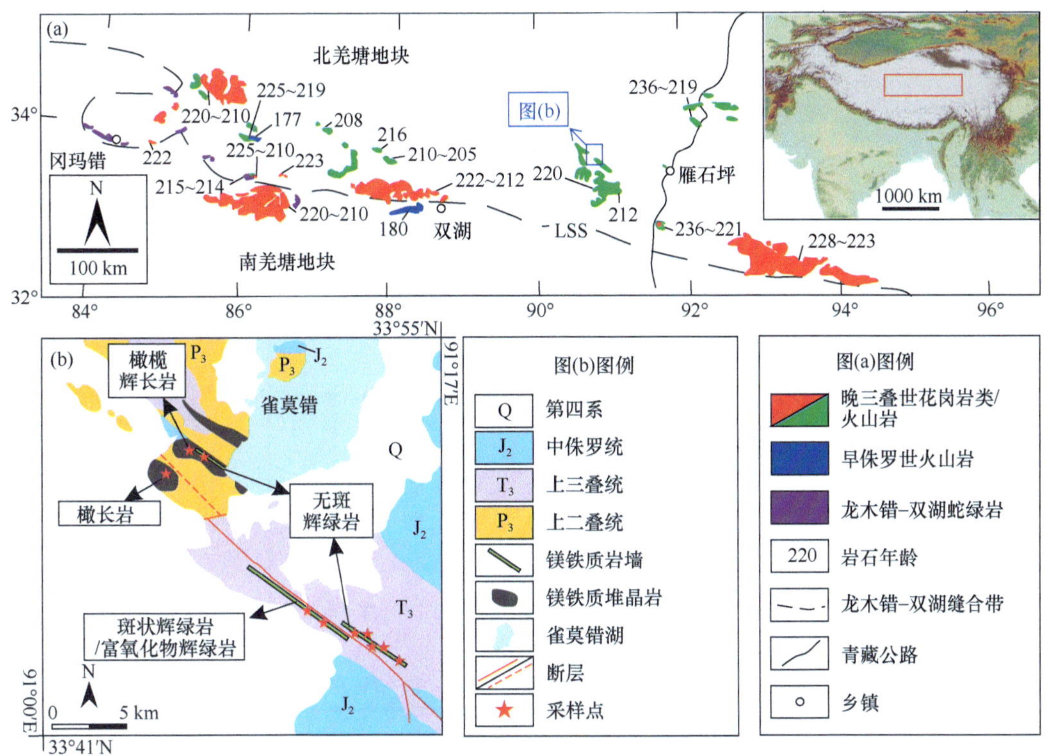

图 3.40 羌塘地块的简要地质图（a）和雀莫错湖周边地质图（b）

（a）显示了龙木错 – 双湖缝合带（LSS）周围三叠纪到早侏罗世岩浆的时空分布。年龄数据来自 Wang 等（2021）及其参考文献，小的插图显示了羌塘地块在青藏高原的位置。（b）根据我们的野外调查和姚华舟等（2011）修改，显示了早侏罗世镁铁质岩石的分布以及本研究采样地点

岩墙中的斑状辉绿岩含有大的单斜辉石斑晶（0.5~3.0 mm），其完全包围了许多小的斜长石（0.1~0.4 mm）和橄榄石晶体。单斜辉石斑晶分散在由斜长石、单斜辉石、橄榄石和少量 Fe–Ti 氧化物（钛磁铁矿或钛铁矿）组成的细粒基质中［图 3.41（h）］。与斑状辉绿岩相比，无斑辉绿岩包含更小的单斜辉石晶体（＜ 0.8 mm）［图 3.41（i）］。氧化物辉绿岩由长条状斜长石（1.0~2.0 mm；70%~80%）、单斜辉石（1.0~3.0 mm；10%~20%）和细粒钛磁铁矿（0.1~0.5 mm；5%~10%）组成［图 3.41（j）］。氧化物辉绿岩与斑状和无斑辉绿岩的区别在于有更多和更大的氧化物颗粒。

3.1.4.3 年代学

尽管含有橄榄石的镁铁质岩浆岩通常锆石不饱和，但即使在洋壳辉长岩中，锆石也通常在演化的富氧化物的辉长岩中发现（Grimes et al.，2009）。本研究选择了富氧化物的辉绿岩样品（QW274-2）进行锆石 U-Pb 同位素分析。总共 9 颗锆石的分析得出了 191±2 Ma 的 $^{206}Pb/^{238}U$ 加权平均年龄（图 3.42）。其他两个点由于普通 Pb 含量很高（表 3.13），年龄是不谐和的（图中未展示）。

表 3.13 雀莫错富氧化物辉绿岩 SIMS 锆石 U-Pb 定年结果（Wang et al.，2022）

点号	U/ppm	Th/ppm	Pb/ppm	$^{207}Pb/^{235}U$	±1σ	$^{206}Pb/^{238}U$	±1σ	$^{207}Pb/^{206}Pb$	±1σ	$t_{207/206}$/Ma	±1σ	$t_{207/235}$/Ma	±1σ	$t_{206/238}$/Ma	±1σ	f_{206}/%
1	881.2	362.7	31.5	0.18978	2.17	0.03092	1.50430	0.044520	1.56	−81.8	37.8	176.4	3.5	196.3	2.9	1.32
2	470.0	190.5	16.5	0.20378	1.70	0.02989	1.50001	0.049445	0.80	169.0	18.7	188.3	2.9	189.9	2.8	0.13
3	648.4	376.5	23.9	0.2052	1.71	0.02997	1.57253	0.049665	0.68	179.4	15.7	189.5	3.0	190.3	2.9	0.07
4	687.7	407.6	25.8	0.2063	1.75	0.03036	1.50001	0.049281	0.90	161.2	20.9	190.4	3.0	192.8	2.8	0.18
5	745.6	308.5	26.3	0.20283	1.73	0.02996	1.55320	0.049093	0.76	152.3	17.7	187.5	3.0	190.3	2.9	0.17
6	640.4	287.0	23.2	0.20737	1.73	0.03059	1.54681	0.049174	0.78	156.1	18.1	191.3	3.0	194.2	3.0	0.10
7	721.3	248.6	25.7	0.21426	1.65	0.03076	1.52235	0.050521	0.64	219.1	14.7	197.1	3.0	195.3	2.9	0.38
8	480.4	194.6	16.6	0.20425	2.54	0.02926	2.19887	0.050626	1.27	223.8	29.2	188.7	4.4	185.9	4.0	0.49
9	704.4	407.4	26.0	0.20958	2.05	0.03018	1.59417	0.050364	1.28	211.8	29.4	193.2	3.6	191.7	3.0	0.97
10	419.6	143.7	14.2	0.20252	1.95	0.02935	1.58266	0.050042	1.14	196.9	26.4	187.3	3.3	186.5	2.9	0.22
11	1673.1	1216.8	55.1	0.16137	3.72	0.02635	1.91410	0.044412	3.19	−87.8	76.3	151.9	5.3	167.7	3.2	3.59

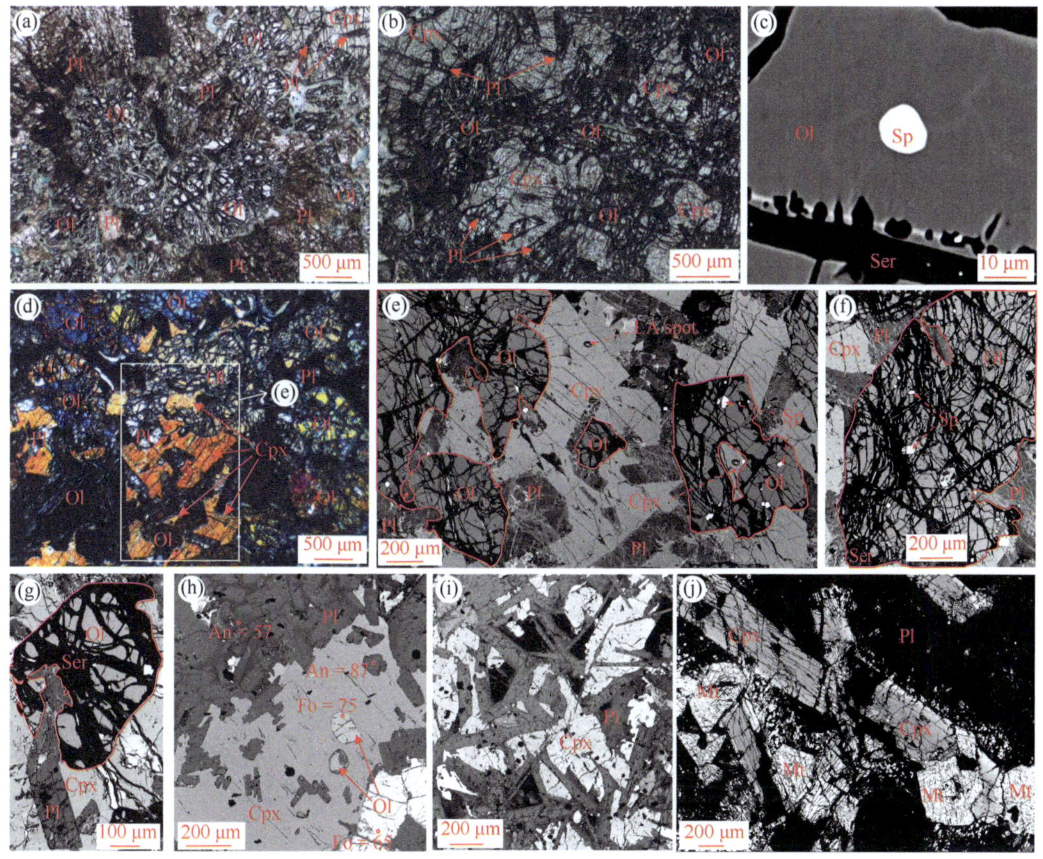

图 3.41　雀莫错镁铁质岩石的显微照片

(a) 橄长岩（单偏光）：包围橄榄石的斜长石聚集体。(b) 橄榄辉长岩（单偏光）。(c) 橄长岩的橄榄石［背散射电子（BSE）图］和其中的尖晶石包裹体。(d) 和（e）橄榄辉长岩（正交光和 BSE 图）：许多空间分离但在光学上连续的单斜辉石出现在橄榄石和长石之间或被橄榄石包裹。橄榄石的港湾状边界由红线勾勒。(f) 和（g）橄长岩和橄榄辉长岩（BSE 图）：两颗高度溶蚀的橄榄石。(h) 斑状辉绿岩（BSE 图）：含有斜长石和橄榄石包裹体的单斜辉石斑晶。红点表示电子微探针分析的位置，红点附近显示的是 An 和 Fo 值。(i) 无斑辉绿岩（BSE 图）。(j) 富含磁铁矿的辉绿岩（BSE 图）。图中缩写：Ol. 橄榄石；Sp. 尖晶石；Ser. 蛇纹石；Pl. 斜长石；Cpx. 单斜辉石；Mt. 钛磁铁矿

3.1.4.4　全岩地球化学

相对于辉绿岩墙（SiO_2=46.9%~50.0%；MgO=6.9%~10.4%）而言，堆晶岩具有更低的 SiO_2（42.2%~43.3%）和更高的 MgO（22.6%~28.9%）含量（表 3.14）。氧化物辉绿岩具有最高的 SiO_2（51.6%~55.6%）和稀土元素含量以及高的 FeO^T/MgO，属于高铁或拉斑系列。辉绿岩具有平坦的洋中脊玄武岩（MORB）型的稀土配分模式，与堆晶岩的稀土配分模式平行。然而，辉绿岩的稀土含量是堆晶岩的 2 至 2.5 倍［表 3.15，图 3.43（a）~（d）］。另外，断裂带西侧的橄长岩、斑状辉绿岩和氧化物辉绿岩，具有更富集的轻稀土（LREE）和 Nd 同位素组成［$(La/Sm)_N > 1$；$\varepsilon_{Nd}(t)$=0.4~1.9；表 3.16］，而断裂带东侧的橄榄辉长岩和无斑辉绿岩的轻稀土和 Nd 同位素更为亏损［$(La/Sm)_N < 1$；$\varepsilon_{Nd}(t)$=2.7~

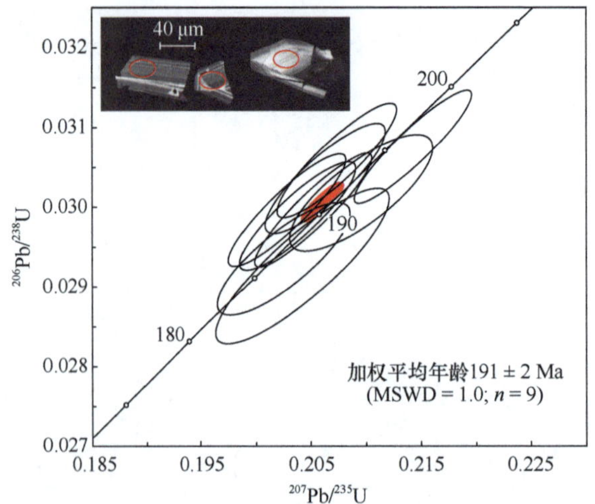

图 3.42　富氧化物辉绿岩（样品 QW274-2）的锆石 U-Pb 谐和图和代表性的阴极发光（CL）图像

CL 图像中的红色圆圈表示分析点。红色椭圆指的是从 Isoplot（Ludwig，2003）输出的谐和年龄

3.8］［图 3.43（e）和（f)］。这些差异表明，断裂带东侧和西侧的镁铁质岩石的母岩浆在 Nd 同位素和 $(La/Sm)_N$ 比上存在差异。最后，新鲜（烧失量小于 1%）的辉绿岩的低碱（Na_2O+K_2O ＜ 3.0%）含量表明岩墙都属于亚碱性的拉斑系列。用于对蚀变火山岩分类的 Zr/Ti 与 Nb/Y 图（Pearce，1996）也表明所有辉绿岩样品属于亚碱性系列。

3.1.4.5　矿物主微量元素组成

辉绿岩和堆晶岩的单斜辉石成分变化趋势和范围显著不同（图 3.44）。随着 $Mg^{\#}$（0.85~0.45）的下降，岩墙的单斜辉石 TiO_2 含量从 0.4% 增加到最大（2.1%），Na_2O 含量也会增加到最大值，然后随着 $Mg^{\#}$ 的降低而缓慢降低或变得恒定。TiO_2 和 Na_2O 的拐点都发生在相同的 $Mg^{\#}$（约 0.70）。相反，堆晶岩的 TiO_2（0.6%~3.4%）和 Na_2O（0.3%~0.9%）含量均急剧增加，而对应的 $Mg^{\#}$ 仅仅轻微降低（0.86~0.78）。随着 $Mg^{\#}$ 降低，堆晶岩单斜辉石的 V 含量也不断增加，这与岩墙单斜辉石的 V 含量先升高后降低的趋势形成鲜明对比。在给定的 TiO_2 含量下，堆晶岩比岩墙的单斜辉石 Cr_2O_3 含量更高。

每个样品中 $Mg^{\#}$ 值最高的单斜辉石的 Ce/Y 与寄主岩石的 Ce/Y 呈正相关（图 3.45）。在无斑和斑状辉绿岩中具有最高 $Mg^{\#}$ 值的单斜辉石的 Ce/Y 和 Y 分别与橄榄辉长岩和橄长岩中的单斜辉石相似。堆晶岩的单斜辉石具有相对恒定的 Ti/Ti^* 和 Eu/Eu^*，但岩墙的单斜辉石随着 $Mg^{\#}$ 降低表现出降低的 Ti/Ti^* 和 Eu/Eu^*（Ti/Ti^* 和 Eu/Eu^* 分别表示 $2Ti_{PM}/(Sm_{PM}+Tb_{PM})$ 和 $2Eu_N/(Sm_N+Gd_N)$。下标“PM”和“N”分别表示原始地幔和球粒陨石标准值，所有的归一化值来自 Sun 和 McDonough（1989）。这两个参数可以定量地反映蛛网图和稀土配分图的 Eu 和 Ti 的负异常程度）。堆晶岩的单斜辉石在 $Mg^{\#}$ 没有明显降低的情况下，表现出升高的 Ce/Y、Y、TiO_2 和 Na_2O。堆晶岩的一个代表性的粒间单斜辉石元素面扫图也表明从核心到边缘 TiO_2 显著增加，但 MgO 略微降低

表 3.14　雀莫错镁铁质岩石主量元素（%，已归一化）组成（Wang et al.，2022）

样号	岩性	SiO_2	TiO_2	Al_2O_3	$Fe_2O_3^T$	MnO	MgO	CaO	Na_2O	K_2O	P_2O_5	烧失量	总量
QW274-1	富氧化物辉绿岩	51.63	1.72	14.81	8.85	0.14	1.86	16.47	4.18	0.10	0.23	2.31	99.59
QW274-2	富氧化物辉绿岩	53.20	1.45	14.89	8.95	0.13	1.75	14.40	4.96	0.11	0.16	2.16	99.46
QW274-3	富氧化物辉绿岩	55.65	0.93	16.11	7.89	0.14	1.17	11.06	6.71	0.18	0.17	1.51	99.88
QW269-1	斑状辉绿岩	47.28	0.92	18.69	9.70	0.16	9.93	9.45	2.32	1.45	0.10	4.48	99.98
QW269-2	斑状辉绿岩	47.60	0.94	19.17	9.02	0.16	9.05	10.16	2.31	1.48	0.10	3.91	100.02
QW270-1	斑状辉绿岩	47.81	0.99	19.21	9.29	0.17	8.79	9.34	2.56	1.73	0.11	4.14	99.31
QW270-2	斑状辉绿岩	47.72	1.02	19.38	9.34	0.17	8.57	9.16	2.75	1.77	0.11	4.12	99.54
QW271	斑状辉绿岩	48.16	1.10	17.37	10.12	0.19	8.04	12.00	2.14	0.78	0.10	1.16	99.37
QW272	斑状辉绿岩	48.04	1.08	17.15	10.52	0.20	8.18	11.76	2.25	0.71	0.11	0.97	99.36
QW273	斑状辉绿岩	49.11	1.32	17.12	10.50	0.18	7.03	10.66	2.70	1.24	0.13	2.48	99.53
QW281-1	斑状辉绿岩	49.68	1.21	16.92	11.22	0.23	7.31	8.35	3.48	1.48	0.11	3.81	99.92
QW281-2	斑状辉绿岩	50.04	1.20	17.21	9.72	0.23	6.89	9.43	3.36	1.80	0.12	3.85	100.01
QW271-2	斑状辉绿岩	47.60	1.12	17.32	10.47	0.16	8.15	11.94	2.36	0.76	0.13	1.48	99.84
重复样	斑状辉绿岩	47.63	1.13	17.32	10.44	0.16	8.12	11.93	2.38	0.76	0.13	1.49	99.75
QW272-2	斑状辉绿岩	48.45	1.09	17.16	10.33	0.16	8.16	11.61	2.21	0.70	0.13	0.88	100.18
QW289-1	橄长岩	43.35	0.53	12.87	12.04	0.19	22.60	7.66	0.29	0.43	0.05	7.23	99.76
QW289-2	橄长岩	42.58	0.54	10.83	13.28	0.20	24.91	7.16	0.11	0.35	0.06	8.07	100.03
QW290-1	橄长岩	43.26	0.51	12.51	12.18	0.19	22.86	7.90	0.20	0.32	0.05	6.41	99.83
QW290-2	橄长岩	42.37	0.49	10.19	13.44	0.21	26.10	6.84	0.11	0.20	0.05	6.54	99.69
QW275-1	无斑辉绿岩	49.73	1.34	17.20	10.30	0.17	9.39	9.57	1.75	0.45	0.10	5.79	99.47
QW275-2	无斑辉绿岩	46.92	1.34	17.17	11.55	0.19	9.78	9.66	2.79	0.47	0.12	6.60	99.85
QW276-1	无斑辉绿岩	47.33	1.32	17.32	11.76	0.20	9.84	9.03	2.59	0.49	0.12	4.50	100.08
QW276-2	无斑辉绿岩	47.44	1.40	18.22	11.28	0.12	9.44	8.92	2.72	0.33	0.13	8.75	99.53
QW277	无斑辉绿岩	47.73	1.47	17.68	11.97	0.22	8.45	8.11	3.54	0.70	0.14	4.83	99.45
QW278-1	无斑辉绿岩	47.61	1.37	17.09	11.71	0.18	9.66	8.46	3.19	0.59	0.11	5.36	100.02
QW278-2	无斑辉绿岩	46.92	1.34	17.18	11.49	0.17	10.44	9.56	2.48	0.31	0.12	5.96	99.69
QW279-1	无斑辉绿岩	47.47	1.45	16.79	11.79	0.22	8.16	10.35	3.03	0.62	0.11	4.46	99.75
QW279-2	无斑辉绿岩	47.36	1.39	17.14	11.84	0.21	8.68	9.26	3.32	0.68	0.12	5.09	99.49
QW280-2	无斑辉绿岩	48.49	1.15	18.32	10.54	0.18	9.32	7.76	3.06	1.10	0.10	4.83	99.64
QW293-1	无斑辉绿岩	47.55	1.39	16.73	12.35	0.29	9.23	8.72	2.87	0.76	0.12	4.29	99.58
QW293-3	无斑辉绿岩	47.56	1.37	17.04	11.93	0.29	9.33	8.77	2.84	0.74	0.13	4.60	100.06
QW291	橄榄辉长岩	42.64	0.69	8.55	14.02	0.20	27.46	6.13	0.11	0.14	0.06	5.54	99.61
QW292	橄榄辉长岩	42.24	0.57	8.19	14.09	0.21	28.67	5.77	0.11	0.11	0.05	6.13	99.70
QW294	橄榄辉长岩	42.48	0.61	8.87	14.03	0.21	27.35	6.15	0.11	0.14	0.05	6.36	100.07
QW295-1	橄榄辉长岩	42.53	0.59	9.25	13.80	0.20	27.33	5.90	0.11	0.24	0.05	7.23	99.81
QW295-2	橄榄辉长岩	42.27	0.60	8.15	14.10	0.21	28.91	5.43	0.11	0.16	0.06	7.24	100.04
QW296-1	橄榄辉长岩	43.28	0.69	9.54	13.72	0.21	25.30	6.97	0.11	0.12	0.06	6.69	100.19
QW296-2	橄榄辉长岩	42.70	0.66	9.02	13.96	0.21	26.87	6.27	0.11	0.14	0.05	6.92	99.97
QW296-3	橄榄辉长岩	42.95	0.65	9.54	13.89	0.21	25.90	6.54	0.11	0.17	0.06	6.61	99.86

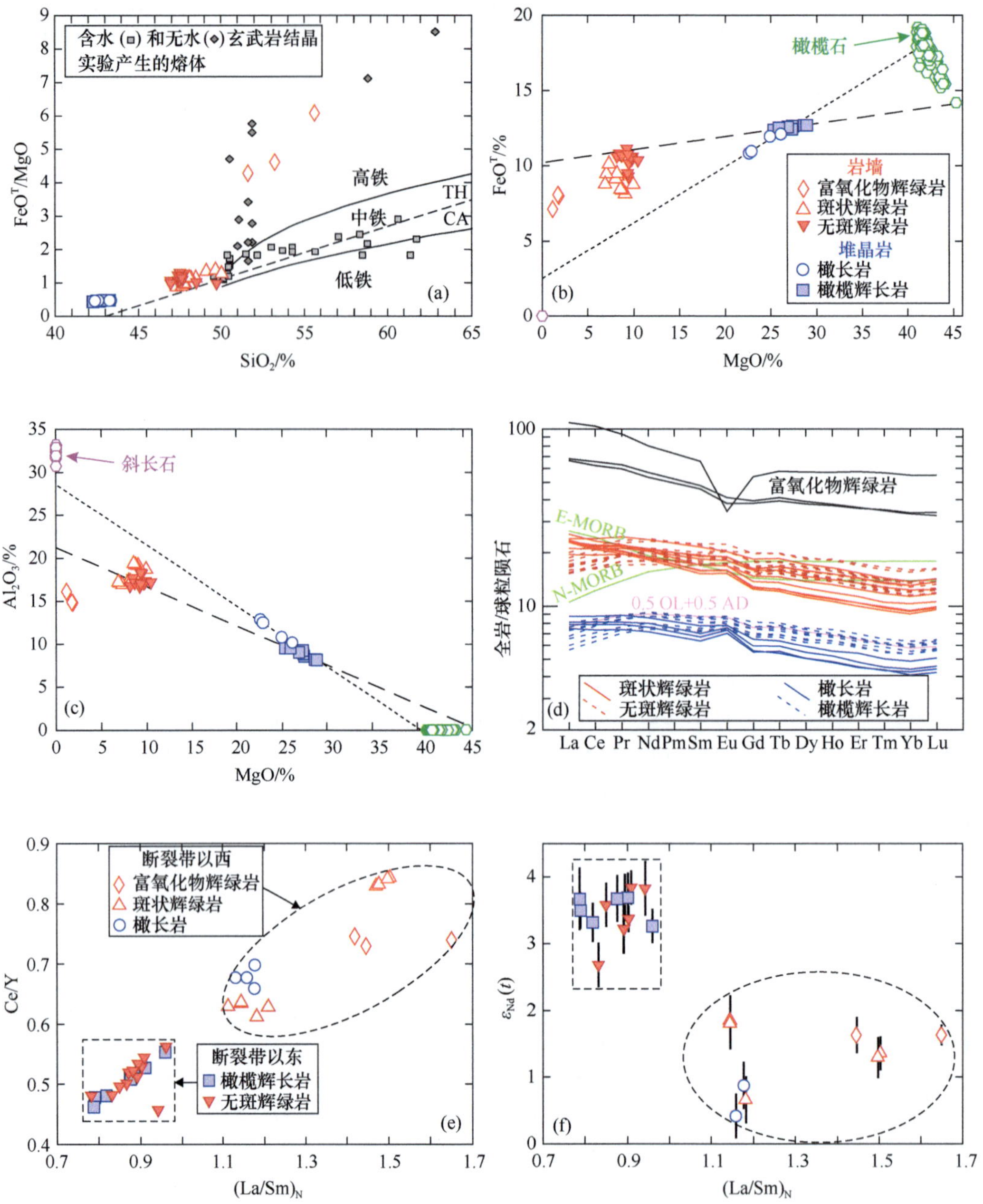

图 3.43　雀莫错镁铁质岩石的主微量和 Nd 同位素组成

(a) FeO^T/MgO 与 SiO_2 图（Arculus，2003）。图中的拉斑（TH）- 钙碱（CA）分隔线来自 Miyashiro（1974）。无水和含水玄武岩结晶实验产生的熔体来自 Juster 等（1989）和 Blatter 等（2013）。(b) FeO^T 与 MgO 图。(c) Al_2O_3 与 MgO 图。图 3.43（b）和（c）中的两个虚线代表了橄长岩和橄榄辉长岩成分变化拟合的最小二乘回归线。(d) 稀土配分图。标记为“0.5OL+0.5AD”的紫色线表示橄榄石与无斑辉绿岩（QW278-2）的 1 ∶ 1 混合物。N- 和 E-MORB（正常和富集型洋中脊玄武岩）成分以及标准化值来自 Sun 和 McDonough（1989）。(e) Ce/Y 与 $(La/Sm)_N$ 图。(f) $\varepsilon_{Nd}(t)$ 与 $(La/Sm)_N$ 图。误差棒表示 2σ

表 3.15 雀莫错镁铁质岩石微量元素（ppm）组成（Wang et al.，2022）

样号	QW274-1	QW274-2	QW274-3	QW269-1	QW269-2	QW270-1	QW270-2	QW271	QW272
Sc	15.8	15.8	8.29	31.3	31.6	31.7	32.9	35.7	38.0
V	123	107	35	196	202	206	213	244	254
Cr	21.5	19.1	23.7	230	220	211	199	192	221
Co	16.2	14.2	10.6	43.0	41.7	39.6	40.0	39.9	44.1
Ni	9.17	8.08	6.29	96.1	87.4	80.8	76.4	53.2	57.2
Cu	34.1	22.6	18.2	38.5	40.8	42.2	45.8	35.9	37.4
Zn	116	115	77.7	85.2	63.0	64.5	72.1	72.2	84.2
Ga	24.1	24.7	25.6	15.0	15.6	15.1	16.3	16.2	17.4
Ge	3.33	3.14	3.27	2.25	2.16	2.17	2.27	2.40	2.64
Rb	7.57	6.64	6.52	64.8	66.5	75.6	80.8	42.4	43.2
Sr	92.0	85.2	143	598	630	504	537	245	282
Y	53.9	52.3	85.9	15.1	15.7	15.7	16.9	18.7	20.2
Zr	303	308	574	60.7	63.8	64.7	70.0	73.7	80.6
Nb	7.48	7.22	11.1	2.84	2.87	2.94	3.21	1.90	2.04
Cs	3.07	1.79	0.46	23.5	19.6	39.6	43.1	2.91	6.76
Ba	34.6	28.7	23.1	377	413	454	499	122	139
La	16.1	15.8	25.7	5.41	5.49	5.56	6.01	4.62	4.99
Ce	40.1	38.2	63.5	12.7	13.0	13.1	14.2	11.8	12.8
Pr	5.98	5.67	8.90	1.87	1.92	1.94	2.10	1.86	2.01
Nd	26.6	25.0	37.5	8.49	8.68	8.72	9.53	8.78	9.48
Sm	7.34	7.03	10.1	2.32	2.41	2.43	2.59	2.60	2.81
Eu	2.38	2.21	1.99	0.88	0.92	0.92	0.98	0.98	1.05
Gd	8.10	7.84	11.1	2.56	2.60	2.64	2.82	3.03	3.27
Tb	1.54	1.47	2.16	0.45	0.47	0.46	0.51	0.55	0.59
Dy	9.91	9.61	14.5	2.83	2.91	2.95	3.20	3.48	3.72
Ho	2.13	2.10	3.23	0.60	0.62	0.62	0.67	0.75	0.80
Er	5.98	5.92	9.52	1.65	1.72	1.72	1.87	2.05	2.22
Tm	0.88	0.90	1.44	0.24	0.25	0.25	0.27	0.30	0.32
Yb	5.63	5.73	9.32	1.53	1.58	1.60	1.75	1.92	2.09
Lu	0.82	0.86	1.40	0.24	0.25	0.25	0.27	0.30	0.31
Hf	6.93	7.03	12.9	1.55	1.64	1.64	1.75	1.90	2.08
Ta	0.51	0.49	0.76	0.18	0.18	0.18	0.20	0.13	0.15
Pb	3.27	2.50	2.97	1.01	1.42	2.09	2.24	1.96	3.29
Th	3.67	3.78	7.96	0.96	1.01	1.02	1.13	0.84	0.96
U	0.92	0.88	1.82	0.22	0.22	0.23	0.25	0.21	0.24

续表

样号	QW273	QW281-1	QW281-2	QW289-1	QW289-2	QW290-1	QW290-2	QW275-1	QW275-2	QW276-1
Sc	44.2	42.1	44.5	16.7	19.7	18.3	18.9	43.9	41.1	38.3
V	294	249	298	100	115	105	109	262	247	256
Cr	229	255	351	1214	1462	1115	1421	226	218	196
Co	38.6	38.7	34.6	82.8	94.3	86.2	100	52.4	45.0	46.4
Ni	36.1	36.3	24.3	534	617	525	625	101	90.0	108
Cu	43.1	38.0	34.1	57.4	66.5	57.0	62.3	79.9	69.7	69.8
Zn	84.5	119	94.1	76.5	74.5	75.8	75.1	76.4	86.5	91.8
Ga	17.8	16.5	16.8	9.82	9.49	9.85	8.82	16.1	16.3	16.4
Ge	2.46	2.65	2.38	2.25	2.44	2.25	2.53	2.29	2.58	2.61
Rb	59.6	46.1	54.8	13.8	12.6	13.6	7.6	15.3	16.7	16.8
Sr	539	835	774	152	127	167	144	268	285	327
Y	23.3	21.7	21.4	6.89	7.93	7.36	6.83	22.1	26.4	20.5
Zr	85.6	78.7	82.5	26.4	29.8	27.8	25.2	80.9	93.1	78.4
Nb	2.22	2.22	2.26	0.86	0.94	0.85	0.76	1.27	1.46	1.51
Cs	12.2	35.0	38.9	13.5	8.96	6.91	6.37	10.4	46.2	18.9
Ba	433	804	895	85.8	75.7	79.5	72.5	273	277	211
La	5.67	5.40	5.46	1.87	2.08	1.93	1.77	3.94	4.42	3.92
Ce	14.6	13.3	13.5	4.81	5.38	4.98	4.50	11.1	12.7	10.9
Pr	2.33	2.05	2.08	0.75	0.84	0.77	0.70	1.87	2.15	1.80
Nd	11.0	9.67	9.81	3.55	4.01	3.74	3.35	9.43	10.8	8.96
Sm	3.29	2.95	2.91	1.03	1.18	1.07	0.97	2.93	3.43	2.81
Eu	1.17	1.10	1.10	0.43	0.45	0.44	0.41	1.08	1.29	1.09
Gd	3.78	3.30	3.33	1.15	1.34	1.22	1.13	3.44	4.05	3.26
Tb	0.69	0.62	0.62	0.20	0.24	0.22	0.21	0.63	0.74	0.61
Dy	4.34	4.01	4.00	1.28	1.50	1.39	1.29	4.14	4.74	3.87
Ho	0.93	0.86	0.86	0.27	0.31	0.30	0.27	0.89	1.02	0.82
Er	2.54	2.37	2.38	0.74	0.89	0.80	0.75	2.46	2.80	2.25
Tm	0.37	0.35	0.34	0.11	0.13	0.12	0.11	0.36	0.41	0.33
Yb	2.33	2.21	2.21	0.69	0.83	0.75	0.72	2.32	2.63	2.06
Lu	0.36	0.35	0.35	0.11	0.13	0.12	0.11	0.36	0.41	0.32
Hf	2.25	2.10	2.17	0.71	0.80	0.73	0.68	2.12	2.29	1.97
Ta	0.16	0.16	0.16	0.06	0.07	0.06	0.05	0.09	0.10	0.11
Pb	2.86	11.5	7.62	1.54	1.74	1.08	2.53	4.59	2.18	1.79
Th	0.97	1.18	1.16	0.22	0.24	0.21	0.23	0.41	0.51	0.44
U	0.24	0.29	0.29	0.06	0.06	0.06	0.06	0.12	0.13	0.12

续表

样号	QW276-2	QW277	QW278-1	QW278-2	QW279-1	QW279-2	QW280-2	QW293-1
Sc	36.5	36.9	37.3	35.8	44.3	38.5	41.0	36.2
V	255	249	254	237	308	252	239	248
Cr	182	173	180	174	203	181	280	202
Co	52.1	45.9	46.7	45.1	43.9	45.7	40.8	49.1
Ni	104	95.8	117	106	83.6	97.1	83.4	177
Cu	78.0	77.2	70.3	66.9	81.9	73.4	49.1	91.8
Zn	57.1	85.8	79.0	92.0	82.7	86.7	81.8	219
Ga	16.9	17.2	15.8	15.6	17.0	17.1	15.5	16.5
Ge	2.28	2.61	2.54	2.45	2.58	2.65	2.54	2.80
Rb	10.2	24.1	17.4	8.87	19.6	21.6	39.6	23.8
Sr	285	421	334	250	439	427	1232	756
Y	19.7	22.4	19.5	19.4	20.3	21.4	21.7	21.8
Zr	82.1	86.4	73.9	75.1	75.3	83.1	64.6	80.1
Nb	1.60	1.69	1.44	1.45	1.45	1.64	2.16	1.71
Cs	14.2	27.5	22.6	16.0	25.2	32.2	25.7	6.04
Ba	92.3	289	344	99.2	285	307	305	171
La	4.06	4.24	3.67	3.61	3.60	3.97	3.78	3.60
Ce	11.1	12.0	10.0	10.1	10.1	11.1	9.9	10.5
Pr	1.83	2.01	1.69	1.68	1.70	1.86	1.62	1.82
Nd	8.95	9.89	8.34	8.40	8.48	9.17	7.99	9.51
Sm	2.73	3.06	2.65	2.67	2.74	2.91	2.59	2.97
Eu	1.09	1.20	1.01	1.00	1.07	1.09	0.99	1.18
Gd	3.20	3.62	3.07	3.10	3.24	3.39	3.12	3.67
Tb	0.59	0.66	0.58	0.57	0.60	0.62	0.59	0.66
Dy	3.77	4.24	3.65	3.62	3.81	3.96	3.93	4.20
Ho	0.81	0.89	0.78	0.77	0.80	0.85	0.85	0.92
Er	2.23	2.48	2.11	2.13	2.21	2.32	2.43	2.50
Tm	0.32	0.36	0.31	0.31	0.31	0.34	0.36	0.36
Yb	2.03	2.28	1.94	1.95	2.04	2.17	2.33	2.33
Lu	0.31	0.35	0.30	0.30	0.32	0.34	0.36	0.36
Hf	2.08	2.18	1.89	1.89	1.96	2.08	1.77	2.18
Ta	0.11	0.12	0.10	0.10	0.10	0.11	0.13	0.12
Pb	3.68	1.47	1.00	2.22	1.24	1.27	1.39	2.58
Th	0.51	0.51	0.41	0.43	0.46	0.48	0.58	0.29
U	0.12	0.13	0.11	0.11	0.12	0.12	0.16	0.08

续表

样号	QW293-3	QW291	QW292	QW294	QW295-1	QW295-2	QW296-1	QW296-2	QW296-3
Sc	35.6	21.5	22.5	21.6	20.6	19.3	24.6	21.9	21.9
V	241	130	123	128	118	109	145	123	127
Cr	224	1275	1308	1225	1508	1384	1224	1392	1394
Co	47.6	99.5	112	105	104	107	95.1	102	97.4
Ni	149	997	1178	1057	1068	1114	934	1032	972
Cu	94.3	54.8	62.9	64.1	114	69.9	71.0	89.9	97.8
Zn	103	77.5	84.6	78.4	153	77.0	85.7	79.6	74.3
Ga	16.7	8.89	8.57	8.86	8.75	8.41	9.40	8.99	9.29
Ge	2.67	2.46	2.73	2.66	2.54	2.76	2.74	2.71	2.54
Rb	22.7	7.07	6.78	6.35	9.70	5.94	6.61	5.92	6.49
Sr	709	94.0	98.5	95.4	97.0	129	98.6	97.2	104
Y	24.9	9.91	8.41	8.57	8.44	9.12	9.89	9.23	9.37
Zr	105	36.8	29.1	32.8	29.9	34.3	36.3	33.7	34.1
Nb	2.46	0.69	0.60	0.64	0.70	0.72	0.84	0.80	0.80
Cs	30.5	7.27	3.82	9.70	9.42	5.15	11.7	4.55	9.39
Ba	229	27.0	17.8	10.7	23.8	27.5	14.6	25.2	33.4
La	4.74	1.61	1.34	1.42	1.56	1.73	1.81	1.75	1.92
Ce	13.5	4.74	3.89	4.12	4.33	4.82	5.03	4.86	5.18
Pr	2.22	0.81	0.67	0.70	0.73	0.80	0.83	0.80	0.85
Nd	11.2	4.09	3.46	3.56	3.74	4.11	4.33	4.12	4.28
Sm	3.36	1.31	1.10	1.12	1.15	1.24	1.34	1.24	1.29
Eu	1.18	0.50	0.43	0.43	0.45	0.46	0.51	0.48	0.49
Gd	4.09	1.57	1.38	1.41	1.44	1.53	1.67	1.53	1.57
Tb	0.73	0.29	0.25	0.26	0.26	0.27	0.30	0.28	0.29
Dy	4.65	1.88	1.58	1.66	1.63	1.74	1.91	1.77	1.81
Ho	1.03	0.40	0.35	0.36	0.36	0.38	0.42	0.39	0.39
Er	2.86	1.09	0.96	1.00	0.98	1.05	1.15	1.08	1.09
Tm	0.42	0.16	0.14	0.15	0.14	0.16	0.17	0.16	0.16
Yb	2.70	1.04	0.91	0.94	0.91	1.00	1.08	1.00	1.03
Lu	0.41	0.16	0.14	0.15	0.15	0.16	0.16	0.16	0.16
Hf	2.65	0.97	0.79	0.88	0.82	0.93	1.01	0.92	0.94
Ta	0.16	0.05	0.04	0.04	0.05	0.05	0.06	0.05	0.06
Pb	2.04	0.60	0.53	0.49	46.6	0.75	1.52	0.77	0.87
Th	0.40	0.14	0.13	0.13	0.14	0.21	0.22	0.24	0.27
U	0.13	0.04	0.04	0.04	0.04	0.06	0.07	0.07	0.06

表 3.16　雀莫错镁铁质岩石 Nd 同位素组成（Wang et al.，2022）

样号	岩性	$^{147}Sm/^{144}Nd$	$^{143}Nd/^{144}Nd$	2σ	$\varepsilon_{Nd}(t)$
QW269-1	斑状辉绿岩	0.166	0.512670	0.000013	1.35
QW270-2	斑状辉绿岩	0.166	0.512665	0.000016	1.29
QW271	斑状辉绿岩	0.180	0.512713	0.000019	1.85
QW272	斑状辉绿岩	0.181	0.512710	0.000020	1.81
QW281-1	斑状辉绿岩	0.186	0.512658	0.000018	0.66
QW274-2	富氧化物辉绿岩	0.171	0.512690	0.000014	1.63
QW274-3	富氧化物辉绿岩	0.163	0.512680	0.000008	1.63
QW275-2	无斑辉绿岩	0.193	0.512771	0.000017	2.68
QW276-1	无斑辉绿岩	0.191	0.512803	0.000010	3.37
QW277	无斑辉绿岩	0.188	0.512816	0.000018	3.69
QW278-1	无斑辉绿岩	0.194	0.512799	0.000019	3.22
QW279-1	无斑辉绿岩	0.196	0.512821	0.000017	3.58
QW280-2	无斑辉绿岩	0.197	0.512834	0.000021	3.83
QW293-3	无斑辉绿岩	0.183	0.512818	0.000013	3.84
QW289-1	橄长岩	0.176	0.512657	0.000018	0.87
QW290-1	橄长岩	0.175	0.512632	0.000017	0.42
QW291	橄榄辉长岩	0.196	0.512816	0.000014	3.50
QW292	橄榄辉长岩	0.193	0.512822	0.000024	3.67
QW294	橄榄辉长岩	0.192	0.512802	0.000015	3.32
QW295-2	橄榄辉长岩	0.183	0.512810	0.000019	3.69
QW296-1	橄榄辉长岩	0.188	0.512815	0.000018	3.68
QW296-3	橄榄辉长岩	0.183	0.512788	0.000013	3.26

（图 3.46）。相比之下，岩墙样品中单斜辉石 Ce/Y 和 Y 的增加伴随着 $Mg^{\#}$ 的强烈降低（图 3.45）。岩墙的单斜辉石斑晶的面扫图和成分剖面图表明，其核部 $Mg^{\#}$、Zr 和 La 相对恒定，边部 Zr 和 La 富集的同时伴随着强烈的 $Mg^{\#}$、Cr 和 Ni 亏损（图 3.46），但橄榄辉长岩的粒间辉石从核到边，Zr 和 La 显著增加，但 $Mg^{\#}$、Cr 和 Ni 轻微亏损。斑状辉绿岩的单斜辉石最显著的特征是具有较大的高 Mg 核和一个低 Mg 的边，其边缘组成与基质中的辉石微晶成分相似，但是一些基质单斜辉石也具有一个小的高 Mg 核。相对于堆晶岩单斜辉石的边缘，岩墙单斜辉石边缘具有更低的 Ti、Cr、Ni、Ti/Ti^{*} 和 Eu/Eu^{*}。

堆晶岩的橄榄石中通常含有尖晶石包裹体［图 3.41（c）～（g）］。单个尖晶石中未观察到明显的成分环带［图 3.41（c）］。相对于橄长岩中的尖晶石（TiO_2=0.3%~2.4%；$Fe^{3+\#}$（摩尔 Fe^{3+}/［Fe^{3+}+Cr+Al］）=0.08~0.32；$Cr^{\#}$=0.17~0.58），橄榄辉长岩中的尖晶石具有较低的 TiO_2（0.3%~0.6%）、$Fe^{3+\#}$（0.06~0.14）和 $Cr^{\#}$（摩尔 Cr/［Cr+Al］=0.16~0.20）（图 3.47）。橄榄辉长岩中的尖晶石具有几乎恒定的 $Cr^{\#}$ 值，但是橄长岩中的尖晶

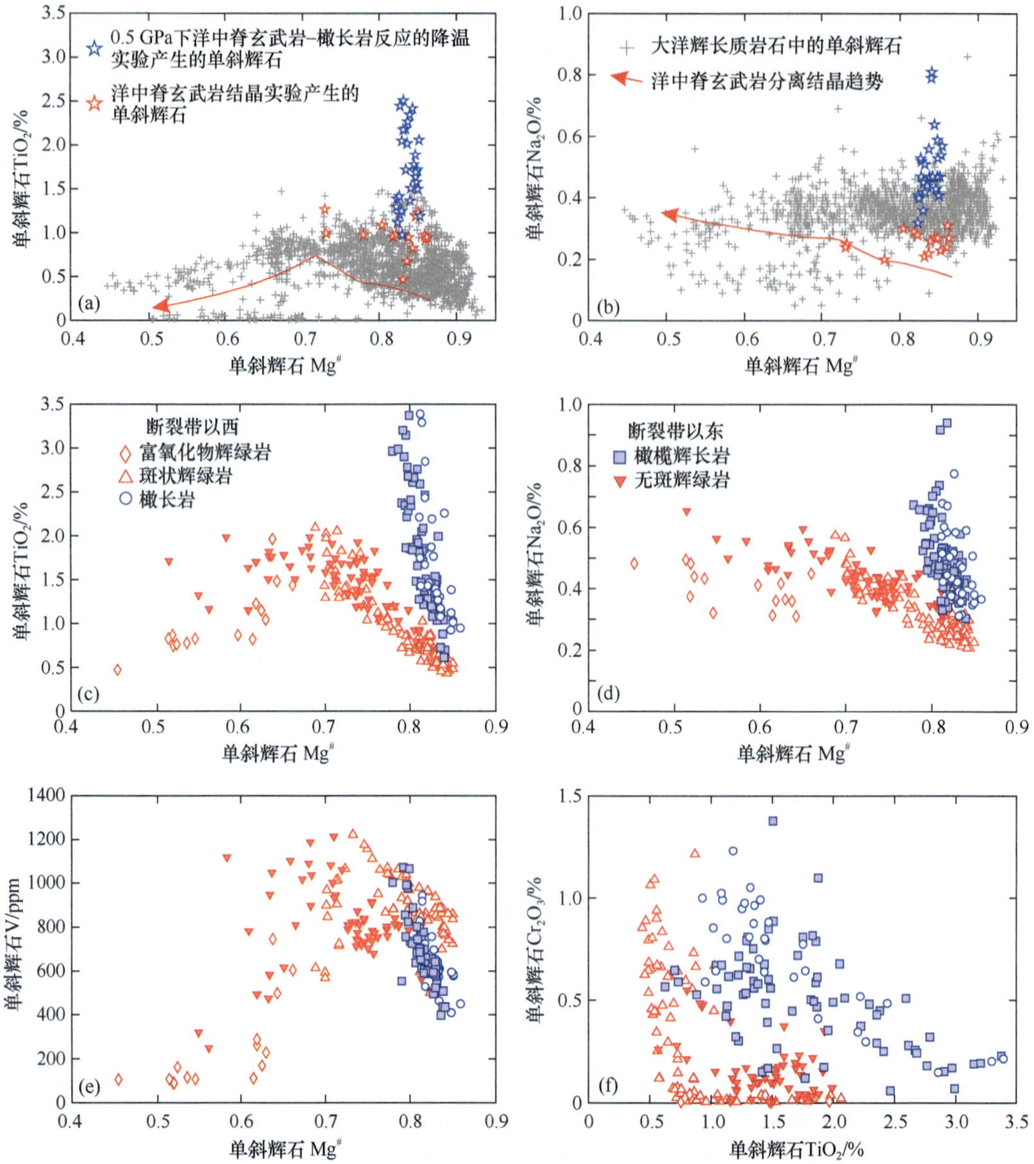

图 3.44 （a）~（d）雀莫错地区和下洋壳镁铁质岩石单斜辉石的 TiO_2 和 Na_2O 与 $Mg^{\#}$ 图解，洋壳辉石数据来自 Miller 等（2009）。MORB 和橄长岩反应结晶实验（0.5 GPa）产生的单斜辉石成分作为对比（Yang et al.，2019）。MORB 的分离结晶的趋势来自 Yang 等（2019）。（e）V 与 $Mg^{\#}$ 图解。（f）Cr_2O_3 与 $Mg^{\#}$ 图解

石随着 $Fe^{3+\#}$ 增加而 $Cr^{\#}$ 值也显著增加，并且伴随着寄主橄榄石 Fo 值的降低。橄榄辉长岩中橄榄石的 Fo（79.2~85.0）和 NiO（0.15%~0.32%）高于橄长岩（Fo=79.5~81.7；NiO=0.09%~0.17%）。所有堆晶相橄榄石与周围的粒间相单斜辉石均处于 Fe-Mg 平衡状态（图 3.47）。辉绿岩中的橄榄石不包含尖晶石包裹体，并且具有相对较低的 Fo 值（53.8~75.2）和 NiO（＜0.1%）含量（图 3.47），表明辉绿岩比堆晶岩的母岩浆更演化。

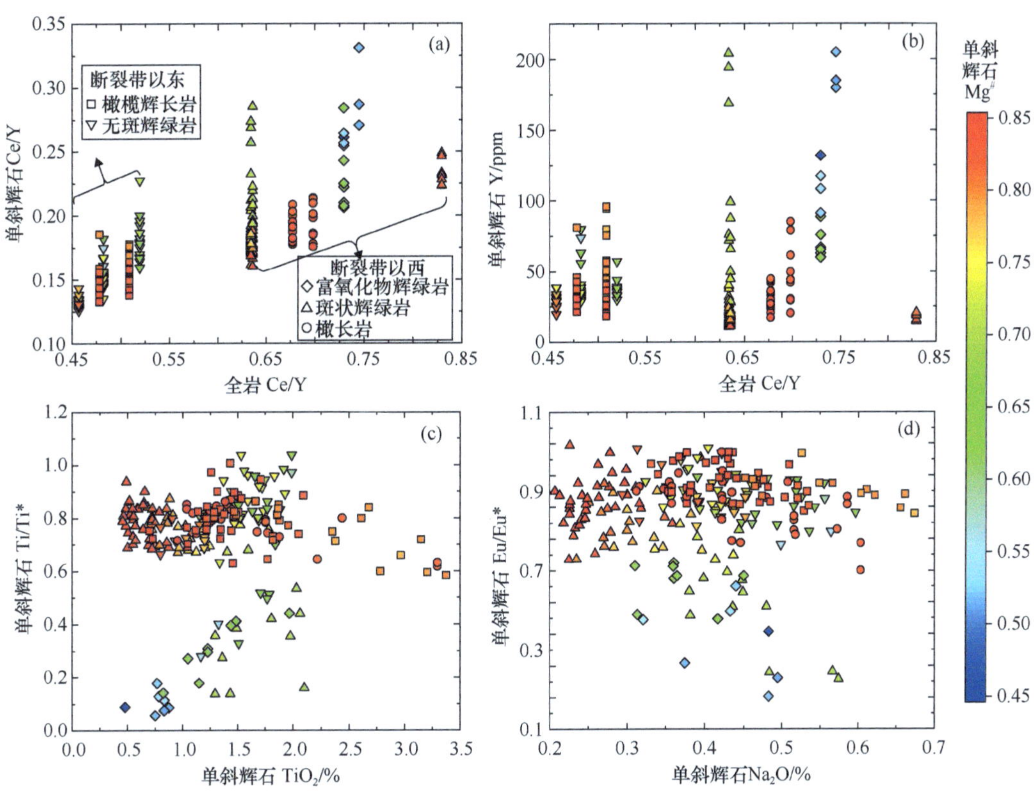

图 3.45　单斜辉石及其寄主岩石的 Ce/Y（a），全岩 Ce/Y 不同的岩石的单斜辉石 Y 含量变化（b），单斜辉石 Ti/Ti^* 与 TiO_2（c）和单斜辉石 Eu/Eu^* 与 Na_2O（d）

所有数据点均按照单斜辉石的 $Mg^\#$ 值进行了颜色编码

斑状辉绿岩单斜辉石斑晶中橄榄石包裹体的 Fo 值高于基质里的橄榄石［图 3.41（h）］。后者通常与相邻的高 $Mg^\#$ 辉石斑晶处于 Fe-Mg 不平衡状态［图 3.47（e）］。辉绿岩墙中具有最高 $Mg^\#$ 值的单斜辉石与寄主全岩处于 Fe-Mg 平衡状态［图 3.47（f）］。

橄榄辉长岩和橄长岩中的斜长石具有相对均一的 An 值（89~76），并且单个晶体要么是均匀的，要么具有轻微的正环带。橄长岩中斜长石的 An（89~83）值略高于橄榄辉长岩。相比之下，岩墙中斜长石的 An 值（89~23）变化范围更大。低 An（＜ 60）斜长石主要出现在基质斜长石的边缘，而单斜辉石斑晶仅仅包含高 An（＞ 70）斜长石［图 3.46（f）］。基质里的颗粒边界和三重点［图 3.46（f）］主要是钠质斜长石（An ＜ 40）填充。

橄榄辉长岩和橄长岩中的棕色角闪石是钛闪石（kaersutite；Ti ＞ 0.5 apfu［分子式中原子数］和 TiO_2 ＞ 4.5%）和少量的钛质韭闪石（Ti=0.44~0.48 apfu）。角闪石具有比共生的单斜辉石更高的 TiO_2 含量（4.0%~7.1%）［图 3.46（c）］，表明角闪石是岩浆成因，而不是热液成因（如 Coogan et al.，2001）。我们使用 Putirka（2016）的经验方程来计算角闪石的结晶温度和与其平衡熔体的 SiO_2 含量，同时采用共存的斜长石和角闪石之间的 Al-Si 分配压力计（Molina et al.，2015）来计算角闪石的结晶压力。计算结果表明，钛闪石是在 1060±13℃和 5.5±1.0 kbar 下，从玄武质岩浆（SiO_2=48%±3%）

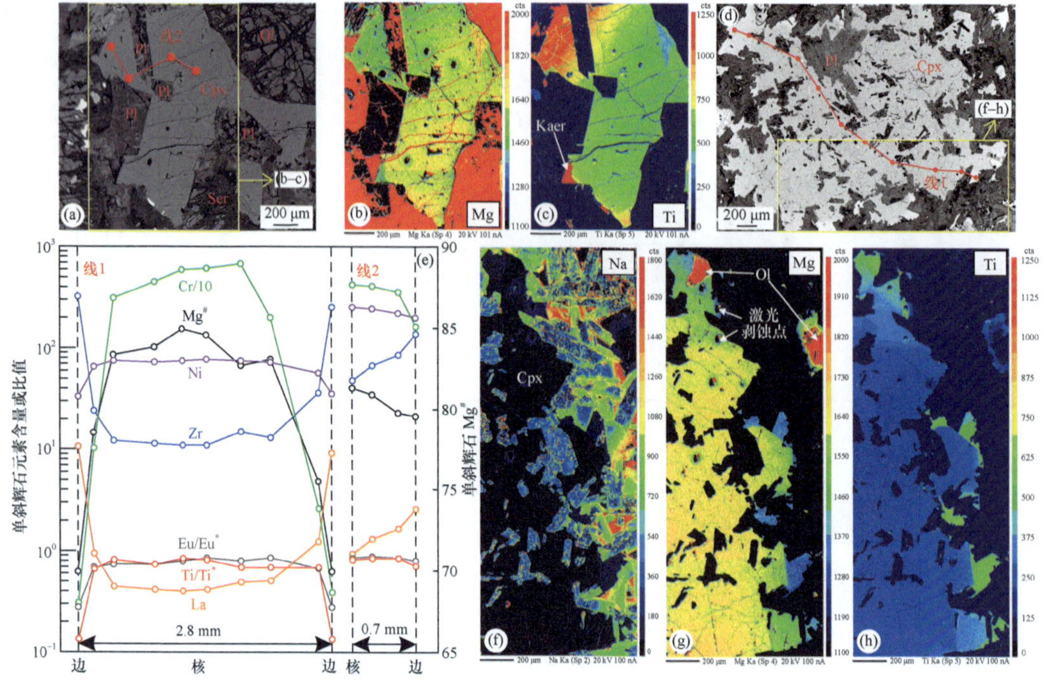

图 3.46　单斜辉石的主微量元素分布

（a）~（c）橄榄辉长岩中粒间单斜辉石的 BSE 图像和 Mg-Ti 元素图。（d）、（f）、（g）、（h）斑状辉绿岩的单斜辉石斑晶 BSE 图像和 Na-Mg-Ti 元素图。注意钛闪石（Kaer）出现在单斜辉石的边缘。（e）两个单斜辉石的成分剖面图

中结晶出来的。

3.1.4.6　岩石成因

断裂带西侧的橄长岩和斑状辉绿岩具有相似的 Nd 同位素组成和 $(La/Sm)_N$［图 3.43（e）和（f）］，这表明它们源自同一母岩浆。断裂带东侧的橄榄辉长岩和无斑辉绿岩也是如此［图 3.43（e）和（f）］。尽管断裂带西侧和东侧的堆晶岩和岩墙的母岩浆在 Nd 同位素和微量元素方面有所不同，但我们将在下文中表明，它们的母岩浆在主量元素方面却是相似的，并且具有贫水的拉斑质特征。此外，断裂带西侧和东侧的两个岩浆系统具有类似的岩浆储库过程，这些过程将最初的拉斑质岩浆转变为碱性岩浆。

1）板内伸展环境的贫水拉斑质岩浆在中地壳压力下演化

侵入岩可以通过熔体或晶粥体的固结来形成。单斜辉石和寄主全岩之间的 Fe-Mg 平衡关系［图 3.47（f）］可用于评估侵入体或者岩墙的全岩成分是否代表熔体还是堆晶成分（Putirka，2008）。对于辉绿岩岩墙，具有最大 $Mg^{\#}$ 值的单斜辉石与其寄主保持平衡，表明它们是从具有寄主全岩组成的熔体中结晶的。基质中的单斜辉石和单斜辉石斑晶的边缘具有较低的 $Mg^{\#}$ 值［图 3.46（g）］，这表明它们是从岩墙中演化的粒间熔体中结晶的。橄长岩和橄榄辉长岩的 $Mg^{\#}$ 值远高于与其辉石平衡的熔体［图 3.47（f）］，

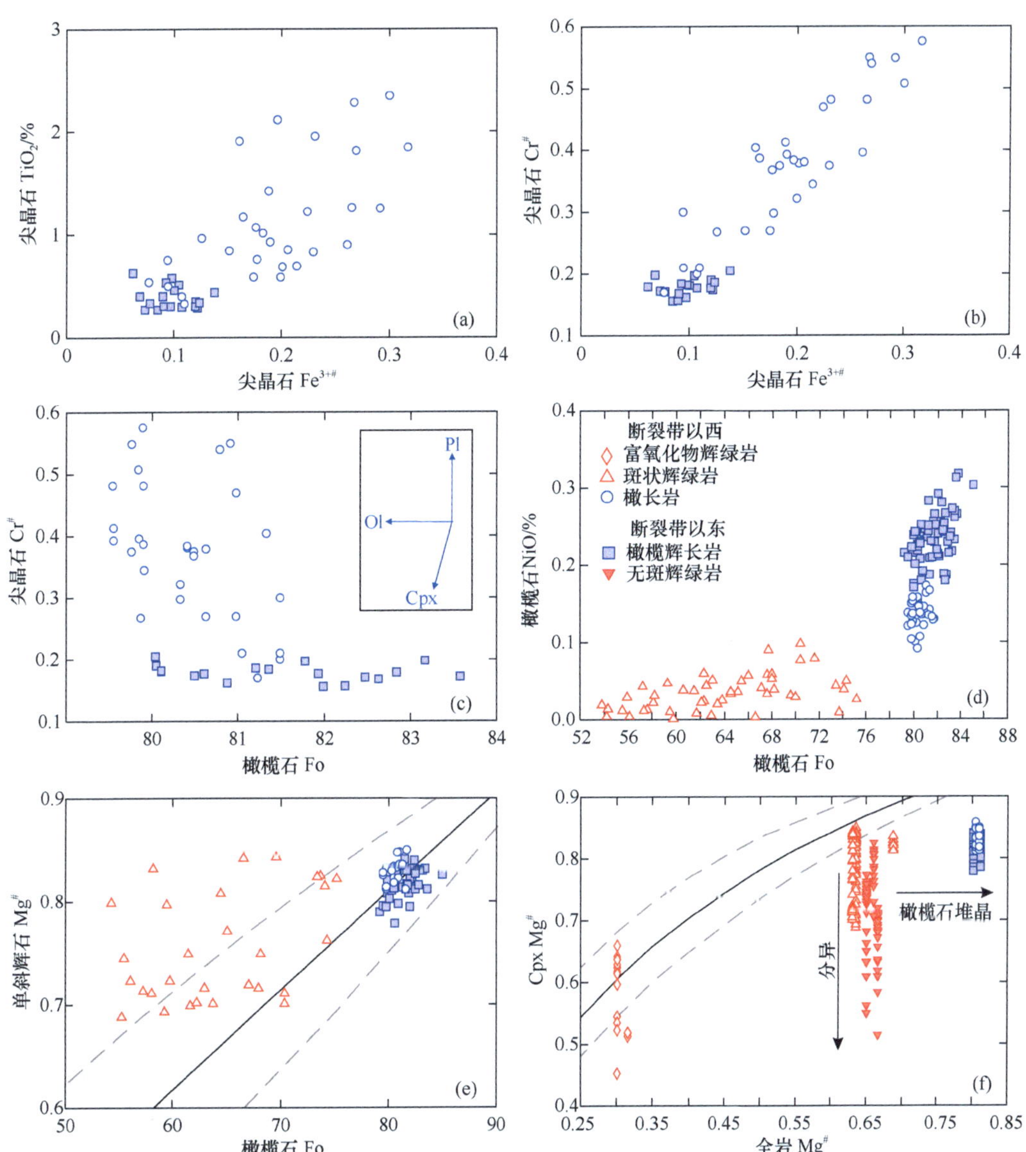

图 3.47　尖晶石 TiO_2（a）和 $Cr^\#$（b）与 $Fe^{3+\#}$ 相关图解。（c）橄榄石 Fo 与其尖晶石包裹体的 $Cr^\#$ 相关图解。插图显示了斜长石（Pl）、橄榄石（Ol）和单斜辉石（Cpx）的结晶对尖晶石成分的影响（Leuthold et al.，2015）。（d）橄榄石的 NiO 与 Fo 含量图解。（e）和（f）橄榄石和周围单斜辉石以及单斜辉石与寄主岩石的 Fe-Mg 交换平衡判断。其中（e）和（f）图的实线和虚线显示橄榄石 – 熔体的交换系数为 0.30 ± 0.03，而单斜辉石 – 熔体的为 0.28 ± 0.08（Putirka，2008）。假设 Fe^{2+}/Fe^T=0.9 来计算全岩的 $Mg^\#$ 值

表明它们是堆晶的结果，这与岩石学观察一致。

断裂带东西两侧岩石的结构和地球化学特征都揭示了贫水岩浆的结晶序列。在堆晶岩［图 3.41（e）］和岩墙［图 3.41（h）］中，都出现单斜辉石包裹橄榄石和斜长石

的现象［图 3.41（h）］，这表明橄榄石＋斜长石早于单斜辉石结晶。三元相图表明，岩墙成分偏离了富水岩浆的橄榄石和单斜辉石共结趋势［图 3.48（a）；Gaetani et al.，1993］，却沿着无水 MORB 的橄榄石－斜长石共结趋势线分布［图 3.48（a）和（b）；Grove et al.，1992］。这种结晶顺序会产生橄长岩、橄榄辉长岩和氧化物辉长岩（或铁质辉长岩），这些岩性在下洋壳和雀莫错地区很常见（Lissenberg and MacLeod，2016）。相比之下，在富水（通常＞2%）的条件下，早期磁铁矿和晚期斜长石的结晶将导致残余熔体 Fe 的强烈亏损和 Si 的富集，从而形成钙碱性演化趋势［图 3.43（a）；Blatter et al.，2013］。然而，雀莫错富氧化物辉绿岩具有极高的 FeO/MgO（4.3~6.1）。它们的组成变化与拉斑质岩浆演化趋势相匹配［图 3.43（a）］，因此它们代表了贫水的拉斑质岩浆演化的产物。

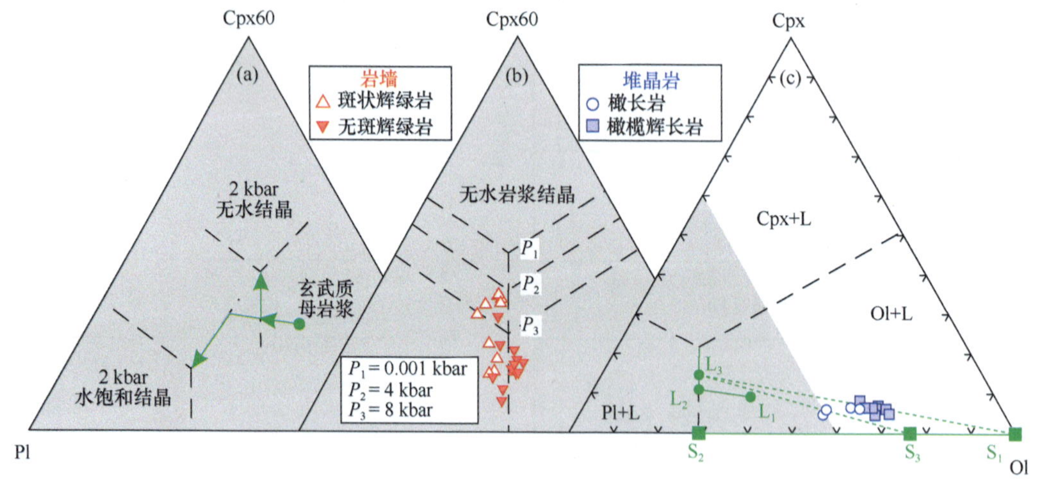

图 3.48　橄榄石－单斜辉石－斜长石三元相图，展示了雀莫错镁铁质岩石的成分变化

（a）在 2 kbar 无水和水饱和条件下玄武岩的相边界（黑色虚线）和液相成分演化线（绿色箭头）（Gaetani et al.，1993）。（b）所有辉绿岩样品沿 MORB 的橄榄石－长石共结线分布。也显示了不同压力下 MORB 的相边界（Grove et al.，1992）。注意橄榄石与斜长石的共结比（3 ∶ 7）不会随压力的变化而变化。（c）辉绿岩母岩浆（L_1）的液相（L_1-L_2-L_3）和堆晶相（S_1-S_2）的成分演化线（绿实线）。两条绿色虚线表示平均辉绿岩（L_3）和纯橄质（S_1）/ 橄长质（S_3）堆晶岩之间的混合。L_2 代表辉绿岩中 MgO 含量最高的样品（QW278-2）

我们使用 Putirka 等（2003）的单斜辉石－熔体温压计来估算雀莫错岩墙中单斜辉石的结晶温度和压力。如上所述，岩墙的全岩组成可以看作是熔体成分。我们仅使用与全岩 Fe-Mg 交换平衡的高镁单斜辉石（K_D［Fe-Mg］=0.28±0.08；Putirka，2008）来计算温压［图 3.47（f）］。新鲜斑状辉绿岩样品（WQ271 和 WQ272）的单斜辉石记录的温度为 1204±7℃，压力为 5.9±0.8 kbar［图 3.49（a）］。斜长石－熔体湿度计是确定岩浆水含量的有效方法（如 Waters and Lange，2015）。在使用该湿度计之前，应该独立限制斜长石结晶温度，因为温度对湿度计的结果具有很大的影响，比如，输入温度增加 20℃将导致计算的水含量降低 0.2%~0.5%（Waters and Lange，2015）。我们选择早期结晶的单斜辉石斑晶中包含的斜长石［图 3.41（h）］来计算水含量。这些高

An（77~89）斜长石与其寄主岩石之间的钙长石－钠长石交换系数（K_D［Ab–An］= 0.16~0.38）表明它们满足平衡条件（在 $T>$ 1050℃时，K_D［Ab–An］=0.27±0.11；Putirka，2008）。结构和地球化学证据表明，橄榄石和斜长石结晶之后单斜辉石才结晶。因此，斜长石的结晶温度应高于单斜辉石的结晶温度（1204℃）。如果将 1204℃作为斜长石－熔体湿度计的输入温度，可以获得 0.9%±0.1% 的水含量［图 3.49（b）］，但这是雀莫错岩墙的水含量上限，因为温度与水含量负相关。总之，雀莫错镁铁质岩石记录了中地壳的贫水（< 0.9%）拉斑质岩浆的演化历史。

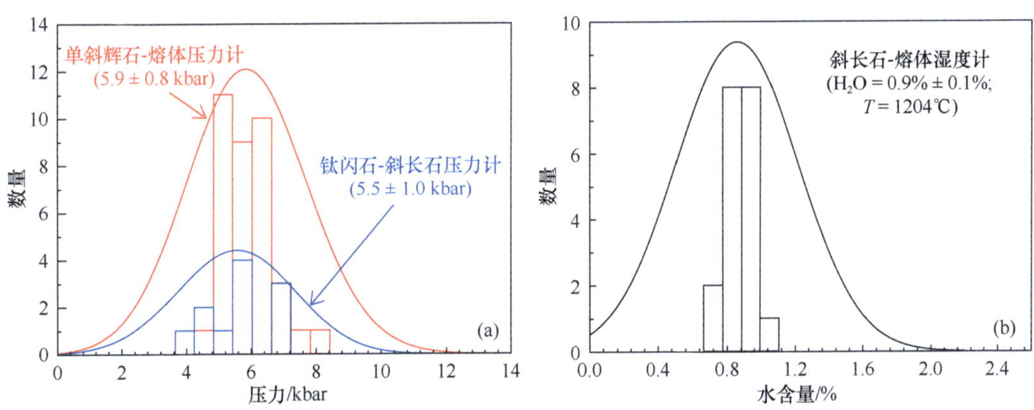

图 3.49 雀莫错镁铁质岩石的压力（a）和水含量（b）的直方图和概率密度函数

单斜辉石－熔体压力计、钛闪石－斜长石压力计、斜长石－熔体湿度计分别来自 Putirka 等（2003）、Molina 等（2015）、Waters 和 Lange（2015）。斜长石－熔体湿度计的输入温度是单斜辉石的结晶温度（约 1204℃）

鉴于古特提斯洋在晚三叠世闭合后，羌塘中部造山带随后在早侏罗世垮塌（Zhang et al.，2011），我们认为雀莫错镁铁质岩石形成于板内伸展的环境。羌塘盆地的晚三叠世—侏罗纪沉积岩经历了从大陆到海相沉积序列的演变，这种不断加深的海侵序列也暗示早侏罗世的羌塘是一个伸展盆地（Wang et al.，2019a）。

2）断裂带两侧岩浆系统中初始堆晶相和熔体的性质差异

许多研究都认为，镁铁质堆晶岩侵入体的细粒边缘相或共生的岩墙是堆晶岩的母岩浆（如，Barnes et al.，2010）。我们使用雀莫错堆晶岩和岩墙之间的全岩和矿物成分关系来探讨它们之间的联系。断裂带一侧的堆晶岩和岩墙具有相似的 Nd 同位素和 $(La/Sm)_N$［图 3.43（f）］，这表明它们源自同一母岩浆。考虑到断裂带的东侧和西侧的镁铁质岩石具有明显不同的 Nd 同位素和 $(La/Sm)_N$［图 3.43（f）］，因此应该存在由不同的母岩浆建立的两个空间独立的岩浆系统。

橄榄石中尖晶石包裹体的组成变化可以用来约束与橄榄石和尖晶石共饱和的堆晶相（Leuthold et al.，2015）。尖晶石 $Fe^{3+\#}$ 不受尖晶石和橄榄石之间的亚固相扩散影响，并且随着岩浆分异而增加（Arai，1992）。斜长石和单斜辉石的结晶分别导致熔体 Al_2O_3 和 Cr_2O_3 含量降低，进而导致共结晶的尖晶石的 $Cr^\#$ 的升高和降低（Leuthold et al.，2015）。断裂带以西的橄长岩中的尖晶石 $Cr^\#$ 值随着 $Fe^{3+\#}$ 的增加而显著增加［图 3.47

(b)]，同时寄主橄榄石的 Fo 值也降低［图 3.47（c）]，表明堆晶相橄榄石是从斜长石饱和的岩浆中结晶，该岩浆由于长石结晶导致熔体 Al_2O_3 含量降低以及共结的尖晶石 $Cr^{\#}$ 升高。另一方面，断裂带以东的橄榄辉长岩中的尖晶石具有几乎恒定的 $Cr^{\#}$ 值，表明寄主橄榄石可能是从更原始的、斜长石不饱和的岩浆中结晶的［图 3.47（c）]。该推论也得到下面证据的支持，即相对橄长岩而言，橄榄辉长岩的橄榄石含有较高的 NiO 含量［图 3.47（d）]，其尖晶石 $Fe^{3+\#}$ 值［图 3.47（a）］也更低。因此，断裂带西侧和东侧的岩浆系统的主要堆晶相分别是橄榄石 + 斜长石和橄榄石。

三元相图［图 3.48（c）］展示了辉绿岩母岩浆的液相（L_1-L_2-L_3）和堆晶相的成分演化线（S_1-S_2）。值得注意的是斑状和无斑辉绿岩的这些演化线几乎重叠，因为两者的主量元素类似（尽管微量和同位素组成不同）［图 3.48（b）和 3.44（a）~（c）]。为了最大程度地减少斜长石和单斜辉石分离结晶的影响，我们利用 Lee 等（2009）的方法，选择了 MgO 含量最高（10.4%）的辉绿岩样品（QW278–2；L_2）作为重建原生岩浆成分的初始组成，即不断将橄榄石添加到该样品中，以获得母岩浆成分变化范围（L_1-L_2）。当母岩浆［图 3.48（c）中的 L_1］与地幔橄榄石（Fo=90）达到 Fe-Mg 平衡时，停止添加橄榄石，此时母岩浆即为最原始的成分。从原始岩浆 L_1 首先分异出的固体是具有高 Fo（约 90）橄榄石的纯橄岩堆晶（S1）。从演化的 L_2 或 L_3 熔体沉淀出的共结橄长岩（S_2）理论上应该具有的斜长石与橄榄石之比为 7 ∶ 3，这是因为雀莫错辉绿岩成分是沿着 MORB 的橄榄石－长石共结的趋势变化［图 3.48（b）和（c）]。但是，雀莫错橄长岩和橄榄辉长岩的成分偏离了共结橄长岩（S_2）。因此，就成分而言，它们可能是演化的熔体（L_3，辉绿岩平均组成）和纯橄（S_1）/ 橄长质（S_3）堆晶岩的混合物［图 3.48（c）]。橄长质堆晶岩（S_3）是 S_1 和 S_2 的混合物。

全岩和矿物成分变化可以进一步揭示堆晶岩样品中初始粒间熔体的组成和比例（如 Chai and Naldrett，1992）。对于断裂带以东的橄榄辉长岩样品，FeO^T、Al_2O_3 和 MgO 之间相关性的线性回归分析产生了两个最小二乘回归线，这些线恰好通过了橄榄石和无斑辉绿岩的数据点［图 3.43（b）和（c）]。因此，线性趋势代表堆晶相橄榄石和一个粒间熔体之间的混合，该粒间熔体的组成恰好与无斑辉绿岩的成分相似。无斑辉绿岩和橄榄辉长岩［图 3.43（e）和（f）］及其高 $Mg^{\#}$ 单斜辉石［图 3.45（a）］具有相似的 Ce/Y 和 Nd 同位素，进一步表明了无斑辉绿岩的成分类似于橄榄辉长岩的初始粒间熔体组成。堆晶相初始橄榄石的 Fo 均值为 85，这是堆晶岩样品中橄榄石最高的 Fo 值［图 3.43（b）]。这是因为当前大多数橄榄石都经历了堆晶后的再平衡过程，即与演化的粒间熔体反应导致 Fo 降低。橄榄辉长岩（MgO=25.3%~28.9%）代表初始粒间熔体［即无斑辉绿岩的平均 MgO=9.3%）和橄榄石（MgO=45.3%；图 3.43（b）和（c）］的混合物。因此，MgO 的质量平衡表明，橄榄辉长岩中初始粒间熔体的比例为 46%~56%，平均为 50%。如果假定橄榄石不包含稀土，一个无斑辉绿岩（QW278–2）与橄榄石 1 ∶ 1 的混合物恰好与橄榄石辉长岩的稀土模式重叠［图 3.43（d）]。

对于断裂带以西的橄长岩样品，最小二乘的回归线没有穿过辉绿岩样品的任何数据点，而是偏向斜长石的数据点［图 3.43（b）和（c）]。因此，除橄榄石外，橄长岩中的原始堆晶相还包括斜长石，这与橄长岩的 Eu 正异常［图 3.43（d）］、尖晶石 $Cr^{\#}$ 的变化［图 3.47（c）］以及存在斜长石聚集体一致［图 3.41（a）］。鉴于斑状辉绿岩和橄长岩具有近平行的稀土模式［图 3.43（d）］以及相似的 Nd 同位素［图 3.43（f）］，并且它们的高 $Mg^{\#}$ 单斜辉石也具有相似的 Ce/Y 值（图 3.45），我们认为初始粒间熔体在组成上与斑状辉绿岩成分相似。我们估计初始粒间熔体的比例略微低于 40%，因为斑状辉绿岩的重稀土含量（如 Lu）比橄长岩高约 2.5 倍。

总而言之，橄榄辉长岩和橄长岩中的初始粒间熔体［图 3.48（c）中的 L_3］在成分上分别类似于空间上共存的无斑和斑状辉绿岩。橄长岩的初始堆晶相是橄榄石和斜长石［图 3.48（c）中的 S_3］，但橄榄辉长岩的堆晶相仅有橄榄石［图 3.48（c）中的 S_1］。因此，对于断裂带西侧和东侧的两个岩浆系统，初始的堆晶相和粒间熔体的组成并不相同。另外，与初始粒间熔体［图 3.48（c）中的 L_3］成分相比，堆晶相（S_1 和 S_3）的母岩浆［图 3.48（c）中的原始岩浆 L_1］更原始且温度更高。在具有 50%~60% 晶体的晶粥体中，化学和热不平衡的粒间熔体和晶体将会发生显著的堆晶后反应（如，Holness et al.，2007；Namur et al.，2013），堆晶岩中高度溶蚀的橄榄石堆晶相也表明不平衡反应的存在［图 3.41（e）～（g）］。晶粥体中格架晶体与后期演化的渗透熔体之间的反应在镁铁质堆晶岩中普遍出现（Lissenberg et al.，2019）。

3）堆晶岩和辉绿岩中成分不同的单斜辉石揭示熔体 - 晶粥体反应

鉴于侵入岩比岩墙冷却更慢，亚固相线的扩散可能抹除或修改单斜辉石的原生岩浆环带（如 Mg）。雀莫错堆晶岩的单斜辉石面扫图显示出相似的 Mg 和 Ti 环带［图 3.46（b）和（c）］，且 Mg 和 Ti 之间存在强的负相关性（未展示），表明单斜辉石的岩浆 Mg 环带没有被亚固相的扩散强烈改造。如果辉石小的 $Mg^{\#}$ 变化是由向外扩散 Mg 导致的，那么缓慢扩散的元素（如 Ti）与更快扩散的元素（如 Mg 和 Fe；Cherniak and Liang，2012）将发生成分解耦，但事实并非如此。此外，我们没有发现单斜辉石和斜长石之间存在微量元素扩散。该矿物间的扩散过程可以在毗邻斜长石的单斜辉石边缘形成高的 Zr/LREE 值，因为轻稀土会从单斜辉石中扩散到邻近的斜长石中，从而导致接近斜长石的单斜辉石边缘轻稀土明显下降（Coogan and O'Hara，2015）。从图 3.46（a）和（e）中可以明显看出，毗邻斜长石的单斜辉石边缘的轻稀土（如 La）含量没有降低。相反，我们认为单斜辉石边缘的高轻稀土含量主要是岩浆特征，而不是扩散导致的（Sanfilippo et al.，2020）。

结构上，橄榄辉长岩和橄长岩中许多橄榄石都有港湾状边和再吸收隧道，这些空间都被粒间的斜长石和单斜辉石所充填［图 3.41（e）～（g）］。此外，某些粒间单斜辉石又反过来被橄榄石所包裹，并且与相邻的单斜辉石在光学上是连续的［图 3.41（d）和（e）］，表明这些空间上分离的单斜辉石颗粒是同时结晶的。这种结构表明粒间单斜辉石和斜长石结晶的同时，早期堆晶相橄榄石发生了部分溶解和再沉淀。因此，一些小的单斜辉石和斜长石晶体可能被快速生长的橄榄石部分或完全包裹［图 3.41（e）～（g）］。这些结构与最近的实验观察结果一致，即通过溶解 - 再沉淀机制发生熔体 - 晶粥体反应（Yang et al.，2019）。

所有岩墙中的单斜辉石具有中等的 TiO_2 和 Na_2O 含量，并且与 MORB 的分离结晶趋势一致［图 3.44（a）～（d）］。相反，橄榄辉长岩和橄长岩中的单斜辉石在高的 $Mg^{\#}$ 值下，延伸至更高的 TiO_2 和 Na_2O 含量，并且这种陡峭的趋势类似于 0.5 GPa 的 MORB- 橄长岩的反应实验生成的单斜辉石成分［图 3.44（a）和图（b）；Yang et al.，2019］。此外，橄榄辉长岩和橄长岩中的单斜辉石在 Cr_2O_3-TiO_2 和 Ni-Y 图中显示出不同的成分范围［图 3.44（f）和图 3.50（a）］。粒间熔体结晶单斜辉石的同时也溶解了部分橄榄石和尖晶石堆晶相，这种溶解－再沉淀的过程可以解释堆晶岩的单斜辉石成分变化趋势（Lissenberg and MacLeod，2016）。从这些熔体中结晶的单斜辉石将保持相对较高的 Cr_2O_3 和 Ni 含量，尽管它们在不相容元素含量上具有高度演化的特征，如不断增加的 TiO_2 和 Y 含量［图 3.44（f）和图 3.50（a）］。单斜辉石与周围橄榄石的 Fe-Mg 平衡［图 3.47（e）］也表明通过橄榄石格架的粒间熔体的 $Mg^{\#}$ 几乎不变（Basch et al.，2019；Yang et al.，2019）。相比之下，简单的分离结晶将导致残留熔体的 Cr_2O_3 含量呈指数降低，如岩墙中单斜辉石成分所显示的那样［图 3.44（f）］。

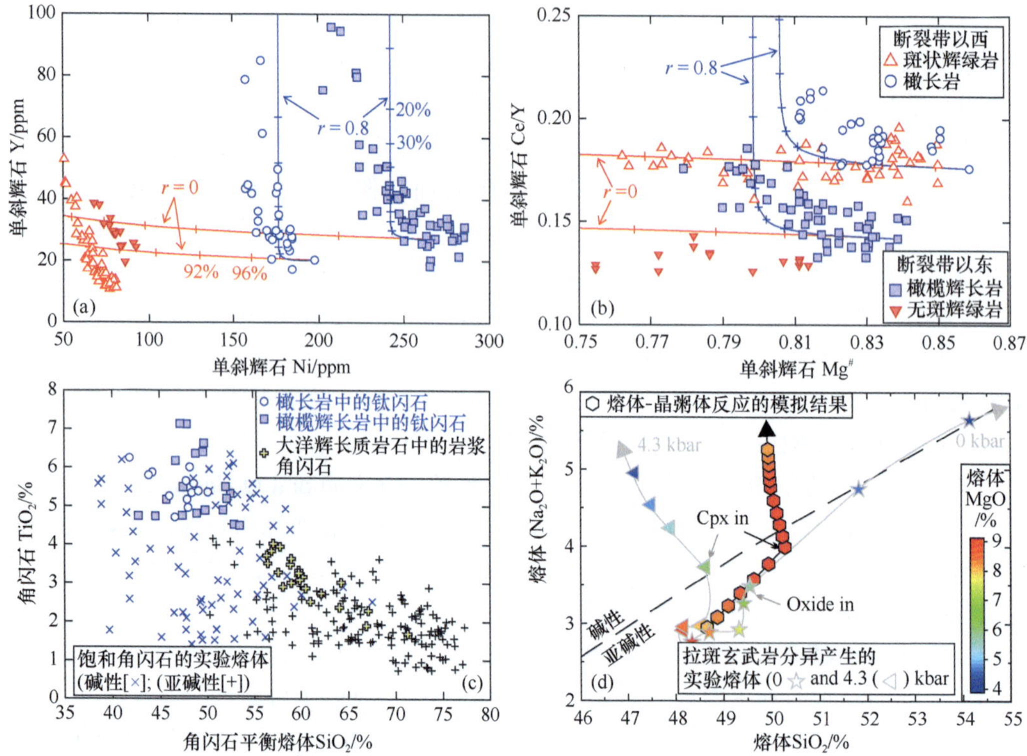

图 3.50 （a）单斜辉石的 Y 与 Ni 图解；（b）单斜辉石的 Ce/Y 与 $Mg^{\#}$ 图解；（c）角闪石 TiO_2 及其平衡熔体的 SiO_2 图解；（d）模拟的熔体－晶粥体反应产生的熔体 TAS 图解

（a）和（b）中蓝线和红线代表模拟的 AFC（r=0.8）和 FC（r=0）趋势，十字丝分别表明剩余熔体分数变化 10% 和 4%。（c）中实验角闪石和洋壳岩浆角闪石用作对比（Coogan et al.，2001）。和辉长岩中角闪石平衡熔体的 SiO_2 含量使用 Putirka（2016）的经验方程计算。（d）中 0 和 4.3 kbar 实验获得的大陆低钾橄榄拉斑玄武岩液相演化线来自 Whitaker 等（2007）。“Cpx/Oxide in”表示单斜辉石和氧化物开始结晶。根据熔体 MgO 含量对数据点进行了颜色编码

4）熔体 – 晶粥体反应驱动拉斑到碱性玄武质熔体的转变

雀莫错橄榄辉长岩和橄长岩分别展现了相对演化的拉斑熔体通过原始的、更热的纯橄质和橄长质晶粥体的过程。反应之前的初始渗透熔体的成分类似于断裂带同一侧的辉绿岩岩墙。岩墙中矿物的成分变化趋势代表了简单的分离结晶（FC）过程（图 3.44）。因此，我们可以使用粒间矿物的成分变化来反映渗透的拉斑质熔体在反应过程中的成分变化。鉴于熔体 – 晶粥体反应是通过溶解 – 再沉淀的机制进行的，我们可以将 DePaolo（1981）的混染 – 分离结晶（AFC）方程与分配系数结合在一起，来计算残余粒间熔体及其结晶的矿物微量元素成分变化（如，Coogan et al.，2000；Lissenberg et al.，2013）。

正如堆晶岩和岩墙的单斜辉石成分所记录的那样，相对于简单的分离结晶过程，熔体 – 晶粥体反应不仅可以通过橄榄石和尖晶石的溶解来缓冲粒间熔体相容元素（如 Mg、Cr 和 Ni）含量的降低，而且还会导致不相容元素的富集和不相容元素比值发生分异。例如，在给定的 $Mg^{\#}$ 下，相对于岩墙的单斜辉石，橄榄辉长岩和橄长岩中的单斜辉石具有较高的 TiO_2［图 3.44（c）］、Na_2O［图 3.44（d）］和 Y［图 3.45（b）］含量以及 Ce/Y［图 3.50（b）］。不相容元素（如碱、稀土和 Ti）的含量增加表明熔体 – 晶粥体反应过程中，渗透熔体的质量不断降低。橄榄辉长岩和橄长岩单斜辉石高的 Y 和 Ce/Y 可以通过我们模拟的 AFC 趋势来再现［其中混染和结晶的质量比 r=0.8；图 3.50（a）和（b）］，而 FC 趋势（r=0）不能再现堆晶岩的辉石成分。反而 FC 趋势类似岩墙的辉石成分变化趋势。AFC 趋势还表明，熔体 – 晶粥体反应可以导致熔体从轻稀土亏损向轻稀土富集的方向演化［图 3.50（b）］。

橄榄辉长岩和橄长岩中的单斜辉石均表现出不断增加 TiO_2［0.6%~3.4%；图 3.44（c）］和 V［图 3.44（e）］含量，但具有相对恒定的 Ti/Ti^*［图 3.45（c）］，暗示了 Fe-Ti 氧化物结晶受到抑制。高温高压结晶实验（如 Juster et al.，1989；Thy and Lofgren，1994；Toplis and Carroll，1996；Whitaker et al.，2007）表明玄武岩在没有结晶氧化物的时候，不会演化成安山岩。相反，随着雀莫错岩墙和大洋辉长岩中单斜辉石 $Mg^{\#}$ 的降低［图 3.44（a）和（c）］，TiO_2 含量先增加后降低，这说明岩浆演化过程中 Fe-Ti 氧化物发生饱和。雀莫错岩墙中的低 $Mg^{\#}$ 单斜辉石的 V［图 3.44（e）］和 Ti/Ti^*［图 3.45（c）］的同时减小也进一步支持这一点。斑状辉绿岩中基质颗粒的三连点处含有大量的钠质斜长石（An < 30）［图 3.46（f）］，这也表明最终的粒间熔体是长英质的。岩墙中低 $Mg^{\#}$ 单斜辉石的 Na_2O 和 Eu/Eu^* 的降低也反映了晚期钠质斜长石的结晶［图 3.45（d）］。然而，堆晶岩的斜长石具有高的 An 值（76~89），这暗示通过晶粥体的粒间熔体在反应过程中始终保持镁铁质成分。全球岩浆岩的成分汇总表明，岩浆岩的 Zr/Ti 与 SiO_2 浓度呈正相关（如 Pearce，1996；Greber and Dauphas，2019）。因此，单斜辉石 Zr/Ti 的变化反映了其母岩浆中 SiO_2 含量的变化。对于岩墙，随着 $Mg^{\#}$ 的降低，单斜辉石及其平衡熔体的 Zr/Ti 显著增加，因此熔体演化成酸性成分，而堆晶岩的单斜辉石 Zr/Ti 几乎恒定。总而言之，熔体 – 晶粥体反应导致粒间熔体的不相容元素含量（如 TiO_2）急剧增加，但是粒间熔体的主量成分仍保持镁铁质（即几乎恒定的 SiO_2）。

单斜辉石和角闪石的 TiO_2 含量是确定其母岩浆碱度的最有效参数（如 Leterrier et al.，1982；Molina et al.，2009）。许多研究汇总了全球镁铁质岩石的单斜辉石成分，发现 $TiO_2 > 2\%$ 的单斜辉石主要出现在碱性镁铁质岩石中，但拉斑和钙碱性岩石中通常只含有低 TiO_2（$< 2\%$）的单斜辉石（见 Loucks，1990 的图 1 和 Nisbet and Pearce，1977 的图 3）。观察到的不同岩浆类型的单斜辉石之间的 TiO_2 含量差异可以通过其母岩浆的 TiO_2 和 SiO_2 含量的变化来解释，即电荷平衡的耦合置换（$^{vi}Mg+^{iv}Si_2=^{vi}Ti+^{iv}Al_2$；Loucks，1990）。橄榄辉长岩和橄长岩中最早结晶的高 Mg# 单斜辉石具有较低的 TiO_2 和 Na_2O 含量，与洋壳辉长岩的单斜辉石成分相当［图 3.44（a）～（d）］，表明初始渗透熔体具有低碱和拉斑属性。共存的拉斑质岩墙进一步证实了这一结论，因为它们在组成上与初始渗透熔体成分对应，其特征在于低碱（$Na_2O+K_2O < 3.0\%$）含量和与 MORB 类似的平坦稀土配分模式。橄榄辉长岩和橄长岩中的单斜辉石均显示出持续增加的 TiO_2（0.6%~3.4%），同时伴随着略微降低的 Mg#［图 3.44（c）］，这些演化趋势表明渗透熔体的成分从拉斑演变为碱性玄武岩。

此外，钛闪石在碱性玄武岩中很常见（Kesson and Price，1972；Pilet et al.，2008 及其中的参考文献）。我们汇总了已发表的实验熔体以及平衡的角闪石成分数据（n=214）［图 3.50（c）］，进一步证实了钛闪石（$TiO_2 > 4.5\%$）只能从碱性玄武岩或碱性玄武安山岩中结晶。相比之下，亚碱性熔体结晶的角闪石主要是低 TiO_2（$< 4\%$）［图 3.50（c）］。Molina 等（2009）的研究也证实了这一点：他们汇总了大量的天然和实验角闪石以及寄主全岩（n=609）数据，发现碱性岩石的角闪石可具有高达 8% 的 TiO_2 含量。雀莫错钛闪石（TiO_2 高达 7.1%）是最晚结晶的相，它们出现在单斜辉石的边缘［图 3.46（c）］，表明钛闪石是由单斜辉石和碱性玄武质熔体（SiO_2=48%±3%）反应生成的［图 3.50（c）］。因此，在橄榄辉长岩和橄长岩中，晚期结晶的高 TiO_2 单斜辉石和钛闪石表明最终的粒间熔体具有碱性玄武岩的特征，这些碱性熔体是通过初始渗透的拉斑质熔体与晶粥体之间反应生成的。相反，岩墙中的钠质斜长石和铁钛氧化物的结晶抑制了富碱和贫硅残余熔体的形成。

从上面的讨论可以看出，尽管断裂带西侧和东侧的岩浆系统具有不同的母岩浆，但橄榄辉长岩和橄长岩中相似的矿物结构和成分变化表明这两个岩浆系统都经历了类似的熔体－晶粥体反应过程，该过程可以将熔体成分从拉斑质转变成碱性。为了进一步检验该过程的可能性，我们将基于质量平衡方法来模拟反应过程中熔体的主量成分变化，这里以断裂带西侧的橄长岩为例。因为反应是通过溶解－再沉淀的机制进行的，我们将矿物添加到熔体中来模拟溶解过程，然后从熔体中扣除矿物来模拟再沉淀过程，不断地重复该步骤，每一步仅仅减少熔体质量的 1%，来无限接近溶解－再沉淀过程。考虑到无法使用分配系数［即 DePaolo（1981）的方法］来计算沉淀矿物的主量元素（如碱和 SiO_2）组成，因此采用样品中的矿物成分。Lissenberg 和 Dick（2008）已经描述了这种类似的方法，但是我们模型中的反应熔体质量是逐渐减少的。雀莫错堆晶岩的矿物溶蚀结构表明，橄榄石、斜长石和单斜辉石发生了部分溶解和再沉淀（图 3.41）。结合 Yang 等（2019）的实验反应结果，我们考虑以下三阶段的熔体－晶粥体反应：

（1）橄榄石 1+ 斜长石 1+ 熔体 1= 橄榄石 2+ 斜长石 2+ 熔体 2；

（2）橄榄石 1+ 斜长石 1+ 熔体 2= 橄榄石 2+ 斜长石 2+ 单斜辉石 1+ 熔体 3；

（3）橄榄石 1+ 斜长石 1+ 单斜辉石 1+ 熔体 3= 橄榄石 2+ 斜长石 2+ 单斜辉石 2+ 熔体 4。

橄榄石 1 和斜长石 1 代表晶粥体格架中的初始堆晶相，而熔体 1 是初始渗透的拉斑质熔体。上述反应中的其他熔体和矿物分别代表粒间不断演化的熔体及其结晶的产物。从熔体 1 到熔体 4 的主量元素变化是由于样品中的矿物发生溶解和再沉淀导致的。新鲜的拉斑质斑状辉绿岩（QW271）成分作为初始渗透熔体（即反应（1）中的“熔体 1”）。虽然该质量平衡模拟不受热力学约束（Lissenberg and Dick，2008）。但是，由于以下原因，不同的模拟参数并不会显著影响我们的计算结果：首先，由于钠质斜长石的结晶受到抑制，所以 Na 和 K 都是不相容元素。因此，由于熔体质量降低，残余熔体的碱含量将会不断增加。由于没有 Fe-Ti 氧化物的结晶，以及大量富硅的单斜辉石的结晶，残余熔体的硅含量不会显著增加。并且反应熔体的 MgO 含量由于橄榄石的溶解而降低不显著［图 3.50（d）］。因此，由熔体 – 晶粥体反应形成的碱性玄武质熔体表现出不相容元素含量（Ti、Na、K 和稀土）和比值（如 Ce/Y）的强烈富集，但与它们的拉斑质母岩浆相比，Si 增加和 Mg 减少的程度都很小，这种成分的变化不能通过简单的分离结晶来实现（图 3.50）。

5）重建断裂带两侧的两个岩浆通道系统

西侧岩浆系统显示了同位素富集［$\varepsilon_{Nd}(t)$=0.7~1.9］的拉斑质熔体渗透通过橄长质晶粥体，该晶粥体最终固结形成橄长岩，而东侧岩浆系统展示了同位素亏损［$\varepsilon_{Nd}(t)$=2.7~3.8］的拉斑质熔体通过纯橄质晶粥体，且该晶粥体最终结晶形成橄榄辉长岩［图 3.51（a）］。这两个岩浆系统都发生了橄榄石、斜长石和单斜辉石的溶解 – 再沉淀以及晚期结晶高 Ti 辉石和钛闪石，这些过程导致初始渗透的拉斑质熔体在缓慢冷却过程中逐渐演化成碱性玄武质熔体［图 3.51（b）～（d）］。熔体 – 晶粥体反应是后期渗透的熔体与先存的堆晶相之间热和化学不平衡造成的结果。相比之下，由于快速冷却，相同的拉斑质岩浆沿着裂缝侵入到冷的围岩中，最后固结形成了岩墙［图 3.51（a）］。在熔体填充的裂缝中发生了封闭系统的分离结晶过程，残余熔体始终与瞬时晶体或形成的固体中最后一个晶体保持平衡，因此即使在高程度结晶之后，粒间熔体和邻近的晶体之间也没有发生反应。由于快速冷却驱动的氧化物结晶，由分离结晶形成的最终残留熔体不是镁铁质的，而是长英质的。

斑状和无斑辉绿岩代表反应前初始渗透的拉斑质熔体，它们在反应前已经具有不同的 Nd 同位素和 $(La/Sm)_N$［图 3.51（a）］。它们的组成差异可能是由地幔来源的原生岩浆经历过不同程度的地壳混染导致的，因为古老的大陆地壳通常具有比岩墙更高的 $(La/Sm)_N$ 和更低的 Nd 同位素。地壳混染也可能部分导致所有岩石的负 Nb 异常（Nb/La ＜ 0.57）。断裂带一侧的堆晶岩和辉绿岩岩墙具有相似的 Nd 同位素和 $(La/Sm)_N$［图 3.43（f）］，这表明后期渗透的拉斑质熔体与早期的晶粥体来自同一母岩浆。因此，

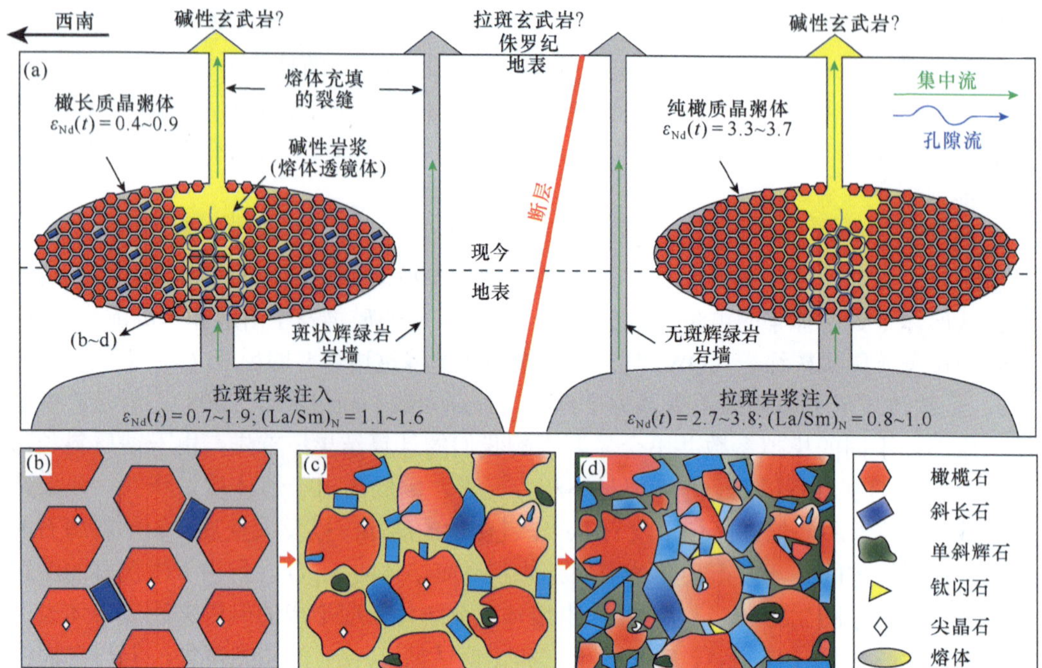

图 3.51 （a）具有不同成分的拉斑质岩浆（灰色区域）通过反应孔隙流渗透纯橄质和橄长质晶粥体，以及通过集中流穿过富熔体的裂缝。由碱性岩浆（黄色区域）充填的熔体透镜体可以通过反应孔隙流和熔体汇聚的方式产生。（b）原始的幔源岩浆经过原位结晶或晶体沉降形成橄长质晶粥体。（c）和（d）熔体－晶粥体反应涉及矿物的溶解和再沉淀。橄榄石、单斜辉石和斜长石的颜色从核到边缘变浅，表明 Fo、$Mg^{\#}$ 和 An 值的降低

地壳混染并没有发生在形成橄长岩和橄榄辉长岩的晶粥储库中，而是发生在较深的岩浆储库中［如图 3.51（a）的底部灰色区域］，即拉斑质岩浆注入到上覆的晶粥体之前已经发生了地壳混染。总之，尽管在反应前两个岩浆系统中初始的拉斑质熔体具有不同的同位素和稀土组成，但是两个岩浆通道系统中熔体－晶粥体反应的最终产物都是饱和高钛辉石和钛闪石的碱性玄武质熔体［图 3.51（a）］。

6）大陆碱性玄武质熔体形成的新模型

值得注意的是大洋辉长岩中普遍存在拉斑质熔体－晶粥体的反应过程（Lissenberg et al.，2019），我们需要回答为什么大洋辉长岩中没有出现高 TiO_2（＞ 1.5%）的单斜辉石和钛闪石。首先，在 Yang 等（2019）的冷却反应实验中形成的单斜辉石 Na_2O 和 TiO_2（最高 2.5%）含量比大洋辉长岩中的单斜辉石含量要高［图 3.44（a）和（b）］。这种差异不能用初始渗透熔体的碱含量来解释，因为实验初始材料都是低碱和低钛的 MORB 玻璃＋橄长岩。然而，它们的实验压力为 0.5 GPa，这显著高于典型的下洋壳压力（＜ 0.2 GPa），表明压力可能在高钛单斜辉石的形成中起着重要作用。其次，大陆拉斑玄武岩的简单分离结晶实验（Whitaker et al.，2007）表明实验熔体与共存的单斜辉石组成很大程度上取决于压力。更高的压力（如 4.3~9.3 kbar）下单斜辉石的稳定域将扩大，且橄榄石的稳定域会减少［图 3.48（b）；Grove et al.，1992；Naumann and

Geist，1999；Whitaker et al.，2007]。而单斜辉石的 SiO_2 含量比橄榄石高约 10%；因此，更多的单斜辉石结晶导致残余熔体 Si 和 Mg 含量的降低，但残余熔体的 Ti 和碱发生富集［图 3.50（d）]。熔体的 Si 含量降低但 Ti 增加可以促进高钛单斜辉石的结晶（Loucks，1990）。同时，熔体的 Si 含量降低也可以抑制 Fe-Ti 氧化物的饱和（Green and Pearson，1986），导致残余熔体的 Ti 含量持续增加。相反，由于更多的橄榄石结晶和 Fe-Ti 氧化物的更早饱和，在 0 kbar 分离结晶实验产生的残余熔体（Whitaker et al.，2007）显示出碱和硅的同时富集。这是因为更多的橄榄石结晶以及更早饱和氧化物。因此它们不可能从拉斑质向碱性转变［图 3.50（d）]。最后，雀莫错地区的拉斑熔体 – 晶粥体反应发生在 5.5±1.0 kbar，类似于 Yang 等（2019）的实验压力。这证实高压有利于在雀莫错堆晶岩中形成高钛单斜辉石。因此，熔体 – 晶粥体反应和简单的分离结晶都可以导致拉斑 – 碱性玄武质熔体的转变，但是分离结晶模型形成的碱性玄武岩会显示出更明显的Mg亏损，这是结晶过程中缺乏橄榄石溶解导致的[图3.50（d）]。此外，这两种模型都需要一个相对高压（如≥ 4.3 kbar；Whitaker et al.，2007）的环境，该压力可以在大陆中 – 下地壳中轻松满足，但在典型的下洋壳中无法满足。

压力引起的相关变化表明地壳晶粥储库的深度强烈影响反应过程中渗透熔体的地球化学成分变化。此外，浅的岩浆储库比深的岩浆储库会更有效地发生冷却降温，这是因为浅部较冷的围岩和浅的热液系统（尤其是存在广泛海水循环的洋中脊环境）的影响（Lee et al.，2014）。最终在贫水岩浆中结晶的角闪石组成可以为固相线附近反应熔体的性质提供独立的见解。从贫水辉长岩的粒间熔体结晶出的最晚期角闪石可以提供固相线附近反应熔体的性质。尽管大洋辉长岩的母岩浆非常贫水（< 1%），但经过高程度（> 90%）无水矿物的结晶之后，最后的残余粒间熔体会结晶角闪石（Gillis and Meyer，2001）。大洋辉长岩中的岩浆角闪石已被解释为富硅熔体［图 3.50（c）］和低孔隙率晶粥体在 860±30 ℃下反应形成的产物（Coogan et al.，2001）。相反，雀莫错钛闪石的结晶温度表明与玄武质熔体的反应发生在> 1060℃的温度下。对于洋壳辉长岩，Lissenberg 等（2013）认为反应熔体迁移过程中存在强烈的温度梯度（100℃ /km）。微量元素富集的单斜辉石通常与Fe-Ti氧化物和低An的斜长石共生于浅部的洋壳中（即离岩墙 – 辉长岩的过渡面小于 1.8 km）。因此，快速的冷却导致浅部洋壳的反应具有一个低的溶解 – 再沉淀的质量比。而低温（约 860 ℃）的反应可以导致渗透熔体从镁铁质向长英质转变。相反，在大陆地壳中下层位，晶粥体（如雀莫错堆晶岩）可能仅仅经历了高温（> 1060℃）的熔体 – 晶粥体反应，从而抑制渗透熔体演化到长英质熔体。

大量研究（如 Cashman et al.，2017；Sparks et al.，2019）已经表明，长期存在的晶粥体储库通常贯穿整个地壳，并且温度较高且成分原始的晶粥体储库通常出现在中下地壳，浅部地壳以冷的演化的晶粥体为主。因此，深部反应生成的碱性玄武质熔体要想喷发到地表，就要求这些碱性熔体首先集中在高温晶粥体中富熔体的透镜体区域，然后这些熔体快速地抽离并喷发到地表［图 3.51（a）]。晶体黏性变形引起的压实作用可以导致熔体从低孔隙度的晶粥体中有效地抽离出来（McKenzie，1985；Bachmann and Huber，2019；Sparks et al.，2019）。熔体与晶粥体格架晶体分离的能力主要取决于熔体的黏度，而不是晶粥体的熔体分数或孔隙度（McKenzie，1985；Sparks et al.，2019）。例如，低黏度（1 Pa·s）的玄武质熔体从低孔隙度（1%）晶粥体分离的速度是 0.27 m/a；而高黏度（10^5 Pa·s）流纹质熔体从高孔隙度（30%）晶粥体分离的速度只有 2.1×10^{-6} m/a（Sparks et al.，2019）。因此，拉斑质熔体－晶粥体形成的少量粒间碱性玄武质熔体能被有效地挤出并集中，形成可以喷发的以熔体为主的岩浆储库。其次，如果碱性熔体向上转运过程以快速的集中流为主（如水裂模型；Korenaga and Kelemen，1998），它们就可以逃脱与浅部低温晶粥体的反应。否则，如果碱性玄武质熔体继续通过反应多孔流缓慢地通过浅部低温的晶粥体储库，它们将被消耗（或变成长英质熔体）。

在雀莫错地区缺乏碱性玄武岩可能是青藏高原新生代快速隆升和风化侵蚀的结果，其将中地壳的堆晶岩剥露到地表［图 3.51（a）］；当然也有可能是碱性玄武质熔体缓慢通过浅部低温岩浆储库时被消耗掉了。无论哪种情况，这项研究都为大陆岩浆储库中形成碱性玄武质熔体提供了一种新的机制，尽管目前还缺乏这种熔体喷发的直接证据。因此未来的研究需要建立起深部晶粥体中形成的碱性玄武质熔体和地表喷发的碱性玄武岩之间的成因联系。例如，一些关于弧火山岩及其携带的堆晶岩包体的研究强调了熔体－晶粥体反应可以导致弧岩浆成分的多样性（Cooper et al.，2016；Klaver et al.，2018）。

3.1.4.7 结论

羌塘雀莫错地区的早侏罗世（191±2 Ma）橄长岩、橄榄辉长岩和辉绿岩岩墙形成于板内伸展环境，它们是贫水（＜0.9% H_2O）的拉斑玄武质岩浆在中地壳压力（约 0.5 GPa）下演化的产物。同时，它们也揭示了拉斑质岩浆的两种壳内演化趋势：当拉斑质岩浆通过温度更热、成分更原始的纯橄质和橄长质晶粥体时，高温（＞1060℃）熔体－晶粥体反应导致渗透熔体从拉斑质向碱性转变。相比之下，相同的拉斑质岩浆沿着裂缝侵入到冷的围岩中时，通过分离结晶产生了富硅的残余熔体。由熔体－晶粥体反应形成的碱性玄武质熔体表现出不相容元素含量（Ti、Na、K 和稀土）和比值（如 Ce/Y）的强烈富集，但与它们的拉斑质母岩浆相比，Si 增加和 Mg 减少的程度都很小，这种成分的变化不能通过简单的分离结晶来实现。这项研究为大陆岩浆储库中形成碱性玄武质熔体提供了一种新的机制。然而，目前缺乏这种碱性熔体喷发的直接证据，因为碱性玄武岩可能在中地壳堆晶岩剥露之前已经被侵蚀掉了。这种碱性熔体的喷发要求首先通过压实将它们集中到富熔体的岩浆房中，然后通过集中流迅速向上运输到地表。

3.2 羌塘地块的二叠纪和三叠纪基性岩墙群

在古特提斯洋的俯冲消亡演化过程中，南羌塘地块是作为被动板块向北漂移。它们作为俯冲板块，除了可能发生一些板内岩浆作用外，一般是没有岩浆活动的。长期的研究表明，在南羌塘发现了大量的基性岩墙群。以前都认为其形成于二叠纪；最近的研究发现，分布在南羌塘北部的一些基性岩墙形成于三叠纪。这两期基性岩墙虽然都是板内成因，但形成于不同的构造背景。下面分别介绍。

3.2.1　二叠纪基性岩墙群

对于羌塘地块二叠纪基性岩墙群和相关岩石的研究已经开展很多年，目前的研究表明早二叠世基性岩广泛分布于喜马拉雅 – 青藏高原（图 3.52）。二叠纪火山岩在喜马拉雅西部发现并命名为潘伽暗色岩系（Shellnutt，2018），分布面积要大于 10^4 km^2。早二叠世基性岩以基性熔岩、岩床或岩墙在南羌塘和保山地块也广泛分布。南羌塘的基性熔岩平均厚度为约 800 m（最厚可达 2000 m），分布面积为约 1.41×10^5 km^2（Zhang and Zhang，2017）。保山地块的基性熔岩厚度为约 300~500 m，分布面积为约 1.2×10^4 km^2（Liao et al.，2015）。拉萨地块有一些玄武岩夹在下二叠统地层中，厚度从约 80 m 到 2 m（Zhu et al.，2010）。将这些与板内基性岩综合起来，早二叠世基性岩在喜马拉雅 – 青藏高原分布面积约 1.6×10^5 km^2，符合大火成岩省的面积需要大于 1.6×10^5 km^2 的定义（Coffin and Eldholm，1994）。虽然这个发生于冈瓦纳北缘的岩浆省曾经被称为喜马拉雅事件或喜马拉雅岩浆省（Shellnutt，2018），其名字应该命名为羌塘 – 潘伽大火成岩省（Ernst，2014），因为火成岩省现今保存最大的区域是位于羌塘地区，而潘伽暗色岩系也广为人知。这个名字也明确指出大火成岩省被后期地质事件裂解，而在随后的造山事件中增生至欧亚板块。

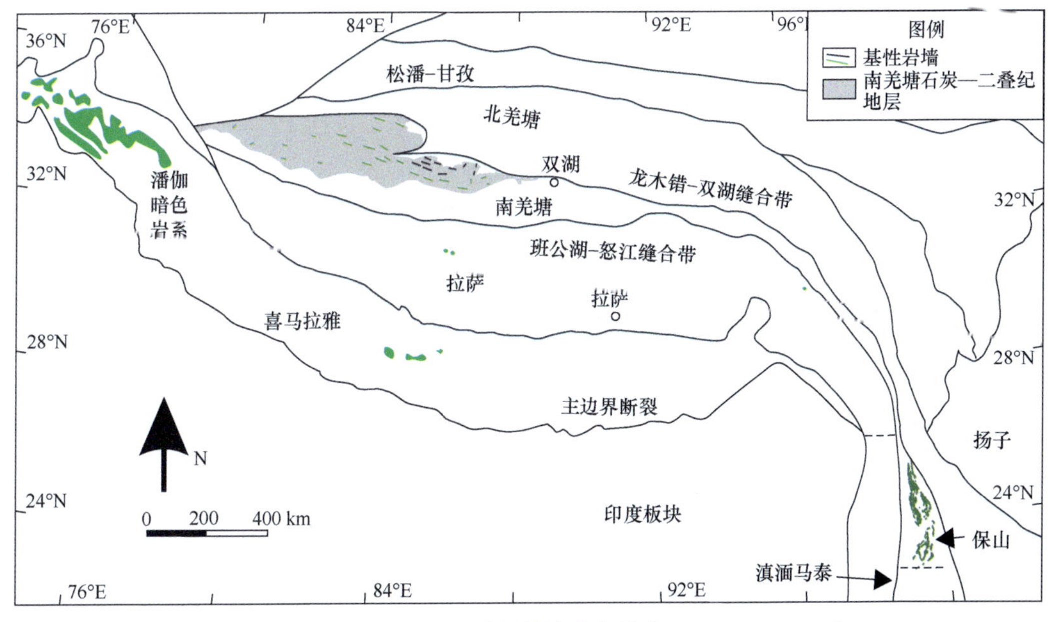

图 3.52　青藏高原早二叠世基性岩分布图（Dan et al.，2021a）

本部分将首先介绍南羌塘基性岩墙的分布情况，并开展大规模的年代学研究工作。随后将讨论其产生的成因和动力学机制，以及对新特提斯洋打开的约束。

3.2.1.1 南羌塘二叠世基性岩分布情况

在龙木错－双湖－澜沧江缝合带南侧的广大区域分布有大量的基性岩墙群和小型的辉长岩体（图 3.52），它们侵入早二叠世展金组地层。基性岩墙均以近直立、近东西走向近平行产出，延伸方向大致与龙木错－双湖－澜沧江缝合带平行。单个岩墙长 1~13 km，宽度可达 20 m 至上百米，甚至在遥感图像上都能清楚地看到基性岩墙的单体形态（王明等，2010）。岩墙与围岩的接触界线明显，部分岩墙可见明显的冷凝边结构。由于受到片理化作用的影响，加之后期风化等改造作用，岩石破碎和片理化均比较严重。

基性岩墙主要岩石类型为辉绿岩，少量的辉长岩和辉长闪长岩形成于规模较大的岩墙中部或小型侵入体中。研究区的基性岩墙与其围岩一起经历了低绿片岩相－绿片岩相变质作用的改造，但是基本保留了原岩辉长结构或辉绿结构的假象。辉长岩、辉绿岩和辉长闪长岩具有类似的矿物组成，主要为单斜辉石和斜长石，其次为钛铁氧化物和磷灰石，有些含少量的石英、角闪石和锆石等。单斜辉石通常呈半自形或他形，晶形保存完好；斜长石多数已经黝帘石化，但晶体形状保存完好，个别蚀变较弱的晶体仍保存较完好的聚片双晶。

3.2.1.2 南羌塘基性岩墙群锆石定年结果

前人的年代学研究多集中在丁固－玛依冈日地区，本次研究范围包括这些地区并向西边的加措和托和平错地区扩展（图 3.53）。采集了多件样品，其中一些样品只有捕获锆石；目前对 15 件样品进行了 SIMS 锆石 U-Pb 定年，包括 10 件基性岩墙和 5 件小型的辉长岩侵入体（表 3.17）。

所有样品锆石颗粒呈自形长柱状－半自形短柱状，阴极发光图像显示宽的环带或带状结构（图 3.54）。样品的 Th 和 U 含量变化较大，所有分析点的 Th/U 为 0.28~8.12（大部分＞ 1），与基性岩石中的锆石一致。对 15 个样品中的 190 个颗粒进行了 192 个点的分析，除了两个点年龄较老（约 650 Ma），为捕获锆石外，其他定年点得到的年龄位于 291±4 Ma 至 283±3 Ma 之间（图 3.54）。需要指出的是，碱性玄武岩获得了 290±2 Ma 的年龄。鱼鳞山南侧的三个小型玄武质侵入体（拉斑质）也得到了约 290 Ma 的年龄。其他 11 个样品年龄位于 286±3 Ma 和 283±3 Ma 之间。

值得注意的是，对前人进行过 SHRIMP 锆石定年的两个样品在相同位置进行了重新采样和定年。这两个样品（15ZB43 和 15ZB89）分别得到了 285±2 Ma 和 286±2 Ma 的年龄，而明显不同于之前的 302±2 Ma 和 279±2 Ma 年龄（翟庆国等，2009a；Zhai et al.，2013c）。因此，在下面的年龄统计中，将采用这两个新年龄。

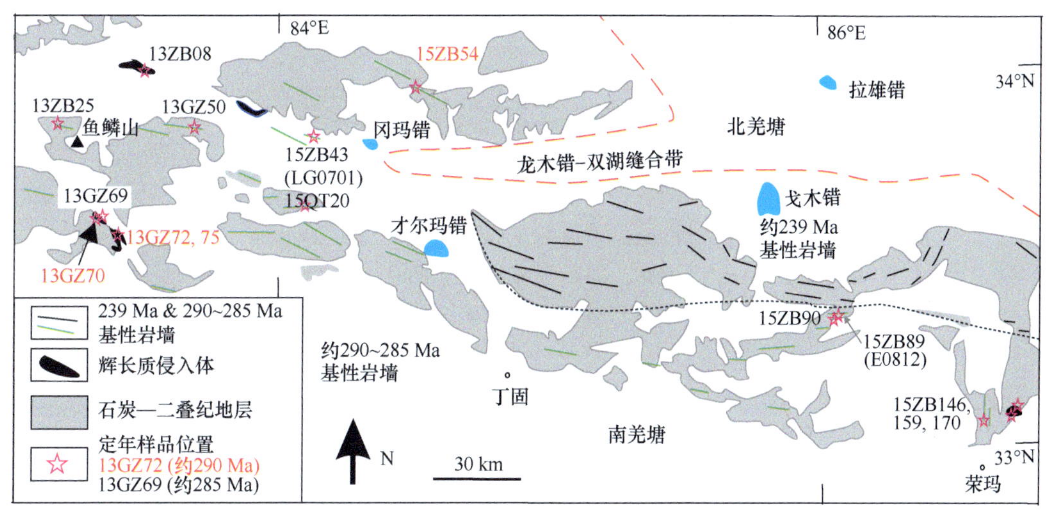

图 3.53　南羌塘基性岩墙群分布图（Dan et al.，2021a）

表 3.17　南羌塘二叠纪基性岩 SIMS 锆石 U-Pb 定年数据（Dan et al.，2021a）

样品点	Th/ppm	U/ppm	Th/U	f_{206}/%	$^{207}Pb/^{235}U$	±s/%	$^{206}Pb/^{238}U$	±s/%	r	$^{207}Pb/^{235}U$ 年龄 /Ma	±s	$^{206}Pb/^{238}U$ 年龄 /Ma	±s
13GZ70-2，拉斑质基性侵入体，33°34′34″N，83°23′04″E													
1	363	219	1.66	0.68	0.308	3.12	0.045	1.51	0.48	272.4	7.5	281.8	4.2
2	568	192	2.96	0.23	0.343	2.19	0.047	1.55	0.71	299.4	5.7	296.4	4.5
3	470	252	1.86	0.49	0.313	2.71	0.046	1.50	0.56	276.4	6.6	291.5	4.3
4	7908	1296	6.10	0.49	0.325	2.15	0.047	1.50	0.70	285.7	5.4	293.1	4.3
5	638	279	2.28	0.31	0.310	2.56	0.045	1.50	0.59	274.4	6.2	286.7	4.2
6	3056	1450	2.11	2.15	0.331	3.23	0.046	1.50	0.47	290.1	8.2	288.9	4.2
7	1057	393	2.69	0.29	0.332	2.24	0.046	1.64	0.73	291.2	5.7	292.4	4.7
8	6096	1686	3.62	0.04	0.333	1.60	0.046	1.50	0.94	291.5	4.1	289.7	4.3
13GZ72-1，拉斑质基性侵入体，33°33′52″N，83°24′19″E													
1	651	619	1.05	0.18	0.330	1.90	0.046	1.50	0.79	289.2	4.8	291.9	4.3
2	1400	946	1.48	0.13	0.331	1.94	0.047	1.51	0.78	290.4	4.9	295.3	4.4
3	247	268	0.92	0.38	0.323	2.45	0.045	1.50	0.61	283.8	6.1	286.5	4.2
4	306	316	0.97	0.25	0.317	2.24	0.046	1.51	0.67	279.5	5.5	289.8	4.3
5	682	653	1.05	0.11	0.330	1.81	0.046	1.51	0.83	289.8	4.6	290.7	4.3
6	138	181	0.76	0.21	0.326	2.19	0.046	1.51	0.69	286.3	5.5	288.6	4.3
7	983	663	1.48	0.20	0.321	1.89	0.045	1.52	0.80	282.4	4.7	286.0	4.2
8	568	498	1.14	0.18	0.322	2.13	0.046	1.50	0.70	283.2	5.3	292.4	4.3
9	499	421	1.19	0.10	0.337	1.86	0.046	1.52	0.81	294.7	4.8	291.0	4.3
10	959	681	1.41	0.24	0.323	1.86	0.046	1.50	0.81	284.3	4.6	289.8	4.3
11	316	281	1.12	0.20	0.327	1.98	0.045	1.50	0.76	287.5	5.0	286.4	4.2
12	657	434	1.51	0.29	0.321	2.19	0.046	1.50	0.68	282.5	5.4	288.3	4.2

续表

样品点	Th/ppm	U/ppm	Th/U	f_{206}/%	$^{207}Pb/^{235}U$	±s/%	$^{206}Pb/^{238}U$	±s/%	r	$^{207}Pb/^{235}U$ 年龄/Ma	±s	$^{206}Pb/^{238}U$ 年龄/Ma	±s
13GZ75-2，拉斑质基性侵入体，33°33′19″N，83°22′42″E													
1	25	88	0.28	0.19	0.888	2.06	0.101	1.50	0.73	645.5	9.9	618.6	8.9
2	31	104	0.30	0.14	0.887	2.66	0.106	1.51	0.57	644.5	12.8	649.8	9.3
3	625	413	1.51	0.05	0.334	1.91	0.0461	1.51	0.79	292.9	4.9	290.3	4.3
4	685	449	1.52	0.10	0.336	1.81	0.0465	1.50	0.83	294.3	4.6	293.2	4.3
5	841	634	1.33	0.17	0.333	1.83	0.0454	1.50	0.82	291.6	4.7	286.2	4.2
6	2456	1640	1.50	0	0.334	1.59	0.0464	1.50	0.94	292.4	4.1	292.5	4.3
15ZB54-2，碱性基性岩墙，33°55′21.4″N，84°19′55.4″E													
1	2961	2123	1.39	0.02	0.331	1.63	0.0461	1.50	0.92	290.0	4.1	290.5	4.3
2	1868	1577	1.18	0.05	0.326	1.69	0.0455	1.50	0.89	286.9	4.2	287.0	4.2
3	1332	1332	1.00	0.05	0.329	1.69	0.0458	1.51	0.89	288.7	4.3	289.0	4.3
4	3185	2288	1.39	0.03	0.332	1.59	0.0462	1.50	0.94	291.3	4.0	290.9	4.3
5	1867	1281	1.46	0.06	0.332	1.76	0.0459	1.53	0.87	291.3	4.5	289.3	4.3
6	3393	2284	1.49	0	0.337	1.69	0.0469	1.50	0.89	295.0	4.3	295.3	4.3
7	1455	1239	1.17	0.06	0.328	1.85	0.0457	1.50	0.81	288.2	4.7	288.1	4.2
8	1031	1023	1.01	0.04	0.332	1.76	0.0456	1.50	0.85	290.8	4.5	287.2	4.2
9	5526	1823	3.03	0.03	0.332	1.63	0.0462	1.51	0.93	291.1	4.1	291.2	4.3
10	992	909	1.09	0.05	0.329	1.95	0.0457	1.51	0.77	289.0	4.9	288.3	4.3
11	7911	2231	3.55	0.02	0.331	1.61	0.0458	1.50	0.93	290.6	4.1	288.4	4.2
12	4048	2349	1.72	0.03	0.338	1.61	0.0469	1.50	0.93	295.3	4.1	295.3	4.3
13	778	737	1.06	0.05	0.325	1.79	0.0455	1.50	0.84	285.8	4.5	286.8	4.2
13GZ69-3，拉斑质基性岩墙，33°34′54″N，83°23′11″E													
1	1294	910	1.42	0.09	0.329	1.82	0.0466	1.50	0.82	289.1	4.6	293.6	4.3
2	1005	607	1.65	0.17	0.324	2.12	0.0461	1.50	0.71	285.1	5.3	290.7	4.3
3	1454	833	1.74	0.16	0.324	1.76	0.0462	1.50	0.85	285.1	4.4	291.4	4.3
4	192	204	0.95	0.13	0.330	2.13	0.0454	1.51	0.71	289.4	5.4	286.3	4.2
5	153	143	1.07	0.26	0.322	2.36	0.0446	1.54	0.65	283.3	5.9	281.2	4.2
6	557	448	1.24	0.09	0.329	1.90	0.0460	1.54	0.81	288.9	4.8	289.9	4.4
7	186	193	0.96	0.16	0.324	2.16	0.045	1.51	0.70	284.6	5.4	284.0	4.2
8	448	433	1.04	0.17	0.330	1.81	0.045	1.50	0.83	289.8	4.6	286.4	4.2
9	289	288	1.00	0.15	0.320	1.96	0.045	1.50	0.76	282.0	4.8	284.8	4.2
10	531	467	1.14	0.14	0.315	1.93	0.045	1.50	0.78	278.3	4.7	285.1	4.2
13GZ50-1，拉斑质基性岩墙，33°50′40.5″N，83°47′09.3″E													
1	525	456	1.15	0.18	0.315	1.99	0.045	1.50	0.76	277.8	4.8	283.1	4.2
2	227	246	0.92	0.13	0.316	2.20	0.044	1.51	0.68	278.9	5.4	275.7	4.1
3	638	408	1.57	0.11	0.329	2.02	0.046	1.50	0.74	289.0	5.1	289.5	4.3
4	145	168	0.86	0.22	0.320	2.83	0.045	1.51	0.54	281.7	7.0	286.7	4.2
5	922	540	1.71	0.08	0.318	1.82	0.045	1.50	0.83	280.1	4.5	281.3	4.1
6	122	144	0.85	0.27	0.318	2.97	0.045	1.52	0.51	280.1	7.3	283.8	4.2

续表

样品点	Th/ppm	U/ppm	Th/U	f_{206}/%	$^{207}Pb/^{235}U$	±s/%	$^{206}Pb/^{238}U$	±s/%	r	$^{207}Pb/^{235}U$ 年龄 /Ma	±s	$^{206}Pb/^{238}U$ 年龄 /Ma	±s
13GZ50-1，拉斑质基性岩墙，33°50′40.5″N，83°47′09.3″E													
7	1444	747	1.93	0.07	0.320	1.79	0.045	1.50	0.84	282.0	4.4	284.6	4.2
8	76	89	0.85	0.49	0.310	4.23	0.045	1.53	0.36	274.2	10.2	283.9	4.2
9	180	237	0.76	0.05	0.330	2.10	0.046	1.50	0.71	289.9	5.3	286.9	4.2
10	153	179	0.86	0.05	0.319	2.36	0.044	1.60	0.68	280.8	5.8	279.2	4.4
11	204	127	1.61	0.23	0.316	2.92	0.046	1.60	0.55	279.1	7.2	291.5	4.6
12	38	60	0.64	0.62	0.328	3.09	0.045	1.53	0.49	287.9	7.8	282.3	4.2
13	59	81	0.73	0.75	0.334	2.80	0.046	1.55	0.55	292.7	7.1	288.4	4.4
14	124	110	1.13	0.35	0.313	4.38	0.045	1.52	0.35	276.6	10.7	284.0	4.2
15	113	142	0.80	0.39	0.307	3.10	0.044	1.51	0.49	271.6	7.4	279.4	4.1
16	240	203	1.18	0.10	0.327	2.25	0.046	1.51	0.67	287.7	5.7	290.0	4.3
17	217	195	1.11	0.17	0.316	2.40	0.045	1.50	0.63	278.5	5.9	284.0	4.2
18	159	170	0.94	0.15	0.322	2.58	0.045	1.51	0.59	283.3	6.4	283.8	4.2
13ZB08，碱性基性岩墙，33°50′40.5″N，83°47′09.3″E													
1	990	714	1.39	0.06	0.328	2.01	0.0454	1.50	0.75	287.8	5.1	286.5	4.2
2	889	671	1.32	0.01	0.320	1.76	0.0450	1.54	0.88	282.1	4.3	284.1	4.3
3	2441	1184	2.06	0.06	0.315	1.69	0.0450	1.52	0.90	278.3	4.1	283.4	4.2
4	908	670	1.36	0.02	0.324	1.75	0.0451	1.54	0.88	285.1	4.4	284.6	4.3
5	794	608	1.31	0.08	0.316	1.83	0.0453	1.52	0.83	279.1	4.5	285.6	4.2
6	1407	867	1.62	0.05	0.319	1.71	0.0448	1.51	0.88	281.2	4.2	282.6	4.2
7	1480	926	1.60	0.05	0.316	1.83	0.0447	1.54	0.84	279.2	4.5	282.2	4.3
8	1588	1127	1.41	0.05	0.315	1.69	0.0447	1.52	0.90	278.1	4.1	281.9	4.2
9	2477	1248	1.99	0.06	0.322	1.67	0.0457	1.52	0.91	283.7	4.2	287.8	4.3
10	1121	882	1.27	0.03	0.321	1.69	0.0448	1.51	0.89	282.5	4.2	282.2	4.2
11	1777	1229	1.45	0.04	0.321	1.65	0.0450	1.51	0.91	282.5	4.1	283.6	4.2
12	468	375	1.25	0.15	0.315	2.14	0.0449	1.50	0.70	277.9	5.2	283.1	4.2
13	493	407	1.21	0.07	0.315	1.86	0.0440	1.51	0.81	278.2	4.5	277.7	4.1
14	1635	747	2.19	0.05	0.324	1.75	0.0453	1.50	0.86	284.6	4.3	285.8	4.2
13ZB25-2，拉斑质基性岩墙，33°50′40.5″N，83°47′09.3″E													
1	575	349	1.65	0.02	0.323	1.77	0.0453	1.51	0.85	284.4	4.4	285.7	4.2
2	329	226	1.45	0.25	0.328	1.93	0.0453	1.51	0.78	288.2	4.8	285.6	4.2
3	175	158	1.11	0.08	0.328	2.09	0.0457	1.53	0.73	287.8	5.3	287.9	4.3
4	466	378	1.23	0.09	0.324	1.78	0.0456	1.52	0.86	284.6	4.4	287.5	4.3
5	926	444	2.09	0.08	0.325	1.73	0.0456	1.50	0.87	286.0	4.3	287.2	4.2
6	738	361	2.04	0.12	0.328	1.77	0.0459	1.50	0.85	287.7	4.4	289.4	4.2
7	284	238	1.19	0.07	0.331	2.35	0.0454	1.54	0.66	290.5	5.9	286.2	4.3
8	296	265	1.12	0.13	0.325	1.87	0.0451	1.52	0.81	285.4	4.7	284.1	4.2
9	582	364	1.60	0.13	0.329	1.76	0.0456	1.50	0.85	289.1	4.4	287.3	4.2
10	351	298	1.18	0.12	0.327	1.82	0.0453	1.51	0.83	287.2	4.6	285.9	4.2

续表

样品点	Th/ppm	U/ppm	Th/U	f_{206}/%	$^{207}Pb/^{235}U$	±s/%	$^{206}Pb/^{238}U$	±s/%	r	$^{207}Pb/^{235}U$ 年龄 /Ma	±s	$^{206}Pb/^{238}U$ 年龄 /Ma	±s
13ZB25-2，拉斑质基性岩墙，33°50′40.5″N，83°47′09.3″E													
11	331	257	1.29	0.06	0.321	1.95	0.0453	1.51	0.77	282.7	4.8	285.7	4.2
12	563	444	1.27	0.05	0.322	1.74	0.0446	1.54	0.88	283.2	4.3	281.2	4.2
13	287	279	1.03	0.02	0.328	2.03	0.0455	1.54	0.76	288.4	5.1	287.1	4.3
14	253	210	1.20	0.30	0.331	1.95	0.0464	1.50	0.77	290.6	4.9	292.1	4.3
15	543	279	1.95	0.10	0.326	2.02	0.0453	1.51	0.75	286.6	5.0	285.8	4.2
16	569	281	2.03	0.08	0.330	1.82	0.0452	1.50	0.83	289.7	4.6	285.2	4.2
17	821	557	1.47	0	0.329	1.67	0.0455	1.50	0.90	288.5	4.2	286.6	4.2
18	385	256	1.50	0.16	0.327	1.87	0.0453	1.53	0.82	287.1	4.7	285.7	4.3
19	630	390	1.61	0.08	0.323	1.74	0.0451	1.51	0.87	284.2	4.3	284.3	4.2
13ZB43-5，碱性基性岩墙，33°51′22.4″N，84°01′04.8″E													
1	3047	2054	1.48	0.06	0.323	1.69	0.0453	1.50	0.89	284.4	4.2	285.4	4.2
2	3893	2264	1.72	0.07	0.327	1.63	0.0455	1.50	0.92	287.0	4.1	287.0	4.2
3	1947	1409	1.38	0.02	0.327	1.66	0.0453	1.50	0.90	287.3	4.2	285.3	4.2
4	1178	932	1.26	0.02	0.322	1.82	0.0447	1.50	0.83	283.3	4.5	282.1	4.1
5	1272	967	1.32	0.07	0.324	2.02	0.0452	1.51	0.75	285.3	5.0	284.8	4.2
6	2466	1716	1.44	0.05	0.324	1.63	0.0452	1.50	0.92	284.9	4.1	284.9	4.2
7	3600	1876	1.92	0.04	0.331	1.64	0.0458	1.50	0.91	290.5	4.2	288.6	4.2
8	1072	776	1.38	0.09	0.321	2.08	0.0449	1.52	0.73	282.9	5.1	283.0	4.2
9	2946	1943	1.52	0.02	0.326	1.62	0.0454	1.50	0.92	286.5	4.1	286.5	4.2
10	1119	900	1.24	0.01	0.322	1.83	0.0451	1.51	0.83	283.4	4.5	284.3	4.2
11	2666	1648	1.62	0.03	0.326	1.65	0.0454	1.50	0.91	286.2	4.1	286.4	4.2
12	3967	2490	1.59	0.04	0.330	1.72	0.0455	1.50	0.87	289.7	4.3	287.1	4.2
13	1323	983	1.35	0.03	0.327	1.82	0.0452	1.50	0.83	287.2	4.6	284.7	4.2
14	1470	1017	1.45	0.03	0.324	1.71	0.0452	1.50	0.88	285.0	4.3	284.9	4.2
15QT20-1，碱性基性岩墙，33°39′22.39″N，84°06′11.91″E													
1	1190	943	1.26	0.06	0.332	2.06	0.0461	1.53	0.74	291.3	5.2	290.6	4.3
2	796	760	1.05	0.07	0.324	1.78	0.0450	1.53	0.86	285.1	4.4	284.0	4.2
3	435	429	1.01	0.02	0.328	2.00	0.0450	1.53	0.77	287.7	5.0	283.8	4.3
4	204	210	0.97	0.23	0.321	2.74	0.0450	1.55	0.56	282.3	6.8	283.5	4.3
5	578	567	1.02	0.06	0.328	1.87	0.0457	1.51	0.81	287.7	4.7	288.1	4.3
6	537	477	1.12	0.12	0.322	2.14	0.0451	1.64	0.76	283.2	5.3	284.7	4.6
7	524	504	1.04	0.07	0.319	1.98	0.0445	1.52	0.77	280.9	4.9	280.4	4.2
8	832	736	1.13	0.01	0.321	1.82	0.0453	1.56	0.86	283.0	4.5	285.6	4.4
9	576	556	1.04	0.03	0.324	2.06	0.0448	1.61	0.78	284.6	5.1	282.7	4.5
10	370	350	1.06	0.14	0.331	2.31	0.0455	1.67	0.72	290.0	5.9	286.9	4.7
11	1156	868	1.33	0.05	0.324	1.89	0.0452	1.61	0.85	284.7	4.7	285.2	4.5
12	1105	688	1.60	0.05	0.330	1.84	0.0457	1.50	0.82	289.3	4.6	287.8	4.2
13	721	597	1.21	0.11	0.328	2.01	0.0452	1.63	0.81	288.0	5.1	284.7	4.5
14	1260	791	1.59	0.05	0.328	1.79	0.0455	1.51	0.84	288.3	4.5	286.6	4.2

续表

样品点	Th/ ppm	U/ ppm	Th/U	f_{206}/%	$^{207}Pb/^{235}U$	±s/%	$^{206}Pb/^{238}U$	±s/%	r	$^{207}Pb/^{235}U$ 年龄 /Ma	±s	$^{206}Pb/^{238}U$ 年龄 /Ma	±s
15ZB89-1，拉斑质基性岩墙，33°18′43.3″N，86°01′46.8″E													
1	2588	1969	1.31	0.02	0.331	1.75	0.0454	1.50	0.86	290.1	4.4	286.0	4.2
2	370	410	0.90	0.08	0.319	2.16	0.0445	1.54	0.71	280.8	5.3	280.9	4.2
3	2129	1627	1.31	0.02	0.329	1.69	0.0462	1.50	0.89	288.7	4.3	291.2	4.3
4	796	823	0.97	0.04	0.322	2.07	0.0451	1.51	0.73	283.4	5.1	284.1	4.2
5	1215	1270	0.96	0	0.326	1.68	0.0451	1.51	0.90	286.7	4.2	284.6	4.2
6	2360	1713	1.38	0.02	0.326	1.65	0.0454	1.50	0.91	286.6	4.1	286.2	4.2
7	1095	833	1.31	0.05	0.327	1.84	0.0457	1.50	0.82	287.2	4.6	288.2	4.2
8	693	672	1.03	0.05	0.328	1.86	0.0454	1.50	0.80	288.0	4.7	286.2	4.2
9	705	447	1.58	0.20	0.333	2.58	0.0458	1.53	0.59	291.8	6.6	288.7	4.3
10	1722	1468	1.17	0.01	0.330	1.67	0.0457	1.50	0.90	289.2	4.2	288.0	4.2
11	1089	819	1.33	0.16	0.321	1.91	0.0451	1.51	0.79	283.0	4.7	284.4	4.2
12	644	627	1.03	0.15	0.317	2.17	0.0444	1.52	0.70	279.6	5.3	279.8	4.2
13	2897	2165	1.34	0.08	0.323	1.65	0.0450	1.50	0.91	284.4	4.1	283.8	4.2
14	1543	1508	1.02	0.02	0.329	1.64	0.0458	1.50	0.91	288.9	4.1	288.8	4.2
15	2675	2123	1.26	0.03	0.331	1.61	0.0461	1.50	0.93	290.3	4.1	290.6	4.3
15ZB90-1，拉斑质基性岩墙，33°18′27.2″N，86°01′44.0″E													
1	7788	3182	2.45	0.03	0.325	1.58	0.0453	1.50	0.95	286.0	3.9	285.6	4.2
2	2659	998	2.66	0.03	0.321	1.87	0.0448	1.61	0.86	282.7	4.6	282.5	4.4
3	1329	645	2.06	0.04	0.319	2.00	0.0445	1.58	0.79	281.1	4.9	280.8	4.3
4	8234	1400	5.88	0.13	0.324	1.95	0.0455	1.78	0.91	284.7	4.9	287.0	5.0
5	4838	1473	3.28	0.03	0.323	1.97	0.0443	1.74	0.88	283.9	4.9	279.5	4.8
6	1030	698	1.48	0.06	0.328	1.88	0.0447	1.60	0.85	287.7	4.7	281.7	4.4
7	1424	753	1.89	0.04	0.323	1.86	0.0444	1.59	0.86	283.8	4.6	280.3	4.4
8	1515	948	1.60	0.04	0.325	1.92	0.0448	1.54	0.81	285.7	4.8	282.6	4.3
9	3680	1328	2.77	0.03	0.334	1.91	0.0466	1.76	0.92	293.0	4.9	293.5	5.1
10	620	575	1.08	0.08	0.329	2.06	0.0457	1.70	0.82	288.4	5.2	287.8	4.8
11	3555	848	4.19	0.03	0.323	2.11	0.0440	1.80	0.85	283.9	5.2	277.7	4.9
15ZB146-1，拉斑质基性岩墙，33°10′20.6″N，86°38′06.6″E													
1	5202	2037	2.55	0.05	0.324	1.58	0.0449	1.50	0.95	285.1	3.9	282.9	4.2
2	24421	3296	7.41	0.05	0.330	1.75	0.0459	1.72	0.99	289.4	4.4	289.1	4.9
3	27260	4312	6.32	0.93	0.321	2.19	0.0445	1.63	0.74	282.7	5.4	280.4	4.5
4	11767	3227	3.65	0.01	0.328	1.60	0.0454	1.58	0.99	287.9	4.0	286.5	4.4
5	6816	2669	2.55	0.01	0.330	1.57	0.0458	1.50	0.96	289.4	4.0	288.4	4.2
6	13136	1619	8.12	0.02	0.319	1.87	0.0444	1.77	0.95	281.3	4.6	280.4	4.9
7	10588	3768	2.81	0.05	0.332	1.56	0.0466	1.54	0.99	291.0	4.0	293.6	4.4
8	3545	1815	1.95	0.25	0.329	1.61	0.0457	1.51	0.94	288.7	4.1	288.2	4.3
9	15392	2924	5.26	0.02	0.318	1.61	0.0439	1.51	0.94	280.3	4.0	277.2	4.1
10	17093	3857	4.43	0.02	0.330	1.56	0.0459	1.53	0.98	289.9	3.9	289.2	4.3
11	10939	3054	3.58	0.02	0.326	1.53	0.0454	1.50	0.98	286.8	3.8	286.1	4.2

续表

样品点	Th/ppm	U/ppm	Th/U	f_{206}/%	$^{207}Pb/^{235}U$	±s/%	$^{206}Pb/^{238}U$	±s/%	r	$^{207}Pb/^{235}U$ 年龄 /Ma	±s	$^{206}Pb/^{238}U$ 年龄 /Ma	±s
15ZB159-3，拉斑质基性侵入体，33°16′29.7″N，87°02′02.5″E													
1	9877	3231	3.06	0.64	0.324	1.93	0.0448	1.65	0.86	285.0	4.8	282.8	4.6
2	12474	5962	2.09	0.37	0.191	1.68	0.0266	1.59	0.95	177.2	2.7	169.3	2.6
3	7931	7592	1.04	0.12	0.201	2.23	0.0279	1.80	0.81	185.9	3.8	177.5	3.2
4	27113	3415	7.94	0.14	0.316	1.59	0.0437	1.51	0.95	279.1	3.9	275.7	4.1
5	9752	2417	4.03	0.61	0.305	4.04	0.0419	3.83	0.95	270.1	9.6	264.6	9.9
6	56232	10282	5.47	0.07	0.258	1.75	0.0355	1.69	0.96	233.2	3.7	225.0	3.7
7	103594	15102	6.86	0.22	0.138	1.90	0.0192	1.50	0.79	131.5	2.4	122.7	1.8
8	13380	2660	5.03	0.28	0.334	1.55	0.0468	1.51	0.97	292.6	4.0	294.6	4.4
9	105801	16842	6.28	0.16	0.135	1.60	0.0187	1.56	0.97	128.5	1.9	119.5	1.8
10	9176	2946	3.12	2.07	0.305	2.76	0.0417	1.50	0.54	270.4	6.6	263.1	3.9
11	43346	8405	5.16	1.07	0.192	4.24	0.0274	3.53	0.83	177.9	6.9	174.2	6.1
12	164184	25005	6.57	0.22	0.114	1.64	0.0158	1.61	0.98	109.7	1.7	101.0	1.6
13	11611	3843	3.02	0.54	0.319	1.76	0.0445	1.53	0.87	281.4	4.3	280.4	4.2
15ZB170-1，拉斑质基性侵入体，33°07′24.3″N，86°37′46.5″E													
1	10787	3425	3.15	0.02	0.347	1.53	0.0486	1.50	0.98	302.4	4.0	305.7	4.5
2	18868	5276	3.58	0.01	0.330	1.52	0.0458	1.50	0.99	289.6	3.8	289.0	4.3
3	7427	1294	5.74	0.02	0.326	1.72	0.0454	1.52	0.88	286.5	4.3	286.3	4.3
4	18210	12506	1.46	0.03	0.231	2.56	0.0316	2.54	0.99	210.9	4.9	200.8	5.0
5	6208	5561	1.12	0.02	0.306	3.85	0.0423	3.83	0.99	270.7	9.2	266.9	10.0
6	32457	6286	5.16	0.01	0.288	3.31	0.0399	3.30	1.00	256.9	7.5	252.1	8.2
7	16115	6536	2.47	0	0.281	3.89	0.0390	3.84	0.99	251.5	8.7	246.6	9.3
8	38471	8155	4.72	0.01	0.257	1.68	0.0353	1.67	0.99	232.2	3.5	223.9	3.7
9	65087	8167	7.97	0.02	0.281	1.81	0.0394	1.80	0.99	251.6	4.0	249.1	4.4
10	18751	4128	4.54	0.01	0.332	1.62	0.0463	1.60	0.99	291.4	4.1	291.6	4.6
11	10089	6467	1.56	0.01	0.267	1.66	0.0372	1.62	0.98	240.6	3.6	235.2	3.7
12	8428	1608	5.24	0.03	0.324	1.71	0.0449	1.57	0.91	284.6	4.3	283.2	4.3
13	19094	6704	2.85	0.01	0.268	3.74	0.0371	3.72	1.00	241.4	8.1	234.7	8.6
14	14645	4873	3.01	0.09	0.329	2.01	0.0460	1.84	0.92	288.7	5.1	289.9	5.2

3.2.1.3 羌塘 – 潘伽大火成岩省的持续时间

在过去 10 多年，对羌塘 – 潘伽大火成岩省进行了许多锆石 U-Pb 定年，认为其产生于 320~280 Ma 之间［图 3.55（a）］，这么长的持续时间是不寻常的，因为一般大火成岩的主要岩浆峰值常常产生于 500 万年内（Bryan and Ernst，2008；Ernst，2014）。但是，大部分年龄都是用 LA-ICP-MS 方法获得的，而这个方法比 SIMS 的准确度要低（分别为约 4% 和约 1%）（李献华等，2015）。因此，对于大火成岩省的持续时间，需要用准确度更高的 SIMS 年龄进行限制。

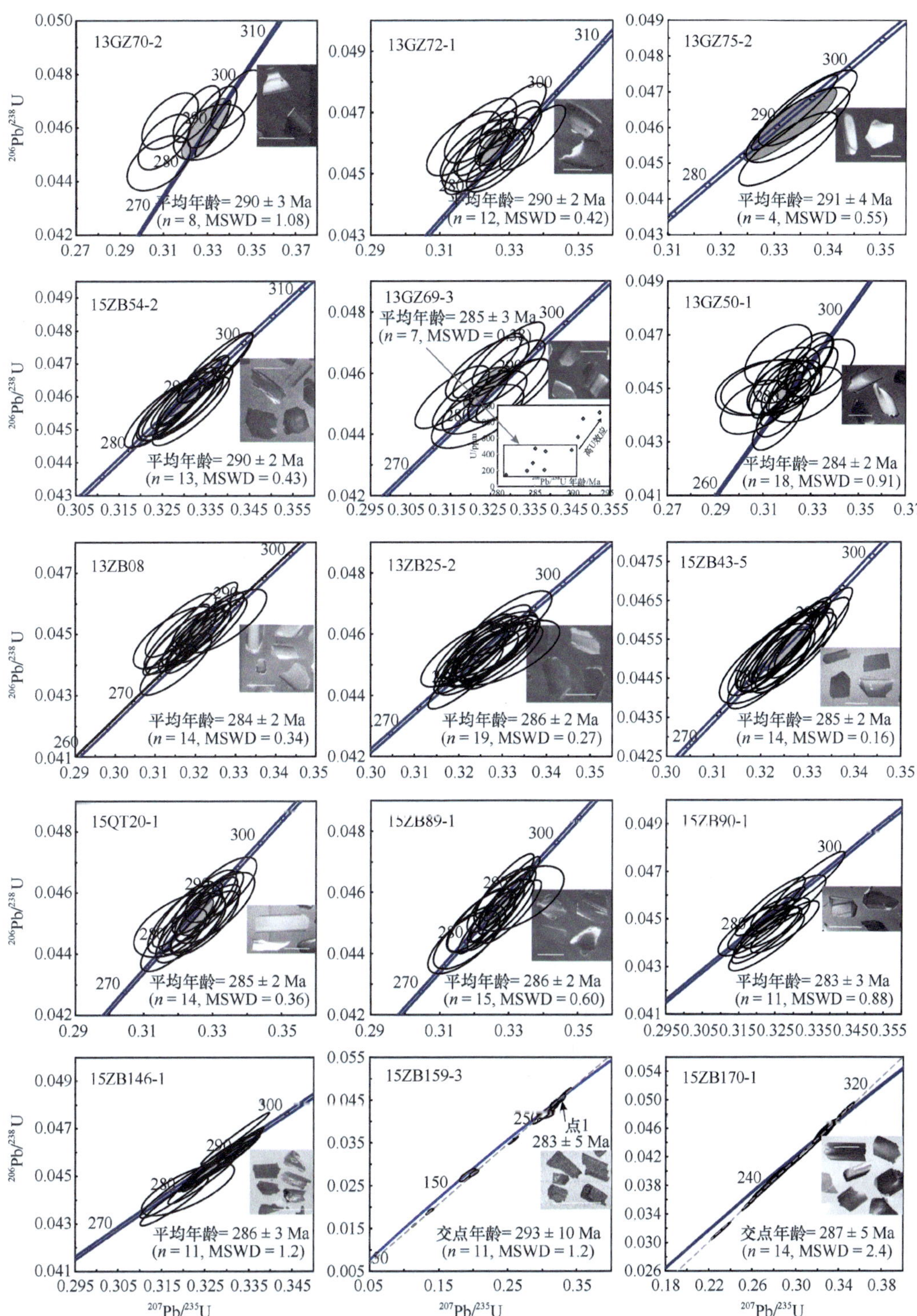

图 3.54　南羌塘典型二叠纪基性岩锆石阴极发光图像和 U-Pb 谐和图（Dan et al.，2021a）

阴极发光图像中白色比例尺为 100 μm；平均年龄是指 $^{206}Pb/^{238}U$ 年龄

统计结果表明，南羌塘基性岩的形成年龄位于290~285 Ma之间［图3.55（b）］，并形成两个峰值，分别为约290 Ma和285 Ma。290 Ma基性岩包括碱性和拉斑质玄武岩，出露在南羌塘西部的有限区域（Xu et al.，2016；Dan et al.，2021a），而约285 Ma基性岩主要为拉斑质玄武岩，在南羌塘广泛分布。约290 Ma基性岩在潘伽暗色岩系中也应该存在，因为这里是这个大火成岩省的中心（一个拉斑质玄武岩CA-ID-TIMS年龄为288 Ma，J.G. Shellnutt未发表数据）。在保山和拉萨地块也获得了一些320~280 Ma的LA-ICP-MS年龄，这里的岩石是拉斑质玄武岩。这些样品远离大火成岩省中心，暗示它们可能形成于约285 Ma。

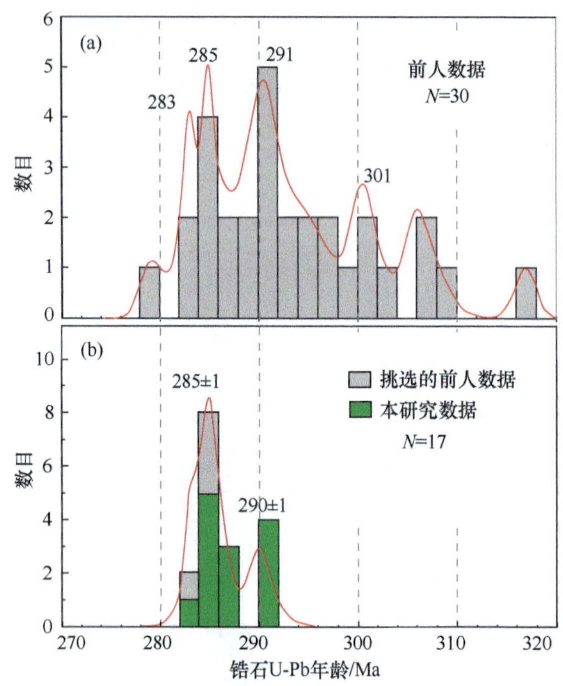

图3.55 羌塘－潘伽大火成岩省的锆石U-Pb定年统计（Dan et al.，2021a）

这些年龄结果也与区域的生物地层研究结果一致。喜马拉雅、保山和拉萨地块的研究表明玄武岩的喷发时间分别为亚丁斯克阶（290~283 Ma）（Garzanti et al.，1996，1999）、中亚丁斯克阶（Wang et al.，2001）和萨克马尔－亚丁斯克阶（Zhu et al.，2010）。南羌塘展金组中的基性岩曾经被认为是熔岩，并形成于萨克马尔阶。但是，这些基性岩显示辉绿结构（梁定益等，1983），它们可能是岩床，其年龄应该晚于所在地层年龄。

值得注意的是，在冈瓦纳北缘还产生了一些中二叠世（270~260 Ma）的岩石，比如在阿曼和喜马拉雅。这些岩石也具有板内玄武岩的特征，以前常常被认为是属于这个大火成岩省或者属于同一地质事件的产物。但是，由于新特提斯洋在约285 Ma打开，南羌塘在这时候已经裂解出去了，表明这些中二叠世岩石与这个大火成岩省没有直接关联，它们反映的是裂解后的岩浆作用或者是冈瓦纳北缘的另一期伸展作用。

3.2.1.4　羌塘 - 潘伽大火成岩省的重建

新特提斯洋的打开造成了羌塘 – 潘伽大火成岩省的离散，随后的关闭造成了这个大火成岩省重建的复杂化。但是过去一二十年的研究已经重建了大部分地块在早二叠世位于冈瓦纳的位置（Metcalfe，2013）。南羌塘地块位于印度北缘，保山 – 滇缅泰马地块作为南羌塘地块的延伸位于澳大利亚西缘。对于拉萨地块的争议很大，一些研究者认为其位于印度北缘，但碎屑锆石物源研究显示拉萨地块更靠近澳大利亚（Zhu et al.，2011）。由于保山 – 滇缅泰马地块位于澳大利亚西缘，拉萨地块应该位于其东延伸之处，即澳大利亚北缘（Dan et al.，2021a）（图 3.56）。

图 3.56　羌塘 – 潘伽大火成岩省古地理重建图（Dan et al.，2021a）

羌塘 – 潘伽大火成岩省的重建得到了各个地块玄武岩厚度的支持。在喜马拉雅，玄武岩在克什米尔最厚，从西向东逐渐减薄（Shellnutt，2018）。而在外侧的陆块群中，从南羌塘的 800 m，到保山的 300~500 m，到拉萨地块的小于 100 m。因此，羌塘 – 潘伽大火成岩省的中心位于印度板块西北缘，基性熔岩向北和向东流动。

3.2.1.5　羌塘 - 潘伽大火成岩省形成机制

对于羌塘 – 潘伽大火成岩省的形成机制，存在强烈的争议。一种认为是被动伸展

（Gutiérrez-Alonso et al.，2008；Yeh and Shellnutt，2016；Shellnutt，2018），即在古特提斯洋脊消亡后，板片拉力传输至被动陆缘一侧，导致微陆块从冈瓦纳大陆裂解和大火成岩省的产生。第二种认为是地幔柱的结果（Zhai et al.，2013c；Liao et al.，2015；Wang et al.，2019b），主要是基于基性岩具有类似于洋岛玄武岩的地球化学特征。但是，最近的研究表明上述两种模型是可以兼容的（Dan et al.，2021a）。

前述的定年表明，羌塘–潘伽大火成岩省形成于290~285 Ma，这与其他地幔柱成因的典型大火成岩省一样，形成于非常短的时间里。地幔柱模型的强有力证据是基性岩具有高的地幔潜能温度（T_p）。虽然这个大火成岩省基性岩的 T_p 为1380~1560℃（Dan et al.，2021a），表明样品的不均一性或受到岩石圈的混染。但受到岩石圈混染程度最小的样品的 T_p 为1450~1560℃，明显高于正常地幔值（1350±50℃），表明羌塘–潘伽大火成岩省有地幔柱物质的参与。

在早二叠世，古特提斯洋又开始了俯冲，证据有在北羌塘地块发现的早二叠世与俯冲有关的基性岩（Song et al.，2017），以及石炭—三叠纪地层中的碎屑锆石（Zhang et al.，2017b）。早二叠世及之后的正常俯冲的岩石组合表明这一时期不存在洋脊俯冲，即古特提斯洋脊在之前已经消亡。因此，板片拉力在早二叠世可以传输至冈瓦纳北缘。

因此，板片拉力在早二叠世作用于冈瓦纳北缘的软弱带，而地幔柱集中于这些软弱带上，两者的联合作用才导致了羌塘–潘伽大火成岩省的产生（图3.57）。地幔柱中心位于喜马拉雅西部，可能导致约290 Ma这期岩浆的产生，并主要位于喜马拉雅，少量位于南羌塘。而板片拉力形成的伸展地带导致285 Ma这期岩浆的产生和分布。由于板片拉力正交于冈瓦纳北缘，这造成了带状微陆块的产生，以及南羌塘与陆块边缘平行的基性岩墙群。

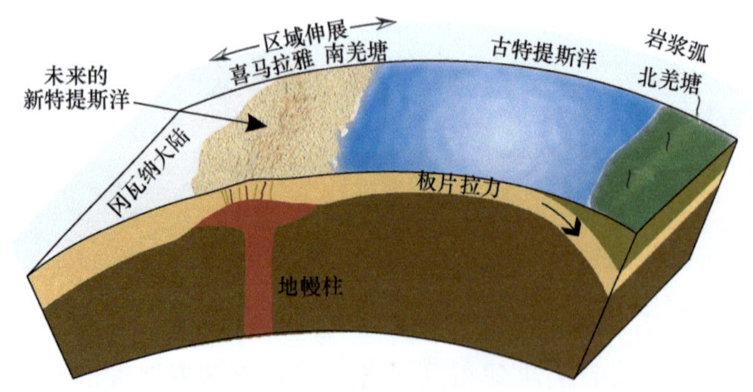

图3.57 羌塘–潘伽大火成岩省产生的动力学模型（Dan et al.，2021a）

3.2.1.6 对新特提斯洋打开的启示

生物地层学研究表明新特提斯洋形成于早二叠世晚期（Garzanti et al.，1994，1996；Metcalfe，2013）。在特提斯喜马拉雅，晚萨克马尔–吴家坪阶的地层以角度不整合覆盖于早萨克马尔阶冰碛岩或泥盆—石炭纪地层上。在南羌塘，2~3 km厚的亚丁斯克阶浊积岩被解释为南羌塘从冈瓦纳裂解的记录（Zhang et al.，2012）。保山地块从冈瓦纳裂解被认为在约 285 Ma 的卧牛寺玄武岩刚刚产生后（Wopfner，1996）。滇缅马泰中的晚萨克马尔 – 亚丁斯克阶几千米厚的地层也被认为是裂解至漂移阶段的记录（Ridd，2009）。虽然特提斯洋的打开可能是穿时的，南羌塘和滇缅马泰亚丁斯克阶之后的二叠系灰岩与这一时期处于裂解后沉积是一致的（Ridd，2009；Zhang et al.，2012）。

生物地层学结合基性岩锆石年代学的研究，指示羌塘 – 潘伽大火成岩省在微陆块群裂解过程中产生，并喻示了新特提斯洋的打开。大火成岩省从约 290 Ma 的碱性和拉斑玄武岩及伴随有壳熔酸性岩，演化到约 285 Ma 的拉斑玄武岩，暗示部分熔融程度增加和部分熔融深度减小（Zhai et al.，2013c；Shellnutt et al.，2015；Xu et al.，2016）。第一期岩浆主要在大火成岩省中心的喜马拉雅和南羌塘产生，而第二期在几乎每个地块都产生。第一期岩浆与大陆的初始裂解有关，这时候岩石圈仍然较厚，导致地幔柱的有限上升和熔体产生量有限。而第二期在岩石圈伸展和减薄后产生，地幔柱到达浅部产生大规模的熔融。

约 285 Ma 的裂解岩浆与新特提斯洋打开的关系由大面积分布的拉斑质岩石所指示。这也和区域上早二叠世玄武岩覆盖同裂谷沉积而被中 – 上二叠统裂解后沉积覆盖一致。在裂解至漂移的过渡阶段，产生了南羌塘亚丁斯克阶的浊积岩和潘伽的大洋中脊型玄武岩（Shellnutt et al.，2015）。所有这些，表明大陆裂解与大火成岩省的产生同时。

3.2.2 三叠纪基性岩墙群

以前认为南羌塘广泛分布的基性岩墙群都形成于二叠纪。对基性岩墙广泛的采样发现，在其北边分布的基性岩墙形成于三叠纪（图 3.53）。这期年轻的基性岩墙群分布面积大于 4000 km^2，称为都古尔岩墙。在野外特征方面，都古尔岩墙与南羌塘约 290~285 Ma 岩墙没有差别，都是侵入早二叠世地层中。岩性上，也都主要为基性岩墙，由辉长岩 – 辉绿岩组成。

3.2.2.1 锆石年代学

对基性岩墙进行了广泛采样，有 7 个样品挑选出足够的锆石进行 SIMS 定年（表 3.18）。与二叠纪岩墙一样，锆石在阴极发光上显示宽板状，无振荡环带，是基性岩浆结晶的锆石（图 3.58）。对 81 个颗粒上进行了 81 个点的测试，所有结果都在谐和线上。除了两个点年龄较老为捕获锆石外，其他样品点的 $^{206}Pb/^{238}U$ 年龄位于 265~232 Ma。但有一些样品点显示较老年龄，其年龄与 U 含量呈明显相关性，即显示高 U 效应，这些点将不参与年龄的计算。剩余的 47 个点年龄位于 247~232 Ma 并在误差范围内一致，平均年龄为 239±1 Ma。这个年龄与单个岩墙的年龄位于 243±3 Ma 至 237±2 Ma 之间是一致的。

表 3.18　南羌塘三叠纪基性岩墙 SIMS 锆石 U-Pb 定年数据（Dan et al.，2021b）

样品点	Th/ppm	U/ppm	Th/U	f_{206}/%	$^{207}Pb/^{235}U$	±1σ	$^{206}Pb/^{238}U$	±1σ	ρ	$^{207}Pb/^{235}U$ 年龄 /Ma	±1σ/Ma	$^{206}Pb/^{238}U$ 年龄 /Ma	±1σ/Ma
13GZ117-3，33°25′47.5″N，85°01′54″E													
1	5150	2067	2.49	0.04	0.261	1.598	0.0373	1.50	0.940	235.8	3.4	236.3	3.5
2	4593	2104	2.18	0.02	0.268	1.584	0.0381	1.50	0.947	241.1	3.4	240.9	3.5
3	8893	3199	2.78	0.39	0.264	1.620	0.0379	1.50	0.927	237.9	3.4	239.5	3.5
4	4546	2196	2.07	0.03	0.268	1.621	0.0382	1.50	0.925	241.0	3.5	241.4	3.6
5	1983	1009	1.96	0.07	0.263	1.710	0.0376	1.50	0.877	237.1	3.6	237.9	3.5
6	5511	2322	2.37	0.1	0.264	1.601	0.0378	1.50	0.937	237.5	3.4	239.4	3.5
7	7633	2532	3.01	0.19	0.269	1.624	0.0383	1.50	0.924	241.9	3.5	242.2	3.6
8	4593	2098	2.19	0.05	0.263	1.649	0.0374	1.50	0.911	237.3	3.5	236.7	3.5
9	3910	1199	3.26	0.06	0.328	1.971	0.0468	1.71	0.868	288.1	5.0	295.1	4.9
10	4937	1898	2.60	0.13	0.263	1.636	0.0377	1.50	0.917	237.0	3.5	238.3	3.5
13GZ118-2，33°26′22″N，85°02′03″E													
1	24641	9639	2.56	0.01	0.286	1.532	0.0407	1.51	0.984	255.5	3.5	257.3	3.8
2	34217	11579	2.96	0.02	0.294	1.517	0.0416	1.50	0.990	261.4	3.5	263.0	3.9
3	4633	2577	1.80	0.16	0.262	1.622	0.0374	1.51	0.931	236.1	3.4	236.6	3.5
4	6552	3055	2.14	1.04	0.269	1.752	0.0391	1.50	0.857	241.8	3.8	247.0	3.6
5	16562	5103	3.25	0.73	0.282	1.670	0.0398	1.50	0.899	252.1	3.7	251.5	3.7
6	17942	8737	2.05	0.2	0.281	1.539	0.0398	1.50	0.975	251.2	3.4	251.5	3.7
7	20358	4529	4.49	1.07	0.275	1.957	0.0395	1.50	0.767	247.1	4.3	249.7	3.7
8	6196	3041	2.04	0.06	0.275	1.569	0.0393	1.50	0.956	246.9	3.4	248.7	3.7
9	24915	5497	4.53	0.18	0.285	1.553	0.0403	1.50	0.968	254.7	3.5	254.7	3.8
10	29292	12908	2.27	0.01	0.296	1.558	0.0420	1.54	0.991	263.2	3.6	265.1	4.0
11	27105	8128	3.33	0.02	0.280	1.529	0.0397	1.51	0.986	250.7	3.4	251.1	3.7
13GZ120-2，33°27′54″N，85°02′15″E													
1	6412	1946	3.29	0.07	0.268	1.605	0.0382	1.50	0.936	240.7	3.4	241.4	3.6
2	8855	2272	3.90	0.05	0.271	1.750	0.0384	1.50	0.857	243.2	3.8	242.9	3.6
3	7204	1804	3.99	0.13	0.273	1.631	0.0390	1.50	0.920	244.8	3.6	246.4	3.6
4	38676	9317	4.15	0.03	0.268	2.855	0.0382	2.84	0.994	241.3	6.2	242.0	6.7
5	15652	2934	5.34	0.14	0.263	1.631	0.0378	1.51	0.927	237.0	3.5	239.4	3.6
6	6510	1771	3.68	0.06	0.270	1.623	0.0390	1.50	0.924	243.1	3.5	246.7	3.6
7	12800	2072	6.18	0.11	0.269	1.616	0.0389	1.50	0.931	241.5	3.5	245.7	3.6
8	9272	2875	3.22	0.11	0.274	1.620	0.0390	1.50	0.926	246.3	3.5	246.5	3.6
9	16294	2684	6.07	0.06	0.266	1.586	0.0376	1.50	0.946	239.4	3.4	238.0	3.5
13GZ123-1，33°29′12″N，85°09′10″E													
1	1998	709	2.82	0.16	0.263	1.984	0.0383	1.50	0.759	236.7	4.2	242.1	3.6
2	18886	3044	6.20	0.15	0.283	1.557	0.0399	1.50	0.964	253.3	3.5	252.0	3.7
3	21719	4407	4.93	0.06	0.285	1.546	0.0406	1.50	0.971	254.8	3.5	256.3	3.8
4	19111	5251	3.64	0.5	0.276	1.685	0.0394	1.51	0.895	247.6	3.7	249.0	3.7
5	18120	4177	4.34	0.05	0.283	1.552	0.0405	1.50	0.966	252.9	3.5	256.0	3.8

续表

样品点	Th/ppm	U/ppm	Th/U	f_{206}/%	$^{207}Pb/^{235}U$	±1σ	$^{206}Pb/^{238}U$	±1σ	ρ	$^{207}Pb/^{235}U$ 年龄 /Ma	±1σ/Ma	$^{206}Pb/^{238}U$ 年龄 /Ma	±1σ/Ma
13GZ123-1，33°29′12″N，85°09′10″E													
6	7644	2344	3.26	0.07	0.274	1.615	0.0392	1.50	0.929	246.1	3.5	247.8	3.6
7	9196	1784	5.15	0.31	0.271	1.764	0.0388	1.50	0.853	243.8	3.8	245.4	3.6
8	7167	2887	2.48	0.11	0.276	1.583	0.0392	1.50	0.948	247.3	3.5	247.9	3.6
9	3924	1589	2.47	0.27	0.276	1.606	0.0384	1.50	0.934	247.5	3.5	242.9	3.6
10	14060	3046	4.62	0.1	0.276	1.703	0.0392	1.50	0.881	247.1	3.7	248.1	3.7
11	2574	653	3.94	0.53	0.262	2.433	0.0379	1.50	0.617	235.9	5.1	239.6	3.5
12	20179	2514	8.03	0.53	0.267	2.035	0.0390	1.50	0.738	240.5	4.4	246.5	3.6
13	7993	1521	5.26	0.19	0.269	1.715	0.0387	1.50	0.877	241.8	3.7	244.7	3.6
15ZB65-1，33°39′46″N，85°14′12″E													
1	3385	1226	2.76	0.04	0.267	1.86	0.0382	1.63	0.876	240.6	4.0	241.5	3.9
2	5770	1932	2.99	0.06	0.266	1.86	0.0374	1.55	0.833	239.4	4.0	236.8	3.6
3	2102	961	2.19	0.05	0.268	2.11	0.0376	1.58	0.751	240.7	4.5	237.8	3.7
4	1536	807	1.90	0.04	0.265	1.82	0.0375	1.50	0.825	239.1	3.9	237.0	3.5
5	2124	987	2.15	0.08	0.264	1.81	0.0375	1.52	0.839	238.3	3.8	237.0	3.5
6	4884	1895	2.58	0.04	0.261	1.70	0.0374	1.53	0.897	235.8	3.6	236.5	3.5
7	6153	2092	2.94	0.02	0.267	1.74	0.0375	1.56	0.898	240.0	3.7	237.2	3.6
8	5882	1729	3.40	0.05	0.272	1.66	0.0384	1.52	0.915	243.9	3.6	243.2	3.6
9	2482	1096	2.26	0.05	0.257	2.14	0.0367	1.78	0.833	232.4	4.4	232.3	4.1
10	1515	639	2.37	0.07	0.267	2.02	0.0376	1.51	0.746	240.5	4.3	237.8	3.5
11	841	544	1.55	> 1e6	0.269	1.93	0.0374	1.53	0.795	241.7	4.2	236.7	3.6
12	3753	1490	2.52	0.11	0.261	1.78	0.0371	1.57	0.880	235.4	3.7	235.0	3.6
13	3616	1307	2.77	0.05	0.264	1.79	0.0374	1.59	0.887	238.0	3.8	236.7	3.7
15ZB142-1，33°18′41″N，86°42′30″E													
1	1266	746	1.70	0.07	0.263	2.00	0.0373	1.63	0.815	237.2	4.2	236.0	3.8
2	1683	989	1.70	0.03	0.264	1.87	0.0375	1.50	0.802	237.6	4.0	237.2	3.5
3	2934	1669	1.76	0.05	0.266	1.81	0.0374	1.54	0.848	239.6	3.9	236.8	3.6
4	1811	1253	1.45	0.03	0.263	1.70	0.0375	1.50	0.883	237.3	3.6	237.6	3.5
5	1198	779	1.54	0.04	0.261	1.82	0.0375	1.51	0.833	235.8	3.8	237.6	3.5
6	1531	880	1.74	0.05	0.261	1.89	0.0370	1.58	0.840	235.6	4.0	234.3	3.6
7	3802	1709	2.23	0.02	0.266	1.66	0.0378	1.51	0.914	239.3	3.5	239.5	3.6
8	3120	1591	1.96	0.04	0.266	1.87	0.0379	1.65	0.884	239.6	4.0	239.6	3.9
9	2912	1219	2.39	0.05	0.266	1.78	0.0377	1.55	0.874	239.3	3.8	238.6	3.6
10	3887	1722	2.26	0.01	0.265	1.67	0.0376	1.53	0.913	238.6	3.6	237.8	3.6
11	2451	1303	1.88	0.19	0.262	2.02	0.0372	1.52	0.752	236.2	4.3	235.6	3.5
15ZB165-1，33°18′40″N，86°47′03″E													
1	540	618	0.87	0.01	0.926	1.68	0.1085	1.50	0.896	665.6	8.2	664.0	9.5
2	4686	3579	1.31	0.01	0.275	1.58	0.0388	1.50	0.951	246.3	3.5	245.4	3.6
3	10979	5833	1.88	0.34	0.271	1.62	0.0389	1.50	0.928	243.6	3.5	246.1	3.6

续表

样品点	Th/ppm	U/ppm	Th/U	f_{206}/%	$^{207}Pb/^{235}U$	±1σ	$^{206}Pb/^{238}U$	±1σ	ρ	$^{207}Pb/^{235}U$年龄/Ma	±1σ/Ma	$^{206}Pb/^{238}U$年龄/Ma	±1σ/Ma
15ZB165-1，33°18′40″N，86°47′03″E													
4	20818	5281	3.94	0.18	0.269	1.64	0.0381	1.50	0.918	242.2	3.5	240.8	3.6
5	18808	4871	3.86	0.82	0.264	1.82	0.0371	1.53	0.837	237.6	3.9	235.1	3.5
6	25465	8298	3.07	0.18	0.275	1.57	0.0394	1.50	0.958	247.0	3.4	249.1	3.7
7	22800	9540	2.39	0.10	0.277	1.54	0.0394	1.50	0.972	248.1	3.4	248.8	3.7
8	26372	20561	1.28	0.13	0.294	1.55	0.0417	1.52	0.983	261.5	3.6	263.2	3.9
9	16184	3499	4.62	0.06	0.280	1.63	0.0394	1.51	0.929	250.4	3.6	248.9	3.7
10	42679	16586	2.57	0.28	0.295	1.56	0.0419	1.50	0.963	262.3	3.6	264.5	3.9
11	23242	5901	3.94	0.45	0.278	1.72	0.0400	1.50	0.875	248.8	3.8	252.6	3.7
12	25780	9686	2.66	0.28	0.286	1.58	0.0404	1.51	0.955	255.4	3.6	255.4	3.8
13	32312	10989	2.94	0.20	0.287	1.71	0.0407	1.56	0.913	256.5	3.9	257.3	3.9
14	36940	4817	7.67	0.85	0.269	1.76	0.0383	1.50	0.852	241.6	3.8	242.0	3.6

3.2.2.2 岩石成因

对 31 个样品进行了主微量的分析（表 3.19）。基性岩墙属于拉斑质玄武岩，富集轻稀土，具有弱的 Nb、Ta 负异常（图 3.59）。这些地球化学特征与上一节的南羌塘二叠纪基性岩墙地球化学性质类似。此外，三个样品的锆石 $\delta^{18}O$ 值（表 3.20）分别为 5.4‰±0.4‰（2SD）、5.6‰±0.4‰（2SD）和 5.5‰±0.3‰（2SD），都类似于地幔值。虽然这些基性岩墙产于大陆背景，但其基本没有捕获锆石和类似地幔值的锆石 $\delta^{18}O$ 值表明地壳混染是有限的。因此，基性岩墙的地球化学特征是继承自其源区的。与约 285 Ma 的基性岩墙和约 238 Ma 的榴辉岩相比，约 239 Ma 都古尔岩墙具有低的 $\varepsilon_{Nd}(t)$ 值，暗示它们来自一个不那么亏损的源区，可能是陆下岩石圈地幔。

3.2.2.3 动力学模型

约 239 Ma 的都古尔岩墙是在约 285 Ma 的二叠纪岩墙 46 Ma 以后侵位的，而又早于南、北羌塘碰撞的时间（约 233 Ma）。因此，都古尔岩墙产于俯冲板块的被动陆缘。对于被动陆缘板内岩浆的一个通常解释是地幔柱。但是，都古尔基性岩墙规模小，具有正常的地幔潜能温度（Dan et al.，2021b）。并且，都古尔岩浆事件缺少岩浆活动随时间变化而迁移的证据。所有这些都不符合地幔柱模型。

另外一种可能机制是局部地幔扰动，如岩石圈拆沉。这被用来解释北美东部被动陆缘的新生代岩浆作用（Mazza et al.，2014）。但是，都古尔岩墙来自岩石圈地幔，这与北美东部新生代岩浆来自软流圈地幔明显不同。并且，南羌塘是一个小陆块，它自冈瓦纳大陆裂解出来时岩石圈经历伸展导致其岩石圈是薄的。薄的岩石圈很难发生拆沉作用或者板缘驱动对流作用等局部地幔扰动。以前的研究发现在洋脊刚刚消亡时，

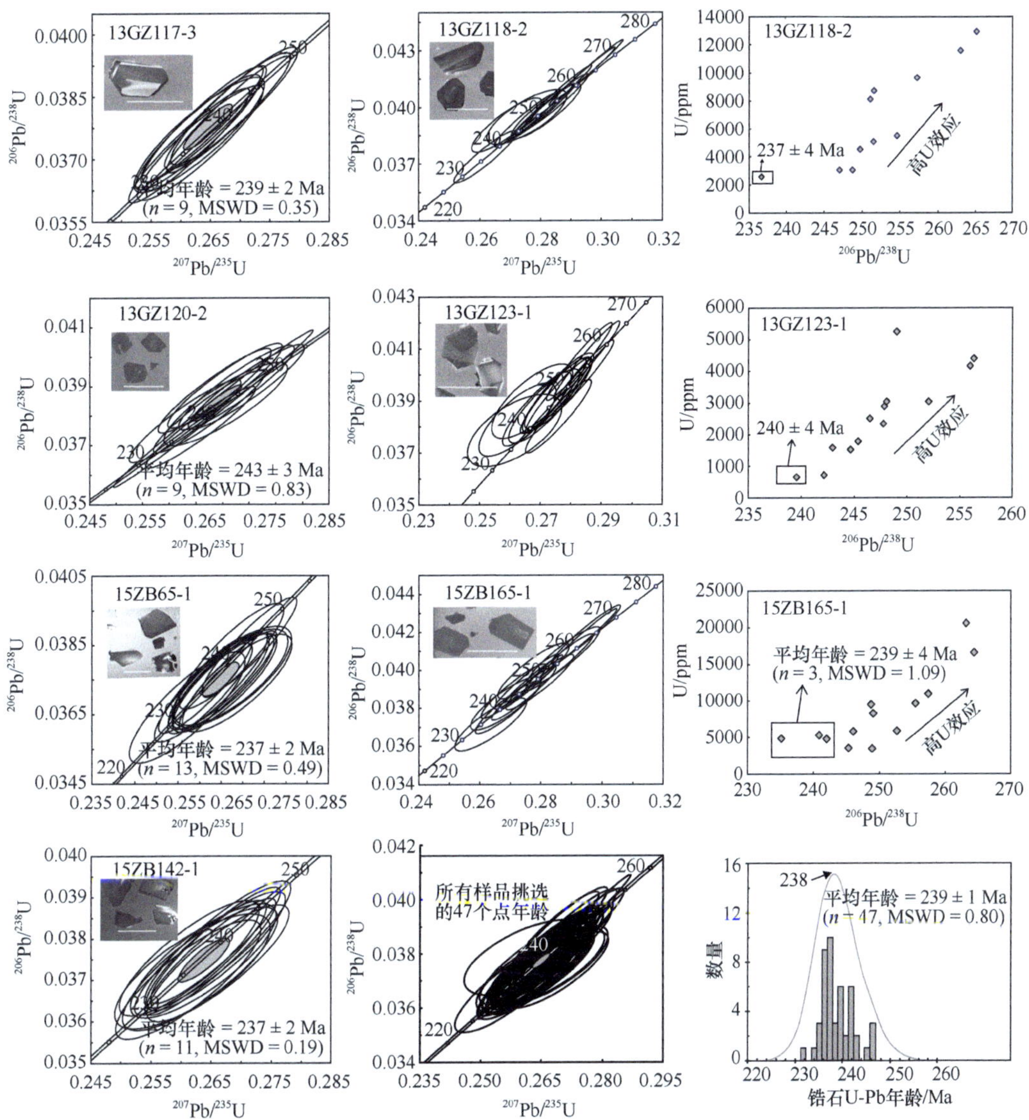

图 3.58　南羌塘三叠纪岩墙锆石 CL 图像和 U-Pb 谐和图解（Dan et al.，2021b）

俯冲板片拉力就可能传输到大洋另一侧的被动陆缘。这种情况下，在被动陆缘也可能产生岩浆作用（Gutiérrez-Alonso et al.，2008）。但是，古特提斯洋脊在晚石炭世—早二叠世最早期就可能已经消亡。而且 239 Ma 岩墙仅仅比古特提斯洋在 233 Ma 关闭早 5 Ma，洋脊在这个时候肯定已经关闭。

因此，需要新的构造机制来解释这期岩浆作用。综合区域上的岩浆活动和构造演化，Dan 等（2021b）提出用增强的板片拉力来解释这期发生在南羌塘的被动陆缘岩浆活动（图 3.60）。最近几年发现古特提斯洋板片在晚二叠—中三叠世发生了回卷（Liu et al.，2016b；Wang et al.，2018a）。而在板片回卷时，应力重新分配导致板片拉力增强，进而导致俯冲板片的强烈伸展。与大洋岩石圈相比，大陆岩石圈强度弱而更

表 3.19　南羌塘三叠纪岩墙主量元素（%）、微量元素（ppm）和 Sr-Nd 同位素（Dan et al.，2021b）

样品号	13GZ116-1	13GZ116-2	13GZ117-1	13GZ117-2	13GZ117-3	13GZ117-4	13GZ118-1	13GZ118-2	13GZ118-3	13GZ119-1	13GZ120-1	13GZ120-2	13GZ121-1
主量元素													
SiO_2	50.69	50.58	49.69	48.28	47.99	49.68	49.95	50.09	48.69	48.8	51.23	49.63	50.1
TiO_2	1.93	1.84	2.21	2.13	1.88	1.9	1.59	1.52	1.63	1.84	1.69	1.51	1.81
Al_2O_3	16.87	17.3	14.43	12.89	11.41	15.06	15.67	15.58	16.34	15.69	14.43	15.48	14.74
Fe_2O_3	9.26	9.1	11.15	11.78	12.06	9.04	9.07	9.35	9.25	11.38	11.69	11.61	12.44
MnO	0.16	0.14	0.16	0.17	0.16	0.14	0.16	0.15	0.15	0.17	0.17	0.2	0.18
MgO	5.7	5.51	9.26	12.49	14.96	7.93	7.6	7.55	7.5	8.91	7.26	8.05	6.93
CaO	11.7	12.17	9.56	9.1	9.06	13	12.52	12.65	12.92	10.35	9.44	9.43	9.53
Na_2O	2.41	2.32	2.45	2.08	1.58	2.16	1.7	1.66	1.76	2.4	2.72	2.64	2.7
K_2O	0.75	0.55	0.58	0.62	0.49	0.62	1.3	1.03	1.27	0.06	0.83	0.95	0.96
P_2O_5	0.17	0.17	0.19	0.17	0.15	0.14	0.11	0.12	0.13	0.17	0.26	0.23	0.28
总量	99.64	99.68	99.67	99.71	99.75	99.67	99.67	99.69	99.64	99.78	99.73	99.73	99.66
烧失量	2.05	1.99	2.77	3.27	3.78	2.07	2.62	2.72	3	4.21	3.27	3.5	3.12
微量元素													
Sc	27	25.3	27.2	25.1	24.2	35	24.1	26.1	26.7	29.4	32.4	29.6	34.9
V	219	208	241	228	215	244	199	215	220	233	257	236	278
Cr	374	142	492	794	1195	212	261	193	139	325	152	209	209
Co	31.7	30.8	48.4	66.9	62.6	38.9	36.5	40.6	39.4	45.4	41.5	43	42.1
Ni	83.3	74.3	225	404	436	103	62.9	61	54.3	129	85.2	108	74.3
Cu	55.3	36.7	69.4	138	72.4	25.7	35.6	36.4	25	58.5	33.1	43.8	47.1
Zn	89.1	77.5	91.9	93.8	106	71.8	82.6	89.8	90.1	88.9	95.7	128	70.1
Ga	22.5	23.3	19.3	18.1	16.6	20.2	19.4	19.6	21.4	18.9	19.7	19.6	20.83
Ge	2.83	2.52	2.97	2.68	2.94	2.66	1.5	2.48	2.68	1.61	3.1	1.73	3.25
Rb	21.1	16	20.1	22.6	13.8	18	47	34.8	45.1	0.33	18.9	25.5	25.4
Sr	387	457	493	277	247	375	442	353	484	135	154	93.6	301
Y	21.3	22.7	20.4	20.4	18.1	18	18	19	18.7	22.6	28.9	28.1	30.9
Zr	163	157	148	133	117	119	115	114	117	131	159	140	157

续表

样品号	13GZ116-1	13GZ116-2	13GZ117-1	13GZ117-2	13GZ117-3	13GZ117-4	13GZ118-1	13GZ118-2	13GZ118-3	13GZ119-1	13GZ120-1	13GZ120-2	13GZ121-1
微量元素													
Nb	13.6	12.8	15	13.4	11.9	11.8	9.16	9.25	10.4	10.8	12.4	10.5	12.6
Cs	0.33	0.5	0.63	0.85	0.7	0.5	1.92	1.3	1.38	0.34	0.58	1.03	1.28
Ba	195	181	160	191	161	265	252	178	260	66.8	413	333	637
La	18.4	19.4	15.7	14.7	12.4	12.2	12	13.1	13.5	13.5	19.9	17.4	22.1
Ce	41.2	41.7	36.4	33.5	27.8	29.3	28.1	29.5	31	30.7	41.5	37.5	45.9
Pr	5.49	5.29	5.04	4.44	3.98	4.05	3.69	3.78	4.16	4.08	5.33	4.72	5.91
Nd	23.5	22	22.5	19.5	17.9	18.3	16.1	16.4	18.6	18	22.7	19.9	24.8
Sm	4.98	4.85	5.01	4.6	4.15	4.3	3.9	3.93	4.22	4.36	5.02	4.62	5.51
Eu	1.7	1.71	1.82	1.66	1.46	1.63	1.33	1.36	1.39	1.52	1.56	1.51	1.75
Gd	4.83	4.83	4.91	4.57	4.26	4.23	3.98	4.13	4.22	4.51	5.36	4.86	6.01
Tb	0.8	0.76	0.82	0.75	0.68	0.73	0.66	0.67	0.71	0.77	0.9	0.84	0.99
Dy	4.59	4.51	4.59	4.31	3.83	4.1	3.87	3.91	4	4.59	5.45	5.16	6.01
Ho	0.9	0.9	0.87	0.83	0.76	0.78	0.77	0.77	0.78	0.95	1.16	1.1	1.26
Er	2.33	2.36	2.11	2.09	1.9	1.94	1.97	1.94	1.97	2.52	3.18	3.02	3.43
Tm	0.34	0.33	0.3	0.29	0.26	0.27	0.27	0.27	0.27	0.36	0.47	0.44	0.5
Yb	2.12	2.09	1.78	1.72	1.51	1.61	1.67	1.62	1.7	2.24	2.93	2.82	3.12
Lu	0.32	0.32	0.26	0.25	0.22	0.23	0.25	0.24	0.25	0.34	0.45	0.43	0.49
Hf	4.51	4.2	4.1	3.64	3.19	3.33	3.03	3.09	3.29	3.37	4.19	3.58	4.2
Ta	0.97	0.95	1.05	1	0.89	0.84	0.72	0.71	0.77	0.78	0.94	0.77	0.95
Pb	5.77	5.22	5.6	4.34	4.44	2.37	5.18	4.23	2.98	5.3	13	10.1	1.39
Th	4	4.03	2.36	2.1	1.68	1.72	2.88	2.92	3.07	1.84	5.51	4.83	5.17
U	0.65	0.66	0.53	0.51	0.42	0.41	0.71	0.73	0.74	0.36	0.62	0.56	0.61
$Mg^{\#}$	0.60	0.60	0.67	0.72	0.75	0.68	0.67	0.66	0.67	0.66	0.60	0.63	0.58
$(La/Yb)_N$	6.26	6.69	6.34	6.14	5.92	5.45	5.18	5.81	5.72	4.34	4.88	4.42	5.1
$(La/Sm)_N$	2.39	2.59	2.03	2.06	1.93	1.83	1.99	2.15	2.06	2	2.56	2.43	2.59
Th/Nb	0.29	0.32	0.16	0.16	0.14	0.15	0.31	0.32	0.3	0.17	0.45	0.46	0.41
Nb/La	0.74	0.66	0.95	0.91	0.96	0.97	0.76	0.71	0.77	0.8	0.62	0.61	0.57

续表

样品号	13GZ116-1	13GZ116-2	13GZ117-1	13GZ117-2	13GZ117-3	13GZ117-4	13GZ118-1	13GZ118-2	13GZ118-3	13GZ119-1	13GZ120-1	13GZ120-2	13GZ121-1
Sr-Nd 同位素													
$^{87}Rb/^{86}Sr$			0.1177	0.236	0.162		0.2847			0.007		0.7859	0.244
$(^{87}Sr/^{86}Sr)_m$			0.711724	0.710949	0.709329		0.709795			0.711038		0.711862	0.713762
1SE			0.000007	0.000008	0.000006		0.000007			0.00001		0.000008	0.000008
$(^{87}Sr/^{86}Sr)_i$			0.711324	0.710147	0.708778		0.708827			0.711014		0.70919	0.712932
$^{147}Sm/^{144}Nd$			0.1345	0.1428	0.1401		0.2847			0.1464		0.14	0.1343
$(^{143}Nd/^{144}Nd)_m$			0.512673	0.512682	0.512685		0.512512			0.512587		0.512395	0.512382
1SE			0.000004	0.000005	0.000004		0.000007			0.000004		0.000004	0.000005
$\varepsilon_{Nd}(t)$			2.59	2.50	2.64		−0.87			0.54		−3.02	−3.10

样品号	13GZ122-2	13GZ122-4	13GZ123-1	13GZ123-2	13GZ125-1	13GZ125-2	13GZ126-1	13GZ126-3	13GZ127-1	13GZ127-3	13GZ82-1	13GZ82-2	13GZ93-1
主量元素													
SiO_2	49.48	49.53	49.36	49.75	49.94	49.75	49.61	49.87	49.6	50.12	49.71	49.98	48.86
TiO_2	1.94	1.8	1.33	1.42	1.4	1.45	1.38	1.45	1.69	1.31	1.96	2.21	1.89
Al_2O_3	16.31	16.24	15.36	15.44	15.51	15.2	15.3	15.13	15.62	16.44	14.61	14.3	15
Fe_2O_3	9.8	10.01	10.4	10.45	10.51	10.9	10.56	11.16	10.11	9.12	10.83	10.63	11.39
MnO	0.18	0.16	0.17	0.16	0.16	0.18	0.17	0.18	0.16	0.14	0.15	0.18	0.16
MgO	7.37	7.3	9.14	8.71	8	8.48	8.6	8.09	7.2	6.77	8.11	8.18	8.98
CaO	11.08	11.38	10.95	10.58	10.79	10.71	10.76	10.43	12.31	12.66	10.96	10.88	10.5
Na_2O	2.74	2.49	2.31	2.38	2.36	2.23	2.36	2.2	2.23	2.42	2.58	2.53	2.21
K_2O	0.65	0.56	0.58	0.72	0.88	0.66	0.87	1.05	0.63	0.59	0.58	0.65	0.52
P_2O_5	0.18	0.18	0.12	0.13	0.14	0.14	0.13	0.14	0.14	0.12	0.17	0.16	0.18
总量	99.74	99.65	99.72	99.74	99.7	99.7	99.73	99.71	99.7	99.69	99.66	99.68	99.68
烧失量	3.61	3.39	3.67	3.42	2.91	3.05	3.25	3.07	3.13	3.29	2.35	2.45	2.83
微量元素													
Sc	27.1	27.4	32.9	31.7	32.4	30	31.7	31.8	35.9	32.2	29.7	28.7	28.2
V	220	219	235	238	228	227	236	244	249	206	248	236	235
Cr	466	496	290	265	243	320	324	283	350	324	300	364	182
Co	33.6	35	47.5	44.4	43.4	42.9	39	41.7	39.4	36.6	40.4	39.7	47.6

续表

样品号	13GZ122-2	13GZ122-4	13GZ123-1	13GZ123-2	13GZ125-1	13GZ125-2	13GZ126-1	13GZ126-3	13GZ127-1	13GZ127-3	13GZ82-1	13GZ82-2	13GZ93-1
微量元素													
Ni	102	109	153	140	112	130	118	113	70	59.7	95.7	98.4	142
Cu	55.3	53.9	32.6	43.4	61.3	60.6	53.8	56.7	68.4	56.2	13	18.4	43
Zn	167	90.1	87	84.4	81.1	91.1	74	120	98.2	77.8	97.7	94.4	95.2
Ga	19.3	18.6	18.5	18.4	18.9	18.5	18.1	18.9	18.3	18.8	20.1	18.3	19
Ge	1.49	2.68	2.74	2.6	2.72	1.54	1.57	1.7	2.75	2.35	3.08	2.86	2.53
Rb	15.7	13.4	14.4	18.7	23.4	17.2	22.3	26.5	12.9	13.6	16.9	20.9	13.2
Sr	244	321	206	259	275	295	177	292	228	289	341	296	304
Y	20.4	13.8	20.2	21.1	22.2	22.5	21.8	24.1	19.5	18.1	20.3	18.3	22.6
Zr	131	129	118	122	111	123	115	132	111	93.6	130	123	137
Nb	13.1	13.6	8.67	8.79	8.37	8.66	8.36	8.89	10.2	8.13	12.1	11.9	12.4
Cs	1.16	0.88	0.77	1.12	1	1.04	1.44	1.88	0.57	0.81	0.45	0.65	0.78
Ba	288	210	209	209	317	216	276	434	186	189	118	140	209
La	14.8	14.5	11.9	13.6	13.5	13.6	12.2	14.3	11.5	10.4	14.2	13.4	14.2
Ce	33.3	31.5	27.4	29.8	28.8	30.3	27.6	32.2	26.1	23	31.7	29.9	31.8
Pr	4.36	4.37	3.57	3.99	3.91	3.89	3.59	4.16	3.64	3.05	4.4	4.29	4.19
Nd	18.8	19.4	15.8	17.2	17.1	16.8	15.7	18	16.6	13.6	19.4	19	18.3
Sm	4.36	4.23	3.66	3.92	3.94	3.99	3.86	4.3	3.88	3.31	4.51	4.36	4.38
Eu	1.65	1.58	1.25	1.27	1.32	1.32	1.27	1.4	1.44	1.43	1.59	1.51	1.55
Gd	4.42	4.27	3.84	4.07	4.31	4.21	4.11	4.6	4.04	3.54	4.58	4.24	4.55
Tb	0.73	0.72	0.69	0.72	0.72	0.72	0.7	0.78	0.72	0.6	0.75	0.72	0.75
Dy	4.27	4.09	4.09	4.24	4.35	4.45	4.32	4.8	4.11	3.64	4.28	4.06	4.53
Ho	0.87	0.8	0.85	0.88	0.92	0.94	0.91	1.02	0.83	0.74	0.84	0.78	0.91
Er	2.23	2.01	2.29	2.33	2.49	2.57	2.48	2.78	2.13	1.92	2.16	1.96	2.38
Tm	0.31	0.29	0.34	0.34	0.35	0.37	0.36	0.4	0.31	0.27	0.3	0.28	0.33
Yb	1.91	1.8	2.14	2.19	2.19	2.34	2.25	2.53	1.95	1.69	1.77	1.7	2.08
Lu	0.29	0.27	0.33	0.33	0.34	0.36	0.35	0.39	0.29	0.25	0.27	0.25	0.31
Hf	3.28	3.53	3.24	3.22	2.98	3.11	2.93	3.35	3.13	2.54	3.5	3.44	3.54

续表

样品号	13GZ122-2	13GZ122-4	13GZ123-1	13GZ123-2	13GZ125-1	13GZ125-2	13GZ126-1	13GZ126-3	13GZ127-1	13GZ127-3	13GZ82-1	13GZ82-2	13GZ93-1
微量元素													
Ta	0.95	0.92	0.59	0.59	0.61	0.61	0.59	0.64	0.7	0.58	0.93	0.86	0.87
Pb	2.35	2.33	12.4	11.81	3.67	6.32	2.58	9.9	4.41	3.4	5.16	4.73	2.6
Th	2.23	2.24	2.83	2.7	2.52	2.92	2.65	3.4	1.44	1.18	2.38	2.39	1.95
U	0.42	0.42	0.33	0.34	0.33	0.36	0.33	0.44	0.29	0.23	0.53	0.5	0.31
$Mg^{\#}$	0.65	0.64	0.68	0.67	0.65	0.66	0.67	0.64	0.64	0.65	0.62	0.63	0.64
$(La/Yb)_N$	5.59	5.79	4.01	4.45	4.43	4.19	3.88	4.06	4.23	4.45	5.76	5.67	4.92
$(La/Sm)_N$	2.19	2.21	2.11	2.24	2.21	2.2	2.04	2.15	1.91	2.04	2.03	1.98	2.1
Th/Nb	0.17	0.16	0.33	0.31	0.3	0.34	0.32	0.38	0.14	0.15	0.2	0.2	0.16
Nb/La	0.89	0.94	0.73	0.65	0.62	0.64	0.69	0.62	0.89	0.78	0.86	0.89	0.87
Sr-Nd 同位素													
$^{87}Rb/^{86}Sr$			0.2023				0.3629			0.1363			0.1253
$(^{87}Sr/^{86}Sr)_m$			0.707748				0.709561			0.706592			0.707331
1SE			0.000007				0.000008			0.000006			0.000006
$(^{87}Sr/^{86}Sr)_i$			0.70706				0.708327			0.706128			0.706905
$^{147}Sm/^{144}Nd$			0.1404				0.1486			0.1473			0.145
$(^{143}Nd/^{144}Nd)_m$			0.512444				0.512461			0.512574			0.512587
1SE			0.000005				0.000004			0.000005			0.000004
$\varepsilon_{Nd}(t)$			−2.06				−1.98			0.26			0.59

样品号	13GZ94-1	15ZB65-1	15ZB70-1	15ZB142-1	15ZB165-1
主量元素					
SiO_2	51.34	48.56	47.56	47.78	50.09
TiO_2	1.64	1.84	1.75	2.65	1.44
Al_2O_3	15.83	15.26	12.56	13.47	10.05
Fe_2O_3	8.87	11.47	12.03	14.04	10.86
MnO	0.14	0.16	0.15	0.18	0.17
MgO	6.7	8.94	13.47	10.36	13.72
CaO	11.38	10.86	9.42	7.27	11.25

续表

样品号	13GZ94-1	15ZB65-1	15ZB70-1	15ZB142-1	15ZB165-1
主量元素					
Na_2O	2.56	2.21	1.93	2.97	1.37
K_2O	1.06	0.42	0.53	0.81	0.88
P_2O_5	0.13	0.26	0.15	0.37	0.12
总量	99.65	99.98	99.55	99.91	99.94
烧失量	2.04	2.51	3.49	3.01	3.18
微量元素					
Sc	28.7	26.7	26.3	23.2	31.8
V	227	222	227	229	237
Cr	217	301	879	471	1201
Co	34.2	46.1	66.7	57.9	52.2
Ni	30.3	126	325	207	159
Cu	29.1	45.1	70.6	73.4	48.1
Zn	80.3	101	92.6	162	90.6
Ga	20.3	18.4	16.4	20.4	14.1
Ge	2.79	2.67	2.86	3.33	2.72
Rb	35.9	10	13.7	18	29.1
Sr	413	291	286	460	172
Y	19.7	19.6	16.4	27.3	18.7
Zr	118	118	104	241	102
Nb	10.4	11.7	11.1	30	9.8
Cs	1.32	0.74	0.48	1.19	1.43
Ba	229	174	179.4	1109	290
La	13.5	13.3	11.1	28.9	13.5
Ce	30.1	29.3	25.7	65.3	30.3
Pr	4.09	4.02	3.51	8.24	4
Nd	18	17.5	15.5	34.3	16.9
Sm	4.21	4.15	3.73	7.34	4.04

续表

样品号	13GZ94-1	15ZB65-1	15ZB70-1	15ZB142-1	15ZB165-1
			微量元素		
Eu	1.38	1.5	1.36	2.36	1.13
Gd	4.34	4.26	3.82	7.08	4.08
Tb	0.71	0.69	0.62	1.06	0.68
Dy	4.06	4.04	3.55	5.91	3.93
Ho	0.8	0.82	0.7	1.17	0.78
Er	2.08	2.12	1.78	2.92	2.01
Tm	0.28	0.3	0.24	0.4	0.28
Yb	1.71	1.87	1.49	2.48	1.74
Lu	0.25	0.28	0.22	0.37	0.26
Hf	3.31	3.31	2.92	6	3.06
Ta	0.84	0.8	0.75	2.09	0.75
Pb	5.27	3.11	1.81	7.74	4.4
Th	3.03	1.91	1.67	3.99	4.05
U	0.62	0.44	0.41	0.96	0.95
$Mg^{\#}$	0.63	0.63	0.71	0.62	0.74
$(La/Yb)_N$	5.68	5.1	5.36	8.36	5.58
$(La/Sm)_N$	2.07	2.07	1.92	2.54	2.16
Th/Nb	0.29	0.16	0.15	0.13	0.41
Nb/La	0.77	0.88	1	1.04	0.72

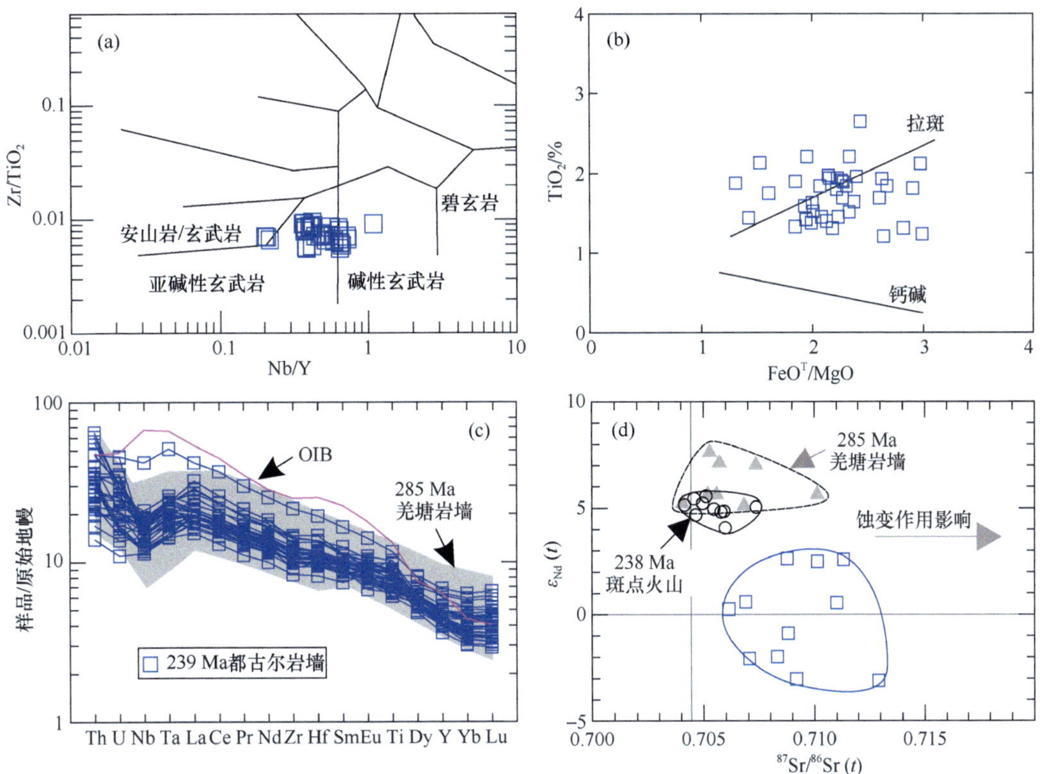

图 3.59　三叠纪岩墙地球化学特征（Dan et al.，2021b）

表 3.20　南羌塘三叠纪基性岩墙锆石 O 同位素组成（Dan et al.，2021b）

样品点	$\delta^{18}O$/‰	2SE	样品点	$\delta^{18}O$/‰	2SE
	13GZ123-1			15ZB65-1	
1	5.28	0.39	9	5.64	0.20
2	5.54	0.26	10	5.41	0.22
3	5.34	0.23	11	5.65	0.22
4	5.54	0.33	12	5.50	0.28
5	4.96	0.26	13	5.50	0.22
6	5.48	0.37	14	5.49	0.29
7	5.53	0.25	15	5.07	0.24
	15ZB65-1		16	5.56	0.17
1	5.51	0.20	17	5.71	0.29
2	5.44	0.20	18	5.99	0.20
3	5.53	0.20	19	5.57	0.22
4	5.42	0.13	20	5.81	0.20
5	5.57	0.23	21	5.72	0.24
6	5.45	0.20	22	6.11	0.17
7	5.52	0.20	23	5.77	0.19
8	5.54	0.16			

续表

样品点	$\delta^{18}O$/‰	2SE	样品点	$\delta^{18}O$/‰	2SE
15ZB142-1			15ZB142-1		
1	5.38	0.25	16	5.70	0.15
2	5.45	0.20	17	5.75	0.17
3	5.47	0.20	18	5.42	0.11
4	5.42	0.22	19	5.62	0.13
5	5.28	0.21	20	5.56	0.30
6	5.53	0.15	21	5.63	0.13
7	5.47	0.21	22	5.56	0.21
8	5.65	0.17	23	5.88	0.20
9	5.64	0.21			
10	5.57	0.24			
11	5.62	0.20			
12	5.39	0.21			
13	5.38	0.17			
14	5.51	0.13			
15	5.58	0.25			

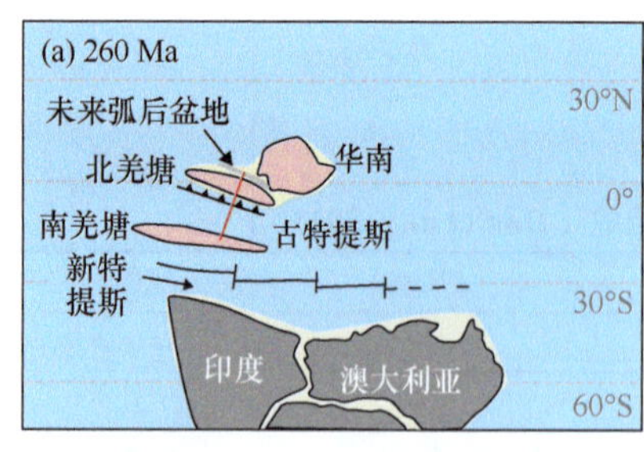

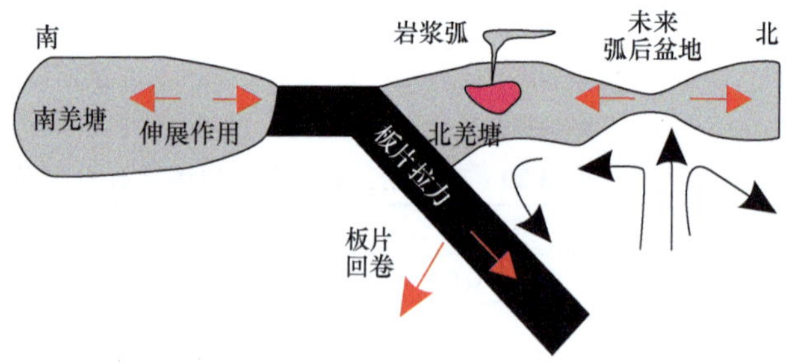

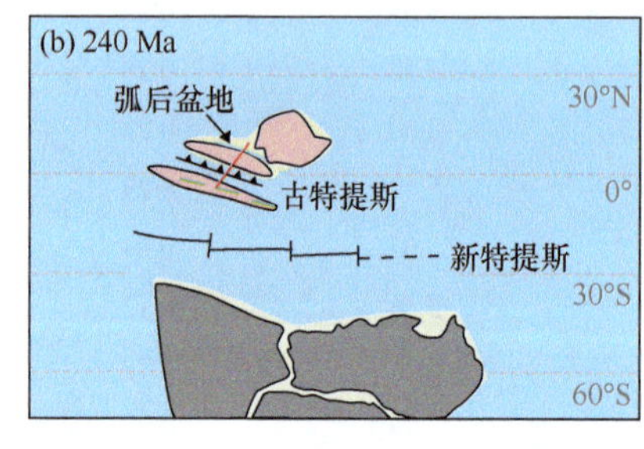

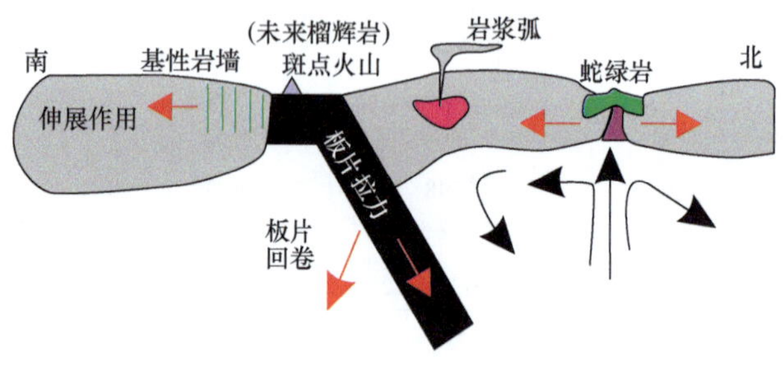

图 3.60　三叠纪基性岩墙的成因动力学模型（Dan et al.，2021b）

易于伸展和裂解。增强板片拉力产生的应变集中作用于先存软弱带（Bellahsen et al., 2003）。因为大洋在这时候宽度很小，可能小于 200 km（Dan et al.，2018b），板片拉力作为远程应力很容易传输至被动陆缘导致岩石圈伸展和 239 Ma 岩浆事件的产生。这期伸展也在大洋上产生同期的斑点火山（Dan et al.，2018b）。

此外，新生代的类似例子发生在地中海的西西里裂谷带。这里的板内岩浆作用被认为与板片回卷导致的增强板片拉力有关（Belguith et al.，2013）。这些例子表明，虽然增强的板片拉力可能持续几十个百万年，被动陆缘岩浆作用可以发生在短的时间内。这些例子表明这个模型可能应用于残留洋盆，它们通常洋中脊消亡很久了，具有老的、重的俯冲板片，容易发生板片回卷。目前这种板内岩浆的稀少可能与被动陆缘在造山作用的俯冲有关。如果这种情况成立，那么这些岩浆作用可能保留在俯冲通道或榴辉岩中。另外一种可能性是一些岩浆作用被错误地解释为俯冲相关的构造背景。

3.3　南北羌塘碰撞的变质记录

特提斯与环冈瓦纳大陆的构造演化一直是学术界研究的热点和关注的焦点之一（李才，1987，2008；Metcalfe，2006，2011a，2011b，2013；Cawood et al.，2007；Cawood and Buchan，2007；Wang et al.，2012；Zhai et al.，2011a，2011b，2013a，2013b，2013c；Zhu et al.，2012，2013）。随着研究程度的逐步深入，大量证据显示羌塘已经成为研究上述问题的核心地区（李才，1987，2008；李才等，2006a，2006b，2008，2009；Zhai et al.，2011a，2011b，2013a，2013b，2013c；Kapp et al.，2003；Zhang et al.，2014）。羌塘位于青藏高原北部，夹持于班公湖 – 怒江缝合带与金沙江缝合带之间，研究资料显示羌塘曾位于印度冈瓦纳北缘（Allègre et al.，1984；Sengör et al.，1988，1993；Yin and Harrison，2000；Stampfli and Borel，2002；Metcalfe，2009，2011a，2011b，2013），经历了冈瓦纳北缘早古生代碰撞增生（Zhang et al.，2014）、古特提斯洋俯冲消减（Jiang et al.，2015）及碰撞闭合等一系列复杂的演化过程（李才等，2006a，2006b；Zhai et al.，2011a），并保留了丰富的岩石记录，尤其是其复杂的变质岩记录为我们深入理解区域构造演化历史过程提供了关键资料。

羌塘地区变质岩出露十分广泛，除晚三叠世望湖岭组及其上覆中新生代地层外，其他地层或岩体均遭受不同程度变质作用改造。由于其经历了复杂的演化历史，区域内变质岩具有变质时代跨度大（早古生代—中生代）、原岩构造背景复杂和变质程度差异显著等特点。依据其变质作用发生的地质背景、时代、岩石特征和类型等，将羌塘中部的变质岩系划分为蓝片岩相 – 榴辉岩相变质岩系（低温高压变质带）、角闪岩相 – 高压麻粒岩相变质岩系、高绿片岩相 – 低角闪岩相变碎屑岩系以及大面积低绿片岩相变质沉积岩系（晚古生代变质地层）等四大类。其中，羌塘中部的蓝片岩、榴辉岩以及高压麻粒岩对于识别古板块俯冲 – 碰撞造山作用、理解古板块运动以及建立古造山带构造演化模式具有重要意义。

羌塘地区有关蓝片岩的报道最早始于 1915 年（Hening，1915），李才（1987）报道了双湖地区蓝片岩，其后国内外学者先后报道了冈玛日、蓝岭、角木查尕日、双湖和红脊山等地区的蓝片岩及初步的同位素定年结果，并对其构造意义进行了探讨（李才，1987，1997；鲍佩声等，1999；邓希光等，2000；Kapp et al.，2000，2003；邓希光，2002；陆济璞等，2006；翟庆国，2008）。羌塘中部片石山地区榴辉岩的发现及相关研究是近年来羌塘中部低温高压变质带乃至整个青藏高原基础地质研究的重大进展之一。李才等（2006a）首次报道了羌塘中部戈木地区的榴辉岩，随后董永胜和李才（2009）以及翟庆国等（2009b）分别在果干加年山和冈玛错地区发现了新的榴辉岩出露点，但相关研究工作相对较少，目前主要的年代学、矿物学以及地球化学研究工作仍集中在戈木地区片石山榴辉岩。前人研究工作表明，羌塘地区榴辉岩变质峰期条件为 P=2.0~2.5 GPa，T=410~460℃，属于低温型榴辉岩（李才等，2006a；董永胜和李才，2009；Zhai et al.，2011a），蓝片岩峰期变质条件为 P=0.8~1.5 GPa，T=350~ 420℃（邓希光等，2000；Kapp et al.，2003；翟庆国等，2009b）。榴辉岩中的锆石 SIMS U-Pb 年龄为 238 Ma（Zhai et al.，2011a；Dan et al.，2018b），初步的石榴石 Lu-Hf 同位素定年结果为 244~233 Ma（Pullen et al.，2008），而单矿物 Ar-Ar 定年结果揭示了高压带的快速折返和退变发生在 227~203 Ma（Kapp et al.，2003；李才等，2006a；张修政等，2010；Zhai et al.，2011a）。初步地球化学以及 Sr-Nd 同位素研究表明，羌塘地区的榴辉岩和蓝片岩是洋壳以及洋岛（或者海山）俯冲消减的产物（Kapp et al.，2000；Zhai et al.，2011a）。然而，随着近期新的研究资料的不断积累，暗示羌塘中部低温高压变质带可能具有更为复杂的演化历史。其变质时代可能具有多期性特征，且榴辉岩和蓝片岩的原岩可能包括陆壳物质，甚至俯冲带上盘的岛弧岩浆岩，记录了从洋壳俯冲到陆陆碰撞以及多期快速俯冲侵蚀的复杂演化过程（张修政等，2014；Zhang et al.，2015）。

羌塘中部戈木地区榴辉岩中锆石成因也是目前争议较大的一个问题（Zhai et al.，2011a；Dan et al.，2018b）。锆石中矿物包裹体的确定结合相应微区精细的 U-Pb 定年被认为是确定榴辉岩复杂变质演化历史的有效手段，在大别–苏鲁等高压–超高压变质带年代学研究中取得了很多重要的进展，目前已被广泛应用在全球大部分变质岩年代学研究中。然而，这种通用的变质年代学研究方法在羌塘戈木榴辉岩变质时代的研究中却遇到了新的问题，并引出了两种截然相反的认识。戈木地区榴辉岩中的锆石具有十分自形的板柱状晶形，在阴极发光图像上具有无环带或宽缓条带状环带特征，与典型的基性岩岩浆锆石十分相似。然而，这些锆石中却含有大量的变质矿物包裹体，如石榴石、绿辉石、金红石以及多硅白云母等（Zhai et al.，2011a），且这些含包裹体的锆石并没有明显的裂隙。基于上述包裹体的研究，主流观点仍然认为这些锆石为变质成因，在其增生过程中捕获了榴辉岩峰期细小矿物，锆石 U-Pb 年龄（237~232 Ma）代表了榴辉岩相峰期变质作用的时代。Dan 等（2018b）从微量元素及同位素研究角度对戈木榴辉岩锆石开展了系统的工作，结果表明戈木榴辉岩的锆石具有高的 Th、U 含量以及 Th/U 值，类似于亏损地幔；锆石稀土配分模式具有正的 Ce 和负的 Eu 异常，不亏损重稀土，与典型榴辉岩相变质锆石（正的 Eu 异常或无异常，明显亏损重稀土）具有显著的差异。Dan 等（2018b）认为戈木榴辉岩中的锆石均为原岩的岩浆锆石，锆石中变质矿物包裹体可能是晚期通过裂隙或其他途径进入锆石内部。因此，其约 238 Ma 锆石年龄代表了榴辉岩原岩形成的时代而并非榴辉岩变质峰期时代。随着近期羌塘中部中三叠世（约 239Ma）基性岩墙（与戈木榴辉岩具有类似地球化学特征）的发现（Dan et al.，2021b），锆石岩浆成因的可能性也进一步增加。

综上，鉴于前人已对羌塘中部的蓝片岩、榴辉岩和麻粒岩进行了大量系统的工作（李才，1987，1997；鲍佩声等，1999；邓希光等，2000；邓希光，2002；Kapp et al.，2000，2003；陆济璞等，2006；翟庆国，2008；Zhai et al.，2011a，2011b；Zhang et al.，2014），因此本书将重点介绍区域内有关俯冲侵蚀（Zhang et al.，2017b）以及榴辉岩锆石成因（Dan et al.，2018b）的新近进展。

3.3.1　羌塘中部香桃湖片岩与古特提斯洋俯冲侵蚀

香桃湖 – 红脊山位于龙木错 – 双湖 – 澜沧江板块缝合带中西部（图 3.61），地处羌塘自然保护区核心区内，距改则县约 260 km，离最近的乡镇（察布乡）约 180 km。该区域出露一套特殊的变质碎屑岩，主要岩石类型包括石榴石云母片岩、石榴石十字石

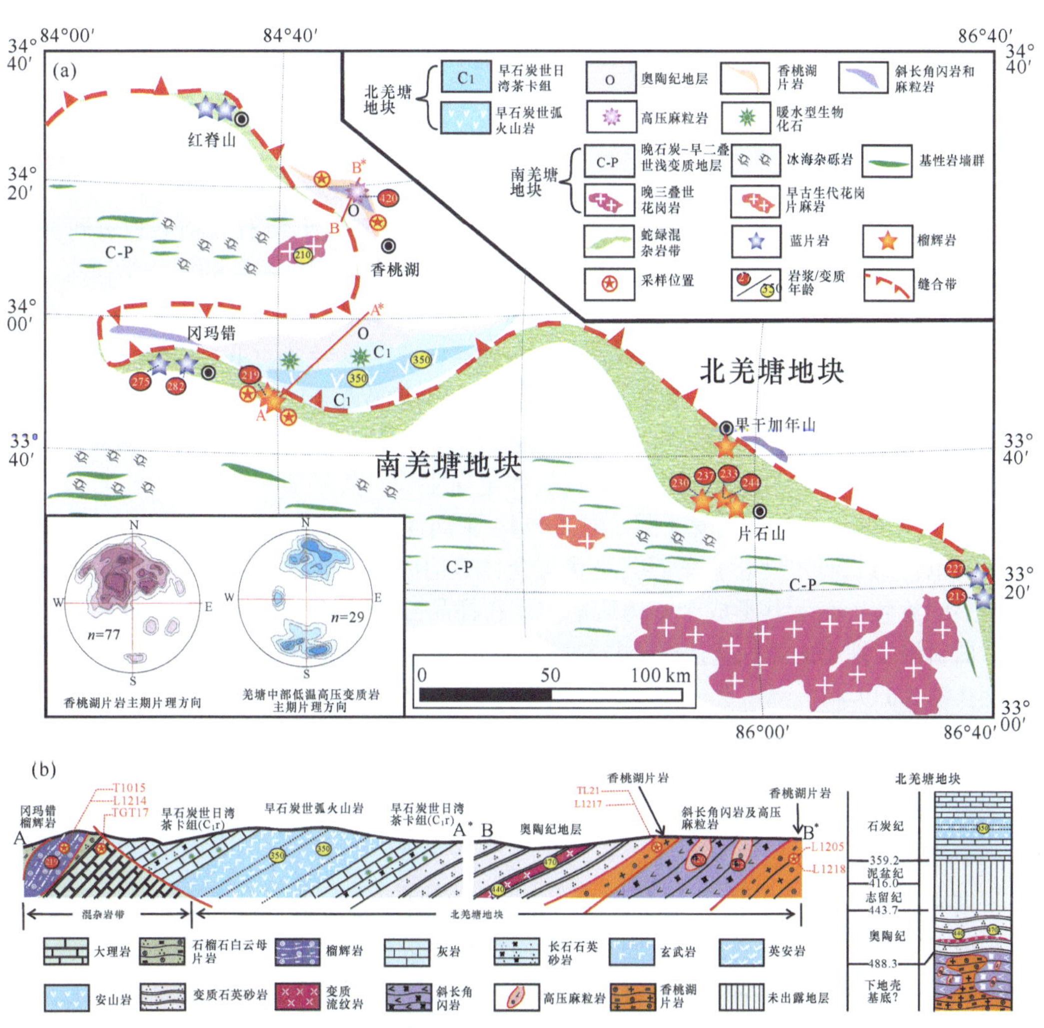

图 3.61　羌塘中西部地区地质简图（Zhang et al.，2017b）

云母片岩和大理岩等，根据十字石＋黑云母特征矿物组合，初步判断其变质程度至少达到低角闪岩相，其变质程度明显高于区域内的石炭—二叠纪蛇绿岩（低绿片岩相）和奥陶纪—三叠纪浅变质地层（低绿片岩相）（Zhang et al.，2016）。该套变质碎屑岩目前仅在香桃湖地区出露，因此本书统称为香桃湖片岩。根据野外实测剖面，香桃湖片岩与蛇绿岩以及志留纪麻粒岩及其围岩（Zhang et al.，2014）均呈断层接触。本书对其进行系统同位素定年研究，表明其原岩沉积时代可能为早石炭世，变质时代则集中在晚二叠世，其成因与俯冲侵蚀作用密切相关。

3.3.1.1 岩石学特征

香桃湖片岩变质程度明显高于区域内展金组、蛇绿岩以及基性岩墙等，岩石中普遍出现石榴石＋十字石 ± 蓝晶石等矿物组合，标志其经历了低角闪岩相变质作用的改造，不同岩石代表性共生矿物组合特征如下：①含石榴石二云母石英片岩：石榴石＋石英＋黑云母＋白云母 ± 绿泥石；②（蓝晶石）十字石石榴石白云母片岩：十字石＋石榴石＋石英＋白云母 ± 蓝晶石 ± 绢云母；③糜棱岩化碳质白云母石英片岩：白云母＋石英 ± 绿泥石；④石榴石白云母石英片岩：绿泥石（绿帘石、阳起石）＋石英＋白云母 ± 钠长石 ± 硬绿泥石；⑤糜棱岩化石英大理岩：方解石＋石英 ± 绢云母。

本次工作选择香桃湖片岩中主体岩石类型（蓝晶石）十字石石榴石白云母片岩（下文简称 Grt-St-Ms 片岩）为研究对象（图 3.62），对其进行了系统的矿物学研究，并探讨了其可能经历的变质演化过程。（蓝晶石）十字石石榴石白云母片岩主要由白云母（30%~35%）、石英（25%~30%）、石榴石（10%~15%）、十字石（10%~15%）、黑云母（约 7%）和斜长石（约 5%）组成，部分样品含有少量蓝晶石（< 5%）。在样品 L1217 和 TL12 中，我们发现早期多硅白云母（$Phen_I$）和石英（Qtz_I）呈细小的包裹体赋存于石榴石变斑晶中，多硅白云母和石英包裹体定向生长，其早期片理方向（S_1）与基质中主期片理（S_2）大角度斜交［图 3.63（b）］。主期片理主要由基质中白云母、黑云母、十字石以及斜长石＋钾长石＋石英带状集合体等构成。石榴石在主期变质应力下发生了明显的旋转，暗示其形成于主构造期前。在样品 L1205 和 L1218 中可见少量残余的多硅白云母呈细小的鳞片状，产于基质中，其定向方向（S_1）与主期片理（S_2）大角度斜交（图 3.63）。

3.3.1.2 矿物学特征

1）石榴石

香桃湖片岩中的石榴石呈变斑晶产出，在主期应力作用下发生旋转，表明其可能形成于主期变质作用之前。我们对石榴石变斑晶的核－幔－边等不同部位进行了电子探针分析，其分析结果见表 3.21。香桃湖片岩中的石榴石具有较高且稳定的 FeO 和 MgO 含量，CaO 和 MnO 含量变化较大（表 3.21），总体端员分子特征表现为：

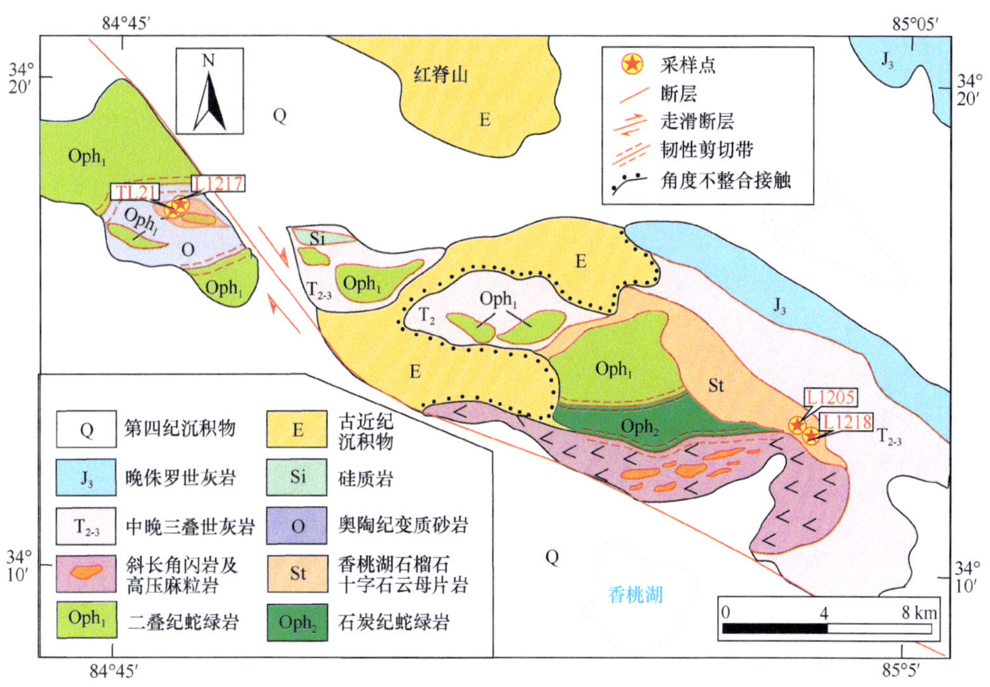

图 3.62　香桃湖地区地质简图（修改自 Zhang et al.，2014）

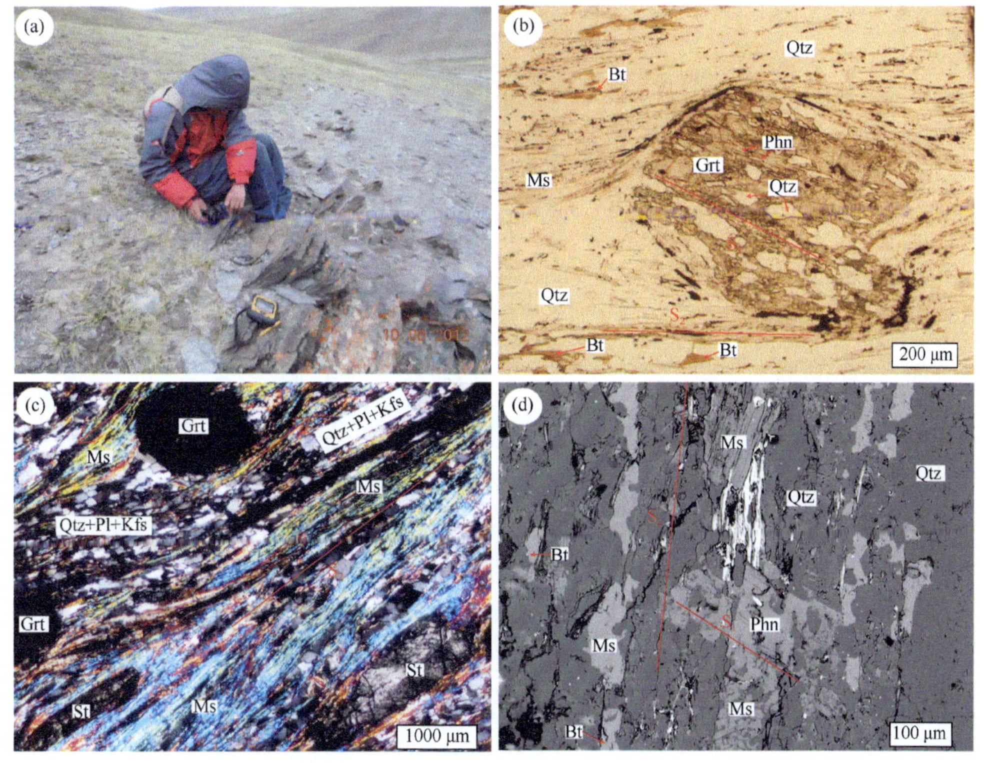

图 3.63　香桃湖片岩野外及镜下特征

矿物缩写如下：Grt. 石榴石；Ms. 白云母；Phn. 多硅白云母；Bt. 黑云母；Qtz. 石英；Kfs. 钾长石；Pl. 斜长石；St. 十字石

表 3.21　香桃湖片岩中代表性矿物成分电子探针分析结果（Zhang et al.，2017b）

样品	石榴石–十字石–白云母片岩（TL21）（34°18.252′N，84°42.444′E）																				
矿物	Grt_R	Grt_M	Grt_M	Grt_M	Grt_C	Grt_C	Grt_M	Grt_M	Grt_M	Grt_R	$Phen_I$	$Phen_I$	$Phen_I$	$Phen_I$	Ms	Ms	St_C	St_R	St_R	Pt	Pl
SiO_2	37.07	37.21	36.87	36.93	36.44	36.36	36.58	36.95	37.29	36.99	52.75	54.14	54.82	53.31	49.10	48.84	26.86	28.78	28.35	36.13	57.42
TiO_2	0.02	0.04	0.01	0.00	0.00	0.00	0.00	0.00	0.03	0.00	0.12	0.03	0.01	0.19	0.31	0.31	0.45	0.37	0.49	1.22	0.04
Al_2O_3	21.40	21.38	21.47	21.39	21.15	21.07	21.48	21.39	21.50	21.43	26.15	27.74	27.11	29.23	35.81	35.56	56.16	53.29	54.11	15.96	27.31
FeO	36.27	34.86	35.89	36.78	36.11	35.34	36.34	36.69	35.01	36.64	2.65	2.93	2.28	2.12	1.02	1.04	12.98	13.57	12.59	22.83	0.07
MnO	0.21	0.05	1.64	1.43	1.48	1.67	1.59	0.67	0.07	0.25	0.00	0.02	0.04	0.00	0.00	0.00	0.01	0.01	0.01	0.10	0.01
MgO	2.60	2.38	2.39	2.39	2.35	2.30	2.42	2.53	2.38	2.65	3.18	3.05	3.39	2.85	0.78	0.73	1.40	1.40	0.98	5.75	0.00
CaO	2.14	3.99	1.44	1.48	1.48	1.67	1.47	1.69	3.61	2.11	0.04	0.00	0.01	0.05	0.03	0.00	0.00	0.00	0.00	0.02	9.60
Na_2O	0.03	0.01	0.03	0.04	0.05	0.03	0.03	0.03	0.02	0.03	0.30	0.19	0.18	0.32	1.26	1.22	0.02	0.02	0.03	0.47	5.81
K_2O	0.00	0.02	0.00	0.02	0.00	0.01	0.01	0.01	0.03	0.00	8.72	7.29	7.55	7.63	8.69	8.43	0.03	0.01	0.02	7.68	0.48
总量	99.73	99.95	99.73	100.46	99.06	98.44	99.91	99.95	99.93	100.09	93.90	95.39	95.39	95.70	96.99	96.13	97.89	97.43	96.57	90.15	100.7
Si	2.99	2.99	2.98	2.98	2.98	2.98	2.96	2.98	2.99	2.98	3.52	3.52	3.56	3.45	3.16	3.17	7.41	7.98	7.89	2.93	2.56
Ti	0.00	0.00	0.00	0.00	0.00	0.00	0.00	0.00	0.00	0.00	0.01	0.00	0.00	0.01	0.01	0.02	0.09	0.08	0.10	0.07	0.00
Al	2.04	2.03	2.05	2.03	2.04	2.04	2.05	2.04	2.03	2.04	2.06	2.13	2.07	2.23	2.72	2.72	18.26	17.42	17.74	1.53	1.44
Fe^{2+}	2.45	2.34	2.43	2.48	2.47	2.43	2.46	2.48	2.35	2.47	0.00	0.00	0.00	0.00	0.00	0.00	2.95	3.09	2.80	1.21	0.00
Fe^{3+}	0.00	0.00	0.00	0.00	0.00	0.00	0.00	0.00	0.00	0.00	0.15	0.16	0.12	0.11	0.06	0.06	0.05	0.05	0.13	0.34	0.00
Mn	0.01	0.00	0.11	0.10	0.10	0.12	0.11	0.05	0.00	0.02	0.00	0.00	0.00	0.00	0.00	0.00	0.00	0.00	0.00	0.01	0.00
Mg	0.31	0.28	0.29	0.29	0.29	0.28	0.29	0.30	0.28	0.32	0.32	0.30	0.33	0.28	0.08	0.07	0.57	0.58	0.41	0.70	0.00
Ca	0.18	0.34	0.12	0.13	0.13	0.15	0.13	0.15	0.31	0.18	0.00	0.00	0.00	0.00	0.00	0.00	0.00	0.00	0.00	0.00	0.46
Na	0.00	0.00	0.00	0.01	0.01	0.00	0.00	0.01	0.00	0.00	0.04	0.02	0.02	0.04	0.16	0.15	0.01	0.01	0.01	0.07	0.50
K	0.00	0.00	0.00	0.00	0.00	0.00	0.00	0.00	0.00	0.00	0.74	0.60	0.62	0.63	0.71	0.70	0.01	0.00	0.01	0.80	0.03
X_{Mg}	0.11	0.11	0.11	0.10	0.10	0.10	0.11	0.11	0.11	0.11							0.16	0.16	0.13	0.36	
Alm	82.70	78.75	82.21	82.87	82.64	81.69	82.34	83.33	79.68	82.69											
Sps	0.49	0.11	3.80	3.25	3.43	3.90	3.64	1.53	0.15	0.56											
Grs	6.24	11.56	4.23	4.28	4.33	4.93	4.26	4.92	10.52	6.09											
Prp	10.57	9.58	9.76	9.60	9.60	9.48	9.77	10.22	9.65	10.66											

续表

样品	石榴石 - 一字石 - 白云母片岩（L1217）（34°18.735′N，84°42.328′E）												石榴石 - 十字石 - 白云母片岩（L1218）（34°15.038′N，84°59.579′E）					
矿物	Grt_C	Grt_M	Grt_R	Phen	Phen	Ms	Ms	Bt	Pl	Kfs	St_C	St_R	Grt_C	Grt_R	Phen	Ms	St_C	Kfs
SiO_2	37.21	37.11	37.36	50.81	54.73	48.91	48.38	33.75	56.70	64.62	27.03	28.83	37.69	37.40	52.74	47.47	27.11	64.92
TiO_2	0.00	0.26	0.03	0.14	0.03	0.37	0.18	1.44	0.01	0.05	0.50	0.43	0.02	0.02	0.05	0.26	0.50	0.00
Al_2O_3	20.96	21.43	21.33	26.61	29.85	36.47	36.72	16.64	27.85	18.87	52.58	49.76	20.64	20.94	29.74	36.07	54.96	19.33
FeO	34.66	36.69	35.51	2.53	3.04	1.05	0.98	23.35	0.18	0.04	13.12	13.76	34.78	36.36	5.72	0.98	13.13	0.00
MnO	2.22	0.45	0.06	0.01	0.03	0.00	0.00	0.14	0.00	0.00	0.00	0.00	3.22	0.15	0.01	0.00	0.00	0.02
MgO	2.21	2.64	2.61	3.19	1.30	0.75	0.57	5.22	0.00	0.00	1.16	1.25	1.74	2.69	2.86	0.53	1.16	0.00
CaO	2.28	1.83	3.01	0.00	0.05	0.03	0.01	0.05	9.83	0.01	0.00	0.00	2.61	2.35	0.01	0.01	0.00	0.02
Na_2O	0.05	0.02	0.02	0.11	0.31	1.31	1.92	0.54	5.66	0.44	0.03	0.03	0.04	0.03	0.19	1.66	0.03	0.92
K_2O	0.00	0.03	0.02	7.71	5.26	8.46	8.08	8.55	0.36	15.62	0.00	0.00	0.00	0.02	4.63	8.19	0.00	15.72
总量	99.59	100.45	99.95	91.10	94.59	97.35	96.83	89.69	100.61	99.66	94.43	94.06	100.73	99.96	95.95	95.16	96.89	100.93
Si	3.01	2.98	3.00	3.48	3.53	3.14	3.12	2.80	2.53	2.99	7.71	8.30	3.03	3.01	3.41	3.12	7.53	2.97
Ti	0.00	0.02	0.00	0.01	0.00	0.02	0.01	0.09	0.00	0.00	0.11	0.09	0.00	0.00	0.00	0.01	0.11	0.00
Al	2.00	2.03	2.02	2.15	2.27	2.76	2.79	1.63	1.47	1.03	17.67	16.88	1.96	1.99	2.26	2.79	17.99	1.04
Fe^{2+}	2.35	2.46	2.39	0.00	0.00	0.00	0.00	1.41	0.01	0.00	2.69	3.23	2.32	2.45	0.00	0.00	2.62	0.00
Fe^{3+}	0.00	0.00	0.00	0.14	0.16	0.06	0.05	0.21	0.00	0.00	0.44	0.09	0.02	0.00	0.31	0.05	0.43	0.00
Mn	0.15	0.03	0.00	0.00	0.00	0.00	0.00	0.01	0.00	0.00	0.00	0.00	0.22	0.01	0.00	0.00	0.00	0.00
Mg	0.27	0.32	0.31	0.33	0.12	0.07	0.05	0.65	0.00	0.00	0.49	0.54	0.21	0.32	0.27	0.05	0.48	0.00
Ca	0.20	0.16	0.26	0.00	0.00	0.00	0.00	0.00	0.47	0.00	0.00	0.00	0.22	0.20	0.00	0.00	0.00	0.00
Na	0.01	0.00	0.00	0.01	0.04	0.16	0.24	0.09	0.49	0.04	0.02	0.01	0.01	0.00	0.02	0.21	0.02	0.08
K	0.00	0.00	0.00	0.67	0.43	0.69	0.66	0.90	0.02	0.92	0.00	0.00	0.00	0.00	0.38	0.69	0.00	0.92
X_{Mg}	0.10	0.11	0.12					0.31			0.16	0.14	0.08	0.12			0.15	
Alm	79.18	83.02	80.56										77.51	82.02				
Sps	5.13	1.04	0.14										7.33	0.35				
Grs	6.68	5.31	8.75										7.51	6.80				
Prp	9.01	10.63	10.55										6.97	10.82				

注：C= 矿物的核部成分；M= 矿物幔部成分；R= 矿物边部成分；I= 包裹体；Alm、Sps、Grs、Prp 分别指铁铝榴石、锰铝榴石、钙铝榴石和镁铝榴石组分。

$Alm_{79\sim83}Prp_{9\sim11}Grs_{4\sim12}Sps_{0.1\sim4}$。石榴石成分剖面显示，石榴石核部锰铝榴石含量较高（3%~4%），边部明显降低（0.1%~0.6%），镁铝榴石（9%~11%）和铁铝榴石（79%~83%）从核部到边部变化不大。钙铝榴石含量差别较大，变化于4%~12%，值得注意的是与早期包裹体（$Phen_I+Qtz_I$）邻近的幔部通常具有较高的钙铝榴石含量（X_{Grs}=10%~12%）（图3.64）。

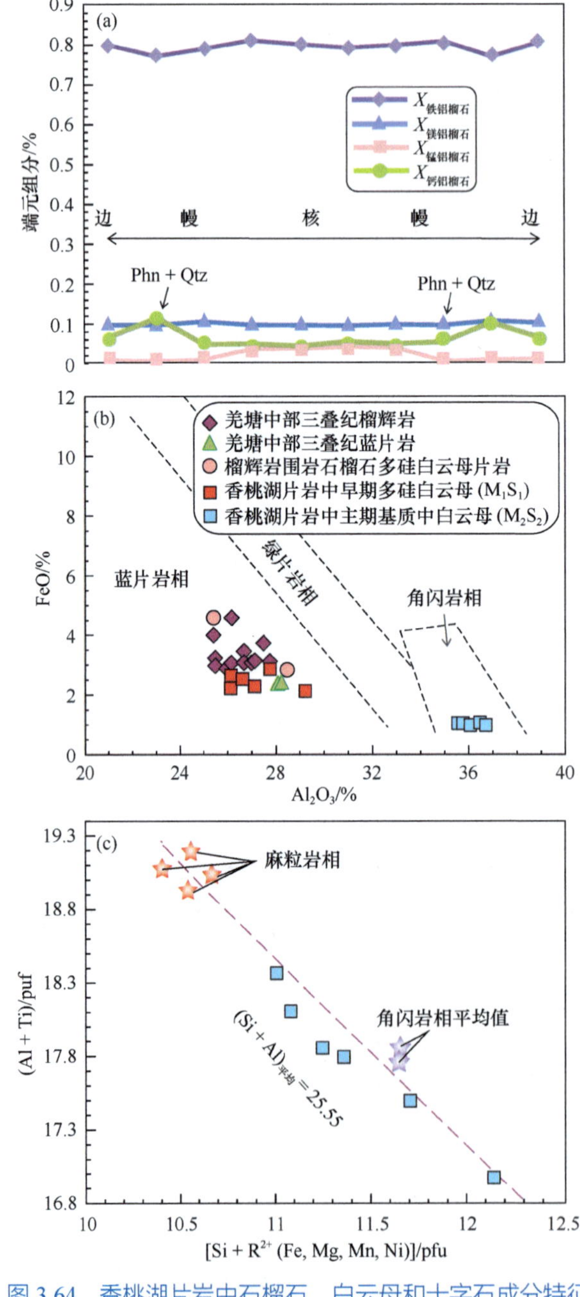

图3.64　香桃湖片岩中石榴石、白云母和十字石成分特征

2）白云母

香桃湖片岩中的白云母存在两种不同类型，一类呈细小的包裹体产于石榴石变斑晶的幔部，其定向方向指示早期片理方向，这类呈包裹体的白云母具有低的 Al_2O_3 含量（26.14%~29.13%）以及较高的单位晶胞硅原子数（3.45~3.56 apfu），为典型的多硅白云母，并且其成分特征与羌塘中部低温高压变质岩（榴辉岩、蓝片岩和石榴石多硅白云母片岩）中的白云母特征一致，暗示香桃湖片岩早期可能经历了低温高压变质作用。第二类白云母存在于基质中，构成了香桃湖片岩的主期片理，与早期多硅白云母包裹体成分明显不同，主期白云母具有很高的 Al_2O_3 含量（35.56%~36.72%），低的单位晶胞硅原子数（3.12~3.17 apfu），其成分特征与角闪岩相白云母一致（图 3.64）。

3）十字石

香桃湖片岩中的十字石呈板柱状，其长轴定向方向与主期片理方向一致，总体成分特征表现为变化较大的 SiO_2 含量（25.92%~28.83%）和 R^{2+}（Mg+Fe+Zn+Mn+Co+Ni）值。核部富 Al（17.67~18.26 apfu）而贫 Si（7.41~7.71 apfu），与典型角闪岩相十字石特征一致（Hiroi et al.，1994）。边部 Al 降低（16.68~17.74 apfu），Si 升高（7.89~8.30 apfu），可能受到晚期退变作用的改造。

4）其他矿物

除上述主要矿物外，我们对香桃湖片岩中的黑云母、斜长石和钾长石也进行了电子探针分析，其代表性成分列于表 3.21。黑云母主要呈较小的颗粒产于基质中，与主期片理平行，其 X_{Mg} 值变化于 0.31~0.36 之间，TiO_2 含量为 1.22%~1.44%。斜长石和钾长石与石英呈细粒条带状集合体产出，斜长石端员分子为 $An_{46\sim48}Ab_{50\sim51}Or_{2\sim3}$，钾长石为 $An_0Ab_{4\sim8}Or_{96\sim98}$。

3.3.1.3　变质期次划分及 *P-T* 条件估算

根据香桃湖片岩中的矿物组合、矿物赋存状态以及成分特征，我们认为其至少经历了两期变质作用：①早期低温高压变质作用（M_1）；②峰期角闪岩相变质作用（M_2）。

早期低温高压变质阶段（M_1）矿物组合为多硅白云母（低温高压特征矿物）包裹体、石英包裹体以及与包裹体相邻的富钙的石榴石幔部。采用石榴石 – 多硅白云母温度计（Krogh and Råheim，1978）和多硅白云母压力计（Velde，1967；Massonne and Schreyer，1987），结合电子探针成分计算该阶段变质 *P-T* 条件，其结果（表 3.22）表明，早期变质温度压力条件为 *P*=0.8~1.1 GPa，*T*=402~441℃，与区域内典型蓝片岩变质作用的条件一致（Zhai et al.，2011a；Tang and Zhang，2014）。

峰期角闪岩相变质阶段（M_2）矿物组合主要为基质中强烈定向、构成主期片理（S_2）的矿物，包括十字石、白云母、黑云母、钾长石、斜长石、石英以及被改造的石榴石边部。我们采用石榴石 – 白云母温度计（Krogh and Råheim，1978）和白云母 Ti 温度计（Wu and Chen，2015），并结合石榴石 – 白云母 – 斜长石 – 石英压力计（Wu and Zhao，2006），计算峰期 *P-T* 条件（表 3.22），其结果表明峰期变质温度为 470~520℃，压力为 0.3~0.5 GPa，与典型的低角闪岩相变质条件吻合。

表 3.22　香桃湖片岩不同阶段变质 *P-T* 条件的估算结果（Zhang et al.，2017b）

<table>
<tr><th>变质期次</th><th>样品</th><th>白云母 Ti 地质温度计 /℃（Wu and Chen，2015）</th><th colspan="3">石榴石－多硅白云母地质温度计 /℃（Krogh and Råheim，1978）</th><th>多硅白云母地质压力计 / GPa（Massonne and Schreyer，1987）</th></tr>
<tr><td rowspan="8">M₁（早期蓝片岩相）：多硅白云母（包体）+ 石英（包体）+ 石榴石（富 Ca 幔部）</td><td rowspan="4">TL21</td><td></td><td colspan="3">425</td><td>0.9</td></tr>
<tr><td></td><td colspan="3">441</td><td>1.0</td></tr>
<tr><td></td><td colspan="3">402</td><td>1.2</td></tr>
<tr><td></td><td colspan="3">412</td><td>1.1</td></tr>
<tr><td rowspan="2">L1217</td><td></td><td colspan="3">414</td><td>1.0</td></tr>
<tr><td></td><td colspan="3"></td><td>0.8</td></tr>
<tr><td>L1218</td><td></td><td colspan="3"></td><td>0.9</td></tr>
<tr><td>平均</td><td></td><td colspan="3">419</td><td></td></tr>
<tr><th rowspan="2">变质期次</th><th rowspan="2">样品</th><th rowspan="2">白云母 Ti 地质温度计 /℃（Wu and Chen，2015）</th><th colspan="3">石榴石－白云母地质温度计 /℃</th><th rowspan="2">石榴石－白云母－斜长石－石英地质压力计 /GPa（Wu and Zhao，2006）</th></tr>
<tr><th>Krogh and Råheim，1978</th><th>Green and Hellman，1982</th><th>Hynes and Forest，1988</th></tr>
<tr><td rowspan="6">M₂（峰期角闪岩相）：白云母 + 十字石 + 黑云母 + 石英 + 斜长石 ± 钾长石 + 石榴石（富 Mg 边部）</td><td rowspan="2">TL21</td><td>483</td><td>469</td><td>580</td><td>507</td><td>0.4</td></tr>
<tr><td>485</td><td>481</td><td>591</td><td>518</td><td>0.5</td></tr>
<tr><td rowspan="2">L1217</td><td>509</td><td>478</td><td>589</td><td>509</td><td>0.3</td></tr>
<tr><td>413</td><td>504</td><td>615</td><td>522</td><td>0.4</td></tr>
<tr><td>L1218</td><td>457</td><td>520</td><td>629</td><td>546</td><td></td></tr>
<tr><td>平均</td><td>470</td><td>490</td><td>601</td><td>520</td><td></td></tr>
</table>

3.3.1.4　碎屑锆石物源分析

本次研究采集一件十字石石榴石云母石英片岩（TL21）和一件碳质石榴石二云母片岩（L1205）进行碎屑锆石 U-Pb 定年分析，选出的锆石在透射光下主要呈浅黄褐色－浅灰色，大部分锆石颗粒晶形保存完好，呈自形－半自形棱柱状，少量具一定磨圆特征。两件样品锆石的形态特征及阴极发光图像特征极其相似，完整颗粒的长轴在 75~150 μm，短轴在 30~50 μm，长宽比变化于 1.5~3.5 之间，大部分锆石颗粒振荡环带发育，属岩浆锆石；少量锆石具复杂的核边结构，表明其经历了复杂的构造演化历史（图 3.65）。

两个样品的锆石均具有较高的稀土元素总量，且变化范围较大，稀土元素配分模式极其相似［图 3.66（c）和（g）］，均表现为轻稀土元素亏损，重稀土强烈富集，具有不同程度的 Ce 异常和明显的负 Eu 异常，显示出典型岩浆锆石的特征（吴元保和郑永飞，2004）。在单颗粒锆石 U-Pb 年龄与 Th/U 二元图解上可以看出，绝大部分锆石的 Th/U 值大于 0.1，仅少量（样品 TL21 仅 3 粒，样品 L1205 有 5 粒）古老锆石（大于 1Ga）Th/U 值小于 0.1［图 3.66（d）和（h）］，进一步说明这些碎屑锆石主要为岩浆成因，反映了沉积区源区的岩浆事件，少量锆石具有变质成因，反映了古老变质事件的信息。

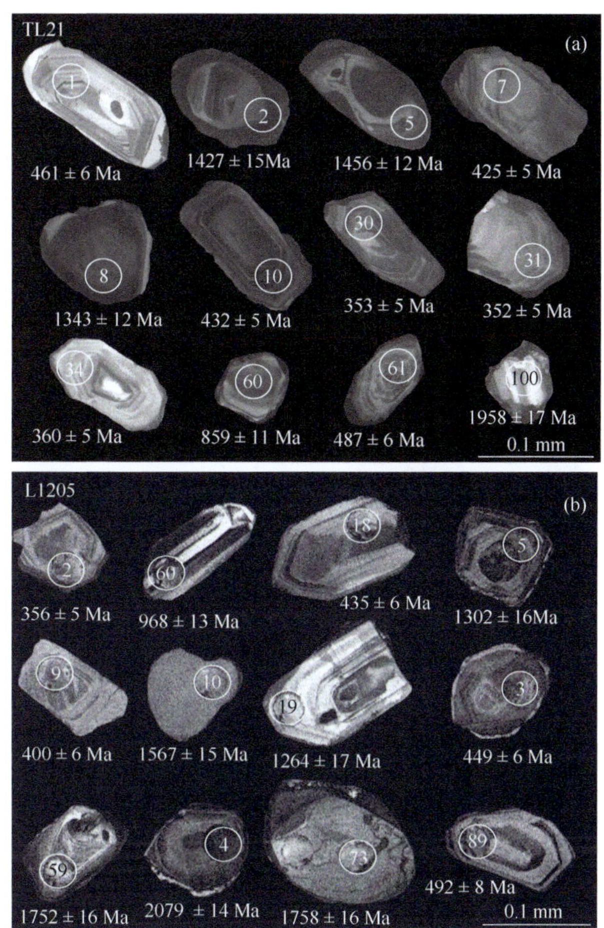

图 3.65　香桃湖片岩（样品 TL21 和 L1205）中碎屑锆石的阴极发光图像特征

碳质石榴石二云母片岩（L1205）中碎屑锆石 LA-ICP-MS 定年工作获得 100 个有效年龄数据（表 3.23），其年龄变化范围为 2389~346 Ma［图 3.66（a）］，其代表性特征是具有约 360 Ma 的年龄主峰和 452 Ma 次峰值［图 3.66（b）］。除 2 粒锆石外，其余锆石 Th/U 值大于 0.1，介于 0.11~2.24 间［图 3.66（d）］，指示绝大部分碎屑锆石属岩浆成因（Belousova et al.，2002）。2 颗锆石的 Th/U 值小于 0.1（0.04~0.07），具有复杂的内部结构且缺乏典型的振荡环带，可能属变质成因，其年龄分别为 1569 Ma 和 1958 Ma。岩浆成因的锆石总体可分为两类，第一类 U-Pb 年龄小于 512 Ma，多呈自形 – 半自形棱柱状，显示其未经历长距离的磨圆搬运，应属快速风化沉积或近源沉积；第二类 U-Pb 年龄大于 665 Ma 的锆石，具有一定的磨圆特征，部分甚至呈浑圆状，说明其经历了较长距离的搬运或是多期的沉积再循环（Zhu et al.，2011）。十字石石榴石白云母片岩（TL21）中碎屑锆石 LA-ICP-MS 定年工作获得 110 个有效年龄数据（表 3.23），其年龄变化范围为 2272~349 Ma［图 3.66（e）］，其年龄分布特征与碳质石榴石二云母片岩（L1205）十分相似，主要年龄峰值集中在

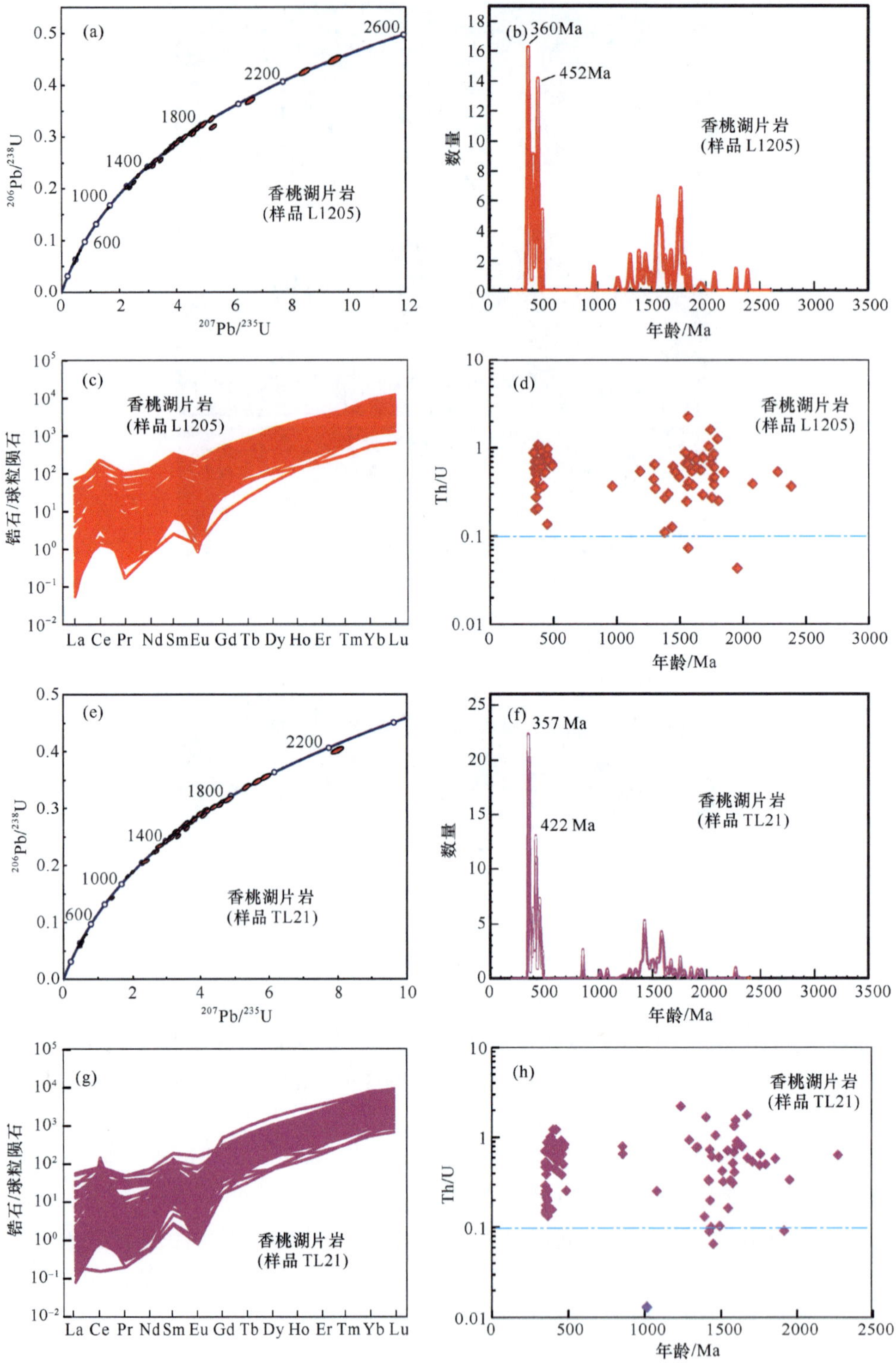

图 3.66　香桃湖片岩（样品 TL21 和 L1205）中碎屑锆石定年结果（a、b、e 和 f）；稀土元素特征（c 和 g）和 Th/U 值与年龄协变图（d 和 h）

表 3.23　香桃湖片岩（样品 TL21 和 L1205）中碎屑锆石 LA-ICP-MS 定年结果（Zhang et al.，2017b）

分析点	Th/ppm	U/ppm	Pb*/ppm	Th/U	$^{207}Pb/^{235}U$	±1σ	$^{206}Pb/^{238}U$	±1σ	$^{207}Pb/^{206}Pb$ 年龄 /Ma	±1σ	$^{207}Pb/^{235}U$ 年龄 /Ma	±1σ	$^{206}Pb/^{238}U$ 年龄 /Ma	±1σ	采用年龄 /Ma	±1σ	不谐和度 /%	$CA-DA_{max}$/Ma	$CA-DA_{min}$/Ma
石榴石 – 十字石 – 白云母片岩（L1205）（34°15.012′N，84°59.431′E）																			
L1205-91	114	132	9	0.87	0.408	0.024	0.0551	0.0011	358	96	347	17	346	7	346	7	0.29	0	85
L1205-32	569	986	62	0.58	0.412	0.008	0.0559	0.0008	347	20	350	5	350	5	350	5	0.00	4	89
L1205-25	245	603	37	0.41	0.417	0.008	0.0564	0.0008	356	20	354	6	354	5	354	5	0.00	8	93
L1205-02	86	124	8	0.69	0.421	0.012	0.0568	0.0009	360	38	356	9	356	5	356	5	0.00	10	95
L1205-39	107	545	32	0.20	0.425	0.008	0.0573	0.0008	359	21	359	6	359	5	359	5	0.00	13	98
L1205-40	291	525	34	0.55	0.425	0.009	0.0574	0.0008	358	22	359	6	359	5	359	5	0.00	13	98
L1205-50	290	430	32	0.67	0.442	0.024	0.0574	0.0009	446	131	372	17	360	6	360	6	3.33	14	99
L1205-16	88	172	11	0.51	0.430	0.014	0.0579	0.0009	365	43	363	10	363	5	363	5	0.00	17	102
L1205-64	172	629	38	0.27	0.431	0.010	0.0581	0.0009	363	28	364	7	364	5	364	5	0.00	18	103
L1205-99	128	235	15	0.55	0.433	0.013	0.0583	0.0009	368	38	365	9	365	6	365	6	0.00	19	104
L1205-63	137	282	18	0.49	0.439	0.012	0.0588	0.0009	374	35	369	9	369	6	369	6	0.00	23	108
L1205-82	345	500	34	0.59	0.444	0.012	0.0588	0.0009	402	32	373	8	369	6	369	6	1.08	23	108
L1205-52	158	361	23	0.44	0.440	0.010	0.0592	0.0009	366	24	370	7	370	5	370	5	0.00	24	109
L1205-49	272	390	27	0.70	0.449	0.010	0.0602	0.0009	375	26	376	7	377	5	377	5	−0.27	31	116
L1205-67	73	354	22	0.20	0.458	0.013	0.0602	0.0009	415	35	383	9	377	6	377	6	1.59	31	116
L1205-95	386	366	28	1.06	0.456	0.012	0.0610	0.0010	382	32	382	8	381	6	381	6	0.26	35	120
L1205-87	284	842	55	0.34	0.465	0.010	0.0620	0.0009	388	23	388	7	387	6	387	6	0.26	41	126
L1205-09	95	97	8	0.99	0.483	0.015	0.0640	0.0010	400	41	400	10	400	6	400	6	0.00	54	139
L1205-24	193	314	23	0.61	0.496	0.011	0.0644	0.0010	444	26	409	8	402	6	402	6	1.74	56	141
L1205-34	268	301	24	0.89	0.489	0.011	0.0651	0.0010	390	24	404	7	407	6	407	6	−0.74	61	146
L1205-23	269	375	29	0.72	0.496	0.010	0.0655	0.0010	408	22	409	7	409	6	409	6	0.00	63	148
L1205-37	240	337	26	0.71	0.499	0.012	0.0658	0.0010	412	27	411	8	411	6	411	6	0.00	65	150
L1205-100	121	333	24	0.36	0.517	0.013	0.0677	0.0010	425	31	423	9	422	6	422	6	0.24	76	161
L1205-58	89	169	13	0.53	0.522	0.016	0.0682	0.0011	429	39	426	10	426	7	426	7	0.00	80	165
L1205-18	154	292	23	0.53	0.535	0.013	0.0699	0.0011	433	27	435	8	435	6	435	6	0.00	89	174
L1205-47	323	432	35	0.75	0.535	0.011	0.0698	0.0010	437	23	435	7	435	6	435	6	0.00	89	174

续表

分析点	Th/ppm	U/ppm	Pb*/ppm	Th/U	$^{207}Pb/^{235}U$	±1σ	$^{206}Pb/^{238}U$	±1σ	$^{207}Pb/^{206}Pb$ 年龄/Ma	±1σ	$^{207}Pb/^{235}U$ 年龄/Ma	±1σ	$^{206}Pb/^{238}U$ 年龄/Ma	±1σ	采用年龄/Ma	±1σ	不谐和度/%	$CA\text{-}DA_{max}$/Ma	$CA\text{-}DA_{min}$/Ma
石榴石－十字石－白云母片岩（L1205）（34°15.012′N，84°59.431′E）																			
L1205-83	464	562	47	0.83	0.540	0.012	0.0704	0.0011	440	26	439	8	438	6	438	6	0.23	92	177
L1205-94	112	159	13	0.70	0.553	0.017	0.0718	0.0012	446	41	447	11	447	7	447	7	0.00	101	186
L1205-03	210	272	23	0.77	0.554	0.012	0.0721	0.0011	443	23	448	8	449	6	449	6	–0.22	103	188
L1205-12	122	164	14	0.74	0.561	0.014	0.0725	0.0011	456	30	452	9	451	7	451	7	0.22	105	190
L1205-38	157	189	16	0.83	0.564	0.013	0.0727	0.0011	461	26	454	8	452	7	452	7	0.44	106	191
L1205-27	125	923	68	0.14	0.561	0.011	0.0727	0.0011	450	20	452	7	453	6	453	6	–0.22	107	192
L1205-01	172	178	16	0.97	0.569	0.014	0.0734	0.0011	461	28	457	9	456	7	456	7	0.22	110	195
L1205-98	158	218	19	0.72	0.574	0.019	0.0737	0.0012	473	45	461	12	458	7	458	7	0.66	112	197
L1205-90	358	550	50	0.65	0.624	0.013	0.0792	0.0012	495	23	492	8	491	7	491	7	0.20	145	230
L1205-89	93	149	13	0.62	0.625	0.022	0.0793	0.0013	499	48	493	14	492	8	492	8	0.20	146	231
L1205-60	92	252	44	0.36	1.60	0.03	0.1621	0.0024	969	19	968	12	968	13	968	13	0.00	622	707
L1205-77	34	64	14	0.53	2.22	0.05	0.2020	0.0032	1189	24	1187	17	1186	17	1189	24	0.25	843	928
L1205-79	314	718	159	0.44	2.34	0.05	0.2013	0.0031	1299	20	1224	15	1182	16	1299	20	9.90	953	1038
L1205-71	168	261	68	0.64	2.62	0.05	0.2244	0.0033	1305	18	1305	14	1305	17	1305	18	0.00	959	1044
L1205-19	277	806	190	0.34	2.47	0.06	0.2115	0.0031	1311	55	1264	17	1237	16	1311	55	5.98	965	1050
L1205-75	76	693	170	0.11	2.91	0.05	0.2395	0.0034	1385	16	1385	14	1384	18	1385	16	0.07	1039	1124
L1205-45	179	670	171	0.27	2.91	0.05	0.2392	0.0034	1386	15	1384	13	1383	18	1386	15	0.22	1040	1125
L1205-36	201	676	178	0.30	3.03	0.05	0.2453	0.0035	1414	15	1415	13	1414	18	1414	15	0.00	1068	1153
L1205-20	69	554	143	0.13	3.13	0.05	0.2505	0.0036	1442	14	1441	13	1441	18	1442	14	0.07	1096	1181
L1205-35	79	130	38	0.61	3.18	0.06	0.2530	0.0037	1450	16	1452	14	1454	19	1450	16	–0.28	1104	1189
L1205-21	58	108	32	0.53	3.22	0.06	0.2542	0.0038	1466	17	1463	15	1460	19	1466	17	0.41	1120	1205
L1205-97	367	793	216	0.46	3.14	0.06	0.2434	0.0035	1498	17	1442	15	1404	18	1498	17	6.70	1152	1237
L1205-57	211	241	78	0.88	3.58	0.08	0.2705	0.0041	1546	19	1545	17	1543	21	1546	19	0.19	1200	1285
L1205-61	112	168	54	0.67	3.60	0.07	0.2718	0.0040	1549	16	1550	15	1550	20	1549	16	–0.06	1203	1288
L1205-51	58	237	69	0.25	3.64	0.07	0.2740	0.0040	1557	16	1559	14	1561	20	1557	16	–0.26	1211	1296
L1205-10	59	90	29	0.65	3.68	0.07	0.2757	0.0041	1563	16	1567	15	1570	21	1563	16	–0.45	1217	1302
L1205-96	86	234	71	0.37	3.67	0.07	0.2748	0.0041	1566	18	1566	16	1565	21	1566	18	0.06	1220	1305

续表

分析点	Th/ppm	U/ppm	Pb*/ppm	Th/U	$^{207}Pb/^{235}U$	±1σ	$^{206}Pb/^{238}U$	±1σ	$^{207}Pb/^{206}Pb$ 年龄 /Ma	±1σ	$^{207}Pb/^{235}U$ 年龄 /Ma	±1σ	$^{206}Pb/^{238}U$ 年龄 /Ma	±1σ	采用年龄 /Ma	±1σ	不谐和度 /%	$CA-DA_{max}$/Ma	$CA-DA_{min}$/Ma
石榴石 - 十字石 - 白云母片岩（L1205）（34°15.012′N，84°59.431′E）																			
L1205-62	69	943	246	0.07	3.41	0.06	0.2549	0.0037	1569	15	1507	14	1464	19	1569	15	7.17	1223	1308
L1205-42	443	197	86	2.24	3.71	0.07	0.2763	0.0040	1572	15	1573	14	1573	20	1572	15	–0.06	1226	1311
L1205-56	192	479	146	0.40	3.71	0.07	0.2761	0.0040	1575	15	1573	14	1572	20	1575	15	0.19	1229	1314
L1205-76	323	405	137	0.80	3.76	0.07	0.2784	0.0040	1587	16	1585	15	1583	20	1587	16	0.25	1241	1326
L1205-07	214	363	118	0.59	3.80	0.06	0.2807	0.0040	1589	14	1593	13	1595	20	1589	14	–0.38	1243	1328
L1205-78	169	210	71	0.80	3.82	0.07	0.2811	0.0041	1596	17	1597	16	1597	21	1596	17	–0.06	1250	1335
L1205-15	91	169	55	0.54	3.89	0.07	0.2854	0.0042	1600	15	1611	15	1619	21	1600	15	–1.17	1254	1339
L1205-81	129	345	107	0.37	3.85	0.07	0.2820	0.0041	1606	17	1604	16	1602	21	1606	17	0.25	1260	1345
L1205-14	53	72	25	0.74	4.05	0.08	0.2928	0.0044	1630	17	1645	16	1656	22	1630	17	–1.57	1284	1369
L1205-69	78	131	44	0.59	3.98	0.08	0.2874	0.0043	1631	18	1630	16	1628	22	1631	18	0.18	1285	1370
L1205-06	82	148	51	0.55	4.18	0.07	0.2956	0.0043	1669	15	1670	14	1670	21	1669	15	–0.06	1323	1408
L1205-44	207	711	229	0.29	4.21	0.07	0.2952	0.0042	1684	14	1675	14	1667	21	1684	14	1.02	1338	1423
L1205-85	67	87	31	0.77	4.26	0.09	0.2988	0.0045	1686	19	1686	17	1685	23	1686	19	0.06	1340	1425
L1205-17	68	66	26	1.03	4.50	0.08	0.3083	0.0046	1731	16	1732	16	1732	23	1731	16	–0.06	1385	1470
L1205-29	181	113	50	1.60	4.59	0.08	0.3112	0.0046	1746	15	1747	15	1747	22	1746	15	–0.06	1400	1485
L1205-86	125	167	63	0.75	4.61	0.09	0.3120	0.0046	1751	17	1751	16	1750	23	1751	17	0.06	1405	1490
L1205-59	94	145	53	0.65	4.61	0.09	0.3119	0.0046	1753	16	1752	16	1750	23	1753	16	0.17	1407	1492
L1205-73	58	214	73	0.27	4.65	0.09	0.3134	0.0046	1758	16	1758	16	1757	23	1758	16	0.06	1412	1497
L1205-54	222	504	179	0.44	4.69	0.09	0.3148	0.0046	1767	15	1766	15	1764	23	1767	15	0.17	1421	1506
L1205-31	214	255	96	0.84	4.58	0.08	0.3066	0.0044	1772	14	1746	14	1724	22	1772	14	2.78	1426	1511
L1205-26	92	153	57	0.60	4.73	0.08	0.3161	0.0046	1773	14	1772	15	1771	22	1773	14	0.11	1427	1512
L1205-74	61	160	56	0.38	4.73	0.09	0.3163	0.0046	1773	16	1772	16	1771	23	1773	16	0.11	1427	1512
L1205-55	191	414	149	0.46	4.75	0.09	0.3169	0.0046	1776	15	1775	15	1774	22	1776	15	0.11	1430	1515
L1205-88	138	110	47	1.25	4.89	0.10	0.3219	0.0048	1801	18	1800	17	1799	24	1801	18	0.11	1455	1540
L1205-66	54	218	77	0.25	4.94	0.09	0.3239	0.0047	1808	15	1809	16	1809	23	1808	15	–0.06	1462	1547
L1205-08	223	422	163	0.53	5.22	0.09	0.3339	0.0048	1854	14	1856	14	1857	23	1854	14	–0.16	1508	1593
L1205-92	25	598	198	0.04	5.28	0.10	0.3187	0.0045	1958	43	1865	16	1783	22	1958	43	9.81	1612	1697

续表

分析点	Th/ppm	U/ppm	Pb*/ppm	Th/U	$^{207}Pb/^{235}U$	±1σ	$^{206}Pb/^{238}U$	±1σ	$^{207}Pb/^{206}Pb$ 年龄 /Ma	±1σ	$^{207}Pb/^{235}U$ 年龄 /Ma	±1σ	$^{206}Pb/^{238}U$ 年龄 /Ma	±1σ	采用年龄 /Ma	±1σ	不谐和度 /%	$CA\text{-}DA_{max}$ / Ma	$CA\text{-}DA_{min}$ / Ma
石榴石–十字石–白云母片岩（L1205）（34°15.012′N，84°59.431′E）																			
L1205-93	99	257	108	0.39	6.56	0.14	0.3689	0.0056	2082	17	2053	18	2024	27	2082	17	2.87	1736	1821
L1205-68	260	491	245	0.53	8.46	0.15	0.4244	0.0061	2282	14	2281	16	2280	28	2282	14	0.09	1936	2021
L1205-80	71	197	101	0.36	9.50	0.18	0.4479	0.0066	2389	15	2388	17	2386	29	2389	15	0.13	2043	2128
石榴石–十字石–白云母片岩（TL21）（34°18.252′N，84°42.444′E）																			
TL21-80	257	368	23	0.70	0.411	0.010	0.0557	0.0008	351	32	350	7	349	5	349	5	0.29	0	88
TL21-74	85	296	17	0.29	0.413	0.015	0.0558	0.0008	358	54	351	11	350	5	350	5	0.29	1	89
TL21-101	94	404	23	0.23	0.413	0.012	0.0557	0.0008	360	39	351	8	350	5	350	5	0.29	1	89
TL21-37	93	200	12	0.46	0.415	0.013	0.0560	0.0008	361	47	353	10	351	5	351	5	0.57	2	90
TL21-31	39	268	15	0.14	0.415	0.013	0.0561	0.0008	359	45	353	9	352	5	352	5	0.28	3	91
TL21-33	54	103	7	0.53	0.459	0.044	0.0562	0.0010	575	220	383	31	352	6	352	6	8.81	3	91
TL21-30	75	428	24	0.17	0.419	0.012	0.0563	0.0008	370	38	356	8	353	5	353	5	0.85	4	92
TL21-110	87	343	20	0.25	0.420	0.012	0.0565	0.0008	369	40	356	9	354	5	354	5	0.56	5	93
TL21-63	153	302	19	0.51	0.419	0.011	0.0567	0.0008	354	36	355	8	355	5	355	5	0.00	6	94
TL21-22	49	327	19	0.15	0.421	0.011	0.0568	0.0008	361	34	357	8	356	5	356	5	0.28	7	95
TL21-52	47	306	17	0.15	0.422	0.011	0.0570	0.0008	361	33	358	8	357	5	357	5	0.28	8	96
TL21-94	97	253	15	0.39	0.421	0.014	0.0569	0.0008	355	50	356	10	357	5	357	5	–0.28	8	96
TL21-92	41	299	17	0.14	0.421	0.012	0.0571	0.0008	351	40	357	9	358	5	358	5	–0.28	9	97
TL21-106	90	431	25	0.21	0.424	0.011	0.0573	0.0008	358	33	359	8	359	5	359	5	0.00	10	98
TL21-34	76	446	26	0.17	0.428	0.011	0.0574	0.0008	370	32	361	8	360	5	360	5	0.28	11	99
TL21-53	548	802	53	0.68	0.429	0.008	0.0576	0.0008	369	22	362	6	361	5	361	5	0.28	12	100
TL21-55	142	164	11	0.87	0.428	0.019	0.0578	0.0009	355	74	362	14	362	5	362	5	0.00	13	101
TL21-26	197	1144	66	0.17	0.432	0.008	0.0579	0.0008	374	21	364	6	363	5	363	5	0.28	14	102
TL21-75	70	420	24	0.17	0.435	0.011	0.0583	0.0008	375	32	367	8	365	5	365	5	0.55	16	104
TL21-83	55	211	13	0.26	0.432	0.015	0.0583	0.0008	361	50	364	10	365	5	365	5	–0.27	16	104
TL21-85	47	239	14	0.20	0.435	0.012	0.0583	0.0008	374	38	366	9	365	5	365	5	0.27	16	104
TL21-68	58	438	25	0.13	0.434	0.011	0.0585	0.0008	361	32	366	8	367	5	367	5	–0.27	18	106
TL21-104	313	655	41	0.48	0.437	0.011	0.0586	0.0008	378	30	368	7	367	5	367	5	0.27	18	106

续表

分析点	Th/ppm	U/ppm	Pb^*/ppm	Th/U	$^{207}Pb/^{235}U$	±1σ	$^{206}Pb/^{238}U$	±1σ	$^{207}Pb/^{206}Pb$ 年龄 /Ma	±1σ	$^{207}Pb/^{235}U$ 年龄 /Ma	±1σ	$^{206}Pb/^{238}U$ 年龄 /Ma	±1σ	采用年龄 /Ma	±1σ	不谐和度 /%	$CA-DA_{max}$/Ma	$CA-DA_{min}$/Ma
石榴石 – 十字石 – 白云母片岩（TL21）（34°18.252′N，84°42.444′E）																			
TL21-107	108	424	25	0.25	0.435	0.011	0.0585	0.0008	368	35	367	8	367	5	367	5	0.00	18	106
TL21-76	91	194	13	0.47	0.453	0.016	0.0606	0.0009	379	55	379	11	379	5	379	5	0.00	30	118
TL21-99	196	254	18	0.77	0.503	0.015	0.0613	0.0009	584	39	413	10	383	5	383	5	7.83	34	122
TL21-108	289	288	22	1.00	0.456	0.015	0.0615	0.0009	362	48	382	10	385	5	385	5	–0.78	36	124
TL21-21	109	698	44	0.16	0.480	0.010	0.0629	0.0008	425	25	398	7	393	5	393	5	1.27	44	132
TL21-27	92	152	12	0.61	0.477	0.036	0.0633	0.0010	396	175	396	24	396	6	396	6	0.00	47	135
TL21-103	358	393	30	0.91	0.482	0.013	0.0641	0.0009	395	34	400	9	400	5	400	5	0.00	51	139
TL21-87	150	125	10	1.21	0.485	0.026	0.0642	0.0010	403	93	402	18	401	6	401	6	0.25	52	140
TL21-29	243	296	23	0.32	0.492	0.013	0.0651	0.0009	406	35	406	9	406	5	406	5	0.00	57	145
TL21-51	194	436	32	0.45	0.554	0.013	0.0659	0.0009	638	26	448	8	411	5	411	5	9.00	62	150
TL21-38	187	307	23	0.51	0.515	0.013	0.0674	0.0009	428	31	422	8	420	6	420	6	0.48	71	159
TL21-105	600	498	45	1.21	0.527	0.040	0.0674	0.0010	482	175	430	26	420	6	420	6	2.38	71	159
TL21-54	200	247	20	0.31	0.514	0.014	0.0674	0.0009	424	35	421	9	421	6	421	6	0.00	72	160
TL21-69	157	210	17	0.75	0.516	0.015	0.0675	0.0010	430	40	423	10	421	6	421	6	0.48	72	160
TL21-47	117	213	16	0.55	0.517	0.015	0.0678	0.0010	424	40	423	10	423	6	423	6	0.00	74	162
TL21-07	397	478	39	0.83	0.523	0.011	0.0682	0.0009	437	26	427	8	425	5	425	5	0.47	76	164
TL21-71	42	100	7	0.42	0.522	0.028	0.0685	0.0011	422	94	426	19	427	6	427	6	–0.23	78	166
TL21-84	183	344	26	0.53	0.530	0.013	0.0689	0.0009	442	33	432	9	430	6	430	6	0.47	81	169
TL21-86	116	178	14	0.66	0.528	0.017	0.0691	0.0010	431	44	431	11	430	6	430	6	0.23	81	169
TL21-10	460	824	63	0.56	0.532	0.010	0.0693	0.0009	440	19	433	6	432	5	432	5	0.23	83	171
TL21-91	370	455	37	0.81	0.528	0.012	0.0693	0.0009	422	27	430	8	432	6	432	6	–0.46	83	171
TL21-95	175	249	20	0.70	0.547	0.017	0.0713	0.0010	439	42	443	11	444	6	444	6	–0.23	95	183
TL21-32	302	496	40	0.61	0.564	0.014	0.0724	0.0010	473	30	454	9	450	6	450	6	0.89	101	189
TL21-65	380	537	45	0.71	0.565	0.013	0.0727	0.0010	464	29	454	9	452	6	452	6	0.44	103	191
TL21-59	100	111	10	0.91	0.564	0.029	0.0730	0.0011	455	85	454	19	454	7	454	7	0.00	105	193
TL21-82	216	565	44	0.38	0.568	0.012	0.0736	0.0010	451	25	457	8	458	6	458	6	–0.22	109	197
TL21-01	174	227	20	0.77	0.577	0.015	0.0742	0.0010	471	35	463	10	461	6	461	6	0.43	112	200

续表

分析点	Th/ppm	U/ppm	Pb*/ppm	Th/U	$^{207}Pb/^{235}U$	±1σ	$^{206}Pb/^{238}U$	±1σ	$^{207}Pb/^{206}Pb$ 年龄 /Ma	±1σ	$^{207}Pb/^{235}U$ 年龄 /Ma	±1σ	$^{206}Pb/^{238}U$ 年龄 /Ma	±1σ	采用年龄 /Ma	±1σ	不谐和度 /%	$CA\text{-}DA_{max}$/Ma	$CA\text{-}DA_{min}$/Ma
石榴石－十字石－白云母片岩（TL21）（34°18.252′N，84°42.444′E）																			
TL21-40	244	378	32	0.65	0.576	0.013	0.0742	0.0010	463	27	462	8	461	6	461	6	0.22	112	200
TL21-41	192	383	31	0.50	0.585	0.012	0.0751	0.0010	471	25	468	8	467	6	467	6	0.21	118	206
TL21-70	156	204	18	0.76	0.591	0.018	0.0756	0.0011	478	41	471	11	470	6	470	6	0.21	121	209
TL21-97	179	217	20	0.83	0.593	0.018	0.0766	0.0011	457	41	473	11	476	6	476	6	–0.63	127	215
TL21-61	82	321	27	0.25	0.637	0.020	0.0785	0.0011	560	78	500	13	487	6	487	6	2.67	138	226
TL21-45	102	129	21	0.79	1.40	0.04	0.1422	0.0020	971	33	889	16	857	11	857	11	3.73	508	596
TL21-60	114	177	29	0.65	1.33	0.03	0.1425	0.0020	858	26	859	13	859	11	859	11	0.00	510	598
TL21-98	21	1605	279	0.01	1.81	0.04	0.1798	0.0024	1017	20	1050	13	1066	13	1017	20	–4.60	668	756
TL21-57	130	515	101	0.25	1.96	0.04	0.1883	0.0025	1083	17	1102	12	1112	13	1083	17	–2.61	734	822
TL21-67	98	45	15	2.18	2.33	0.10	0.2065	0.0032	1239	57	1221	30	1210	17	1239	57	2.40	890	978
TL21-50	104	113	31	0.92	2.58	0.05	0.2228	0.0031	1294	21	1296	15	1296	16	1294	21	–0.15	945	1033
TL21-56	236	311	90	0.76	2.78	0.10	0.2341	0.0034	1339	78	1350	27	1356	17	1339	78	–1.25	990	1078
TL21-77	102	132	35	0.77	2.67	0.06	0.2238	0.0031	1348	22	1320	16	1302	16	1348	22	3.53	999	1087
TL21-78	77	591	144	0.13	2.92	0.06	0.2394	0.0032	1393	18	1388	14	1384	16	1393	18	0.65	1044	1132
TL21-20	466	281	78	1.66	2.97	0.05	0.2416	0.0032	1404	16	1399	13	1395	17	1404	16	0.65	1055	1143
TL21-02	100	296	78	0.34	3.08	0.05	0.2486	0.0033	1421	15	1427	13	1431	17	1421	15	–0.70	1072	1160
TL21-102	218	665	177	0.33	3.09	0.06	0.2493	0.0033	1424	20	1431	15	1435	17	1424	20	–0.77	1075	1163
TL21-14	77	863	218	0.09	3.11	0.05	0.2504	0.0033	1426	14	1435	12	1440	17	1426	14	–0.97	1077	1165
TL21-15	825	1136	331	0.73	3.08	0.05	0.2475	0.0032	1429	14	1427	12	1426	17	1429	14	0.21	1080	1168
TL21-62	89	450	115	0.20	3.08	0.06	0.2470	0.0033	1431	17	1426	14	1423	17	1431	17	0.56	1082	1170
TL21-19	130	1307	333	0.10	3.13	0.05	0.2511	0.0033	1437	14	1441	12	1444	17	1437	14	–0.48	1088	1176
TL21-89	6	1293	329	0.00	3.24	0.06	0.2591	0.0034	1438	18	1466	15	1485	17	1438	18	–3.16	1089	1177
TL21-44	731	1203	315	0.61	3.07	0.05	0.2451	0.0032	1443	15	1425	13	1413	17	1443	15	2.12	1094	1182
TL21-05	63	972	246	0.06	3.19	0.05	0.2537	0.0033	1452	14	1456	12	1458	17	1452	14	–0.41	1103	1191
TL21-03	701	674	196	1.04	3.16	0.05	0.2490	0.0032	1467	14	1447	12	1433	17	1467	14	2.37	1118	1206
TL21-93	65	110	32	0.60	3.32	0.07	0.2589	0.0036	1489	21	1487	17	1484	18	1489	21	0.34	1140	1228
TL21-90	52	508	136	0.10	3.41	0.07	0.2650	0.0035	1495	18	1507	15	1515	18	1495	18	–1.32	1146	1234

续表

分析点	Th/ppm	U/ppm	Pb^*/ppm	Th/U	$^{207}Pb/^{235}U$	±1σ	$^{206}Pb/^{238}U$	±1σ	$^{207}Pb/^{206}Pb$ 年龄 /Ma	±1σ	$^{207}Pb/^{235}U$ 年龄 /Ma	±1σ	$^{206}Pb/^{238}U$ 年龄 /Ma	±1σ	采用年龄 /Ma	±1σ	不谐和度 /%	$CA\text{-}DA_{max}$/Ma	$CA\text{-}DA_{min}$/Ma
石榴石 – 十字石 – 白云母片岩（TL21）（34°18.252′N，84°42.444′E）																			
TL21-79	151	359	107	0.42	3.51	0.07	0.2708	0.0036	1511	18	1531	15	1545	18	1511	18	–2.20	1162	1250
TL21-66	68	214	63	0.32	3.56	0.07	0.2736	0.0036	1517	18	1541	15	1559	18	1517	18	–2.69	1168	1256
TL21-13	71	101	32	0.71	3.55	0.07	0.2682	0.0036	1547	18	1538	15	1532	19	1547	18	0.98	1198	1286
TL21-06	51	316	83	0.16	3.33	0.06	0.2512	0.0033	1550	15	1488	13	1445	17	1550	15	7.27	1201	1289
TL21-04	119	360	106	0.33	3.62	0.06	0.2706	0.0035	1566	14	1554	13	1544	18	1566	14	1.42	1217	1305
TL21-11	88	287	82	0.31	3.58	0.06	0.2661	0.0035	1580	15	1546	13	1521	18	1580	15	3.88	1231	1319
TL21-23	209	409	130	0.51	3.79	0.06	0.2813	0.0037	1582	14	1591	13	1598	18	1582	14	–1.00	1233	1321
TL21-88	263	388	125	0.68	3.76	0.07	0.2781	0.0037	1588	18	1584	16	1582	19	1588	18	0.38	1239	1327
TL21-48	458	347	128	1.32	3.73	0.07	0.2758	0.0036	1590	16	1579	14	1570	18	1590	16	1.27	1241	1329
TL21-09	103	252	74	0.41	3.59	0.06	0.2648	0.0035	1592	15	1547	13	1514	18	1592	15	5.15	1243	1331
TL21-46	399	259	101	1.54	3.80	0.07	0.2796	0.0037	1599	16	1594	14	1589	19	1599	16	0.63	1250	1338
TL21-24	731	909	315	0.80	3.96	0.06	0.2900	0.0038	1605	14	1626	13	1641	19	1605	14	–2.19	1256	1344
TL21-39	188	210	77	0.89	3.96	0.07	0.2894	0.0038	1608	16	1625	14	1639	19	1608	16	–1.89	1259	1347
TL21-12	95	120	43	0.79	4.13	0.07	0.2970	0.0040	1641	15	1661	14	1676	20	1641	15	–2.09	1292	1380
TL21-28	103	59	25	1.75	4.15	0.09	0.2936	0.0041	1672	22	1665	18	1659	21	1672	22	0.78	1323	1411
TL21-17	431	736	242	0.58	4.08	0.07	0.2879	0.0037	1676	14	1651	13	1631	19	1676	14	2.76	1327	1415
TL21-73	78	147	50	0.53	4.37	0.09	0.3028	0.0041	1709	18	1707	16	1705	20	1709	18	0.23	1360	1448
TL21-18	259	532	187	0.49	4.61	0.08	0.3109	0.0040	1758	14	1751	14	1745	20	1758	14	0.74	1409	1497
TL21-43	278	429	154	0.65	4.55	0.08	0.3060	0.0040	1762	15	1740	14	1721	20	1762	15	2.38	1413	1501
TL21-109	65	131	47	0.50	4.78	0.10	0.3158	0.0043	1797	20	1782	18	1769	21	1797	20	1.58	1448	1536
TL21-42	109	190	74	0.58	5.30	0.09	0.3377	0.0045	1861	15	1869	15	1875	21	1861	15	–0.75	1512	1600
TL21-96	17	183	65	0.09	5.63	0.11	0.3469	0.0047	1920	18	1920	17	1920	22	1920	18	0.00	1571	1659
TL21-100	86	258	101	0.33	5.88	0.12	0.3553	0.0047	1955	18	1958	17	1960	23	1955	18	–0.26	1606	1694
TL21-64	103	164	79	0.63	7.96	0.15	0.4018	0.0053	2272	15	2227	17	2177	25	2272	15	4.36	1923	2011

注：① CA 代表锆石测试年龄；② DA 代表岩石的沉积年龄；③在本次研究中用最年轻的碎屑锆石测试年龄代表最大沉积年龄（DA_{max}）；④用白云母 Ar-Ar 变质年龄（约 261 Ma）来作为岩石的最小沉积年龄（DA_{min}），其真实沉积年龄应该介于最大沉积年龄和变质年龄之间；⑤对于大于 1000 Ma 测点，选择 $^{207}Pb/^{206}Pb$ 年龄为最佳年龄进行投图，对于小于 1000 Ma 的测点，选择 $^{206}Pb/^{238}U$ 年龄作为最佳年龄进行投图。用于分析、讨论和投图的所有分析点具有谐和年龄，已将所有不谐和度＞10% 的测点排除。

约 357 Ma，次要峰值为 422 Ma，同时还具有 893~838 Ma 和 1484~1342 Ma 等次要年龄峰值［图 3.66（f）］，反映了其物源区组成复杂性。

3.3.1.5 白云母 Ar-Ar 定年

本研究挑选两件香桃湖片岩用于白云母 ^{39}Ar-^{40}Ar 定年，白云母 Ar-Ar 阶段升温测年数据见表 3.24，年龄谱图见图 3.67。十字石石榴石云母片岩样品（L1217）中白云母在 860~1400℃升温区间的 11 个阶段构成了一个很好的年龄坪，坪年龄 t_p=258.9±1.6 Ma，对应了 97.6% 的 ^{39}Ar 释放量。相应的 $^{40}Ar/^{36}Ar$-$^{39}Ar/^{36}Ar$ 等时线年龄 t_i=258.0±3.0 Ma，$^{40}Ar/^{36}Ar$ 初始化值为 305±22（MSWD=0.71）。石榴石二云母片岩样品（L1218）中白云母在 900~1400℃升温区间的 10 个阶段构成了一个很好的年龄坪，坪年龄 t_p=263.3±1.8 Ma，对应了 94.8% 的 ^{39}Ar 释放量。相应的 $^{40}Ar/^{36}Ar$-$^{39}Ar/^{36}Ar$ 等时线年龄 t_i=262.7±6.1 Ma，$^{40}Ar/^{36}Ar$ 初始化值为 271±320（MSWD=1.04）。两个样品的坪年龄与等时线年龄在误差范围内基本一致，说明年龄的可靠性。

表 3.24　香桃湖片岩白云母 Ar-Ar 定年结果（Zhang et al.，2017b）

T/℃	$^{40}Ar/^{39}Ar$	$^{36}Ar/^{39}Ar$	$^{37}Ar/^{39}Ar$	$^{38}Ar/^{39}Ar$	F	$^{39}Ar/10^{-14}$mol	累积 ^{39}Ar/%	年龄 /Ma	±1s/Ma
L1217（石榴石十字石白云母片岩，样品质量 =29.38 mg，J 值 =0.003627）（34°18.735′N，84°42.328′E）									
800	41.2760	0.0262	30.0963	0.0190	36.5525	0.37	2.43	224.6	4.1
860	43.5001	0.0075	20.0600	0.0144	43.3893	0.71	7.14	263.7	2.9
900	43.7124	0.0028	2.4784	0.0127	43.1521	1.03	14.01	262.3	2.8
940	43.0333	0.0023	0.7970	0.0123	42.4416	1.59	24.55	258.3	2.5
980	42.5978	0.0024	5.8372	0.0129	42.4860	2.71	42.55	258.5	2.4
1020	42.4628	0.0015	1.3501	0.0127	42.1613	2.32	58.00	256.7	2.5
1060	42.6225	0.0022	0.8238	0.0125	42.0578	1.23	66.16	256.1	2.5
1100	42.8696	0.0028	7.4383	0.0132	42.8192	0.88	72.04	260.4	2.8
1140	42.8742	0.0022	2.5593	0.0128	42.5008	0.94	78.26	258.6	2.6
1180	42.9173	0.0021	0.0000	0.0128	42.2782	1.27	86.71	257.4	2.4
1220	48.9046	0.0223	3.6406	0.0165	42.6926	1.50	96.67	259.7	2.6
1400	47.4212	0.0174	1.8507	0.0164	42.4731	0.50	100.00	258.5	2.9
L1218（石榴石十字石白云母片岩，样品质量 =26.77 mg，J 值 =0.003693）（34°15.038′N，84°59.579′E）									
800	50.3741	0.0520	22.8957	0.0214	37.3198	0.28	1.57	232.9	3.6
860	45.3466	0.0098	7.6240	0.0141	43.2406	0.64	5.19	267.3	2.8
900	44.3526	0.0045	2.9203	0.0132	43.3412	0.80	9.67	267.8	2.6
940	43.6218	0.0036	3.6665	0.0131	42.9395	1.26	16.77	265.5	2.6
980	43.4258	0.0047	2.0743	0.0132	42.2419	2.09	28.51	261.5	2.5
1020	42.6947	0.0026	1.0002	0.0130	42.0397	3.38	47.48	260.4	2.4
1060	42.8464	0.0032	5.5079	0.0133	42.4726	2.77	63.04	262.8	2.5
1100	42.8415	0.0032	12.4302	0.0134	43.2032	0.52	65.94	267.0	3.7
1200	43.0889	0.0037	2.2649	0.0133	42.2365	4.39	90.59	261.5	2.4
1400	42.9229	0.0024	3.0884	0.0129	42.5244	1.67	100.00	263.1	2.5

注：$^{40}Ar^*$ 代表放射性 ^{40}Ar；F=$^{40}Ar^*/^{39}Ar$。

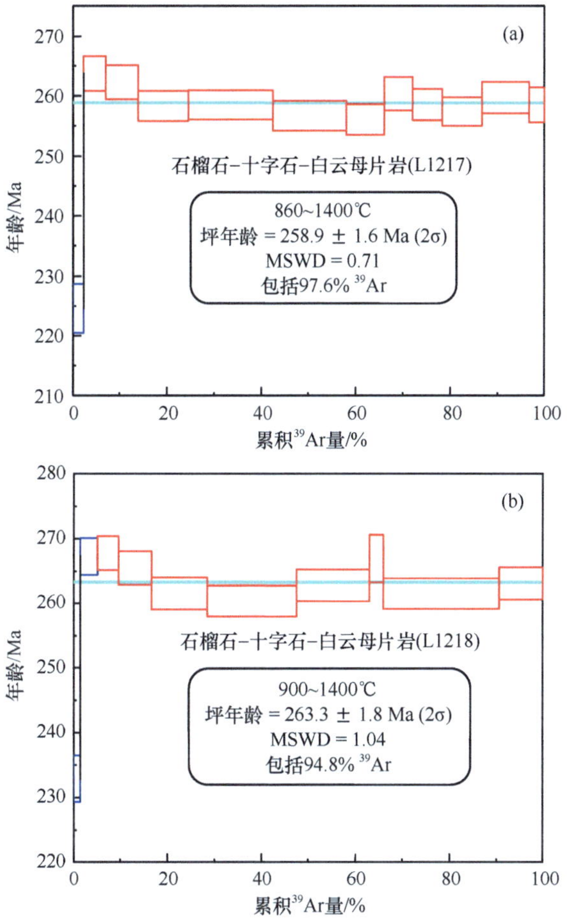

图 3.67　香桃湖片岩（L1217 和 L1218）中白云母 ^{40}Ar-^{39}Ar 年龄谱图

3.3.1.6　香桃湖片岩的沉积构造背景

羌塘中部变质沉积岩普遍遭受了绿片岩相（局部角闪岩相，如香桃湖片岩）变质作用和强烈的变形作用的改造，其原始层序以及相关沉积标志难以确认。将其碎屑锆石年龄分布特征与未变质变形且具有较好层序及沉积标志的羌塘标准地层进行系统对比，是确定其物源及起源的有效途径。然而，虽然目前已发表一系列关于或涉及羌塘地区碎屑锆石的文章（Dong et al.，2011；Gehrels et al.，2011；Pullen et al.，2011；Zhu et al.，2011；Ding et al.，2013；Fan et al.，2014；彭虎等，2014），但对于南羌塘和北羌塘物源的关键性差异仍未形成系统的认识，甚至可能产生相互矛盾的观点（Gehrels et al.，2011；Pullen et al.，2011；Fan et al.，2014；彭虎等，2014）。其根源在于不同作者对龙木错 – 双湖 – 澜沧江缝合带（南羌塘和北羌塘的界线）的确切分布位置理解不同，导致对部分样品归属（南羌塘？北羌塘？）的认识不同，从而产生不同的观点。

因此，我们首先应该确定羌塘地区标准地层的数据，这是开展相关研究工作的一个前提。为了试图解决上述问题，本研究首先对目前羌塘已发表的资料进行筛选，初步建立起了羌塘地区标准地层数据集以供对比，数据选择原则包括以下 3 点：①对于离缝合带较近或具有争议的数据，尽量选取具有特殊沉积标志或生物化石的样品作为对比“标样”，如南羌塘地块晚石炭世—二叠纪冰海杂砾岩，北羌塘地块中具有暖水生物化石地层的样品；②远离缝合带，具有稳定层序的样品；③在讨论过程中剔除 Pb 丢失严重的数据（不谐和度＞ 10%）。根据上述原则我们选择超过 1200 个羌塘地区碎屑锆石分析数据（Dong et al.，2011；Gehrels et al.，2011；Pullen et al.，2011；Zhu et al.，2011；Ding et al.，2013；Fan et al.，2014；彭虎等，2014），初步建立了羌塘地区标准地层碎屑锆石数据对比图（图 3.68）（Zhang et al.，2017b）。

从图 3.68 可以看出，南羌塘和北羌塘地块在古生代以来，其碎屑锆石分布特征具有两个显著的差异，可能分别与冈瓦纳大陆北缘早古生代俯冲增生（Cawood et al.，2007）以及后期古特提斯洋的北向俯冲相关（Zhang et al.，2015）。

首先，北羌塘地区从早石炭世到晚三叠世的地层均具有 470~410 Ma 次级年龄峰值（图 3.68），这一特殊的年龄峰值在北羌塘以北的大部分地区，如可可西里、松潘甘孜、昆仑地块、祁连–南山–阿尔金地块的地层中也是普遍存在的（Gehrels et al.，2011；Ding et al.，2013）。然而，在南羌塘地区，即使是在石炭纪—二叠纪的地层中也鲜有低于 480 Ma 年龄峰值，而南羌塘地块这一特征与拉萨地块和喜马拉雅地区（Zhu et al.，2011）十分相似。

本研究认为上述差异可能与冈瓦纳北缘早古生代增生以及随后的裂解有关。Cawood 等（2007）在研究喜马拉雅地区早古生代花岗片麻岩时，注意到这些岩浆活动主要分布在冈瓦纳大陆的边缘而并非其内部泛非造山带内，认为和冈瓦纳聚合的构造事件（泛非造山运动，570~510 Ma）无关，而且其时限（530~470 Ma）上也略晚于泛非运动，提出在地球半径恒定的条件下，冈瓦纳（超）大陆的聚合（泛非造山运动，570~510 Ma），必定触发其边缘形成新的俯冲带。基于这种全球尺度的地球动力学观点，Cawood 等（2007）进一步指出早古生代印度冈瓦纳北缘可能是一个安第斯型活动大陆边缘，其北缘早古生代岩浆作用（530~470 Ma）可能与原特提斯大洋（proto-Tethyan Ocean）岩石圈向印度冈瓦纳之下的俯冲消减有关。这一观点得到了一部分学者的认同，同时在喜马拉雅（张泽明等，2008；王晓先等，2011；Wang et al.，2012）、拉萨（Zhu et al.，2012；Hu et al.，2013）、伊朗（Saki，2010；Mahmoud et al.，2011）等起源于冈瓦纳北缘陆块中陆续发现了大量与原特提斯俯冲相关的岩浆活动，将这一时期安第斯型增生造山带范围扩大到整个冈瓦纳东北缘（Zhu et al.，2012，2013）。

Zhang 等（2014）以羌塘地区早古生代高压麻粒岩为契机，结合古地磁和古生物资料，总结了早古生代位于冈瓦纳北缘大量古亚洲块体中的高压变质作用，认为冈瓦纳大陆在形成之后，其北缘可能经历了更为复杂的增生过程，不仅包括大量弧岩浆活动，同时可能还经历了大量块体或弧地体依次向其北缘碰撞拼贴（侧向增生）。由于俯冲增生过程是由南向北进行，因此，冈瓦纳大陆北缘在早古生代可能形成一系列由

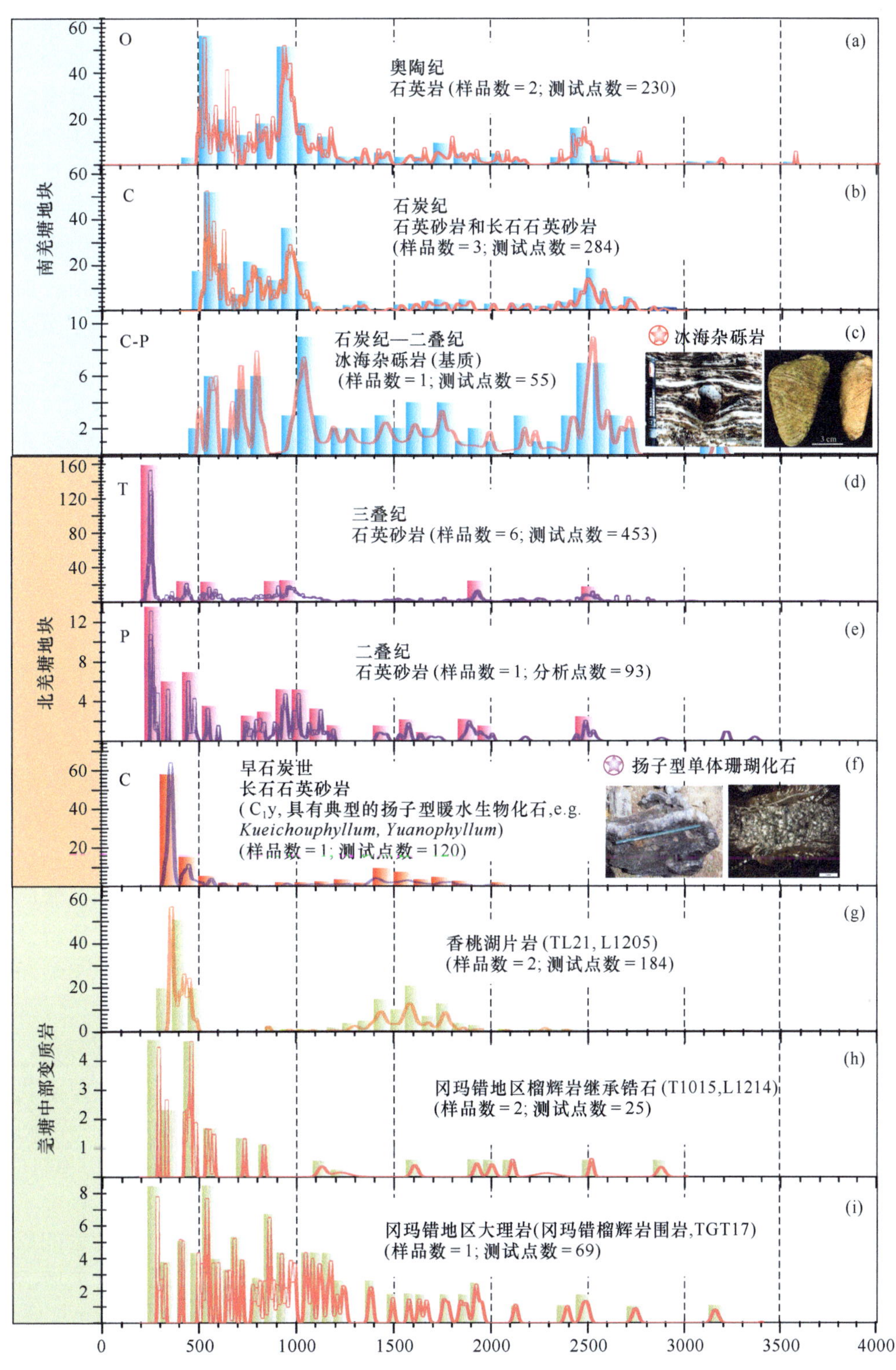

图 3.68　羌塘地块碎屑锆石年龄分布图（Zhang et al.，2017b）

南向北依次变年轻的弧岩浆岩及混杂岩带。晚志留世—早泥盆世冈瓦纳北缘在经历了一段时间增生过程后发生了首次裂解，同时也导致了古特提斯洋的打开（Stampfli and Borel，2002；Ferrari et al.，2008；Metcalfe，2013）。裂解出去的古亚洲超级块体（Asiatic Hunic superterrane）（北羌塘、祁连、格尔木以及华南等）中保留了更多晚期增生过程的岩浆（470~410 Ma）和变质记录（440~410 Ma），而裂解后的冈瓦纳北缘（南羌塘、拉萨以及喜马拉雅地块等）则保留了更多早期俯冲增生过程中的岩浆记录（510~480 Ma）（张泽明等，2008；Saki，2010；Mahmoud et al.，2011；王晓先等，2011；Wang et al.，2012；Zhu et al.，2012；Hu et al.，2013）。随着古特提斯洋的进一步扩张以及大洋的隔离，使大洋两侧古生代—中生代地层也不同程度继承了上述早古生代物源的差异。

北羌塘和南羌塘地块碎屑锆石年龄分布的第二个显著差异可能与古特提斯洋的北向俯冲消减有关。图 3.68 表明，北羌塘地区地层的碎屑锆石年龄通常具有一个陡立的峰值，而且这一峰值和地层的沉积年龄十分接近。以早石炭世日湾茶卡组为例，其主要为一套未变质变形的碳酸盐岩夹碎屑岩沉积建造。其灰黑色灰岩中含有大量单体珊瑚化石（如贵州珊瑚）（彭虎等，2014），表明其沉积时代为早石炭世。与生物灰岩伴生的碎屑岩（长石石英砂岩）具有 350~360 Ma 锆石年龄峰值和最小值，且这一期锆石均为自形－半自形，无明显磨圆特征，且有典型的中酸性岩浆岩振荡环带。上述特征与 Jiang 等（2015）报道的北羌塘地区早石炭世岛弧火山岩（玄武岩－安山岩－英安岩组合）（360~350 Ma）中锆石年龄及特征一致，表明其峰值碎屑锆石可能来源于邻近的弧岩浆岩。北羌塘其他时代地层也具有类似特征（图 3.68），表明北羌塘可能是一个典型的活动大陆边缘。而且北羌塘地区弧岩浆记录的不断发现（Yang et al.，2011；Jiang et al.，2015），也进一步支持这一观点。南羌塘地块大量碎屑锆石研究表明，即使是石炭纪—二叠纪的地层中也很难发现年轻锆石，其碎屑锆石的最小年龄和峰值要远老于其沉积时代，说明这些地层在沉积过程中缺乏同期中酸性岩浆活动，暗示南羌塘应该处于典型被动大陆边缘环境。综上，冈瓦纳北缘早古生代俯冲及增生过程、古特提斯洋的裂解以及早石炭世以后古特提斯洋的向北俯冲等构造事件共同导致了北羌塘和南羌塘古生代—中生代碎屑锆石分布特征的差异。

两件香桃湖片岩碎屑锆石均具有 360~350 Ma 的主峰值和约 452 Ma 次级峰值，其特征与未变质变形的日湾茶卡组几乎一致，说明香桃湖片岩的原岩应该来源于北羌塘活动大陆边缘。同时值得注意的是，香桃湖片岩主要为一套大理岩＋变质碎屑岩，暗示其原岩应为一套碳酸盐岩＋碎屑沉积岩建造，与日湾茶卡组沉积完全一致，且 350~350 Ma 峰值的碎屑锆石形态及 CL 特征与日湾茶卡组（彭虎等，2014）以及早石炭世弧火山岩（Jiang et al.，2015）特征十分相似，这些相似性暗示香桃湖片岩的原岩可能与日湾茶卡组具有相同的沉积时代、物源和沉积环境，均为早石炭世北羌塘活动大陆边缘的重要组成部分。

Cawood 等（2012）对全球典型活动大陆边缘、被动大陆边缘以及碰撞造山带中的碎屑锆石进行了系统的研究工作，认为可以根据实验测得的碎屑锆石年龄与地层沉积时代的接近程度来定量判断其沉积的构造背景。其研究结果表明，对于活动大陆边缘沉积，其大部分碎屑锆石年龄与其沉积时代十分接近，碎屑锆石年龄减去沉积时代的差值（CA–DA）在 100 Ma 以内的年轻锆石占到碎屑锆石比例的 30% 以上甚至更多。而对于被动大陆边缘沉积，由于其长期缺少岩浆活动，没有新生的岩浆锆石供给，所以碎屑锆石与沉积时代的差值较大，两者之差（CA–DA）小于 150 Ma 的锆石颗粒不足碎屑锆石总量的 5%。而对于碰撞带的碎屑锆石，其特征介于两者之间。根据上述研究成果，我们绘制了羌塘重要地层以及香桃湖片岩的碎屑构造环境判别图解（图 3.69），从图中可以看出北羌塘早石炭世日湾茶卡组形成于典型的活动大陆边缘，而近同时代南羌塘的地层却落入典型的被动大陆边缘环境。对于香桃湖片岩，由于无法断定其沉积时代，我们分别采用最小碎屑锆石年龄作为其最大沉积年龄（D_{max}），白云母变质年龄作为其最小沉积年龄（D_{min}）进行投图（真实沉积年龄应介于两者之间），其结果表明 CA–DA_{max} 差值落入典型的活动大陆边缘，而 CA–DA_{min} 差值落在活动大陆边缘与碰撞环境区域之间。古地磁以及高压变质年代学研究表明古特提斯洋闭合发生在中 – 晚三叠世（Pullen et al.，2008；Zhai et al.，2011a；Zhang et al.，2014；Song et al.，2015），而香桃湖片岩的变质作用发生在晚二叠世，说明其仍处于俯冲阶段，因此香桃湖片岩的原岩应和北羌塘早石炭世日湾茶卡组相同，形成于俯冲带上盘的活动大陆边缘。

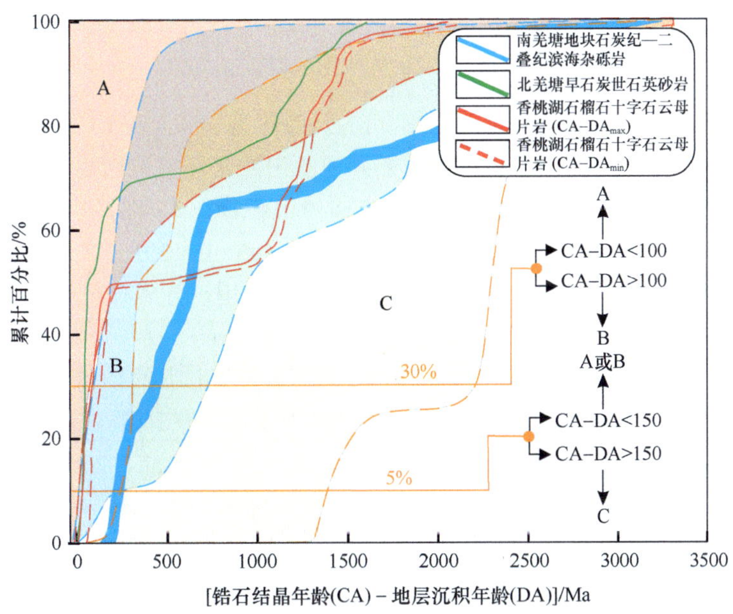

图 3.69　碎屑锆石构造环境判别图解（Zhang et al.，2017b）

3.3.1.7　香桃湖片岩变质演化与古特提斯洋俯冲侵蚀作用

通过系统岩石学、矿物学、单矿物 Ar-Ar 定年以及地质温压计的估算，我们构建

了香桃湖片岩的 *P-T-t* 轨迹（图 3.70）。与羌塘中部低温高压榴辉岩以及蓝片岩相比（Zhai et al.，2011a；Tang and Zhang，2014），其折返过程 *P-T* 轨迹明显不同，羌塘中部低温高压榴辉岩或蓝片岩通常具有一个近“发卡状”*P-T* 轨迹，普遍经历了一个近等温降压的快速折返过程。而香桃湖片岩在折返过程中，具有一个显著的增温降压过程，遭受了角闪岩相叠加。

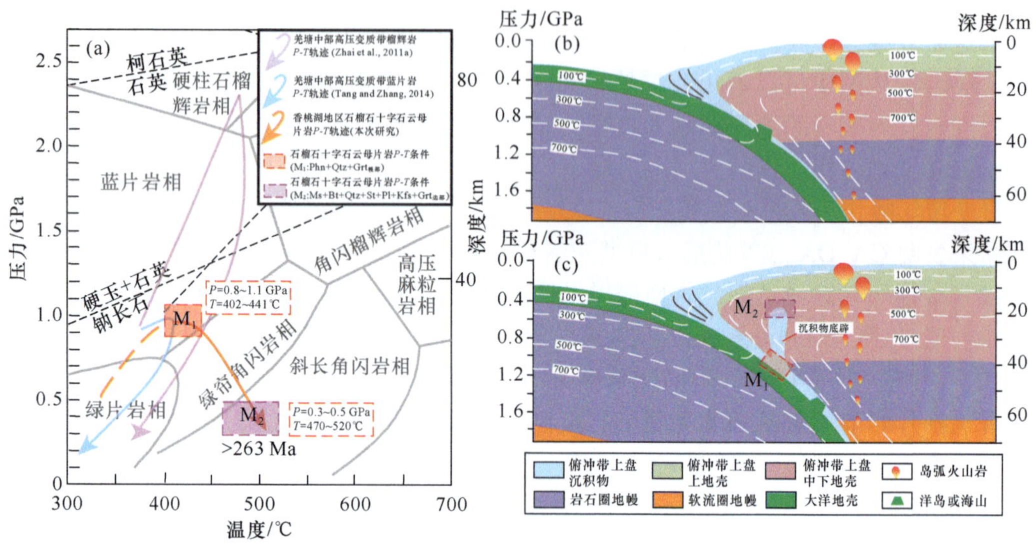

图 3.70 香桃湖片岩的变质作用 *P-T-t* 轨迹及形成构造过程（Zhang et al.，2017b）

香桃湖片岩早期蓝片岩相变质作用（M_1）条件为 P=0.8~1.1 GPa，T=402~441℃，具有低的地温梯度（约 10℃ /km），形成于典型的俯冲带环境。而对于其原岩物源分析表明，其原岩为俯冲带上盘北羌塘活动大陆边缘沉积物，大部分锆石来自相邻岛弧岩浆岩（Yang et al.，2011；Zhai et al.，2013b；Jiang et al.，2015）。上述结果表明，俯冲带上盘活动大陆边缘可能遭受了显著的俯冲侵蚀作用，导致一部分上盘物质被侵蚀进入俯冲通道，从而经历了早期低温 / 高压变质作用（M_1）。

俯冲侵蚀主要指在大洋俯冲过程中通过对俯冲带上盘的前缘或基底进行破坏，从而将上盘物质带入俯冲通道，参与地球深部物质循环的地质过程（von Huene and Scholl，1991；Ranero and von Huene，2000；von Huene et al.，2004；Stern，2011）。造成上盘物质被侵蚀的主要机制包括：①俯冲板片释放大量流体导致上盘岩石发生水压破裂（hydrofracturing）（例如，Stern，2011）；②俯冲带地震导致上盘被破坏（例如，Wang et al.，2010b）；③大洋中具有加厚地壳结构和较大浮力的地质体（如洋岛、洋中脊或者大洋高原）的俯冲消减（例如，Kukowski and Oncken，2006；Stern，2011）。尤其是这种加厚洋壳地质体（洋岛、洋中脊或者大洋高原）的俯冲能够强烈地破坏俯冲带上盘结构，引发显著的俯冲侵蚀作用（Stern，2011；Vannucchi et al.，2013）。值得注意的是，羌塘中部基性蓝片岩的地球化学和 Sr-Nd 同位素具有典型 OIB 特征，其野外岩石组合特征具有洋岛二元结构（如羌塘荣玛地区蓝片岩具有基性蓝片岩和蓝闪石大理岩组合；张修政等，2014），这些特征进一步说明羌塘中部蓝片岩原岩为古特提斯洋中的洋岛或海山，其单矿物 Ar-Ar 以及石榴石 Lu-Hf 结果显示其变质时代分为二叠纪（282~275 Ma）和晚三叠世（227~215 Ma）两期（邓希光等，2000；Pullen et al.，2008；Zhai et al.，2011a）。综上，我们认为古特提斯洋在俯冲过程中可能存在多期洋岛或海山的俯冲事件，这可能是导致俯冲带上盘发生显著俯冲侵蚀作用的主要机制（图 3.70）。

香桃湖片岩峰期角闪岩相变质作用（M_2）变质条件为 P=0.3~0.5 GPa，T=470~520℃，其地温梯度（＞25℃/km）明显要高于俯冲带环境，与俯冲带上盘中下壳相似。角闪岩相白云母 Ar-Ar 年龄为晚二叠世（263~259 Ma）。由于白云母 K-Ar 体系的封闭温度为 350±50℃（Wijbrans and McDougall，1986），明显低于变质温度（402~441℃），所以白云母 Ar-Ar 年龄代表了香桃湖片岩从变质峰期条件进一步冷却的时代，其峰期变质时代应该稍早于白云母 Ar-Ar 年龄（＞263 Ma）。香桃湖片岩的沉积时代相对比较年轻（≤早石炭世），却遭受了角闪岩相变质作用，比早石炭世日湾茶卡组（未变质变形）甚至羌塘寒武纪—奥陶纪地层（低绿片岩相）变质程度明显偏高，说明其并非形成于正常的埋深变质过程。沿俯冲通道快速折返的榴辉岩或蓝片岩在晚期仅遭受了低绿片岩相的退变质作用改造，暗示峰期角闪岩相变质作用（M_2）也并非形成于俯冲通道中正常的折返过程。

俯冲侵蚀作用可以导致大量低密度物质在短时间进入俯冲通道，并集聚在俯冲带上盘底部，由于浮力的作用，这些低密度物质可能沿着俯冲带上盘的构造薄弱带底辟侵入（例如，Bassett et al.，2010；Contreras-Reyes et al.，2014），这种低密度高浮力物质柱（plume）的底辟可以发生在不同深度，如地幔弧岩浆岩源区深度（造成弧岩浆岩源区富集）或者弧前中下地壳层次。香桃湖片岩峰期角闪岩相变质作用（M_2）温度压力条件与俯冲带上盘中下地壳层次 P-T 条件相近且与区域深部的斜长角闪岩伴生（Zhang et al.，2014），因此 M_2 变质作用可能是由俯冲侵蚀后的底辟作用造成的（图 3.70）。那么香桃湖片岩的整个变质演化过程记录了上盘物质被侵蚀进入俯冲通道、早期俯冲并遭受低温高压变质作用（M_1）、后期底辟进入上盘中下地壳遭受角闪岩相叠加（M_2）等一系列完整的构造演化过程。因此，对于低温 / 高压变质带中出露的遭受中 - 高温变质叠加的特殊岩石进行系统的变质作用研究和物源分析，可能对识别古俯冲带中的俯冲侵蚀作用具有重要的意义。

3.3.2　南、北羌塘碰撞的榴辉岩成因

榴辉岩是玄武质岩石俯冲至几十甚至数百千米，在高压 - 超高压变质条件下形成的特殊岩石类型。它们绝大部分产于造山带中，对于理解造山带的演化至关重要。榴辉岩中的锆石通常是变质成因，特别是锆石中包含有高压矿物时。包裹体的测定结合对应锆石微区精细的 U-Pb 定年被认为是确定榴辉岩复杂变质演化历史的有效手段，在大别 - 苏鲁等著名的高压 - 超高压变质带研究中获得了巨大的成功，目前已被广泛应

用在全球几乎所有变质岩研究中。

在羌塘中部发现的片石山榴辉岩提供了龙木错－双湖－澜沧江缝合带存在的直接证据（李才等，2006a）。它们形成时代的厘定，对于确定古特提斯洋的闭合时间至关重要。基于变质锆石和岩浆锆石一般具有不同的氧同位素组成、微量元素特征和形成温度的原理，我们对片石山榴辉岩重新进行了地质年代学研究。

3.3.2.1 片石山榴辉岩野外特征

在羌塘中部发现了一些榴辉岩，比如片石山、冈玛错和果干加年山等地（图 3.71）。其中最先在片石山发现的榴辉岩最为有名。片石山榴辉岩规模最大，出露面积达几十平方千米。它们以岩墙或透镜体形式产于石榴石－多硅白云母片岩中，极少数产于大理岩中。

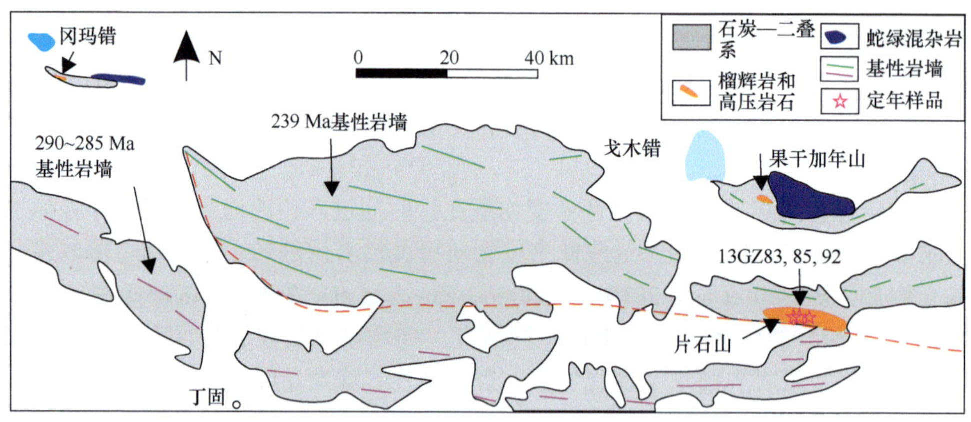

图 3.71 羌塘地块榴辉岩分布图（Dan et al.，2018b）

3.3.2.2 年代学研究

对片石山榴辉岩的三个样品进行了 SIMS 锆石 U-Pb 定年（表 3.25 和图 3.72）。锆石呈短柱状，阴极发光图像显示具有带状环带，这些锆石具有高的 Th、U 含量以及 Th/U 值（大部分大于 1），类似于基性岩浆锆石。除了一个样品（13GZ92-2）的一个样品点具有 Pb 丢失外，其他样品点年龄均谐和且一致。三个样品的年龄分别为 236±3 Ma、237±2 Ma 和 239±3 Ma。所有样品点的平均年龄为 238±1 Ma。

为了深入理解这个年龄的意义，即它是变质年龄还是原岩年龄，对锆石进一步进行了氧同位素、稀土元素和 Ti 元素的分析（表 3.26）。锆石 $\delta^{18}O$ 平均值为 5.2‰±0.6‰（2SD）[图 3.73（a）]，类似于亏损地幔的值。稀土配分模式显示其具有正的 Ce 和负的 Eu 异常，不亏损重稀土，与典型榴辉岩相变质锆石（正的 Eu 异常、明显亏损重稀土）具有显著的差异［图 3.73（b）]。而锆石 Ti 温度为 721~856℃（Dan et al.，2018b），明显高于片石山榴辉岩峰期变质温度（约 500℃）（Zhai et al.，2011a）。所有这些都表明

表 3.25 片石山榴辉岩 SIMS 锆石 U-Pb 定年结果（Dan et al.，2018b）

样品点	Th/ppm	U/ppm	Th/U	f_{206}/%#	^{207}Pb/^{235}U	±σ%	^{206}Pb/^{238}U	±σ%	ρ	^{207}Pb/^{235}U 年龄 /Ma	±σ	^{206}Pb/^{238}U 年龄 /Ma	±σ
13GZ83-1，33°24′27″，86°01′09″													
1	1645	1097	1.50	0.05	0.255	1.68	0.0366	1.52	0.904	230.8	3.5	231.9	3.5
2	847	783	1.08	0.06	0.261	1.65	0.0370	1.51	0.912	235.1	3.5	234.4	3.5
3	693	461	1.50	0.10	0.265	1.94	0.0378	1.50	0.774	238.5	4.1	239.1	3.5
4	2115	1565	1.35	0.05	0.261	1.59	0.0378	1.51	0.951	235.3	3.3	239.0	3.6
13GZ85-1，33°24′27″，86°01′09″													
1	446	367	1.22	0.15	0.273	1.94	0.0384	1.50	0.773	245.2	4.2	243.2	3.6
2	429	931	0.46	0.17	0.260	1.85	0.0372	1.53	0.827	234.6	3.9	235.5	3.5
3	729	540	1.35	0.10	0.271	1.79	0.0381	1.51	0.839	243.2	3.9	241.1	3.6
4	637	456	1.40	0.09	0.262	1.91	0.0377	1.51	0.789	236.4	4.0	238.7	3.5
5	271	1320	0.21	0.10	0.255	1.72	0.0366	1.58	0.918	230.4	3.6	231.6	3.6
6	173	303	0.57	0.61	0.252	2.93	0.0375	1.55	0.531	228.5	6.0	237.4	3.6
7	782	583	1.34	0.21	0.276	1.95	0.0389	1.50	0.771	247.1	4.3	245.8	3.6
8	621	455	1.36	0.25	0.263	2.03	0.0373	1.53	0.755	236.7	4.3	236.2	3.6
9	152	181	0.84	0.55	0.276	2.14	0.0376	1.52	0.708	247.5	4.7	237.8	3.5
13GZ92-2，33°24′27″，86°01′09″													
1	1086	714	1.52	0.38	0.262	2.45	0.0372	1.51	0.616	236.6	5.2	235.6	3.5
2	1684	1376	1.22	0.05	0.263	1.59	0.0374	1.50	0.946	236.8	3.4	236.6	3.5
3	2709	1750	1.55	0.34	0.262	1.78	0.0382	1.50	0.844	236.6	3.8	241.6	3.6
4	2360	1244	1.90	0.26	0.271	1.60	0.0380	1.51	0.940	243.7	3.5	240.2	3.6
5	1147	920	1.25	0.05	0.260	1.68	0.0370	1.50	0.893	234.5	3.5	234.4	3.5
6	1643	927	1.77	0.04	0.262	1.67	0.0369	1.52	0.909	236.4	3.5	233.5	3.5
7	1262	1050	1.20	0.00	0.260	1.62	0.0376	1.51	0.931	235.1	3.4	237.9	3.5
8	672	516	1.30	0.09	0.257	1.79	0.0370	1.51	0.841	231.9	3.7	234.5	3.5
9	1878	1404	1.34	0.07	0.266	1.59	0.0380	1.50	0.948	239.3	3.4	240.7	3.6
10	11818	5333	2.22	0.18	0.270	1.60	0.0384	1.50	0.940	242.4	3.5	243.0	3.6
11	2517	1604	1.57	0.14	0.256	1.65	0.0370	1.51	0.915	231.1	3.4	233.9	3.5
12	2514	1484	1.69	0.05	0.260	1.61	0.0375	1.53	0.952	235.0	3.4	237.2	3.6
13	4719	2374	1.99	0.51	0.240	1.73	0.0350	1.53	0.884	218.3	3.4	221.6	3.3

这些锆石是榴辉岩原岩的岩浆锆石，锆石中变质矿物的包裹体可能是晚期（通过裂隙或其他途径）进入锆石内部的产物。因此，其锆石约 238 Ma 年龄代表了榴辉岩原岩形成的时间，而并非榴辉岩变质峰期时代。本研究表明，虽然榴辉岩中的锆石含有高压矿物包裹体（Zhai et al.，2011a），但其有时并不能用来限定相应的锆石微区成因。

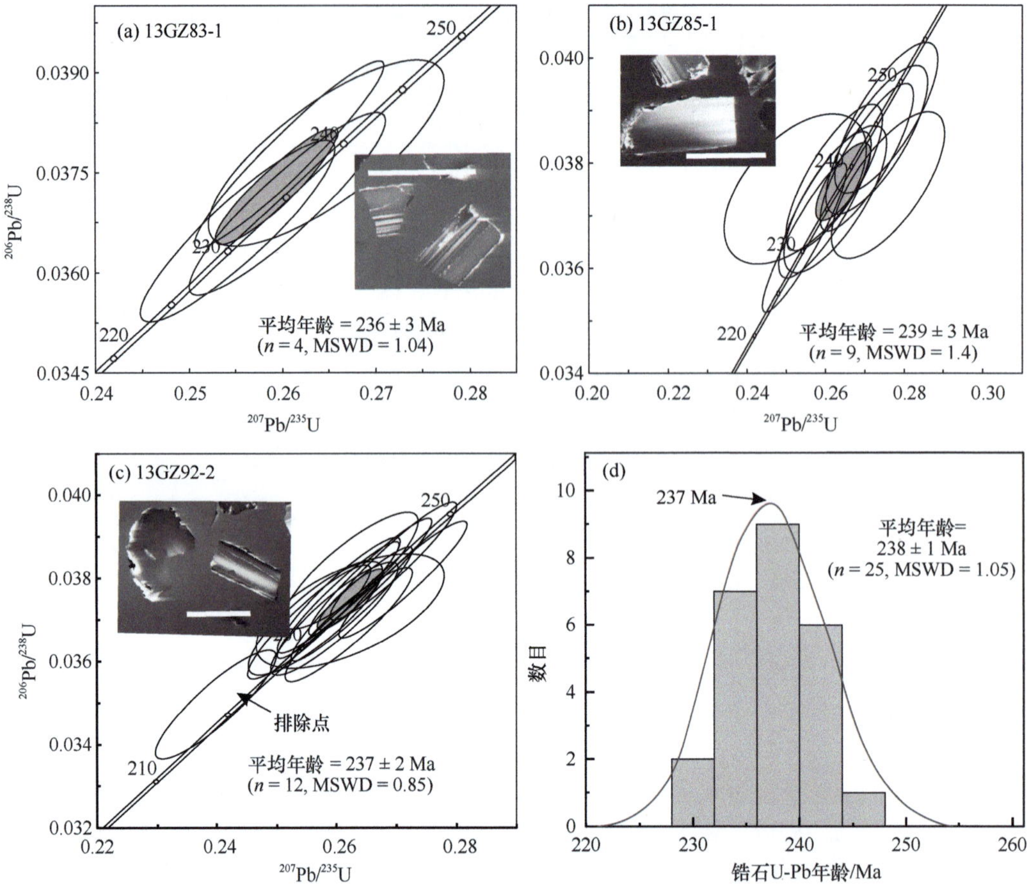

图 3.72　片石山榴辉岩的阴极发光图像和 U-Pb 年龄（Dan et al.，2018b）

阴极发光图像中白色比例尺为 100 μm；平均年龄是指 $^{206}Pb/^{238}U$ 年龄

表 3.26　片石山榴辉岩锆石氧同位素和微量元素组成（ppm）及 Ti 温度计算（Dan et al.，2018b）

样品点	La	Ce	Pr	Nd	Sm	Eu	Gd	Tb	Dy	Ho	Er	Tm	Yb	Lu	Ti	T/℃	$\delta^{18}O$/‰	2SE
13GZ83-1 01	0.54	142	2.47	33.1	68.4	7.59	303	93.2	913	278	999	179	1382	189				
13GZ83-1 02	0.15	55.8	1.83	34.9	71.7	10.9	299	87.0	867	260	928	172	1370	186	21.6	824		
13GZ83-1 04	4.35	256	7.20	66.0	65.4	8.83	281	82.8	851	271	1012	180	1443	195				
13GZ85-1 01	0.42	108	3.64	62.1	99.1	18.7	404	121.0	1182	360	1281	238	1960	266				
13GZ85-1 02	0.23	38.5	0.90	13.2	24.1	3.92	108	32.5	335	109	411	75.5	659	91.8				
13GZ85-1 03	0.26	42.9	1.36	24.4	46.0	9.08	196	62.3	630	200	735	137	1184	169				
13GZ85-1 04	3.07	285	12.3	147	158	30.2	477	127	1083	278	887	149	1200	167				
13GZ85-1 06	0.11	42.4	0.79	15.7	25.6	3.65	115	38.5	408	132	489	95.1	812	112	7.62	721		
13GZ85-1 07	0.17	22.6	0.70	9.85	16.4	2.84	77.1	26.5	286	94.6	373	70.9	610	93.8				
13GZ85-1 08	0.12	36.5	1.00	15.6	29.6	3.89	121	38.4	423	133	508	96.4	795	121	20.0	815		
13GZ85-1 09	0.37	107	2.17	37.9	71.4	7.95	303	95.9	976	304	1099	200	1671	227	10.7	752		

续表

样品点	La	Ce	Pr	Nd	Sm	Eu	Gd	Tb	Dy	Ho	Er	Tm	Yb	Lu	Ti	T/℃	$\delta^{18}O$/‰	2SE
13GZ92-2 01	0.12	31.4	1.05	17.2	29.6	4.65	129	37.3	383	121	463	88.8	749	108			5.47	0.40
13GZ92-2 02	2.02	271	5.29	63.3	78.9	6.04	319	101	1012	307	1103	202	1635	201			5.25	0.16
13GZ92-2 03	0.58	157	2.93	44.5	70.4	4.23	272	78.8	780	220	760	135	1055	131			4.94	0.32
13GZ92-2 04	2.89	124	2.70	44.4	65.7	6.37	258	74.6	726	212	738	129	1005	126			4.71	0.28
13GZ92-2 05	0.83	593	8.42	156	341	21.7	1221	305	2253	487	1371	217	1586	167			5.24	0.35
13GZ92-2 06	0.39	121	2.50	41.4	69.3	5.10	270	82.4	829	255	930	167	1366	179	28.8	856	4.98	0.31
13GZ92-2 07	0.30	105	2.14	36.6	55.3	5.25	241	70.6	703	208	741	130	1044	133	24.7	838	5.46	0.36
13GZ92-2 08	5.49	970	12.3	104	113	19.6	371	106	991	288	1091	229	2173	298				
13GZ92-2 09	0.64	238	4.33	72.7	130	8.36	524	156	1526	447	1530	265	2039	258				
13GZ92-2 10	0.77	151	4.45	59.0	85.3	6.90	316	93.8	920	265	939	162	1239	168				
13GZ92-2 11	0.24	60.0	2.17	41.6	70.4	10.5	264	77.8	765	231	836	151	1231	169				
13GZ92-2 12	0.72	306	5.37	90.3	155	11.6	608	180	1715	487	1651	283	2158	265				
13GZ92-2 13	0.82	242	3.66	48.5	81.1	6.09	363	115	1237	382	1410	256	2084	270				

注：锆石 Ti 温度计算依据 Ferry 和 Watson（2007），假设 $\alpha_{TiO_2}=\alpha_{SiO_2}$。

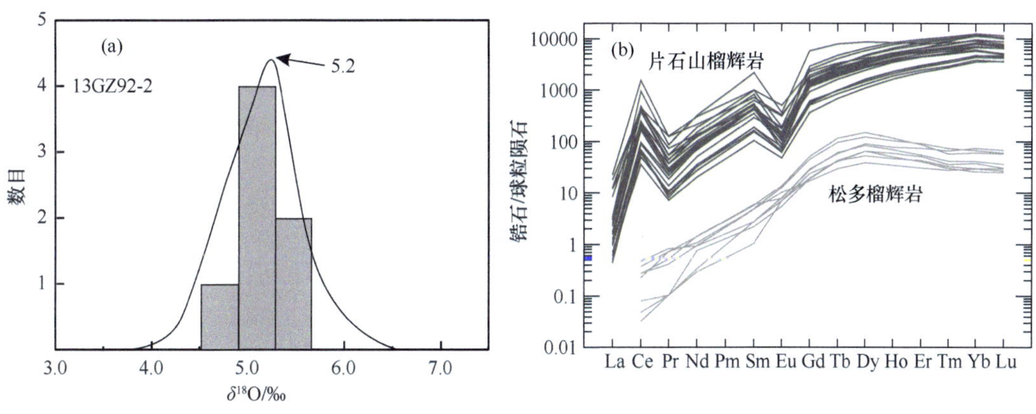

图 3.73　片石山榴辉岩锆石氧同位素组成和稀土元素配分图（Dan et al.，2018b）

3.3.2.3　榴辉岩的原岩性质

地球化学（表 3.27）研究表明，这些榴辉岩原岩为碱性玄武岩，显示轻稀土富集和高场强元素（Nb、Ta 和 Ti）正异常的特征（图 3.74）。并且，它们具有亏损的 Nd 同位素组成。因此，榴辉岩具有洋岛玄武岩（OIB）的特征，很可能形成于大洋中。即榴辉岩的原岩是洋壳岩石，片石山榴辉岩是洋壳型榴辉岩。而榴辉岩被包裹于石榴石 - 多硅白云母片岩和大理岩中，暗示它们可能产于海山环境。由于这些榴辉岩的地球化学特征和规模与大洋上的斑点火山类似（Hirano et al.，2006），它们可能是古特提斯洋中的斑点火山。

表 3.27 片石山榴辉岩全岩主量元素（%）、微量元素（ppm）和 Sr-Nd 同位素组成（Dan et al.，2018b）

样品点	13GZ83-1	13GZ83-2	13GZ84-1	13GZ84-2	13GZ92-1
主量元素					
SiO_2	45.73	46.23	47.33	45.62	46.94
TiO_2	5.36	5.34	4.88	5.22	4.90
Al_2O_3	12.87	12.72	12.20	12.17	13.16
Fe_2O_3	16.55	16.60	17.85	18.93	16.69
MnO	0.19	0.21	0.23	0.23	0.21
MgO	5.34	5.22	4.49	4.92	4.77
CaO	9.92	9.91	8.64	9.00	9.04
Na_2O	2.59	2.50	2.84	2.69	2.80
K_2O	0.86	0.66	0.84	0.55	0.84
P_2O_5	0.24	0.26	0.36	0.31	0.30
总量	99.65	99.65	99.66	99.63	99.65
烧失量	0.50	0.35	0.88	0.58	0.25
微量元素					
Sc	30.4	29.0	26.0	29.0	26.8
V	543	538	404	493	477
Cr	20.4	170	73.2	105	100
Co	55.4	52.0	48.8	55.6	47.3
Ni	58.0	67.1	33.7	44.9	56.1
Cu	102	109	305	241	363
Zn	144	142	171	158	144
Ga	24.1	23.6	24.3	23.5	24.4
Ge	3.83	2.20	4.21	4.10	2.31
Rb	19.0	14.2	17.8	12.1	17.8
Sr	373	434	373	325	379
Y	24.2	24.0	32.1	31.9	28.3
Zr	187	181	258	242	210
Nb	25.0	24.2	33.6	32.9	27.6
Cs	0.59	1.43	0.72	0.72	1.15
Ba	181	137	218	121	185.6
La	19.7	20.1	28.7	26.7	23.8
Ce	44.8	46.6	64.8	60.0	52.5
Pr	6.15	6.25	8.88	8.18	7.13
Nd	27.4	27.4	39.1	35.3	31.1
Sm	6.17	6.47	8.63	8.05	7.14
Eu	2.16	2.25	2.87	2.73	2.47
Gd	6.20	6.30	8.59	7.94	6.98
Tb	0.97	1.00	1.32	1.22	1.10
Dy	5.32	5.57	7.25	6.90	6.18

续表

样品点	13GZ83-1	13GZ83-2	13GZ84-1	13GZ84-2	13GZ92-1
		微量元素			
Ho	1.02	1.05	1.38	1.30	1.19
Er	2.51	2.61	3.39	3.18	2.96
Tm	0.34	0.34	0.46	0.42	0.40
Yb	1.97	2.08	2.66	2.51	2.38
Lu	0.29	0.30	0.39	0.36	0.34
Hf	5.03	4.73	6.99	6.57	5.31
Ta	1.93	1.85	2.55	2.46	2.05
Pb	2.26	2.62	2.97	2.13	3.70
Th	2.38	2.54	3.48	3.29	2.89
U	0.57	0.61	0.82	0.81	0.66
$Mg^{\#}$	0.42	0.41	0.36	0.36	0.39
$(La/Yb)_N$	7.20	6.95	7.75	7.64	7.20
Nb/U	44	40	41	41	42
Ce/Pb	20	18	22	28	14
Nb/La	1.27	1.21	1.17	1.23	1.16
Ba/Rb	9.52	9.68	12.21	10.00	10.42
K/Rb	374	386	392	375	390
K/U	12387	9023	8481	5572	10537
		Sr-Nd 同位素			
$^{87}Rb/^{86}Sr$	0.1471				0.1358
$(^{87}Sr/^{86}Sr)_m$	0.704688				0.705155
1SE	0.000008				0.000008
$(^{87}Sr/^{86}Sr)_i$	0.704191				0.704695
$^{147}Sm/^{144}Nd$	0.1361				0.1388
$(^{147}Nd/^{146}Nd)_m$	0.512786				0.512766
1SE	0.000005				0.000004
$\varepsilon_{Nd}(t)$	4.73				4.26

3.3.2.4　榴辉岩从形成至折返的快速循环

前人曾对片石山榴辉岩进行了石榴子石 Lu-Hf 定年，年龄分别为 244±11 Ma 和 233±13 Ma，最小年龄为约 233 Ma（Pullen et al.，2008），可能代表其峰期变质时代。但这些年龄与锆石 U-Pb 年龄（238 Ma）在误差范围内一致。而榴辉岩中多硅白云母 Ar-Ar 年龄为约 220 Ma，代表其冷却折返时代。

结合区域演化历史，可以构建榴辉岩从其原岩形成至变质折返的演化过程（图 3.75）。首先，斑点火山在约 238 Ma 形成于古特提斯洋中，然后在很短的时间里就俯冲至 50~60 km 深度并经历了约 233 Ma 的榴辉岩相变质作用，随后在约 220 Ma 折返至中上地壳。这表明地壳物质的循环可以发生在极短的时间里。

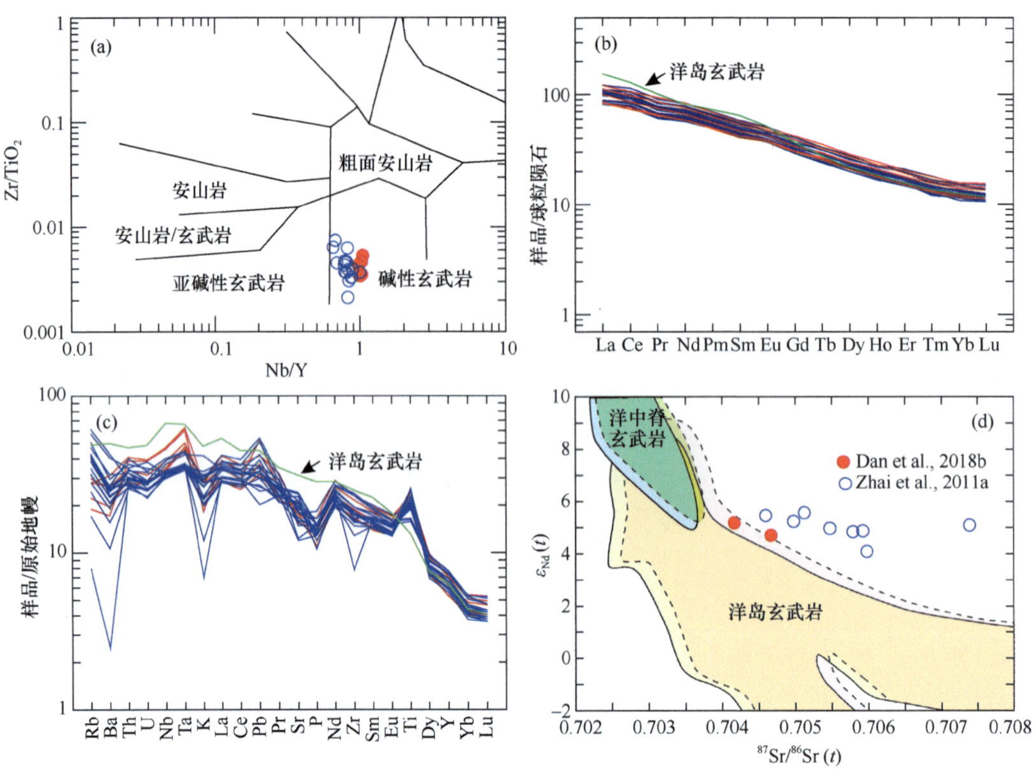

图 3.74 片石山榴辉岩岩石地球化学特征图解（Dan et al.，2018b）

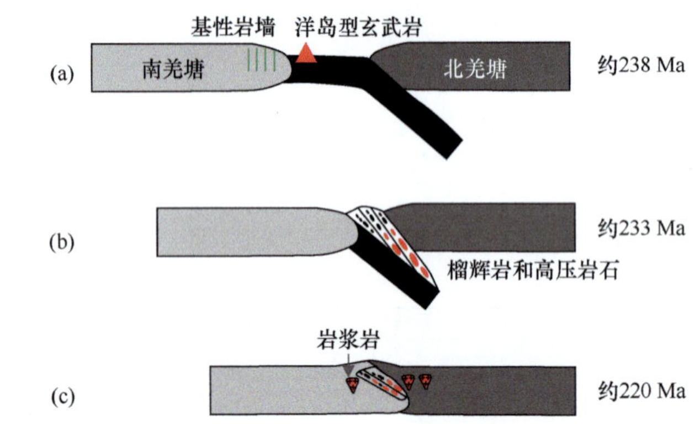

图 3.75 片石山榴辉岩经历快速演化的卡通图（Dan et al.，2018b）

参考文献

鲍佩声, 肖序常, 王军, 1999. 西藏中北部双湖地区蓝片岩带及其构造涵义. 地质学报73, 302–314.

邓希光, 2002. 青藏高原羌塘中部蓝片岩的地球化学特征及其构造意义. 岩石学报18, 517–525.

邓希光, 丁林, 刘小汉, 2000. 藏北羌塘中部冈玛日–桃形错蓝片岩的发现. 地质科学35, 227–232.

董永胜, 李才, 2009. 藏北羌塘中部果干加年山地区发现榴辉岩. 地质通报28, 1197–1200.

李才, 1987. 龙木错–双湖–澜沧江板块缝合带与石炭二叠纪冈瓦纳北界. 长春地质学院学报17, 155–166.

李才, 1997. 西藏羌塘中部蓝片岩青铝闪石$^{40}Ar/^{39}Ar$定年及其地质意义. 科学通报42, 488.

李才, 2008. 青藏高原龙木错–双湖–澜沧江板块缝合带研究二十年. 地质论评54, 105–119.

李才, 翟庆国, 董永胜, 黄小鹏, 2006a. 青藏高原羌塘中部榴辉岩的发现及其意义. 科学通报51, 70–74.

李才, 黄小鹏, 翟庆国, 朱同兴, 于远山, 王根厚, 曾庆高, 2006b. 龙木错–双湖–吉塘板块缝合带与青藏高原冈瓦纳北界. 地学前缘13, 136–147.

李才, 翟庆国, 董永胜, 蒋光武, 解超明, 吴彦旺, 王明, 2008. 冈瓦纳大陆北缘早期的洋壳信息——来自青藏高原羌塘中部早古生代蛇绿岩的依据. 地质通报27, 1605–1612.

李才, 翟刚毅, 王立全, 尹福光, 毛晓长, 2009. 认识青藏高原的重要窗口——羌塘地区近年来研究进展评述(代序). 地质通报28, 1169–1177.

李献华, 柳小明, 刘勇胜, 苏犁, 孙卫东, Huang, H.Q., Keewook, Y., 2015. LA-ICPMS锆石U-Pb定年的准确度: 多实验室对比分析. 中国科学: 地球科学45, 1294–1303.

梁定益, 聂泽同, 郭铁鹰, 张宜智, 许宝文, 王为平, 1983. 西藏阿里喀喇昆仑南部的冈瓦纳–特提斯相石炭二叠系. 地球科学1, 9–27.

陆济璞, 张能, 黄位鸿, 唐专红, 李玉坤, 许华, 周秋娥, 陆刚, 李乾, 2006. 藏北羌塘中北部红脊山地区蓝闪石+硬柱石变质矿物组合的特征及其意义. 地质通报25, 70–75.

彭虎, 李才, 解超明, 王明, 江庆源, 陈景文, 2014. 藏北羌塘中部日湾茶卡组物源——LA-ICP-MS锆石U-Pb年龄及稀土元素特征. 地质通报33, 1715–1727.

王明, 李才, 翟庆国, 彭帅英, 解超明, 吴彦旺, 胡培远, 2010. 青藏高原羌塘南部晚古生代地幔柱?——来自基性—超基性岩的地球化学证据. 地质通报29, 1754–1772.

王晓先, 张进江, 杨雄英, 张波, 2011. 藏南吉隆地区早古生代大喜马拉雅片麻岩锆石SHRIMP U-Pb年龄、Hf同位素特征及其地质意义. 地学前缘18, 127–139.

吴元保, 郑永飞, 2004. 锆石成因矿物学研究及其对U-Pb年龄解释的制约. 科学通报49, 1589–1604.

姚华舟, 段其发, 牛志军, 2011. 中华人民共和国区域地质调查报告赤布张错幅 (I46C003001)比例尺1∶250000. 北京: 地质出版社.

翟庆国, 2008. 藏北羌塘中部榴辉岩岩石学、地球化学特征及构造演化过程. 中国地质科学院博士论文.

翟庆国, 李才, 王军, 纪战胜, 王永, 2009a. 藏北羌塘地区基性岩墙群锆石SHRIMP定年及Hf同位素特征. 科学通报54, 3331–3337.

翟庆国, 王军, 王永, 2009b. 西藏改则县冈玛错地区发现榴辉岩. 地质通报28, 1720–1724.

张修政, 董永胜, 李才, 施建荣, 王生云, 2010. 青藏高原羌塘中部榴辉岩地球化学特征及其大地构造意义. 地质通报29, 1804–1814.

张修政, 董永胜, 李才, 解超明, 王明, 邓明荣, 张乐, 2014. 从洋壳俯冲到陆壳俯冲和碰撞: 来自羌塘中西部地区榴辉岩和蓝片岩地球化学的证据. 岩石学报30, 2821–2834.

张泽明, 王金丽, 沈昆, 石超, 2008. 环东冈瓦纳大陆周缘的古生代造山作用: 东喜马拉雅构造结南迦巴瓦岩群的岩石学和年代学证据. 岩石学报24, 1627–1637.

Allègre, C.J., Courtillot, V., Tapponnier, P., 1984. Structure and evolution of the Himalaya-Tibet orogenic belt.

Nature 307, 17–22.

Alonso-Perez, R., Muentener, O., Ulmer, P., 2009. Igneous garnet and amphibole fractionation in the roots of island arcs: experimental constraints on andesitic liquids. Contributions to Mineralogy and Petrology 157, 541–558.

Arai, S., 1992. Chemistry of chromian spinel in volcanic-rocks as a potential guide to magma chemistry. Mineralogical Magazine 56, 173–184.

Arculus, R.J., 2003. Use and abuse of the terms calcalkaline and calcalkalic. Journal of Petrology 44, 929–935.

Atherton, M.P., Petford, N., 1993. Generation of sodium-rich magmas from newly underplated basaltic crust. Nature 362, 144–146.

Bach, P., Smith, I.E.M., Malpas, J.G., 2012. The origin of garnets in andesitic rocks from the Northland arc, New Zealand, and their implication for sub-arc processes. Journal of Petrology 53, 1169–1195.

Bachmann, O., Dungan, M.A., 2002. Temperature-induced Al-zoning in hornblendes of the Fish Canyon magma, Colorado. American Mineralogist 87, 1062–1076.

Bachmann, O., Huber, C., 2016. Silicic magma reservoirs in the Earth's crust. American Mineralogist 101, 2377–2404.

Bachmann, O., Huber, C., 2019. The inner workings of crustal distillation columns; the physical mechanisms and rates controlling phase separation in silicic magma reservoirs. Journal of Petrology 60, 3–18.

Barnes, S.J., Maier, W.D., Curl, E.A., 2010. Composition of the marginal rocks and sills of the Rustenburg layered suite, Bushveld Complex, South Africa: implications for the formation of the platinum-group element deposits. Economic Geology 105, 1491–1511.

Barry, T.L., Pearce, J.A., Leat, P.T., Millar, I.L., le Roex, A.P., 2006. Hf isotope evidence for selective mobility of high-field-strength elements in a subduction setting: South Sandwich Islands. Earth and Planetary Science Letters 252, 223–244.

Basch, V., Rampone, E., Crispini, L., Ferrando, C., Ildefonse, B., Godard, M., 2019. Multi-stage reactive formation of troctolites in slow-spreading oceanic lithosphere (Erro-Tobbio, Italy): a combined field and petrochemical study. Journal of Petrology 60, 873–905.

Bassett, D., Sutherland, R., Henrys, S., Stern, T., Scherwath, M., Benson, A., Toulmin, S., Henderson, M., 2010. Three-dimensional velocity structure of the northern Hikurangi margin, Raukumara, New Zealand: implications for the growth of continental crust by subduction erosion and tectonic underplating. Geochemistry Geophysics Geosystems 11, Q10013.

Beard, J.S., Lofgren, G.E., 1991. Dehydration melting and water-saturated melting of basaltic and andesitic greenstones and amphibolite at 1, 3, and 6.9 kb. Journal of Petrology 32, 365–401.

Belguith, Y., Geoffroy, L., Mourgues, R., Rigane, A., 2013. Analogue modelling of Late Miocene–Early Quaternary continental crustal extension in the Tunisia-Sicily Channel area. Tectonophysics 608, 576–585.

Bellahsen, N., Faccenna, C., Funiciello, F., Daniel, J.M., Jolivet, L., 2003. Why did Arabia separate from

Africa? Insights from 3-D laboratory experiments. Earth and Planetary Science Letters 216, 365–381.

Belousova, E., Griffin, W.L., O'Reilly, S.Y., 2002. Igneous zircon: trace element composition as an indicator of source rock type. Contributions to Mineralogy and Petrology 143, 602–622.

Blatter, D.L., Sisson, T.W., Hankins, W.B., 2013. Crystallization of oxidized, moderately hydrous arc basalt at mid- to lower-crustal pressures: implications for andesite genesis. Contributions to Mineralogy and Petrology 166, 861–886.

Boulanger, M., France, L., Deans, J.R.L., Ferrando, C., Lissenberg, C.J., von der Handt, A., 2020. Magma reservoir formation and evolution at a slow-spreading center (Atlantis Bank, Southwest Indian Ridge). Frontiers in Earth Science 8, 554598.

Brophy, J.G., 2008. A study of rare earth element (REE)-SiO_2 variations in felsic liquids generated by basalt fractionation and amphibolite melting: a potential test for discriminating between the two different processes. Contributions to Mineralogy and Petrology 156, 337–357.

Bryan, S.E., Ernst, R.E., 2008. Revised definition of large igneous provinces (LIPs). Earth-Science Reviews 86, 175–202.

Cabero, T.M., Mecoleta, S., Javier Lopez-Moro, F., 2012. OPTIMASBA: a Microsoft Excel workbook to optimise the mass-balance modelling applied to magmatic differentiation processes and subsolidus overprints. Computers & Geosciences 42, 206–211.

Cashman, K.V., Sparks, R.S.J., Blundy, J.D., 2017. Vertically extensive and unstable magmatic systems: a unified view of igneous processes. Science 355, eaag3055.

Castillo, P.R., Janney, P.E., Solidum, R.U., 1999. Petrology and geochemistry of Camiguin Island, southern Philippines: insights to the source of adakites and other lavas in a complex arc setting. Contributions to Mineralogy and Petrology 134, 33–51.

Cawood, P.A, Buchan, C., 2007. Linking accretionary orogenesis with supercontinent assembly. Earth-Science Reviews 82, 217–256.

Cawood, P.A, Johnson, M.R.W., Nemchin, A.A., 2007. Early Palaeozoic orogenesis along the Indian margin of Gondwana: tectonic response to Gondwana assembly. Earth and Planetary Science Letters 255, 70–84.

Cawood, P.A., Hawkesworth, C.J., Dhuime, B., 2012. Detrital zircon record and tectonic setting. Geology 40, 875–878.

Chai, G., Naldrett, A.J., 1992. The Jinchuan ultramafic intrusion-cumulate of a high-Mg basaltic magma. Journal of Petrology 33, 277–303.

Chauvel, C., Lewin, E., Carpentier, M., Arndt, N.T., Marini, J.C., 2008. Role of recycled oceanic basalt and sediment in generating the Hf-Nd mantle array. Nature Geoscience 1, 64–67.

Cherniak, D.J., Liang, Y., 2012. Ti diffusion in natural pyroxene. Geochimica et Cosmochimica Acta 98, 31–47.

Chung, S.L., Jahn, B.M., Genyao, W., Lo, C.H., Bolin, C., 1998. The Emeishan flood basalt in SW China: a mantle plume initiation model and its connection with continental breakup and mass extinction at the Permian-Triassic boundary. Conference on Mantle Dynamics and Plate Interactions in East Asia, San

Francisco, 47–58.

Coffin, M.F., Eldholm, O., 1994. Large igneous provinces-crustal structure, dimensions, and external consequences. Reviews of Geophysics 32, 1–36.

Collins, W.J., Beams, S.D., White, A.J.R., Chappell, B.W., 1982. Nature and origin of A-type granites with particular reference to southeastern Australia. Contributions to Mineralogy and Petrology 80, 189–200.

Contreras-Reyes, E., Becerra, J., Kopp, H., Reichert, C., Díaz-Naveas, J., 2014. Seismic structure of the north-central Chilean convergent margin: subduction erosion of a paleomagmatic arc. Geophysical Research Letters 41, 1523–1529.

Coogan, L.A., O'Hara, M.J., 2015. MORB differentiation: in situ crystallization in replenished-tapped magma chambers. Geochimica et Cosmochimica Acta 158, 147–161.

Coogan, L.A., Saunders, A.D., Kempton, P.D., Norry, M.J., 2000. Evidence from oceanic gabbros for porous melt migration within a crystal mush beneath the Mid-Atlantic Ridge. Geochemistry Geophysics Geosystems 1, 2000GC000072.

Coogan, L.A., Wilson, R.N., Gillis, K.M., MacLeod, C.J., 2001. Near-solidus evolution of oceanic gabbros: insights from amphibole geochemistry. Geochimica et Cosmochimica Acta 65, 4339–4357.

Cooper, G.F., Davidson, J.P., Blundy, J.D., 2016. Plutonic xenoliths from Martinique, Lesser Antilles: evidence for open system processes and reactive melt flow in island arc crust. Contributions to Mineralogy and Petrology 171, 1–21.

Corfu, F., Hanchar, J.M., Hoskin, P.W.O., Kinny, P., 2003. Atlas of zircon textures. Reviews in Mineralogy and Geochemistry, 53(1), 469–500.

Couzinié, S., Laurent, O., Moyen, J.F., Zeh, A., Bouilhol, P., Villaros, A., 2016. Post-collisional magmatism: crustal growth not identified by zircon Hf-O isotopes. Earth and Planetary Science Letters 456, 182–195.

Dan, W., Wang, Q., White, W.M., Zhang, X.Z., Tang, G.J., Jiang, Z.Q., Hao, L.L., Ou, Q., 2018b. Rapid formation of eclogites during a nearly closed ocean: revisiting the Pianshishan eclogite in Qiangtang, central Tibetan Plateau. Chemical Geology 477, 112–122.

Dan, W., Wang, Q., Zhang, X.Z., Zhang, C., Tang, G.J., Wang, J., Ou, Q., Hao, L.L., Qi, Y., 2018a. Magmatic record of Late Devonian arc-continent collision in the northern Qiangtang, Tibet: implications for the early evolution of East Paleo-Tethys Ocean. Lithos 308, 104–117.

Dan, W., Wang, Q., Li, X.H., Tang, G.J., Zhang, C., Zhang, X.Z., Wang, J., 2019. Low $\delta^{18}O$ magmas in the carboniferous intra-oceanic arc, central Tibet: implications for felsic magma generation and oceanic arc accretion. Lithos 326, 28–38.

Dan, W., Wang, Q., Murphy, J.B., Zhang, X.Z., Xu, Y.G., White, W.M., Jiang, Z.Q., Ou, Q., Hao, L.L., Qi, Y., 2021a. Short duration of Early Permian Qiangtang-Panjal large igneous province: implications for origin of the Neo-Tethys Ocean. Earth and Planetary Science Letters 568, 117054.

Dan, W., Wang, Q., White, W.M., Li, X.H., Zhang, X.Z., Tang, G.J., Ou, Q., Hao, L.L., Qi, Y., 2021b. Passive-margin magmatism caused by enhanced slab-pull forces in central Tibet. Geology 49, 130–134.

Dasgupta, R., Jackson, M.G., Lee, C.T.A., 2010. Major element chemistry of ocean island basalts—conditions of mantle melting and heterogeneity of mantle source. Earth and Planetary Science Letters 289, 377–392.

Davidson, J.P., Morgan, D.J., Charlier, B.L.A., Harlou, R., Hora, J.M., 2007. Microsampling and isotopic analysis of igneous rocks: implications for the study of magmatic systems. Annual Review of Earth and Planetary Sciences 35, 273–311.

Davies, J.H., von Blanckenburg, F., 1995. Slab breakoff—a model of lithosphere detachment and its test in the magmatism and deformation of collisional orogens. Earth and Planetary Science Letters 129, 85–102.

Day, R.A., Green, T.H., Smith, I.E.M., 1992. The origin and significance of garnet phenocrysts and garnet-bearing xenoliths in Miocene calc-alkaline volcanics from Northland, New Zealand. Journal of Petrology 33, 125–161.

Defant, M.J., Drummond, M.S., 1990. Derivation of some modern arc magmas by melting of young subducted lithosphere. Nature 347, 662–665.

DePaolo, D.J., 1981. Trace-element and isotopic fffects of combined wallrock assimilation and fractional crystallization. Earth and Planetary Science Letters 53, 189–202.

Ding, L., Yang, D., Cai, F.L., Pullen, A., Kapp, P., Gehrels, G.E., Zhang, L.Y., Zhang, Q.H., Lai, Q.Z., Yue, Y.H., Shi, R.D., 2013. Provenance analysis of the Mesozoic Hoh-Xil-Songpan-Ganzi turbidites in northern Tibet: implications for the tectonic evolution of the eastern Paleo-Tethys Ocean. Tectonics 32, 34–48.

Dixon, J.E., Dixon, T.H., Bell, D.R., Malservisi, R., 2004. Lateral variation in upper mantle viscosity: role of water. Earth and Planetary Science Letters 222, 451–467.

Dong, C., Li, C., Wan, Y., Wang, W., Wu, Y., Xie, H., Liu, D., 2011. Detrital zircon age model of Ordovician Wenquan quartzite south of Lungmuco-Shuanghu Suture in the Qiangtang area, Tibet: constraint on tectonic affinity and source regions. Science China Earth Sciences 54, 1034–1042.

Draper, D.S., 1991. Late Cenozoic bimodal magmatism in the northern basin and range province of southeastern Oregon. Journal of Volcanology and Geothermal Research 47, 299–328.

Elliott, T., Plank, T., Zindler, A., White, W., Bourdon, B., 1997. Element transport from slab to volcanic front at the Mariana arc. Journal of Geophysical Research 102, 14991–15019.

Erdmann, S., Martel, C., Pichavant, M., Kushnir, A., 2014. Amphibole as an archivist of magmatic crystallization conditions: problems, potential, and implications for inferring magma storage prior to the paroxysmal 2010 eruption of Mount Merapi, Indonesia. Contributions to Mineralogy and Petrology 167, 1016.

Ernst, R.E., 2014. Large igneous provinces. Cambridge University Press.

Fan, J.J., Li, C., Wang, M., Xie, C.M., Xu, W., 2014. Features, provenance, and tectonic significance of Carboniferous–Permian glacial marine diamictites in the Southern Qiangtang-Baoshan block, Tibetan Plateau. Gondwana Research 28, 1530–1542.

Fan, W.M., Zhang, C.H., Wang, Y.J., Guo, F., Peng, T.P., 2008. Geochronology and geochemistry of Permian basalts in western Guangxi Province, Southwest China: evidence for plume-lithosphere interaction. Lithos 102, 218–236.

Ferrando, C., Basch, V., Ildefonse, B., Deans, J., Sanfilippo, A., Barou, F., France, L., 2021a. Role of compaction in melt extraction and accumulation at a slow spreading center: microstructures of olivine gabbros from the Atlantis Bank (IODP Hole U1473A, SWIR). Tectonophysics 815, 229001.

Ferrando, C., France, L., Basch, V., Sanfilippo, A., Tribuzio, R., Boulanger, M., 2021b. Grain size variations record segregation of residual melts in slow-spreading oceanic crust (Atlantis Bank, 57°E Southwest Indian Ridge). Journal of Geophysical Research Solid Earth 126, e2020JB020997.

Ferrari, O.M., Hochard, C., Stampfli, G.M., 2008. An alternative plate tectonic model for the Palaeozoic-Early Mesozoic Palaeotethyan evolution of southeast Asia (Northern Thailand–Burma). Tectonophysics 451, 346–365.

Ferry, J.M., Watson, E.B., 2007. New thermodynamic models and revised calibrations for the Ti-in-zircon and Zr-in-rutile thermometers. Contributions to Mineralogy and Petrology 154, 429–437.

Fitton, J.G., 1972. The genetic significance of almandine-pyrope phenocrysts in calc-alkaline Borrowdale Volcanic Group, northern England. Contributions to Mineralogy and Petrology 36, 231–248.

Frey, F.A., Garcia, M.O., Wise, W.S., Kennedy, A., Gurriet, P., Albarede, F., 1991. The evolution of Mauna-Kea Volcano, Hawaii-petrogenesis of tholeiitic and alkalic basalts. Journal of Geophysical 96, 14347–14375.

Frost, C.D., Frost, B.R., 1997. Reduced rapakivi-type granites: the tholeiite connection. Geology 25, 647–650.

Frost, C.D., Frost, B.R., 2010. On ferroan (A-type) granitoids: their compositional variability and modes of origin. Journal of Petrology 52, 39–53.

Gaetani, G.A., Grove, T.L., Bryan, W.B., 1993. The influence of water on the petrogenesis of subduction-related igneous rocks. Nature 365, 332–334.

Gao, S., Ling, W.L., Qiu, Y.M., Lian, Z., Hartmann, G., Simon, K., 1999. Contrasting geochemical and Sm-Nd isotopic compositions of Archean metasediments from the Kongling high-grade terrain of the Yangtze craton: evidence for cratonic evolution and redistribution of REE during crustal anatexis. Geochimica et Cosmochimica Acta 63, 2071–2088.

Gao, S., Rudnick, R.L., Yuan, H.L., Liu, X.M., Liu, Y.S., Xu, W.L., Ling, W.L., Ayers, J., Wang, X.C., Wang, Q.H., 2004. Recycling lower continental crust in the North China craton. Nature 432, 892–897.

Garzanti, E., Nicora, A., Tintori, T., Sciunnach, D., Angiolini, L., 1994. Late Paleozoic stratigraphy and petrography of the Thini Chu Group (Manang, Central Nepal): sedimentary record of Gondwana glaciation and rifting of Neotethys. Rivista Italiana di Paleontologiia e Stratigrafia 100, 155–194.

Garzanti, E., Angiolini, L., Sciunnach, D., 1996. The Permian Kuling Group (Spiti, Lahaul and Zanskar; NW Himalaya): sedimentary evolution during rift/drift transition and initial opening of Neo-Tethys. Rivista Italiana di Paleontologiia e Stratigrafia 102, 175–200.

Garzanti, E., Le Fort, P., Sciunnach, D., 1999. First report of Lower Permian basalts in south Tibet: tholeiitic magmatism during break-up and incipient opening of Neotethys. Journal of Asian Earth Sciences 17, 533–546.

Gehrels, G., Kapp, P., DeCelles, P., Pullen, A., Blakey, R., Weislogel, A., Ding, L., Guynn, J., Martin, A.,

McQuarrie, N., Yin, A., 2011. Detrital zircon geochronology of pre-Tertiary strata in the Tibetan-Himalayan orogen. Tectonics 30, TC5016.

Gillis, K.M., Meyer, P.S., 2001. Metasomatism of oceanic gabbros by late stage melts and hydrothermal fluids: evidence from the rare earth element composition of amphiboles. Geochemistry Geophysics Geosystems 2, 2000GC000087.

Goss, A.R., Kay, S.M., Mpodozis, C., 2013. Andean adakite-like high-Mg andesites on the northern margin of the Chilean-Pampean flat-slab (27–28.5°S) associated with frontal arc migration and fore-arc subduction erosion. Journal of Petrology 54, 2193–2234.

Greber, N.D., Dauphas, N., 2019. The chemistry of fine-grained terrigenous sediments reveals a chemically evolved Paleoarchean emerged crust. Geochimica et Cosmochimica Acta 255, 247–264.

Green, D.H., Ringwood, A.E., 1967. The genesis of basaltic magmas. Contributions to Mineralogy and Petrology 15, 103–190.

Green, T.H., 1977. Garnet in silicic liquids and its possible use as a *P-T* indicator. Contributions to Mineralogy and Petrology 65, 59–67.

Green, T.H., 1982. Anatexis of mafic crust and high pressure crystallization of andesite, In: Thorpe, R.S. (Ed.), Andesites: orogenic andesites and related rocks. John Wiley, Chichester, 465–487.

Green, T.H., 1992. Experimental phase-equilibrium studies of garnet-bearing I-type volcanics and high-level intrusives from Northland, New Zealand. Earth and Environmental Science Transactions of the Royal Society of Edinburgh 83, 429–438.

Green, T.H., Hellman, P.L., 1982. Fe-Mg partitioning between coexisting garnet and phengite at high pressure, and comments on a garnet-phengite geothermometer. Lithos 15, 253–266.

Green, T.H., Pearson, N.J., 1986. Ti-rich accessory phase saturation in hydrous mafic-felsic compositions at high *P*, *T*. Chemical Geology 54, 185–201.

Green, T.H., Ringwood, A.E., 1968. Origin of garnet phenocrysts in calc-alkaline rocks. Contributions to Mineralogy and Petrology 18, 163–174.

Grimes, C.B., John, B.E., Cheadle, M.J., Mazdab, F.K., Wooden, J.L., Swapp, S., Schwartz, J.J., 2009. On the occurrence, trace element geochemistry, and crystallization history of zircon from in situ ocean lithosphere. Contributions to Mineralogy and Petrology 158, 757.

Grove, T.L., Kinzler, R.J., Bryan, W.B., 1992. Fractionation of Mid-Ocean Ridge Basalt (MORB). In: Morgan, J.P., Blackman, D.K., Sinton, J.M. (Eds.), Mantle Flow and Melt Generation at Mid-Ocean Ridges: American Geophysical Union, 281–310.

Grove, T.L., Elkins-Tanton, L.T., Parman, S.W., Chatterjee, N., Muntener, O., Gaetani, G.A., 2003. Fractional crystallization and mantle-melting controls on calc-alkaline differentiation trends. Contributions to Mineralogy and Petrology 145, 515–533.

Gualda, G.A.R., Ghiorso, M.S., Lemons, R.V., Carley, T.L., 2012. Rhyolite-MELTS: a modified calibration of MELTS optimized for silica-rich, fluid-bearing magmatic systems. Journal of Petrology 53, 875–890.

Gutiérrez-Alonso, G., Fernández-Suárez, J., Weil, A.B., Murphy, J.B., Nance, R.D., Corfu, F., Johnston, S.T.,

2008. Self-subduction of the Pangaean global plate. Nature Geoscience 1, 549–553.

Handley, H.K., Turner, S., Macpherson, C.G., Gertisser, R., Davidson, J.P., 2011. Hf-Nd isotope and trace element constraints on subduction inputs at island arcs: limitations of Hf anomalies as sediment input indicators. Earth and Planetary Science Letters 304, 212–223.

Hanyu, T., Tatsumi, Y., Nakai, S., Chang, Q., Miyazaki, T., Sato, K., Tani, K., Shibata, T., Yoshida, T., 2006. Contribution of slab melting and slab dehydration to magmatism in the NE Japan arc for the last 25 Myr: constraints from geochemistry. Geochemistry Geophysics Geosystems 7, Q08002.

Harangi, S., Downes, H., Kosa, L., Szabo, C., Thirlwall, M.F., Mason, P.R.D., Mattey, D., 2001. Almandine garnet in calc-alkaline volcanic rocks of the northern Pannonian Basin (eastern-central Europe): geochemistry, petrogenesis and geodynamic implications. Journal of Petrology 42, 1813–1843.

He, Q., Xiao, L., Balta, B., Gao, R., Chen, J.Y., 2010. Variety and complexity of the Late-Permian Emeishan basalts: reappraisal of plume-lithosphere interaction processes. Lithos 119, 91–107.

He, W.H., Bu, J.J., Niu, Z.J., Zhang, Y., 2009. A new Late Permian brachiopod fauna from Tanggula, Qinghai-Tibet Plateau and its palaeogeographical implications. Alcheringa 33, 113–132.

Hening, A., 1915. Zur Petrographie and geologie von Sudwest Tibet, in Southern Tibet, vol.5, edited by Hedin, S., 220 pp., Norstedt, Stockholm.

Herzberg, C., O'Hara, M.J., 2002. Plume-associated ultramafic magmas of phanerozoic age. Journal of Petrology 43, 1857–1883.

Hildreth, W., Moorbath, S., 1988. Crustal contributions to arc magmatism in the Andes of central Chile. Contributions to Mineralogy and Petrology 98, 455–489.

Hirano, N., Takahashi, E., Yamamoto, J., Abe, N., Ingle, S.P., Kaneoka, I., Hirata, T., Kimura, J.I., Ishii, T., Ogawa, Y., Machida, S., Suyehiro, K., 2006. Volcanism in response to plate flexure. Science 313, 1426–1428.

Hiroi, Y., Ogo, Y., Namba, K., 1994. Evidence for prograde metamorphic evolution of Sri Lankan pelitic granulites, and implications for the development of continental crust. Precambrian Research 66, 245–263.

Holness, M.B., Hallworth, M.A., Woods, A., Sides, R.E., 2007. Infiltration metasomatism of cumulates by intrusive magma replenishment: the Wavy Horizon, Isle of Rum, Scotland. Journal of Petrology 48, 563–587.

Hu, P., Li, C., Wang, M., 2013. Cambrian volcanism in the Lhasa terrane, southern Tibet: record of an early Paleozoic Andean-type magmatic arc along the Gondwana proto-Tethyan margin. Journal of Asian Earth Sciences 77, 91–107.

Huang, K., Opdyke, N.D., Peng, X.G., Li, J.G., 1992. Paleomagnetic results from the upper Permian of the eastern Qiangtang terrane of Tibet and their tectonic implications. Earth and Planetary Science Letters 111, 1–10.

Humphreys, M.C.S., Cooper, G.F., Zhang, J., Loewen, M., Kent, A.J.R., Macpherson, C.G., Davidson, J.P., 2019. Unravelling the complexity of magma plumbing at Mount St. Helens: a new trace element partitioning scheme for amphibole. Contributions to Mineralogy and Petrology 174, 9.

Hynes, A., Forest, R.C., 1988. Empirical garnet-muscovite geothermometry in low-grade metapelites, Selwyn Range (Canadian Rockies). Journal of Metamorphic Geology 6, 297–309.

Jackson, M.D., Blundy, J., Sparks, R.S.J., 2018. Chemical differentiation, cold storage and remobilization of magma in the Earth's crust. Nature 564, 405–409.

Jagoutz, O.E., 2010. Construction of the granitoid crust of an island arc. Part II: a quantitative petrogenetic model. Contributions to Mineralogy and Petrology 160, 359–381.

Jaques, A.L., Green, D.H., 1980. Anhydrous melting of peridotite at 0-15 kb pressure and the genesis of tholeiitic basalts. Contributions to Mineralogy and Petrology 73, 287–310.

Jiang, Q.Y., Li, C., Su, L., Hu, P.Y., Xie, C.M., Wu, H., 2015. Carboniferous arc magmatism in the Qiangtang area, northern Tibet: zircon U-Pb ages, geochemical and Lu-Hf isotopic characteristics, and tectonic implications. Journal of Asian Earth Sciences 100, 132–144.

Johnson, M.C., Plank, T., 2000. Dehydration and melting experiments constrain the fate of subducted sediments. Geochemistry Geophysics Geosystems 1, 1007.

Jordan, B.T., Grunder, A.L., Duncan, R.A., Deino, A.L., 2004. Geochronology of age-progressive volcanism of the Oregon High Lava Plains: implications for the plume interpretation of Yellowstone. Journal of Geophysical Research: Solid Earth 109, B10202.

Juster, T.C., Grove, T.L., Perfit, M.R., 1989. Experimental constraints on the generation of Fe-Ti basalts, andesites, and rhyodacites at the Galapagos Spreading Center, 85 W and 95 W. Journal of Geophysical Research: 94, 9251–9274.

Kapp, P., Yin, A., Manning, C.E., 2000. Blueschist-bearing metamorphic core complexes in the Qiangtang block reveal deep crustal structure of northern Tibet. Geology 28, 19–22.

Kapp, P., Yin, A., Manning, C.E., 2003. Tectonic evolution of the early Mesozoic blueschist-bearing Qiangtang metamorphic belt, central Tibet. Tectonics 22, 1043.

Kay, R.W., 1978. Aleutian magnesian andesites-melts from subducted Pacific ocean crust. Journal of Volcanology and Geothermal Research 4, 117–132.

Kay, S.M., Ramos, V.A., Marquez, M., 1993. Evidence in Cerro Pampa volcanic rocks for slab melting prior to ridge-trench collision in southern South America. Journal of Geology 101, 703–714.

Kay, S.M., Jicha, B.R., Citron, G.L., Kay, R.W., Tibbetts, A.K., Rivera, T.A., 2019. The calc-alkaline Hidden Bay and Kagalaska Plutons and the construction of the Central Aleutian oceanic arc crust. Journal of Petrology 60, 393–439.

Kelemen, P.B., 1995. Genesis of high Mg-number andesites and the continental-crust. Contributions to Mineralogy and Petrology 120, 1–19.

Kelemen, P.B., Yogodzinski, G.M., Scholl, D.W., 2003. Along-strike variation in the Aleutian island arc: genesis of high Mg# andesite and implications for continental crust. Inside the Subduction Factory. American Geophysical Union, 223–276.

Kelemen, P.B., Hanghøj, K., Greene, A.R., 2014. One view of the geochemistry of subduction-related magmatic arcs, with an emphasis on primitive andesite and lower crust. In: Turekian, K.K. (Ed.), Treatise on Geochemistry (Second Edition). Elsevier, Oxford, 749–806.

Kemp, A.I.S., Hawkesworth, C.J., Foster, G.L., Paterson, B.A., Woodhead, J.D., Hergt, J.M., Gray, C.M., Whitehouse, M.J., 2007. Magmatic and crustal differentiation history of granitic rocks from Hf-O isotopes in zircon. Science 315, 980–983.

Kepezhinskas, P., Defant, M.J., Drummond, M.S., 1996. Progressive enrichment of island arc mantle by melt-peridotite interaction inferred from Kamchatka xenoliths. Geochimica et Cosmochimica Acta 60, 1217–1229.

Kessel, R., Schmidt, M.W., Ulmer, P., Pettke, T., 2005. Trace element signature of subduction-zone fluids, melts and supercritical liquids at 120-180 km depth. Nature 437, 724–727.

Kesson, S., Price, R.C., 1972. Major and trace-element chemistry of kaersutite and its bearing on petrogenesis of alkaline rocks. Contributions to Mineralogy and Petrology 35, 119–124.

Kincaid, C., Druken, K.A., Griffiths, R.W., Stegman, D.R., 2013. Bifurcation of the Yellowstone plume driven by subduction-induced mantle flow. Nature Geoscience 6, 395–399.

King, P.L., White, A.J.R., Chappell, B.W., Allen, C.M., 1997. Characterization and origin of aluminous A-type granites from the Lachlan Fold Belt, southeastern Australia. Journal of Petrology 38, 371–391.

King, P.L., Chappell, B.W., Allen, C.M., White, A.J.R., 2001. Are A-type granites the high-temperature felsic granites? Evidence from fractionated granites of the Wangrah Suite. Australian Journal of Earth Sciences 48, 501–514.

Kinzler, R.J., Grove, T.L., 1992. Primary magmas of mid-ocean ridge basalts. 1. Experiments and methods. Journal of Geophysical Research 97, 6885–6906.

Kiss, B., Harangi, S., Ntaflos, T., Mason, P.R.D., Pal-Molnar, E., 2014. Amphibole perspective to unravel pre-eruptive processes and conditions in volcanic plumbing systems beneath intermediate arc volcanoes: a case study from Ciomadul volcano (SE Carpathians). Contributions to Mineralogy and Petrology 167, 986.

Klaver, M., Blundy, J.D., Vroon, P.Z., 2018. Generation of arc rhyodacites through cumulate-melt reactions in a deep crustal hot zone: evidence from Nisyros volcano. Earth and Planetary Science Letters 497, 169–180.

Korenaga, J., Kelemen, P.B., 1998. Melt migration through the oceanic lower crust: a constraint from melt percolation modeling with finite solid diffusion. Earth and Planetary Science Letters 156, 1–11.

Krawczynski, M.J., Grove, T.L., Behrens, H., 2012. Amphibole stability in primitive arc magmas: effects of temperature, H_2O content, and oxygen fugacity. Contributions to Mineralogy and Petrology 164, 317–339.

Krogh, E.J., Råheim, A., 1978. Temperature and pressure dependence of Fe-Mg partitioning between garnet and phengite, with particular reference to eclogites. Contributions to Mineralogy and Petrology 66, 75–80.

Kukowski, N., Oncken, O., 2006. Subduction erosion-the "normal" mode of fore-arc material transfer along the Chilean Margin. In: Oncken, O., Chong, G., Frantz, G., Giese, P., Gotze, H.J., Ramos, V.A., Strecker, M., Wigger, P. (eds.), The Andes: active subduction orogeny, Springer, 217–236.

Lanzirotti, A., 1995. Yttrium zoning in metamorphic garnets. Geochimica et Cosmochimica Acta 59, 4105–4110.

Lassiter, J.C., DePaolo, D.J., 1997. Plume/lithosphere interaction in the generation of continental and oceanic flood basalts: chemical and isotopic constraints. In: Mahoney, J.J., Coffin, M.F. (eds.), Large igneous provinces: continental, oceanic, and planetary flood volcanism. American Geophysical Union, Washington, DC.

Lebas, M.J., Lemaitre, R.W., Streckeisen, A., Zanettin, B., 1986. A chemical classification of volcanic-rocks based on the total alkali silica diagram. Journal of Petrology 27, 745–750.

Lee, C.T.A., Tang, M., 2020. How to make porphyry copper deposits. Earth and Planetary Science Letters 529, 115868.

Lee, C.T.A., Cheng, X., Horodyskyj, U., 2006. The development and refinement of continental arcs by primary basaltic magmatism, garnet pyroxenite accumulation, basaltic recharge and delamination: insights from the Sierra Nevada, California. Contributions to Mineralogy and Petrology 151, 222–242.

Lee, C.T.A., Luffi, P., Plank, T., Dalton, H., Leeman, W.P., 2009. Constraints on the depths and temperatures of basaltic magma generation on Earth and other terrestrial planets using new thermobarometers for mafic magmas. Earth and Planetary Science Letters 279, 20–33.

Lee, C.T.A., Lee, T.C., Wu, C.T., 2014. Modeling the compositional evolution of recharging, evacuating, and fractionating (REFC) magma chambers: implications for differentiation of arc magmas. Geochimica et Cosmochimica Acta 143, 8–22.

Leterrier, J., Maury, R.C., Thonon, P., Girard, D., Marchal, M., 1982. Clinopyroxene composition as a method of identification of the magmatic affinities of paleovolcanic series. Earth and Planetary Science Letters 59, 139–154.

Leuthold, J., Blundy, J.D., Brooker, R.A., 2015. Experimental petrology constraints on the recycling of mafic cumulate: a focus on Cr-spinel from the Rum Eastern Layered Intrusion, Scotland. Contributions to Mineralogy and Petrology 170, 12.

Li, H.B., Zhang, Z.C., Santosh, M., Lu, L.S., Han, L., Liu, W., Cheng, Z.G., 2016. Late Permian basalts in the northwestern margin of the Emeishan Large Igneous Province: implications for the origin of the Songpan-Ganzi Terrane. Lithos 256, 75–87.

Li, J., Xu, J.F., Suzuki, K., He, B., Xu, Y.G., Ren, Z.Y., 2010. Os, Nd and Sr isotope and trace element geochemistry of the Muli picrites: insights into the mantle source of the Emeishan Large Igneous Province. Lithos 119, 108–122.

Liao, S.Y., Wang, D.B., Tang, Y., Yin, F.G., Cao, S.N., Wang, L.Q., Wang, B.D., Sun, Z.M., 2015. Late Paleozoic Woniusi basaltic province from Sibumasu terrane: implications for the breakup of eastern Gondwana's northern margin. Geological Society of America Bulletin 127, 1313–1330.

Linnen, R.L., Keppler, H., 2002. Melt composition control of Zr/Hf fractionation in magmatic processes.

Geochimica et Cosmochimica Acta 66, 3293–3301.

Lissenberg, C.J., Dick, H.J.B., 2008. Melt-rock reaction in the lower oceanic crust and its implications for the genesis of mid-ocean ridge basalt. Earth and Planetary Science Letters 271, 311–325.

Lissenberg, C.J., MacLeod, C.J., 2016. A reactive porous flow control on mid-ocean ridge magmatic evolution. Journal of Petrology 57, 2195–2219.

Lissenberg, C.J., MacLeod, C.J., Howard, K.A., Godard, M., 2013. Pervasive reactive melt migration through fast-spreading lower oceanic crust (Hess Deep, equatorial Pacific Ocean). Earth and Planetary Science Letters 361, 436–447.

Lissenberg, C.J., MacLeod, C.J., Bennett, E.N., 2019. Consequences of a crystal mush-dominated magma plumbing system: a mid-ocean ridge perspective. Philosophical Transactions of the Royal Society A-Mathematical Physical and Engineering Sciences 377, 20180014.

Liu, B., Ma, C.Q., Guo, P., Sun, Y., Gao, K., Guo, Y.H., 2016a. Evaluation of late Permian mafic magmatism in the central Tibetan Plateau as a response to plume-subduction interaction. Lithos 264, 1–16.

Liu, B., Ma, C.Q., Guo, Y.H., Xiong, F.H., Guo, P., Zhang, X., 2016b. Petrogenesis and tectonic implications of Triassic mafic complexes with MORB/OIB affinities from the western Garze-Litang ophiolitic melange, central Tibetan Plateau. Lithos 260, 253–267.

Loucks, R.R., 1990. Discrimination of ophiolitic from non-ophiolitic ultramafic-mafic allochthons in orogenic belts by the Al/Ti ratio in clinopyroxene. Geology 18, 346–349.

Ludwig, K.R., 2003. User's manual for Isoplot 3.00: a geochronological toolkit for Microsoft Excel.

Luo, B., Zhang, H., Xu, W., Yang, H., Zhao, J., Guo, L., Zhang, L., Tao, L., Pan, F., Gao, Z., 2018. The magmatic plumbing system for Mesozoic high-Mg andesites, garnet-bearing dacites and porphyries, rhyolites and leucogranites from west Qinling, central China. Journal of Petrology 59, 447–481.

Ma, Y.M., Wang, Q., Wang, J., Yang, T.S., Tan, X.D., Dan, W., Zhang, X.Z., Ma, L., Wang, Z.L., Hu, W.L., Zhang, S.H., Wu, H.C., Li, H.Y., Cao, L.W., 2019. Paleomagnetic constraints on the origin and drift history of the North Qiangtang Terrane in the Late Paleozoic. Geophysical Research Letters 46, 689–697.

MacDonald, G.A., Katsura, T., 1964. Chemical composition of Hawaiian Lavas. Journal of Petrology 5, 82–133.

Macpherson, C.G., Dreher, S.T., Thirlwall, M.F., 2006. Adakites without slab melting: high pressure differentiation of island arc magma, Mindanao, the Philippines. Earth and Planetary Science Letters 243, 581–593.

Mahmoud, R.I., Faryad, S.W., Holub, F.V., Košler, J., Frank, W., 2011. Magmatic and metamorphic evolution of the Shotur Kuh metamorphic complex (Central Iran). International Journal of Earth Sciences 100, 45–62.

Martin, H., Smithies, R.H., Rapp, R., Moyen, J.F., Champion, D., 2005. An overview of adakite, tonalite-trondhjemite-granodiorite (TTG), and sanukitoid: relationships and some implications for crustal evolution. Lithos 79, 1–24.

Massonne, H.J., Schreyer, W., 1987. Phengite geobarometry based on the limiting assemblage with K-feldspar, phlogopite, and quartz. Contributions to Mineralogy and Petrology 96, 212–224.

Mathez, E.A., 1995. Magmatic metasomatism and formation of the Merensky Reef, Bushveld Complex. Contributions to Mineralogy and Petrology 119, 277–286.

Mazza, S.E., Gazel, E., Johnson, E.A., Kunk, M.J., McAleer, R., Spotila, J.A., Bizimis, M., Coleman, D.S., 2014. Volcanoes of the passive margin: the youngest magmatic event in eastern North America. Geology 42, 483–486.

McCurry, M., Hayden, K.P., Morse, L.H., Mertzman, S., 2008. Genesis of post-hotspot, A-type rhyolite of the Eastern Snake River Plain volcanic field by extreme fractional crystallization of olivine tholeiite. Bulletin of Volcanology 70, 361–383.

McDonough, W.F., 1990. Constraints on the composition of the continental lithospheric mantle. Earth and Planetary Science Letters 101, 1–18.

McKenzie, D., 1985. The extraction of magma from the crust and mantle. Earth and Planetary Science Letters 74, 81–91.

McKenzie, D., O'Nions, R.K., 1991. Partial melt distributions from inversion of rare-earth element concentrations. Journal of Petrology 32, 1021–1091.

Metcalfe, I., 2006. Palaeozoic and Mesozoic tectonic evolution and palaeogeography of East Asian crustal fragments: the Korean Peninsula in context. Gondwana Research 9, 24–46.

Metcalfe, I., 2009. Comment on "An alternative plate tectonic model for the Palaeozoic-Early Mesozoic Palaeotethyan evolution of Southeast Asia (Northern Thailand-Burma)" by Ferrari, O.M., Hochard, C., Stampfli, G.M., Tectonophysics 451, 346–365 (doi: 10.1016/j.tecto.2007.11.065). Tectonophysics 471, 329–332.

Metcalfe, I., 2011a. Palaeozoic–Mesozoic history of SE Asia. Geological Society Special Publication 355, 7–35.

Metcalfe, I., 2011b. Tectonic framework and Phanerozoic evolution of Sundaland. Gondwana Research 19, 3–21.

Metcalfe, I., 2013. Gondwana dispersion and Asian accretion: tectonic and palaeogeographic evolution of eastern Tethys. Journal of Asian Earth Sciences 66, 1–33.

Miller, C.F., McDowell, S.M., Mapes, R.W., 2003. Hot and cold granites? Implications of zircon saturation temperatures and preservation of inheritance. Geology 31, 529–532.

Miller, D., Abratis, M., Christic, D. et al., 2009. Data report: microprobe analyses of primary mineral phases from Site U1309, Atlantis Massif, IODP Expedition 304/305. In: Blackman, D. K., Ildefonse, B., John, B.E., et al. (ed.) Proceedings of IODP 304/305, Integrated Ocean Drilling Program Management International.

Mitchell, A.L., Grove, T.L., 2015. Melting the hydrous, subarc mantle: the origin of primitive andesites. Contributions to Mineralogy and Petrology 170, 50.

Miyashiro, A., 1974. Volcanic rock series in island arcs and active continental margins. American Journal of Science 274, 321–355.

Miyashiro, A., 1978. Nature of alkalic volcanic rock series. Contributions to Mineralogy and Petrology 66, 91–104.

Molina, J.F., Scarrow, J.H., Montero, P.G., Bea, F., 2009. High-Ti amphibole as a petrogenetic indicator of magma chemistry: evidence for mildly alkalic-hybrid melts during evolution of Variscan basic-ultrabasic magmatism of Central Iberia. Contributions to Mineralogy and Petrology 158, 69–98.

Molina, J.F., Moreno, J.A., Castro, A., Rodriguez, C., Fershtater, G.B., 2015. Calcic amphibole thermobarometry in metamorphic and igneous rocks: new calibrations based on plagioclase/amphibole Al-Si partitioning and amphibole/liquid Mg partitioning. Lithos 232, 286–305.

Mungall, J.E., 2002. Roasting the mantle: slab melting and the genesis of major Au and Au-rich Cu deposits. Geology 30, 915–918.

Münker, C., Worner, G., Yogodzinski, G., Churikova, T., 2004. Behaviour of high field strength elements in subduction zones: constraints from Kamchatka-Aleutian arc lavas. Earth and Planetary Science Letters 224, 275–293.

Müntener, O., Kelemen, P.B., Grove, T.L., 2001. The role of H_2O during crystallization of primitive arc magmas under uppermost mantle conditions and genesis of igneous pyroxenites: an experimental study. Contributions to Mineralogy and Petrology 141, 643–658.

Namur, O., Humphreys, M.C.S., Holness, M.B., 2013. Lateral reactive infiltration in a vertical gabbroic crystal mush, Skaergaard Intrusion, East Greenland. Journal of Petrology 54, 985–1016.

Naumann, T.R., Geist, D.J., 1999. Generation of alkalic basalt by crystal fractionation of tholeiitic magma. Geology 27, 423–426.

Nisbet, E.G., Pearce, J.A., 1977. Clinopyroxene composition in mafic lavas from different tectonic settings. Contributions to Mineralogy and Petrology 63, 149–160.

Patiño Douce, A.E., 1997. Generation of metaluminous A-type granites by low-pressure melting of calc-alkaline granitoids. Geology 25, 743–746.

Pearce, J.A., 1996. A users guide to basalt discrimination diagrams. In: Wyman, D. A. (ed.), Trace element geochemistry of volcanic rocks: applications for massive sulphide exploration. Geological Association of Canada, Short Course Notes, 79–113.

Pearce, J.A., 2008. Geochemical fingerprinting of oceanic basalts with applications to ophiolite classification and the search for Archean oceanic crust. Lithos 100, 14–48.

Pearce, J.A., Stern, R.J., Bloomer, S.H., Fryer, P., 2005. Geochemical mapping of the Mariana arc-basin system: implications for the nature and distribution of subduction components. Geochemistry Geophysics Geosystems 6, Q07006.

Peate, D.W., 1997. The Paraná-Etendeka Province. In: Mahoney, J.J., Coffin, M.F. (eds.), Large igneous provinces: continental, oceanic, and planetary flood volcanism. American Geophysical Union, Washington, DC, 217–246.

Pfänder, J.A., Munker, C., Stracke, A., Mezger, K., 2007. Nb/Ta and Zr/Hf in ocean island basalts-implications for crust-mantle differentiation and the fate of niobium. Earth and Planetary Science Letters 254, 158–

172.

Pilet, S., 2015. Generation of low-silica alkaline lavas: Petrological constraints, models, and thermal implications. In: Foulger, G. R., Lustrino, M., and King, S.D. (eds.), The Interdisciplinary Earth: a Volume in Honor of Don L. Anderson: Geological Society of America Special Paper, 281–304.

Pilet, S., Baker, M.B., Stolper, E.M., 2008. Metasomatized lithosphere and the origin of alkaline lavas. Science 320, 916–919.

Pilet, S., Baker, M.B., Muntener, O., Stolper, E.M., 2011. Monte Carlo simulations of metasomatic enrichment in the lithosphere and implications for the source of alkaline basalts. Journal of Petrology 52, 1415–1442.

Plank, T., 2005. Constraints from thorium/lanthanum on sediment recycling at subduction zones and the evolution of the continents. Journal of Petrology 46, 921–944.

Plank, T., Langmuir, C.H., 1998. The chemical composition of subducting sediment and its consequences for the crust and mantle. Chemical Geology 145, 325–394.

Polat, A., Hofmann, A.W., 2003. Alteration and geochemical patterns in the 3.7–3.8 Ga Isua greenstone belt, West Greenland. Precambrian Research 126, 197–218.

Prouteau, G., Scaillet, B., 2003. Experimental constraints on the origin of the 1991 Pinatubo dacite. Journal of Petrology 44, 2203–2241.

Pullen, A., Kapp, P., Gehrels, G.E., Vervoort, J.D., Ding, L., 2008. Triassic continental subduction in central Tibet and Mediterranean-style closure of the Paleo-Tethys Ocean. Geology 36, 351–354.

Pullen, A., Kapp, P., Gehrels, G.E., 2011. Metamorphic rocks in central Tibet: lateral variations and implications for crustal structure. Geological Society of America Bulletin 123, 585–600.

Putirka, K., 2016. Amphibole thermometers and barometers for igneous systems and implications for eruption mechanisms of felsic magmas at arc volcanoes. American Mineralogist 101, 841–858.

Putirka, K.D., 2008. Thermometers and barometers for volcanic systems. Reviews in Mineralogy and Geochemistry 69, 61–120.

Putirka, K.D., Mikaelian, H., Ryerson, F., Shaw, H., 2003. New clinopyroxene-liquid thermobarometers for maric, evolved, and volatile-bearing lava compositions, with applications to lavas from Tibet and the Snake River Plain, Idaho. American Mineralogist 88, 1542–1554.

Ramos, V.A., Folguera, A., 2009. Andean flat-slab subduction through time. In: Murphy, J.B., Keppie, J.D., Hynes, A.J. (eds.), Ancient orogens and modern analogues, Geological Society of London, 31–54.

Ranero, C.R., von Huene, R., 2000. Subduction erosion along the middle America convergent margin. Nature 404, 748–752.

Rapp, R.P., Watson, E.B., 1995. Dehydration melting of metabasalt at 8–32 kbar: implications for continental growth and crust-mantle recycling. Journal of Petrology 36, 891–931.

Rapp, R.P., Shimizu, N., Norman, M.D., Applegate, G.S., 1999. Reaction between slab-derived melts and peridotite in the mantle wedge: experimental constraints at 3.8 GPa. Chemical Geology 160, 335–356.

Ribeiro, J.M., Maury, R.C., Gregoire, M., 2016. Are adakites slab melts or high-pressure fractionated mantle melts? Journal of Petrology 57, 839–862.

Ridd, M.F., 2009. The Phuket Terrane: a Late Palaeozoic rift at the margin of Sibumasu. Journal of Asian Earth Sciences 36, 238–251.

Ridolfi, F., Renzulli, A., 2012. Calcic amphiboles in calc-alkaline and alkaline magmas: thermobarometric and chemometric empirical equations valid up to 1130℃ and 2.2 GPa. Contributions to Mineralogy and Petrology 163, 877–895.

Ridolfi, F., Renzulli, A., Puerini, M., 2010. Stability and chemical equilibrium of amphibole in calc-alkaline magmas: an overview, new thermobarometric formulations and application to subduction-related volcanoes. Contributions to Mineralogy and Petrology 160, 45–66.

Rubatto, D., Hermann, J., 2007. Experimental zircon/melt and zircon/garnet trace element partitioning and implications for the geochronology of crustal rocks. Chemical Geology 241, 38–61.

Rudnick, R.L., Gao, S., 2003. Composition of the continental crust. In: Turekian, K.K. (Ed.), Treatise on Geochemistry. Pergamon, Oxford, 1–64.

Ryerson, F.J., Watson, E.B., 1987. Rutile saturation in magmas-implications for Ti-Nb-Ta depletion in island-arc basalts. Earth and Planetary Science Letters 86, 225–239.

Saki, A., 2010. Proto-Tethyan remnants in northwest Iran: geochemistry of the gneisses and metapelitic rocks. Gondwana Research 17, 704–714.

Sanfilippo, A., MacLeod, C.J., Tribuzio, R., Lissenberg, C.J., Zanetti, A., 2020. Early-stage melt-rock reaction in a Cooling crystal mush beneath a slow-spreading mid-ocean ridge (IODP Hole U1473A, Atlantis Bank, Southwest Indian Ridge). Frontiers in Earth Science 8, 1–21.

Scaillet, B., Evans, B.W., 1999. The 15 June 1991 eruption of Mount Pinatubo. I. Phase equilibria and pre-eruption P-T-fO_2-fH_2O conditions of the dacite magma. Journal of Petrology 40, 381–411.

Schiano, P., Clocchiatti, R., Shimizu, N., Maury, R.C., Jochum, K.P., Hofmann, A.W., 1995. Hydrous, silica-rich melts in the sub-arc mantle and their relationship with erupted arc lavas. Nature 377, 595–600.

Sen, C., Dunn, T., 1994. Dehydration melting of a basaltic composition amphibolite at 1.5 and 2.0 GPa: implications for the origin of adakites. Contributions to Mineralogy and Petrology 117, 394–409.

Sengör, A.M.C, Cin, A., Rowley, D.B., 1993. Space-time patterns of magmatism along the Tethysides: a preliminary study. Journal of Geology 101, 51–84.

Sengör, A.M.C., Altıner, D., Cin, A., 1988. Origin and assembly of the Tethyside orogenic collage at the expense of Gondwana Land. Geological Society Special Publication 37, 119–181.

Shellnutt, J.G., 2018. The Panjal Traps. In: Sensarma, S., Storey, B.C. (eds.), Large igneous provinces from Gondwana and adjacent regions. Geological Society Special Publication 463, 59–86.

Shellnutt, J.G., Zhou, M.F., 2007. Permian peralkaline, peraluminous and metaluminous A-type granites in the Panxi district, SW China: their relationship to the Emeishan mantle plume. Chemical Geology 243, 286–316.

Shellnutt, J.G., Bhat, G.M., Wang, K.L., Yeh, M.W., Brookfield, M.E., Jahn, B.M., 2015. Multiple mantle sources of the Early Permian Panjal Traps, Kashmir, India. American Journal of Science 315, 589–619.

Shibata, T., Yoshimoto, M., Fujii, T., Nakada, S., 2015. Geochemical and Sr-Nd isotopic characteristics of

Quaternary Magmas from the Pre-Komitake volcano. Journal of Mineralogical and Petrological Sciences 110, 65–70.

Shinjo, R., Kato, Y., 2000. Geochemical constraints on the origin of bimodal magmatism at the Okinawa Trough, an incipient back-arc basin. Lithos 54, 117–137.

Shuto, K., Sato, M., Kawabata, H., Osanai, Y., Nakano, N., Yashima, R., 2013. Petrogenesis of middle Miocene primitive basalt, andesite and garnet-bearing adakitic rhyodacite from the Ryozen Formation: implications for the tectono-magmatic evolution of the NE Japan arc. Journal of Petrology 54, 2413–2454.

Sisson, T.W., Grove, T.L., 1993. Experimental investigations of the role of H_2O in calc-alkaline differentiation and subduction zone magmatism. Contributions to Mineralogy and Petrology 113, 143–166.

Sisson, T.W., Kelemen, P.B., 2018. Near-solidus melts of MORB+4 wt% H_2O at 0.8-2.8 GPa applied to issues of subduction magmatism and continent formation. Contributions to Mineralogy and Petrology 173, 70.

Song, P., Ding, L., Li, Z., Lippert, P. C., Yang, T., Zhao, X., Fu, J.J, Yue, Y., 2015. Late Triassic paleolatitude of the Qiangtang block: implications for the closure of the Paleo-Tethys Ocean. Earth and Planetary Science Letters 424, 69–83.

Song, P.P., Ding, L., Li, Z.Y., Lippert, P.C., Yue, Y.H., 2017. An early bird from Gondwana: paleomagnetism of Lower Permian lavas from northern Qiangtang (Tibet) and the geography of the Paleo-Tethys. Earth and Planetary Science Letters 475, 119–133.

Song, X.Y., Zhou, M.F., Cao, Z.M., Robinson, P.T., 2004. Late Permian rifting of the South China Craton caused by the Emeishan mantle plume? Journal of the Geological Society 161, 773–781.

Song, X.Y., Qi, H.W., Robinson, P.T., Zhou, M.F., Cao, Z.M., Chen, L.M., 2008. Melting of the subcontinental lithospheric mantle by the Emeishan mantle plume; evidence from the basal alkaline basalts in Dongchuan, Yunnan, Southwestern China. Lithos 100, 93–111.

Sparks, R.S.J., Annen, C., Blundy, J.D., Cashman, K.V., Rust, A.C., Jackson, M.D., 2019. Formation and dynamics of magma reservoirs. Philosophical Transactions of the Royal Society A-Mathematical Physical and Engineering Sciences 377, 20180019.

Stampfli, G.M., Borel, G.D., 2002. A plate tectonic model for the Paleozoic and Mesozoic constrained by dynamic plate boundaries and restored synthetic oceanic isochrons. Earth and Planetary Science Letters 196, 17–33.

Stern, C.R., 2011. Subduction erosion: rates, mechanisms, and its role in arc magmatism and the evolution of the continental crust and mantle. Gondwana Research 20, 284–308.

Stone, S., Niu, Y.L., 2009. Origin of compositional trends in clinopyroxene of oceanic gabbros and gabbroic rocks: a case study using data from ODP Hole 735B. Journal of Volcanology and Geothermal Research 184, 313–322.

Streck, M.J., Grunder, A.L., 2008. Phenocryst-poor rhyolites of bimodal, tholeiitic provinces: the Rattlesnake Tuff and implications for mush extraction models. Bulletin of Volcanology 70, 385–401.

Streck, M.J., Leeman, W.P., Chesley, J., 2007. High-magnesian andesite from Mount Shasta: a product of magma mixing and contamination, not a primitive mantle melt. Geology 35, 351–354.

Sun, S.S., McDonough, W.F., 1989. Chemical and isotopic systematics of oceanic basalts: implications for mantle composition and processes. Geological Society Special Publication 42, 313–345.

Tang, G.J., Wang, Q., Wyman, D.A., Chung, S.L., Chen, H.Y., Zhao, Z.H., 2017. Genesis of pristine adakitic magmas by lower crustal melting: a perspective from amphibole composition. Journal of Geophysical Research: Solid Earth 122, 1934–1948.

Tang, M., Erdman, M., Eldridge, G., Lee, C.T.A., 2018. The redox "filter" beneath magmatic orogens and the formation of continental crust. Science Advances 4, eaar4444.

Tang, X. C., Zhang, K. J. 2014. Lawsonite-and glaucophane-bearing blueschists from NW Qiangtang, northern Tibet, China: mineralogy, geochemistry, geochronology, and tectonic implications. International Geology Review 56, 150–166.

Thy, P., Lofgren, G.E., 1994. Experimental constraints on the low-pressure evolution of transitional and mildly alkalic basalts-the effect of Fe-Ti oxide minerals and the origin of basaltic andesites. Contributions to Mineralogy and Petrology 116, 340–351.

Tiepolo, M., Oberti, R., Zanetti, A., Vannucci, R., Foley, S.F., 2007. Trace-element partitioning between amphibole and silicate melt. In: Hawthorne, F.C., Oberti, R., DellaVentura, G., Mottana, A. (eds.), Amphiboles: crystal chemistry, occurrence, and health issues, 417–451.

Toplis, M.J., Carroll, M.R., 1996. Differentiation of ferro-basaltic magmas under conditions open and closed to oxygen: implications for the Skaergaard intrusion and other natural systems. Journal of Petrology 37, 837–858.

Turner, S.P., Foden, J.D., Morrison, R.S., 1992. Derivation of some A-type magmas by fractionation of basaltic magma—an example from the Padthaway Ridge, South Australia. Lithos 28, 151–179.

Ulmer, P., Kaegi, R., Muntener, O., 2018. Experimentally derived intermediate to silica-rich arc magmas by fractional and equilibrium crystallization at 1.0 GPa: an evaluation of phase relationships, compositions, liquid lines of descent and oxygen fugacity. Journal of Petrology 59, 11–58.

Valley, J.W., Lackey, J.S., Cavosie, A.J., Clechenko, C.C., Spicuzza, M.J., Basei, M.A.S., Bindeman, I.N., Ferreira, V.P., Sial, A.N., King, E.M., Peck, W.H., Sinha, A.K., Wei, C.S., 2005. 4.4 billion years of crustal maturation: oxygen isotope ratios of magmatic zircon. Contributions to Mineralogy and Petrology 150, 561–580.

Van Orman, J.A., Grove, T.L., Shimizu, N., Layne, G.D., 2002. Rare earth element diffusion in a natural pyrope single crystal at 2.8 GPa. Contributions to Mineralogy and Petrology 142, 416–424.

Vannucchi, P., Sak, P.B., Morgan, J.P., Ohkushi, K.I., Ujiie, K., 2013. Rapid pulses of uplift, subsidence, and subduction erosion offshore Central America: implications for building the rock record of convergent margins. Geology 41, 995–998.

Velde, B., 1967. Si^{4+} content of natural phengites. Contributions to Mineralogy and Petrology 14, 250–258.

von Huene, R., Scholl, D.W., 1991. Observations at convergent margins concerning sediment subduction, subduction erosion, and the growth of continental crust. Reviews of Geophysics 29, 279–316.

von Huene, R., Ranero, C., Vannucchi, P., 2004. Generic model of subduction erosion. Geology 32, 913–916.

Walter, M.J., 1998. Melting of garnet peridotite and the origin of komatiite and depleted lithosphere. Journal of Petrology 39, 29–60.

Wang, B.D., Wang, L.Q., Chen, J.L., Liu, H., Yin, F.G., Li, X.B., 2017. Petrogenesis of Late Devonian-Early Carboniferous volcanic rocks in northern Tibet: new constraints on the Paleozoic tectonic evolution of the Tethyan Ocean. Gondwana Research 41, 142–156.

Wang, J., Wang, Q., Zhang, C., Dan, W., Qi, Y., Zhang, X.Z., Xia, X.P., 2018a. Late Permian bimodal volcanic rocks in the northern Qiangtang terrane, central Tibet: evidence for interaction between the Emeishan plume and the Paleo-Tethyan subduction system. Journal of Geophysical Research: Solid Earth 123, 6540–6561.

Wang, J., Gou, G.N., Wang, Q., Zhang, C., Dan, W., Wyman, D.A., Zhang, X.Z., 2018b. Petrogenesis of the Late Triassic diorites in the Hoh Xil area, northern Tibet: insights into the origin of the high-Mg# andesitic signature of continental crust. Lithos 300, 348–360.

Wang, J., Dan, W., Wang, Q., Tang, G.J., 2021. High-Mg# adakitic rocks formed by lower-crustal magma differentiation: mineralogical and geochemical evidence from garnet-bearing diorite porphyries in central Tibet. Journal of Petrology 62, 1–25.

Wang, J., Wang, Q., Zeng, J.P., Ou, Q., Dan, W., Yang, A.Y., Chen, Y.W., Wei, G.J., 2022. Generation of continental alkalic mafic melts by tholeiitic melt–mush reactions: a new perspective from contrasting mafic cumulates and dikes in central Tibet. Journal of Petrology 63, 1–21.

Wang, K., Hu, Y., Von Huene, R., Kukowski, N., 2010b. Interplate earthquakes as a driver of shallow subduction erosion. Geology 38, 431–434.

Wang, M., Li, C., Zeng, X.W., Li, H., Fan, J.J., Xie, C.M., Hao, Y.J., 2019b. Petrogenesis of the southern Qiangtang mafic dykes, Tibet: link to a late Paleozoic mantle plume on the northern margin of Gondwana? Geological Society of America Bulletin 131, 1907–1919.

Wang, Q., McDermott, F., Xu, J.F., Bellon, H., Zhu, Y.T., 2005. Cenozoic K-rich adakitic volcanic rocks in the Hohxil area, northern Tibet: lower-crustal melting in an intracontinental setting. Geology 33, 465–468.

Wang, Q., Xu, J.F., Jian, P., Bao, Z.W., Zhao, Z.H., Li, C.F., Xiong, X.L., Ma, J.L., 2006. Petrogenesis of adakitic porphyries in an extensional tectonic setting, Dexing, South China: implications for the genesis of porphyry copper mineralization. Journal of Petrology 47, 119–144.

Wang, Q., Wyman, D.A., Li, Z.X., Bao, Z.W., Zhao, Z.H., Wang, Y.X., Jian, P., Yang, Y.H., Chen, L.L., 2010a. Petrology, geochronology and geochemistry of ca. 780 Ma A-type granites in South China: Petrogenesis and implications for crustal growth during the breakup of the supercontinent Rodinia. Precambrian Research 178, 185–208.

Wang, X., Zhang, J., Santosh, M., 2012. Andean-type orogeny in the Himalayas of south Tibet: implications for early Paleozoic tectonics along the Indian margin of Gondwana. Lithos 154, 248–262.

Wang, X.D., Ueno, K., Mizuno, Y., Sugiyama, T., 2001. Late Paleozoic faunal, climatic, and geographic changes in the Baoshan block as a Gondwana-derived continental fragment in southwest China. Palaeogeography Palaeoclimatology Palaeoecology 170, 197–218.

Wang, Z., Wang, J., Fu, X., Feng, X., Armstrong-Altrin, J.S., Zhan, W., Wan, Y., Song, C., Ma, L., Shen, L., 2019a. Sedimentary successions and onset of the Mesozoic Qiangtang rift basin (northern Tibet), Southwest China: insights on the Paleo- and Meso-Tethys evolution. Marine and Petroleum Geology 102, 657–679.

Waters, L.E., Lange, R.A., 2015. An updated calibration of the plagioclase-liquid hygrometer-thermometer applicable to basalts through rhyolites. American Mineralogist 100, 2172–2184.

Watson, E.B., Harrison, T.M., 1983. Zircon saturation revisited-temperature and composition effects in a variety of crustal magma types. Earth and Planetary Science Letters 64, 295–304.

Weyer, S., Munker, C., Mezger, K., 2003. Nb/Ta, Zr/Hf and REE in the depleted mantle: implications for the differentiation history of the crust-mantle system. Earth and Planetary Science Letters 205, 309–324.

Whalen, J.B., Currie, K.L., Chappell, B.W., 1987. A-type granites-geochemical characteristics, discrimination and petrogenesis. Contributions to Mineralogy and Petrology 95, 407–419.

Whitaker, M.L., Nekvasil, H., Lindsley, D.H., Difrancesco, N.J., 2007. The role of pressure in producing compositional diversity in intraplate basaltic magmas. Journal of Petrology 48, 365–393.

Wijbrans, J.R., McDougall, I., 1986. $^{40}Ar/^{39}Ar$ dating of white micas from an Alpine high-pressure metamorphic belt on Naxos (Greece): the resetting of the argon isotopic system. Contributions to Mineralogy and Petrology 93, 187–194.

Winchester, J.A., Floyd, P.A., 1977. Geochemical discrimination of different magma series and their differentiation products using immobile elements. Chemical Geology 20, 325–343.

Wood, B.J., Turner, S.P., 2009. Origin of primitive high-Mg andesite: constraints from natural examples and experiments. Earth and Planetary Science Letters 283, 59–66.

Woodhead, J., Eggins, S., Gamble, J., 1993. High-field strength and transition element systematics in island-arc and back-arc basin basalts-evidence for multiphase melt extraction and a depleted mantle wedge. Earth and Planetary Science Letters 114, 491–504.

Wopfner, H., 1996. Gondwana origin of the Baoshan and Tengchong terranes of west Yunnan. In: Hall, R., Blundell, D. (eds.), Tectonic evolution of Southeast Asia. Geological Society Special Publication 106, 539–547.

Workman, R.K., Hart, S.R., 2005. Major and trace element composition of the depleted MORB mantle (DMM). Earth and Planetary Science Letters 231, 53–72.

Wu, C.M., Chen, H.X., 2015. Calibration of a Ti-in-muscovite geothermometer for ilmenite-and Al_2SiO_5-bearing metapelites. Lithos 212, 122–127.

Wu, C.M., Zhao, G., 2006. Recalibration of the garnet-muscovite (GM) geothermometer and the garnet-muscovite-plagioclase-quartz (GMPQ) geobarometer for metapelitic assemblages. Journal of Petrology 47, 2357–2368.

Wu, H., Li, C., Chen, J., Xie, C., 2016. Late Triassic tectonic framework and evolution of central Qiangtang, Tibet, SW China. Lithosphere 8, 141–149.

Xiao, L., Xu, Y.G., Mei, H.J., Zheng, Y.F., He, B., Pirajno, F., 2004. Distinct mantle sources of low-Ti and high-Ti basalts from the western Emeishan large igneous province, SW China: implications for plume-lithosphere interaction. Earth and Planetary Science Letters 228, 525–546.

Xu, J.F., Castillo, P.R., 2004. Geochemical and Nd-Pb isotopic characteristics of the Tethyan asthenosphere: implications for the origin of the Indian Ocean mantle domain. Tectonophysics 393, 9–27.

Xu, J.F., Castillo, P.R., Li, X.H., Yu, X.Y., Zhang, B.R., Han, Y.W., 2002. MORB-type rocks from the Paleo-Tethyan Mian-Lueyang northern ophiolite in the Qinling Mountains, central China: implications for the source of the low $^{206}Pb/^{204}Pb$ and high $^{143}Nd/^{144}Nd$ mantle component in the Indian Ocean. Earth and Planetary Science Letters 198, 323–337.

Xu, W., Dong, Y.S., Zhang, X.Z., Deng, M.R., Zhang, L., 2016. Petrogenesis of high-Ti mafic dykes from Southern Qiangtang, Tibet: implications for a ca. 290 Ma large igneous province related to the early Permian rifting of Gondwana. Gondwana Research 36, 410–422.

Xu, Y.G., Chung, S.L., Jahn, B.M., Wu, G.Y., 2001. Petrologic and geochemical constraints on the petrogenesis of Permian-Triassic Emeishan flood basalts in southwestern China. Lithos 58, 145–168.

Xu, Y.G., Chung, S.L., Shao, H., He, B., 2010. Silicic magmas from the Emeishan large igneous province, Southwest China: petrogenesis and their link with the end-Guadalupian biological crisis. Lithos 119, 47–60.

Yang, A.Y., Wang, C.G., Liang, Y., Lissenberg, C.J., 2019. Reaction between mid-ocean ridge basalt and lower oceanic crust: an experimental study. Geochemistry Geophysics Geosystems 20, 4390–4407.

Yang, J.H., Wu, F.Y., Chung, S.L., Wilde, S.A., Chu, M.F., 2006. A hybrid origin for the Qianshan A-type granite, northeast China: geochemical and Sr-Nd-Hf isotopic evidence. Lithos 89, 89–106.

Yang, T.N., Zhang, H.R., Liu, Y.X., Wang, Z.L., Song, Y.C., Yang, Z.S., Tian, S.H., Xie, H.Q., Hou, K.J., 2011. Permo-Triassic arc magmatism in central Tibet: evidence from zircon U-Pb geochronology, Hf isotopes, rare earth elements, and bulk geochemistry. Chemical Geology 284, 270–282.

Yang, T.N., Ding, Y., Zhang, H.R., Fan, J.W., Liang, M.J., Wang, X.H., 2014. Two-phase subduction and subsequent collision defines the Paleotethyan tectonics of the southeastern Tibetan Plateau: evidence from zircon U-Pb dating, geochemistry, and structural geology of the Sanjiang orogenic belt, southwest China. Geological Society of America Bulletin 126, 1654–1682.

Yeh, M.W., Shellnutt, J.G., 2016. The initial break-up of Pangaea elicited by Late Palaeozoic deglaciation. Scientific Reports 6, 31442.

Yin, A., Harrison, T.M., 2000. Geologic evolution of the Himalayan-Tibetan orogen. Annual Review of Earth and Planetary Sciences 28, 211–280.

Yoder, H.S., Tilley, C.E., 1962. Origin of basalt magmas—an experimental study of natural and synthetic rock systems. Journal of Petrology 3, 342–532.

Yogodzinski, G.M., Kay, R.W., Volynets, O.N., Koloskov, A.V., Kay, S.M., 1995. Magnesian andesite in the western Aleutian Komandorsky region: implications for slab melting and processes in the mantle wedge. Geological Society of America Bulletin 107, 505–519.

Yuan, C., Sun, M., Xiao, W., Wilde, S., Li, X., Liu, X., Long, X., Xia, X., Ye, K., Li, J., 2009. Garnet-bearing tonalitic porphyry from east Kunlun, northeast Tibetan Plateau: implications for adakite and magmas from the MASH Zone. International Journal of Earth Sciences 98, 1489–1510.

Zellmer, G.F., Iizuka, Y., Miyoshi, M., Tamura, Y., Tatsumi, Y., 2012. Lower crustal H_2O controls on the formation of adakitic melts. Geology 40, 487–490.

Zhai, Q.G., Zhang, R.Y., Jahn, B.M., Li, C., Song, S.G., Wang, J., 2011a. Triassic eclogites from central Qiangtang, northern Tibet, China: petrology, geochronology and metamorphic *P-T* path. Lithos 125, 173–189.

Zhai, Q.G., Jahn, B.M., Zhang, R.Y., 2011b. Triassic subduction of the Paleo-Tethys in northern Tibet, China: evidence from the geochemical and isotopic characteristics of eclogites and blueschists of the Qiangtang Block. Journal of Asian Earth Sciences 42, 1356–1370.

Zhai, Q.G., Jahn, B., Wang, J., 2013a. The Carboniferous ophiolite in the middle of the Qiangtang terrane, Northern Tibet: SHRIMP U-Pb dating, geochemical and Sr-Nd-Hf isotopic characteristics. Lithos 168, 186–199.

Zhai, Q.G., Jahn, B.M., Su, L., Wang, J., Mo, X.X., Lee, H.Y., Wang, K.L., Tang, S., 2013b. Triassic arc magmatism in the Qiangtang area, northern Tibet: zircon U-Pb ages, geochemical and Sr-Nd-Hf isotopic characteristics, and tectonic implications. Journal of Asian Earth Sciences 63, 162–178.

Zhai, Q.G., Jahn, B.M., Su, L., Ernst, R.E., Wang, K.L., Zhang, R.Y., Wang, J., Tang, S.H., 2013c. SHRIMP zircon U-Pb geochronology, geochemistry and Sr-Nd-Hf isotopic compositions of a mafic dyke swarm in the Qiangtang terrane, northern Tibet and geodynamic implications. Lithos 174, 28–43.

Zhang, H.R., Yang, T.N., Hou, Z.Q., Dai, M.N., Hou, K.J., 2017a. Permian back-arc basin basalts in the Yushu area: new constrain on the Paleo-Tethyan evolution of the north-central Tibet. Lithos 286, 216–226.

Zhang, K.J., Cai, J.X., Zhang, Y.X., Zhao, T.P., 2006b. Eclogites from central Qiangtang, northern Tibet (China) and tectonic implications. Earth and Planetary Science Letters 245, 722–729.

Zhang, K.J., Tang, X.C., Wang, Y., Zhang, Y.X., 2011. Geochronology, geochemistry, and Nd isotopes of early Mesozoic bimodal volcanism in northern Tibet, western China: constraints on the exhumation of the central Qiangtang metamorphic belt. Lithos 121, 167–175.

Zhang, W.Q., Liu, C.Z., Dick, H.J.B., 2020. Evidence for multi-stage melt transport in the lower ocean crust: the Atlantis Bank Gabbroic Massif (IODP Hole U1473A, SW Indian Ridge). Journal of Petrology 61, egaa082.

Zhang, X.Z., Dong, Y.S., Li, C., Deng, M.R., Zhang, L., Xu, W., 2014. Silurian high-pressure granulites from Central Qiangtang, Tibet: constraints on early Paleozoic collision along the northeastern margin of Gondwana. Earth and Planetary Science Letters 405, 39–51.

Zhang, X.Z., Dong, Y.S., Wang, Q., Dan, W., Zhang, C., Deng, M.R., Xu, W., Xia, X.P., Zeng, J.P., Liang, H., 2016. Carboniferous and Permian evolutionary records for the Paleo-Tethys Ocean constrained by newly discovered Xiangtaohu ophiolites from central Qiangtang, central. Tectonics 35, 1670–1686.

Zhang, X.Z., Dong, Y.S., Wang, Q., Dan, W., Zhang, C.F., Xu, W., Huang, M.L., 2017b. Metamorphic records for subduction erosion and subsequent underplating processes revealed by garnet-staurolite-muscovite schists in central Qiangtang, Tibet. Geochemistry Geophysics Geosystems 18, 266–279.

Zhang, Y.C., Shen, S.S., Shi, G.R., Wang, Y., Yuan, D.X., Zhang, Y.J., 2012. Tectonic evolution of the Qiangtang Block, northern Tibet during the Late Cisuralian (Late Early Permian): evidence from fusuline fossil records. Palaeogeography Palaeoclimatology Palaeoecology 350-352, 139–148.

Zhang, Y.C., Shi, G.R., Shen, S.Z., 2013. A review of Permian stratigraphy, palaeobiogeography and palaeogeography of the Qinghai-Tibet Plateau. Gondwana Research 1, 55–76.

Zhang, Y.X., Zhang, K.J., 2017. Early Permian Qiangtang flood basalts, northern Tibet, China: a mantle plume that disintegrated northern Gondwana? Gondwana Research 44, 96–108.

Zhang, Y. X., Li, Z. W., Zhu, L. D., Zhang, K. J., Yang, W. G., Jin, X., 2015. Newly discovered eclogites from the Bangong Meso–Tethyan suture zone (Gaize, central Tibet, western China): mineralogy, geochemistry, geochronology, and tectonic implications. International Geology Review 58, 1–14.

Zhang, Z.C., Mahoney, J.J., Mao, J.W., Wang, F.H., 2006a. Geochemistry of picritic and associated basalt flows of the western Emeishan flood basalt province, China. Journal of Petrology 47, 1997–2019.

Zhong, Y.T., He, B., Mundil, R., Xu, Y.G., 2014. CA-TIMS zircon U-Pb dating of felsic ignimbrite from the Binchuan section: implications for the termination age of Emeishan large igneous province. Lithos 204, 14–19.

Zhou, J.S., Yang, Z.S., Hou, Z.Q., Wang, Q., 2020. Amphibole-rich cumulate xenoliths in the Zhazhalong intrusive suite, Gangdese arc: implications for the role of amphibole fractionation during magma evolution. American Mineralogist 105, 262–275.

Zhou, M.F., Zhao, J.H., Qi, L., Su, W.C., Hu, R.Z., 2006. Zircon U-Pb geochronology and elemental and Sr-Nd isotope geochemistry of Permian mafic rocks in the Funing area, SW China. Contributions to Mineralogy and Petrology 151, 1–19.

Zhu, D.C., Mo, X.X., Zhao, Z.D., Niu, Y.L., Wang, L.Q., Chu, Q.H., Pan, G.T., Xu, J.F., Zhou, C.Y., 2010. Presence of Permian extension- and arc-type magmatism in southern Tibet: Paleogeographic implications. Geological Society of America Bulletin 122, 979–993.

Zhu, D.C., Zhao, Z.D., Niu, Y., Dilek, Y., Mo, X.X., 2011. Lhasa terrane in southern Tibet came from Australia. Geology 39, 727–730.

Zhu, D.C, Zhao, Z.D, Niu, Y., 2012. Cambrian bimodal volcanism in the Lhasa Terrane, southern Tibet: record of an early Paleozoic Andean-type magmatic arc in the Australian proto-Tethyan margin. Chemical Geology 328, 290–308.

Zhu, D.C., Zhao, Z.D., Niu, Y., 2013. The origin and pre-Cenozoic evolution of the Tibetan Plateau. Gondwana Research 23, 1429–1454.

Zi, J.W., Fan, W.M., Wang, Y.J., Cawood, P.A., Peng, T.P., Sun, L.H., Xu, Z.Q., 2010. U-Pb geochronology and geochemistry of the Dashibao basalts in the Songpan-Ganzi terrane, SW China, with implications for the age of Emeishan volcanism. American Journal of Science 310, 1054–1080.

Zimmer, M.M., Plank, T., Hauri, E.H., Yogodzinski, G.M., Stelling, P., Larsen, J., Singer, B., Jicha, B., Mandeville, C., Nye, C.J., 2010. The role of water in generating the calc-alkaline trend: new volatile data for aleutian magmas and a new tholeiitic index. Journal of Petrology 51, 2411–2444.

第4章

羌塘班公湖－怒江特提斯洋俯冲、闭合的变质、岩浆记录

羌塘班公湖-怒江缝合带是班公湖-怒江特提斯洋在晚中生代俯冲、闭合过程中导致拉萨北部与羌塘南部碰撞的产物，产生了少量变质岩和大量岩浆岩。这些变质岩和岩浆岩记录了羌塘班公湖-怒江特提斯洋俯冲、闭合过程。

4.1 改则退变榴辉岩

4.1.1 改则洞错退变榴辉岩的野外地质特征

改则地区洞错退变榴辉岩产于班公湖-怒江缝合带西段，与洞错蛇绿混杂岩伴生产出［图 4.1（a）和（b）］。洞错蛇绿混杂岩主要出露于改则县以东约 100 km 的洞错地区，总体走向北西西，延伸约 100 km。蛇绿岩被构造肢解为形态各异的构造块体，常呈不规则状、条带状和透镜体状等，构造侵位于侏罗纪木嘎岗日岩群中。洞错蛇绿岩层序比较完整，主要由变质橄榄岩、变质堆晶杂岩、枕状熔岩、基性岩墙（群）、斜长花岗岩、放射虫硅质岩等构造单元组成，通常堆晶岩单元相对比较发育。蛇绿混杂岩中常见洋岛岩块、火山岩岩块、外来砂岩岩块和外来灰岩岩块等混杂其中，其相互之间皆为构造接触。LA-ICP-MS 定年结果显示，洞错蛇绿岩时代为中侏罗世（167~162 Ma；Wang et al.，2016）。

该区域的退变榴辉岩位于洞错北部 20 km 的舍拉玛沟［图 4.1（c）］，近东西向展

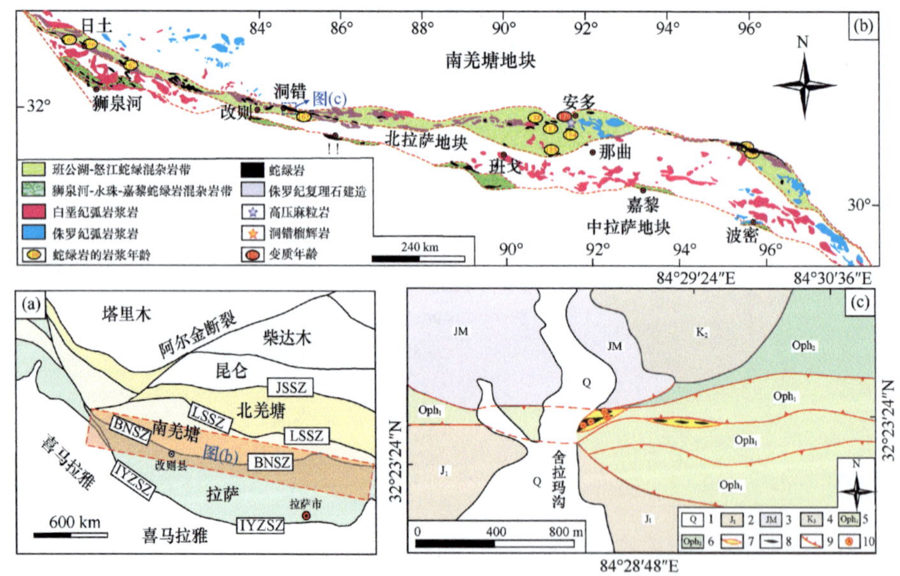

图 4.1 洞错退变榴辉岩分布特征及采样位置

（a）青藏高原地质简图，据 Zhang 等（2014a）修改；（b）班公湖-怒江缝合带地质简图，据 Wang 等（2016）修改；（c）洞错退变榴辉岩分布区地质简图，据 Zhang 等（2016a）修改。（a）中字母缩写如下：JSSZ. 金沙江缝合带；LSSZ. 龙木错-双湖-澜沧江缝合带；BNSZ. 班公湖-怒江缝合带；IYZSZ. 雅鲁藏布江缝合带。（c）中数字代表如下：1. 第四纪松散堆积物；2. 晚三叠世海相沉积；3. 侏罗纪木嘎岗日岩群；4. 晚白垩世浅海相碎屑岩；5. 洞错蛇绿岩中的超基性岩单元；6. 洞错蛇绿岩中的辉长岩单元；7. 变质碎屑岩；8. 榴辉岩；9. 断层；10. 采样位置

布，断续出露长度约 30 km，宽约 0.2 km。榴辉岩常呈孤块状或透镜状产于变质杂砂岩或者云母片岩中，局部可见与变质橄榄岩直接接触［图 4.2（a）和（b)］。榴辉岩块体或透镜体大小不一，大者可达几十米，小者 1~2 m。透镜体断续出露，总体近东西方向展布，单个透镜体的长轴方向与围岩的片理或片麻理方向一致，在两者接触部位退变榴辉岩的晚期角闪岩相退变质作用和变形作用均十分强烈。榴辉岩样品均为致密的块状，手标本为灰黑色，主要矿物为石榴石、辉石、角闪石和斜长石等。石榴石呈粉红色，晶形较好，按照粒径大小可分为两类，一类粒度较大，最大可达 3~4 mm；另一类粒度较小，在手标本下不易观察，部分样品中可见石榴石边部围绕一圈以斜长石为主的浅色矿物，构成典型的“白眼圈”减压退变结构。

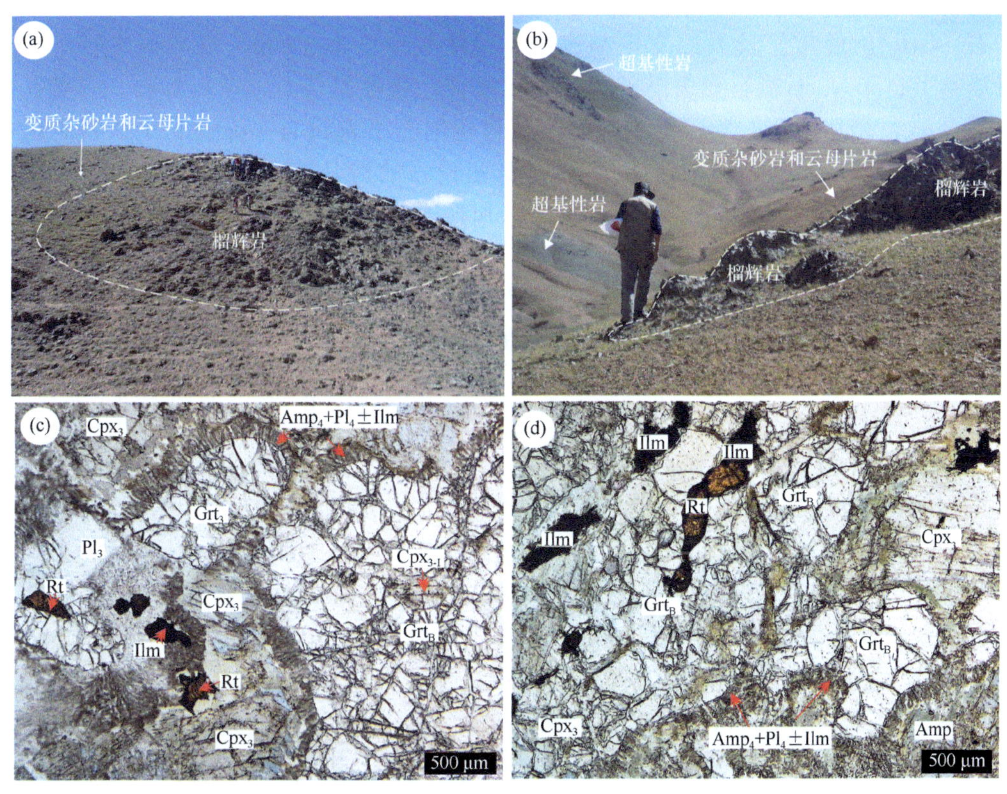

图 4.2　洞错榴辉岩野外及镜下特征

（a）和（b）洞错退变榴辉岩呈孤立块状或透镜状产于变质碎屑岩中，局部与变质橄榄岩直接接触。（c）和（d）洞错榴辉岩遭受高压麻粒岩相变质作用强烈叠加，主体呈现高压麻粒岩相矿物组合特征（石榴石＋单斜辉石＋斜长石＋金红石）。矿物英文缩写依据 Kretz（1983），矿物缩写的数字下标代表不同变质期次，字母下标代表不同石榴石类型，具体可见下文

4.1.2　改则洞错退变榴辉岩的岩相学和矿物学研究

4.1.2.1　岩相学及变质期次划分

洞错退变榴辉岩遭受强烈的高压麻粒岩相－角闪岩相变质作用叠加［图 4.2（c）和

(d)]，目前仅在两件样品（TC01-1 和 TC01-4）中发现了残余的绿辉石。本次研究以这两件含残余绿辉石的样品为研究对象，进行了详细的岩相学、矿物学以及相平衡模拟研究。两件含绿辉石的样品主要矿物为石榴石（20%~30%）、单斜辉石（15%~25%）、斜长石（20%~30%）、角闪石（20%~40%）以及少量石英（＜5%），次要矿物为钛铁矿和磁铁矿，副矿物主要有磷灰石、金红石和锆石等［图 4.2（c）和（d)]。榴辉岩相标志矿物绿辉石通常以微米级（2~20 μm）矿物残留体产于单斜辉石 + 钠长石后成合晶中［图 4.3（a）~（c)]。根据样品中石榴石的形态和粒度，可初步区分出两类基本的石榴石类型：第一类石榴石（Grt_A）呈不规则状、港湾状，粒度较小，通常在 0.2~0.6 mm，与单斜辉石 + 钠长石后成合晶紧密伴生或被包裹在钠长石冠状体中，暗示其可能为早期残留矿物［图 4.3（a）~（c)]；第二类石榴石（Grt_B），通常呈较大的变斑晶产出，粒度集中在 1~3 mm，自形程度较好（呈自形–半自形），石榴石变斑晶常含矿物包裹体，包括斜长石、单斜辉石、石英、帘石甚至第一类石榴石，变斑晶边部通常发育角闪石 + 斜长石 + 磁铁矿 + 钛铁矿后成合晶结构［图 4.3（d）和（e)]。在部分退变较强的薄片中，可见单斜辉石被晚期角闪石逐渐取代以及金红石连续向钛铁矿和榍石转变的反应结构［图 4.3（f)]。根据石榴石变斑晶中矿物包裹体、矿物成分环带、矿物间转变关系及保存的反应结构等系统的研究，本研究将洞错地区退变榴辉石的矿物演化分为 5 个主要阶段，分别是：峰期榴辉岩相变质阶段（M_1）、峰后快速减压阶段（M_2）、高压麻粒岩相叠加阶段（M_3）、高压麻粒岩相后期快速降压阶段（M_4）以及晚期角闪岩相退变质阶段（M_5）（图 4.4）。

1）峰期榴辉岩相变质阶段（M_1）

洞错退变榴辉岩遭受强烈的高压麻粒岩相变质作用叠加以及后期多期次退变作用改造，其峰期残余矿物识别难度较大。在洞错榴辉岩发现之初，Zhang 等（2016a）虽然推测其可能经历了榴辉岩相变质作用，但未找到榴辉岩标志矿物——绿辉石，部分研究者认为其可能仅经历了高压麻粒岩相变质作用（王保弟等，2015），直到 Dong 等（2016）通过详细的矿物学观察，识别出了残余绿辉石，才最终确定了洞错退变榴辉岩的存在。

本次研究的两件含绿辉石样品中，绿辉石（Omp_1）呈细小的粒状产出于单斜辉石（Cpx_2）+ 钠长石（Pl_2）后成合晶之中，粒度集中在 2~20 μm，推测为早期粗粒绿辉石分解反应的残余物，其含量较低，目前在两件样品中仅发现十余粒残余绿辉石。在 X 射线成分扫描图中（图 4.5），残余绿辉石相对较易识别，其以较高的钠含量区别于后成合晶中的普通辉石［图 4.5（a）和（c)]，以相对较高的铁镁含量区别于其他富钠矿物（如钠长石合晶）[图 4.5（b）和（d)]。与残余绿辉石伴生的石榴石（Grt_1），同样产于单斜辉石（Cpx_2）+ 钠长石（Pl_2）后成合晶之中，或被钠长石冠状体包裹，这类后成合晶是绿辉石快速降压的产物，说明第一类石榴石应稳定于早期榴辉岩相变质阶段，其边部呈不规则状或者溶蚀状，表明其可能经历了一系列降压分解反应，与绿辉石残余体相同，是早期榴辉岩相的残余矿物。

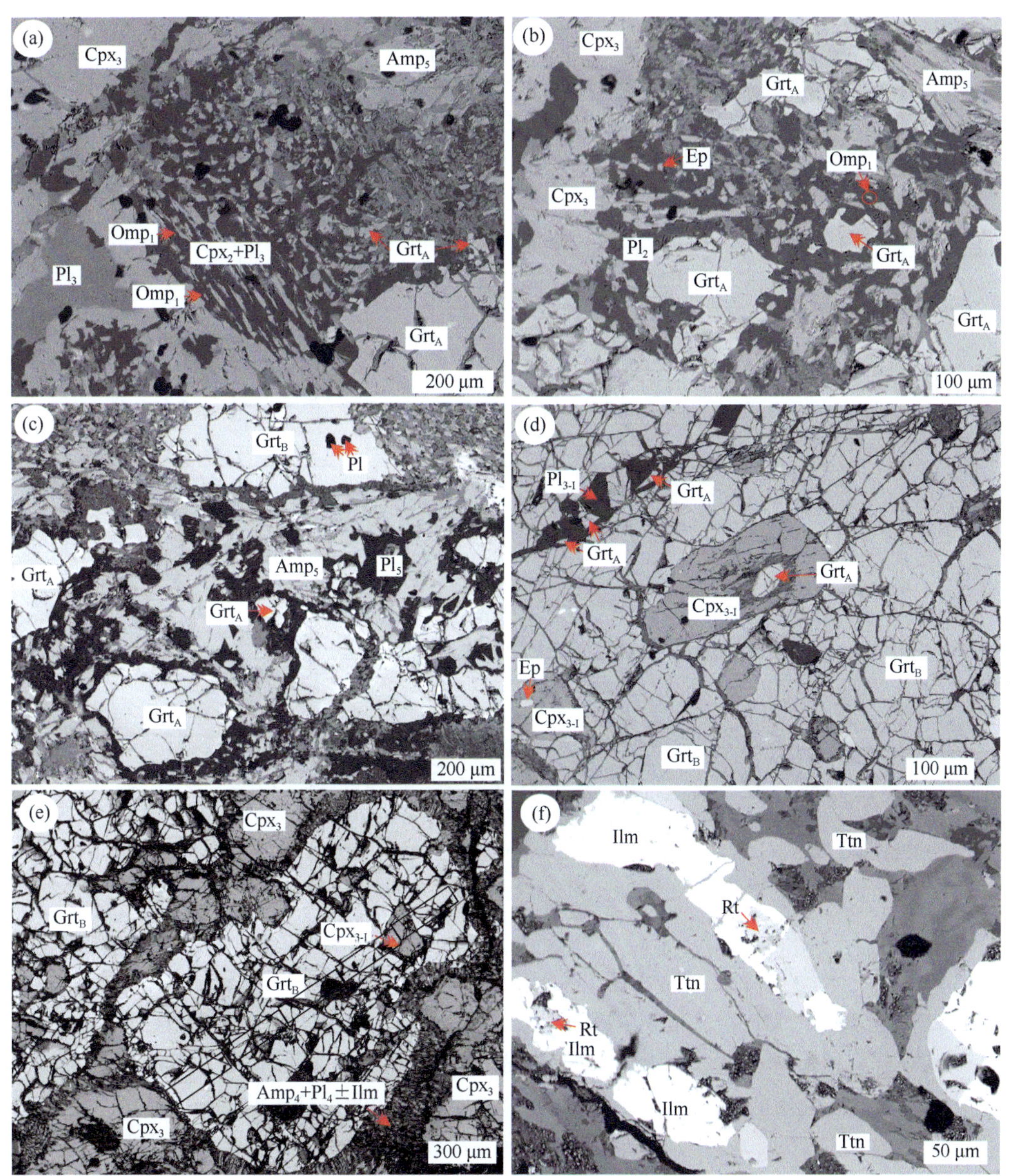

图 4.3　洞错退变榴辉岩的岩相学特征

（a）~（c）峰期微米级绿辉石赋存于单斜辉石＋钠长石后成合晶中，同时伴生第一类不规则状、残余状细粒石榴石，其粒度集中在 0.2~0.6 mm；（d）~（e）第二类石榴石呈变斑晶产出，粒度在 1~3 mm，常含有早期或同构造期矿物包裹体，石榴石边部发育角闪石＋斜长石＋磁铁矿＋钛铁矿后成合晶结构；(f)在退变质较强的薄片或视域中，可见金红石－钛铁矿－榍石连续转变反应。矿物缩写：Grt. 石榴石；Amp. 角闪石；Pl. 斜长石；Cpx. 单斜辉石；Ilm. 钛铁矿；Ttn. 榍石；Rt. 金红石。矿物缩写的数字下标代表对应的变质阶段

2）峰后快速减压阶段（M_2）

这一阶段矿物组合主要由单斜辉石（Cpx_2）＋钠长石（Pl_2）后成合晶组成，常包裹早期榴辉岩相残留矿物（Omp_1+Grt_1），在后成合晶中，单斜辉石和钠长石常呈蠕

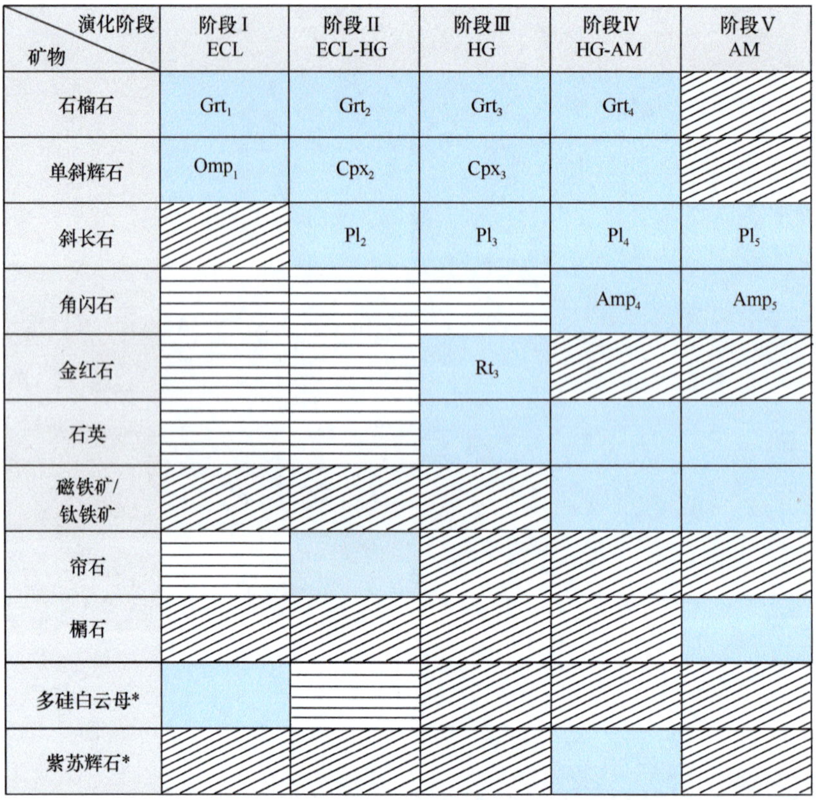

演化阶段 / 矿物	阶段Ⅰ ECL	阶段Ⅱ ECL-HG	阶段Ⅲ HG	阶段Ⅳ HG-AM	阶段Ⅴ AM
石榴石	Grt_1	Grt_2	Grt_3	Grt_4	
单斜辉石	Omp_1	Cpx_2	Cpx_3		
斜长石		Pl_2	Pl_3	Pl_4	Pl_5
角闪石				Amp_4	Amp_5
金红石			Rt_3		
石英					
磁铁矿/钛铁矿					
帘石					
榍石					
多硅白云母*					
紫苏辉石*					

图 4.4　洞错退变榴辉岩矿物组合及变质期次划分

ECL. 榴辉岩相；HG. 高压麻粒岩相；AM. 角闪岩相。蓝色代表薄片中实际观察到的矿物组合；横线代表理论上可能存在，但由于退变质作用改造尚未发现的矿物组合；斜线代表理论上不存在的矿物；矿物缩写下标数字代表矿物所处的变质演化阶段

虫状、条状、水滴状交织产出。这类后成合晶结构在全球很多榴辉岩地体中均有报道（如 Möller，1998；Zhao et al.，2001），被认为是榴辉岩在快速折返过程中绿辉石中硬玉分子与石英通过固－固反应而形成。生成物为后成合晶表明反应并未达到平衡或仅达到局部平衡，通常暗示了一个快速降压过程，其可能的反应方程式如下：

$$Omp_1+Qtz_1 \longrightarrow Pl_2+Cpx_2 \quad (R_1)$$

3）高压麻粒岩相叠加阶段（M_3）

高压麻粒岩相变质作用的主要特征是基性岩石中出现石榴石＋单斜辉石＋斜长石＋石英组合，以斜长石的稳定存在区别于更高压力的榴辉岩相，以缺少紫苏辉石而区别于较低压力的中压麻粒岩相（Zhao et al.，2001；O'Brien and Rötzler，2003）。泥质岩石与长英质岩石中出现蓝晶石＋钾长石组合，斜方辉石在泥质高压麻粒岩中仍可存在（O'Brien and Rötzler，2003）。洞错退变榴辉岩中主体矿物组合为石榴石＋单斜辉石＋斜长石＋石英，与世界其他典型地区基性高压麻粒岩峰期矿物组合一致（Green and Ringwood，1967；Harley，1989；Carswell and O'Brien，1993；Guo et al.，2002），表明其经历了强烈的高压麻粒岩相变质作用的叠加。这一阶段矿物存在两种

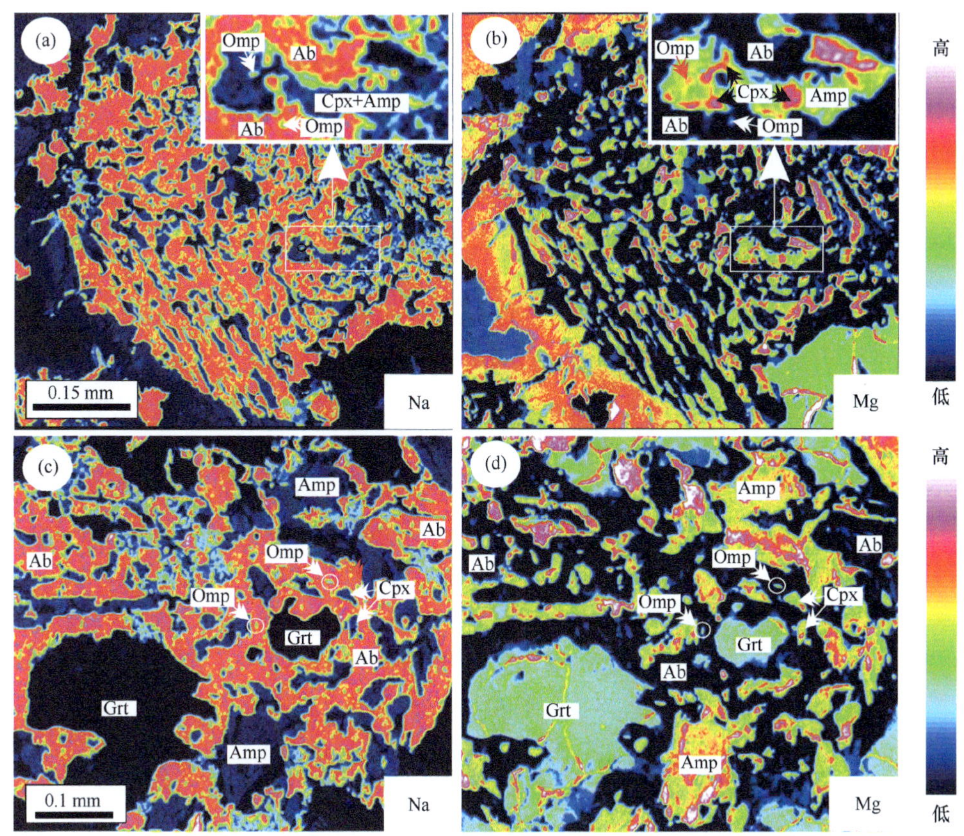

图 4.5　洞错退变榴辉岩 X 射线成分扫描图

矿物缩写：Grt. 石榴石；Amp. 角闪石；Ab. 钠长石；Cpx. 单斜辉石；Omp. 绿辉石

赋存形式：①部分单斜辉石（Cpx_{3-1}）、斜长石（Pl_{3-1}）和石英（Qtz_1）呈同构造期包裹体分布于 Grt_B 石榴石变斑晶 Grt_3 的核部及幔部，与石榴石的核部和幔部成分共同构成了基性高压麻粒岩典型矿物组合。包裹体粒度一般较小，且变化范围较大，在 0.1~0.8 mm，主体粒度集中在 0.2~0.4 mm。由于石榴石变斑晶的“保护”作用，包裹体矿物未受后期退变质作用显著改造，矿物成分均一，不发育成分环带，记录了原始高压麻粒岩相矿物成分特征；②基质中粗粒单斜辉石（Cpx_3）+ 粗粒斜长石（Pl_3）+ 石榴石变斑晶（Grt_3）+ 石英（Qtz）同样构造成典型的基性高压麻粒岩矿物组合［图 4.2（c）和（d）］，然而基质中的矿物（尤其是单斜辉石和斜长石）由于受到晚期角闪岩退变质作用的影响，其成分发生了不同程度调整，其核部成分受到的影响较小，与石榴石变斑晶中包裹体成分相近，仍能够近似代表高压麻粒岩相矿物成分信息。需要强调的是，金红石虽然在理论上可以稳定存在于榴辉岩相和高压麻粒岩相等相对较宽的变质温度压力条件，但通过细致的岩相学观察，我们发现洞错退变榴辉岩中的金红石均赋存于基质中，与高压麻粒岩相的矿物组合伴生产出，未发现存在于早期后成合晶中（Cpx_2+Pl_2）的金红石，因此初步认为目前薄片中存在的金红石主要形成或稳定于高压麻粒岩相变质阶段（Cpx_3 +Pl_3+Grt_3+Rt_3±Qtz）。

4）高压麻粒岩相后期快速降压阶段（M_4）

这一阶段矿物组合以石榴石变斑晶周围的后成合晶或冠状体为代表，后成合晶矿物多呈蠕虫状、港湾状或文象状交生，围绕第二类石榴石变斑晶边部生长，构成典型的"白眼圈"减压结构。后成合晶或冠状体主要矿物组合为角闪石（Amp_4）+斜长石（Pl_4）+磁铁矿（Mt_4）+钛铁矿（Ilm_4）[图4.3（e）]，虽然本次研究样品中尚未发现紫苏辉石，但Dong等（2016）的研究工作暗示这一阶段矿物组合中可能出现紫苏辉石（Opx_4）。这类后成合晶或冠状体中的角闪石（Amp_4）在成分上与晚期退变形成的角闪石（Amp_5）存在显著差异（详见下文），通常被认为与典型的无水后成合晶（Opx_4+ Pl_4）形成于相同的变质温度压力条件，其中含水矿物（Amp_4）的出现主要受变质反应中参与反应的矿物类型以及反应中流体的活度影响（Kumar and Chacko，1994；Thost et al.，1991；Zhao et al.，2001），均代表了高压麻粒岩相后期快速降压阶段的矿物组合特征（M_4），与世界上许多著名的高压麻粒岩地体中峰后退变阶段反应结构及矿物组合一致，同时这类退变结构通常指示岩石经历了一个近等温降压（ITD）变质演化过程（Harley，1989；Carswell and O'Brien，1993；Zhao et al.，2001；Guo et al.，2002），其可能的转变反应如下：

$$Grt_3+Cpx_3+Qz_3+H_2O \pm O_2 \longrightarrow Pl_4+Amp_4 \pm Opx_4 \pm Mt_4 \quad (R_2)$$

$$Grt_3+Rt_3 \longrightarrow Ilm_4+Pl_4+Qtz_4 \quad (R_3)$$

$$Grt_3+Cpx_3+H_2O \longrightarrow Amp_4+Pl_4 \quad (R_4)$$

$$Grt_3+Cpx_3+Qtz_3+H_2O \longrightarrow Amp_4+Pl_4 \quad (R_5)$$

5）晚期角闪岩相退变质作用（M_5）

角闪石和与之平衡共生的斜长石是晚期退变质阶段典型矿物组合，在很多退变较弱的薄片或者视域中，可见晚期角闪石交代早期单斜辉石，随着退变质作用程度的加深，在部分薄片中，可见早期单斜辉石完全被黄褐色角闪石取代，这些矿物反应说明角闪石形成于麻粒岩相变质阶段之后，构成了晚期角闪岩相退变质阶段（M_5）矿物组合。除此之外，我们还可以观察到高压麻粒岩相形成的金红石在退变过程中逐渐转变为钛铁矿和榍石，暗示这一矿物转变反应可能发生在角闪岩相退变质阶段。

4.1.2.2 洞错退变榴辉岩的矿物学特征

1）石榴石

石榴石可以稳定存在于榴辉岩相和高压麻粒岩相变质温度压力条件，在多期次的减压退变质过程中，石榴石成分可能发生了不同程度的调整，尤其是其边部成分很可能与新形成的后成合晶或冠状体矿物发生了再平衡，因此我们对两类不同产状的石榴石进行了系统的X射线成分扫描（图4.6）和电子探针成分剖面测试（图4.7），原始数据见表4.1。根据石榴石核–幔–边成分的差异，可以将第一类残余状石榴石（Grt_A）和第二类大的石榴石变斑晶（Grt_B）进一步划分为5个不同的生长阶段，代表了不同变质演化阶段成分特征，主要包括：① $Grt_{1\text{-}C}$（第一类残余状石榴石的核部，代表进变质生长阶段成分特征）；② $Grt_{1\text{-}M}$（第一类残余状石榴石的幔部，代表了榴辉岩相峰期成分特征）；

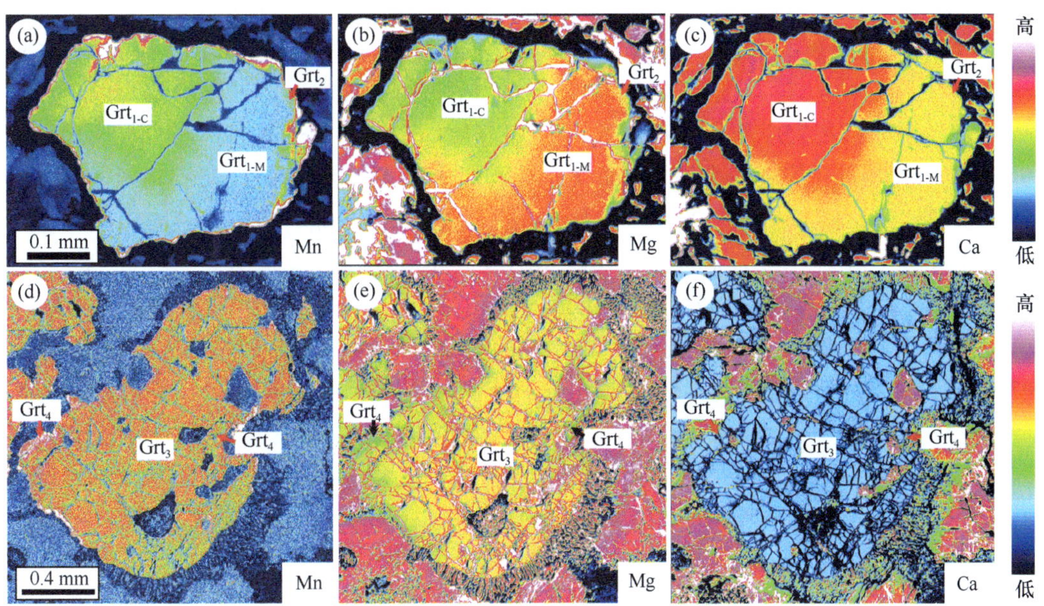

图 4.6　洞错退变榴辉岩中两类石榴石 X 射线成分扫描图

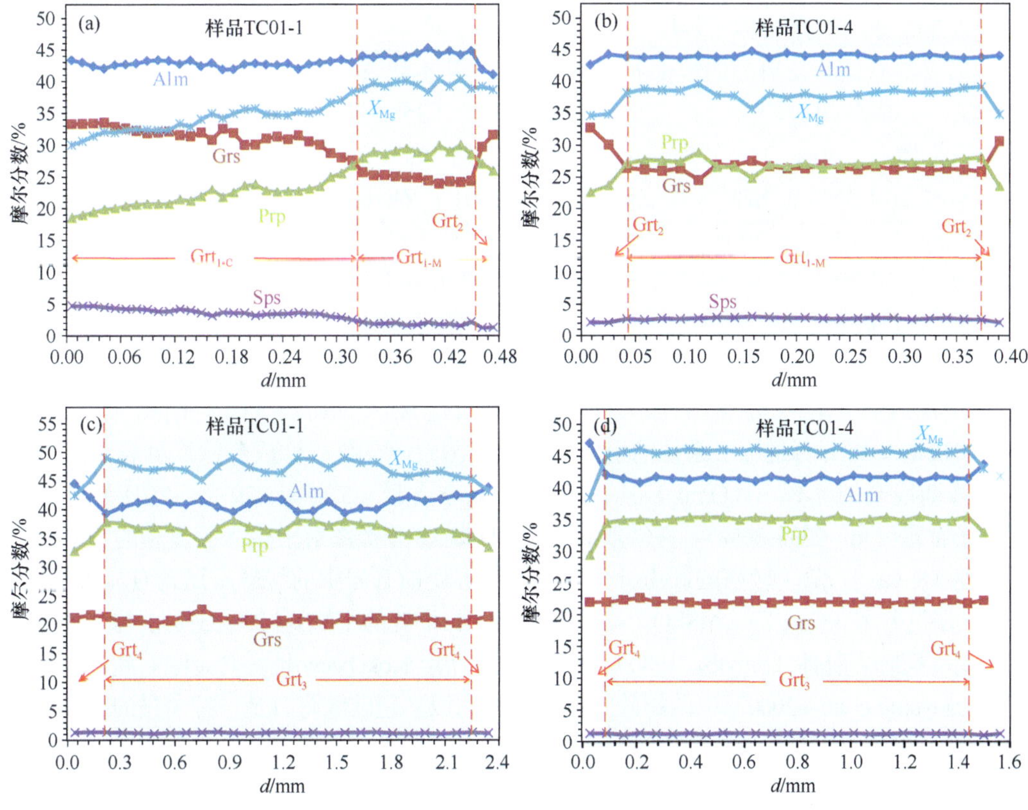

图 4.7　洞错退变榴辉岩中两类石榴石核 – 幔 – 边成分特征

③ Grt_2（第一类残余状石榴石的边部，代表了峰后期快速降压过程成分特征）；④ Grt_3（第二类石榴石变斑晶的核-幔部，代表了高压麻粒岩相变质阶段成分特征）；⑤ Grt_4（第二类石榴石的边部，代表了高压麻粒岩相之后快速降压阶段成分特征）。

洞错退变榴辉岩中两类石榴石X射线成分扫描图表明第一类石榴石具有明显的成分环带（图4.6），具有一个富Mn和Ca的核部［图4.6（a）和（c）］，相对富Mg贫Mn的幔部［图4.6（a）和（b）］，其与M_2期后成合晶（Cpx_2+Pl_2）接触的边部成分亦受到不同程度改造。第二类石榴石变斑晶的成分相对均一，没有明显的环带特征，总体显示十分富Mg而贫Ga的特征［图4.6（d）～（f）］。

第一类残余状石榴石的核部（$Grt_{1\text{-}C}$）具有高的锰铝榴石（3%~5%）和钙铝榴石（30%~34%）含量，同时具有低的镁铝榴石含量以及$Mg^{\#}$值［$Mg^{\#}$= Mg /（Fe^{2+}+Mg）］（30%~36%）。第一类残余状石榴石的幔部（$Grt_{1\text{-}M}$）具有中等含量的镁铝榴石（24%~30%）和钙铝榴石含量（24%~30%），相对较高的$Mg^{\#}$值（35%~40%）。从核部到幔部，石榴石中Mg含量明显升高，Ca和Mn有显著降低［图4.7（a）和（b）］。其与M_2期后成合晶（Cpx_2+Pl_2）接触的边部成分（Grt_2）亦受到不同程度改造，相对于幔部，其钙铝榴石含量明显升高而镁铝榴石含量显著降低。由于第一类石榴石是经历一系列分解反应的残留矿物，所以具有完整核-幔-边结构的颗粒较少，目前仅在样品TC01-1中发现完整环带的颗粒，大部分残余石榴石缺少富Mn和Ca的进变质核部，仅保存幔部和边部成分（如样品TC01-4）。

第二类石榴石变斑晶的核部和幔部（Grt_3）基本代表了高压麻粒岩相变质阶段的成分特征，其成分相对均一，具有高镁铝榴石含量（35%~38%）和$Mg^{\#}$值（45%~49%），低的钙铝榴石（20%~23%）和锰铝榴石含量（约1%），与世界上其他典型的高压麻粒岩中石榴石成分特征相似（如Zhao et al.，2001；Zhang et al.，2014a）。与后成合晶（Pl_4+Amp_4±Mt_4±Ilm_4±Opx_4）直接接触的石榴石边部（Grt_4）由于受到后期降压作用的影响，镁铝榴石含量和$Mg^{\#}$值降低，其他端员组分无明显变化。

2）单斜辉石

洞错榴辉岩中的单斜辉石主要形成于峰期榴辉岩相（Omp_1）、峰后期快速降压过程（Cpx_2，绿辉石分解形成后成合晶），以及高压麻粒岩相变质阶段（Cpx_3/$Cpx_{3\text{-}I}$）。我们对不同阶段的单斜辉石进行了系统的电子探针成分测定，其代表性成分特征见表4.2。

峰期残余的绿辉石（Omp_1）具有较高的Na_2O含量（3.26%~5.29%），对应较高的硬玉分子含量（Jd，23%~36%），在钠质辉石WEF-Jd-Ae分类图解上投入了典型的绿辉石区域［图3.8（a）］。除了较高的硬玉分子外，洞错退变榴辉岩中的绿辉石还含有显著的Ca-Eskola端员分子（$Ca_{0.5}\square_{0.5}AlSi_2O_6$，□代表辉石$M_2$位置的空缺）（1%~23%），与金伯利岩中超高压榴辉岩包体（Smyth，1980）以及哈萨克斯坦Kokchetav地块含金刚石超高压榴辉岩（Katayama et al.，2000）中的超硅绿辉石十分相似。超硅绿辉石是一种罕见的超高压矿物，暗示洞错退变榴辉岩峰期可能达到了超高压变质条件，但需要进一步研究确认。绿辉石分解形成的后成合晶中蠕虫状单斜辉石（Cpx_2）具有低的Na_2O和硬玉分子含量（Jd < 20%，2%~17%），以及可以忽略的Ca-Eskola分子（0~2%），均为普通辉石［图4.8（a）和（b）］。

表 4.1　洞错退变榴辉岩（TC01-1 和 TC01-4）中两类石榴石成分特征（Zhang et al.，2017a）

样品	TC01-1（剖面 1）																	
分析点	P1-1	P1-2	P1-3	P1-4	P1-5	P1-6	P1-7	P1-8	P1-9	P1-10	P1-11	P1-12	P1-13	P1-14	P1-15	P1-16	P1-17	P1-18
矿物	Grt_{1-C}	Grt_{1-C}	Grt_{1-C}	Grt_{1-C}	Grt_{1-C}	Grt_{1-C}	Grt_{1-C}	Grt_{1-C}	Grt_{1-C}	Grt_{1-C}	Grt_{1-C}	Grt_{1-C}	Grt_{1-C}	Grt_{1-C}	Grt_{1-C}	Grt_{1-C}	Grt_{1-C}	Grt_{1-C}
SiO_2	38.46	39.02	38.52	38.57	38.60	38.25	38.42	38.53	39.06	39.31	38.75	40.08	38.93	40.07	39.81	39.17	39.10	39.10
TiO_2	0.28	0.27	0.26	0.34	0.28	0.29	0.25	0.31	0.25	0.24	0.18	0.23	0.34	0.25	0.16	0.10	0.24	0.26
Al_2O_3	20.87	20.76	20.91	20.72	21.16	20.75	21.13	21.03	21.16	21.36	21.10	20.99	21.06	21.05	21.00	21.35	21.41	21.36
FeO	21.25	20.95	21.13	20.86	21.06	21.39	21.16	21.84	21.64	21.24	21.18	20.44	21.39	20.42	20.12	21.28	21.20	21.35
MnO	2.15	2.12	2.16	2.05	2.01	1.94	1.96	1.91	1.78	1.95	1.83	1.66	1.46	1.68	1.62	1.66	1.48	1.58
MgO	4.80	4.87	5.06	5.13	5.23	5.29	5.38	5.45	5.44	5.65	5.51	5.64	6.02	5.64	5.79	6.22	6.27	6.03
CaO	11.96	11.90	12.09	12.04	11.94	11.78	11.70	11.63	11.72	11.56	11.34	11.44	11.20	11.71	11.38	10.99	11.00	11.39
Na_2O	0.04	0.10	0.05	0.16	0.04	0.10	0.12	0.09	0.13	0.06	0.16	0.06	0.04	0.00	0.02	0.01	0.08	0.04
K_2O	0.01	0.01	0.00	0.00	0.00	0.00	0.00	0.01	0.01	0.00	0.02	0.00	0.00	0.01	0.00	0.00	0.00	0.00
Cr_2O_3	0.03	0.04	0.06	0.03	0.00	0.05	0.03	0.04	0.00	0.08	0.03	0.06	0.00	0.00	0.00	0.00	0.00	0.02
总量	99.84	100.04	100.25	99.89	100.32	99.84	100.14	100.82	101.18	101.44	100.10	100.60	100.44	100.83	99.89	100.77	100.77	101.11
Si	3.00	3.03	2.99	3.00	2.99	2.98	2.98	2.98	3.00	3.00	3.00	3.07	3.00	3.06	3.06	3.00	3.00	2.99
Ti	0.02	0.02	0.02	0.02	0.02	0.02	0.01	0.02	0.01	0.01	0.01	0.01	0.02	0.01	0.01	0.01	0.01	0.01
Al	1.92	1.90	1.91	1.90	1.93	1.91	1.93	1.91	1.91	1.92	1.93	1.89	1.91	1.89	1.90	1.93	1.93	1.93
Fe^{3+}	0.08	0.08	0.09	0.10	0.08	0.10	0.08	0.10	0.09	0.07	0.07	0.06	0.09	0.07	0.06	0.08	0.07	0.08
Fe^{2+}	1.30	1.28	1.28	1.26	1.28	1.29	1.29	1.31	1.30	1.28	1.30	1.24	1.29	1.23	1.23	1.28	1.29	1.28
Mn	0.14	0.14	0.14	0.14	0.13	0.13	0.13	0.12	0.12	0.13	0.12	0.11	0.10	0.11	0.11	0.11	0.10	0.10
Mg	0.56	0.56	0.59	0.60	0.60	0.62	0.62	0.63	0.62	0.64	0.64	0.64	0.69	0.64	0.66	0.71	0.72	0.69
Ca	1.00	0.99	1.01	1.00	0.99	0.98	0.97	0.96	0.96	0.95	0.94	0.94	0.92	0.96	0.94	0.90	0.90	0.93
Na	0.01	0.02	0.01	0.02	0.01	0.02	0.02	0.01	0.02	0.01	0.02	0.01	0.01	0.00	0.00	0.00	0.01	0.01
K	0.00	0.00	0.00	0.00	0.00	0.00	0.00	0.00	0.00	0.00	0.00	0.00	0.00	0.00	0.00	0.00	0.00	0.00
Cr	0.00	0.00	0.00	0.00	0.00	0.00	0.00	0.00	0.00	0.00	0.00	0.00	0.00	0.00	0.00	0.00	0.00	0.00
Alm	43	43	42	42	43	43	43	43	43	43	43	42	43	42	42	43	43	43
Grs	33	33	33	34	33	33	32	32	32	32	31	32	31	32	32	30	30	31
Prp	19	19	19	20	20	20	21	21	21	21	22	22	23	22	23	24	24	23
Sps	5	5	5	5	4	4	4	4	4	4	4	4	3	4	4	4	3	3
$Mg^{\#}$	0.30	0.31	0.31	0.32	0.32	0.32	0.33	0.32	0.32	0.33	0.33	0.34	0.35	0.34	0.35	0.36	0.36	0.35

续表

样品	TC01-1（剖面 1）																	
分析点	P1-19	P1-20	P1-21	P1-22	P1-23	P1-24	P1-25	P1-26	P1-27	P1-28	P1-29	P1-30	P1-31	P1-32	P1-33	P1-34	P1-35	P1-36
矿物	Grt_{1-C}	Grt_{1-C}	Grt_{1-C}	Grt_{1-C}	Grt_{1-M}	Grt_{1-M}	Grt_{1-M}	Grt_{1-M}	Grt_{1-M}	Grt_{1-M}	Grt_{1-M}	Grt_{1-M}	Grt_{1-M}	Grt_{1-M}	Grt_{1-M}	Grt_{1-M}	Grt_2	Grt_2
SiO_2	39.25	38.57	39.66	38.81	38.88	39.93	38.93	39.06	38.98	39.27	38.97	39.17	39.36	39.26	39.21	39.29	38.81	38.77
TiO_2	0.30	0.14	0.18	0.19	0.19	0.11	0.06	0.08	0.06	0.11	0.13	0.13	0.19	0.10	0.11	0.07	0.29	0.30
Al_2O_3	20.91	21.29	20.61	21.12	21.04	21.04	21.72	21.48	21.47	21.57	21.51	21.50	21.62	21.39	21.59	21.62	21.99	21.89
FeO	21.50	21.30	20.73	21.21	21.24	21.10	21.37	21.53	21.70	21.89	21.66	22.01	21.97	21.99	21.76	22.12	21.76	21.09
MnO	1.59	1.60	1.65	1.63	1.59	1.40	1.36	1.19	0.89	0.92	0.96	0.79	0.99	0.87	0.74	1.03	0.61	0.63
MgO	5.92	5.97	5.86	6.04	6.11	6.47	6.77	7.09	7.63	7.55	7.67	7.80	7.39	7.60	7.92	7.54	7.37	7.02
CaO	11.38	11.28	11.25	11.10	10.88	10.35	10.33	10.17	9.25	9.30	9.20	9.19	8.93	8.85	8.88	8.97	11.26	11.89
Na_2O	0.00	0.02	0.06	0.04	0.00	0.03	0.05	0.04	0.01	0.00	0.00	0.02	0.04	0.04	0.07	0.02	0.06	0.10
K_2O	0.00	0.00	0.00	0.01	0.00	0.00	0.00	0.01	0.02	0.02	0.00	0.00	0.00	0.00	0.01	0.00	0.02	0.00
Cr_2O_3	0.03	0.01	0.01	0.01	0.03	0.00	0.00	0.00	0.00	0.00	0.02	0.00	0.02	0.03	0.03	0.05	0.02	0.06
总量	100.88	100.17	100.00	100.14	99.96	100.41	100.58	100.64	100.01	100.63	100.11	100.60	100.50	100.14	100.30	100.70	102.19	101.75
Si	3.01	2.98	3.06	3.00	3.01	3.06	2.98	2.99	2.99	3.00	2.99	2.99	3.01	3.01	3.00	3.00	2.93	2.94
Ti	0.02	0.01	0.01	0.01	0.01	0.01	0.00	0.00	0.00	0.01	0.01	0.01	0.01	0.01	0.01	0.00	0.02	0.02
Al	1.89	1.94	1.87	1.92	1.92	1.90	1.96	1.94	1.94	1.94	1.95	1.94	1.95	1.93	1.94	1.94	1.96	1.96
Fe^{3+}	0.10	0.08	0.09	0.08	0.08	0.07	0.05	0.08	0.07	0.07	0.07	0.08	0.05	0.06	0.06	0.06	0.09	0.08
Fe^{2+}	1.27	1.30	1.24	1.28	1.29	1.27	1.31	1.30	1.32	1.33	1.32	1.32	1.35	1.34	1.33	1.35	1.29	1.26
Mn	0.10	0.10	0.11	0.11	0.10	0.09	0.09	0.08	0.06	0.06	0.06	0.05	0.06	0.06	0.05	0.07	0.04	0.04
Mg	0.68	0.69	0.67	0.70	0.70	0.74	0.77	0.81	0.87	0.86	0.88	0.89	0.84	0.87	0.90	0.86	0.83	0.79
Ca	0.94	0.93	0.93	0.92	0.90	0.85	0.85	0.83	0.76	0.76	0.76	0.75	0.73	0.73	0.73	0.73	0.91	0.97
Na	0.00	0.00	0.01	0.01	0.00	0.00	0.01	0.01	0.00	0.00	0.00	0.00	0.01	0.01	0.01	0.00	0.01	0.01
K	0.00	0.00	0.00	0.00	0.00	0.00	0.00	0.00	0.00	0.00	0.00	0.00	0.00	0.00	0.00	0.00	0.00	0.00
Cr	0.00	0.00	0.00	0.00	0.00	0.00	0.00	0.00	0.00	0.00	0.00	0.00	0.00	0.00	0.00	0.00	0.00	0.00
Alm	43	43	42	43	43	43	43	43	44	44	44	44	45	45	44	45	42	41
Grs	31	31	31	31	30	29	28	28	25	25	25	25	24	24	24	24	30	32
Prp	23	23	23	23	24	25	26	27	29	29	29	29	28	30	31	30	27	26
Sps	3	3	4	4	3	3	3	3	2	2	2	2	2	2	2	2	1	1
$Mg^{\#}$	0.35	0.35	0.35	0.35	0.35	0.37	0.37	0.38	0.40	0.39	0.40	0.40	0.38	0.39	0.40	0.39	0.39	0.39

续表

样品	TC01-4（剖面 2）											
分析点	P2-1	P2-2	P2-3	P2-4	P2-5	P2-6	P2-7	P2-8	P2-9	P2-10	P2-11	P2-12
矿物	Grt_2	Grt_2	$Grt_{1\text{-}M}$	$Grt_{1\text{-}M}$	$Grt_{1\text{-}M}$	$Grt_{1\text{-}M}$	$Grt_{1\text{-}M}$	$Grt_{1\text{-}M}$	$Grt_{1\text{-}M}$	$Grt_{1\text{-}M}$	$Grt_{1\text{-}M}$	$Grt_{1\text{-}M}$
SiO_2	39.48	38.46	40.16	39.29	38.98	39.65	41.19	39.48	39.46	39.46	39.80	39.87
TiO_2	0.47	0.18	0.16	0.08	0.10	0.05	0.05	0.26	0.26	0.31	0.06	0.15
Al_2O_3	20.31	20.76	21.26	21.43	21.34	21.75	21.96	20.75	20.76	20.64	21.09	20.90
FeO	21.64	22.28	21.49	21.53	21.54	21.45	19.88	21.31	21.46	21.25	21.20	21.70
MnO	0.98	0.97	1.23	1.16	1.26	1.24	1.23	1.30	1.28	1.35	1.31	1.27
MgO	5.83	6.16	7.07	7.27	7.21	7.24	7.33	6.81	6.82	6.29	6.92	6.84
CaO	11.75	10.88	9.56	9.54	9.42	9.68	8.66	9.58	9.58	9.68	9.56	9.43
Na_2O	0.01	0.00	0.00	0.06	0.07	0.09	0.40	0.04	0.02	0.11	0.01	0.05
K_2O	0.00	0.00	0.01	0.01	0.01	0.02	0.03	0.00	0.01	0.01	0.00	0.02
Cr_2O_3	0.19	0.10	0.01	0.03	0.02	0.03	0.18	0.06	0.03	0.04	0.00	0.00
总量	100.65	99.80	100.93	100.41	99.95	101.18	100.90	99.59	99.69	99.11	99.94	100.22
Si	3.04	2.99	3.05	3.01	3.00	3.01	3.09	3.05	3.04	3.06	3.05	3.06
Ti	0.03	0.01	0.01	0.00	0.01	0.00	0.00	0.01	0.02	0.02	0.00	0.01
Al	1.84	1.90	1.90	1.93	1.94	1.95	1.94	1.89	1.89	1.89	1.91	1.89
Fe^{3+}	0.12	0.11	0.07	0.06	0.07	0.05	0.00	0.08	0.08	0.07	0.06	0.08
Fe^{2+}	1.26	1.33	1.30	1.31	1.32	1.31	1.25	1.29	1.30	1.31	1.29	1.31
Mn	0.06	0.06	0.08	0.08	0.08	0.08	0.08	0.08	0.08	0.09	0.09	0.08
Mg	0.67	0.71	0.80	0.83	0.83	0.82	0.82	0.78	0.78	0.73	0.79	0.78
Ca	0.97	0.91	0.78	0.78	0.78	0.79	0.70	0.79	0.79	0.80	0.79	0.77
Na	0.00	0.00	0.00	0.01	0.01	0.01	0.06	0.01	0.00	0.02	0.00	0.01
K	0.00	0.00	0.00	0.00	0.00	0.00	0.00	0.00	0.00	0.00	0.00	0.00
Cr	0.01	0.01	0.00	0.00	0.00	0.00	0.01	0.00	0.00	0.00	0.00	0.00
Alm	43	44	44	44	44	44	44	44	44	45	44	44
Grs	33	30	26	26	26	26	24	27	27	27	27	26
Prp	23	24	27	28	28	27	29	27	27	25	27	27
Sps	2	2	3	3	3	3	3	3	3	3	3	3
$Mg^{\#}$	0.35	0.35	0.38	0.39	0.39	0.38	0.40	0.38	0.38	0.36	0.38	0.37

续表

样品	TC01-4（剖面 2）											
分析点	P2-13	P2-14	P2-15	P2-16	P2-17	P2-18	P2-19	P2-20	P2-21	P2-22	P2-23	P2-24
矿物	Grt_{1-M}	Grt_{1-M}	Grt_{1-M}	Grt_{1-M}	Grt_{1-M}	Grt_{1-M}	Grt_{1-M}	Grt_{1-M}	Grt_{1-M}	Grt_{1-M}	Grt_{1-M}	Grt_2
SiO_2	39.81	39.93	40.27	40.25	39.37	39.81	39.93	39.82	40.11	40.19	39.14	38.49
TiO_2	0.20	0.20	0.25	0.18	0.27	0.20	0.21	0.17	0.21	0.21	0.27	0.37
Al_2O_3	21.00	20.74	21.20	21.25	20.72	21.03	21.07	20.92	21.16	20.71	21.24	20.54
FeO	21.74	21.42	21.54	21.56	21.37	21.52	21.59	21.78	21.38	21.50	21.58	22.57
MnO	1.28	1.22	1.22	1.23	1.26	1.25	1.15	1.21	1.25	1.15	1.15	0.93
MgO	7.01	6.73	6.95	7.01	6.94	7.13	7.06	7.07	7.08	7.15	7.34	6.13
CaO	9.51	9.56	9.50	9.45	9.50	9.42	9.53	9.33	9.46	9.34	9.37	11.09
Na_2O	0.06	0.07	0.09	0.09	0.03	0.04	0.03	0.05	0.05	0.13	0.08	0.04
K_2O	0.00	0.01	0.01	0.02	0.00	0.01	0.00	0.01	0.02	0.00	0.00	0.00
Cr_2O_3	0.03	0.00	0.01	0.00	0.00	0.05	0.02	0.00	0.03	0.00	0.05	0.15
总量	100.64	99.87	101.04	101.04	99.47	100.46	100.58	100.37	100.73	100.37	100.22	100.31
Si	3.04	3.07	3.06	3.06	3.04	3.04	3.05	3.05	3.05	3.07	3.00	2.98
Ti	0.01	0.01	0.01	0.01	0.02	0.01	0.01	0.01	0.01	0.01	0.02	0.02
Al	1.89	1.88	1.90	1.90	1.89	1.89	1.90	1.89	1.90	1.87	1.92	1.88
Fe^{3+}	0.08	0.08	0.06	0.06	0.09	0.08	0.08	0.09	0.07	0.09	0.07	0.13
Fe^{2+}	1.30	1.29	1.30	1.30	1.29	1.29	1.30	1.31	1.29	1.28	1.31	1.33
Mn	0.08	0.08	0.08	0.08	0.08	0.08	0.07	0.08	0.08	0.07	0.08	0.06
Mg	0.80	0.77	0.79	0.79	0.80	0.81	0.80	0.81	0.80	0.81	0.84	0.71
Ca	0.78	0.79	0.77	0.77	0.79	0.77	0.78	0.77	0.77	0.76	0.77	0.92
Na	0.01	0.01	0.01	0.01	0.00	0.01	0.00	0.01	0.01	0.02	0.01	0.01
K	0.00	0.00	0.00	0.00	0.00	0.00	0.00	0.00	0.00	0.00	0.00	0.00
Cr	0.00	0.00	0.00	0.00	0.00	0.00	0.00	0.00	0.00	0.00	0.00	0.01
Alm	44	44	44	44	44	44	44	44	44	44	44	44
Grs	26	27	26	26	27	26	26	26	26	26	26	31
Prp	27	26	27	27	27	27	27	27	27	28	28	23
Sps	3	3	3	3	3	3	3	3	3	3	3	2
$Mg^{\#}$	0.38	0.37	0.38	0.38	0.38	0.39	0.38	0.38	0.38	0.39	0.39	0.35

续表

样品	TC01-1（剖面 3）																					
分析点	P3-1	P3-2	P3-3	P3-4	P3-5	P3-6	P3-7	P3-8	P3-9	P3-10	P3-11	P3-12	P3-13	P3-14	P3-15	P3-16	P3-17	P3-18	P3-19	P3-20	P3-21	P3-22
矿物	Grt_4	Grt_4	Grt_3	Grt_3	Grt_3	Grt_3	Grt_3	Grt_3	Grt_3	Grt_3	Grt_3	Grt_3	Grt_3	Grt_3	Grt_3	Grt_3	Grt_3	Grt_3	Grt_3	Grt_3	Grt_3	Grt_4
SiO_2	39.12	40.07	39.27	37.39	40.44	40.82	39.74	39.96	36.19	40.24	39.50	39.65	39.34	39.37	39.40	39.29	39.71	39.57	39.15	39.47	39.37	39.10
TiO_2	0.23	0.18	0.15	2.77	0.16	0.05	0.17	0.13	0.14	0.19	0.18	0.13	0.20	0.21	0.15	0.18	0.16	0.24	0.24	0.17	0.16	0.02
Al_2O_3	21.48	21.24	20.15	19.11	21.50	21.62	21.66	21.57	18.81	21.22	21.79	21.64	20.09	20.14	20.04	20.17	21.64	21.79	21.39	21.72	21.71	21.82
FeO	21.94	20.99	20.99	22.12	20.51	20.35	20.56	20.90	19.79	20.46	21.30	20.85	21.38	21.15	21.48	21.47	20.97	21.20	21.10	21.18	21.04	21.49
MnO	0.62	0.63	0.63	0.58	0.57	0.50	0.59	0.51	0.57	0.53	0.60	0.64	0.55	0.62	0.61	0.63	0.56	0.52	0.57	0.52	0.57	0.63
MgO	8.67	9.13	9.83	9.64	9.74	9.70	9.84	9.70	8.22	9.70	9.81	9.61	9.97	9.91	9.77	9.79	9.58	9.56	9.56	9.81	9.54	9.33
CaO	7.77	7.92	7.75	7.30	7.65	7.40	7.66	7.98	7.58	7.57	7.55	7.64	7.64	7.54	7.56	7.68	7.82	7.77	7.84	7.60	7.49	7.67
Na_2O	0.02	0.00	0.05	0.09	0.33	0.01	0.03	0.01	0.24	0.05	0.07	0.08	0.04	0.04	0.04	0.13	0.04	0.12	0.13	0.11	0.08	0.08
K_2O	0.00	0.00	0.0[illegible]	0.00	0.02	0.01	0.00	0.00	0.03	0.02	0.00	0.01	0.00	0.02	0.00	0.00	0.01	0.00	0.03	0.00	0.00	0.01
Cr_2O_3	0.09	0.06	0.08	0.07	0.10	0.02	0.05	0.07	0.11	0.03	0.10	0.06	0.07	0.07	0.10	0.10	0.08	0.08	0.08	0.07	0.09	0.08
总量	99.93	100.22	98.95	99.06	101.00	100.48	100.30	100.95	91.68	100.02	100.91	100.30	99.27	99.06	99.14	99.44	100.57	100.85	100.09	100.64	100.05	100.24
Si	2.99	3.04	3.03	2.91	3.03	3.06	3.01	3.01	3.02	3.05	2.98	3.00	3.03	3.03	3.04	3.02	3.00	2.99	2.98	2.98	2.99	2.98
Ti	0.01	0.01	0.01	0.16	0.01	0.00	0.01	0.01	0.01	0.01	0.01	0.01	0.01	0.01	0.01	0.01	0.01	0.01	0.01	0.01	0.01	0.00
Al	1.94	1.90	1.83	1.75	1.90	1.91	1.93	1.91	1.85	1.89	1.94	1.93	1.82	1.83	1.82	1.83	1.93	1.94	1.92	1.94	1.95	1.96
Fe^{3+}	0.06	0.08	0.17	0.23	0.07	0.05	0.07	0.08	0.13	0.08	0.07	0.07	0.18	0.16	0.17	0.17	0.07	0.06	0.09	0.07	0.06	0.05
Fe^{2+}	1.34	1.25	1.18	1.20	1.22	1.23	1.23	1.23	1.24	1.21	1.27	1.25	1.19	1.19	1.20	1.20	1.25	1.27	1.25	1.26	1.28	1.28
Mn	0.04	0.04	0.04	0.04	0.04	0.03	0.04	0.04	0.04	0.03	0.04	0.04	0.04	0.04	0.04	0.04	0.04	0.03	0.04	0.03	0.04	0.04
Mg	0.99	1.03	1.14	1.12	1.09	1.09	1.11	1.09	1.02	1.10	1.10	1.09	1.14	1.14	1.12	1.12	1.08	1.08	1.09	1.11	1.08	1.06
Ca	0.64	0.64	0.64	0.61	0.61	0.60	0.62	0.64	0.68	0.61	0.61	0.62	0.63	0.62	0.62	0.63	0.63	0.63	0.64	0.62	0.61	0.63
Na	0.00	0.00	0.01	0.01	0.05	0.00	0.00	0.00	0.04	0.01	0.01	0.01	0.01	0.01	0.01	0.02	0.01	0.02	0.02	0.02	0.01	0.01
K	0.00	0.00	0.00	0.00	0.00	0.00	0.00	0.00	0.00	0.00	0.00	0.00	0.00	0.00	0.00	0.00	0.00	0.00	0.00	0.00	0.00	0.00
Cr	0.01	0.00	0.00	0.00	0.01	0.00	0.00	0.00	0.01	0.00	0.01	0.00	0.00	0.00	0.01	0.01	0.01	0.00	0.00	0.00	0.01	0.01
Alm	45	42	39	40	41	42	41	41	42	41	42	42	40	40	40	40	42	42	42	42	43	43
Grs	21	22	21	21	21	20	21	21	23	21	20	21	21	21	21	21	21	21	21	20	20	21
Prp	33	35	38	38	37	37	37	36	34	37	37	36	38	38	38	37	36	36	36	37	36	35
Sps	1	1	1	1	1	1	1	1	1	1	1	1	1	1	1	1	1	1	1	1	1	1
$Mg^{\#}$	0.42	0.45	0.49	0.48	0.47	0.47	0.47	0.47	0.45	0.47	0.46	0.46	0.49	0.49	0.48	0.48	0.46	0.46	0.46	0.47	0.46	0.45

续表

样品	TC01-4（剖面 4）																				
分析点	P4-1	P4-2	P4-3	P4-4	P4-5	P4-6	P4-7	P4-8	P4-9	P4-10	P4-11	P4-12	P4-13	P4-14	P4-15	P4-16	P4-17	P4-18	P4-19	P4-20	P4-21	P4-22
矿物	Grt_4	Grt_3	Grt_3	Grt_3	Grt_3	Grt_3	Grt_3	Grt_3	Grt_3	Grt_3	Grt_3	Grt_3	Grt_3	Grt_3	Grt_3	Grt_3	Grt_3	Grt_3	Grt_3	Grt_3	Grt_3	Grt_4
SiO_2	39.12	39.31	40.30	40.28	40.08	40.12	39.59	39.20	40.29	38.94	39.05	40.08	40.30	40.00	39.97	40.04	39.95	40.26	39.86	39.69	38.95	40.76
TiO_2	0.13	0.32	0.42	0.45	0.35	0.26	0.31	0.25	0.32	0.40	0.36	0.26	0.29	0.29	0.22	0.30	0.34	0.34	0.34	0.44	0.39	0.22
Al_2O_3	22.14	21.56	21.29	20.85	21.18	20.93	20.85	21.53	21.37	21.38	21.29	20.99	21.16	20.88	21.20	21.06	21.13	21.04	20.89	20.64	20.95	22.50
FeO	23.53	21.11	20.57	20.21	20.80	20.76	20.79	21.17	20.32	21.19	21.10	20.70	21.35	20.55	20.25	20.85	20.77	20.79	21.05	20.59	20.87	22.04
MnO	0.66	0.65	0.53	0.65	0.61	0.57	0.64	0.55	0.63	0.60	0.62	0.66	0.61	0.59	0.57	0.58	0.63	0.62	0.60	0.59	0.59	0.50
MgO	7.95	9.17	9.16	9.06	9.14	9.12	9.23	9.42	9.29	9.31	9.31	9.30	9.21	9.25	9.09	9.25	9.10	9.32	9.10	8.97	9.31	9.03
CaO	8.27	8.14	8.14	8.16	8.06	8.04	7.96	8.04	8.13	8.08	8.18	8.10	8.05	7.96	7.96	7.89	7.98	8.06	8.01	8.00	7.95	8.47
Na_2O	0.11	0.04	0.06	0.01	0.45	0.00	0.06	0.07	0.05	0.22	0.05	0.20	0.06	0.06	0.06	0.03	0.04	0.00	0.05	0.06	1.22	0.06
K_2O	0.03	0.00	0.00	0.00	0.02	0.00	0.01	0.01	0.00	0.01	0.02	0.01	0.00	0.00	0.01	0.00	0.01	0.00	0.01	0.00	0.04	0.03
Cr_2O_3	0.04	0.10	0.01	0.06	0.07	0.08	0.14	0.05	0.10	0.06	0.05	0.06	0.01	0.04	0.04	0.07	0.06	0.06	0.07	0.08	0.05	0.07
总量	101.95	100.40	100.47	99.73	100.75	99.88	99.58	100.28	100.51	100.18	100.03	100.36	101.04	99.62	99.37	100.05	100.00	100.48	99.97	99.04	100.32	103.62
Si	2.96	2.99	3.04	3.06	3.03	3.05	3.03	2.98	3.04	2.97	2.98	3.04	3.04	3.05	3.05	3.04	3.04	3.04	3.04	3.05	2.97	3.00
Ti	0.01	0.02	0.02	0.03	0.02	0.01	0.02	0.01	0.02	0.02	0.02	0.01	0.02	0.02	0.01	0.02	0.02	0.02	0.02	0.03	0.02	0.01
Al	1.97	1.93	1.89	1.87	1.89	1.88	1.88	1.93	1.90	1.92	1.92	1.87	1.88	1.88	1.91	1.88	1.89	1.87	1.88	1.87	1.89	1.95
Fe^{3+}	0.05	0.07	0.07	0.08	0.08	0.09	0.10	0.08	0.07	0.09	0.09	0.10	0.10	0.09	0.06	0.09	0.08	0.10	0.10	0.09	0.10	0.05
Fe^{2+}	1.43	1.27	1.22	1.20	1.23	1.23	1.23	1.26	1.21	1.26	1.25	1.21	1.24	1.21	1.23	1.23	1.24	1.21	1.24	1.22	1.24	1.31
Mn	0.04	0.04	0.03	0.04	0.04	0.04	0.04	0.04	0.04	0.04	0.04	0.04	0.04	0.04	0.04	0.04	0.04	0.04	0.04	0.04	0.04	0.03
Mg	0.90	1.04	1.03	1.03	1.03	1.03	1.05	1.07	1.05	1.06	1.06	1.05	1.03	1.05	1.03	1.05	1.03	1.05	1.03	1.03	1.06	0.99
Ca	0.67	0.66	0.66	0.66	0.65	0.65	0.65	0.65	0.66	0.66	0.67	0.66	0.65	0.65	0.65	0.64	0.65	0.65	0.65	0.66	0.65	0.67
Na	0.02	0.01	0.01	0.00	0.07	0.00	0.01	0.01	0.01	0.03	0.01	0.03	0.01	0.01	0.01	0.00	0.01	0.00	0.01	0.01	0.18	0.01
K	0.00	0.00	0.00	0.00	0.00	0.00	0.00	0.00	0.00	0.00	0.00	0.00	0.00	0.00	0.00	0.00	0.00	0.00	0.00	0.00	0.00	0.00
Cr	0.00	0.01	0.00	0.00	0.00	0.00	0.01	0.00	0.01	0.00	0.00	0.00	0.00	0.00	0.00	0.00	0.00	0.00	0.00	0.00	0.00	0.00
Alm	47	42	42	41	42	42	41	42	41	42	41	41	42	41	42	42	42	41	42	42	41	44
Grs	22	22	22	23	22	22	22	22	22	22	22	22	22	22	22	22	22	22	22	22	22	22
Prp	29	35	35	35	35	35	35	35	35	35	35	35	35	36	35	35	35	36	35	35	35	33
Sps	1	1	1	1	1	1	1	1	1	1	1	1	1	1	1	1	1	1	1	1	1	1
$Mg^{\#}$	0.38	0.45	0.46	0.46	0.45	0.46	0.46	0.46	0.46	0.46	0.46	0.46	0.45	0.46	0.46	0.46	0.45	0.46	0.46	0.46	0.46	0.43

表 4.2　洞错退变榴辉岩中不同变质阶段单斜辉石的成分特征（Zhang et al.，2017a）

矿物	$Cpx_{3\text{-}I}$	$Cpx_{3\text{-}I}$	Cpx_3	Cpx_3	Cpx_3	Cpx_2	Cpx_2	Cpx_2	Cpx_2	Omp_1	Omp_1	Omp_1	Omp_1	Omp_1	Omp_1	Omp_1	Omp*	Omp*	Omp*	Omp*	Omp*
SiO_2	48.94	49.71	50.57	51.32	50.73	51.28	49.96	49.69	51.63	51.17	56.54	51.07	54.71	51.59	51.17	53.42	56.11	55.80	54.62	55.92	54.63
TiO_2	0.24	0.38	0.39	0.09	0.58	0.43	0.43	0.28	0.17	0.25	0.15	0.40	0.18	0.35	0.25	0.36	0.00	0.04	0.26	0.17	0.15
Al_2O_3	8.13	6.89	5.52	4.71	5.08	9.85	9.31	7.28	4.58	14.75	15.16	15.01	14.68	14.37	14.75	12.56	11.09	13.00	6.21	6.11	6.28
Cr_2O_3	0.03	0.00	0.21	0.00	0.06	0.04	0.09	0.03	0.00	0.14	0.09	0.20	0.09	0.16	0.14	0.02	0.04	0.05	0.00	0.00	0.01
FeO	10.23	7.96	6.99	8.13	8.52	12.61	13.80	17.91	6.68	13.08	10.31	11.02	10.70	10.58	13.08	11.01	5.42	5.15	8.24	8.24	8.36
MnO	0.20	0.07	0.10	0.12	0.26	0.16	0.18	0.49	0.13	0.24	0.21	0.13	0.26	0.15	0.24	0.14	0.10	0.10	0.28	0.28	0.30
MgO	11.68	12.27	13.01	12.79	12.22	12.06	12.15	11.91	20.07	8.69	6.53	8.10	7.04	8.06	8.69	10.68	7.17	6.41	9.13	8.81	8.89
CaO	20.06	22.38	22.15	21.80	23.58	10.96	11.48	11.48	12.99	8.84	6.84	8.55	7.14	8.48	8.84	9.20	15.60	14.45	19.06	17.55	18.50
Na_2O	1.01	0.79	0.70	0.64	0.48	2.41	2.00	0.91	0.31	4.03	5.29	4.92	4.85	4.64	4.03	3.26	4.36	4.92	3.11	2.98	3.33
K_2O	0.01	0.00	0.00	0.00	0.00	0.08	0.02	0.03	0.17	0.06	0.04	0.03	0.04	0.05	0.06	0.06	0.10	0.02	0.00	0.00	0.02
总量	100.74	100.78	100.02	100.77	99.87	99.90	98.77	99.17	98.82	101.25	101.17	99.42	99.69	98.42	101.25	100.72	99.99	99.94	100.91	100.46	100.50
Si	1.82	1.84	1.87	1.91	1.87	1.88	1.86	1.87	1.92	1.84	1.98	1.86	1.96	1.89	1.84	1.91	2.00	1.98	1.99	2.04	2.00
Al^{IV}	0.18	0.16	0.13	0.09	0.13	0.12	0.14	0.13	0.08	0.16	0.02	0.14	0.04	0.11	0.16	0.09	0.00	0.02	0.01	0.00	0.00
Al^{VI}	0.18	0.14	0.1[illegible]	0.12	0.09	0.31	0.27	0.20	0.12	0.47	0.61	0.50	0.58	0.51	0.47	0.44	0.47	0.53	0.26	0.26	0.27
Ti	0.01	0.01	0.02	0.00	0.02	0.01	0.01	0.01	0.00	0.01	0.00	0.01	0.00	0.01	0.01	0.01	0.00	0.00	0.01	0.00	0.00
Cr	0.00	0.00	0.01	0.00	0.00	0.00	0.00	0.00	0.00	0.00	0.00	0.01	0.00	0.00	0.00	0.00	0.00	0.00	0.00	0.00	0.00
Fe^{3+}	0.09	0.08	0.02	0.02	0.06	0.00	0.00	0.00	0.00	0.00	0.00	0.00	0.00	0.00	0.00	0.00	0.00	0.00	0.00	0.00	0.00
Fe^{2+}	0.23	0.17	0.20	0.24	0.21	0.39	0.43	0.57	0.21	0.40	0.31	0.34	0.33	0.33	0.40	0.33	0.17	0.16	0.25	0.26	0.26
Mn	0.01	0.00	0.00	0.00	0.01	0.01	0.01	0.02	0.00	0.01	0.01	0.00	0.01	0.00	0.01	0.00	0.00	0.00	0.01	0.01	0.01
Mg	0.65	0.68	0.72	0.71	0.67	0.66	0.67	0.67	1.11	0.47	0.34	0.44	0.38	0.44	0.47	0.57	0.38	0.34	0.50	0.48	0.48
Ca	0.80	0.89	0.88	0.87	0.93	0.43	0.46	0.46	0.52	0.34	0.26	0.33	0.27	0.33	0.34	0.35	0.60	0.55	0.74	0.68	0.72
Na	0.07	0.06	0.05	0.05	0.03	0.17	0.14	0.07	0.02	0.28	0.36	0.35	0.34	0.33	0.28	0.23	0.30	0.34	0.22	0.21	0.24
K	0.00	0.00	0.00	0.00	0.00	0.00	0.00	0.00	0.01	0.00	0.00	0.00	0.00	0.00	0.00	0.00	0.00	0.00	0.00	0.00	0.00
总量	4.03	4.02	4.01	4.00	4.02	3.98	4.00	3.99	3.99	3.98	3.89	3.98	3.91	3.96	3.98	3.94	3.92	3.92	3.98	3.94	3.98
Jd	7.3	5.7	5.0	4.6	3.4	17.2	14.5	6.7	2.3	28.2	36.0	34.7	33.6	32.9	28.2	22.6	30.2	33.9	22.0	21.0	23.6
CaEs	0.0	0.0	0.0	0.0	0.0	1.9	0.0	0.6	1.3	3.3	22.9	1.4	19.6	6.8	3.3	12.0	16.5	17.0	2.4	5.2	2.8
CaTS	17.9	15.8	12.9	8.8	12.9	11.8	14.0	12.5	8.2	15.6	1.9	14.1	4.4	11.1	15.6	9.1	0.0	1.8	1.1	0.0	0.3

注：CaEs 和 CaTS 分别为单斜辉石中 Ca-Eskola 组分和 Ca-Tschermark 组分；Omp* 数据引自 Dong 等（2016）。

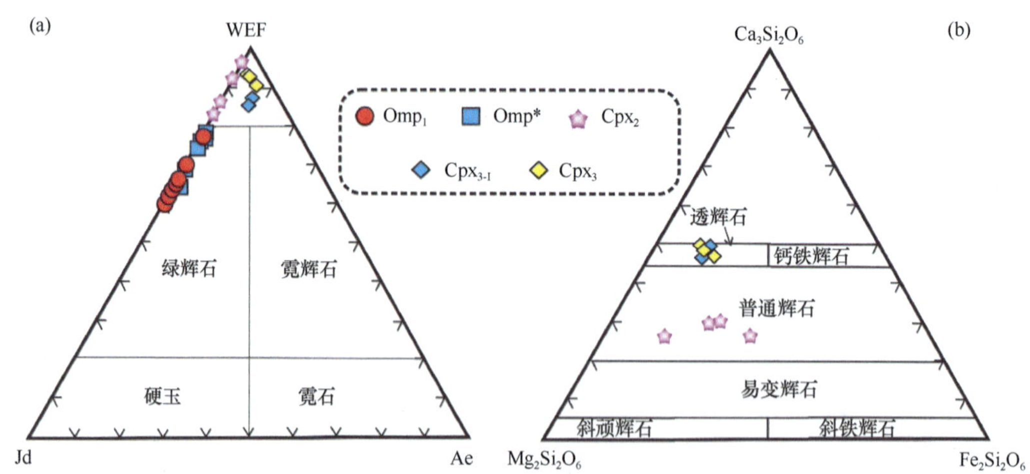

图 4.8 洞错退变榴辉岩中不同期次单斜辉石分类图解（据 Morimoto，1988）

形成于高压麻粒岩相阶段的单斜辉石，包括基质中的粗粒辉石（Cpx_3）和石榴石变斑晶中同构造期单斜辉石包裹体（$Cpx_{3\text{-}I}$），两者具有十分相似的特征，与早期的 Omp_1 和 Cpx_2 相比，Cpx_3 和 $Cpx_{3\text{-}I}$ 具有高的 CaO（20.06%~23.58%）和极低的 Na_2O 以及硬玉分子（3%~7%）组分，在 Ca-Mg-Fe 辉石［图 4.8（b）］分类图解上落入典型的透辉石区域。

3）斜长石

斜长石在退变榴辉岩峰期以外的四个变质演化阶段中均能稳定存在，本书对不同变质阶段、不同赋存状态的斜长石均进行了系统的电子探针成分测试，其代表性成分列于表 4.3，其中分析的测点包括：① M_2 期后成合晶或冠状体（Cpx_2+Pl_2）中的斜长石（Pl_2）；② M_3 期基质中大颗粒斜长石（Pl_3）以及石榴石变斑晶中斜长石包裹体（$Pl_{3\text{-}I}$）的核、幔、边部；③ M_4 期后成合晶或冠状体（Pl_4+Amp_4±Mt_4±Ilm_4±Opx_4）中的斜长石（Pl_4）；④ M_5 期基质中与晚期角闪石平衡共生的斜长石（Pl_5）。从表 4.3 可以看出，两类呈后成合晶产出的斜长石具有显著的成分差异，其中 Pl_2 十分富 Na_2O，具有最高的钠长石分子（X_{ab}=77~93），而 Pl_4 却十分富 CaO，具有最高的钙长石分子（X_{An}=68~85），这些特征显示了局部变质反应对矿物成分的控制：Pl_2 来自峰期绿辉石分解，绿辉石中富钠的硬玉分子分解进入长石中，从而形成富钠长石；而 Pl_4 则来自石榴石变斑晶边部的降压分解反应，石榴石中的钙铝榴石分解进入斜长石，因此形成富钙的斜长石。高压麻粒岩相变质阶段的斜长石（Pl_3 和 $Pl_{3\text{-}I}$）具有中等程度的钙长石分子（X_{An}=45~52），角闪岩相斜长石（Pl_5）钙长石分子稍高，集中在 57~64。

4）角闪石

角闪石主要有两种存在形式，一类角闪石（Amp_4）呈后成合晶产于 M_4 期后成合晶或冠状体（Pl_4+Amp_4±Mt_4±Ilm_4±Opx_4）中，另一类角闪石（Amp_4）分布于基质中，多见于退变较强烈的薄片，这类角闪石取代高压麻粒岩相（M_3）变质阶段的单斜辉石。我们对两类角闪石进行了电子探针成分分析，其结果见表 4.4。两类角闪石成分差异显著，其中呈后成合晶产出的角闪石（Amp_4）的 T_{Si}=6.30~6.55，$(Na+K)_A > 0.5$，$Ti < 0.5$，$Al^{VI} > Fe^{3+}$，$Mg^{\#}$=0.51~0.64，在角闪石分类图解（图 4.9）中，均落入韭闪石或者浅闪石区域；基质中的角闪石（Amp_5）的 T_{Si}=6.90~7.25，$(Na+K)_A < 0.5$，$Mg^{\#}$=0.70~0.77，均为镁角闪石（图 4.9）。

5）帘石及其他矿物

洞错退变榴辉岩中的帘石类矿物包括绿帘石（Ep）、斜黝帘石（Czo）以及黝帘石（Zo）等。其中绿帘石和斜黝帘石主要呈包裹体产于榴辉岩相残余石榴石的幔部和边部，具有高的 FeO^T 含量（5.26%~8.72%）和低的 Al_2O_3 含量（26.55%~28.30%），可能形成于高压变质阶段。而黝帘石则具有十分高的 Al_2O_3 含量（31.71%~31.84%），产于基质矿物粒间或呈包裹体分布于晚期角闪岩相矿物中，可能形成于晚期退变质阶段。除此之外，我们对洞错退变榴辉岩中的金红石、钛铁矿和磁铁矿亦进行了成分测试，其代表性成分特征见表 4.5。

4.1.3 相平衡模拟及 *P-T* 条件估算

4.1.3.1 相平衡计算

本次研究对洞错榴辉岩中两件识别出绿辉石的样品（TC01-1 和 TC01-4）进行了相平衡模拟计算，根据两件样品的矿物组合特征（表 4.6），选择了 NCKFMASHTO（Na_2O-CaO-K_2O-FeO-MgO-Al_2O_3-SiO_2-H_2O-TiO_2-O（Fe_2O_3））体系来计算其 *P-T* 视剖面图，相平衡模拟使用的初始全岩成分取自 XRF 分析得到的全岩主量元素质量分数数据，换算为模式体系中的摩尔分数进行计算（表 4.6）。O 的加入能够扩大含 Fe^{3+} 的矿物如蓝闪石的稳定域（Diener et al.，2007；Wei et al.，2009；Du et al.，2011），并对石榴石 X_{grs} 等值线的限定有较大的影响（Wei et al.，2009），对于氧化条件较高的榴辉岩尤为必要（Warren and Waters，2006）。TiO_2 被考虑在体系之内，是为了确定金红石向钛铁矿和榍石转变的温度压力区间；考虑到 P_2O_5 主要形成磷灰石，且在主要硅酸盐矿物中含量均很少，因此不考虑 P_2O_5 组分，并按照磷灰石 $(CaO)_5 \times (P_2O_5)_{1.5} \times (H_2O)_{0.5}$ 分子式扣除相应的 Ca 组分；假设流体仅以纯水形式存在，并设定体系中 H_2O 过量。

相图计算采用最新版本的 Thermo-Calc 3.33 程序（Powell et al.，1998，2009 年 7 月更新），数据库为 tcds55（Holland and Powell，1998，2003 年 11 月更新）。各矿物成分活度模型如下：石榴石（Wei and Powell，2004）、单斜辉石（Green et al.，2007）、角闪石（Diener et al.，2007）、绿帘石（Wei et al.，2009）、绿泥石（Holland and Powell，1998）、钠云母和多硅白云母（Coggon and Holland，2002）、滑石（Holland and Powell，1998）及斜长石（Holland and Powell，2003），硬柱石和石英采用端员组分。

表 4.3　洞错退变榴辉岩中不同变质阶段斜长石的成分特征（Zhang et al.，2017a）

矿物	Pl_2	Pl_2	Pl_2	Pl_2	Pl_4	Pl_4	Pl_4	Pl_{3-I}	Pl_{3-I}	Pl_3	Pl_3	Pl_3	Pl_5	Pl_5
SiO_2	66.32	67.93	64.64	63.22	49.73	45.40	46.06	56.70	57.94	55.76	56.20	53.97	51.18	52.59
TiO_2	0.00	0.02	0.01	0.00	0.00	0.00	0.01	0.00	0.00	0.00	0.00	0.00	0.03	0.00
Al_2O_3	19.96	18.42	21.60	21.30	28.08	31.04	29.56	26.00	24.91	27.12	23.71	24.89	28.53	27.44
Cr_2O_3	0.02	0.00	0.00	0.02	0.00	0.04	0.00	0.00	0.00	0.02	0.02	0.01	0.00	0.00
FeO	0.05	0.29	0.76	0.60	0.45	0.36	1.22	0.64	0.77	0.29	1.83	2.07	0.46	0.81
MnO	0.00	0.08	0.00	0.03	0.01	0.00	0.02	0.01	0.02	0.00	0.07	0.01	0.04	0.05
MgO	0.01	0.00	0.47	0.31	0.01	0.01	0.20	0.47	0.03	0.03	0.09	0.05	0.09	0.04
CaO	1.56	2.99	3.75	4.92	16.83	21.65	19.97	9.46	9.69	10.44	11.53	12.60	14.03	15.40
Na_2O	11.42	11.91	9.66	9.40	4.32	2.12	2.37	5.99	6.48	6.20	6.26	6.26	5.91	4.64
K_2O	0.02	0.03	0.03	0.04	0.02	0.01	0.09	0.19	0.02	0.03	0.03	0.06	0.03	0.04
总量	99.36	101.67	100.92	99.85	99.44	100.63	99.51	99.47	99.86	99.88	99.74	99.93	100.29	101.03
Si	2.94	2.97	2.86	2.83	2.32	2.12	2.19	2.59	2.62	2.52	2.60	2.52	2.36	2.41
Al	1.04	0.95	1.13	1.13	1.55	1.71	1.66	1.40	1.33	1.45	1.29	1.37	1.55	1.48
Ca	0.07	0.14	0.18	0.24	0.84	1.09	1.02	0.46	0.47	0.51	0.57	0.63	0.69	0.76
Na	0.98	1.01	0.83	0.82	0.39	0.19	0.22	0.53	0.57	0.54	0.56	0.57	0.53	0.41
K	0.00	0.00	0.00	0.00	0.00	0.00	0.01	0.01	0.00	0.00	0.00	0.00	0.00	0.00
An	7.02	12.15	17.66	22.39	68.22	84.91	81.97	46.08	45.21	48.12	50.36	52.50	56.67	64.56
Ab	92.87	87.71	82.20	77.39	31.69	15.02	17.58	52.80	54.68	51.70	49.47	47.21	43.18	35.22
Or	0.11	0.14	0.14	0.23	0.09	0.06	0.44	1.12	0.11	0.18	0.17	0.29	0.15	0.22

注：An=100×Ca/（Ca+Na+K）；Ab=100×Na/（Ca+Na+K）；Or=100×K/（Ca+Na+K）。

表 4.4　洞错退变榴辉岩中不同变质阶段角闪石的成分特征（Zhang et al.，2017a）

矿物	Amp_4	Amp_4	Amp_4	Amp_4	Amp_4	Amp_5	Amp_5	Amp_5	Amp_5	Amp_5	Amp_5
SiO_2	42.18	42.39	43.09	43.74	44.11	46.57	47.49	47.74	48.66	49.05	49.96
TiO_2	0.42	0.27	0.45	0.69	0.33	0.51	0.68	0.46	0.46	0.36	0.43
Al_2O_3	14.75	13.03	12.64	13.09	12.90	9.68	7.80	9.38	8.75	7.40	9.31
FeO^T	14.61	15.50	17.78	15.36	16.35	13.75	12.04	13.48	12.07	12.29	12.45
MnO	0.21	0.21	0.42	0.21	0.30	0.14	0.19	0.13	0.12	0.16	0.12
MgO	10.48	12.66	9.17	10.11	9.55	12.10	12.22	13.13	12.31	12.85	12.15
CaO	11.47	9.46	10.81	11.93	12.24	11.89	15.21	11.34	10.96	11.72	10.37
Na_2O	2.62	1.75	2.40	2.18	2.00	1.75	1.27	1.78	2.11	1.70	2.28
K_2O	0.04	0.04	0.07	0.10	0.06	0.08	0.03	0.07	0.11	0.06	0.18
总量	96.91	95.35	96.86	97.45	97.91	96.46	96.94	97.58	95.66	95.65	97.33
Si	6.30	6.41	6.52	6.50	6.55	6.90	7.01	6.96	7.18	7.25	7.22
Al^{IV}	1.70	1.59	1.48	1.50	1.45	1.10	0.99	1.04	0.82	0.75	0.78
Al^{VI}	0.90	0.73	0.77	0.80	0.81	0.59	0.37	0.58	0.70	0.54	0.81
Ti	0.05	0.03	0.05	0.08	0.04	0.06	0.08	0.05	0.05	0.04	0.05
Fe^{3+}	0.27	0.34	0.34	0.40	0.43	0.55	0.58	0.56	0.68	0.69	0.73
Fe^{2+}	1.56	1.62	1.91	1.51	1.60	1.16	0.91	1.08	0.81	0.83	0.78
Mn	0.03	0.03	0.05	0.03	0.04	0.02	0.02	0.02	0.02	0.02	0.01
Mg	2.33	2.85	2.07	2.24	2.12	2.67	2.69	2.86	2.71	2.83	2.62
Ca	1.84	1.53	1.75	1.90	1.95	1.89	2.41	1.77	1.73	1.86	1.61
Na	0.76	0.51	0.70	0.63	0.57	0.50	0.36	0.50	0.60	0.49	0.64
K	0.01	0.01	0.01	0.02	0.01	0.02	0.00	0.01	0.02	0.01	0.03
总量	15.73	15.66	15.66	15.60	15.57	15.45	15.42	15.44	15.32	15.31	15.27
Si_T*	6.30	6.41	6.52	6.50	6.55	6.90	7.01	6.96	7.18	7.25	7.22
Al_T	1.70	1.59	1.48	1.50	1.45	1.10	0.99	1.04	0.82	0.75	0.78
Al_C	0.90	0.73	0.77	0.80	0.81	0.59	0.37	0.58	0.70	0.54	0.81
$Fe^{3+}{}_C$	0.27	0.34	0.34	0.40	0.43	0.55	0.58	0.56	0.68	0.69	0.73
Ti_C	0.05	0.03	0.05	0.08	0.04	0.06	0.08	0.05	0.05	0.04	0.05
Mg_C	2.33	2.85	2.07	2.24	2.12	2.67	2.69	2.86	2.71	2.83	2.62
$Fe^{2+}{}_C$	1.45	1.04	1.77	1.48	1.60	1.13	0.91	0.95	0.81	0.83	0.78
Mn_C	0.00	0.00	0.00	0.00	0.00	0.00	0.02	0.00	0.02	0.02	0.01
$Fe^{2+}{}_B$	0.11	0.58	0.14	0.02	0.00	0.03	0.00	0.13	0.00	0.00	0.00
Mn_B	0.03	0.03	0.05	0.03	0.04	0.02	0.00	0.02	0.00	0.00	0.00
Ca_B	1.84	1.40	1.75	1.90	1.95	1.89	2.00	1.77	1.73	1.86	1.61
Na_B	0.03	0.00	0.05	0.05	0.01	0.06	0.00	0.08	0.27	0.14	0.39
Ca_A	0.00	0.14	0.00	0.00	0.00	0.00	0.41	0.00	0.00	0.00	0.00
Na_A	0.73	0.51	0.65	0.58	0.56	0.44	0.36	0.42	0.34	0.34	0.24
K_A	0.01	0.01	0.01	0.02	0.01	0.02	0.00	0.01	0.02	0.01	0.03
$Mg^{\#}$	0.60	0.64	0.51	0.52	0.60	0.57	0.70	0.75	0.73	0.77	0.77

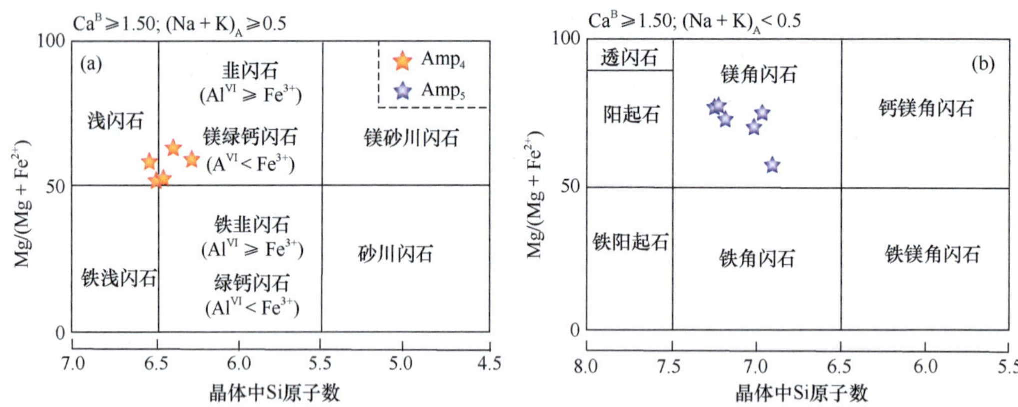

图 4.9　洞错退变榴辉岩中角闪石分类图解（据 Leake et al.，1997）

表 4.5　洞错退变榴辉岩中帘石、斜黝帘石、黝帘石、金红石等矿物的成分特征
（Zhang et al.，2017a）

成分	Ep	Ep	Czo	Zo	Zo	Rt	Ilm	Ttn	Ttn
SiO_2	39.21	39.92	39.50	39.21	39.33	0.03	0.05	30.15	30.87
TiO_2	0.12	0.16	0.11	0.00	0.00	98.71	57.50	41.86	37.12
Al_2O_3	26.55	26.64	28.20	31.71	31.84	0.07	0.03	0.19	1.95
FeO	8.72	7.57	5.26	0.47	0.10	0.47	39.96	0.97	1.05
MnO	0.15	0.21	0.06	0.00	0.00	0.00	0.27	0.02	0.08
MgO	0.04	0.92	0.03	0.27	0.01	0.01	0.01	0.00	0.01
CaO	24.58	23.45	23.92	24.21	24.24	0.05	0.18	28.96	28.24
Na_2O	0.03	0.24	0.05	0.03	0.10	0.00	0.00	0.08	0.00
K_2O	0.03	0.03	0.02	0.04	0.10	0.00	0.00	0.00	0.00
Cr_2O_3	0.06	0.02	0.00	0.00	0.02	0.01	0.02	0.03	0.05
总量	99.48	99.15	97.15	95.94	95.76	99.35	98.01	102.27	99.37
O	13	13	13	13	13	2	3	5	5
Si	3.20	3.23	3.23	3.16	3.17	0.00	0.00	0.97	1.01
Ti	0.01	0.01	0.01	0.00	0.00	1.00	1.08	1.01	0.92
Al	2.55	2.54	2.71	3.01	3.03	0.00	0.00	0.01	0.08
Fe	0.59	0.51	0.36	0.03	0.01	0.01	0.83	0.03	0.03
Mn	0.01	0.01	0.00	0.00	0.00	0.00	0.01	0.00	0.00
Mg	0.00	0.11	0.00	0.03	0.00	0.00	0.00	0.00	0.00
Ca	2.15	2.04	2.09	2.09	2.09	0.00	0.00	1.00	0.99
Na	0.01	0.04	0.01	0.01	0.02	0.00	0.00	0.01	0.00
K	0.00	0.00	0.00	0.00	0.01	0.00	0.00	0.00	0.00
Cr	0.00	0.00	0.00	0.00	0.00	0.00	0.00	0.00	0.00

表 4.6　洞错变榴辉岩样品的矿物组合及全岩成分（Zhang et al., 2017a）

	样品	TC01-1	TC01-4
	矿物组合	Grt，Omp，Cpx，Pl，Rt，Qtz，Amp，Ep，Ttn，Ilm，Zr	Grt，Omp，Cpx，Pl，Rt，Qtz，Amp，Ep，Ttn，Ilm，Zr，Mag
变质阶段	M_1：榴辉岩相	Omp_1+Grt_1	Omp_1+Grt_1
	M_2：榴辉岩相 – 高压麻粒岩相	$Grt_2+Cpx_2+Pl_2+Ep$	$Grt_2+Cpx_2+Pl_2\pm Ep$
	M_3：高压麻粒岩相	$Grt_3+Cpx_3+Pl_3+Rt_3+Qtz$	$Grt_3+Cpx_3+Pl_3+Rt_3+Qtz$
	M_4：高压麻粒岩相 – 角闪岩相	$Grt_4+Cpx_4+Pl_4+Amp_4\pm Ilm$	$Grt_4+Cpx_4+Pl_4+Amp_4+Ilm+Mag$
	M_5：角闪岩相	$Amp_5+Pl_5+Ttn_5\pm Qtz$	Amp_5+Pl_5+Ttn
	全岩组成 /%	SiO_2=50.67，Al_2O_3=9.08，CaO=14.23，MgO=13.93，FeO=8.53，K_2O=0.05，Na_2O=2.29，TiO_2=0.62，O=0.58	SiO_2=49.58，Al_2O_3=9.76，CaO=14.27，MgO=13.91，FeO=8.72，K_2O=0.16，Na_2O=2.10，TiO_2=0.91，O=0.60

4.1.3.2　模拟结果

依据退变榴辉岩样品全岩成分计算的 *P-T* 视剖面图见图 4.10。我们用逐渐加深的蓝色表示三变域到六变域（其中三变域为无色）。图中橙黄色实线为硬柱石稳定线，粉色实线代表斜长石稳定线，红色实线代表石榴石稳定线，紫色虚线代表石英向柯石英的转变线。模拟显示，硬柱石主要稳定于低温 / 高压 – 超高压条件（图 4.10 左上角区域），对温度变化十分敏感，温度超过 690 ℃，将无法稳定存在。石榴石的出现主要受控于压力的变化，当变质压力超过 0.9 GPa 时（温度在 850 ℃左右），石榴石便可以出现。

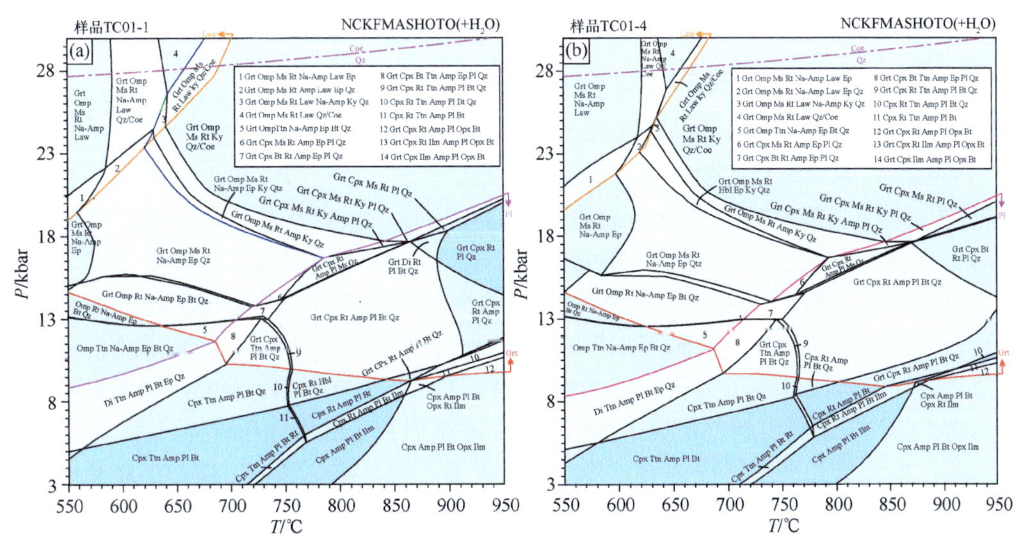

图 4.10　洞错退变榴辉岩在 NCKFMASHTO 体系中的 *P-T* 视剖面图

4.1.3.3 变质作用 *P-T* 条件估算

为了计算退变榴辉岩样品（TC01-1 和 TC01-4）不同变质演化阶段的 *P-T* 条件，我们在 *P-T* 视剖面图的基础上进一步模拟了石榴石的成分等值线（包括镁铝榴石、钙铝榴石以及石榴石的 $Mg^{\#}$），结合不同变质演化阶段石榴石的实测成分特征，便可以对相对应的变质 *P-T* 条件进行限定。除此之外，我们还模拟了斜长石中 An 分子等值线，结合斜长石的实测成分，可以更好地限定晚期退变质作用的 *P-T* 条件。两件样品（TC01-1 和 TC01-4）最终矿物等值线图及 *P-T* 条件的估算结果见图 4.11 和图 4.12。

样品 TC01-1 中榴辉岩相的残余石榴石发育一个富钙、锰和贫镁的进变质核部，其成分投影到绿帘石榴辉岩相区域［图 4.11（a)]，变质作用条件为 *T*=620~630℃，*P*=1.9~2.1 GPa。石榴石的幔部镁铝榴石组分有所升高，钙铝榴石组分降低，揭示峰期的变质条件在 *T* 为约 630℃，*P*=2.5~2.7 GPa，落入硬柱石榴辉岩区域，其模拟的峰期矿物组合为石榴石 + 绿辉石 + 多硅白云母 + 金红石 + 硬柱石 + 钠质角闪石 + 石英（图 4.11 和图 4.13），与薄片观察到的矿物组合存在一定差异（薄片中仅石榴石 + 绿辉石），其主要原因在于硬柱石、多硅白云母以及钠质角闪石等低温 / 高压含水矿物对温度十分敏感，仅能存在于较低的温度条件，因此榴辉岩在折返中必须经历一个快速折返和充分的冷却过程（冷折返）才能保存这些矿物（Clarke et al.，2006；Tsujimori et al.，2006；Wei and Clarke，2011）。洞错退变榴辉岩经历了麻粒岩相高温变质作用的强烈叠加，即使热稳定性较强的绿辉石也很难保存，因此在理论上这些低温 / 高压含水矿物是无法保留的。从石榴石的核部到幔部定义了一个近等温加压的 *P-T* 轨迹（图 4.11），暗示了一个快速俯冲的过程。在从绿帘石榴辉岩相向硬柱石榴辉岩相转变过程中，石榴石中钙铝榴石含量随着压力的增加而降低，这与富钙硬柱石的出现以及含量的增加密切相关。样品 TC01-4 缺少早期矿物信息，其残余状石榴石揭示峰期变质条件为 *T* 约 620℃，*P*=2.5~2.7 GPa，和 TC01-1 几乎一致。

榴辉岩峰后期快速降压形成的后成合晶（M_2：Cpx_2+Pl_2），其反应并未达到全岩化学平衡，仅能代表局部的平衡，因此很难准确限定其变质 *P-T* 条件。但是，我们可以根据一些保存的矿物信息以及矿物反应结构进行一个粗略的估算。首先，与后成合晶相接触的第一类石榴石的边部钙铝榴石组分升高，镁铝榴石组分降低，定义了一个快速降压的趋势（图 4.11 和图 4.12），这个趋势推测会一直延伸至绿辉石分解线（或斜长石稳定线以下），同时其压力应大于下一阶段高压麻粒岩相变质压力，综合上述信息，这一阶段温度压力条件可能在 *T*=710~770℃，*P*=1.4~1.6 GPa，峰期绿辉石在这一 *P-T* 条件下快速分解，形成了普通辉石和富钠斜长石后成合晶结构。

高压麻粒岩相变质阶段的 *P-T* 条件可以用第二类富镁贫钙的石榴石变斑晶成分限定，两件样品（TC01-1 和 TC01-4）石榴石变斑晶核部和幔部成分集中投影到了石榴石 + 单斜辉石 + 斜长石 + 石英 + 金红石 + 黑云母区域（图 4.11 和图 4.12），指示其变质 *P-T*

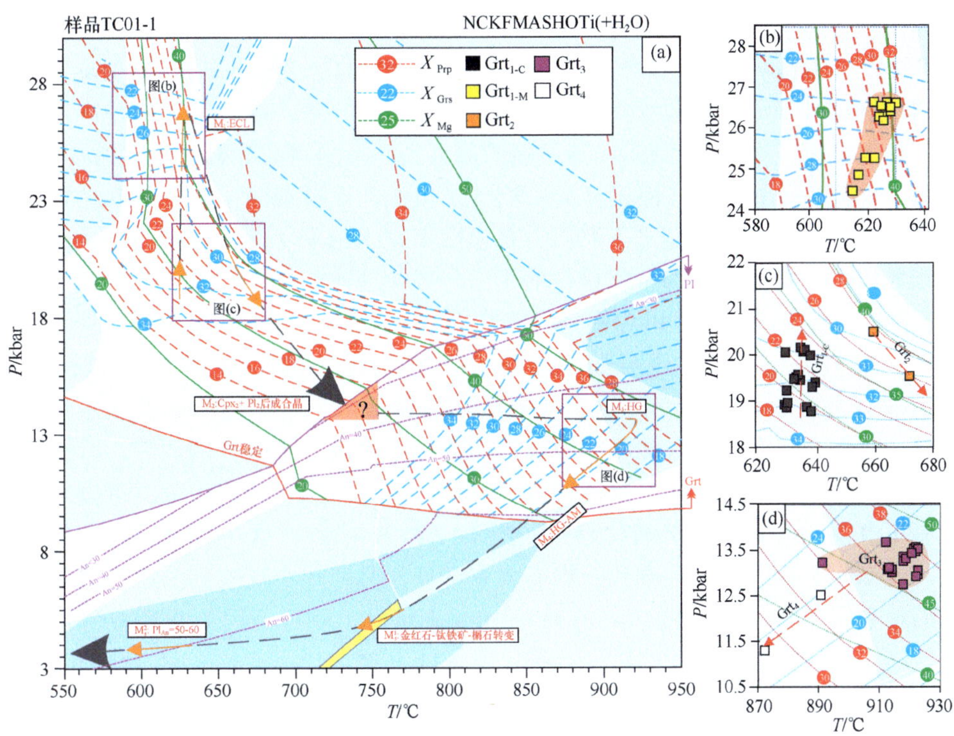

图 4.11　样品 TC01-1 石榴石和斜长石成分等值线图及变质 *P*-*T* 条件的确定

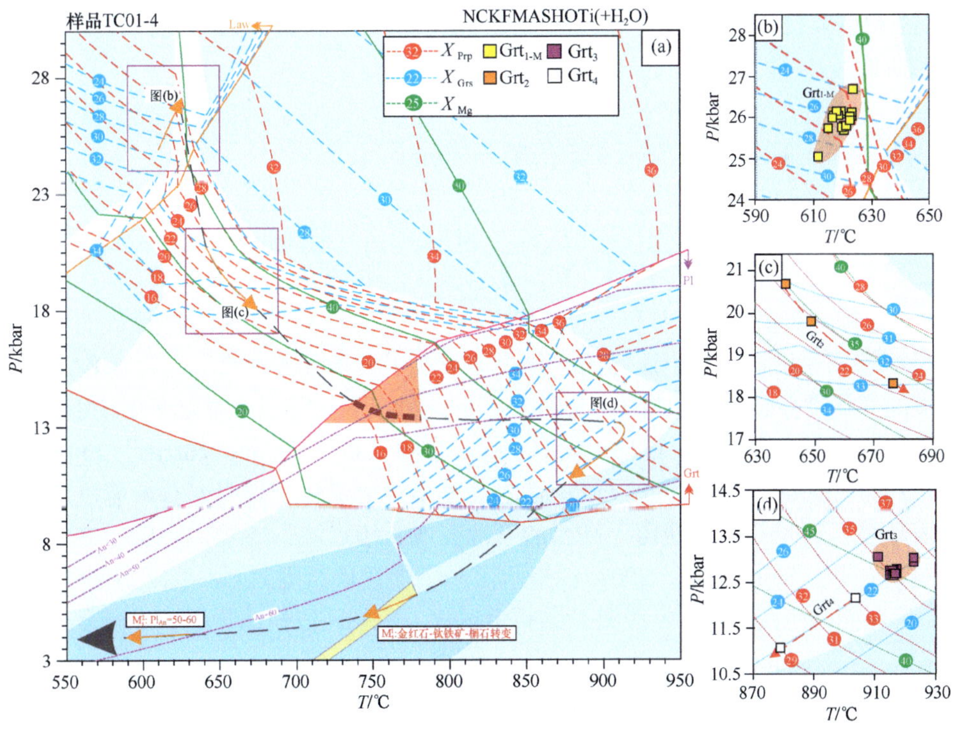

图 4.12　样品 TC01-4 石榴石和斜长石成分等值线图及变质 *P*-*T* 条件的确定

条件为：T=910~930℃，P=1.2~1.4 GPa，与世界上其他典型高压麻粒岩相变质温度压力条件一致（Harley，1989；O'Brien and Rötzler，2003；Zhang et al.，2014a）。而且，模拟的矿物组合与薄片中观察到的该期矿物组合高度一致，唯一的区别是尚未在薄片中观察到黑云母（相图中存在），其可能的原因为：①洞错榴辉岩整体富钠贫钾，K_2O含量仅为 0.05%~0.16%，富钾云母类矿物含量极低，不易观测；②高压麻粒岩相变质温度极高（大于 900℃），超过了泥质岩石体系和 MORB 体系普通黑云母的固相线，因此可能导致了样品中本来含量就极低的黑云母发生脱水熔融，形成钾长石和钛铁矿等合晶，从而导致在薄片中难以观察到黑云母的存在。

高压麻粒岩相变质作用后期快速降压阶段（M_4：$Amp_4+Pl_4 \pm Ilm_4 \pm Mag_4$）的矿物呈后成合晶产出，说明变质反应并未达到整体平衡，其精确的 P-T 条件亦难以限定。但是，与后成合晶直接接触的石榴石边部由于温度压力条件的改变，其成分在新的 P-T 条件下发生了一定的再平衡过程，我们通过这些调整后的成分，可以得到一个快速降压并显著降温的 P-T 演化趋势（图 4.11 和图 4.12），这一演化趋势大角度斜切石榴石的摩尔含量等值线，导致石榴石含量降低，与薄片中观察到的石榴石分解形成环绕石榴石的后成合晶结构（$Amp_4+Pl_4 \pm Ilm_4 \pm Mag_4$）吻合。因为我们在薄片中观察到了金红石–钛铁矿–榍石的转变结构（图 4.11 和图 4.12，黄色区间，T=710~760℃，P=0.4~0.6 GPa，代表角闪岩相早期 P-T 条件），因此这一降温降压的 P-T 曲线应穿过金红石–钛铁矿–榍石转变域。与晚期基质中平衡的斜长石的 An 分子比高压麻粒岩相稍高，集中在 50~60 之间，因此后期的 P-T 曲线应以降温为主，穿过 An=60 的等值线（图 4.11 和图 4.12），稳定在 P-T 视剖面图左下角区域，代表了晚期角闪岩相变质的温度压力条件（T= 约 600℃，P= 约 0.3 GPa）。

4.1.3.4 变质 P-T 轨迹与两类石榴石的成因

通过对洞错榴辉岩两件样品（TC01-1 和 TC01-4）不同变质阶段 P-T 条件的估算，我们可以得到其完整的 P-T 轨迹，见图 4.13。从图中可以看到，两个样品具有相似的 P-T 演化过程，其主要特点是包含了两段以降压为主的演化阶段和一段显著的等压增温过程。榴辉岩在折返过程中压力的变化主要取决于其所处的深度（不考虑构造超压），而温度的变化需要长时间的热传导过程，因此这种显著的降压（温度变化较小）P-T 轨迹通常指示了一个快速折返过程（如 Harley，1989；O'Brien and Rötzler，2003；Zhao et al.，2001；Zhang et al.，2014a）；而显著的增温 P-T 轨迹说明岩石未能快速折返至近地表环境，而是长时间滞留于高温的下地壳或壳幔过渡带环境，在后期热松弛过程中被显著加热（Song et al.，2003），指示了一个慢速的折返过程。因此洞错榴辉岩的 P-T 轨迹可能表明其经历了一个复杂的折返过程，包括两段快速折返和一段慢速折返抬升过程。

通过对比研究，我们发现世界上很多麻粒岩化的榴辉岩（如北大别麻粒岩化榴辉岩，Groppo et al.，2015）中通常都保留了两类产状和成分迥异的石榴石，一类石

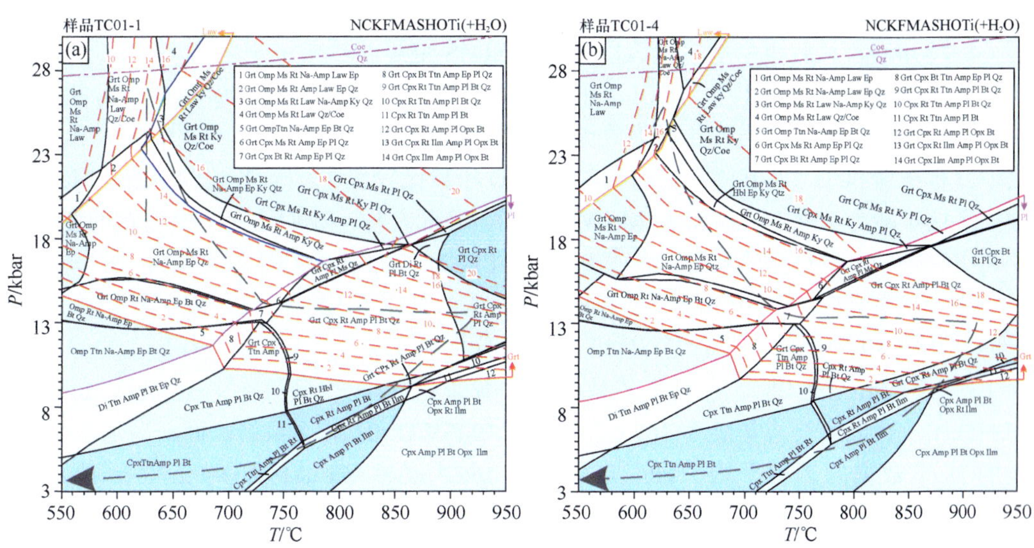

图 4.13　洞错退变榴辉岩的 *P-T* 轨迹及石榴石的摩尔含量等值线图

榴石常呈残余状或不规则状，相对富钙贫镁，类似本书中第一类石榴石；另一类石榴石粒度较大，常呈变斑晶产出，且富镁贫钙，与本书中第二类石榴石相似。本书通过对洞错榴辉岩 *P-T* 轨迹的研究以及石榴石生长摩尔含量等值线的模拟（图 4.13），能够很好地解释这两类石榴石的成因：从图 4.13 可以看出，峰期榴辉岩相变质条件下，石榴石摩尔含量最高（约 15%），峰后期快速降压的 *P-T* 轨迹大角度斜交石榴石摩尔等值线，石榴石含量急剧降低，对应了一个石榴石分解过程，在 M_2 变质温度压力范围，石榴石摩尔含量最低（约 8%）。这与我们观察到的第一类石榴石通常呈残余状或不规则状，且与绿辉石分解后成合晶伴生的特征吻合。结合石榴石成分等值线图（图 4.11 和图 4.12），这一期石榴石显示出富钙贫镁的特征。从 M_2 到 M_3 变质阶段，石榴石摩尔含量从约 8% 急剧增加到约 14%，说明高压麻粒岩相变质叠加过程同时是一个石榴石显著生长的过程，这一过程中石榴石以富镁贫钙为特征，可能由于变质温度较高，有利于石榴石的生长，这一期的石榴石均呈较大的变斑晶产出。

4.1.4　锆石及金红石 SIMS 定年

4.1.4.1　测试结果

洞错退变榴辉岩样品 TC01-1 中的锆石均为自形的板状，晶体较大，粒度集中在 120~200 μm，长宽比介于 2 ∶ 1 到 3 ∶ 1 之间。CL 图像显示大部分锆石呈灰黑色（弱发光），无环带特征，部分锆石具有平直宽缓的环带，总体特征与典型的基性岩岩浆锆石十分相似，暗示这些锆石可能是榴辉岩原岩的岩浆锆石。同时在这些锆石中，很大一部分锆石都发育一个较窄的变质增生边，增生边在 CL 图像上呈亮白色，宽度一般较窄（5~20 μm），只有极个别增生边可以用于 SIMS 定年。

对洞错退变榴辉岩样品 TC01-1 中的锆石进行了 15 测点的 SIMS 分析，分析结果见表 4.7，其中 14 个测点位于具有岩浆成因的核部或幔部［图 4.14（a）］，这些测点均集中分布在谐和线上及其附近，所得 $^{206}Pb/^{238}U$ 年龄比较集中，变化于 240~259 Ma，其加权平均年龄为 250.7±3.7 Ma（MSWD=2.3）。除此之外，我们还在一个较宽的变质增生边中获得一个单点变质年龄，其 $^{206}Pb/^{238}U$ 年龄为 176.9±2.7 Ma［图 4.14（b）］。

退变榴辉岩样品 TC01-1 金红石粒度变化较大，变化于 120 到 420 μm［图 4.14（c）］，我们对其中 19 颗金红石进行了 SIMS 分析，分析结果见表 4.8，金红石测点的 U 含量为 1.1~5.3 ppm（表 4.8），所获得的数据不经普通 Pb 校正直接投在 Tera-Wasserburg 谐和曲线图上，其下交点年龄为 167.6±4.7 Ma（MSWD=0.75，n=19），而经普通 ^{207}Pb 校正的 19 个数据的加权平均 $^{206}Pb/^{238}U$ 年龄为 166.7±3.9 Ma（MSWD=0.67，n=19），二者在误差范围内一致［图 4.14（d）］。

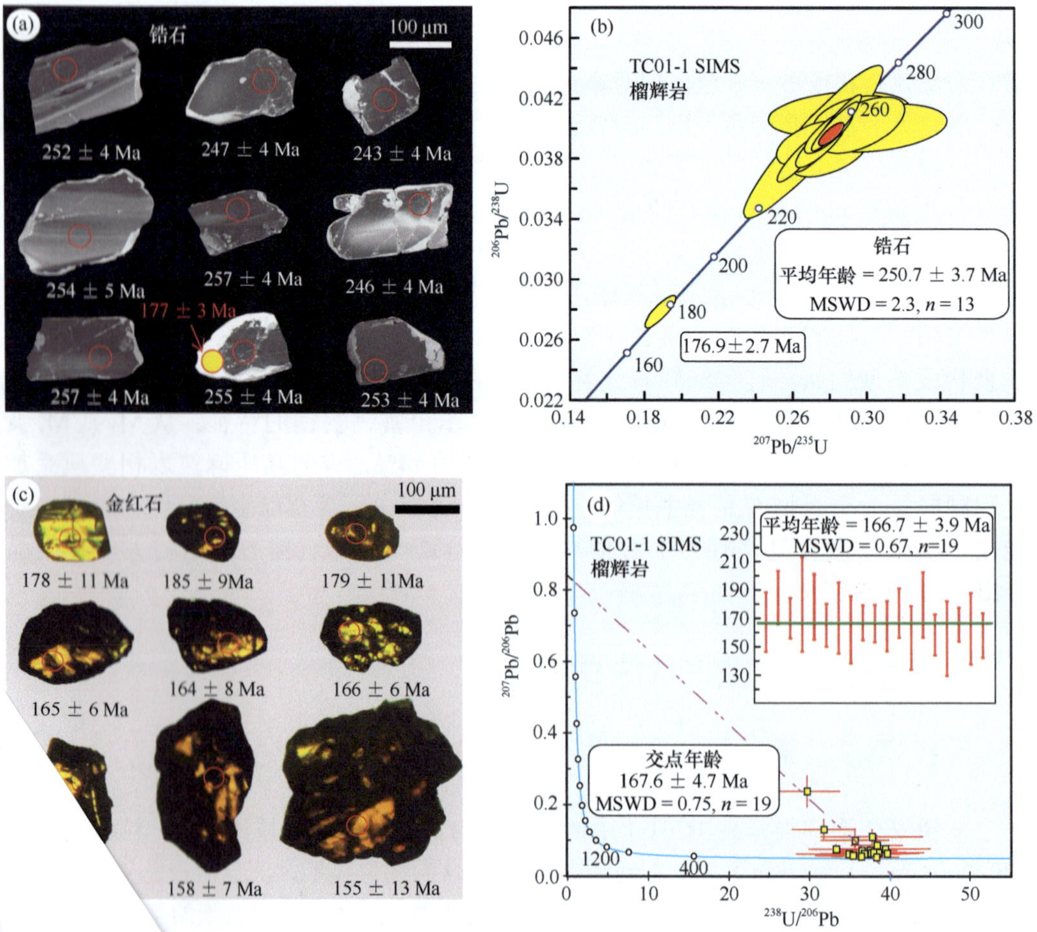

图 4.14　洞错退变榴辉岩锆石及金红石特征以及 U-Pb 谐和图解

表 4.7　洞错榴辉岩（TC01-1）锆石 SIMS U-Pb 定年结果（Zhang et al.，2017a）

分析点	U/ppm	Th/ppm	Th/U	f_{206}/%	$^{207}Pb/^{206}Pb$	±1σ/%	$^{207}Pb/^{235}U$	±1σ/%	$^{206}Pb/^{238}U$	±1σ/%	$t_{207/235}$/Ma	±1σ	$t_{206/238}$/Ma	±1σ
1	55	44	0.79	0.11	0.0529	2.59	0.280	3.06	0.0383	1.62	250.5	6.8	242.6	3.9
2	23	18	0.76	0.23	0.0554	4.72	0.306	5.01	0.0401	1.69	270.9	12.0	253.2	4.2
3	248	227	0.92	0.16	0.0512	1.18	0.275	1.97	0.0390	1.57	246.8	4.3	246.4	3.8
4	381	642	1.69	0.13	0.0509	1.11	0.280	1.87	0.0398	1.50	250.4	4.2	251.7	3.7
5	25	16	0.63	0.63	0.0505	5.30	0.285	5.52	0.0410	1.53	254.8	12.5	259.0	3.9
6	40	25	0.64	0.11	0.0536	2.59	0.298	3.21	0.0403	1.89	264.6	7.5	254.4	4.7
7	63	51	0.81	0.19	0.0499	2.21	0.269	2.67	0.0391	1.50	241.7	5.8	246.9	3.6
8	484	464	0.96	0.09	0.0512	1.02	0.274	2.05	0.0388	1.78	245.9	4.5	245.6	4.3
9	265	258	0.97	55	0.0650	101	0.344	101	0.0383	2.67	299.9	234.1	242.4	6.4
10	664	760	1.14	0.05	0.0509	0.62	0.285	1.68	0.0407	1.56	254.9	3.8	257.0	3.9
11	479	479	1.00	0.08	0.0502	0.76	0.263	1.86	0.0380	1.70	237.3	3.9	240.5	4.0
12	450	405	0.90	0.24	0.0503	2.03	0.271	5.70	0.0392	5.32	243.9	12.4	247.6	12.9
13	41	30	0.73	0.13	0.0522	2.65	0.293	3.04	0.0407	1.50	260.8	7.0	257.4	3.8
14	399	410	1.03	0.02	0.0509	0.79	0.283	1.72	0.0403	1.53	253.0	3.9	254.7	3.8
15	1156	941	0.81	0.11	0.0500	0.89	0.188	1.84	0.0278	1.57	175.3	3.0	176.9	2.7

注：f_{206} 代表测量 ^{206}Pb 里的普通 ^{206}Pb 比例。

表 4.8 洞错退变榴辉岩（TC01-1）金红石 SIMS U-Pb 定年结果（Zhang et al.，2017a）

分析点	U/ppm	f_{206}/%	$^{238}U/^{206}Pb$	±σ/%	$^{207}Pb/^{206}Pb$	±σ/%	$T_{206/238}^{*}$/Ma	±σ/Ma
TC-01-01	1.6	6	35.7	5.9	0.099	16	167	10
TC-01-02	1.6	2	33.3	5.0	0.075	8.5	185	9
TC-01-03	2.5	3	36.5	4.1	0.070	8.2	170	7
TC-01-04	3.3	2	34.9	9.3	0.061	9.2	180	17
TC-01-05	3.8	2	35.4	6.5	0.057	8.7	178	12
TC-01-06	2.8	3	37.5	4.5	0.071	10	165	8
TC-01-07	2.2	3	36.8	7.3	0.062	12	170	12
TC-01-08	3.9	1	38.6	7.3	0.065	9.9	162	12
TC-01-09	5.3	1	37.6	3.7	0.061	7.2	167	6
TC-01-10	2.9	2	37.6	4.0	0.063	4.1	166	7
TC-01-11	2.9	2	37.9	5.3	0.065	11	164	9
TC-01-12	5.2	1	36.4	5.0	0.054	3.4	174	9
TC-01-13	2.5	2	39.4	7.2	0.075	5.1	156	11
TC-01-14	1.8	10	31.8	6.1	0.130	11	179	12
TC-01-15	1.4	3	38.4	4.2	0.085	16	158	7
TC-01-16	1.1	5	37.8	8.4	0.109	9.3	156	13
TC-01-17	4.9	1	38.3	3.6	0.052	7.4	165	6
TC-01-18	2.1	24	29.7	6.8	0.237	9.2	163	13
TC-01-19	4.3	1	39.6	5.0	0.063	2.0	158	8

注：f_{206} 代表总 ^{206}Pb 里普通 ^{206}Pb 的比例，根据 ^{207}Pb 计算。$T_{206/238}^{*}$ 代表利用 ^{207}Pb 经过普通 Pb 校正后的 $^{206}Pb/^{238}U$ 年龄。

4.1.4.2　地质意义

1）锆石定年意义

榴辉岩样品 TC01-1 中的锆石具有典型基性岩岩浆锆石的特征：板状自形结构，无环带或宽缓的平直环带，高的 Th/U 值，与青藏高原中北部古特提斯及班公湖 – 怒江特提斯洋蛇绿岩中辉长岩 / 辉绿岩锆石特征几乎一致（Wang et al.，2016；Zhang et al.，2016b），因此我们认为洞错榴辉岩中的锆石（核部和幔部）均为岩浆成因，其加权年龄（251 Ma）代表了洞错榴辉岩原岩结晶时代，这与前人对该类锆石的 LA-ICP-MS 定年结果（252 Ma，王保弟等，2015；260~242 Ma，Zhang et al.，2016a）一致。

锆石是岩石中 Zr 的主要载体，洞错榴辉岩中原岩结晶的岩浆锆石在多期次的变质演化历史中均保持相对稳定，在没有外来富 Zr 流体加入的情况下，很难在变质过程中产生显著的变质锆石增生。我们在仅有的一个变质增生边获得了约 177 Ma 的单点 U-Pb 年龄，结合整个区域资料，我们初步认为约 177 Ma 的变质年龄可能与洞错退变榴辉岩的高压麻粒岩相叠加阶段（M_3）时代接近：① 变质增生边年龄（约 177 Ma）与班公湖 – 怒江缝合带中部的高压麻粒岩相变质事件（179 Ma）时代一致（安多地区，解超明等，2013）。② 如果锆石的变质增生边（约 177 Ma）记录了峰期榴辉岩相（80~90 km 深度）的变质时代，而金红石下交点年龄（约 168 Ma）代表了榴辉岩折返至角闪岩相（15 km 深度）的时代（详见下文），那么洞错榴辉岩将经历一个十分快速的折返过程，其折返速率可达到 4~5 mm/a，大于很多典型的、被证实经历了快速折返的榴辉岩（如羌塘中三叠世榴辉岩，Zhai et al.，2011）。在这样快速的折返过程中，榴辉岩被快速抬升到温度较低的浅层地壳，因此不会经历高温变质作用的叠加，峰期榴辉岩相的矿物通常也能够较好地保存，这与洞错退变榴辉岩的变质演化过程存在显著矛盾。③ Vavra 等（1996）对 Ivrea 地区不同程度变质增生锆石中微量元素及 Th/U 值变化进行了细致的总结，其结果表明角闪岩相变质增生锆石在变质过程中生长较慢，具有高的 U 含量（$>$ 1008 ppm）和极低的 Th/U 值（$<$ 0.01），而麻粒岩相锆石生长较快，具有十分低的 U 含量（53~127 ppm）和较高的 Th/U 值（通常 $>$ 0.1，可达到 0.73）。洞错地区锆石增生边的 Th/U 值较高（0.83），与全球很多高压麻粒岩相变质锆石高的 Th/U 值特征（如羌塘早古生代高压麻粒岩，Zhang et al.，2014a）一致，进一步说明变质增生边形成于高压麻粒岩相变质阶段，而非榴辉岩相或角闪岩相阶段。

2）金红石定年意义

相平衡模拟的结果表明，金红石可以稳定存在于峰期榴辉岩相（M_1）、早期降压阶段（M_2），以及高压麻粒岩相变质阶段（M_3）。因此，要合理解释金红石的 U-Pb 定年结果，必须先确定金红石形成的变质阶段。大量研究表明，金红石中 Zr 元素含量与其形成温度有良好的线性关系，因此 Zr 元素含量可作为金红石形成温度的温度计（Zack et al.，2004；Watson et al.，2006；Ferry and Watson，2007；Tomkins et al.，2007）。本书对金红石原位 SIMS 测点进行了微量元素的测定，借助金红石的 Zr 温度计，来确定其形成的变质演化阶段。

分析结果显示洞错退变榴辉岩中金红石的 Zr 含量较高，集中在 912~1800 ppm，明显高于典型的低温榴辉岩中金红石 Zr 含量（< 150 ppm）(Zheng et al.，2011；Chen et al.，2013；Gao et al.，2014)，而与麻粒岩相金红石的 Zr 含量十分相似（Pauly et al.，2016）(图 4.15)。根据洞错退变榴辉岩 Zr 含量，我们采用 Tomkins 等（2007）中的金红石 Zr 温度计进行计算，预设压力分别为 1.0 GPa、1.5 GPa、2.0 GPa、2.5 GPa 及 3.0 GPa。计算结果（表 4.9 和图 4.15）表明，当压力为 1.0~1.5 GPa 时，计算的变质温度为 740~850℃，与洞错榴辉岩变质演化过程相符，表明样品中保存的金红石应形成于高压麻粒岩相变质阶段，这也与岩相学观察一致。

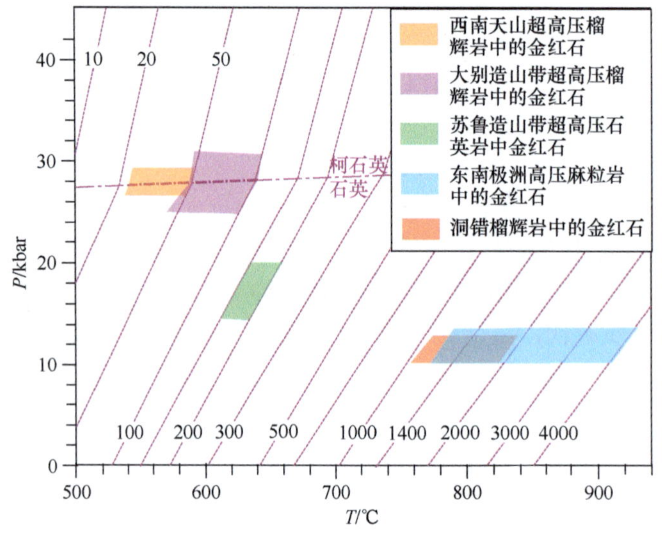

图 4.15　洞错退变榴辉岩金红石 Zr 温度计计算结果

金红石 U-Pb 年龄的地质意义不仅与其形成的变质 *P-T* 条件相关，而且取决于其封闭温度。金红石 U-Pb 同位素体系的封闭温度至今仍存在争议，认为与金红石的粒度以及冷却速率密切相关（Cherniak，2000；Gao et al.，2014)。Cherniak（2000）将 PbS-TiO_2 或 $PbTiO_3$-TiO_2 混合物作为扩散剂源，推算金红石的 Pb 扩散系数，进而获得 100 μm 大小金红石的封闭温度为 600℃。随后，基于该实验测定的扩散参数，在 3℃/Ma 冷却速率和 0.1~0.2 mm 大小矿物颗粒的条件下，Vry 和 Baker（2006）获得的封闭温度为 630℃左右。近期，Kooijman 等（2010）通过对粒度在 120~270 μm 的金红石进行系统研究，认为其平均封闭温度为 569±24℃。洞错退变榴辉岩中的金红石粒度主要集中在 150~300 μm，与 Kooijman 等（2010）研究类似，我们认为其封闭温度可能在 600℃左右。因此，虽然洞错退变榴辉岩中的金红石形成于高压麻粒岩相阶段，但由于金红石封闭温度明显低于其形成温度，所以其下交点年龄（约 168 Ma）应该代表金红石从麻粒岩相变质温度冷却到 600℃左右的时间，这一温度与晚期角闪岩相变质温度接近，所以金红石的冷却年龄应该代表了晚期角闪岩相的变质时限。

表 4.9　洞错退变榴辉岩金红石 LA-ICP-MS 矿物微量元素（ppm）分析结果及 Zr 温度计（℃）计算结果（Zhang et al.，2017a）

分析点	Sc	V	Cr	Ni	Sr	Zr	Nb	Hf	Ta	Pb	Th	U	Nb/Ta	Zr/Hf	$T_{1.0}$	$T_{1.5}$	$T_{2.0}$	$T_{2.5}$	$T_{3.0}$
TC-01-01	5.64	1065	676	0.19	1.38	944	774	19.1	31.7	0.04	0.00	0.67	24.4	49.4	751	777	804	831	858
TC-01-02	5.68	1164	890	0.11	1.07	1053	875	21.6	35.3	0.03	0.01	0.57	24.8	48.9	761	788	815	842	869
TC-01-03	4.78	1371	812	0.23	0.81	1487	541	38.6	28.9	0.13	0.00	1.20	18.7	38.5	796	824	852	880	908
TC-01-04	6.41	975	553	0.29	1.08	1146	852	25.2	38.5	0.05	0.00	1.13	22.1	45.5	770	797	824	851	879
TC-01-05	5.80	1147	597	0.14	1.14	1135	812	25.2	42.3	0.03	0.00	1.33	19.2	45.1	769	796	823	850	878
TC-01-06	5.62	1044	2232	0.10	1.09	1040	587	21.1	20.9	0.02	0.00	1.69	28.1	49.2	760	787	814	841	868
TC-01-07	5.12	1020	517	0.34	1.14	1053	1379	22.4	54.7	0.05	0.00	1.80	25.2	47.0	761	788	815	842	869
TC-01-08	5.41	1331	811	0.16	0.78	1837	596	47.5	29.4	0.13	0.00	1.22	20.3	38.6	819	848	876	905	933
TC-01-09	5.27	1017	303	0.22	1.01	1102	1158	22.3	70.1	0.04	0.00	1.40	16.5	49.5	766	793	820	847	874
TC-01-10	6.65	1158	834	0.27	1.27	1032	628	23.9	26.3	0.31	0.00	0.93	23.9	43.1	759	786	813	840	867
TC-01-11	4.68	820	793	2.01	1.32	1006	1036	19.7	33.4	2.41	0.02	1.63	31.0	51.1	757	784	811	838	864
TC-01-12	5.75	890	491	0.05	1.12	1215	1173	27.7	54.5	0.02	0.00	1.75	21.5	43.9	776	803	830	858	885
TC-01-13	5.40	1283	1868	0.22	1.08	959	417	19.7	13.2	0.03	0.00	0.93	31.5	48.6	752	779	806	833	859
TC-01-14	4.46	1314	4167	0.13	1.04	984	655	20.3	22.3	0.04	0.00	1.04	29.4	48.4	755	781	808	835	862
TC-01-15	4.02	1116	671	0.00	1.18	1236	945	28.5	56.4	0.06	0.00	1.48	16.8	43.4	777	805	832	860	887
TC-01-16	5.24	1180	462	0.07	1.07	1055	1029	22.1	70.9	0.08	0.00	1.40	14.5	47.8	761	789	816	843	870
TC-01-17	5.17	1010	364	0.06	1.11	1067	1067	22.8	67.5	0.02	0.00	1.80	15.8	46.9	763	790	817	844	871
TC-01-18	5.74	1070	505	0.24	1.10	1132	662	24.4	33.2	0.02	0.00	1.44	20.0	46.3	768	796	823	850	877
TC-01-19	5.59	1040	496	0.36	1.04	1076	622	22.9	28.8	0.03	0.00	1.61	21.6	47.0	763	791	818	845	872
TC04-1	5.23	1022	433	0.22	1.10	1052	1226	22.4	51.6	0.10	0.00	1.03	23.8	46.9	761	788	815	842	869
TC04-2	4.72	1214	364	0.34	1.13	1203	960	29.1	53.4	0.07	0.00	2.08	18.0	41.3	775	802	829	857	884
TC04-3	7.18	970	498	0.42	1.21	1004	820	20.3	40.3	9.33	0.01	1.17	20.4	49.4	757	784	810	837	864
TC04-4	5.52	1176	484	0.46	1.08	1162	559	27.5	39.9	0.07	0.01	0.34	14.0	42.3	771	798	826	853	880
TC04-5	5.85	988	544	0.19	1.69	979	710	20.6	31.4	0.03	0.44	0.64	22.6	47.5	754	781	808	835	862
TC04-6	5.81	989	612	0.34	1.73	975	585	22.4	36.0	0.07	0.01	0.77	16.2	43.5	754	781	807	834	861
TC04-7	5.50	863	583	0.35	1.02	912	554	19.9	22.7	0.03	0.00	0.77	24.4	45.8	747	774	801	827	854

注：$T_{1.0}$、$T_{1.5}$、$T_{2.0}$、$T_{2.5}$ 和 $T_{3.0}$ 分别代表根据 Tomkins 等（2007）中的金红石 Zr 温度计计算的在 1.5、2.0、2.5 和 3.0 GPa 时的温度。

4.1.5 洞错退变榴辉岩的构造演化模式

前人研究工作以及作者未发表的 Sr-Nd-Hf-O 同位素研究表明，洞错退变榴辉岩的原岩具有典型的 MORB 特征（王保弟等，2015；Zhang et al.，2016a），是班公湖 – 怒江特提斯洋壳俯冲折返的产物。洋壳不同于陆壳，其本身具有较大的密度，转变为榴辉岩（尤其是超高压榴辉岩）后密度大于周围的地幔，虽然大洋在俯冲过程中，洋壳榴辉岩不断在深部产生，但绝大多数均不可逆地俯冲到深部地幔甚至核幔边界，只有极少量的洋壳榴辉岩可以借助某种机制折返至地表（Agard et al.，2009；Guillot et al.，2009；Kylander-Clark et al.，2009；Cooper et al.，2011；Hacker and Gerya，2013；Warren，2013）。相对于漫长的俯冲过程，洋壳榴辉岩的折返仅发生在特定的某个或几个短暂的时间，可以是大洋俯冲的初期、俯冲的过程中，抑或是俯冲的晚期在大陆地壳参与的条件下（陆 – 陆碰撞早期）（Agard et al.，2009）。

对于班公湖 – 怒江特提斯洋而言，其闭合时限存在较大争议，而且可能存在穿时关闭的特征，总体上认为大洋的关闭、南羌塘地块与拉萨地块的碰撞可能发生在晚侏罗世—早白垩世，或者更晚（如 Kapp et al.，2003；Fan et al.，2015；Zhu et al.，2015），明显要晚于洞错退变榴辉岩的锆石及金红石的变质年龄，说明洞错榴辉岩的折返发生在大洋俯冲的过程中，与最终的陆 – 陆碰撞过程无关。

不同于世界上很多典型的洋壳榴辉岩（如 Zermatt-Saas、Voltri Massif、Western Himalaya 和羌塘中部）通常会经历一个快速的折返过程（冷折返）且峰期的低温 / 高压矿物能够很好地保留（如 Agard et al.，2009；Zhai et al.，2011；Groppo et al.，2016），洞错退变榴辉岩经历显著的高温变质作用的叠加，峰期低温 / 高压变质矿物几乎被完全取代，与柴北缘都兰麻粒岩化榴辉岩相似（Song et al.，2003），这种“热折返”过程通常被认为与榴辉岩慢速的折返过程相关（O’Brien and Rötzler，2003；Song et al.，2003）。Zheng 等（2003）提出的“油炸冰淇淋”模型能够很好地解释折返速率（快慢）与“冷折返”和“热折返”的关系，因为不论大洋还是大陆地壳相对于俯冲带上盘的地幔均十分地“冷”，板片的俯冲过程相当于将冰淇淋伸入滚烫的油锅，只有“快进（俯冲）快出（折返）”，早期的低温矿物才能较好地保留；若长时间滞留高温环境（慢速折返），榴辉岩就会遭受显著的高温变质作用的叠加。虽然慢速折返导致榴辉岩麻粒岩化的观点已被大部分研究者接受，但其对应的动力学过程目前尚不清楚。

洋壳榴辉岩本身密度较大（大于周围地幔），不能借助自身的浮力折返，也很难发生岩石圈尺度的大规模折返，其折返过程需要经历以下几个过程：①在俯冲过程中，部分脱水反应或者局部部分熔融可以导致大洋榴辉岩脆化或弱化，弱化的榴辉岩在某种构造机制下（如板块拉力增加和海底深源地震），呈构造块体或岩片从俯冲的大洋板片拆离，进入俯冲通道中，这是其折返的前提条件（Hacker et al.，2003；Andersen and Austrheim，2006；Agard et al.，2009；Warren，2013）；②俯冲通道中存在大量低密度物质（如碎屑岩和蛇纹岩等），当其浮力大于下盘俯冲板片的拉力（或向下剪切力）时，这些低密度物质就会在浮力的作用下形成折返流（Agard et al.，2009；Guillot et al.，2009；Hacker and Gerya，2013；Warren，2013）；③拆离进入俯冲通道的榴辉岩岩片或块体与俯冲通道低密度物质构造混杂，借助其浮力沿着俯冲通道向上返至浅部地壳。从本质上来讲，榴辉岩折返的基本动力是垂直向上的正浮力（F_b），那么俯冲板片的角度（α）便与其折返的有效浮力（沿俯冲通道方向，$F_e=F_b \sin\alpha$）密切相关，对于折返过程将会产生显著的影响：当俯冲角度较大时，沿俯冲通道方向的有效浮力较大，有利于产生快速折返过程，而且由于俯冲角度较大，榴辉岩能通过较短的折返距离进入较冷的浅部地壳层次，对应了一个快速的冷折返过程；当俯冲角度较缓或者发生平板俯冲时，浮力与俯冲通道近乎垂直，榴辉岩难以折返甚至会底垫到俯冲带上盘底部，在这一过程中，榴辉岩将长期处于较深、较热的构造层次，对应了一个慢速的热折返过程。基于上述讨论，结合洞错退变榴辉岩的变质演化以及区域地质事实，我们提出了一个全新的平板俯冲模型来解释洞错榴辉岩的变质演化历史（图 4.16）。

在我们构建的演化模型中，班公湖 – 怒江特提斯洋在早期（252~177 Ma）经历了一个正常俯冲或者陡俯冲过程，直到中生代的大洋高原（Zhang et al.，2014a）发生俯冲导致了随后的平板俯冲过程。当大洋高原初进入海沟时，由于其较大的地壳厚度和较小的整体密度，导致深部俯冲洋壳拉力增大，从而诱发深部洋壳榴辉岩岩片或块体从俯冲板片上拆离［图 4.16（a）和（b）］。大洋高原的俯冲会导致俯冲带上盘强烈的俯冲侵蚀作用，从而使俯冲通道中的低密度沉积物显著增加，有利于形成向上折返流。由于大洋高原俯冲初期，俯冲角度仍较大，榴辉岩沿俯冲通道的有效浮力较大，因此经历了一段快速的折返过程，与 M_1-M_2 变质轨迹对应［图 4.16（a）和（b）］。

大量数值模拟结果显示，当低密度的大洋高原被拉入俯冲通道时，将会引起俯冲角度变缓或平板俯冲过程（Gutscher et al.，2000a，2000b；van Hunen et al.，2002；Arrial and Billen，2013）。当洞错榴辉岩快速折返至平板俯冲阶段时，较缓的俯冲角度使有效浮力显著降低，榴辉岩难以折返甚至会滞留在壳 – 幔转换带位置（约 50 km 处），充分的热传导使得洞错榴辉岩发生约 177 Ma 高压麻粒岩相变质作用的叠加［图 4.16（c）和（d）］。随着俯冲的进行，当大部分大洋高原地壳转变为榴辉岩时，由于俯冲板片密度剧增将会引发一个显著的板片回转过程［图 4.16（e）］（或者由于重力不稳定性而导致拆沉），使平板俯冲重新转变为正常俯冲或陡俯冲，俯冲角度的增加使榴辉岩经历了第二段快速折返过程并进入浅部地壳层次，遭受约 168 Ma 角闪岩相退变质作用改造。此外，板片回转或者拆沉过程将会造成俯冲带上盘大规模的同期或稍晚期的岩浆活动，这与班公湖 – 怒江缝合带以北大量中晚侏罗世（168~153 Ma）岩浆岩、埃达克岩以及 OIB 玄武岩（Li et al.，2016a）的出露相吻合［图 4.16（f）］。值得注意的是，这期岩浆活动甚至出露在离缝合带 400 km 以外的北羌塘地区（若考虑青藏高原新生代 1700 km 地壳缩短，其距离将更远），进一步说明在此之前，班公湖 – 怒江洋经历了一个平板俯冲过程。

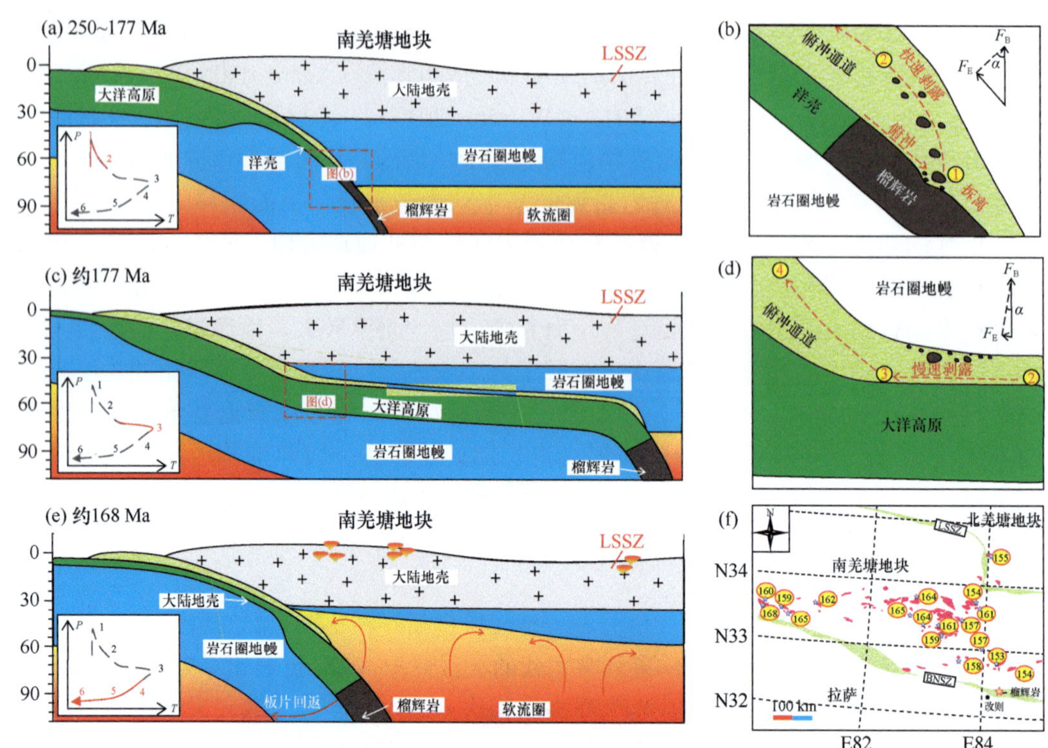

图 4.16　洞错退变榴辉岩折返过程与平板俯冲示意图

4.2　北羌塘晚侏罗世—白垩纪岩墙和玄武岩

北羌塘地区此前鲜有晚中生代岩浆岩报道，是北羌塘构造地质演化研究的重要空白和缺憾。青藏高原是一个典型的多地块碰撞造山带，每个主要地块的碰撞前属性对于理解碰撞后高原的变形和生长都至关重要。本次科考研究发现的侏罗纪—白垩纪岩墙和玄武岩，为揭开北羌塘碰撞前地质属性和热状态的神秘面纱提供了绝佳的研究对象和机会。

4.2.1　野外地质与岩相学观察

本次科考研究区主要位于青藏高原腹地北羌塘西部，距离松西镇东北约 150 km，海拔约 5500 m（图 4.17）。本次科考发现的晚中生代岩浆岩主要分布在邦达错湖南北两侧约 200 km^2 的范围内（图 4.18），包括玄武岩和辉绿岩，以火山丘和岩脉的形式存在（图 4.19）。这些镁铁质岩浆岩喷发或侵位于古生代浅海相沉积地层中，其分布受西 – 北东向断裂控制（图 4.18）。

邦达错玄武岩主要由半自形和他形的斜长石、单斜辉石斑晶和少量次生碳酸盐矿物镶嵌在细粒玻璃状基质中组成（图 4.19）。邦达错辉绿岩由单斜辉石（40%~60%）、

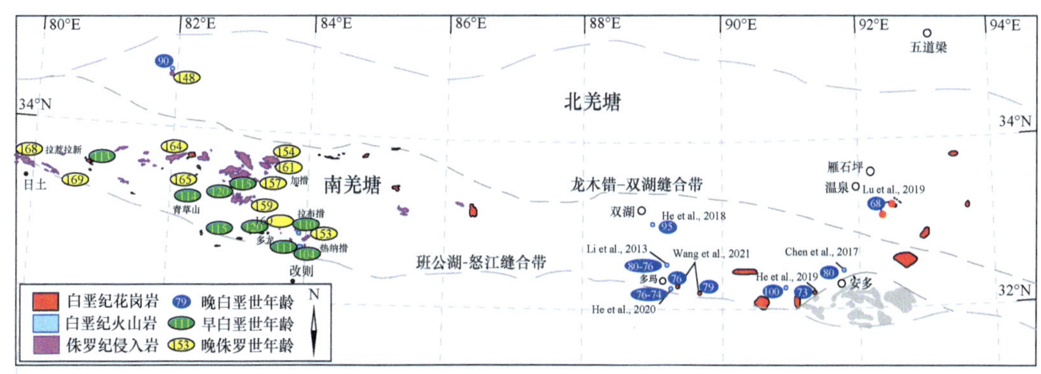

图 4.17　羌塘地块晚中生代岩浆岩分布

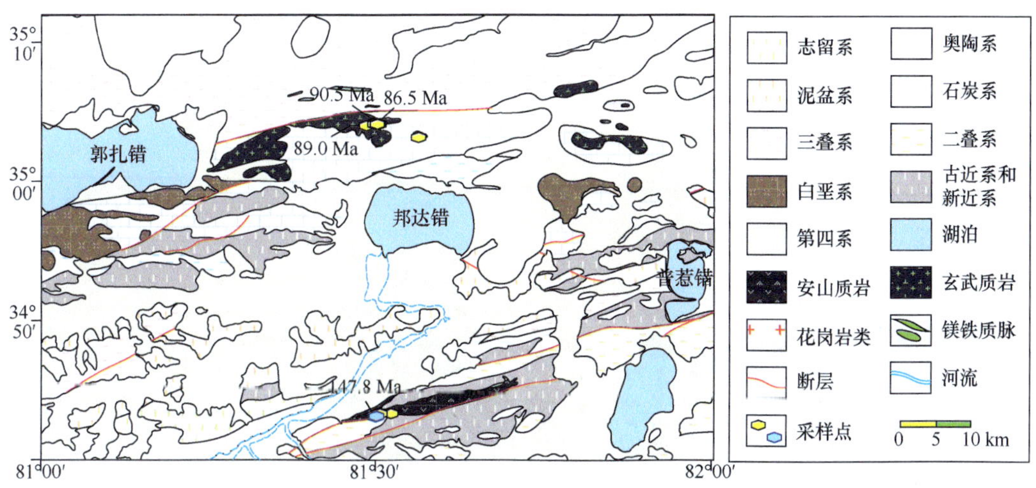

图 4.18　北羌塘邦达错湖地区地质简图

斜长石（30%~50%）、铁钛氧化物和磷灰石等组成（图 4.19），部分单斜辉石具有针状结构［图 4.19（g）和（h）］。矿物没有显著的定向性，表明它们是在流动的岩浆中形成的，而不是堆晶作用的产物［图 4.19（g）和（h）］。

4.2.2　主要年代学和地球化学分析结果

4.2.2.1　斜长石 ^{40}Ar-^{39}Ar 定年

来自辉绿岩样品 14QW67 和三个玄武岩样品（14QW18、14QW22 和 14QW55）中的斜长石被选择用于 ^{40}Ar-^{39}Ar 年代学研究。来自辉绿岩样品 14QW67 的斜长石颗粒给出了一个晚侏罗世（147.75±1.18 Ma）的坪年龄，这是首次在北羌塘报道的晚侏罗世镁铁质岩浆岩。来自邦达错玄武岩样品（14QW18、14QW22 和 14QW55）中的斜长石得到的 ^{40}Ar-^{39}Ar 坪年龄分别为 90.53±0.95 Ma、86.50±7.14 Ma 和 89.01±3.61 Ma

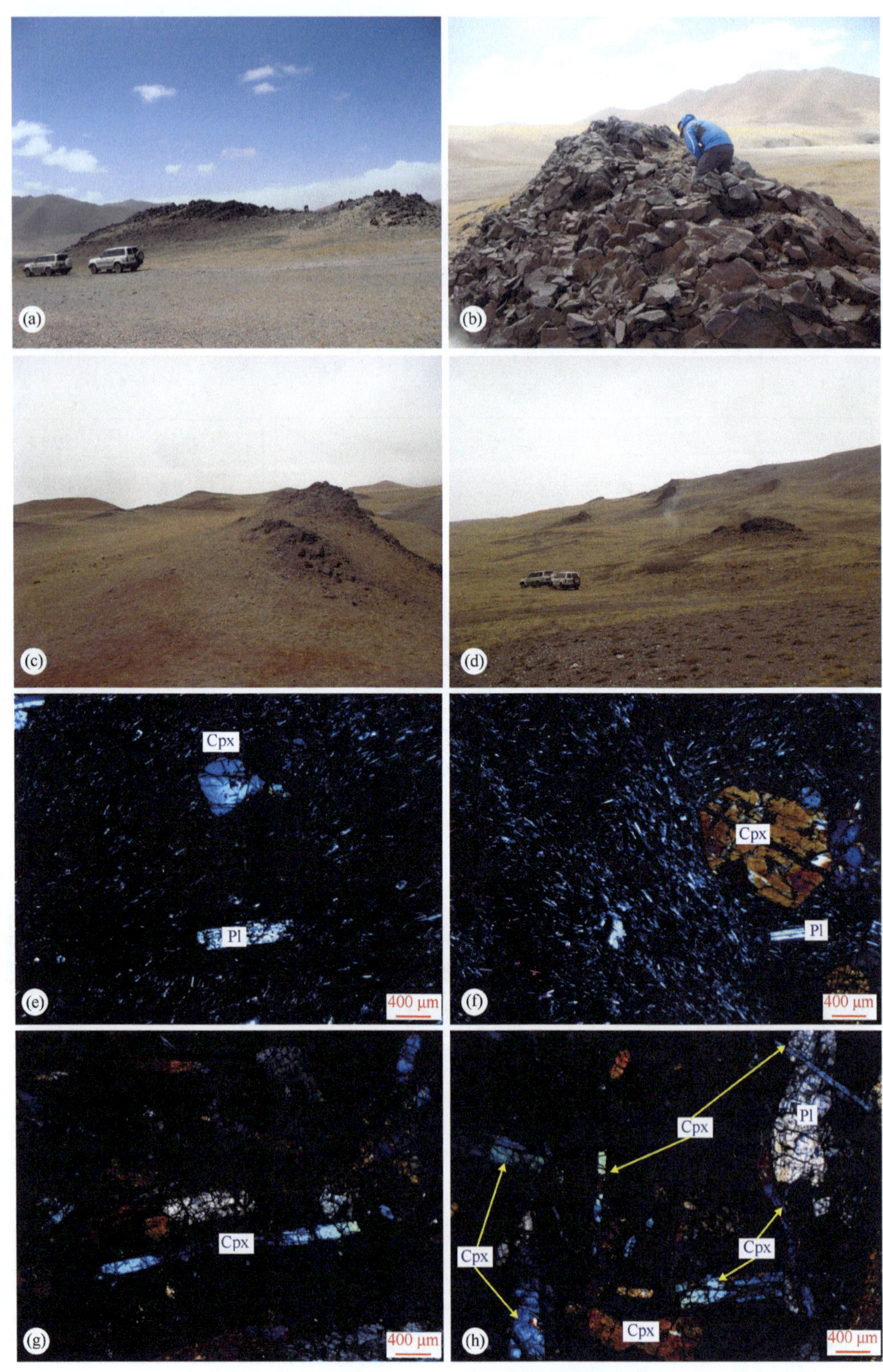

图 4.19 北羌塘邦达错岩浆岩野外及岩相学照片

（图 4.20 和表 4.10）。邦达错玄武岩此前基于未发表的 K-Ar 年代学数据被认为形成于始新世（如，邓万明和孙宏娟，1998；Ding et al.，2003）。本次科考的最新研究表明，邦达错钠质玄武岩更可能形成于晚白垩世（91~87 Ma，加权平均年龄为 90.32±0.95 Ma）（图 4.20 和表 4.10）。

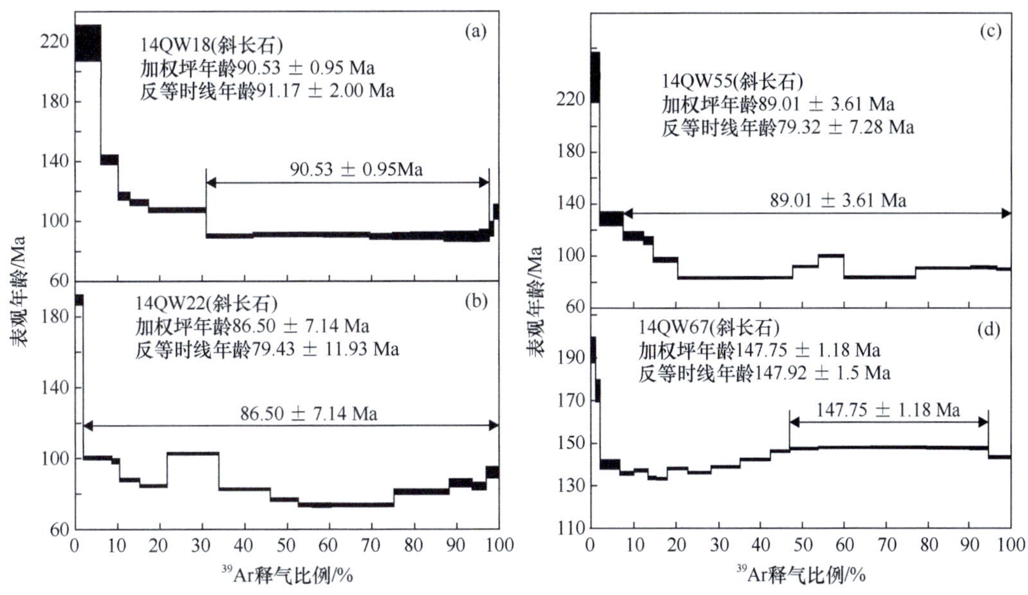

图 4.20　邦达错钠质基性岩 Ar-Ar 坪年龄图

4.2.2.2　主量和微量元素成分

29 个样品的主微量元素成分见表 4.11。邦达错样品主要属于碱性玄武岩，Na_2O/K_2O 值高达 16.4（平均值为 3.6）。所有这些晚中生代钠质岩石具有低 SiO_2 和 K_2O 含量，显著区别于羌塘、松潘 - 甘孜地区始新世—中新世的钾质 - 超钾质岩浆岩（图 4.21）。

本次研究的样品具有较大的 SiO_2（38.8%~50.1%）和 MgO（3.7%~8.1%）含量范围和相对高的 TiO_2（2.1%~3.5%）含量（表 4.11）。四个样品具有高的烧失量（＞ 6%），后文讨论中将主要基于非流体活动性元素展开，以避免蚀变和轻微变质作用的潜在影响。

邦达错镁铁质岩浆岩主要表现为分异且富集的轻稀土元素［$(La/Sm)_N$=1.4~8.7］和亏损的重稀土元素［$(Dy/Yb)_N$=1.5~2.3］特征，以及微弱的 Eu 异常（$Eu/Eu^*=Eu/\sqrt{Sm\times Gd}$ = 0.92~1.01；图 4.22）。原始地幔标准化微量元素图解显示 Nb-Ta 等高场强元素的显著富集和 Sr-Ba 等大离子亲石元素的分异，以及负的 Th-U 异常［$(Th/La)_{PM}$= 0.31~0.97；图 4.22］。这些显著区别于陆壳和弧玄武岩富集大离子亲石元素而亏损高场强元素的特征（如 Rudnick and Gao，2003；Tatsumi and Eggins，1995）。

表 4.10　北羌塘邦达错镁铁质岩激光阶段加热法 $^{40}Ar/^{39}Ar$ 年代学结果（Ma et al.，2021a）

阶段	^{39}Ar 释气比例 /%		斜长石样品 14QW18 激光阶段加热，J=0.00995250									反等时线比值与精度			
			$^{36}Ar_{空气}$	$^{37}Ar_{Ca}$	$^{38}Ar_{Cl}$	$^{39}Ar_{K}$	$^{40}Ar^{*}$	年龄 /Ma	±2σ	$^{40}Ar^{*}$/%	$^{39}Ar_{K}$/%	$^{39}Ar/^{40}Ar$	±2σ	$^{36}Ar/^{40}Ar$	±2σ
1	4.4		10.97296	570.09	0.641083	79.6750	1030.87	219.04	±12.08	24.1	6.16	0.018644	±0.000104	0.002568	±0.000047
2	5.0		1.610698	351.05	0.206998	51.5726	421.41	141.39	±3.10	47.0	3.98	0.057471	±0.000294	0.001795	±0.000035
3	5.8		0.829815	245.06	0.165332	35.7034	239.48	116.86	±2.58	49.4	2.76	0.073661	±0.000361	0.001712	±0.000037
4	6.6		1.142005	406.89	0.199036	57.8993	373.84	112.62	±2.01	52.5	4.47	0.081399	±0.000475	0.001606	±0.000031
5	7.2		2.323025	1284.20	0.616374	176.1212	1084.19	107.53	±1.55	61.2	13.61	0.099467	±0.000503	0.001312	±0.000028
6	8.0	△	1.798763	1334.39	0.431308	142.7826	734.27	90.26	±1.30	58.0	11.03	0.112800	±0.000473	0.001421	±0.000028
7	9.0	△	2.706352	1989.28	0.607885	214.9603	1117.08	91.19	±1.39	58.3	16.61	0.112145	±0.000459	0.001412	±0.000030
8	10.0	△	1.833019	1272.36	0.383631	141.6583	734.84	91.03	±1.49	57.6	10.94	0.110974	±0.000471	0.001436	±0.000032
9	11.0	△	1.033554	672.47	0.183747	68.6626	351.89	89.96	±1.75	53.5	5.30	0.104462	±0.000452	0.001572	±0.000035
10	12.0	△	1.196382	569.94	0.147756	55.2647	283.86	90.15	±2.30	44.5	4.27	0.086705	±0.000372	0.001877	±0.000039
11	14.0	△	2.379125	1014.07	0.292051	101.6432	523.38	90.37	±2.43	42.7	7.85	0.082879	±0.000385	0.001940	±0.000039
12	17.0	△	2.741732	718.02	0.292789	84.9582	435.29	89.94	±3.19	34.9	6.56	0.068214	±0.000325	0.002201	±0.000043
13	20.0	△	0.698527	210.45	0.098836	23.9280	122.50	89.86	±3.45	37.2	1.85	0.072749	±0.000362	0.002124	±0.000049
14	23.0	△	0.847433	306.48	0.088650	29.7682	153.65	90.59	±3.94	38.0	2.30	0.073672	±0.000382	0.002097	±0.000057
15	26.0		0.433402	129.63	0.000000	12.9114	69.87	94.87	±4.80	35.3	1.00	0.065227	±0.000415	0.002190	±0.000061
16	30.0		0.803765	176.94	0.062179	16.8992	102.80	106.29	±4.94	30.2	1.31	0.049658	±0.000257	0.002362	±0.000049

续表

阶段	^{39}Ar 释气比例 /%	斜长石样品 14QW22 激光阶段加热，J=0.00987019										反等时线比值与精度			
			$^{36}Ar_{空气}$	$^{37}Ar_{Ca}$	$^{38}Ar_{Cl}$	$^{39}Ar_K$	$^{40}Ar^*$	年龄 /Ma	±2σ	$^{40}Ar^*$/%	$^{39}Ar_K$/%	$^{39}Ar/^{40}Ar$	±2σ	$^{36}Ar/^{40}Ar$	±2σ
1	5.0	Δ	1.270878	172.01	0.143262	43.2211	483.91	189.54	±3.02	56.3	1.88	0.050289	±0.000220	0.001479	±0.000031
2	5.8	Δ	0.945155	785.67	0.388338	154.4394	891.72	100.23	±1.00	76.1	6.70	0.131885	±0.000644	0.000807	±0.000023
3	6.6	Δ	0.457282	201.49	0.095826	43.4552	246.30	98.44	±1.35	64.6	1.89	0.113927	±0.000518	0.001199	±0.000029
2	7.2	Δ	0.572672	551.29	0.269947	110.3147	556.61	87.89	±0.92	76.7	4.79	0.151983	±0.000791	0.000789	±0.000024
4	8.0	Δ	0.563968	720.70	0.315835	148.6218	719.90	84.45	±0.71	81.2	6.45	0.167641	±0.000920	0.000636	±0.000018
5	9.0	Δ	0.828827	1557.34	0.573638	280.3006	1657.07	102.55	±0.64	87.1	12.16	0.147373	±0.000683	0.000436	±0.000012
3	10.0	Δ	0.864742	1643.11	0.615821	277.9511	1315.90	82.59	±0.61	83.7	12.06	0.176877	±0.000810	0.000550	±0.000017
6	11.0	Δ	1.191575	1040.09	0.400482	154.4595	678.39	76.74	±0.90	65.8	6.70	0.149888	±0.000616	0.001156	±0.000025
7	12.0	Δ	0.541519	447.43	0.185654	74.8972	315.77	73.73	±1.01	66.3	3.25	0.157415	±0.000664	0.001138	±0.000030
4	14.0	Δ	0.894020	571.72	0.266956	104.1561	438.09	73.56	±1.10	62.4	4.52	0.148313	±0.000607	0.001273	±0.000031
8	17.0	Δ	2.565785	2176.06	0.813685	340.9571	1435.32	73.62	±0.83	65.4	14.80	0.155439	±0.000626	0.001170	±0.000024
9	20.0	Δ	4.442675	2206.17	0.734605	299.8519	1392.53	81.05	±1.47	51.5	13.01	0.110837	±0.000447	0.001642	±0.000032
5	23.0	Δ	2.641499	948.90	0.368739	124.5551	614.68	86.00	±2.24	44.0	5.40	0.089271	±0.000363	0.001893	±0.000039
10	26.0	Δ	1.525132	561.88	0.273581	77.3516	373.49	84.19	±2.12	45.3	3.36	0.093854	±0.000387	0.001851	±0.000039
11	30.0	Δ	2.263409	524.29	0.241579	69.9262	369.18	91.86	±3.15	35.6	3.03	0.067365	±0.000278	0.002181	±0.000042

续表

阶段	^{39}Ar释气比例/%		斜长石样品 14QW55 激光阶段加热，J= 0.00979427									反等时线比值与精度			
			$^{36}Ar_{空气}$	$^{37}Ar_{Ca}$	$^{38}Ar_{Cl}$	$^{39}Ar_K$	$^{40}Ar^*$	年龄/Ma	±2σ	$^{40}Ar^*$/%	$^{39}Ar_K$/%	$^{39}Ar/^{40}Ar$	±2σ	$^{36}Ar/^{40}Ar$	±2σ
1	5.0		17.618589	574.06	3.508716	80.4785	1152.74	237.40	±19.19	18.1	2.09	0.012656	±0.000061	0.002771	±0.000053
2	5.8		12.373916	1276.23	4.441806	207.0580	1558.85	128.65	±5.25	29.9	5.38	0.039702	±0.000198	0.002373	±0.000042
3	6.6	Δ	7.002550	923.09	4.216659	189.0590	1271.97	115.40	±3.27	38.1	4.91	0.056584	±0.000284	0.002096	±0.000037
4	7.2	Δ	2.696852	437.28	3.277293	88.0093	573.69	111.91	±2.97	41.9	2.29	0.064212	±0.000310	0.001968	±0.000038
5	8.0	Δ	3.328526	1324.28	6.672854	222.2810	1251.75	97.08	±1.62	56.0	5.77	0.099440	±0.000468	0.001489	±0.000031
6	9.0	Δ	3.320546	2168.92	7.535054	419.6146	2014.62	83.09	±0.88	67.2	10.90	0.140066	±0.000655	0.001108	±0.000022
7	10.0	Δ	2.648112	1778.48	5.334242	366.0371	1757.63	83.11	±0.85	69.2	9.50	0.144101	±0.000670	0.001043	±0.000021
8	11.0	Δ	1.468728	1188.61	2.576050	265.8871	1278.17	83.20	±0.74	74.6	6.90	0.155292	±0.000662	0.000858	±0.000020
9	12.0	Δ	1.354000	1202.28	1.935010	232.0876	1235.05	91.88	±0.83	75.5	6.03	0.141936	±0.000579	0.000828	±0.000021
10	14.0	Δ	1.923744	1278.98	1.552234	238.4931	1385.15	100.05	±0.96	70.9	6.19	0.122078	±0.000507	0.000985	±0.000021
11	17.0	Δ	6.131571	3901.49	3.091938	653.0457	3154.48	83.59	±1.06	63.5	16.96	0.131494	±0.000529	0.001235	±0.000026
12	20.0	Δ	3.720783	2856.23	1.419640	521.2859	2738.36	90.72	±0.81	71.3	13.54	0.135828	±0.000547	0.000969	±0.000020
13	23.0	Δ	1.530857	863.45	0.510996	161.3473	853.59	91.35	±1.10	65.3	4.19	0.123547	±0.000502	0.001172	±0.000026
14	26.0	Δ	0.549020	395.98	0.196119	75.3191	397.10	91.05	±1.18	71.0	1.96	0.134659	±0.000578	0.000982	±0.000030
15	30.0	Δ	1.017390	746.46	0.432809	131.0915	681.30	89.78	±0.88	69.4	3.40	0.133502	±0.000548	0.001036	±0.000021

续表

阶段	^{39}Ar 释气比例 /%	斜长石样品 14QW67 激光阶段加热，J=0.00969738										反等时线比值与精度			
			$^{36}Ar_{空气}$	$^{37}Ar_{Ca}$	$^{38}Ar_{Cl}$	$^{39}Ar_K$	$^{40}Ar^*$	年龄 /Ma	±2σ	$^{40}Ar^*$/%	$^{39}Ar_K$/%	$^{39}Ar/^{40}Ar$	±2σ	$^{36}Ar/^{40}Ar$	±2σ
1	3.2		13.676708	267.36	0.906808	209.1626	2438.92	193.72	±6.06	37.6	1.07	0.032276	±0.000178	0.002110	±0.000041
2	3.8		12.873532	205.51	0.719222	206.2393	2154.96	174.53	±5.28	36.2	1.06	0.034609	±0.000142	0.002160	±0.000038
3	4.4		17.290327	1153.69	2.011688	885.0128	7345.92	139.99	±2.31	59.0	4.54	0.071056	±0.000519	0.001388	±0.000030
4	5.0		4.857234	621.39	1.049032	657.9851	5291.91	135.80	±0.94	78.6	3.38	0.097809	±0.000461	0.000722	±0.000014
5	5.8		3.437473	431.00	0.997309	646.0336	5249.59	137.16	±0.78	83.8	3.31	0.103112	±0.000467	0.000549	±0.000010
6	6.6		2.173368	291.91	0.506300	376.0685	2973.29	133.59	±0.85	82.2	1.93	0.104015	±0.000464	0.000601	±0.000013
7	7.2		2.005965	365.41	0.803056	510.2427	4024.53	133.28	±0.66	87.1	2.62	0.110507	±0.000464	0.000434	±0.000008
8	8.0		2.376259	540.65	1.521015	951.5653	7781.73	138.00	±0.64	91.7	4.88	0.112161	±0.000491	0.000280	±0.000006
9	9.0		2.775771	647.18	1.632432	1043.2850	8408.61	136.08	±0.66	91.1	5.35	0.113046	±0.000509	0.000301	±0.000006
10	10.0		3.257418	663.68	2.229629	1341.6802	11037.66	138.80	±0.62	92.0	6.88	0.111805	±0.000480	0.000271	±0.000005
11	11.0		3.583822	583.29	2.461455	1441.6828	12162.61	142.20	±0.63	92.0	7.40	0.109040	±0.000458	0.000271	±0.000006
12	12.0		3.118233	408.74	1.500831	898.7537	7801.83	146.16	±0.64	89.4	4.61	0.103029	±0.000415	0.000357	±0.000006
13	14.0	Δ	3.086536	450.98	2.252528	1308.0470	11458.24	147.43	±0.63	92.6	6.71	0.105741	±0.000444	0.000250	±0.000004
14	17.0	Δ	4.425446	733.50	3.757682	2483.5219	21836.39	147.96	±0.62	94.3	12.74	0.107307	±0.000454	0.000191	±0.000003
15	20.0	Δ	6.826076	950.65	4.010313	2539.3370	22329.20	147.98	±0.73	91.7	13.03	0.104301	±0.000500	0.000280	±0.000005
16	23.0	Δ	6.619037	927.63	3.550658	2086.3032	18313.58	147.73	±0.70	90.3	10.70	0.102928	±0.000452	0.000327	±0.000006
17	26.0	Δ	4.203921	554.90	1.507538	863.4178	7574.59	147.64	±0.90	85.9	4.43	0.097928	±0.000442	0.000477	±0.000013
18	30.0		3.414433	543.96	1.714690	1045.7647	3889.75	143.24	±0.77	89.8	5.36	0.105647	±0.000525	0.000345	±0.000007

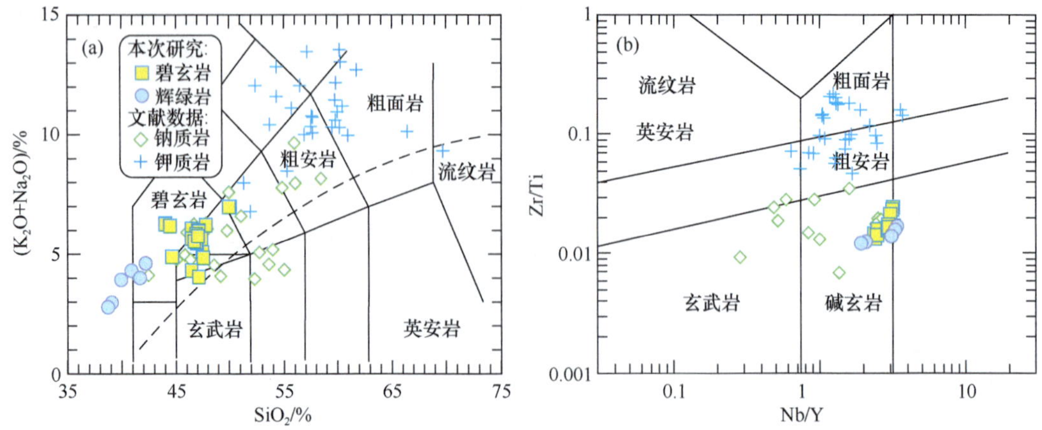

图 4.21　邦达错钠质基性岩 SiO_2-K_2O+Na_2O（a）和 Nb/Y-Zr/Ti（b）图解

尽管如此，晚白垩世邦达错玄武岩和晚侏罗世辉绿岩样品具有不同的地球化学成分，如稀土元素和高场强元素（图 4.22）。晚白垩世玄武岩具有高的总稀土元素（187~320 ppm）和 Nb（51~87 ppm）含量，以及正的 Nb-Ta 异常［$(Nb/La)_{PM}$=1.08~1.43；$Nb/Nb^*=2\times Nb_N/(Th_N+La_N)$ = 1.19~1.45；图 4.22］。晚侏罗世辉绿岩则具有更高的总稀土元素（800~1022 ppm）和 Nb（73~139 ppm）含量，以及中等负 Nb（Nb/Nb^*= 0.41~0.60）和 Zr-Hf-Ti 异常（图 4.22）。

4.2.2.3　Sr-Nd 同位素成分

8 个代表性邦达错样品的 Sr-Nd 同位素结果见表 4.12。晚白垩世样品具有正的 $\varepsilon_{Nd}(t)$（0.03~2.37）和相对低的 $(^{87}Sr/^{86}Sr)_i$（0.7043~0.7049）（图 4.23），而晚侏罗世辉绿岩样品则具有负的 $\varepsilon_{Nd}(t)$（–0.64~–0.36）和略高的 $(^{87}Sr/^{86}Sr)_i$（0.7041~0.7046）（图 4.23）。

4.2.3　岩浆源区分析

晚中生代邦达错岩石富集不相容元素和高 Nb 含量的特征明显区别于洋中脊玄武岩和弧玄武岩（图 4.22）。由于研究区并未有任何同期大火成岩省或热点岩浆作用的证据被发现，因此不太可能来自北羌塘下的晚中生代地幔柱源区。

本次研究认为晚侏罗世邦达错辉绿岩更可能源自一个碳酸盐交代的岩石圈地幔。橄榄岩源区的碳酸盐交代作用会导致熔体产生高达 100 且分异的 Zr/Hf 值（Woodhead，1996；Chauvel et al.，1997），从而明显区分于洋中脊玄武岩、大陆溢流玄武岩和弧玄武岩及部分洋岛玄武岩的平均 Zr/Hf 值（约 33~49；Dupuy et al.，1992；Chazot et al.，1996；Woodhead，1996）。此外，碳酸盐质熔体和交代源区有非常高的轻稀土元素含量（≫ 100 倍球粒陨石值）和原始地幔标准化蛛网图上的 Ti 负异常（Hauri et al.，1993；Woodhead，1996；Chauvel et al.，1997）。

表 4.11　邦达错镁铁质岩主要元素（%）与微量元素（ppm）组成（Ma et al.，2021a）

样品号	14QW11	14QW12	14QW13	14QW14	14QW15	14QW16	14QW17	14QW18	14QW19	14QW20	14QW21	14QW22	14QW23	14QW24	14QW25
岩性	玄武岩	玄武岩	玄武岩	玄武岩	玄武岩	玄武岩	玄武岩	玄武岩	玄武岩	玄武岩	玄武岩	玄武岩	玄武岩	玄武岩	玄武岩
纬度	35°04′22″	35°04′22″	35°04′22″	35°04′22″	35°04′22″	35°04′22″	35°04′22″	35°04′22″	35°04′20.9″	35°04′21″	35°04′21.1″	35°04′22″	35°02′57″	35°02′57″	35°02′57″
经度	81°30′02″	81°30′02″	81°30′08″	81°30′06″	81°30′06″	81°30′06″	81°30′06″	81°30′06″	81°30′07.9″	81°30′07.8″	81°30′07.8″	81°30′09″	81°33′39″	81°33′39″	81°33′39″
SiO_2	45.34	48.24	48.39	46.21	45.86	46.27	45.61	45.83	45.47	45.05	45.59	45.38	42.06	42.31	42.06
TiO_2	2.55	2.07	2.17	2.60	2.60	2.59	2.50	2.58	2.68	2.65	2.66	2.56	2.84	2.84	2.84
Al_2O_3	16.45	17.16	16.99	16.74	16.68	16.78	16.56	16.58	16.21	16.11	16.55	16.44	13.82	14.03	13.81
$Fe_2O_3^T$	11.85	10.40	10.53	11.45	12.01	11.33	11.49	11.58	11.64	11.84	11.79	11.78	12.84	12.63	12.80
MnO	0.16	0.13	0.13	0.22	0.21	0.20	0.16	0.18	0.19	0.16	0.19	0.15	0.19	0.18	0.18
MgO	4.52	3.66	3.63	5.14	4.37	4.83	4.46	4.80	5.21	4.94	4.98	4.95	7.51	7.05	7.54
Na_2O	3.66	4.26	3.24	3.52	4.43	3.87	3.64	4.22	3.96	4.15	3.85	3.59	3.60	3.57	3.62
K_2O	2.00	2.49	3.52	1.43	1.41	1.66	2.15	1.58	1.44	1.35	1.49	1.71	2.39	2.34	2.42
CaO	9.30	6.99	7.38	9.08	9.07	9.19	9.31	9.05	9.79	9.89	9.32	9.16	9.08	9.17	9.13
P_2O_5	0.86	0.89	0.83	0.88	0.87	0.88	0.89	0.88	0.82	0.82	0.87	0.86	1.14	1.12	1.15
烧失量	2.93	3.54	3.12	2.79	2.35	2.49	2.64	2.06	2.13	2.51	2.38	3.11	3.94	4.70	4.21
总量	99.61	99.83	99.94	100.07	99.87	100.07	99.42	99.31	99.55	99.47	99.67	99.69	99.40	99.94	99.76
Sc	17.7	12.3	15.8	18.2	17.9	19.1	17.5	18.1	22.0	22.3	19.5	18.8	20.7	20.4	20.3
V	237	168	184	243	249	226	247	221	239	270	231	241	221	218	219
Cr	57.6	27.4	47.0	42.9	52.9	45.7	31.6	40.2	81.9	85.1	40.0	45.9	133	129	166
Co	33.9	23.9	34.7	35.2	34.4	35.8	33.9	34.9	38.2	39.0	36.7	36.0	44.5	42.6	43.8
Ni	28.9	17.1	30.3	31.1	36.8	37.3	28.0	30.3	48.1	140.2	32.3	32.0	102.3	93.1	102.1
Ga	22.4	23.5	24.4	22.5	22.3	23.2	22.6	22.7	22.3	22.1	22.8	23.0	21.5	21.4	21.0

续表

样品号	14QW11	14QW12	14QW13	14QW14	14QW15	14QW16	14QW17	14QW18	14QW19	14QW20	14QW21	14QW22	14QW23	14QW24	14QW25
岩性	玄武岩	玄武岩	玄武岩	玄武岩	玄武岩	玄武岩	玄武岩	玄武岩	玄武岩	玄武岩	玄武岩	玄武岩	玄武岩	玄武岩	玄武岩
纬度	35°04′22″	35°04′22″	35°04′22″	35°04′22″	35°04′22″	35°04′22″	35°04′22″	35°04′22″	35°04′20.9″	35°04′21″	35°04′21.1″	35°04′22″	35°02′57″	35°02′57″	35°02′57″
经度	81°30′02″	81°30′02″	81°30′08″	81°30′06″	81°30′06″	81°30′06″	81°30′06″	81°30′06″	81°30′07.9″	81°30′07.8″	81°30′07.8″	81°30′09″	81°33′39″	81°33′39″	81°33′39″
Ge	3.36	3.20	3.44	3.19	3.33	3.47	3.23	3.15	3.21	3.49	3.24	3.51	3.67	3.54	3.57
Rb	33.0	36.1	67.6	26.5	16.8	24.6	37.9	23.0	20.7	21.4	20.5	23.1	49.5	53.8	51.8
Sr	1053	965	1113	1059	1039	1069	1065	1030	1056	1061	1068	1116	1142	1326	1155
Y	25.8	26.1	27.7	25.7	25.6	26.9	25.8	26.0	26.2	25.9	25.8	26.0	25.3	25.0	24.9
Zr	258	308	309	257	255	263	266	256	245	249	256	263	298	295	295
Nb	75.5	82.6	86.5	74.8	74.7	77.4	75.8	74.7	74.6	74.7	74.9	76.7	79.6	78.7	79.5
Cs	0.642	0.920	0.739	0.679	0.541	0.945	0.723	0.963	0.461	0.574	0.608	0.652	51.2	80.6	57.1
Ba	834	944	1011	839	828	893	846	870	799	798	814	833	1025	1156	1076
La	60.3	69.8	72.1	58.8	58.8	63.0	60.5	60.4	57.2	58.4	59.9	61.0	70.9	70.1	70.8
Ce	115	129	134	113	114	120	115	116	111	113	116	117	138	135	138
Pr	13.2	14.4	15.3	13.1	13.1	13.8	13.4	13.4	12.9	13.3	13.3	13.4	15.9	15.6	15.9
Nd	49.8	51.9	56.0	49.0	49.2	51.6	50.2	50.0	48.9	50.2	50.2	50.3	59.8	58.9	59.9
Sm	8.82	8.88	9.75	8.75	8.81	9.25	8.90	9.02	8.98	9.14	9.13	8.89	10.4	10.4	10.5
Eu	2.66	2.64	2.89	2.68	2.69	2.82	2.71	2.69	2.72	2.81	2.73	2.74	3.14	3.08	3.09
Gd	7.68	7.82	8.45	7.70	7.73	8.25	7.81	7.82	7.84	8.03	7.96	7.84	8.93	8.74	8.81
Tb	1.02	1.02	1.13	1.03	1.03	1.08	1.04	1.05	1.05	1.08	1.06	1.05	1.13	1.12	1.14
Dy	5.60	5.57	6.12	5.54	5.59	5.80	5.64	5.57	5.66	5.86	5.75	5.64	5.81	5.78	5.84
Ho	1.04	1.04	1.15	1.04	1.04	1.09	1.05	1.05	1.05	1.08	1.06	1.06	1.03	1.03	1.03
Er	2.58	2.68	2.92	2.60	2.61	2.71	2.62	2.65	2.59	2.71	2.64	2.64	2.48	2.47	2.48
Tm	0.356	0.378	0.397	0.353	0.354	0.372	0.351	0.357	0.349	0.357	0.356	0.355	0.320	0.322	0.319
Yb	2.16	2.29	2.41	2.08	2.11	2.19	2.15	2.14	2.05	2.16	2.12	2.11	1.86	1.85	1.86
Lu	0.324	0.344	0.375	0.317	0.325	0.334	0.317	0.329	0.323	0.323	0.325	0.329	0.272	0.266	0.270
Hf	5.55	6.48	6.73	5.61	5.66	5.73	5.70	5.65	5.41	5.58	5.65	5.69	6.95	6.99	6.94
Ta	4.18	4.80	4.97	4.22	4.25	4.31	4.26	4.25	4.12	4.22	4.19	4.23	4.82	4.80	4.82
Th	5.84	7.90	7.91	5.85	5.84	5.97	5.75	5.91	5.43	5.42	5.65	5.86	6.09	6.21	6.29
U	1.54	2.09	2.06	1.38	1.42	1.46	1.59	1.49	1.26	1.33	1.34	1.38	1.56	1.59	1.61

续表

样品号	14QW26	14QW27	14QW28	14QW55	14QW58	14QW60	14QW62	14QW63	14QW65	14QW66	14QW67	14QW68	14QW69	14QW71
岩性	玄武岩	玄武岩	玄武岩	玄武岩	玄武岩	玄武岩	玄武岩	玄武岩	辉绿岩	辉绿岩	辉绿岩	辉绿岩	辉绿岩	辉绿岩
纬度	35°04′28″	35°04′22.3″	35°04′22.3″	35°29′20″	34°43′47″	34°43′47″	34°43′47″	34°43′47″	34°43′37″	34°43′37″	34°43′37″	34°43′39″	34°43′39″	34°43′39″
经度	81°29′48″	81°29′48.1″	81°29′48.1″	81°48′18″	81°31′16″	81°30′17″	81°30′17″	81°30′17″	81°29′54″	81°29′54″	81°29′54″	81°29′59″	81°29′59″	81°29′59″
SiO_2	46.01	45.64	45.90	45.50	39.11	43.40	44.20	43.37	39.39	39.19	39.90	38.00	37.42	37.21
TiO_2	2.10	2.55	2.58	2.62	2.41	2.88	2.91	2.64	2.81	2.26	2.31	2.57	3.32	3.16
Al_2O_3	15.40	16.52	16.62	16.44	10.29	11.18	13.20	11.12	13.62	15.96	16.21	13.88	11.08	11.12
$Fe_2O_3^T$	10.90	11.79	11.66	12.04	9.47	11.79	13.92	11.09	14.75	13.46	12.73	14.75	15.26	15.23
MnO	0.17	0.16	0.27	0.22	0.11	0.11	0.20	0.13	0.24	0.26	0.24	0.30	0.23	0.25
MgO	5.60	4.66	5.09	4.50	4.21	5.51	5.75	6.36	6.82	5.73	5.47	6.12	7.77	7.13
Na_2O	3.80	3.80	3.97	4.25	4.05	3.98	2.53	3.59	3.11	2.89	3.43	3.26	2.35	2.05
K_2O	2.20	1.79	1.53	1.72	0.25	0.45	1.26	0.43	1.06	0.86	0.96	0.48	0.53	0.63
CaO	9.26	9.18	9.06	9.75	17.29	11.53	9.32	14.09	13.27	12.24	12.15	14.23	15.71	17.16
P_2O_5	0.70	0.84	0.85	0.88	0.43	0.48	0.51	0.46	1.28	1.12	1.20	1.45	2.11	2.07
烧失量	3.36	2.92	2.45	2.01	11.91	8.71	5.80	6.23	3.73	4.74	4.60	4.76	3.69	3.34
总量	99.49	99.85	99.97	99.92	99.52	100.01	99.61	99.52	100.08	98.72	99.19	99.79	99.45	99.34
Sc	21.0	17.9	18.3	19.1	19.0	25.7	22.7	25.8	3.47	2.40	2.28	3.62	8.37	7.05
V	195	211	215	251	222	244	226	243	242	190	185	217	334	341
Cr	145	35.0	47.6	60.6	144	436	310	442	5.47	3.56	6.39	12.83	7.40	2.75
Co	35.1	34.0	34.6	35.7	34.6	46.7	47.5	50.5	43.6	42.8	38.2	46.7	53.5	52.1
Ni	67.6	28.4	32.4	46.6	120	252	204	278	29.2	22.2	20.3	29.8	67.4	61.1
Ga	21.5	22.0	22.3	22.7	15.6	16.7	18.0	17.7	23.3	23.3	19.4	24.3	20.4	19.6
Ge	3.13	3.40	3.23	3.58	2.83	3.33	3.31	3.14	4.99	4.77	4.15	5.49	5.49	5.55
Rb	23.5	24.6	17.9	25.5	7.0	12.7	13.9	14.9	33.5	32.6	32.8	20.3	24.6	24.9
Sr	941	1029	1037	1080	559	450	717	858	2238	5088	2950	993	1797	969
Y	24.2	25.2	25.6	26.0	21.2	22.9	21.7	22.2	35.6	35.0	32.1	41.2	37.9	38.0
Zr	273	251	255	253	235	251	236	235	238	217	204	264	245	240

续表

样品号	14QW26	14QW27	14QW28	14QW55	14QW58	14QW60	14QW62	14QW63	14QW65	14QW66	14QW67	14QW68	14QW69	14QW71
岩性	玄武岩	玄武岩	玄武岩	玄武岩	玄武岩	玄武岩	玄武岩	玄武岩	辉绿岩	辉绿岩	辉绿岩	辉绿岩	辉绿岩	辉绿岩
纬度	35°04′28″	35°04′22.3″	35°04′22.3″	35°29′20″	34°43′47″	34°43′47″	34°43′47″	34°43′47″	34°43′37″	34°43′37″	34°43′37″	34°43′39″	34°43′39″	34°43′39″
经度	81°29′48″	81°29′48.1″	81°29′48.1″	81°48′18″	81°31′16″	81°30′17″	81°30′17″	81°30′17″	81°29′54″	81°29′54″	81°29′54″	81°29′59″	81°29′59″	81°29′59″
Nb	73.0	74.3	75.1	76.1	52.6	56.3	51.7	52.3	109.5	114.2	98.3	138.7	72.6	78.4
Cs	0.766	0.582	0.777	1.02	1.53	2.82	2.84	2.65	124	91.5	122	92.2	59.2	55.2
Ba	797	811	834	839	169	217	125	116	437	1002	1280	507	434	684
La	60.3	59.7	59.7	59.8	37.5	40.9	36.7	35.2	265	266	244	311	264	275
Ce	114	115	115	115	77.3	84.4	77.3	74.9	401	400	367	467	420	430
Pr	12.8	13.2	13.3	13.3	9.67	10.7	9.79	9.54	36.8	36.0	33.6	43.2	41.8	42.1
Nd	47.6	49.5	49.4	49.9	39.0	43.1	39.8	39.1	119	115	107	138	141	142
Sm	8.30	8.89	8.82	8.85	7.90	8.67	8.11	7.89	16.9	16.2	15.1	19.4	20.6	20.3
Eu	2.49	2.65	2.71	2.74	2.36	2.57	2.75	2.49	4.82	4.60	4.33	5.59	5.82	5.73
Gd	7.34	7.70	7.71	7.81	6.83	7.57	7.13	7.00	14.9	14.4	13.4	17.7	18.0	17.9
Tb	0.97	1.02	1.02	1.05	0.926	1.04	0.98	0.96	1.68	1.64	1.49	1.97	1.95	1.95
Dy	5.26	5.56	5.59	5.68	4.96	5.48	5.19	5.08	8.44	8.28	7.55	9.81	9.41	9.43
Ho	0.98	1.03	1.04	1.05	0.88	0.98	0.92	0.90	1.46	1.43	1.31	1.71	1.57	1.58
Er	2.51	2.54	2.63	2.61	2.06	2.29	2.14	2.15	3.38	3.36	3.05	4.00	3.45	3.54
Tm	0.342	0.344	0.354	0.353	0.270	0.297	0.278	0.273	0.439	0.429	0.385	0.509	0.417	0.425
Yb	2.00	2.06	2.11	2.11	1.52	1.70	1.60	1.58	2.45	2.42	2.19	2.85	2.37	2.40
Lu	0.311	0.319	0.322	0.329	0.221	0.246	0.229	0.229	0.348	0.348	0.311	0.401	0.340	0.344
Hf	6.03	5.50	5.59	5.62	5.45	6.11	5.60	5.53	4.06	3.40	3.19	4.28	5.14	4.76
Ta	4.18	4.16	4.20	4.19	3.16	3.46	3.16	3.17	6.05	6.22	5.50	7.51	4.34	4.58
Th	7.03	5.78	5.84	5.85	4.22	4.54	4.17	4.21	13.3	14.3	12.2	16.5	10.0	11.0
U	1.77	1.50	1.45	1.40	1.00	1.11	1.04	0.828	4.19	3.58	3.47	4.85	2.63	2.89

表 4.12　邦达错镁铁质岩全岩 Sr-Nd 同位素数据表（Ma et al.，2021a）

	Rb/ppm	Sr/ppm	$^{87}Rb/^{86}Sr$	$^{87}Sr/^{86}Sr$	$(^{87}Sr/^{86}Sr)_i$	Sm/ppm	Nd/ppm	$^{147}Sm/^{144}Nd$	$^{143}Nd/^{144}Nd$	$(^{143}Nd/^{144}Nd)_i$	$\varepsilon_{Nd}(t)$	T_{DM}/Ga
14QW15	16.8	1039	0.0466	0.704326±1	0.704266	8.81	49.2	0.1083	0.512604±4	0.512540	0.35	0.79
14QW20	21.4	1061	0.0584	0.704348±1	0.704273	9.14	50.2	0.1100	0.512615±5	0.512550	0.55	0.79
14QW28	17.9	1037	0.0499	0.704322±1	0.704258	8.82	49.4	0.1080	0.512598±5	0.512535	0.24	0.80
14QW55	25.5	1080	0.0682	0.704381±1	0.704294	8.85	49.9	0.1072	0.512587±5	0.512524	0.03	0.81
14QW63	14.9	858	0.0501	0.704923±1	0.704859	7.89	39.1	0.1221	0.512716±5	0.512644	2.37	0.73
14QW66	32.6	5088	0.0185	0.704584±1	0.704560	16.2	115	0.0848	0.512539±5	0.512489	–0.64	0.72
14QW67	32.8	2950	0.0322	0.704609±1	0.704568	15.1	107	0.0849	0.512554±5	0.512504	-0.36	0.71
14QW71	24.9	969	0.0743	0.704194±1	0.704099	20.3	142	0.0867	0.512554±4	0.512503	-0.37	0.72

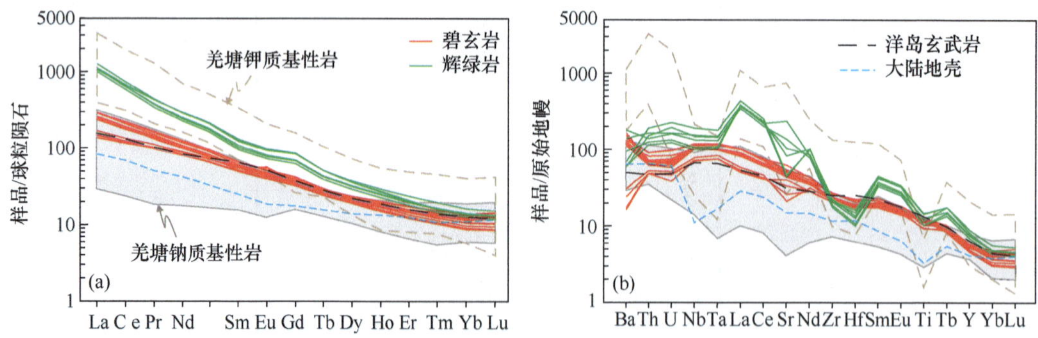

图 4.22　邦达错钠质基性岩稀土和微量元素配分图解

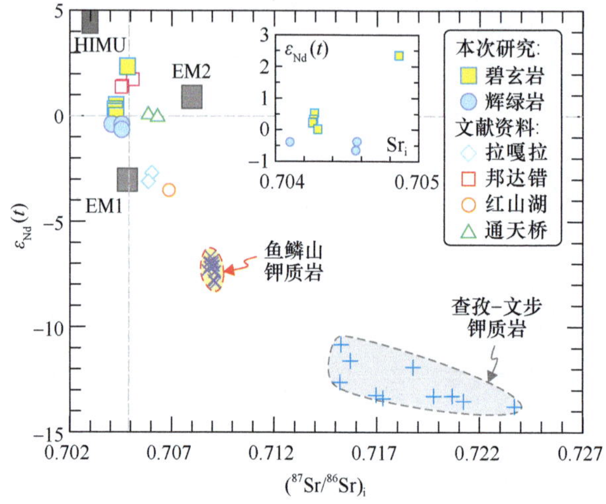

图 4.23　邦达错钠质基性岩 Sr-Nd 同位素组成图解

EM1 和 EM2 分别指 1 类和 2 类富集地幔源区，HIMU 指高 μ 地幔源区

晚侏罗世邦达错辉绿岩表现为高的轻稀土元素（La_N=1027~1313）和 Nb（73~139 ppm）含量，以及较高的 Zr/Hf（48~64）值和 Ti 负异常（$Ti/Ti^*=2\times Ti_N/(Sm_N+Tb_N)$ = 0.38~0.49）（图 4.22 和表 4.11），这些都反映其源区被有限的富碳熔体 / 流体不同程度交代（Dupuy et al.，1992）。相对于稀土元素更为亏损的 Ti-Zr-Nb 和 Sr 成分与碳酸盐化熔体交代的大陆地幔包体成分相似（Hauri et al.，1993；Zhang et al.，2017b），喻示富碳酸盐熔体的参与。所有这些特征都支持晚侏罗世辉绿岩源自一个碳酸盐化岩石圈地幔源区。此外，由于邦达错辉绿岩表现为与大陆地壳迥异的成分特征，排除了陆壳组分作为晚侏罗世主要的地幔交代介质。富碳质流体和熔体组分因此最有可能源自再循环的大洋板片物质。近期在羌塘东部始新世钾质岩浆岩中发现的富金云母地幔捕虏晶和含碳酸盐超镁铁质堆晶也支持在碰撞前存在一个碳酸盐化交代的羌塘岩石圈地幔（Goussin et al.，2020）。

晚白垩世邦达错玄武岩表现为具有和洋岛玄武岩相似的地球化学特征和 Nb-Ta 正异常以及高的 Nb/U 值（高达 63），后者和已报道的洋中脊玄武岩（49.6）和洋岛玄武岩（47.1）平均值相似（图 4.24）。然而，它们低的 Th 和 U（$(Th/La)_{PM}$=0.31~0.97）含量与大洋沉积物再循环的地幔 HIMU 储库并不一致。此外，晚白垩世邦达错玄武岩的 Th/Nb 值也远低于富集地幔型洋岛玄武岩储库（EM-1：0.10~0.12；EM-2：0.11~0.16；Woodhead，1996）。和亏损地幔相似的 Sr-Nd 同位素特征和显著富集的不相容元素成分都不支持一个包含有大量再循环陆壳或洋壳的地幔源区。相对于侏罗纪辉绿岩更为亏损的 Sr-Nd 同位素成分和更高的 Nb 含量、更低的轻稀土元素含量都指示亏损的软流圈成分可能涉入了晚白垩世玄武岩的形成。因此，晚白垩世钠质玄武岩更有可能源自之前被交代的岩石圈地幔与软流圈地幔的相互作用。

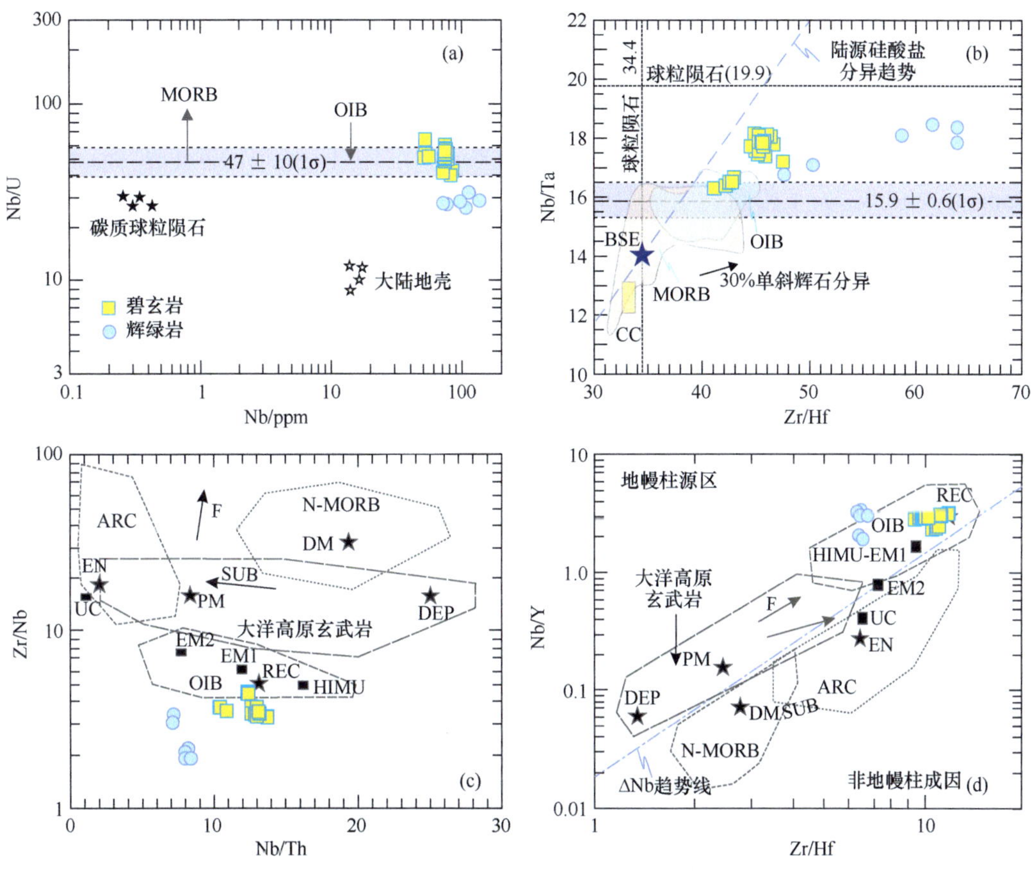

图 4.24　邦达错钠质基性岩微量元素相关图解

缩写：ARC. 弧相关玄武岩；BSE. 全硅酸盐地球；DM. 浅部亏损地幔；DEP. 深部亏损地幔；EM1 和 EM2. 1 和 2 类富集地幔源区；EN. 富集组分；F. 比拉斑玄武岩形成更高熔融比例趋势；HIMU. 高 μ 地幔源区；MORB. 洋中脊玄武岩；N-MORB. 正常洋中脊玄武岩；OIB. 洋岛玄武岩；PM. 原始地幔；REC. 再循环组分；SUB. 更多俯冲物质加入；UC. 上地壳；CC. 大陆地壳

4.2.4　原始岩浆成分与碰撞前北羌塘岩石圈性质

幔源岩浆能够为探测深部地幔的成分和物理状态提供一个重要的代理（如 Lee

et al.，2009)。本次选取 MgO ＞ 7.0% 的样品通过添加橄榄石方法计算原始岩浆成分，详细计算方法描述参见 Herzberg 等（2007)、Wang 等（2011）和 Ma 等（2021a)。四个独立的温度计（Albarède，1992；Sugawara，2000；Herzberg et al.，2007；Lee et al.，2009）和五个压力计（McKenzie and Bickle，1988；Albarède，1992；Haase，1996；Putirka，2008；Lee et al.，2009）被用于地幔潜能温度和压力的估算。考虑到水含量的差异影响，ΔT=74.403×$(H_2O\%)^{0.352}$（Falloon and Danyushevsky，2000)。

来自碳酸盐化交代富集地幔的晚侏罗世样品具有一个中等的地幔潜能温度（1225~1240℃)，形成于 87~98 km（2.61~2.93 GPa）地幔源区 2.6%~2.9% 的部分熔融，而晚白垩世玄武岩则给出了更高的地幔潜能温度（1331~1345℃)，形成于 67~77 km（2.04~2.33 GPa)。考虑到计算原始岩浆成分 0.3%~0.8% 的误差范围（如 Herzberg et al.，2007；Wang et al.，2011）和实验熔体与天然样品的成分差异（如 Albarède，1992；Herzberg and O'Hara，2002)，本次计算的温度和压力误差分别为 20~46℃和 0.4~1.4 GPa。

邦达错辉绿岩和玄武岩的结晶温压也通过辉石 – 熔体温压计进行了计算（Neave and Putirka，2017)。为了得到一个坚实可靠的结果，单斜辉石与熔体的平衡也通过它们的 Fe-Mg 交换系数（$KD_{(Fe\text{-}Mg)}^{单斜辉石\text{-}熔体}$ = [$(X_{Fe}^{单斜辉石} \times X_{Mg}^{熔体})$ / $(X_{Mg}^{单斜辉石} \times X_{Fe}^{熔体})$] = 0.27±0.03；Putirka，2008）来估算。邦达错玄武岩计算的温压结果（0.7~1.3 GPa 和 1105~1180℃）指示一个上地壳岩浆储库和供给系统（20~40 km 深度，图 4.25)。

4.2.5 对北羌塘岩石圈地幔演化的启示

本次研究通过在对碰撞前岩石圈性质进行岩石学约束的基础上，提出了晚中生代北羌塘地区的两阶段演化模式。在晚侏罗世（150~120 Ma)，90~100 km 厚中等温度的碳酸盐化交代地幔可能是班公湖 – 怒江特提斯洋（Zhang et al.，2017a）或新特提斯洋（Ma et al.，2013a）板片平板俯冲的产物。通常在平板俯冲阶段，大陆岩石圈地幔之下的软流圈会被冷的大洋岩石圈取代（Axen et al.，2018)，意味着大规模冷的热结构（Gutscher，2018)。上覆板片的大量岩石圈物质会被平板俯冲的下伏板片刮下来并堆积到俯冲板片的前缘（Axen et al.，2018)，这会导致岩浆作用的减弱和岩石圈的加厚。晚侏罗世至早白垩世（150~120 Ma）在南羌塘（Hao et al.，2019；Peng et al.，2020）和拉萨地块（Ma et al.，2013b）观察到的岩浆间歇也与平板俯冲模型相符。堆积在板片前缘的俯冲物质可能为远离缝合带的岩石圈碳酸盐化提供了主要交代介质。在晚白垩世（约 90 Ma)，邦达错玄武岩研究所支持的软流圈绝热减压上涌可能与平板俯冲阶段堆积的岩石圈物质拆沉有关。这些过程在印度与欧亚大陆碰撞前进一步弱化了羌塘北部岩石圈地幔。这样一个继承的弱化碳酸盐化岩石圈可能在大陆碰撞阶段容纳了大量印度的挤压和收缩（Ma et al.，2021a)。

此外，新生代岩浆岩都指示青藏高原存在一个富集的岩石圈地幔。而地幔富集的过程被认为可能与青藏高原的隆升密切相关（Turner et al.，1993，1996；Ding et al.，2003；Williams et al.，2004；Chung et al.，2005；Guo and Wilson，2019)。但是这个

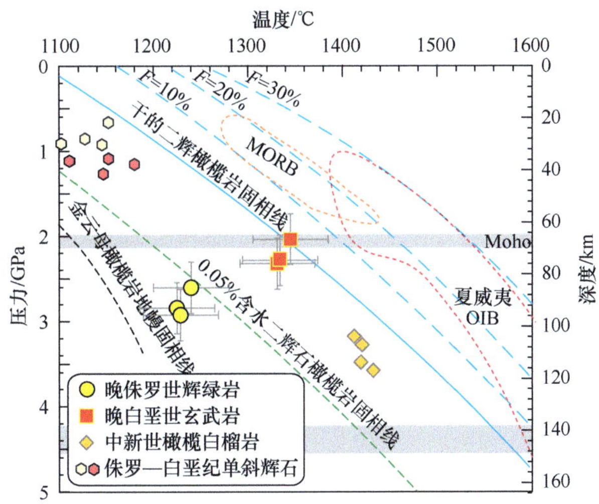

图 4.25　晚中生代羌塘镁铁质岩浆岩地幔潜能温度 – 压力图

富集过程发生的时间和机制一直被激烈争论。这也引发了对青藏高原隆升机理的进一步争论。有两种相互竞争的模式可以解释富集岩石圈地幔的形成，即“碰撞前”富集或新生代俯冲大陆物质的交代作用（Guo et al.，2006；Ma et al.，2017a）。考虑到本次研究中晚中生代钠质岩的成分与新生代钾质岩的成分差异非常大，因此我们认为新生代钾质岩浆岩富集的地幔源形成于晚白垩世（约 90 Ma）之后。此外，我们认为大陆俯冲很可能在青藏高原的隆升中发挥了重要作用（如 Tapponnier et al.，2001；Guo et al.，2006；Ma et al.，2021b）。

4.2.6　小结

（1）晚中生代邦达错钠质镁铁质岩表现为显著富集不相容元素的洋岛玄武岩成分特征；

（2）晚侏罗世邦达错辉绿岩形成于平板俯冲阶段被俯冲洋壳沉积物交代的碳酸盐化岩石圈地幔在 1225~1240℃和 90~100 km 深度的部分熔融；

（3）晚白垩世玄武岩有可能形成于先前堆积的岩石圈和俯冲板片的拆离导致的软流圈地幔上涌与岩石圈地幔的相互作用；

（4）北羌塘继承的碰撞前热且弱的岩石圈可能在喜马拉雅 – 青藏高原造山带的后碰撞演化中扮演了关键的控制角色。

4.3　南羌塘西段改则地区侏罗纪—白垩纪岩浆岩

南羌塘地块侏罗纪—白垩纪的岩浆岩广泛出露于其中部和南部，时间范围跨度大（约 169~76 Ma）。值得注意的是，大量的岩浆岩年龄统计发现南羌塘地块侏罗纪和白垩纪的岩浆活动存在着约 20 Ma（145~122 Ma）的岩浆间歇期（Li et al.，2014a；Liu et al.，2014；Hao et al.，2016a）。

在晚中生代岩浆间歇期之前，南羌塘地块西段改则地区侏罗纪的岩浆活动（169~148 Ma）以中－酸性的侵入岩为主，少量出露的镁铁质侵入岩在年龄上仍有争议（Li et al.，2016a）。这些侏罗纪的岩浆岩主要分布于日土、青草山－加措以及多龙－热那错等地区，空间位置上遍及南羌塘地块的中部和南缘，最北部的侏罗纪岩体距离班公湖－怒江缝合带约 170 km（图 4.26）。南羌塘西段侏罗纪最早的岩浆记录是位于日土地区的约 169 Ma 的拉热拉新岩体与材玛岩体（张璋等，2011；Li et al.，2014a，2014b；Liu et al.，2014；Geng et al.，2016），主要由石英闪长岩以及高分异黑云母花岗岩组成，含有镁铁质包体。这些岩体的形成年龄约为 169~160 Ma，属于高钾钙碱性系列的 I 型花岗岩。这些花岗质侵入体具有富集的全岩 Nd 同位素和锆石 Hf 同位素组成［$\varepsilon_{Nd}(t)$：−3.8~−4.6；$\varepsilon_{Hf}(t)$：−1.4~1.9］，被认为是在班公湖－怒江特提斯洋北向俯冲的背景下，由南羌塘地块古老下地壳（混有部分年轻地壳或地幔物质）部分熔融产生的（Li et al.，2016b）。青草山－加措地区的研究资料相对较少，该区域远离南部的班公湖－怒江缝合带，且大面积出露早侏罗世（约 161~152 Ma）中－酸性侵入岩（Li et al.，2014a；Sun et al.，2020），岩石类型以花岗闪长岩为主，属于高钾钙碱性的 I 型花岗岩，微量元素上表现为富集大离子亲石元素、亏损高场强元素的典型弧型岩浆岩特征。其中，加措地区晚侏罗世花岗闪长岩（153~152 Ma）具有富集的全岩 Sr-Nd 和锆石 Hf 同位素组成，被认为是由南羌塘古老下地壳部分熔融形成的。在南羌塘地块南缘，靠近班公湖－怒江缝合带的多龙－热那错地区出露少量的侏罗纪中－酸性侵入岩，主要包括拉不错地区的闪长岩、花岗闪长岩（169~156 Ma；Wu et al.，2016）以及热那错地区的闪长岩（约 153~148 Ma；Hao et al.，2016a）。这些岩石为高钾钙碱性，微量元素具有典型弧型岩浆岩特征（富集大离子亲石元素、亏损高场强元素）。拉不错地区的闪长岩和花岗闪长岩具有富集的锆石 Hf 同位素组成［$\varepsilon_{Hf}(t)$：−7.3~−0.6］，与热那错闪长岩的同位素组成类似［全岩 $\varepsilon_{Nd}(t)$：−5.5~−5.2；锆石 $\varepsilon_{Hf}(t)$：−8.4~0.4］。这些岩石也同样被认为是在班公湖－怒江特提斯洋北向俯冲的动力学背景下，由南羌塘古老镁铁质下地壳部分熔融形成，且有少量地幔物质的贡献（Hao et al.，2016a；Wu et al.，2016）。此外，在该地区还出露有埃达克质花岗闪长岩（Hao et al.，2016a；Wu et al.，2016）和英安岩（Li et al.，2016a）。其中，拉不错埃达克质花岗闪长岩形成于 160 Ma（Wu et al.，2016），具有富集的锆石 Hf 同位素组成［$\varepsilon_{Hf}(t)$：−4.2~−0.6］。热那错埃达克质花岗闪长岩（约 150 Ma）也具有相似的同位素特征［全岩 $\varepsilon_{Nd}(t)$：−7.6~−4.2；锆石 $\varepsilon_{Hf}(t)$：−8.3~0.2］，这些埃达克质岩浆岩被认为是来自加厚的南羌塘镁铁质古老下地壳部分熔融。而热那错东部约 154 Ma 的埃达克质英安岩（Li et al.，2016a）具有明显亏损的全岩 Nd 和锆石 Hf 同位素［$\varepsilon_{Nd}(t)$：1.0~3.0；锆石 $\varepsilon_{Hf}(t)$：1.9~13.7］组成，不同于同一区域内出露的拉不错与热那错的埃达克质花岗闪长岩。前人认为热那错东部埃达克质英安岩是北向俯冲的班公湖－怒江特提斯洋的洋壳部分熔融形成。除了上文提到的 169~148 Ma 的中－酸性侵入岩，在多龙地区多不杂矿床的南部还出露有基性侵入岩，岩石类型主要为辉绿岩，以岩墙形式呈东西向展布，侵入侏罗纪曲色组地层中。但对于辉绿岩墙的形成时代仍不能十分确定（181 Ma，Li et al.，2015；153 Ma，Li et al.，2016b；133~110 Ma，Xu et al.，2017）。此外，多龙地区基性岩墙的地球化学特征以及岩石成因也存在着较大争议，主要包括：①多龙地区基性岩墙具有与大洋中脊玄武岩（E-MORB）类似的微量元素特征，具有亏损的全岩 Nd 和锆石 Hf-O 同位素组成［$\varepsilon_{Nd}(t)$：7.3~9.1；$\varepsilon_{Hf}(t)$：14.8~16.1；$\delta^{18}O$：5.2‰±0.3‰］，因此多龙辉绿岩墙可能来自受地幔柱影响下的亏损地幔的部分熔融（Li et al.，2015）。②多龙地区基性岩墙具有和洋岛玄武岩（OIB）一致的 Nb-Ta 正异常，同位素组成略亏损［全岩 $\varepsilon_{Nd}(t)$：3.32~3.34；锆石 $\varepsilon_{Hf}(t)$：–1.5~2.5］，结合同时代（154 Ma）热那错东部的埃达克质英安岩，认为多龙地区辉绿岩形成于洋脊俯冲的背景（Li et al.，2016a；Xu et al.，2017）。

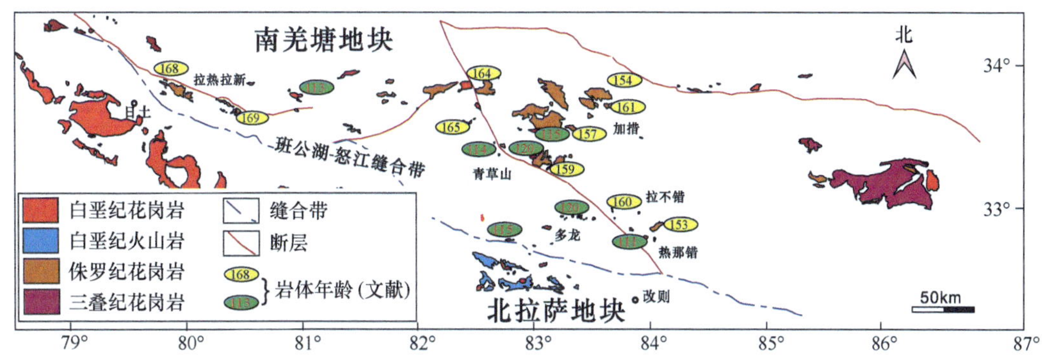

图 4.26　南羌塘地块西段改则地区侏罗—白垩纪岩浆岩分布图（Sun et al.，2020）

在岩浆间歇期之后，南羌塘地块西段白垩纪岩浆岩主要包括形成于 122~104 Ma 的中 – 酸性侵入岩、安山岩以及少量的玄武岩、流纹岩，分布于日土、青草山 – 加措、多龙 – 热那错以及比扎地区（图 4.26）。在西部的日土地区出露的吉普三队岩体和石龙岩体主要为花岗闪长岩，在岩石类型以及地球化学组成上与该区域报道的侏罗纪花岗岩非常相似，为高钾钙碱性 I 型花岗岩，微量元素蛛网图上呈现富集大离子亲石元素并亏损高场强元素的典型弧型岩浆岩特征，具有富集的锆石 Hf 同位素组成［$\varepsilon_{Hf}(t)$：–9.0~–3.5］。在青草山 – 加措地区白垩纪岩浆岩主要为出露于青草山的花岗闪长岩（119~116 Ma）、花岗斑岩（115 Ma）、石英二长斑岩（122 Ma）（周金胜等，2013；Li et al.，2015；刘洪等，2016）以及麦尔则玄武岩（122 Ma）和英安岩（120 Ma）（Fan et al.，2015）。青草山的花岗斑岩、石英二长斑岩出现了白云母、堇青石等具有明显强过铝质特征的矿物，A/CNK > 1.1，属于 S 型花岗岩。前人认为青草山强过铝质 S 型花岗岩为班公湖 – 怒江特提斯洋北向俯冲背景下，上地壳杂砂岩成分发生部分熔融作用的产物。麦尔则地区出露的白垩纪英安岩和玄武岩被认为是共生的“双峰式”火山岩组合，其形成的动力学背景是北向俯冲的班公湖 – 怒江特提斯洋大洋板片发生板片回撤，使得上覆的南羌塘地块发生伸展，形成弧后盆地。该套双峰式火山岩产于弧后盆地打开的初始阶段（Fan et al.，2015）。多龙矿集区位于南羌塘地块的南缘，距离班公湖－怒江缝合带的位置较近，区内包括多个大型斑岩型铜金矿床（耿全如等，2015）。多龙地区白垩纪的岩石主要为中－酸性侵入岩（闪长岩以及花岗质岩石）以及美日切错组安山岩和少量的玄武安山岩、玄武岩。前人定年结果表明多龙矿集区内的中－酸性侵入岩的形成年龄集中于 121~116 Ma（Li et al.，2013b），这些岩石属于高钾钙碱性系列，A/CNK 变化范围较大，表现为准铝质－过铝质－强过铝质。它们的全岩 Sr-Nd 同位素组成变化范围较大［$(^{87}Sr/^{86}Sr)_i$：0.7051~0.7078；$\varepsilon_{Nd}(t)$：–6.2~3.3］，锆石 Hf 同位素却表现出亏损的特征［$\varepsilon_{Hf}(t)$：4.5~6.8］，具有明显的 Nd-Hf 同位素解耦现象。前人认为这些中－酸性侵入岩是由地幔楔来源的镁铁质岩浆侵入到南羌塘地块的下地壳，使得角闪岩相的下地壳受热部分熔融形成的长英质岩浆与幔源镁铁质岩浆混合而形成（Li et al.，2013b）。多龙矿集区还出露了白垩纪美日切错组火山岩地层，主要的岩石类型为安山岩以及少量的玄武安山岩和玄武岩，形成年龄约为 115~105 Ma（Li et al.，2014a；Wei et al.，2017）。值得注意的是，这些火山岩与多龙矿集区的花岗质侵入岩一样，也具有 Nd-Hf 同位素解耦的特征［$(^{87}Sr/^{86}Sr)_i$：0.7045~0.7071：$\varepsilon_{Nd}(t)$：–1.8~3.6；锆石 $\varepsilon_{Hf}(t)$：1.3~12.9］。前人认为美日切错组火山岩是由交代的地幔楔部分熔融产生的玄武质熔体，在下地壳底部发生 MASH（melting，assimilation，storage，homogenization）过程形成的。在热那错地区出露的岩浆岩主要包括埃达克质花岗闪长斑岩（约 112 Ma；Hao et al.，2016a）。这些岩石具有亏损的 Sr-Nd-Hf 同位素组成［$(^{87}Sr/^{86}Sr)_i$：0.7054~0.7065；$\varepsilon_{Nd}(t)$：–0.6~0.3；锆石 $\varepsilon_{Hf}(t)$：7.39］，被认为是由加厚的南羌塘新生下地壳部分熔融形成的（Hao et al.，2016a）。比扎地区的白垩纪岩浆岩主要包括比扎闪长岩（约 122 Ma；Hao et al.，2016b）和改则玄武岩、安山岩、英安岩和流纹岩（108~106 Ma；Hao et al.，2019）。比扎闪长岩的同位素组成变化范围较大[全岩 $\varepsilon_{Nd}(t)$：–3.31~–0.01；锆石 $\varepsilon_{Hf}(t)$：–5.3~3.6］，被认为是班公湖－怒江特提斯洋北向俯冲过程中，俯冲混杂岩（mélange；俯冲隧道中蚀变玄武质洋壳、大洋沉积物、地幔楔橄榄岩的机械混合物）部分熔融形成。改则火山岩（玄武岩、安山岩、英安岩和流纹岩）中特殊的岩石类型，如富 Nb 玄武岩和牙买加型埃达克岩被认为是俯冲大洋高原的部分熔融形成，是班公湖－怒江特提斯洋在早白垩世仍在南向俯冲的标志。

4.3.1 加措晚侏罗世花岗闪长岩

加措地区位于南羌塘地块晚中生代岩浆岩带的最北端，区域内的花岗闪长质岩体和岩脉侵入至上石炭统和下二叠统地层中（图 4.27）。花岗闪长岩体主要的矿物组成为斜长石（45%~50%）、钾长石（约 10%）、石英（约 20%）、黑云母和角闪石（10%~15%）以及锆石、磷灰石、钛铁矿和铁－钛氧化物等副矿物。岩体东部的花岗闪长岩墙主要含有斜长石（30%~35%）、钾长石（约 10%）、石英（约 25%）、角闪石（5%~10%）和黑云母（约 15%）以及锆石、磷灰石、钛铁矿和铁－钛氧化物等副矿物（图 4.28）。

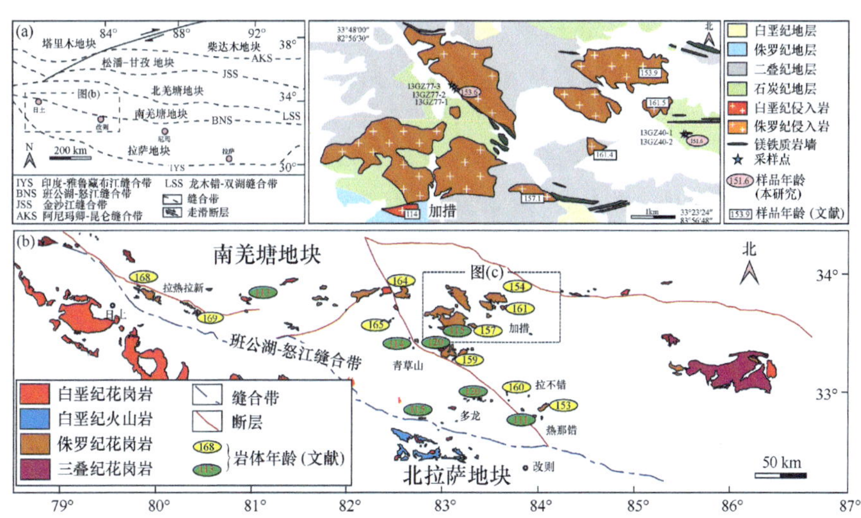

图 4.27　南羌塘地块加措地区侏罗纪岩浆岩分布图（Sun et al.，2020）

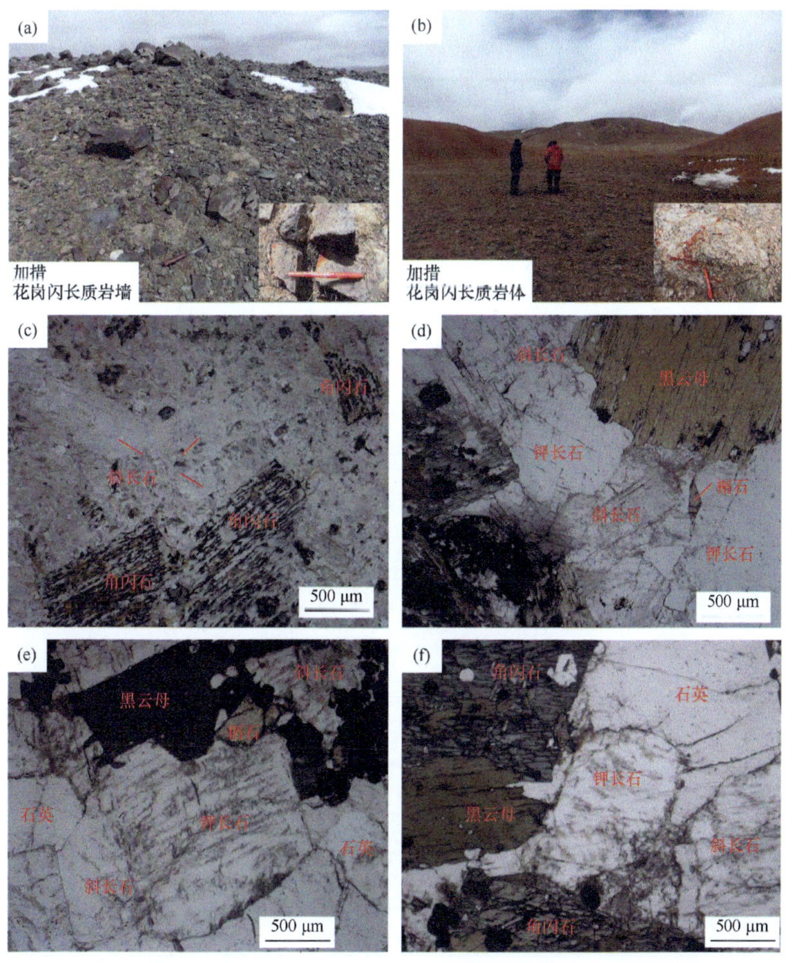

图 4.28　加措花岗闪长岩野外露头（a 和 b）及镜下岩相学特征（c~f）（Sun et al.，2020）

LA-ICP-MS 锆石 U-Pb 定年结果表明加措地区的花岗闪长岩体和岩脉都形于晚侏罗世（153~152 Ma），其主量和微量元素成分可见表 4.13。加措地区花岗闪长岩具有中等的 SiO_2（64.8%~68.4%）和 Al_2O_3（14.4%~15.0%）、较低的 $Fe_2O_3^T$（3.9%~5.4%）和 MgO（1.6%~2.3%）含量。这些样品的 K_2O 和 Na_2O 含量分别为 4.2%~5.2% 和 2.8%~3.5%，其 K_2O/Na_2O 值为 1.2~1.8（图 4.29）。所有样品均为偏铝质岩石，A/CNK 值为 0.89~1.00。这些岩石富含轻稀土元素和亏损重稀土元素，其中 $(La/Yb)_N$=16~19，显示出微弱的 Eu 负异常（Eu/Eu^*=0.77~0.80）（图 4.30）。所有样品都富集大离子亲石元素、亏损高场强元素，在原始地幔归一化微量元素变化图中显示 Th-U 正异常和 Nb-Ta-Ti 负异常。

表 4.13　加措花岗闪长岩体和岩墙主量（%）和微量（ppm）元素含量（Sun et al.，2020）

样品	13GZ40-1	13GZ40-2	13GZ77-1	13GZ77-2	13GZ77-3
岩石类型	花岗闪长岩墙	花岗闪长岩墙	花岗闪长岩体	花岗闪长岩体	花岗闪长岩体
经度	83.933°E	83.933°E	83.400°E	83.383°E	83.367°E
纬度	33.566°N	33.566°N	33.583°N	33.583°N	33.600°N
锆石 U-Pb 年龄	151.6 Ma		153.3 Ma		
SiO_2	64.8	64.8	67.3	68.4	67.1
TiO_2	0.72	0.68	0.50	0.45	0.47
Al_2O_3	15.0	14.9	14.7	14.4	14.8
$Fe_2O_3^T$	5.43	5.39	4.30	3.92	4.23
MnO	0.08	0.10	0.09	0.10	0.11
MgO	2.33	2.21	1.78	1.62	1.68
CaO	3.27	3.68	3.36	3.16	3.08
Na_2O	3.49	3.39	3.00	2.97	2.84
K_2O	4.25	4.23	4.53	4.45	5.20
P_2O_5	0.23	0.23	0.17	0.15	0.16
烧失量	2.04	2.34	0.48	0.52	0.43
$Mg^\#$	0.49	0.47	0.48	0.48	0.47
A/CNK	0.92	0.89	0.92	0.93	0.93
Sc	11.7	11.2	9.47	8.30	8.99
V	107	102	81.2	70.6	78.8
Cr	299	328	15.8	316	409
Co	11.7	12.8	9.54	9.66	10.6
Ni	25.4	31.8	7.75	27.2	34.7

续表

样品	13GZ40-1	13GZ40-2	13GZ77-1	13GZ77-2	13GZ77-3
Mn	602	814	652	726	843
Cu	36.1	35.6	7.15	33.1	44.5
Zn	38.9	49.4	39.5	30.0	35.1
Ga	19.5	18.6	17.6	16.1	16.4
Ge	2.25	2.24	2.06	1.86	1.96
Cs	3.59	4.40	5.83	4.28	5.56
Rb	153	157	214	185	224
Ba	870	1010	504	470	706
Th	17.4	16.8	27.4	20.1	28.6
U	4.11	4.59	3.48	3.31	3.20
Nb	16.6	15.9	20.6	16.7	18.7
Ta	1.51	1.49	2.43	1.94	2.20
La	42.2	40.7	43.8	38.7	38.4
Ce	76.9	73.5	74.9	65.6	67.0
Pb	13.5	13.7	17.4	15.7	17.9
Pr	8.76	8.29	7.87	6.79	7.21
Sr	390	404	415	406	429
Nd	31.8	30.2	27.1	23.7	25.2
Zr	166	191	119	112	144
Hf	4.76	5.36	3.57	3.20	4.05
Sm	5.52	5.21	4.43	3.78	4.16
Eu	1.36	1.29	1.04	0.92	1.00
Gd	4.90	4.60	3.89	3.44	3.65
Tb	0.67	0.65	0.53	0.46	0.50
Dy	3.72	3.55	2.93	2.58	2.83
Y	19.1	18.3	15.8	13.7	15.1
Ho	0.74	0.71	0.60	0.53	0.57
Er	2.01	1.92	1.68	1.45	1.60
Tm	0.29	0.28	0.26	0.22	0.25
Yb	1.88	1.80	1.70	1.47	1.63
Lu	0.30	0.29	0.28	0.24	0.27

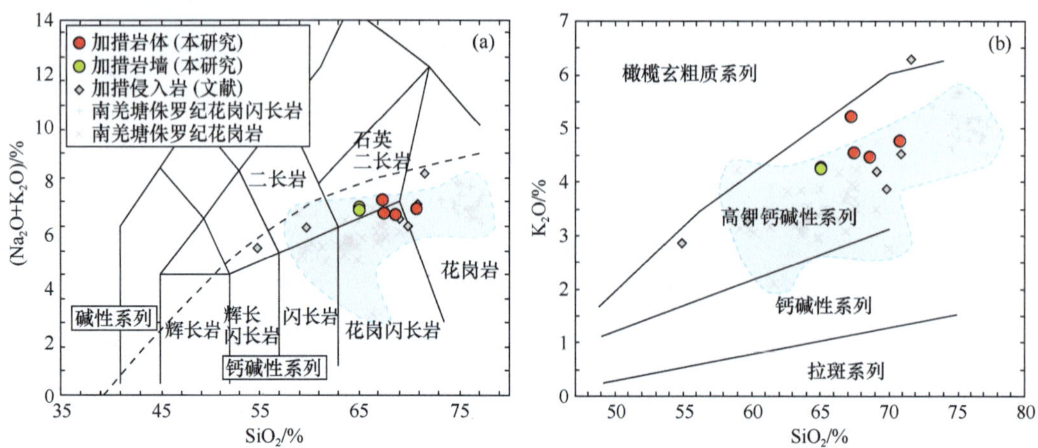

图 4.29　加措花岗闪长岩 SiO_2-（Na_2O+K_2O）（a）和 SiO_2-K_2O（b）图解（Sun et al.，2020）

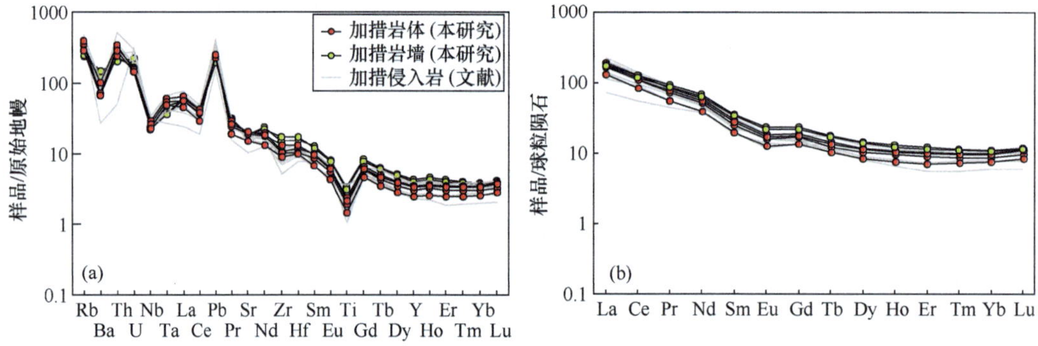

图 4.30　加措花岗闪长岩原始地幔标准化的微量元素蛛网图（a）和球粒陨石标准化的稀土元素分配图解（b）（Sun et al.，2020）

加措地区花岗闪长岩样品具有均一的 Sr-Nd 同位素组成［$(^{87}Sr/^{86}Sr)_i$= 0.7079~0.7102；$\varepsilon_{Nd}(t)$= −7.8~−7.6］（表 4.14；图 4.31）。它们具有变化范围较大的富集的锆石 Hf-O 同位素组成［$\varepsilon_{Hf}(t)$= −15.7~−10.0；$\delta^{18}O$=5.3‰~7.9‰］（图 4.31）。这些地球化学特征表明它们是由古老的而不是新生的镁铁质下地壳部分熔融形成。

4.3.2　热那错晚侏罗—早白垩世侵入岩

南羌塘改则县热那错附近出露 5 个大小不等的岩体，包括 2 个侏罗纪花岗闪长岩体、2 个侏罗纪闪长岩体和 1 个早白垩世花岗闪长斑岩体（图 4.32）。花岗闪长岩主要含角闪石（5%~10%）、黑云母（10%~15%）、斜长石（60%~65%）、石英（10%~15%）和锆石、磷灰石等副矿物。闪长岩主要由角闪石（10%~15%）、黑云母（20%~25%）、斜长石（55%~60%）、石英（约 5%）和锆石、磷灰石、榍石等副矿物组成。花岗闪长斑岩显示很好的斑状结构（图 4.33）。斑晶主要由斜长石、黑云母和石英组成。锆石 U-Pb 定年表明这三类岩体分别形成于 152 Ma、153 Ma 和 112 Ma（图 4.34）。

表 4.14　加措花岗闪长岩 Sr-Nd 同位素组成（Sun et al.，2020）

岩石类型	样品	年龄 /Ma	Rb/ppm	Sr/ppm	$^{87}Rb/^{86}Sr$	$(^{87}Sr/^{86}Sr)_m$	1SE	$(^{87}Sr/^{86}Sr)_i$	Sm/ppm	Nd/ppm	$^{147}Sm/^{144}Nd$	$(^{143}Nd/^{144}Nd)_m$	1SE	$\varepsilon_{Nd}(t)$	T_{DM}/Ma	T_{DM2}/Ma
花岗闪长岩墙	13GZ40-1	152	153	390	1.1342	0.712696	0.000007	0.710255	5.52	31.8	0.1047	0.512154	0.000007	−7.66	1397	1576
花岗闪长岩墙	13GZ40-2	152	157	404	1.1199	0.712494	0.000008	0.710084	5.21	30.2	0.1039	0.512156	0.000004	−7.62	1386	1571
花岗闪长岩体	13GZ77-1	153	214	415	1.4845	0.711136	0.000011	0.707901	4.43	27.1	0.0985	0.512144	0.000005	−7.72	1336	1582
花岗闪长岩体	13GZ77-2	153	185	406	1.3127	0.710819	0.000011	0.707958	3.78	23.7	0.0960	0.512140	0.000005	−7.75	1314	1584

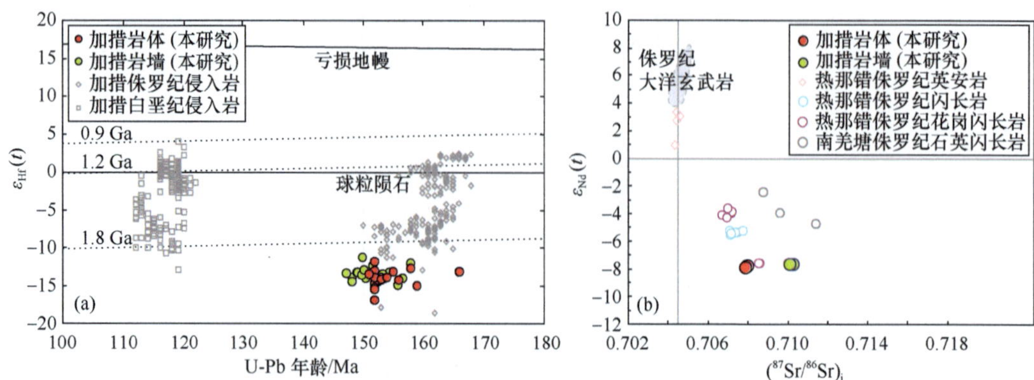

图 4.31　加措花岗闪长岩锆石 Hf 同位素（a）和全岩 Sr-Nd 同位素（b）图解（Sun et al.，2020）

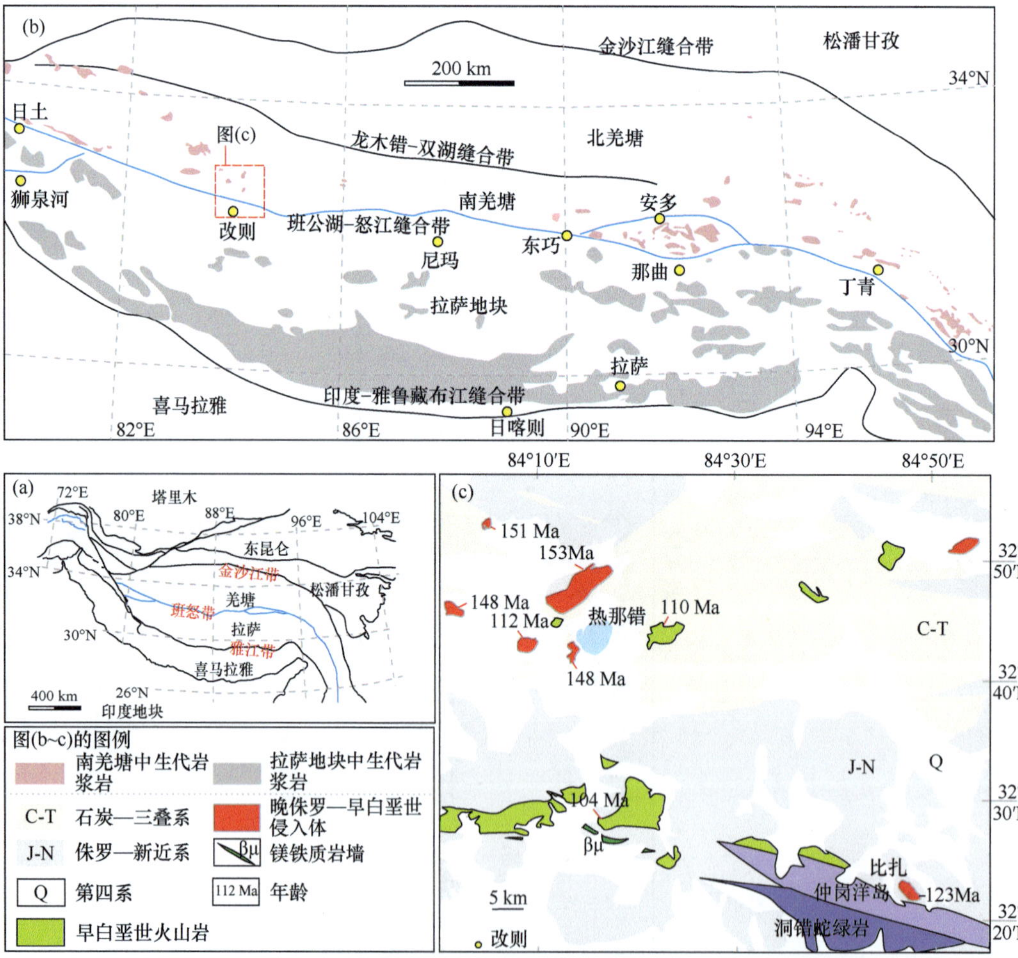

图 4.32　南羌塘地块改则地区侏罗纪—白垩纪岩浆岩分布图（修改自 Hao 等，2019）

图 4.33　南羌塘地块改则地区热那错侏罗纪—白垩纪侵入岩体的野外露头和显微镜下照片（Hao et al.，2016a）

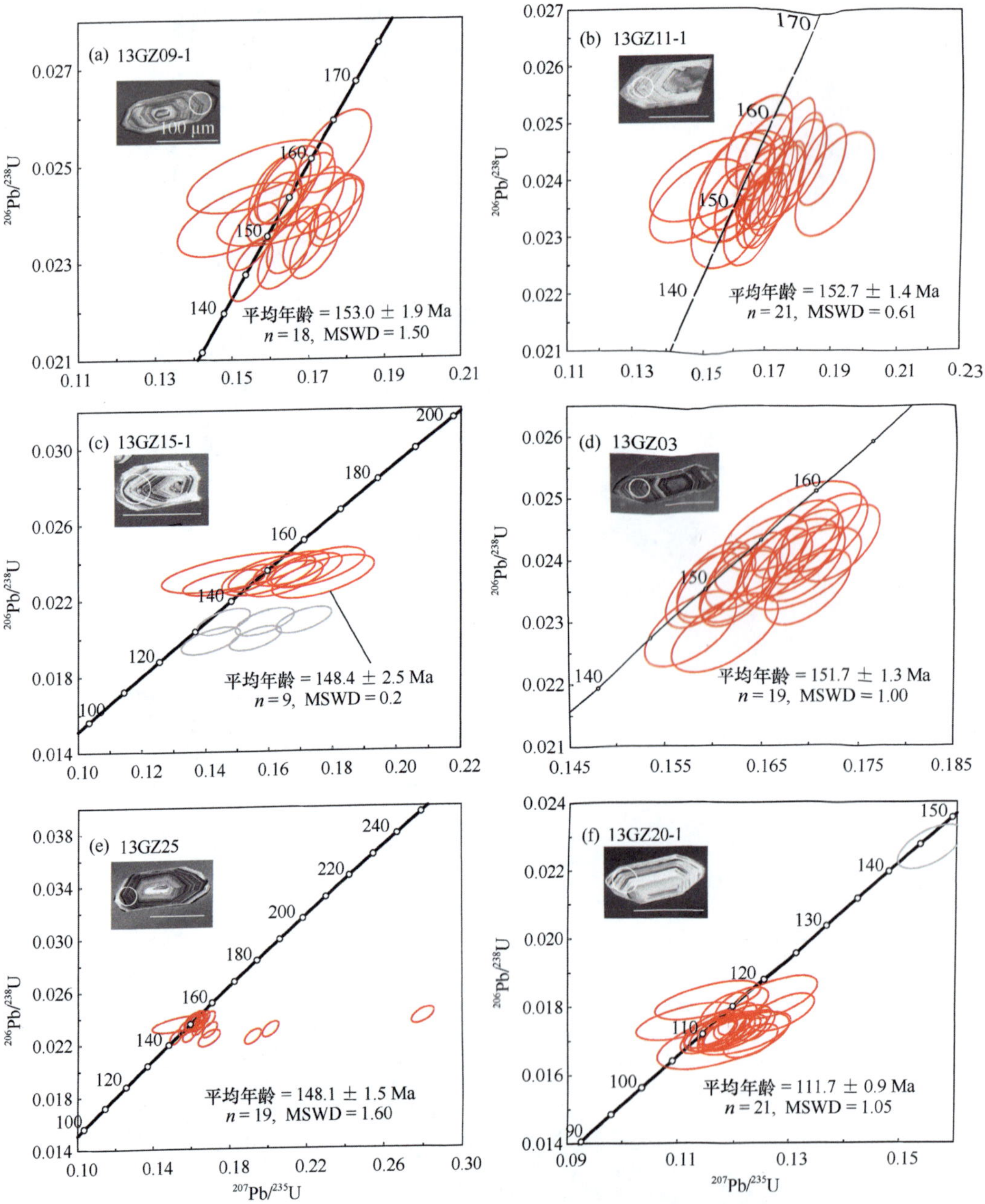

图 4.34 南羌塘地块改则地区热那错侏罗纪—白垩纪侵入岩的锆石 U-Pb 定年结果（Hao et al.，2016a）

（a）~（c）闪长岩；（d）和（e）花岗闪长岩；（f）花岗闪长斑岩。插图表示代表性的锆石 CL 照片，白色圆圈表示激光定年位置典型热那错岩体的主微量元素和同位素特征可见表 4.15。热那错闪长岩具有中等的 SiO_2 含量（57.9%~61.2%）和低的 FeO/MgO 值（图 4.35）。它们具有高的相容元素（如 Cr：52.4~282 ppm；Ni：11~33 ppm）和 MgO（3.13%~3.88%）含量以及 $Mg^{\#}$ 0.47~0.51）值。这些特征不同于变玄武岩部分熔融的产物，而是和镁质安山岩 / 闪长岩类似。热那错镁质闪长岩显示准铝质特征，A/CNK=0.93~0.99（除了一个样品显示 A/CNK 为 1.01）。它们具有富集轻稀土元素［$(La/Yb)_N$=9.1~13.9］和轻微 Eu 负异常（Eu/Eu^*=0.79~0.97）的特征（图 4.36）。元素蛛网图上它们显著富集大离子亲石元素、亏损高场强元素。因此，热那错镁质闪长岩具有典型的弧岩浆特征。热那错花岗闪长岩具有比花岗闪长斑岩略微低的 SiO_2 含量，分别是 63.8%~67.9% 和 67.2%~69.7%（图 4.35）。二者都显示准铝质 – 过铝质和钠质的属性，A/CNK 分别是 0.96~1.08 和 0.89~1.00，Na_2O/K_2O 值分别是 0.93~1.36 和 1.35~1.80。二者都具有低的 MgO（0.35%~1.63%）含量和 $Mg^{\#}$（0.15~0.42）值以及高的 Al_2O_3（15.3%~17.5%）含量。花岗闪长岩显示明显的轻稀土元素富集［$(La/Yb)_N$=23~96］和可忽略的 Eu 异常（Eu/Eu^*=0.92~1.03）。元素蛛网图上它们也显著富集大离子亲石元素、亏损高场强元素（图 4.36）。花岗闪长斑岩也显示类似的微量元素特征［$(La/Yb)_N$=16~20，Eu/Eu^*=0.87~0.89，富集大离子亲石元素和亏损高场强元素］（图 4.36）。二者具有低的 Y（4.7~9.4 ppm）和 Yb（0.34~0.99 ppm）含量、高的 Sr（438~656 ppm）含量和 $(La/Yb)_N$（22~133）和 Sr/Y（51~137）值。因此，花岗闪长岩和花岗闪长斑岩具有埃达克质岩的特征。

热那错闪长岩具有变化的高的 Sr 同位素比值［$(^{87}Sr/^{86}Sr)_i$=0.7071~0.7078］和均一的 Nd 同位素组成［$\varepsilon_{Nd}(t)$= –5.5~–5.2］（图 4.37），对应二阶段 Nd 模式年龄是 1373~1397 Ma。花岗闪长斑岩具有变化的低的 Sr 同位素比值［$(^{87}Sr/^{86}Sr)_i$=0.7054~0.7065］和均一的亏损 – 略富集的 Nd 同位素组成［$\varepsilon_{Nd}(t)$= –0.61~0.25］（图 4.37）。花岗闪长岩具有变化的高的 Sr 同位素比值［$(^{87}Sr/^{86}Sr)_i$=0.7069~0.7086］和低的 Nd 同位素比值［$\varepsilon_{Nd}(t)$= –7.6~–3.7］（图 4.37）。闪长岩具有变化较大的锆石 Hf 同位素组成［$\varepsilon_{Hf}(t)$= –8.6~4.9］。花岗闪长岩具有类似的锆石 Hf 同位素组成［$\varepsilon_{Hf}(t)$=–9.7~0.2］。花岗闪长斑岩中的同岩浆锆石具有亏损的锆石 Hf 同位素［$\varepsilon_{Hf}(t)$=4.6~9.7］，但是其中约 145 Ma 的继承锆石具有略低的锆石 Hf 同位素比值［$\varepsilon_{Hf}(t)$= 1.0］。

系统的地球化学特征表明热那错侏罗纪镁质闪长岩来源于班公湖 – 怒江洋北向俯冲过程中俯冲大洋沉积物的部分熔融，随后与地幔楔发生相互作用。侏罗纪花岗闪长岩来源于南羌塘加厚的不均一古老下地壳的部分熔融。白垩纪花岗闪长斑岩来源于新底侵的加厚下地壳部分熔融。这说明南羌塘从晚侏罗世到早白垩世古老地壳逐渐变为了新生地壳。

表 4.15　热那错岩体主量元素（%）、微量元素（ppm）和 Sr-Nd 同位素组成（Hao et al.，2016a）

样品号	13GZ02	13GZ03	13GZ04	13GZ05	13GZ08-1	13GZ08-2	13GZ19	13GZ22-1	13GZ23	13GZ24-1	13GZ24-2	13GZ25	13GZ09-1
岩石类型	花岗闪长岩												闪长岩
岩体序号	①	①	①	①	①	①	②	②	②	②	②	②	③
坐标	84.084°E 32.889°N	84.084°E 32.889°N	84.084°E 32.889°N	84.083°E 32.889°N	84.048°E 32.889°N	84.048°E 32.889°N	84.048°E 32.889°N	84.025°E 32.768°N	84.023°E 32.768°N	84.022°E 32.768°N	84.022°E 32.768°N	84.021°E 32.769°N	84.204°E 32.79°N
年龄 /Ma		151.7										148.1	153
SiO_2	64.14	64.35	64.55	66.07	63.26	63.62	64.78	66.18	63.53	65.74	65.94	64.95	60.14
TiO_2	0.70	0.68	0.66	0.60	0.73	0.72	0.63	0.47	0.62	0.49	0.49	0.60	0.81
Al_2O_3	17.12	16.89	16.81	16.42	17.29	17.09	16.59	16.26	17.15	16.41	16.05	16.73	16.54
$Fe_2O_3^T$	4.72	4.63	4.92	3.99	5.03	5.12	4.67	3.27	4.43	3.30	3.45	4.39	7.08
MnO	0.08	0.08	0.12	0.07	0.08	0.11	0.1	0.08	0.08	0.06	0.10	0.09	0.21
MgO	1.26	1.21	1.20	1.01	1.31	1.29	1.57	0.91	1.60	0.93	0.90	1.6	3.10
CaO	4.68	4.75	4.73	4.30	5.05	4.91	3.77	3.16	4.24	3.27	2.97	4.00	5.26
Na_2O	3.22	3.69	3.22	3.46	3.33	3.23	3.14	3.77	3.51	3.91	3.79	3.22	2.74
K_2O	2.90	2.71	2.79	3.02	2.75	2.77	3.37	3.26	2.91	3.17	3.52	3.03	2.66
P_2O_5	0.21	0.21	0.2	0.17	0.22	0.21	0.14	0.1	0.13	0.10	0.11	0.13	0.18
烧失量	0.5	0.32	0.32	0.40	0.46	0.45	0.76	2.07	1.33	2.14	2.23	0.91	0.79
总量	99.51	99.52	99.51	99.51	99.51	99.52	99.51	99.54	99.52	99.52	99.54	99.64	99.52
$Mg^{\#}$	0.35	0.34	0.33	0.33	0.34	0.33	0.40	0.35	0.42	0.36	0.34	0.42	0.46
A/CNK	1.01	0.96	0.99	0.98	0.98	0.99	1.06	1.05	1.03	1.04	1.04	1.06	0.98
T_{Zr}/℃	823	826	696	821	816	824	776	810	786	816	808	796	762
Sc	4.44	4.11	4.27	3.57	4.86	4.8	8.93	3.91	7.11	3.83	3.80	6.53	16.7
V	25.2	26.6	23.5	22.9	28.2	24.4	48.4	17.5	32.0	20.0	18.3	35.8	111
Cr	190	42.9	43.2	21.4	232	68.8	244	71.1	43.4	247	42.4	38.8	101
Co	7.42	6.45	6.93	5.51	7.91	7.19	9.01	4.83	7.80	6.08	4.44	7.90	14.2

续表

样品号	13GZ02	13GZ03	13GZ04	13GZ05	13GZ08-1	13GZ08-2	13GZ19	13GZ22-1	13GZ23	13GZ24-1	13GZ24-2	13GZ25	13GZ09-1
岩石类型	花岗闪长岩												闪长岩
岩体序号	①	①	①	①	①	①	②	②	②	②	②	②	③
坐标	84.084°E 32.889°N	84.084°E 32.889°N	84.084°E 32.889°N	84.083°E 32.889°N	84.048°E 32.889°N	84.048°E 32.889°N	84.048°E 32.889°N	84.025°E 32.768°N	84.023°E 32.768°N	84.022°E 32.768°N	84.022°E 32.768°N	84.021°E 32.769°N	84.204°E 32.79°N
年龄 /Ma		151.7										148.1	153
Ni	15.4	3.51	4.56	3.11	18.5	4.27	24.7	4.14	5.68	19.5	6.03	6.72	15.6
Cu	19.6	3.78	4.44	3.43	23.2	4.20	28.9	3.61	4.35	23.8	4.61	6.25	6.98
Zn	105	112	115	103	108	113	75.2	91.6	87.4	92.9	68.7	83.1	87.8
Ga	25.8	26.1	26.5	25	25.9	26.2	20.3	24.2	22.8	24.9	23.2	22.4	20.1
Ge	1.87	2.14	2.19	1.84	2.05	2.13	1.85	1.45	1.51	1.44	1.50	1.60	2.47
Cs	4.37	4.98	4.55	3.77	3.61	3.66	8.92	2.61	4.47	2.96	2.13	5.43	7.4
Rb	101	101	97.3	99.5	100	104	126	107	104	106	121	113	107
Ba	751	658	696	676	621	647	923	748	683	737	755	671	615
Th	10.8	13.2	12.5	9.13	11.9	12.6	7.64	10.3	8.79	10.9	10.7	10.4	7.37
U	1.4	1.7	1.21	1.43	1.7	1.67	1.26	1.35	1.36	1.47	1.45	1.54	0.65
Nb	20.7	23.2	22	22.7	20.6	20.6	13.4	16.2	12.1	16.8	15.9	11.5	13.8
Ta	1.48	1.68	1.5	1.68	1.48	1.42	0.96	1.01	0.82	1.05	1.00	0.76	1.05
La	37.6	47.4	47.1	33.4	40.7	47.4	26.1	34.8	25.9	36.0	35.0	30.8	24.0
Ce	77.3	97.1	93.9	66.8	84.5	92.1	51.1	63.5	49.2	64.9	64.0	58.8	50.0
Pb	17.7	18.1	17.2	17.9	17.0	17.8	21.3	20.8	19.8	20.4	19.5	22.4	17.5
Pr	8.96	11.6	11.2	8.24	9.75	11.1	5.98	7.00	5.74	7.26	7.13	6.68	5.94
Sr	654	634	640	610	651	635	613	635	534	656	615	475	460
Nd	33.4	43.9	41.9	32	37.1	41.5	22.3	24.4	21.1	25.1	24.8	23.8	23.2
Zr	290	323	[illegible]63	287	286	305	158	227	189	250	227	201	166

续表

样品号	13GZ02	13GZ03	13GZ04	13GZ05	13GZ08-1	13GZ08-2	13GZ19	13GZ22-1	13GZ23	13GZ24-1	13GZ24-2	13GZ25	13GZ09-1
岩石类型	花岗闪长岩												闪长岩
岩体序号	①	①	①	①	①	①	②	②	②	②	②	②	③
坐标	84.084°E 32.889°N	84.084°E 32.889°N	84.084°E 32.889°N	84.083°E 32.889°N	84.048°E 32.889°N	84.048°E 32.889°N	84.048°E 32.889°N	84.025°E 32.768°N	84.023°E 32.768°N	84.022°E 32.768°N	84.022°E 32.768°N	84.021°E 32.769°N	84.204°E 32.79°N
年龄 /Ma		151.7										148.1	153
Hf	7.33	8.44	1.83	7.50	7.27	7.77	4.39	5.94	5.00	6.63	5.93	5.61	4.42
Sm	6.24	7.83	7.35	6.32	6.79	7.40	4.04	3.78	3.87	3.94	3.89	4.09	4.77
Eu	1.84	2.03	1.96	1.78	1.92	1.94	1.18	1.07	1.09	1.12	1.07	1.09	1.33
Gd	4.77	5.60	5.22	4.71	5.05	5.41	3.13	2.71	3.14	2.77	2.77	3.25	4.25
Tb	0.54	0.60	0.54	0.53	0.57	0.58	0.41	0.28	0.40	0.28	0.28	0.40	0.63
Dy	2.32	2.35	2.08	2.11	2.43	2.36	2.06	1.17	1.99	1.21	1.19	2.02	3.49
Y	8.51	7.86	6.80	6.94	8.81	7.98	9.23	4.63	8.27	4.84	4.73	9.39	16.8
Ho	0.35	0.32	0.27	0.28	0.36	0.33	0.38	0.19	0.35	0.19	0.19	0.35	0.69
Er	0.73	0.63	0.52	0.52	0.78	0.66	0.94	0.43	0.82	0.45	0.44	0.85	1.84
Tm	0.09	0.08	0.06	0.06	0.10	0.08	0.14	0.06	0.12	0.06	0.06	0.12	0.28
Yb	0.55	0.46	0.35	0.34	0.57	0.48	0.82	0.36	0.70	0.38	0.37	0.73	1.74
Lu	0.08	0.06	0.05	0.05	0.08	0.07	0.13	0.05	0.10	0.06	0.05	0.11	0.27
$^{87}Sr/^{86}Sr$		0.70815		0.708211		0.708021	0.70796	0.707983	0.709809			0.71003	0.708556
±2σ		0.000006		0.000007		0.000009	0.000007	0.000008	0.000007			0.000005	0.000007
$(^{87}Sr/^{86}Sr)_i$		0.70717		0.7072		0.70701	0.70669	0.70694	0.70861			0.70856	0.70712
$^{143}Nd/^{144}Nd$		0.512346		0.512362		0.512363	0.51234	0.512315	0.512163			0.512158	0.512285
±2σ		0.000004		0.000004		0.000005	0.000004	0.000005	0.000004			0.000003	0.000004
$\varepsilon_{Nd}(t)$		−4.0		−3.9		−3.7	−4.2	−4.3	−7.6			−7.6	−5.5
T_{DM2}/Ma		1274		1267		1247	1287	1302	1571			1568	1397

续表

样品号	13GZ09-2	13GZ10-1	13GZ10-2	13GZ11-1	13GZ11-2	13GZ13-1	13GZ13-2	13GZ15-1	13GZ15-2	13GZ20-1	13GZ20-2	13GZ21-1	13GZ21-2
岩石类型	闪长岩									花岗闪长斑岩			
岩体序号	③	③	③	③	③	④	④	④	④	⑤	⑤	⑤	⑤
坐标	84.204°E 32.79°N	84.204°E 32.784°N	84.204°E 32.784°N	84.199°E 32.777°N	84.199°E 32.777°N	84.234°E 32.714°N	84.234°E 32.714°N	84.234°E 32.708°N	84.234°E 32.708°N	84.173°E 32.723°N	84.173°E 32.723°N	84.173°E 32.724°N	84.173°E 32.724°N
年龄 /Ma				152.7				148.4±2.5		111.72			
SiO_2	59.90	60.18	60.43	56.91	57.13	59.20	59.41	58.38	58.3	67.09	68.24	65.33	66.04
TiO_2	0.82	0.87	0.86	0.98	1.01	0.91	0.88	0.87	0.85	0.45	0.44	0.56	0.58
Al_2O_3	16.6	16.48	16.50	17.16	17.06	16.76	16.61	16.49	16.67	15.31	15.32	14.86	15.13
$Fe_2O_3^T$	7.03	6.90	6.79	7.89	7.87	7.38	7.12	7.43	7.64	3.81	3.68	4.79	4.56
MnO	0.18	0.16	0.15	0.18	0.18	0.15	0.15	0.18	0.18	0.08	0.07	0.08	0.07
MgO	3.2	3.12	3.09	3.54	3.50	3.39	3.66	3.81	3.77	0.34	0.49	0.58	0.91
CaO	5.28	5.13	5.45	6.08	6.22	5.49	5.39	5.61	5.54	2.11	1.70	3.76	3.38
Na_2O	2.69	2.44	2.48	2.74	2.62	2.52	2.50	2.4	2.51	5.47	4.85	4.20	4.00
K_2O	2.75	2.78	2.73	2.49	2.46	2.63	2.78	2.92	2.90	3.03	2.90	2.77	2.96
P_2O_5	0.18	0.2	0.19	0.24	0.25	0.21	0.18	0.22	0.20	0.14	0.14	0.20	0.16
烧失量	0.87	1.25	0.82	1.30	1.21	0.87	0.83	1.19	0.95	1.68	1.67	2.39	1.74
总量	99.51	99.51	99.50	99.52	99.51	99.51	99.50	99.51	99.5	99.51	99.52	99.53	99.52
$Mg^{\#}$	0.47	0.47	0.47	0.47	0.47	0.48	0.50	0.50	0.49	0.15	0.21	0.19	0.28
A/CNK	0.98	1.01	0.97	0.94	0.93	0.99	0.98	0.95	0.96	0.95	1.08	0.89	0.95
T_{Zr}/℃	770	780	776	754	759	768	766	766	762	751	766	730	743
Sc	17.4	17.6	18.5	21.1	21.4	19.0	19.4	20.8	21.4	6.81	6.8	10.1	10.1
V	117	106	104	128	127	125	119	141	144	64.1	51.1	114	106
Cr	72.2	282	198	90.9	52.4	202	67.6	102	117	263	209	331	310
Co	14.3	14	13.7	14.9	14.5	16.7	17.0	18.3	17.9	7.07	6.90	10.9	9.99
Ni	15.2	27.9	24.7	13.5	11.2	32.7	20.3	22.6	21.0	41.4	24.1	45.5	41.3

续表

样品号	13GZ09-2	13GZ10-1	13GZ10-2	13GZ11-1	13GZ11-2	13GZ13-1	13GZ13-2	13GZ15-1	13GZ15-2	13GZ20-1	13GZ20-2	13GZ21-1	13GZ21-2
岩石类型	闪长岩									花岗闪长斑岩			
岩体序号	③	③	③	③	③	④	④	④	④	⑤	⑤	⑤	⑤
坐标	84.204°E 32.79°N	84.204°E 32.784°N	84.204°E 32.784°N	84.199°E 32.777°N	84.199°E 32.777°N	84.234°E 32.714°N	84.234°E 32.714°N	84.234°E 32.708°N	84.234°E 32.708°N	84.173°E 32.723°N	84.173°E 32.723°N	84.173°E 32.724°N	84.173°E 32.724°N
年龄 /Ma				152.7				148.4±2.5		111.72			
Cu	7.65	27.0	23.7	5.95	8.22	21.8	7.45	15.8	15.7	39.4	33.0	68.1	61.9
Zn	90.3	84.7	86.7	103	102	88.2	89.1	91.4	90.1	37.3	39.4	45.0	45.9
Ga	20.5	19.5	19.4	20.6	20.5	20.6	20.3	20.7	20.4	11.2	12.0	14.1	14.7
Ge	2.47	2.49	2.42	2.75	2.73	2.51	2.61	2.75	2.64	1.39	1.45	1.71	1.64
Cs	7.45	6.58	6.30	5.44	4.77	8.74	5.70	5.65	5.68	3.33	4.23	6.05	6.22
Rb	110	103	102	90.6	89.5	105	107	114	108	76.1	85.3	91.4	104.5
Ba	638	624	568	564	553	624	655	691	641	980	917	1029	964
Th	7.70	11.1	7.42	6.54	6.57	8.69	8.13	12.0	9.66	8.65	8.57	7.73	7.96
U	0.68	1.19	1.08	1.22	1.10	1.08	0.98	1.51	1.13	1.72	1.85	1.77	2.07
Nb	14.2	12.5	12.5	12.8	13.2	14.3	13.9	16.0	16.3	6.81	6.91	5.95	6.39
Ta	1.06	0.96	0.98	0.92	0.91	1.03	0.99	1.18	1.17	0.58	0.59	0.44	0.47
La	24.0	38.0	25.6	29.9	29.7	33.3	29.7	39.7	33.1	21.5	21.8	24	24.1
Ce	48.1	74.1	54.3	62.0	64.2	65.8	57.9	75.2	63.3	39.0	41.0	44.9	43.8
Pb	18.0	15.9	16.0	13.5	13.2	14.6	15.1	16.3	13.7	15.4	16	11.8	12.4
Pr	6.01	8.93	6.63	8.13	8.13	7.79	7.22	8.94	7.59	4.52	4.57	5.12	5.02
Sr	459	456	422	497	443	467	474	459	428	438	472	484	502
Nd	23.9	33.4	26.3	32.5	32.7	29.9	27.7	33.7	28.8	16.0	16.3	18.6	18.1
Zr	183	194	194	172	183	178	176	189	177	131	130	112	118
Hf	4.79	5.26	5.19	4.57	4.77	4.53	4.54	4.97	4.64	3.40	3.43	2.94	3.11

续表

样品号	13GZ09-2	13GZ10-1	13GZ10-2	13GZ11-1	13GZ11-2	13GZ13-1	13GZ13-2	13GZ15-1	13GZ15-2	13GZ20-1	13GZ20-2	13GZ21-1	13GZ21-2
岩石类型	闪长岩									花岗闪长斑岩			
岩体序号	③	③	③	③	③	④	④	④	④	⑤	⑤	⑤	⑤
坐标	84.204°E	84.204°E	84.204°E	84.199°E	84.199°E	84.234°E	84.234°E	84.234°E	84.234°E	84.173°E	84.173°E	84.173°E	84.173°E
	32.79°N	32.784°N	32.784°N	32.777°N	32.777°N	32.714°N	32.714°N	32.708°N	32.708°N	32.723°N	32.723°N	32.724°N	32.724°N
年龄 /Ma				152.7				148.4±2.5		111.72			
Sm	4.90	6.07	5.27	6.47	6.65	5.77	5.44	6.29	5.49	2.74	2.82	3.14	3.01
Eu	1.34	1.56	1.56	1.67	1.69	1.48	1.48	1.53	1.40	0.73	0.75	0.81	0.78
Gd	4.35	5.10	4.65	5.64	5.89	5.03	4.81	5.47	4.86	2.33	2.42	2.57	2.42
Tb	0.65	0.72	0.69	0.83	0.87	0.75	0.70	0.79	0.71	0.33	0.33	0.33	0.32
Dy	3.64	3.97	3.94	4.67	4.87	4.16	3.99	4.50	4.08	1.85	1.87	1.82	1.75
Y	17.4	18.8	19.0	21.8	23.7	20.0	19.3	21.6	19.9	8.62	8.61	8.46	8.23
Ho	0.73	0.78	0.79	0.92	0.97	0.82	0.80	0.91	0.82	0.36	0.38	0.35	0.35
Er	1.90	2.06	2.12	2.41	2.52	2.17	2.13	2.42	2.22	0.97	1.01	0.93	0.92
Tm	0.28	0.31	0.32	0.35	0.37	0.32	0.31	0.36	0.33	0.15	0.15	0.14	0.14
Yb	1.81	1.96	2.02	2.20	2.33	2.02	1.99	2.27	2.10	0.96	1.00	0.87	0.87
Lu	0.28	0.30	0.31	0.34	0.35	0.31	0.30	0.35	0.32	0.15	0.16	0.13	0.13
$^{87}Sr/^{86}Sr$	0.708577		0.708924	0.708883			0.708761	0.708678		0.707265	0.707359	0.706252	
±2σ	0.000008		0.000007	0.000008			0.000008	0.000006		0.000008	0.000008	0.000007	
$(^{87}Sr/^{86}Sr)_i$	0.7071		0.70743	0.70776			0.70738	0.70714		0.70646	0.70653	0.70538	
$^{143}Nd/^{144}Nd$	0.5123		0.512289	0.512296			0.512288	0.512279		0.512577	0.512583	0.512537	
±2σ	0.000005		0.000005	0.0000035			0.0000038	0.0000037		0.000004	0.000004	0.000004	
$\varepsilon_{Nd}(t)$	−5.2		−5.4	−5.2			−5.3	−5.4		0.1	0.2	−0.6	
T_{2DM}/Ma	1373		1386	1374			1383	1389		904	895	966	

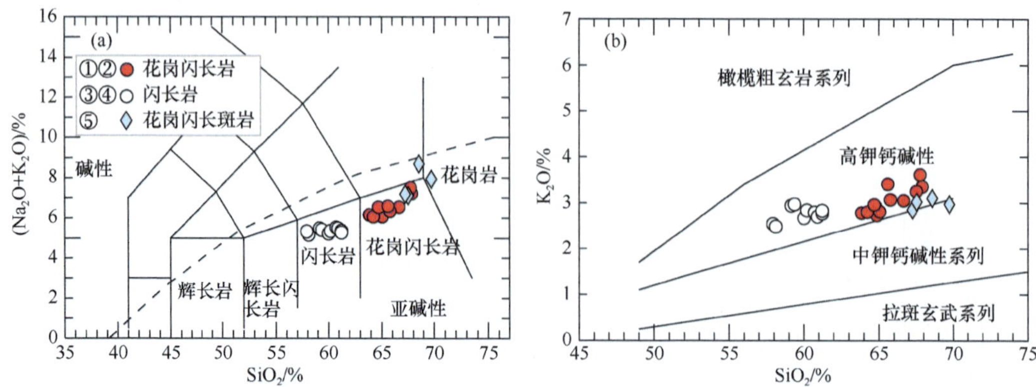

图 4.35　南羌塘地块改则地区热那错侏罗纪—白垩纪侵入岩的主量元素组成（Hao et al.，2016a）

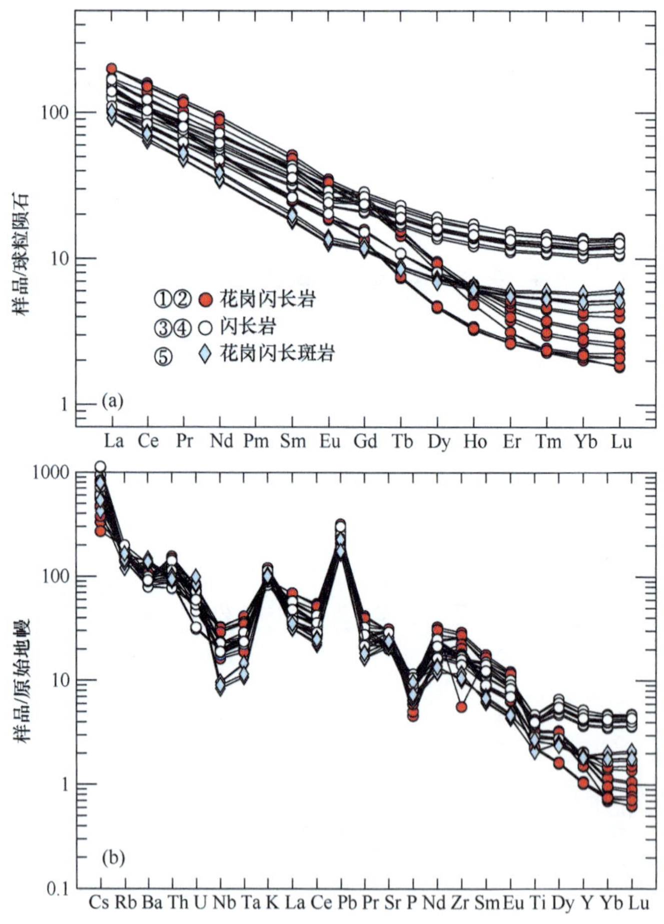

图 4.36　南羌塘地块改则地区热那错侏罗纪—白垩纪侵入岩的微量元素组成（Hao et al.，2016a）

4.3.3　比扎早白垩世侵入岩

改则县城东边约 100 km 处的比扎地区出露有早白垩世的侵入岩（图 4.32）。这个

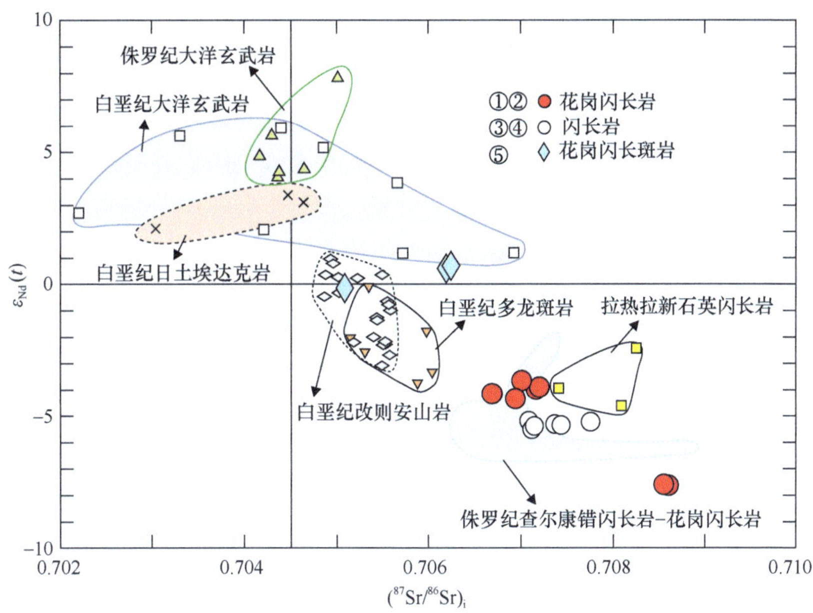

图 4.37　南羌塘地块改则地区热那错侏罗纪—白垩纪侵入岩的 Sr-Nd 同位素组成（Hao et al.，2016a）

侵入岩体主要由辉长闪长岩和辉石闪长岩组成。这些岩石样品很新鲜，显示中 – 粗粒结晶结构，主要由斜长石、黑云母、角闪石、单斜辉石以及少量斜方辉石和钾长石组成。副矿物主要有磷灰石、锆石、榍石和铁 – 钛氧化物（图 4.38）。

图 4.38　南羌塘改则地区比扎闪长质岩体的镜下显微照片（Hao et al.，2016b）

典型比扎岩体主微量元素和 Sr-Nd 同位素组成可见表 4.16，锆石 U-Pb 定年和 Hf 同位素分析结果可见表 4.17，锆石 O 同位素分析结果可见表 4.18。锆石 U-Pb 定年表明比扎侵入岩形成时代是约 122 Ma（图 4.39）。比扎闪长质侵入岩具有变化的 SiO_2 含量（53.2%~61.2%），主要显示准铝质特征（A/CNK=0.77~0.97，除了一个样品的值是 1.07），样品属于中钾 – 高钾钙碱性系列（图 4.40）。它们具有中等的 MgO 含量（2.46%~4.65%）和 $Mg^{\#}$ 值（0.42~0.48）。

表 4.16　比扎岩体主量元素（%）、微量元素（ppm）和 Sr-Nd 同位素组成（Hao et al., 2016b）

样品号	ZB140-1	ZB140-2	ZB140-3	ZB140-4	ZB140-5	ZB140-6	ZB140-7	ZB141-1	ZB141-2	ZB141-3	ZB142-1	ZB142-2	ZB142-3
锆石年龄 /Ma	122.9	121.3						122.2					121.8
SiO_2	58.37	52.22	52.68	54.65	52.44	57.86	54.48	57.01	55.68	55.48	56.10	56.11	60.15
TiO_2	1.02	1.44	1.43	1.11	1.44	1.05	1.09	0.86	1.11	1.16	1.11	1.07	0.73
Al_2O_3	16.33	16.58	16.54	16.89	16.62	16.42	16.93	16.38	17.08	16.91	17.00	16.99	16.94
Fe_2O_3	7.74	10.20	9.98	9.07	9.98	7.87	8.94	6.78	8.70	8.78	8.54	8.42	6.84
MnO	0.18	0.19	0.21	0.20	0.21	0.16	0.19	0.13	0.19	0.20	0.20	0.19	0.20
MgO	3.15	4.65	4.42	4.23	4.57	3.32	4.06	2.70	3.72	3.70	3.49	3.46	2.46
CaO	5.98	7.98	7.22	6.23	8.20	6.04	7.36	4.69	6.74	6.76	6.66	6.70	5.83
Na_2O	2.88	2.84	3.12	3.00	2.81	2.86	2.80	2.86	2.49	2.48	2.85	2.50	2.69
K_2O	2.82	1.75	2.12	2.03	1.90	2.76	2.20	1.98	2.12	2.12	2.20	2.10	2.21
P_2O_5	0.20	0.20	0.22	0.23	0.21	0.21	0.22	0.16	0.18	0.19	0.19	0.19	0.18
烧失量	0.83	1.45	1.57	1.88	1.13	0.95	1.25	6.26	1.50	1.72	1.17	1.79	1.29
总量	99.51	99.51	99.52	99.52	99.51	99.51	99.51	99.80	99.52	99.52	99.51	99.52	99.52
$Mg^{\#}$	0.45	0.47	0.47	0.48	0.48	0.46	0.47	0.44	0.46	0.46	0.45	0.45	0.42
A/CNK	0.87	0.79	0.80	0.92	0.77	0.88	0.83	1.07	0.92	0.91	0.89	0.91	0.97
Sc	20.28	32.49	32.67	24.71	33.30	20.72	26.09	17.77	26.05	25.01	24.86	23.84	14.11
V	170	313	295	220	309	177	222	152	230	224	215	209	122
Cr	39.9	91.5	32.3	28.3	55.6	150.4	37.7	59.9	41.6	75.1	40.4	40.6	44.3
Mn	1365	1469	1581	1499	1594	1227	1391	899	1479	1500	1493	1430	1474
Co	16.6	22.1	22.0	21.5	22.5	17.9	22.2	13.3	17.2	16.9	15.5	15.2	9.28
Ni	12.9	18.2	11.4	11.9	9.9	20.9	11.4	11.0	11.3	11.2	10.5	11.4	6.05
Cu	19.8	20.2	11.2	26.8	9.4	28.8	26.0	16.0	5.3	6.5	10.1	10.6	53.4
Zn	86.5	108.1	96.4	93.1	117	83.2	93.2	74.2	105	103	91.3	94.1	91.5
Rb	106	62.5	77.0	69.5	65.8	107.9	75.7	75.2	75.5	76.4	78.2	74.0	70.5
Ba	522	439	470	526	344	553	503	398	447	459	469	458	518
Th	11.37	7.08	7.98	8.34	6.88	16.71	9.05	8.45	7.641	7.80	9.30	8.95	9.38
U	2.01	1.52	1.78	1.40	1.46	2.29	1.36	2.01	0.961	1.01	1.47	1.67	1.44
Nb	15.8	11.9	12.5	12.3	12.4	15.4	12.2	9.3	10.7	10.8	11.5	11.6	11.3
Ta	1.27	0.88	0.94	0.92	0.94	1.22	0.90	0.74	0.776	0.81	0.86	0.86	0.86

续表

样品号	ZB140-1	ZB140-2	ZB140-3	ZB140-4	ZB140-5	ZB140-6	ZB140-7	ZB141-1	ZB141-2	ZB141-3	ZB142-1	ZB142-2	ZB142-3
锆石年龄 /Ma	122.9	121.3						122.2					121.8
Sr	469	546	494	738	516	532	644	415	516	518	515	514	524
Zr	207	137	152	146	149	174	139	148	146	133	145	147	161
Hf	5.56	3.69	4.14	3.86	4.00	4.80	3.80	4.00	3.873	3.70	3.99	3.97	4.29
Ga	19.5	20.3	20.3	20.0	19.9	19.8	19.9	18.6	19.9	19.5	20.1	20.1	18.6
Ge	2.72	2.98	3.06	3.00	3.28	2.81	2.91	2.20	2.889	2.83	2.91	2.82	2.57
Cs	4.99	3.05	2.42	3.56	3.57	4.51	3.37	5.09	3.031	2.82	2.96	2.55	1.91
Pb	13.9	16.0	10.3	9.5	11.5	14.5	12.6	26.2	11.0	14.4	11.6	12.9	34.8
Y	25.3	22.5	23.2	21.2	23.0	26.1	22.1	19.7	20.8	21.6	24.6	22.5	19.5
La	39.9	28.3	32.2	32.5	29.5	45.1	33.3	28.9	31.9	29.3	33.1	33.1	33.8
Ce	78.3	57.2	54.4	65.8	59.5	87.2	66.6	57.5	62.8	58.6	66.0	65.3	66.0
Pr	9.48	7.23	8.13	8.23	7.57	10.48	8.28	7.08	7.688	7.32	8.17	8.08	7.85
Nd	36.1	29.2	32.4	32.9	30.3	39.7	32.8	27.2	29.7	28.8	31.8	31.0	29.9
Sm	6.80	5.91	6.45	6.28	6.22	7.30	6.29	5.13	5.679	5.66	6.19	5.92	5.50
Eu	1.57	1.67	1.81	1.66	1.69	1.67	1.63	1.27	1.505	1.50	1.49	1.50	1.38
Gd	5.93	5.32	5.67	5.42	5.58	6.12	5.40	4.45	5.064	5.03	5.52	5.25	4.72
Tb	0.87	0.81	0.84	0.77	0.85	0.91	0.79	0.67	0.753	0.76	0.83	0.79	0.70
Dy	5.00	4.63	4.83	4.45	4.88	5.22	4.57	3.93	4.334	4.47	4.84	4.58	3.98
Ho	1.02	0.94	0.97	0.89	0.99	1.06	0.93	0.82	0.891	0.92	1.01	0.94	0.83
Er	2.76	2.51	2.61	2.36	2.60	2.85	2.49	2.27	2.393	2.47	2.70	2.54	2.22
Tm	0.42	0.37	0.38	0.35	0.38	0.42	0.37	0.34	0.355	0.37	0.41	0.38	0.34
Yb	2.65	2.32	2.38	2.20	2.38	2.68	2.32	2.21	2.241	2.35	2.58	2.39	2.15
Lu	0.41	0.35	0.36	0.34	0.36	0.41	0.36	0.34	0.344	0.36	0.40	0.37	0.34
$^{87}Sr/^{86}Sr$	0.7067	0.7061		0.7066	0.7060				0.7068		0.7068		0.7066
$^{143}Nd/^{144}Nd$	0.5125	0.5126		0.5125	0.5126			0.5124	0.5124		0.5124		0.5125
$\varepsilon_{Nd}(t)$	−1.92	−0.49		−0.72	−0.01			−2.63	−3.16		−3.31		−2.31
$(^{87}Sr/^{86}Sr)_i$	0.7056	0.7055		0.7062	0.7053				0.7061		0.7060		0.7059

表 4.17　比扎岩体的锆石定年结果和 Hf 同位素组成（Hao et al.，2016b）

分析点号	元素含量			同位素比值								同位素年龄 /Ma			
	Th/ppm	U/ppm	Th/U	$^{207}Pb/^{206}Pb$	1σ	$^{207}Pb/^{235}U$	1σ	$^{206}Pb/^{238}U$	1σ	$^{208}Pb/^{232}Th$	1σ	$^{207}Pb/^{235}U$	1σ	$^{206}Pb/^{238}U$	1σ
ZB140-2 01	542	523	1.04	0.0500	0.0011	0.1309	0.0025	0.0190	0.0004	0.0058	0.0001	125	2	121	2
ZB140-2 02	701	529	1.32	0.0486	0.0010	0.1249	0.0024	0.0186	0.0003	0.0057	0.0001	119	2	119	2
ZB140-2 03	418	383	1.09	0.0496	0.0012	0.1300	0.0029	0.0190	0.0004	0.0059	0.0001	124	3	121	2
ZB140-2 04	365	433	0.84	0.0495	0.0011	0.1309	0.0026	0.0192	0.0004	0.0059	0.0001	125	2	123	2
ZB140-2 05	532	429	1.24	0.0481	0.0011	0.1227	0.0025	0.0185	0.0003	0.0057	0.0001	118	2	118	2
ZB140-2 06	370	343	1.08	0.0495	0.0012	0.1297	0.0028	0.0190	0.0004	0.0059	0.0001	124	3	121	2
ZB140-2 07	336	327	1.03	0.0523	0.0014	0.1347	0.0031	0.0187	0.0004	0.0059	0.0001	128	3	119	2
ZB140-2 08	494	448	1.10	0.0494	0.0013	0.1269	0.0031	0.0186	0.0004	0.0057	0.0001	121	3	119	2
ZB140-2 09	270	318	0.85	0.0478	0.0012	0.1253	0.0029	0.0190	0.0004	0.0060	0.0001	120	3	121	2
ZB140-2 10	254	349	0.73	0.0485	0.0012	0.1297	0.0030	0.0194	0.0004	0.0060	0.0002	124	3	124	2
ZB140-2 11	626	528	1.19	0.0495	0.0010	0.1276	0.0024	0.0187	0.0003	0.0059	0.0001	122	2	119	2
ZB140-2 12	506	450	1.12	0.0495	0.0012	0.1327	0.0028	0.0195	0.0004	0.0059	0.0001	127	2	124	2
ZB140-2 13	508	427	1.19	0.0504	0.0012	0.1316	0.0027	0.0190	0.0004	0.0057	0.0001	126	2	121	2
ZB140-2 14	572	495	1.15	0.0484	0.0011	0.1278	0.0026	0.0192	0.0004	0.0060	0.0001	122	2	122	2
ZB140-2 15	253	322	0.78	0.0481	0.0012	0.1291	0.0030	0.0195	0.0004	0.0062	0.0002	123	3	124	2
ZB140-2 16	413	419	0.98	0.0512	0.0012	0.1353	0.0029	0.0192	0.0004	0.0058	0.0001	129	3	122	2
ZB140-2 17	341	316	1.08	0.0518	0.0014	0.1387	0.0034	0.0194	0.0004	0.0059	0.0001	132	3	124	2
ZB140-2 18	628	472	1.33	0.0494	0.0011	0.1288	0.0026	0.0189	0.0004	0.0060	0.0001	123	2	121	2
ZB140-2 19	286	277	1.03	0.0496	0.0015	0.1282	0.0035	0.0187	0.0004	0.0057	0.0001	122	3	120	2
ZB140-2 20	583	454	1.28	0.0483	0.0011	0.1297	0.0026	0.0195	0.0004	0.0061	0.0001	124	2	124	2
ZB140-1 01	209	454	0.46	0.0518	0.0021	0.1326	0.0049	0.0186	0.0004	0.0059	0.0003	126	4	119	3
ZB140-1 02	195	423	0.46	0.0593	0.0020	0.1526	0.0046	0.0187	0.0004	0.0068	0.0003	112	4	117	2
ZB140-1 03	164	171	0.96	0.0501	0.0028	0.1332	0.0068	0.0193	0.0005	0.0059	0.0002	127	6	123	3
ZB140-1 04	244	239	1.02	0.0491	0.0024	0.1376	0.0062	0.0203	0.0005	0.0061	0.0002	131	6	130	3
ZB140-1 05	66	108	0.62	0.0586	0.0039	0.1523	0.0092	0.0189	0.0006	0.0063	0.0004	144	8	120	4
ZB140-1 06	204	270	0.76	0.0571	0.0024	0.1525	0.0057	0.0194	0.0005	0.0067	0.0002	116	8	122	3
ZB140-1 07	199	176	1.13	0.0536	0.0028	0.1435	0.0069	0.0194	0.0005	0.0061	0.0002	136	6	124	3
ZB140-1 08	141	189	0.75	0.0559	0.0028	0.1511	0.0070	0.0196	0.0005	0.0063	0.0003	143	6	125	3

续表

分析点号	元素含量			同位素比值								同位素年龄 /Ma			
	Th/ppm	U/ppm	Th/U	$^{207}Pb/^{206}Pb$	1σ	$^{207}Pb/^{235}U$	1σ	$^{206}Pb/^{238}U$	1σ	$^{208}Pb/^{232}Th$	1σ	$^{207}Pb/^{235}U$	1σ	$^{206}Pb/^{238}U$	1σ
ZB140-1 09	107	160	0.67	0.0572	0.0042	0.1409	0.0094	0.0179	0.0006	0.0069	0.0004	134	8	114	4
ZB140-1 10	124	153	0.81	0.0537	0.0028	0.1499	0.0072	0.0203	0.0005	0.0063	0.0003	142	6	129	3
ZB140-1 11	138	174	0.79	0.0529	0.0027	0.1393	0.0067	0.0191	0.0005	0.0065	0.0003	115	9	121	3
ZB140-1 12	75	100	0.75	0.0573	0.0039	0.1571	0.0098	0.0199	0.0006	0.0069	0.0004	119	12	125	4
ZB140-1 13	222	213	1.04	0.0497	0.0022	0.1277	0.0052	0.0186	0.0004	0.0059	0.0002	122	5	119	3
ZB140-1 14	63	71	0.89	0.0548	0.0053	0.1448	0.0133	0.0192	0.0007	0.0062	0.0004	137	12	122	4
ZB140-1 15	55	85	0.65	0.0617	0.0039	0.1644	0.0095	0.0193	0.0006	0.0064	0.0004	155	8	123	4
ZB140-1 16	122	183	0.67	0.0523	0.0024	0.1376	0.0056	0.0191	0.0005	0.0061	0.0003	131	5	122	3
ZB140-1 17	152	238	0.64	0.0545	0.0024	0.1512	0.0060	0.0201	0.0005	0.0069	0.0003	121	9	127	3
ZB140-1 18	202	224	0.90	0.0566	0.0027	0.1593	0.0070	0.0204	0.0005	0.0064	0.0003	150	6	130	3
ZB140-1 19	210	205	1.02	0.0507	0.0036	0.1372	0.0090	0.0196	0.0007	0.0061	0.0003	131	8	125	4
ZB140-1 20	81	172	0.47	0.0768	0.0036	0.2062	0.0086	0.0195	0.0005	0.0087	0.0004	190	7	124	3
ZB140-1 21	73	119	0.62	0.0535	0.0039	0.1424	0.0094	0.0193	0.0007	0.0067	0.0005	135	8	123	4
ZB141-1 01	98	141	0.70	0.0485	0.0052	0.1282	0.0132	0.0192	0.0007	0.0055	0.0004	122	12	122	4
ZB141-1 02	88	135	0.65	0.0505	0.0058	0.1306	0.0145	0.0188	0.0007	0.0057	0.0006	125	13	120	4
ZB141-1 03	76	210	0.36	0.0531	0.0064	0.1442	0.0168	0.0197	0.0008	0.0066	0.0010	137	15	126	5
ZB141-1 04	106	267	0.40	0.0541	0.0040	0.1399	0.0099	0.0188	0.0006	0.0075	0.0005	133	9	120	4
ZB141-1 05	103	159	0.65	0.0681	0.0059	0.1771	0.0144	0.0189	0.0007	0.0070	0.0006	112	18	117	4
ZB141-1 06	114	264	0.43	0.0529	0.0035	0.1427	0.0090	0.0196	0.0006	0.0069	0.0005	135	8	125	4
ZB141-1 07	63	180	0.35	0.0698	0.0068	0.1902	0.0174	0.0198	0.0008	0.0093	0.0011	117	8	123	4
ZB141-1 08	103	185	0.56	0.0509	0.0040	0.1321	0.0099	0.0188	0.0006	0.0059	0.0005	126	9	120	4
ZB141-1 09	92	208	0.44	0.0755	0.0045	0.2059	0.0114	0.0198	0.0006	0.0092	0.0006	190	10	126	4
ZB141-1 10	68	173	0.39	0.0633	0.0062	0.1675	0.0153	0.0192	0.0008	0.0083	0.0009	114	8	120	4
ZB141-1 11	132	295	0.45	0.0586	0.0044	0.1538	0.0110	0.0191	0.0006	0.0077	0.0005	145	10	122	4
ZB141-1 12	86	241	0.36	0.0457	0.0054	0.1240	0.0141	0.0197	0.0007	0.0059	0.0008	119	13	126	4
ZB141-1 13	84	226	0.37	0.0729	0.0048	0.2011	0.0122	0.0200	0.0006	0.0095	0.0006	186	10	128	4
ZB141-1 14	150	256	0.59	0.0505	0.0037	0.1332	0.0093	0.0192	0.0006	0.0063	0.0004	127	8	122	4

续表

分析点号	元素含量			同位素比值								同位素年龄 /Ma			
	Th/ppm	U/ppm	Th/U	$^{207}Pb/^{206}Pb$	1σ	$^{207}Pb/^{235}U$	1σ	$^{206}Pb/^{238}U$	1σ	$^{208}Pb/^{232}Th$	1σ	$^{207}Pb/^{235}U$	1σ	$^{206}Pb/^{238}U$	1σ
ZB141-1 15	138	249	0.55	0.0522	0.0037	0.1464	0.0097	0.0204	0.0006	0.0062	0.0004	139	9	130	4
ZB141-1 16	90	248	0.36	0.0603	0.0036	0.1558	0.0085	0.0188	0.0006	0.0075	0.0005	138	8	119	3
ZB141-1 17	101	264	0.38	0.0697	0.0055	0.1878	0.0137	0.0196	0.0007	0.0084	0.0008	116	8	121	4
ZB141-1 18	62	147	0.42	0.0704	0.0062	0.1798	0.0147	0.0186	0.0007	0.0087	0.0008	168	13	119	4
ZB141-1 19	89	173	0.52	0.0687	0.0072	0.1816	0.0176	0.0192	0.0008	0.0070	0.0008	114	28	119	5
ZB141-1 20	72	187	0.38	0.0699	0.0071	0.1892	0.0179	0.0197	0.0008	0.0092	0.0010	116	6	122	4
ZB142-3 01	139	260	0.53	0.0676	0.0037	0.1692	0.0082	0.0183	0.0005	0.0064	0.0004	128	16	115	4
ZB142-3 02	210	284	0.74	0.0611	0.0031	0.1552	0.0072	0.0185	0.0005	0.0063	0.0003	119	15	117	3
ZB142-3 03	133	167	0.80	0.0601	0.0037	0.1609	0.0091	0.0195	0.0006	0.0059	0.0003	151	8	125	4
ZB142-3 04	175	193	0.90	0.0533	0.0038	0.1299	0.0084	0.0178	0.0006	0.0054	0.0003	124	8	114	4
ZB142-3 05	245	266	0.92	0.0687	0.0081	0.1766	0.0186	0.0187	0.0010	0.0081	0.0008	111	12	116	6
ZB142-3 06	253	336	0.75	0.0480	0.0022	0.1235	0.0052	0.0188	0.0005	0.0053	0.0002	118	5	120	3
ZB142-3 07	157	178	0.88	0.0548	0.0047	0.1449	0.0113	0.0193	0.0008	0.0058	0.0005	137	10	123	5
ZB142-3 08	330	1007	0.33	0.0504	0.0031	0.1374	0.0077	0.0199	0.0006	0.0065	0.0005	131	7	127	4
ZB142-3 09	135	138	0.98	0.0529	0.0032	0.1325	0.0074	0.0183	0.0005	0.0055	0.0003	126	7	117	3
ZB142-3 10	106	123	0.86	0.0453	0.0034	0.1148	0.0082	0.0185	0.0006	0.0063	0.0003	110	7	118	4
ZB142-3 11	120	145	0.83	0.0650	0.0073	0.1606	0.0161	0.0180	0.0010	0.0060	0.0006	151	14	115	6
ZB142-3 12	170	166	1.02	0.0531	0.0028	0.1402	0.0068	0.0193	0.0005	0.0059	0.0002	133	6	123	3
ZB142-3 13	348	761	0.46	0.0446	0.0012	0.1201	0.0029	0.0197	0.0004	0.0057	0.0002	115	3	126	2
ZB142-3 14	86	99	0.87	0.0485	0.0038	0.1271	0.0093	0.0192	0.0006	0.0062	0.0003	122	8	122	4
ZB142-3 15	156	160	0.97	0.0725	0.0038	0.1987	0.0091	0.0200	0.0006	0.0072	0.0003	118	13	124	4
ZB142-3 16	162	209	0.78	0.0504	0.0027	0.1371	0.0066	0.0199	0.0005	0.0056	0.0003	130	6	127	3
ZB142-3 17	95	102	0.93	0.0645	0.0042	0.1683	0.0099	0.0191	0.0006	0.0063	0.0003	158	9	122	4
ZB142-3 18	99	154	0.64	0.0592	0.0045	0.1637	0.0112	0.0202	0.0008	0.0074	0.0005	121	11	127	5

续表

分析点号	$^{176}Yb/^{177}Hf$	$^{176}Lu/^{177}Hf$	$^{176}Hf/^{177}Hf$	2σ	$^{176}Hf/^{177}Hf_i$	ε_{Hf}（0）	$\varepsilon_{Hf}(t)$	2σ	T_{DM}/Ma	$T_{DM}{}^{C}$/Ma	2σ	$f_{Lu/Hf}$
ZB140-2 01	0.04656	0.001782336	0.282780	0.000022	0.282776	0.2	2.8	1	683	1000	20.00	−0.95
ZB140-2 02	0.06287	0.002257372	0.282751	0.000020	0.282746	−0.9	1.7	1	735	1070	21.00	−0.93
ZB140-2 03	0.04966	0.001812103	0.282733	0.000022	0.282729	−1.5	1.1	1	752	1107	22.00	−0.95
ZB140-2 04	0.03713	0.001439244	0.282772	0.000022	0.282768	−0.1	2.6	1	689	1017	20.00	−0.96
ZB140-2 05	0.04660	0.001698588	0.282771	0.000021	0.282767	−0.2	2.4	1	696	1023	20.00	−0.95
ZB140-2 06	0.04862	0.001783754	0.282781	0.000022	0.282777	0.2	2.8	1	682	998	20.00	−0.95
ZB140-2 07	0.02903	0.001092742	0.282777	0.000021	0.282774	0.1	2.7	1	676	1007	20.00	−0.97
ZB140-2 08	0.04853	0.00174229	0.282805	0.000048	0.282801	1.0	3.6	2	648	947	19.00	−0.95
ZB140-2 09	0.02822	0.001082426	0.282760	0.000020	0.282758	−0.5	2.2	1	699	1042	21.00	−0.97
ZB140-2 10	0.03373	0.001281965	0.282717	0.000024	0.282714	−2.0	0.7	1	764	1138	23.00	−0.96
ZB140-2 11	0.05971	0.002157362	0.282678	0.000023	0.282673	−3.5	−0.9	1	840	1234	25.00	−0.94
ZB140-2 12	0.05039	0.001815794	0.282753	0.000036	0.282749	−0.8	1.9	1	723	1060	21.00	−0.95
ZB140-2 13	0.04959	0.001776188	0.282637	0.000032	0.282633	−4.9	−2.3	1	890	1322	26.00	−0.95
ZB140-2 14	0.05895	0.002105811	0.282714	0.000030	0.282709	−2.2	0.4	1	787	1152	23.00	−0.94
ZB140-2 15	0.03136	0.001186591	0.282775	0.000021	0.282772	0.0	2.7	1	680	1007	20.00	−0.96
ZB140-2 16	0.02913	0.001118864	0.282753	0.000023	0.282750	−0.8	1.9	1	711	1059	21.00	−0.97
ZB140-2 18	0.05760	0.00206223	0.282784	0.000036	0.282779	0.3	2.9	1	684	994	20.00	−0.94
ZB140-2 19	0.04381	0.001547164	0.282667	0.000039	0.282664	−3.8	−1.2	1	841	1254	25.00	−0.95
ZB140-2 20	0.062920	0.002253	0.282771	0.000025	0.282766	−0.2	2.5	1	706	1022	20.00	−0.93
ZB140-1 01	0.02702	0.001069854	0.282635	0.000027	0.282632	−4.9	−2.3	1	877	1325	27.00	−0.97
ZB140-1 02	0.01644	0.000648262	0.282740	0.000018	0.282738	−1.2	1.4	1	720	1089	22.00	−0.98
ZB140-1 03	0.03638	0.001403529	0.282763	0.000024	0.282760	−0.4	2.3	1	701	1037	21.00	−0.96
ZB140-1 04	0.03094	0.001186813	0.282623	0.000036	0.282620	−5.4	−2.5	1	896	1345	27.00	−0.96
ZB140-1 05	0.01164	0.000459617	0.282734	0.000022	0.282733	−1.4	1.3	1	724	1098	22.00	−0.99
ZB140-1 06	0.02750	0.001035616	0.282667	0.000025	0.282664	−3.8	−1.1	1	830	1251	25.00	−0.97
ZB140-1 07	0.03449	0.001326448	0.282679	0.000028	0.282676	−3.4	−0.7	1	819	1224	24.00	−0.96

续表

分析点号	$^{176}Yb/^{177}Hf$	$^{176}Lu/^{177}Hf$	$^{176}Hf/^{177}Hf$	2σ	$^{176}Hf/^{177}Hf_i$	$\varepsilon_{Hf}(0)$	$\varepsilon_{Hf}(t)$	2σ	T_{DM}/Ma	T_{DM}^{C}/Ma	2σ	$f_{Lu/Hf}$
ZB140-1 08	0.02494	0.000965016	0.282753	0.000022	0.282751	–0.8	2.0	1	707	1056	21.00	–0.97
ZB140-1 09	0.02645	0.000998409	0.282778	0.000028	0.282776	0.1	2.6	1	672	1006	20.00	–0.97
ZB140-1 10	0.02285	0.00089284	0.282720	0.000025	0.282718	–1.9	0.9	1	752	1126	23.00	–0.97
ZB140-1 11	0.02483	0.000966396	0.282762	0.000029	0.282760	–0.4	2.2	1	695	1038	21.00	–0.97
ZB140-1 12	0.02065	0.000803605	0.282757	0.000020	0.282755	–0.6	2.2	1	698	1045	21.00	–0.98
ZB140-1 13	0.03225	0.001256106	0.282730	0.000020	0.282727	–1.6	1.0	1	746	1113	22.00	–0.96
ZB140-1 14	0.02289	0.000869397	0.282768	0.000023	0.282766	–0.2	2.5	1	684	1023	20.00	–0.97
ZB140-1 15	0.01672	0.00064852	0.282692	0.000022	0.282691	–2.9	–0.2	1	786	1191	24.00	–0.98
ZB140-1 16	0.03473	0.001333429	0.282678	0.000021	0.282675	–3.4	–0.8	1	821	1227	25.00	–0.96
ZB140-1 18	0.03132	0.001173467	0.282698	0.000032	0.282695	–2.7	0.1	1	790	1178	24.00	–0.96
ZB140-1 19	0.03960	0.00146398	0.282754	0.000030	0.282751	–0.8	2.0	1	715	1056	21.00	–0.96
ZB140-1 20	0.02887	0.00113468	0.282714	0.000023	0.282711	–2.1	0.6	1	766	1145	23.00	–0.97
ZB140-1 21	0.02839	0.001075182	0.282739	0.000027	0.282736	–1.3	1.4	1	729	1089	22.00	–0.97
ZB142-3 06	0.0329	0.001382353	0.282654	0.000031	0.282651	–4.3	–1.6	1.1	856	1282	26	–0.96
ZB142-3 07	0.02938	0.001135562	0.282733	0.000028	0.282731	–1.5	1.2	1	738	1102	22	–0.97
ZB142-3 09	0.03006	0.001168087	0.282575	0.000024	0.282573	–7	–4.5	0.9	963	1460	29	–0.96
ZB142-3 10	0.02574	0.00098739	0.282658	0.000021	0.282656	–4.1	–1.5	0.8	841	1273	25	–0.97
ZB142-3 11	0.02224	0.000891344	0.282714	0.000022	0.282712	–2.1	0.4	0.8	761	1149	23	–0.97
ZB142-3 12	0.03446	0.001299422	0.282724	0.000047	0.282721	–1.8	0.9	1.7	756	1125	22	–0.96
ZB142-3 14	0.02529	0.00105841	0.282587	0.000035	0.282584	–6.6	–4	1.2	944	1431	29	–0.97
ZB142-3 15	0.0357	0.001366251	0.282774	0.000041	0.282771	0	2.7	1.5	684	1010	20	–0.96
ZB142-3 16	0.04494	0.001699209	0.282548	0.000038	0.282544	–8.1	–5.3	1.4	1016	1519	30	–0.95

表 4.18　比扎岩体的 SIMS 锆石 O 同位素组成（Hao et al.，2016b）

样品－点号	ZB140-1@01	ZB140-1@02	ZB140-1@03	ZB140-1@04	ZB140-1@06	ZB140-1@07	ZB140-1@09	ZB140-1@10	ZB140-1@11	ZB140-1@12	ZB140-1@13	ZB140-1@14
$\delta^{18}O$/‰	8.3	7.7	8.7	9.5	8.2	7.7	8.7	8.5	9.1	8.2	8.3	8.4
1SE/‰	0.08	0.09	0.13	0.11	0.12	0.11	0.1	0.14	0.11	0.12	0.11	0.11
样品－点号	ZB140-1@15	ZB140-1@16	ZB140-1@17	ZB140-1@18	ZB140-1@19	ZB140-1@20	ZB140-2@01	ZB140-2@02	ZB140-2@03	ZB140-2@04	ZB140-2@05	ZB140-2@06
$\delta^{18}O$/‰	7.6	8.6	8.4	9.1	8.4	9.0	8.5	8.5	8.4	8.5	8.1	8.0
1SE/‰	0.1	0.09	0.1	0.09	0.08	0.08	0.09	0.07	0.09	0.11	0.09	0.09
样品－点号	ZB140-2@07	ZB140-2@08	ZB140-2@09	ZB140-2@10	ZB140-2@11	ZB140-2@12	ZB140-2@13	ZB140-2@14	ZB140-2@15	ZB140-2@16	ZB140-2@17	ZB140-2@18
$\delta^{18}O$/‰	8.0	8.0	8.5	8.1	7.9	8.0	8.3	8.5	8.3	8.3	8.4	8.2
1SE/‰	0.06	0.12	0.08	0.14	0.08	0.08	0.08	0.07	0.11	0.08	0.14	0.09
样品－点号	ZB140-2@19	ZB140-2@20	ZB141-1@01	ZB141-1@02	ZB141-1@03	ZB141-1@04	ZB141-1@05	ZB141-1@06	ZB141-1@07	ZB141-1@08	ZB141-1@09	ZB141-1@10
$\delta^{18}O$/‰	8.1	8.0	7.3	8.6	9.0	7.7	7.9	7.4	8.4	7.8	7.7	8.8
1SE/‰	0.09	0.11	0.1	0.1	0.12	0.09	0.09	0.1	0.07	0.07	0.08	0.09
样品－点号	ZB141-1@11	ZB141-1@12	ZB141-1@13	ZB141-1@14	ZB141-1@15	ZB141-1@16	ZB141-1@17	ZB141-1@18	ZB141-1@19	ZB141-1@20	ZB141-1@21	ZB141-1@22
$\delta^{18}O$/‰	9.4	8.7	8.4	9.3	9.1	8.7	8.6	8.8	9.2	7.9	8.3	8.3
1SE/‰	0.06	0.09	0.09	0.09	0.07	0.06	0.07	0.09	0.07	0.07	0.12	0.13

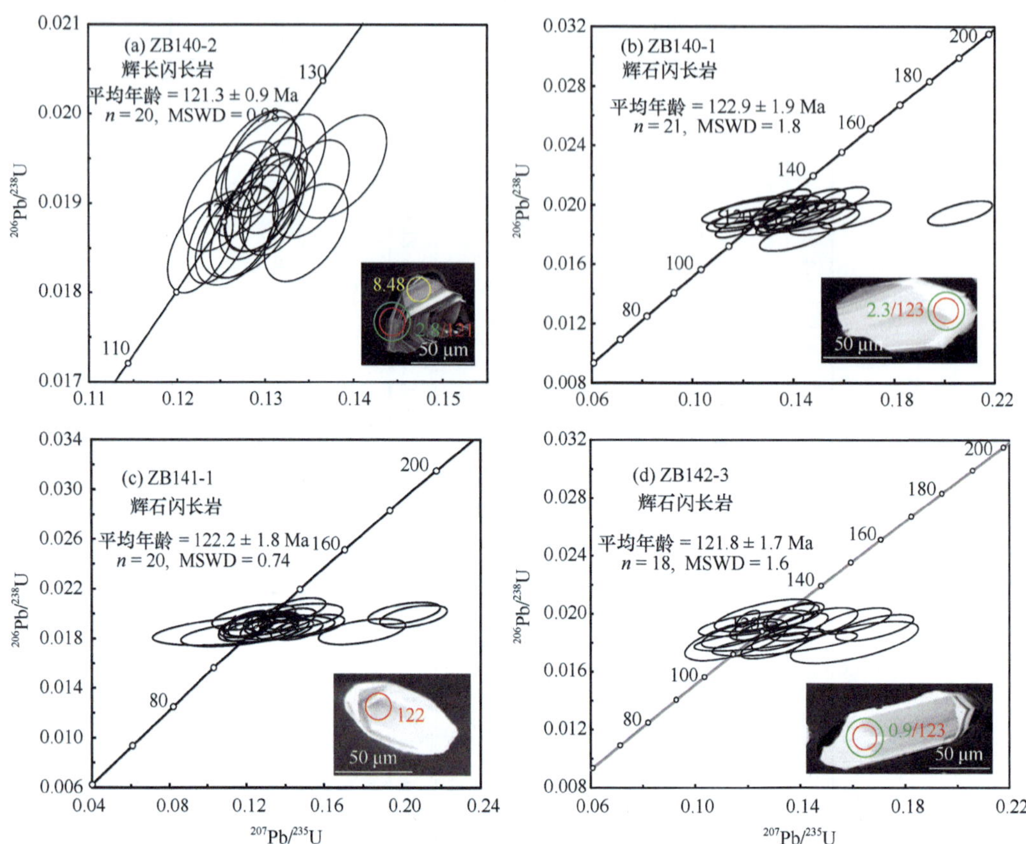

图 4.39　南羌塘改则地区比扎闪长质岩体的锆石 U-Pb 定年结果（Hao et al.，2016b）

插图表示代表性的锆石 CL 照片，绿色、红色和黄色圆圈分别表示 Hf 同位素、U-Pb 定年和 O 同位素的分析位置

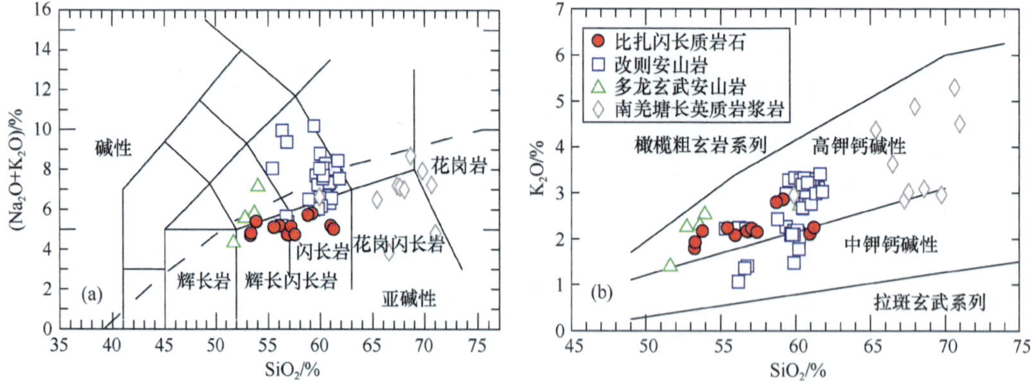

图 4.40　南羌塘改则地区比扎闪长质岩体的主量元素组成（Hao et al.，2016b）

稀土配分型式显示比扎闪长质岩石富集轻稀土元素［$(La/Yb)_N$=8.7~12.1］、具有微弱的 Eu 负异常（Eu/Eu^*=0.76~0.91）（图 4.41a）。微量元素蛛网图显示比扎闪长质岩石富集大离子亲石元素、亏损高场强元素［图 4.41(b)］。比扎闪长质岩石显示弱富集的 Sr 和 Nd 同位素组成［$(^{87}Sr/^{86}Sr)_i$=0.7053~0.7062；$\varepsilon_{Nd}(t)$= –0.01~–3.31］［图 4.42(a)］。这些

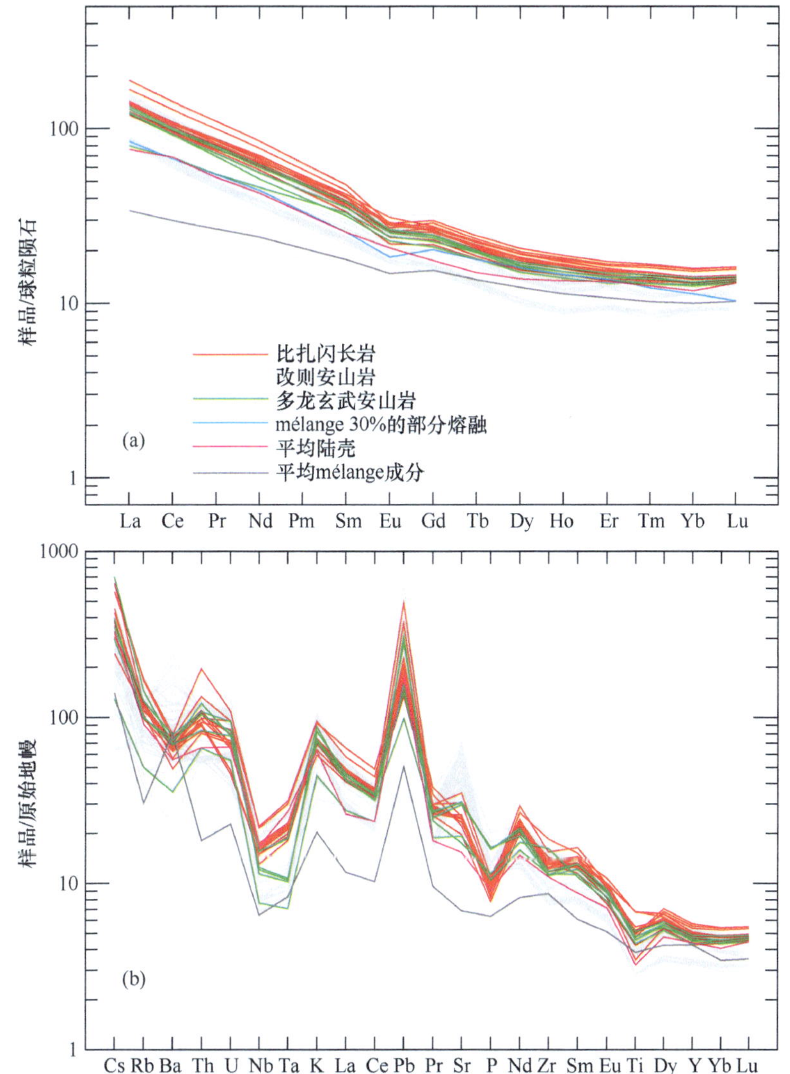

图 4.41　南羌塘改则地区比扎闪长质岩体的稀土元素配分图解和微量元素蛛网图解（Hao et al.，2016b）

比值和南羌塘早白垩世岩浆岩的 Sr-Nd 同位素比值很相似，但是明显不同于南羌塘晚侏罗世岩浆岩的 Sr-Nd 同位素组成。三个闪长质样品给出了相似的锆石 Hf 同位素 $\varepsilon_{Hf}(t)$ 组成，分别是 –2.3~3.6、–2.5~2.6 和 –5.3~2.7［图 4.42(c)~(e)］。比扎闪长质岩石显示富集的锆石 O 同位素组成，其 $\delta^{18}O$=7.3‰~9.5‰，平均 $\delta^{18}O$=8.4‰［图 4.42(b)］。

结合南羌塘同期的岩浆岩（如多龙约 118 Ma 的玄武安山岩和改则北部约 124 Ma 的安山岩），我们认为比扎闪长质岩石来源于俯冲隧道中 mélange（混杂岩）的部分熔融。这里的 mélange 是指在俯冲板片界面上俯冲板片组分（如玄武质俯冲洋壳、大洋沉积物和蛇纹岩）和上覆地幔楔发生机械混合后的产物。mélange 部分熔融直接产生安山质 / 闪长质弧型岩浆岩也得到了实验结果的证实。

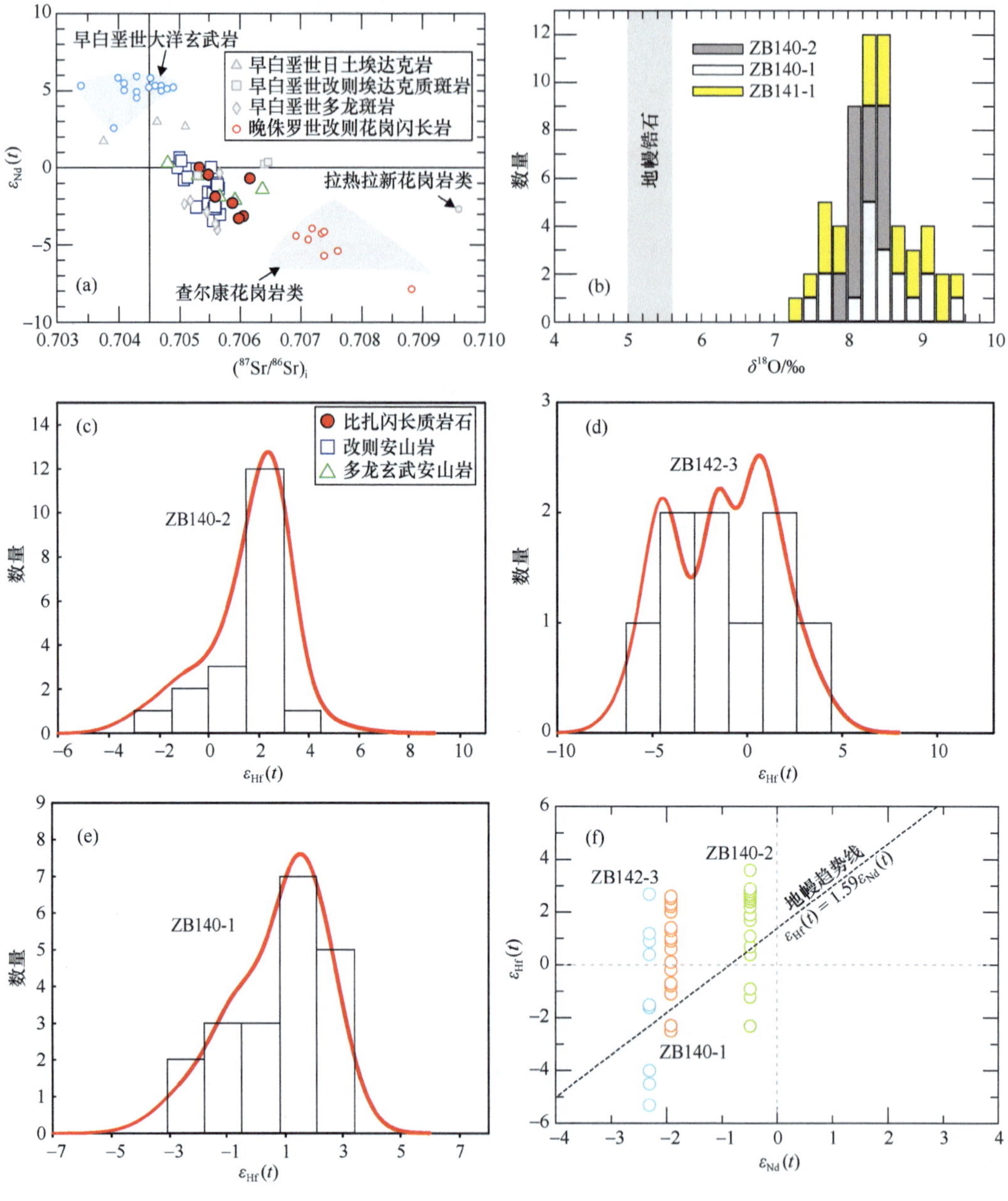

图 4.42　南羌塘改则地区比扎闪长质岩体的 Sr-Nd-Hf-O 同位素组成（Hao et al.，2016b）

4.3.4　改则早白垩世火山岩

改则县城北东方向约 30~60 km 处出露大量（面积约 200 km^2）的早白垩世火山岩（图 4.32）。火山岩岩性复杂，包括玄武岩、玄武安山岩、安山岩和流纹岩等（图 4.43）。玄武岩显示粒间结构，斑晶主要是粗粒的单斜辉石和斜长石。玄武安山岩和英安岩的斑晶主要是斜长石。安山岩和流纹岩的斑晶主要是斜长石和少量石英

（图 4.44）。除流纹岩外，其余岩石均发生了不同程度的后期蚀变。前人研究表明这套火山岩喷发时代是早白垩世（110~104 Ma）：玄武安山岩约 104 Ma，流纹岩 110 Ma。锆石 U-Pb 定年显示改则英安岩和玄武岩分别形成于 106 Ma 和 108 Ma（图 4.45 和表 4.19）。

典型改则火山岩主微量元素组成可见表 4.20，Sr-Nd-Hf 同位素组成可见表 4.21。改则玄武岩具有低的 SiO_2（49.2%~50.9%）和低的 MgO（4.7%~6.0%）、Cr（24~180 ppm）和 Ni（43~91 ppm）含量。它们具有低的总稀土元素含量、略微亏损的轻稀土元素［$(La/Yb)_N$=0.66~0.69］和平坦的重稀土元素分配特征［$(Gd/Yb)_N$=1.0~1.1］。这些特征非常类似 N-MORB（图 4.46）。改则玄武岩具有非常亏损的 Nd 和 Hf 同位素组成［$\varepsilon_{Nd}(t)$= 8.5~9.0；$\varepsilon_{Hf}(t)$= 17.19~17.20］（图 4.47）。改则玄武安山岩具有和玄武岩截然不同的地球化学组成。它们具有高的 SiO_2（52.0%~59.0%）和低的 MgO（1.2%~2.5%）以及高的总稀土元素含量。玄武安山岩具有轻稀土元素富集的特征［$(La/Yb)_N$=3.3~4.0］和弧型微量元素配分型式（如 Nb 和 Ta 的亏损）（图 4.46）。但

图 4.43　南羌塘改则地区早白垩世火山岩的野外照片（Hao et al.，2019）

图 4.44　南羌塘改则地区早白垩世火山岩的代表性显微照片（Hao et al.，2019）

（a）玄武岩；（b）玄武安山岩；（c）安山岩；（d）流纹岩

是，它们又和弧玄武岩和玄武安山岩有微弱的差别，如具有高的 Nb（10~12 ppm）、Ta（0.7~0.8 ppm）、Zr（296~323 ppm）含量和较高的 Nb/La（> 0.5）比值。结合它们高的 TiO_2（1.9%~2.2%）和 P_2O_5（0.37%~0.42%）含量，我们认为改则玄武安山岩属于富 Nb 玄武安山岩类。它们具有亏损的 Sr-Nd 同位素组成［$\varepsilon_{Nd}(t)$= 2.5~2.7，$(^{87}Sr/^{86}Sr)_i$ = 0.7047~0.7050］（图 4.47）。

改则安山岩具有弱的轻稀土元素富集［$(La/Yb)_N$=2.7~3.1］、低的总稀土元素含量和可忽略的 Eu 异常（Eu/Eu^*=0.90~0.93）（图 4.46）。改则安山岩具有相对富集的 Sr-Nd 同位素组成［$\varepsilon_{Nd}(t)$= –3.3~–2.9，$(^{87}Sr/^{86}Sr)_i$=0.7095~0.7096］（图 4.47）。相反地，改则英安岩具有高的总稀土元素含量、明显的轻稀土元素富集［$(La/Yb)_N$=12~13］和 Eu 负异常（Eu/Eu^*=0.46~0.47）（图 4.46）。英安岩具有和安山岩类似的 Nd 同位素组成但是更低的 Sr 同位素比值（图 4.47）。两个英安岩样品的锆石 Hf 同位素组成 $\varepsilon_{Hf}(t)$ 分别是 0.3~6.5 和 –2.5~4.1（图 4.45）。改则流纹岩具有高的 SiO_2（73.4%~74.2%）和低的 MgO（0.8%~0.9%）含量。它们具有明显的轻重稀土分异［$(La/Yb)_N$=24~29］（图 4.46）。它们具有高的 La（16.6~18.2 ppm）含量和 $(La/Yb)_N$ 值（20~124）以及低的 Y 和 Yb 含量（分别是 4.4~5.8 和 0.4~0.5 ppm）。这些特征更接近埃达克质岩，不同于典型的弧安山岩–英安岩–流纹岩。但是，改则流纹岩相对于埃达克质岩，具有更

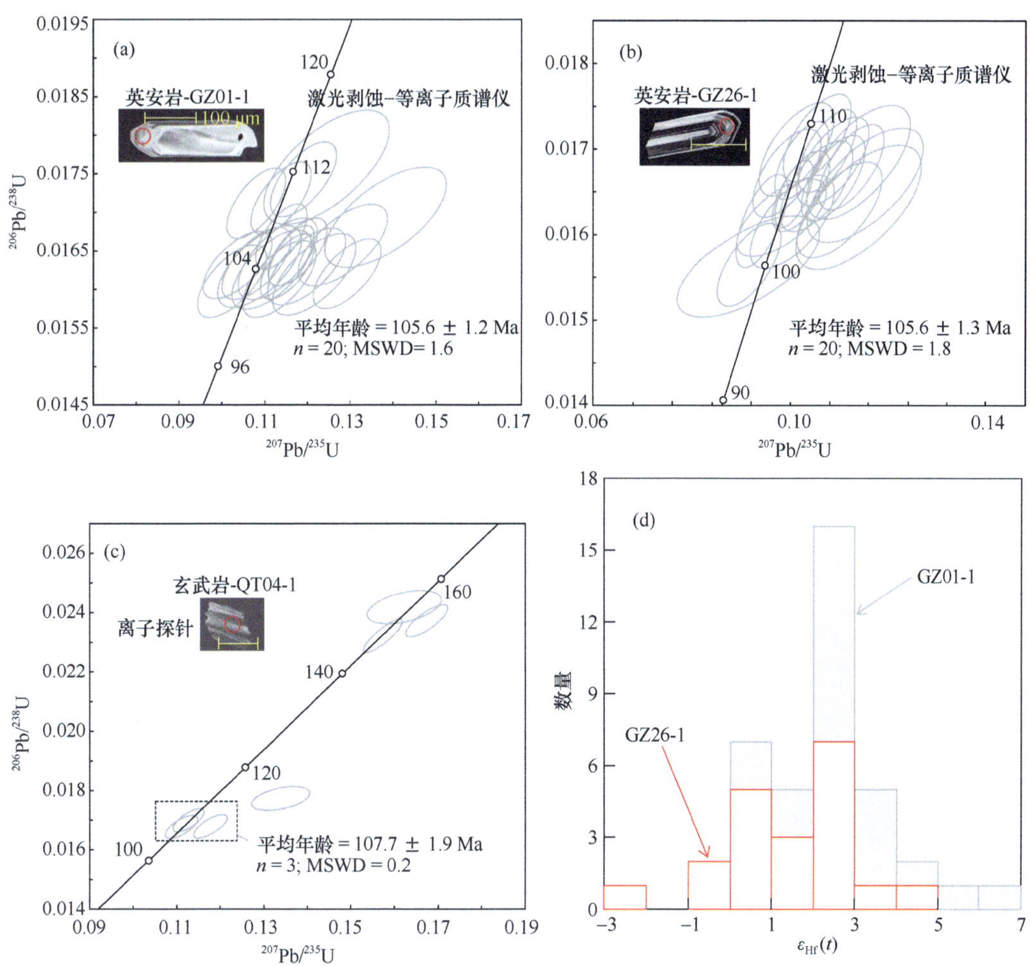

图 4.45　南羌塘改则地区早白垩世英安岩和玄武岩的锆石 U-Pb 定年（a）~（c）和锆石 Hf 同位素组成（d）（Hao et al.，2019）

高的 SiO_2（> 70%）和更低的 MgO（< 2%）以及过渡族元素（Cr、Ni 等）含量。同时，它们也具有更低的 Sr 含量（299~343 ppm）和 Sr/Y 值。实际上，改则流纹岩这些特征更接近牙买加型埃达克质岩。改则流纹岩具有略微亏损的 Sr-Nd 同位素组成[$\varepsilon_{Nd}(t)$=0.9~1.3，$(^{87}Sr/^{86}Sr)_i$=0.7049~0.7050]（图 4.47）。

详细的地球化学研究表明，改则早白垩世玄武岩来源于受到流体微弱交代的软流圈地幔楔的部分熔融。这种玄武质岩浆在上升过程中受到南羌塘古老基底岩石的混染，可以形成改则安山岩。改则玄武安山岩显示富 Nb 玄武质岩石的特征，可能起源于受到板片熔体交代的地幔源区。改则英安岩具有和比扎闪长岩类似的同位素组成和微量元素分配型式（除了前者更加明显的 Eu 异常），说明前者可能是俯冲隧道中 mélange 部分熔融产生的安山、闪长质熔体经过斜长石分离结晶形成的。改则牙买加型埃达克质流纹岩和改则富 Nb 玄武安山岩的组合出现说明存在广泛的板片熔体和地幔楔的相互作用。前者来自俯冲的大洋高原板片在低压下的部分熔融。

表 4.19 改则英安岩的锆石 U-Pb 定年结果和 Hf 同位素组成（Hao et al., 2019）

分析点号	元素含量			同位素测量比值								同位素校正比值				同位素校正年龄 /Ma			
	Th/ppm	U/ppm	Th/U	$^{207}Pb/^{206}Pb$	1σ	$^{207}Pb/^{235}U$	1σ	$^{206}Pb/^{238}U$	1σ	$^{208}Pb/^{232}Th$	1σ	$^{207}Pb/^{235}U$	1σ	$^{206}Pb/^{238}U$	1σ	$^{207}Pb/^{235}U$	1σ	$^{206}Pb/^{238}U$	1σ
GZ01-1 01	88	213	0.41	0.0534	0.0028	0.1196	0.006	0.0163	0.0003	0.0057	0.0003	0.1023	0.0053	0.0161	0.0003	99	5	103	2
GZ01-1 02	150	366	0.41	0.0513	0.002	0.1153	0.0043	0.0162	0.0003	0.0052	0.0002	0.1153	0.0043	0.0163	0.0003	111	4	104	2
GZ01-1 03	281	525	0.53	0.0513	0.0017	0.1162	0.0036	0.0164	0.0003	0.0049	0.0001	0.1162	0.0036	0.0164	0.0003	112	3	105	2
GZ01-1 04	342	207	1.65	0.0544	0.0031	0.1216	0.0065	0.0162	0.0004	0.0053	0.0001	0.1216	0.0065	0.0162	0.0004	116	6	104	2
GZ01-1 05	136	281	0.48	0.048	0.0021	0.1138	0.0047	0.0172	0.0003	0.0052	0.0002	0.1138	0.0047	0.0172	0.0003	109	4	110	2
GZ01-1 06	261	321	0.81	0.0579	0.0025	0.1293	0.0052	0.0162	0.0003	0.0053	0.0001	0.1293	0.0052	0.0162	0.0003	123	5	104	2
GZ01-1 07	99	428	0.23	0.0495	0.0018	0.1138	0.004	0.0167	0.0003	0.0055	0.0002	0.1138	0.004	0.0167	0.0003	109	4	107	2
GZ01-1 08	117	348	0.34	0.0517	0.0021	0.1176	0.0046	0.0165	0.0003	0.005	0.0002	0.1176	0.0046	0.0165	0.0003	113	4	105	2
GZ01-1 09	159	201	0.79	0.0498	0.0029	0.1116	0.0062	0.0163	0.0003	0.0048	0.0002	0.1116	0.0062	0.0163	0.0003	107	6	104	2
GZ01-1 10	147	202	0.73	0.0484	0.003	0.1088	0.0065	0.0163	0.0004	0.0049	0.0002	0.1088	0.0065	0.0163	0.0004	105	6	104	2
GZ01-1 11	76	245	0.31	0.0479	0.0025	0.108	0.0053	0.0163	0.0003	0.0053	0.0003	0.108	0.0053	0.0163	0.0003	104	5	104	2
GZ01-1 12	129	242	0.53	0.05	0.0029	0.1131	0.0062	0.0164	0.0004	0.0052	0.0002	0.1131	0.0062	0.0164	0.0004	109	6	105	2
GZ01-1 13	105	291	0.36	0.0495	0.0022	0.119	0.0052	0.0174	0.0003	0.0056	0.0002	0.119	0.0052	0.0174	0.0003	114	5	111	2
GZ01-1 14	186	181	1.02	0.0561	0.0031	0.1282	0.0069	0.0166	0.0004	0.0052	0.0002	0.1282	0.0069	0.0166	0.0004	123	6	106	2
GZ01-1 15	72	201	0.36	0.0533	0.0028	0.1197	0.0061	0.0163	0.0003	0.005	0.0002	0.1197	0.0061	0.0163	0.0003	115	5	104	2
GZ01-1 16	115	193	0.6	0.0513	0.0042	0.1244	0.0097	0.0176	0.0005	0.0052	0.0003	0.1244	0.0097	0.0176	0.0005	119	9	112	3
GZ01-1 17	118	374	0.31	0.0457	0.002	0.1079	0.0045	0.0171	0.0003	0.0052	0.0002	0.1079	0.0045	0.0171	0.0003	104	4	109	2
GZ01-1 18	139	282	0.49	0.0535	0.0023	0.1214	0.005	0.0165	0.0003	0.0057	0.0002	0.1036	0.0053	0.0163	0.0003	100	5	104	2
GZ01-1 19	111	114	0.98	0.0592	0.0042	0.1382	0.0093	0.0169	0.0004	0.0052	0.0002	0.1382	0.0093	0.0169	0.0004	131	8	108	3
GZ01-1 20	124	210	0.59	0.051	0.0027	0.1135	0.0057	0.0161	0.0003	0.005	0.0002	0.1135	0.0057	0.0161	0.0003	109	5	103	2

续表

分析点号	元素含量			同位素测量比值								同位素校正比值				同位素校正年龄 /Ma			
	Th/ppm	U/ppm	Th/U	$^{207}Pb/^{206}Pb$	1σ	$^{207}Pb/^{235}U$	1σ	$^{206}Pb/^{238}U$	1σ	$^{208}Pb/^{232}Th$	1σ	$^{207}Pb/^{235}U$	1σ	$^{206}Pb/^{238}U$	1σ	$^{207}Pb/^{235}U$	1σ	$^{206}Pb/^{238}U$	1σ
GZ26-1 01	200	275	0.73	0.051	0.0022	0.1194	0.005	0.017	0.0003	0.0054	0.0002	0.1194	0.005	0.017	0.0003	115	5	109	2
GZ26-1 02	366	253	1.45	0.0566	0.0049	0.1273	0.0106	0.0163	0.0005	0.0054	0.0002	0.1273	0.0106	0.0163	0.0005	122	10	104	3
GZ26-1 03	188	230	0.82	0.0495	0.0025	0.1168	0.0057	0.0171	0.0003	0.0054	0.0002	0.1168	0.0057	0.0171	0.0003	112	5	109	2
GZ26-1 04	98	192	0.51	0.052	0.0028	0.1208	0.0061	0.0169	0.0003	0.0056	0.0002	0.1208	0.0061	0.0169	0.0003	116	6	108	2
GZ26-1 05	170	195	0.87	0.05[illegible]1	0.0028	0.1167	0.0061	0.0166	0.0004	0.0053	0.0002	0.1167	0.0061	0.0166	0.0004	112	6	106	2
GZ26-1 06	144	350	0.41	0.0485	0.002	0.1128	0.0045	0.0169	0.0003	0.0052	0.0002	0.1128	0.0045	0.0169	0.0003	108	4	108	2
GZ26-1 07	283	295	0.96	0.0526	0.0025	0.1209	0.0054	0.0167	0.0003	0.0053	0.0002	0.1209	0.0054	0.0167	0.0003	116	5	107	2
GZ26-1 08	102	165	0.62	0.0545	0.0034	0.1225	0.0072	0.0163	0.0004	0.0054	0.0002	0.1225	0.0072	0.0163	0.0004	117	7	104	2
GZ26-1 09	123	239	0.52	0.0598	0.0038	0.1356	0.0082	0.0165	0.0004	0.006	0.0003	0.1026	0.0044	0.0162	0.0004	99	4	103	2
GZ26-1 10	139	198	0.7	0.0476	0.0028	0.1115	0.0063	0.017	0.0004	0.0053	0.0002	0.1115	0.0063	0.017	0.0004	107	6	109	2
GZ26-1 11	164	148	1.11	0.0554	0.0045	0.1289	0.0098	0.0166	0.0004	0.0055	0.0002	0.1289	0.0098	0.0166	0.0004	123	9	106	3
GZ26-1 12	151	759	0.2	0.0438	0.0015	0.1109	0.0032	0.0165	0.0003	0.0052	0.0002	0.1109	0.0032	0.0165	0.0003	107	3	105	2
GZ26-1 13	279	464	0.6	0.0534	0.003	0.128	0.0062	0.0159	0.0003	0.0056	0.0002	0.0994	0.0054	0.0157	0.0003	96	5	100	2
GZ26-1 14	76	133	0.57	0.0571	0.0041	0.1247	0.0084	0.0159	0.0004	0.0055	0.0003	0.0992	0.0119	0.0156	0.0004	96	11	100	2
GZ26-1 15	120	429	0.28	0.0542	0.0025	0.1255	0.0055	0.0168	0.0003	0.0053	0.0003	0.1255	0.0055	0.0168	0.0003	120	5	107	2
GZ26-1 16	99	353	0.28	0.0495	0.0022	0.1126	0.0047	0.0165	0.0003	0.0057	0.0003	0.1126	0.0047	0.0165	0.0003	108	4	106	2
GZ26-1 17	255	418	0.61	0.0534	0.0022	0.1201	0.0047	0.0163	0.0003	0.0054	0.0002	0.1076	0.0075	0.0162	0.0003	104	7	104	2
GZ26-1 18	110	267	0.41	0.0473	0.0026	0.109	0.0057	0.0167	0.0003	0.0055	0.0002	0.109	0.0057	0.0167	0.0003	105	5	107	2
GZ26-1 19	228	217	1.05	0.0548	0.0039	0.1272	0.0087	0.0169	0.0004	0.0056	0.0002	0.1272	0.0087	0.0169	0.0004	122	8	108	3
GZ26-1 20	196	171	1.15	0.0495	0.0033	0.1103	0.007	0.0162	0.0004	0.0051	0.0002	0.1103	0.007	0.0162	0.0004	106	6	103	2

续表

分析点号	$^{176}Yb/^{177}Hf$	$^{176}Lu/^{177}Hf$	$^{176}Hf/^{177}Hf$	2σ	$^{176}Hf/^{177}Hf_i$	$\varepsilon_{Hf}(0)$	$\varepsilon_{Hf}(t)$	2σ	T_{DM}/Ma	$T_{DM}{}^{C}$/Ma	2σ	$f_{Lu/Hf}$
GZ01-1 01	0.0355	0.0013	0.2828	0	0.2828	0.0	2.3	0.2	84	1021	20	–0.96
GZ01-1 02	0.0436	0.0016	0.2828	0	0.2828	0.8	0.2	1.0	653	966	19	–0.95
GZ01-1 03	0.0575	0.0021	0.2828	0	0.2828	–0.2	2.1	0.8	704	1032	21	–0.94
GZ01-1 04	0.0568	0.002	0.2827	0	0.2827	–1.0	1.4	1.1	734	1081	22	–0.94
GZ01-1 05	0.0353	0.0013	0.2828	0	0.2828	0.6	2.9	0.9	659	982	20	–0.96
GZ01-1 06	0.0357	0.0013	0.2829	0	0.2829	4.1	6.5	1.0	515	755	15	–0.96
GZ01-1 07	0.0418	0.0016	0.2828	0	0.2828	–0.7	1.7	0.9	714	1062	21	–0.95
GZ01-1 08	0.039	0.0015	0.2828	0	0.2828	0.4	2.8	0.9	668	992	20	–0.96
GZ01-1 09	0.0362	0.0013	0.2828	0	0.2828	0.5	2.8	1.6	662	987	20	–0.96
GZ01-1 10	0.0314	0.0012	0.2828	0	0.2828	0.6	3.0	1.0	655	979	20	–0.96
GZ01-1 11	0.0638	0.0022	0.2827	0	0.2827	–2.0	0.3	0.9	782	1149	23	–0.93
GZ01-1 12	0.0383	0.0014	0.2828	0	0.2828	1.9	4.3	0.8	605	895	18	–0.96
GZ01-1 13	0.0362	0.0013	0.2828	0	0.2828	0.8	3.1	1.0	651	968	19	–0.96
GZ01-1 14	0.0359	0.0013	0.2828	0	0.2828	0.2	2.5	0.9	674	1005	20	–0.96
GZ01-1 15	0.0258	0.0009	0.2827	0	0.2827	–1.9	0.4	1.3	753	1140	23	–0.97
GZ01-1 16	0.0348	0.0013	0.2828	0	0.2828	–0.2	2.1	0.9	691	1033	21	–0.96
GZ01-1 17	0.0445	0.0016	0.2828	0	0.2828	–0.2	2.1	0.7	697	1034	21	–0.95
GZ01-1 18	0.0479	0.0018	0.2828	0	0.2828	0.8	3.2	0.9	656	966	19	–0.95
GZ01-1 19	0.032	0.0012	0.2829	0	0.2829	3.2	5.6	1.4	550	813	16	–0.97
GZ01-1 20	0.028	0.001	0.2828	0	0.2828	–0.3	2.0	0.8	690	1037	21	–0.97
GZ26-1 01	0.0351	0.0013	0.2828	0	0.2828	–0.3	2.1	0.7	694	1036	21	–0.96

续表

分析点号	$^{176}Yb/^{177}Hf$	$^{176}Lu/^{177}Hf$	$^{176}Hf/^{177}Hf$	2σ	$^{176}Hf/^{177}Hf_i$	ε_{Hf}（0）	$\varepsilon_{Hf}(t)$	2σ	T_{DM}/Ma	$T_{DM}{}^{C}$/Ma	2σ	$f_{Lu/Hf}$
GZ26-1 02	0.0514	0.0018	0.2827	0	0.2827	–1.7	0.7	1.0	758	1125	23	–0.95
GZ26-1 03	0.0342	0.0013	0.2828	0	0.2828	–0.2	2.1	0.6	689	1031	21	–0.96
GZ26-1 04	0.0174	0.0006	0.2827	0	0.2827	–1.6	0.8	0.6	734	1118	22	–0.98
GZ26-1 05	0.0298	0.0011	0.2828	0	0.2828	–0.4	1.9	1.1	696	1045	21	–0.97
GZ26-1 06	0.0316	0.0012	0.2827	0	0.2827	–1.3	1.0	0.6	732	1101	22	–0.97
GZ26-1 07	0.046	0.0017	0.2826	0	0.2826	–4.8	–2.5	1.3	884	1325	26	–0.95
GZ26-1 08	0.0291	0.0011	0.2827	0	0.2827	–2	0.3	0.7	759	1145	23	–0.97
GZ26-1 09	0.0258	0.001	0.2828	0	0.2828	1.8	4.1	0.6	606	904	18	–0.97
GZ26-1 10	0.0291	0.0011	0.2828	0	0.2828	0.0	2.4	0.8	678	1018	20	–0.97
GZ26-1 11	0.0441	0.0016	0.2827	0	0.2827	–2.7	–0.4	0.8	797	1191	24	–0.95
GZ26-1 12	0.0385	0.0015	0.2827	0	0.2827	–1.8	0.6	0.6	757	1132	23	–0.96
GZ26-1 13	0.0379	0.0014	0.2828	0	0.2828	1.3	3.6	0.8	632	937	19	–0.96
GZ26-1 14	0.0223	0.0008	0.2827	0	0.2827	–3.0	–0.6	0.7	794	1208	24	–0.97
GZ26-1 15	0.0304	0.0012	0.2827	0	0.2827	–1.5	0.8	0.6	741	1116	22	–0.97
GZ26-1 16	0.0424	0.0016	0.2828	0	0.2828	0.2	2.5	0.6	681	1010	20	–0.95
GZ26-1 17	0.0405	0.0015	0.2827	0	0.2827	–1.3	1.0	0.6	740	1104	22	–0.96
GZ26-1 18	0.032	0.0012	0.2828	0	0.2828	0.6	2.9	0.7	658	982	20	–0.96
GZ26-1 19	0.0389	0.0014	0.2828	0	0.2828	0.1	2.4	0.7	681	1013	20	–0.96
GZ26-1 20	0.0341	0.0013	0.2828	0	0.2828	–0.1	2.3	0.7	685	1023	20	–0.96

表 4.20　改则火山岩的主量（%）和微量（ppm）元素组成（Hao et al.，2019）

样品号	ZB78-1	ZB78-2	ZB78-3	ZB78-4	QT04-1	QT04-2	GZ01-1	GZ26-1	GZ26-2	QT03-1	QT03-2	ZB79-1	ZB79-1R*	ZB79-2	ZB79-3	ZB79-4
岩石类型	富 Nb 玄武安山岩				玄武岩		英安岩			安山岩		流纹岩				
SiO_2	55.97	54.17	48.95	47.56	48.67	46.72	62.38	62.44	61.18	57.41	60.64	71.96		71.85	72.42	71.62
TiO_2	1.82	2.03	2.05	1.83	1.63	1.21	0.87	0.82	0.81	0.65	0.61	0.26		0.25	0.25	0.26
Al_2O_3	13.18	14.54	14.87	13.47	14.81	14.81	15.88	15.59	15.27	16.62	15.52	14.14		14.12	13.92	13.93
Fe_2O_3	10.45	10.16	10.69	11.23	10.88	9.17	5.83	4.73	5.02	8.02	7.20	2.51		2.48	2.35	2.54
MnO	0.14	0.12	0.13	0.16	0.22	0.23	0.10	0.09	0.09	0.17	0.14	0.12		0.12	0.11	0.08
MgO	1.15	1.74	2.35	2.30	4.48	5.67	2.08	1.46	1.26	2.94	2.71	0.80		0.79	0.79	0.89
CaO	5.55	5.11	6.85	8.40	9.96	12.91	2.87	3.91	4.73	4.63	4.19	2.28		2.26	2.10	2.03
Na_2O	4.07	5.06	5.35	4.20	4.75	3.95	3.66	3.06	2.74	5.65	4.88	3.12		3.13	3.04	2.94
K_2O	2.26	1.68	1.26	1.91	0.11	0.14	4.36	4.22	4.01	0.22	0.32	2.80		2.80	2.58	2.92
P_2O_5	0.36	0.37	0.39	0.34	0.10	0.10	0.15	0.23	0.23	0.09	0.09	0.08		0.08	0.06	0.09
烧失量	4.67	4.75	6.69	8.42	3.86	4.74	1.34	3.03	4.30	3.35	3.05	1.91		1.91	1.92	2.14
总量	99.60	99.73	99.58	99.82	99.47	99.65	99.51	99.57	99.64	99.75	99.35	99.98		99.79	99.54	99.43
Sc	19.8	22.1	22.5	26.5	45.4	50.4	13.2	12.0	11.8	26.9	28.33	4.90	4.92	5.09	4.94	5.19
V	125	179	177	191	443	355	64.2	61.9	59.1	182	195	15.6	15.6	14.3	15.3	13.6
Cr	12.3	8.28	7.95	9.46	24.1	180	322	85.0	115	43.0	44.9	13.5	8.66	9.95	7.44	12.0
Co	19.0	21.1	22.7	27.4	45.6	44.3	11.7	11.4	11.6	19.0	18.6	3.56	3.62	4.67	5.00	4.85
Ni	5.81	8.03	8.73	10.2	42.6	91.1	36.3	20.1	23.5	20.2	25.9	5.05	5.30	5.43	4.98	5.64
Rb	39.7	36.6	27.5	50.4	2.71	3.60	153	148	154	4.76	11.3	86.6	86.8	96.4	92.5	103
Ba	221	172	124	140	61.8	98.8	671	594	672	82.4	94.9	649	658	737	783	718
Th	4.60	5.37	5.35	4.97	0.52	0.25	25.0	23.1	24.9	2.65	3.12	7.48	7.41	7.95	7.64	8.01
U	0.43	1.27	1.22	0.78	0.43	0.18	2.13	3.32	3.01	0.63	0.72	1.45	1.43	1.91	1.82	1.91
Nb	10.0	11.8	11.9	12.1	1.95	1.53	22.9	22.9	23.7	2.84	3.55	3.56	3.58	3.82	3.72	3.74
Ta	0.73	0.84	0.84	0.80	0.13	0.11	1.56	1.55	1.60	0.22	0.24	0.32	0.31	0.34	0.33	0.33

续表

样品号	ZB78-1	ZB78-2	ZB78-3	ZB78-4	QT04-1	QT04-2	GZ01-1	GZ26-1	GZ26-2	QT03-1	QT03-2	ZB79-1	ZB79-1R*	ZB79-2	ZB79-3	ZB79-4
岩石类型	富 Nb 玄武安山岩				玄武岩		英安岩			安山岩		流纹岩				
La	20.1	20.9	19.2	20.3	3.10	2.52	62.8	59.7	63.3	8.64	8.78	16.6	17.0	17.6	17.2	18.2
Ce	46.4	47.4	45.6	46.9	9.44	8.23	124	120	126	18.6	19.6	30.1	29.7	31.1	29.7	31.3
Pb	7.70	9.92	9.31	11.8	0.76	0.85	31.7	26.8	27.2	5.94	6.84	12.2	12.1	15.5	15.4	13.6
Pr	6.18	6.48	6.25	6.14	1.70	1.50	14.6	14.3	14.7	2.36	2.51	3.04	3.11	3.17	3.16	3.20
Sr	201	194	224	252	51.1	163	211	161	192	123	147	299	304	343	327	312
Nd	26.8	28.1	27.4	26.0	9.39	8.40	52.7	52.0	54.3	10.1	10.9	10.5	10.9	11.0	10.8	11.3
Zr	302	323	320	296	109	89.3	336	320	297	62.3	92.0	95.2	95.4	104	103	101
Hf	6.39	7.16	7.05	6.49	2.87	2.33	8.38	8.02	7.32	1.95	2.49	2.72	2.68	2.81	2.75	2.88
Sm	6.27	6.61	6.60	6.29	3.43	3.06	9.70	9.76	10.1	2.57	2.83	1.74	1.79	1.92	1.84	1.94
Eu	1.94	1.74	1.77	1.68	1.41	1.21	1.45	1.38	1.43	0.82	0.89	0.47	0.48	0.51	0.48	0.50
Gd	6.58	6.94	6.73	6.55	4.27	3.81	8.33	8.62	8.59	2.81	3.20	1.47	1.52	1.64	1.50	1.64
Tb	1.11	1.19	1.17	1.13	0.85	0.75	1.23	1.29	1.29	0.51	0.58	0.18	0.18	0.21	0.18	0.21
Dy	6.82	7.40	7.46	6.94	5.61	4.94	6.87	7.25	7.25	3.31	3.79	0.92	0.97	1.08	0.97	1.12
Y	35.8	38.9	39.2	41.1	33.5	29.5	33.8	35.6	36.4	18.2	23.2	4.42	4.51	5.42	5.00	5.77
Ho	1.46	1.58	1.58	1.49	1.24	1.08	1.38	1.45	1.44	0.74	0.84	0.18	0.18	0.21	0.19	0.22
Er	3.99	4.31	4.41	4.19	3.49	3.00	3.69	3.77	3.83	2.06	2.40	0.44	0.47	0.55	0.48	0.57
Tm	0.58	0.63	0.65	0.62	0.51	0.43	0.55	0.55	0.56	0.32	0.37	0.07	0.07	0.08	0.07	0.08
Yb	3.59	3.91	4.14	3.92	3.23	2.74	3.62	3.46	3.48	2.02	2.36	0.43	0.42	0.53	0.48	0.53
Lu	0.57	0.63	0.64	0.62	0.51	0.42	0.57	0.53	0.53	0.33	0.39	0.07	0.07	0.08	0.07	0.09

注：R* 表示重复测量。

表 4.21 改则火山岩的 Sr-Nd-Hf 同位素组成（Hao et al.，2019）

样品号	GZ01-1	GZ26-1	QT03-1	QT03-2	QT04-1	QT04-1R	QT04-2	ZB78-1	ZB78-3	ZB78-3R*	ZB78-4	ZB79-2	ZB79-3	ZB79-3R
Sm/ppm	9.7	9.8	2.6	2.8	3.4		3.1	6.3	6.6		6.3	1.9	1.8	
Nd/ppm	52.7	52.0	10.1	10.9	9.4		8.4	26.8	27.4		26.0	11.0	10.8	
Rb/ppm	153	148	4.8	11.3	2.7		3.6	39.7	27.5		50.4	96.4	92.5	
Sr/ppm	211	161	123	147	51		163	201	224		252	343	327	
Lu/ppm					0.51		0.42							
Hf/ppm					2.87		2.33							
$^{87}Sr/^{86}Sr$	0.7099	0.7104	0.7097	0.7099	0.7073	0.7072	0.7070	0.7056	0.7056	0.7056	0.7059	0.7063	0.7062	0.7061
$^{143}Nd/^{144}Nd$	0.5124	0.5124	0.5124	0.5125	0.5131	0.5131	0.5131	0.5127	0.5127	0.5127	0.5127	0.5126	0.5126	0.5126
$^{176}Hf/^{177}Hf$					0.2832		0.2832							
$^{147}Sm/^{144}Nd$	0.11	0.11	0.16	0.16	0.22	0.22	0.22	0.14	0.15	0.15	0.15	0.11	0.10	0.10
$^{87}Rb/^{86}Sr$	2.10	2.66	0.11	0.22	0.15	0.15	0.06	0.57	0.36	0.36	0.58	0.81	0.82	0.82
$^{176}Lu/^{177}Hf$					0.025		0.026							
$\varepsilon_{Nd}(t)$	–3.3	–3.5	–3.3	–2.9	8.7	8.5	9.0	2.7	2.7	2.5	2.6	1.1	0.9	1.3
$\varepsilon_{Hf}(t)$					17.19		17.20							
$(^{87}Sr/^{86}Sr)_i$	0.7066	0.7062	0.7095	0.7096	0.7071		0.7069	0.7047	0.7050	0.7050	0.7050	0.7050	0.7049	

注：R* 表示重复测量。

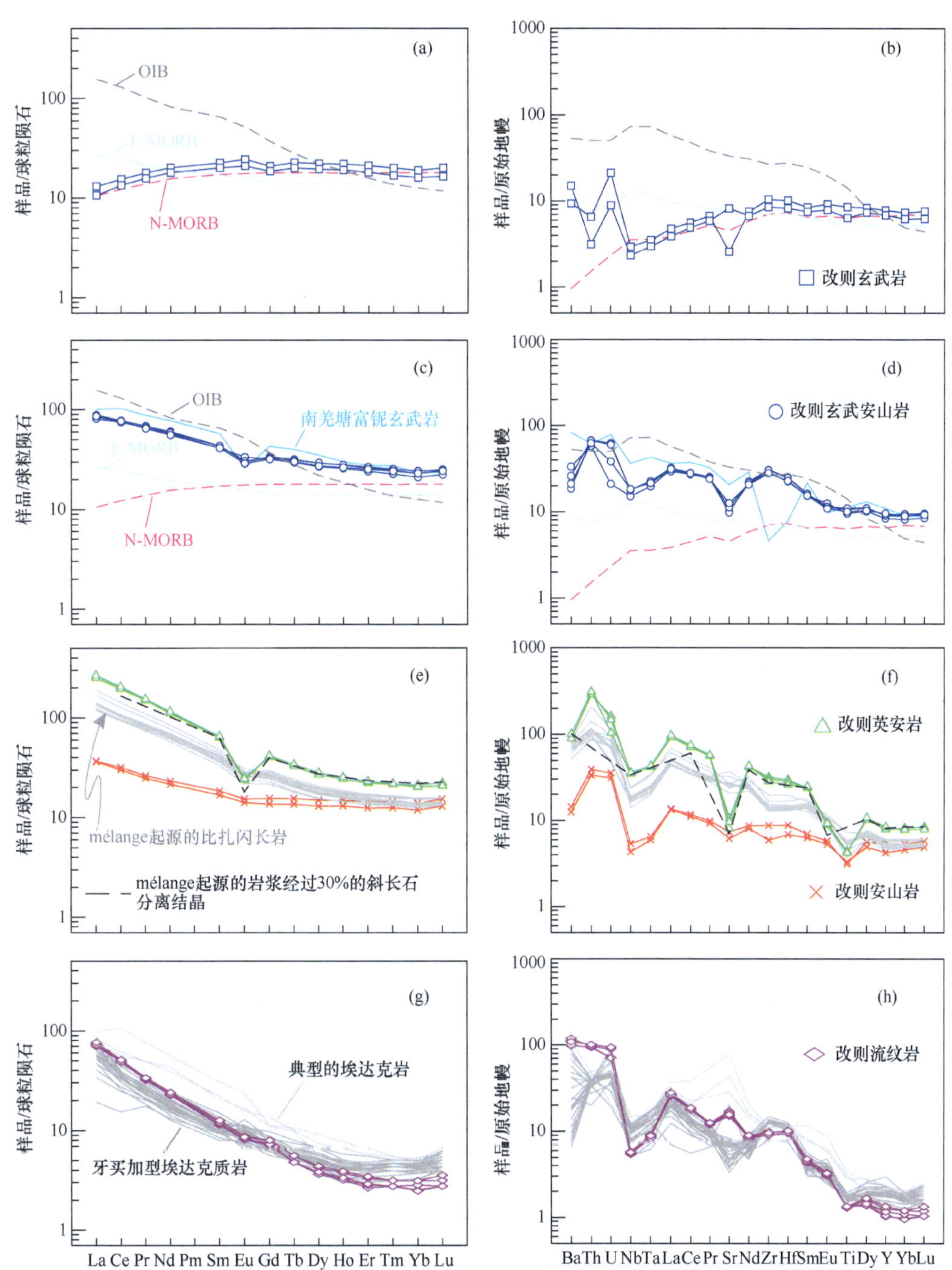

图 4.46　南羌塘改则地区早白垩世火山岩的稀土元素配分型式和微量元素蛛网图（Hao et al.，2019）

N-MORB、E-MORB 和 OIB 分别指正常洋中脊玄武岩、富集型洋中脊玄武岩和洋岛玄武岩

4.3.5　南羌塘改则地区早白垩世岩浆岩的 Nd-Hf 同位素解耦

已有的数据表明，南羌塘改则地区晚侏罗世的岩浆岩显示 Nd-Hf 同位素耦合

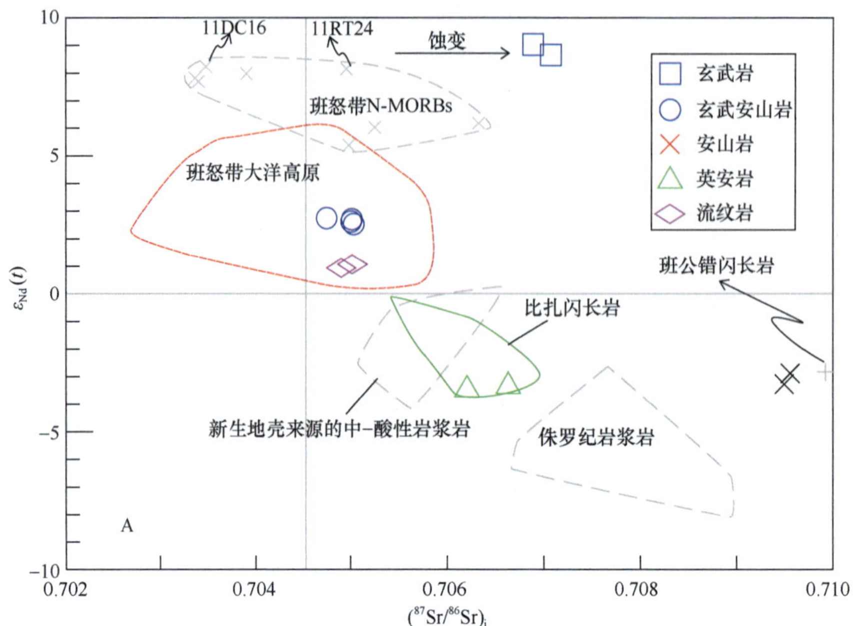

图 4.47　南羌塘改则地区早白垩世火山岩的 Sr-Nd 同位素组成（Hao et al.，2019）

（$\Delta\varepsilon_{Hf}(t)$ = 0.9~2.4）的特征。相反地，早白垩世的岩浆岩显示 Nd-Hf 同位素解耦的特征（如，热那错花岗闪长斑岩 $\Delta\varepsilon_{Hf}(t)$ = 7.5；多龙安山质岩石 $\Delta\varepsilon_{Hf}(t)$ = 3.0~10.3；多龙闪长岩－花岗岩 $\Delta\varepsilon_{Hf}(t)$ = 6.3~10.0）（图 4.48）。结合这些岩浆岩的源区来看，晚侏罗世古老地壳来源的岩浆岩 Nd-Hf 同位素耦合，而早白垩世和俯冲隧道中 mélange 部分熔融形成的新生安山质地壳有关的岩浆岩则显示 Nd-Hf 同位素解耦，说明了 mélange 对于南

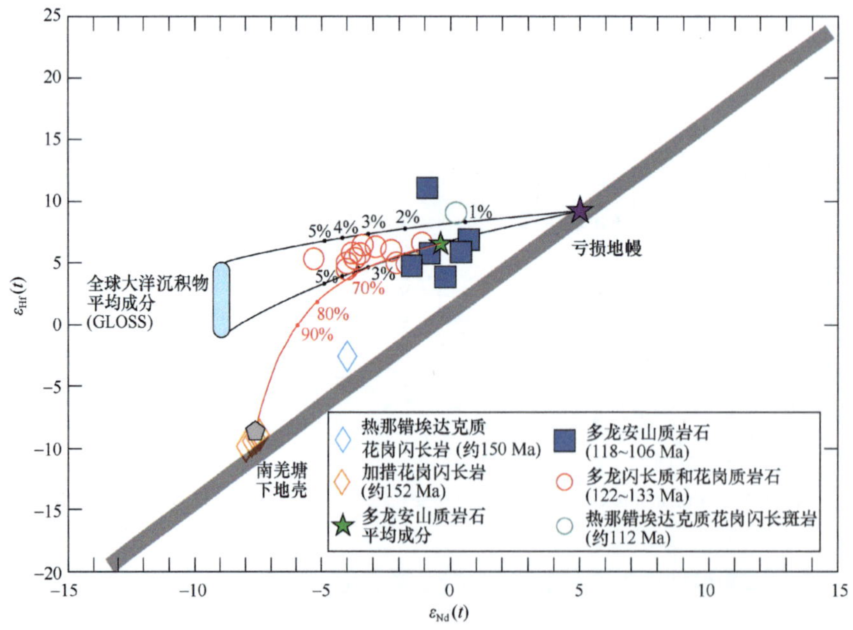

图 4.48　南羌塘地块西段改则地区侏罗纪—白垩纪代表性岩浆岩的 Hf-Nd 同位素组成（Sun et al.，2021）

羌塘早白垩世岩浆岩的重要贡献。

4.3.6　南羌塘改则地区晚中生代的演化过程

南羌塘地块中生代晚期的构造环境仍存在争议，但越来越多的证据表明班公湖 – 怒江特提斯洋一直存在到早白垩世晚期（约 100 Ma）。例如，在南羌塘地块中部的改则地区，Hao 等（2019）报道了与大洋俯冲相关的埃达克岩和富 Nb 玄武岩（110~104 Ma），这被认为是班公湖 – 怒江特提斯洋仍在北向俯冲的标志。此外，班公湖 – 怒江缝合带内存在的早白垩世洋岛型玄武岩（约 100 Ma；Bao et al.，2007；Wang et al.，2016；Zhang et al.，2012，2014b）可能反映了班公湖 – 怒江特提斯洋至少在早白垩世晚期仍未闭合。因此，我们推断，南羌塘地块在中生代晚期仍处于大陆边缘弧环境，班公湖 – 怒江特提斯洋在早白垩世晚期关闭（约 100 Ma；Zhang et al.，2012）。在这种情况下，南羌塘地块约 148~122 Ma 的岩浆间隙可能是由于大洋高原俯冲而导致班公湖 – 怒江特提斯洋大洋板片的平坦俯冲（Gutscher et al.，1999，2000a，2000b；Hao et al.，2019）使得此时的岩浆活动受到抑制。

总体而言，南羌塘地块晚中生代构造 – 岩浆演化可以描述如下（图 4.49）：①在

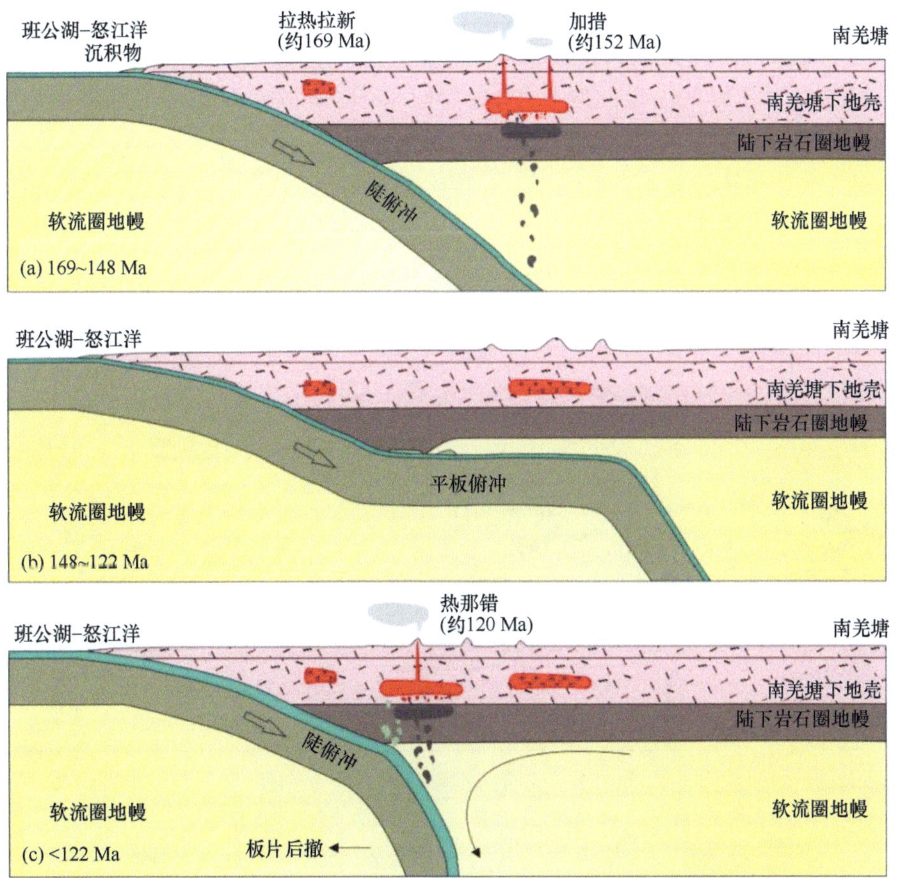

图 4.49　南羌塘地块西段晚中生代动力学演化过程示意图

晚侏罗世（169~148 Ma）期间，班公湖－怒江特提斯洋大洋板片持续的向北俯冲导致了南羌塘古老下地壳的部分熔融，从而在南羌塘地块产生了广泛的侏罗纪中酸性岩浆作用（例如在加措和热那错地区约 150 Ma 的花岗闪长岩）；②在早白垩世（148~122 Ma）期间，由于班公湖－怒江特提斯洋大洋板片的平坦俯冲，大陆弧岩浆作用受到抑制而停止。在此期间，俯冲通道内俯冲的大洋玄武岩、沉积物以及地幔橄榄岩形成了大量的 mélange 物质（Hao et al.，2016b，2019）；③在 122 Ma 左右，低角度平坦俯冲的班公湖－怒江特提斯洋大洋板片的回转导致软流圈地幔上涌以及 mélange 的部分熔融。源于 mélange 的原生安山质熔体上升形成了多龙安山质岩石（118~106 Ma）。安山质熔体与古老的下地壳岩浆混合可形成多龙闪长岩和花岗质岩石（122~113 Ma）。此外，原生安山岩熔体可能在南羌塘地壳之下形成相对年轻的安山质地壳。这种增厚的新生安山质下地壳的部分熔融可能形成了热那错埃达克质花岗闪长岩（112 Ma）。Mélange 部分熔融产生的熔体，是导致南羌塘早白垩世安山岩－中酸性侵入岩表现出 Nd-Hf 同位素解耦特征的主要原因。

4.4 南羌塘尼玛地区侏罗纪—白垩纪岩浆岩

南羌塘地块尼玛地区的岩浆岩以白垩纪的花岗岩为主，仅有少量火山岩，侏罗纪的则很少发育。岩浆活动从晚侏罗世持续到晚白垩世，但缺乏早侏罗世岩浆记录（图 4.50）。

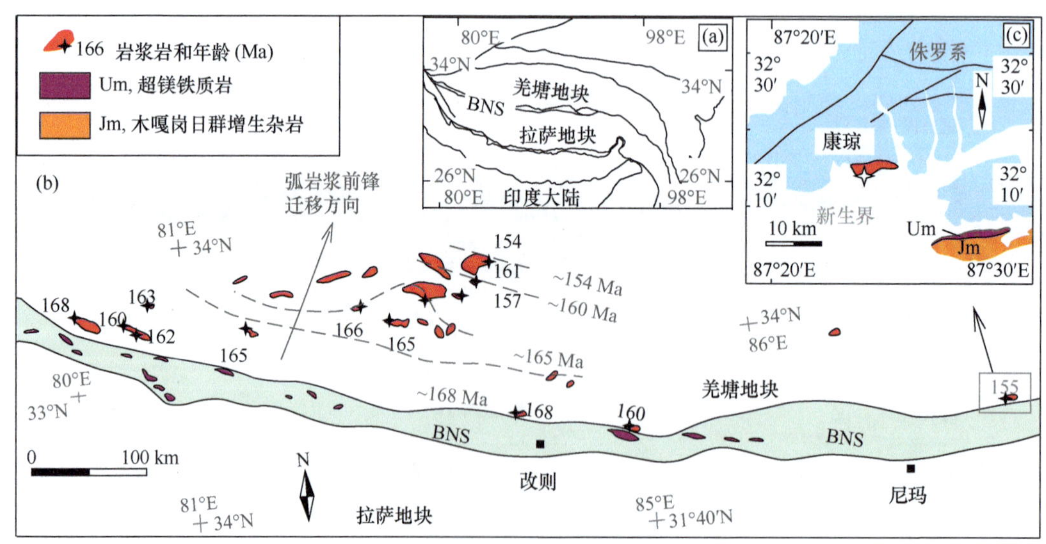

图 4.50 南羌塘侏罗纪岩浆岩分布图

（a）青藏高原主要地质构造单元划分；（b）羌塘地块南部侏罗纪岩浆岩分布，BNS 指班公湖－怒江缝合带；（c）康琼地区简要地质图，超镁铁岩（Um）和侏罗纪木嘎岗日群（Jm）代表班公湖－怒江特提斯洋盆残迹

4.4.1　南羌塘尼玛地区晚侏罗世康琼花岗闪长岩

尼玛北部地区侏罗纪岩浆岩为赛布错北侧的康琼花岗闪长岩。该岩体侵入到侏罗系碎屑沉积岩中，其南侧紧邻班公湖 – 怒江缝合带，两者之间距离约 20 km（图 4.50）。康琼花岗岩体呈灰或灰白色，块状构造，等粒结构或似斑状结构（图 4.51）。主要由花岗闪长岩构成，局部见有少量晚期侵入其中的酸性岩脉，宽度在 2~10 cm 之间。岩体中未见有暗色镁铁质包体或围岩捕虏体，局部可见有孔雀石，指示可能存在铜矿化。花岗闪长岩的主要造岩矿物包括斜长石、钾长石和石英，次要矿物有角闪石、黑云母，偶见辉石，副矿物见有磷灰石和锆石等。

图 4.51　康琼埃达克岩岩石学特征

（a）露头上花岗闪长岩局部孔雀石化；（b）似斑状结构，斑晶包括角闪石（Amp）、黑云母（Bt）和斜长石（Plg）

锆石 SIMS U-Pb 定年结果（表 4.22）表明，岩体的花岗闪长岩单元与酸性岩脉为近同时岩浆产物，它们侵位于晚侏罗世早期。花岗闪长岩的锆石谐和年龄为 154.4±0.8 Ma，加权平均年龄为 154.6±1.6 Ma（MSWD=0.4，n=17）。酸性岩脉中锆石谐和年龄为 153.0±1.0 Ma，其加权平均年龄为 153.1±2.6 Ma（MSWD=1.4，n=12）。

康琼岩体的主微量元素分析结果可见表 4.23，Sr-Nd 同位素组成可见表 4.24，锆石 O 同位素组成可见表 4.25。康琼岩体具有中等的 SiO_2 含量（64.2%~68.2%）、高的 MgO 含量（1.48%~3.23%）和 $Mg^{\#}$ 值［0.41~0.69，图 4.52（a）］，并具有富钠的特征，在 An-Ab-Or 图上落入到英云闪长岩和奥长花岗岩区域［图 4.52（b）］。它们还具有类似弧岩浆岩的微量元素特征［图 4.52（c）］，以及高的 Sr/Y 值［> 40，图 4.52（d）］和高的 Sr 含量（> 460 ppm）。康琼岩体的这些地球化学特征表明其是埃达克岩。这些岩体具有比班公湖 – 怒江缝合带 MORB 更高的 $(^{87}Sr/^{86}Sr)_i$ 值（0.7050~0.7072）和更低的 $\varepsilon_{Nd}(t)$ 值［–0.79~1.95，图 4.52（e）］，锆石 $\delta^{18}O$ 类似正常地幔起源岩浆［5.2‰~5.6‰，图 4.52（f）］。

表 4.22　尼玛东部康琼岩体 SIMS 锆石 U-Pb 同位素分析结果（Yang et al.，2021）

样品 KQ02-2	同位素比值						同位素年龄 /Ma				元素含量		实测			备注
点号	$^{207}Pb/^{206}Pb$	±σ/%	$^{207}Pb/^{235}U$	±σ/%	$^{206}Pb/^{238}U$	±σ/%	$^{207}Pb/^{235}U$	±σ/%	$^{206}Pb/^{238}U$	±σ/%	Th/ppm	U/ppm	Th/U	$^{206}Pb/^{204}Pb$	f_{206}/%	
#01	0.04950	1.67	0.16162	3.74	0.0237	3.34	152.1	5.3	150.9	5.0	152	55	0.361	4894	0.38	
#02	0.04994	1.61	0.16107	3.78	0.0234	3.42	151.6	5.3	149.1	5.0	225	88	0.390	7929	0.24	
#03	0.04853	0.97	0.16320	1.95	0.0244	1.70	153.5	2.8	155.3	2.6	598	229	0.383	14489	0.13	
#04	0.04968	1.33	0.16776	2.31	0.0245	1.88	157.5	3.4	156.0	2.9	217	102	0.468	3275	0.57	
#05	0.04914	0.86	0.16424	2.18	0.0242	2.01	154.4	3.1	154.4	3.1	515	229	0.445	22995	0.08	边
#06	0.04892	1.38	0.16328	2.75	0.0242	2.38	153.6	3.9	154.2	3.6	300	145	0.485	7134	0.26	内
#07	0.04744	2.21	0.15906	3.04	0.0243	2.09	149.9	4.3	154.9	3.2	164	62	0.380	3874	0.48	
#08	0.04945	1.78	0.16752	2.64	0.0246	1.95	157.3	3.9	156.5	3.0	149	58	0.386	8980	0.21	
#09	0.05072	2.57	0.16834	3.38	0.0241	2.20	158.0	5.0	153.3	3.3	105	37	0.354	7446	0.25	内
#10	0.04676	2.20	0.15602	2.88	0.0242	1.86	147.2	4.0	154.1	2.8	188	80	0.424	3343	0.56	边
#11	*0.04983*	*1.36*	*0.15498*	*3.46*	*0.0226*	*3.18*	*146.3*	*4.7*	*143.8*	*4.5*	*321*	*122*	*0.382*	*10908*	*0.17*	*浑浊状*
#12	0.04948	1.59	0.16303	5.79	0.0239	5.57	153.4	8.3	152.2	8.4	117	49	0.416	5912	0.32	内
#13	*0.04593*	*4.18*	*0.15038*	*4.60*	*0.0237*	*1.93*	*142.2*	*6.1*	*151.3*	*2.9*	*232*	*98*	*0.421*	*972*	*1.92*	*边*
#14	0.04831	1.37	0.16551	2.26	0.0248	1.79	155.5	3.3	158.2	2.8	145	62	0.431	6490	0.29	
#15	0.04929	2.08	0.16792	3.07	0.0247	2.26	157.6	4.5	157.3	3.5	140	48	0.346	4251	0.44	内
#16	0.04609	2.45	0.15460	3.05	0.0243	1.82	146.0	4.2	154.9	2.8	348	139	0.400	3186	0.59	边
#19	0.04954	1.18	0.16325	2.37	0.0239	2.06	153.5	3.4	152.3	3.1	304	138	0.454	13277	0.14	
#20	0.04825	0.89	0.16121	2.41	0.0242	2.24	151.8	3.4	154.3	3.4	412	156	0.379	21181	0.09	内
#21	*0.04875*	*0.92*	*0.14940*	*2.41*	*0.0222*	*2.23*	*141.4*	*3.2*	*141.7*	*3.1*	*536*	*228*	*0.425*	*15999*	*0.12*	*边*
#22	0.04909	1.37	0.15979	2.93	0.0236	2.59	150.5	4.1	150.4	3.9	209	102	0.486	14877	0.13	

续表

样品 KQ02-2	同位素比值						同位素年龄 /Ma				元素含量		实测			备注
点号	$^{207}Pb/^{206}Pb$	±σ/%	$^{207}Pb/^{235}U$	±σ/%	$^{206}Pb/^{238}U$	±σ/%	$^{207}Pb/^{235}U$	±σ/%	$^{206}Pb/^{238}U$	±σ/%	Th/ppm	U/ppm	Th/U	$^{206}Pb/^{204}Pb$	f_{206}/%	
#01	*0.04699*	*9.24*	*0.14573*	*11.04*	*0.0225*	*6.03*	*138.1*	*14.4*	*143.4*	*8.6*	*132*	*55*	*0.417*	*1036*	*1.81*	*误差大*
#02	0.04966	2.40	0.16631	4.14	0.0243	3.37	156.2	6.0	154.7	5.2	314	126	0.402	5574	0.34	
#03	0.04716	3.93	0.16019	4.36	0.0246	1.88	150.9	6.1	156.9	2.9	163	78	0.479	1152	1.62	
#04	0.04921	2.62	0.15599	3.44	0.0230	2.23	147.2	4.7	146.5	3.2	487	250	0.514	3344	0.56	
#05	0.04915	2.51	0.16907	3.97	0.0249	3.08	158.6	5.8	158.9	4.8	352	159	0.450	3699	0.51	
#06	0.04833	2.68	0.15912	3.56	0.0239	2.34	149.9	5.0	152.1	3.5	366	357	0.976	3009	0.62	
#07	*0.05127*	*2.72*	*0.25375*	*3.82*	*0.0359*	*2.68*	*229.6*	*7.9*	*227.3*	*6.0*	*210*	*164*	*0.780*	*3047*	*0.61*	*误差大*
#08	0.04896	2.47	0.16168	3.33	0.0240	2.23	152.2	4.7	152.6	3.4	335	146	0.434	3540	0.53	
#09	0.04802	1.44	0.15729	2.33	0.0238	1.83	148.3	3.2	151.4	2.7	415	469	1.130	4150	0.45	
#10	0.04850	2.42	0.16597	3.37	0.0248	2.33	155.9	4.9	158.0	3.6	350	154	0.441	3212	0.58	
#11	0.04591	5.39	0.14750	5.81	0.0233	2.17	139.7	7.6	148.5	3.2	175	169	0.962	1183	1.58	
#12	*0.05042*	*6.06*	*0.15541*	*7.58*	*0.0224*	*4.54*	*146.7*	*10.4*	*142.5*	*6.4*	*196*	*88*	*0.448*	*1679*	*1.11*	*误差大*
#13	0.04917	1.04	0.16544	2.57	0.0244	2.35	155.5	3.7	155.4	3.6	541	261	0.482	11023	0.17	
#14	0.04835	1.35	0.16419	2.25	0.0246	1.81	154.4	3.2	156.9	2.8	400	195	0.486	13791	0.14	
#15	0.04975	3.65	0.15941	4.52	0.0232	2.67	150.2	6.3	148.1	3.9	94	65	0.696	2963	0.63	

注：f_{206} 为根据测得 ^{204}Pb 值估算的 ^{206}Pb 质量分数；斜体数据不用于平均年龄计算及作图。

表 4.23 尼玛东部康琼岩体主量（%）和微量元素（ppm）分析结果（Yang et al.，2021）

样品	KQ01-2	KQ01-3	KQ01-6	KQ01-1	KQ01-2C	KQ01-4	KQ01-5	KQ01-7	KQ02-1	KQ02-2	KQ02-3	KQ02-4	KQ02-5	KQ02-6	KQ02-7	KQ02-8	KQ02-9
经度	32°10.78′									32°10.78′							
纬度	88°10.80′									88°10.88′							
SiO_2	73.26	74.43	72.50	64.98	67.70	67.90	65.03	65.45	64.33	64.67	65.20	63.79	64.47	64.77	64.99	65.05	64.88
TiO_2	0.24	0.16	0.23	0.57	0.43	0.40	0.58	0.57	0.59	0.58	0.59	0.57	0.57	0.58	0.56	0.57	0.57
Al_2O_3	13.31	13.40	13.24	15.93	15.79	15.38	15.79	15.32	15.18	15.72	15.98	15.60	15.79	15.71	15.52	15.65	15.67
$Fe_2O_3^T$	1.40	1.30	1.83	3.70	2.53	4.11	3.57	3.74	3.06	2.94	2.67	2.75	2.75	3.22	2.52	2.86	2.62
MnO	0.07	0.05	0.07	0.16	0.08	0.11	0.07	0.08	0.07	0.07	0.05	0.08	0.09	0.08	0.06	0.09	0.06
MgO	0.76	0.49	0.73	2.45	1.70	1.47	2.61	2.20	3.22	2.98	2.94	2.54	2.97	2.99	2.75	2.92	2.89
CaO	2.24	1.45	1.70	4.87	4.07	3.58	4.61	3.85	5.39	5.12	5.29	4.87	5.40	5.32	4.78	4.82	5.27
Na_2O	3.53	3.73	3.20	4.62	5.16	4.87	4.60	4.53	5.55	5.14	4.69	7.02	5.23	4.29	5.17	5.08	5.11
K_2O	4.40	4.24	5.93	2.05	1.86	1.57	1.99	2.86	2.10	2.14	2.10	2.03	2.03	2.26	2.58	2.27	2.32
P_2O_5	0.04	0.03	0.05	0.11	0.10	0.10	0.12	0.11	0.13	0.14	0.14	0.12	0.13	0.13	0.13	0.13	0.13
烧失量	0.17	0.18	0.19	0.47	0.29	0.36	0.54	0.62	0.43	0.35	0.38	0.53	0.34	0.35	0.33	0.55	0.35
总量	99.42	99.46	99.66	99.90	99.71	99.84	99.52	99.33	100.04	99.85	100.03	99.90	99.76	99.70	99.38	99.99	99.86
$Mg^{\#}$	0.52	0.43	0.44	0.57	0.57	0.41	0.59	0.54	0.68	0.67	0.69	0.65	0.68	0.65	0.68	0.67	0.69
Sc	3.79	2.85	3.51	9.06	6.39	5.88	8.96	7.65	9.02	8.69	8.66	8.59	8.77	8.46	8.79	8.56	8.63
V	18.4	11.7	16.1	58.9	38.1	40.6	56.0	49.3	58.1	56.1	55.4	54.3	54.8	54.2	53.1	54.2	53.5
Cr	37.7	31.5	40.7	78.3	60.9	71.6	82.1	63.6	101	117	98.0	110	117	109	95.5	86.2	100
Mn	547	358	524	1329	627	805	575	658	539	543	407	588	652	583	413	649	472
Co	2.56	2.54	3.63	13.53	5.23	9.94	12.5	9.21	7.89	8.89	7.19	7.27	7.80	7.74	6.71	7.70	7.34
Ni	9.82	9.51	11.0	46.8	27.2	28.0	51.4	37.0	55.1	53.5	45.3	51.1	55.3	47.9	51.1	45.7	44.4
Cu	10.5	7.6	14.4	11.0	9.81	41.7	11.0	7.98	13.6	14.3	18.6	10.3	15.7	24.6	11.1	11.0	17.0
Zn	25.4	18.7	24.6	77.2	34.0	67.7	42.0	35.0	37.7	33.3	29.2	30.9	35.9	31.6	30.2	37.4	32.0
Ga	13.2	13.3	13.1	18.6	16.0	16.0	17.6	16.1	15.8	17.1	16.4	16.6	16.5	15.9	15.8	15.9	15.9
Ge	1.12	1.02	1.08	1.47	1.13	1.40	1.30	1.41	1.41	1.29	1.20	1.27	1.16	1.29	1.10	1.22	1.14
Rb	167	160	185	62.1	50.5	55.6	73.8	90.2	57.1	70.8	60.4	59.8	55.2	65.0	69.1	66.8	61.0

续表

样品	KQ01-2	KQ01-3	KQ01-6	KQ01-1	KQ01-2C	KQ01-4	KQ01-5	KQ01-7	KQ02-1	KQ02-2	KQ02-3	KQ02-4	KQ02-5	KQ02-6	KQ02-7	KQ02-8	KQ02-9
Sr	328	223	328	627	573	460	567	529	909	1097	974	636	824	720	877	795	868
Y	11.8	9.24	10.7	12.9	10.3	9.5	13.1	13.3	12.9	12.9	12.7	12.4	12.7	12.7	13.0	12.6	12.7
Zr	82.3	74.7	94.8	126	108	111	132	134	138	132	133	122	128	129	121	122	129
Nb	11.6	8.68	10.0	11.5	9.31	8.52	11.0	13.4	10.4	11.0	11.0	10.8	10.6	10.7	10.9	10.8	10.7
Cs	2.13	2.42	1.90	1.43	1.02	1.89	1.55	2.10	1.02	1.11	1.22	1.23	0.718	1.09	0.830	1.14	0.78
Ba	402	325	444	654	460	421	569	546	434	494	562	477	461	551	525	507	480
La	15.7	20.0	16.7	14.8	15.9	21.9	12.7	20.7	12.1	13.0	15.2	14.0	13.5	16.2	9.50	14.9	12.7
Ce	31.8	33.4	30.9	28.4	29.4	38.5	24.3	34.4	24.8	26.3	28.7	29.6	26.6	30.1	21.2	29.4	25.1
Pr	3.45	3.28	3.24	3.25	3.30	4.25	2.92	3.67	3.04	3.18	3.28	3.43	3.17	3.47	2.81	3.35	3.11
Nd	11.4	10.4	10.9	12.7	12.0	14.7	11.5	13.5	12.1	12.2	12.7	13.0	12.4	13.2	11.7	12.8	12.1
Sm	2.12	1.74	1.99	2.59	2.32	2.56	2.51	2.60	2.65	2.64	2.63	2.59	2.58	2.65	2.63	2.63	2.57
Eu	0.34	0.33	0.39	0.93	0.69	0.66	0.88	0.81	0.74	0.81	0.79	0.81	0.80	0.79	0.74	0.79	0.78
Gd	1.94	1.62	1.85	2.49	2.16	2.24	2.47	2.51	2.54	2.49	2.55	2.54	2.53	2.60	2.49	2.53	2.43
Tb	0.30	0.24	0.29	0.38	0.32	0.30	0.39	0.38	0.39	0.39	0.39	0.38	0.38	0.39	0.39	0.38	0.38
Dy	1.84	1.44	1.73	2.24	1.79	1.70	2.27	2.24	2.27	2.25	2.23	2.22	2.25	2.28	2.30	2.26	2.23
Ho	0.39	0.30	0.36	0.44	0.36	0.33	0.46	0.45	0.45	0.45	0.44	0.44	0.45	0.45	0.45	0.45	0.44
Er	1.13	0.92	1.03	1.22	0.98	0.90	1.24	1.25	1.24	1.22	1.21	1.21	1.20	1.22	1.23	1.22	1.20
Tm	0.18	0.15	0.16	0.17	0.15	0.13	0.18	0.19	0.18	0.17	0.18	0.17	0.18	0.17	0.18	0.18	0.17
Yb	1.29	1.05	1.09	1.15	0.95	0.89	1.19	1.26	1.15	1.16	1.14	1.13	1.10	1.15	1.17	1.14	1.12
Lu	0.21	0.17	0.17	0.18	0.15	0.14	0.19	0.20	0.18	0.18	0.18	0.17	0.18	0.18	0.18	0.18	0.18
Hf	2.75	2.51	3.05	3.19	2.82	2.95	3.36	3.46	3.36	3.27	3.32	3.11	3.14	3.22	3.08	3.06	3.21
Ta	1.33	1.06	1.21	0.79	0.72	0.72	0.79	1.04	0.72	0.78	0.78	0.77	0.74	0.75	0.78	0.77	0.75
Pb	14.4	11.1	11.5	27.5	10.0	40.7	11.2	8.38	6.74	6.91	4.76	5.70	7.10	6.07	5.91	15.2	5.7
Th	21.9	23.1	13. 4	5.38	6.07	6.46	5.28	8.80	5.15	5.70	5.61	5.15	5.57	5.30	5.92	5.56	5.53
U	2.34	2.32	2.28	0.99	0.95	0.91	0.98	1.19	1.32	1.37	1.25	1.29	1.29	1.20	1.32	1.28	1.25

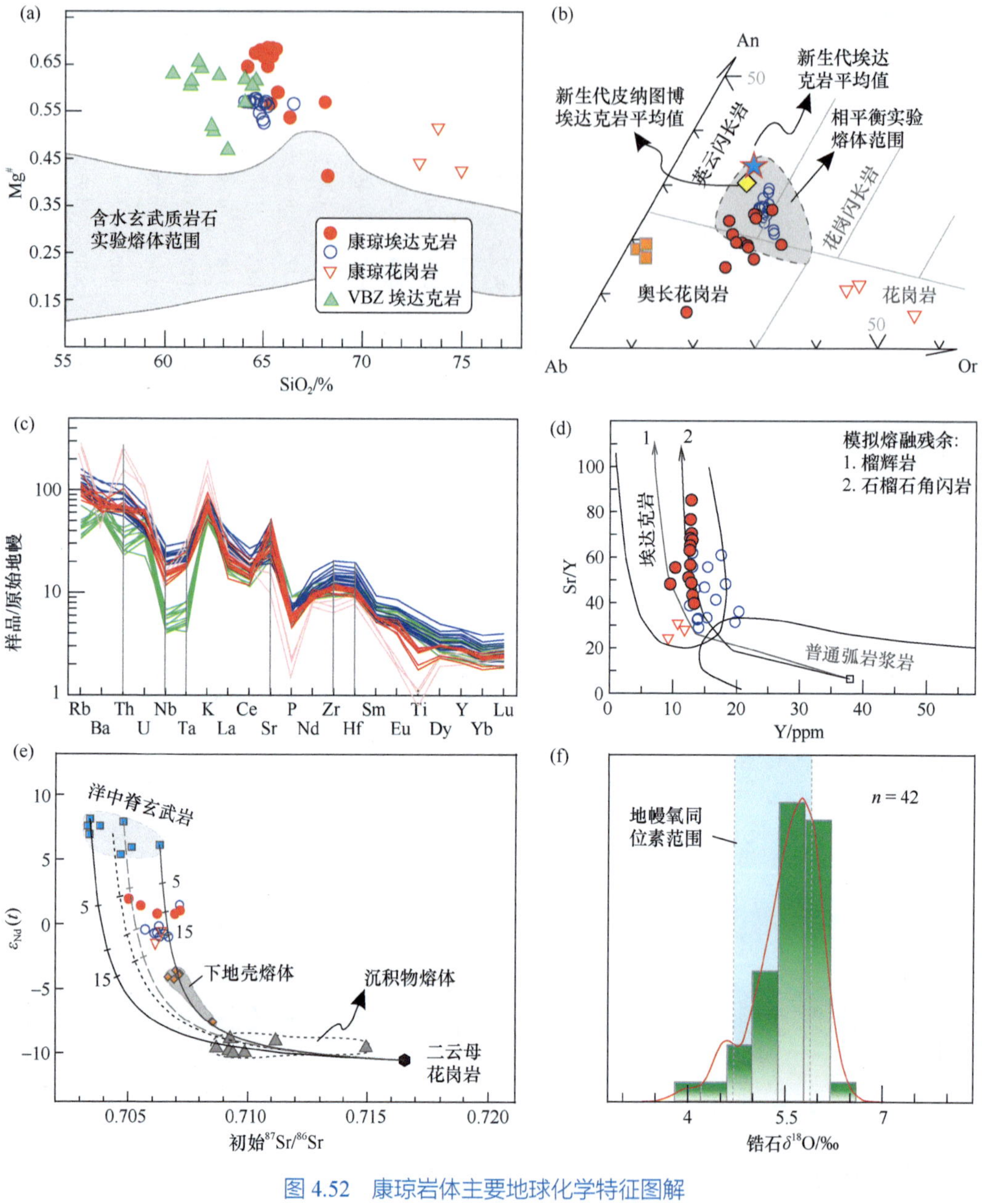

图 4.52　康琼岩体主要地球化学特征图解

(a) 岩石 $Mg^{\#}$-SiO_2 图，代表俯冲洋壳熔体的墨西哥中部晚新生代 Valle de Bravo-Zitacuaro 火山岩（VBZ）用作对比（Gómez-Tuena et al.，2007）；(b) 全岩标准矿物 An-Ab-Or 分类图，菲律宾皮纳图博英安岩质埃达克岩和富水相平衡实验熔体范围据 Prouteau 等（1999），新生代埃达克岩平均值据 Drummond 等（1996），橙黄色方块代表来自加州 Catalina Schist 地体的伟晶状奥长花岗岩（Sorensen，1988）；(c) 原始地幔标准化微量元素配分图，原始地幔值据 Sun 和 McDonough（1989）；(d) Sr/Y-Y 分类图，曲线 1 和 2 分别代表洋壳熔融残余为榴辉岩和石榴石角闪岩对应的熔体成分趋势线（据 Drummond et al.，1996）；(e) 全岩 Sr-Nd 同位素图，班公湖－怒江缝合带内洋中脊玄武岩数据据 Wang 等（2016），安多西部约 162 Ma 的高镁安山岩代表沉积物熔体（Zeng et al.，2016），改则地区的晚侏罗世花岗闪长岩代表下地壳熔体（Hao et al.，2019），羌塘中部奥陶纪二云母花岗岩代表羌塘古老地壳（Hu et al.，2015）；(f) 锆石 O 同位素直方图晚侏罗世康琼埃达克岩不是俯冲洋壳直接熔融形成，这些岩石具有比班公湖 – 怒江缝合带 MORB 更富集的 Sr-Nd 同位素组成，且它们还具有比正常 MORB 更高的 Th/Ce 和 Th/La 值（＞ 0.3）。加厚陆壳或拆沉陆壳熔融也不可能是康琼埃达克岩形成的途径。它们常发生在碰撞后环境，最近的古地磁、沉积、构造和岩浆岩证据表明（Kapp and DeCelles，2019；Lai et al.，2019；Cao et al.，2020；Fan et al.，2021），班公湖 – 怒江缝合带代表的洋盆在早白垩世初期才闭合。康琼埃达克岩明显高于玄武质岩石直接熔融形成的熔体的 $Mg^{\#}$［图 4.52（a）］，指示它们不可能是加厚地壳熔融形成。康琼埃达克岩不可能是分离结晶作用形成。野外露头尺度上，该岩体缺乏与之相伴的更偏基性的岩石单元，且它们的主量元素变化较小，其 Sr/Y 和球粒陨石标准化 Dy/Yb 值也并未随分异程度增加而升高（图 4.53）。

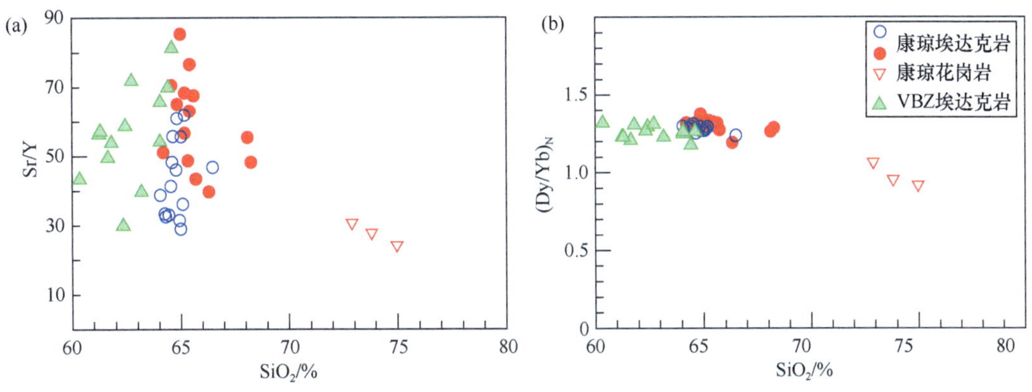

图 4.53　康琼埃达克岩典型地球化学特征与岩浆分异程度关系图解

（a）Sr/Y-SiO_2；（b）球粒陨石标准化 $(Dy/Yb)_N$-SiO_2

康琼埃达克岩类似大陆地壳的特征指示，其源区有陆壳物质加入。这些岩石的 $(^{87}Sr/^{86}Sr)_i$ 值不随 MgO 含量降低而升高，且 $\varepsilon_{Nd}(t)$ 值也没有随 SiO_2 含量升高而降低［图 4.54（a）和（b）］，这指示埃达克岩富集的 Sr-Nd 同位素特征不是岩浆上升过程中混染地壳所致。它们的 K_2O 含量和 K_2O/Na_2O 值低于沉积物熔体相应值［图 4.54（c）和（d）］，以及类似地幔锆石的 O 同位素值一致表明，它们不是由沉积物熔融形成。康琼埃达克岩的 Pb 同位素却部分地与南羌塘下地壳相似，以及这些埃达克岩高的 $Mg^{\#}$ 反映了熔体穿过地幔时混染地幔的特征，这暗示康琼埃达克岩浆源区包含一定量的上部板块陆壳物质。

康琼地区的晚侏罗世埃达克岩浆可能是水致熔融形成的［图 4.55（a）］。岩石中广泛存在的富水镁铁质斑晶矿物相指示岩浆具有较高的 H_2O 含量。康琼埃达克岩具有富钠、高 Sr 含量和 Eu 弱异常的特征表明，源岩熔融时斜长石应是很少出现的残余矿物，这暗示熔融发生在具有高 H_2O 含量条件下。这些岩石的全岩 Zr 含量较低（74.7~138 ppm），对应的 Zr 饱和温度介于 690~740℃之间，这明显低于玄武质岩石在弧下地幔深度脱水熔融温度，这也从一个侧面反映了有流体参与的熔融。俯冲板片在弧前俯冲深度时，由于变质作用将释放俯冲板片携带的绝大部分 H_2O 等挥发分（Tonarini et al.，

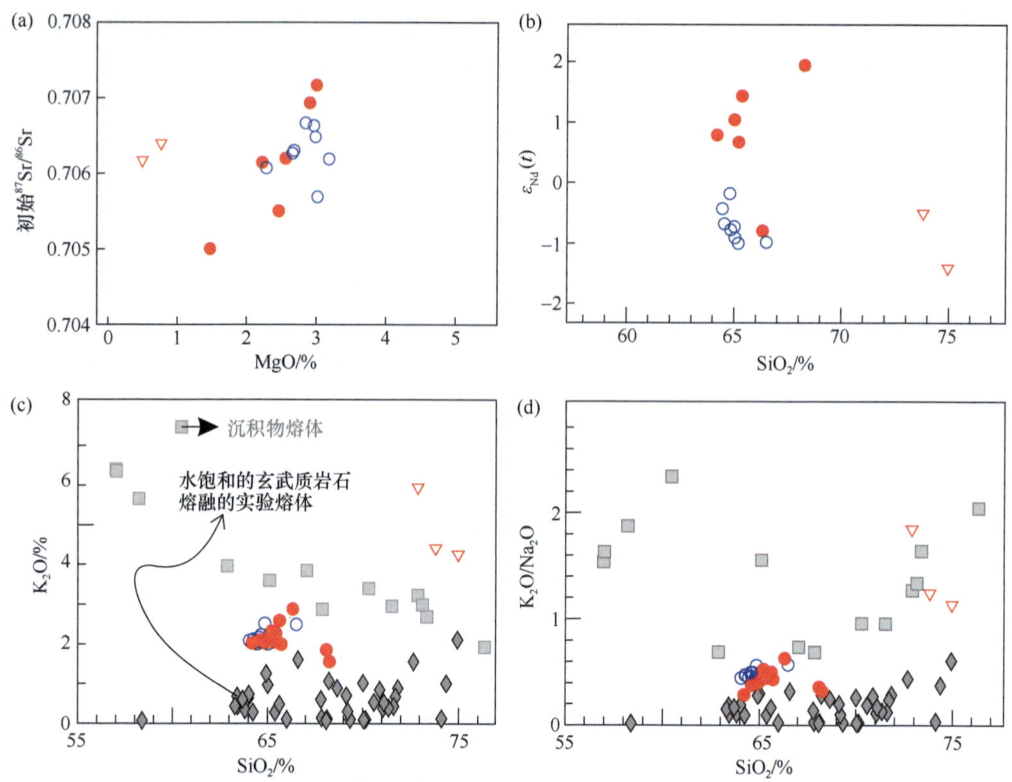

图 4.54 康琼埃达克岩的陆源特征起源图解

（a）全岩初始 $^{87}Sr/^{86}Sr$ 与 MgO；（b）$\varepsilon_{Nd}(t)$ 与 SiO_2；（c）K_2O 和（d）K_2O/Na_2O 与 SiO_2。沉积物熔体（Johnson and Plank，2000）具有比康琼埃达克岩更高的 K_2O 和 K_2O/Na_2O 值，水饱和玄武质岩石熔融形成的熔体（Beard and Lofgren，1991）相应值更低

表 4.24 尼玛东部康琼岩体全岩 Sr-Nd 同位素分析结果（Yang et al.，2021）

样品	KQ01-2	KQ01-3	KQ01-1	KQ01-4	KQ01-7	KQ02-2	KQ02-4	KQ02-9
Rb/ppm	167.1	160.1	62.05	55.62	90.19	70.84	59.76	60.95
Sr/ppm	327.8	223.4	627.1	460	528.8	1096.5	635.7	867.6
$^{87}Rb/^{86}Sr$	1.476	2.0751	0.2865	0.3501	0.493861889	0.1871	0.2722	0.2034
$^{87}Sr/^{86}Sr$	0.709635	0.710719	0.706136	0.705777	0.707230	0.707585	0.706799	0.707386
2 SE	0.000008	0.000009	0.000007	0.000008	0.000009	0.000008	0.000008	0.000008
$(^{87}Sr/^{86}Sr)_i$	0.70640	0.70618	0.70551	0.70501	0.70615	0.70718	0.70620	0.70694
Sm/ppm	2.12	1.743	2.588	2.559	2.604	2.637	2.593	2.57
Nd/ppm	11.42	10.38	12.67	14.69	13.48	12.19	13.01	12.12
$(^{147}Sm/^{144}Nd)_s$	0.1122	0.1015	0.1235	0.1053	0.1168	0.1308	0.1205	0.1282
$(^{143}Nd/^{144}Nd)_m$	0.512527	0.512470	0.512638	0.512646	0.512517	0.512625	0.5126019	0.512604
2 SE	0.000005	0.000005	0.000005	0.000004	0.000003	0.000005	0.000004	0.000006
$(^{143}Nd/^{144}Nd)_i$	0.512414	0.512368	0.512514	0.512539	0.512399	0.512493	0.512481	0.512475
$\varepsilon_{Nd}(t)$	−0.50	−1.40	1.44	1.95	−0.79	1.05	0.79	0.68
T_{DM2}/Ma	986	1060	828	787	996	860	881	890

注：初始同位素比值计算中，Rb-Sr 半衰期 $\lambda=1.42\times10^{-11}$ a，Sm-Nd 半衰期 $\lambda=0.654\times10^{-13}$ a；t 为岩体加权平均年龄值 154 Ma。

表 4.25　尼玛东部康琼岩体 SIMS 锆石 O 同位素分析结果（Yang et al.，2021）

样品	KQ02-2		样品	KQ01-3	
点号	$\delta^{18}O$ /‰	2SE	点号	$\delta^{18}O$ /‰	2SE
#01	5.90	0.20	#01	5.80	0.28
#02	6.06	0.19	#02	5.94	0.35
#03	5.60	0.16	#03	5.34	0.28
#04	5.98	0.16	#04	5.51	0.19
#05	5.23	0.23	#05	4.04	0.24
#06	5.20	0.19	#06	6.21	0.26
#07	6.17	0.18	#07	5.59	0.26
#09	5.90	0.18	#09	4.52	0.16
#10	5.51	0.14	#10	5.41	0.23
#11	5.84	0.21	#11	5.45	0.22
#12	5.46	0.26	#12	7.65	0.14
#13	5.67	0.21	#13	4.76	0.21
#14	5.89	0.15	#14†	1.83	0.25
#15	5.79	0.19	#15	4.61	0.20
#16	4.61	0.17	#16	5.85	0.27
#17	5.45	0.23			
#18†	3.63	0.19			
#19	5.01	0.12			
#20	5.47	0.19			
#21	5.14	0.20			
#22	5.27	0.17			
#23	5.85	0.13			
#24	5.58	0.16			
#25	5.67	0.24			
#26	5.81	0.19			
#27	5.62	0.22			
#28	5.99	0.21			
#29	5.79	0.21			
#30	5.87	0.17			

注：† 异常值，可能分析中存在包裹体混染或锆石呈现浑浊状 CL 特征，它们不参与平均值计算和作图。

2011）。因此，康琼埃达克岩浆源区熔融所需的高 H_2O 含量暗示，弧前区域被俯冲板片释放流体而水化的上覆板块物质随俯冲进入其熔融源区。实验资料表明（Schmidt and Poli，1998），在水活度高于 0.6 时，玄武质岩石在 1.0~3.5 GPa 压力下当温度变化在 650~800℃之间可以发生熔融形成中性埃达克质岩浆（Prouteau et al.，1999）。康琼埃达克岩最高 Sr/Y 为 85，结合其低重稀土和 Y 含量，表明熔融发生在 1.5~2.5 GPa 的条件下（Laurie and Stevens，2012；Rapp and Watson，1995）。

康琼埃达克岩与班公湖－怒江缝合带之间的距离仅约 20 km，这显然不同于正常的弧沟间距，指示至少部分上覆板块地壳被俯冲板片刮削截切。假如这一距离是未经

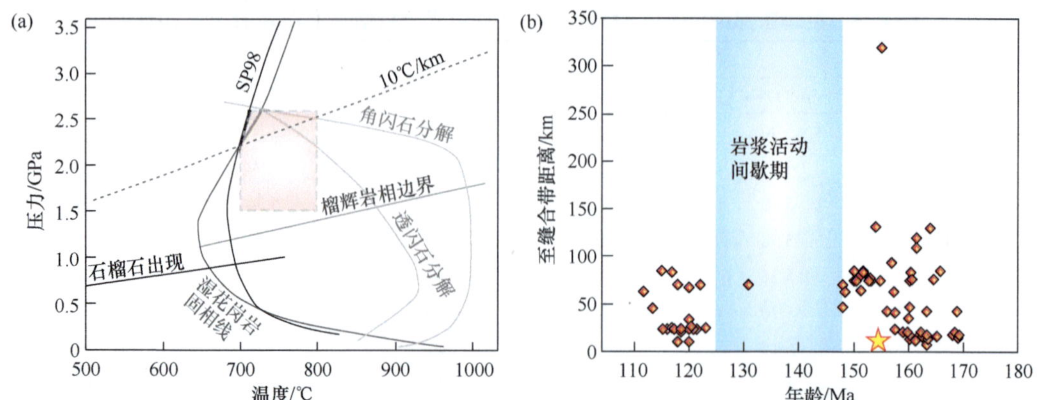

图 4.55 康琼埃达克岩浆源区熔融温度–压力范围（虚线界定的红色区域）(a) 和南羌塘侏罗纪—白垩纪岩浆活动时空分布图 (b)

左图中水饱和 MORB 固相线（SP98）和石榴石相边界线据 Schmidt 和 Poli（1998），其余矿物相分解界线等据 Drummond 等（1996）

后期构造改造的情况，按照典型弧岩浆源区约 120 km 熔融深度进行估算，则要求板片俯冲角度接近甚至超过 70°。然而，根据地球物理观测资料（Dzierma et al.，2011），即使在高角度（> 70°）活动俯冲带，弧岩浆岩与海沟之间的距离依然在约 120~150 km 之间。因此，高角度俯冲不是导致这种极短弧沟间距的主要原因。岩浆侵位后拉萨与羌塘地块之间的碰撞导致的地壳缩短也不足以解释这一异常现象，尼玛盆地的沉积–构造平衡剖面资料显示（Kapp et al.，2007），中–新生代时期的碰撞事件仅导致约 90 km 的地壳缩短。

俯冲带上覆板块弧前地壳受俯冲板片释放的流体水化，它们被俯冲截切并被带入弧下地幔岩浆源区，这能够很好地解释康琼埃达克岩浆具有富集的 Sr-Nd 同位素等陆壳特征，以及所需的高 H_2O 含量和极短的弧沟间距，反映了岩浆侵位之前的俯冲侵蚀，区域上的其他地质资料也与此解释相符：①区域上中晚侏罗世的岩浆岩分布数据显示，从约 170 Ma 到约 150 Ma 期间的岩浆岩具有随年龄逐渐变年轻而渐次向北迁移的趋势 [图 4.55（b）]；②南羌塘的残余弧前沉积碎屑锆石年龄显示（图 4.56），侏罗纪的碎屑沉积物中含有大量的早侏罗世末期和中–晚侏罗世的碎屑物质，但区域上早侏罗世的弧岩浆岩仅占很低比例；早白垩世初期的碎屑沉积岩以早白垩世碎屑物源为主导，而中–晚侏罗世的碎屑物质仅占很小比例，早侏罗世的碎屑物质贡献极低，这与美国西部 Catalina Schist 地体的碎屑物源变化规律高度类似，它被认为是俯冲侵蚀作用导致了早期弧岩浆岩被刮削从而在稍后沉积时期仅贡献极少的碎屑物质（Grove et al.，2008）；③中侏罗世早期和晚侏罗世早期，南羌塘的沉积记录反映了快速的沉降作用（Ma et al.，2017b；吴珍汉等，2020），也与俯冲侵蚀导致的俯冲带上覆板块地壳减薄相一致（Vannucchi et al.，2013）；④弧岩浆前锋向陆内逐渐迁移并继之以岩浆沉寂期，以及埃达克质岩浆形成的现象和南美洲 Chilean-Pampean 平板俯冲区类似（Goss et al.，2013），可能反映了相比普通洋壳具有更高浮力的洋壳和 / 或具有正高地形特征的洋壳

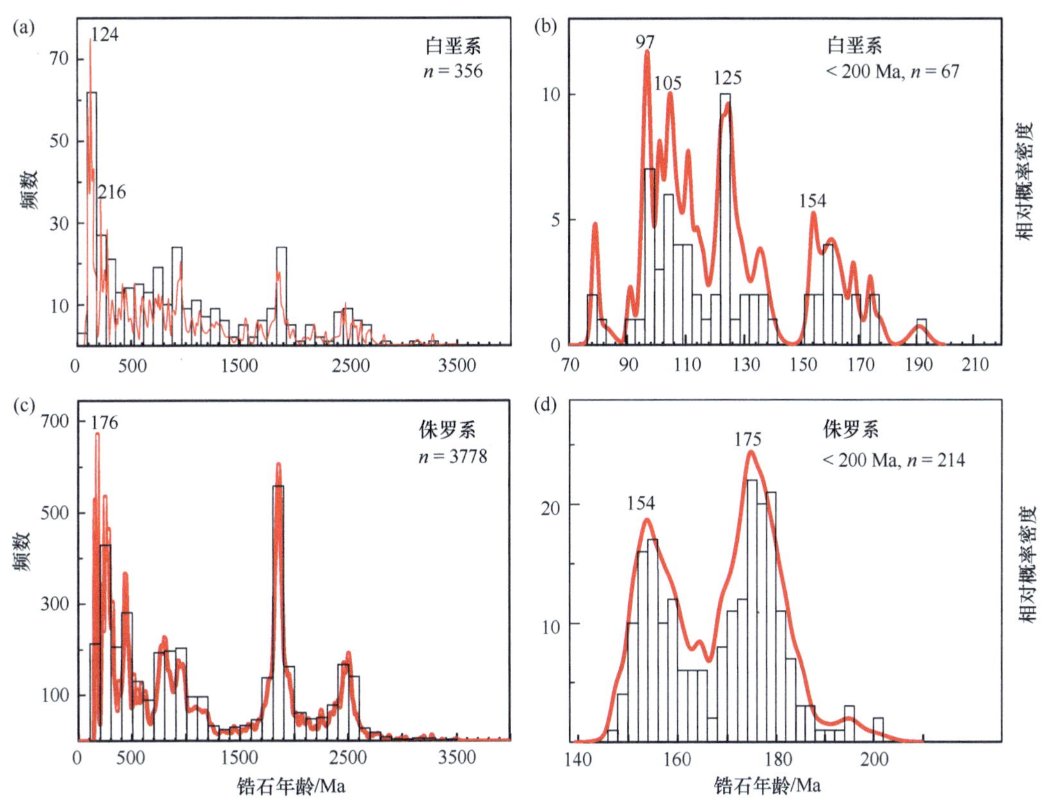

图 4.56　羌塘地块南缘侏罗—白垩纪碎屑沉积岩碎屑锆石 U-Pb 年龄概率密度图

碎屑锆石年代学数据来自 Huang 等（2017）、Li 等（2017a，b）和 Ma 等（2017b）

（海山链、大洋高原等）俯冲（图 4.57）。这种具有巨大正高地形特征的洋壳俯冲，将导致地幔楔逐渐缩小乃至消失，从而使得弧岩浆前锋逐渐朝内陆迁移，并使得弧岩浆活动最终停滞，同时还使得弧前被截切导致出现弧岩浆岩与俯冲海沟之间的极短空间距离（Kopp et al.，2006）。

因此，羌塘南缘晚侏罗世康琼埃达克岩的形成与俯冲侵蚀作用有关，为消亡俯冲带的俯冲侵蚀作用提供了首个岩石学证据。它与新生代活动俯冲带的大量实例共同表明（Bourgois et al.，1996；von Huene et al.，2004），俯冲侵蚀是洋 – 陆俯冲构造启动以后一种广泛存在的现象，是地壳物质循环的一种重要方式。

4.4.2　南羌塘尼玛县虾别错 – 甲热布错地区早白垩世花岗岩

尼玛县北部虾别错 – 甲热布错地区发育早白垩世花岗岩（Kapp et al.，2007），出露面积约 500 km^2，侵入到侏罗纪沉积岩中（图 4.58）。该岩体主要由中粗粒含角闪石黑云母花岗岩构成，其主要造岩矿物为中粗粒碱性长石、石英和斜长石，暗色矿物以黑云母为主，角闪石次之，副矿物见有锆石、磷灰石、褐帘石等。呈等粒状或似斑状结构，块状构造。空间上与暗色细粒包体相近的为出露面积很少的花岗闪长岩，其

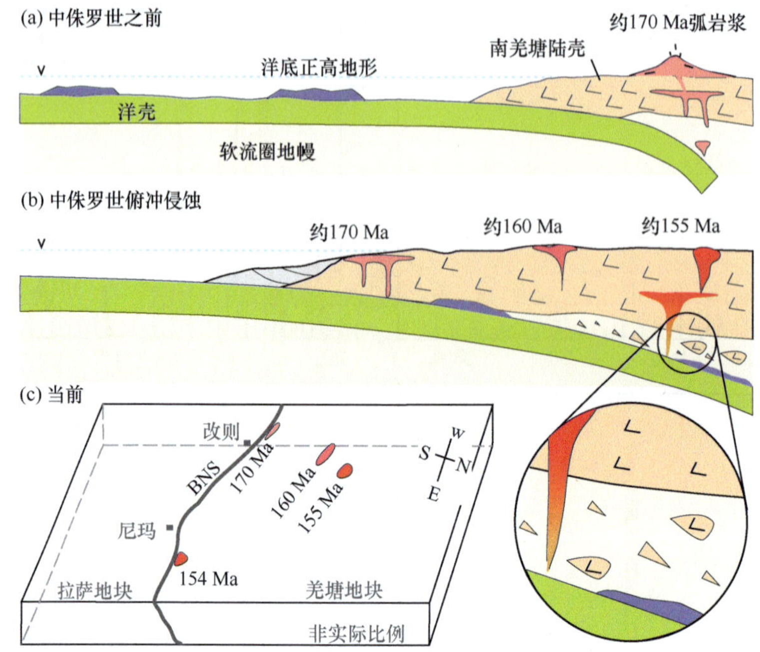

图 4.57 羌塘南缘侏罗纪俯冲侵蚀模式图［据 von Huene 等（2004）改绘］

（a）早侏罗世时，正常洋壳俯冲形成了约 170 Ma 之前的弧岩浆岩；（b）从约 170 Ma 至 150 Ma 期间，可能由于俯冲洋壳之上存在巨大正高地形进入俯冲带，被截切部分的弧前水化地壳进入弧下地幔发生熔融形成康琼埃达克岩，具有巨大正高地形的洋壳俯冲使得俯冲角度逐渐变缓，导致弧岩浆前锋逐渐向陆内迁移和约 150 Ma 之后的岩浆宁静期；（c）弧前地壳截切导致了现今的康琼埃达克岩与缝合带之间极短的空间距离

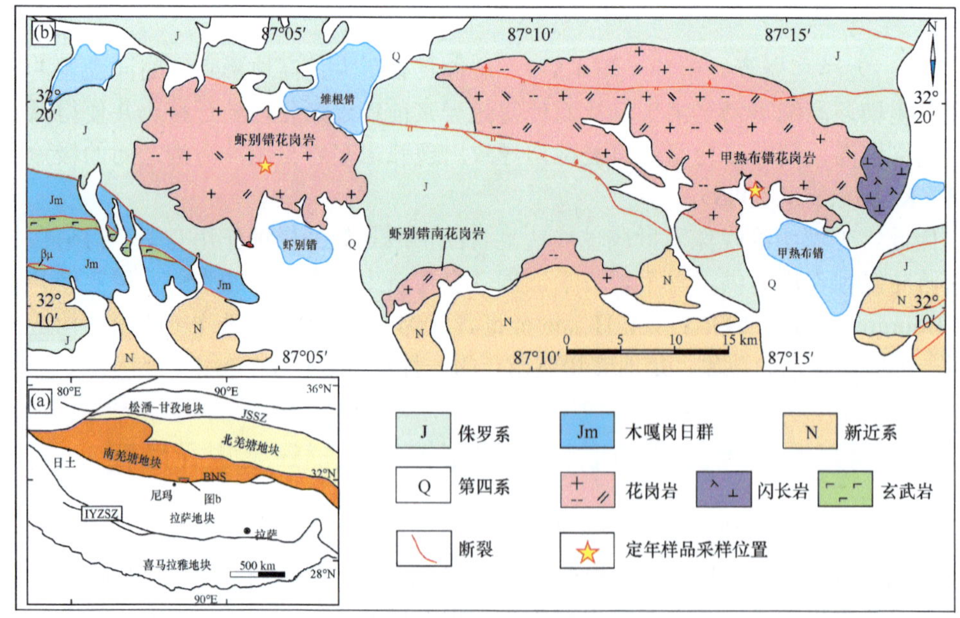

图 4.58 尼玛北部区域简化地质图

（a）青藏高原主要地质单元简图；（b）虾别错－甲热布错地区地质图。（a）中字母缩写为：BNS. 班公湖－怒江缝合带；JSSZ. 金沙江缝合带；IYZSZ. 印度－雅鲁藏布江缝合带

中石英含量相对含角闪石黑云母花岗岩较少，而含有更高比例的斜长石、角闪石和黑云母［图 4.59（a）～（c）］。砖红色细粒正长花岗岩出露面积有限，其具有比含角闪石黑云母花岗岩更高比例的石英和碱性长石，暗色矿物以黑云母为主，其含量约为 5%~10%［图 4.59（d）］，角闪石很少。岩体中还见有一些宽度不足 5 cm 的酸性岩脉，主要由碱性长石和石英构成，暗色矿物仅见极少量的细小黑云母，未见有角闪石。寄主花岗岩和包体都没有明显的变形特征。

图 4.59 虾别错－甲热布错花岗岩野外和岩相学特征

（a）和（b）包体和寄主花岗岩之间不同的接触界线，左图中包体边缘稍微弯曲，偶见长石晶体横跨包体与寄主花岗岩边界，暗色细粒包体中见有数量不等的外源性长石、石英晶体，右图中包体具有较为平直边界；（c）含角闪石黑云母花岗岩的中粗粒结构；（d）细粒正长花岗岩。矿物缩略词：Amp. 角闪石；Bt. 黑云母；Kf. 碱性长石；Pl. 斜长石；Qtz. 石英

岩体中还见有分布不均、大小不等的暗色细粒包体。它们呈椭圆状或水滴状，其与寄主岩石边界从较为平直的截然接触到弯曲的都有发现［图 4.59（a）和（b）］，包体中还见有少量粒径明显比其他矿物粒径粗大的长石或石英晶体，最大可达 5 cm。包体具细粒结构，主要矿物粒径小于 1 mm。它们在角闪石黑云母花岗岩中较为多见，而在砖红色细粒正长花岗岩中则相对较少。野外露头上，该岩体中没有围岩捕虏体。虾别错岩体最南端发育少量灰白色花岗斑岩（详见后文）。

该岩体各岩相单元的锆石 U-Pb 定年结果（表 4.26）表明，包体和寄主花岗岩具有一致的锆石 U-Pb 年龄（约 120 Ma），指示岩浆侵位于早白垩世。

表 4.26 尼玛北部虾别错–甲热布错花岗岩和暗色包体锆石 U-Pb 定年结果（Yang et al., 2019a）

样品及点号	元素含量			同位素比值						同位素年龄 /Ma						f_{206}/%
	U/ppm	Th/ppm	Th/U	$^{207}Pb/^{206}Pb$	±σ/%	$^{207}Pb/^{235}U$	±σ/%	$^{206}Pb/^{238}U$	±σ/%	$^{207}Pb/^{206}Pb$	±σ	$^{207}Pb/^{235}U$	±σ	$^{206}Pb/^{238}U$	±σ	
15ZB118-2，暗色包体；分析仪器：SIMS																
#01 边	2356	592	0.251	0.04857	0.65	0.12880	1.67	0.0192	1.53	127.0	15.3	123.0	1.9	122.8	1.9	0.05
#02 内	1079	326	0.302	0.04964	0.97	0.12714	1.89	0.0186	1.62	177.9	22.4	121.5	2.2	118.7	1.9	0.13
#03 内	764	427	0.559	0.04836	1.30	0.12353	2.03	0.0185	1.56	117.2	30.3	118.3	2.3	118.3	1.8	0.10
#04 边	2171	486	0.224	0.04838	0.63	0.12669	1.71	0.0190	1.59	117.7	14.8	121.1	2.0	121.3	1.9	0.04
#05 边	4881	1657	0.340	0.04871	0.38	0.12793	1.64	0.0190	1.60	134.0	9.0	122.2	1.9	121.6	1.9	0.01
#06 内	1754	880	0.502	0.04875	0.76	0.12695	1.70	0.0189	1.52	136.0	17.7	121.4	1.9	120.6	1.8	0.37
#07	4300	1052	0.245	0.04860	0.55	0.12802	1.61	0.0191	1.52	128.3	13.0	122.3	1.9	122.0	1.8	0.05
#08 内	1976	580	0.293	0.04805	0.60	0.12829	1.62	0.0194	1.51	101.6	14.1	122.6	1.9	123.6	1.8	0.02
#09 边	1158	418	0.361	0.04995	5.28	0.12272	5.51	0.0178	1.56	192.5	118.4	117.5	6.1	113.9	1.8	3.83
#10 内	5013	1758	0.351	0.04919	1.00	0.12881	1.83	0.0190	1.53	156.7	23.3	123.0	2.1	121.3	1.8	0.33
#11	2211	716	0.324	0.04878	1.07	0.12697	1.85	0.0189	1.51	137.4	25.0	121.4	2.1	120.6	1.8	0.44
#12	3775	964	0.255	0.04874	0.55	0.12822	1.66	0.0191	1.57	135.4	12.9	122.5	1.9	121.8	1.9	0.01
#13 内	6166	2270	0.368	0.04865	0.44	0.12992	1.66	0.0194	1.61	131.0	10.2	124.0	1.9	123.7	2.0	0.12
#14 边	1187	454	0.382	0.04856	1.11	0.12728	1.90	0.0190	1.54	126.5	26.0	121.7	2.2	121.4	1.9	0.03
#15 内	2234	1030	0.461	0.04879	0.79	0.13231	2.50	0.0197	2.37	137.6	18.4	126.2	3.0	125.6	3.0	0.08
#16 边	2932	901	0.307	0.04879	3.02	0.12221	3.37	0.0182	1.50	137.8	69.4	117.1	3.7	116.1	1.7	0.46
#17	4803	1566	0.326	0.04833	2.93	0.12332	3.31	0.0185	1.53	115.7	67.8	118.1	3.7	118.2	1.8	0.62
#18	2522	747	0.296	0.04898	0.52	0.12607	1.62	0.0187	1.54	147.0	12.2	120.6	1.8	119.2	1.8	0.01
#19 边	2337	715	0.306	0.04838	0.79	0.12383	1.72	0.0186	1.52	117.8	18.5	118.5	1.9	118.6	1.8	0.07
#20 内	5328	2582	0.485	0.04932	0.60	0.12437	1.62	0.0183	1.51	163.1	14.1	119.0	1.8	116.8	1.7	0.05
#21	2421	835	0.345	0.04848	0.63	0.12717	1.63	0.0190	1.50	122.6	14.8	121.6	1.9	121.5	1.8	0.03

续表

样品及点号	元素含量			同位素比值						同位素年龄 /Ma						f_{206}/%
	U/ppm	Th/ppm	Th/U	$^{207}Pb/^{206}Pb$	±σ/%	$^{207}Pb/^{235}U$	±σ/%	$^{206}Pb/^{238}U$	±σ/%	$^{207}Pb/^{206}Pb$	±σ	$^{207}Pb/^{235}U$	±σ	$^{206}Pb/^{238}U$	±σ	
15ZB118-2，暗色包体；分析仪器：SIMS																
#22 内	1001	471	0.471	0.05665	1.28	0.14562	2.70	0.0186	2.38	478.0	28.1	138.0	3.5	119.1	2.8	2.42
#23 边	1196	432	0.362	0.04813	38.75	0.12618	38.78	0.0190	1.56	105.7	725.2	120.7	45.1	121.4	1.9	9.36
15ZB118-7，花岗岩；分析仪器：SIMS																
#01	3208	940	0.29	0.04864	0.47	0.13252	1.58	0.0198	1.51	130.7	11.0	126.4	1.9	126.1	1.9	0.03
#02	2186	676	0.31	0.04834	0.58	0.12670	1.62	0.0190	1.52	116.1	13.6	121.1	1.9	121.4	1.8	0.04
#03	613	235	0.38	0.04882	1.09	0.12697	2.14	0.0189	1.84	139.0	25.4	121.4	2.4	120.5	2.2	0.11
#04	938	849	0.90	0.04879	0.84	0.12499	1.74	0.0186	1.52	137.9	19.7	119.6	2.0	118.7	1.8	0.02
#05	2044	652	0.32	0.04845	0.68	0.12762	1.71	0.0191	1.57	121.3	15.9	122.0	2.0	122.0	1.9	0.04
#06	987	530	0.54	0.04793	0.91	0.12616	1.88	0.0191	1.64	96.1	21.3	120.6	2.1	121.9	2.0	0.15
#07	3632	1009	0.28	0.04858	0.44	0.12644	1.57	0.0189	1.51	127.6	10.3	120.9	1.8	120.6	1.8	0.04
#08	1892	652	0.34	0.04829	0.61	0.12716	1.62	0.0191	1.51	113.6	14.3	121.5	1.9	121.9	1.8	0.05
#09	1514	539	0.36	0.04919	0.73	0.12890	1.70	0.0190	1.54	156.7	17.0	123.1	2.0	121.4	1.8	0.07
#10	2400	1050	0.44	0.04935	0.50	0.12679	1.58	0.0186	1.50	164.3	11.7	121.2	1.8	119.0	1.8	0.53
#11	1241	515	0.41	0.04832	0.76	0.12678	1.70	0.0190	1.52	114.8	17.9	121.2	1.9	121.5	1.8	0.06
#12	5780	2178	0.38	0.04848	3.71	0.12535	4.10	0.0188	1.73	122.8	85.2	119.9	4.6	119.8	2.1	0.36
#13	2009	1030	0.51	0.04888	0.69	0.12889	1.68	0.0191	1.53	142.3	16.2	123.1	1.9	122.1	1.8	0.21
#14	1289	536	0.42	0.04834	0.74	0.12652	1.70	0.0190	1.53	116.2	17.3	121.0	1.9	121.2	1.8	0.04
#15	1168	436	0.37	0.04848	1.03	0.12529	1.87	0.0187	1.56	122.9	24.1	119.9	2.1	119.7	1.9	0.07
#16	5840	2053	0.35	0.04874	0.39	0.13226	1.55	0.0197	1.50	135.3	9.2	126.1	1.8	125.6	1.9	0.10

续表

样品及点号	元素含量			同位素比值						同位素年龄 /Ma						f_{206}/%
	U/ppm	Th/ppm	Th/U	$^{207}Pb/^{206}Pb$	±σ/%	$^{207}Pb/^{235}U$	±σ/%	$^{206}Pb/^{238}U$	±σ/%	$^{207}Pb/^{206}Pb$	±σ	$^{207}Pb/^{235}U$	±σ	$^{206}Pb/^{238}U$	±σ	
16NM11-1，花岗岩；分析仪器：LA-ICP-MS																
#01	1120	861	0.77	0.04750	0.00195	0.12399	0.00491	0.0189	0.00030	73.8	95.52	118.7	4.44	120.7	1.91	98
#02	338	73	0.22	0.05068	0.00369	0.13239	0.00916	0.01891	0.00049	226.4	160.09	126.2	8.21	120.8	3.13	96
#03	1028	284	0.28	0.05070	0.00186	0.13255	0.00473	0.01893	0.00028	227.1	82.66	126.4	4.24	120.9	1.76	95
#04	872	278	0.32	0.05304	0.00214	0.13869	0.0054	0.01893	0.00030	330.5	88.89	131.9	4.82	120.9	1.92	91
#05	788	423	0.54	0.06038	0.00270	0.14890	0.00629	0.01785	0.00034	617.3	93.58	140.9	5.56	114.1	2.16	77
#06	1021	412	0.40	0.04999	0.00178	0.13062	0.00456	0.01892	0.00027	194.3	80.7	124.7	4.09	120.8	1.68	97
#07	1272	415	0.33	0.09897	0.00270	0.24679	0.00666	0.01805	0.00023	1604.9	50.03	224	5.42	115.3	1.47	6
#08	866	414	0.48	0.06049	0.00221	0.15768	0.00561	0.01887	0.00029	621	77.02	148.7	4.92	120.5	1.82	77
#09	646	440	0.68	0.04963	0.00220	0.12953	0.00559	0.0189	0.00030	177.8	100.03	123.7	5.02	120.7	1.93	98
#10	725	213	0.29	0.05532	0.00220	0.14440	0.0056	0.0189	0.00029	425.2	86.01	137	4.97	120.7	1.84	86
#11	2132	630	0.30	0.10631	0.00315	0.27679	0.00824	0.01885	0.00025	1737.1	53.33	248.1	6.55	120.4	1.6	-6
#12	1030	441	0.43	0.05254	0.00191	0.13717	0.00498	0.01891	0.00026	309.1	80.49	130.5	4.45	120.7	1.65	92
#13	1082	242	0.22	0.04800	0.00189	0.12514	0.00489	0.01888	0.00028	97.9	91.72	119.7	4.42	120.6	1.77	99
#14	622	165	0.27	0.04657	0.00236	0.12125	0.00598	0.01886	0.00036	26.9	117.56	116.2	5.42	120.4	2.26	97
#15	1842	923	0.50	0.04871	0.00160	0.12693	0.00429	0.01888	0.00023	134	75.56	121.3	3.87	120.5	1.46	99
#16	475	245	0.52	0.05017	0.00271	0.13020	0.00687	0.0188	0.00037	202.9	120.94	124.3	6.17	120.1	2.32	97
#17	490	270	0.55	0.05475	0.00311	0.14316	0.00783	0.01895	0.00041	402	122.14	135.9	6.96	121	2.62	88
#18	634	165	0.26	0.04655	0.00225	0.12131	0.0058	0.01888	0.00033	26.4	112.28	116.3	5.26	120.6	2.06	96
#19	1066	282	0.26	0.04899	0.00192	0.12786	0.00509	0.01892	0.00026	147.2	89.32	122.2	4.58	120.8	1.67	99
#20	1264	926	0.73	0.04685	0.00177	0.12227	0.00473	0.01891	0.00025	41.4	87.95	117.1	4.28	120.8	1.58	97
#21	1603	511	0.32	0.05194	0.00195	0.13562	0.00525	0.01893	0.00025	282.8	83.59	129.1	4.69	120.9	1.6	93
#22	1213	427	0.35	0.04953	0.00199	0.12906	0.00531	0.01889	0.00027	173.1	91.28	123.2	4.78	120.6	1.69	98

续表

样品及点号	元素含量			同位素比值						同位素年龄 /Ma						f_{206}/%
	U/ppm	Th/ppm	Th/U	$^{207}Pb/^{206}Pb$	±σ/%	$^{207}Pb/^{235}U$	±σ/%	$^{206}Pb/^{238}U$	±σ/%	$^{207}Pb/^{206}Pb$	±σ	$^{207}Pb/^{235}U$	±σ	$^{206}Pb/^{238}U$	±σ	
16NM12-2，暗色包体；分析仪器：LA-ICP-MS																
B01	743	366	0.49	0.0500	0.0013	0.1299	0.0036	0.0188	0.0002	195	61	124	3.2	120	1.0	96
B02	310	208	0.67	0.0492	0.0020	0.1280	0.0054	0.0189	0.0002	167	96	122	4.8	121	1.3	98
B03	995	146	0.15	0.0522	0.0013	0.1353	0.0034	0.0188	0.0001	300	57	129	3.1	120	0.9	93
B04	836	482	0.58	0.0528	0.0012	0.1358	0.0032	0.0187	0.0002	317	52	129	2.9	119	1.0	91
B05	868	143	0.17	0.0489	0.0012	0.1270	0.0031	0.0188	0.0001	146	64	121	2.8	120	0.9	99
B06	835	450	0.54	0.0591	0.0017	0.1547	0.0052	0.0188	0.0002	572	63	146	4.5	120	1.5	80
B07	241	98.2	0.41	0.0491	0.0019	0.1272	0.0049	0.0189	0.0002	150	91	122	4.4	120	1.4	99
B08	609	187	0.31	0.0513	0.0015	0.1338	0.0044	0.0189	0.0003	254	69	127	3.9	121	2.0	94
B09	428	160	0.37	0.0494	0.0016	0.1284	0.0042	0.0188	0.0002	169	71	123	3.7	120	1.2	97
B10	1183	733	0.62	0.0478	0.0011	0.1241	0.0031	0.0188	0.0003	100	56	119	2.8	120	1.6	98
B11	1149	249	0.22	0.0533	0.0011	0.1384	0.0028	0.0188	0.0001	339	42	132	2.5	120	0.9	90
B12	606	131	0.22	0.0493	0.0013	0.1283	0.0033	0.0189	0.0002	161	68	123	3.0	120	1.2	98
B13	483	155	0.32	0.0704	0.0032	0.1880	0.0098	0.0189	0.0002	943	88	175	8.4	120	1.3	63
B14	701	311	0.44	0.0481	0.0014	0.1243	0.0035	0.0188	0.0002	102	70	119	3.1	120	1.3	98
B15	1221	965	0.79	0.0539	0.0011	0.1402	0.0029	0.0188	0.0002	365	48	133	2.5	120	1.0	89
B16	535	280	0.52	0.0514	0.0016	0.1345	0.0045	0.0189	0.0003	261	70	128	4.1	121	1.8	93
B17	426	213	0.50	0.0498	0.0018	0.1295	0.0049	0.0188	0.0003	187	116	124	4.4	120	1.8	97
B18	743	221	0.30	0.0492	0.0013	0.1258	0.0032	0.0185	0.0001	167	60	120	2.9	118	0.9	98
B19	814	624	0.77	0.0542	0.0016	0.1333	0.0037	0.0179	0.0001	389	60	127	3.3	114	0.9	89
B20	1466	494	0.34	0.0538	0.0011	0.1399	0.0028	0.0188	0.0002	361	44	133	2.5	120	1.2	90
B21	2242	523	0.23	0.0809	0.0013	0.2107	0.0035	0.0189	0.0002	1220	32	194	2.9	121	1.1	53
B22	225	134	0.60	0.0586	0.0025	0.1382	0.0058	0.0173	0.0002	554	93	131	5.2	110	1.5	82
B23	570	148	0.26	0.0533	0.0015	0.1384	0.0040	0.0189	0.0002	339	67	132	3.6	120	1.3	91
B24	804	159	0.20	0.0535	0.0015	0.1383	0.0038	0.0187	0.0002	350	61	132	3.4	120	1.0	90

续表

样品及点号	元素含量			同位素比值						同位素年龄 /Ma						f_{206}/%
	U/ppm	Th/ppm	Th/U	$^{207}Pb/^{206}Pb$	±σ/%	$^{207}Pb/^{235}U$	±σ/%	$^{206}Pb/^{238}U$	±σ/%	$^{207}Pb/^{206}Pb$	±σ	$^{207}Pb/^{235}U$	±σ	$^{206}Pb/^{238}U$	±σ	
16NM13-1，暗色包体，分析仪器：LA-ICP-MS																
#01	1108	885	0.80	0.0558	0.0019	0.14548	0.00469	0.01888	0.00027	444.1	73.1	137.9	4.2	120.6	1.73	86
#02	698	371	0.53	0.0816	0.0029	0.21260	0.00700	0.01886	0.00033	1236.3	68.1	195.7	5.9	120.5	2.07	38
#03	800	387	0.48	0.0853	0.0031	0.22277	0.00735	0.01892	0.00033	1321.9	67.8	204.2	6.1	120.8	2.11	31
#04	1151	703	0.61	0.0517	0.0016	0.13440	0.00407	0.01882	0.00025	273.5	70.1	128	3.6	120.2	1.59	94
#05	2719	1014	0.37	0.0593	0.0016	0.16766	0.00434	0.02049	0.00025	576.9	56.4	157.4	3.8	130.8	1.56	80
#06	1130	387	0.34	0.1718	0.0047	0.54099	0.01369	0.02281	0.00036	2575.3	45.3	439.1	9.0	145.4	2.26	−102
#07	2436	1963	0.81	0.0791	0.0020	0.22288	0.00549	0.02042	0.00024	1174	48.7	204.3	4.6	130.3	1.52	43
#08	1227	784	0.64	0.0984	0.0033	0.25641	0.00802	0.01887	0.00032	1594.9	61.8	231.8	6.5	120.5	2.05	8
#09	1667	999	0.60	0.0499	0.0015	0.13009	0.00390	0.01889	0.00024	190.1	69.7	124.2	3.5	120.6	1.53	97
#10	1059	633	0.60	0.0518	0.0018	0.13441	0.00447	0.01882	0.00026	274.7	76.3	128.1	4.0	120.2	1.66	93
#11	1247	648	0.52	0.1333	0.0038	0.43230	0.01202	0.02351	0.00032	2141.8	48.8	364.8	8.5	149.8	1.99	−44
#12	1211	659	0.54	0.0617	0.0024	0.16040	0.00608	0.01885	0.00031	662.9	82.4	151.1	5.3	120.4	1.99	75
#13	1355	475	0.35	0.1362	0.0039	0.41528	0.01185	0.02211	0.00029	2178.9	49.5	352.7	8.5	141	1.85	−50
#14	926	521	0.56	0.2711	0.0077	0.91560	0.02551	0.02448	0.00034	3312.7	43.9	660	13.5	155.9	2.14	−223
#15	1105	581	0.53	0.2568	0.0085	0.66788	0.02041	0.01885	0.00034	3227.4	51.0	519.4	12.4	120.4	2.13	−231
#16	569	277	0.49	0.3390	0.0098	1.54450	0.04430	0.03303	0.00046	3658.1	43.7	948.3	17.7	209.5	2.86	−253
#17	1706	1461	0.86	0.2069	0.0061	0.74948	0.02227	0.02627	0.00034	2881.2	47.4	567.9	12.9	167.1	2.16	−140
#18	1275	674	0.53	0.0696	0.0023	0.19732	0.00661	0.02055	0.00026	916.8	67.1	182.9	5.6	131.2	1.67	61
#19	900	513	0.57	0.0537	0.0022	0.13949	0.00556	0.01884	0.00028	358.2	88.3	132.6	5.0	120.3	1.78	90
#20	1049	510	0.49	0.0651	0.0026	0.16969	0.00658	0.01892	0.00029	775.9	80.6	159.1	5.7	120.8	1.83	68

续表

样品及点号	元素含量			同位素比值						同位素年龄 /Ma						f_{206}/%
	U/ppm	Th/ppm	Th/U	$^{207}Pb/^{206}Pb$	±σ/%	$^{207}Pb/^{235}U$	±σ/%	$^{206}Pb/^{238}U$	±σ/%	$^{207}Pb/^{206}Pb$	±σ	$^{207}Pb/^{235}U$	±σ	$^{206}Pb/^{238}U$	±σ	
16NM15-3，正长花岗岩；分析仪器：LA-ICP-MS																
B01	1226	844	0.69	0.4156	0.0090	1.7284	0.0388	0.0303	0.0004	3966	27	1019	14	192.2	2.2	–330
B02	3048	1538	0.50	0.2331	0.0070	0.8663	0.0322	0.0264	0.0003	3073	48	634	18	168.3	1.9	–177
B03	1196	363	0.30	0.0814	0.0027	0.2151	0.0085	0.0189	0.0003	1231	67	198	7	120.6	1.7	36
B04	1069	493	0.46	0.0925	0.0028	0.2425	0.0078	0.0189	0.0002	1480	62	220	6	120.9	1.3	18
B05	1113	562	0.50	0.1969	0.0054	0.6068	0.0195	0.0220	0.0003	2867	44	482	12	140.3	1.6	–143
B06	653	141	0.22	0.0623	0.0032	0.1613	0.0078	0.0188	0.0002	687	109	152	7	120.3	1.2	74
B07	745	315	0.42	0.0618	0.0021	0.1598	0.0054	0.0188	0.0003	666	75	150	5	120.0	2.1	75
B08	2928	834	0.28	0.0626	0.0018	0.1626	0.0045	0.0188	0.0002	694	68	153	4	120.3	1.4	73
B09	1639	1212	0.74	0.0740	0.0031	0.1955	0.0095	0.0188	0.0002	1043	85	181	8	120.2	1.6	49
B10	1354	495	0.37	0.1022	0.0041	0.2634	0.0094	0.0189	0.0002	1665	75	237	8	120.9	1.4	4
B11	858	243	0.28	0.0654	0.0024	0.1680	0.0054	0.0188	0.0002	787	78	158	5	120.2	1.3	69
B12	851	340	0.40	0.2754	0.0056	1.0604	0.0220	0.0278	0.0002	3337	32	734	11	176.7	1.5	–215
B13	1403	1347	0.96	0.1729	0.0047	0.5339	0.0182	0.0220	0.0002	2587	46	434	12	140.4	1.5	–109
B14	1340	275	0.21	0.0770	0.0024	0.2002	0.0076	0.0188	0.0004	1120	62	185	6	120.3	2.6	46
B15	567	224	0.40	0.1805	0.0054	0.6653	0.0237	0.0263	0.0004	2658	50	518	14	167.6	2.2	–109
B16	902	373	0.41	0.0838	0.0027	0.3021	0.0090	0.0265	0.0004	1288	58	268	7	168.3	2.8	41
#01	697	175	0.25	0.0371	0.0015	0.0964	0.0037	0.0188	0.0003	0	0	93	3	120.2	2.0	78
#02	1108	446	0.40	0.2053	0.0039	0.7313	0.0123	0.0258	0.0004	2869	31	557	7	164.3	2.2	–139
#03	989	876	0.89	0.1164	0.0025	0.3523	0.0068	0.0219	0.0003	1901	38	306	5	139.9	1.9	–19
#04	887	424	0.48	0.2685	0.0057	0.8086	0.0141	0.0218	0.0003	3297	33	602	8	139.2	2.2	–232
#05	1019	588	0.58	0.2627	0.0050	1.2320	0.0200	0.0340	0.0005	3263	29	815	9	215.4	2.9	–178
B01	1226	844	0.69	0.4156	0.0090	1.7284	0.0388	0.0303	0.0004	3966	27	1019	14	192.2	2.2	–330
#06	1341	675	0.50	0.4019	0.0059	2.2869	0.0319	0.0412	0.0004	3916	22	1208	10	260.5	2.6	–264

续表

样品及点号	元素含量			同位素比值						同位素年龄 /Ma						
	U/ppm	Th/ppm	Th/U	$^{207}Pb/^{206}Pb$	±σ/%	$^{207}Pb/^{235}U$	±σ/%	$^{206}Pb/^{238}U$	±σ/%	$^{207}Pb/^{206}Pb$	±σ	$^{207}Pb/^{235}U$	±σ	$^{206}Pb/^{238}U$	±σ	f_{206}/%
16NM15-3，岩石类型：正长花岗岩，分析仪器：LA-ICP-MS																
#07	2792	1178	0.42	0.2999	0.0043	1.4034	0.0196	0.0339	0.0003	3470	22	890	8	215.0	2.1	–214
#08	1394	1185	0.85	0.2924	0.0048	1.3599	0.0202	0.0337	0.0004	3430	25	872	9	213.7	2.5	–208
#09	2804	3209	1.14	0.5527	0.0073	8.4676	0.1139	0.1110	0.0010	4388	19	2283	12	678.6	5.7	–136
#10	751	216	0.29	0.0498	0.0022	0.1346	0.0054	0.0196	0.0004	185	98	128	5	125.1	2.4	98
#11	2285	709	0.31	0.2045	0.0032	0.6698	0.0100	0.0237	0.0003	2863	26	521	6	151.2	1.6	–144
#12	1398	645	0.46	0.1941	0.0042	0.7235	0.0133	0.0270	0.0004	2777	35	553	8	171.8	2.6	–122
#13	1696	545	0.32	0.1029	0.0024	0.3233	0.0068	0.0228	0.0003	1676	43	284	5	145.2	2.1	4
#14	1216	578	0.48	0.2840	0.0046	1.3121	0.0195	0.0335	0.0004	3385	25	851	9	212.3	2.4	–201
#15	818	363	0.44	0.0587	0.0017	0.1527	0.0042	0.0189	0.0003	555	63	144	4	120.5	1.8	80
#16	1195	551	0.46	0.1134	0.0024	0.3572	0.0067	0.0228	0.0003	1854	37	310	5	145.5	1.9	–13
#17	1271	1403	1.10	0.4292	0.0064	3.4813	0.0492	0.0588	0.0006	4015	22	1523	11	368.2	3.9	–214
#18	877	244	0.28	0.0442	0.0015	0.1151	0.0036	0.0189	0.0003	0	0	111	3	120.6	1.8	92
#19	887	201	0.23	0.0373	0.0013	0.0971	0.0032	0.0189	0.0003	0	0	94	3	120.5	1.7	78
#20	782	293	0.37	0.0422	0.0017	0.1107	0.0040	0.0190	0.0003	0	0	107	4	121.5	2.2	88

注：对 15ZB118-2 样品，各括号中 2 个点在单个锆石不同位置分析：(#01-#02)、(#03-#04)、(#08-#09)、(#13-#14)、(#15-#16)、(#19-#20)、(#22-#23)。

虾别错 – 甲热布错花岗岩和暗色包体中部分矿物成分分析结果见表 4.27。暗色细粒包体中辉石的 MgO 含量在 8.5%~14.4% 之间，对应的 $Mg^{\#}$ 值在 0.47~0.83 之间。包体中的角闪石主要为低压角闪石，仅个别具有高的 Al_2O_3 含量，它们的 MgO 含量为 5.5%~13.5%，对应的 $Mg^{\#}$ 低于 0.70。寄主花岗岩中的角闪石具有较低的 Al_2O_3（< 6.3%）和 MgO（< 10%）含量以及 $Mg^{\#}$（< 0.50），表明它们形成于地壳压力条件下［图 4.60（a）和（b）］。包体中角闪石一般较为细小，部分与黑云母等密集环绕外源性石英构成眼斑结构［图 4.60（c）］，也见有少量较大的晶体出现，其核部有残余单斜辉石［图 4.60（d）］。包体中的斜长石以更长石和中长石为主，以及少量拉长石，倍长石偶见；寄主岩中斜长石主要为更长石，其次为中长石，拉长石很少。包体中的一些粗大的长石它生晶显示渐变的核边结构，其 An 分子从核部到边部逐渐升高，部分具有核 – 幔 – 边结构，各区域之间显示清晰的界线，核部和边部 An 分子相近，但幔部具有显著偏高的 An 分子含量［图 4.60（e）和（f）］。

虾别错 – 甲热布错典型花岗岩和暗色包体的主微量元素组成可见表 4.28。该岩体的主要岩石单元为含角闪石黑云母花岗岩，其具有高的 SiO_2 含量［69.2%~75.7%，图 4.61（a）］和低的 $Mg^{\#}$（< 0.40）；暗色包体出现较多的寄主岩石为花岗闪长岩（65.7%~67.8% SiO_2），它们比含角闪石黑云母花岗岩稍偏基性；细粒的正长花岗岩和酸性岩脉具有极高的 SiO_2 含量（> 76.0%）。该岩体中的暗色细粒包体具有中酸性的化学成分特征，其 SiO_2 含量（56.3%~67.8%）较高，并具有较低的 MgO 含量［0.72%~3.96%，图 4.61（b）］和 $Mg^{\#}$，它们还具有低的相容元素含量（10~127 ppm Cr 和 3.33~77 ppm Ni）。暗色细粒包体和寄主岩石都属于高钾钙碱性系列，少数包体和花岗闪长岩具有比相同 SiO_2 含量岩石更高的 K_2O 含量（> 4.0%），它们落入到钾玄质岩石区域。包体与寄主花岗岩的 P_2O_5 含量随 SiO_2 含量升高而降低，并未出现先升高再降低的变化趋势［图 4.61（c）］。具有相对高 K_2O 含量的包体和花岗闪长岩具有比其余样品更高的 Zr 含量，类似分离结晶熔体演化趋势［图 4.61（d）］。

虾别错 – 甲热布错地区的早白垩世花岗质岩石都具有普通壳源岩石的微量元素特征。它们都显示亏损高场强元素而富集大离子亲石元素的特征，都具有轻稀土元素相对重稀土元素的富集，包括暗色包体都具有明显的 Eu 负异常特征（图 4.62）。不同的是，花岗闪长岩和部分暗色细粒包体具有正的 Zr-Hf 异常，相应地，它们具有偏高的 Zr/Hf 值（可达 50）。细粒正长花岗岩和酸性岩脉具有极高的 Rb/Sr 值（3.4~14.6）、低的 Nb/Ta（3.1~6.5）和 Zr/Hf 值（16~30），它们还具有显著的 Eu 负异常特征。含角闪石黑云母花岗岩的 Rb/Sr（1.4~4.9）、Nb/Ta（4.8~11.2）以及 Zr/Hf（31~39）值介于正长花岗岩和花岗闪长岩之间。

虾别错 – 甲热布错典型花岗岩和暗色包体 Sr-Nd 同位素组成见表 4.29。含角闪石黑云母花岗岩的初始 $^{87}Sr/^{86}Sr$ 值在 0.7041~0.7066 之间，它们的 $\varepsilon_{Nd}(t)$ 值在 –3.0~–1.8 范围内［图 4.63（a）］。细粒正长花岗岩和酸性岩脉的 $\varepsilon_{Nd}(t)$ 值与含角闪石黑云母花岗岩相似（–3.0~–2.0）。花岗闪长岩的初始 $^{87}Sr/^{86}Sr$ 值在 0.7053~0.7066 之间，$\varepsilon_{Nd}(t)$ 值（–3.1~–2.4）也与含角闪石黑云母花岗岩相近。暗色细粒包体比寄主花

表 4.27 虾别错–甲热布错花岗岩和暗色包体中部分矿物成分分析结果（Yang et al.，2019a）

矿物	单斜辉石												
样品	15ZB118-2，暗色包体												
点号	#7	#11	#14	#15	#17	#18	#19	#24	#33	#43	#46	#51	#64
SiO_2	51.5	51.3	52.7	53.0	51.8	52.5	52.8	52.3	51.1	50.9	52.0	51.6	51.7
TiO_2	0.12	0.12	0.11	0.08	0.13	0.14	0.12	0.10	0.11	0.07	0.02	0.15	0.09
Al_2O_3	0.28	0.29	0.27	0.28	0.37	0.42	0.20	0.27	0.35	0.16	0.15	0.40	0.30
Cr_2O_3	n.d.	n.d.	n.d.	n.d.	n.d.	n.d.	n.d.	n.d.	n.d.	n.d.	n.d.	n.d.	n.d.
FeO	15.1	15.4	13.9	14.1	13.6	15.3	15.1	15.4	15.3	15.6	14.4	14.3	15.2
MnO	0.82	0.79	0.67	0.73	0.73	0.91	0.79	0.82	0.82	0.87	0.86	0.82	0.82
MgO	9.06	9.05	10.36	10.21	10.62	9.57	9.73	9.59	9.61	8.62	8.53	10.2	10.0
CaO	22.8	23.1	22.0	22.3	22.5	21.6	21.6	21.6	22.1	23.2	23.3	22.3	21.9
Na_2O	0.23	0.15	0.22	0.15	0.14	0.27	0.15	0.12	0.24	0.18	0.16	0.25	0.23
K_2O	0.04	0.03	0.01	0.01	0.02	0.02	0.02	0.00	0.03	n.d.	n.d.	0.02	n.d.
总量	100.0	100.3	100.3	100.9	100.0	100.8	100.5	100.2	99.7	99.6	99.5	100.0	100.3
En	0.271	0.269	0.301	0.294	0.312	0.281	0.281	0.279	0.290	0.259	0.251	0.306	0.297
Fs	0.239	0.237	0.240	0.245	0.212	0.263	0.271	0.268	0.231	0.239	0.256	0.215	0.235
Wo	0.490	0.494	0.460	0.461	0.476	0.456	0.448	0.453	0.479	0.501	0.493	0.479	0.467
$Mg^{\#}$	0.53	0.53	0.56	0.54	0.60	0.52	0.51	0.51	0.56	0.52	0.50	0.59	0.56

续表

矿物	单斜辉石										
样品	15ZB118-2，暗色包体						15ZB118-4，暗色包体		15ZB118-5，暗色包体		
点号	#32	#34	#36	#37	#42	#43	#4	#13	#7	#23	#25
SiO_2	53.1	52.5	51.2	49.5	51.9	52.9	52.6	51.7	52.4	52.8	52.5
TiO_2	0.08	0.05	0.66	0.65	0.47	0.41	0.06	0.07	0.16	0.10	0.02
Al_2O_3	0.29	0.29	4.52	4.74	3.65	2.68	0.31	0.18	0.30	0.30	0.22
Cr_2O_3	0.01	0.05	0.03	0.06	0.07	0.03	0.02	n.d.	n.d.	n.d.	n.d.
FeO	14.1	14.4	6.7	6.5	5.5	5.2	16.4	15.8	15.5	15.3	14.4
MnO	0.80	0.80	0.11	0.11	0.11	0.15	0.52	0.46	0.86	0.83	0.67
MgO	9.70	9.74	13.3	13.6	14.3	14.4	9.47	8.68	9.90	9.49	9.44
CaO	21.6	21.1	23.1	22.7	23.3	23.7	19.8	21.4	21.4	21.8	22.9
Na_2O	0.11	0.16	0.23	0.27	0.23	0.20	0.24	0.23	0.21	0.19	0.20
K_2O	0.00	n.d.	n.d.	0.04	0.01	0.01	0.01	n.d.	0.02	0.01	0.03
总量	99.7	99.1	99.8	98.2	99.5	99.7	99.5	98.4	100.7	100.8	100.4
En	0.278	0.283	0.389	0.415	0.416	0.412	0.275	0.256	0.290	0.275	0.275
Fs	0.277	0.276	0.123	0.086	0.096	0.102	0.311	0.290	0.260	0.271	0.245
Wo	0.445	0.441	0.487	0.499	0.488	0.486	0.414	0.454	0.450	0.454	0.479
$Mg^{\#}$	0.50	0.51	0.76	0.83	0.81	0.80	0.47	0.47	0.53	0.50	0.53

续表

矿物	角闪石																			
岩石	暗色包体									暗色包体								暗色包体		
样品	15ZB118-2									15ZB118-3								15ZB118-4		
点号	#40	#44	#74	#76	#77	#45	#50	#36	#39	#10	#24	#38	#40	#44	#8	#26	#27	#5	#12	#3
SiO_2	52.7	52.5	52.4	53.3	51.3	51.3	50.7	47.8	49.7	49.0	52.7	41.8	41.3	40.8	49.4	50.40	51.20	49.70	49.70	46.50
TiO_2	0.16	0.35	0.27	0.02	0.32	0.51	0.70	0.13	0.70	0.30	0.44	2.21	1.73	1.75	0.65	0.44	0.58	0.95	0.73	1.26
Al_2O_3	2.32	2.52	2.51	2.04	2.62	3.30	3.79	4.79	4.87	2.34	2.81	12.5	13.8	13.2	3.34	3.05	3.27	3.90	3.70	5.77
FeO	19.7	17.8	20.1	19.9	19.0	20.1	20.0	17.9	20.2	18.4	19.3	12.2	11.2	10.5	19.2	19.50	18.90	19.70	19.20	23.40
MnO	0.60	0.58	0.57	0.53	0.55	0.60	0.56	0.59	0.64	0.47	0.57	0.17	0.21	0.14	0.58	0.49	0.58	0.35	0.38	0.56
MgO	10.4	10.8	10.4	10.5	11.1	10.5	10.3	11.7	9.7	10.6	10.7	12.7	12.5	13.5	10.4	10.6	10.4	9.86	10.5	6.76
CaO	12.2	11.5	11.8	12.5	11.2	11.5	11.5	9.9	11.7	10.9	11.6	11.7	12.5	12.5	10.5	11.40	11.80	10.60	10.80	10.90
Na_2O	0.56	0.88	0.73	0.26	0.89	1.10	1.07	1.34	1.32	0.71	0.74	2.29	2.27	2.37	1.08	0.87	0.89	1.24	1.23	1.74
K_2O	0.17	0.26	0.24	0.11	0.24	0.31	0.45	0.43	0.50	0.28	0.38	1.43	1.49	1.76	0.37	0.37	0.45	0.45	0.38	0.68
总量	98.9	97.2	99.1	99.2	97.3	99.1	99.1	94.7	99.3	92.9	99.3	97.0	97.2	96.6	95.6	97.2	98.2	96.7	96.5	97.6
$Al^{总和}$	0.403	0.441	0.435	0.353	0.458	0.572	0.657	0.849	0.849	0.428	0.484	2.191	2.427	2.336	0.596	0.538	0.572	0.691	0.654	1.048
^{VI}Al	0.173	0.243	0.137	0.177	0.077	0.109	0.119	0.034	0.204	0.055	0.187	0.401	0.569	0.450	0.063	0.082	0.178	0.160	0.120	0.209
Na+K	0.112	0.138	0.119	0.057	0.084	0.177	0.203	0.082	0.334	0.079	0.103	0.787	0.934	1.000	0.092	0.154	0.226	0.153	0.164	0.455
$Mg^{\#}$	0.49	0.52	0.49	0.49	0.55	0.51	0.51	0.69	0.47	0.55	0.51	0.69	0.66	0.70	0.55	0.52	0.50	0.50	0.53	0.35

续表

矿物	角闪石																	
岩石	暗色包体								暗色包体		暗色包体							
样品	15ZB118-4								15ZB118-5		16NM14-2							
点号	#6	#2	#7	#23	#26	#27	#35	#39	#s3	#9	#4	S#6	#19	#20	#48	SQ#6	#5	#12
SiO_2	45.8	45.1	45.2	45.2	45.1	45.3	45.3	44.5	52.8	50.6	49.8	47.3	47.8	48.1	48.7	47.3	47.5	47.5
TiO_2	1.55	1.74	1.68	1.72	1.63	1.74	1.70	1.60	0.37	0.59	0.73	1.10	1.28	1.24	1.04	1.10	1.29	1.40
Al_2O_3	5.82	6.44	6.18	6.39	6.31	6.54	6.32	6.37	2.12	3.61	3.99	4.62	4.97	4.66	4.35	4.62	5.08	5.14
FeO	25.1	25.0	25.0	25.0	24.7	25.4	25.0	24.9	18.8	19.3	21.2	22.0	22.0	21.8	21.6	22.0	21.9	22.2
MnO	0.77	0.66	0.65	0.70	0.64	0.70	0.77	0.73	10.93	10.63	0.73	0.76	0.74	0.77	0.72	0.76	0.68	0.79
MgO	6.02	5.75	5.51	5.71	5.79	5.79	5.53	5.55	0.50	0.54	8.87	8.45	8.24	8.49	8.77	8.45	8.08	7.92
CaO	9.9	9.9	10.4	10.1	10.0	10.1	10.0	9.7	11.8	11.6	10.8	10.2	10.4	10.2	10.0	10.2	10.3	10.1
Na_2O	1.63	1.79	1.67	1.74	1.73	1.95	1.69	1.61	0.54	0.89	0.90	1.11	1.31	1.29	1.34	1.11	1.39	1.49
K_2O	0.57	0.67	0.67	0.75	0.67	0.74	0.90	0.87	0.26	0.39	0.41	0.54	0.52	0.46	0.63	0.54	0.53	0.55
总量	97.2	97.1	96.9	97.4	96.5	98.3	97.2	95.8	98.1	98.2	97.4	96.1	97.2	97.1	97.2	96.1	96.7	97.1
$Al^{总和}$	1.055	1.175	1.136	1.164	1.157	1.182	1.156	1.177	0.386	0.661	0.706	0.831	0.886	0.829	0.772	0.831	0.912	0.919
^{VI}Al	0.111	0.152	0.178	0.150	0.171	0.126	0.178	0.150	0.386	0.524	0.175	0.049	0.119	0.092	0.102	0.049	0.140	0.129
Na+K	0.235	0.313	0.369	0.349	0.329	0.387	0.347	0.296	0.161	0.280	0.079	0.106	0.166	0.119	0.126	0.106	0.194	0.181
$Mg^{\#}$	0.35	0.33	0.30	0.32	0.33	0.32	0.31	0.33	0.05	0.05	0.46	0.48	0.45	0.47	0.48	0.48	0.44	0.44

续表

矿物	角闪石							
岩石	花岗岩							
样品	15ZB118-8						15ZB121-3	
点号	#4	#2	#3	#17	#6	#7	#28	#27
SiO_2	46.7	46.6	46.4	47.4	49.8	48.9	50.2	50.3
TiO_2	1.34	1.19	1.25	1.04	0.37	0.43	0.50	0.48
Al_2O_3	6.23	5.95	5.86	5.37	3.72	3.98	4.37	3.86
FeO	23.0	23.1	23.5	23.1	22.3	22.2	20.7	21.2
MnO	0.73	0.74	0.87	0.73	0.74	0.72	0.82	0.84
MgO	7.54	7.50	7.14	7.46	8.50	8.12	9.30	8.96
CaO	10.0	10.0	10.3	10.9	11.5	11.4	11.2	10.8
Na_2O	1.87	1.77	1.60	1.36	0.84	0.99	1.04	0.98
K_2O	0.59	0.54	0.55	0.51	0.42	0.43	0.32	0.33
总量	98.0	97.5	97.5	97.9	98.2	97.2	98.5	97.7
$Al^{总和}$	1.107	1.064	1.054	0.961	0.660	0.715	0.764	0.680
Al^{VI}	0.148	0.140	0.125	0.157	0.155	0.183	0.210	0.193
Na+K	0.274	0.247	0.264	0.275	0.176	0.240	0.149	0.073
$Mg^{\#}$	0.42	0.43	0.40	0.40	0.43	0.41	0.48	0.47

续表

矿物 / 样品	黑云母，暗色包体																				
样品	15ZB118-2									15ZB118-3					15ZB118-4						
点号	#3	#12	#16	#21	#23	#48	#65	#70	#73	#4	#5	#6	#7	#35	#21	#22	#32	#33	#34	#36	N14-2
SiO_2	38.0	37.3	37.3	37.2	37.5	37.5	37.2	37.3	37.9	37.4	36.7	38.4	37.5	38.2	36.6	36.3	35.5	36.0	36.1	36.0	37.6
TiO_2	4.14	4.08	4.79	3.63	4.53	4.01	4.38	4.13	4.25	4.24	4.52	4.36	4.32	4.53	4.48	4.39	4.79	4.75	4.31	4.77	4.41
Al_2O_3	11.9	13.0	12.3	12.9	12.3	13.1	12.1	13.1	12.7	12.0	11.9	12.2	12.3	12.4	12.8	12.6	12.0	12.6	12.5	12.3	12.5
FeO	22.6	22.3	22.4	20.8	23.0	23.8	23.2	23.0	22.2	21.7	21.5	22.1	23.2	21.3	26.4	26.9	26.1	26.1	23.8	26.6	24.1
MnO	0.30	0.33	0.29	0.29	0.29	0.31	0.29	0.32	0.30	0.23	0.25	0.30	0.31	0.30	0.34	0.35	0.33	0.39	0.35	0.30	0.31
MgO	9.25	8.63	8.00	9.45	8.61	8.50	8.26	8.04	8.74	9.13	8.82	9.00	8.35	8.97	5.33	5.48	5.31	5.26	4.85	5.23	7.80
CaO	0.05	0.17	0.10	0.07	0.07	0.03	0	0	0.14	0.02	0.02	0.05	0.04	0.03	0	0	0.06	0.01	0.01	0	0.06
Na_2O	0.10	0.08	0.12	0.03	0.09	0.05	0.05	0.05	0.07	0.33	0.11	0.13	0.12	0.14	0.08	0.06	0.26	0.10	0.11	0.02	0.21
K_2O	8.96	8.66	9.21	9.17	9.13	9.26	8.99	8.87	9.01	9.43	9.17	9.16	9.07	9.05	9.37	10.2	10.0	10.4	8.31	10.4	8.91
总量	95.2	94.5	94.4	93.6	95.5	96.5	94.5	94.8	95.4	94.5	93.2	95.7	95.4	94.9	95.4	96.2	94.6	95.6	90.4	95.6	95.9

矿物 / 样品	黑云母，花岗岩																				
样品	15ZB121-1								16NM15-2								15ZB118-8			15ZB118-7	
点号	#1	#5	#10	#14	#19	#23	#27	#34	#2	#3	#6	#11	#18	#22	#47	#49	#8	#13	#15	#17	#29
SiO_2	35.6	35.5	35.6	36.2	36.5	35.3	36.0	36.1	37.3	37.2	37.6	36.8	37.3	38.0	36.4	37.1	36.5	37.4	37.1	36.8	37.0
TiO_2	2.98	3.28	3.22	3.44	3.45	3.71	3.42	3.50	4.63	4.42	4.38	4.57	4.26	4.38	4.49	4.29	4.20	3.57	4.22	4.13	4.46
Al_2O_3	14.4	14.2	14.5	14.5	14.8	14.3	14.3	14.6	12.0	12.0	11.3	12.4	12.1	12.5	12.3	12.2	13.0	13.3	12.8	12.2	12.2
FeO	25.6	25.7	25.7	25.8	25.4	26.2	26.3	26.1	23.5	23.1	22.2	24.1	23.1	23.9	24.5	23.6	23.1	23.1	25.3	24.5	25.3
MnO	0.48	0.45	0.48	0.48	0.50	0.49	0.44	0.47	0.20	0.20	0.28	0.33	0.33	0.35	0.32	0.18	0.36	0.40	0.37	0.37	0.37
MgO	5.89	5.69	5.76	5.74	5.98	5.54	6.07	5.74	7.97	7.79	7.90	7.42	8.06	8.19	7.57	8.08	6.46	6.77	7.05	7.31	6.95
CaO	0	0	0.05	0.03	0	0	0	0	0.09	0.09	0.03	0	0.00	0.01	0.02	0.05	0	0.04	0	0.01	0
Na_2O	0.15	0.10	0.11	0.13	0.09	0.09	0.04	0.12	0.14	0.13	0.14	0.14	0.25	0.13	0.23	0.20	0.04	0.03	0.09	0.11	0.13
K_2O	9.15	9.24	8.73	8.84	8.65	9.23	9.05	9.06	9.69	9.42	9.62	10.18	8.11	8.73	8.66	8.83	8.93	8.74	9.00	8.89	8.97
总量	94.4	94.3	94.2	95.3	95.4	94.9	95.6	95.7	95.7	94.6	93.7	96.0	93.7	96.3	94.7	94.6	92.7	93.3	96.0	94.4	95.5

续表

矿物	长石																				
样品	15ZB118-2，暗色包体																				
备注		基质	基质	斑晶	包体	基质	斑晶剖面								基质	基质	基质	基质	基质	斑晶	核
点号	#2	#6	#8	#10	#13	#20	#25	#26	#27	#28	#29	#30	#31	#32	#34	#35	#38	#47	#49	#52	#53
SiO_2	66.4	66.2	65.7	62.4	66.3	66.5	60.1	61.6	60.9	60.6	61.3	60.0	58.3	61.4	62.3	61.2	58.2	65.7	54.2	63.6	60.9
Al_2O_3	17.9	17.1	17.0	23.1	17.4	18.3	24.7	23.6	24.9	24.8	24.9	25.6	25.7	24.7	23.2	24.8	25.4	18.9	24.4	22	24.6
CaO	0.02	0.04	0.04	5.76	0.03	0.03	5.33	6.52	5.42	5.51	5.34	6.31	6.91	5.38	3.67	5.23	9.32	0.03	5.02	3.68	4.79
Na_2O	1.01	0.98	0.89	9.25	0.911	1.19	9.59	8.67	9.14	9.44	8.75	7.94	8.58	8.96	10.6	9.24	7.12	1.46	9.57	10.4	9.38
K_2O	14.9	15.3	15.3	0.13	15.5	14.7	0.11	0.14	0.28	0.24	0.29	0.17	0.14	0.13	0.18	0.21	0.06	14.6	0.19	0.15	0.18
总量	100.4	99.7	99.4	100.8	100.1	100.8	99.9	100.6	100.8	100.8	100.7	100.1	99.7	100.6	100.5	100.8	100.2	100.8	93.6	99.9	99.9
An	0.1	0.2	0.2	25.4	0.2	0.2	23.4	29.2	24.3	24.1	24.8	30.2	30.6	24.7	15.9	23.6	41.8	0.2	22.3	16.2	21.8
Ab	9.3	8.8	8.1	73.9	8.2	10.9	76.1	70.1	74.2	74.7	73.6	68.9	68.7	74.6	83.2	75.3	57.8	13.2	76.8	83.0	77.2
Or	90.6	91.0	91.7	0.7	91.6	89.0	0.6	0.7	1.5	1.2	1.6	0.9	0.7	0.7	0.9	1.1	0.3	86.6	1.0	0.8	1.0

矿物	长石																				
样品	15ZB118-2，暗色包体							15ZB118-3，暗色包体											15ZB118-4，暗色包体		
备注	核	核	幔	幔	幔	幔	幔	边	边	核	核	边	边	核	核	幔	边	斑边	基质	核	核
点号	#54	#55	#56	#57	#58	#59	#60	#18	#19	#20	#21	#22	#23	#28	#29	#30	#31	#33	#1	#17	#18
SiO_2	60.5	58.8	58.1	55.2	55.5	53.5	55.7	59.5	63.1	54.8	54.1	63.1	61.8	61.4	61.9	52.9	58.6	66.4	66.4	64.4	63.9
Al_2O_3	24.8	24.9	25.8	27.3	27.1	29.9	26.8	25.2	23.2	28.3	29.4	23	23.1	25.5	24	29.3	23.7	17.7	17.5	23.1	22.5
CaO	5.21	5.69	9.62	11.4	11.1	12.7	11.2	8.12	5.49	12.31	12.33	4.72	5.18	5.17	6.35	12.81	4.61	0.03	0.04	4.92	5.06
Na_2O	9.24	9.04	7.11	5.6	5.73	4.74	5.92	7.14	7.91	4.71	5.01	8.76	9.34	7.87	7.59	4.92	9.38	1.3	1.68	9.23	8.92
K_2O	0.25	0.18	0.11	0.08	0.08	0.04	0.10	0.13	0.13	0.11	0.06	0.21	0.20	0.22	0.21	0.08	0.25	15.8	15.7	0.16	0.20
总量	100.1	98.8	100.8	99.7	99.8	100.9	99.8	100.1	100	100.3	101.1	99.9	99.9	100.2	100.2	100.1	96.6	101.3	101.5	101.8	100.7
An	23.4	25.5	42.6	52.8	51.5	59.6	50.9	38.3	27.5	58.7	57.5	22.7	23.2	26.3	31.2	58.7	21.1	0.12	0.16	22.6	23.6
Ab	75.2	73.5	56.9	46.8	48.0	40.2	48.6	60.9	71.7	40.7	42.2	76.1	75.7	72.4	67.6	40.8	77.5	11.2	14.0	76.6	75.3
Or	1.3	1.0	0.6	0.5	0.5	0.2	0.5	0.7	0.8	0.6	0.3	1.2	1.1	1.3	1.2	0.5	1.4	88.7	85.9	0.9	1.1

续表

矿物	长石																				
样品	15ZB118-4，暗色包体			15ZB118-5，暗色包体																	NM14-2
备注	核	边	包体	基质													核	核	边	边	
点号	#19	#20	#24	#10	#11	#12	#13	#14	#15	#16	#17	#18	#19	#20	#21	#22	#26	#27	#28	#29	s2
SiO_2	63.4	64.4	66.5	61.8	62.4	62.5	60.5	60.1	60.6	60.6	57.5	61.5	61.8	62.3	62.8	65.6	54.7	56.4	62.6	63.6	65.5
Al_2O_3	22.5	23.0	21.5	23.9	23.6	23.5	24.8	24.7	24.5	24.3	25.8	24.1	24.0	23.1	23.7	18.9	28.2	27.3	23.7	23.7	18.1
CaO	5.02	5.11	2.97	5.36	4.84	4.98	6.85	6.31	6.01	6.02	8.14	5.68	5.32	4.82	4.64	0.03	11.29	10.24	5.05	4.79	0.03
Na_2O	8.80	8.99	10.12	9.27	8.21	9.31	8.24	8.95	8.80	8.81	8.07	9.12	9.50	9.47	9.49	2.01	5.81	6.68	8.07	7.44	1.09
K_2O	0.25	0.14	0.12	0.22	0.29	0.25	0.18	0.22	0.17	0.17	0.12	0.17	0.15	0.16	0.21	14.10	0.09	0.12	0.21	0.21	15.5
总量	100.1	101.9	101.4	100.7	99.5	100.6	100.6	100.4	100.3	100.1	99.7	100.5	100.8	99.9	101	100.7	100.2	100.9	99.7	99.9	100.3
An	23.6	23.7	13.9	23.9	24.2	22.5	31.2	27.7	27.2	27.2	35.6	25.4	23.5	21.8	21.0	0.2	51.5	45.6	25.4	25.9	0.2
Ab	75.0	75.5	85.5	74.9	74.1	76.2	67.9	71.2	72.0	71.9	63.8	73.8	75.8	77.4	77.9	17.8	48.0	53.8	73.4	72.8	9.6
Or	1.4	0.8	0.7	1.2	1.7	1.3	1.0	1.1	0.9	0.9	0.6	0.9	0.8	0.8	1.1	82.1	0.5	0.6	1.3	1.4	90.2

矿物	长石																				
样品	15ZB118-7，花岗岩																				
备注	核	边	幔	边	核	核	幔	幔	边	边	边	边	边	边	边	包体	斑核	斑核		回吸面	
点号	#1	#2	#3	#4	#5	#6	#7	#8	#9	#10	#11	#12	#13	#14	#15	#18	#19	#20	#21	#22	#23
SiO_2	62	63.1	56.7	64	62	61.1	60.2	55.7	61.8	61.9	63.5	64.2	64.3	64.2	62.5	63.1	57.5	57.9	57.7	54.7	64.6
Al_2O_3	23.1	22.8	25.5	23.0	23.2	23.8	24.3	26.0	23.2	23.2	22.1	22.0	22.0	22.2	22.5	18.3	25.7	26.0	25.7	27.0	22.5
CaO	6.26	5.91	9.56	5.17	6.54	7.27	7.4	10.49	6.52	6.25	5.14	4.65	3.93	4.96	5.38	0.02	9.69	9.84	9.74	11.4	4.54
Na_2O	8.15	8.60	6.56	6.60	8.26	7.98	7.95	5.64	8.29	8.27	8.93	9.41	9.93	8.78	9.49	1.52	6.88	6.65	6.77	5.51	7.38
K_2O	0.34	0.31	0.20	0.46	0.31	0.21	0.28	0.18	0.29	0.32	0.42	0.39	0.24	0.23	0.25	16.8	0.16	0.17	0.15	0.14	0.41
总量	100.0	100.9	98.6	99.3	100.4	100.5	100.2	98.2	100.3	100.1	100.2	100.7	100.5	100.4	100.2	99.8	100.1	100.7	100.2	98.9	99.5
An	29.2	27.1	44.1	29.3	29.9	33.1	33.5	50.2	29.8	29.0	23.6	21.0	17.7	23.5	23.5	0.1	43.4	44.6	43.9	53.0	24.7
Ab	68.9	71.3	54.8	67.6	68.4	65.8	65.1	48.8	68.6	69.3	74.2	76.9	81.0	75.2	75.2	12.1	55.8	54.5	55.3	46.2	72.7
Or	1.9	1.7	1.1	3.1	1.7	1.1	1.5	1.0	1.6	1.8	2.3	2.1	1.3	1.3	1.3	87.9	0.8	0.9	0.8	0.8	2.7

续表

矿物	长石																				
样品	15ZB118-7，花岗岩										15ZB118-8，花岗岩			15ZB121-3，花岗岩							
备注	回吸面		斑晶	回吸面		包体	核	回吸	边	边				核	核	回吸面		边	边	核	核
点号	#24	#25	#26	#27	#28	#30	#31	#32	#33	#34	#5	#9	#10	#2	#3	#4	#5	#6	#7	#9	#10
SiO_2	63.2	61.6	67.2	56.3	61.2	66.8	62.7	56.1	63.1	63	65.5	66.2	64.1	61.6	66.1	65.1	42.2	57.2	64.2	57.4	57.1
Al_2O_3	22.8	23.1	21.9	26.1	23.3	17.3	21.7	26.2	23.0	22.8	17.8	17.3	22.5	24.1	21.9	23.1	26.3	24	22.3	26.4	27.0
CaO	5.14	5.51	3.63	10.1	5.4	0.058	4.13	10.2	5.37	5.58	0.04	0.01	4.78	4.90	3.89	2.43	7.87	5.25	2.99	8.62	10.05
Na_2O	9.39	8.96	7.55	6.78	9.37	0.2	10.72	6.26	7.29	8.76	0.72	1.03	9.38	8.31	7.29	8.51	6.96	8.94	9.89	7.01	6.48
K_2O	0.3	0.3	0.4	0.2	0.4	16.7	0.2	0.1	0.4	0.2	14.3	15.5	0.2	0.2	0.4	0.4	0.2	0.4	0.4	0.2	0.2
总量	100.8	99.7	100.7	99.6	99.7	101.1	99.5	99.1	99.2	100.4	98.7	100.2	101.1	99.2	99.7	99.6	83.7	95.8	99.9	99.7	101
An	22.9	24.9	20.5	44.8	23.7	0.3	17.4	47.1	28.2	25.7	0.2	0.0	21.7	24.4	22.1	13.3	38.0	24.0	14.0	40.1	45.8
Ab	75.6	73.2	77.1	54.3	74.3	1.8	81.8	52.2	69.3	73.1	7.2	9.1	77.3	74.8	74.9	84.2	60.8	73.9	84.1	59.0	53.4
Or	1.6	1.9	2.4	0.9	2.0	98.0	0.8	0.7	2.5	1.2	92.6	90.8	1.0	0.8	3.0	2.6	1.1	2.1	1.9	1.0	0.8

矿物	长石																				
样品	15ZB121-3，花岗岩															16NM14-2，暗色包体					
备注	幔	幔	幔	回吸面		边		斑晶		核						边	核	幔	回吸	边	核
点号	#12	#13	#14	#15	#16	#17	#18	#11	#8	#20	#21	#22	#23	#24	#25	#26	S #2	S #3	S #4	S#5	S#8
SiO_2	63.5	62.7	61.3	51.3	45.9	64.8	65.4	66.6	66.8	63.2	44.8	53.2	63.0	57.1	58.5	63.2	57.2	61.8	55.2	64.7	55.9
Al_2O_3	22.1	23.2	24.4	27.0	27.0	22.4	22.0	17.4	17.4	23.4	24.4	25.7	23.3	18.5	26.3	22.9	26.6	23.2	28.2	22.6	27.7
CaO	4.92	5.98	6.06	9.94	8.79	4.54	3.73	0.03	0.03	5.73	5.23	7.37	5.78	6.15	9.13	5.59	9.67	5.64	11.4	4.2	11.3
Na_2O	8.4	8.06	8.59	6.3	6.3	8.58	7.69	1.06	1.06	7.68	8.45	7.72	7.86	8.68	6.46	8.17	6.36	8.63	5.50	9.38	5.69
K_2O	0.19	0.24	0.22	0.11	0.17	0.34	0.22	15.45	15.37	0.25	0.20	0.13	0.24	0.23	0.15	0.18	0.21	0.40	0.17	0.47	0.11
总量	99.2	100.2	100.7	94.7	88.3	100.8	99.1	100.6	100.8	100.4	83.2	94.3	100.3	90.8	100.5	100.1	100.3	99.7	100.6	101.5	100.8
An	24.2	28.7	27.7	46.3	43.1	22.2	20.8	0.2	0.2	28.8	25.2	34.3	28.5	27.8	43.5	27.2	45.1	25.9	52.8	19.4	51.9
Ab	74.7	70.0	71.1	53.1	55.9	75.8	77.7	9.4	9.4	69.7	73.7	65.0	70.1	71.0	55.7	71.8	53.7	71.8	46.3	78.1	47.5
Or	1.1	1.3	1.2	0.6	1.0	2.0	1.5	90.4	90.4	1.5	1.1	0.7	1.4	1.2	0.8	1.1	1.2	2.2	0.9	2.6	0.6

续表

矿物	长石																
样品	16NM14-2，暗色包体																
备注	核	边	边	核	斑晶剖面								斑边	过渡	核	核	核
点号	S#9	S#10	S#11	S#13	#8 核	#9 幔	#10 边	#13 边	#14 核	#15 边	#16 边	#17 核	#23	#24	#25	#26	#27
SiO_2	54	64.4	64.3	62.2	64	59.9	65.1	61	57.1	65.2	64.8	56.7	62.7	62.8	57.4	56	56.2
Al_2O_3	28.1	23	22.6	24	22.3	24.1	21.7	23.6	25.2	21.5	22.1	26.6	22.7	23.3	26.7	27.4	27.3
CaO	11	4.58	3.94	6.7	4.9	7.66	4.08	6.83	9.09	3.79	4.52	9.84	4.36	5.82	9.39	10.8	10.4
Na_2O	5.68	9.13	9.31	6.11	8.17	6.67	8.18	7.48	5.73	8.18	8.41	6.06	9.72	8.08	7.04	5.71	5.98
K_2O	0.14	0.44	0.55	0.26	0.52	0.31	0.62	0.29	0.2	0.56	0.47	0.17	0.48	0.37	0.2	0.16	0.17
总量	99	101.6	100.8	99.4	100	98.8	99.8	99.4	97.4	99.4	100.4	99.5	100	100.5	100.9	100.2	100.1
An	51.2	21.2	18.4	37.1	24.1	38.1	20.8	33.0	46.2	19.7	22.3	46.8	19.4	27.9	42.0	50.6	48.6
Ab	48.0	76.4	78.6	61.2	72.8	60.1	75.5	65.3	52.6	76.9	75.0	52.2	78.1	70.0	57.0	48.5	50.5
Or	0.8	2.4	3.1	1.7	3.0	1.8	3.7	1.7	1.2	3.4	2.8	1.0	2.5	2.1	1.0	0.9	1.0

矿物	长石																
样品	16NM14-2，暗色包体																
备注	过渡	斑边	核	边		斑边	斑边	回吸面		核			回吸面		斑晶边		回吸
点号	#29	#30	#31	#32	#33	#34	#35	#36	#37	#38	#40	#41	#42	#43	#44	#45	#46
SiO_2	61.7	64.7	57.6	63.8	65.8	65.0	63.9	48.9	50.2	53.0	57.8	58.5	49.7	50.6	61.6	63.2	49.8
Al_2O_3	23.8	22.0	26.4	22.5	17.7	21.6	22.1	30.3	31.1	26.4	26.0	26.1	29.7	30.1	23.0	23.0	30.2
CaO	5.98	4.17	9.59	3.73	0.15	4.07	4.36	15.0	15.3	8.6	8.74	8.76	15.1	14.4	5.81	4.27	15.1
Na_2O	8.66	8.86	6.65	9.65	2.54	9.09	9.96	3.33	3.45	6.64	7.31	7.13	3.46	3.85	8.36	9.89	2.93
K_2O	0.390	0.530	0.190	0.570	14.69	0.54	0.43	0.06	0.07	0.17	0.18	0.24	0.09	0.09	0.19	0.4	0.08
总量	100.6	100.4	100.6	100.4	101.1	100.4	100.9	97.7	100.3	95.0	100.1	101.0	98.2	99.2	99.1	100.9	98.1
An	27.1	20.0	43.9	17.1	0.6	19.3	19.0	71.2	70.8	41.3	39.4	39.9	70.4	67.0	27.4	18.8	73.6
Ab	70.8	77.0	55.1	79.8	20.7	77.7	78.8	28.5	28.8	57.7	59.6	58.8	29.2	32.5	71.5	79.1	25.9
Or	2.1	3.0	1.0	3.1	78.7	3.0	2.2	0.4	0.4	1.0	1.0	1.3	0.5	0.5	1.0	2.1	0.5

续表

矿物	岩石类型	样品点号	SiO_2	TiO_2	Al_2O_3	FeO	MgO	MnO	CaO	Na_2O	K_2O	P_2O_5	F	总量
榍石	暗色包体	15ZB118-2 #42	30.8	35.7	2.50	0.81			28.4				0.59	98.9
榍石	暗色包体	15ZB118-2 #79	31.2	36.0	2.15	0.92			28.7				0.50	99.5
榍石	暗色包体	15ZB118-4 #11	30.5	34.2	2.51	1.19			27.1				1.35	96.5
榍石	暗色包体	15ZB118-4 #25	31.1	35.1	2.21	1.08			27.9				1.12	98.2
榍石	暗色包体	15ZB118-4 #31	30.8	32.5	2.99	1.34			27.6				1.98	96.6
榍石	暗色包体	15ZB118-5 #32	31.1	36.5	1.99	0.71			28.5				0.53	99.2
磷灰石	暗色包体	15ZB118-4 #10				0.36	0.01	0.02	55.8	0.06		43.18	4.09	101.8
磷灰石	暗色包体	15ZB118-4 #14		0.033	0.01	0.44	0.01	0.03	56.1	0.04		43.66	4.31	102.8
磷灰石	暗色包体	15ZB118-4 #15	0.27			0.35	0.04	0.03	53.0	0.00	0.01	39.36	3.51	95.1
磷灰石	暗色包体	15ZB118-4 #38		0.25		0.40		0.06	54.5	0.01		42.79	3.97	100.3
磷灰石	花岗岩	15ZB118-8 #14				0.13	0.01	0.10	55.3	0.03		42.98	4.31	101.1
磷灰石	花岗岩	15ZB118-8 #16	0.17	0.04	0.02	0.60			49.2	0.00	0.10	42.96	3.33	95.1
钛铁矿	暗色包体	15ZB118-4 #8	0.02	51.7		43.2	0.02	3.90	0.01	0.01				98.9
钛铁矿	暗色包体	15ZB118-4 #30	0.02	51.9	0.01	44.2	0.06	3.39		0.09				99.7
钛铁矿	暗色包体	15ZB118-4 #37	0.01	52.0	0.03	44.0	0.03	3.27						99.3
钛铁矿	暗色包体	15ZB118-4 #40		51.9		44.5	0.02	3.13		0.04				99.5
钛铁矿	暗色包体	15ZB118-4 #16	0.01	52.7	0.02	43.3	0.04	3.81	0.02		0			100.0
钛铁矿	暗色包体	15ZB118-5 #8	0.05	52.6		44.0	0.10	3.47	0.18	0.04	0.02	0.02		100.5
钛铁矿	暗色包体	16NM14-2 #7	0.01	51.1		44.7	0.04	2.89				0.01		98.8
钛铁矿	暗色包体	16NM14-2 #21		52.6		44.7	0.04	2.86		0.09	0.01			100.3

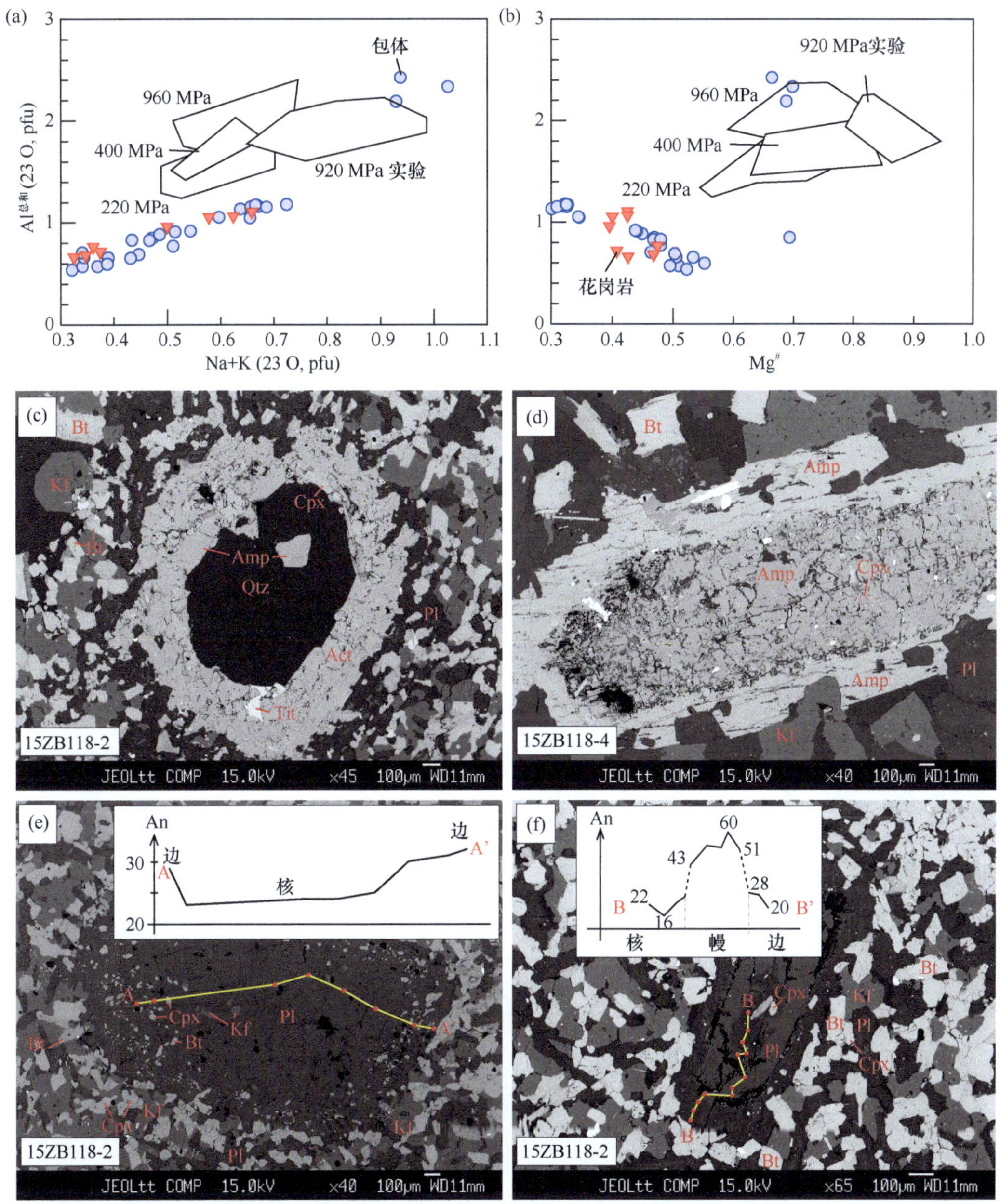

图 4.60　虾别错－甲热布错花岗岩和包体矿物特征

（a）和（b）角闪石分子式中全铝与全碱和 Na+K 图解，实验角闪石范围据 Prouteau 和 Scaillet（2003）及其中参考文献；（c）暗色细粒包体的石英眼斑结构，石英外部被大量细小的角闪石、单斜辉石和少量榍石围绕；（d）暗色包体中角闪石晶体外部次生加大，核部包含有更早结晶的细小单斜辉石；（e）包体中具有核－幔渐变 An 成分过渡的斜长石，其边部包含大量的单斜辉石、黑云母等细小矿物，插图显示斜长石剖面上 An 成分变化；（f）包体中具有核－幔－边截然界线的斜长石，插图显示斜长石幔部具有明显高于其核部和边部的 An 分子。矿物缩写：Tit. 榍石；Act. 阳起石；Cpx. 单斜辉石；其他同图 4.59。

表 4.28 尼玛北部虾别错–甲热布错花岗岩和暗色包体岩石主量（%）和微量（ppm）元素分析结果（Yang et al.，2019a）

样品号	岩石类型	SiO_2	TiO_2	Al_2O_3	$Fe_2O_3^T$	MnO	MgO	CaO	Na_2O	K_2O	P_2O_5	烧失量	总量	FeO^*/MgO	A/CNK	$Mg^{\#}$
15ZB101-1	花岗闪长岩	65.72	0.72	16.25	4.86	0.11	1.14	2.21	3.51	5.31	0.17	1.14	99.96	3.83	1.05	0.32
15ZB101-2	花岗闪长岩	67.76	0.47	16.00	3.89	0.11	0.58	1.01	3.83	6.28	0.08	0.76	99.46	6.05	1.07	0.23
15ZB101-4	花岗闪长岩	67.24	0.49	15.89	4.15	0.11	0.58	1.33	3.71	6.43	0.08	0.72	99.33	6.49	1.03	0.22
16NM11-4	花岗闪长岩	67.73	0.55	15.93	4.04	0.12	0.78	2.45	4.39	3.86	0.13	0.23	99.44	4.63	1.00	0.28
16NM13-1	暗色包体	64.31	0.79	15.43	5.24	0.13	2.96	4.00	3.59	3.41	0.13	0.87	99.73	1.59	0.91	0.53
16NM13-2	暗色包体	64.58	0.73	14.91	5.35	0.14	2.97	4.39	3.46	3.32	0.14	0.58	99.54	1.62	0.86	0.52
15ZB118-2	暗色包体	56.58	1.14	15.65	8.12	0.20	3.96	5.62	3.83	4.67	0.23	0.28	99.78	1.85	0.73	0.49
15ZB118-3	暗色包体	60.12	0.90	15.29	7.76	0.20	2.94	4.50	3.38	4.76	0.16	0.29	99.96	2.37	0.81	0.43
15ZB118-4	暗色包体	64.48	0.75	16.34	5.42	0.11	1.01	2.51	4.10	5.09	0.17	0.23	100.07	4.81	0.97	0.27
15ZB118-5	暗色包体	60.11	0.94	16.07	6.67	0.19	2.52	4.62	3.97	4.72	0.18	0.32	99.68	2.38	0.80	0.43
15ZB118-6	暗色包体	66.09	0.83	15.76	4.85	0.12	1.26	3.37	4.27	3.28	0.16	0.37	99.31	3.46	0.94	0.34
16NM12-1	暗色包体	57.40	1.30	16.90	8.76	0.18	3.73	4.62	4.09	2.82	0.20	0.95	99.83	2.11	0.93	0.46
16NM11-2	暗色包体	65.48	0.90	15.96	5.33	0.10	2.11	2.56	4.52	2.91	0.15	0.71	99.78	2.27	1.05	0.44
16NM11-3M	暗色包体	67.84	0.54	15.94	3.84	0.09	0.72	2.17	4.36	4.37	0.13	0.30	99.86	4.80	1.01	0.27
16NM12-2	暗色包体	56.31	1.28	16.91	8.92	0.19	3.88	5.71	4.19	2.39	0.21	0.69	99.40	2.07	0.85	0.46
16NM14-2	暗色包体	66.70	0.74	15.51	4.75	0.12	1.28	2.76	4.28	3.70	0.16	0.35	99.56	3.33	0.97	0.35
15ZB100-1	黑云母花岗岩	73.13	0.31	13.77	2.79	0.09	0.52	1.27	3.37	4.66	0.08	0.57	99.74	4.81	1.07	0.27
15ZB100-2	黑云母花岗岩	72.52	0.27	14.34	2.49	0.09	0.45	1.30	3.92	4.55	0.06	0.25	99.36	4.95	1.04	0.26
15ZB100-3	黑云母花岗岩	75.73	0.20	12.77	2.10	0.07	0.34	0.80	3.26	4.68	0.04	0.26	99.82	5.50	1.07	0.24
15ZB100-4	黑云母花岗岩	73.04	0.26	14.09	2.27	0.08	0.43	1.18	3.67	4.93	0.06	0.31	99.36	4.79	1.04	0.27
15ZB101-3	黑云母花岗岩	72.49	0.32	14.41	2.61	0.07	0.69	1.29	3.62	4.41	0.08	0.55	99.74	3.40	1.10	0.34

续表

样品号	岩石类型	SiO_2	TiO_2	Al_2O_3	$Fe_2O_3^T$	MnO	MgO	CaO	Na_2O	K_2O	P_2O_5	烧失量	总量	FeO^*/MgO	A/CNK	$Mg^\#$
15ZB117-1	黑云母花岗岩	75.56	0.26	12.53	2.39	0.08	0.46	0.99	3.45	4.21	0.06	0.19	100.04	4.71	1.04	0.27
15ZB118-7	黑云母花岗岩	69.85	0.52	14.59	4.01	0.11	0.99	2.32	3.95	3.52	0.13	0.21	99.97	3.65	1.00	0.33
15ZB118-8	黑云母花岗岩	70.33	0.41	14.83	3.09	0.09	0.76	1.91	3.84	4.63	0.11	0.22	99.89	3.66	1.00	0.33
15ZB118-9	黑云母花岗岩	69.15	0.52	15.14	3.72	0.09	1.03	2.17	3.90	4.14	0.13	0.51	99.63	3.27	1.02	0.35
15ZB119-1	黑云母花岗岩	70.00	0.49	14.57	3.78	0.10	0.90	1.85	3.72	4.47	0.12	0.50	99.38	3.77	1.02	0.32
15ZB120-1	黑云母花岗岩	70.17	0.36	15.28	2.78	0.08	0.64	1.59	3.85	5.14	0.10	0.25	99.78	3.90	1.03	0.31
15ZB121-1	黑云母花岗岩	70.77	0.40	14.61	3.28	0.10	0.97	2.20	3.72	3.86	0.10	0.57	99.85	3.04	1.02	0.37
15ZB121-3	黑云母花岗岩	70.41	0.41	14.71	3.34	0.11	0.95	2.28	3.72	3.94	0.11	0.50	99.81	3.17	1.01	0.36
15ZB122-1	黑云母花岗岩	74.39	0.22	13.41	2.07	0.08	0.43	0.96	3.59	4.79	0.08	0.31	99.70	4.38	1.05	0.29
15ZB122-2	黑云母花岗岩	74.72	0.22	13.41	1.86	0.07	0.42	0.93	3.47	4.82	0.08	0.34	99.62	4.04	1.06	0.31
15ZB123-1	黑云母花岗岩	74.08	0.26	13.41	2.38	0.07	0.44	1.01	3.72	4.58	0.06	0.38	99.47	4.83	1.04	0.27
16NM11-1	黑云母花岗岩	71.58	0.38	14.42	2.86	0.07	0.64	1.69	3.59	4.67	0.09	0.35	99.59	3.99	1.03	0.31
16NM11-3C	黑云母花岗岩	70.95	0.39	14.66	2.97	0.08	0.66	2.04	3.73	4.43	0.09	0.33	99.81	4.06	1.00	0.30
16NM12-3	黑云母花岗岩	71.73	0.42	13.98	3.38	0.11	0.70	1.85	3.49	4.25	0.10	0.24	99.95	4.32	1.02	0.29
15ZB117-2	细晶岩	76.97	0.10	12.69	1.43	0.08	0.23	0.28	3.71	4.49	0.02	0.34	99.90	5.62	1.10	0.24
15ZB121-2	细晶岩	77.05	0.05	12.50	1.01	0.09	0.17	0.43	3.08	5.62	0.01	0.08	99.39	5.48	1.05	0.25
16NM14-1	正长花岗岩	76.69	0.11	12.46	1.30	0.06	0.17	0.39	3.04	5.76	0.02	0.18	99.61	6.87	1.04	0.21
16NM15-1	正长花岗岩	77.08	0.20	12.16	1.42	0.05	0.27	0.62	2.92	5.25	0.03	0.31	99.56	4.72	1.05	0.27
16NM15-2	正长花岗岩	77.28	0.14	12.12	1.30	0.06	0.21	0.41	2.81	5.63	0.02	0.30	99.43	5.62	1.06	0.24
16NM15-3	正长花岗岩	77.06	0.09	12.35	1.12	0.07	0.12	0.29	3.02	5.86	0.02	0.18	99.92	8.52	1.04	0.17
16NM15-4	正长花岗岩	77.46	0.10	12.17	1.06	0.07	0.12	0.19	2.92	5.90	0.02	0.23	99.83	7.64	1.06	0.19

续表

样品号	岩石类型	Sc	V	Cr	Co	Ni	Ga	Ge	Rb	Sr	Y	Zr	Nb	Cs	Ba
15ZB101-1	花岗闪长岩	13.7	53.0	28.5	7.08	10.6	22.9	2.60	188	255	28.0	531	27.6	7.35	1111
15ZB101-2	花岗闪长岩	12.1	26.7	10.3	3.17	5.61	19.4	1.79	173	158	20.8	625	23.4	9.78	542
15ZB101-4	花岗闪长岩	12.0	27.7	20.2	2.69	5.26	19.4	1.81	188	88.2	21.1	633	22.4	13.7	497
16NM11-4	花岗闪长岩	9.7	22.0	31.0	6.10	5.90	22.9	2.54	257	201	47.3	322	23.1	38.6	576
16NM13-1	暗色包体	14.1	90.8	78.6	15.0	28.3	19.1	2.23	201	321	38.2	151	18.2	19.2	395
16NM13-2	暗色包体	14.7	93.2	96.5	15.6	31.0	19.8	2.49	186	294	49.9	240	19.2	15.0	322
15ZB118-2	暗色包体	16.9	116	63.0	21.9	40.7	18.0	2.73	433	164	28.0	207	16.6	13.9	321
15ZB118-3	暗色包体	17.3	88.2	64.8	16.3	23.8	19.5	2.58	429	150	43.4	193	23.3	24.0	218
15ZB118-4	暗色包体	10.4	45.8	13.1	8.71	3.00	25.6	3.37	323	271	55.3	513	31.7	25.3	808
15ZB118-5	暗色包体	13.7	88.9	10.2	14.6	11.7	18.3	2.46	296	175	33.5	189	18.5	19.7	355
15ZB118-6	暗色包体	9.23	77.6	12.7	9.21	3.33	16.8	1.93	188	213	19.6	168	11.0	4.85	471
16NM12-1	暗色包体	20.5	139	88.8	21.9	77.1	20.4	2.72	204	328	31.1	191	17.4	28.2	342
16NM11-2	暗色包体	12.1	50.7	67.7	10.71	19.4	23.7	2.38	279	156	44.6	309	34.2	47.3	284
16NM11-3M	暗色包体	9.60	19.3	17.4	5.63	3.97	21.9	2.17	258	163	54.4	429	28.8	30.8	472
16NM12-2	暗色包体	21.9	134	127	24.9	46.3	21.4	2.90	190	366	32.6	201	17.3	30.5	320
16NM14-2	暗色包体	9.17	39.2	61.2	7.35	7.95	19.2	2.21	227	209	38.8	339	24.5	16.4	525
15ZB100-1	黑云母花岗岩	6.71	18.9	21.3	3.32	4.06	18.6	1.82	228	122	28.4	216	18.0	9.56	271
15ZB100-2	黑云母花岗岩	6.61	17.0	8.43	2.69	3.41	19.9	1.85	267	93.4	33.2	203	19.7	23.5	187
15ZB100-3	黑云母花岗岩	5.58	12.6	16.1	1.88	2.42	18.1	1.79	275	69.9	57.2	145	18.2	18.8	188
15ZB100-4	黑云母花岗岩	5.71	15.0	15.9	2.83	3.38	19.2	1.58	273	108	21.7	155	16.2	17.8	324
15ZB101-3	黑云母花岗岩	6.24	19.3	18.1	3.04	5.02	19.4	1.67	261	170	31.9	153	17.1	17.2	293

续表

样品号	岩石类型	Sc	V	Cr	Co	Ni	Ga	Ge	Rb	Sr	Y	Zr	Nb	Cs	Ba
15ZB117-1	黑云母花岗岩	4.30	13.5	16.1	4.43	8.31	17.9	1.96	273	74.3	30.2	168	20.7	21.4	155
15ZB118-7	黑云母花岗岩	8.89	36.4	21.2	6.31	6.95	20.3	2.32	204	154	40.1	303	22.7	18.4	286
15ZB118-8	黑云母花岗岩	7.07	27.3	11.2	4.73	5.35	19.5	1.83	225	159	29.5	235	17.6	14.3	456
15ZB118-9	黑云母花岗岩	8.78	35.3	18.8	6.43	6.36	20.3	1.89	238	174	35.1	200	22.1	8.37	398
15ZB119-1	黑云母花岗岩	9.38	29.3	22.1	5.19	24.6	20.4	2.13	212	154	34.5	241	20.4	11.2	448
15ZB120-1	黑云母花岗岩	6.06	23.1	9.65	4.26	5.29	19.6	1.85	243	154	25.8	227	17.0	14.5	590
15ZB121-1	黑云母花岗岩	7.35	37.8	25.0	4.76	5.21	17.5	1.83	215	186	26.4	166	15.6	14.1	362
15ZB121-3	黑云母花岗岩	7.36	37.4	21.2	5.39	5.67	17.9	1.77	223	187	30.9	169	16.2	15.6	399
15ZB122-1	黑云母花岗岩	4.82	12.6	17.3	2.05	2.70	16.9	1.62	309	84.4	33.6	126	21.1	22.3	193
15ZB122-2	黑云母花岗岩	5.53	13.8	7.92	2.66	4.20	19.3	2.14	341	98.1	29.5	119	19.1	25.4	236
15ZB123-1	黑云母花岗岩	5.89	13.3	13.5	2.62	3.21	19.2	1.76	327	66.9	39.9	185	23.5	18.4	126
16NM11-1	黑云母花岗岩	6.94	21.4	22.2	4.27	6.01	19.1	1.77	251	137	36.1	200	21.2	21.3	286
16NM11-3C	黑云母花岗岩	7.21	21.4	23.0	4.56	6.20	20.3	1.89	232	165	38.7	186	19.4	18.2	305
16NM12-3	黑云母花岗岩	7.45	23.9	47.6	5.39	8.49	19.6	1.92	234	149	34.4	181	20.4	22.0	388
15ZB117-2	细晶岩	3.17	5.58	6.72	0.86	2.00	16.2	1.19	367	25.1	44.0	77.9	15.5	16.2	74.9
15ZB121-2	细晶岩	2.16	3.83	7.34	1.07	1.78	17.2	1.70	257	76.0	112.7	89.8	26.2	12.9	177
16NM14-1	正长花岗岩	3.78	5.35	24.0	1.49	4.19	16.1	1.56	269	46.9	31.1	79.4	13.5	15.8	51.5
16NM15-1	正长花岗岩	4.45	7.94	16.8	2.15	2.89	16.5	1.60	247	74.7	43.2	134	17.2	11.9	136
16NM15-2	正长花岗岩	4.50	6.00	24.8	1.86	3.67	16.8	1.47	266	47.7	39.8	117	21.0	11.4	100
16NM15-3	正长花岗岩	3.29	3.48	81.2	1.22	2.61	16.0	1.61	268	36.3	38.4	109	13.1	9.48	39.0
16NM15-4	正长花岗岩	3.12	4.30	26.2	1.07	2.25	14.4	1.43	244	46.3	50.7	81.9	13.7	7.88	61.7

续表

样品号	岩石类型	La	Ce	Pr	Nd	Sm	Eu	Gd	Tb	Dy	Ho	Er	Tm	Yb	Lu
15ZB101-1	花岗闪长岩	47.9	91.2	9.84	34.9	6.55	1.30	5.75	0.85	4.95	0.99	2.75	0.41	2.58	0.41
15ZB101-2	花岗闪长岩	33.3	61.3	7.12	24.8	4.89	0.70	4.43	0.67	4.01	0.84	2.40	0.37	2.49	0.39
15ZB101-4	花岗闪长岩	36.7	70.6	7.74	26.9	5.21	0.67	4.49	0.68	4.12	0.85	2.37	0.37	2.44	0.39
16NM11-4	花岗闪长岩	59.9	112	13.0	44.0	8.44	1.06	7.74	1.24	7.60	1.57	4.53	0.70	4.66	0.70
16NM13-1	暗色包体	26.2	55.7	6.69	24.0	5.05	0.95	4.88	0.85	5.57	1.22	3.66	0.61	4.20	0.64
16NM13-2	暗色包体	33.4	68.9	8.80	33.0	7.16	0.90	6.81	1.20	7.55	1.60	4.61	0.71	4.74	0.70
15ZB118-2	暗色包体	18.4	43.1	5.97	24.9	5.73	0.82	5.26	0.89	5.32	1.08	2.95	0.43	2.79	0.43
15ZB118-3	暗色包体	22.6	49.7	6.67	27.9	7.55	0.71	7.29	1.33	8.31	1.68	4.60	0.68	4.41	0.67
15ZB118-4	暗色包体	60.4	116	12.5	44.3	9.13	1.48	8.62	1.46	9.05	1.91	5.48	0.84	5.47	0.86
15ZB118-5	暗色包体	21.2	45.5	6.15	24.8	6.20	0.75	5.81	1.02	6.27	1.29	3.55	0.54	3.48	0.55
15ZB118-6	暗色包体	26.9	51.2	5.79	21.8	4.19	0.96	3.98	0.62	3.63	0.77	2.11	0.31	2.00	0.32
16NM12-1	暗色包体	31.5	58.9	7.24	26.5	5.45	1.33	5.19	0.86	4.95	1.06	2.91	0.43	2.82	0.42
16NM11-2	暗色包体	28.5	58.5	7.38	27.6	6.59	0.57	6.26	1.13	7.11	1.50	4.30	0.68	4.64	0.69
16NM11-3M	暗色包体	27.4	55.2	7.04	27.1	6.98	0.79	7.10	1.30	8.76	1.85	5.34	0.85	5.54	0.85
16NM12-2	暗色包体	27.7	55.7	6.79	26.6	5.72	1.45	5.56	0.92	5.53	1.14	3.19	0.45	3.03	0.46
16NM14-2	暗色包体	43.1	82.8	9.32	32.0	6.24	0.96	5.73	0.93	5.91	1.25	3.82	0.61	4.15	0.64
15ZB100-1	黑云母花岗岩	40.1	78.1	8.90	31.4	6.52	0.57	5.74	0.92	5.58	1.14	3.20	0.50	3.27	0.49
15ZB100-2	黑云母花岗岩	47.9	91.6	10.5	36.8	7.32	0.49	6.40	1.05	6.41	1.29	3.67	0.58	3.82	0.57
15ZB100-3	黑云母花岗岩	40.5	86.2	10.7	39.6	9.67	0.37	8.80	1.56	9.76	2.02	5.89	0.92	6.14	0.92
15ZB100-4	黑云母花岗岩	36.6	68.2	7.75	27.1	5.01	0.56	4.46	0.69	4.11	0.83	2.35	0.38	2.48	0.40
15ZB101-3	黑云母花岗岩	36.9	72.7	8.11	27.7	5.59	0.64	5.34	0.90	5.67	1.19	3.48	0.56	3.79	0.58

续表

样品号	岩石类型	La	Ce	Pr	Nd	Sm	Eu	Gd	Tb	Dy	Ho	Er	Tm	Yb	Lu
15ZB117-1	黑云母花岗岩	49.1	93.1	10.8	36.1	6.98	0.39	5.92	0.95	5.77	1.18	3.38	0.53	3.62	0.55
15ZB118-7	黑云母花岗岩	56.2	108	11.8	42.2	8.37	0.80	7.87	1.26	7.69	1.57	4.32	0.66	4.09	0.64
15ZB118-8	黑云母花岗岩	37.5	69.5	8.17	29.8	6.03	0.83	5.63	0.93	5.58	1.15	3.19	0.49	3.08	0.48
15ZB118-9	黑云母花岗岩	35.3	70.6	8.03	29.2	6.35	0.81	6.06	1.03	6.39	1.34	3.77	0.57	3.66	0.56
15ZB119-1	黑云母花岗岩	64.0	127	13.4	46.4	8.42	0.81	7.31	1.13	6.72	1.35	3.70	0.54	3.35	0.53
15ZB120-1	黑云母花岗岩	43.0	79.0	8.58	29.6	5.51	0.82	5.00	0.77	4.69	0.97	2.71	0.43	2.73	0.43
15ZB121-1	黑云母花岗岩	31.5	62.1	6.92	24.5	5.04	0.65	4.72	0.76	4.77	0.99	2.83	0.44	2.85	0.44
15ZB121-3	黑云母花岗岩	30.0	58.7	6.57	24.1	5.19	0.69	5.16	0.89	5.52	1.17	3.41	0.54	3.49	0.55
15ZB122-1	黑云母花岗岩	27.6	55.0	6.40	23.1	5.35	0.42	5.19	0.94	5.98	1.25	3.66	0.59	3.92	0.60
15ZB122-2	黑云母花岗岩	33.0	67.5	7.55	26.7	5.97	0.43	5.24	0.87	5.07	1.00	2.79	0.44	2.92	0.45
15ZB123-1	黑云母花岗岩	36.7	75.9	8.81	31.6	7.09	0.35	6.49	1.16	7.24	1.52	4.35	0.67	4.43	0.66
16NM11-1	黑云母花岗岩	32.3	65.0	7.36	25.3	5.49	0.70	5.15	0.92	5.84	1.21	3.56	0.55	3.71	0.55
16NM11-3C	黑云母花岗岩	38.9	73.7	8.21	28.8	5.88	0.82	5.66	0.98	6.12	1.28	3.60	0.54	3.60	0.54
16NM12-3	黑云母花岗岩	48.0	90.0	10.3	35.8	6.76	0.76	5.98	0.95	5.72	1.15	3.22	0.48	3.20	0.47
15ZB117-2	细晶岩	13.7	32.0	4.21	16.4	5.11	0.12	5.23	1.13	7.54	1.62	4.92	0.81	5.45	0.80
15ZB121-2	细晶岩	12.0	32.7	4.95	22.0	8.98	0.30	10.4	2.47	17.4	3.94	12.3	2.11	14.8	2.28
16NM14-1	正长花岗岩	36.3	69.1	8.17	27.1	5.36	0.21	4.81	0.80	5.14	1.05	3.05	0.47	3.14	0.46
16NM15-1	正长花岗岩	42.9	84.4	9.10	29.7	6.10	0.34	5.95	1.05	6.78	1.41	4.14	0.64	4.29	0.61
16NM15-2	正长花岗岩	33.5	79.4	7.64	26.2	5.41	0.24	5.11	1.00	6.60	1.41	4.22	0.68	4.55	0.65
16NM15-3	正长花岗岩	37.8	71.8	8.65	30.2	6.40	0.14	6.04	1.02	6.26	1.32	3.74	0.56	3.70	0.56
16NM15-4	正长花岗岩	26.3	59.4	6.62	23.9	5.72	0.16	5.91	1.17	7.98	1.72	4.96	0.78	5.08	0.73

续表

样品号	岩石类型	Hf	Ta	Pb	Th	U	Rb/Sr	Nb/Ta	Zr/Hf	ΣREE	$(La/Yb)_N$	$(Dy/Yb)_N$	δEu
15ZB101-1	花岗闪长岩	10.2	1.80	25.4	24.0	2.70	0.74	15.4	51.9	210	13.3	1.3	0.65
15ZB101-2	花岗闪长岩	12.3	1.68	25.8	24.4	3.00	1.10	13.9	50.7	148	9.6	1.1	0.46
15ZB101-4	花岗闪长岩	12.2	1.59	32.7	23.7	2.54	2.13	14.1	52.0	164	10.8	1.1	0.43
16NM11-4	花岗闪长岩	8.23	2.56	32.4	27.2	4.99	1.28	9.0	39.1	267	9.2	1.1	0.40
16NM13-1	暗色包体	4.51	2.55	26.8	12.3	3.30	0.62	7.1	33.5	140	4.5	0.9	0.58
16NM13-2	暗色包体	6.14	2.05	31.0	17.5	3.11	0.63	9.4	39.1	180	5.1	1.1	0.39
15ZB118-2	暗色包体	4.83	1.25	25.5	8.6	1.68	2.64	13.3	42.7	118	4.7	1.3	0.46
15ZB118-3	暗色包体	5.03	1.85	28.3	17.6	2.31	2.87	12.6	38.4	144	3.7	1.3	0.29
15ZB118-4	暗色包体	10.3	3.33	34.7	27.1	3.78	1.19	9.5	49.6	277	7.9	1.1	0.51
15ZB118-5	暗色包体	4.51	1.70	29.1	12.4	2.22	1.69	10.9	41.8	127	4.4	1.2	0.38
15ZB118-6	暗色包体	4.61	1.04	19.1	12.6	2.37	0.88	10.5	36.3	125	9.7	1.2	0.72
16NM12-1	暗色包体	4.86	1.16	24.4	10.3	1.99	0.62	15.0	39.3	149	8.0	1.2	0.76
16NM11-2	暗色包体	8.76	5.32	34.6	25.9	5.17	1.79	6.4	35.2	155	4.4	1.0	0.27
16NM11-3M	暗色包体	11.2	3.53	38.5	40.1	7.47	1.58	8.2	38.3	156	3.5	1.1	0.34
16NM12-2	暗色包体	5.12	1.18	13.9	9.0	1.73	0.52	14.6	39.3	144	6.6	1.2	0.78
16NM14-2	暗色包体	8.49	2.45	30.9	22.6	3.50	1.08	10.0	39.9	197	7.4	1.0	0.49
15ZB100-1	黑云母花岗岩	6.03	2.14	29.4	27.0	3.75	1.86	8.4	35.8	186	8.8	1.1	0.29
15ZB100-2	黑云母花岗岩	6.07	2.75	26.1	31.0	3.75	2.86	7.2	33.4	218	9.0	1.1	0.22
15ZB100-3	黑云母花岗岩	4.65	2.30	40.1	44.1	6.12	3.93	7.9	31.2	223	4.7	1.1	0.12
15ZB100-4	黑云母花岗岩	4.85	2.24	24.2	33.5	6.38	2.52	7.2	31.9	161	10.6	1.1	0.36
15ZB101-3	黑云母花岗岩	4.73	3.22	28.0	27.9	4.23	1.54	5.3	32.4	173	7.0	1.0	0.36

续表

样品号	岩石类型	Hf	Ta	Pb	Th	U	Rb/Sr	Nb/Ta	Zr/Hf	ΣREE	$(La/Yb)_N$	$(Dy/Yb)_N$	δEu
15ZB117-1	黑云母花岗岩	5.18	2.71	29.6	44.4	7.49	3.68	7.6	32.4	218	9.7	1.1	0.19
15ZB118-7	黑云母花岗岩	7.85	2.30	19.9	27.5	3.54	1.32	9.9	38.6	255	9.8	1.3	0.30
15ZB118-8	黑云母花岗岩	6.40	1.83	23.4	26.0	3.69	1.41	9.6	36.8	172	8.7	1.2	0.44
15ZB118-9	黑云母花岗岩	5.31	2.28	29.2	22.4	2.83	1.37	9.7	37.7	174	6.9	1.2	0.40
15ZB119-1	黑云母花岗岩	6.12	1.82	22.0	26.9	3.66	1.38	11.2	39.3	284	13.7	1.3	0.32
15ZB120-1	黑云母花岗岩	6.27	2.07	24.6	22.2	2.76	1.58	8.2	36.2	184	11.3	1.2	0.48
15ZB121-1	黑云母花岗岩	4.54	2.00	24.8	23.3	3.84	1.15	7.8	36.5	148	7.9	1.1	0.40
15ZB121-3	黑云母花岗岩	4.89	2.02	20.4	20.3	4.71	1.19	8.1	34.6	146	6.2	1.1	0.41
15ZB122-1	黑云母花岗岩	4.13	4.39	48.7	27.3	4.57	3.66	4.8	30.4	140	5.1	1.0	0.24
15ZB122-2	黑云母花岗岩	3.55	3.69	51.2	28.7	4.35	3.48	5.2	33.6	160	8.1	1.2	0.23
15ZB123-1	黑云母花岗岩	5.38	3.30	28.5	41.6	8.57	4.90	7.1	34.3	187	5.9	1.1	0.16
16NM11-1	黑云母花岗岩	5.92	2.36	28.5	25.9	5.02	1.83	9.0	33.9	158	6.3	1.1	0.40
16NM11-3C	黑云母花岗岩	5.11	2.04	35.8	24.8	4.51	1.40	9.5	36.4	179	7.7	1.1	0.43
16NM12-3	黑云母花岗岩	5.18	1.94	38.9	54.4	7.16	1.57	10.5	34.9	213	10.8	1.2	0.37
15ZB117-2	细晶岩	3.60	4.16	44.5	29.9	4.53	14.6	3.7	21.7	99	1.8	0.9	0.07
15ZB121-2	细晶岩	5.77	8.36	34.7	30.4	13.25	3.38	3.1	15.6	147	0.6	0.8	0.10
16NM14-1	正长花岗岩	2.53	2.10	58.1	53.7	6.19	5.74	6.4	30.3	165	8.3	1.1	0.13
16NM15-1	正长花岗岩	4.42	2.64	40.0	29.9	7.81	3.30	6.5	30.3	197	7.2	1.1	0.17
16NM15-2	正长花岗岩	4.13	3.38	38.3	36.9	8.86	5.57	6.2	28.4	177	5.3	1.0	0.14
16NM15-3	正长花岗岩	3.86	2.34	35.2	51.8	6.07	7.40	5.6	28.1	178	7.3	1.1	0.07
16NM15-4	正长花岗岩	3.30	2.79	29.3	34.6	8.11	5.26	4.9	24.8	150	3.7	1.1	0.09

注：下标 N 指球粒陨石标准化值，球粒陨石值据 Sun 和 McDonough（1989）。$\delta Eu=Eu_N/\sqrt{Sm_N \times Nd_N}$，指示 Eu 异常强度。

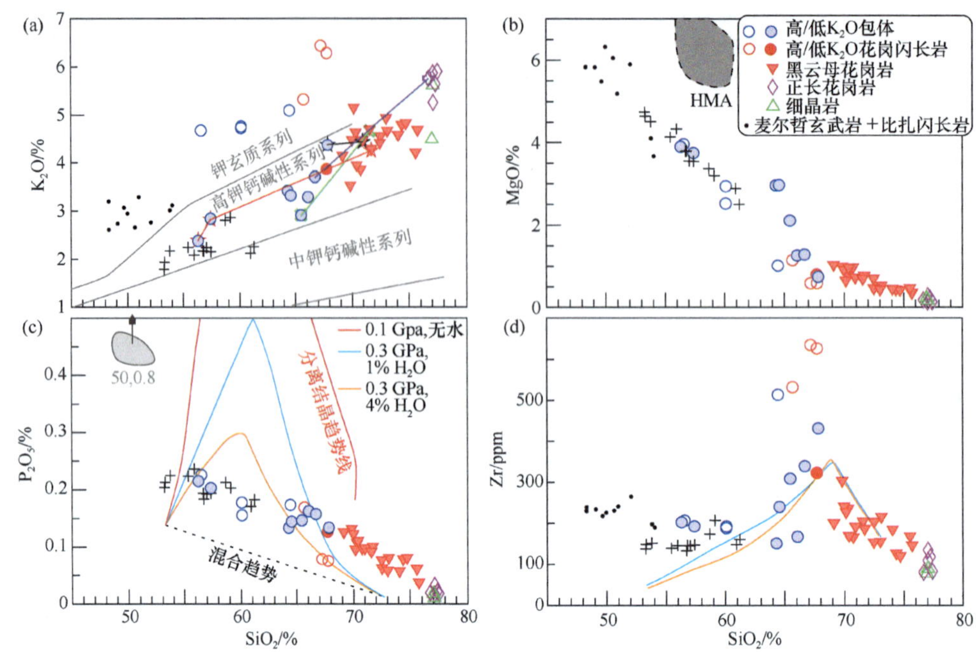

图 4.61　虾别错－甲热布错花岗岩地球化学特征图解

(a) K_2O-SiO_2 分类图；(b) MgO 和 (c) P_2O_5 含量随 SiO_2 含量增加而降低；(d) Zr 含量随 SiO_2 变化，包体和花岗岩的 Zr 含量都随 SiO_2 含量增加而降低，但少数 SiO_2 含量约 68% 的包体和花岗闪长岩具有高的 Zr 含量。改则地区出露的麦尔哲玄武岩（据 Fan et al.，2015）具有显著高的 K_2O 和 P_2O_5 含量（c 图灰色充填区）；(b) 图中深灰色虚线高镁安山岩（HMA）区据 Tatsumi（2006）；(c) 和 (d) 中不同岩浆 H_2O 含量条件下分离结晶残余熔体成分模拟曲线据 Lee 和 Bachmann（2014）；俯冲带 mélange 部分熔融形成的比扎闪长质岩浆作对比（据 Hao et al.，2016b）

岗岩具有稍亏损的 Sr-Nd 同位素特征，它们的初始 $^{87}Sr/^{86}Sr$ 值在 0.7036~0.7058 之间，$\varepsilon_{Nd}(t)$ 值为 –2.7~–0.4。这些样品都具有晚中元古代—早新元古代的两阶段 Nd 模式年龄（0.9~1.2 Ga）。

虾别错－甲热布错典型花岗岩和暗色包体锆石的 Hf-O 同位素分析结果见表 4.30。暗色细粒包体和不同寄主岩石都具有轻微亏损的锆石 Hf 同位素组成［$\varepsilon_{Hf}(t)$ 为 –2~7，图 4.63（b）］，且变化范围较小（单个岩石样品的变化不超过 6 个 ε 单位）。除细粒暗色包体样品 16NM13-1 之外（$\delta^{18}O$：6.1‰~7.1‰），其余包体和寄主花岗岩锆石显示高度相似的锆石 O 同位素值，它们的 $\delta^{18}O$ 值都高于 7‰（概率密度峰值介于 8‰~9 ‰）。

该地区的含角闪石黑云母花岗岩绝大多数样品具有弱过铝质特征，并含有不等量的角闪石和褐帘石等矿物。这些岩石的 P_2O_5 含量随 SiO_2 含量增加而呈线性降低［图 4.61（c）］。这些特征表明，它们是典型的 I 型花岗岩。该岩性是虾别错－甲热布错北部花岗岩的主体岩性单元，由于该区域乃至整个南羌塘地块均缺乏同时期的大规模镁铁质岩石，因此，它们不可能是幔源岩浆直接分异形成。岩浆混合作用对这类岩石形成的贡献可能也非常有限。露头上，多数暗色镁铁质包体与寄主岩石之间呈清晰的截然接触，这指示包体所代表的岩浆灌入寄主岩浆之中时已经接近凝固状态，从而发生显著物质交换的可能性很低。此外，包体中常出现细小的单斜辉石，而这类矿物在寄主岩石

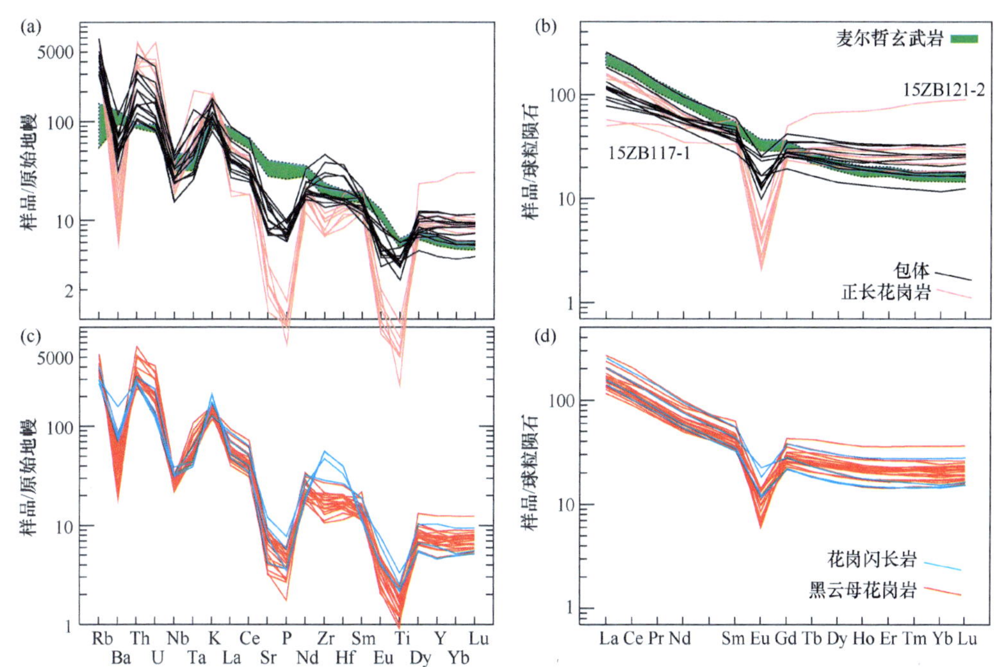

图 4.62　虾别错 - 甲热布错花岗岩原始地幔标准化微量元素图（a 和 c）以及球粒陨石标准化稀土元素图（b 和 d）

两个酸性脉岩的轻稀土相对其余花岗岩明显偏低；标准化值据 Sun 和 McDonough（1989）

中极少发育；包体中含有少量倍长石，但寄主岩石中没有该矿物，这些矿物组成上的差异也说明，岩浆混合作用对寄主岩石形成的作用非常有限。实验资料表明，这些高钾钙碱性系列 I 型花岗岩最可能是壳内中 - 高钾玄武质岩石熔融形成（Roberts and Clemens，1993）。它们在地壳岩浆房中可能以晶粥形式存在，即以占多数的晶体和少量熔体构成。一些具有似斑状的含角闪石黑云母花岗岩中，斑晶相碱性长石边缘发育厚度不等的次生加大边，其间的熔体或交生形成花斑结构，这些现象指示晶粥体系的存在（图 4.64）。

该岩体中的暗色细粒包体是岩浆混合作用形成的。这些包体与寄主花岗岩具有一致的锆石 U-Pb 年龄，尽管多数包体和寄主岩石具有一致的锆石 Hf-O 同位素组成，但同一露头上的包体和邻近花岗岩具有不同的锆石 Hf-O 同位素组成［图 4.63（b）］。这指示包体不可能是源区熔融残余或同源堆晶。一些包体与寄主花岗岩之间具有弯曲的边界，个别露头上还见有长石晶体横跨包体与寄主岩石边界的现象，这表明至少部分包体岩浆注入到寄主岩浆体系中的时候，它们还呈塑性状态，可能发生物质交换。包体中可见一些石英眼斑构造，这可能是外源性石英进入到包体岩浆中在其边部发生淬火而快速冷凝形成众多细小的矿物。包体中还见有大量细小针状磷灰石，反映了温度不同岩浆相互作用时高温岩浆体系的淬火。包体中一些斜长石外部具有与其成分环带规则分布的密集细小矿物包裹体，可能是岩浆混合作用的反映（Barbarin and Didier，1992）。包体中一些斜长石晶体的 An 成分环带也反映了不同岩浆的混合作用［图 4.60（e）和（f）；Janoušek et al.，2004］。

表 4.29　尼玛北部虾别错–甲热布错花岗岩和暗色包体全岩 Sr-Nd 同位素分析结果（Yang et al.，2019a）

样品	岩石类型	Rb/ppm	Sr/ppm	$^{87}Sr/^{86}Sr$	2 SE	$(^{87}Sr/^{86}Sr)_i$	Sm/ppm	Nd/ppm	$(^{143}Nd/^{144}Nd)_m$	2 SE	$(^{143}Nd/^{144}Nd)_i$	$\varepsilon_{Nd}(t)$	T_{DM2}/Ma
15ZB101-1	花岗闪长岩	188	255	0.710254	0.000008	0.706614	6.55	34.9	0.512452	0.000005	0.512362	−2.4	1110
15ZB101-2	花岗闪长岩	173	158	0.712989	0.000009	0.707572	4.89	24.8	0.512444	0.000004	0.512350	−2.6	1130
16NM11-4	花岗闪长岩	257	201	0.711594	0.000010	0.705273	8.44	44.0	0.512418	0.000005	0.512327	−3.1	1167
16NM13-1	暗色包体	201	321	0.708140	0.000008	0.705057	5.05	24.0	0.512516	0.000005	0.512416	−1.3	1025
15ZB118-3	暗色包体	429	150	0.717725	0.000009	0.703558	7.55	27.9	0.512525	0.000005	0.512396	−1.7	1057
15ZB118-4	暗色包体	323	271	0.710726	0.000008	0.704850	9.13	44.3	0.512525	0.000005	0.512428	−1.1	1007
15ZB118-6	暗色包体	188	213	0.709105	0.000007	0.704737	4.19	21.8	0.512556	0.000006	0.512465	−0.4	947
16NM11-2	暗色包体	279	156	0.714207	0.000008	0.705362	6.59	27.6	0.512458	0.000005	0.512345	−2.7	1138
16NM11-3M	暗色包体	258	163	0.712676	0.000010	0.704850	6.98	27.1	0.512477	0.000005	0.512355	−2.5	1123
16NM12-2	暗色包体	190	366	0.708371	0.000008	0.705802	5.72	26.6	0.512459	0.000005	0.512356	−2.5	1120
16NM14-2	暗色包体	227	209	0.710159	0.000010	0.704813	6.24	32.0	0.512480	0.000005	0.512387	−1.9	1071
15ZB100-1	黑云母花岗岩	228	122	0.714069	0.000008	0.704862	6.52	31.4	0.512437	0.000006	0.512338	−2.8	1149
15ZB100-3	黑云母花岗岩	275	69.9	0.723469	0.000009	0.704069	9.67	39.6	0.512445	0.000005	0.512329	−3.0	1164
15ZB101-3	黑云母花岗岩	261	170	0.714176	0.000007	0.706582	5.59	27.7	0.512443	0.000004	0.512347	−2.7	1135
15ZB117-1	黑云母花岗岩	273	74.3	0.723259	0.000010	0.705108	6.98	36.1	0.512467	0.000005	0.512375	−2.1	1090
15ZB118-7	黑云母花岗岩	204	154	0.711371	0.000009	0.704836	8.37	42.2	0.512484	0.000005	0.512390	−1.8	1066
15ZB118-8	黑云母花岗岩	225	159	0.711687	0.000009	0.704725	6.03	29.8	0.512446	0.000006	0.512350	−2.6	1130
15ZB119-1	黑云母花岗岩	212	154	0.711732	0.000009	0.704933	8.42	46.4	0.512472	0.000004	0.512386	−1.9	1073
15ZB122-1	黑云母花岗岩	309	84.4	0.722612	0.000008	0.704522	5.35	23.1	0.512444	0.000005	0.512334	−2.9	1156
15ZB122-2	黑云母花岗岩	341	98.1	0.722828	0.000008	0.705659	5.97	26.7	0.512437	0.000005	0.512331	−3.0	1161
16NM11-1	黑云母花岗岩	251	137	0.713744	0.000010	0.704689	5.49	25.3	0.512445	0.000004	0.512342	−2.8	1143
16NM12-3	黑云母花岗岩	234	149	0.712848	0.000008	0.705091	6.76	35.8	0.512436	0.000004	0.512346	−2.7	1136
15ZB121-2	细晶岩	257	76.0	0.719668	0.000008	0.7030010	8.98	22.0	0.512574	0.000004	0.512380	−2.0	1082
16NM15-2	正长花岗岩	266	47.7	0.730097	0.000008	0.7025931	5.41	26.2	0.512429	0.000007	0.512330	−3.0	1161
16NM15-3	正长花岗岩	268	36.3	0.737184	0.000011	0.7006611	6.40	30.2	0.512442	0.000004	0.512342	−2.8	1143
16NM15-4	正长花岗岩	244	46.3	0.729131	0.000010	0.7031602	5.72	23.9	0.512458	0.000004	0.512344	−2.7	1139

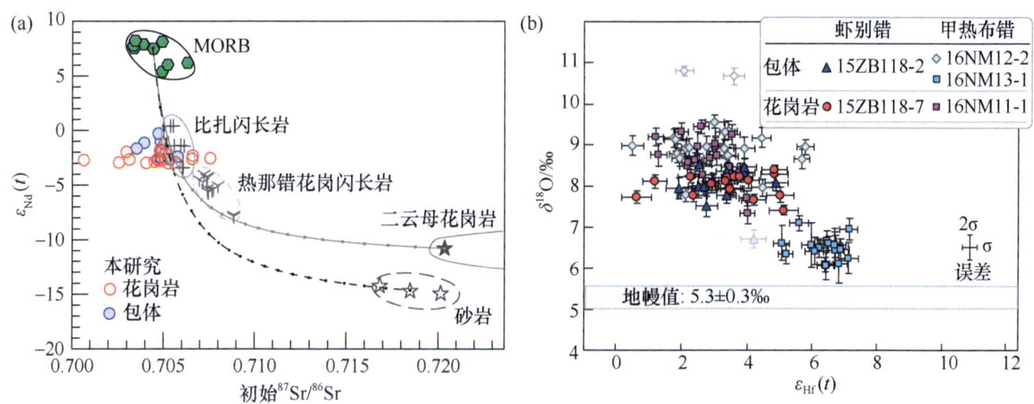

图 4.63　虾别错 – 甲热布错花岗岩全岩 Sr-Nd（a）和锆石 Hf-O 同位素（b）图解

班公湖 – 怒江缝合带内 MORB 代表亏损地幔（Wang et al.，2016），二云母花岗岩和砂岩代表羌塘地块基底（据 Li et al.，2016b；Hu et al.，2017），热那错花岗闪长岩代表增厚的镁铁质下地壳（Hao et al.，2016a）

参与暗色细粒包体形成中偏基性端员岩浆可能不是幔源玄武质岩浆，其 MgO 含量显著低于具有相同 SiO_2 含量的高镁安山岩［图 4.61（b）］，表明其不可能是地幔直接形成的岩浆。这些包体最低 SiO_2 含量高于 56%，MgO 含量最高的为 3.9%。以天然玄武质岩石为初始熔融物质的实验表明，在地壳范围的温度 – 压力条件下，可以形成具有中等 SiO_2（52%~56%）和 MgO（3%~4%）含量的熔体（Rushmer，1991；Wolf and Wyllie，1994；Rapp and Watson，1995；Springer and Seck，1997）。大别造山带东部和 Bohemian Massif 东北部出露的一些安山质岩石（SiO_2：52%~62%，MgO：2%~4%）也被认为是玄武质下地壳熔融形成（Zhao et al.，2007；Pietranik and Waight，2008）。

高镁安山质岩浆实验数据显示（Müntener et al.，2001），其中结晶的单斜辉石 MgO 和 Cr_2O_3 含量高于尼玛北部早白垩世花岗岩中暗色细粒包体内的单斜辉石相应值（MgO < 15%，Cr_2O_3 < 1%）。此外，与包体中角闪石和单斜辉石的平衡熔体具有低的 $Mg^{\#}$ 值（< 0.56），这些角闪石结晶最大压力为约 1.0 GPa，对应下地壳压力深度范围［图 4.60（a）和（b）］。模拟计算表明（Wang et al.，2018），岩浆混合作用对形成的岩浆 $Mg^{\#}$ 改变非常有限，这些暗色包体较低的 $Mg^{\#}$（< 0.53）和相容元素含量（Cr、Ni）不支持幔源岩浆直接参与岩浆混合作用。因此，这些暗色细粒包体中的镁铁质矿物包括辉石和角闪石不是地幔起源的原始镁铁质岩浆结晶产物，暗示没有幔源岩浆直接参与包体母岩浆形成。

包体还具有高的锆石 $\delta^{18}O$ 值（> 6.5‰），且空间上紧邻的包体和寄主岩石具有显著不同的锆石 Hf-O 同位素特征［图 4.63（b）］，指示参与岩浆混合时仅发生有限程度的混合作用，其主量元素特征很可能没有受到岩浆混合作用的显著改变，即最偏基性的暗色细粒包体能够近似代表参与岩浆混合作用的一个端员。包体锆石 $\varepsilon_{Hf}(t)$ 显著低于班公湖 – 怒江缝合带中的玻安岩脉相应值（> 13，Xu et al.，2017），而与南羌塘早白垩世的下地壳熔融形成的安山岩相近（3~6，Hu et al.，2017）。该区域缺乏同时期的镁铁质岩浆，且南羌塘早白垩世仅发育非常有限的幔源玄武质岩浆。改则地区出露的早白垩世麦尔哲玄武岩具有高的 K_2O 和 P_2O_5 含量（Fan et al.，2015），明显偏离由虾别

表 4.30　尼玛北部虾别错－甲热布错花岗岩和暗色包体锆石 Hf-O 同位素分析结果（Yang et al.，2019a）

分析点号	年龄 /Ma	$^{176}Yb/^{177}Hf$	$^{176}Lu/^{177}Hf$	$^{176}Hf/^{177}Hf$	2σ	$\varepsilon_{Hf}(t)$	2SE	T_{DM2}/Ga	$\delta^{18}O$/‰	2SE
15ZB118-2，暗色包体										
#01	122.8	0.035265	0.000967	0.282795	0.000018	3.4	0.6	1.0	8.35	0.15
#02c	118.7								8.29	0.12
#03c	118.3	0.044820	0.001212	0.282778	0.000022	2.7	0.8	1.0	8.01	0.19
#04	121.3								7.77	0.20
#05c	121.6	0.055487	0.001511	0.282811	0.000019	3.9	0.7	0.9	8.33	0.17
#06	120.6								7.50	0.13
#07	122.0	0.052331	0.0014300	0.282752	0.000019	1.8	0.7	1.1		
#08c	113.9	0.044252	0.001206	0.282796	0.000017	3.4	0.6	1.0	8.01	0.20
#09	123.6								7.77	0.19
#10c	121.3	0.104336	0.002811	0.282782	0.000019	2.8	0.7	1.0	7.51	0.25
#11	120.6	0.037375	0.0010300	0.282810	0.000020	3.9	0.7	0.9	8.46	0.21
#12	121.8	0.046720	0.001245	0.282772	0.000017	2.5	0.6	1.0	7.99	0.29
#13	123.7								8.21	0.18
#14c	121.4	0.040353	0.001090	0.282838	0.000021	4.9	0.7	0.9	8.07	0.19
#15c	125.6								8.91	0.21
#16	116.1	0.039902	0.001101	0.282798	0.000019	3.5	0.7	1.0	7.94	0.20
#17	118.2	0.056286	0.001568	0.282800	0.000019	3.5	0.7	1.0	7.94	0.22
#18	119.2	0.039627	0.001084	0.282776	0.000020	2.7	0.7	1.0	7.99	0.12
#19	118.6	0.039144	0.001085	0.282772	0.000022	2.5	0.8	1.0	8.54	0.24
#20c	116.8								7.90	0.15
#21c	121.5	0.041117	0.001126	0.282755	0.000022	1.9	0.8	1.1	7.95	0.26
#22	119.1								7.45	0.21
#23	121.4	0.050246	0.001420	0.282819	0.000022	4.2	0.8	0.9	6.72	0.21
15ZB118-7，花岗岩										
#01	126.1	0.068396	0.001979	0.282732	0.000021	1.2	0.7	1.1	8.11	0.16
#02	121.4	0.045333	0.001240	0.282797	0.000023	3.4	0.8	1.0	8.22	0.07
#03	120.5	0.036327	0.001035	0.282802	0.000023	3.6	0.8	0.9	8.22	0.16

续表

分析点号	年龄 /Ma	$^{176}Yb/^{177}Hf$	$^{176}Lu/^{177}Hf$	$^{176}Hf/^{177}Hf$	2σ	$\varepsilon_{Hf}(t)$	2SE	T_{DM2}/Ga	$\delta^{18}O$/‰	2SE
					15ZB118-7，花岗岩					
#04	118.7	0.058281	0.001585	0.282846	0.000026	5.1	0.9	0.9	7.42	0.12
#05	122.0	0.037738	0.001051	0.282814	0.000019	4.0	0.7	0.9	8.13	0.19
#06	121.9	0.045573	0.001222	0.282783	0.000024	2.9	0.9	1.0	8.05	0.22
#07	120.6	0.045539	0.001244	0.282765	0.000023	2.3	0.8	1.0	8.24	0.16
#08	121.9	0.036279	0.000991	0.282794	0.000021	3.3	0.7	1.0	8.11	0.17
#09	121.4	0.030421	0.000856	0.282818	0.000021	4.2	0.7	0.9	7.66	0.13
#10	119.0	0.052715	0.001446	0.282842	0.000024	5.0	0.9	0.9	7.78	0.18
#11	121.5	0.043655	0.001201	0.282718	0.000025	0.6	0.9	1.1	7.73	0.15
#12	119.8	0.070753	0.001940	0.282809	0.000022	3.8	0.8	0.9	8.24	0.15
#13	122.1	0.056034	0.001551	0.282769	0.000023	2.4	0.8	1.0	7.78	0.16
#14	121.2	0.032202	0.000894	0.282836	0.000023	4.8	0.8	0.9	8.29	0.20
#15	119.7	0.034963	0.000971	0.282798	0.000024	3.5	0.8	1.0	7.93	0.13
#16	125.6	0.052350	0.001474	0.282834	0.000022	4.8	0.8	0.9	8.39	0.12
					16NM11-1，花岗岩					
#01	120.7	0.030010	0.001215	0.282774	0.000013	2.6	0.5	1.0	9.45	0.16
#02	120.8	0.021929	0.000875	0.282646	0.000017	-1.9	0.6	1.3	9.61	0.21
#03	120.9	0.019582	0.000793	0.282797	0.000013	3.5	0.5	1.0	8.47	0.27
#04	120.9	0.047378	0.001832	0.282764	0.000013	2.2	0.5	1.0	8.47	0.23
#06	120.8	0.043458	0.001764	0.282739	0.000014	1.3	0.5	1.1	8.76	0.27
#07	115.3	0.073533	0.002708	0.282791	0.000011	3.1	0.4	1.0		
#08	120.5	0.035553	0.001364	0.282757	0.000012	2.0	0.4	1.1	9.33	0.21
#09	120.7	0.030428	0.001160	0.282763	0.000011	2.2	0.4	1.0	8.58	0.15
#10	120.7	0.035077	0.001337	0.282813	0.000012	4.0	0.4	0.9	7.70	0.19
#11	120.4	0.048868	0.001848	0.282815	0.000013	4.0	0.4	0.9	7.35	0.26
#12	120.7	0.051766	0.001975	0.282778	0.000014	2.7	0.5	1.0	8.26	0.21
#13	120.6	0.046749	0.001797	0.282802	0.000013	3.5	0.5	1.0	9.26	0.25
#14	120.4	0.026558	0.001071	0.282783	0.000011	3.0	0.4	1.0	8.10	0.20

续表

分析点号	年龄 /Ma	$^{176}Yb/^{177}Hf$	$^{176}Lu/^{177}Hf$	$^{176}Hf/^{177}Hf$	2σ	$\varepsilon_{Hf}(t)$	2SE	T_{DM2}/Ga	$\delta^{18}O$/‰	2SE
16NM11-1，花岗岩										
#15	120.5	0.043209	0.001591	0.282787	0.000012	3.0	0.4	1.0	8.97	0.20
#16	120.1	0.029480	0.001092	0.282769	0.000012	2.4	0.4	1.0	8.64	0.17
#17	121.0	0.068954	0.002525	0.282791	0.000016	3.1	0.6	1.0	8.75	0.24
#18	120.6	0.025508	0.000966	0.282785	0.000014	3.0	0.5	1.0	9.02	0.18
#19	120.8	0.044088	0.001700	0.282808	0.000013	3.8	0.5	0.9	8.34	0.20
#20	120.8	0.016847	0.000672	0.282781	0.000011	2.9	0.4	1.0	8.67	0.19
16NM12-2，暗色包体										
B01	120	0.054348	0.002149	0.282828	0.000019	4.4	0.7	0.9	7.96	0.21
B02	121	0.043836	0.001723	0.282751	0.000017	1.8	0.6	1.1	9.16	0.23
B03	120	0.053228	0.002045	0.282763	0.000017	2.1	0.6	1.0	8.91	0.19
B04	119	0.036414	0.001422	0.282771	0.000015	2.5	0.5	1.0	8.56	0.20
B05	120	0.029636	0.001238	0.282760	0.000015	2.1	0.5	1.0	10.81	0.13
B06	120	0.075595	0.002866	0.282765	0.000015	2.1	0.5	1.0	7.79	0.17
B07	120	0.023805	0.000995	0.282860	0.000013	5.7	0.5	0.8	8.66	0.24
B08	121	0.034325	0.001363	0.282779	0.000016	2.8	0.6	1.0	8.95	0.27
B09	120	0.051925	0.002003	0.282812	0.000018	3.9	0.6	0.9	8.92	0.27
B10	120	0.091555	0.003648	0.282801	0.000019	3.4	0.7	1.0	8.73	0.20
B11	120	0.027848	0.001141	0.282863	0.000015	5.8	0.5	0.8	8.95	0.18
B12	120	0.026903	0.001111	0.282797	0.000015	3.4	0.5	1.0	9.36	0.23
B13	120	0.024612	0.000983	0.282793	0.000019	3.3	0.7	1.0	8.91	0.22
B14	120	0.056117	0.002204	0.282754	0.000019	1.8	0.7	1.1	9.13	0.28
B15	120	0.036891	0.001489	0.282754	0.000013	1.9	0.5	1.1	8.80	0.22
B16	121	0.048117	0.001875	0.282716	0.000018	0.5	0.7	1.1	8.99	0.24
B17	120	0.029201	0.001212	0.282797	0.000013	3.4	0.5	1.0	8.75	0.18
B18	118	0.032091	0.001331	0.282786	0.000016	3.0	0.6	1.0	9.57	0.17
B19	114	0.040649	0.001639	0.282806	0.000018	3.6	0.6	0.9	10.68	0.20
B20	120	0.031982	0.001293	0.282826	0.000016	4.4	0.6	0.9	9.18	0.25

续表

分析点号	年龄 /Ma	$^{176}Yb/^{177}Hf$	$^{176}Lu/^{177}Hf$	$^{176}Hf/^{177}Hf$	2σ	$\varepsilon_{Hf}(t)$	2SE	T_{DM2}/Ga	$\delta^{18}O$/‰	2SE
16NM12-2，暗色包体										
B21	121	0.065718	0.00207	0.282759	0.000014	2.0	0.5	1.1	8.68	0.19
B22	110	0.056321	0.002142	0.282802	0.000016	3.3	0.6	1.0	9.33	0.22
B23	120	0.029697	0.001183	0.282764	0.000013	2.2	0.5	1.0	8.93	0.22
B24	120	0.044045	0.001783	0.282725	0.000015	0.8	0.5	1.1		
16NM13-1，暗色包体										
#01	120.6	0.048006	0.002064	0.282860	0.000016	5.6	0.6	0.8	7.10	0.19
#02	120.5	0.032219	0.001404	0.282883	0.000016	6.4	0.6	0.8	6.67	0.23
#03	120.8	0.040523	0.001792	0.282877	0.000017	6.2	0.6	0.8	6.50	0.23
#04	120.2	0.049860	0.002091	0.282903	0.000015	7.1	0.5	0.7	6.96	0.26
#05	130.8	0.059973	0.002533	0.282889	0.000016	6.8	0.6	0.8	6.12	0.48
#06	145.4	0.057208	0.002335	0.282835	0.000013	5.2	0.4	0.9	6.35	0.23
#07	130.3	0.108920	0.004518	0.282891	0.000020	6.7	0.7	0.8	6.56	0.41
#08	120.5	0.035677	0.001478	0.282844	0.000014	5.1	0.5	0.9	6.62	0.42
#09	120.6	0.055108	0.002378	0.282872	0.000017	6.0	0.6	0.8	6.56	0.54
#10	120.2	0.047635	0.002077	0.282903	0.000017	7.1	0.6	0.7	6.25	0.38
#11	149.8	0.043015	0.001788	0.282873	0.000015	6.7	0.5	0.8	6.44	0.37
#12	120.4	0.058328	0.002528	0.282874	0.000015	6.1	0.5	0.8	6.42	0.33
#13	141	0.037332	0.001566	0.282877	0.000013	6.7	0.5	0.8	6.58	0.31
#14	155.9								6.69	0.37
#15	120.4								6.37	0.33
#16	209.5	0.029979	0.001326	0.282841	0.000015	6.9	0.5	0.8	6.45	0.26
#17	167.1								6.18	0.18
#18	131.2	0.047078	0.001984	0.282876	0.000014	6.4	0.5	0.8	6.09	0.18
#19	120.3	0.034480	0.001515	0.282882	0.000016	6.4	0.6	0.8	6.06	0.34
#20	120.8	0.049276	0.002139	0.282886	0.000019	6.5	0.7	0.8	6.61	0.18

续表

分析点号	年龄 /Ma	$^{176}Yb/^{177}Hf$	$^{176}Lu/^{177}Hf$	$^{176}Hf/^{177}Hf$	2σ	$\varepsilon_{Hf}(t)$	2SE	T_{DM2}/Ga	$\delta^{18}O$/‰	2SE
16NM15-3，正长花岗岩										
B01	192	0.079058	0.002935	0.282855	0.000023	5.3	0.8	0.8		
16NM15-3，正长花岗岩										
B02	168	0.060675	0.002300	0.282840	0.000019	4.9	0.7	0.9		
B03	121	0.029024	0.001150	0.282816	0.000020	4.1	0.7	0.9		
B04	121	0.062596	0.002365	0.282808	0.000020	3.7	0.7	0.9		
B05	140	0.040814	0.001568	0.282747	0.000017	1.6	0.6	1.1		
B06	120	0.024697	0.001011	0.282767	0.000016	2.4	0.6	1.0		
B07	120	0.032833	0.001256	0.282854	0.000019	5.4	0.7	0.8		
B08	120	0.036816	0.001524	0.282888	0.000020	6.6	0.7	0.8		
B09	120	0.090908	0.003392	0.282813	0.000019	3.8	0.7	0.9		
B10	121	0.054176	0.002105	0.282792	0.000014	3.2	0.5	1.0		
B11	120	0.033615	0.001349	0.282805	0.000016	3.7	0.6	0.9		
B12	177	0.055673	0.002136	0.282775	0.000020	2.6	0.7	1.0		
B13	140	0.091664	0.003364	0.282789	0.000020	3.0	0.7	1.0		
B14	120	0.056907	0.002185	0.282814	0.000015	3.9	0.5	0.9		
B15	168	0.069761	0.002680	0.282845	0.000018	5.0	0.6	0.9		
B16	168	0.067678	0.002553	0.282793	0.000018	3.2	0.6	1.0		

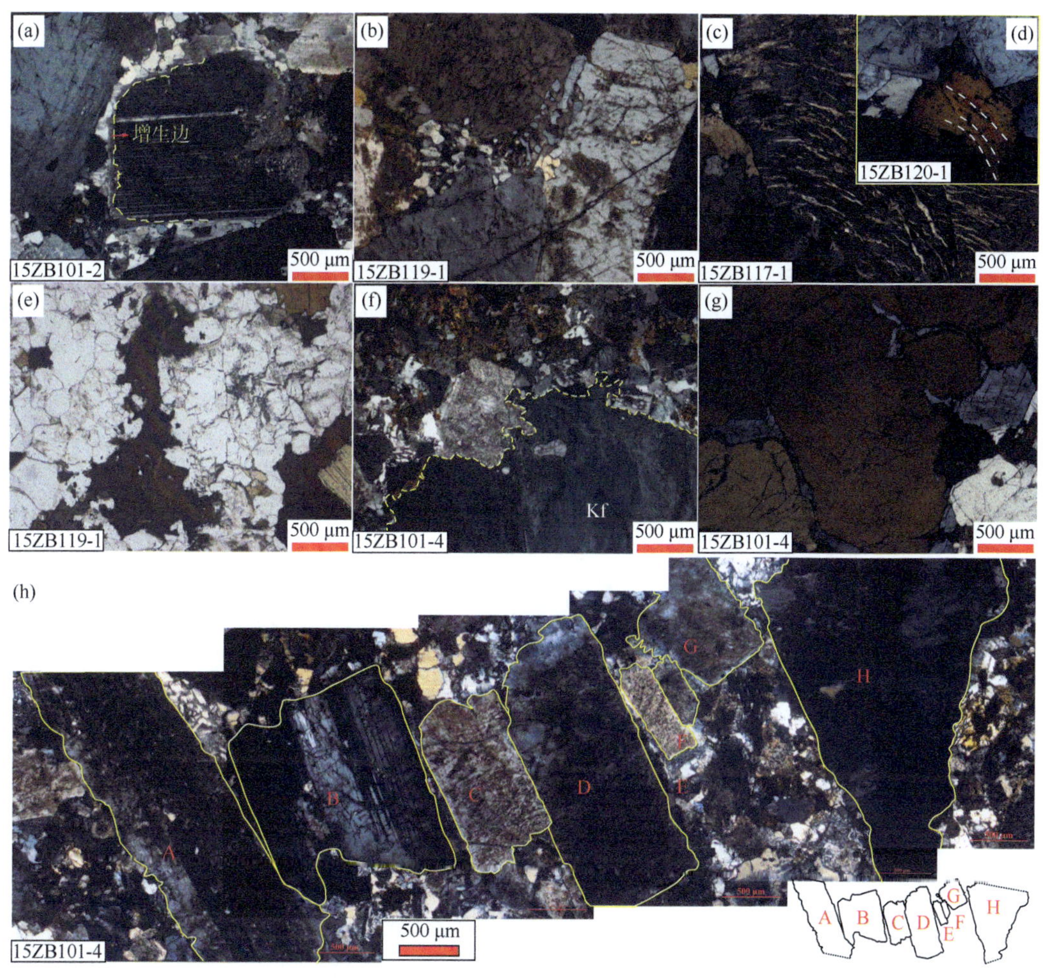

图 4.64　虾别错 - 甲热布错花岗岩的结构特征

(a) 似斑状结构，斑晶矿物之间充填细小的长石和石英颗粒；(b) 似斑状结构，斑晶间隙为石英与长石交生呈花斑状结构；(c) 碱性长石的出溶条纹呈规律性弯曲；(d) 长石和石英之间的弯曲黑云母；(e) 粗大的黑云母边缘呈极不规则弯曲状；(f) 碱性长石斑晶边缘呈港湾状；(g) 极度不规则残余状碱性长石，延伸到石英内部细长脉状体与石英外部较大的碱性长石具有一致光学特征，指示它们为同一矿物颗粒；(h) 似斑状结构花岗岩中多个长石晶体长轴方向近一致地紧密排列

错 - 甲热布错花岗岩和其中暗色细粒包体构成的混合线 [图 4.61 (a) 和 (c)]，它们不是合适的参与岩浆混合作用的地幔岩浆端员。因此，虾别错花岗岩中的暗色包体可能代表了不同壳源岩浆混合作用。

参与岩浆混合作用的酸性端员可能为含角闪石黑云母花岗岩所代表的岩浆，它们之间有限地混合形成了与包体空间上紧密相邻的花岗闪长岩。部分花岗闪长岩具有比其他具有相近 SiO_2 含量的花岗岩更高的 K_2O 含量，以及更高的 Zr/Hf、Nb/Ta 值和 Zr 含量 [图 4.61 (a) 和 (d)]。这可能是由于它们更多富集黑云母和角闪石，因为角闪石 $D_{Nb/Ta} > 1.2$ (Li et al.，2017c)。高的 Zr 含量和 Zr/Hf 值可能是由锆石大量结晶堆积造成的。

具有极高 SiO_2 含量的细粒正长花岗岩和酸性岩脉具有高度演化的特征，可能代表由酸性晶粥体系（含角闪石黑云母花岗岩）中抽离的少量晶隙熔体，它们与高钾含量的花岗闪长岩具有互补的化学特征（图 4.65）。暗色细粒包体的出现指示偏基性岩浆的注入，它们促使酸性晶粥体发生热活化，使得其中早结晶的长石和黑云母等矿物发生熔蚀［图 4.64（e）～（g）］。温度较低的酸性晶粥体受热，其黏度降低。钾长石出溶条纹和晶隙黑云母的弯曲以及多个长石斑晶长轴近平行排列指示，酸性晶粥体系还经历了压实作用［图 4.64（c）、（d）和（h）］。晶粥热活化和压实作用促进了酸性晶粥体系中部分晶隙熔体抽离，从而形成了岩体中少量的具有高硅含量的正长花岗岩。

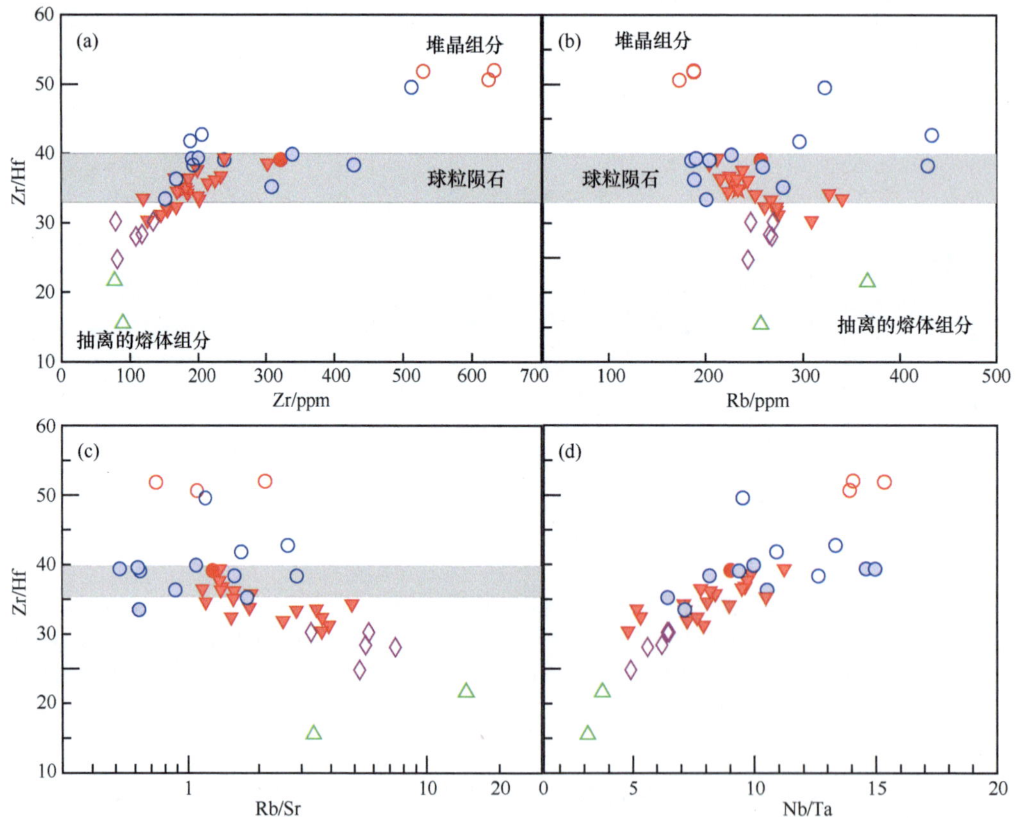

图 4.65　虾别错－甲热布错花岗岩和包体的 Zr/Hf 与 Zr（a）、Rb（b）、Rb/Sr（c）和 Nb/Ta（d）图

花岗闪长岩和部分包体与细粒正长花岗岩和酸性岩脉具有互补的地球化学特征，可能分别对应熔体抽离后的富堆晶矿物体系和抽离的晶隙熔体，图（a）和（b）中堆晶和抽离熔体成分趋势据 Deering 和 Bachmann（2010）

4.4.3　南羌塘尼玛县虾别错早白垩世高分异花岗斑岩

虾别错花岗岩体南部出露有小面积的花岗斑岩。由于第四纪砂、泥碎屑沉积物

覆盖，它与北侧虾别错花岗岩体的接触关系不清。这些斑岩呈灰白色、似斑状结构［图 4.66（a）］，斑晶矿物含量约占 10%，主要为钾长石、斜长石和石英，其中石英斑晶具有熔蚀结构，这些斑晶粒径多在 2 mm 左右。基质矿物粒径多小于 0.5 mm，以长石和石英为主，还存在少量的萤石［图 4.66（b）］和金红石。

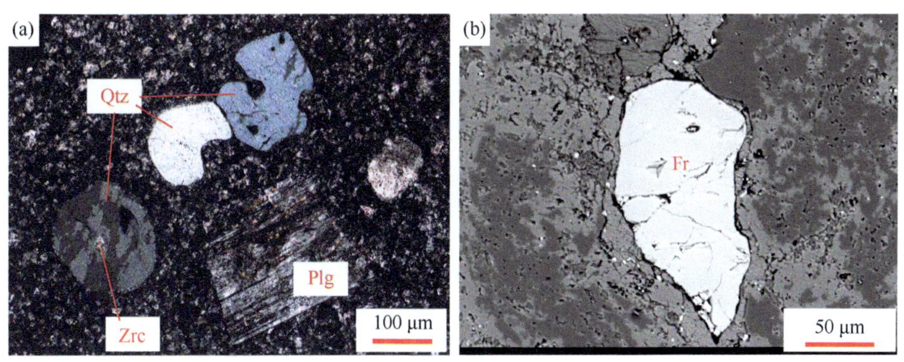

图 4.66　虾别错花岗斑岩岩相学特征

（a）斑状花岗岩中具有熔蚀结构的石英斑晶以及自形斜长石；（b）花岗斑岩中的萤石。
矿物缩写：Fr. 萤石；Plg. 斜长石；Qtz. 石英；Zrc. 锆石

虾别错花岗斑岩锆石 U-Pb 定年结果见图 4.67 和表 4.31。在阴极发光图像上，多数锆石显示灰黑色阴极发光特征，但仍可见明显的振荡环带特征，少量锆石具有较亮的阴极发光特征，振荡环带清晰可见［图 4.67（a）］。这些岩石中的锆石具有高的 U 含量［最高可达 3.3%，图 4.67（b）］。锆石 SIMS 和 LA-ICP-MS U-Pb 定年结果显示，高 U 含量对分析点表观年龄具有明显影响。较低 U 含量锆石 SIMS 分析获得了 107±1 Ma 的加权平均年龄，代表了岩浆侵位年龄。

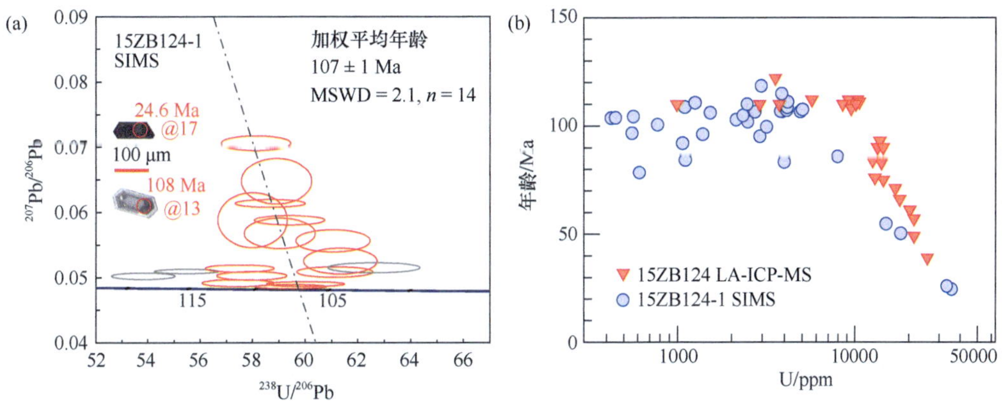

图 4.67　虾别错花岗斑岩锆石 SIMS U-Pb 定年图解

（a）锆石 U-Pb 同位素年龄图，图中展示了典型锆石 CL 图和分析年龄；（b）锆石表观年龄与 U 含量图

表 4.31　尼玛北部虾别错花岗斑岩锆石 U-Pb 年龄和微量元素（ppm）分析结果（Yang et al.，2019b）

样品号：15ZB124-1，SIMS															
	元素含量				同位素比值						同位素年龄 /Ma				
点号	U/ppm	Th/ppm	Th/U	f_{206}/%	$^{207}Pb/^{206}Pb$	1σ/%	$^{207}Pb/^{235}U$	1σ/%	$^{206}Pb/^{238}U$	1σ/%	$^{207}Pb/^{206}Pb$	1σ	$^{207}Pb/^{235}U$	1σ	$^{206}Pb/^{238}U$	1σ
#17	38383	27376	0.71	25.96	0.0361	25.64	0.0190	25.70	0.0038	1.66		586.8	19.1	4.9	24.6	0.4
#23	33226	13653	0.41	44.65	0.0539	26.93	0.0301	27.00	0.0040	1.96	367.3	514.2	30.1	8.0	26.0	0.5
#32	18019	15911	0.88	9.13	0.0524	12.73	0.0566	12.82	0.0078	1.51	301.1	266.9	55.9	7.0	50.3	0.8
#30	14916	8195	0.55	3.55	0.0517	15.68	0.0608	15.83	0.0085	2.17	272.9	324.4	59.9	9.3	54.7	1.2
#01	613	253	0.41	16.91	0.0586	41.55	0.0990	41.60	0.0123	2.15	550.9	715.9	95.8	38.8	78.5	1.7
#24	3982	19739	4.96	49.43	0.1191	40.23	0.2139	40.31	0.0130	2.67	1942.9	585.1	196.9	74.8	83.4	2.2
#15	1104	782	0.71	16.44	0.0347	32.52	0.0629	32.57	0.0132	1.87		729.5	62.0	19.8	84.3	1.6
#11-1	7913	2754	0.35	4.38	0.0481	3.83	0.0890	4.56	0.0134	2.48	104.8	88.0	86.6	3.8	85.9	2.1
#06	1066	460	0.43	8.50	0.0484	12.47	0.0961	12.69	0.0144	2.36	120.5	270.1	93.1	11.4	92.1	2.2
#04	2719	1338	0.49	0.04	0.0487	0.51	0.1119	1.72	0.0167	1.64	134.1	11.9	107.7	1.8	106.5	1.7
#13	5015	3699	0.74	0.05	0.0483	0.45	0.1119	1.58	0.0168	1.52	111.9	10.5	107.7	1.6	107.5	1.6
#18	4158	1943	0.47	0.13	0.0481	0.82	0.1154	1.77	0.0174	1.57	106.5	19.2	110.9	1.9	111.1	1.7
#05-1	567	374	0.66	0.16	0.0497	1.37	0.1118	2.09	0.0163	1.57	179.0	31.7	107.6	2.1	104.4	1.6
#27	2472	1181	0.48	0.22	0.0498	1.17	0.1095	2.18	0.0159	1.84	186.2	27.1	105.5	2.2	101.9	1.9
#12	2451	1513	0.62	0.23	0.0485	1.19	0.1151	1.93	0.0172	1.52	122.6	27.9	110.6	2.0	110.0	1.7
#07	2950	1052	0.36	0.23	0.0484	0.94	0.1239	1.78	0.0186	1.51	120.8	22.0	118.6	2.0	118.5	1.8
#09	3849	1256	0.33	0.33	0.0483	0.91	0.1198	1.76	0.0180	1.50	116.4	21.4	114.9	1.9	114.9	1.7
#14	1247	954	0.76	0.38	0.0485	1.03	0.1158	1.82	0.0173	1.51	122.9	24.0	111.3	1.9	110.7	1.7
#02	425	262	0.62	0.54	0.0483	3.15	0.1081	3.49	0.0162	1.50	115.7	72.7	104.2	3.5	103.7	1.5
#05	449	301	0.67	0.88	0.0487	2.86	0.1090	3.24	0.0162	1.53	134.3	65.9	105.1	3.2	103.8	1.6
#26	4105	1510	0.37	0.98	0.0491	4.11	0.1135	4.38	0.0168	1.52	152.0	93.5	109.2	4.5	107.2	1.6
#20	1096	446	0.41	1.36	0.0482	7.95	0.1130	8.09	0.0170	1.51	107.2	177.8	108.7	8.4	108.7	1.6
#21	1511	617	0.41	1.40	0.0478	2.36	0.1093	2.80	0.0166	1.50	88.5	55.1	105.4	2.8	106.1	1.6
#28	3794	1417	0.37	1.55	0.0527	5.22	0.1214	5.43	0.0167	1.50	315.3	114.6	116.3	6.0	106.8	1.6
#22	4883	2274	0.47	2.17	0.0442	2.21	0.1017	2.68	0.0167	1.51		53.4	98.4	2.5	106.6	1.6
#16	3880	2109	0.54	2.98	0.0472	2.48	0.1085	2.91	0.0167	1.51	57.1	58.2	104.6	2.9	106.7	1.6

续表

样品号：15ZB124-1，SIMS																
	元素含量				同位素比值						同位素年龄 /Ma					
点号	U/ppm	Th/ppm	Th/U	f_{206}/%	$^{207}Pb/^{206}Pb$	1σ/%	$^{207}Pb/^{235}U$	1σ/%	$^{206}Pb/^{238}U$	1σ/%	$^{207}Pb/^{206}Pb$	1σ	$^{207}Pb/^{235}U$	1σ	$^{206}Pb/^{238}U$	1σ
#33	4131	2110	0.51	2.64	0.0492	7.52	0.1153	7.70	0.0170	1.65	159.4	167.0	110.8	8.1	108.6	1.8
#25	2116	809	0.38	3.93	0.0503	2.31	0.1116	2.80	0.0161	1.59	209.6	52.6	107.5	2.9	102.9	1.6
#19	2321	1417	0.61	5.26	0.0494	3.30	0.1117	3.63	0.0164	1.50	167.8	75.4	107.5	3.7	104.8	1.6
#08	2898	1071	0.37	5.07	0.0544	13.01	0.1116	13.10	0.0149	1.53	388.6	268.3	107.4	13.4	95.2	1.4
#29	3164	1643	0.52	5.83	0.0477	3.04	0.1025	3.42	0.0156	1.57	85.4	70.5	99.1	3.2	99.6	1.6
#31	776	350	0.45	7.72	0.0495	12.94	0.1073	13.25	0.0157	2.88	171.3	276.9	103.5	13.1	100.6	2.9
#10	1374	818	0.59	27.39	0.0482	65.24	0.0999	65.26	0.0150	1.79	108.2	1079.3	96.6	62.0	96.2	1.7
#03	557	196	0.35	43.91	no data	no data	no data	no data	0.0151	1.62	no data	no data	no data	no data	96.7	1.6

样品号：15ZB124，LA -ICP-MS															
	元素含量			同位素比值						同位素年龄 /Ma					
点号	U/ppm	Th/ppm	Th/U	$^{207}Pb/^{206}Pb$	1σ/%	$^{207}Pb/^{235}U$	1σ/%	$^{206}Pb/^{238}U$	1σ/%	$^{207}Pb/^{206}Pb$	1σ	$^{207}Pb/^{235}U$	1σ	$^{206}Pb/^{238}U$	1σ
01	3547	1477	0.42	0.0608	0.0018	0.1617	0.0050	0.0192	0.0002	632	65	152	4	122	2
02	9133	3032	0.33	0.0907	0.0056	0.2272	0.0150	0.0175	0.0002	1443	117	208	12	112	1
03	10349	3885	0.38	0.1637	0.0044	0.3972	0.0095	0.0176	0.0002	2495	45	340	7	112	1
04	3730	2004	0.54	0.0958	0.0053	0.2344	0.0142	0.0172	0.0002	1546	108	214	12	110	1
05	2891	1043	0.36	0.0986	0.0026	0.2375	0.0069	0.0173	0.0002	1598	55	216	6	110	1
07	9497	2933	0.31	0.0787	0.0025	0.1846	0.0058	0.0169	0.0002	1165	63	172	5	108	1
11	8461	3739	0.44	0.1538	0.0038	0.3679	0.0088	0.0172	0.0002	2388	42	318	7	110	1
15	5652	2725	0.48	0.2135	0.0077	0.5170	0.0174	0.0176	0.0002	2932	59	423	12	112	1
16	10607	6561	0.62	0.2174	0.0068	0.5244	0.0158	0.0174	0.0002	2961	50	428	10	111	1
17	993	619	0.62	0.0917	0.0048	0.2174	0.0111	0.0173	0.0003	1461	96	200	9	110	2
19	10122	3628	0.36	0.1226	0.0049	0.2875	0.0098	0.0172	0.0002	1995	70	257	8	110	2
06	14092	8850	0.63	0.1695	0.0043	0.3067	0.0079	0.0130	0.0002	2553	42	272	6	83	1.0

续表

样品号：15ZB124，LA-ICP-MS															
	元素含量			同位素比值						同位素年龄 /Ma					
点号	U/ppm	Th/ppm	Th/U	$^{207}Pb/^{206}Pb$	1σ/%	$^{207}Pb/^{235}U$	1σ/%	$^{206}Pb/^{238}U$	1σ/%	$^{207}Pb/^{206}Pb$	1σ	$^{207}Pb/^{235}U$	1σ	$^{206}Pb/^{238}U$	1σ
08	17772	7217	0.41	0.1065	0.0036	0.1495	0.0045	0.0102	0.0002	1740	68	141	4	66	1.2
09	13798	6090	0.44	0.1942	0.0061	0.3905	0.0122	0.0145	0.0002	2789	52	335	9	93	1.2
10	13385	5365	0.40	0.1938	0.0050	0.3823	0.0125	0.0141	0.0003	2776	42	329	9	90	1.8
12	14396	5937	0.41	0.2233	0.0055	0.4397	0.0118	0.0141	0.0002	3006	40	370	8	90	1.1
13	16788	7123	0.42	0.1789	0.0066	0.2794	0.0112	0.0111	0.0001	2642	62	250	9	71	0.8
14	20247	9649	0.48	0.1142	0.0034	0.1508	0.0045	0.0095	0.0001	1933	54	143	4	61	0.6
18	25485	12858	0.50	0.1327	0.0043	0.1111	0.0034	0.0061	0.0001	2200	58	107	3	39	0.6
20	14423	6811	0.47	0.1570	0.0060	0.2576	0.0119	0.0116	0.0002	2433	64	233	10	75	1.0
21	12592	5022	0.40	0.1290	0.0036	0.2337	0.0065	0.0131	0.0002	2084	49	213	5	84	1.1
22	21390	10638	0.50	0.2039	0.0052	0.2173	0.0055	0.0077	0.0001	2858	41	200	5	49	0.5
23	12942	5991	0.46	0.2017	0.0058	0.3311	0.0098	0.0118	0.0001	2840	47	290	7	76	0.9
24	21357	11564	0.54	0.2605	0.0077	0.3219	0.0093	0.0089	0.0001	3250	47	283	7	57	0.6

续表

分析号	Ti	Sr	Y	Nb	Hf	Ta	^{204}Pb	^{206}Pb	^{207}Pb	^{208}Pb	Pb	Th	U
15ZB124 01	20.9	8.8	6553	155	26817	26.7	624	254	29.3	285	226	1477	3547
15ZB124 02	36.3	22.4	19155	272	33689	42.5	2975	609	103	877	671	3032	9133
15ZB124 03	176	93.4	28336	864	27200	56.2	10123	702	220	2048	1433	3885	10349
15ZB124 04	8.8	8.6	19498	107	26726	19.2	809	244	40	409	293	2004	3730
15ZB124 05	14.2	10.1	7021	146	30528	25.8	1022	193	35	307	230	1043	2891
15ZB124 06	356	256	39162	1906	25836	99.2	9806	713	228	2485	1662	8850	14092
15ZB124 07	53.4	38.1	21230	378	30965	52.2	2593	625	94	787	620	2933	9497
15ZB124 08	406	323	51071	1691	33540	128	4871	701	140	1366	984	7217	17772
15ZB124 09	323	177	40887	1764	32473	110	13012	778	288	2787	1894	6090	13798
15ZB124 10	292	186	40181	1541	34757	105	11388	705	251	2387	1636	5365	13385
15ZB124 11	156	95.6	25982	933	26093	56.5	5977	560	159	1562	1072	3739	8461
15ZB124 12	308	257	45515	2219	30958	110	14614	775	313	3041	2054	5937	14396
15ZB124 13	349	293	53399	1708	29534	107	10615	715	240	2311	1585	7123	16788
15ZB124 14	359	397	69912	1487	30041	101	5313	729	152	1596	1120	9649	20247
15ZB124 15	120	66.2	16060	849	26821	43.3	7115	370	145	1408	958	2725	5652
15ZB124 16	200	113	30273	1034	24588	65.8	11891	681	264	2725	1817	6561	10607
15ZB124 17	16.2	5.5	4540	81	27033	12.6	0	62	10	96	68	619	993
15ZB124 18	439	553	78184	2519	29752	127	5176	572	134	1414	981	12858	25486
15ZB124 19	110	75.7	24578	752	34314	55.6	4286	634	148	1370	964	3628	10122
15ZB124 20	306	232	47188	1936	30905	99.4	7847	632	183	1822	1257	6811	14423
15ZB124 21	214	133	33586	1071	32027	66.5	5398	621	146	1437	1010	5022	12592
15ZB124 22	478	453	68748	2252	27763	121	10699	625	234	2369	1593	10638	21390
15ZB124 23	11509	246	49342	2582	29763	383	9774	586	219	2161	1459	5991	12942
15ZB124 24	354	456	52752	2120	28590	109	18177	731	360	3589	2391	11564	21357

续表

	La	Ce	Pr	Nd	Sm	Eu	Gd	Tb	Dy	Ho	Er	Tm	Yb	Lu
15ZB124 01	9.4	34.4	5.5	34.8	43.7	1.1	160	59.6	663	224	970	196	1751	313
15ZB124 02	2.4	30.1	2.3	18.4	49.9	1.2	300	155	1890	648	2745	543	4828	804
15ZB124 03	6.9	54	9.3	72.7	171	4.3	694	356	3938	1137	4389	813	6831	1062
15ZB124 04	1.7	25.7	1.9	23.7	98.8	3.7	585	208	1962	551	2006	355	3005	504
15ZB124 05	2.4	25.6	1.4	8.5	17.2	0.8	111	52.3	655	239	1096	226	2086	378
15ZB124 06	8	90.9	8.7	61.6	171	5.2	840	464	5202	1483	5711	1076	8813	1321
15ZB124 07	4.2	33.2	3.7	29.6	75.7	2.4	425	203	2298	718	2969	593	5171	835
15ZB124 08	10.8	102	13.9	98	287	7.6	1232	635	6644	1861	7219	1410	11816	1737
15ZB124 09	10.5	93.1	14.1	106	282	7.1	1066	576	6239	1693	6342	1193	10033	1408
15ZB124 10	15.2	91.6	19.5	135	296	7.4	1115	549	5780	1611	6142	1187	9884	1410
15ZB124 11	6	58.9	7.1	55.4	146	3.9	608	316	3514	1019	4014	764	6505	977
15ZB124 12	11.4	88	11.0	71.4	193	5.3	930	551	6402	1794	7036	1359	11304	1643
15ZB124 13	12.7	99.1	15.6	108	329	7.9	1407	695	7334	2011	7654	1439	11943	1756
15ZB124 14	15.6	116	16.8	128	383	11.4	1828	821	8306	2273	8474	1588	13501	1968
15ZB124 15	6.1	43.1	5.4	30.7	75.4	2.0	343	187	2186	623	2497	492	4234	620
15ZB124 16	8.8	84.8	12.4	91.7	234	6.0	875	458	4793	1295	4774	884	7225	990
15ZB124 17	2.6	19.2	1.9	15.2	27	1.6	111	42.0	485	164	691	141	1289	222
15ZB124 18	20.2	156	21.9	159	407	10	1981	1001	10436	2838	10669	2040	17435	2446
15ZB124 19	5.6	44.7	4.4	29.5	91.5	2.2	457	258	3113	951	3817	769	6770	986
15ZB124 20	9.4	86.8	11.5	81.8	236	6.7	1100	586	6580	1805	6861	1345	11239	1517
15ZB124 21	6.4	70	8.7	62.6	185	4.7	795	421	4670	1344	5218	1038	8854	1204
15ZB124 22	17.7	123	20.4	151	430	9.8	1875	867	8844	2390	8974	1700	14422	2009
15ZB124 23	15.5	97.5	17.4	124	351	9.0	1360	709	7472	1975	7327	1395	11469	1510
15ZB124 24	18.5	118	18.9	124	313	7.6	1524	779	8152	2244	8336	1570	13348	1899

虾别错花岗斑岩主微量元素、Sr-Nd 同位素、锆石 Hf 同位素和矿物组成分别见表 4.32、表 4.33、表 4.34 和表 4.35。虾别错花岗斑岩以高 SiO_2 含量［77.0%~80.0%，图 4.68（a）］为特征，为高钾钙碱性或钾玄质岩石系列［图 4.68（b）］。这些花岗斑岩的稀土元素含量低［26~36 ppm，图 4.68（c）］，显示弱的轻稀土元素亏损以及显著的 Eu 负异常（Eu/Eu^*=0.01~0.08）和 Ce 异常（Ce/Ce^*=0.22~0.94）。此外，它们在球粒陨石标准化稀土配分图上还显示 Gd-Tb-Dy-Ho 呈现向上突起的 M 型四分组特征。它们显著亏损高场强元素（如：Nb、Ta、Zr）而富集大离子亲石元素［如：Rb、Th、U，图 4.68（d）］，还具有低的 Nb/Ta（6.5~8.8）和 Zr/Hf（16~19）值。它们具有轻微富集的全岩 Nd 同位素特征，其 $\varepsilon_{Nd}(t)$ 值在 –0.36 到 –0.99 之间［图 4.68（e）］，锆石 $\varepsilon_{Hf}(t)$ 值介于 –0.28 到 5.58 之间［图 4.68（f）］。

虾别错花岗斑岩是高度演化的花岗质岩石。这些斑岩无论是斑晶还是基质矿物都以石英和长石为主，且钾长石具有高的 Or 分子（95~98），斜长石中 Ab 分子含量高于 97。这些岩石高的 SiO_2 含量以及高的分异指数（DI：95~98），岩石中锆石高的 Hf（2.4%~3.3%）、U（619~12858 ppm）和 Nb（81~2582 ppm）含量，强不相容元素 Rb、Th 和 U 的强烈富集以及 Ba、Sr、Eu 的极度亏损都指示强烈的结晶分异作用［图 4.68（c）和（d）］。这些强不相容元素在岩浆演化晚期富集在残余熔体之中，少量萤石的出现指示岩浆富 F，这使得岩浆体系黏度降低，从而使得高度结晶分异得以发生。

岩浆演化晚期流体与残余熔体相互作用导致了这些斑岩特殊的稀土四分组特征。这种特殊的稀土元素配分模式常见于高度演化的酸性岩。斑岩中一些蜕晶化锆石的出现指示岩浆体系流体的出现。这些酸性岩石轻稀土元素相对重稀土元素的轻微亏损可能指示了轻稀土和 Eu 进入流体，从而使得残余熔体中这些元素含量降低。具有相似离子电荷和半径的元素在一般岩浆体系中具有相似的元素配分行为；然而，在富水体系中，诸如 Zr/Hf、Nb/Ta、Y/Ho 值显著不同于一般花岗岩质岩石或球粒陨石相应值。虾别错花岗斑岩低的 Y/Ho 值（25~28）等明显不同于大陆地壳或球粒陨石的值。这些特征指示了岩浆演化晚期残余熔体与流体相互作用。

虾别错花岗斑岩 Ce 负异常可能指示其岩浆形成源区存在遭受地表风化作用的地壳物质。这一特征不可能是岩浆侵位后风化作用所致，因为 Ce 负异常强度与岩石烧失量（LOI）或化学风化指数（CIA）之间不存在良好的线性关系［图 4.69（a）］。此外，在地表风化作用下，该异常的增强常伴随稀土富集［图 4.69（b）］。然而，这些斑岩的稀土含量随 Ce 负异常强度增加而降低，这表明岩浆侵位后的风化作用不是导致 Ce 负异常的原因。富集轻稀土元素矿物的分离结晶不可能是导致 Ce 负异常的原因。分离结晶模拟结果显示［图 4.69（c）和（d）］，当残余熔体具有与这些斑岩相当的 Ce 负异常强度时，其轻稀土相对重稀土元素发生显著亏损。熔融实验资料显示（Johnson and Plank，2000），初始物质的 Ce 负异常特征能够被熔体继承，这被认为是一些奥长花岗岩具有轻微 Ce 负异常的原因（Gómez-Tuena et al.，2008）。

表 4.32 虾别错花岗斑岩主量（XRF，%）和微量（ICP-MS，ppm）元素结果（Yang et al.，2019b）

样品	15ZB124	15ZB124-1	15ZB124-2	15ZB124-3	15ZB124-4	15ZB124-6	15ZB124-7	15ZB124-15	15ZB119-1	15ZB122-1	15ZB117-2
岩性	斑岩								花岗岩		
SiO_2	77.04	76.02	76.16	76.72	76.19	79.40	78.67	78.84	69.21	73.93	76.63
TiO_2	0.03	0.04	0.04	0.03	0.04	0.03	0.03	0.03	0.48	0.22	0.10
Al_2O_3	12.27	12.37	12.65	12.83	12.59	10.56	11.30	11.00	14.40	13.33	12.63
$Fe_2O_3^T$	0.78	1.25	0.78	1.22	1.15	1.22	1.02	1.23	3.74	2.06	1.43
MnO	0.06	0.06	0.06	0.04	0.06	0.07	0.07	0.09	0.10	0.08	0.08
MgO	0.16	0.13	0.16	0.35	0.14	0.15	0.12	0.15	0.89	0.42	0.23
CaO	0.07	0.09	0.04	0.04	0.10	0.01	0.01	0.01	1.83	0.95	0.28
Na_2O	2.39	2.82	2.02	2.43	2.86	0.18	0.19	0.21	3.68	3.56	3.69
K_2O	5.60	5.76	6.59	4.33	5.76	7.21	7.76	7.39	4.42	4.76	4.47
P_2O_5	0.02	0.02	0.02	0.01	0.02	0.01	0.02	0.01	0.12	0.08	0.02
烧失量	0.96	0.79	1.00	1.78	0.83	0.75	0.69	0.83	0.50	0.31	0.34
总量	99.37	99.34	99.52	99.79	99.74	99.57	99.77	99.70	99.38	99.70	99.90

样品	15ZB 124	15ZB 124-1	15ZB 124-2	15ZB 124-3	15ZB 124-4	15ZB 124-6	15ZB 124-7	15ZB 124-15	15ZB 124-3R1*	15ZB 124-3R2*	15ZB 124-3R3*	15ZB 119-1	15ZB 122-1	15ZB 117-2
岩性	斑岩											花岗岩		
Sc	4.74	4.17	6.20	5.83	4.97	4.74	4.50	5.65	5.69	5.27	5.56	9.38	4.82	3.17
V	3.57	3.03	3.71	1.30	3.44	2.67	3.75	3.84	1.90	1.00	2.24	29.3	12.6	5.58
Cr	16.7	18.9	7.6	8.9	18.8	19.5	22.2	5.92	8.38	1.36	1.18	22.1	17.3	6.72
Co	0.68	0.74	0.67	0.36	0.65	0.84	0.75	0.67	0.36	0.08	0.08	5.19	2.05	0.86
Ni	1.93	1.79	2.43	0.93	1.94	1.66	1.51	1.65	0.87	0.59	0.53	24.60	2.70	2.00
Cu	13.4	17.3	21.1	5.65	14.4	18.0	15.9	22.8	5.79	3.49	3.63	12.8	3.05	2.47
Zn	40.5	90.6	43.4	49.3	79.9	42.3	36.8	45.9	46.4	49.4	48.0	68.6	37.2	45.1

续表

样品	15ZB 124	15ZB 124-1	15ZB 124-2	15ZB 124-3	15ZB 124-4	15ZB 124-6	15ZB 124-7	15ZB 124-15	15ZB 124-3R1*	15ZB 124-3R2*	15ZB 124-3R3*	15ZB 119-1	15ZB 122-1	15ZB 117-2
岩性	斑岩											花岗岩		
Zn	40.5	90.6	43.4	49.3	79.9	42.3	36.8	45.9	46.4	49.4	48.0	68.6	37.2	45.1
Ga	15.2	12.8	20.2	20.0	15.8	13.2	16.0	13.2	19.8	18.8	19.5	20.4	16.9	16.2
Ge	0.68	0.63	0.78	0.84	0.71	1.09	0.97	0.99	1.01	0.83	0.98	2.13	1.62	1.19
Rb	355	363	488	319	380	501	554	515	316	305	312	212	309	367
Sr	20.3	19.6	22.3	13.6	17.9	16.5	17.1	15.5	14.4	13.4	13.3	153.9	84.4	25.1
Y	36.4	40.5	42.8	33.7	36.7	36.7	34.1	39.4	32.7	35.1	34.3	34.5	33.6	44.0
Zr	73.9	74.6	82.2	66.6	73.4	54.5	64.8	76.6	63.5	63.5	66.1	241	126	77.9
Nb	19.4	24.0	24.0	29.9	18.8	20.3	22.5	22.6	30.3	28.2	29.7	20.4	21.1	15.5
Cs	10.7	9.5	14.1	14.3	9.8	12.5	13.6	15.3	14.7	14.2	14.6	11.2	22.3	16.2
Ba	72.8	85.7	75.7	31.9	72.2	76.2	31.3	50.7	33.8	29.3	30.0	448	193	74.9
La	2.73	2.24	1.24	2.95	2.82	2.37	3.53	2.77	2.86	3.26	3.33	64.0	27.6	13.7
Ce	4.36	2.01	1.89	1.34	3.09	4.29	7.04	5.07	1.39	1.33	1.35	127	55.0	32.0
Pr	0.90	0.78	0.39	0.76	1.05	0.84	0.96	0.94	0.75	0.84	0.87	13.4	6.40	4.21
Nd	3.63	3.46	1.63	3.13	4.44	3.52	3.76	3.95	3.05	3.39	3.51	46.4	23.1	16.4
Sm	1.52	1.72	0.91	1.19	1.81	1.61	1.53	1.73	1.16	1.23	1.31	8.42	5.35	5.11
Eu	0.040	0.039	0.033	0.005	0.034	0.014	0.010	0.017	0.006	0.005	0.005	0.812	0.422	0.120
Gd	2.40	2.90	1.89	2.06	2.56	2.62	2.46	2.85	2.06	2.13	2.18	7.31	5.19	5.23
Tb	0.74	0.86	0.69	0.65	0.76	0.75	0.74	0.81	0.66	0.69	0.68	1.13	0.94	1.13
Dy	5.76	6.80	5.97	5.24	6.09	5.64	5.68	6.25	5.27	5.25	5.59	6.72	5.98	7.54
Ho	1.38	1.58	1.45	1.24	1.45	1.29	1.33	1.45	1.27	1.24	1.28	1.35	1.25	1.62
Er	4.18	4.70	4.53	3.82	4.47	3.79	3.96	4.42	3.84	3.92	4.01	3.70	3.66	4.92

续表

样品	15ZB 124	15ZB 124-1	15ZB 124-2	15ZB 124-3	15ZB 124-4	15ZB 124-6	15ZB 124-7	15ZB 124-15	15ZB 124-3R1*	15ZB 124-3R2*	15ZB 124-3R3*	15ZB 119-1	15ZB 122-1	15ZB 117-2
岩性						斑岩							花岗岩	
Tm	0.67	0.74	0.72	0.62	0.72	0.60	0.63	0.71	0.62	0.62	0.65	0.54	0.59	0.81
Yb	4.26	4.54	4.68	4.02	4.59	3.81	4.01	4.50	4.18	4.20	4.47	3.35	3.92	5.45
Lu	0.68	0.70	0.71	0.64	0.73	0.59	0.62	0.72	0.63	0.64	0.67	0.53	0.60	0.80
Hf	4.18	4.38	4.29	3.98	4.29	3.33	3.78	4.22	3.89	3.98	4.08	6.12	4.13	3.60
Ta	2.82	3.03	3.07	3.41	2.89	2.93	3.16	3.27	3.44	3.30	3.65	1.82	4.39	4.16
Pb	9.58	18.2	33.5	9.41	17.0	39.2	145	37.9	11.6	10.9	11.3	22.0	48.7	44.5
Th	16.5	14.6	16.1	26.2	17.9	20.9	19.3	19.7	26.7	26.7	27.0	26.9	27.3	29.9
U	6.36	6.48	6.69	4.49	5.62	7.90	8.42	7.56	4.38	4.66	4.68	3.66	4.57	4.53

* 重复分析数据；虾别错花岗岩数据用作对比。

表 4.33　虾别错花岗斑岩全岩 Nd 同位素结果（Yang et al.，2019b）

样品	15ZB124	15ZB124-1	15ZB124-2	15ZB124-3	15ZB124-6	15ZB124-15	15ZB119-1	15ZB122-1
岩性	斑岩						花岗岩	
年龄 / Ma	107	107	107	107	107	107	118	118
Sm/ppm	1.52	1.72	0.91	1.19	1.61	1.73	8.42	5.35
Nd/ppm	3.63	3.46	1.63	3.13	3.52	3.95	46.41	23.09
$(^{147}Sm/^{144}Nd)_s$	0.25239	0.29957	0.33686	0.23055	0.27695	0.26397	0.10970	0.14016
$(^{143}Nd/^{144}Nd)_s$	0.512626	0.512668	0.512696	0.512643	0.512653	0.512652	0.512472	0.512444
2 SE	0.000009	0.000009	0.000009	0.000007	0.000008	0.000008	0.000004	0.000005
$(^{143}Nd/^{144}Nd)_i$	0.512449	0.512458	0.512460	0.512482	0.512459	0.512467	0.512395	0.512346
$\varepsilon_{Nd}(t)$	−0.99	−0.82	−0.78	−0.36	−0.80	−0.65	−2.05	−3.01
T_{DM}/Ma	−2085	−861	−565	−4672	−1206	−1522	994	1461
T_{DM2}/Ma	988	974	971	937	972	960	1074	1153

注：初始比值计算中，Sm-Nd 半衰期取值为 6.54×10^{-14} a。

表 4.34　尼玛北部虾别错花岗斑岩锆石 Lu-Hf 同位素分析结果（Yang et al.，2019b）

样品：15ZB124-1														
分析号	年龄 /Ma	$^{176}Yb/^{177}Hf$（corr）	$^{176}Lu/^{177}Hf$（corr）	$^{176}Hf/^{177}Hf$（corr）	2σ	$\varepsilon_{Hf}(0)$	$\varepsilon_{Hf}(t)$	2σ	T_{DM}/Ma	$f_{Lu/Hf}$	T_{DM2}/Ga	f_{cc}	f_{DM}
2	107	0.057813	0.002079	0.282826	0.000010	1.90	4.10	0.36	622	–0.9374	0.91	–0.5482	0.1566
4	107	0.120213	0.003929	0.282812	0.000013	1.42	3.50	0.48	676	–0.8817	0.94	–0.5482	0.1566
5	107	0.106668	0.003344	0.282806	0.000010	1.22	3.33	0.36	673	–0.8993	0.96	–0.5482	0.1566
7	107	0.131116	0.004133	0.282867	0.000009	3.37	5.42	0.31	595	–0.8755	0.82	–0.5482	0.1566
8	107	0.099352	0.003448	0.282816	0.000010	1.55	3.65	0.36	661	–0.8962	0.93	–0.5482	0.1566
25	107	0.116946	0.003690	0.282782	0.000009	0.35	2.44	0.33	717	–0.8889	1.01	–0.5482	0.1566
26	107	0.100877	0.003653	0.282786	0.000009	0.49	2.58	0.31	711	–0.8900	1.00	–0.5482	0.1566
10	107	0.073554	0.002694	0.282774	0.000009	0.06	2.21	0.33	710	–0.9189	1.03	–0.5482	0.1566
27	107	0.072279	0.002534	0.282811	0.000009	1.36	3.53	0.32	652	–0.9237	0.94	–0.5482	0.1566
28	107	0.091203	0.003009	0.282752	0.000008	–0.70	1.43	0.27	748	–0.9094	1.08	–0.5482	0.1566
12	107	0.058239	0.002069	0.282801	0.000011	1.03	3.23	0.40	658	–0.9377	0.96	–0.5482	0.1566
13	107	0.129587	0.004052	0.282706	0.000013	–2.34	–0.28	0.45	842	–0.8780	1.19	–0.5482	0.1566
14	107	0.062040	0.002215	0.282781	0.000011	0.33	2.53	0.38	689	–0.9333	1.01	–0.5482	0.1566
16	107	0.073629	0.002601	0.282743	0.000008	–1.02	1.14	0.30	753	–0.9217	1.10	–0.5482	0.1566
18	107	0.103167	0.003702	0.282756	0.000012	–0.55	1.53	0.43	757	–0.8885	1.07	–0.5482	0.1566
19	107	0.122153	0.003864	0.282752	0.000011	–0.70	1.38	0.39	766	–0.8836	1.08	–0.5482	0.1566
20	107	0.047651	0.001838	0.282792	0.000017	0.71	2.93	0.61	667	–0.9446	0.98	–0.5482	0.1566
21	107	0.140026	0.004512	0.282787	0.000014	0.52	2.55	0.51	727	–0.8641	1.01	–0.5482	0.1566
22	107	0.121005	0.004013	0.282815	0.000014	1.53	3.60	0.49	673	–0.8791	0.94	–0.5482	0.1566

注：初始比值计算中，Lu-Hf 衰变常数 λ=1.867×10^{-11} a^{-1}（Söderlund et al.，2004），硅酸盐地球均一储库值 $(^{176}Lu/^{177}Hf)_{CHUR}$=0.033，$(^{176}Hf/^{177}Hf)_{CHUR,0}$=0.282772（Blichert-Toft and Albarède，1997）；单阶段模式年龄计算中，平均大陆地壳 $^{176}Lu/^{177}Hf$ 值为 0.015（Griffin et al.，2000）。

表 4.35　尼玛北部虾别错花岗斑岩矿物成分（Yang et al.，2019b）

长石															
样品	15ZB124														
分析号	1	3	4	5	6	7	8	9	10	11	12	15	16	17	18
SiO_2	73.54	69.08	69.96	71.20	65.71	65.95	63.84	66.21	65.44	65.01	70.41	69.93	68.09	70.44	68.10
Al_2O_3	19.93	20.12	19.89	19.72	17.75	18.14	18.03	17.92	17.44	17.92	19.44	20.10	19.71	19.61	19.54
CaO	0.04	0.00	0.03	0.07	0.00	n.d.	n.d.	n.d.	0.01	n.d.	0.13	0.08	0.06	0.09	0.02
Na_2O	5.43	11.89	11.16	10.33	0.41	0.53	0.41	0.47	0.41	0.49	10.87	11.09	12.64	11.67	12.10
K_2O	0.05	0.03	0.06	0.09	16.18	15.96	16.07	16.25	15.91	16.03	0.08	0.14	0.04	0.08	0.00
总量	99.09	101.19	101.18	101.45	100.09	100.63	98.36	100.92	99.23	99.50	101.02	101.42	100.55	101.93	99.84
An	0.39	0.00	0.13	0.37	0.00	0.00	0.00	0.00	0.04	0.00	0.63	0.39	0.24	0.41	0.09
Ab	99.01	99.83	99.51	99.06	3.73	4.76	3.77	4.25	3.76	4.40	98.90	98.81	99.54	99.15	99.89
Or	0.60	0.17	0.36	0.57	96.26	95.24	96.23	95.75	96.20	95.60	0.47	0.80	0.21	0.44	0.02

长石															
样品	15ZB124												15ZB124-2		
分析号	20	21	22	23	26	28	30	32	33	37	38	40	9	10	11
SiO_2	66.27	64.20	66.03	66.10	66.65	68.76	66.40	64.74	65.69	69.89	64.43	69.95	70.22	70.83	68.18
Al_2O_3	18.28	18.78	18.27	18.37	18.46	19.76	18.45	18.72	18.89	19.68	18.35	19.31	19.89	19.54	19.88
CaO	0.00	0.01	0.00	0.01	0.03	0.06	0.02	0.00	0.01	0.12	0.01	0.01	0.16	0.03	0.07
Na_2O	0.41	0.37	0.42	0.35	0.42	12.35	0.37	0.42	0.33	11.47	0.42	12.22	8.39	9.10	11.44
K_2O	15.18	15.15	15.49	15.41	15.18	0.11	15.64	15.70	15.07	0.06	16.11	0.07	0.14	0.06	0.05
总量	100.19	98.59	100.37	100.28	100.83	101.09	100.90	99.64	100.02	101.28	99.33	101.65	98.87	99.63	99.66
An	0.00	0.06	0.02	0.03	0.15	0.26	0.08	0.00	0.06	0.59	0.03	0.04	1.02	0.15	0.36
Ab	3.97	3.56	3.99	3.29	4.05	99.17	3.43	3.90	3.22	99.05	3.83	99.61	97.89	99.45	99.38
Or	96.03	96.38	95.00	96.68	95.80	0.58	96.49	96.10	96.72	0.36	96.15	0.35	1.09	0.40	0.26

续表

	长石														
样品	15ZB124-2														
分析号	12	26	27	28	29	30	31	33	36	37	38	40	42	44	46
SiO_2	69.26	64.51	64.89	64.56	69.78	68.74	68.49	64.31	70.23	64.29	69.16	64.44	69.63	64.30	70.09
Al_2O_3	19.40	17.78	18.19	18.02	19.20	19.06	19.43	17.76	19.54	18.02	19.45	18.45	19.44	18.80	19.67
CaO	0.05	0.00	0.01	0.00	0.02	0.02	0.01	n.d.	0.17	n.d.	0.12	n.d.	0.06	0.00	0.04
Na_2O	10.25	0.39	0.26	0.40	9.68	9.97	11.74	0.34	8.40	0.32	10.07	0.28	9.45	0.54	9.01
K_2O	0.10	16.52	16.41	16.53	0.06	0.04	0.03	16.34	0.09	18.12	0.08	15.96	0.10	15.87	0.04
总量	99.07	99.29	99.80	99.58	98.78	97.85	99.76	98.80	98.46	100.75	98.95	99.16	98.71	99.53	98.89
An	0.26	0.02	0.07	0.00	0.11	0.13	0.03	0.00	1.07	0.00	0.64	0.00	0.33	0.01	0.21
Ab	99.11	3.47	2.33	3.56	99.52	99.60	99.82	3.07	98.22	2.61	98.82	2.63	99.00	4.89	99.48
Or	0.63	96.51	97.60	96.44	0.37	0.27	0.15	96.93	0.71	97.39	0.54	97.37	0.67	95.10	0.31

	长石														
样品	15ZB124-2										15ZB124-4				
分析号	47	48	49	s2	s3	s11	s17	s18	s19	s20	1	2	3	5	8
SiO_2	64.41	53.01	69.10	66.04	64.93	68.86	65.97	65.91	69.48	65.83	69.98	61.87	66.01	68.82	69.71
Al_2O_3	18.69	31.22	20.16	18.34	18.469	19.579	18.356	18.23	19.68	18.276	18.76	18.82	18.38	19.47	19.88
CaO	n.d.	0.20	0.51	0.015	0.054	0.11	0.017	n.d.	0.079	n.d.	0.02	0.08	n.d.	0.06	0.05
Na_2O	0.51	0.12	9.81	0.40	0.43	11.19	0.38	0.38	11.73	0.56	11.06	9.57	0.48	11.72	11.07
K_2O	16.01	6.95	0.02	15.52	15.77	0.08	15.55	15.38	0.08	15.47	0.04	0.05	15.36	0.06	0.06
总量	99.65	94.21	99.67	100.39	99.75	99.88	100.35	99.97	101.12	100.19	99.89	96.45	100.24	100.17	100.78
An	0.00		2.80	0.08	0.28	0.54	0.09	0.00	0.37	0.00	0.08	0.45	0.00	0.29	0.23
Ab	4.63		97.05	3.79	3.92	98.98	3.53	3.58	99.16	5.20	99.68	99.21	4.50	99.39	99.39
Or	95.37		0.15	96.13	95.80	0.48	96.38	96.42	0.47	94.80	0.23	0.34	95.50	0.32	0.37

续表

长石													
样品	15ZB124-4								15ZB124-6				
分析号	9	10	15	16	20	22	24	27	1	27	29	34	37
SiO_2	69.25	65.70	65.17	71.78	65.91	65.90	68.90	68.10	65.50	52.80	51.64	64.91	64.18
Al_2O_3	20.08	17.95	17.99	19.05	17.89	18.17	19.83	19.98	18.27	32.25	32.06	17.91	17.29
CaO	0.16	0.01	n.d.	0.01	n.d.	n.d.	0.16	0.03	n.d.	0.08	0.06	n.d.	0.01
Na_2O	10.29	0.45	0.41	0.28	0.60	0.42	11.75	11.61	0.51	0.07	0.04	0.42	0.33
K_2O	0.18	16.04	15.90	6.75	15.13	15.78	0.10	0.13	15.29	6.48	7.70	15.76	15.73
总量	99.99	100.18	99.65	97.95	99.53	100.32	100.77	99.94	99.62	94.29	94.46	99.07	98.41
An	0.85	0.03	0.00	0.11	0.00	0.00	0.74	0.15	0.00	0.95	0.68	0.00	0.05
Ab	98.05	4.07	3.75	5.90	5.68	3.90	98.70	99.12	4.83	1.49	0.86	3.86	3.07
Or	1.10	95.90	96.25	93.99	94.32	96.10	0.56	0.73	95.17	97.56	98.47	96.14	96.88

萤石												
样品	15ZB124-4		15ZB124-6									
点号	23	B32	20	21	41	42	45	46	47	48	49	50
Al_2O_3	0.030	n.d.	0.020	0.019	0.047	n.d.	0.032	0.024	n.d.	0.013	0.019	0.018
CaO	82.89	83.05	8[illegible].90	82.36	83.53	79.38	82.31	82.13	82.01	81.51	78.33	80.55
P_2O_5	0.06	0.09	0.05	0.09	0.07	0.10	0.06	0.09	0.07	0.05	0.06	0.05
F	45.70	45.58	43.80	44.70	47.17	46.67	45.12	45.26	42.81	41.67	47.02	44.61
总量	109.5	109.6	107.4	108.5	111.0	106.6	108.7	108.5	106.9	105.8	105.7	106.6

注：n.d. 代表未检出。

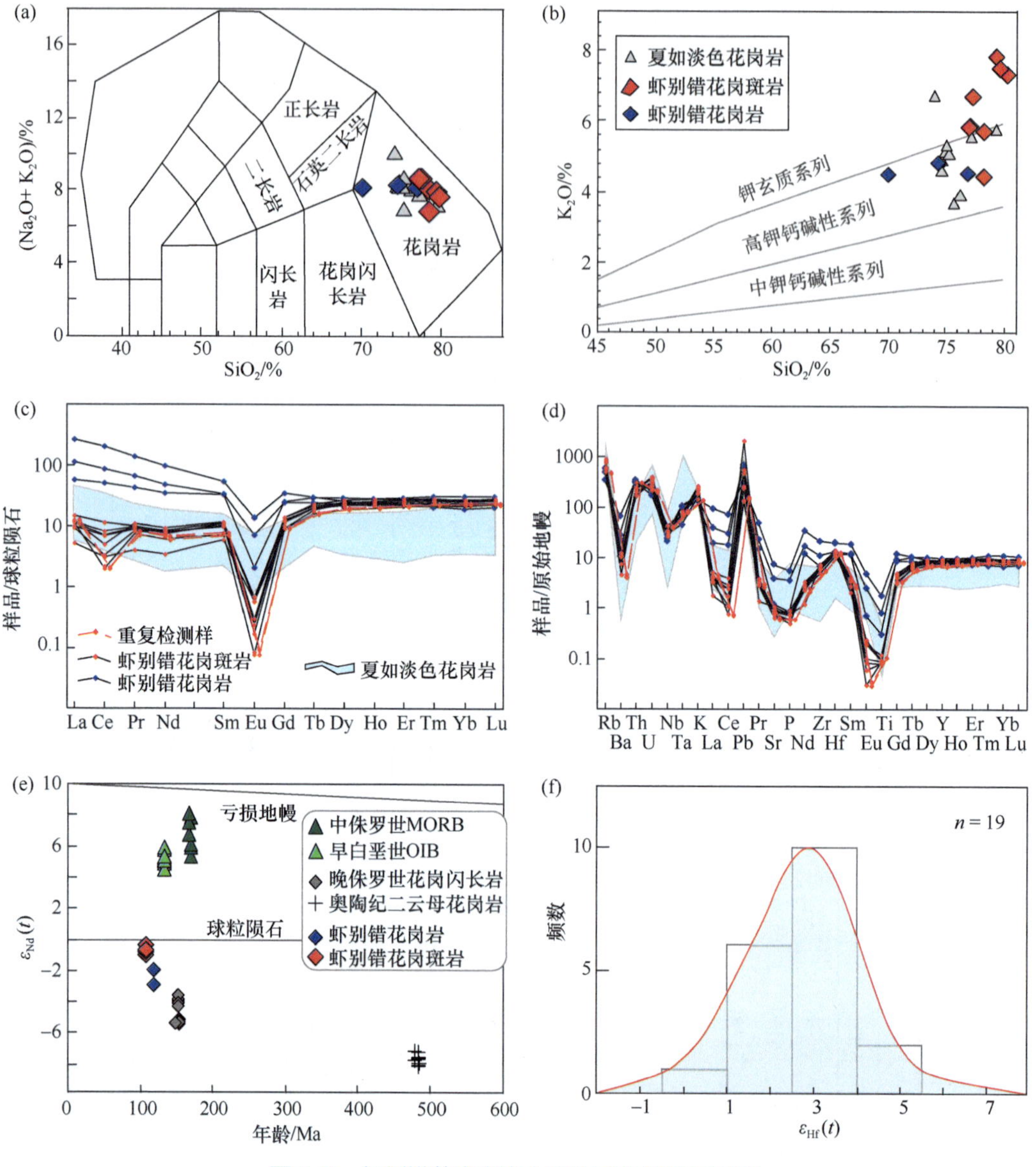

图 4.68　虾别错花岗斑岩主要地球化学特征图解

（a）全碱（K_2O+Na_2O）含量与 SiO_2 含量分类图；（b）K_2O 和 SiO_2 分类图；（c）球粒陨石标准化稀土元素配分图；（d）原始地幔标准化微量元素蛛网图；（e）全岩 $\varepsilon_{Nd}(t)$ 值与年龄图；（f）锆石 $\varepsilon_{Hf}(t)$ 值概率密度直方图。喜马拉雅夏如淡色花岗岩据 Liu 等（2016a），晚侏罗世埃达克质花岗闪长岩据 Hao 等（2016a），早奥陶世二云母花岗岩据 Hu 等（2015），班公湖–怒江缝合带内洋中脊玄武岩（MORB）和洋岛型玄武岩（OIB）据 Wang 等（2016）

成熟的古老地壳物质熔融形成的岩浆强烈结晶分异是高演化花岗岩形成的重要过程。这些花岗斑岩形成时间比其北侧花岗岩侵位时间晚，且它们具有比北侧花岗岩稍亏损的全岩 Nd 同位素特征，这表明这些斑岩不可能是北侧花岗岩母岩浆经由分离结晶作用形成的。虾别错花岗斑岩最低的 SiO_2 含量也高达 77%，结合中古元古代—新元古代的两阶段 Nd 模式年龄表明，其母岩浆很可能是古老地壳物质熔融形成。负 Ce 异常

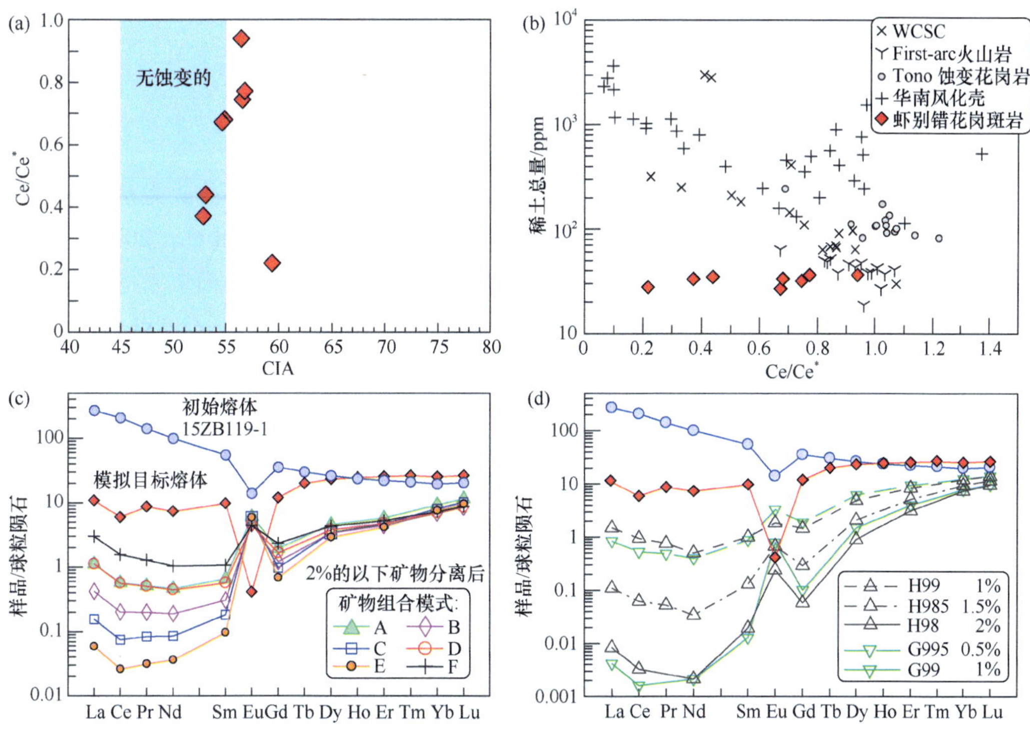

图 4.69　虾别错花岗斑岩 Ce 负异常特征图解

(a) Ce 负异常与化学风化指数 (CIA) 图；(b) 全岩稀土元素总量与 Ce 负异常图；(c) 和 (d) 含富集轻稀土元素副矿物分离结晶模拟残余熔体稀土元素配分模式图。图 (b) 中 Mariana First-arc 火山岩据 Reagan 等 (2008)，日本 Tono 铀矿区蚀变花岗岩据 Takahashi 等 (2002)，华南风化蚀变花岗岩据 Bao 和 Zhao (2008)，夏威夷和危地马拉玄武岩 – 安山岩球状风化物 (WCSC) 据 Patino 等 (2003)。图 (c) 中矿物组合 A 由磷灰石 (Ap) 与褐帘石 (Aln) 按 75/25 比例构成；B 由磷灰石 – 褐帘石 – 榍石 (Tit) 按 30/30/40 比例构成；C 组合 Ap/Aln 比例为 65/35；D 组合中矿物比例为：Ap/Aln/Tit=25/25/50；E 中磷灰石与褐帘石比例为 60/40；F 矿物比例为 Ap (25) Aln (20) Tit (55)；(d) 中矿物组合 H 为独居石 (Mon) 与褐帘石以 30/70 比例构成，G 为 Ap-Mon-Aln 按照 60/20/20 比例组成。以无 Ce 负异常的虾别错花岗岩为代表初始熔体成分，红色菱形曲线代表虾别错花岗斑岩平均 REE 配分模式，上述不同矿物组合结晶并从岩浆中分离之后，当残余熔体 Ce 负异常与虾别错花岗斑岩的平均值接近时，模拟的残余熔体轻稀土元素及总稀土元素含量显著低于虾别错花岗斑岩

的出现，可能暗示其源区包含有经历浅部地壳风化作用的物质。其母岩浆经历强烈结晶分异后，残余熔体与流体相互作用导致了稀土元素四分组特征的形成。

晚白垩世的岩浆岩在尼玛县东部地区零星出露。在毕洛错西北部阿布山组内发育一套镁质安山岩，其锆石年龄为约 95 Ma。它们具有埃达克质岩的特征，如高 Sr/Y 和球粒陨石标准的 La/Yb 值，并具有弱的 Eu 异常和正 $\varepsilon_{Nd}(t)$ 值 (2.3)；其是俯冲板片断离引起的软流圈上涌导致受俯冲板片和沉积物交代地幔熔融形成 (He et al.，2018)。阿布山组内还存在稍晚的安山岩 (约 80~76 Ma)，它们比毕洛错镁质安山岩具有更富集的 Sr-Nd 同位素特征，是镁铁质下地壳熔融形成 (Li et al.，2013a)。更南侧靠近班公湖 – 怒江缝合带的赞宗错地区还发育同期的花岗斑岩，它们具有亏损的全岩 Hf-Nd 同位素和高的锆石 δ^{18}O 值 (6.6‰~9.2‰)，是新生镁铁质下地壳部分熔融的产物 (Wang et al.，2021)。

4.5 班公湖 – 怒江缝合带班戈 – 东巧地区侏罗纪—白垩纪岩浆岩

班公湖 – 怒江缝合带是青藏高原中部一条明显的构造分界线，被认为是羌塘地块和拉萨地块的分界线［图 4.70（a）；Yin and Harrison，2000；Zhu et al.，2016］，也有学者认为这条缝合带是冈瓦纳大陆的北部界线（潘桂棠等，2004）。由于大洋俯冲及随后的羌塘 – 拉萨地块碰撞，沿缝合带两侧的地块岩浆活动较为发育（Zhu et al.，2016；Li et al.，2018a，2018b，2019）。然而，班公湖 – 怒江缝合带内的岩浆活动较弱，仅在缝合带东段最宽的江错 – 东巧地区发育且研究程度不高［图 4.70（b）］。该区域内岩浆活动可以分两期：①中 – 晚侏罗世（165~161 Ma）中酸性高镁火山岩及闪长岩。达如错接奴群内出露的高镁安山岩与佳琼地区安山岩和闪长岩具有相似的地球化学组成，显示典型的岛弧岩浆地球化学特征，是由班公湖 – 怒江特提斯洋俯冲沉积物部分熔融的产物交代地幔楔而形成（李小波等，2015；Zeng et al.，2016；唐跃等，2019；Hu et al.，2020a）。因此，缝合带中 – 东段中 – 晚侏罗世的岩浆作用与班公湖 – 怒江特提斯洋的俯冲有关。②早白垩世晚期花岗岩（118~110 Ma）。该类花岗岩侵位于蛇绿混杂岩和接奴群火山岩中，岩石具有高的 SiO_2 含量和富集的同位素组成，是后碰撞背景下大陆地壳物质发生部分熔融形成的产物（Hu et al.，2019，2021）。同时，在班戈 – 东巧地区发现有三个侵位于蛇绿混杂岩的侵入体，其形成时代为早白垩世晚期（116~112 Ma），通过统计区域内位于缝合带及两侧地块的岩浆岩的时代，并结合其形成构造背景，认为这三个侵入体与同时期的侵入岩纵切缝合带，具有“钉合岩体”的特征，可以限定班公湖 – 怒江缝合带中 – 东段的闭合上限，即在约 115 Ma 之前已经闭合（Hu et al.，2022）。

4.5.1 晚侏罗世克那玛闪长岩

克那玛闪长岩体位于缝合带的南部，侵位于上三叠统确哈拉群（T_3Q），其出露面积约 9.0 km^2［图 4.70（b）］。根据岩石中角闪石的含量可以将克那玛闪长岩分为两组：第一组闪长岩呈深绿色，具有中 – 粗粒结构［图 4.71（a）］，其造岩矿物为斜长石（40%~45%）、角闪石（50%~54%）以及少量的石英（0~1%）。相对于第一组闪长岩，第二组闪长岩中角闪石含量较少，其具有中 – 粗粒结构，风化面呈灰白色 – 灰色［图 4.71（b）］。其矿物组成为斜长石（60%~65%）、角闪石（25%~30%）以及少量的石英（3%~5%）。

两组闪长岩中，第一组闪长岩的锆石阴极发光图像呈板状并且不发育环带［图 4.72（a）］，指示其在基性岩浆中结晶（Grimes et al.，2009）；而第二组闪长岩中锆石的阴极发光图像呈典型的岩浆振荡环带［图 4.72（a）］。通过对两组闪长岩进行 LA-ICP-MS 和 SIMS 锆石 U-Pb 定年，发现两组闪长岩均形成于晚侏罗世早期［约 161 Ma；图 4.72（b）~（d）；表 4.36 和表 4.37］。

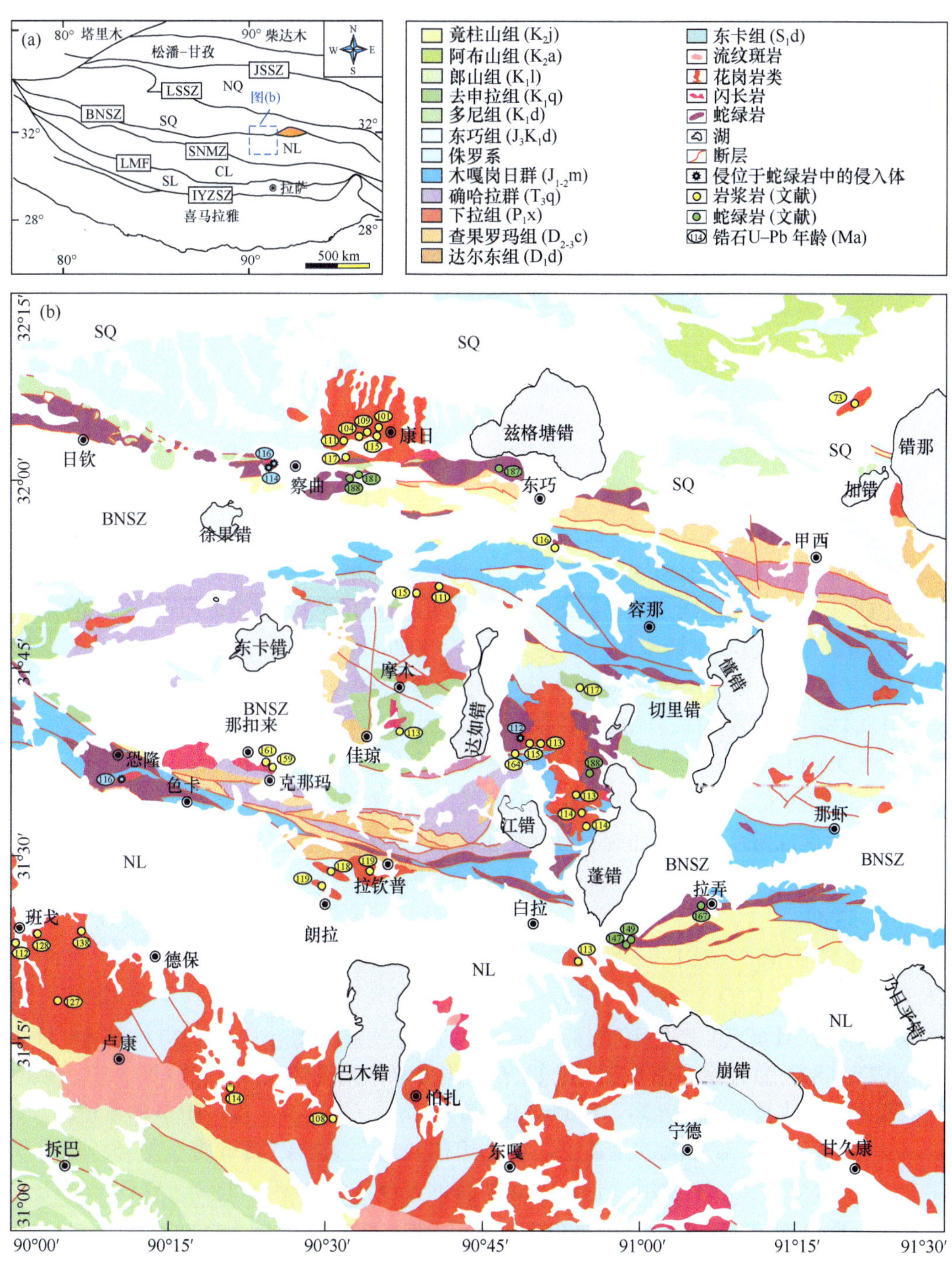

图 4.70　西藏（a）和班戈 - 东巧地区（b）地质图

字母缩写如下：JSSZ. 金沙江缝合带；NQ. 北羌塘地块；LSSZ. 龙木错 - 双湖 - 澜沧江缝合带；SQ. 南羌塘地块；BNSZ. 班公湖 - 怒江缝合带；NL. 北拉萨地块；SNMZ. 狮泉河 - 纳木错混杂岩带；CL. 中拉萨地块；LMF. 洛巴堆 - 米拉山断裂；SL. 南拉萨地块；IYZSZ. 雅鲁藏布江缝合带

图 4.71　克那玛闪长岩显微照片（单偏光）

矿物缩写：Amp. 角闪石；Pl. 斜长石；Qtz. 石英

通过对两组闪长岩中的角闪石开展矿物研究（表 4.38），发现两组闪长岩角闪石主要为镁质角闪石［单位晶胞原子数：Si ＞ 6.5；图 4.73（a）；Leake et al.，1997；Hawthorne and Oberti，2007］，且第一组闪长岩中角闪石的 $Mg^{\#}$ 值为 0.64~0.81，略高于第二组闪长岩。在 $Si/Al_{总和}$-Mg/（$Mg+Fe^{2+}$）图解中这些镁质角闪石又落入低铝角闪石的区域［Al_2O_3 ＜ 10%，$Si/Al_{总和}$ ＞ 4；图 4.73（b）］。角闪石可以用来估算岩浆结晶的状态，包括温度、压力、湿度（Erdmann et al.，2014）。克那玛第一组闪长岩中利用角闪石计算所得的压力为 131±36 MPa，温度为 810±30℃，湿度为 5.8%±0.4%。第二组闪长岩中角闪石所得的压力为 121±27 MPa，温度为 797±25℃，湿度为 5.3%±0.3%。因此，克那玛两组闪长岩形成于相似的温压条件，即结晶于含水（H_2O=4.6%~6.9%）和低压（69~226 MPa）条件下，对应于上地壳的深度（745~871℃）（图 4.74）。这也指示橄榄石和辉石可能早于角闪石结晶，并且从残余岩浆中分离。

克那玛闪长岩的主量和微量元素结果见表 4.39。第一组闪长岩具有低的 SiO_2（47.6%~53.4%）含量，高的 MgO（5.0%~9.1%）、K_2O（1.0%~3.6%）和 Na_2O（1.7%~3.4%）含量及 $Mg^{\#}$（0.51~0.69）值。同时具有变化的 Al_2O_3（13.8%~19.8%）、$Fe_2O_3^T$（6.3%~ 11.1%）、CaO（7.6%~10.6%）和 TiO_2（0.59%~1.28%）含量。第一组闪长岩富集轻稀土［$(La/Yb)_N$=5.7~10.5］，轻重稀土分异明显。此外还具有明显的 Eu（Eu/Eu^*=0.72~0.89）负异常［图 4.75（a）］。在微量元素蛛网图中［图 4.75（b）］中，第一组闪长岩富集大离子亲石元素，如 Pb、Rb 和 Ba 等，亏损 Nb、Ta、Ti 和 P 等元素。

在主量元素和部分微量元素上，第二组闪长岩与第一组具有明显差异。相对于第一组闪长岩，第二组闪长岩具有相对高的 SiO_2（56.9%~59.4%）、Al_2O_3（16.7%~17.5%）、K_2O（0.7%~2.4%）和 Na_2O（3.1%~3.9%）含量，低的 $Fe_2O_3^T$（5.8%~6.4%）、MgO（2.9%~3.8%）、TiO_2（0.77%~0.81%）含量及 $Mg^{\#}$（0.47~0.55）值。第二组闪长岩也具有富集轻稀土［$(La/Yb)_N$=8.9~10.4］和亏损 Eu（Eu/Eu^*=0.77~0.89）的特征［图 4.75（a）］。在微量元素蛛网图中表现为富集 K、Rb、Ba、Th、U 和 Th 等，亏损 Nb、Ta、Ti 和 P 等［图 4.75（b）］。

表 4.36　克那玛闪长岩 LA-ICP-MS 锆石 U-Pb 年龄分析结果（Hu et al.，2020a）

分析点	元素含量 /ppm			Th/U	同位素比值						计算年龄 /Ma					
	Pb*	Th	U		$^{207}Pb/^{206}Pb$	±1σ	$^{207}Pb/^{235}U$	±1σ	$^{206}Pb/^{238}U$	±1σ	$^{207}Pb/^{206}Pb$	±1σ	$^{207}Pb/^{235}U$	±1σ	$^{206}Pb/^{238}U$	±1σ
16BG10–2@ I 组																
1	11.2	429	311	1.38	0.04894	0.00214	0.17281	0.00724	0.02563	0.00048	145.1	99.6	161.9	6.3	163.2	3.0
2	13.0	523	353	1.48	0.04909	0.0021	0.17087	0.00691	0.02527	0.00050	152.2	97.4	160.2	6	160.9	3.1
3	13.7	490	402	1.22	0.05179	0.00324	0.17648	0.01025	0.02474	0.00067	275.9	137.1	165.0	8.9	157.6	4.2
4	21.6	967	568	1.70	0.04958	0.0015	0.17238	0.00494	0.02525	0.00042	175.2	69.2	161.5	4.3	160.7	2.7
5	40.2	2166	955	2.27	0.05136	0.00148	0.17674	0.00477	0.02499	0.00042	256.8	65.0	165.3	4.1	159.1	2.7
6	10.2	417	287	1.46	0.0492	0.00281	0.16962	0.00931	0.02503	0.00053	157.4	128.5	159.1	8.1	159.4	3.3
7	21.1	1053	535	1.97	0.05355	0.00222	0.17954	0.00696	0.02434	0.00049	352.1	90.8	167.7	6.0	155.0	3.1
8	8.8	358	246	1.46	0.05159	0.00378	0.17429	0.01217	0.02453	0.00065	267.2	159.8	163.1	10.5	156.2	4.1
9	19.6	930	522	1.78	0.05208	0.00206	0.17628	0.00654	0.02457	0.00048	288.7	87.8	164.9	5.7	156.5	3.0
10	12.3	486	348	1.4	0.04571	0.00243	0.16198	0.00831	0.0257	0.00051	0.1	106.2	152.4	7.3	163.6	3.2
11	23.6	1165	614	1.9	0.05141	0.00166	0.17535	0.00535	0.02472	0.00043	259.3	72.5	164.1	4.6	157.4	2.7
16BG12–10@ II 组																
1	11.3	354	310	1.14	0.04858	0.00145	0.17000	0.00476	0.02544	0.00033	127.5	68.9	159.4	4.1	161.9	2.1
2	10.5	266	310	0.86	0.04699	0.00169	0.16346	0.00548	0.02528	0.00038	48.5	84	153.7	4.8	160.9	2.4
3	4.8	125	138	0.91	0.04815	0.00241	0.17015	0.00812	0.02568	0.00045	106.5	114.3	159.5	7.1	163.4	2.8
4	6.4	168	185	0.91	0.05165	0.00236	0.17991	0.00775	0.02531	0.00045	269.8	101.6	168.0	6.7	161.1	2.8
5	8.6	195	246	0.79	0.04981	0.00163	0.17614	0.00538	0.02568	0.00035	186.3	74.3	164.7	4.7	163.4	2.2
6	7.0	129	176	0.73	0.04625	0.00219	0.16100	0.00721	0.02528	0.00045	10.6	110.3	151.6	6.3	160.9	2.8
7	9.5	276	271	1.02	0.04814	0.00154	0.17155	0.00517	0.02587	0.00035	106.3	74.1	160.8	4.5	164.7	2.2
8	10.2	265	293	0.9	0.04977	0.00149	0.17978	0.00503	0.02622	0.00034	184.3	68.2	167.9	4.3	166.9	2.1
9	9.1	245	274	0.89	0.04742	0.00166	0.16588	0.00545	0.02539	0.00037	70.0	82	155.8	4.8	161.6	2.3
10	8.8	293	244	1.2	0.04864	0.00183	0.16977	0.00600	0.02533	0.00038	130.4	86	159.2	5.2	161.3	2.4
11	10.9	323	321	1.01	0.04968	0.00176	0.17251	0.00567	0.0252	0.00039	180.1	80.6	161.6	4.9	160.4	2.5
12	7.3	176	229	0.77	0.05064	0.00184	0.17664	0.00599	0.0253	0.00039	224.4	81.9	165.2	5.2	161.1	2.4
13	14.1	418	414	1.01	0.04901	0.00129	0.17137	0.00417	0.02536	0.00031	148.1	60.4	160.6	3.6	161.4	2.0
14	10.9	295	319	0.93	0.05058	0.00153	0.18076	0.00509	0.02591	0.00035	221.6	68.5	168.7	4.4	164.9	2.2
15	9.8	338	277	1.22	0.04927	0.00166	0.17243	0.00545	0.02537	0.00036	160.8	77.2	161.5	4.7	161.5	2.3

表 4.37 克那玛闪长岩 SIMS 锆石 U-Pb 年龄分析结果（Hu et al.，2020a）

分析点	元素含量 /ppm			Th/U	f_{206}/%	同位素比值						ρ	计算年龄 /Ma					
	Pb^{*}	Th	U			$^{207}Pb/^{206}Pb$	±1σ	$^{207}Pb/^{235}U$	±1σ	$^{206}Pb/^{238}U$	±1σ		$^{207}Pb/^{206}Pb$	±1σ	$^{207}Pb/^{235}U$	±1σ	$^{206}Pb/^{238}U$	±1σ
16BG12–6@ I 组																		
1	6	145	168	0.86	0.81	0.04838	3.58	0.1679	4.03	0.0252	1.86	0.461	118.1	82.2	157.6	5.9	160.2	2.9
2	20	1298	519	2.5	1.53	0.04511	5.40	0.15444	5.62	0.0248	1.54	0.273	–49.8	126.5	145.8	7.7	158.1	2.4
3	18	720	469	1.53	0.61	0.04651	2.06	0.1588	2.55	0.0248	1.50	0.590	24.3	48.6	149.7	3.6	157.7	2.3
4	8	179	242	0.74	0.47	0.04824	3.08	0.16794	3.46	0.0253	1.58	0.455	110.9	71.2	157.6	5.1	160.8	2.5
5	63	2942	1492	1.97	0.49	0.04989	1.80	0.1755	2.34	0.0255	1.51	0.643	189.7	41.3	164.2	3.6	162.4	2.4
6	7	242	224	1.08	0.80	0.05061	2.82	0.1752	3.21	0.0251	1.53	0.477	223.0	64.0	163.9	4.9	159.9	2.4
7	10	358	297	1.2	2.59	0.04368	8.33	0.15284	8.47	0.0254	1.53	0.181	–128.5	194	144.4	11.5	161.5	2.4
8	27	1097	676	1.62	0.26	0.04942	1.27	0.17577	1.97	0.0258	1.51	0.766	167.7	29.4	164.4	3.0	164.2	2.5
9	4	522	141	3.7	2.89	0.04874	7.60	0.16459	7.76	0.0245	1.55	0.199	135.3	169.5	154.7	11.2	156.0	2.4
10	25	1073	650	1.65	0.36	0.04965	1.67	0.17329	2.29	0.0253	1.56	0.683	178.5	38.6	162.3	3.4	161.2	2.5
11	15	639	407	1.57	2.70	0.04583	3.94	0.16303	4.24	0.0258	1.58	0.372	–11.3	92.5	153.4	6.1	164.2	2.6
12	25	1019	626	1.63	1.16	0.04926	2.89	0.17514	3.30	0.0258	1.60	0.485	160.2	66.2	163.9	5.0	164.1	2.6
13	14	513	355	1.44	3.93	0.04966	6.00	0.17679	6.19	0.0258	1.50	0.243	179.1	134.3	165.3	9.5	164.3	2.4
14	11	392	291	1.35	1.59	0.04842	6.85	0.16797	7.02	0.0252	1.52	0.217	120.1	154.0	157.7	10.3	160.2	2.4
15	6	162	179	0.91	0.35	0.05091	2.84	0.18247	3.23	0.026	1.54	0.477	236.6	64.2	170.2	5.1	165.4	2.5
16	38	1687	911	1.85	0.82	0.04872	2.28	0.17502	2.73	0.0261	1.50	0.549	134.5	52.8	163.8	4.1	165.8	2.5
17	17	624	445	1.4	0.30	0.04831	1.47	0.17234	2.11	0.0259	1.52	0.721	114.6	34.2	161.4	3.2	164.7	2.5
18	27	1104	676	1.63	0.16	0.04959	1.03	0.17638	1.82	0.0258	1.50	0.824	175.7	23.9	164.9	2.8	164.2	2.4

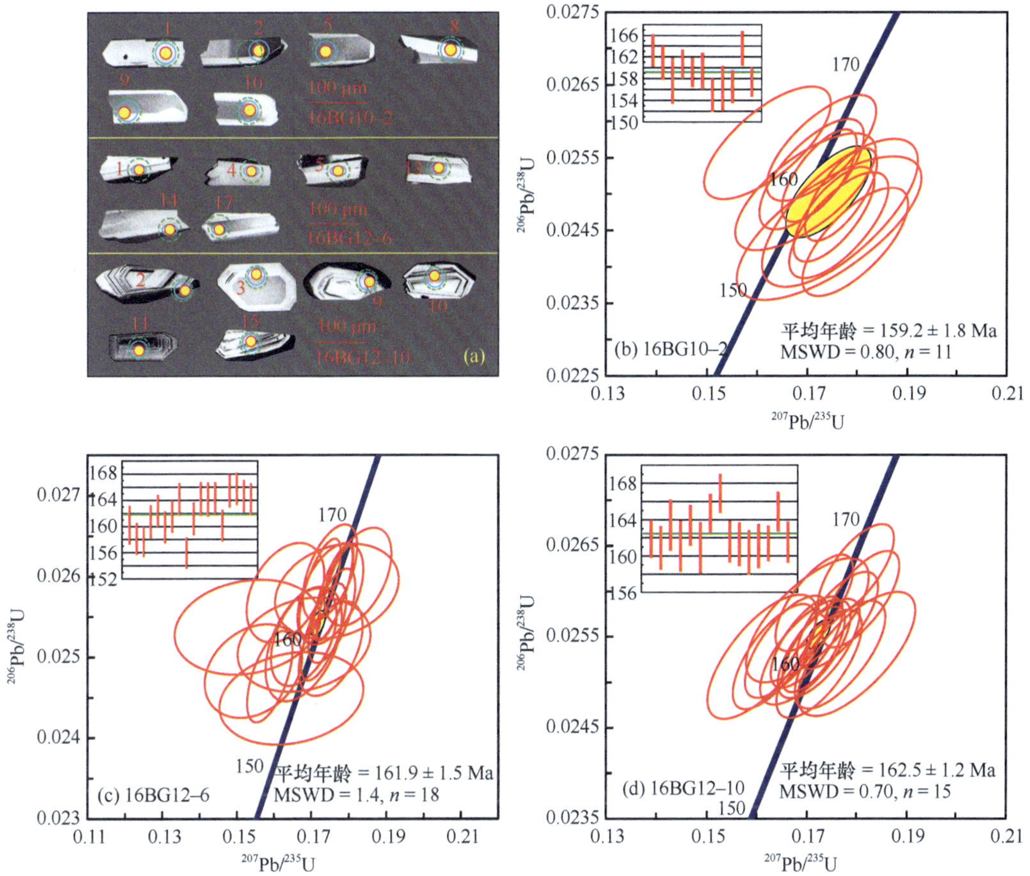

图 4.72 克那玛闪长岩锆石典型锆石 CL 图像（a）和锆石 U-Pb 年龄谐和图（b~d）

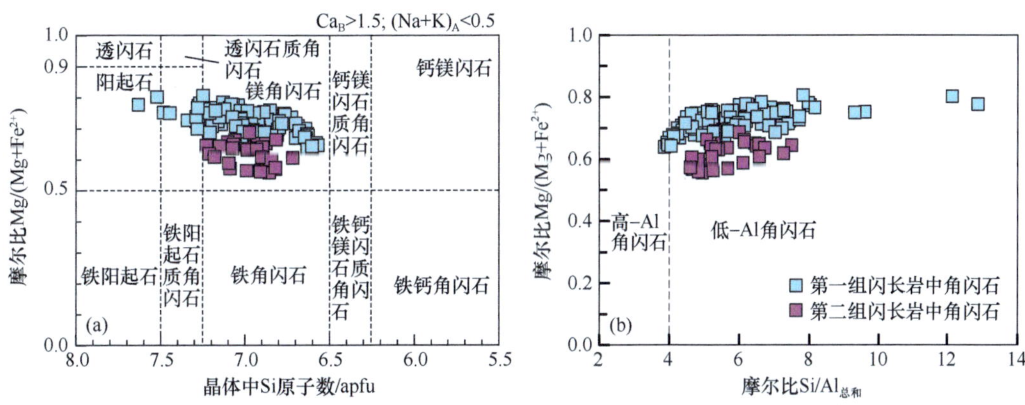

图 4.73 克那玛闪长岩中角闪石 Si-Mg/（Mg+Fe^{2+}）(a)（Leake et al., 1997）和 Si/$Al_{总和}$-Mg/（Mg+Fe^{2+}）(b) 图解

表 4.38　克那玛闪长岩中角闪石电子探针分析结果（%）(Hu et al.，2020a)

分析点	SiO_2	TiO_2	Al_2O_3	FeO	MnO	MgO	CaO	Na_2O	K_2O	Cr_2O_3	NiO	F	Cl	总量	$Mg^{\#}$	T/℃	P/MPa	$H_2O_{熔体}$
16BG10-1@ I 组																		
1	47.72	1.13	7.53	14.19	0.26	13.20	11.55	1.15	0.49	—	—	—	0.10	97.29	0.71	797.6	123.4	6.1
2	46.78	1.37	8.23	14.03	0.33	13.16	11.49	1.25	0.49	0.03	—	—	0.10	97.24	0.72	821.9	146.9	6.2
3	47.48	1.40	7.98	14.32	0.34	13.28	11.48	1.31	0.40	0.05	0.01	—	0.08	98.10	0.72	811.9	135.3	6.2
4	47.82	1.42	7.76	14.02	0.29	13.53	11.54	1.27	0.44	—	—	—	0.08	98.14	0.72	807.4	127.8	6.0
5	47.55	1.34	7.73	13.44	0.31	13.37	11.53	1.26	0.46	0.03	—	0.01	0.10	97.08	0.71	807.0	129.9	6.1
6	47.78	1.48	7.73	13.25	0.29	14.06	11.62	1.26	0.39	0.01	0.02	—	0.07	97.94	0.75	813.3	126.5	5.8
7	47.13	1.76	8.40	13.52	0.28	13.82	11.51	1.47	0.42	0.00	0.01	0.012	0.07	98.38	0.75	832.7	148.5	5.9
8	46.37	1.91	8.75	13.20	0.32	13.51	11.51	1.47	0.48	0.05	0.01	—	0.07	97.65	0.74	845.5	165.3	6.0
9	47.51	1.68	8.40	12.54	0.28	13.70	11.42	1.44	0.41	0.01	0.04	—	0.08	97.50	0.73			
10	46.70	1.77	8.57	13.02	0.28	13.75	11.52	1.43	0.45	0.03	—	—	0.07	97.56	0.75	839.0	157.5	6.0
11	46.83	1.58	7.97	14.12	0.30	13.04	11.71	1.21	0.48	0.05	0.002	—	0.11	97.36	0.70	820.5	138.4	6.1
12	47.31	1.81	8.02	13.63	0.34	13.07	11.60	1.30	0.44	—	0.001	—	0.08	97.57	0.69	817.1	138.8	6.3
13	45.62	2.08	8.90	13.61	0.27	13.02	11.45	1.56	0.50	0.02	—	—	0.07	97.08	0.71	853.1	175.3	6.0
14	45.54	1.96	9.11	14.46	0.32	12.48	11.63	1.52	0.53	0.02	0.03	—	0.09	97.66	0.68	854.4	184.3	6.3
15	47.63	1.36	7.37	14.15	0.23	12.95	11.70	1.22	0.41	0.02	0.01	—	0.08	97.11	0.67	798.0	119.8	6.2
16	46.59	1.44	8.39	14.76	0.31	12.59	11.65	1.27	0.55	0.03	0.01	—	0.10	97.65	0.68	825.1	153.5	6.3
17	47.25	1.43	8.07	14.36	0.32	12.90	11.49	1.23	0.45	—	0.01	—	0.09	97.58	0.70	811.8	140.7	6.4
18	47.29	1.39	7.75	13.74	0.32	13.73	11.27	1.32	0.41	0.03	—	—	0.09	97.32	0.76	810.7	128.7	5.8
19	47.07	1.50	7.62	13.89	0.31	13.45	11.48	1.26	0.44	0.01	0.02	—	0.12	97.13	0.73	811.8	126.3	5.8
20	46.89	1.66	8.10	14.11	0.24	13.36	11.44	1.41	0.49	0.03	0.03	—	0.16	97.89	0.72	823.7	140.7	5.7
21	46.82	1.76	8.62	13.97	0.32	12.86	11.43	1.40	0.46	0.02	—	—	0.08	97.71	0.70	828.9	160.4	6.5
22	45.55	2.13	9.13	14.33	0.30	12.72	11.47	1.58	0.48	0.01	0.04	—	0.09	97.80	0.70	856.0	183.4	6.2
23	46.03	1.99	8.81	14.20	0.26	12.91	11.25	1.55	0.47	0.04	0.03	—	0.10	97.62	0.72	842.0	169.0	6.1

续表

分析点	SiO_2	TiO_2	Al_2O_3	FeO	MnO	MgO	CaO	Na_2O	K_2O	Cr_2O_3	NiO	F	Cl	总量	$Mg^{\#}$	T/℃	P/MPa	$H_2O_{熔体}$
16BG10-1@ Ⅰ组																		
24	45.66	1.99	9.03	14.48	0.27	12.37	11.57	1.49	0.52	0.002	0.01	—	0.10	97.47	0.67	849.4	181.6	6.4
25	45.57	2.09	8.84	14.16	0.29	12.76	11.60	1.51	0.47	—	0.01	—	0.07	97.34	0.69	852.1	172.9	6.2
26	45.21	2.26	9.04	14.36	0.31	12.58	11.62	1.54	0.51	0.02	—	—	0.10	97.52	0.68	860.3	181.8	6.1
27	45.23	2.12	9.37	14.38	0.23	12.50	11.54	1.68	0.51	—	—	—	0.06	97.60	0.68	863.7	196.6	6.3
28	45.19	2.16	9.59	14.21	0.28	12.23	11.41	1.72	0.46	—	0.04	—	0.07	97.32	0.67	863.7	209.1	6.7
29	45.03	2.24	9.88	14.24	0.28	11.90	11.58	1.72	0.54	—	0.04	—	0.10	97.52	0.64	871.4	226.3	6.9
30	44.51	2.28	9.59	14.98	0.32	11.81	11.50	1.56	0.58	—	0.03	—	0.09	97.23	0.65	869.2	212.3	6.5
31	45.38	1.74	9.34	15.08	0.31	12.20	11.52	1.59	0.52	—	—	—	0.08	97.74	0.67	854.8	195.1	6.5
32	48.44	1.31	7.21	13.98	0.33	13.35	11.56	1.12	0.40	—	—	—	0.05	97.74	0.70	787.6	112.7	6.1
33	46.51	1.61	8.50	14.05	0.28	12.89	11.41	1.40	0.46	0.04	0.003	—	0.09	97.20	0.70	828.7	157.5	6.4
34	47.27	1.21	7.78	14.31	0.22	12.98	11.61	1.11	0.59	0.05	0.004	—	0.19	97.27	0.69	806.0	132.0	6.0
35	47.72	1.12	7.55	14.32	0.27	12.93	11.91	1.09	0.47	0.04	0.01	—	0.10	97.49	0.67	800.3	124.5	6.3
16BG10-4@																		
1	49.21	0.88	6.30	12.87	0.27	14.24	12.06	0.89	0.62	0.02	0.02	—	0.08	97.44	0.71	774.5	90.5	5.1
2	47.53	1.32	7.39	13.23	0.31	13.87	12.00	1.12	0.51	0.08	—	—	0.07	97.40	0.72	812.5	118.9	5.6
3	47.58	1.23	7.73	12.77	0.32	13.77	11.75	1.28	0.45	0.05	0.03	—	0.07	97.00	0.72	813.2	129.7	6.0
4	50.15	0.79	5.90	12.31	0.31	14.74	11.94	0.76	0.41	0.01	0.02	—	0.04	97.36	0.75			
5	49.59	0.96	6.12	12.78	0.28	14.45	12.21	0.69	0.52	0.01	—	—	0.07	97.67	0.72	769.7	85.9	5.4
6	48.44	1.03	6.62	13.50	0.29	13.89	11.80	1.02	0.38	0.03	—	—	0.07	97.04	0.72	782.1	98.4	5.7
7	50.34	0.65	5.75	12.21	0.30	14.54	12.01	0.72	0.48	0.03	—	—	0.06	97.09	0.72			
8	49.80	0.86	6.17	12.74	0.24	14.33	12.17	0.83	0.57	—	0.03	—	0.06	97.78	0.71			
9	50.28	0.76	5.77	12.37	0.28	14.43	11.95	0.83	0.49	0.02	0.03	—	0.07	97.26	0.72			

续表

分析点	SiO_2	TiO_2	Al_2O_3	FeO	MnO	MgO	CaO	Na_2O	K_2O	Cr_2O_3	NiO	F	Cl	总量	$Mg^{\#}$	T/℃	P/MPa	$H_2O_{熔体}$
16BG10-4@																		
10	51.18	0.74	5.64	11.42	0.23	15.09	12.12	0.85	0.47	—	—	—	0.05	97.78	0.73			
11	47.54	1.32	7.91	12.93	0.28	13.67	11.64	1.39	0.43	0.01	—	—	0.08	97.18	0.72	815.9	135.3	6.1
12	48.71	1.16	7.39	12.47	0.23	14.11	11.80	1.22	0.51	0.03	0.05	—	0.08	97.73	0.72			
13	49.81	0.89	5.86	12.19	0.35	14.10	11.82	1.00	0.37	0.004	0.02	—	0.12	96.49	0.70			
14	48.97	0.89	5.92	13.00	0.31	13.76	11.93	0.97	0.44	0.06	0.001	—	0.04	96.26	0.69			
16BG10-7@																		
1	49.45	1.13	6.71	11.40	0.22	15.11	11.70	1.16	0.35	0.11	0.01	—	0.07	97.41	0.77	785.0	98.3	5.5
2	50.65	0.71	5.36	11.12	0.23	15.68	11.95	0.93	0.47	0.11	0.04	—	0.22	97.42	0.77	753.5	70.8	4.6
3	50.04	0.97	5.77	11.39	0.23	15.11	11.85	0.98	0.38	0.16	0.01	—	0.08	96.95	0.75			
4	50.17	0.97	6.18	11.71	0.28	15.01	11.63	1.04	0.36	0.13	0.01	—	0.04	97.51	0.77			
5	50.01	0.88	6.38	11.78	0.29	14.85	11.72	1.08	0.35	0.15	0.02	—	0.03	97.52	0.76			
6	49.32	1.03	6.46	11.68	0.31	15.06	11.90	1.08	0.41	0.12	0.01	—	0.05	97.39	0.77	783.8	93.0	5.3
7	53.26	0.56	3.72	10.07	0.25	16.78	12.00	0.70	0.17	0.41	0.01	—	0.04	97.96	0.80			
8	51.17	0.78	5.45	11.04	0.26	15.88	12.10	0.86	0.36	0.28	0.001	—	0.18	98.31	0.78	754.2	71.3	5.0
9	53.92	0.45	3.55	9.74	0.19	16.76	12.29	0.50	0.21	0.09	0.02	—	0.03	97.74	0.78			
10	52.18	0.53	4.61	10.40	0.21	15.87	12.25	0.64	0.31	0.11	0.002	—	0.06	97.15	0.75			
11	52.01	0.63	4.74	10.55	0.25	15.84	12.28	0.65	0.41	0.12	—	—	0.04	97.49	0.75			
12	50.57	0.83	5.91	11.33	0.27	15.28	11.88	0.97	0.36	0.10	0.01	—	0.18	97.65	0.76			
13	50.10	0.88	6.28	11.68	0.26	14.90	11.93	0.94	0.35	0.10	—	—	0.05	97.46	0.75			
14	49.82	1.05	6.38	11.42	0.26	15.33	11.73	1.09	0.32	0.06	0.02	—	0.05	97.53	0.78	776.6	90.3	5.4
15	49.52	0.93	6.56	11.62	0.29	14.66	12.03	0.99	0.39	0.23	0.04	—	0.13	97.35	0.74			
16	48.57	0.95	7.37	12.18	0.26	14.29	12.00	1.09	0.46	0.15	—	—	0.06	97.36	0.73			

续表

分析点	SiO_2	TiO_2	Al_2O_3	FeO	MnO	MgO	CaO	Na_2O	K_2O	Cr_2O_3	NiO	F	Cl	总量	$Mg^{\#}$	T/℃	P/MPa	$H_2O_{熔体}$
16BG10-7@																		
17	50.41	0.92	5.55	11.30	0.23	15.11	12.11	0.80	0.42	0.11	0.01	—	0.07	97.03	0.74			
18	49.81	0.89	6.00	11.33	0.30	15.02	11.96	1.03	0.33	0.14	0.03	—	0.05	96.87	0.75			
19	49.26	0.93	6.82	11.78	0.32	14.82	11.72	1.13	0.36	0.10	0.02	—	0.04	97.28	0.77			
20	48.82	1.10	6.91	11.39	0.26	15.08	11.81	1.23	0.39	0.110	0.05	—	0.04	97.17	0.77	797.1	104.0	5.4
21	48.91	0.92	6.66	11.40	0.22	15.15	11.85	1.14	0.38	0.16	0.02	—	0.06	96.85	0.78	790.4	98.2	5.3
22	50.59	0.78	5.26	11.33	0.26	15.52	11.93	0.89	0.44	0.15	—	—	0.09	97.22	0.77	751.0	69.3	4.7
23	50.85	0.81	5.52	10.64	0.24	16.00	11.78	0.96	0.30	0.33	0.02	—	0.04	97.47	0.81	755.3	72.9	5.0
24	49.17	0.96	6.75	11.47	0.31	15.05	11.74	1.14	0.37	0.11	0.02	—	0.06	97.13	0.78	787.5	99.9	5.5
25	49.40	1.05	6.58	10.86	0.29	15.13	11.87	1.19	0.38	0.41	0.01	—	0.08	97.24	0.76			
26	48.71	1.20	7.13	11.30	0.23	14.91	11.96	1.21	0.39	0.27	—	—	0.07	97.36	0.76	803.6	109.9	5.6
27	47.42	1.36	7.93	11.84	0.26	14.38	11.78	1.34	0.49	0.16	0.04	—	0.08	97.06	0.75	826.4	135.4	5.7
28	48.10	1.36	7.86	11.71	0.27	14.35	11.62	1.35	0.45	0.30	—	—	0.07	97.43	0.75			
29	46.76	1.61	8.91	12.26	0.26	13.65	11.83	1.54	0.53	0.37	0.04	—	0.08	97.82	0.72	849.1	171.8	6.2
30	48.65	1.20	7.30	11.91	0.26	14.74	11.92	1.25	0.41	0.23	0.03	—	0.04	97.94	0.76	806.0	113.6	5.6
31	48.34	1.13	7.16	12.15	0.28	14.31	11.80	1.26	0.43	0.11	0.02	—	0.06	97.02	0.73	799.9	111.9	5.7
16BG12-7@																		
1	47.27	1.21	7.65	13.88	0.26	12.96	11.85	1.09	0.61	0.02	0.001	—	0.12	96.90	0.67			
2	43.92	1.76	9.40	15.44	0.31	11.63	11.53	1.55	0.75	0.05	0.01	—	0.15	96.48	0.65	868.6	208.4	6.0
3	47.10	1.20	7.58	13.81	0.34	13.03	11.74	1.12	0.61	0.02	0.001	—	0.12	96.64	0.69	807.8	127.5	5.9
4	48.10	1.17	7.44	13.71	0.27	12.80	11.85	1.11	0.65	0.01	—	—	0.12	97.20	0.65			
5	47.32	1.18	7.58	13.91	0.33	13.12	11.93	1.08	0.57	0.002	0.01	—	0.10	97.11	0.68	808.6	126.6	6.0
6	48.01	1.35	7.09	14.37	0.35	13.38	11.50	1.15	0.51	—	0.01	—	0.12	97.80	0.71	791.0	109.6	5.5
7	47.81	1.05	7.15	13.98	0.32	13.23	11.55	1.21	0.51	0.04	—	—	0.11	96.92	0.70	791.0	113.4	5.8
8	47.27	1.19	7.52	13.99	0.28	12.94	11.60	1.16	0.65	0.04	0.02	—	0.13	96.76	0.68	802.1	125.3	5.7
9	48.92	1.05	6.75	13.97	0.32	14.00	11.65	1.16	0.49	0.04	—	—	0.09	98.42	0.73	781.8	99.4	5.3

续表

分析点	SiO_2	TiO_2	Al_2O_3	FeO	MnO	MgO	CaO	Na_2O	K_2O	Cr_2O_3	NiO	F	Cl	总量	$Mg^{\#}$	T/℃	P/MPa	$H_2O_{熔体}$
16BG12-7@																		
10	47.62	1.17	7.25	13.57	0.27	13.06	11.72	1.17	0.55	0.05	0.02	—	0.11	96.54	0.67			
11	47.29	1.33	7.28	13.82	0.40	13.18	11.56	1.24	0.56	—	—	—	0.09	96.73	0.70	802.0	117.9	5.5
12	48.16	1.23	6.86	13.79	0.34	13.42	11.62	1.08	0.49	0.03	0.001	—	0.11	97.09	0.70	785.2	104.8	5.7
13	47.12	1.25	7.52	14.18	0.37	12.92	11.92	1.12	0.63	0.00	0.01	—	0.15	97.16	0.67	809.4	125.3	5.7
14	48.35	1.17	6.87	13.70	0.35	13.66	11.57	1.14	0.48	0.02	—	—	0.10	97.39	0.72	785.3	104.3	5.6
15	44.41	1.95	9.30	15.38	0.36	11.69	11.49	1.58	0.74	—	—	—	0.12	96.98	0.64	863.2	200.2	6.0
16	46.86	1.24	7.79	14.40	0.29	12.92	11.66	1.32	0.57	—	0.01	—	0.10	97.13	0.68	814.0	133.4	5.8
17	46.53	1.48	8.00	14.59	0.31	12.65	11.54	1.31	0.63	—	—	—	0.12	97.12	0.68	819.2	141.0	5.8
18	48.35	1.07	6.94	14.27	0.34	13.44	11.93	1.08	0.50	0.01	0.03	—	0.10	98.03	0.69	789.1	105.8	5.7
19	48.29	0.97	6.73	13.90	0.35	13.69	11.88	1.08	0.51	0.01	—	—	0.10	97.50	0.71	786.9	101.1	5.4
20	48.28	0.87	6.84	13.80	0.29	13.57	11.72	1.12	0.50	0.01	—	—	0.30	97.24	0.71	784.0	104.5	5.6
21	50.14	0.82	5.85	13.26	0.36	14.63	11.65	0.96	0.36	—	—	—	0.07	98.08	0.76	754.7	79.4	5.3
22	47.88	0.92	6.89	14.00	0.32	13.47	11.60	1.19	0.49	0.004	—	—	0.12	96.84	0.71	787.4	106.2	5.6
23	48.98	1.06	6.39	13.57	0.25	14.15	11.68	0.98	0.44	—	0.01	—	0.09	97.57	0.74	773.4	91.8	5.4
24	48.49	1.00	6.69	13.92	0.37	13.58	11.61	1.18	0.48	—	—	—	0.10	97.39	0.71	779.8	100.1	5.5
25	47.22	1.06	7.56	14.23	0.34	13.04	11.62	1.28	0.56	—	—	—	0.11	97.00	0.69	805.2	126.1	5.8
26	47.05	1.07	7.61	14.59	0.30	13.10	11.79	1.30	0.66	0.02	—	—	0.14	97.61	0.69	812.4	126.9	5.4
27	48.00	1.03	7.18	13.91	0.34	13.29	11.75	1.19	0.51	0.01	0.02	—	0.10	97.31	0.69	793.1	113.7	5.8
16BG12-10@ II 组																		
1	47.32	1.38	7.61	15.13	0.34	12.46	11.59	1.37	0.65	—	—	0.003	0.15	97.97	0.65	803.8	126.9	5.6
2	46.91	1.30	7.72	15.47	0.38	12.36	11.61	1.35	0.76	0.004	—	—	0.16	97.98	0.65	809.7	130.8	5.4
3	47.51	1.29	6.72	14.44	0.37	13.24	11.76	1.18	0.63	0.02	0.02	—	0.13	97.28	0.69	793.6	102.3	4.9
4	49.39	0.92	5.59	14.42	0.33	13.25	12.18	0.94	0.61	0.01	0.06	—	0.11	97.78	0.64	754.7	77.0	5.0
5	46.20	1.41	7.76	15.67	0.42	12.24	11.36	1.30	0.93	—	0.01	—	0.19	97.44	0.66	814.3	133.6	4.9

续表

分析点	SiO_2	TiO_2	Al_2O_3	FeO	MnO	MgO	CaO	Na_2O	K_2O	Cr_2O_3	NiO	F	Cl	总量	$Mg^{\#}$	T/℃	P/MPa	$H_2O_{熔体}$
16BG12-10@ II 组																		
6	47.05	1.44	7.06	15.47	0.38	12.30	11.72	1.16	0.80	0.002	—	—	0.16	97.50	0.64	797.0	112.5	5.0
7	47.35	1.24	7.45	14.94	0.38	12.23	11.70	1.22	0.71	0.01	—	—	0.16	97.35	0.63			
8	48.29	0.89	6.36	15.50	0.29	12.70	11.89	0.95	0.59	0.05	—	—	0.15	97.61	0.65	769.5	93.4	5.4
9	46.56	1.42	7.62	15.26	0.37	12.14	11.73	1.06	0.83	0.02	0.006	—	0.19	97.16	0.64	808.9	130.0	5.5
10	48.02	1.08	6.64	14.44	0.36	12.99	11.73	1.13	0.75	—	—	0.02	0.14	97.28	0.66	782.2	100.6	5.0
11	48.63	1.02	6.72	14.76	0.36	12.78	11.52	1.18	0.70	0.01	—	—	0.15	97.79	0.66			
12	46.72	1.43	7.46	14.84	0.39	12.28	11.64	1.33	0.89	0.01	—	—	0.20	97.14	0.63	808.3	125.4	5.0
16BG12-12@																		
1	48.69	0.67	6.37	16.40	0.35	11.94	11.33	0.76	0.56	0.01	0.01	—	0.13	97.20	0.64			
2	46.10	1.31	8.03	16.83	0.39	11.03	11.69	1.21	0.92	0.05	—	—	0.16	97.69	0.58	811.9	145.1	5.7
3	49.26	0.81	5.75	16.04	0.44	12.31	11.86	0.90	0.63	0.01	—	—	0.13	98.10	0.62	744.8	80.1	5.4
4	48.04	1.00	6.21	15.73	0.42	12.55	11.69	1.06	0.66	—	0.01	—	0.13	97.45	0.65	768.2	90.5	5.0
5	47.96	1.10	6.05	16.05	0.38	12.35	11.79	0.93	0.68	0.07	—	—	0.13	97.45	0.64	765.4	87.2	5.0
6	45.51	1.52	8.30	16.49	0.36	10.87	11.70	1.34	0.94	0.02	0.02	—	0.18	97.19	0.57	824.7	158.1	5.7
7	47.77	0.94	7.15	16.24	0.36	11.27	11.90	0.97	0.82	—	0.003	—	0.16	97.55	0.57			
8	48.09	1.01	6.68	16.57	0.33	11.54	11.87	0.82	0.83	0.03	—	—	0.17	97.90	0.59			
9	46.73	1.35	7.62	16.38	0.34	11.64	11.64	1.28	0.88	0.01	0.001	—	0.15	97.97	0.61	803.6	129.1	5.3
10	46.15	1.31	7.94	16.60	0.40	10.81	11.72	1.16	0.91	0.02	—	—	0.22	97.19	0.56			
11	48.58	0.66	6.27	15.85	0.39	11.99	11.95	0.83	0.62	—	0.02	—	0.15	97.27	0.61			
12	46.13	1.29	8.13	16.10	0.38	11.49	11.72	1.35	0.95	0.04	—	—	0.18	97.73	0.60	819.8	148.4	5.5
13	46.03	1.63	7.92	17.36	0.37	10.62	11.66	1.12	1.00	0.03	—	—	0.19	97.88	0.56	808.4	141.9	5.6
14	46.81	1.23	7.58	16.37	0.36	10.97	11.80	1.08	0.88	—	0.03	—	0.20	97.25	0.56			
15	44.82	1.36	8.20	17.00	0.36	11.20	11.59	1.34	1.04	0.03	0.01	—	0.20	97.11	0.60	831.8	154.3	4.9
16	46.27	1.32	8.14	16.63	0.39	10.72	11.60	1.19	1.02	—	—	—	0.18	97.42	0.56			
17	45.81	1.20	8.45	17.07	0.38	10.76	11.60	1.24	1.05	0.04	—	—	0.19	97.74	0.57	818.3	161.9	5.8

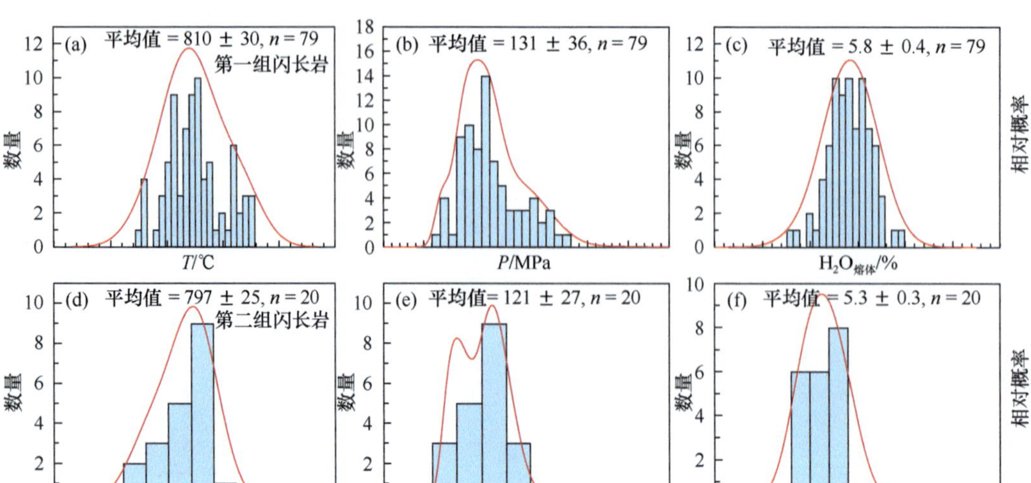

图 4.74 克那玛闪长岩角闪石计算所得温度、压力和湿度概率图

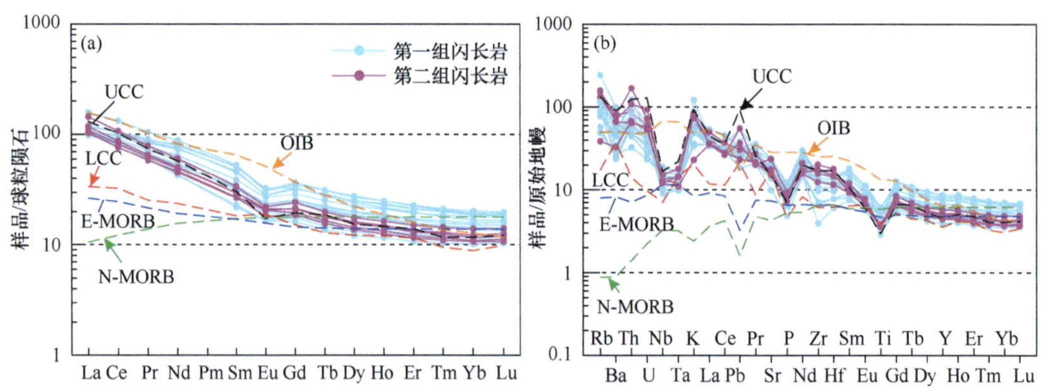

图 4.75 克那玛两组闪长岩（a）稀土配分图和（b）微量元素蛛网图

球粒陨石和原始地幔标准化值引自 Sun 和 McDonough（1989）。N-MORB、E-MORB、OIB、UCC 和 LCC 分别指正常洋中脊玄武岩、富集型洋中脊玄武岩、洋岛玄武岩、上地壳和下地壳

克那玛闪长岩 Sr-Nd 同位素组成见图 4.76（a）和表 4.40，第一组闪长岩具有较高的初始 $^{87}Sr/^{86}Sr$（0.7072~0.7094）组成和较低的 $\varepsilon_{Nd}(t)$ 值（−10.3~−5.9）。第二组闪长岩的 Sr-Nd 同位素组成类似于第一组闪长岩，具有较高的初始 $^{87}Sr/^{86}Sr$（0.7083~0.7086）组成和较低的 $\varepsilon_{Nd}(t)$ 值（−9.5~−9.0）。克那玛闪长岩的 Sr-Nd 同位素组成类似于大洋沉积物和达如错高镁安山岩。

在锆石 Hf-O 同位素组成上［图 4.76（b）和表 4.41］，第一组闪长岩样品 16BG10-2 和 16BG12-6 的 $\delta^{18}O$ 值分别为 6.9‰~7.3‰ 和 6.5‰~7.2‰。第二组闪长岩样品 16BG12-10 的 $\delta^{18}O$ 值为 6.6‰~7.5‰。克那玛两组闪长岩具有相似的 $\delta^{18}O$ 值，并且都高于与幔源岩浆平衡的锆石的 $\delta^{18}O$ 值（Valley et al.，2005）。

表 4.39 克那玛闪长岩全岩主量（%）和微量（ppm）元素分析结果（Hu et al.，2020a）

样品	16BG10-1	16BG10-2	16BG10-3	16BG10-4	16BG10-5	16BG10-6	16BG10-7	16BG10-8	16BG12-2	16BG12-3	16BG12-4	16BG12-6	16BG12-7	16BG12-1	16BG12-5	16BG12-8	16BG12-10	16BG12-12
岩石类型	I 组 闪长岩													II 组 闪长岩				
SiO_2	47.63	49.68	52.72	53.41	50.99	49.76	52.44	49.27	50.76	51.54	52.40	50.24	49.44	57.74	57.36	56.89	58.36	59.45
TiO_2	1.28	0.99	0.63	0.59	1.04	1.25	0.70	1.01	1.12	0.99	0.98	1.27	1.16	0.79	0.81	0.79	0.78	0.77
Al_2O_3	16.97	18.98	15.26	17.95	17.81	18.27	13.78	19.77	17.39	17.20	17.32	18.02	17.74	17.51	17.38	17.26	17.04	16.67
$Fe_2O_3^T$	11.13	7.85	7.16	6.29	8.34	9.09	7.92	7.74	8.90	8.15	8.11	9.47	9.26	6.12	6.41	6.41	6.06	5.79
MnO	0.14	0.12	0.13	0.10	0.11	0.12	0.14	0.13	0.13	0.12	0.12	0.14	0.15	0.09	0.09	0.08	0.10	0.09
MgO	6.81	5.33	8.12	5.55	5.80	5.06	9.10	5.37	6.08	6.39	5.68	4.97	6.24	3.50	3.80	2.92	3.76	3.36
CaO	10.61	9.25	10.09	9.22	8.24	9.40	9.37	7.95	7.57	9.06	8.78	8.55	10.04	6.15	5.43	8.39	6.19	5.72
Na_2O	1.66	1.99	2.08	2.77	2.90	2.54	1.91	1.81	3.02	2.85	3.00	2.98	3.35	3.06	3.60	3.88	3.22	3.33
K_2O	1.01	2.56	1.63	1.94	1.42	1.90	2.13	3.58	2.05	1.58	1.45	1.81	1.08	2.20	2.11	0.67	2.44	2.29
P_2O_5	0.24	0.19	0.14	0.15	0.19	0.26	0.10	0.20	0.16	0.18	0.19	0.24	0.18	0.19	0.18	0.20	0.17	0.15
烧失量	2.32	2.62	1.65	1.60	2.88	2.16	1.73	2.75	2.34	1.79	1.89	2.00	1.47	2.23	2.29	1.92	1.82	1.88
总量	99.80	99.55	99.59	99.57	99.72	99.82	99.31	99.57	99.52	99.85	99.91	99.70	100.10	99.59	99.48	99.41	99.95	99.51
$Mg^{\#}$	0.55	0.57	0.69	0.64	0.58	0.52	0.69	0.58	0.57	0.61	0.58	0.51	0.57	0.53	0.54	0.47	0.55	0.53
Sc	35.25	25.02	32.5	20.85	22.81	21.12	38.02	23.92	27.49	28.35	24.28	23.28	28.08	14.06	16.01	12.98	15.49	13.31
Ti	7992.3	6132.2	4000.4	3765.3	6466.8	7688.6	4323.3	6255.8	6764.3	6179.4	5925.8	7803.2	7003.7	4762.6	4902.4	4787.6	4736.1	4616.6
V	277.3	187.6	173	141.3	201.1	201.8	192.7	173.4	188.7	192.8	185.7	216.2	193.3	125	135.4	131	124.5	120
Cr	45.65	72.65	546.1	54.49	51.99	8.785	629.7	66.19	39.9	43.04	23.88	5.181	38.49	33.6	46.32	34.2	43.96	36.64
Mn	1088.7	960.1	999.4	821	883.9	947.7	1101.2	1009.9	1022.9	1002.4	958	1123.4	1162.8	724.6	725.3	642.5	748.1	673.1
Co	37.01	21.35	29.16	24.44	26.74	25.88	29.94	21.82	27.74	27.57	24.74	26.64	28.03	15.92	17.42	12.94	17	15.29
Ni	15.79	19.58	95.06	53.12	18.61	12.58	107.5	18.57	7.561	24.28	19.49	5.672	7.11	16.66	18.93	16.31	21.26	15.2
Cu	30.72	20.09	8.843	60.42	23.86	19.24	6.315	22.25	17.37	41.49	32.22	43.67	28.62	13.08	17.77	6.881	7.546	8.493

续表

样品	16BG10-1	16BG10-2	16BG10-3	16BG10-4	16BG10-5	16BG10-6	16BG10-7	16BG10-8	16BG12-2	16BG12-3	16BG12-4	16BG12-6	16BG12-7	16BG12-1	16BG12-5	16BG12-8	16BG12-10	16BG12-12
岩石类型	I 组 闪长岩													II 组 闪长岩				
Zn	73.56	70.83	58.64	50.45	65.74	71.45	66.07	73.55	74.33	69.38	59.99	74.43	78.8	56.95	55.86	43.82	49.76	51.28
Ga	19	20.68	15.38	17.79	18.05	20	14.57	21.6	18.02	17.66	17.35	19.51	18.92	18.02	17.04	19.53	18.06	17.74
Ge	3.343	2.728	2.4	2.202	2.53	2.984	2.54	2.773	2.674	2.528	2.439	2.931	2.764	2.032	2.039	2.063	2.146	1.95
Rb	36.84	102.8	58.34	73.94	53.06	76.82	84.68	154.7	84.98	53.29	49.4	72.69	31.29	81.67	83.54	24.47	98.06	94.96
Sr	474.2	398.2	293.2	438.7	384.4	503.5	210	362.2	314.6	313.8	350.8	386.4	369.6	364.8	320.6	494.7	340.7	371.8
Y	34.39	36.24	17.87	22.12	26.61	39.74	20.07	39.73	28.2	30.78	27.03	37.33	33.65	22.55	23.48	20.61	25.96	19.88
Zr	157.7	176.1	44.19	79.91	137.4	173.5	75.15	108.9	137.6	147.1	120.7	189.7	145.6	188	226.7	196.6	175.6	138.4
Nb	7.577	10.71	6.456	6.547	9.961	11.69	6.992	10.59	9.161	10.49	10.1	13.62	10.72	9.058	9.377	8.554	10.82	8.611
Cs	0.964	2.012	1.63	1.929	1.919	1.837	1.937	3.157	1.75	1.357	1.417	1.578	0.928	1.454	1.59	0.486	1.59	1.566
Ba	167.7	466.2	173.3	198.1	341.5	352.8	241.1	702.2	397.1	335.2	313	448.9	190.8	561	482.2	229.2	555.9	460.3
La	24.96	25.16	25.4	24.14	25.84	37.53	26.27	28.57	23.41	24.52	23.6	27.84	24.75	27.98	25.73	24.47	34.24	24.74
Ce	60.55	59.63	52.46	51.73	50.94	81.49	52.19	64.34	50.46	54.87	51.52	65.09	59.15	53.56	50.27	46.95	65.99	47.03
Pr	8.465	7.964	5.708	5.998	6.121	10.02	5.784	8.593	6.172	6.891	6.358	8.241	7.514	6.235	5.932	5.564	7.514	5.589
Nd	38.19	34.64	20.05	22.27	24.82	41.29	20.07	37	24.69	27.31	25.3	35.24	30.13	23.69	23.3	21.7	28.26	21.26
Sm	7.801	7.19	3.349	4.044	5.073	8.136	3.514	7.882	5.152	5.345	4.921	6.994	5.985	4.564	4.549	4.179	5.217	4.084
Eu	1.9	1.642	0.956	1.147	1.276	1.841	0.965	1.8	1.339	1.367	1.294	1.66	1.563	1.234	1.19	1.195	1.281	1.055
Gd	6.843	6.605	3.305	3.882	4.844	7.536	3.604	7.244	5.137	5.213	4.882	6.77	5.917	4.32	4.397	4.026	4.971	3.829
Tb	1.038	1.085	0.513	0.599	0.764	1.181	0.55	1.175	0.818	0.84	0.788	1.069	0.939	0.663	0.678	0.619	0.74	0.582
Dy	6.113	6.335	3.092	3.681	4.637	7.063	3.339	6.824	5.019	5.066	4.731	6.341	5.671	3.978	4.089	3.637	4.441	3.491

续表

样品	16BG10-1	16BG10-2	16BG10-3	16EG10-4	16BG10-5	16BG10-6	16BG10-7	16EG10-8	16BG12-2	16BG12-3	16BG12-4	16BG12-6	16BG12-7	16BG12-1	16BG12-5	16BG12-8	16BG12-10	16BG12-12
岩石类型	I 组 闪长岩													II 组 闪长岩				
Ho	1.236	1.313	0.656	0.755	0.96	1.417	0.714	1.426	1.037	1.076	0.99	1.349	1.204	0.814	0.842	0.751	0.917	0.709
Er	3.299	3.488	1.781	2.081	2.565	3.798	1.932	3.713	2.777	2.839	2.597	3.529	3.212	2.153	2.211	1.992	2.473	1.898
Tm	0.458	0.512	0.264	0.307	0.368	0.542	0.29	0.531	0.401	0.422	0.381	0.521	0.477	0.32	0.33	0.292	0.363	0.278
Yb	2.843	3.173	1.73	2.002	2.332	3.465	1.87	3.32	2.593	2.685	2.453	3.237	3.058	1.969	2.071	1.843	2.355	1.808
Lu	0.425	0.478	0.264	0.307	0.347	0.507	0.293	0.489	0.383	0.409	0.361	0.5	0.469	0.305	0.321	0.282	0.354	0.27
Hf	4.156	4.357	1.866	2.406	3.62	4.484	2.416	3	3.519	3.755	3.322	4.534	3.732	4.635	5.525	4.708	4.482	3.539
Ta	0.511	0.552	0.417	0.405	0.61	0.641	0.439	0.531	0.553	0.545	0.607	0.68	0.568	0.508	0.604	0.446	0.738	0.59
Pb	6.334	6.581	4.809	7.178	5.171	6.17	3.462	10.02	4.755	5.287	4.569	5.81	5.374	4.26	4.302	10.22	5.594	6.689
Th	5.022	4.065	5.503	7.1	10.49	9.018	7.282	4.143	3.826	4.22	7.123	4.044	2.82	7.281	9.189	5.722	14.25	5.423
U	0.848	1.061	0.847	1.218	1.042	1.403	0.843	0.701	0.581	0.917	1.219	0.781	0.493	1.254	1.95	1.106	1.507	1.206
δEu	0.80	0.73	0.88	0.89	0.79	0.72	0.83	0.73	0.80	0.79	0.81	0.74	0.80	0.85	0.81	0.89	0.77	0.82
Nb/Ta	14.83	19.40	15.48	16.17	16.33	18.24	15.93	19.94	16.57	19.25	16.64	20.03	18.87	17.83	15.52	19.18	14.66	14.59
Nb/U	8.94	10.09	7.62	5.38	9.56	8.33	8.29	15.11	15.77	11.44	8.29	17.44	21.74	7.22	4.81	7.73	7.18	7.14
Ba/La	6.72	18.53	6.82	8.21	13.22	9.40	9.18	24.58	16.96	13.67	13.26	16.12	7.71	20.05	18.74	9.37	16.24	18.61
Sr/Th	94	98	53	62	37	56	29	87	82	74	49	96	131	50	35	86	24	69
$(La/Yb)_N$	6.30	5.69	10.53	8.65	7.95	7.77	10.08	6.17	6.48	6.55	6.90	6.17	5.81	10.19	8.91	9.52	10.43	9.82
ΣREE	164	159	120	123	131	206	121	173	129	139	130	168	150	132	126	118	159	117

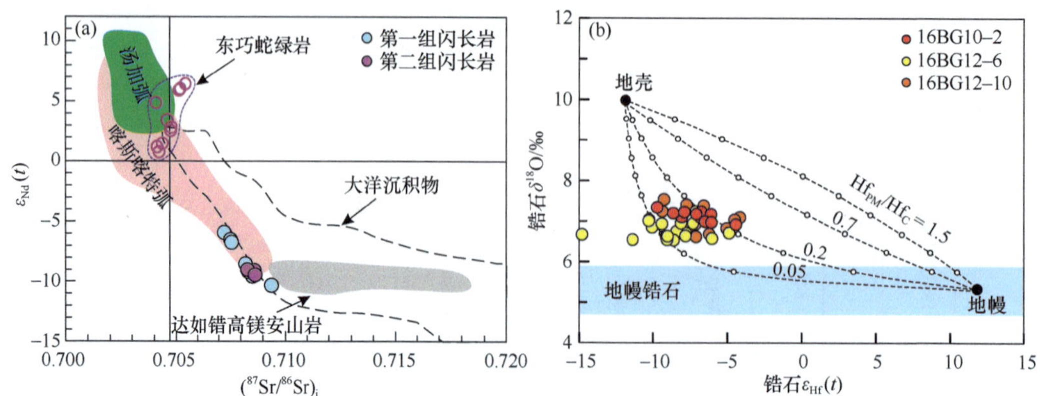

图 4.76　克那玛闪长岩 Sr-Nd 同位素（a）和锆石 Hf-O 同位素（b）组成

第一组闪长岩样品 16BG10-2 的初始 $^{176}Hf/^{177}Hf$ 值介于 0.282399~0.282548 之间，其对应的 $\varepsilon_{Hf}(t)$ 值为 −9.7~−4.4；样品 16BG12-6 初始 $^{176}Hf/^{177}Hf$ 值介于 0.282253~0.282534 之间，对应的 $\varepsilon_{Hf}(t)$ 值为 −14.8~−4.9；第一组闪长岩的 Hf 同位素组成较低且变化大。第二组闪长岩的初始 $^{176}Hf/^{177}Hf$ 值为 0.282381~0.282554，且对应的 $\varepsilon_{Hf}(t)$ 值为 −10.2~−4.2。因此两组闪长岩的 Hf-O 同位素组成类似，且 Hf 同位素变化较大。

克那玛闪长岩的主量元素和微量元素具有较大的变化范围，表明其发生过不同程度的结晶分异或者堆晶作用。通常，幔源岩浆的 Ni ＞ 400 ppm、Cr ＞ 1000 ppm（Wilson，1989），并且 $Mg^{\#}$=0.73~0.81（Sharma，1997）。而克那玛闪长岩具有变化的 MgO（2.92%~9.10%）、Ni（5.7~107.5 ppm）和 Cr（5.2~629.7 ppm）含量及 $Mg^{\#}$（0.47~0.69）值，指示岩浆发生了结晶分异。在稀土配分图中，克那玛闪长岩具有明显的 Eu 负异常，指示斜长石在岩浆演化过程中发生了分离结晶。我们以较原始的样品 16BG10-1 为起始物质，利用 Rhyolite-MELTS 软件（Gualda and Ghiorso，2015）进一步模拟岩浆分离结晶的演化趋势，模拟结果显示在低压（1~2 kbar）、约 4% H_2O 含量和高的氧逸度（NNO、NNO+1 和 NNO+2）条件下，两组闪长岩发生了不同程度的分离结晶（图 4.77）。此外，第一组闪长岩具有低的 SiO_2（47.6%~53.4%）和高的 MgO（5.0%~9.1%）含量，可能是由角闪石发生堆晶作用而造成的。

克那玛第一组闪长岩具有低的 SiO_2（47.6%~53.4%）、变化的 MgO（5.0%~9.1%）、Ni（5.7~107.5 ppm）和 Cr（5.2~629.7 ppm）含量以及 $Mg^{\#}$（0.51~0.69）值，指示其主要来自地幔物质而非地壳物质，并且经过了岩浆演化。此外，克那玛闪长岩不含暗色包体且具有相似同位素组成（图 4.76），指示岩浆混合不可能是闪长岩的成因模式。

第一组闪长岩具有低的锆石 $\varepsilon_{Hf}(t)$ 值和全岩 $\varepsilon_{Nd}(t)$ 值以及高的初始 $^{87}Sr/^{86}Sr$ 值（图 4.76），指示其源区为发生地壳混染或者富集的岩石圈地幔。第一类闪长岩富集大离子亲石元素、轻稀土及 U，亏损高场强元素（如 Nb-Ta-Ti），表明其与岛弧岩浆作用具有一定的亲缘性（图 4.75）。前人研究已经证明来自俯冲板片的含水流体中大离子亲石元素（Ba、Rb、Sr、U 和 Pb）含量较高，而来自俯冲板片的沉积物熔体则具有高的 Th 和轻稀土含量以及明显高的 Th/Ce 值（Hawkesworth et al.，1997）。第一组闪长岩

表 4.40　克那玛闪长岩全岩 Sr-Nd 同位素分析结果（Hu et al.，2020a）

样品	Rb/ppm	Sr/ppm	$^{87}Sr/^{86}Sr$ 比值	$^{87}Sr/^{86}Sr$ ±2σ	$(^{87}Sr/^{86}Sr)_i$	Sm/ppm	Nd/ppm	$^{143}Nd/^{144}Nd$ 比值	$^{143}Nd/^{144}Nd$ ±2σ	$(^{143}Nd/^{144}Nd)_i$	$\varepsilon_{Nd}(t)$	T_{DM}/Ga	T^{C}_{DM}/Ga	$f_{Sm/Nd}$
							I 组							
16BG10-1	36.84	474.2	0.707762	0.000007	0.70725	7.801	38.19	0.512259	0.000005	0.512130	−5.92	1.51	1.43	−0.37
16BG10-2	102.8	398.2	0.711075	0.000006	0.70938	7.19	34.64	0.512034	0.000005	0.511904	−10.33	1.93	1.79	−0.36
16BG10-3	58.34	293.2	0.708845	0.000009	0.70754	3.349	20.05	0.512205	0.000004	0.512100	−6.51	1.28	1.48	−0.49
16BG10-7	84.68	210	0.710234	0.000010	0.70759	3.514	20.07	0.512199	0.000005	0.512088	−6.73	1.35	1.50	−0.46
16BG12-3	53.29	313.8	0.709350	0.000009	0.70822	5.345	27.31	0.512119	0.000005	0.511993	−8.51	1.65	1.64	−0.40
16BG12-6	72.69	386.4	0.709785	0.000008	0.70853	6.994	35.24	0.512066	0.000005	0.511939	−9.57	1.76	1.73	−0.39
16BG12-7	31.29	369.6	0.708920	0.000012	0.70836	5.985	30.13	0.512086	0.000006	0.511959	−9.19	1.73	1.70	−0.39
							II 组							
16BG12-8	24.47	494.7	0.708947	0.000010	0.70862	4.179	21.7	0.512088	0.000005	0.511964	−9.07	1.67	1.69	−0.41
16BG12-10	98.06	340.7	0.710240	0.000010	0.70831	5.217	28.26	0.512086	0.000005	0.511967	−9.01	1.59	1.69	−0.43
16BG12-12	94.96	371.8	0.710360	0.000009	0.70865	4.084	21.26	0.512068	0.000007	0.511944	−9.46	1.69	1.72	−0.41

表 4.41 克那玛闪长岩中锆石 Hf-O 同位素分析结果（Hu et al.，2020a）

分析点	$^{176}Yb/^{177}Hf$	$^{176}Lu/^{177}Hf$	$^{176}Hf/^{177}Hf$	±2σ	$(^{176}Hf/^{177}Hf)_i$	$\varepsilon_{Hf}(0)$	$\varepsilon_{Hf}(t)$	±2σ	T_{DM}/Ga	T_{DM2}/Ga	$f_{Lu/Hf}$	$\delta^{18}O$/‰	±2σ
16BG10–2@ 第一组													
1	0.0493	0.001387	0.282484	0.000010	0.282480	−10.18	−6.83	0.35	1.10	1.64	−0.96	7.11	0.16
2	0.0897	0.002580	0.282490	0.000012	0.282483	−9.96	−6.74	0.42	1.12	1.64	−0.92	7.24	0.11
3	0.0614	0.001960	0.282451	0.000014	0.282445	−11.36	−8.07	0.49	1.16	1.72	−0.94	7.10	0.17
4	0.0774	0.002200	0.282555	0.000011	0.282548	−7.69	−4.43	0.39	1.02	1.49	−0.93	6.92	0.27
5	0.1150	0.003133	0.282510	0.000013	0.282501	−9.25	−6.09	0.47	1.11	1.59	−0.91	7.17	0.12
6	0.0356	0.000996	0.282402	0.000009	0.282399	−13.10	−9.71	0.31	1.20	1.82	−0.97	7.34	0.14
7	0.1023	0.002785	0.282458	0.000014	0.282450	−11.10	−7.90	0.49	1.18	1.71	−0.92	7.23	0.20
8	0.0667	0.001840	0.282478	0.000010	0.282473	−10.38	−7.08	0.37	1.12	1.66	−0.94	7.17	0.16
9	0.0642	0.001855	0.282495	0.000012	0.282490	−9.79	−6.49	0.42	1.09	1.62	−0.94	6.99	0.23
10	0.0760	0.002126	0.282508	0.000013	0.282502	−9.33	−6.06	0.45	1.08	1.59	−0.94	6.97	0.17
11	0.1088	0.003021	0.282438	0.000013	0.282429	−11.82	−8.64	0.45	1.22	1.76	−0.91	7.20	0.15
16BG12–6@													
1	0.0771	0.002115	0.282471	0.000011	0.282465	−10.63	−7.31	0.40	1.14	1.67	−0.94	6.95	0.21
2	0.0506	0.001475	0.282418	0.000012	0.282414	−12.51	−9.11	0.42	1.19	1.79	−0.96	6.63	0.23
3	0.1709	0.004671	0.282548	0.000011	0.282534	−7.93	−4.88	0.41	1.10	1.52	−0.86	6.71	0.21
4	0.0171	0.000497	0.282471	0.000009	0.282470	−10.63	−7.13	0.31	1.09	1.66	−0.99	7.24	0.21
5	0.0624	0.001986	0.282259	0.000016	0.282253	−18.15	−14.81	0.58	1.44	2.15	−0.94	6.67	0.19
6	0.1265	0.003555	0.282462	0.000011	0.282451	−10.97	−7.80	0.41	1.20	1.70	−0.89	6.71	0.25
7	0.0841	0.002340	0.282440	0.000010	0.282433	−11.72	−8.42	0.37	1.19	1.74	−0.93	6.75	0.16
8	0.0741	0.002057	0.282394	0.000012	0.282387	−13.38	−10.05	0.41	1.25	1.85	−0.94	6.85	0.15
9	0.1092	0.003032	0.282415	0.000011	0.282406	−12.62	−9.39	0.39	1.25	1.81	−0.91	6.94	0.18
10	0.1446	0.004119	0.282440	0.000014	0.282428	−11.73	−8.62	0.50	1.25	1.76	−0.88	6.54	0.22
11	0.1639	0.004663	0.282429	0.000012	0.282414	−12.14	−9.09	0.44	1.29	1.79	−0.86	6.60	0.17
12	0.1066	0.003002	0.282451	0.000012	0.282442	−11.36	−8.13	0.44	1.20	1.73	−0.91	6.95	0.20
13	0.0949	0.002609	0.282423	0.000012	0.282415	−12.33	−9.06	0.42	1.22	1.78	−0.92	6.55	0.20

续表

分析点	$^{176}Yb/^{177}Hf$	$^{176}Lu/^{177}Hf$	$^{176}Hf/^{177}Hf$	±2σ	$(^{176}Hf/^{177}Hf)_i$	$\varepsilon_{Hf}(0)$	$\varepsilon_{Hf}(t)$	±2σ	T_{DM}/Ga	T_{DM2}/Ga	$f_{Lu/Hf}$	$\delta^{18}O$/‰	±2σ
16BG12–6@													
14	0.0709	0.001955	0.282387	0.000011	0.282381	−13.61	−10.27	0.39	1.25	1.86	−0.94	7.01	0.13
15	0.0193	0.000558	0.282418	0.000009	0.282417	−12.51	−9.02	0.33	1.16	1.78	−0.98	6.63	0.23
16	0.1001	0.002778	0.282510	0.000012	0.282501	−9.27	−6.02	0.41	1.10	1.59	−0.92	6.58	0.20
17	0.0579	0.001679	0.282355	0.000010	0.282350	−14.73	−11.36	0.37	1.29	1.93	−0.95	6.55	0.14
18	0.0872	0.002447	0.282458	0.000012	0.282450	−11.11	−7.82	0.43	1.17	1.71	−0.93	6.64	0.18
16BG12–10@　第二组													
1	0.0399	0.001188	0.282489	0.000010	0.282485	−10.01	−6.57	0.37	1.08	1.63	−0.96	7.38	0.17
2	0.0294	0.000888	0.282384	0.000010	0.282381	−13.72	−10.25	0.36	1.22	1.86	−0.97	7.04	0.10
3	0.0233	0.000725	0.282412	0.000011	0.282409	−12.74	−9.26	0.38	1.18	1.80	−0.98	7.54	0.22
4	0.0280	0.000893	0.282498	0.000013	0.282496	−9.67	−6.20	0.47	1.06	1.61	−0.97	6.69	0.23
5	0.0268	0.000839	0.282453	0.000013	0.282451	−11.28	−7.80	0.45	1.12	1.71	−0.97	6.80	0.23
6	0.0203	0.000622	0.282556	0.000012	0.282554	−7.65	−4.16	0.43	0.98	1.48	−0.98	7.09	0.17
7	0.0339	0.001040	0.282472	0.000011	0.282469	−10.60	−7.15	0.39	1.10	1.66	−0.97	6.92	0.22
8	0.0258	0.000831	0.282546	0.000012	0.282544	−7.99	−4.51	0.41	0.99	1.50	−0.97	7.04	0.13
9	0.0350	0.001079	0.282455	0.000010	0.282452	−11.20	−7.75	0.37	1.13	1.70	−0.97	7.41	0.19
10	0.0392	0.001127	0.282409	0.000009	0.282406	−12.82	−9.38	0.32	1.19	1.81	−0.97	7.24	0.21
11	0.0371	0.001112	0.282458	0.000010	0.282455	−11.10	−7.65	0.34	1.13	1.70	−0.97	6.85	0.15
12	0.0194	0.000604	0.282448	0.000011	0.282446	−11.46	−7.96	0.38	1.12	1.72	−0.98	6.84	0.17
13	0.0292	0.000885	0.282532	0.000011	0.282529	−8.50	−5.03	0.39	1.02	1.53	−0.97	6.82	0.21
14	0.0248	0.000731	0.282472	0.000010	0.282470	−10.60	−7.11	0.36	1.09	1.66	−0.98	6.62	0.21
15	0.0335	0.000997	0.282454	0.000012	0.282451	−11.25	−7.79	0.41	1.13	1.71	−0.97	6.89	0.22

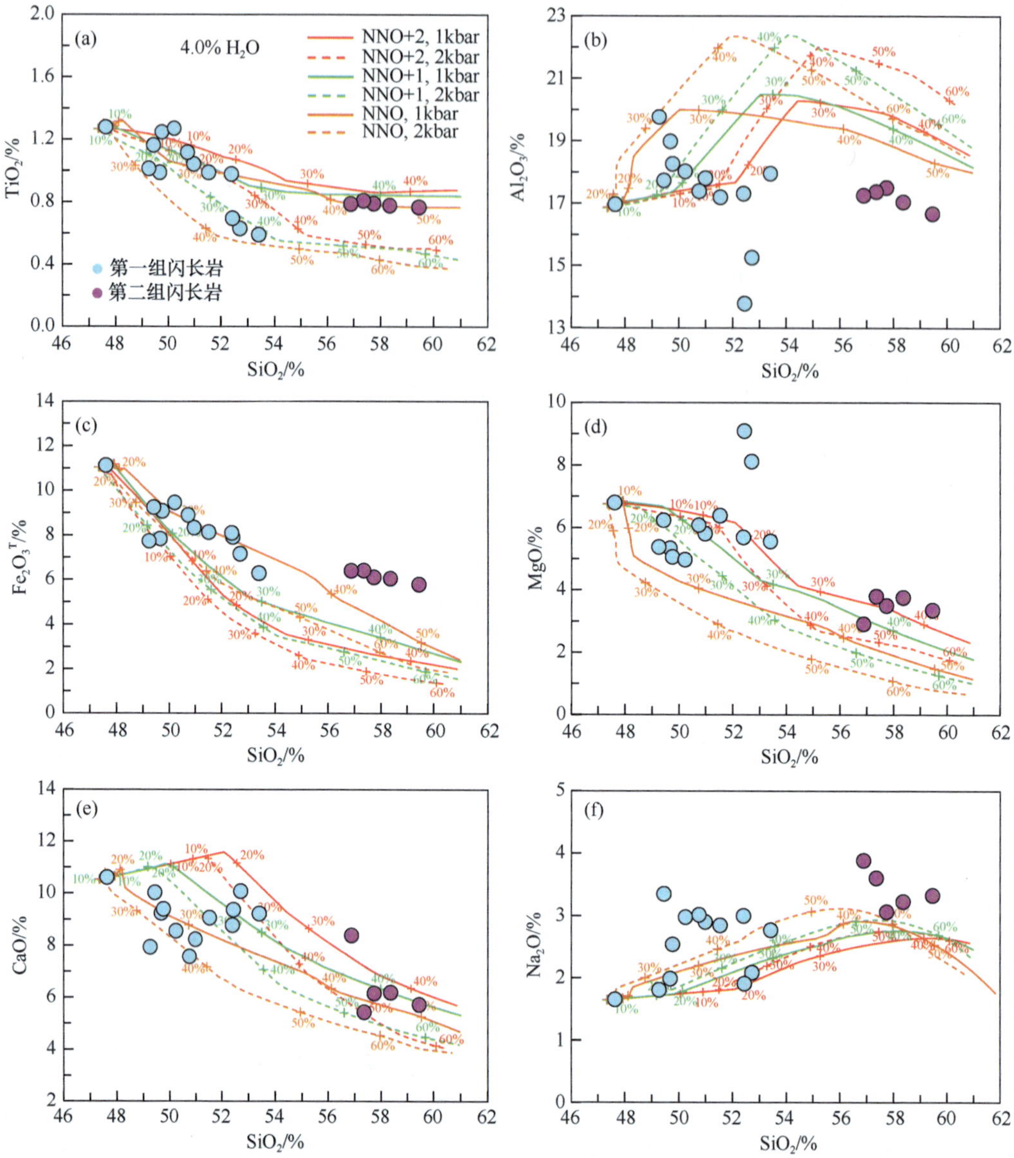

图 4.77 克那玛闪长岩化学成分变化和结晶分异模式

以样品 16BG10-1 为起始物质，采用 Rhyolite-MELTS 软件在低压（1~2 kbar）/ 约 4% H_2O 含量和高的氧逸度条件下（NNO、NNO+1 和 NNO+2）模拟分离结晶演化趋势。10% 的刻度代表结晶分异的程度

具有相对高的 Th/Yb（0.92~4.50）、Th/La（0.11~0.41）和 La/Sm（3.20~7.58）值，低的 Ba/La（6.7~24.6）、Ba/Th（27.9~169.5）和 U/Th（0.10~0.26）值，并且样品点均落在板片熔体的范围之内［图 4.78（a）和（b）］，指示岩石圈的改造是由俯冲沉积物交代引起的（Woodhead et al.，2001；Plank，2005）。同时，由于角闪石在岩石圈地幔处于稳定状态，而在对流的上地幔或者上涌热的地幔柱区域不稳定，克那玛第一组闪长岩普遍存在含水矿物角闪石［图 4.71（a）］，表明其来源于含水的地幔源区（Class and

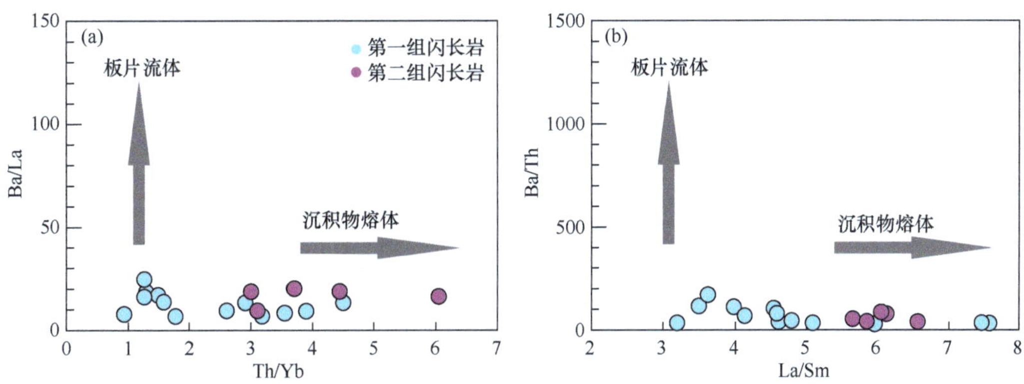

图 4.78 克那玛闪长岩 Ba/La-Th/Yb（a）和 Ba/Th-La/Sm（b）图解

Goldstein，1997）。研究区内同期的达如错高镁安山岩与克那玛闪长岩具有相似的同位素组成，也证明在侏罗纪时期北拉萨地块底部存在富集的岩石圈地幔（Zeng et al.，2016；唐跃等，2019）。因此，克那玛第一组闪长岩可能来自被俯冲的大洋沉积物来源熔体交代的富集岩石圈地幔（Davidson，1987；Hawkesworth et al.，1997；Zheng et al.，2015）。

由于壳源岩石和幔源岩石的 O 同位素组成具有很大差异，因此 O 同位素是一个识别岩浆演化过程中地壳物质参与程度的有效工具（James，1981）。锆石是岩浆岩中常见的一种抗风化、难熔的副矿物。普遍认为高温岩浆分异过程对锆石 O 同位素组成影响可以忽略不计（Zheng et al.，2004；Valley et al.，2005）。克那玛闪长岩锆石的 δ^{18}O（6.5‰~7.5‰）值略高于地幔岩浆的锆石（5.3‰±0.6‰）（Valley et al.，2005），表明其源区有富 ^{18}O 的表壳物质加入（俯冲沉积物熔体）（Kemp et al.，2007；Turner et al.，2009）。因此，我们认为克那玛闪长岩的源区为被俯冲沉积物交代的富集岩石圈地幔，并且在岩浆演化过程中地壳混染的影响很小。

与第一组闪长岩相比，克那玛第二组闪长岩具有相对高的 SiO_2、K_2O 和 Na_2O 含量，低的 TiO_2、CaO、$Fe_2O_3^T$、MgO、Cr 和 Ni 含量。第二组闪长岩具有和第一组闪长岩相似的稀土配分模式和微量元素蛛网图。第二组闪长岩具有低的全岩 $\varepsilon_{Nd}(t)$（–9.5~–9.0）值和锆石 $\varepsilon_{Hf}(t)$（–10.2~–4.2）值，以及高的锆石 δ^{18}O（6.6‰~7.5‰）值和全岩初始 ^{87}Sr/^{86}Sr 值（0.7083~0.7087），也类似于第一组闪长岩。因此，第二组闪长岩也源于俯冲熔体交代的岩石圈地幔。

综上所述，班公湖 – 怒江缝合带中 – 东段克那玛闪长岩形成于晚侏罗世早期（约 161 Ma）。根据全岩主量元素组成和角闪石的含量，将闪长岩分为两组：第一组闪长岩具有低的 SiO_2（47.6%~53.4%）含量和高的 MgO（5.0%~9.1%）和角闪石（50%~54%）含量；第二组闪长岩具有相对高的 SiO_2（56.9%~59.4%）含量和低的 MgO（2.9%~3.8%）和角闪石（25%~30%）含量。两组闪长岩具有相似的角闪石化学组成、全岩 Sr-Nd 同位素以及锆石 Hf-O 同位素组成。角闪石和全岩地球化学特征指示克那玛两组闪长岩可能来源于俯冲大洋沉积物熔体交代的富集岩石圈地幔。虽然两组闪长岩的地球化学特征相似，但其却经历了不同程度的堆晶和分离结晶过程。第一组闪长岩可能经历基性岩浆中角闪石的堆晶以及橄榄石、单斜辉石和斜长石等矿物的分离结晶形成。而第二组闪长岩可能是由与第一组闪长岩地球化学特征类似的基性母岩浆，经过单斜辉石和斜长石等矿物的分离结晶形成。根据区域地质，尤其是邻近区域的蛇绿岩、高镁安山质岩石和白垩纪沉积岩的研究，我们认为克那玛闪长岩形成于晚侏罗世早期的岛弧环境，其形成与班公湖－怒江特提斯洋岩石圈的俯冲有关。

4.5.2 早白垩世两类成因的花岗岩

4.5.2.1 朗拉－拉钦普黑云母花岗岩

班公湖－怒江缝合带中－东段的班戈－东巧地区是缝合带最宽的部分，也是花岗质岩浆分布最为广泛的区域，在缝合带两侧的地块及缝合带内部均有出露。本书主要以侵位于缝合带内部的江错高硅花岗岩和北拉萨地块北缘的朗拉－拉钦普黑云母花岗岩为研究对象，来探讨花岗岩的成因及其形成的深部地球动力学过程。

朗拉－拉钦普花岗岩体位于班戈县北向约 45 km 处，构造位置上位于北拉萨地块的北缘［图 4.70（b）］。主要由三个岩株组成，岩石呈灰白色中－细粒花岗结构，其主要矿物组成为斜长石（25%~35%）、钾长石（25%~30%）、石英（25%~30%）和黑云母（约 5%）（图 4.79）。朗拉－拉钦普黑云母花岗岩的 LA-ICP-MS 锆石 U-Pb 定年结果显示（表 4.42），其就位于早白垩世晚期（约 119 Ma），其与班戈－兹格塘错地区内已报道的岩浆岩的形成时代一致（图 4.80）。

朗拉－拉钦普黑云母花岗岩的主量和微量组成见表 4.43。这些花岗岩具有高的 SiO_2（67.5%~72.4%）、Al_2O_3（14.7%~16.4%）、K_2O（2.3%~3.8%）、Na_2O（2.9%~3.4%）和 CaO（2.4%~4.4%）含量，低的 MgO（0.6%~1.2%）和 TiO_2（0.2%~0.5%）含量及 K_2O/Na_2O（0.77~1.32）值，表明其属于钙碱性系列－高钾钙碱性系列［图 4.81（a）］。黑云母花岗岩具有变化的 A/CNK 值（1.05~1.12），并且大部分小于 1.1，指示其为弱过铝质花岗岩［图 4.81（b）］。

在微量元素组成上，所有的黑云母花岗岩具有类似于上地壳的组成特征（图 4.82；Rudnick and Gao，2003）。朗拉－拉钦普黑云母花岗岩具有相对较低的稀土含量（114~189 ppm）。在稀土配分图中轻稀土比重稀土富集，轻－重稀土分异明显［$(La/Yb)_N$=10~35］，并且具有中等的 Eu 负异常（Eu/Eu^*=0.58~0.81）［图 4.82（a）］。朗拉－拉钦普黑云母花岗岩样品具有相似的稀土配分模式，表明其具有相似的源区和成因。在微量元素蛛网图解中［图 4.82（b）］，样品富集一些不相容元素，如 Rb、Th 和 U；但是明显亏损 Nb、Ta、Ti、P、Sr 和 Ba 等元素。根据 Boehnke 等（2013）锆饱和温度计，利用全岩主量元素和 Zr 含量，计算获得朗拉－拉钦普黑云母花岗岩的锆饱和温度为 733~762℃。

图 4.79　朗拉－拉钦普黑云母花岗岩野外照片和显微照片

矿物缩写：Bt. 黑云母；Kf. 钾长石；Pl. 斜长石；Qtz. 石英

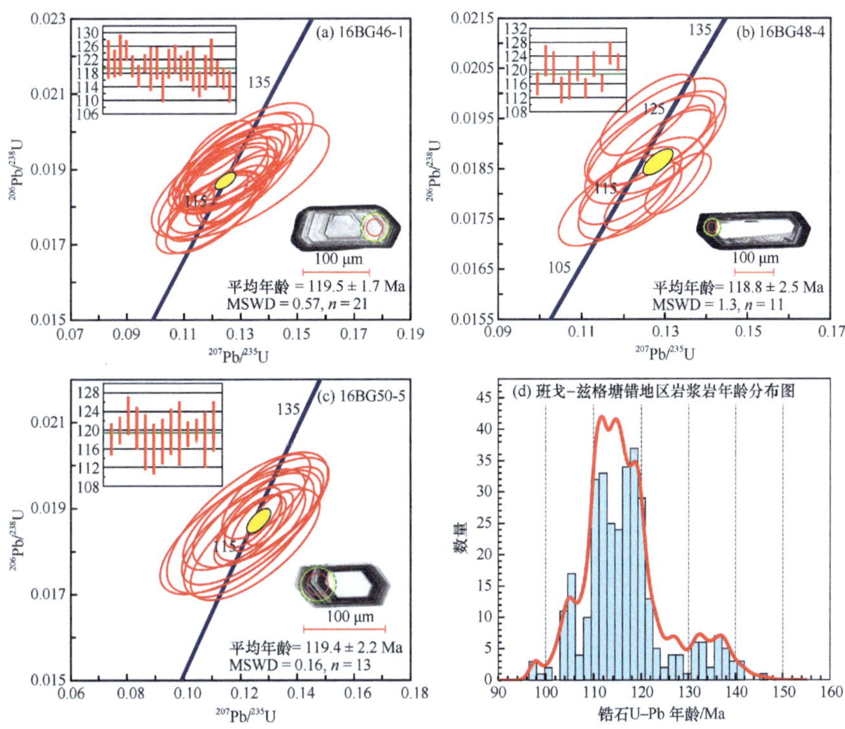

图 4.80　朗拉－拉钦普黑云母花岗岩 LA-ICP-MS 锆石 U-Pb 年龄谐和图和典型的锆石 CL 图像（a~c）；班戈－兹格塘错地区岩浆岩年龄分布图（d）

表 4.42 朗拉 – 拉钦普黑云母花岗岩 LA-ICP-MS 锆石 U-Pb 年龄分析结果（Hu et al.，2019）

分析点	元素含量 /ppm			Th/U	同位素比值						计算年龄 /Ma					
	Pb*	Th	U		$^{207}Pb/^{206}Pb$	±1σ	$^{207}Pb/^{235}U$	±1σ	$^{206}Pb/^{238}U$	±1σ	$^{207}Pb/^{206}Pb$	±1σ	$^{207}Pb/^{235}U$	±1σ	$^{206}Pb/^{238}U$	±1σ
16BG46-1@																
1	13.7	373	604	0.62	0.04881	0.00576	0.12858	0.01413	0.01914	0.00088	138.9	255.9	122.8	12.7	122.2	5.6
2	9.4	186	443	0.42	0.04903	0.00460	0.12766	0.01138	0.01892	0.00062	149.1	206.3	122.0	10.3	120.9	3.9
3	11.0	220	501	0.44	0.04928	0.00654	0.13106	0.01633	0.01933	0.00094	161	283.8	125.0	14.7	123.4	5.9
4	19.0	267	892	0.30	0.04569	0.00290	0.12294	0.00737	0.01956	0.00048	0.1	127.6	117.7	6.7	124.8	3.0
5	15.6	280	744	0.38	0.05113	0.00316	0.1322	0.00763	0.01879	0.00049	246.5	136.4	126.1	6.8	120.0	3.1
6	15.8	465	719	0.65	0.05072	0.00335	0.12808	0.00790	0.01835	0.00050	228.2	145.7	122.4	7.1	117.2	3.2
7	26.8	344	1321	0.26	0.04615	0.00229	0.12023	0.00560	0.01893	0.00041	5.3	115.6	115.3	5.1	120.9	2.6
8	6.5	161	293	0.55	0.04846	0.00706	0.12464	0.01704	0.01869	0.00099	121.8	311.0	119.3	15.4	119.3	6.3
9	9.9	155	471	0.33	0.04882	0.00543	0.12737	0.01341	0.01895	0.00073	139.1	242.0	121.7	12.1	121.0	4.6
10	14.1	132	754	0.17	0.04903	0.00487	0.12059	0.01110	0.01787	0.00072	149.1	217.5	115.6	10.1	114.2	4.6
11	8.6	127	411	0.31	0.04694	0.00469	0.12224	0.01158	0.01892	0.00067	45.8	223.4	117.1	10.5	120.8	4.2
12	8.6	191	391	0.49	0.0486	0.00473	0.12807	0.01182	0.01914	0.00065	128.5	214.4	122.4	10.6	122.2	4.1
13	12.0	228	581	0.39	0.04846	0.00412	0.12478	0.01002	0.0187	0.00059	121.8	189.0	119.4	9.0	119.4	3.7
14	8.7	178	402	0.44	0.04855	0.00465	0.12581	0.01133	0.01882	0.00067	126.4	211.1	120.3	10.2	120.2	4.2
15	4.0	97	185	0.52	0.05106	0.00815	0.13134	0.01984	0.01868	0.00101	243.6	331.2	125.3	17.8	119.3	6.4
16	8.8	207	421	0.49	0.04846	0.00438	0.11989	0.01027	0.01797	0.00058	121.7	200.3	115.0	9.3	114.8	3.7
17	11.4	177	566	0.31	0.04848	0.00520	0.12355	0.01231	0.0185	0.00079	123.0	234.9	118.3	11.1	118.2	5.0
18	7.7	167	349	0.48	0.04924	0.00582	0.13032	0.01444	0.01922	0.00085	159.1	255.5	124.4	13.0	122.7	5.4
19	15.6	212	782	0.27	0.05066	0.00394	0.12877	0.00926	0.01846	0.00060	225.2	170.4	123.0	8.3	117.9	3.8
20	15.0	245	751	0.33	0.04851	0.00309	0.12181	0.00723	0.01823	0.00048	124.1	143.3	116.7	6.6	116.5	3.1
21	7.1	184	345	0.53	0.04841	0.00527	0.11899	0.01217	0.01784	0.00071	119.2	238.2	114.2	11.0	114.0	4.5

续表

分析点	元素含量 /ppm			Th/U	同位素比值						计算年龄 /Ma					
	Pb^*	Th	U		$^{207}Pb/^{206}Pb$	±1σ	$^{207}Pb/^{235}U$	±1σ	$^{206}Pb/^{238}U$	±1σ	$^{207}Pb/^{206}Pb$	±1σ	$^{207}Pb/^{235}U$	±1σ	$^{206}Pb/^{238}U$	±1σ
16BG48-4@																
1	25.0	39	463	0.08	0.04868	0.00347	0.12174	0.00813	0.01816	0.00051	132.4	159.4	116.6	7.4	116.0	3.2
2	23.1	49	460	0.11	0.04828	0.00454	0.12775	0.0112	0.01922	0.00071	113.2	207.9	122.1	10.1	122.7	4.5
3	19.3	30	423	0.07	0.04907	0.00463	0.12778	0.01115	0.01892	0.00074	151.0	207.3	122.1	10.0	120.8	4.7
4	29.2	74	669	0.11	0.04816	0.004	0.11843	0.00917	0.01787	0.0006	107.0	185.4	113.6	8.3	114.2	3.8
5	36.0	88	838	0.10	0.04988	0.00433	0.1243	0.00993	0.01811	0.00067	189.6	190.3	119.0	9.0	115.7	4.3
6	22.5	59	638	0.09	0.05	0.00349	0.12959	0.00841	0.01884	0.00055	195.0	154.8	123.7	7.6	120.3	3.5
7	58.2	160	1791	0.09	0.0505	0.00272	0.12473	0.00616	0.01795	0.00045	217.9	120.1	119.3	5.6	114.7	2.9
8	11.6	52	441	0.12	0.04833	0.00407	0.1268	0.01008	0.01906	0.00059	115.4	187.6	121.2	9.1	121.7	3.8
9	100.0	360	4099	0.09	0.05317	0.00232	0.13317	0.0053	0.0182	0.0004	336.1	95.8	126.9	4.8	116.2	2.6
10	17.3	172	641	0.27	0.04674	0.003	0.12588	0.00754	0.01957	0.00053	35.6	147.3	120.4	6.8	124.9	3.3
11	36.0	222	1689	0.13	0.05045	0.00217	0.13307	0.00528	0.01915	0.0004	215.9	96.9	126.8	4.7	122.3	2.6
16BG50-5@																
1	25.5	50.2	473	0.11	0.04851	0.00350	0.12353	0.00836	0.01849	0.00054	124.2	161.6	118.3	7.6	118.1	3.4
2	32.5	36.5	663	0.06	0.04811	0.00272	0.12451	0.00658	0.01879	0.00046	104.9	128.5	119.2	5.9	120.0	2.9
3	16.5	35.6	330	0.11	0.04867	0.00414	0.12924	0.01027	0.01928	0.00065	131.9	188.5	123.4	9.2	123.1	4.1
4	11.7	52.1	285	0.18	0.05022	0.00512	0.13048	0.01250	0.01887	0.00072	205.2	220.6	124.5	11.2	120.5	4.6
5	10.5	45.0	264	0.17	0.04865	0.00644	0.12314	0.01516	0.01838	0.00095	130.9	284.9	117.9	13.7	117.4	6.0
6	8.7	42.2	261	0.16	0.05011	0.00641	0.12530	0.01504	0.01816	0.00085	200.2	271.9	119.9	13.6	116.0	5.4
7	7.8	92.4	277	0.33	0.04784	0.00599	0.12124	0.01443	0.01840	0.00077	90.4	273.4	116.2	13.1	117.6	4.9
8	7.1	59.9	273	0.22	0.04705	0.00579	0.12145	0.01422	0.01874	0.00077	51.4	270.7	116.4	12.9	119.7	4.9
9	4.0	49.2	147	0.33	0.04767	0.00774	0.12257	0.01873	0.01867	0.00108	81.9	346.6	117.4	16.9	119.3	6.9
10	27.2	52.4	1225	0.04	0.04897	0.00245	0.12588	0.00588	0.01866	0.00043	146.6	113.3	120.4	5.3	119.2	2.7
11	34.4	514.3	1404	0.37	0.05051	0.00228	0.13048	0.00546	0.01876	0.00041	218.4	101.2	124.5	4.9	119.8	2.6
12	5.9	145.3	255	0.57	0.04730	0.00773	0.12022	0.01875	0.01845	0.00095	64.1	349.5	115.3	17.0	117.9	6.0
13	6.9	124.9	296	0.42	0.04888	0.00641	0.12729	0.01583	0.01891	0.00084	142.1	281.7	121.7	14.3	120.8	5.3

表 4.43 朗拉–拉钦普黑云母花岗岩主量（%）和微量（ppm）元素分析结果（Hu et al.，2019）

样品名	16BG46-1	16BG46-2	16BG47-1	16BG49-1	16BG49-2	16BG48-1	16BG48-2	16BG48-3	16BG48-4	16BG48-5	16BG50-1	16BG50-3	16BG50-4	16BG50-5
采样点	拉嘎拉 A					拉嘎拉 B					拉庆普			
SiO_2	70.38	71.02	69.59	71.06	70.51	71.18	70.96	70.96	72.42	71.44	67.51	68.28	67.79	68.31
TiO_2	0.31	0.33	0.34	0.32	0.34	0.28	0.27	0.28	0.21	0.25	0.47	0.46	0.49	0.49
Al_2O_3	15.24	15.08	15.56	15.17	15.37	14.71	15.20	14.93	14.73	14.92	16.31	16.05	16.44	16.06
$Fe_2O_3^T$	2.48	2.53	2.91	2.57	2.67	2.59	2.47	2.52	2.01	2.29	3.29	3.25	3.38	3.35
MnO	0.04	0.04	0.05	0.04	0.04	0.07	0.07	0.06	0.07	0.07	0.07	0.07	0.07	0.06
MgO	0.78	0.76	0.88	0.66	0.71	0.69	0.68	0.71	0.57	0.70	1.15	1.11	1.20	1.20
CaO	2.59	2.55	3.09	2.72	3.10	2.92	2.83	3.03	2.36	2.64	4.38	4.17	4.37	4.21
Na_2O	2.89	2.99	3.01	3.22	3.28	3.29	3.45	3.16	3.39	3.36	3.01	3.01	3.04	2.92
K_2O	3.82	3.65	3.32	3.13	2.97	2.82	2.93	2.98	3.46	3.05	2.41	2.31	2.38	2.52
P_2O_5	0.09	0.10	0.10	0.10	0.11	0.10	0.10	0.10	0.07	0.09	0.13	0.13	0.12	0.12
烧失量	0.72	0.67	0.66	0.72	0.70	0.66	0.63	0.84	0.66	0.80	0.90	0.69	0.61	0.64
总量	99.35	99.71	99.53	99.7	99.8	99.32	99.58	99.56	99.96	99.61	99.6	99.52	99.89	99.89
$Mg^{\#}$	0.38	0.37	0.37	0.34	0.34	0.35	0.35	0.36	0.36	0.38	0.41	0.40	0.41	0.41
A/CNK	1.12	1.12	1.10	1.11	1.08	1.07	1.09	1.07	1.08	1.10	1.05	1.07	1.06	1.06
A/NK	1.71	1.70	1.82	1.75	1.78	1.74	1.72	1.77	1.58	1.69	2.16	2.15	2.17	2.13
K_2O/Na_2O	1.32	1.22	1.10	0.97	0.91	0.86	0.85	0.94	1.02	0.91	0.80	0.77	0.78	0.86
Sc	4.797	4.808	5.490	4.438	4.451	4.155	4.018	4.075	3.667	3.733	6.690	6.42	6.733	6.842
Ti	1862.1	2001.8	2073.5	1909.1	1990.9	1700.3	1647.3	1678.9	1265.5	1486.3	2836.8	2818.9	2855	2907.2
V	24.20	20.04	25.13	13.99	18.81	16.23	19.54	20.16	15.43	15.02	42.52	37.13	41.18	43.77

续表

样品名	16BG46-1	16BG46-2	16BG47-1	16BG49-1	16BG49-2	16BG48-1	16BG48-2	16BG48-3	16BG48-4	16BG48-5	16BG50-1	16BG50-3	16BG50-4	16BG50-5
采样点	拉嘎拉 A					拉嘎拉 B					拉庆普			
Cr	3.83	3.136	3.791	2.464	2.527	2.461	2.581	2.668	2.191	2.28	4.481	4.435	4.368	4.383
Mn	300.8	303.3	416.8	284.1	300.0	522.0	507.3	433.9	515.3	507.7	530.9	534.8	511.4	505.8
Co	2.411	2.440	2.697	2.267	2.358	2.017	1.905	1.966	1.475	1.713	3.290	3.265	3.338	3.315
Ni	2.278	1.990	2.334	1.817	1.777	1.751	1.666	1.673	1.478	1.588	2.336	2.646	2.406	2.350
Cu	2.790	2.110	2.333	2.011	1.966	1.68	1.597	1.722	1.357	1.516	2.686	3.192	2.992	2.736
Zn	39.13	41.54	51.26	46.53	57.63	51.15	49.23	45.42	47.27	44.25	63.83	60.22	55.85	59.28
Ga	18.59	19.45	19.07	20.77	20.95	18.76	19.31	18.44	18.70	18.61	19.66	20.00	19.48	19.39
Ge	1.554	1.674	1.719	1.605	1.727	1.500	1.626	1.555	1.530	1.617	1.713	1.756	1.806	1.710
Rb	164.4	161.0	147.4	158.8	150.6	139.4	142.0	121.0	156.9	151.0	105.9	105.4	103.6	110.9
Sr	239.5	226.2	282.0	241.9	256.5	271.6	268.9	317.2	249.6	252.3	298.4	300.8	295.2	298.0
Y	14.28	11.40	16.12	12.25	14.15	14.97	17.87	14.28	24.94	18.20	16.43	15.51	16.23	15.02
Zr	162.1	182.6	181.4	161.5	179.8	165.1	164.8	168.0	141.6	147.0	178.5	189.3	178.9	182.9
Nb	11.81	12.44	12.19	13.51	13.49	12.82	13.26	11.59	12.34	12.47	10.78	10.89	10.43	10.73
Cs	3.186	3.449	3.441	3.607	5.048	4.435	3.323	3.908	4.205	5.544	2.925	3.192	3.123	3.249
Ba	545.6	524.5	554.9	520.3	506.2	427.3	430.1	568.7	414.2	421.6	388.2	452.8	412.1	521.1
La	36.53	39.17	36.12	36.72	42.62	24.93	34.59	31.70	28.94	33.80	30.85	35.98	42.17	34.80
Ce	72.22	79.08	69.95	75.87	81.22	48.65	67.95	61.80	58.15	65.53	60.20	69.45	81.58	67.90
Pr	7.965	8.601	7.790	8.325	9.627	5.586	7.812	6.991	6.644	7.469	6.870	7.717	9.184	7.523
Nd	28.91	31.68	28.82	31.08	35.91	20.51	28.25	25.80	24.56	26.81	25.79	28.92	34.06	27.64

续表

样品名	16BG46-1	16BG46-2	16BG47-1	16BG49-1	16BG49-2	16BG48-1	16BG48-2	16BG48-3	16BG48-4	16BG48-5	16BG50-1	16BG50-3	16BG50-4	16BG50-5
采样点	拉嘎拉 A					拉嘎拉 B					拉庆普			
Sm	5.160	5.449	4.991	5.606	6.480	3.837	5.233	4.417	4.845	5.034	4.804	5.025	5.924	4.987
Eu	1.058	1.071	1.097	1.247	1.286	0.949	1.004	1.053	0.875	0.918	1.176	1.213	1.168	1.212
Gd	4.238	4.380	4.306	4.584	5.239	3.348	4.400	3.743	4.365	4.38	4.117	4.370	4.949	4.347
Tb	0.544	0.515	0.562	0.559	0.624	0.489	0.619	0.496	0.712	0.625	0.566	0.574	0.631	0.552
Dy	2.738	2.393	2.947	2.548	2.903	2.677	3.224	2.568	4.019	3.300	2.994	2.946	3.196	2.947
Ho	0.483	0.401	0.543	0.423	0.480	0.493	0.588	0.476	0.802	0.614	0.558	0.532	0.559	0.517
Er	1.208	0.916	1.333	0.959	1.113	1.291	1.486	1.218	2.095	1.552	1.412	1.284	1.374	1.289
Tm	0.172	0.125	0.188	0.131	0.146	0.197	0.219	0.183	0.334	0.218	0.201	0.182	0.185	0.180
Yb	1.078	0.794	1.223	0.813	0.900	1.262	1.418	1.204	2.181	1.393	1.277	1.143	1.169	1.142
Lu	0.162	0.117	0.179	0.117	0.128	0.192	0.214	0.181	0.323	0.205	0.192	0.177	0.170	0.167
Hf	4.736	5.157	4.942	4.724	4.991	4.672	4.710	4.641	4.240	4.218	4.701	5.080	4.789	4.916
Ta	0.917	1.023	0.875	1.065	1.060	1.151	1.032	0.947	1.347	1.253	0.774	0.729	0.712	0.719
Pb	26.89	26.20	23.8	24.73	24.14	21.37	24.17	22.88	26.36	24.36	17.16	18.32	17.78	18.24
Th	18.66	18.73	15.82	17.91	19.60	10.29	14.80	12.61	12.89	13.33	11.40	14.55	16.31	12.65
U	1.794	1.761	1.701	2.137	2.230	1.435	1.679	1.809	2.024	1.765	1.391	1.443	1.304	1.190
∑REE	162.5	174.7	160.0	169.0	188.7	114.4	157.0	141.8	138.8	151.8	141.0	159.5	186.3	155.2
LREE/HREE	14.3	17.1	13.2	15.7	15.4	10.5	11.9	13.1	8.4	11.4	11.5	13.2	14.2	12.9
δEu	0.69	0.67	0.72	0.75	0.67	0.81	0.64	0.79	0.58	0.60	0.81	0.79	0.66	0.80
$(La/Yb)_N$	24.3	35.4	21.2	32.4	34.0	14.2	17.5	18.9	9.5	17.4	17.3	22.6	25.9	21.9
T_{zr}/℃	749	762	755	749	753	745	746	747	733	737	741	752	742	746

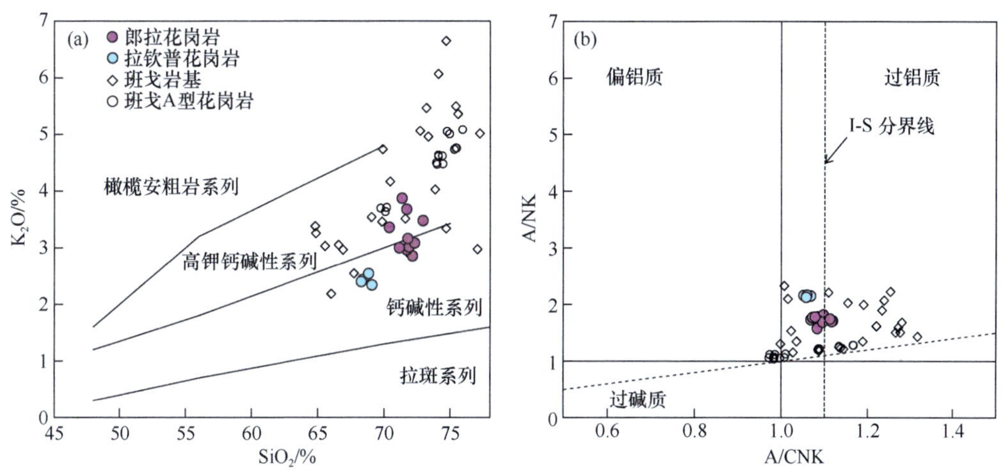

图4.81 朗拉－拉钦普黑云母花岗岩的 SiO_2-K_2O（a）（据 Peccerillo and Taylor，1976）和 A/NK-A/CNK（b）图解（Maniar and Piccoli，1989）

I-S 花岗岩的分界虚线据 Chappell 和 White（1992）。数据来源：班戈岩基引自 Zhu 等（2016）及其中参考文献；班戈 A 型花岗岩引自 Qu 等（2012）

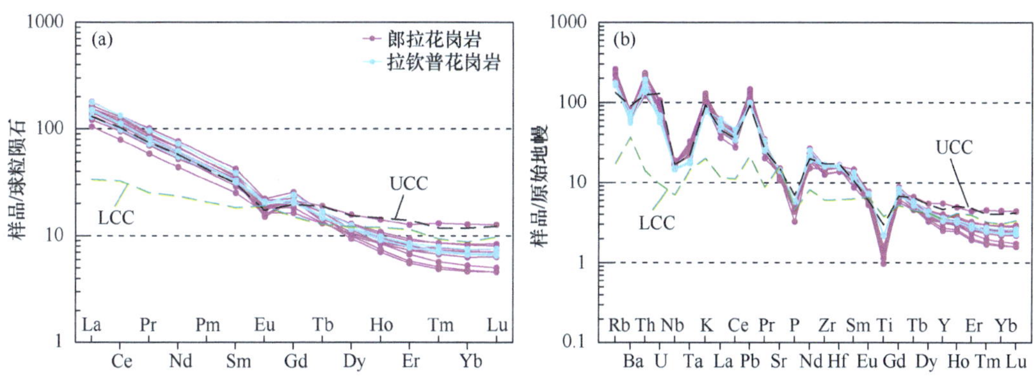

图4.82 朗拉－拉钦普黑云母花岗岩稀土配分图（a）和微量元素蛛网图（b）

上地壳（UCC）和下地壳（LCC）数据引自 Rudnick 和 Gao（2003）；球粒陨石和原始地幔标准化值据引自 Sun 和 McDonough（1989）

朗拉－拉钦普黑云母花岗岩的全岩 Sr-Nd 同位素以 t=119 Ma 进行初始值的计算，Sr-Nd 同位素分析结果见表4.44。朗拉－拉钦普黑云母花岗岩具有均一的初始 $^{87}Sr/^{86}Sr$（0.7098~0.7137）值和富集的 $\varepsilon_{Nd}(t)$（−8.4~−10.3）值，并且 Nd 同位素的二阶段模式年龄（T_{DM2}）介于1.60~1.76 Ga 之间。

朗拉－拉钦普黑云母花岗岩锆石 Hf-O 同位素组成见表4.45。样品16BG46-1、16BG48-4 和 16BG50-5 的锆石 $\delta^{18}O$ 值分别为8.6‰~9.3‰、8.3‰~10.4‰和9.6‰~13.5‰，其显著地高于与地幔岩浆平衡的锆石的 $\delta^{18}O$ 值（5.3‰±0.3‰；Valley et al.，2005）。锆石 $\varepsilon_{Hf}(t)$ 值和二阶段模式年龄是由每个点 $^{206}Pb/^{238}U$ 年龄计算获得。样品16BG46-1、16BG48-4 和 16BG50-5 的锆石 $\varepsilon_{Hf}(t)$ 值分别为−20.4~0、−21.4~−7.6 和−12.6~−3.1［图4.83（d）］，对应的二阶段模式年龄分别为1.18~2.47 Ga、1.76~2.30 Ga 和1.38~1.84 Ga。

表 4.44 朗拉-拉钦普黑云母花岗岩全岩 Sr-Nd 同位素分析结果（Hu et al.，2019）

样品	Rb/ppm	Sr/ppm	$^{87}Sr/^{86}Sr$		$(^{87}Sr/^{86}Sr)_i$	Sm/ppm	Nd/ppm	$^{143}Nd/^{144}Nd$		$(^{143}Nd/^{144}Nd)_i$	$\varepsilon_{Nd}(t)$	T_{DM2}/Ga	$f_{Sm/Nd}$
			比值	±2σ				比值	±2σ				
16BG46-1	164.4	239.5	0.715285	0.000008	0.711909	5.16	28.91	0.512057	0.000005	0.511973	–9.98	1.73	–0.45
16BG47-1	147.4	282	0.713635	0.000006	0.711065	4.991	28.82	0.512065	0.000006	0.511983	–9.77	1.71	–0.47
16BG48-1	139.4	271.6	0.714353	0.000011	0.711843	3.837	20.51	0.512043	0.000007	0.511955	–10.34	1.76	–0.43
16BG48-4	156.9	249.6	0.715052	0.000007	0.711979	4.845	24.56	0.512057	0.000005	0.511965	–10.16	1.74	–0.39
16BG49-2	150.6	256.5	0.716620	0.000009	0.713733	6.48	35.91	0.512050	0.000007	0.511964	–10.15	1.74	–0.45
16BG50-1	105.9	298.4	0.711586	0.000007	0.709843	4.804	25.79	0.512142	0.000005	0.512054	–8.40	1.60	–0.43
16BG50-4	103.6	295.2	0.711558	0.000013	0.709833	5.924	34.06	0.512134	0.000004	0.512051	–8.45	1.60	–0.47
16BG50-5	110.9	298	0.711670	0.000008	0.709842	4.987	27.64	0.512136	0.000006	0.512051	–8.45	1.60	–0.45

表 4.45　朗拉－拉钦普黑云母花岗岩锆石 Hf-O 同位素分析结果（Hu et al.，2019）

分析点	$^{176}Yb/^{177}Hf$	$^{176}Lu/^{177}Hf$	$^{176}Hf/^{177}Hf$	2σ	$(^{176}Hf/^{177}Hf)_i$	$\varepsilon_{Hf}(0)$	$\varepsilon_{Hf}(t)$	T_{DM}/Ga	T_{DM2}/Ga	$f_{Lu/Hf}$	$\delta^{18}O$/‰	2σ
16BG46-1												
1	0.030228	0.001051	0.282527	0.000010	0.282525	−8.67	−6.07	1.03	1.57	−0.97	8.96	0.20
2	0.029341	0.000981	0.282457	0.000011	0.282455	−11.14	−8.57	1.12	1.72	−0.97	9.05	0.16
3	0.028944	0.001014	0.282511	0.000010	0.282509	−9.22	−6.60	1.05	1.60	−0.97	8.92	0.20
4	0.017664	0.000609	0.282491	0.000011	0.282490	−9.93	−7.24	1.06	1.64	−0.98	9.09	0.19
5	0.029076	0.000951	0.282544	0.000010	0.282542	−8.05	−5.50	1.00	1.53	−0.97	8.94	0.23
6	0.028250	0.000996	0.282518	0.000010	0.282516	−8.98	−6.48	1.04	1.59	−0.97	9.00	0.18
7	0.025223	0.000825	0.282404	0.000010	0.282402	−13.02	−10.44	1.19	1.84	−0.98	8.99	0.17
8	0.029121	0.001166	0.282581	0.000015	0.282578	−6.77	−4.24	0.95	1.45	−0.96	9.13	0.17
9	0.015144	0.000583	0.282496	0.000012	0.282495	−9.75	−7.14	1.06	1.63	−0.98	8.77	0.20
10	0.034985	0.001298	0.282127	0.000011	0.282124	−22.80	−20.40	1.60	2.47	−0.96	9.27	0.18
11	0.013468	0.000529	0.282457	0.000011	0.282456	−11.13	−8.52	1.11	1.72	−0.98	8.93	0.17
12	0.024103	0.000879	0.282495	0.000011	0.282493	−9.79	−7.18	1.07	1.64	−0.97	9.13	0.17
13	0.022743	0.000783	0.282514	0.000009	0.282513	−9.11	−6.56	1.04	1.60	−0.98	9.27	0.24
14	0.022892	0.000854	0.282529	0.000012	0.282527	−8.61	−6.04	1.02	1.56	−0.97	8.83	0.17
15	0.007482	0.000244	0.282698	0.000013	0.282697	−2.62	−0.02	0.77	1.18	−0.99	8.66	0.15
16	0.022180	0.000792	0.282538	0.000010	0.282536	−8.28	−5.83	1.00	1.55	−0.98	8.80	0.20
17	0.028348	0.000980	0.282158	0.000015	0.282156	−21.70	−19.19	1.54	2.39	−0.97	9.28	0.11
18	0.035549	0.001265	0.282248	0.000013	0.282245	−18.53	−15.95	1.43	2.19	−0.96	8.59	0.19
19	0.019861	0.000737	0.282472	0.000010	0.282470	−10.61	−8.08	1.10	1.69	−0.98	8.82	0.15
20	0.032643	0.001240	0.282504	0.000011	0.282502	−9.47	−7.01	1.06	1.62	−0.96	8.78	0.20
21	0.013632	0.000487	0.282517	0.000008	0.282516	−9.03	−6.57	1.03	1.59	−0.99	8.84	0.18
16BG48-4												
1	0.020201	0.000658	0.282440	0.000010	0.282438	−11.75	−9.25	1.14	1.76	−0.98	8.95	0.20
2	0.015543	0.000463	0.282457	0.000009	0.282456	−11.13	−8.48	1.11	1.72	−0.99	8.71	0.21
3	0.023598	0.000781	0.282403	0.000012	0.282401	−13.05	−10.47	1.19	1.84	−0.98	8.69	0.13

续表

分析点	$^{176}Yb/^{177}Hf$	$^{176}Lu/^{177}Hf$	$^{176}Hf/^{177}Hf$	2σ	$(^{176}Hf/^{177}Hf)_i$	$\varepsilon_{Hf}(0)$	$\varepsilon_{Hf}(t)$	T_{DM}/Ga	T_{DM2}/Ga	$f_{Lu/Hf}$	$\delta^{18}O$/‰	2σ
16BG48-4												
4	0.023725	0.000750	0.282430	0.000009	0.282428	−12.11	−9.66	1.15	1.79	−0.98	9.18	0.18
5	0.028969	0.000945	0.282098	0.000013	0.282096	−23.82	−21.36	1.62	2.53	−0.97	8.81	0.16
6	0.019900	0.000666	0.282477	0.000011	0.282475	−10.45	−7.86	1.09	1.68	−0.98	9.97	0.16
7	0.052876	0.001722	0.282429	0.000010	0.282425	−12.15	−9.76	1.19	1.79	−0.95	8.44	0.11
8	0.021883	0.000782	0.282422	0.000012	0.282420	−12.38	−9.77	1.17	1.80	−0.98	10.40	0.17
9	0.030512	0.000948	0.282487	0.000013	0.282485	−10.09	−7.61	1.08	1.66	−0.97	9.15	0.17
10	0.019651	0.000607	0.282404	0.000011	0.282402	−13.03	−10.34	1.19	1.84	−0.98	8.74	0.15
11	0.028519	0.000947	0.282197	0.000013	0.282195	−20.33	−17.72	1.48	2.30	−0.97	8.29	0.16
16BG50-5												
1	0.026651	0.000919	0.282476	0.000011	0.282474	−10.46	−7.94	1.09	1.68	−0.97	10.12	0.30
2	0.022948	0.000813	0.282611	0.000011	0.282610	−5.68	−3.11	0.90	1.38	−0.98	9.96	0.13
3	0.022221	0.000798	0.282559	0.000011	0.282557	−7.54	−4.91	0.98	1.49	−0.98	10.13	0.21
4	0.016142	0.000551	0.282458	0.000009	0.282456	−11.12	−8.52	1.11	1.72	−0.98	9.99	0.21
5	0.046106	0.001709	0.282445	0.000015	0.282441	−11.57	−9.13	1.16	1.76	−0.95	9.81	0.19
6	0.021115	0.000759	0.282404	0.000012	0.282403	−13.00	−10.52	1.19	1.84	−0.98	9.86	0.19
7	0.036132	0.001299	0.282546	0.000011	0.282543	−7.99	−5.51	1.01	1.53	−0.96	9.68	0.13
8	0.015344	0.000487	0.282429	0.000010	0.282428	−12.12	−9.53	1.15	1.78	−0.99	9.68	0.13
9	0.011121	0.000409	0.282507	0.000010	0.282506	−9.37	−6.79	1.04	1.61	−0.99	9.64	0.18
10	0.015925	0.000489	0.282514	0.000009	0.282513	−9.13	−6.55	1.03	1.59	−0.99	11.67	0.14
11	0.028100	0.000980	0.282461	0.000010	0.282459	−10.98	−8.43	1.12	1.71	−0.97	13.47	0.11
12	0.025129	0.000866	0.282579	0.000009	0.282577	−6.83	−4.31	0.95	1.45	−0.97	10.30	0.16
13	0.022274	0.000760	0.282442	0.000011	0.282440	−11.68	−9.09	1.14	1.76	−0.98	10.14	0.21

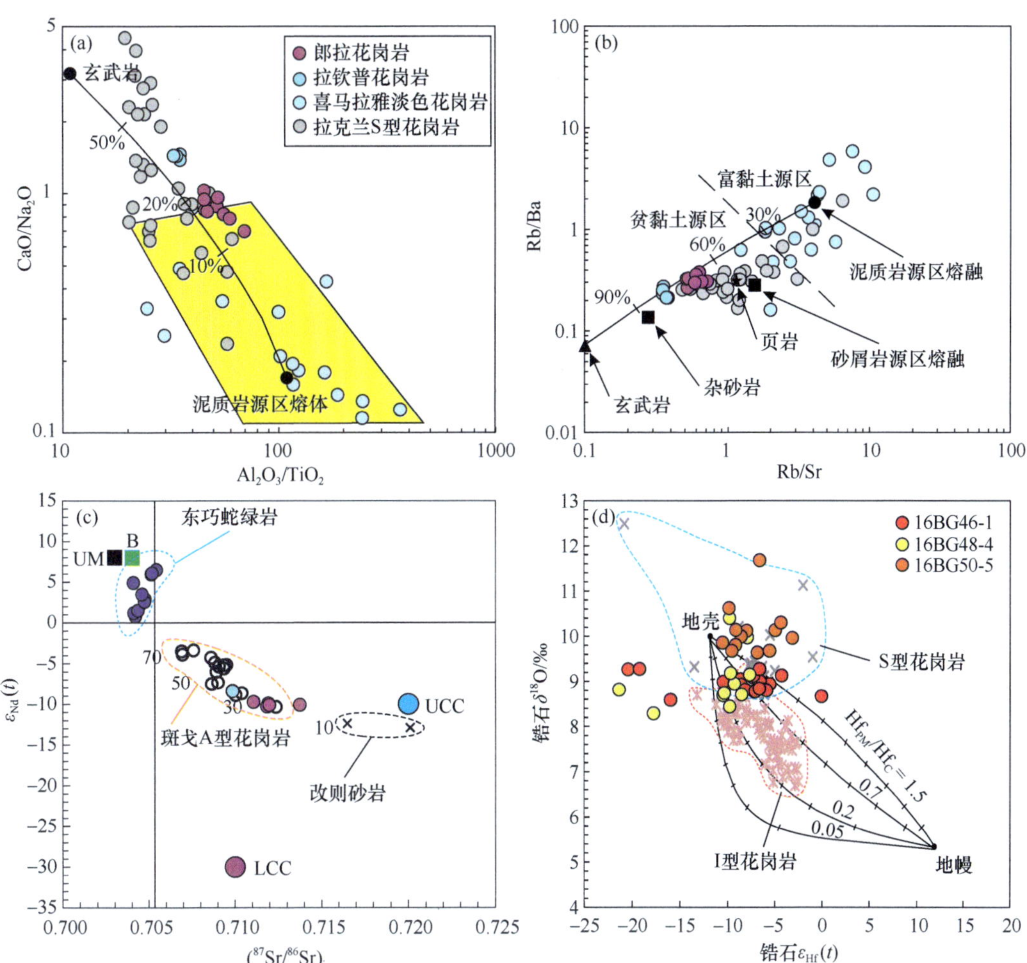

图 4.83　朗拉 – 拉钦普黑云母花岗岩 Al_2O_3/TiO_2-CaO/Na_2O 图解（a），Rb/Sr-Rb/Ba 图解（b），$(^{87}Sr/^{86}Sr)_i$-$\varepsilon_{Nd}(t)$ 图解（c）和锆石 $\varepsilon_{Hf}(t)$ 与 $\delta^{18}O$ 图解（d）

（c）中 UM、B、LCC 和 UCC 分别指上地幔橄榄岩、玄武岩、下地壳和上地壳

朗拉 – 拉钦普黑云母花岗岩具有富集且变化的 $\varepsilon_{Hf}(t)$（–21.4~0）值，指示岩石的源区具有不均一性。同时，花岗岩中锆石的 $\delta^{18}O$ 值介于 8.7‰~12.5‰ 之间，利用 Valley 等（2005）的锆石和全岩 O 同位素换算公式计算，获得相对应的全岩 $\delta^{18}O$ 值为 10.3‰~15.2‰，指示黑云母花岗岩的源区为表壳物质［图 4.83（d）］。此外，在锆石 $\varepsilon_{Hf}(t)$-$\delta^{18}O$ 图解［图 4.83（d）］中，锆石颗粒的大部分分析点落在了壳 – 幔混合线之外的区域，指示黑云母花岗岩源于不均一的壳源而不是壳幔混合（Dan et al.，2014）。朗拉 – 拉钦普黑云母花岗岩的 Hf-O 同位素特征与大量 S 型花岗岩类似，如东喜马拉雅造山带的淡色花岗岩（Hopkinson et al.，2017）和秦岭造山带的 S 型花岗岩（Qin et al.，2014）。

朗拉 – 拉钦普黑云母花岗岩具有高的 CaO/Na_2O（0.6~1.4）值和低的 Rb/Sr（0.35~0.71）值，并且样品点落入贫黏土的变质杂砂岩源区［图 4.83（a）和（b）］。在同位素组成上，黑云母花岗岩具有高的初始 $^{87}Sr/^{86}Sr$ 值和低的 $\varepsilon_{Nd}(t)$ 值［图 4.83（c）］以及变化的锆石 $\varepsilon_{Hf}(t)$ 值和高的锆石 $\delta^{18}O$ 值［图 4.83（d）］，类似于源于变质沉积岩源区的喜马拉雅淡色花岗岩（Guo and Wilson，2012；Hopkinson et al.，2017），进一步指示其源区为上陆壳。

利用 Altherr 等（2000）、Altherr 和 Siebel（2002）总结的地壳熔体的实验数据，我们发现朗拉－拉钦普黑云母花岗岩具有低的 CaO/（MgO+FeO^T）值和 $Mg^{\#}$ 值以及高的 SiO_2 和 Na_2O 含量，指示花岗质岩浆源于变质杂砂岩的源区（图 4.84；Patiňo Douce and McCarthy，1998）。在含水 / 不含水的条件下，沉积岩的部分熔融对岩浆熔体的主－微量元素组成具有重要的影响。实验岩石学已经证实：由长英质岩石在相对低温条件下发生水致部分熔融产生的硅酸盐熔体比在高温条件下发生脱水熔融产生的熔体富集 Na 并具有低的 K_2O/Na_2O 值（Conrad et al.，1988；Montel and Vielzeuf，1997；

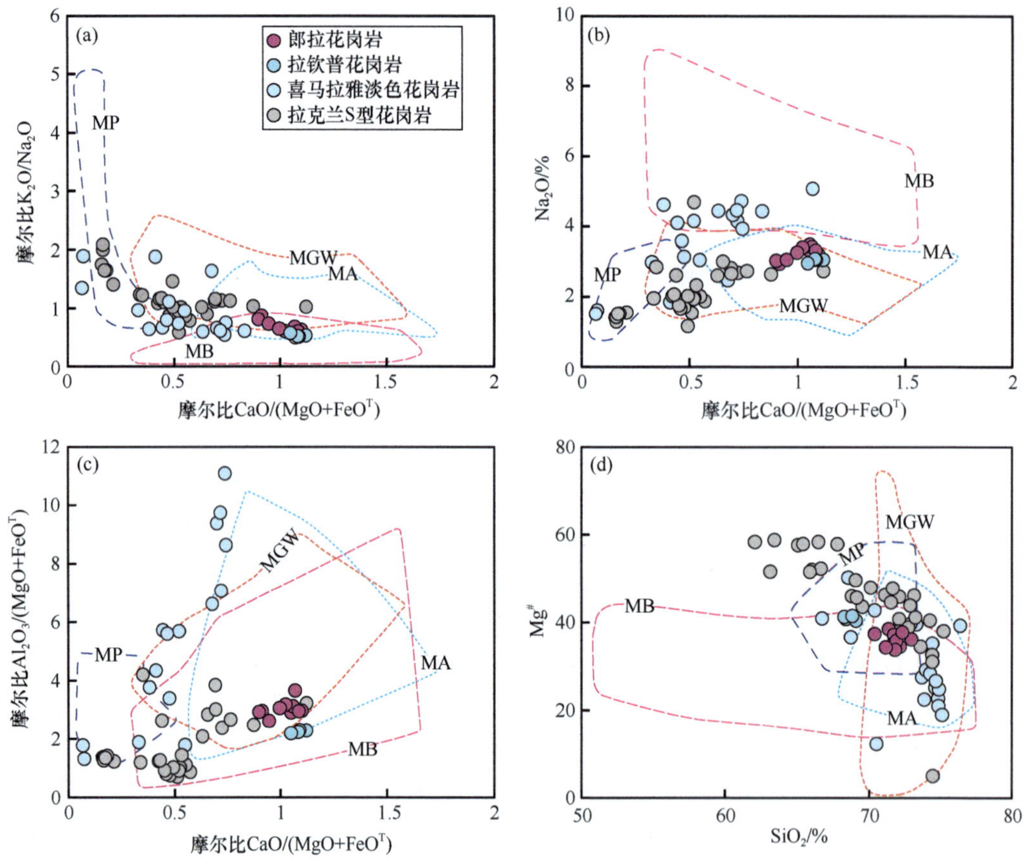

图 4.84　朗拉－拉钦普黑云母花岗岩化学组成与地壳熔体组成对比图（Altherr et al.，2000；Altherr and Siebel，2002）

地壳熔体包括变杂砂岩（MGW）、变泥质岩（MP）、变安山岩（MA）和变玄武岩（MB）来源熔体。喜马拉雅淡色花岗岩组成引自 Searle 和 Fryer（1986）、Inger 和 Harris（1993）以及 Ayres 和 Harris（1997）；拉克兰 S 型花岗岩组成引自 Chappell 和 Simpson（1984）以及 Healy 等（2004）

Patiňo Douce and Harris，1998；Patiňo Douce and McCarthy，1998）。云母和长石等造岩矿物中的大离子亲石元素（如 Rb、Sr 和 Ba）是花岗岩成因的良好示踪剂。在流体存在条件下，变质沉积岩在低温条件下可能发生水致熔融，并且伴随着大量斜长石的分解（Patiňo Douce and Harris，1998），这一过程导致熔体中 Sr 含量和 Sr/Ba 值升高，而 Rb/Sr 值降低。相反，在相对较高的温度下，脱水熔融会导致大量白云母脱水熔融，致使产生的熔体中 Sr 含量和 Sr/Ba 值降低，而 Rb/Sr 值升高（Inger and Harris，1993；Patiňo Douce and Harris，1998）。

朗拉－拉钦普黑云母花岗岩具有高的 Na_2O（2.89%~3.45%）含量和低的 Rb/Sr 值，且绝大部分样品的 K_2O/Na_2O 小于 1.0［图 4.84（a）和（b）］。在 Rb/Sr-Ba 图解［图 4.85（a）］和 Rb/Sr-Sr 图解［图 4.85（b）］中，岩石样品具有水致熔融的趋势。同时，黑云母花岗岩具有低的锆饱和温度（733~762℃）。因此，朗拉－拉钦普黑云母花岗岩是在低温条件下，由变质杂砂岩源区发生水致部分熔融形成。

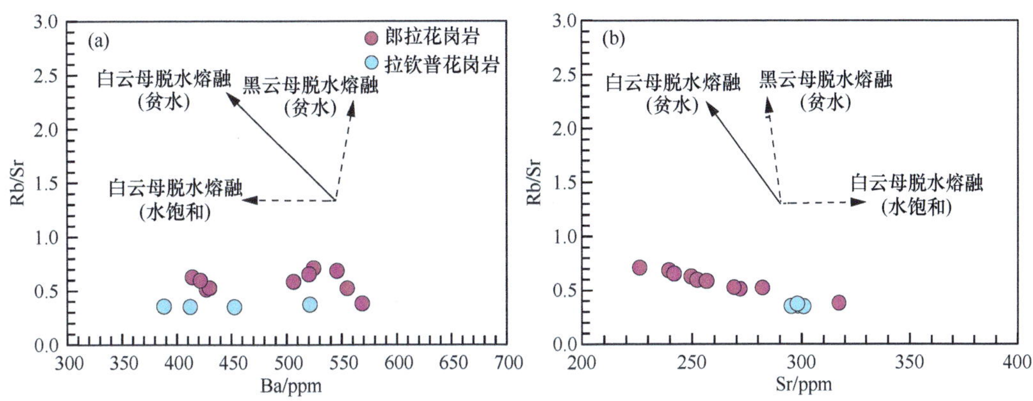

图 4.85　朗拉－拉钦普黑云母花岗岩 Rb/Sr-Ba 图解（a）和 Rb/Sr-Sr 图解（b）
（Inger and Harris，1993；Weinberg and Hasalová，2015）
黑色箭头代表不同状态下的熔融反应

综上所述，朗拉－拉钦普黑云母花岗岩形成于早白垩世晚期（约 119 Ma），其形成时代与班戈地区的 A 型花岗岩一致。岩石具有高的 SiO_2 含量、低的 MgO 和 CaO 含量及变化的 K_2O/Na_2O 值，为弱过铝质。岩石富集轻稀土且轻重稀土分异明显，具有 Eu 的负异常；富集 K、Rb、Th、U 和 Pb 等元素，亏损 Nb、Ta、Ba、P 和 Ti 等元素。在同位素组成上，岩石具有相对较高的初始 $^{87}Sr/^{86}Sr$ 值和低的 $\varepsilon_{Nd}(t)$ 值以及高的锆石 $\delta^{18}O$ 值和变化的 $\varepsilon_{Hf}(t)$ 值，指示黑云母花岗岩是由不均一的壳源物质发生水致熔融形成（如变质杂砂岩）。

4.5.2.2　江错高硅花岗岩

江错花岗岩体位于班公湖－怒江缝合带的中－东段，且侵位于缝合带内部的蛇绿岩混杂岩、木嘎岗日群（$J_{1-2}M$）及早－中侏罗世希湖群（$J_{1-2}X$）。岩石主要由中－粗粒黑云母花岗岩、细粒花岗岩和斑状花岗岩组成（图 4.86）。江错花岗岩典型样品的大部分锆石在阴极发光图像下［图 4.87（a)］发育典型的岩浆振荡环带，进行 LA-ICP-MS 锆石 U-Pb 年代学研究，发现其锆石 U-Pb 年龄均为早白垩世晚期（约 114 Ma）［图 4.87（b）~（f）；表 4.46］。

图 4.86　江错花岗岩野外照片（a~c）和显微照片（d~f）

江错花岗岩具有中 – 粗粒花岗结构、细粒结构和斑状结构。矿物缩写：Bt. 黑云母；Kf. 钾长石；Pl. 斜长石；Qtz. 石英

江错花岗岩主量和微量元素组成见表 4.47。岩石的 SiO_2 含量介于 69.7%~78.2% 之间，类似于邻近区域内的高硅花岗岩（He et al.，2019；Yang et al.，2019b）。岩石具有高的 Al_2O_3（11.3%~14.6%）、K_2O（4.7%~8.4%）和全碱（K_2O+Na_2O=7.8%~9.2%）含量，并且所有样品的 K_2O/Na_2O 值大于 1。样品的 TiO_2（0.08%~0.42%）、CaO

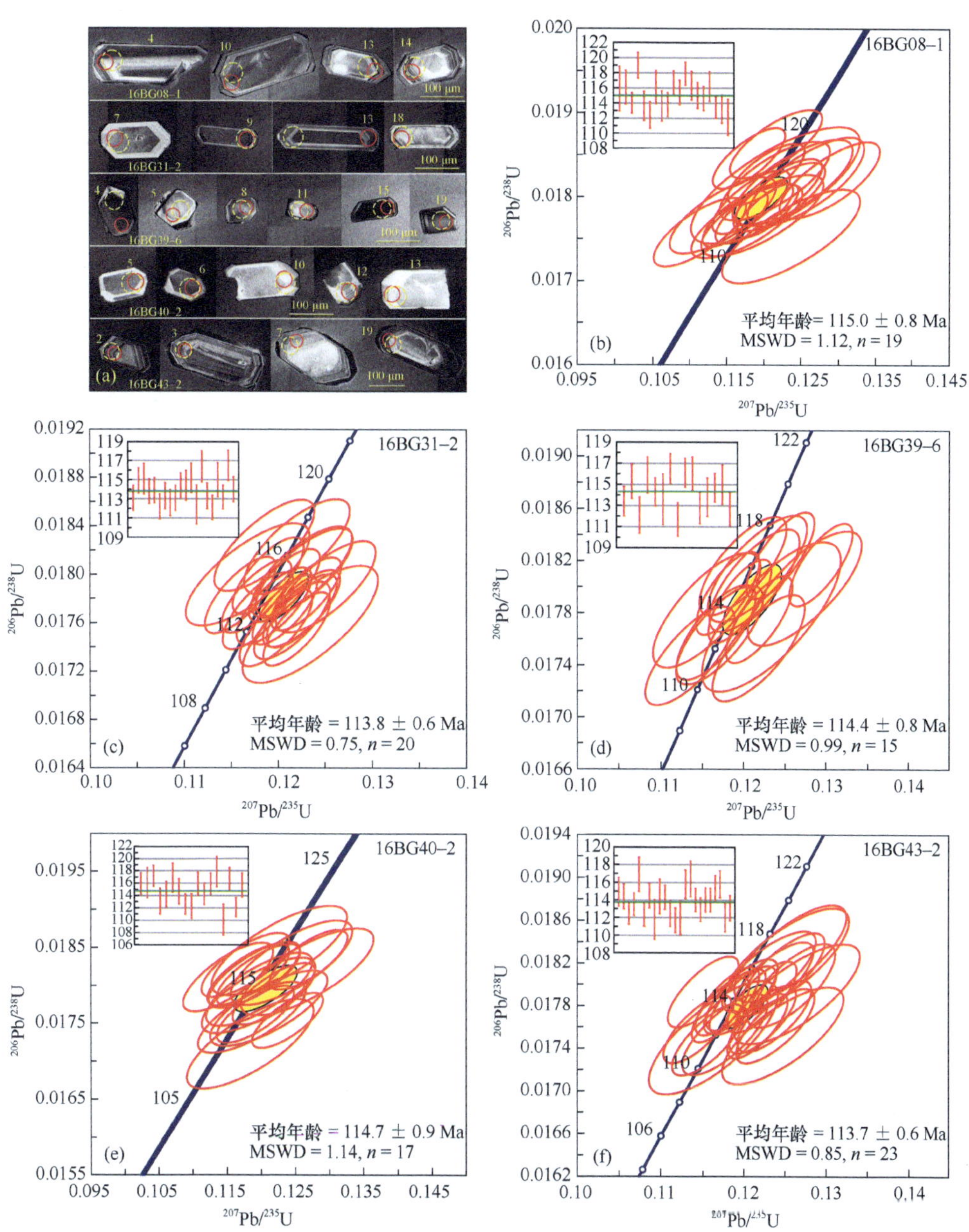

图 4.87　江错花岗岩代表性的锆石 CL 图像（a）和 LA-ICP-MS 锆石 U-Pb 年龄谐和图［（b）~（f）］

（0.07%~2.43%）和 MgO（0.09%~1.25%）含量较低。在 TAS 图解中［图 4.88（a）］，所有样品落入亚碱性的花岗岩区域。在 SiO_2-FeO^T/MgO 图解中，绝大部分样品同样落入钙碱性系列区域［图 4.88（d）］。在 SiO_2-K_2O 图解中，除了样品 16BG31-1、16BG31-2、16BG43-1 和 16BG43-2 落入粗玄岩系列，其他样品均落入高钾钙碱性系列的区域［图 4.88（b）］。江错花岗岩的铝饱和指数 A/CNK 介于 1.0~1.4 之间，表明花岗岩属于弱过铝质 – 强过铝质［图 4.88（c）］。

表 4.46　江错高硅花岗岩 LA-ICP-MS 锆石 U-Pb 年龄分析结果（Hu et al.，2021）

分析点	含量 /ppm			Th/U	同位素比值						计算年龄 /Ma					
	Pb^*	Th	U		$^{207}Pb/^{206}Pb$	±1σ	$^{207}Pb/^{235}U$	±1σ	$^{206}Pb/^{238}U$	±1σ	$^{207}Pb/^{206}Pb$	±1σ	$^{207}Pb/^{235}U$	±1σ	$^{206}Pb/^{238}U$	±1σ
16BG08-1																
1	6.8	248	295	0.84	0.0486	0.00321	0.12157	0.00749	0.01814	0.00046	128.8	148.4	116.5	6.8	115.9	2.9
2	15.1	610	640	0.95	0.05015	0.00225	0.12566	0.00520	0.01818	0.00035	201.8	101.0	120.2	4.7	116.1	2.2
3	17.5	759	732	1.04	0.04900	0.00119	0.12054	0.00271	0.01784	0.00021	147.7	56.1	115.6	2.5	114.0	1.4
4	8.6	332	360	0.92	0.04734	0.00169	0.12161	0.00408	0.01863	0.00027	66.0	83.4	116.5	3.7	119.0	1.7
5	7.6	302	331	0.91	0.04673	0.00207	0.11451	0.00476	0.01778	0.00030	35.0	102.7	110.1	4.3	113.6	1.9
6	11.0	593	442	1.34	0.04593	0.00181	0.11135	0.00412	0.01758	0.00027	0.1	85.2	107.2	3.8	112.4	1.7
7	10.3	456	422	1.08	0.04945	0.00229	0.12386	0.00532	0.01817	0.00034	169.2	104.6	118.6	4.8	116.1	2.2
8	6.1	244	264	0.93	0.04885	0.00234	0.11978	0.00541	0.01778	0.00032	140.9	108.7	114.9	4.9	113.6	2.0
9	11.0	373	497	0.75	0.04837	0.00151	0.11874	0.00345	0.01781	0.00024	117.2	72.0	113.9	3.1	113.8	1.5
10	11.6	358	524	0.68	0.04776	0.00145	0.12033	0.00341	0.01827	0.00024	86.5	71.4	115.4	3.1	116.7	1.5
11	10.9	373	479	0.78	0.04902	0.00164	0.12203	0.00379	0.01806	0.00026	148.9	76.4	116.9	3.4	115.4	1.6
12	11.9	429	513	0.84	0.04637	0.00136	0.11805	0.00322	0.01846	0.00024	17.0	68.0	113.3	2.9	117.9	1.5
13	10.2	363	444	0.82	0.05138	0.00193	0.12895	0.00448	0.01820	0.00030	257.9	84.0	123.2	4.0	116.3	1.9
14	9.0	305	406	0.75	0.04918	0.00175	0.12206	0.00405	0.01800	0.00027	156.5	81.2	116.9	3.7	115.0	1.7
15	13.0	427	567	0.75	0.04783	0.00150	0.11833	0.00345	0.01794	0.00025	90.1	73.7	113.6	3.1	114.6	1.6
16	7.1	334	293	1.14	0.04843	0.00207	0.12146	0.00486	0.01819	0.00031	120.5	97.8	116.4	4.4	116.2	2.0
17	13.8	461	635	0.73	0.04749	0.00128	0.11619	0.00290	0.01774	0.00022	73.5	63.3	111.6	2.6	113.4	1.4
18	6.3	282	268	1.05	0.04822	0.00214	0.11773	0.00493	0.01771	0.00029	110.1	101.4	113.0	4.5	113.2	1.9
19	7.3	324	319	1.01	0.05116	0.00272	0.12367	0.00612	0.01753	0.00037	247.8	117.9	118.4	5.5	112.1	2.4

续表

分析点	含量 /ppm			Th/U	同位素比值						计算年龄 /Ma					
	Pb^*	Th	U		$^{207}Pb/^{206}Pb$	±1σ	$^{207}Pb/^{235}U$	±1σ	$^{206}Pb/^{238}U$	±1σ	$^{207}Pb/^{206}Pb$	±1σ	$^{207}Pb/^{235}U$	±1σ	$^{206}Pb/^{238}U$	±1σ
16BG31-2																
1	18.73	587	856	0.69	0.05021	0.00112	0.12253	0.0025	0.01770	0.00020	204.7	50.8	117.4	2.3	113.1	1.3
2	17.23	675	743	0.91	0.04796	0.00110	0.11897	0.00252	0.01799	0.00021	96.1	54.7	114.1	2.3	114.9	1.3
3	9.47	239	445	0.54	0.04932	0.00154	0.12252	0.00355	0.01802	0.00025	163.1	71.5	117.4	3.2	115.1	1.6
4	17.67	434	847	0.51	0.04792	0.00109	0.11772	0.00248	0.01782	0.00020	94.4	54.3	113.0	2.3	113.8	1.3
5	16.15	392	775	0.51	0.04719	0.00110	0.11600	0.00250	0.01783	0.00021	58.4	55.1	111.4	2.3	113.9	1.3
6	20.46	834	898	0.93	0.04948	0.00116	0.11979	0.00258	0.01756	0.00021	170.5	53.7	114.9	2.3	112.2	1.3
7	16.28	434	778	0.56	0.05013	0.00122	0.12251	0.00273	0.01772	0.00021	201.2	55.5	117.3	2.5	113.3	1.4
8	16.06	497	752	0.66	0.05002	0.00121	0.12150	0.00270	0.01762	0.00021	195.9	55.2	116.4	2.4	112.6	1.3
9	22.51	769	1020	0.75	0.04830	0.00112	0.11790	0.00252	0.01770	0.00021	113.9	53.9	113.2	2.3	113.1	1.3
10	17.12	573	768	0.75	0.04888	0.00111	0.12069	0.00252	0.01791	0.00020	142.3	52.3	115.7	2.3	114.4	1.3
11	10.72	384	472	0.81	0.05070	0.00153	0.12510	0.00350	0.01790	0.00025	227.1	68.5	119.7	3.2	114.4	1.6
12	12.08	326	557	0.59	0.04941	0.00148	0.12279	0.00342	0.01802	0.00024	167.4	68.6	117.6	3.1	115.2	1.5
13	13.59	573	592	0.97	0.05089	0.00214	0.12341	0.00477	0.01759	0.00032	236.0	94.0	118.2	4.3	112.4	2.0
14	10.91	316	498	0.63	0.04855	0.00159	0.12200	0.00373	0.01823	0.00026	126.4	75.5	116.9	3.4	116.4	1.6
15	16.30	580	732	0.79	0.04891	0.00118	0.11960	0.00267	0.01774	0.00021	143.3	55.8	114.7	2.4	113.3	1.3
16	28.39	1459	1156	1.26	0.05043	0.00107	0.12200	0.00238	0.01755	0.00020	214.7	48.6	116.9	2.2	112.1	1.3
17	7.38	284	318	0.89	0.04706	0.00187	0.11679	0.00437	0.01800	0.00028	52.1	92.5	112.2	4.0	115.0	1.8
18	19.07	609	883	0.69	0.04944	0.00103	0.12072	0.00230	0.01771	0.00019	168.8	47.9	115.7	2.1	113.2	1.2
19	8.82	251	401	0.62	0.04715	0.00151	0.11857	0.00354	0.01824	0.00025	56.3	74.8	113.8	3.2	116.5	1.6
20	26.48	1051	1161	0.91	0.05003	0.00109	0.12303	0.00246	0.01784	0.00020	196.5	49.9	117.8	2.2	114.0	1.3

续表

分析点	含量 /ppm			Th/U	同位素比值						计算年龄 /Ma					
	Pb*	Th	U		$^{207}Pb/^{206}Pb$	±1σ	$^{207}Pb/^{235}U$	±1σ	$^{206}Pb/^{238}U$	±1σ	$^{207}Pb/^{206}Pb$	±1σ	$^{207}Pb/^{235}U$	±1σ	$^{206}Pb/^{238}U$	±1σ
16BG39-6																
1	19.66	720	536	1.34	0.04893	0.00138	0.17661	0.00463	0.02618	0.00035	144.4	64.8	165.1	4.0	166.6	2.2
2	115.59	118	630	0.19	0.07546	0.00068	1.82664	0.01463	0.17557	0.00161	1080.8	17.9	1055.1	5.3	1042.8	8.8
3	27.14	410	1428	0.29	0.04984	0.00118	0.12195	0.00266	0.01775	0.00022	187.7	54.4	116.8	2.4	113.4	1.4
4	16.62	924	651	1.42	0.04878	0.00156	0.12138	0.00361	0.01805	0.00026	137.1	73.2	116.3	3.3	115.3	1.6
5	23.41	1479	886	1.67	0.05041	0.00166	0.12188	0.00370	0.01753	0.00027	214.1	74.6	116.8	3.4	112.1	1.7
6	28.29	164	382	0.43	0.05483	0.00104	0.50735	0.00886	0.06711	0.00076	405.4	41.7	416.7	6.0	418.7	4.6
7	14.18	764	554	1.38	0.04867	0.00170	0.12174	0.00398	0.01814	0.00027	132.2	80.2	116.6	3.6	115.9	1.7
8	26.02	1339	1059	1.26	0.04848	0.00110	0.11958	0.00251	0.01789	0.00021	122.9	52.6	114.7	2.3	114.3	1.3
9	20.58	910	871	1.04	0.05035	0.00246	0.12338	0.00555	0.01777	0.00038	211.3	109.5	118.1	5.0	113.6	2.4
10	43.18	327	864	0.38	0.05376	0.00109	0.34182	0.00632	0.04612	0.00054	360.9	45.1	298.6	4.8	290.6	3.3
11	25.47	1319	1026	1.29	0.04952	0.00117	0.12453	0.00272	0.01824	0.00022	172.4	54.1	119.2	2.5	116.5	1.4
12	12.50	635	532	1.19	0.04715	0.00159	0.11357	0.00358	0.01747	0.00025	56.5	78.7	109.2	3.3	111.7	1.6
13	25.64	693	798	0.87	0.05010	0.00107	0.17751	0.00352	0.02570	0.00030	199.9	49.0	165.9	3.0	163.6	1.9
14	22.51	695	646	1.08	0.04878	0.00125	0.17930	0.00427	0.02666	0.00033	137.4	59.0	167.5	3.7	169.6	2.1
15	235.37	384	1057	0.36	0.08009	0.00063	2.22013	0.01535	0.20107	0.00179	1199.2	15.4	1187.4	4.8	1181.1	9.6
16	83.66	5947	2763	2.15	0.05164	0.00110	0.12939	0.00251	0.01817	0.00021	269.7	47.9	123.5	2.3	116.1	1.4
17	18.80	780	826	0.94	0.04791	0.00149	0.11997	0.00349	0.01816	0.00025	93.7	73.3	115.0	3.2	116.0	1.6
18	13.00	432	378	1.14	0.04850	0.00207	0.17373	0.00692	0.02598	0.00045	123.9	97.3	162.6	6.0	165.3	2.9
19	22.57	1124	584	1.92	0.04902	0.00159	0.16784	0.00506	0.02484	0.00037	148.9	74.4	157.5	4.4	158.1	2.3
20	21.33	1285	840	1.53	0.04796	0.00141	0.11667	0.00320	0.01765	0.00024	96.2	69.3	112.1	2.9	112.8	1.5

续表

分析点	含量 /ppm			Th/U	同位素比值						计算年龄 /Ma					
	Pb^{*}	Th	U		$^{207}Pb/^{206}Pb$	±1σ	$^{207}Pb/^{235}U$	±1σ	$^{206}Pb/^{238}U$	±1σ	$^{207}Pb/^{206}Pb$	±1σ	$^{207}Pb/^{235}U$	±1σ	$^{206}Pb/^{238}U$	±1σ
16BG39-6																
21	21.88	735	640	1.15	0.04830	0.00136	0.17389	0.00456	0.02611	0.00035	114.1	65.2	162.8	4.0	166.2	2.2
22	13.37	749	544	1.38	0.04705	0.00186	0.11556	0.00430	0.01782	0.00029	51.3	92.2	111.0	3.9	113.8	1.8
23	37.36	2462	1377	1.79	0.04773	0.00111	0.11810	0.00253	0.01795	0.00021	85.0	54.9	113.3	2.3	114.7	1.4
24	11.44	405	524	0.77	0.05137	0.00196	0.12742	0.00453	0.01799	0.00029	257.3	85.3	121.8	4.1	115.0	1.8
25	17.42	831	756	1.10	0.04817	0.00154	0.11708	0.00350	0.01763	0.00025	107.7	74.0	112.4	3.2	112.7	1.6
16BG40-2																
1	8.73	298	377	0.79	0.04784	0.00174	0.11955	0.00407	0.01814	0.00027	90.5	85.1	114.7	3.7	115.9	1.7
2	5.88	217	254	0.85	0.05062	0.00275	0.12673	0.00644	0.01818	0.00038	223.6	121.0	121.2	5.8	116.1	2.4
3	9.11	273	398	0.68	0.05025	0.00162	0.12695	0.00380	0.01834	0.00026	206.4	73.2	121.4	3.4	117.2	1.7
4	5.22	188	228	0.82	0.04966	0.00248	0.12111	0.00570	0.01770	0.00033	179.1	112.3	116.1	5.2	113.1	2.1
5	5.32	209	229	0.91	0.04860	0.00238	0.11961	0.00553	0.01787	0.00033	128.5	111.5	114.7	5.0	114.2	2.1
6	5.10	188	214	0.88	0.04936	0.00251	0.12444	0.00592	0.01830	0.00037	164.9	114.9	119.1	5.4	116.9	2.3
7	6.30	272	261	1.04	0.04841	0.00222	0.11971	0.00516	0.01795	0.00032	119.2	104.7	114.8	4.7	114.7	2.0
8	5.83	221	254	0.87	0.04906	0.00166	0.11913	0.00376	0.01762	0.00025	150.8	77.3	114.3	3.4	112.6	1.6
9	4.71	180	202	0.89	0.04898	0.00230	0.11862	0.00524	0.01758	0.00031	146.7	106.4	113.8	4.8	112.3	2.0
10	7.00	248	302	0.82	0.04760	0.00189	0.11896	0.00443	0.01814	0.00029	78.5	92.6	114.1	4.0	115.9	1.8
11	7.84	271	342	0.79	0.04943	0.00175	0.12185	0.00402	0.01789	0.00027	168.4	80.7	116.7	3.6	114.3	1.7
12	8.68	325	371	0.88	0.04725	0.00170	0.11810	0.00398	0.01814	0.00027	61.5	84.1	113.4	3.6	115.9	1.7
13	5.17	184	221	0.83	0.04823	0.00275	0.12267	0.00658	0.01846	0.00039	110.4	129.3	117.5	6.0	117.9	2.5

续表

分析点	含量 /ppm			Th/U	同位素比值						计算年龄 /Ma					
	Pb*	Th	U		$^{207}Pb/^{206}Pb$	±1σ	$^{207}Pb/^{235}U$	±1σ	$^{206}Pb/^{238}U$	±1σ	$^{207}Pb/^{206}Pb$	±1σ	$^{207}Pb/^{235}U$	±1σ	$^{206}Pb/^{238}U$	±1σ
16BG40-2																
14	7.12	330	307	1.08	0.04984	0.00279	0.11838	0.00615	0.01723	0.00039	187.5	125.5	113.6	5.6	110.1	2.5
15	8.18	325	340	0.96	0.04673	0.00181	0.11767	0.00426	0.01827	0.00028	35.5	90.2	113.0	3.9	116.7	1.8
16	10.93	458	470	0.97	0.05121	0.00154	0.12385	0.00346	0.01754	0.00024	250.4	67.9	118.6	3.1	112.1	1.5
17	11.16	513	453	1.13	0.04612	0.00187	0.11513	0.00436	0.01811	0.00030	3.9	93.8	110.6	4.0	115.7	1.9
16BG43-2																
1	16.49	548	719	0.76	0.05075	0.00154	0.12585	0.00352	0.01799	0.00026	229.3	68.8	120.4	3.2	114.9	1.6
2	14.05	451	623	0.72	0.04853	0.00127	0.11977	0.00290	0.01790	0.00022	125.2	60.4	114.9	2.6	114.4	1.4
3	18.15	543	828	0.66	0.05013	0.00108	0.12168	0.00241	0.01761	0.00020	201.0	49.3	116.6	2.2	112.5	1.3
4	19.54	472	921	0.51	0.04788	0.00103	0.11720	0.00233	0.01776	0.00020	92.3	51.3	112.5	2.1	113.5	1.3
5	13.47	680	505	1.35	0.04984	0.00192	0.12570	0.00449	0.01829	0.00030	187.7	87.5	120.2	4.1	116.9	1.9
6	20.37	828	875	0.95	0.04722	0.00121	0.11444	0.00271	0.01758	0.00021	59.9	60.4	110.0	2.5	112.4	1.4
7	14.91	467	666	0.70	0.04659	0.00123	0.11512	0.00283	0.01793	0.00022	28.0	61.3	110.6	2.6	114.5	1.4
8	12.84	281	615	0.46	0.04826	0.00231	0.11640	0.00514	0.01750	0.00035	112.2	109.1	111.8	4.7	111.8	2.2
9	5.61	203	240	0.85	0.05122	0.00219	0.12646	0.00505	0.01791	0.00031	250.6	95.4	120.9	4.6	114.4	2.0
10	16.81	554	743	0.75	0.04958	0.00122	0.12222	0.00277	0.01788	0.00022	175.2	56.4	117.1	2.5	114.3	1.4
11	14.58	390	677	0.58	0.05103	0.00140	0.12385	0.00313	0.01761	0.00023	242.2	62.0	118.6	2.8	112.5	1.5
12	14.29	517	631	0.82	0.04800	0.00129	0.11569	0.00287	0.01748	0.00022	98.1	63.4	111.2	2.6	111.7	1.4
13	6.52	317	256	1.24	0.05165	0.00217	0.12476	0.00489	0.01752	0.00030	270.1	93.4	119.4	4.4	112.0	1.9
14	8.48	249	376	0.66	0.04928	0.00161	0.12308	0.00377	0.01812	0.00025	161	74.8	117.9	3.4	115.8	1.6

续表

分析点	含量 /ppm			Th/U	同位素比值						计算年龄 /Ma					
	Pb*	Th	U		$^{207}Pb/^{206}Pb$	±1σ	$^{207}Pb/^{235}U$	±1σ	$^{206}Pb/^{238}U$	±1σ	$^{207}Pb/^{206}Pb$	±1σ	$^{207}Pb/^{235}U$	±1σ	$^{206}Pb/^{238}U$	±1σ
16BG43-2																
15	8.76	362	355	1.02	0.04983	0.00214	0.12521	0.00501	0.01823	0.00032	186.9	96.9	119.8	4.5	116.4	2.0
16	18.74	719	793	0.91	0.04835	0.00110	0.11892	0.00250	0.01784	0.00020	116.4	52.8	114.1	2.3	114.0	1.3
17	17.11	565	768	0.74	0.05022	0.00119	0.12231	0.00266	0.01767	0.00021	205.2	54.0	117.2	2.4	112.9	1.3
18	16.49	675	695	0.97	0.04872	0.00119	0.11989	0.00270	0.01785	0.00021	134.3	56.3	115.0	2.5	114.0	1.3
19	17.04	559	763	0.73	0.04798	0.00114	0.11801	0.00259	0.01784	0.00021	97.2	56.5	113.3	2.4	114.0	1.3
20	12.26	410	536	0.77	0.04968	0.00140	0.12363	0.00322	0.01805	0.00023	180.0	64.2	118.4	2.9	115.3	1.5
21	11.50	399	496	0.80	0.04998	0.00143	0.12488	0.00330	0.01812	0.00024	194.0	65.1	119.5	3.0	115.8	1.5
22	12.74	400	587	0.68	0.04871	0.00154	0.11774	0.00344	0.01753	0.00025	134.1	72.6	113.0	3.1	112.0	1.6
23	16.31	603	713	0.85	0.05069	0.00131	0.12374	0.00296	0.01770	0.00022	226.7	58.9	118.5	2.7	113.1	1.4

表 4.47 江错高硅花岗岩全岩主量（%）和微量（ppm）元素分析结果（Hu et al.，2021）

样品	16BG08-1	16BG08-3	16BG08-4	16BG09-1	16BG09-3	16BG31-1	16BG31-2	16BG39-1	16BG39-2	16BG39-6	16BG40-1	16BG40-2	16BG41-1	16BG42-2	16BG42-3	16BG43-1	16BG43-2	16BG44
SiO_2	74.90	75.20	75.16	74.10	73.42	75.25	75.76	72.37	70.49	69.68	72.76	73.49	77.55	77.02	77.94	78.21	77.12	70.67
TiO_2	0.27	0.25	0.26	0.28	0.32	0.22	0.20	0.28	0.38	0.42	0.29	0.27	0.08	0.10	0.10	0.16	0.14	0.41
Al_2O_3	12.85	12.81	12.89	13.21	13.43	13.15	12.50	14.10	14.32	14.29	14.30	14.14	12.24	12.12	12.41	11.27	11.80	14.60
$Fe_2O_3^T$	1.67	1.52	1.57	1.77	2.02	0.62	0.48	1.96	2.76	3.14	1.64	1.43	1.10	0.70	0.56	0.49	0.70	2.41
MnO	0.03	0.03	0.03	0.03	0.05	0.00	0.01	0.03	0.04	0.05	0.04	0.04	0.01	0.01	0.00	0.00	0.00	0.05
MgO	0.45	0.40	0.41	0.46	0.54	0.19	0.18	0.68	0.94	1.25	0.34	0.31	0.13	0.12	0.09	0.09	0.17	0.72
CaO	0.73	0.64	0.77	1.17	1.52	0.11	0.15	1.21	2.09	2.43	0.86	1.18	0.18	0.26	0.18	0.07	0.21	1.70
Na_2O	3.23	3.41	3.26	3.28	3.38	1.02	0.93	3.09	2.88	2.91	3.56	3.42	3.12	2.67	3.08	0.21	0.21	3.24
K_2O	5.12	5.04	5.09	4.99	4.69	7.22	7.75	5.45	5.00	4.86	5.62	5.24	5.32	5.78	5.51	8.41	7.71	5.27
P_2O_5	0.06	0.05	0.05	0.06	0.07	0.02	0.04	0.08	0.10	0.10	0.05	0.04	0.000	0.004	0.002	0.02	0.02	0.07
烧失量	0.58	0.55	0.55	0.63	0.66	1.34	1.05	0.76	0.86	0.75	0.58	0.52	0.49	0.55	0.54	0.74	1.41	0.68
总量	100	100	100	100	100	99	99	100	100	100	100	100	100	99	100	100	99	100
A/CNK	1.06	1.05	1.05	1.02	1.00	1.36	1.23	1.07	1.03	0.99	1.06	1.05	1.09	1.09	1.09	1.18	1.30	1.03
$Mg^{\#}$	0.35	0.34	0.34	0.34	0.35	0.38	0.42	0.41	0.40	0.44	0.29	0.30	0.19	0.25	0.23	0.28	0.32	0.37
Sc	4.53	4.43	4.23	4.48	5.48	2.94	2.64	4.48	6.19	9.50	4.53	4.26	2.56	2.65	4.12	1.07	1.45	5.62
Ti	1567	1454	1502	1634	1902	1346	1267	1634	2345	2444	1715	1588	476	559	525	886	808	2456
V	14.76	13.49	13.90	17.17	17.81	16.34	15.51	25.82	40.89	50.68	13.37	10.95	1.46	1.94	2.78	6.06	7.33	33.72
Cr	0.70	0.60	2.00	0.97	0.98	2.33	1.47	8.24	10.2	15.3	0.72	0.55	0.03	0.23	0.95	1.26	1.02	5.96
Mn	257	185	204	249	345	9	44	188	345	357	299	278	71	59	15	30	29	344
Co	1.15	1.19	0.68	1.55	2.01	0.67	1.67	2.99	4.71	6.40	1.31	1.25	0.50	0.22	0.13	0.37	0.37	4.33
Ni	2.28	0.92	1.24	0.69	0.96	2.01	1.16	4.32	4.35	5.54	0.69	0.85	0.56	0.43	0.25	1.44	2.14	3.67
Cu	2.97	2.02	1.77	2.24	2.22	13.80	35.57	2.15	3.97	5.64	2.27	2.05	1.26	1.11	0.81	4.05	2.87	7.50
Zn	21.19	13.27	18.29	19.78	24.59	17.48	25.34	21.05	29.98	36.25	21.57	21.46	10.28	7.51	14.36	7.25	11.91	32.87
Ga	14.22	14.37	14.25	14.25	15.16	11.81	10.29	15.63	15.95	16.21	14.82	14.56	14.51	13.58	14.84	8.83	11.51	15.59
Ge	1.60	1.76	1.67	1.69	1.87	1.15	1.04	1.59	1.78	1.98	1.59	1.42	1.40	1.48	1.58	1.51	1.57	1.71

续表

样品	16BG08-1	16BG08-3	16BG08-4	16BG09-1	16BG09-3	16BG31-1	16BG31-2	16BG39-1	16BG39-2	16BG39-6	16BG40-1	16BG40-2	16BG41-1	16BG42-2	16BG42-3	16BG43-1	16BG43-2	16BG44
Rb	310	307	287	288	298	299	327	290	279	289	327	309	365	411	399	428	419	315
Sr	73.9	67.9	76.8	84.8	91.8	47.4	52.3	131.9	167.9	152.0	125.3	117.5	15.5	8.4	10.2	16.0	26.6	149.5
Y	25.82	24.95	26.90	27.62	31.36	19.13	20.35	22.87	21.37	31.57	34.05	24.01	46.56	29.11	38.15	15.75	21.19	25.55
Zr	177	160	165	206	195	107	99	168	226	202	243	218	133	145	134	82	88	262
Nb	18.87	18.28	19.48	18.22	19.48	14.49	14.45	12.42	13.53	17.13	18.84	16.18	29.11	18.22	27.69	12.81	16.28	15.77
Cs	3.03	3.36	2.30	4.00	4.39	2.35	2.59	5.99	6.29	12.89	6.23	5.29	6.91	11.70	5.06	3.96	7.92	11.34
Ba	308	176	241	313	251	546	723	536	561	478	448	494	209	30	46	303	178	566
La	49.77	49.38	48.63	51.90	58.52	44.73	39.16	45.71	51.40	60.61	51.67	39.07	25.09	35.41	34.00	48.53	38.27	50.88
Ce	91.56	92.25	92.65	92.97	110.80	78.97	68.40	84.98	99.19	114.70	100.50	74.35	51.85	69.44	63.71	85.36	71.75	98.82
Pr	9.38	9.55	9.56	9.78	11.38	8.35	7.24	8.88	9.88	12.03	10.26	7.74	5.64	7.78	7.56	8.41	7.84	10.04
Nd	31.82	31.67	32.24	33.58	38.97	27.20	24.54	30.48	34.60	41.37	36.68	26.72	19.77	26.44	25.89	26.55	26.54	34.91
Sm	5.19	5.05	5.20	5.49	6.44	4.36	4.00	5.16	5.51	7.05	6.33	4.49	4.93	5.17	5.47	3.93	4.50	5.70
Eu	0.66	0.68	0.67	0.76	0.85	0.76	0.70	0.76	0.89	0.85	0.89	0.84	0.17	0.21	0.18	0.60	0.58	0.90
Gd	4.54	4.44	4.57	4.73	5.67	3.66	3.50	4.53	4.69	6.12	5.77	4.08	5.15	4.32	4.79	3.14	3.64	4.88
Tb	0.66	0.68	0.68	0.72	0.84	0.54	0.53	0.67	0.64	0.90	0.91	0.63	1.05	0.76	0.86	0.45	0.56	0.72
Dy	4.02	3.96	4.09	4.14	4.86	3.13	3.10	3.78	3.61	5.18	5.49	3.71	7.12	5.04	5.57	2.56	3.32	4.19
Ho	0.85	0.82	0.87	0.90	1.05	0.63	0.66	0.76	0.73	1.05	1.16	0.81	1.60	1.12	1.21	0.53	0.69	0.85
Er	2.53	2.47	2.57	2.66	3.01	1.85	1.94	2.15	2.03	2.96	3.31	2.38	4.69	3.44	3.67	1.60	2.04	2.44
Tm	0.40	0.40	0.41	0.42	0.46	0.29	0.31	0.31	0.30	0.44	0.50	0.37	0.73	0.56	0.60	0.26	0.33	0.36
Yb	2.81	2.74	2.81	2.83	3.16	2.02	2.11	2.07	1.95	2.91	3.34	2.43	4.92	3.79	3.91	1.86	2.33	2.44
Lu	0.45	0.46	0.46	0.46	0.50	0.32	0.34	0.32	0.31	0.43	0.50	0.38	0.71	0.58	0.62	0.30	0.36	0.38
Hf	5.63	5.54	5.43	6.23	5.99	3.58	3.36	4.99	6.42	5.80	7.15	6.21	6.09	5.94	5.89	2.95	3.22	7.61
Ta	1.77	1.71	1.77	1.66	1.73	1.48	1.50	1.49	1.33	2.40	1.67	1.28	3.29	2.07	3.06	1.39	1.77	1.43
Pb	24.92	23.42	26.70	27.25	28.80	21.76	17.86	34.66	23.36	32.11	32.24	28.89	19.88	31.03	29.39	17.81	16.92	54.66
Th	54.76	57.25	51.79	50.65	54.30	43.33	43.47	45.41	44.24	43.60	49.27	49.54	75.05	76.43	70.44	43.27	45.49	49.16
U	4.11	4.28	3.40	4.67	4.20	5.99	7.13	5.44	5.30	5.76	4.92	3.94	11.24	7.85	6.44	4.73	4.23	3.77

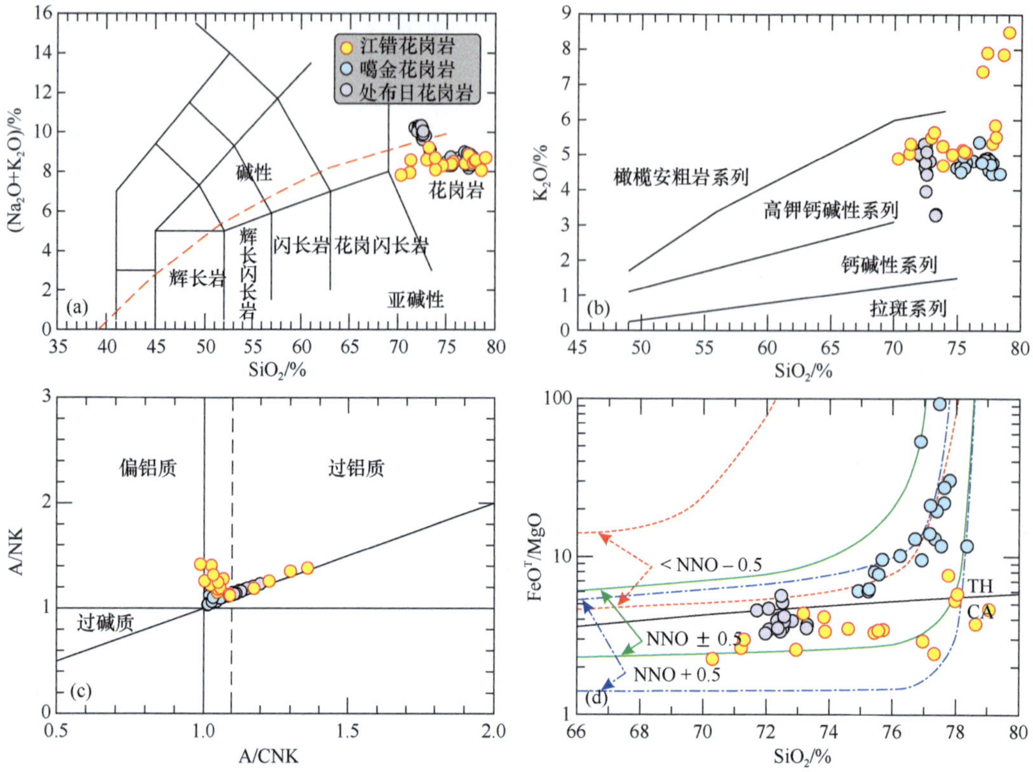

图 4.88　全碱和硅图解（a）（Middlemost，1994），K_2O 与 SiO_2 图解（b）（Peccerillo and Taylor，1976），A/NK 与 A/CNK 图解（c）（Maniar and Piccoli，1989），FeO^T/MgO 与 SiO_2 图解（d）（Sisson et al.，2005）

拉斑系列（TH）和钙碱性系列（CA）的岩浆的分界线根据 Miyashiro（1974）划分。

数据来源：拉萨地块噶金花岗岩引自 Yang 等（2019b），南羌塘地块处布日花岗岩引自 He 等（2019）

江错花岗岩具有高的稀土总量（133~257 ppm）。在稀土元素配分模式图中，岩石富集轻稀土，重稀土呈平坦型分布［图 4.89（a）］，轻重稀土分异明显［$(La/Yb)_N$=3.7~18.9］，并且所有样品具有明显的 Eu 负异常（Eu/Eu^*=0.1~0.6）。在微量元素蛛网图中［图 4.89（b）］，岩石富集大离子亲石元素（Rb、Th、K、U 和 Pb），亏损高场强元素（Nb、Ta、Ti、P 和 Zr），并且 Ba 和 Sr 具有明显的负异常。全岩的锆饱和温度为 696~757℃（Boehnke et al.，2013）。

高硅花岗岩的 Sr-Nd 同位素组成见表 4.48，其初始 Sr-Nd 同位素组成利用锆石的加权平均年龄计算获得。由于高的 $^{87}Rb/^{86}Sr$ 值会增加初始 Sr 同位素组成的不确定性，因此在本次研究中 $^{87}Rb/^{86}Sr$ ＞ 15 样品的 Sr 同位素组成不能用来判断岩石成因（Wu et al.，2002）。其他样品具有低的 $^{87}Rb/^{86}Sr$（＜ 6）值，其初始 $^{87}Sr/^{86}Sr$ 值为 0.7066~0.7095［图 4.90（a）］；$\varepsilon_{Nd}(t)$ 值为 –9.2~–8.2，其对应的 Nd 同位素二阶段模式年龄（T_{DM2}）介于 1.66~1.58 Ga 之间［图 4.90（b）］，类似于区域内同时期的 A 型花岗岩的 Sr-Nd 同位素组成。

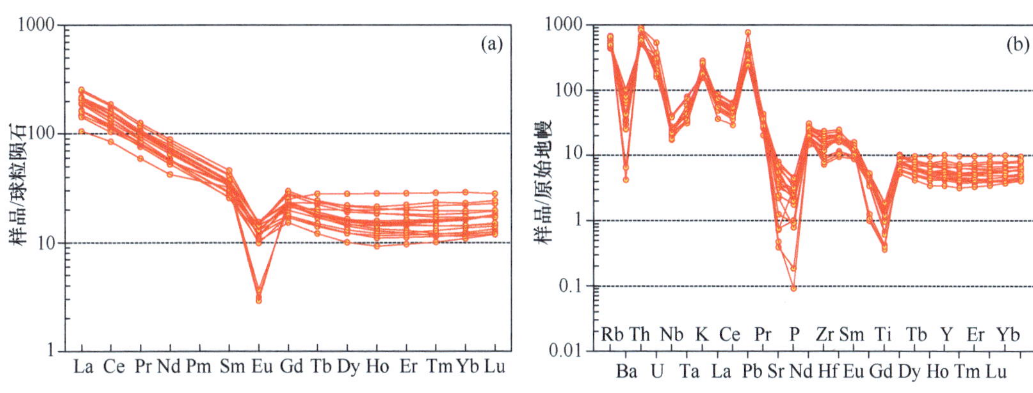

图 4.89　江错花岗岩稀土元素配分图（a）和微量元素蛛网图（b）

球粒陨石和原始地幔标准化值引自 Sun 和 McDonough（1989）

表 4.48　江错高硅花岗岩全岩 Sr-Nd 同位素分析结果（Hu et al.，2021）

样品	Rb/ppm	Sr/ppm	$^{87}Sr/^{86}Sr$ 比值	$^{87}Sr/^{86}Sr$ ±1σ	$(^{87}Sr/^{86}Sr)_i$	Sm/ppm	Nd/ppm	$^{143}Nd/^{144}Nd$ 比值	$^{143}Nd/^{144}Nd$ ±1σ	$(^{143}Nd/^{144}Nd)_i$	$\varepsilon_{Nd}(t)$	T_{DM2}/Ga	$f_{Sm/Nd}$
16BG08-1	310	73.9	0.726703	0.000010	0.706829	5.19	31.82	0.512122	0.000006	0.512048	–8.62	1.62	–0.50
16BG09-3	298	91.8	0.723205	0.000008	0.707831	6.44	38.97	0.512129	0.000006	0.512054	–8.51	1.61	–0.49
16BG31-2	327	52.3	0.735814	0.000010	0.706556	4.00	24.54	0.512125	0.000007	0.512052	–8.58	1.61	–0.50
16BG39-6	289	152.0	0.718509	0.000009	0.709549	7.05	41.37	0.512099	0.000006	0.512022	–9.15	1.66	–0.48
16BG40-2	309	117.5	0.720772	0.000009	0.708379	4.49	26.72	0.512149	0.000006	0.512072	–8.16	1.58	–0.48
16BG41-1						4.93	19.77	0.512173	0.000005	0.512059	–8.41	1.60	–0.23
16BG43-1						3.93	26.55	0.512125	0.000005	0.512059	–8.45	1.60	–0.54
16BG43-2						4.50	26.54	0.512109	0.000006	0.512032	–8.96	1.64	–0.48

江错高硅花岗岩的锆石 Lu-Hf 同位素分析结果见表 4.49。岩石样品具有变化的 Hf 同位素组成，其初始 $^{176}Hf/^{177}Hf$ 值为 0.282188~0.282752，$\varepsilon_{Hf}(t)$ 为 –7.5~1.8。

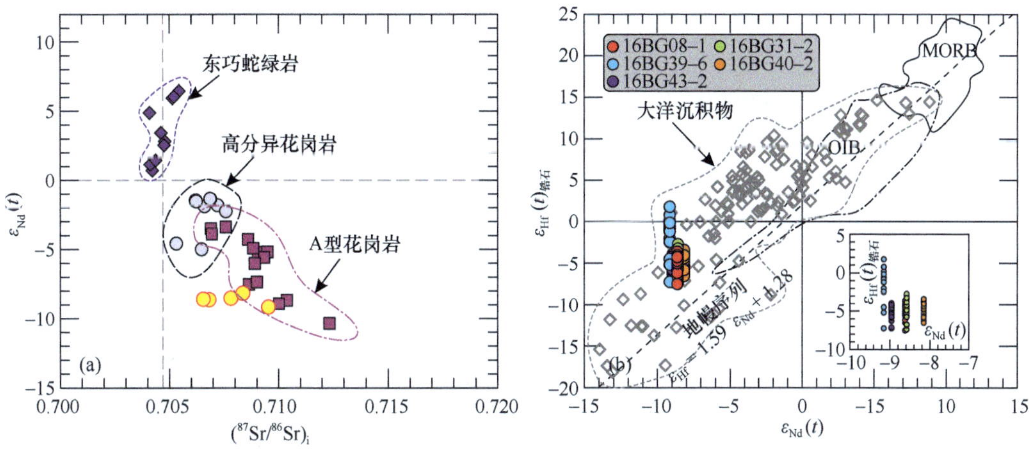

图 4.90　全岩 $(^{87}Sr/^{86}Sr)_i$-$\varepsilon_{Nd}(t)$ 图解（a）和锆石 $\varepsilon_{Hf}(t)$ 与全岩 $\varepsilon_{Nd}(t)$ 图解（b）

表 4.49 江错高硅花岗岩锆石 Lu-Hf 同位素分析结果（Hu et al.，2021）

分析点	$^{176}Yb/^{177}Hf$	$^{176}Lu/^{177}Hf$	$^{176}Hf/^{177}Hf$	±2σ	$(^{176}Hf/^{177}Hf)_i$	$\varepsilon_{Hf}(t)$	±2σ	T_{DM2}/Ga	$f_{Lu/Hf}$
16BG08-1									
1	0.030709	0.000997	0.282554	0.000013	0.282552	−5.2	0.5	1.51	−0.97
2	0.033324	0.001082	0.282546	0.000011	0.282544	−5.5	0.4	1.53	−0.97
3	0.045868	0.001506	0.282602	0.000010	0.282599	−3.6	0.4	1.40	−0.95
4	0.027751	0.000922	0.282543	0.000010	0.282541	−5.6	0.4	1.53	−0.97
5	0.023850	0.000816	0.282577	0.000010	0.282575	−4.5	0.4	1.46	−0.98
6	0.035275	0.001203	0.282560	0.000011	0.282558	−5.1	0.4	1.50	−0.96
7	0.035130	0.001211	0.282519	0.000012	0.282516	−6.5	0.4	1.59	−0.96
8	0.024306	0.000824	0.282575	0.000009	0.282573	−4.5	0.3	1.46	−0.98
9	0.026903	0.000923	0.282554	0.000010	0.282552	−5.3	0.3	1.51	−0.97
10	0.026871	0.000886	0.282573	0.000010	0.282571	−4.6	0.4	1.47	−0.97
11	0.025180	0.000894	0.282583	0.000011	0.282581	−4.2	0.4	1.44	−0.97
12	0.031515	0.001039	0.282528	0.000011	0.282525	−6.1	0.4	1.57	−0.97
13	0.027153	0.001000	0.282490	0.000012	0.282488	−7.5	0.4	1.65	−0.97
14	0.022258	0.000761	0.282577	0.000011	0.282575	−4.4	0.4	1.46	−0.98
15	0.027176	0.000891	0.282529	0.000011	0.282527	−6.2	0.4	1.57	−0.97
16	0.033080	0.001085	0.282561	0.000011	0.282559	−5.0	0.4	1.49	−0.97
17	0.028209	0.000973	0.282570	0.000011	0.282568	−4.7	0.4	1.47	−0.97
18	0.025656	0.000916	0.282589	0.000010	0.282587	−4.0	0.3	1.43	−0.97
19	0.031204	0.001069	0.282584	0.000011	0.282582	−4.3	0.4	1.44	−0.97
16BG31-2									
1	0.039100	0.001346	0.282575	0.000012	0.282573	−4.6	0.4	1.46	−0.96
2	0.030821	0.001161	0.282572	0.000011	0.282570	−4.6	0.4	1.47	−0.97
3	0.026076	0.000980	0.282494	0.000011	0.282492	−7.4	0.4	1.64	−0.97
4	0.027612	0.001105	0.282554	0.000012	0.282552	−5.3	0.4	1.51	−0.97
5	0.030582	0.001182	0.282510	0.000009	0.282508	−6.9	0.3	1.61	−0.96
6	0.031624	0.001149	0.282608	0.000010	0.282605	−3.4	0.4	1.39	−0.97
7	0.027680	0.001078	0.282567	0.000012	0.282565	−4.8	0.4	1.48	−0.97
8	0.028526	0.001057	0.282621	0.000010	0.282618	−3.0	0.4	1.36	−0.97
9	0.035403	0.001251	0.282567	0.000012	0.282565	−4.8	0.4	1.48	−0.96
10	0.039573	0.001449	0.282545	0.000011	0.282542	−5.6	0.4	1.53	−0.96
11	0.030858	0.001107	0.282546	0.000010	0.282543	−5.6	0.4	1.53	−0.97
12	0.026551	0.001005	0.282626	0.000011	0.282624	−2.7	0.4	1.35	−0.97
13	0.034327	0.001280	0.282584	0.000011	0.282582	−4.3	0.4	1.44	−0.96
14	0.032250	0.001120	0.282594	0.000013	0.282591	−3.8	0.5	1.42	−0.97
15	0.038117	0.001356	0.282564	0.000011	0.282562	−5.0	0.4	1.49	−0.96
16	0.036078	0.001267	0.282613	0.000013	0.282611	−3.2	0.5	1.38	−0.96
17	0.030843	0.001042	0.282513	0.000009	0.282510	−6.7	0.3	1.60	−0.97

续表

分析点	$^{176}Yb/^{177}Hf$	$^{176}Lu/^{177}Hf$	$^{176}Hf/^{177}Hf$	$\pm 2\sigma$	$(^{176}Hf/^{177}Hf)_i$	$\varepsilon_{Hf}(t)$	$\pm 2\sigma$	T_{DM2}/Ga	$f_{Lu/Hf}$
				16BG31-2					
18	0.037879	0.001406	0.282556	0.000010	0.282553	−5.2	0.4	1.51	−0.96
19	0.030175	0.001107	0.282539	0.000010	0.282537	−5.8	0.4	1.54	−0.97
20	0.038415	0.001403	0.282566	0.000008	0.282563	−4.9	0.3	1.49	−0.96
				16BG39-6					
1	0.069013	0.002144	0.282553	0.000014	0.282546	−4.3	0.5	1.49	−0.94
2	0.030065	0.000873	0.282027	0.000013	0.282010	−3.9	0.5	2.12	−0.97
3	0.036365	0.001051	0.282499	0.000011	0.282497	−7.2	0.4	1.63	−0.97
4	0.066214	0.001909	0.282577	0.000012	0.282573	−4.5	0.4	1.46	−0.94
5	0.042627	0.001252	0.282578	0.000014	0.282576	−4.5	0.5	1.46	−0.96
6	0.055540	0.001667	0.282518	0.000010	0.282505	−0.2	0.4	1.42	−0.95
7	0.034570	0.001051	0.282685	0.000011	0.282683	−0.6	0.4	1.21	−0.97
8	0.073017	0.002241	0.282691	0.000012	0.282686	−0.5	0.4	1.21	−0.93
9	0.071435	0.002169	0.282711	0.000015	0.282707	0.2	0.5	1.16	−0.93
10	0.028899	0.000882	0.282192	0.000013	0.282188	−14.3	0.5	2.21	−0.97
11	0.103115	0.003028	0.282636	0.000014	0.282630	−2.5	0.5	1.33	−0.91
12	0.044832	0.001384	0.282649	0.000012	0.282646	−2.0	0.4	1.30	−0.96
13	0.050697	0.001546	0.282519	0.000014	0.282515	−5.5	0.5	1.56	−0.95
14	0.062803	0.001814	0.282576	0.000013	0.282571	−3.4	0.4	1.43	−0.95
15	0.204476	0.006078	0.282645	0.000016	0.282632	−2.4	0.6	1.33	−0.82
16	0.066787	0.002032	0.282727	0.000015	0.282723	0.8	0.5	1.12	−0.94
17	0.049065	0.001494	0.282627	0.000014	0.282622	−1.7	0.5	1.32	−0.95
18	0.084406	0.002607	0.282540	0.000014	0.282532	−5.0	0.5	1.53	−0.92
19	0.067431	0.001938	0.282756	0.000013	0.282752	1.8	0.5	1.06	−0.94
20	0.069847	0.002000	0.282517	0.000014	0.282511	−5.6	0.5	1.57	−0.94
21	0.034274	0.001057	0.282557	0.000012	0.282555	−5.2	0.4	1.50	−0.97
22	0.095031	0.002967	0.282684	0.000014	0.282678	−0.8	0.5	1.23	−0.91
23	0.050433	0.001529	0.282670	0.000012	0.282667	−1.2	0.4	1.25	−0.95
24	0.047406	0.001413	0.282700	0.000012	0.282698	−0.2	0.4	1.18	−0.96
				16BG40-2					
1	0.032648	0.001122	0.282601	0.000010	0.282598	3.6	0.3	1.40	−0.97
2	0.020579	0.000710	0.282521	0.000011	0.282519	−6.4	0.4	1.58	−0.98
3	0.022921	0.000774	0.282605	0.000012	0.282603	−3.4	0.4	1.39	−0.98
4	0.017455	0.000630	0.282533	0.000011	0.282531	−6.0	0.4	1.56	−0.98
5	0.025267	0.000888	0.282540	0.000011	0.282538	−5.8	0.4	1.54	−0.97
6	0.027827	0.000919	0.282565	0.000012	0.282563	−4.8	0.4	1.48	−0.97
7	0.026534	0.000942	0.282602	0.000010	0.282600	−3.6	0.4	1.40	−0.97
8	0.028364	0.000997	0.282554	0.000010	0.282552	−5.3	0.3	1.51	−0.97

续表

分析点	$^{176}Yb/^{177}Hf$	$^{176}Lu/^{177}Hf$	$^{176}Hf/^{177}Hf$	±2σ	$(^{176}Hf/^{177}Hf)_i$	$\varepsilon_{Hf}(t)$	±2σ	T_{DM2}/Ga	$f_{Lu/Hf}$
				16BG40-2					
9	0.032364	0.001122	0.282544	0.000012	0.282541	–5.7	0.4	1.54	–0.97
10	0.021656	0.000742	0.282592	0.000009	0.282590	–3.9	0.3	1.42	–0.98
11	0.031998	0.001109	0.282519	0.000013	0.282517	–6.5	0.5	1.59	–0.97
12	0.029082	0.000985	0.282606	0.000009	0.282604	–3.4	0.3	1.39	–0.97
13	0.019508	0.000670	0.282540	0.000011	0.282538	–5.7	0.4	1.54	–0.98
14	0.020838	0.000751	0.282572	0.000011	0.282570	–4.7	0.4	1.47	–0.98
15	0.026889	0.000917	0.282537	0.000012	0.282535	–5.8	0.4	1.55	–0.97
16	0.030535	0.001051	0.282581	0.000010	0.282579	–4.4	0.4	1.45	–0.97
17	0.032387	0.001115	0.282588	0.000011	0.282586	–4.0	0.4	1.43	–0.97
				16BG43-2					
1	0.031800	0.001250	0.282543	0.000010	0.282540	–5.7	0.4	1.54	–0.96
2	0.029093	0.001102	0.282592	0.000011	0.282590	–3.9	0.4	1.42	–0.97
3	0.031391	0.001100	0.282563	0.000010	0.282560	–5.0	0.3	1.49	–0.97
4	0.033287	0.001281	0.282527	0.000008	0.282524	–6.3	0.3	1.57	–0.96
5	0.050713	0.001834	0.282580	0.000010	0.282576	–4.4	0.4	1.45	–0.94
6	0.031503	0.001127	0.282558	0.000008	0.282556	–5.2	0.3	1.50	–0.97
7	0.030802	0.001049	0.282566	0.000009	0.282563	–4.9	0.3	1.48	–0.97
8	0.026139	0.001017	0.282500	0.000008	0.282498	–7.2	0.3	1.63	–0.97
9	0.031234	0.001060	0.282549	0.000012	0.282546	–5.5	0.4	1.52	–0.97
10	0.030088	0.001028	0.282567	0.000009	0.282565	–4.8	0.3	1.48	–0.97
11	0.031832	0.001114	0.282592	0.000009	0.282590	–4.0	0.3	1.43	–0.97
12	0.028331	0.000958	0.282538	0.000010	0.282536	–5.9	0.3	1.55	–0.97
13	0.032463	0.001175	0.282566	0.000012	0.282563	–4.9	0.4	1.49	–0.96
14	0.032795	0.001360	0.282584	0.000012	0.282581	–4.2	0.4	1.44	–0.96
15	0.040460	0.001430	0.282554	0.000012	0.282551	–5.3	0.4	1.51	–0.96
16	0.030596	0.001091	0.282551	0.000010	0.282548	–5.4	0.4	1.52	–0.97
17	0.029815	0.001142	0.282580	0.000010	0.282578	–4.4	0.4	1.45	–0.97
18	0.028512	0.000987	0.282573	0.000011	0.282570	–4.6	0.4	1.47	–0.97
19	0.028873	0.001047	0.282502	0.000011	0.282500	–7.1	0.4	1.63	–0.97
20	0.044294	0.001561	0.282575	0.000011	0.282571	–4.6	0.4	1.47	–0.95
21	0.039166	0.001364	0.282540	0.000012	0.282537	–5.8	0.4	1.54	–0.96
22	0.022902	0.000788	0.282585	0.000009	0.282584	–4.2	0.3	1.44	–0.98
23	0.034108	0.001201	0.282586	0.000010	0.282583	–4.2	0.3	1.44	–0.96

江错花岗岩具有高的 SiO_2（高达 78%）和全碱（K_2O+Na_2O=7.8%~9.2%）含量，低的 $Fe_2O_3^T$、TiO_2、MgO、Sr、Ba 和 Eu 含量，表明花岗岩经历过分离结晶（Wu et al.，2003）。岩石大部分样品 A/CNK 小于 1.1，而四个样品（16BG31-1、16BG31-2、16BG43-1 和 16BG43-2）具有高的 A/CNK（> 1.1）值，指示样品发生了强烈的长石结晶分异而导致 CaO 和 Na_2O 含量降低（Wang et al.，2015）。数值定量模拟也表明高演化程度的样品 16BG43-1 可以由演化程度较低的样品 16BG39-6 通过 70%~80% 的斜长石（约 60%）、钾长石（约 25%）和黑云母（约 15%）结晶分异形成。此外，SiO_2 与 TiO_2、$Fe_2O_3^T$、MgO 和 P_2O_5 呈负相关，指示黑云母、磷灰石和铁–钛氧化物发生分离结晶。

同时，微量元素变化的线性关系，也可以指示分离结晶作用的发生。通常，斜长石的分离结晶可以导致 Sr 和 Eu 的负异常，并引起 Rb 含量升高和高的 Rb/Sr 值，而钾长石分离结晶可以导致 Ba 和 Eu 的负异常（Wu et al.，2003）。在 Rb-Sr、Ba-Sr 和 Sr-Eu 图解中 [图 4.91（a）~（c）]，江错花岗岩显示出较好的线性关系，指示在岩浆演化过程中，斜长石和钾长石的结晶分异起主导作用。这一点也被稀土配分图和微量元素蛛网图中 Sr、Ba 和 Eu 的显著负异常所证实（图 4.89）。此外，稀土含量随着 SiO_2 含量的增加而降低，说明磷灰石、榍石、锆石、褐帘石和独居石等副矿物发生了分离。$(La/Yb)_N$-La

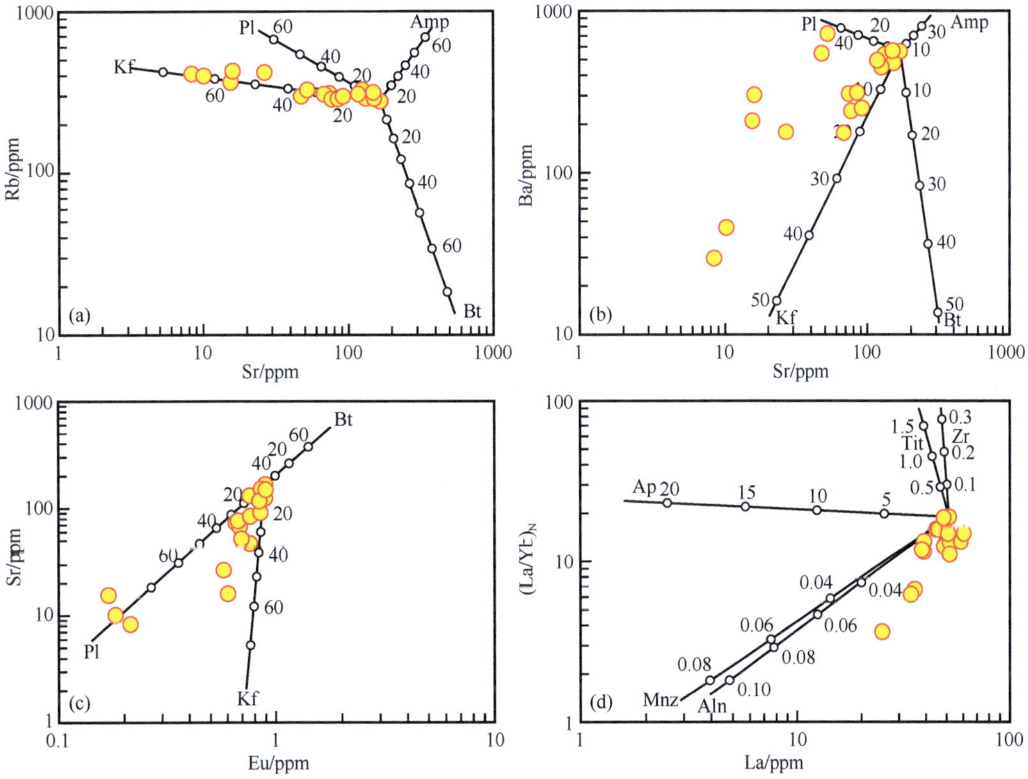

图 4.91 江错花岗岩 Rb-Sr 图解（a）、Ba-Sr 图解（b）、Sr-Eu 图解（c）和 $(La/Yb)_N$-La 图解（d）

矿物缩写：Aln. 褐帘石；Amp. 角闪石；Ap. 磷灰石；Bt. 黑云母；Kf. 钾长石；Mnz. 独居石；Pl. 斜长石；Tit. 榍石；Zr. 锆石

[图 4.91（d）] 图解显示花岗质熔体中副矿物发生分离结晶，其中主要受到独居石和褐帘石的分离结晶的影响，而磷灰石、榍石和锆石的效应不明显。而在微量元素蛛网图中，Nb、Ta、Ti 和 P 的负异常是由钛铁矿、榍石和独居石分离结晶所导致。定量模拟结果表明，演化程度较高的样品的稀土元素特征可以由分异程度低的样品 16BG39-6 经历 0.5%~1.5% 的磷灰石（约 90%）、褐帘石（约 5%）和榍石（约 5%）分离结晶形成（图 4.92）。

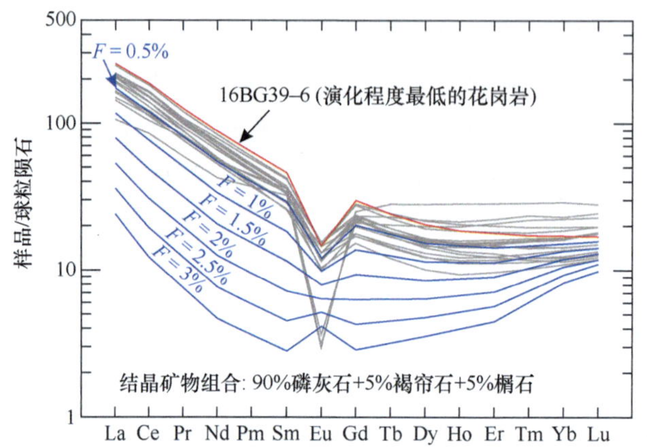

图 4.92　不同比例副矿物分离结晶所产生的残余熔体稀土配分模拟结果

假定的母岩浆为分异程度较低的样品（16BG39-6）

因此，分离结晶作用在江错花岗岩形成过程中具有重要作用。斜长石和钾长石的分离结晶是引起主量元素和 Rb、Sr、Eu 及 Ba 含量变化的主要原因。同时，钛铁矿、磷灰石、榍石和褐帘石的分离结晶也影响岩石样品的微量元素组成。

江错花岗岩具有高的初始 $^{87}Sr/^{86}Sr$（0.7066~0.7095）比值和负的 $\varepsilon_{Nd}(t)$（−8.2~−9.2）值，其 Nd 同位素二阶段模式年龄（T_{DM2}）为 1.66~1.58 Ga，表明江错花岗岩源于中元古代时期的地壳。花岗岩中锆石具有变化的 $\varepsilon_{Hf}(t)$（−7.5~1.8）值，其对应的二阶段模式年龄（T_{DM2}）为 1.65~1.05 Ga。江错花岗岩的锆石 Hf 同位素特征类似于班戈–东巧地区早白垩世晚期的花岗岩和火山岩的特征（Zhu et al.，2016；Hu et al.，2017），指示岩石的源区与西藏中部循环的古老地壳物质有关。岩石中继承锆石 U-Pb 年龄变化较大，介于 1042~158 Ma 之间，其可能来源于岩浆上升过程中的地壳混染或者直接来源于岩石的源区。现有实验研究证明二长花岗质熔体来源于基性岩石在低温条件下部分熔融（Sisson et al.，2005；Topuz et al.，2010；Gao et al.，2016），而花岗闪长质–石英闪长质熔体则是基性岩石在高温条件下发生脱水熔融形成（Rapp and Watson，1995；Springer and Seck，1997；Gao et al.，2016）。江错花岗岩具有高且变化的 SiO_2（69.7%~78.2%）和 K_2O（4.7%~8.4%）含量以及变化的 K_2O/Na_2O（1.39~39.67）值，类似于来自富 K 玄武质物质形成的二长花岗质熔体（Gao et al.，2016）。同时，江错高硅花岗岩具有低的 FeO^T/MgO 值，并且落入钙碱性系列的区域，对应于中–高的 fO_2 区域（图 4.88d），指示岩石形成过程中有高 fO_2 的物质参加（Sisson et al.，2005）。岩石的 Th/La 值为 0.72~2.99，表明源区熔融的物质有沉积物参与。因此，江错高硅花岗岩是在含水条件下，壳内古老的物质发生部分熔融形成的，随后在岩浆上升过程中经历了强烈分离结晶，并且最终在地壳浅部就位。

综上所述，江错高硅花岗岩侵位于班公湖 – 怒江缝合带内部，并且切穿缝合带内部的蛇绿混杂岩和中 – 晚侏罗世地层，锆石 U-Pb 定年确定其形成时代为早白垩世晚期（约 114 Ma）。江错花岗岩具有高且变化的 SiO_2（69.7%~78.2%）和 K_2O（4.7%~8.4%）含量以及高且变化的 K_2O/Na_2O（1.39~39.67）值以及低的 MgO（0.09%~1.25%）和 P_2O_5（≤ 0.1%）含量，具有高硅花岗岩的地球化学特征。岩石样品富集 Rb、Th、U 和 Pb 等元素，亏损 Ba、Nb、Ta、Sr、Ti 和 Eu 等元素，表明岩石样品经历了强烈的分离结晶。同时，样品表现出富集而变化的初始 $^{87}Sr/^{86}Sr$ 组成和均一的 $\varepsilon_{Nd}(t)$ 值以及变化的锆石 $\varepsilon_{Hf}(t)$，这些地球化学特征指示这些花岗岩由古老的地壳物质发生部分熔融形成，并且经历了强烈的分离结晶作用。

4.5.3　早白垩世晚期“钉合岩体”

尽管前人对班公湖 – 怒江缝合带已经开展了大量研究（Kapp et al.，2007；Zhang et al.，2012，2014b；Fan et al.，2015；Yan et al.，2016a，2016b；Zhu et al.，2016；Ma et al.，2017b；Hao et al.，2019），但是对其闭合时限的认识仍然存在很大争议。我们认为闭合时限的争议主要是因为板块碰撞过程的复杂以及不同地质记录之间缺乏全面综合的对比。Ma 等（2017b）通过对南羌塘盆地的毕洛错 – 其香错地区的角度不整合以及硅质碎屑源区的研究，认为在约 166 Ma 时，拉萨 – 羌塘地块发生碰撞。然而，邻近区域，也就是我们的研究区内东巧 - 拉弄蛇绿岩形成时代分别为约 188 Ma（Liu et al.，2016b）和约 148 Ma（Zhong et al.，2017），这些蛇绿岩形成于一个前弧大洋环境，指示班公湖 – 怒江缝合带的中 – 东段在晚侏罗世末期（约 148 Ma）仍然没有闭合（Liu et al.，2016b；Wang et al.，2016；Zhong et al.，2017）。北拉萨地块中早白垩世时期的地层（多巴组和多尼组）的沉积物来源和碎屑锆石年龄分布的研究证明在早白垩世晚期（122~113 Ma）拉萨 – 羌塘地块已经发生碰撞（Lai et al.，2019；Zhu et al.，2019）。此外，还有其他研究方法也应用到确定缝合带闭合时限。如通过对双湖地区的中侏罗世灰岩的古地磁研究，认为在中侏罗世班公湖 – 怒江特提斯洋的宽度为 2600±710 km（23.4°±6.4°），并且直到白垩纪才发生拉萨 – 羌塘碰撞（Cao et al.，2019）。在岩浆研究方面，早白垩世晚期的岩浆岩沿缝合带广泛发育，且被认为形成于拉萨 – 羌塘碰撞之后的后碰撞背景（Qu et al.，2012；Hu et al.，2017，2019）。虽然前人从地层学、沉积学、古地磁学以及岩浆方面进行了大量的研究，但是班公湖 – 怒江缝合带的闭合时限仍然存在争议，闭合时限的变化范围为中侏罗世（约 166 Ma）—晚白垩世（约 100 Ma）。

在本次研究中，我们在班公湖 – 怒江缝合带的中 – 东段（班戈 – 东巧地区）发现三处侵位于蛇绿混杂岩的侵入体［图 4.90（b)］，SIMS 锆石 U-Pb 定年结果（表 4.50）

显示，侵位于蛇绿岩中的察曲侵入体、江错黑云母花岗岩以及恐隆闪长玢岩均形成于早白垩世晚期（约 116~112 Ma）（图 4.93）。此外，在统计研究区内南羌塘地块、缝合带内部以及北拉萨地块的岩浆岩形成时代的基础上，我们发现在缝合带内部及两侧地块存在一期与我们所研究的三处侵入体形成时代一致的岩浆活动（图 4.94），因此，我们认为班公湖－怒江特提斯洋的中－东段在早白垩世晚期（约 115 Ma）之前已经闭合（Hu et al.，2022）。

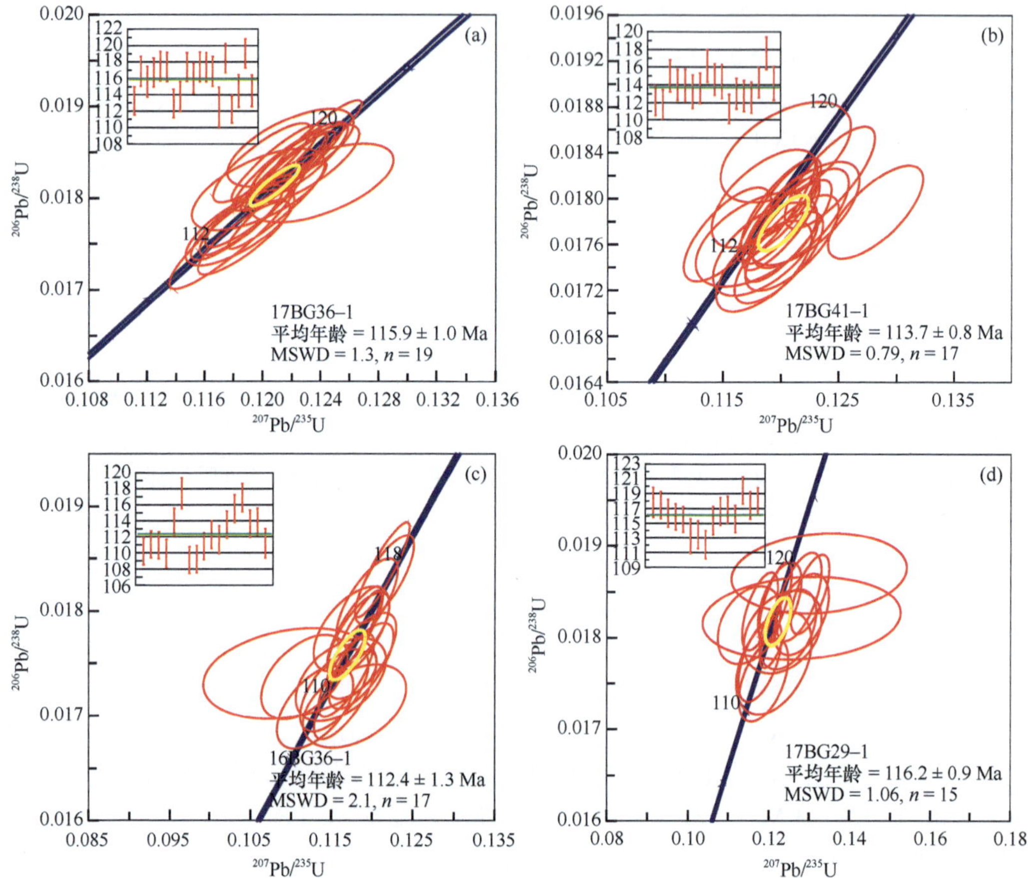

图 4.93　察曲闪长岩－花岗岩组合、江错花岗岩及恐隆闪长玢岩 SIMS 锆石 U-Pb 年龄图解

本次通过对班公湖－怒江缝合带中－东段班戈－兹格塘错地区晚侏罗世—早白垩世时期的岩浆岩成因及其形成地球动力学过程的研究，并且结合区域内的蛇绿岩（Liu et al.，2016b；Wang et al.，2016；Zhong et al.，2017）、沉积地层学（Kapp et al.，2007；Lai et al.，2019；Zhu et al.，2019）以及古地磁学（Yan et al.，2016b；Cao et al.，2019）的研究结果，我们认为在中－晚侏罗世到早白垩世早期，班公湖－怒江缝合带的中－东段仍未闭合［图 4.95（a）］；而在早白垩世晚期，拉萨－羌塘发生碰撞引发大量与后碰撞背景相关的岩浆作用［图 4.95（b）］。

表 4.50　察曲闪长岩－花岗岩组合、江错花岗岩及恐隆闪长玢岩 SIMS 锆石 U-Pb 年龄分析结果（Hu et al.，2022）

分析点	含量 /ppm			Th/U	f_{206}/%	同位素比值						ρ	同位素年龄 /Ma					
	Pb*	Th	U			$^{207}Pb/^{206}Pb$	±1σ	$^{207}Pb/^{235}U$	±1σ	$^{206}Pb/^{238}U$	±1σ		$^{207}Pb/^{206}Pb$	±1σ	$^{207}Pb/^{235}U$	±1σ	$^{206}Pb/^{238}U$	±1σ
17BG36-1																		
1	55	3593	1916	1.9	0.12	0.0483	0.92	0.118	1.77	0.0177	1.52	0.855	115.7	21.5	113.4	1.9	113.3	1.7
2	79	5501	2518	2.2	0.06	0.0483	0.61	0.122	1.66	0.0183	1.55	0.931	114.1	14.3	116.8	1.8	116.9	1.8
3	23	1229	858	1.4	0.46	0.0480	1.97	0.120	2.55	0.0181	1.61	0.634	97.3	46.0	114.8	2.8	115.6	1.8
4	68	4844	2164	2.2	0.00	0.0482	0.61	0.122	1.63	0.0183	1.51	0.928	109.4	14.2	116.4	1.8	116.8	1.8
5	77	5786	2333	2.5	0.04	0.0483	1.00	0.122	1.83	0.0184	1.53	0.837	112.5	23.5	117.3	2.0	117.6	1.8
6	71	5326	2160	2.5	0.04	0.0483	0.63	0.123	1.64	0.0184	1.52	0.924	115.1	14.8	117.4	1.8	117.5	1.8
7	39	2387	1397	1.7	0.13	0.0486	1.42	0.118	2.10	0.0177	1.55	0.738	126.8	33.0	113.6	2.3	113.0	1.7
8	52	2981	1897	1.5	0.06	0.0484	0.84	0.119	1.82	0.0178	1.61	0.886	118.9	19.7	114.1	2.0	113.8	1.8
9	49	3098	1649	1.9	0.05	0.0477	0.69	0.121	1.65	0.0184	1.50	0.909	84.3	16.2	115.9	1.8	117.4	1.8
10	13	722	504	1.4	0.33	0.0495	2.14	0.124	2.65	0.0182	1.55	0.587	172.3	49.3	118.7	3.0	116.1	1.8
11	54	4087	1672	2.4	0.35	0.0473	1.00	0.120	1.84	0.0184	1.54	0.839	64.8	23.7	115.0	2.0	117.5	1.8
12	28	1580	1027	1.5	0.33	0.0485	1.29	0.123	1.99	0.0184	1.52	0.761	124.2	30.2	117.7	2.2	117.4	1.8
13	62	4728	1905	2.5	0.12	0.0480	0.76	0.121	1.74	0.0183	1.56	0.898	99.7	18.0	116.1	1.9	116.9	1.8
14	93	7587	2993	2.5	0.09	0.0486	1.03	0.118	2.44	0.0176	2.22	0.907	126.4	24.0	113.1	2.6	112.5	2.5
15	78	5812	2513	2.3	0.51	0.0477	1.80	0.122	2.35	0.0186	1.51	0.641	82.7	42.2	116.8	2.6	118.5	1.8
16	29	1666	1106	1.5	0.08	0.0490	0.94	0.119	1.77	0.0176	1.50	0.848	147.6	21.8	113.9	1.9	112.3	1.7
17	56	3696	1885	2.0	0.07	0.0490	0.63	0.121	1.85	0.0179	1.74	0.940	147.3	14.6	116.0	2.0	114.5	2.0
18	74	4782	2354	2.0	0.03	0.0481	0.64	0.124	1.63	0.0186	1.50	0.919	105.8	15.1	118.5	1.8	119.1	1.8
19	42	2564	1483	1.7	0.05	0.0484	0.89	0.119	1.91	0.0179	1.69	0.886	116.5	20.8	114.6	2.1	114.5	1.9
17BG41-1																		
1	5	196	187	1.1	0.33	0.0490	2.02	0.119	2.54	0.0176	1.53	0.603	147.3	46.8	113.8	2.7	112.2	1.7
2	5	252	210	1.2	0.08	0.0497	1.47	0.120	2.11	0.0175	1.51	0.717	179.9	33.9	114.9	2.3	111.8	1.7
3	10	340	404	0.8	0.17	0.0478	2.02	0.119	2.55	0.0180	1.56	0.612	87.1	47.2	113.7	2.8	115.0	1.8

续表

分析点	含量 /ppm			Th/U	f_{206}/%	同位素比值						ρ	同位素年龄 /Ma					
	Pb*	Th	U			$^{207}Pb/^{206}Pb$	±1σ	$^{207}Pb/^{235}U$	±1σ	$^{206}Pb/^{238}U$	±1σ		$^{207}Pb/^{206}Pb$	±1σ	$^{207}Pb/^{235}U$	±1σ	$^{206}Pb/^{238}U$	±1σ
17BG41-1																		
4	12	340	540	0.6	0.11	0.0488	1.00	0.120	1.82	0.0178	1.52	0.835	136.7	23.4	115.0	2.0	114.0	1.7
5	4	182	168	1.1	0.49	0.0495	1.60	0.122	2.27	0.0178	1.61	0.708	170.9	36.9	116.6	2.5	113.9	1.8
6	7	192	303	0.6	0.27	0.0494	1.21	0.121	2.04	0.0177	1.65	0.808	165.1	27.9	115.6	2.2	113.2	1.9
7	9	249	398	0.6	0.14	0.0489	1.06	0.120	1.84	0.0178	1.50	0.816	144.8	24.8	115.0	2.0	113.6	1.7
8	9	227	413	0.6	0.32	0.0495	1.30	0.124	2.07	0.0182	1.60	0.776	172.9	30.2	118.9	2.3	116.2	1.8
9	10	263	429	0.6	0.10	0.0485	1.13	0.120	1.90	0.0179	1.53	0.804	124.2	26.4	115.0	2.1	114.6	1.7
10	19	603	818	0.7	0.10	0.0484	0.85	0.120	1.86	0.0179	1.65	0.888	120.5	20.0	114.7	2.0	114.4	1.9
11	4	199	186	1.1	0.15	0.0494	1.75	0.118	2.31	0.0174	1.51	0.652	164.9	40.5	113.7	2.5	111.3	1.7
12	7	192	303	0.6	0.21	0.0473	1.54	0.115	2.17	0.0177	1.53	0.703	63.4	36.3	110.8	2.3	113.0	1.7
13	5	218	186	1.2	0.30	0.0484	2.52	0.118	2.95	0.0176	1.54	0.521	120.2	58.3	113.1	3.2	112.8	1.7
14	6	316	216	1.5	0.29	0.0498	1.56	0.121	2.20	0.0176	1.56	0.708	185.1	35.9	115.9	2.4	112.6	1.7
15	5	227	211	1.1	0.78	0.0520	1.49	0.128	2.12	0.0179	1.51	0.711	284.4	33.7	122.4	2.4	114.3	1.7
16	5	224	181	1.2	0.58	0.0474	2.66	0.120	3.09	0.0184	1.57	0.508	70.8	62.2	115.4	3.4	117.6	1.8
17	6	265	233	1.1	0.23	0.0495	1.96	0.122	2.57	0.0179	1.67	0.649	172.1	45.0	116.9	2.8	114.2	1.9
16BG36-1																		
1	16	745	658	1.1	0.23	0.0485	1.88	0.115	2.41	0.0172	1.51	0.627	123.5	43.6	110.8	2.5	110.2	1.6
2	17	529	785	0.7	0.13	0.0487	1.21	0.117	1.93	0.0174	1.50	0.778	134.6	28.3	112.2	2.1	111.1	1.7
3	9	445	367	1.2	0.54	0.0466	2.73	0.112	3.13	0.0174	1.53	0.489	28.8	64.2	107.5	3.2	111.0	1.7
4	15	642	625	1.0	0.21	0.0492	1.44	0.117	2.17	0.0172	1.62	0.747	157.8	33.4	112.1	2.3	109.9	1.8
5	18	801	724	1.1	0.09	0.0480	1.15	0.118	1.91	0.0178	1.53	0.799	98.1	27.0	113.2	2.1	113.9	1.7
6	29	1319	1137	1.2	0.11	0.0478	0.82	0.121	1.82	0.0184	1.62	0.892	89.1	19.3	116.2	2.0	117.5	1.9
7	23	1059	975	1.1	0.34	0.0480	2.31	0.113	2.76	0.0171	1.52	0.548	97.2	53.8	108.7	2.9	109.2	1.6
8	14	454	670	0.7	2.11	0.0500	3.23	0.118	3.57	0.0171	1.53	0.427	194.6	73.4	113.1	3.8	109.3	1.7

续表

分析点	含量 /ppm			Th/U	f_{206}/%	同位素比值						ρ	同位素年龄 /Ma					
	Pb*	Th	U			$^{207}Pb/^{206}Pb$	±1σ	$^{207}Pb/^{235}U$	±1σ	$^{206}Pb/^{238}U$	±1σ		$^{207}Pb/^{206}Pb$	±1σ	$^{207}Pb/^{235}U$	±1σ	$^{206}Pb/^{238}U$	±1σ
16BG36-1																		
9	15	492	662	0.7	1.80	0.0485	2.79	0.116	3.17	0.0174	1.51	0.476	126.0	64.5	111.6	3.4	110.9	1.7
10	12	362	529	0.7	0.16	0.0490	1.79	0.119	2.36	0.0176	1.54	0.652	147.2	41.4	113.9	2.5	112.3	1.7
11	19	662	850	0.8	0.26	0.0492	1.56	0.119	2.20	0.0175	1.55	0.704	159.2	36.1	113.9	2.4	111.7	1.7
12	23	889	994	0.9	0.31	0.0483	1.46	0.118	2.10	0.0178	1.50	0.717	113.3	34.1	113.6	2.3	113.6	1.7
13	11	478	443	1.1	0.23	0.0479	1.43	0.119	2.08	0.0181	1.51	0.727	92.0	33.4	114.5	2.2	115.6	1.7
14	25	1120	996	1.1	0.13	0.0481	1.25	0.122	1.96	0.0183	1.51	0.770	106.4	29.4	116.4	2.2	116.9	1.8
15	39	1900	1550	1.2	0.09	0.0481	0.78	0.118	1.69	0.0178	1.50	0.888	106.2	18.3	113.4	1.8	113.7	1.7
16	17	520	752	0.7	0.41	0.0478	2.14	0.117	2.62	0.0178	1.50	0.574	88.3	50.0	112.8	2.8	113.9	1.7
17	7	385	273	1.4	1.59	0.0458	6.20	0.110	6.42	0.0174	1.64	0.255	-13.6	143.5	105.9	6.5	111.3	1.8
17BG29-1																		
1	4	128	168	0.8	0.09	0.0501	2.36	0.127	2.92	0.0184	1.72	0.589	198.4	53.9	121.7	3.4	117.8	2.0
2	6	248	242	1.0	0.11	0.0479	1.57	0.122	2.21	0.0184	1.56	0.706	96.4	36.7	116.5	2.4	117.5	1.8
3	1	26	43	0.6	4.30	0.0510	12.53	0.128	12.64	0.0182	1.63	0.129	240.5	265.7	122.3	14.7	116.3	1.9
4	3	93	136	0.7	0.66	0.0460	4.20	0.115	4.47	0.0181	1.54	0.345	–0.5	98.2	110.6	4.7	115.9	1.8
5	5	120	234	0.5	0.35	0.0488	1.45	0.122	2.09	0.0181	1.50	0.719	137.8	33.8	116.5	2.3	115.5	1.7
6	2	56	78	0.7	0.48	0.0496	4.63	0.121	5.08	0.0177	2.09	0.411	177.5	104.5	116.2	5.6	113.2	2.3
7	3	112	151	0.7	0.31	0.0481	2.48	0.118	3.00	0.0178	1.68	0.562	105.6	57.5	113.1	3.2	113.4	1.9
8	4	149	178	0.8	0.50	0.0491	2.95	0.119	3.41	0.0175	1.71	0.501	151.7	67.6	113.9	3.7	112.1	1.9
9	3	58	120	0.5	0.59	0.0496	4.88	0.123	5.15	0.0181	1.65	0.321	174.3	110.1	118.2	5.8	115.4	1.9
10	2	45	77	0.6	0.67	0.0509	3.13	0.128	3.51	0.0183	1.60	0.454	234.4	70.7	122.3	4.1	116.6	1.8
11	7	274	270	1.0	0.29	0.0467	1.94	0.118	2.47	0.0183	1.52	0.618	34.2	45.8	113.0	2.6	116.8	1.8
12	4	92	172	0.5	0.31	0.0500	3.38	0.125	3.74	0.0181	1.60	0.427	194.2	76.7	119.3	4.2	115.6	1.8
13	4	103	159	0.6	6.52	0.0513	10.70	0.132	10.81	0.0187	1.54	0.143	256.3	228.9	126.2	12.9	119.4	1.8
14	9	259	385	0.7	0.49	0.0484	2.45	0.123	2.91	0.0184	1.57	0.540	118.0	56.7	117.5	3.2	117.4	1.8
15	5	182	203	0.9	0.69	0.0511	1.84	0.130	2.40	0.0185	1.54	0.643	245.7	41.8	124.2	2.8	118.0	1.8

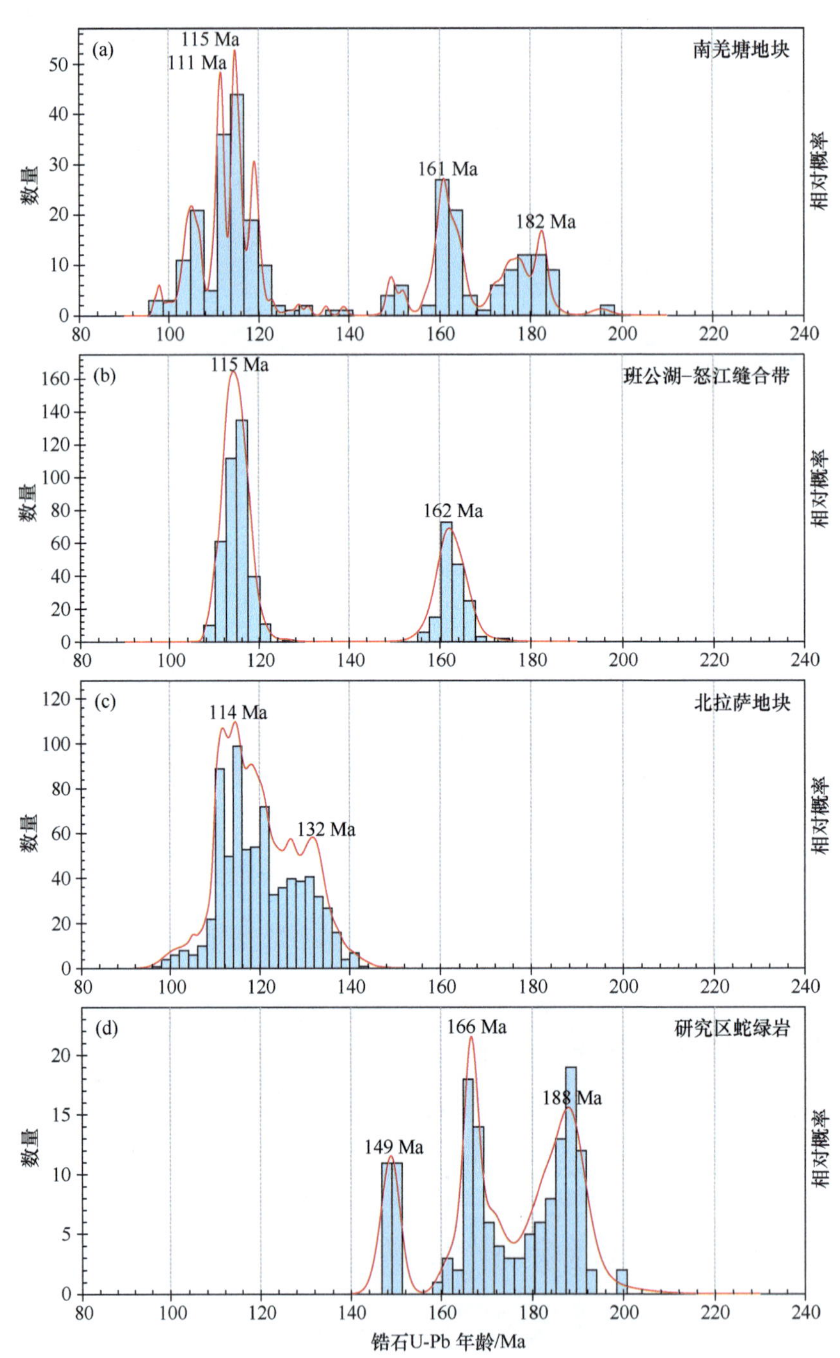

图 4.94　班戈–东巧地区岩浆岩和蛇绿岩的锆石 U-Pb 年龄概率图（Hu et al.，2022）

北拉萨地块的岩浆岩数据来自 Qu 等（2012）、Haider 等（2013）、Zhu 等（2016）和 Hu 等（2019）以及其中的参考文献；南羌塘地块岩浆岩数据来自 Liu 等（2017）；缝合带中的岩浆岩和蛇绿岩数据分别来自 Zeng 等（2016）、Hu 等（2017）和 Huang 等（2015）以及 Liu 等（2016b）、Wang 等（2016）、Yang 等（2019b，2019c）和 Zhong 等（2017）

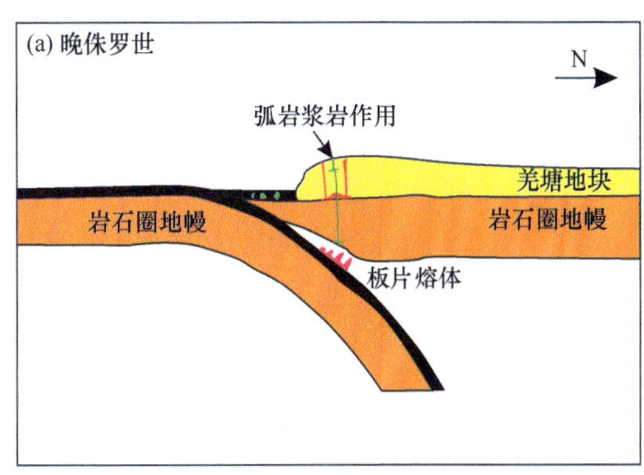

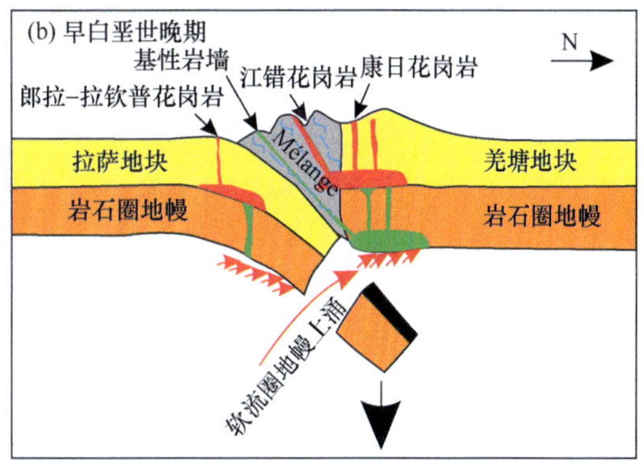

图 4.95　西藏中部班公湖－怒江缝合带中－东段晚中生代演化的地球动力学简化模型
（Hu et al.，2020a，2022）

通过对班公湖－怒江缝合带进行横向对比，我们发现班公湖－怒江特提斯洋的闭合过程具有穿时性，即缝合带中－东段早于其西段闭合（Wang et al.，2016；Yan et al.，2016b；Fan et al.，2018），证据如下：在地层学方面，缝合带西段的革吉地区晚白垩世唐杂组的时代为塞诺曼期（101~94 Ma），其物源来自中北拉萨地块、班公湖－怒江缝合带和南羌塘地块，指示班公湖－怒江特提斯洋的西段在晚白垩世已经闭合（叶加鹏等，2019）；然而，在缝合带中－东段的班戈地区多尼组和多巴组形成时代为早白垩世晚期（122~114 Ma），其沉积物来源与缝合带西段类似，是班公湖－怒江特提斯洋闭合过程中拉萨－羌塘地块碰撞背景下沉积形成的（Lai et al.，2019；Zhu et al.，2019；朱志才等，2020）。在古地磁学方面，Yan 等（2016b）通过对羌塘地块侏罗纪沉积序列开展古地磁学研究，并结合该区域已有的三叠纪—白垩纪的古地磁研究结果，认为拉萨－羌塘地块在中侏罗世—白垩纪中期发生穿时碰撞。在岩浆岩方面，在班公湖－怒江特提斯洋俯冲－闭合过程中发育大量的岩浆活动，在缝合带西段改则地区广泛分布玄武岩、玄武质安山岩、安山岩、英安岩和流纹岩等岩石组合，其形成时代为早白垩世晚期（122~107 Ma），地球化学特征指示其形成于与俯冲相关的背景（Hao et al.，2016a，2016b，2019）；此外，沿班公湖－怒江缝合带（日土、洞错、多玛、塔仁本、仲岗等地区）发现许多具有 OIB 地球化学特征的玄武质岩石，其形成时代为早白垩世晚期—晚白垩世，指示特提斯洋在该时期仍然没有闭合（Fan et al.，2014，2015；Zhang et al.，2014b；Wang et al.，2016）；而在缝合带中－东段，我们通过晚侏罗世弧岩浆岩（约 161 Ma）证实班公湖－怒江特提斯洋在该时期处于俯冲阶段，而通过早白垩世晚期（约 120~112 Ma）的镁铁质岩墙、钉合岩体以及其他同时期的岩浆活动证实拉萨－羌塘在该时期处于后碰撞板片断离的背景。因此，综合岩浆岩、沉积地层学、古地磁学以及蛇绿岩的研究结果，我们认为班公湖－怒江缝合带发生穿时闭合过程，即缝合带中－东段早于其西段闭合。

4.6 南羌塘多玛–纳木切–错那湖地区晚白垩世岩浆岩

南羌塘地块晚白垩世岩浆岩整体沿班公湖–怒江缝合带平行分布（图 4.96），其中，晚白垩世早期（> 80 Ma）岩浆岩主要出露于中西部，岩性主要为双峰式火山岩（Liu et al.，2018）和高镁安山岩（He et al.，2018）；晚白垩世晚期则以中酸性岩石出露为主，岩石类型包括花岗岩、花岗斑岩及安山岩等，主要分布于南羌塘地块中东部。

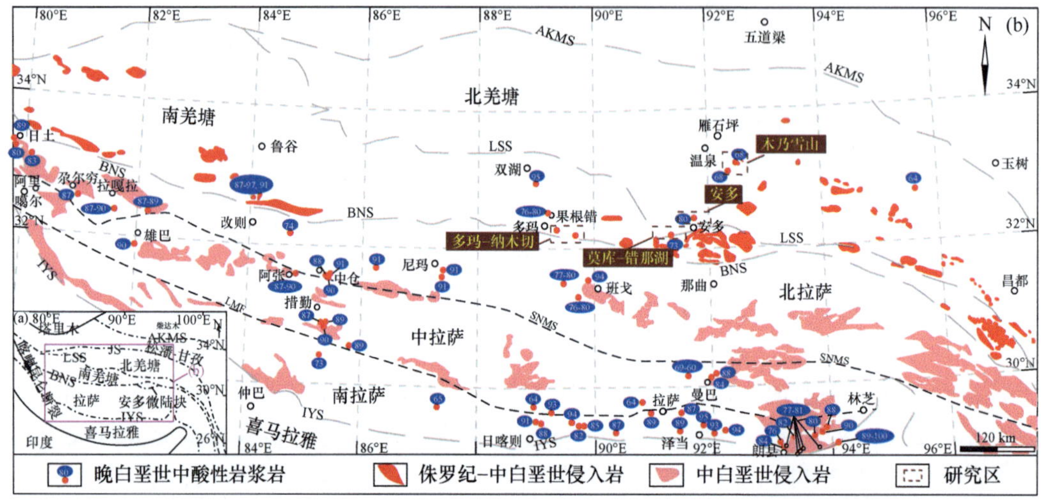

图 4.96　西藏地质简图（a）和拉萨–羌塘地块晚中生代岩浆岩分布地质图（b）

字母缩写如下：AKMS. 阿尼玛卿–昆仑–木孜塔格缝合带；JS. 金沙江缝合带；LSS. 龙木错–双湖缝合带；BNS. 班公湖–怒江缝合带；SNMS. 狮泉河–纳木错混杂岩带；LMF. 洛巴堆–米拉山断裂；IYS. 雅鲁藏布江缝合带

4.6.1 晚白垩世多玛–纳木切花岗斑岩

4.6.1.1 岩石组成及年代学特征

多玛–纳木切花岗斑岩岩体位于南羌塘地块南缘中部，主要包括四个小岩体（多玛和纳木切 I、II 和 III），其围岩主要为早白垩世去申拉组火山岩和新近纪地层（图 4.97）。样品均具斑状结构，斑晶主要为斜长石（0.5~1 mm）、黑云母（0.5~1 mm）和石英（0.1~0.3 mm）（图 4.98）。此外，在多玛花岗斑岩中可以观察到一些自形的角闪石斑晶（0.5~1 mm），多已蚀变［图 4.98（a）］；花岗斑岩的基质主要由微晶石英和斜长石组成。

多玛和纳木切 I、III 岩体中的锆石振荡环带发育［4.99（a）］，Th/U 值较高，为 0.33~1.43，属于典型岩浆锆石。锆石 SIMS U-Pb 定年结果（表 4.51）表明，多玛和纳木切 I、III 花岗斑岩谐和年龄分别为 76.0±0.6 Ma［MSWD=0.23；图 4.99（b）］、78.8±0.9 Ma［MSWD=0.01；图 4.99（d）］、78.2±0.6 Ma［MSWD=0.04；图 4.99（c）］，主体

形成于晚白垩世晚期。纳木切 II 花岗斑岩的锆石多呈深灰色，裂隙发育，振荡环带不清晰，且具有较高的 Th、U 含量，因此未能获得有效年龄数据。但考虑到该样品中的锆石与纳木切 I 花岗斑岩中的深灰色锆石晶形一致，且纳木切 II 花岗斑岩与纳木切 I 花岗斑岩形成位置相近（图 4.97），野外和岩石学特征［图 4.98（c）和（d）］以及一些元素特征（如重稀土、Ba、Nb、Ta、Ti、Zr 和 Sm）均相似，据此推测两者具有相近的侵位年龄。

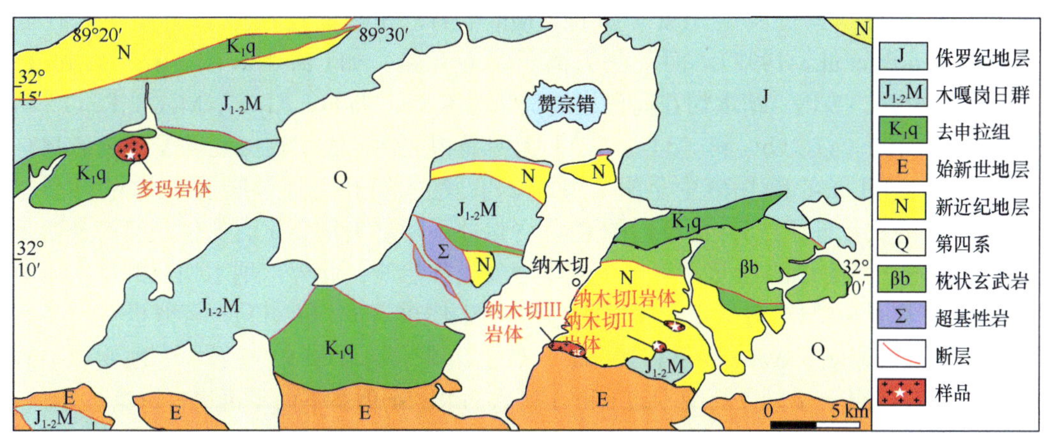

图 4.97 南羌塘地块多玛 - 纳木切区域地质简图

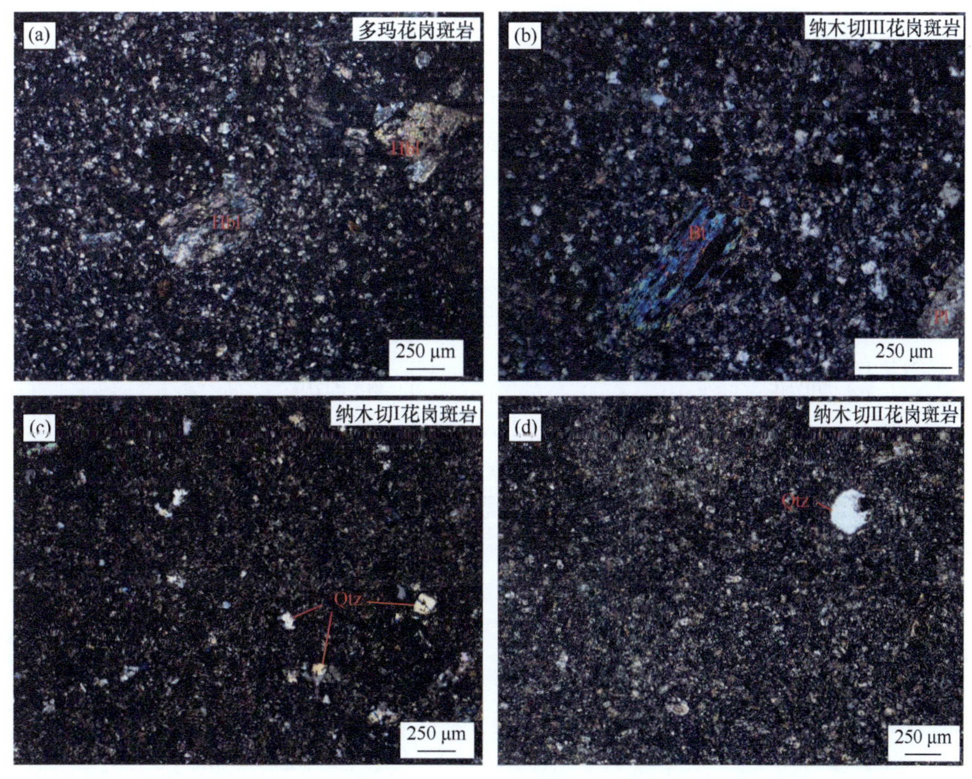

图 4.98 多玛花岗斑岩（a）和纳木切花岗斑岩（b~d）偏光显微镜下照片（正交偏光）

矿物缩写：Hbl. 角闪石；Bt. 黑云母；Pl. 斜长石；Qtz. 石英

4.6.1.2 蚀变特征

多玛–纳木切花岗斑岩烧失量（LOI）变化较大，其中纳木切I和II岩体烧失量相对较低，为0.90%~2.12%，多玛和纳木切III斑岩烧失量较大（2.12%~3.20%）（表4.52），因此，需首先评估蚀变效应对研究样品的影响。通常高场强元素、稀土元素、Th和一些过渡族元素（如Fe、Mn和Ti）在热液过程中活动性相对较低（Hawkesworth et al.，1997），而一些大离子亲石元素，如Ca、Na、K、Sr、Ba和Rb等活动性较强。多玛–纳木切花岗斑岩烧失量与K_2O、Na_2O、Al_2O_3、MgO、$Fe_2O_3^T$和P_2O_5［图4.100（a）、（b）和（d）~（g）］无明显相关性，表明这些元素受蚀变影响有限。然而，在LOI-CaO图解中［图4.100（c）］，纳木切II烧失量低于1.6%的样品与纳木切III烧失量低于2.6%的样品的CaO含量并不随烧失量变化而变化，但其余四个样品具有明显高的CaO含量，可能受到了蚀变过程影响。此外，纳木切I和II样品的Rb含量与其$(^{87}Sr/^{86}Sr)_i$值呈正相关变化趋势［图4.100（h）和（i）］，可能也受到了热液蚀变过程的影响（Wang et al.，2006a）。综上，纳木切II和III斑岩中受蚀变影响的四个样品的CaO含量，以及纳木切I和II斑岩的Rb-Sr体系下面不再进行讨论。

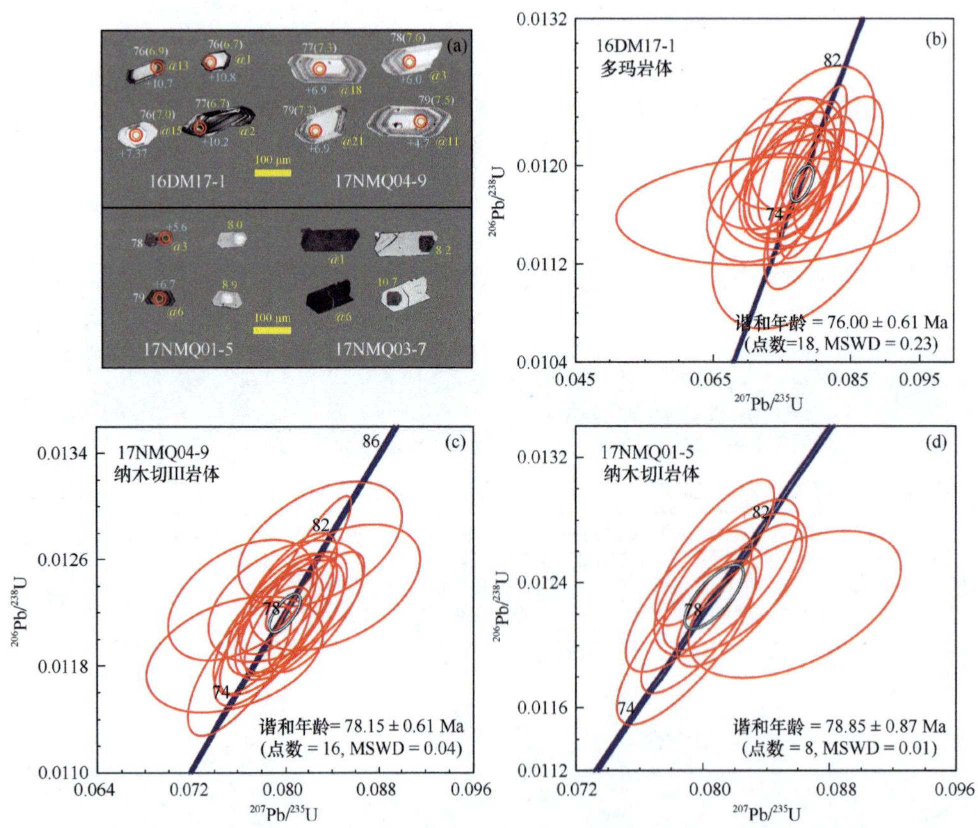

图4.99 多玛–纳木切花岗斑岩锆石CL和背散射（BSE）图像（a）及锆石SIMS U-Pb年龄（b~d）

（a）中红色圆圈和蓝色数字分别代表Hf同位素分析点及数值，橙色圆圈和绿色数字分别代表O同位素分析点及数值，白色数字代表该锆石颗粒年龄分析数值

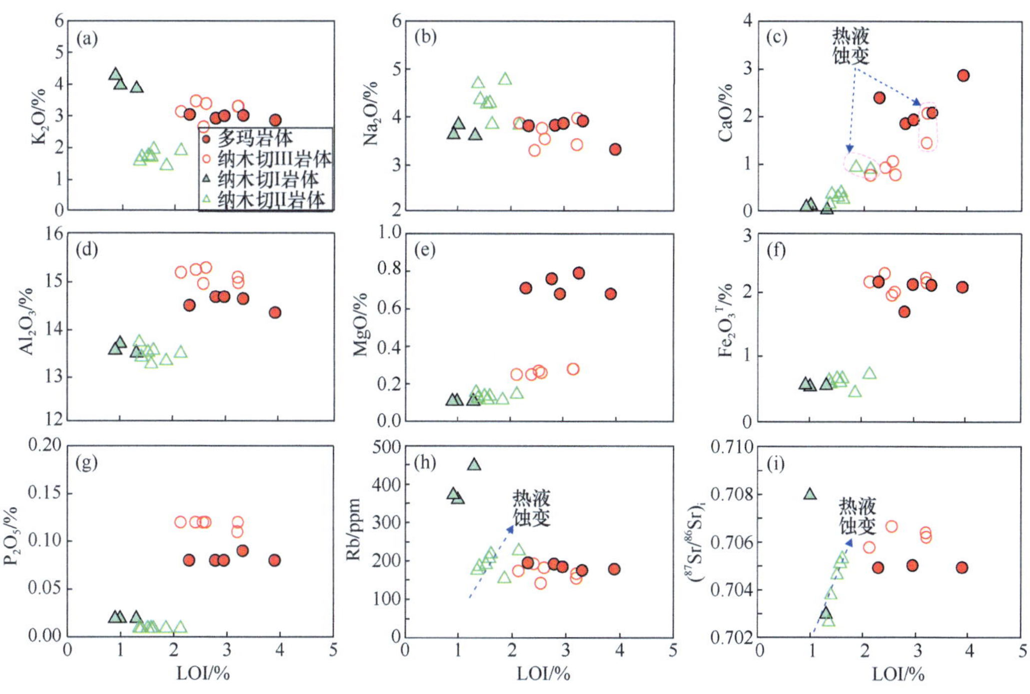

图 4.100　多玛 – 纳木切花岗斑岩主微量元素与烧失量（LOI）协变图解

4.6.1.3　岩石地球化学特征

多玛花岗斑岩具有相对均一且高的 SiO_2（69.2%~71.4%）、MgO（0.68%~0.79%）、$Fe_2O_3^T$（1.70%~2.17%）、K_2O（2.86%~3.04%）、Na_2O（3.33%~3.92%）和 CaO（1.86%~2.88%）含量及高的 $Mg^{\#}$（0.39~0.47），以及中等含量的 Al_2O_3（14.4%~14.7%）。在（K_2O + Na_2O）-SiO_2 图解中，除一个样品落入花岗闪长岩范围内外，大多数样品都落入花岗岩范围内［图 4.101（a）］。在（Na_2O+K_2O–CaO）-SiO_2 图解中，多玛花岗斑岩多落入钙质 – 碱质到钙质系列范围内［图 4.102（a）］。多玛花岗斑岩铝饱和指数为 1.04~1.14，铁指数［FeO^T/（FeO^T+MgO）］为 0.53~0.61，为准铝质 – 弱过铝质和镁质系列岩石［图 4.101（b）和 4.102（b）］。纳木切 III 花岗斑岩具有与多玛样品相似的 SiO_2（69.8%~72.2%）、$Fe_2O_3^T$（1.96%~2.30%）、K_2O（2.66%~3.47%）和 Na_2O（3.31%~3.98%）含量，但相对较低的 MgO（0.25%~0.28%）、CaO（0.78%~2.08%）含量以及更高的 Al_2O_3（15.0%~15.3%）含量。在岩石分类判别图解中，大多数纳木切 III 花岗斑岩样品落入花岗岩和过铝质岩石系列范围内［图 4.101（a）和（b）］。球粒陨石标准化的稀土配分图解显示，多玛和纳木切 III 花岗斑岩均相对富集轻稀土元素，$(La/Yb)_N$ 值分别为 22~24 和 37~47；具有弱的负 Eu 异常，Eu/Eu^* 分别为 0.70~0.79 和 0.80~0.84［图 4.103（a）］。原始地幔标准化微量元素蛛网图显示多玛和纳木切 III 花岗斑岩具有相似的配分形式，均相对亏损 Ba、Sr、P、Nb、Ta 和 Ti，富集 Rb、Th、U 和 K［图 4.103（b）］。

表 4.51　多玛－纳木切 SIMS 锆石 U-Pb 年龄分析结果（Wang et al.，2021）

点号	含量 /ppm			Th/U	同位素比值						同位素年龄 /Ma					
	U	Th	Pb*		$^{207}Pb/^{206}Pb$	±1σ	$^{207}Pb/^{235}U$	±1σ	$^{206}Pb/^{238}U$	±1σ	$^{207}Pb/^{206}Pb$	±1σ	$^{207}Pb/^{235}U$	±1σ	$^{206}Pb/^{238}U$	±1σ
16DM17-1																
01	382	187	5	0.490	0.0466	3.609	0.07619	3.96	0.0119	1.64	76.1	1.3	74.6	2.9	76.0	1.2
02	1028	813	16	0.791	0.0456	2.191	0.07506	2.68	0.0119	1.54	76.7	1.2	73.5	1.9	76.5	1.2
03	1071	827	16	0.772	0.0483	1.466	0.07843	2.10	0.0118	1.50	75.4	1.1	76.7	1.5	75.5	1.1
04	200	86	3	0.429	0.0455	12.237	0.07298	12.33	0.0116	1.55	74.7	1.2	71.5	8.6	74.5	1.1
05	1123	1050	18	0.935	0.0490	1.507	0.07889	2.13	0.0117	1.51	74.7	1.1	77.1	1.6	74.8	1.1
06	1026	633	15	0.617	0.0476	1.658	0.07938	2.24	0.0121	1.50	77.4	1.2	77.6	1.7	77.4	1.2
07	944	583	14	0.618	0.0491	2.494	0.07913	3.50	0.0117	2.46	74.8	1.8	77.3	2.6	75.0	1.8
08	250	121	4	0.485	0.0472	5.312	0.07654	5.53	0.0118	1.54	75.4	1.2	74.9	4.0	75.4	1.2
09	396	199	6	0.503	0.0451	4.453	0.07253	4.71	0.0117	1.55	74.9	1.2	71.1	3.2	74.7	1.1
11	676	451	10	0.668	0.0469	2.472	0.07721	2.98	0.0120	1.67	76.7	1.3	75.5	2.2	76.6	1.3
13	339	165	5	0.487	0.0468	3.356	0.07651	3.70	0.0119	1.57	76.1	1.2	74.9	2.7	76.0	1.2
14	212	124	3	0.587	0.0491	6.079	0.07769	6.73	0.0115	2.90	73.4	2.2	76.0	4.9	73.6	2.1
15	918	548	13	0.598	0.0479	1.626	0.07871	3.00	0.0119	2.52	76.4	1.9	76.9	2.2	76.4	1.9
17	301	141	4	0.468	0.0472	4.194	0.07948	4.65	0.0122	2.00	78.3	1.6	77.7	3.5	78.3	1.6
18	736	505	11	0.687	0.0456	2.648	0.07540	3.25	0.0120	1.89	77.0	1.5	73.8	2.3	76.8	1.4
19	513	281	7	0.548	0.0446	4.670	0.07331	4.91	0.0119	1.50	76.7	1.2	71.8	3.4	76.4	1.1
20	450	231	7	0.513	0.0455	4.201	0.07586	4.47	0.0121	1.53	77.7	1.2	74.2	3.2	77.5	1.2
21	349	157	5	0.450	0.0504	2.469	0.08322	3.16	0.0120	1.98	76.5	1.5	81.2	2.5	76.8	1.5
17NMQ01-5																
3	2013	2428	35	1.207	0.0508	2.787	0.07991	1.95	0.0122	1.56	230.9	63.1	78.1	1.5	77.9	1.2
6	747	655	12	0.878	0.0479	1.896	0.07912	2.06	0.0123	1.50	93.9	44.3	77.3	1.5	78.7	1.2
7	1206	3466	29	2.874	0.0477	1.179	0.08075	1.91	0.0126	1.51	84.2	27.7	78.9	1.5	80.6	1.2
9	964	646	15	0.670	0.0477	1.402	0.07896	2.28	0.0120	1.79	82.8	32.9	77.2	1.7	77.0	1.4

续表

点号	含量 /ppm			Th/U	同位素比值						同位素年龄 /Ma					
	U	Th	Pb*		$^{207}Pb/^{206}Pb$	±1σ	$^{207}Pb/^{235}U$	±1σ	$^{206}Pb/^{238}U$	±1σ	$^{207}Pb/^{206}Pb$	±1σ	$^{207}Pb/^{235}U$	±1σ	$^{206}Pb/^{238}U$	±1σ
12	834	675	14	0.809	0.0485	1.286	0.08180	2.15	0.0124	1.58	123.4	30.0	79.8	1.7	79.7	1.3
17	1005	734	16	0.731	0.0477	1.459	0.08177	2.42	0.0124	1.51	82.7	34.3	79.8	1.9	79.3	1.2
20	499	366	8	0.733	0.0465	1.169	0.08581	3.20	0.0123	1.56	24.8	27.8	83.6	2.6	78.5	1.2
23	932	632	15	0.678	0.0467	1.408	0.08234	1.98	0.0123	1.50	36.0	33.4	80.3	1.5	78.9	1.2
17NMQ04-9																
1	574	821	10	1.430	0.0472	1.31	0.07866	2.15	0.0121	1.70	77.5	1.3	76.9	1.6	77.5	1.3
3	374	235	6	0.627	0.0480	1.75	0.08076	2.30	0.0122	1.50	78.1	1.2	78.9	1.7	78.2	1.2
4	1047	383	14	0.365	0.0543	7.45	0.08428	8.47	0.0113	4.02	71.6	2.9	82.2	6.7	72.2	2.9
5	514	466	8	0.908	0.0471	6.55	0.07375	6.75	0.0114	1.64	72.8	1.2	72.2	4.7	72.8	1.2
6	1403	759	21	0.541	0.0473	0.80	0.08203	1.82	0.0126	1.64	80.5	1.3	80.1	1.4	80.5	1.3
8	413	278	6	0.675	0.0472	1.50	0.08026	2.13	0.0123	1.50	79.1	1.2	78.4	1.6	79.1	1.2
9	467	332	7	0.710	0.0474	1.74	0.07963	2.32	0.0122	1.52	78.1	1.2	77.8	1.7	78.1	1.2
10	398	259	6	0.649	0.0480	1.82	0.08044	2.36	0.0121	1.51	77.8	1.2	78.6	1.8	77.8	1.2
11	106	54	2	0.510	0.0494	3.16	0.08432	3.52	0.0124	1.56	79.2	1.2	82.2	2.8	79.4	1.2
12	715	237	10	0.332	0.0492	1.35	0.08269	2.02	0.0122	1.50	78.0	1.2	80.7	1.6	78.2	1.2
13	498	329	7	0.661	0.0469	1.63	0.07609	2.39	0.0118	1.74	75.6	1.3	74.5	1.7	75.5	1.3
14	365	258	6	0.707	0.0462	3.81	0.07569	4.09	0.0119	1.50	76.3	1.2	74.1	2.9	76.2	1.1
16	357	240	6	0.673	0.0450	3.01	0.07620	3.36	0.0123	1.50	79.0	1.2	74.6	2.4	78.8	1.2
18	421	294	6	0.700	0.0473	1.84	0.07862	2.43	0.0120	1.59	77.2	1.2	76.9	1.8	77.2	1.2
19	999	342	14	0.342	0.0480	1.32	0.08052	2.00	0.0122	1.50	77.9	1.2	78.6	1.5	78.0	1.2
20	349	217	5	0.623	0.0474	1.51	0.07815	2.15	0.0119	1.53	76.6	1.2	76.4	1.6	76.6	1.2
21	181	112	3	0.620	0.0473	2.99	0.08007	3.35	0.0123	1.52	78.8	1.2	78.2	2.5	78.7	1.2
23	850	443	13	0.521	0.0474	3.06	0.08307	3.42	0.0127	1.51	81.5	1.2	81.0	2.7	81.4	1.2

表 4.52 多玛–纳木切花岗岩全岩主量（%）和微量（ppm）元素分析结果（Wang et al.，2021）

样品	16DM17-1	16DM17-2	16DM18-1	16DM18-2	16DM19-1	17NMQ04-1	17NMQ04-4	17NMQ04-5	17NMQ04-7	17NMQ04-9	17NMQ04-11
岩体	多玛岩体					纳木切 III 岩体					
SiO_2	71.42	69.20	69.62	70.08	69.96	72.22	71.81	69.75	72.02	70.51	70.99
TiO_2	0.27	0.27	0.27	0.26	0.27	0.31	0.32	0.30	0.32	0.31	0.31
Al_2O_3	14.69	14.36	14.65	14.51	14.69	14.97	15.20	14.99	15.30	15.10	15.26
$Fe_2O_3^T$	1.70	2.09	2.12	2.17	2.13	1.96	2.17	2.16	2.01	2.23	2.30
MnO	0.02	0.06	0.05	0.05	0.05	0.03	0.03	0.04	0.03	0.04	0.03
MgO	0.76	0.68	0.79	0.71	0.68	0.27	0.25	0.28	0.26	0.28	0.25
CaO	1.86	2.88	2.09	2.40	1.94	1.07	0.78	2.08	0.79	1.46	0.94
Na_2O	3.83	3.33	3.92	3.82	3.87	3.77	3.89	3.98	3.55	3.43	3.31
K_2O	2.92	2.86	3.01	3.04	3.00	2.66	3.14	3.31	3.39	3.30	3.47
P_2O_5	0.08	0.08	0.09	0.08	0.08	0.12	0.12	0.12	0.12	0.11	0.12
烧失量	2.78	3.90	3.30	2.29	2.94	2.54	2.12	3.20	2.59	3.19	2.40
总量	100.32	99.71	99.92	99.41	99.62	99.92	99.83	100.19	100.37	99.96	99.38
$Mg^{\#}$	0.47	0.39	0.42	0.39	0.39	0.21	0.19	0.20	0.20	0.20	0.18
A/CNK	1.14	1.04	1.08	1.04	1.12	1.36	1.36	1.08	1.40	1.27	1.40
A/NK	1.55	1.67	1.51	1.52	1.53	1.65	1.55	1.48	1.61	1.64	1.66
Sc	4.95	4.44	4.38	4.52	4.42	3.84	4.38	4.19	3.98	3.66	4.02
V	28.5	27.2	28.0	27.3	27.4	41.3	41.8	41.0	40.9	37.0	44.0
Cr	13.7	44.2	33.6	22.1	26.3	11.4	12.6	11.3	11.7	9.60	12.5
Ni	10.9	9.63	9.27	9.61	9.08	7.87	8.14	7.86	7.30	6.71	9.02
Ga	16.8	15.6	15.5	15.5	15.8	20.1	21.4	20.1	20.3	18.3	21.9
Rb	115	108	105	117	111	87	105	100	110	93.0	116
Sr	161	103	113	142	125	115	103	175	111	89.0	130
Y	8.28	8.46	7.88	8.49	8.42	8.38	8.94	9.03	8.36	7.53	8.60
Zr	148	147	135	140	145	128	131	133	136	118	142
Nb	7.51	5.28	5.01	5.24	5.62	9.57	10.1	9.82	9.91	8.73	10.4

续表

样品	16DM17-1	16DM17-2	16DM18-1	16DM18-2	16DM19-1	17NMQ04-1	17NMQ04-4	17NMQ04-5	17NMQ04-7	17NMQ04-9	17NMQ04-11
岩体	多玛岩体					纳木切 III 岩体					
Ba	907	405	422	518	475	1150	109	604	567	526	165
La	25.0	24.0	23.0	23.9	24.2	46.3	47.2	43.9	39.0	35.3	48.3
Ce	43.0	41.3	39.2	40.6	41.0	83.2	85.7	80.4	72.0	64.7	88.8
Pr	4.48	4.41	4.22	4.42	4.44	8.44	8.62	8.11	7.24	6.55	8.82
Nd	15.1	14.4	13.8	14.5	14.7	27.7	28.7	26.8	24.4	21.8	29.1
Sm	2.54	2.48	2.39	2.48	2.45	3.71	3.77	3.61	3.31	3.05	3.90
Eu	0.53	0.59	0.56	0.59	0.58	0.79	0.83	0.81	0.75	0.69	0.86
Gd	2.14	2.11	2.01	2.08	2.13	2.54	2.64	2.52	2.31	2.08	2.66
Tb	0.27	0.28	0.26	0.28	0.27	0.28	0.30	0.29	0.27	0.25	0.30
Dy	1.47	1.51	1.43	1.51	1.47	1.49	1.57	1.55	1.49	1.30	1.53
Ho	0.28	0.29	0.27	0.29	0.29	0.28	0.30	0.29	0.29	0.25	0.29
Er	0.76	0.79	0.73	0.80	0.78	0.75	0.82	0.82	0.78	0.68	0.79
Tm	0.11	0.12	0.11	0.12	0.11	0.11	0.12	0.12	0.11	0.10	0.12
Yb	0.75	0.77	0.71	0.78	0.76	0.71	0.77	0.76	0.76	0.68	0.756
Lu	0.12	0.12	0.11	0.12	0.12	0.11	0.12	0.12	0.12	0.10	0.12
Hf	4.03	4.23	3.77	3.96	4.11	3.59	3.71	3.78	3.86	3.35	4.01
Ta	0.54	0.53	0.50	0.55	0.60	0.70	0.72	0.72	0.72	0.63	0.75
Pb	17.8	16.4	14.2	15.4	15.7	17.0	18.4	15.9	15.2	9.20	14.2
Th	14.0	13.2	12.6	13.1	13.2	13.6	15.3	15.0	12.8	12.6	15.9
U	3.12	2.63	2.64	2.63	2.61	3.20	2.45	2.58	2.57	1.90	2.22
Eu/Eu^*	0.7	0.8	0.8	0.8	0.8	0.8	0.8	0.8	0.8	0.8	0.8
$(La/Yb)_N$	24	22	23	22	23	47	44	41	37	37	46
$T_{锆}$/℃	746	729	725	723	738	758	759	724	768	739	772

续表

样品	17NMQ01-1	17NMQ01-2	17NMQ01-5	17NMQ03-1	17NMQ03-2	17NMQ03-3	17NMQ03-4	17NMQ03-5	17NMQ03-6	17NMQ03-7
岩体	纳木切 I 岩体			纳木切 II 岩体						
SiO_2	76.55	76.36	76.62	77.46	77.12	77.70	77.54	76.80	77.89	77.90
TiO_2	0.06	0.06	0.06	0.06	0.05	0.05	0.05	0.05	0.05	0.06
Al_2O_3	13.73	13.59	13.53	13.55	13.37	13.30	13.45	13.53	13.59	13.76
$Fe_2O_3^T$	0.53	0.56	0.55	0.66	0.44	0.6	0.58	0.73	0.66	0.63
MnO	0.04	0.04	0.05	0.05	0.04	0.04	0.05	0.05	0.04	0.04
MgO	0.11	0.11	0.11	0.14	0.12	0.12	0.13	0.15	0.14	0.16
CaO	0.17	0.13	0.08	0.35	0.97	0.44	0.41	0.93	0.3	0.20
Na_2O	3.86	3.65	3.63	4.30	4.80	4.32	4.39	3.86	3.88	4.72
K_2O	3.98	4.30	3.88	1.78	1.47	1.73	1.74	1.94	1.98	1.60
P_2O_5	0.02	0.02	0.02	0.01	0.01	0.01	0.01	0.01	0.01	0.01
烧失量	0.99	0.90	1.30	1.51	1.85	1.57	1.39	2.12	1.61	1.35
总量	100.03	99.71	99.82	99.87	100.26	99.9	99.72	100.16	100.14	100.41
$Mg^{\#}$	0.29	0.28	0.28	0.30	0.35	0.28	0.31	0.29	0.30	0.33
A/CNK	1.25	1.25	1.31	1.41	1.19	1.36	1.37	1.33	1.50	1.40
A/NK	1.29	1.28	1.33	1.51	1.41	1.48	1.48	1.60	1.59	1.45
Sc	2.73	2.92	3.22	3.91	3.40	4.01	3.78	3.85	3.56	3.57
V	1.98	1.56	3.11	0.92	0.886	0.740	0.94	0.82	0.69	0.69
Cr	0.61	0.62	1.45	0.26	0.381	0.32	0.24	0.35	0.28	0.25
Ni	0.75	0.50	0.64	3.06	2.43	2.95	2.98	2.54	2.06	1.97
Ga	19.0	18.3	18.2	21.2	20.8	22.4	21.4	22.5	21.4	20.9
Rb	218	226	272	118	96.0	128	115	139	134	109
Sr	85.5	75.5	60.7	15.8	21.8	22.4	16.5	26.1	19.6	15.7
Y	13.2	16.3	14.6	16.0	13.5	16.0	14.3	15.7	15.3	12.8
Zr	41.3	39.7	41.5	59.1	52.6	63.7	60.3	63.1	59.3	56.0
Nb	18.7	18.5	19.6	27.9	28.7	29.0	27.2	27.1	29.0	25.9
Ba	32.1	38.4	27.8	15.2	12.6	15.7	17.2	22.0	12.0	11.0
La	13.0	13.1	10.3	2.75	2.59	4.23	2.64	3.53	3.50	2.08

续表

样品	17NMQ01-1	17NMQ01-2	17NMQ01-5	17NMQ03-1	17NMQ03-2	17NMQ03-3	17NMQ03-4	17NMQ03-5	17NMQ03-6	17NMQ03-7
岩体	纳木切 I 岩体			纳木切 II 岩体						
Ce	27.0	27.8	27.5	9.65	7.51	12.5	8.54	8.72	9.42	6.22
Pr	3.47	3.75	2.82	1.12	1.11	1.53	1.08	1.27	1.18	0.80
Nd	12.1	13.4	9.89	4.67	4.66	6.14	4.55	5.25	4.54	3.14
Sm	2.75	2.82	2.37	1.76	1.56	1.95	1.57	1.76	1.55	1.11
Eu	0.25	0.26	0.21	0.16	0.14	0.16	0.16	0.16	0.14	0.11
Gd	2.22	2.48	2.19	1.95	1.66	2.05	1.70	1.92	1.82	1.33
Tb	0.37	0.43	0.42	0.38	0.33	0.39	0.35	0.37	0.36	0.29
Dy	2.16	2.66	2.64	2.36	2.04	2.41	2.19	2.30	2.21	1.87
Ho	0.43	0.52	0.53	0.49	0.42	0.49	0.45	0.47	0.45	0.39
Er	1.17	1.43	1.47	1.38	1.20	1.41	1.30	1.35	1.30	1.15
Tm	0.18	0.22	0.23	0.23	0.20	0.23	0.22	0.22	0.21	0.19
Yb	1.18	1.41	1.49	1.56	1.36	1.57	1.50	1.52	1.45	1.34
Lu	0.17	0.21	0.22	0.24	0.21	0.24	0.23	0.24	0.22	0.21
Hf	2.17	2.19	2.34	3.33	2.97	3.45	3.26	3.45	3.35	3.01
Ta	1.98	1.94	2.05	2.54	2.37	2.67	2.49	2.53	2.49	2.42
Pb	23.6	35.4	35.0	8.42	11.4	8.78	14.2	10.1	6.92	7.80
Th	28.2	28.5	22.7	37.1	32.9	41.4	34.9	34.0	35.4	26.6
U	3.42	2.92	3.55	3.20	2.52	3.30	3.34	3.21	3.06	2.73
Eu/Eu^*	0.3	0.3	0.3	0.3	0.3	0.3	0.3	0.3	0.3	0.3
$(La/Yb)_N$	8	7	5	1	1	2	1	2	2	1
$T_{锆}$/℃	647	644	652	693	663	697	692	693	700	687

注：全岩锆饱和温度（$T_{锆}$）计算据 Waston 和 Harrison（1983）。

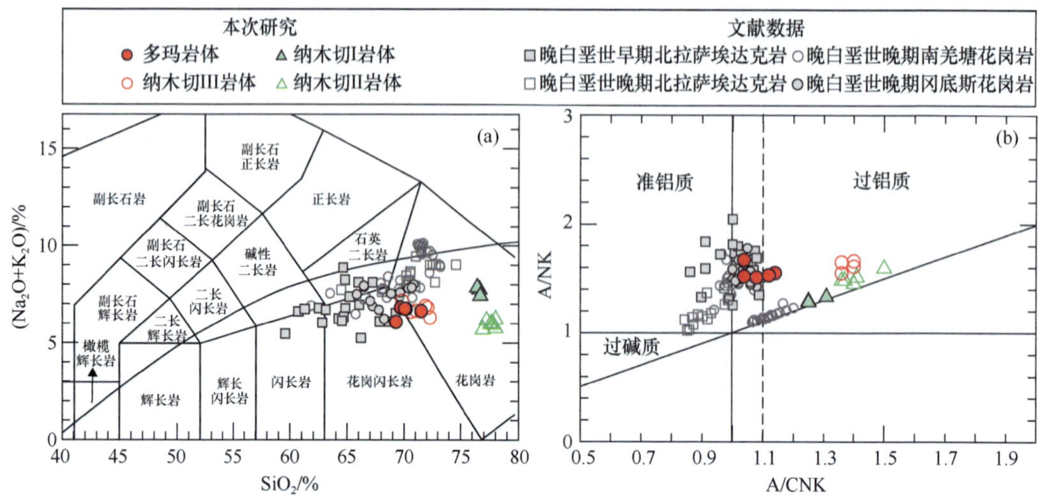

图 4.101　多玛－纳木切花岗斑岩（Na_2O+K_2O）-SiO_2（a）（Middlemost，1994）和 A/NK-A/CNK（Maniar and Piccoli，1989）（b）图解

晚白垩世早期北拉萨中酸性岩（余红霞等，2011；Lei et al.，2015；Yi et al.，2018）及晚白垩世晚期南羌塘（He et al.，2019）、北拉萨（Zhao et al.，2008；定立等，2012）和冈底斯（Tang et al.，2019）花岗岩用于投图比较

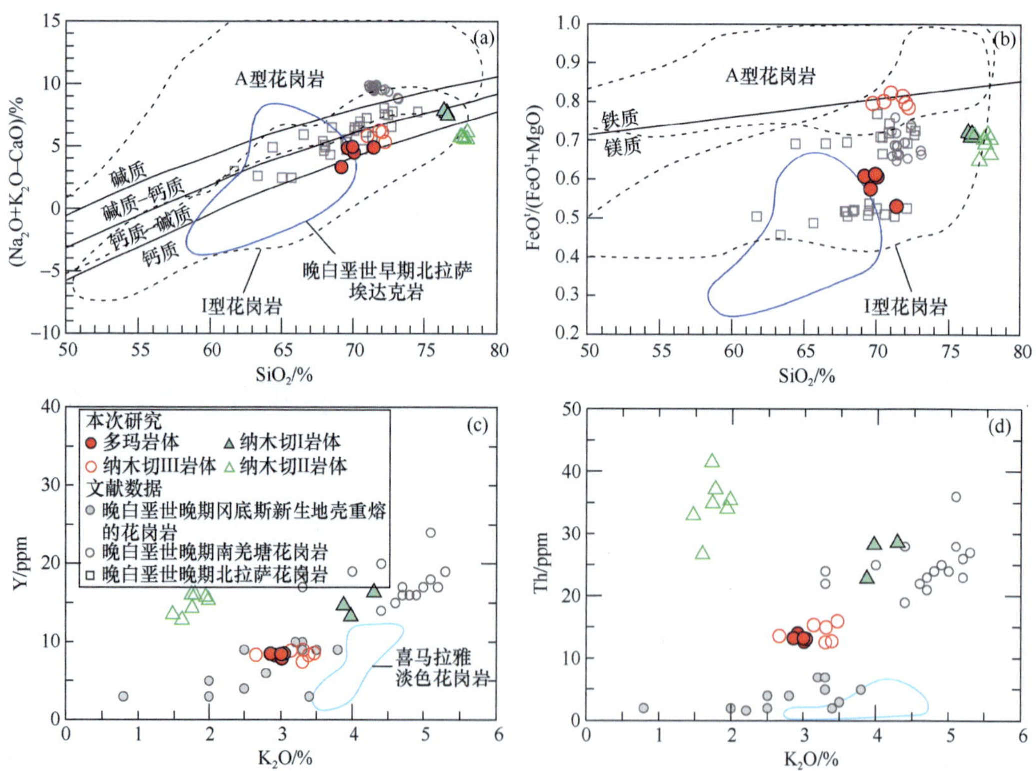

图 4.102　多玛－纳木切花岗斑岩（Na_2O+K_2O-CaO）-SiO_2（a）、FeO^t/（FeO^t+MgO）-SiO_2（b）、K_2O-Y（c）和 K_2O-Th（d）图解

文献数据来源同图 4.101。碱质、碱－钙质、钙－碱质和钙质岩石系列，I 型和 A 型花岗岩的大致范围引自 Frost 等（2001）

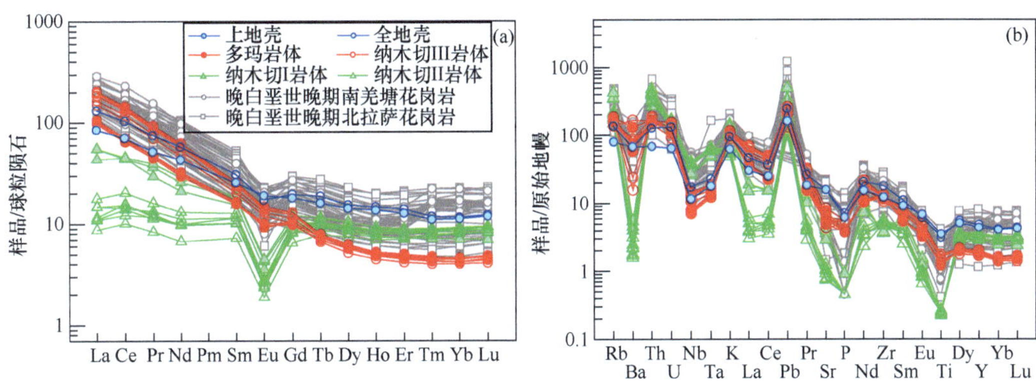

图 4.103　多玛 – 纳木切花岗斑岩稀土配分型式图（a）和微量元素原始地幔蛛网图（b）

文献数据来源同图 4.101，平均上地壳和全地壳组成引自 Rudnick 和 Gao（2003），标准化值引自 Sun 和 McDonough（1989）

纳木切 I 和 II 花岗斑岩相对多玛和纳木切 III 花岗斑岩具有高的 SiO_2（76.4%~77.9%）和低的 MgO（0.11%~0.16%）、$Fe_2O_3^T$（0.44%~0.73%）、Al_2O_3（13.3%~13.8%）、P_2O_5（0.01%~0.02%）和 TiO_2（0.05%~0.06%）含量，属于高硅过铝质花岗岩[图 4.101（a）和（b）]。纳木切 I 和 II 花岗斑岩显示了相似的 Na_2O（3.63%~4.80%），但前者具有更高的 K_2O（3.88%~4.30%）。球粒陨石标准化的稀土配分图解显示纳木切 I 花岗斑岩相对富集轻稀土元素，而纳木切 II 花岗斑岩则具有稀土四分组效应［图 4.103（a）］；两者均具有强的负 Eu 异常（Eu/Eu^*=0.25~0.30）。原始地幔标准化微量元素蛛网图显示两者具有相似的配分形式［图 4.103（b）］，但纳木切 II 花岗斑岩具有更低的 Ba、La、Ce、Pr、Sr、P 和 Ti 含量。

多玛花岗斑岩具有相对均一且相对低的初始 Sr 同位素比值［$(^{87}Sr/^{86}Sr)_i$=0.7049~0.7050］和高的 $\varepsilon_{Nd}(t)$（1.2~1.7）、$\varepsilon_{Hf}(t)$（9.9~12.0）值，以及年轻的二阶段 Nd（T_{DM2}=0.78~0.74 Ga）、Hf（T_{DM2}=0.51~0.38 Ga）模式年龄（表 4.53 和表 4.54）。多玛岩体锆石 $\varepsilon_{Hf}(t)$ 值相对较高，为 7.4~10.5［图 4.104（a）］，与全岩 Hf 同位素一致（表 4.54 和表 4.55）；其 $\delta^{18}O$ 变化较小，为 6.3‰~7.1‰［图 4.104（b）］。纳木切 III 花岗斑岩相对多玛岩体具有稍高的 $(^{87}Sr/^{86}Sr)_i$ 值（0.7058~0.7066）和稍低的 $\varepsilon_{Nd}(t)$ 值（−1.1~−0.8）和 $\varepsilon_{Hf}(t)$ 值（7.0~7.4），以及老的二阶段 Nd（T_{DM2}=0.97~0.95 Ga）、Hf（T_{DM2}=0.70~0.67 Ga）模式年龄（表 4.53、表 4.54）。其锆石 $\varepsilon_{Hf}(t)$ 值变化较大，为 2.4~8.4，$\delta^{18}O$ 值相对均一，为 7.3‰~7.7‰［图 4.104（c）和（d）］。

纳木切 I 和 II 花岗斑岩具有富集的 $\varepsilon_{Nd}(t)$（−4.3~−2.4）、$\varepsilon_{Hf}(t)$（5.3~6.6）同位素组成和老的二阶段 Nd（T_{DM2}=1.2~1.1 Ga）、Hf（T_{DM2}=0.81~0.72 Ga）模式年龄（表 4.53 和表 4.54）。纳木切 I 花岗斑岩的初始 Sr 同位素比值相对变化较大（0.7079~0.7165），而纳木切 II 花岗斑岩的初始 Sr 同位素比值相对均一，为 0.7024~0.7051（表 4.53）。纳木切 I 花岗斑岩相对多玛和纳木切 III 岩体具有低的锆石 $\varepsilon_{Hf}(t)$（3.0~6.7）值和高的锆石 $\delta^{18}O$（6.6‰~9.2‰）值［图 4.104（e）和（f）］。

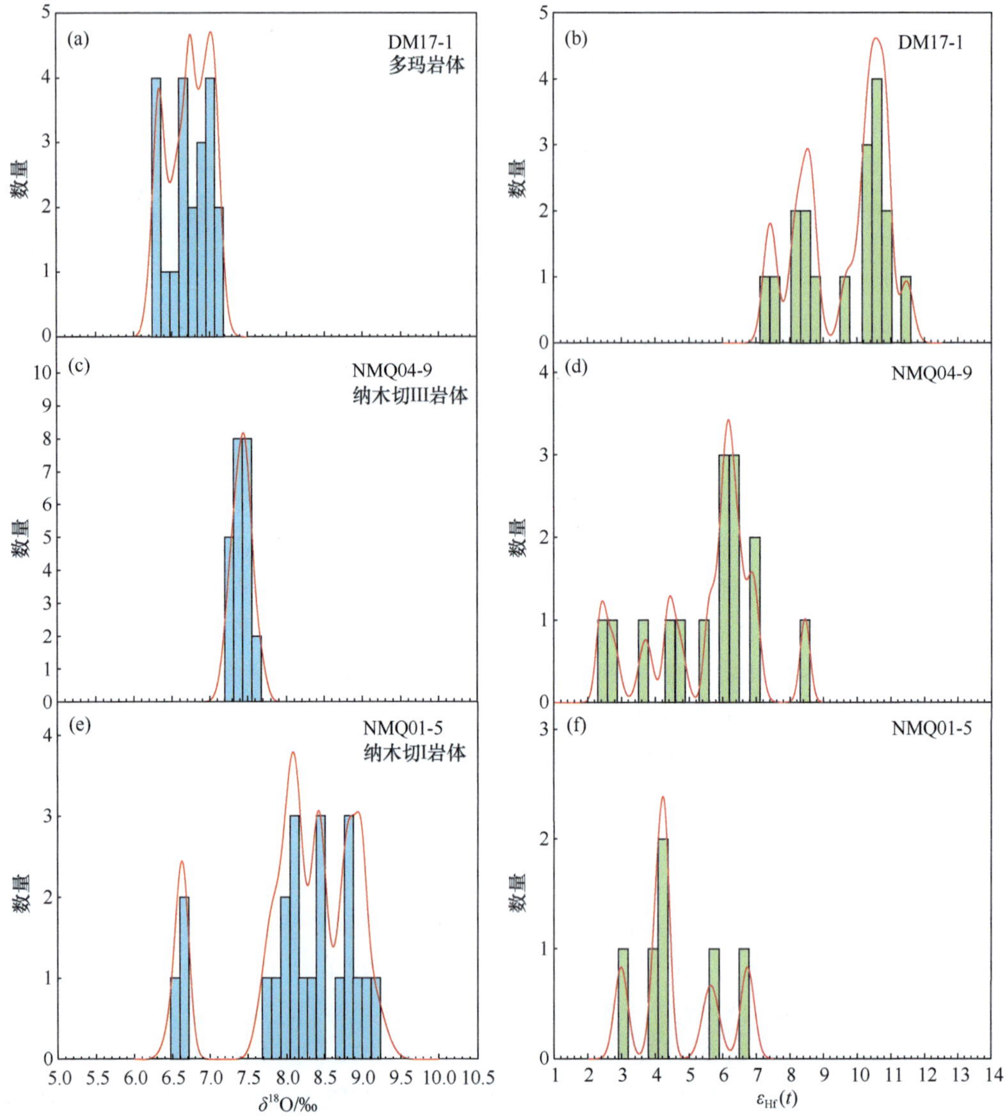

图 4.104　多玛–纳木切花岗斑岩锆石原位 Hf-O 同位素频率分布直方图

4.6.1.4　岩石成因

多玛–纳木切花岗斑岩形成过程中可能经历了有限的围岩同化混染作用，主要基于以下证据：①相对均一的全岩主微量元素和 Sr-Nd 同位素组成；②缺少捕获锆石；③全岩 SiO_2 含量和 $\varepsilon_{Nd}(t)$ 值之间无明显相关性［图 4.105（a）］；④缺少围岩捕虏体。然而，这四个斑岩体具有不同的稀土配分形型式［图 4.103（a）］以及 Sr-Nd-Hf-O 同位素组成，表明其可能受岩浆源区组成或其他岩浆过程控制。尽管纳木切 III 和多玛岩体具有相似的形成时代以及稀土和微量元素配分形式，两者可能并非为分离结晶

表 4.53 多玛 – 纳木切花岗岩全岩 Sr-Nd 同位素分析结果（Wang et al.，2021）

样品	Rb/ppm	Sr/ppm	$^{87}Sr/^{86}Sr$		$(^{87}Sr/^{86}Sr)_i$	Sm/ppm	Nd/ppm	$^{143}Nd/^{144}Nd$		$(^{143}Nd/^{144}Nd)_i$	$\varepsilon_{Nd}(t)$	T_{DM2}/Ga	$f_{Sm/Nd}$
			比值	±2σ				比值	±2σ				
16DM17-1	115.3	161.1				2.536	15.10	0.512680	0.000008	0.512629	1.7	0.74	–0.48
16DM17-2	107.5	103.3	0.708223	0.000010	0.704943	2.476	14.38	0.512661	0.000011	0.512608	1.3	0.77	–0.47
16DM18-2	117.1	141.8	0.707530	0.000011	0.704927	2.483	14.48	0.512674	0.000011	0.512622	1.6	0.75	–0.47
16DM19-1	111.0	124.8	0.707829	0.000010	0.705025	2.453	14.74	0.512652	0.000011	0.512601	1.2	0.78	–0.48
17NMQ04-1	86.7	114.5	0.709087	0.000014	0.706652	3.714	27.65	0.512526	0.000011	0.512481	–1.1	0.97	–0.58
17NMQ04-4	104.5	102.5	0.709048	0.000008	0.705770	3.769	28.66	0.512523	0.000009	0.512483	–1.1	0.97	–0.59
17NMQ04-5	100.4	174.8	0.708052	0.000022	0.706205	3.609	26.76	0.512524	0.000010	0.512495	–0.8	0.97	–0.58
17NMQ04-9	93.1	89.42	0.709732	0.000019	0.706385	3.050	21.78	0.512537	0.000011	0.512493	–0.9	0.95	–0.57
17NMQ01-1	218.4	85.47	0.716176	0.000019	0.707887	2.746	12.08	0.512436	0.000014	0.512365	–3.4	1.16	–0.30
17NMQ01-2	225.8	75.46				2.821	13.43	0.512419	0.000012	0.512353	–3.6	1.17	–0.35
17NMQ01-5	215.5	776.9	0.717364	0.000021	0.716464	6.955	48.67	0.512436	0.000013	0.512392	–2.8	1.11	–0.56
17NMQ03-1	117.9	15.77	0.728653	0.000024	0.704401	1.757	4.67	0.512489	0.000010	0.512344	–3.8	1.15	0.16
17NMQ03-3	127.7	22.42	0.723419	0.000014	0.704942	1.952	6.14	0.512462	0.000015	0.512315	–4.3	1.16	–0.02
17NMQ03-4	115.1	16.53	0.726172	0.000030	0.703584	1.571	4.55	0.512415	0.000018	0.512388	–2.9	1.25	0.07
17NMQ03-6	134.4	19.64	0.727296	0.000029	0.705098	1.549	4.54	0.512496	0.000020	0.512384	–3.0	1.12	0.06
17NMQ03-7	108.7	15.66	0.724968	0.000029	0.702451	1.108	3.14	0.512491	0.000015	0.512415	–2.4	1.13	0.09

注：$^{87}Sr/^{86}Sr_{(i)}=[(^{87}Sr/^{86}Sr)_s-(^{87}Rb/^{86}Sr)(e^{\lambda t}-1)]$，$\lambda(^{87}Rb)=1.42\times10^{-11}\ a^{-1}$。

$^{143}Nd/^{144}Nd_{(i)}=[(^{143}Nd/^{144}Nd)_s-(^{147}Sm/^{144}Nd)(e^{\lambda t}-1)]$，$\varepsilon_{Nd}(t)=[(^{143}Nd/^{144}Nd)_s/(^{143}Nd/^{144}Nd)_{CHUR}-1]\times10000$，$T_{DM}=\ln[(^{143}Nd/^{144}Nd)_s-(^{143}Nd/^{144}Nd)_{DM}]/[(^{143}Sm/^{144}Nd)_s-(^{147}Sm/^{144}Nd)_{DM}]/\lambda$。$(^{143}Nd/^{144}Nd)_{CHUR}=0.512638$，$(^{147}Sm/^{144}Nd)_{CHUR}=0.1967$，$(^{143}Nd/^{144}Nd)_{DM}=0.513151$，$(^{147}Sm/^{144}Nd)_{DM}=0.2135$，$(^{147}Sm/^{144}Nd)_{CC}=0.118$，$\lambda_{Sm}=6.54\times10^{-12}\ a^{-1}$。$t_{DM}=76$ Ma，$t_{NMQ\ III}=78$ Ma，$t_{NMQ\ I}$ 和 $t_{NMQ\ II}=79$ Ma。

表 4.54　多玛–纳木切花岗岩全岩 Hf 同位素分析结果（Wang et al.，2021）

样品	年龄 /Ma	Lu/ppm	Hf/ppm	$^{177}Hf/^{176}Hf$ 比值	$^{177}Hf/^{176}Hf$ ±2σ	$(^{177}Hf/^{176}Hf)_i$	$\varepsilon_{Hf}(t)$	T_{DM}/Ga	T_{DM2}/Ga	$f_{Lu/Hf}$	f_{DM}	f_{CC}
16DM17-1	76	0.120	4.032	0.283070	0.000006	0.283064	12.0	0.28	0.38	–0.87	0.16	–0.55
16DM17-2	76	0.120	4.232	0.283013	0.000007	0.283007	10.0	0.37	0.50	–0.88	0.16	–0.55
16DM18-2	76	0.120	3.963	0.283033	0.000004	0.283027	10.7	0.34	0.46	–0.87	0.16	–0.55
16DM19-1	76	0.118	4.110	0.283011	0.000003	0.283005	9.9	0.37	0.51	–0.88	0.16	–0.55
17NMQ04-1	78	0.114	3.590	0.282939	0.000008	0.282933	7.4	0.49	0.67	–0.87	0.16	–0.55
17NMQ04-4	78	0.122	3.706	0.282929	0.000005	0.282922	7.0	0.51	0.70	–0.86	0.16	–0.55
17NMQ04-5	78	0.122	3.778	0.282934	0.000008	0.282927	7.2	0.50	0.68	–0.86	0.16	–0.55
17NMQ04-9	78	0.103	3.346	0.282939	0.000004	0.282933	7.4	0.49	0.67	–0.87	0.16	–0.55
17NMQ01-1	79	0.176	2.167	0.282895	0.000007	0.282878	5.5	0.70	0.80	–0.66	0.16	–0.55
17NMQ01-5	79	0.222	6.276	0.283042	0.000005	0.282884	5.7	0.57	0.78	–0.85	0.16	–0.55
17NMQ03-1	79	0.236	3.334	0.282924	0.000007	0.282909	6.6	0.61	0.72	–0.70	0.16	–0.55
17NMQ03-3	79	0.240	3.447	0.282915	0.000008	0.282901	6.3	0.62	0.74	–0.71	0.16	–0.55
17NMQ03-4	79	0.234	3.263	0.282968	0.000007	0.282894	6.0	0.64	0.76	–0.70	0.16	–0.55
17NMQ03-6	79	0.219	3.345	0.282905	0.000003	0.282891	6.0	0.63	0.77	–0.72	0.16	–0.55
17NMQ03-7	79	0.206	3.006	0.282933	0.000007	0.282872	5.3	0.67	0.81	–0.71	0.16	–0.55

注：$\varepsilon_{Hf}(t)$=［$(^{176}Hf/^{177}Hf)_i/(^{176}Hf/^{177}Hf)_{CHUR}(t)-1$］×10000。

$T_{DM}=(1/\lambda)\times\ln\{1+[(^{176}Hf/^{177}Hf)_{DM}-(^{176}Hf/^{177}Hf)_s]/[(^{176}Lu/^{177}Hf)_{DM}-(^{176}Lu/^{177}Hf)_s]\}$。

$T_{DM2}=T_{DM}-(T_{DM}-T)\times[(f_{CC}-f_s)/(f_{CC}-f_{DM})]$。

$f_{Lu/Hf}=(^{176}Hf/^{177}Hf)_s/(^{176}Lu/^{177}Hf)_{CHUR}-1$，其中 f_{CC}、f_s 和 f_{DM} 分别是大陆地壳、全岩样品和亏损地幔的 $f_{Lu/Hf}$ 值。

表 4.55　多玛 – 纳木切花岗岩锆石 Hf-O 同位素分析结果（Wang et al.，2021）

点号	年龄 /Ma	$^{176}Yb/^{177}Hf$	$^{176}Lu/^{177}Hf$	$^{176}Hf/^{177}Hf$	2σ	$(^{176}Hf/^{177}Hf)_i$	$\varepsilon_{Hf}(0)$	$\varepsilon_{Hf}(t)$	T_{DM}/Ga	T_{DM2}/Ga	$f_{Lu/Hf}$	$\delta^{18}O$/‰	2σ
						16DM17-1							
1	76	0.047508	0.001558	0.283033	0.000012	0.283030	9.21	10.81	0.32	0.45	–0.95	6.70	0.17
2	77	0.062515	0.001991	0.283015	0.000011	0.283012	8.59	10.18	0.34	0.49	–0.94	6.65	0.25
3	75	0.054774	0.001910	0.282970	0.000011	0.282967	7.00	8.56	0.41	0.60	–0.94	6.54	0.18
4	75	0.051880	0.001703	0.282971	0.000010	0.282968	7.03	8.59	0.41	0.59	–0.95	6.90	0.21
5	75	0.069361	0.002170	0.283035	0.000012	0.283032	9.29	10.82	0.32	0.45	–0.93	6.97	0.22
6	77	0.060499	0.001933	0.283026	0.000013	0.283023	8.97	10.57	0.33	0.47	–0.94	6.27	0.16
7	75	0.046911	0.001668	0.283018	0.000018	0.283015	8.69	10.25	0.34	0.49	–0.95	6.79	0.26
9	75	0.052523	0.001682	0.282972	0.000013	0.282969	7.06	8.62	0.40	0.59	–0.95	7.08	0.20
11	77	0.071580	0.002238	0.283025	0.000014	0.283022	8.96	10.53	0.33	0.47	–0.93	6.71	0.22
13	76	0.053314	0.001819	0.283029	0.000014	0.283026	9.09	10.67	0.32	0.46	–0.95	6.88	0.20
14	73	0.036834	0.001171	0.282961	0.000013	0.282960	6.70	8.25	0.41	0.61	–0.96	7.04	0.15
15	76	0.079775	0.002496	0.282936	0.000011	0.282933	5.82	7.37	0.47	0.67	–0.92	7.00	0.29
17	78	0.052226	0.001721	0.283024	0.000011	0.283021	8.91	10.54	0.33	0.47	–0.95	6.34	0.12
18	77	0.062572	0.002007	0.282938	0.000011	0.282935	5.85	7.44	0.46	0.67	–0.94	7.11	0.15
19	77	0.046443	0.001514	0.282956	0.000010	0.282954	6.50	8.11	0.43	0.63	–0.95	6.34	0.22
20	78	0.050122	0.001618	0.283033	0.000010	0.283031	9.24	10.86	0.31	0.45	–0.95	6.90	0.22
21	77	0.053921	0.001696	0.283001	0.000010	0.282998	8.09	9.68	0.36	0.53	–0.95	6.61	0.18
						17NMQ01-5							
3	78	0.057217	0.002245	0.282886	0.000015	0.282883	4.04	5.64	0.54	0.79	–0.93	8.02	0.19
6	79	0.066689	0.002467	0.282917	0.000012	0.282913	5.13	6.73	0.49	0.72	–0.93	8.86	0.23
7	81	0.152122	0.004661	0.282845	0.000012	0.282838	2.59	4.11	0.64	0.89	–0.86	6.63	0.17
19	83	0.101368	0.003763	0.282836	0.000012	0.282831	2.28	3.90	0.64	0.90	–0.89	7.70	0.22
20	79	0.057910	0.002113	0.282842	0.000011	0.282839	2.49	4.10	0.60	0.88	–0.94	9.17	0.31
23	79	0.086627	0.003291	0.282849	0.000010	0.282845	2.74	4.30	0.61	0.87	–0.90	8.36	0.19

续表

点号	年龄 /Ma	$^{176}Yb/^{177}Hf$	$^{176}Lu/^{177}Hf$	$^{176}Hf/^{177}Hf$	2σ	$(^{176}Hf/^{177}Hf)_i$	$\varepsilon_{Hf}(0)$	$\varepsilon_{Hf}(t)$	T_{DM}/Ga	T_{DM2}/Ga	$f_{Lu/Hf}$	$\delta^{18}O$/‰	2σ
17NMQ04-9													
1	78	0.122888	0.003734	0.282906	0.000013	0.282900	4.73	6.24	0.53	0.75	–0.89	7.50	0.15
3	78	0.045496	0.001371	0.282895	0.000013	0.282893	4.35	6.00	0.51	0.76	–0.96	7.58	0.17
6	81	0.074458	0.002169	0.282849	0.000009	0.282846	2.73	4.38	0.59	0.87	–0.93	7.49	0.12
8	79	0.047339	0.001462	0.282900	0.000010	0.282898	4.54	6.20	0.50	0.75	–0.96	7.44	0.24
9	78	0.054168	0.001665	0.282884	0.000010	0.282881	3.96	5.58	0.53	0.79	–0.95	7.41	0.18
10	78	0.039764	0.001257	0.282894	0.000010	0.282892	4.32	5.96	0.51	0.77	–0.96	7.35	0.24
11	79	0.054318	0.001734	0.282858	0.000010	0.282855	3.03	4.69	0.57	0.85	–0.95	7.50	0.20
13	75	0.043398	0.001301	0.282910	0.000009	0.282908	4.88	6.47	0.49	0.73	–0.96	7.34	0.20
14	76	0.051444	0.001624	0.282832	0.000012	0.282830	2.12	3.71	0.61	0.91	–0.95	7.68	0.15
16	79	0.047243	0.001483	0.282901	0.000010	0.282899	4.56	6.21	0.50	0.75	–0.96	7.30	0.20
18	77	0.052448	0.001579	0.282921	0.000011	0.282919	5.26	6.88	0.48	0.71	–0.95	7.28	0.20
19	78	0.046045	0.001378	0.282964	0.000009	0.282962	6.80	8.44	0.41	0.61	–0.96	7.46	0.26
20	77	0.042822	0.001351	0.282794	0.000010	0.282792	0.78	2.39	0.66	0.99	–0.96	7.27	0.21
21	79	0.043178	0.001374	0.282920	0.000012	0.282918	5.23	6.89	0.48	0.71	–0.96	7.29	0.18
23	81	0.061690	0.001922	0.282802	0.000011	0.282799	1.04	2.73	0.65	0.97	–0.94	7.50	0.20

注：$\varepsilon_{Hf}(t)$=［$(^{176}Hf/^{177}Hf)_i/(^{176}Hf/^{177}Hf)_{CHUR}(t)-1$］×10000。

$(^{176}Hf/^{177}Hf)_{CHUR}(t)=(^{176}Hf/^{177}Hf)_{CHUR}(0)-(^{176}Lu/^{177}Hf)_{CHUR}\times(e^{\lambda t}-1)$，$\lambda(^{176}Lu)=1.867\times10^{-11}\ a^{-1}$。

$T_{DM}=(1/\lambda)\times\ln\{1+[(^{176}Hf/^{177}Hf)_{DM}-(^{176}Hf/^{177}Hf)_s]/[(^{176}Lu/^{177}Hf)_{DM}-(^{176}Lu/^{177}Hf)_s]\}$。

$T_{DM2}=T_{DM}-(T_{DM}-T)\times[(f_{CC}-f_Z)/(f_{CC}-f_{DM})]$。

$f_{Lu/Hf}=(^{176}Hf/^{177}Hf)_s/(^{176}Lu/^{177}Hf)_{CHUR}-1$，$f_{CC}$、$f_Z$和$f_{DM}$是大陆地壳、锆石样品和亏损地幔的$f_{Lu/Hf}$值；字母s代表分析的锆石样品，CHUR代表球粒陨石标准库；DM代表亏损地幔。

关系，主要基于纳木切 III 岩体相对多玛岩体具有更富集的 Sr-Nd-Hf-O 同位素组成和高的 TiO_2、Al_2O_3、P_2O_5 含量和 Nb/Ta 值［图 4.105（c）；4.106（a）、（b）和（h）］以及两者相似的接近球粒陨石值的 Zr/Hf 值［图 4.105（d）］。纳木切 I 和 II 花岗斑岩相对多玛和纳木切 III 花岗斑岩具有更高的 SiO_2 和更低的 MgO、$Fe_2O_3^T$、TiO_2、Al_2O_3、P_2O_5、CaO 含量和 Zr/Hf 值以及更富集的 Nd-Hf 同位素组成［图 4.105（d）、图 4.106（a）~（d）和（g）~（h）、图 4.109、图 4.110（a）和（b）］，表明两者并非与多玛和纳木切 III 岩体的同源岩浆分离结晶的产物。但是，这两个岩体具有相近的 Nd-Hf-O 同位素组成［图 4.109、图 4.110（a）和（b）］，指示其可能具有相同的母岩浆源区。纳木切 I 和 II 花岗斑岩相对低的 MgO、$Fe_2O_3^T$、TiO_2、Al_2O_3、P_2O_5、CaO、La 含量和 Nb/Ta、Zr/Hf、$(La/Yb)_N$、Eu/Eu* 值［图 4.103（b）、图 4.105（b）~（d）、图 4.106（a）~（d）和（g）~（h）］可能指示了斜长石、含 Fe-Ti 矿物相（如黑云母、钛铁矿和榍石等）、磷灰石、锆石、褐帘石等矿物分离结晶（Gelman et al.，2014；Wu et al.，2003）。而且，纳木切 II 相对 I 岩体可能经历了更高程度的分离结晶并伴随有熔体 – 流体反应，主要基于以下证据：①更低的 K_2O 含量和 Eu/Eu* 值［图 4.103（a）和图 4.106（e）］暗示更高程度的钾长石分离结晶；②更低的稀土含量和显著的稀土四分组效应（$TE_{1,3}$=1.07~1.17）［图 4.103（a）和图 4.107；Wu et al.，2017］；③超球粒陨石的 Y/Ho 值［图 4.107（a）；Bau and Dulski，1995］。

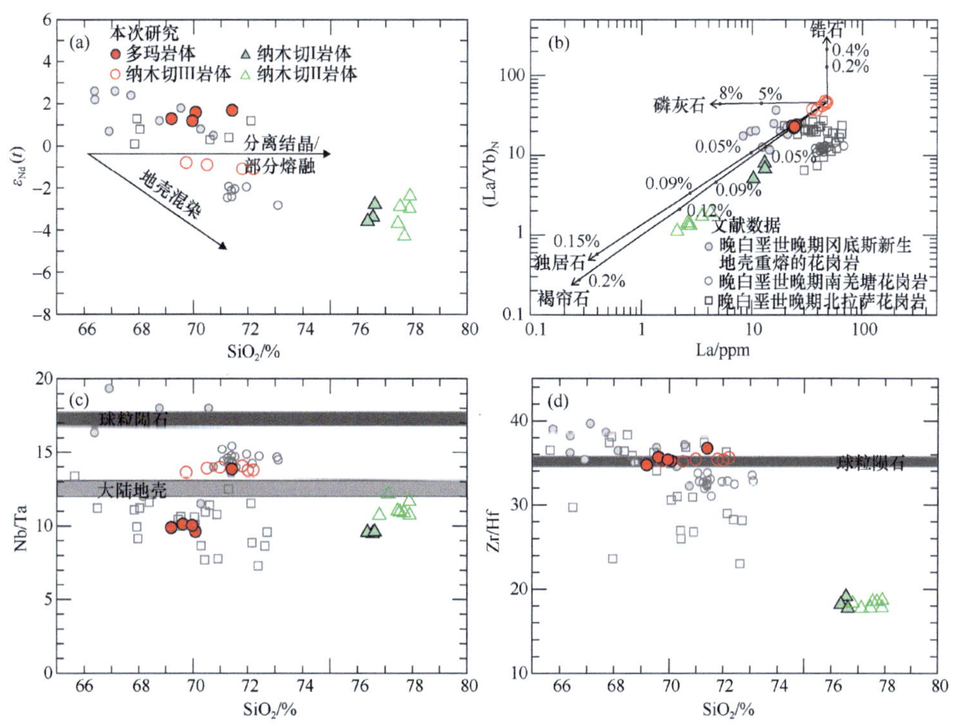

图 4.105　多玛 – 纳木切花岗斑岩 $\varepsilon_{Nd}(t)$-SiO_2（a）、（La/Yb）$_N$-La（b）、Nb/Ta-SiO_2（c）和 Zr/Hf-SiO_2（d）图解

文献数据来源同图 4.101，球粒陨石和全地壳数据分别引自 Sun 和 McDonough（1989）和 Rudnick 和 Gao（2003）

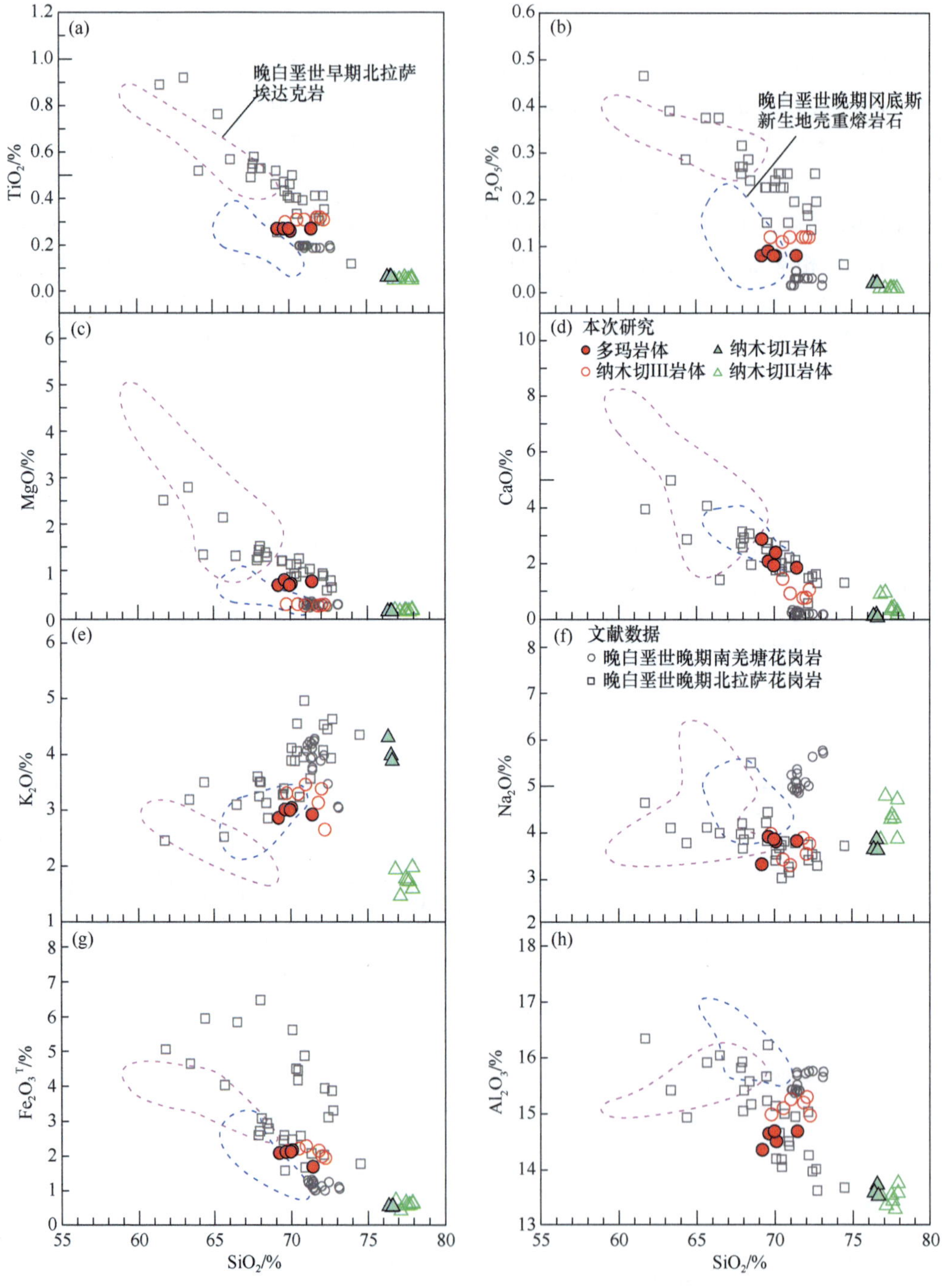

图 4.106　多玛－纳木切花岗斑岩主量元素相关图解

文献数据来源同图 4.101

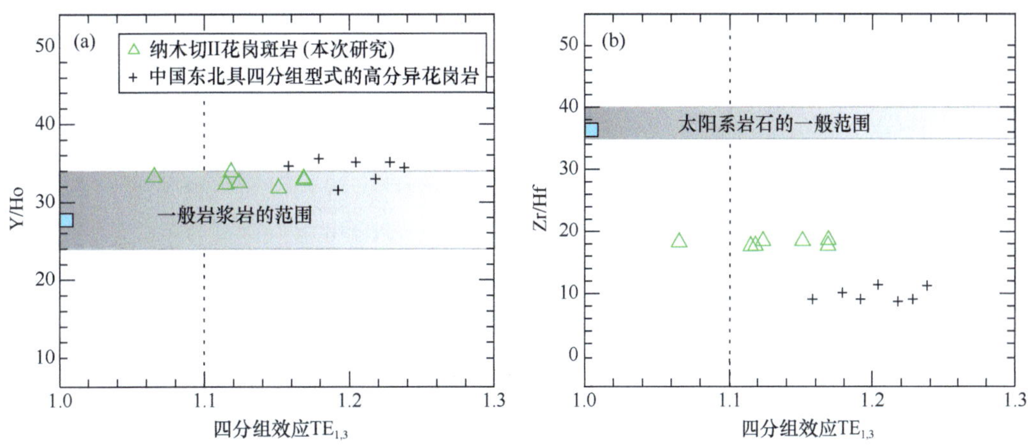

图 4.107　多玛 - 纳木切花岗斑岩稀土 $TE_{1,3}$-Y/Ho（a）和 $TE_{1,3}$-Zr/Hf（b）图解

花岗岩类、太阳系岩石和东北高分异花岗岩数据引自 Jahn 等（2001）

如上所述，多玛和纳木切 III 花岗斑岩具有比纳木切 I 和 II 岩体更低的 SiO_2 含量，分异程度更低，且具有相对均一的主微量元素组成，因此不可能形成于幔源玄武质岩浆的分离结晶。岩浆混合通常会造成较大的微量元素和同位素组成变化，以及不同晶体形态的锆石共存。而多玛和纳木切 III 岩体 Sr-Nd-Hf-O 同位素组成相对均一，锆石晶体形态一致，因此可能不是形成于长英质与基性岩浆的混合作用。两个岩体野外露头未见暗色基性包体，也支持该结论。多玛和纳木切 III 花岗斑岩高的 SiO_2（69.2%~72.2%）含量表明其不可能直接由地幔橄榄岩部分熔融形成（Wyllie，1977），因此，两者很可能形成于镁铁质下地壳的部分熔融，主要证据如下：①一些主微量元素特征与北拉萨地块下地壳来源的晚白垩世侵入岩（如日土埃达克质岩石）相似（图 4.103 和 4.106；Zhao et al.，2008）；② Nb/U（2~5）、Ce/Pb（2~7）和 Th/U（4~7）值范围与下地壳平均值相近［图 4.108（a）和（b）；Foley et al.，2002］；③多玛和纳木切 III 岩体均落入角闪岩 / 变玄武岩脱水熔融实验获得的熔体主量元素变化范围内［图 4.108（c）和（d）；Patiño Douce，1999］。

多玛花岗斑岩具有相对亏损的 Sr-Nd-Hf 同位素组成，初始 Sr 同位素比值为 0.7049~0.7050，$\varepsilon_{Nd}(t)$ 值为 1.2~1.7，全岩和锆石 $\varepsilon_{Hf}(t)$ 值分别为 9.9~12.0 和 7.4~11.5，$\delta^{18}O$ 值为 6.3‰~7.1‰，高于地幔值。这些值与班怒带晚侏罗世到早白垩世 MORB 和 OIB（Wang et al.，2016）不同，但可与北拉萨地块北缘晚白垩世日土花岗岩（Zhao et al.，2008）和冈底斯朗县花岗岩（Tang et al.，2019）相对比［图 4.110（a）和（b）］，表明多玛花岗斑岩形成于新生下地壳的部分熔融。然而，其相对亏损地幔稍富集的 Sr-Nd-Hf 同位素和高的 $\delta^{18}O$ 值（Valley et al.，2005；Wang et al.，2016），表明其源区可能有 10%~20% 的富集地壳组分［图 4.110（a）和（b）］。纳木切 III 花岗斑岩相对多玛花岗斑岩 Sr-Nd-Hf 同位素组成稍富集，其初始 Sr 同位素比值为 0.7058~0.7066，$\varepsilon_{Nd}(t)$ 值为 –1.1~–0.8，全岩和锆石 $\varepsilon_{Hf}(t)$ 值分别为 7.0~7.4 和 2.4~8.4，指示其可能与多玛花岗斑岩具有相似的源区组成，但源区具有更大比例（20%~40%）的富集地壳组分［图 4.110（a）和（b）］。其高的 $\delta^{18}O$ 值（7.3‰~7.7‰）也支持该结论，因为前人研究表明锆石 $\delta^{18}O$ > 6.5‰ 时岩浆源区可能存在一定量的表壳物质（Valley et al.，2005；Hawkesworth et al.，2010）。

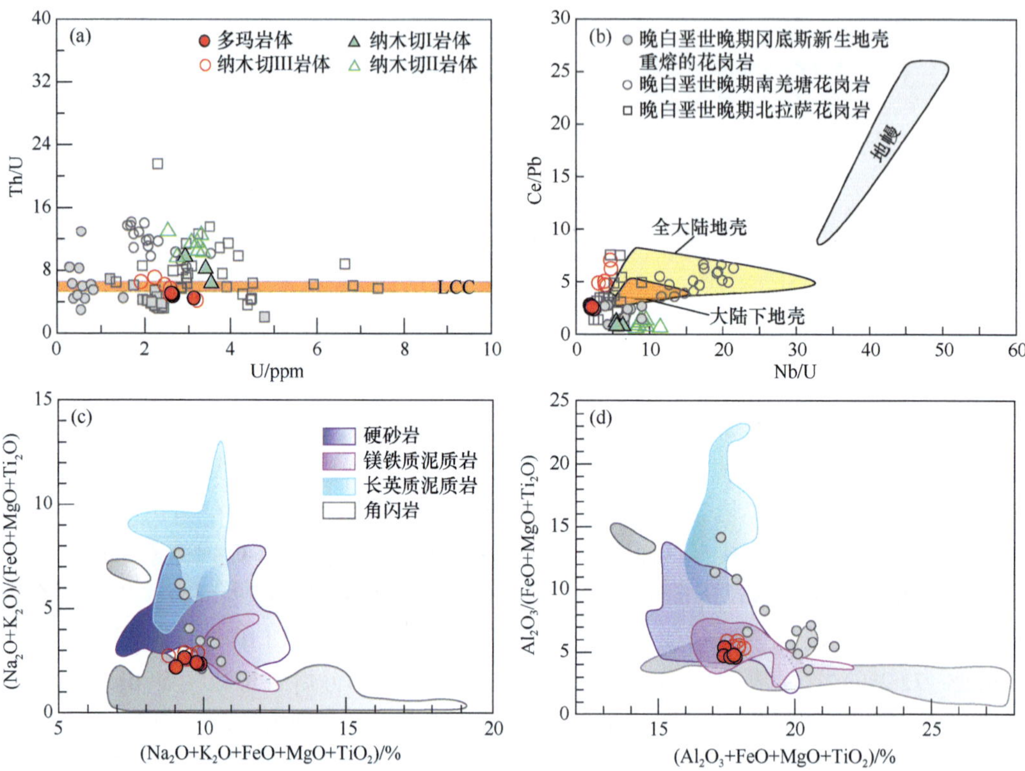

图 4.108　多玛 - 纳木切花岗斑岩 Th/U-U（a）、Ce/Pb-Nb/U 图解（b）；与实验熔体数据（c 和 d）（Patiño Douce，1999）对比

文献数据来源同图 4.101，地幔、全大陆地壳和下地壳数据引自 Rudnick 和 Gao（2003）

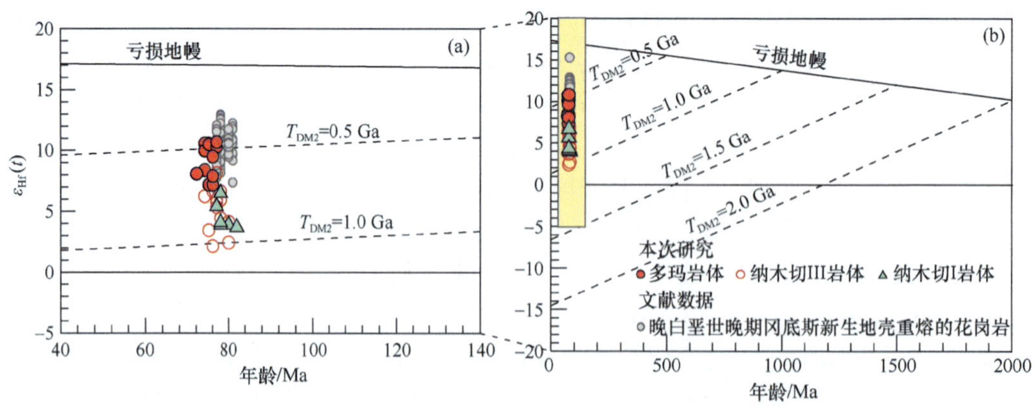

图 4.109　多玛 - 纳木切花岗斑岩锆石原位 Hf 同位素与年龄分布图

亏损地幔 Hf 同位素数据引自 Blichert-Toft 和 Albarède（1997）和 Vervoort 和 Blichert-Toft（1999）；冈底斯晚白垩世晚期花岗岩数据引自 Tang 等（2019）

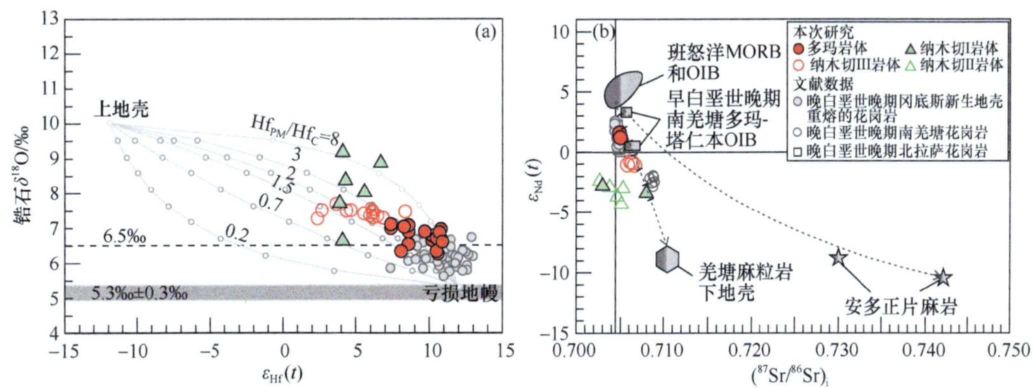

图 4.110　多玛－纳木切花岗斑岩锆石原位 δ^{18}O-$\varepsilon_{Hf}(t)$（a）和全岩 $(^{87}Sr/^{86}Sr)_i$-$\varepsilon_{Nd}(t)$（b）图解

Hf_{PM}/Hf_C 代表原始地幔（PM）和地壳（C）Hf 含量比值，地幔端员 $\varepsilon_{Hf}(t)$ 值为 12，δ^{18}O 值为 5.3‰，表壳物质 $\varepsilon_{Hf}(t)$ 值为 −12，δ^{18}O 值为 10‰，每个小白圆圈间的间隔代表 10% 的混合；6.5‰ 代表锆石受分离结晶影响的上限 δ^{18}O 值（Valley et al.，2005）。Sr-Nd 同位素混合端员分别为班怒洋 MORB 和 OIB 岩石（Wang et al.，2016）、羌塘下地壳麻粒岩（Lai et al.，2011）和安多正片麻岩（Harris et al.，1988）；早白垩世晚期多玛－塔仁本 OIB 数据也用于投图比较。文献数据来源：南羌塘、北拉萨和冈底斯晚白垩世晚期花岗岩数据引自 He 等（2019）、Tang 等（2019）和 Zhao 等（2008）

和纳木切 III 花岗斑岩相比，纳木切 I 和 II 花岗斑岩具有更富集的 Nd-Hf 同位素组成［$\varepsilon_{Nd}(t)$= −4.3~−2.4；全岩 $\varepsilon_{Hf}(t)$= 5.3~6.6；锆石 $\varepsilon_{Hf}(t)$= 3.9~6.7］，高的 δ^{18}O 值（6.6‰~9.2‰）和老的 Hf 模式年龄（全岩 810~725 Ma，锆石 697~673 Ma）。但是其 Nd 同位素组成相比安多片麻岩和羌塘麻粒岩包体（Harris et al.，1988；Lai et al.，2011）更亏损，与南羌塘地块高分异的处不日花岗岩（73 Ma；He et al.，2019）、阿布山－安多火山岩（80~76 Ma；Li et al.，2013a；Chen et al.，2017）以及北拉萨地块加厚下地壳来源的中仓埃达克质岩（90 Ma；余红霞等，2011）组成相近，表明其岩浆源区应该为壳（约 60%）幔（约 40%）混合物质［图 4.110（b）］。锆石 Hf-O 同位素组成也支持该结论［图 4.110（a）］。

综上，多玛－纳木切花岗斑岩的岩浆源区为不同程度幔源（40%~80%）和壳源（60%~20%）组分的混合物。岩浆源区的不均一性可能归因于班怒带下地壳早白垩世晚期羌塘－拉萨碰撞导致的地形起伏（Zhu et al.，2016；Li et al.，2017d；Hao et al.，2019）。

4.6.1.5　动力学机制

前人研究表明班怒洋可能经历了穿时闭合，在缝合带西段发现的早白垩世晚期洋岛火山岩指示班怒洋闭合于晚白垩世或之后（Zhang et al.，2012，2014b；Hao et al.，2019），而东段被认为闭合于早白垩世晚期（Kapp et al.，2007；Zhu et al.，2016），即南羌塘地块在晚白垩世晚期已处于碰撞后造山阶段。南羌塘地块约 80 Ma 高 La/Yb 值的安多火山岩的发现以及中－北拉萨地块广泛出露的晚白垩世早期埃达克质岩石都指示晚白垩世早期藏中地区存在加厚的岩石圈（Zhao et al.，2008；余红霞等，2011；

Wang et al.，2014；Chen et al.，2015，2017）。因此，南羌塘地块晚白垩世晚期大量中酸性岩浆岩的发育可能与晚白垩世晚期藏中岩石圈伸展密切相关（Li et al.，2013a；He et al.，2019；Lu et al.，2019）。本研究的 79~75 Ma 多玛–纳木切花岗斑岩很可能形成于这种碰撞后伸展环境。

然而，目前对于藏中岩石圈晚白垩世碰撞后伸展的机制还存在较大争议，主要有两种认识：①碰撞后加厚岩石圈拆沉；②新特提斯洋俯冲板片回撤。尽管中–北拉萨地块晚白垩世发育了大量低镁和高镁埃达克质岩石，但南羌塘地块却很少，目前仅在安多地区发现一例（Ji et al.，2021）。此外，南羌塘和中、北拉萨地块晚白垩世岩浆岩以小岩体呈带状相对分散分布，单个岩体体量较小；岩石类型以中酸性岩石为主，缺少基性岩；这些特征与典型岩石圈拆沉环境形成的岩浆作用明显不同，如中国东部晚中生代在岩石圈拆沉背景下形成了大量的埃达克质、I 型、A 型花岗岩以及板内基性岩–碱玄岩等（Wang et al.，2006a，2006b）。因此，本研究认为藏中晚白垩世晚期沿班怒带的岩石圈伸展可能主要受控于南侧新特提斯洋壳的俯冲回卷。前人研究表明，新特提斯洋板片可能经历了从晚白垩世早期洋脊俯冲（100~85 Ma；Zhang et al.，2010；Zhu et al.，2013）到晚白垩世晚期—早古新世板片回卷（85~62 Ma；Ma et al.，2013a，2013b；Chapman et al.，2018）的构造转变。和这种转变相应地，藏中岩石圈可能经历了早期（100~80 Ma）碰撞后挤压增厚和晚期（80~68 Ma）强烈伸展。通过选取羌塘和拉萨地块晚白垩世中酸性岩浆岩进行全岩锆饱和温度（Watson and Harrison，1983）计算，并将计算结果与其分布纬度进行作图［图 4.111（a）］，发现从南至北晚白垩世岩浆作用的锆饱和温度有一个逐渐升高的趋势；将岩浆侵位年龄和纬度进行作图［图 4.111（b）］，发现这些岩浆岩呈南北向面状分布，表明其形成可能受控于共同的动力学机制，即南侧新特提斯洋壳的俯冲回卷效应（图 4.112）。这种温度由南向北升高可能是由于南边近冈底斯的岩浆作用主要受新特提斯洋俯冲流体交代影响，而北边中–北拉萨及羌塘地块的熔融方式以岩石圈强烈伸展减薄背景下高温脱水熔融方式

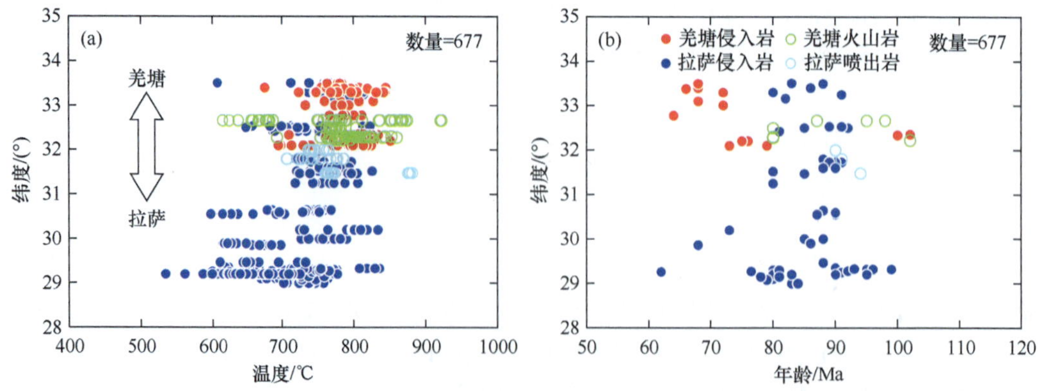

图 4.111　羌塘–拉萨地块晚白垩世岩浆岩锆饱和温度（a）（Watson and Harrison，1983）和年龄随纬度变化分布图（b）

文献数据来源见 Wang 等（2021）

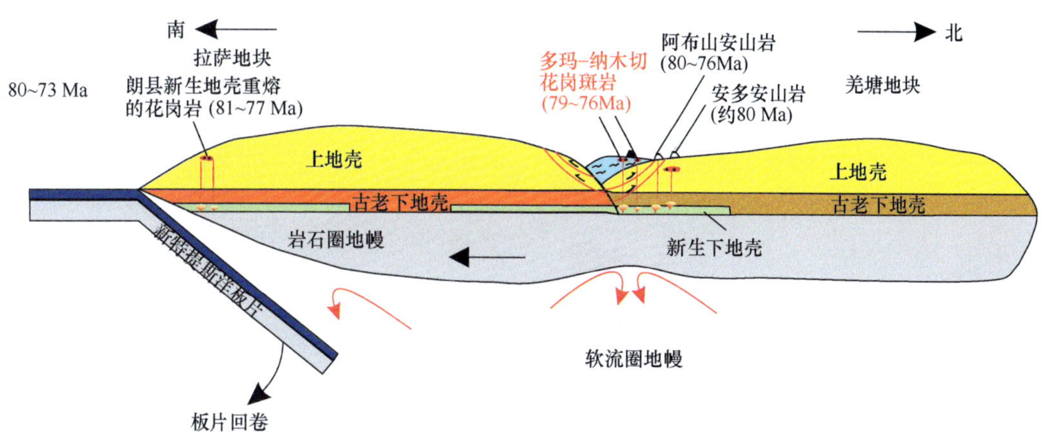

图 4.112　羌塘地块南缘晚白垩世岩浆岩形成模式图

朗县花岗岩、安多和阿布山火山岩年龄数据分别引自 Tang 等（2019）、Chen 等（2017）和 Li 等（2013a）

为主。此外，在羌塘地块的西延—中 – 南帕米尔以及东延昌都地区发育的大量晚白垩世晚期（80~70 Ma）岩浆作用，也被认为与新特提斯洋洋壳回卷造成的岩石圈伸展相关（Chapman et al.，2018 ； Wang et al.，2019）。

4.6.1.6　小结

多玛 – 纳木切花岗斑岩位于南羌塘地块南缘，紧邻班公湖 – 怒江缝合带，主要包括多玛和纳木切 I、II、III 四个岩体，锆石 SIMS U-Pb 年代学确定其形成于晚白垩世晚期（79~76 Ma）。多玛 – 纳木切花岗斑岩均为准铝质 – 过铝质 I 型花岗岩，具有弧岩浆地球化学特征，其中多玛和纳木切 III 岩体相对低硅，纳木切 I 和 II 岩体相对高硅，且显示了高分异特征。全岩 Sr-Nd-Hf 及锆石 Hf-O 同位素研究表明多玛 – 纳木切花岗斑岩主要形成于先前形成的弧下新生地壳的部分熔融，并不同程度地混入了富集的古老地壳组分。多玛 – 纳木切花岗斑岩形成于晚白垩世晚期碰撞后岩石圈伸展背景。这种伸展主要受控于新特提斯洋壳回卷引发的远程效应，其可以引起地幔扰动，促使软流圈地幔上涌，进而造成班怒带以及南羌塘地块下地壳部分熔融。

4.6.2　晚白垩世错那湖铁质花岗岩

4.6.2.1　岩石组成及年代学特征

错那湖花岗岩位于南羌塘地块南缘，靠近安多地体，出露面积约 20 km^2，岩体部分被始新世牛堡组陆相沉积物所覆盖（图 4.113）。错那湖花岗岩岩石类型主要包括未变形的黑云母二长花岗岩和次火山质花岗斑岩（图 4.114）。其中黑云母二长花岗岩为中细粒（0.2~0.4 cm）粒状结构，花岗斑岩为斑状结构，两者均为块状构造。部分黑云母二长花岗岩呈堆晶结构，其内包含有自形斑晶斜长石和半自形 – 他形石英、斜长

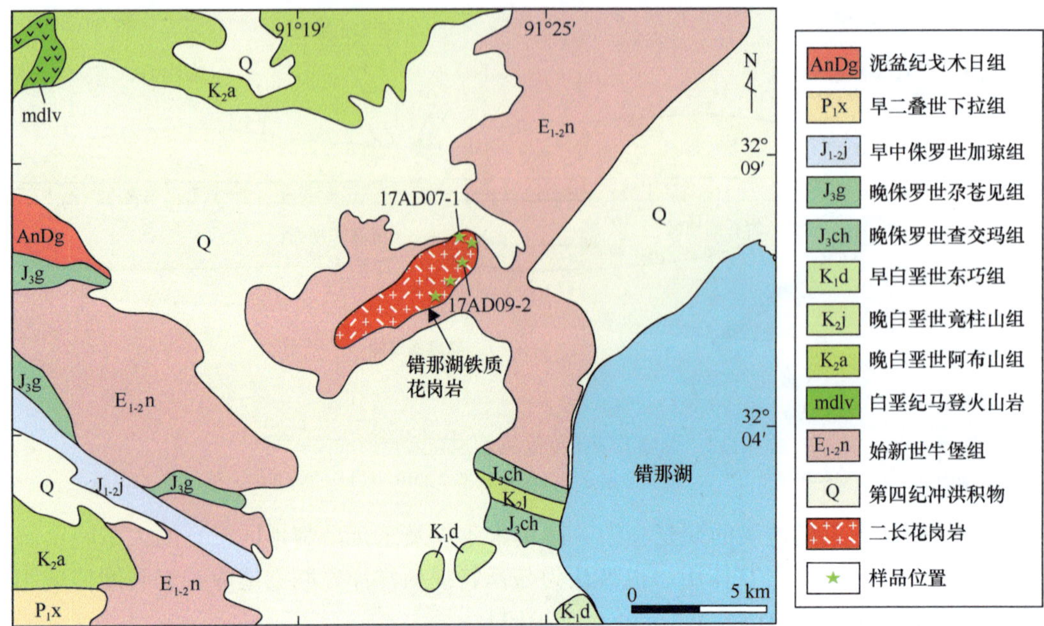

图 4.113　南羌塘地块错那湖区域地质简图

石、钾长石和黑云母等间隙矿物［图 4.114（c）］。两类花岗岩具有相似的矿物组合，其中黑云母二长花岗岩包括 20%~25% 石英、20%~25% 钾长石、30%~35% 斜长石和 10%~15% 黑云母［图 4.114（c）和（d）］；花岗斑岩包括 10%~15% 半自形–他形石英斑晶、25%~30% 钾长石、15%~20% 斜长石和约 5% 黑云母［图 4.114（e）和（f）］；副矿物均为锆石、磷灰石、独居石和磁铁矿等。综上，错那湖从黑云母二长花岗岩到花岗斑岩在矿物组合、丰度及结构上都存在过渡。错那湖花岗岩整体相对新鲜，仅黑云母二长花岗岩中的长石晶体发育弱的绢云母化［图 4.114（c）和（d）］。此外，黑云母二长花岗岩中的长石晶体普遍发育环带和卡式双晶［图 4.114（c）和（d）］。

黑云母二长花岗岩中的锆石相对自形，振荡环带发育［图 4.115（b）］，Th/U 为 1.2~3.2（表 4.56），为岩浆成因锆石。本次获得其锆石 SIMS U-Pb 反谐和上交点年龄为 74.9±1.3 Ma［MSWD=2.5；图 4.115（a）］，与 ^{207}Pb 校正的加权平均年龄 75.1±1.3 Ma［MSWD=2.4；图 4.115（b）］一致。花岗斑岩中的锆石相对自形，多呈深灰色，核–边结构不发育，裂隙发育，晶形整体一致，振荡环带隐约可见［图 4.115（d）］。这些锆石具有高的 Th（302~5673 ppm）、U（180~2352 ppm）含量和 Th/U（1.0~2.7）值（表 4.56），指示其为岩浆成因。本次获得其锆石 LA-ICP-MS U-Pb 反谐和上交点年龄为 75.8±0.4 Ma［MSWD=1.5；图 4.115（d）］，与 ^{207}Pb 校正的加权平均年龄 75.7±0.3 Ma［MSWD=1.5；图 4.115（d）］一致。

4.6.2.2　地球化学特征

错那湖花岗岩长石主量元素分析数据见表 4.57。黑云母二长花岗岩中长石成分

图 4.114　错那湖花岗岩野外露头（a 和 b）和正交偏光岩相图（c~f）

（c）中细粒二长花岗岩，长石晶体发生弱绢云母化；（d）中细粒二长花岗岩中的自形堆晶斜长石，环带结构发育；（e）和（f）花岗斑岩，具斑状结构。矿物缩写：Bt. 黑云母；Pl. 斜长石；Qtz. 石英

变化较大，包括中长石（$An_{30\sim37}Ab_{60\sim66}Or_{3\sim4}$）、奥长石（$An_{12\sim30}Ab_{66\sim81}Or_{4\sim7}$）、钠长石（$An_{1\sim3}Ab_{97\sim98}Or_{1}$）、钾 – 钠长石（$An_{0\sim9}Ab_{17\sim40}Or_{58\sim90}$）和钾长石（$An_{0}Ab_{8\sim15}Or_{84\sim92}$）；而花岗斑岩中的长石组成主要为钾 – 钠长石（$An_{2}Ab_{58}Or_{40}$）。黑云母二长花岗岩中单个具有环带的长石晶体组成变化也较大，从核到幔到边分别为中长石（$An_{30\sim37}Ab_{60\sim66}Or_{3\sim4}$）、奥长石（$An_{12\sim30}Ab_{66\sim81}Or_{4\sim7}$）、钾 – 钠长石（$An_{0\sim9}Ab_{17\sim40}Or_{58\sim90}$）和钾长石（$An_{0}Ab_{8\sim15}Or_{84\sim92}$）（图 4.116）。

表 4.56　错那湖铁质花岗岩 LA-ICP-MS 锆石 U-Pb 年龄分析结果（Wang et al.，2022）

点号	含量 /ppm			Th/U	同位素比值						同位素年龄 /Ma					
	U	Th	Pb*		$^{207}Pb/^{206}Pb$	±1SD	$^{207}Pb/^{235}U$	±1SD	$^{206}Pb/^{238}U$	±1SD	$^{207}Pb/^{206}Pb$	±1SD	$^{207}Pb/^{235}U$	±1SD	$^{206}Pb/^{238}U$	±1SD
17AD09-2																
01	687	1353	32.99	2.0	0.0511	0.0021	0.0792	0.0031	0.0112	0.0002	245.6	93.4	77.4	2.9	72.0	1.2
02	715	1428	7.17	2.0	0.0514	0.0041	0.0800	0.0061	0.0113	0.0003	258.7	175.0	78.1	5.7	72.3	2.1
03	1415	3168	5.13	2.2	0.0514	0.0018	0.0810	0.0027	0.0114	0.0002	258.5	79.0	79.0	2.5	73.2	1.1
04	2607	4184	20.07	1.6	0.0544	0.0019	0.0864	0.0028	0.0115	0.0002	386.2	75.6	84.2	2.6	73.9	1.2
05	607	1122	4.26	1.8	0.0487	0.0027	0.0782	0.0041	0.0116	0.0002	135.4	124.2	76.5	3.9	74.6	1.4
06	1359	4384	4.68	3.2	0.0496	0.0018	0.0807	0.0028	0.0118	0.0002	176.1	83.9	78.8	2.6	75.7	1.1
07	1309	2675	5.26	2.0	0.0539	0.0017	0.0883	0.0025	0.0119	0.0002	366.3	67.4	85.9	2.3	76.2	1.0
08	593	993	5.23	1.7	0.0508	0.0028	0.0838	0.0044	0.0120	0.0002	233.4	122.4	81.7	4.1	76.6	1.4
09	2191	2603	6.55	1.2	0.0497	0.0011	0.0819	0.0017	0.0120	0.0001	180.6	52.4	79.9	1.6	76.6	0.8
10	591	751	5.31	1.3	0.0490	0.0025	0.0817	0.0040	0.0121	0.0002	147.4	115.6	79.7	3.7	77.5	1.3
17AD07-1																
01	2115	5673	49.73	2.7	0.0531	0.0012	0.0851	0.0017	0.0116	0.0001	345	50.0	82.9	1.6	73.8	0.8
02	180	302	3.93	1.7	0.0780	0.0075	0.1354	0.0155	0.0121	0.0002	1146	192.6	128.9	13.9	74.3	1.6
03	479	977	10.66	2.0	0.0567	0.0023	0.0929	0.0035	0.0120	0.0001	480	87.0	90.2	3.3	75.9	1.0
04	354	951	8.72	2.7	0.0754	0.0032	0.1244	0.0052	0.0120	0.0002	1080	87.0	119.1	4.7	74.2	1.1
05	1252	1311	22.45	1.0	0.0656	0.0018	0.1082	0.0032	0.0118	0.0001	794	52.8	104.3	2.9	74.0	0.7
06	2312	3359	45.14	1.5	0.0654	0.0033	0.1130	0.0072	0.0120	0.0001	787	112.0	108.7	6.5	75.0	1.0
07	2352	3188	47.35	1.4	0.0625	0.0032	0.1053	0.0058	0.0120	0.0001	700	104.6	101.6	5.3	75.4	0.9
08	2108	2810	40.62	1.3	0.0634	0.0018	0.1042	0.0029	0.0119	0.0001	720	65.7	100.7	2.6	74.9	0.7
09	2001	2710	38.75	1.4	0.0644	0.0020	0.1115	0.0040	0.0123	0.0001	754	64.8	107.3	3.7	76.9	0.8
10	2306	3151	46.02	1.4	0.0713	0.0034	0.1191	0.0054	0.0121	0.0001	969	91.7	114.2	4.9	75.0	0.8
11	1714	3268	38.00	1.9	0.0782	0.0027	0.1301	0.0043	0.0121	0.0001	1154	68.5	124.2	3.8	74.5	0.9
12	2115	2104	33.18	1.2	0.0612	0.0018	0.1014	0.0025	0.0121	0.0001	656	61.1	98.1	2.3	76.5	0.8

续表

点号	含量 /ppm			Th/U	同位素比值						同位素年龄 /Ma					
	U	Th	Pb*		$^{207}Pb/^{206}Pb$	±1SD	$^{207}Pb/^{235}U$	±1SD	$^{206}Pb/^{238}U$	±1SD	$^{207}Pb/^{206}Pb$	±1SD	$^{207}Pb/^{235}U$	±1SD	$^{206}Pb/^{238}U$	±1SD
17AD07-1																
13	180	2039	33.54	1.2	0.0666	0.0020	0.1138	0.0037	0.0123	0.0001	828	63.0	109.4	3.3	77.0	0.9
14	479	1684	28.29	1.1	0.0562	0.0013	0.0940	0.0023	0.0121	0.0001	461	58.3	91.2	2.1	76.9	0.8
15	354	1638	26.47	1.1	0.0511	0.0011	0.0839	0.0018	0.0119	0.0001	256	50.0	81.8	1.7	75.8	0.7
16	1252	2258	32.54	1.3	0.0530	0.0012	0.0876	0.0020	0.0120	0.0001	328	56.5	85.3	1.9	76.2	0.7
17	2312	1881	30.18	1.1	0.0559	0.0019	0.0921	0.0027	0.0121	0.0001	450	75.9	89.5	2.5	76.8	0.9
18	2352	2302	35.43	1.2	0.0641	0.0018	0.1079	0.0034	0.0120	0.0001	746	256.5	104.0	3.1	75.6	0.8
19	2352	1772	23.10	1.1	0.0510	0.0012	0.0839	0.0019	0.0119	0.0001	243	53.7	81.8	1.8	76.2	0.8
20	2108	1946	30.72	1.2	0.0656	0.0018	0.1094	0.0028	0.0121	0.0001	794	55.6	105.4	2.6	75.6	0.8
21	2001	2371	32.85	1.3	0.0713	0.0036	0.1241	0.0076	0.0120	0.0001	966	102.3	118.8	6.9	74.6	1.0
22	2306	2038	33.46	1.2	0.0674	0.0029	0.1128	0.0042	0.0123	0.0001	850	120.5	108.5	3.9	77.1	0.8
23	1714	1828	28.76	1.1	0.0514	0.0011	0.0855	0.0019	0.0120	0.0001	257	51.8	83.3	1.8	76.8	0.7
24	2115	1626	23.76	1.2	0.0623	0.0019	0.1040	0.0033	0.0121	0.0001	683	63.7	100.5	3.0	76.0	0.8
25	1974	2629	37.09	1.3	0.0520	0.0012	0.0862	0.0018	0.0120	0.0001	287	53.7	83.9	1.7	77.1	0.8

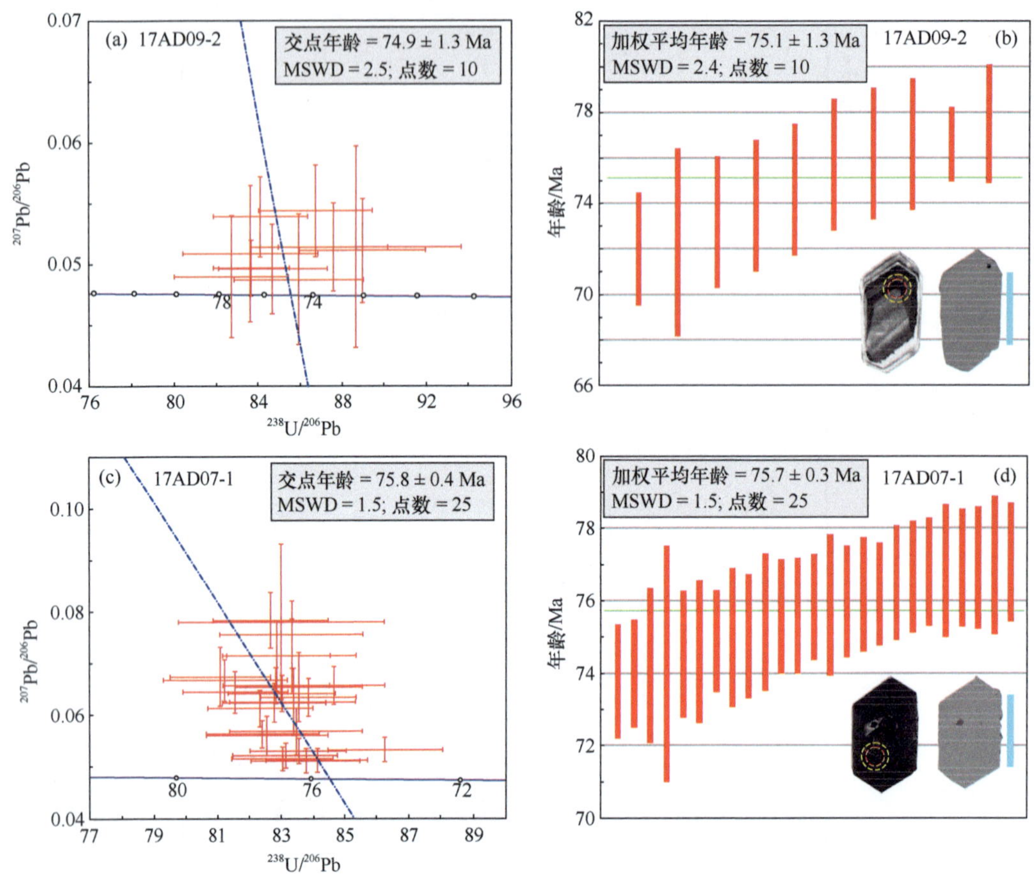

图 4.115　错那湖花岗岩锆石 CL 和背散射（BSE）图像及 U-Pb 反谐和加权平均年龄图

黄色和红色虚线圆圈分别代表年龄和 Hf 同位素分析点位，BSE 图像旁比例尺为 100 μm；(c) 中蓝色虚线上交点 $^{207}Pb/^{206}Pb$ 值为 0.84

全岩主微量元素数据见表 4.58。错那湖花岗岩具有高的 SiO_2 含量，其中花岗斑岩比黑云母二长花岗岩具有更高的 SiO_2、更低的 Al_2O_3、$Fe_2O_3^T$、TiO_2、MgO 和 CaO 含量。错那湖黑云母二长花岗岩和花岗斑岩铝饱和指数变化范围为 0.96~1.03，均为准铝质－弱过铝质系列（图 4.117）。相比同时期南羌塘、北拉萨和冈底斯花岗质岩石，错那湖花岗岩具有更高的 K_2O（4.8%~5.2%）、Na_2O（5.0%~5.8%）含量［图 4.117（a）］和铁指数（0.83~0.91）［图 4.118（b）］，属于 Frost 等（2001）定义的碱质、铁质花岗岩。错那湖花岗岩轻－重稀土分异明显，且具有明显负 Eu 异常。其中，黑云母二长花岗岩相对花岗斑岩具有更高的轻稀土含量和弱的 Eu 负异常（0.66~0.81）［图 4.119（a）］。微量元素蛛网图显示黑云母二长花岗岩相对富集 Rb、Th、U、K、Pb、Nd、Zr、Hf 和 Sm，亏损 Ba、Nb、Ta、Sr、P 和 Ti；花岗斑岩与黑云母二长花岗岩具有相似的微量元素配分形式，但更亏损 Ba、Sr、P 和 Ti［图 4.119（b）］。值得注意的是，错那湖花岗岩相比同时期南羌塘、北拉萨和冈底斯花岗质岩石具有更高的稀土和微量元素含量（图 4.119）。

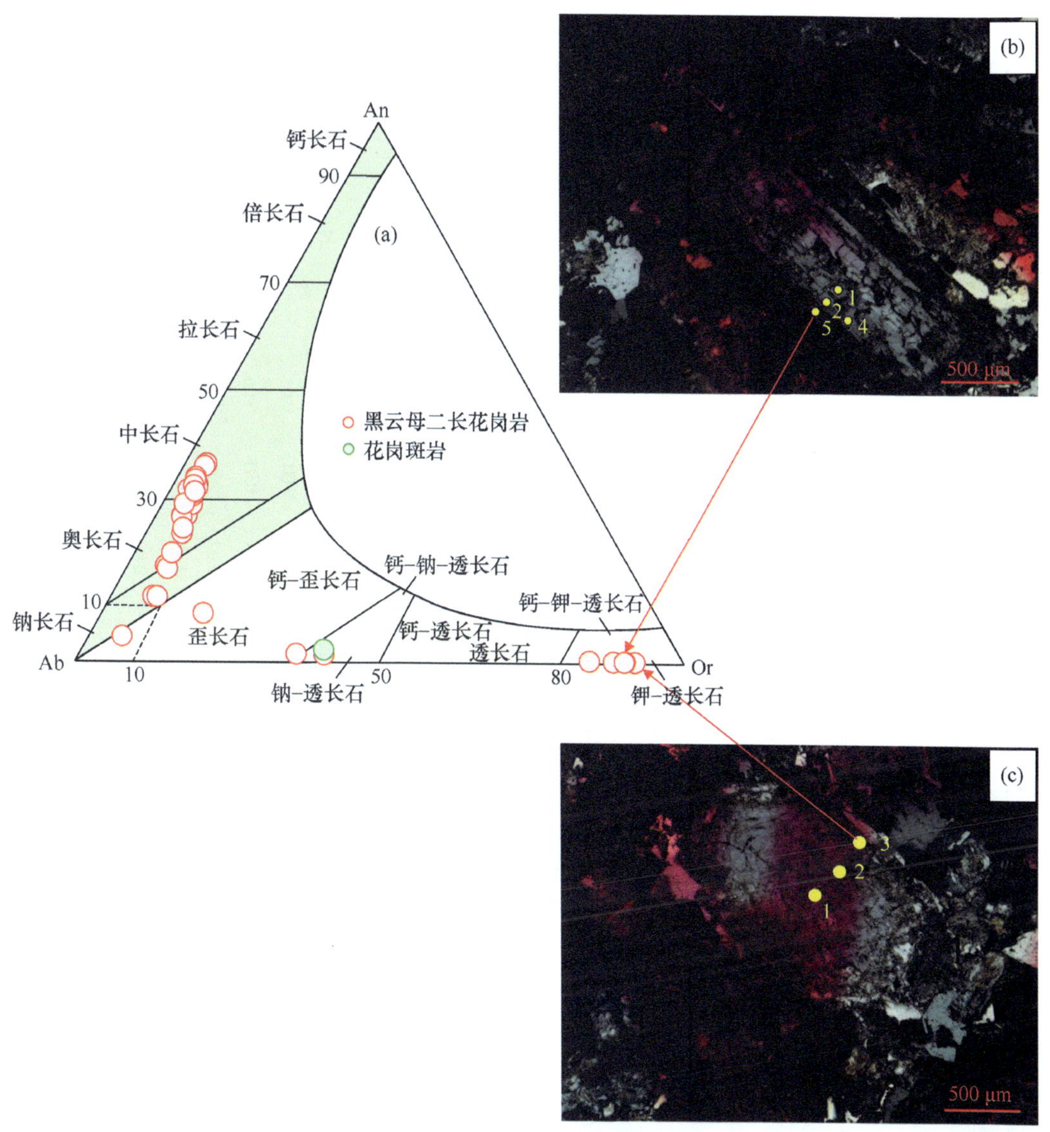

图 4.116　错那湖铁质花岗岩长石分类图解（Parsons，2010）

（b）和（c）长石分别来自样品 17AD07-3-03 和 17AD07-3-01，均具有斜长石核和钾长石幔 / 边，分析点 3 和 5 为钾长石（$An_{0.04\sim0.14}Ab_{7.85\sim9.43}Or_{90.44\sim92.1}$），分析点 1、2 和 4 为斜长石（$An_{27\sim32}Ab_{64\sim69}Or_{4\sim5}$）

全岩 Sr-Nd 和锆石 Hf-O 同位素数据见表 4.59 和表 4.60。错那湖两类花岗岩具有相近的 Sr-Nd-Hf-O 同位素组成，其中初始 $^{87}Sr/^{86}Sr$ 值为 0.7045~0.7069，$\varepsilon_{Nd}(t)$ 值为 –2.3~–1.6，锆石 $\varepsilon_{Hf}(t)$ 值变化较大，为 1.5~10.3；锆石 $\delta^{18}O$ 值为 5.7‰~6.6‰，稍高于和地幔平衡的火成岩锆石的 $\delta^{18}O$ 值（5.3‰±0.3‰；Valley et al.，2005）。

表 4.57 错那湖铁质花岗岩长石电子探针分析结果（Wang et al.，2022）

点号	SiO_2	Al_2O_3	MgO	TiO_2	Na_2O	K_2O	FeO	CaO	MnO	P_2O_5	NiO	Cr_2O_3	Cl	总量	An	Or	Ab
17AD07-3-01-1	59.68	24.73	0.02	—	7.30	0.65	0.56	6.68	0.01	0.02	0.01	0.01	—	99.7	32.31	3.76	63.93
17AD07-3-01-2	62.27	23.12	0.03	0.11	7.74	0.67	0.41	5.48	0.03	0.04	—	—	0.003	99.9	27.01	3.96	69.04
17AD07-3-01-3	65.28	18.32	—	0.01	0.87	15.58	0.03	0.01	—	0.03	—	0.02	0.02	100.2	0.04	92.10	7.85
17AD07-3-02-1	62.81	23.56	0.02	0.13	7.66	0.91	0.38	4.81	0.01	0.02	—	—	—	100.3	24.36	5.46	70.18
17AD07-3-02-2	67.89	20.07	0.02	—	10.21	0.91	0.09	0.95	—	—	—	0.04	0.02	100.2	4.64	5.26	90.10
17AD07-3-03-1	60.48	24.36	0.004	—	7.52	0.74	0.40	6.29	0.003	0.02	0.01	0.01	0.01	99.8	30.25	4.25	65.50
17AD07-3-03-2	61.87	23.15	0.02	0.04	7.78	0.83	0.42	5.61	0.01	0.06	0.02	—	—	99.8	27.14	4.78	68.08
17AD07-3-03-4	61.10	23.87	0.03	0.15	7.55	0.80	0.43	6.02	—	—	0.01	—	0.002	100.0	29.17	4.64	66.19
17AD07-3-03-5	65.14	17.76	—	0.06	1.04	15.1	0.08	0.03	—	0.02	0.02	0.03	0.01	99.3	0.14	90.44	9.43
17AD07-3-04-1	62.41	23.57	0.02	0.02	8.00	0.97	0.45	4.88	—	0.01	0.01	0.03	—	100.4	23.78	5.63	70.59
17AD07-3-04-2	65.66	17.52	0.001	0.04	1.71	14.4	0.04	0.05	0.002	—	—	0.03	0.001	99.4	0.23	84.48	15.29
17AD07-4-1-01	65.09	18.29	0.01	0.04	1.26	14.8	0.04	0.02	0.01	—	0.03	—	0.01	99.6	0.09	88.50	11.41
17AD07-4-1-02	62.09	23.40	0.02	0.09	7.82	0.70	0.38	5.49	0.03	0.02	0.03	—	—	100.1	26.80	4.09	69.10
17AD07-4-1-03	60.23	23.74	0.02	0.05	7.26	0.64	0.44	6.84	0.02	0.05	0.002	0.02	0.004	99.3	32.96	3.67	63.37
17AD07-4-1-04	60.05	23.95	0.02	0.08	7.38	0.69	0.44	6.79	—	0.05	—	—	0.01	99.5	32.37	3.94	63.69
17AD07-4-2-01	60.77	24.40	0.01	—	7.54	0.68	0.43	6.40	0.05	0.03	—	0.04	—	100.3	30.70	3.89	65.41
17AD07-4-2-02	66.09	19.75	0.01	0.06	8.62	2.90	0.38	1.88	0.002	0.001	—	0.02	—	99.7	8.96	16.51	74.53
17AD07-4-2-03	67.86	18.26	—	0.02	7.02	6.02	0.30	0.29	—	0.02	—	0.002	0.01	99.8	1.43	35.55	63.02
17AD07-4-3-01	60.74	23.61	0.01	0.10	7.52	0.64	0.45	6.52	0.03	0.02	0.003	0.01	—	99.7	31.21	3.67	65.12
17AD07-4-3-02	61.87	22.57	0.01	0.07	8.10	0.93	0.31	5.19	—	0.01	0.01	0.06	—	99.1	24.75	5.31	69.94
17AD07-4-3-03	65.70	21.26	0.00	0.05	9.39	1.18	0.33	2.53	0.02	0.02	—	—	0.01	100.5	12.08	6.69	81.23
17AD07-4-4-01	58.82	25.42	0.02	0.12	6.63	0.54	0.56	7.36	0.03	0.01	—	—	0.003	99.5	36.79	3.21	60.00
17AD07-4-4-02	63.95	22.02	0.02	0.12	8.66	1.03	0.42	3.65	—	0.02	0.01	—	0.003	99.9	17.76	5.94	76.30
17AD07-4-4-03	63.76	22.50	0.003	0.07	8.64	1.11	0.37	3.54	0.03	0.02	0.002	—	0.01	100.1	17.28	6.44	76.28
17AD08-1-01-1	66.66	19.06	0.001	0.01	6.49	6.76	0.11	0.45	—	0.001	0.02	—	—	99.6	2.24	39.76	58.00
17AD11-1-01-1	60.20	24.75	0.02	0.01	7.40	0.45	0.38	6.55	0.04	0.03	0.03	0.03	0.01	99.9	31.99	2.59	65.42

续表

点号	SiO_2	Al_2O_3	MgO	TiO_2	Na_2O	K_2O	FeO	CaO	MnO	P_2O_5	NiO	Cr_2O_3	Cl	总量	An	Or	Ab
17AD11-1-01-2	61.09	24.30	0.004	0.04	7.62	0.56	0.33	5.98	0.01	0.02	0.002	0.02	—	100.0	29.25	3.27	67.47
17AD11-1-02	66.58	21.30	0.002	0.03	9.07	1.26	0.39	2.45	0.002	0.02	0.01	0.02	—	101.1	12.03	7.38	80.58
17AD11-2-01-1	59.22	25.63	0.02	0.10	6.94	0.55	0.50	7.54	0.02	0.02	—	0.03	0.001	100.6	36.34	3.13	60.53
17AD11-2-01-2	63.41	22.88	0.01	0.06	8.41	0.99	0.43	4.14	0.04	0.002	—	—	0.001	100.4	20.16	5.75	74.09
17AD11-2-01-3	67.89	18.44	0.01	0.06	6.65	6.98	0.28	0.27	—	—	0.02	0.01	0.01	100.6	1.30	40.30	58.40
17AD11-2-02-1	59.80	25.30	0.01	0.04	7.13	0.47	0.57	7.02	0.02	0.002	—	0.01	—	100.4	34.26	2.74	63.00
17AD11-2-02-2	60.11	25.27	0.01	0.02	7.11	0.49	0.45	6.88	0.01	0.04	0.01	—	0.004	100.4	33.85	2.85	63.30
17AD11-2-02-3	59.72	24.87	0.01	0.07	7.40	0.55	0.49	6.84	0.002	0.02	—	0.002	—	100.0	32.74	3.12	64.14
17AD11-2-03-1	41.33	10.24	17.1	4.02	0.65	9.25	12.37	0.01	0.76	—	0.01	—	0.09	95.8	0.07	90.33	9.60
17AD11-2-03-2	60.61	24.55	0.02	0.13	7.24	0.66	0.45	6.41	—	0.03	—	—	—	100.1	31.60	3.86	64.54

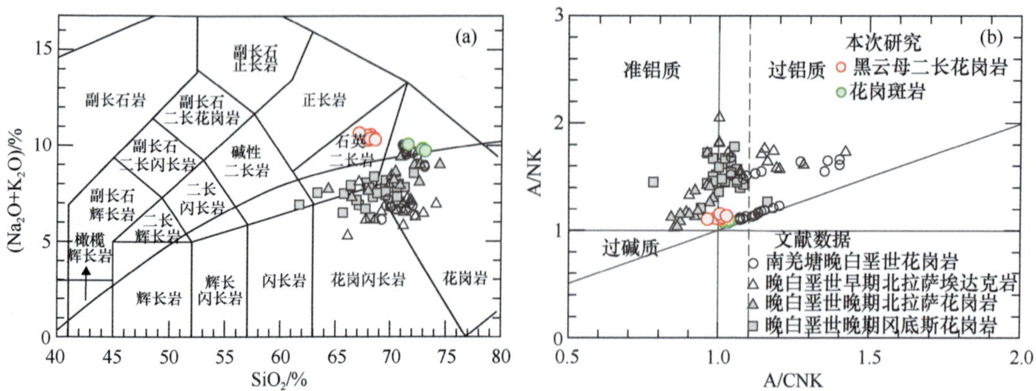

图 4.117 错那湖铁质花岗岩（Na_2O+K_2O）-SiO_2（a）（Middlemost，1994）和 A/NK-A/CNK（b）（Maniar and Piccoli，1989）图解

其中南羌塘晚白垩世花岗岩数据引自 He 等（2019）和 Wang 等（2021），北拉萨晚白垩世早期埃达克质岩石和晚白垩世晚期花岗岩数据分别引自 Chen 等（2015）、定立等（2012）和王江朋等（2012），冈底斯晚白垩世晚期花岗岩数据引自 Zhao 等（2008）和 Tang 等（2019）

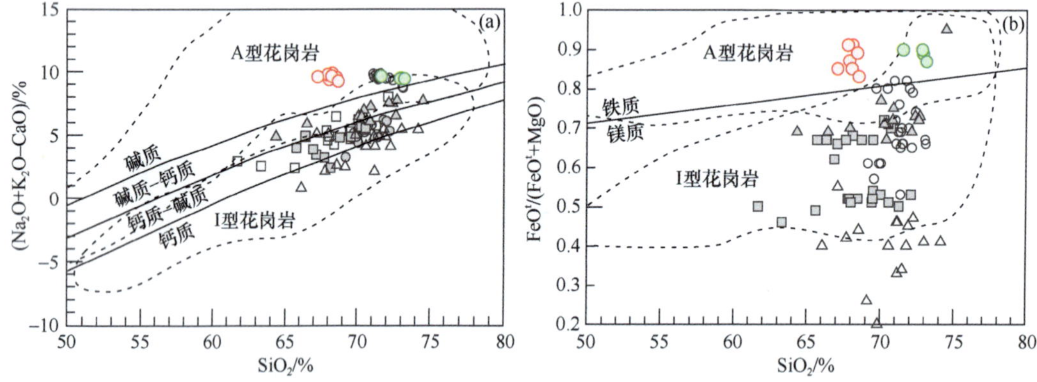

图 4.118 错那湖铁质花岗岩（Na_2O+K_2O-CaO）-SiO_2（a）和 FeO^t/（FeO^t+MgO）-SiO_2（b）图解

文献数据来源同图 4.117。碱质、碱－钙质、钙－碱质和钙质岩石系列，I 型和 A 型花岗岩的大致范围引自 Frost 等（2001）

4.6.2.3 岩石成因

黑云母二长花岗岩具有高的全碱含量和铁指数（0.83~0.91），明显不同于典型的钙碱性花岗岩（图 4.118）。此外，其高的 Zr（164~388 ppm）、Nb（28~39 ppm）、Ce（65~296 ppm）和 Zr+Nb+Ce+Y（421~730 ppm）含量，与典型的 A 型花岗岩相似（Whalen et al.，1987）（图 4.120）。但是，错那湖花岗岩相对还原的钛铁矿系列 A 型花岗岩，具有相对低的 SiO_2 和高的 CaO、（Na_2O+K_2O-CaO）含量、铁指数和 TiO_2/MgO 值，但与相对氧化的非造山磁铁矿系列花岗岩相似（Dall'Agnol and de Oliveira，2007）（图 4.121）。

表 4.58　错那湖铁质花岗岩主量元素（%）与微量元素（ppm）分析结果（Wang et al.，2022）

	17AD07-3	17AD07-4	17AD07-5	17AD08-2	17AD09-2	17AD11-1	17AD11-2	17AD07-3	17AD07-1	17AD08-1	17AD09-1	17AD10-1
	黑云母二长花岗岩								花岗斑岩			
SiO_2	68.15	67.94	68.47	67.84	67.14	68.11	68.58	72.91	72.85	73.14	71.56	68.15
TiO_2	0.49	0.49	0.50	0.50	0.24	0.26	0.49	0.11	0.12	0.12	0.15	0.49
Al_2O_3	16.26	16.16	16.09	16.50	16.93	16.31	15.89	14.66	14.57	14.61	15.27	16.26
$Fe_2O_3^T$	2.52	2.54	2.62	2.61	2.57	2.43	2.44	0.94	1.16	1.14	1.66	2.52
MnO	0.05	0.04	0.06	0.05	0.04	0.09	0.09	0.02	0.02	0.07	0.01	0.05
MgO	0.23	0.35	0.29	0.24	0.40	0.40	0.44	0.11	0.12	0.15	0.17	0.23
CaO	0.78	0.99	0.95	0.85	1.15	0.81	1.16	0.42	0.42	0.37	0.49	0.78
Na_2O	5.77	5.45	5.58	5.79	5.54	5.47	5.55	5.06	5.00	5.05	5.09	5.77
K_2O	4.89	4.93	4.91	4.84	5.22	5.00	4.86	4.90	4.92	4.81	5.09	4.89
P_2O_5	0.12	0.12	0.13	0.13	0.12	0.13	0.13	0.02	0.02	0.02	0.05	0.12
烧失量	0.36	0.51	0.46	0.42	0.43	0.59	0.51	0.27	0.38	0.45	0.57	0.36
总量	99.62	99.52	100.05	99.77	99.79	99.59	100.13	99.41	99.58	99.91	100.12	99.62
$Mg^{\#}$	0.15	0.21	0.18	0.15	0.24	0.24	0.26	0.18	0.17	0.21	0.17	0.15
$Fe^{\#}$	0.91	0.87	0.89	0.91	0.85	0.85	0.83	0.89	0.90	0.87	0.90	0.91
A/CNK	1.00	1.00	0.99	1.01	1.00	1.03	0.96	1.02	1.02	1.03	1.03	1.00
Sc	3.93	4.69	4.08	3.73	9.53	4.41	4.65	3.75	4.15	3.91	5.00	3.93
V	28.0	19.4	29.2	28.8	16.7	21.1	28.0	1.5	11.3	1.50	30.4	28.0
Cr	1.60	1.68	1.92	1.52	2.94	1.28	1.32	1.68	1.36	1.40	1.39	1.60
Ni	3.14	0.82	2.70	3.07	1.28	2.49	2.54	0.68	2.47	0.38	4.62	3.14
Ga	18.9	18.6	18.4	18.4	17.9	21.4	18.2	17.9	17.5	17.1	17.4	18.9
Rb	155	173	167	154	152	184	177	197	182	184	158	155
Sr	186	192	176	189	342	206	178	15	17	19	171	186
Y	26.1	22.0	27.0	25.3	17.2	25.9	25.9	16.7	16.7	22.8	13.6	19.9
Zr	250	294	279	233	388	289	266	164	190	164	251	250
Nb	38.6	35.7	38.4	38.1	29.2	27.6	38.9	36.6	43.9	42.3	25.2	38.6

续表

	17AD07-3	17AD07-4	17AD07-5	17AD08-2	17AD09-2	17AD11-1	17AD11-2	17AD07-3	17AD07-1	17AD08-1	17AD09-1	17AD10-1
	黑云母二长花岗岩								花岗斑岩			
Ba	544	572	547	561	1390	819	560	80	79	103	679	544
La	66.6	58.5	61.2	64.5	133.9	103.9	70.3	28.1	37.3	34.9	76.3	66.6
Ce	136	123	119	125	296	192	137	65	73	69	149	136
Pr	14.2	12.0	13.1	13.8	26.9	18.8	14.8	7.9	7.6	7.4	15.9	14.2
Nd	47.4	39.0	44.1	45.8	74.2	61.1	49.1	26.1	26.9	24.2	50.8	47.4
Sm	7.14	5.87	6.81	6.66	8.48	8.38	7.37	5.20	5.33	4.64	6.79	7.14
Eu	1.50	1.42	1.34	1.52	1.80	1.65	1.42	0.77	0.73	0.67	1.31	1.50
Gd	5.75	4.83	5.52	5.46	6.23	5.94	5.78	3.74	4.18	3.32	5.02	5.75
Tb	0.81	0.62	0.76	0.77	0.63	0.74	0.77	0.55	0.70	0.49	0.64	0.81
Dy	4.49	3.64	4.39	4.31	3.06	4.09	4.39	3.03	4.02	2.76	3.47	4.49
Ho	0.94	0.74	0.88	0.89	0.60	0.82	0.89	0.59	0.86	0.55	0.69	0.94
Er	2.60	2.17	2.60	2.46	1.91	2.35	2.62	1.65	2.32	1.54	2.03	2.60
Tm	0.40	0.36	0.40	0.37	0.28	0.36	0.38	0.27	0.39	0.26	0.31	0.40
Yb	2.70	2.45	2.73	2.51	1.97	2.49	2.68	1.91	2.62	1.86	2.19	2.70
Lu	0.42	0.40	0.45	0.40	0.33	0.41	0.43	0.31	0.43	0.30	0.36	0.42
Hf	6.10	6.72	6.39	5.40	7.76	6.80	6.66	5.12	6.13	5.44	5.95	6.10
Ta	1.95	2.41	2.04	1.76	1.98	1.69	2.13	2.90	2.82	3.00	1.44	1.95
Pb	82.7	97.1	55.4	68.3	73.9	120.3	44.1	41.6	45.8	40.6	98.7	82.7
Th	34.3	35.6	37.2	30.8	45.6	46.3	39.4	41.3	47.7	41.2	33.6	34.3
U	4.14	5.01	4.26	3.69	3.19	3.06	3.03	1.72	2.55	2.16	2.84	4.14
Ga/Al	2.19	2.17	2.16	2.11	2.00	2.48	2.16	2.31	2.27	2.21	2.15	2.19
Sr/Y	7.13	8.72	6.53	7.49	19.85	7.95	6.85	0.92	0.77	1.41	8.59	7.13
Eu/Eu^*	0.72	0.81	0.67	0.77	0.76	0.71	0.66	0.53	0.47	0.52	0.69	0.72
$T_{锆}$/℃	812	827	821	806	851	829	813	784	797	786	822	812

注：$Mg^{\#}=Mg/(Mg+Fe^{2+})$（摩尔比），$Fe^{\#}=FeO^t/(FeO^t+MgO)$（摩尔比）。$Fe_2O_3^T$ 为以 Fe_2O_3 形式表达的全铁含量。

$A/CNK=Al_2O_3/(CaO+Na_2O+K_2O)$（摩尔比）。$Eu/Eu^*=Eu_N/(Sm_N \times Gd_N)^{1/2}$；字母 N 代表球粒陨石标准。$T_{锆}$为全岩锆饱和温度，计算公式来自 Watson 和 Harrison（1983）。

表 4.59　错那湖铁质花岗岩全 Sr-Nd 同位素分析结果（Wang et al.，2022）

样品	Rb/ppm	Sr/ppm	$^{87}Sr/^{86}Sr$		$^{87}Sr/^{86}Sr_{(i)}$	Sm/ppm	Nd/ppm	$^{143}Nd/^{144}Nd$		$(^{143}Nd/^{144}Nd)_i$	$\varepsilon_{Nd}(t)$	T_{DM2} /Ga	$f_{Sm/Nd}$
			比值	±2SE				比值	±2SE				
17AD07-3	155	186	0.709389	0.000007	0.706898	7.14	47.4	0.512470	0.000005	0.512425	−2.3	1.07	−0.53
17AD09-2	152	342	0.708232	0.000011	0.706894	8.48	74.2	0.512461	0.000004	0.512427	−2.3	1.06	−0.65
17AD11-2	177	178	0.709495	0.000011	0.706507	7.37	49.1	0.512489	0.000006	0.512444	−1.9	1.03	−0.54
17AD07-1	197	15	0.743832	0.000011	0.704465	5.20	26.1	0.512494	0.000005	0.512435	−2.1	1.05	−0.38
17AD08-1	182	17	0.744174	0.000010	0.705538	5.33	26.9	0.512498	0.000004	0.512436	−2.1	1.05	−0.39
17AD09-1	184	19	0.735842	0.000008	0.706100	4.64	24.2	0.512499	0.000006	0.512442	−1.9	1.04	−0.41
17AD10-1	158	171	0.715488	0.000010	0.706626	6.79	50.8	0.512502	0.000006	0.512462	−1.6	1.01	−0.59

表 4.60 错那湖铁质花岗岩锆石 Hf-O 同位素分析结果（Wang et al.，2022）

点号	年龄 /Ma	$^{176}Yb/^{177}Hf$	$^{176}Lu/^{177}Hf$	$^{176}Hf/^{177}Hf$	2SE	$\varepsilon_{Hf}(0)$	$\varepsilon_{Hf}(t)$	T_{DM}/Ga	T_{DM2}/Ga	$f_{Lu/Hf}$	$\delta^{18}O$/‰	2SE
17AD07-1												
2	75	0.150961	0.00496	0.282915	0.000012	5.05	6.45	0.53	0.73	–0.85	6.05	0.17
3	75	0.186092	0.00583	0.282923	0.000016	5.34	6.69	0.54	0.72	–0.82	5.93	0.23
4	75	0.146253	0.00468	0.282920	0.000012	5.24	6.66	0.52	0.72	–0.86	5.85	0.12
5	75	0.113435	0.00361	0.282957	0.000008	6.54	8.01	0.45	0.63	–0.89	6.02	0.15
7	75	0.168860	0.00525	0.282994	0.000011	7.84	9.22	0.41	0.55	–0.84	5.74	0.21
8	75	0.161416	0.00492	0.282978	0.000016	7.29	8.70	0.43	0.59	–0.85	6.41	0.30
9	75	0.098278	0.00314	0.282899	0.000011	4.48	5.97	0.53	0.76	–0.91	5.99	0.11
10	75	0.116806	0.00364	0.282773	0.000011	0.05	1.51	0.73	1.05	–0.89	6.05	0.21
14	75	0.132074	0.00409	0.282910	0.000012	4.88	6.33	0.53	0.74	–0.88	6.10	0.25
17	75	0.116842	0.00373	0.282876	0.000012	3.68	5.14	0.57	0.82	–0.89	5.88	0.19
19	75	0.118479	0.00404	0.283022	0.000014	8.83	10.28	0.35	0.49	–0.88	6.03	0.19
20	75	0.147033	0.00464	0.282870	0.000014	3.48	4.89	0.60	0.83	–0.86	5.83	0.19
21	75	0.169703	0.00517	0.282958	0.000014	6.56	7.95	0.47	0.64	–0.84	5.92	0.20
23	75	0.100095	0.00335	0.282901	0.000014	4.57	6.05	0.53	0.76	–0.90	6.17	0.28
24	75	0.138905	0.00440	0.282919	0.000014	5.20	6.63	0.52	0.72	–0.87	5.98	0.21

续表

点号	年龄 /Ma	$^{176}Yb/^{177}Hf$	$^{176}Lu/^{177}Hf$	$^{176}Hf/^{177}Hf$	2SE	$\varepsilon_{Hf}(0)$	$\varepsilon_{Hf}(t)$	T_{DM}/Ga	T_{DM2}/Ga	$f_{Lu/Hf}$	$\delta^{18}O$/‰	2SE
						17AD09-2						
1	75	0.058477	0.00215	0.282807	0.000013	1.23	2.77	0.65	0.97	−0.94	6.24	0.24
2	75	0.161460	0.00523	0.282956	0.000013	6.52	7.91	0.47	0.64	−0.84	5.97	0.18
8	75	0.139166	0.00432	0.282995	0.000013	7.88	9.31	0.40	0.55	−0.87	6.54	0.16
11	75	0.074011	0.00256	0.282790	0.000013	0.64	2.16	0.68	1.01	−0.92	6.36	0.14
14	75	0.170397	0.00564	0.282927	0.000013	5.47	6.84	0.53	0.71	−0.83	6.55	0.31
18	75	0.140451	0.00447	0.282894	0.000012	4.32	5.74	0.56	0.78	−0.87	6.55	0.16
19	75	0.078012	0.00269	0.282868	0.000014	3.38	4.89	0.57	0.83	−0.92	6.35	0.19
20	75	0.086728	0.00314	0.282878	0.000011	3.76	5.25	0.56	0.81	−0.91	6.61	0.16
22	75	0.140168	0.00445	0.282942	0.000012	6.00	7.42	0.48	0.67	−0.87	6.27	0.20
24	75	0.030670	0.00111	0.282976	0.000013	7.23	8.82	0.39	0.58	−0.97	6.18	0.22
26	75	0.109638	0.00360	0.282987	0.000010	7.61	9.08	0.40	0.56	−0.89	6.19	0.14

注：$\varepsilon_{Hf}(t)=[(^{176}Hf/^{177}Hf)_i/(^{176}Hf/^{177}Hf)_{CHUR}(t)-1]\times10000$。

$(^{176}Hf/^{177}Hf)_{CHUR}(t)=(^{176}Hf/^{177}Hf)_{CHUR}(0)-(^{176}Lu/^{177}Hf)_{CHUR}\times(e^{\lambda t}-1)$，$\lambda_{Lu}=1.867\times10^{-11}\ a^{-1}$。

$T_{DM}=(1/\lambda)\times\ln\{1+[(^{176}Hf/^{177}Hf)_{DM}-(^{176}Hf/^{177}Hf)_s]/[(^{176}Lu/^{177}Hf)_{DM}-(^{176}Lu/^{177}Hf)_s]\}$。

$T_{DM2}=T_{DM}-(T_{DM}-T)\times[(f_{CC}-f_Z)/(f_{CC}-f_{DM})]$。

$f_{Lu/Hf}=(^{176}Hf/^{177}Hf)_s/(^{176}Lu/^{177}Hf)_{CHUR}-1$，$f_{CC}$、$f_Z$ 和 f_{DM} 是大陆地壳、锆石样品和亏损地幔的 $f_{Lu/Hf}$ 值；字母 s 代表分析的锆石样品，CHUR 代表球粒陨石标准库；DM 代表亏损地幔。

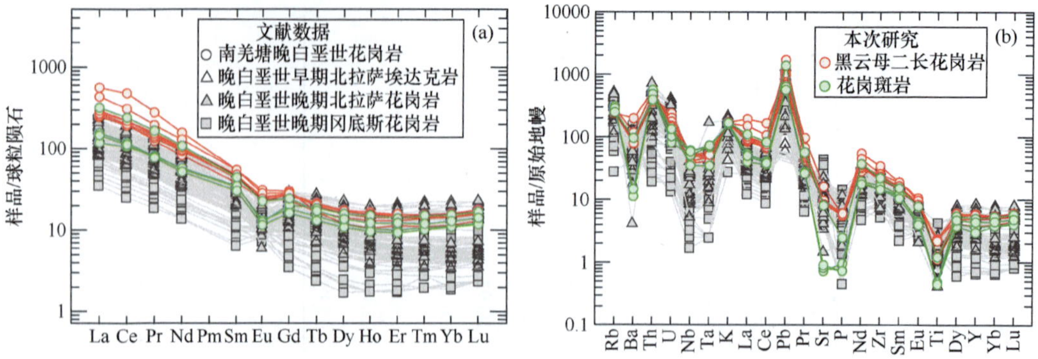

图 4.119　错那湖铁质花岗岩稀土配分型式图（a）和微量元素原始地幔蛛网图（b）

文献数据来源同图 4.117，标准化值引自 Sun 和 McDonough（1989）

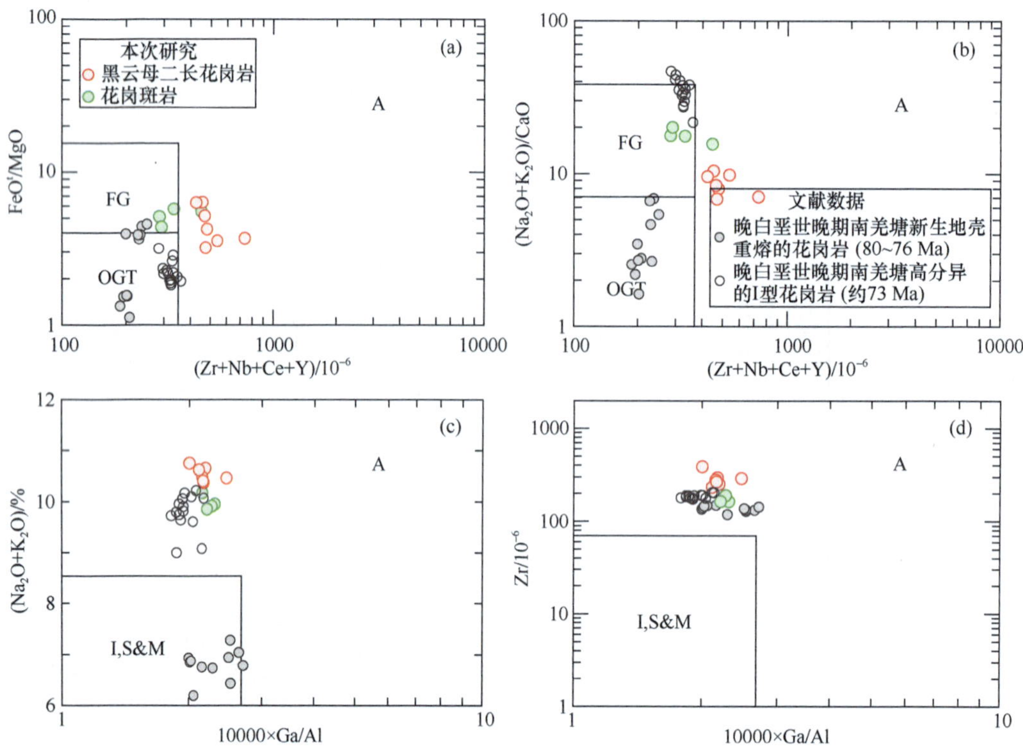

图 4.120　错那湖铁质花岗岩的 A 型花岗岩判别图解（Whalen et al.，1987）

FG. 分异的长英质花岗岩；OGT. I、S、M 型花岗岩未分。文献数据来源同图 4.117

典型的铁质花岗岩具有高的熔融温度、铁指数、K_2O 含量、K_2O/Na_2O 值（＞ 1），低的 Al_2O_3 含量和显著的负 Eu 异常，表明其形成于相对低压下的脱水熔融，源区残留矿物为斜长石和紫苏辉石（Frost and Frost，1997）。然而，越来越多的熔融和结晶实验岩石学研究发现铁质花岗岩可以形成于中等－高水含量和氧逸度条件下（Clemens et al.，1986；Dall'Agnol et al.，1999），并且可以与形成于相对高压（约 8 kbar）下的钙碱性岩浆具有相似的地球化学特征（Patiño Douce，1997）。源区熔融条件，如压力、

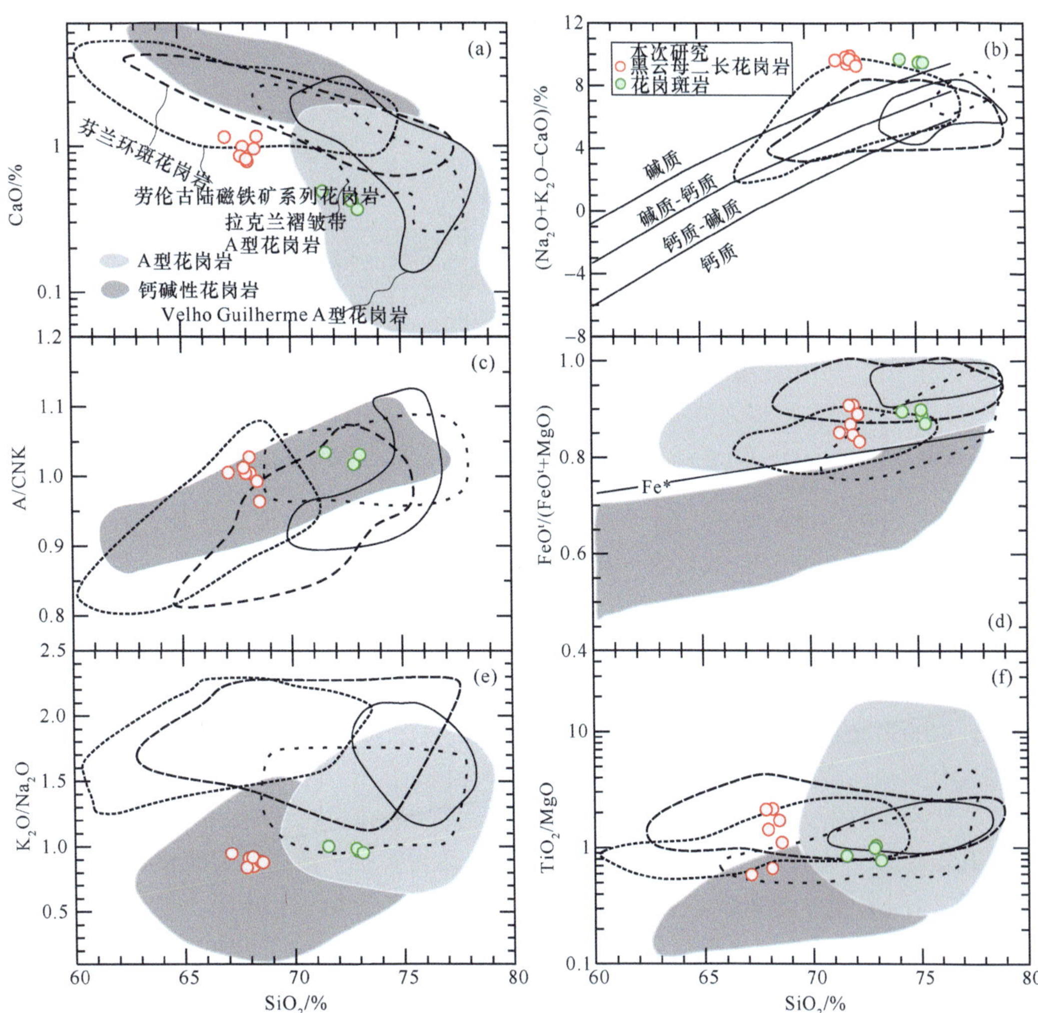

图 4.121　错那湖铁质花岗岩 SiO_2-CaO（a）、（Na_2O+K_2O-CaO）（b）、A/CNK（c）、$FeO^t/(FeO^t+MgO)$（d）、K_2O/Na_2O（e）和 TiO_2/MgO（f）协变图解

劳伦古陆磁铁矿系列花岗岩、芬兰环斑花岗岩、拉克兰褶皱带 A 型花岗岩、Velho Guilherme A 型花岗岩以及代表性 A 型花岗岩和钙碱性花岗岩数据引自 Dall'Agnol 和 de Oliveira（2007）及其内参考文献

氧逸度和水活度等，对控制铁质花岗岩形成的源区残余相及其地球化学特征具有重要作用。此外，铁质花岗岩的源区组成也具有多样性，包括长英质地壳和拉斑质基性地壳等（Frost and Frost，1997）。

错那湖黑云母二长花岗岩具有高的 SiO_2（67.1%~72.9%）、K_2O（4.8%~5.2%）和低的 MgO（0.1%~0.4%）含量，因此不可能是地幔橄榄岩直接部分熔融的产物；也不可能是长英质地壳部分熔融的产物，因为长英质地壳部分熔融通常形成 SiO_2 含量大于 70% 的弱过铝质熔体（Patiño Douce，1997；Bogaerts et al.，2006）。其主微量元素组成相对均一，且具有高的 Zr/Hf（40~50）和 Nb/Ta（15~22）值（图 4.122），表明其可能并非基性岩浆结晶分异的产物。黑云母二长花岗岩具有稍低的 $(^{87}Sr/^{86}Sr)_i$

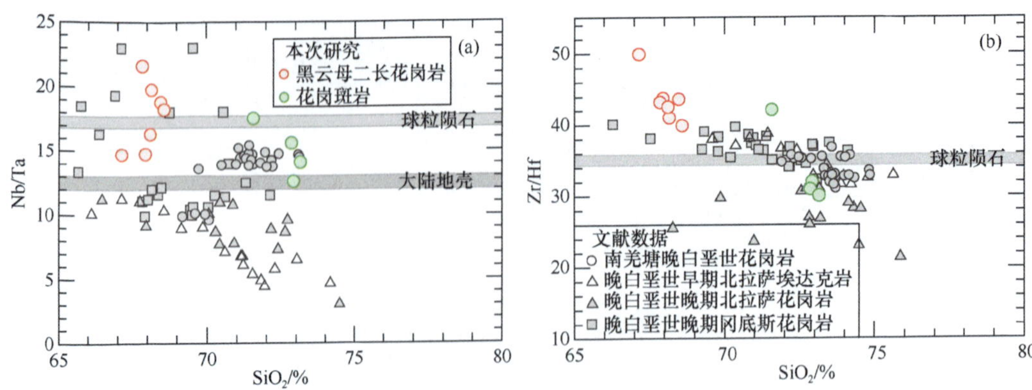

图 4.122 错那湖铁质花岗岩 Nb/Ta-SiO_2（a）和 Zr/Hf-SiO_2（b）图解

文献数据来源同图 4.117，大陆地壳和球粒陨石数据引自 Rudnick 和 Gao（2003）、Sun 和 McDonough（1989）

（0.7065~0.7069）和稍高的 $\varepsilon_{Nd}(t)$（−2.3~−1.9）、$\varepsilon_{Hf}(t)$（2.2~9.3）值，且其 $\varepsilon_{Nd}(t)$ 值明显高于南羌塘古老基性下地壳（−8；Sun et al.，2020），低于晚侏罗世—白垩纪 MORB、OIB 和新生下地壳来源的花岗岩（朱弟成等，2006；Zhang et al.，2014b；Wang et al.，2016，2021；Liu et al.，2018）[图 4.125（b）]，这些特征表明黑云母二长花岗岩的岩浆源区具有壳－幔混合特征。此外，黑云母二长花岗岩稍高于地幔值（5.3‰±0.3‰；Valley，2003）的 $\delta^{18}O$ 值（6.0‰~6.6‰）[图 4.123（a）]，也支持该结论。鉴于结晶分异过程对氧同位素分馏影响较小，黑云母二长花岗岩的锆石 $\delta^{18}O$ 值大于 5.6‰ 则可能反映了其内有壳源富集组分加入（Eiler，2007）。基于岩体内缺乏围岩捕虏体或捕虏晶，以及其均一的主微量元素和 Sr-Nd 同位素组成，这种特征可能不是岩浆侵位过程围岩混染造成的。因此，黑云母二长花岗岩可能形成于新生下地壳和古老下地壳混合物的部分熔融。依据 Nd 模式年龄和 Sr 同位素比值计算的花岗岩源区的 Rb/Sr 值（Inger and Harris，1993；Dhuime et al.，2015）也支持该结论。错那湖铁质花岗岩岩浆源区 Rb/Sr 值为约 0.10，稍高于班怒带 OIB（约 0.08；朱弟成等，2006），低于南羌塘古老下地壳（约 0.14；Sun et al.，2020）。在 $\varepsilon_{Nd}(t)$-$(^{87}Sr/^{86}Sr)_i$ 图解中 [图 4.123（b）]，黑云母二长花岗岩落于地幔物质（MORB 和 OIB）与南羌塘古老下地壳混合线上，也表明其具有一混合的壳－幔岩浆源区。

相对典型铁质花岗岩，黑云母二长花岗岩具有高的 Al_2O_3（14.7%~16.9%）含量、低的 K_2O/Na_2O（0.84~0.94）、10000Ga/Al（2.0~2.5）值、弱的负 Eu 异常（0.53~0.81）和低的全岩锆饱和温度（784~851℃；Watson and Harrison，1983）[图 4.120（c）和（d）、图 4.121（e）、图 4.124；Clemens et al.，1986；Frost and Frost，1997，2011；Patiño Douce，1997；Dall'Agnol et al.，1999；Frost et al.，2001；Bogaerts et al.，2006]。黑云母二长花岗岩相对低的 K_2O/Na_2O 值可能与岩浆源区组成相关；其高的 Al_2O_3 含量和稍弱的负 Eu 异常可能与以下过程有关：①斜长石局部堆晶；②高的熔融压力（Rapp et al.，2003）；③流体参与的深熔（Patiño Douce and Harris，1998）。斜长石堆晶会降低残余熔体的 Ga/Al 值，然而相对低分异的黑云母二长花岗岩和分异的花岗斑岩（后

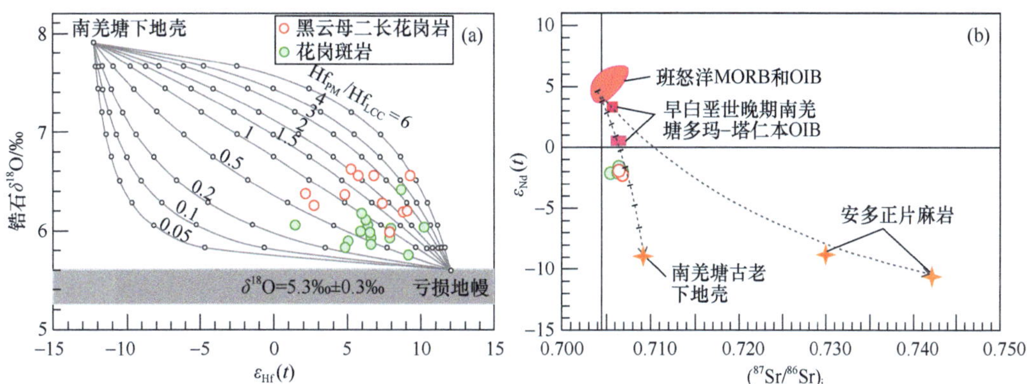

图 4.123　错那湖铁质花岗岩锆石原位 $\delta^{18}O$-$\varepsilon_{Hf}(t)$（a）和全岩 $(^{87}Sr/^{86}Sr)_i$ 与 $\varepsilon_{Nd}(t)$（b）图解

Hf_{PM}/Hf_{LCC} 代表原始地幔（PM）和大陆下地壳（LCC）Hf 含量比值，地幔端员 $\varepsilon_{Hf}(t)$ 值为 12，$\delta^{18}O$ 值为 5.3‰，大陆下地壳 $\varepsilon_{Hf}(t)$ 值为 –12.2，$\delta^{18}O$ 值为 7.9‰（Sun et al.，2020），每个小白圆圈间的间隔代表 10% 的混合；Sr-Nd 同位素混合端员分别为班怒洋 MORB 和 OIB 岩石（Wang et al.，2016）、羌塘古老下地壳（Sun et al.，2020）和安多正片麻岩（Harris et al.，1988）；早白垩世晚期多玛–塔仁本 OIB 数据（朱弟成等，2006）也用于投图比较

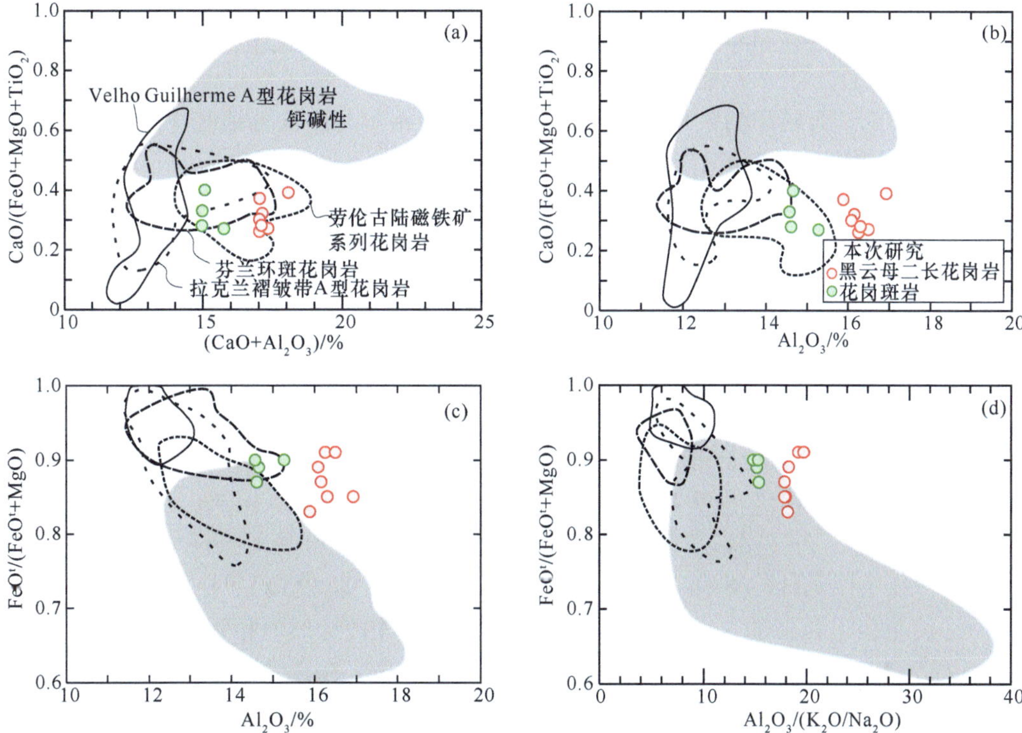

图 4.124　错那湖铁质花岗岩 $CaO/(FeO^t+MgO+TiO_2)$-$(CaO+Al_2O_3)$（a）、$CaO/(FeO^t+MgO+TiO_2)$-Al_2O_3（b）、$FeO^t/(FeO^t+MgO)$-Al_2O_3（c）和 $FeO^t/(FeO^t+MgO)$-$Al_2O_3/(K_2O/Na_2O)$ 图解（d）

劳伦古陆磁铁矿系列花岗、芬兰环斑花岗岩、拉克兰褶皱带 A 型花岗岩、Velho Guilherme A 型花岗岩以及代表性的钙碱性花岗岩数据引自 Dall'Agnol 和 de Oliveira（2007）及其内参考文献

续讨论）具有一致的Ga/Al值［图4.120（c）和（d）］，表明斜长石堆晶可能不是造成熔体高Al_2O_3含量的原因。变沉积岩或火成岩低压熔融时，斜长石通常作为残余相，但在高压（> 1.2~1.5 GPa）下则近乎完全分解（Rapp et al.，2003；Wang et al.，2016），并造成熔体高Al_2O_3、Sr/Y特征。然而黑云母二长花岗岩相对低的Sr/Y值（1~20），表明南羌塘地块晚白垩世晚期地壳相对较薄（Hu et al.，2020b）。脱水熔融已经被广泛认为是中下地壳熔融的重要方式，尤其是形成贫水的铁质花岗岩时（Clemens et al.，1986；Frost and Frost，1997，2011；Patiño Douce，1997；Dall'Agnol et al.，1999；Frost et al.，2001；Bogaerts et al.，2006）。然而，实验岩石学研究表明含水矿物脱水熔融并不足以导致大型铁质花岗岩的形成，如Transbaikalia非造山花岗岩基，除非熔融温度大于950℃（Aranovich et al.，2013，2014）。Percival（1991）、Ebadi和Johannes（1991）认为源区低水活度流体（H_2O-CO_2混合流体，$\alpha_{H_2O} < 1$）参与熔融，可以有效降低液相线温度，并可以稳定源区斜方辉石。然而，H_2O-CO_2体系并不能解释铁质花岗岩熔体高的轻稀土、Th、U和Y含量（Aranovich et al.，2013，2014）。Aranovich等（2013）通过实验研究发现，低水活度富碱卤水流体可以有助于深部地壳熔融并形成铁质花岗岩。而且相比纯H_2O或H_2O-CO_2助熔体系，卤水体系助熔在> 3 kbar条件下需要的最低熔融温度更高，但低于无水体系（Safonov et al.，2012；Aranovich et al.，2013，2014；Manning and Aranovich，2014）。卤水体系助熔实质上是一种特殊的脱水熔融过程，在P-T图解中，具有正的dP/dT（斜率）值（Aranovich et al.，2013）。据此，本研究认为错那湖铁质花岗岩可能形成于卤水参与的深部地壳熔融，主要基于卤水可以：①在相对低的温度下稳定源区斜方辉石，促使熔体更富Fe；②促进源区磷灰石、独居石和磷钇矿溶解，造成熔体高的P_2O_5、Th、U、Y和轻稀土含量；③促使熔体富集Na_2O和K_2O；④形成相对氧化的磁铁矿系列铁质花岗岩熔体（Safonov et al.，2012；Aranovich et al.，2013，2014；Manning and Aranovich，2014）。此外，卤水助熔还可以解释错那湖铁质花岗岩熔体高的Al_2O_3含量（Safonov et al.，2012）和相对弱的Eu异常。黑云母二长花岗岩中的斜长石斑晶发育钾长石边（图4.116），可能也是卤水参与熔融的结果，因为卤水可以促进钾长石结晶，并交代替换斜长石（Safonov et al.，2012；Aranovich et al.，2014）。

花岗斑岩具有高的铁指数（0.87~0.91）和全碱（9.9%~10.7%）、Zr+Nb+Ce+Y（283~445 ppm）、Zr（164~251 ppm）含量［图4.118（b）和图4.120］，具有准铝质–过铝质特征［图4.117（b）］，属于碱质、铁质花岗岩（图4.118）。花岗斑岩具有与黑云母二长花岗岩相似的Sr-Nd-Hf-O同位素组成（图4.123），但相对更高的SiO_2和低的$Fe_2O_3^T$、MgO、CaO、P_2O_5、Al_2O_3、TiO_2、稀土、Ba、Sr和Ti元素含量［图4.119（a）和图4.125］，表明两者可能具有共同的岩浆源区，其中花岗斑岩可能经历了显著的分离结晶作用。花岗斑岩低的TiO_2、MgO、$Fe_2O_3^T$含量指示黑云母及Fe-Ti氧化物分离结晶；显著的Eu、Sr、Ba亏损表明大量长石分离结晶［图4.126（a）］；稀土含量及$(La/Yb)_N$值降低指示独居石和褐帘石分离结晶。稀土元素含量变化模拟表明，0.01%~0.02%独居石分离结晶可以解释花岗斑岩的稀土配分型式［图4.126（b）和（c）］。

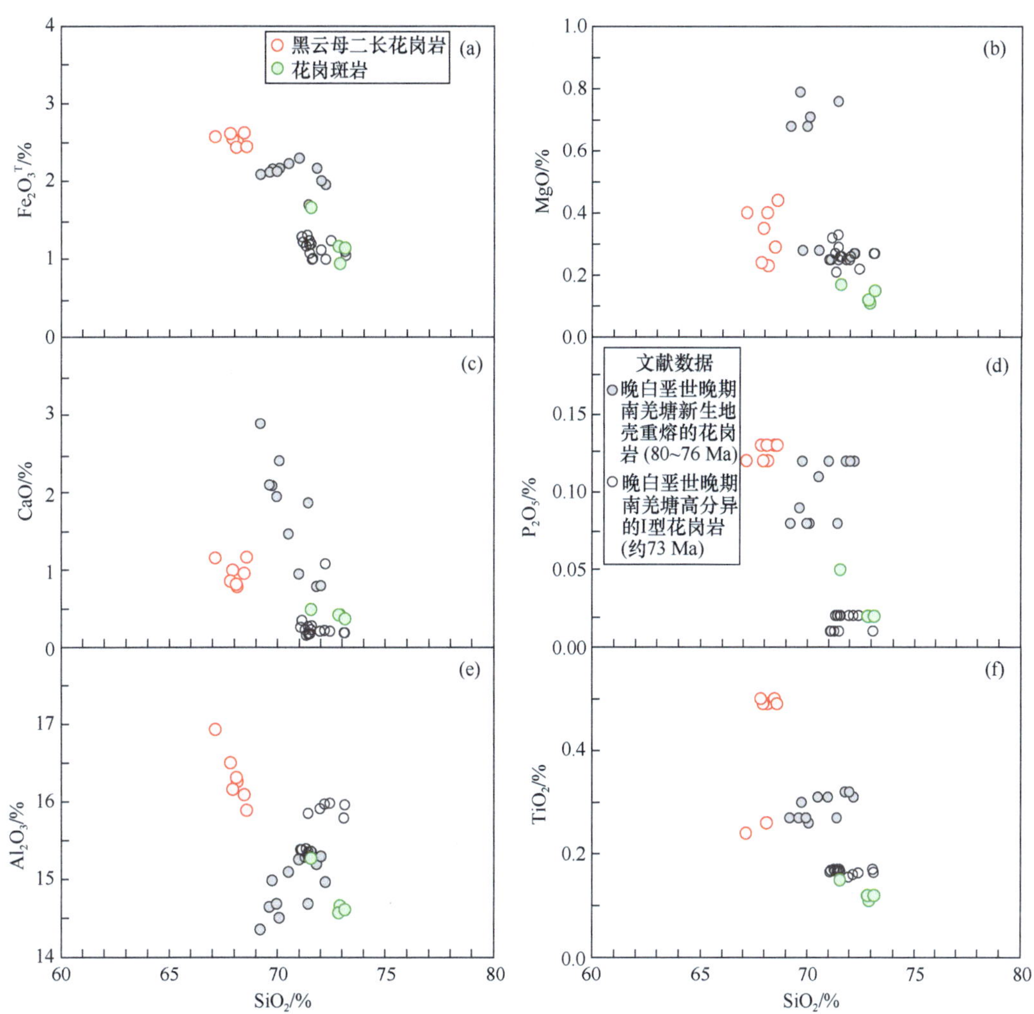

图 4.125　错那湖铁质花岗岩主量元素哈克图解

南羌塘晚白垩世花岗岩数据引自 He 等（2019）和 Wang 等（2021）

因此，错那湖花岗斑岩与黑云母二长花岗岩为同源岩浆分异系列产物。

4.6.2.4　南羌塘地块晚白垩世晚期构造体制转变

先前通过总结羌塘与拉萨晚白垩世中酸性岩浆岩的地球化学特征，年龄－纬度及年龄－结晶温度分布特征，我们认为控制该时期岩浆岩形成的主要动力学机制为新特提斯洋壳回卷引发的碰撞后岩石圈伸展。岩石圈伸展导致的高热梯度可促使下地壳发生广泛部分熔融，而热输入主要来源于底侵的玄武质岩浆或下伏软流圈地幔传导（Annen et al.，2006）。这种深部地壳热模型已被广泛用于解释俯冲相关硅质岩浆岩的形成。该模型同样适用于解释伸展环境下错那湖高温花岗岩的形成，即幔源基性岩浆底侵释放热以及低水活度流体，促使基性下地壳部分熔融形成铁质花岗岩熔体，其经

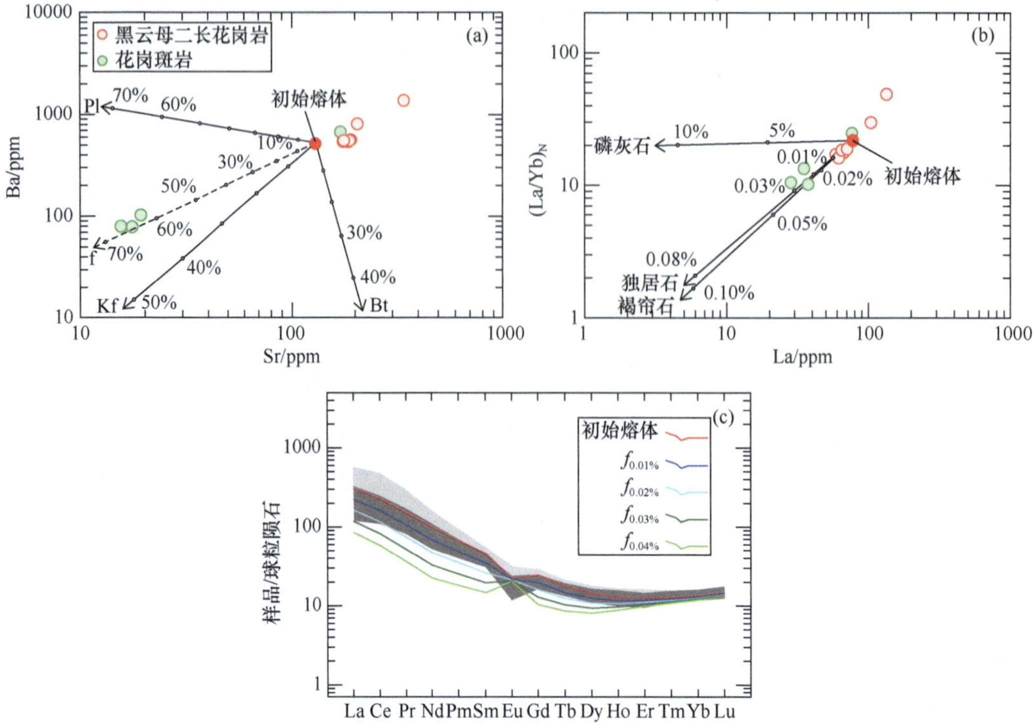

图 4.126　错那湖铁质花岗岩 Ba-Sr（a）、$(La/Yb)_N$-La（b）和稀土元素（c）模拟图解

“*f*”代表分离结晶程度，浅灰色区域代表黑云母二长花岗岩，深灰色区域代表花岗斑岩

历晶体–熔体分异后最终形成二长花岗岩–花岗斑岩晶粥体。错那湖铁质花岗岩具有与板内非造山环境 A 型花岗岩相似的地球化学特征（Frost et al.，1999），且与南羌塘及北拉萨地体广泛出露的晚白垩世钙质–碱钙质岩浆岩不同。错那湖铁质、碱质花岗岩的出现可能反映了青藏高原中部开始由碰撞后向板内伸展体制转变（图 4.127）。

4.6.2.5　小结

错那湖碱质铁质花岗岩位于南羌塘地块南缘，靠近安多地体，紧邻班公湖–怒江缝合带，岩石类型主要包括黑云母二长花岗岩和花岗斑岩，锆石 U-Pb 年代学获得其年龄为约 75 Ma，形成于晚白垩世晚期。错那湖黑云母二长花岗岩具有与板内非造山 A 型花岗岩类似的地球化学特征，但又有特殊性，如具有更高的全碱、Al_2O_3 含量，稍弱的 Eu 负异常和相对低的形成温度，表明其形成于卤水参与的地壳深熔。全岩 Sr-Nd 及锆石 Hf-O 同位素研究显示其岩浆源区具有壳幔混合特征，即新生下地壳和古老下地壳。花岗斑岩也具有铁质花岗岩特征，其与黑云母二长花岗岩具有相似的全岩 Sr-Nd 及锆石 Hf-O 同位素组成，但更分异的主微量元素组成，表明两者为同源岩浆分异形成。与藏中广泛发育的晚白垩世钙质–碱钙质岩浆作用不同，错那湖铁质花岗岩（约 75 Ma）的出现表明晚白垩世晚期藏中地区开始由碰撞后向板内构造体制转变。

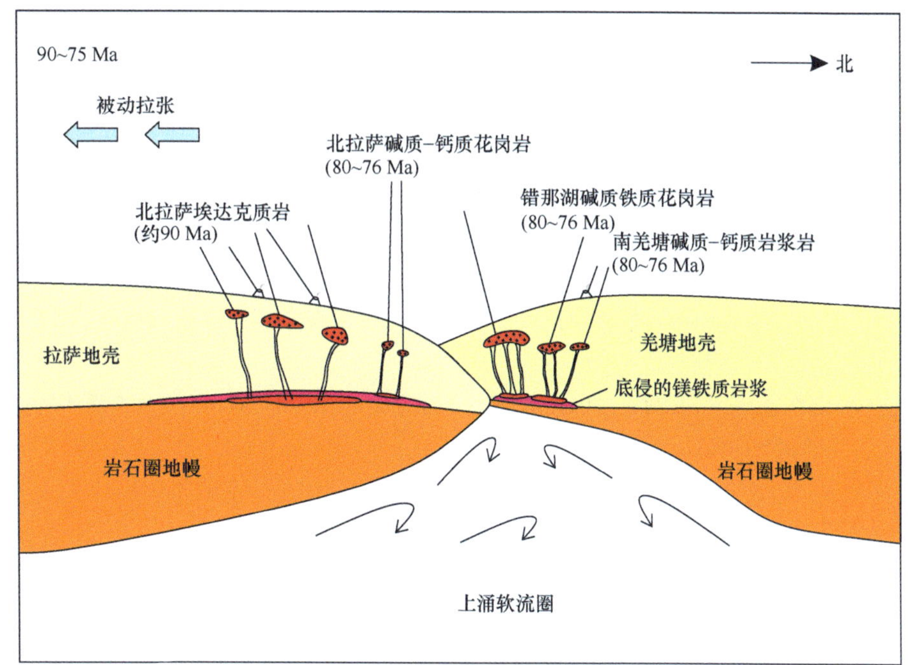

图 4.127　羌塘地块南缘及中 – 北拉萨地块晚白垩世岩浆岩形成模式简图

其中岩体数据引自中 – 北拉萨埃达克质岩（Wang et al.，2014）、北拉萨碱质 – 钙质花岗岩（定立等，2012；王江朋等，2012）、南羌塘碱质 – 钙质岩浆岩（Wang et al.，2021）、错那湖碱质铁质花岗岩（Wang et al.，2022）

参考文献

邓万明, 孙宏娟, 1998. 青藏北部板内火山岩的同位素地球化学与源区特征. 地学前缘 5, 307–317.

定立, 赵元艺, 杨永强, 崔玉斌, 吕立娜, 2012. 西藏班戈县多巴区矽卡岩型铁多金属矿床含矿花岗岩LA-ICP-MS锆石U-Pb定年、地球化学及意义. 岩石矿物学杂志31, 479–496.

耿全如, 毛晓长, 张璋, 彭智敏, 关俊雷, 2015. 班公湖–怒江成矿带中、西段岩浆弧新认识及其对找矿的启示. 中国地质调查2, 1–11.

李小波, 王保弟, 刘函, 王立全, 陈莉, 2015. 西藏达如错地区晚侏罗世高镁安山岩——班公湖–怒江洋壳俯冲消减的证据. 地质通报34, 251–261.

刘洪, 张晖, 李光明, 黄瀚霄, 肖万峰, 游钦, 马东方, 张海, 张红, 2016. 藏北羌塘南缘早白垩世青草山强过铝质S型花岗岩的成因: 来自地球化学和锆石U-Pb年代学的约束. 北京大学学报: 自然科学版5, 848–860.

潘桂棠, 朱弟成, 王立全, 廖忠礼, 耿全如, 江新胜, 2004. 班公湖–怒江缝合带作为冈瓦纳大陆北界的地质地球物理证据. 地学前缘11, 371–382.

唐跃, 翟庆国, 胡培远, 肖序常, 王海涛, 王伟, 朱志才, 吴昊, 2019. 西藏班公湖–怒江缝合带中段侏罗纪高镁安山质岩石对中特提斯洋演化的制约. 岩石学报35, 3097–3114.

王保弟, 王立全, 许继峰, 陈莉, 赵文霞, 刘函, 彭头平, 李小波, 2015. 班公湖–怒江结合带洞错地区舍拉玛高压麻粒岩的发现及其地质意义. 地质通报34, 1605–1616.

王江朋, 赵元艺, 崔玉斌, 吕立娜, 许虹, 2012. 西藏班戈地区重要矽卡岩型铁(铜)多金属矿床LAICP-MS锆石U-Pb测年与花岗岩地球化学特征. 地质通报31, 1435–1450.

吴珍汉, 季长军, 赵珍, 陈程, 2020. 羌塘盆地中部侏罗纪埋藏史和生烃史. 地质学报94, 2823–2833.

叶加鹏, 胡修棉, 孙高远, 2019. 革吉最高海相层约束班怒残留海消亡时间(~94Ma). 科学通报64, 1620–1636.

余红霞, 陈建林, 许继峰, 王保弟, 邬建斌, 梁华英, 2011. 拉萨地块中北部晚白垩世(约90 Ma)拔拉扎含矿斑岩地球化学特征及其成因. 岩石学报27, 2011–2022.

解超明, 李才, 苏犁, 董永胜, 吴彦旺, 谢尧武, 2013. 青藏高原安多高压麻粒岩同位素年代学研究. 岩石学报29, 912–922.

张璋, 耿全如, 彭智敏, 丛峰, 关俊雷, 2011. 班公湖–怒江成矿带西段材玛花岗岩体岩石地球化学及年代学. 沉积与特提斯地质31, 86–96.

周金胜, 孟祥金, 臧文栓, 杨竹森, 徐玉涛, 张雄, 2013. 西藏青草山斑岩铜金矿含矿斑岩锆石 U-Pb 年代学、微量元素地球化学及地质意义. 岩石学报29, 3755–3766.

朱弟成, 潘桂棠, 莫宣学, 王立全, 赵志丹, 廖忠礼, 耿全如, 董国臣, 2006. 青藏高原中部中生代OIB型玄武岩的识别: 年代学、地球化学及其构造环境. 地质学报80, 1312–1328.

朱志才, 翟庆国, 胡培远, 唐跃, 王海涛, 王伟, 吴昊, 黄智强, 2020. 拉萨–羌塘地体碰撞时限: 来自班公湖—怒江缝合带中段多尼组沉积的约束. 沉积学报38, 712–726.

Agard, P., Yamato, P., Jolivet, L., Burov, E., 2009. Exhumation of oceanic blueschists and eclogites in subduction zones: timing and mechanisms. Earth-Science Reviews 92, 53–79.

Albarède, F., 1992. How deep do common basaltic magmas form and differentiate? Journal of Geophysical Research 97, 10997–11009.

Altherr, R., Siebel, W., 2002. I-type plutonism in a continental back-arc setting: Miocene granitoids and monzonites from the central Aegean Sea, Greece. Contributions to Mineralogy and Petrology 143, 397–415.

Altherr, R., Holl, A., Hegner, E., Langer, C., Kreuzer, H., 2000. High-potassium, calc-alkaline I-type plutonism in the European Variscides: northern Vosges (France) and northern Schwarzwald (Germany). Lithos 50, 51–73.

Andersen, T.B., Austrheim, H., 2006. Fossil earthquakes recorded by pseudotachylytes in mantle peridotite from the Alpine subduction complex of Corsica. Earth and Planetary Science Letters 242, 58–72.

Annen, C., Blundy, J., Sparks, R., 2006. The genesis of intermediate and silicic magmas in deep crustal hot zones. Journal of Petrology 47, 505–539.

Aranovich, L., Newton, R., Manning, C., 2013. Brine-assisted anatexis: experimental melting in the system haplogranite–H_2O–NaCl–KCl at deep-crustal conditions. Earth and Planetary Science Letters 374, 111–120.

Aranovich, L.Y., Makhluf, A.R., Manning, C.E., Newton, R.C., 2014. Dehydration melting and the relationship between granites and granulites. Precambrian Research 253, 26–37.

Arrial, P.A., Billen, M.I., 2013. Influence of geometry and eclogitization on oceanic plateau subduction. Earth and Planetary Science Letters 363, 34–43.

Axen, G.J., van Wijk, J.W., Currie, C.A., 2018. Basal continental mantle lithosphere displaced by flat-slab subduction. Nature Geoscience 11, 961–964.

Ayres, M., Harris, N., 1997. REE fractionation and Nd-isotope disequilibrium during crustal anatexis: constraints from Himalayan leucogranites. Chemical Geology 139, 249–269.

Bao, P.S., Xiao, X.C., Su, L., Wang, J., 2007. Petrological, geochemical and chronological constraints for the tectonic setting of the Dongco ophiolite in Tibet. Science China Earth Sciences 50, 660–671.

Bao, Z., Zhao, Z., 2008. Geochemistry of mineralization with exchangeable REY in the weathering crusts of granitic rocks in South China. Ore Geology Reviews 33, 519–535.

Barbarin, B., Didier, J., 1992. Genesis and evolution of mafic microgranular enclaves through various types of interaction between coexisting felsic and mafic magmas. Earth and Environmental Science Transactions of the Royal Society of Edinburgh 83, 145–153.

Bau, M., Dulski, P., 1995. Comparative study of yttrium and rare-earth element behaviours in fluorine-rich hydrothermal fluids. Contributions to Mineralogy and Petrology 119, 213–223.

Beard, J.S., Lofgren, G.E., 1991. Dehydration melting and water-saturated melting of basaltic and andesitic greenstones and amphibolites at 1, 3, and 69 kb. Journal of Petrology 32, 465–501.

Blichert-Toft, J., Albarède, F., 1997. The Lu-Hf isotope geochemistry of chondrites and the evolution of the mantle-crust system. Earth and Planetary Science Letters 148, 243–258.

Boehnke, P., Watson, E.B., Trail, D., Harrison, T.M., Schmitt, A.K., 2013. Zircon saturation re-revisited. Chemical Geology 351, 324–334.

Bogaerts, M., Scaillet, B., Auwera, J.V., 2006. Phase equilibria of the Lyngdal granodiorite (Norway): implications for the origin of metaluminous ferroan granitoids. Journal of Petrology 47, 2405–2431.

Bourgois, J., Martin, H., Lagabrielle, Y., Le Moigne, J., Jara, J.F., 1996. Subduction erosion related to spreading-ridge subduction: Taitao peninsula (Chile margin triple junction area). Geology 24, 723–726.

Cao, Y., Sun, Z., Li, H., Pei, J., Liu, D., Zhang, L., Ye, X., Zheng, Y., He, X., Ge, C., Jiang, W., 2019. New paleomagnetic results from Middle Jurassic limestones of the Qiangtang Terrane, Tibet: constraints on the evolution of the Bangong-Nujiang Ocean. Tectonics 38, 215–232.

Cao, Y., Sun, Z., Li, H., Ye, X., Pan, J., Liu, D., Zhang, L., Wu, B., Cao, X., Liu, C., Yang, Z., 2020. Paleomagnetism and U-Pb geochronology of Early Cretaceous volcanic rocks from the Qiangtang Block, Tibetan Plateau: implications for the Qiangtang-Lhasa collision. Tectonophysics 789, 228500.

Carswell, D.A., O'Brien, P.J., 1993. Thermobarometry and geotectonic significance of high-pressure granulites: examples from the Moldanubian zone of the Bohemian Massif in Lower Austria. Journal of Petrology 34, 427–459.

Chapman, J.B., Scoggin, S.H., Kapp, P., Carrapa, B., Ducea, M.N., Worthington, J., Oimahmadov, I., Gadoev, M., 2018. Mesozoic to Cenozoic magmatic history of the Pamir. Earth and Planetary Science Letters 482, 181–192.

Chappell, B.W., Simpson, P.R., 1984. Source rocks of I- and S-Type granites in the Lachlan Fold Belt,

Southeastern Australia [and Discussion]. Philosophical Transactions of the Royal Society of London A 310, 706–707.

Chappell, B.W., White, A.J.R., 1992. I- and S-type granites in the Lachlan Fold Belt. Earth and Environmental Science Transactions of the Royal Society of Edinburgh 83, 1–26.

Chauvel, C., McDonough, W., Guille, G., Maury, R., Duncan, R., 1997. Contrasting old and young volcanism in Rurutu Island, Austral chain. Chemical Geology 139, 125–143.

Chazot, G., Menzies, M.A., Harte, B., 1996. Determination of partition coefficients between apatite, clinopyroxene, amphibole, and melt in natural spinel lherzolites from Yemen: implications for wet melting of the lithospheric mantle. Geochimica et Cosmochimica Acta 60, 423–437.

Chen, J.L., Xu, J.F., Yu, H.X., Wang, B.D., Wu, J.B., Feng, Y.X., 2015. Late cretaceous high-Mg# granitoids in southern Tibet: implications for the early crustal thickening and tectonic evolution of the Tibetan Plateau? Lithos 232, 12–22.

Chen, S.S., Fan, W.M., Shi, R.D., Gong, X.H., Wu, K., 2017. Removal of deep lithosphere in ancient continental collisional orogens: a case study from Central Tibet, China. Geochemistry Geophysics Geosystems 18, 1225–1243.

Chen, Z.Y., Zhang, L.F., Du, J.X., Lü, Z., 2013. Zr-in-rutile thermometry in eclogite and vein from southwestern Tianshan, China. Journal of Asian Earth Sciences 63, 70–80.

Cherniak, D.J., 2000. Pb diffusion in rutile. Contributions to Mineralogy and Petrology 139, 198–207.

Chung, S.L., Chu, M.F., Zhang, Y., Xie, Y., Lo, C.H., Lee, T.Y., Lan, C.Y., Li, X., Zhang, Q., Wang, Y., 2005. Tibetan tectonic evolution inferred from spatial and temporal variations in post-collisional magmatism. Earth-Science Reviews 68, 173–196.

Clarke, G.L., Powell, R., Fitzherbert, J.A., 2006. The lawsonite paradox: a comparison of field evidence and mineral equilibria modelling. Journal of Metamorphic Geology 24, 715–725.

Class, C., Goldstein, S.L., 1997. Plume-lithosphere interactions in the ocean basins: constrains from the source mineralogy. Earth and Planetary Science Letters 150, 245–260.

Clemens, J., Holloway, J.R., White, A., 1986. Origin of an A-type granite；experimental constraints. American Mineralogist 71, 317–324.

Coggon, R., Holland, T.J.B., 2002. Mixing properties of phengitic micas and revised garnet-phengite thermobarometers. Journal of Metamorphic Geology 20, 683–696.

Conrad, W.K., Nicholls, I.A., Wall, V.J., 1988. Water-saturated and -undersaturated melting of metaluminous and peraluminous crustal compositions at 10 kbar: evidence for the origin of silicic magmas in the Taupo Volcanic Zone, New Zealand, and other occurrences. Journal of Petrology 29, 765–803.

Cooper, F.J., Platt, J.P., Anczkiewicz, R., 2011. Constraints on early Franciscan subduction rates from 2-D thermal modeling. Earth and Planetary Science Letters 312, 69–79.

Dall'Agnol, R., de Oliveira, D.C., 2007. Oxidized, magnetite-series, rapakivi-type granites of Caraj´as, Brazil: implications for classification and petrogenesis of A-type granites. Lithos 93, 215–233.

Dall'Agnol, R., Scaillet, B., Pichavant, M., 1999. An experimental study of a lower Proterozoic A-type granite from the Eastern Amazonian Craton, Brazil. Journal of Petrology 40, 1673–1698.

Dan, W., Li, X.H., Wang, Q., Wang, X.C., Liu, Y., 2014. Neoproterozoic S-type granites in the Alxa Block, westernmost North China and tectonic implications: in situ zircon U-Pb-Hf-O isotopic and geochemical constraints. American Journal of Science 314, 110–153.

Davidson, J.P., 1987. Crustal contamination versus subduction zone enrichment: examples from the Lesser Antilles and implications for mantle source compositions of island arc volcanic rocks. Geochimica et Cosmochimica Acta 51, 2185–2198.

Deering, C.D., Bachmann, O., 2010. Trace element indicators of crystal accumulation in silicic igneous rocks. Earth and Planetary Science Letters 297, 324–331.

Dhuime, B., Wuestefeld, A., Hawkesworth, C.J., 2015. Emergence of modern continental crust about 3 billion years ago. Nature Geoscience 8, 552–555.

Diener, J.F.A., Powell, R., White, R.W., Holland, T.J.B., 2007. A new thermodynamic model for clino- and orthoamphiboles in the system Na_2O-CaO-FeO-MgO-Al_2O_3-SiO_2-H_2O-O. Journal of Metamorphic Geology 25, 631–656.

Ding, L., Kapp, P., Zhong, D., Deng, W., 2003. Cenozoic volcanism in Tibet: evidence for a transition from oceanic to continental subduction. Journal of Petrology 44, 1833–1865.

Dong, Y.L., Wang, B.D., Zhao, W.X., Yang, T.N., Xu, J.F., 2016. Discovery of eclogite in the Bangong Co-Nujiang ophiolitic mélange, central Tibet, and tectonic implications. Gondwana Research 35, 115–123.

Drummond, M.S., Defant, M.J., Kepezhinskas, P.K., 1996. Petrogenesis of slab-derived trondhjemite-tonalite-dacite/adakite magmas. Earth and Environmental Science Transactions of the Royal Society of Edinburgh 87, 205–215.

Du, J., Zhang, L., Lü, Z., Chu, X., 2011. Lawsonite-bearing chloritoid-glaucophane schist from SW Tianshan, China: phase equilibria and *P-T* path. Journal of Asian Earth Sciences 42, 684–693.

Dupuy, C., Liotard, J., Dostal, J., 1992. Zr/Hf fractionation in intraplate basaltic rocks: carbonate metasomatism in the mantle source. Geochimica et Cosmochimica Acta 56, 2417–2423.

Dzierma, Y., Rabbel, W., Thorwart, M.M., Flueh, E.R., Mora, M.M., Alvarado, G.E., 2011. The steeply subducting edge of the Cocos Ridge: evidence from receiver functions beneath the northern Talamanca Range, south-central Costa Rica. Geochemistry Geophysics Geosystems 12, Q04S30.

Ebadi, A., Johannes, W., 1991. Beginning of melting and composition of first melts in the system Qz-Ab-Or-H_2O-CO_2. Contributions to Mineralogy and Petrology 106, 286–295.

Eiler, J.M., 2007. "Clumped-isotope" geochemistry—the study of naturally-occurring, multiply-substituted isotopologues. Earth and Planetary Science Letters 262, 309–327.

Erdmann, S., Martel, C., Pichavant, M., Kushnir, A., 2014. Amphibole as an archivist of magmatic crystallization conditions: problems, potential, and implications for inferring magma storage prior to the paroxysmal 2010 eruption of Mount Merapi, Indonesia. Contributions to Mineralogy and Petrology 167, 1016.

Falloon, T.J., Danyushevsky, L.V., 2000. Melting of refractory mantle at 1.5, 2 and 2.5 GPa under anhydrous and H_2O-undersaturated conditions: implications for the petrogenesis of high-Ca boninites and the influence of subduction components on mantle melting. Journal of Petrology 41, 257–283.

Fan, J.J., Li, C., Xie, C.M., Wang, M., 2014. Petrology, geochemistry, and geochronology of the Zhonggang ocean island, northern Tibet: implications for the evolution of the Banggongco-Nujiang oceanic arm of the Neo-Tethys. International Geology Review 56, 1504–1520.

Fan, J.J., Li, C., Xie, C.M., Wang, M., Chen, J.W., 2015. Petrology and U-Pb zircon geochronology of bimodal volcanic rocks from the Maierze Group, northern Tibet: constraints on the timing of closure of the Banggong-Nujiang Ocean. Lithos 227, 148–160.

Fan, J.J., Li, C., Sun, Z.M., Xu, W., Wang, M., Xie, C.M., 2018. Early Cretaceous MORB-type basalt and A-type rhyolite in northern Tibet: evidence for ridge subduction in the Bangong-Nujiang Tethyan Ocean. Journal of Asian Earth Sciences 154, 187–201.

Fan, J.J., Niu, Y., Liu, Y.M., Hao, Y.J., 2021. Timing of closure of the Meso-Tethys Ocean: constraints from remnants of a 141–135 Ma ocean island within the Bangong-Nujiang Suture zone, Tibetan Plateau. Geological Society of America Bulletin 133, 1875–1889.

Ferry, J.M., Watson, E.B., 2007. New thermodynamic models and revised calibrations for the Ti-in-zircon and Zr-in-rutile thermometers. Contributions to Mineralogy and Petrology 154, 429–437.

Foley, S., Tiepolo, M., Vannucci, R., 2002. Growth of early continental crust controlled by melting of amphibolite in subduction zones. Nature 417, 837–840.

Frost, B.R., Barnes, C.G., Collins, W.J., Arculus, R.J., Ellis, D.J., Frost, C.D., 2001. A geochemical classification for granitic rocks. Journal of Petrology 42, 2033–2048.

Frost, C.D., Frost, B.R., 1997. Reduced rapakivi-type granites: the tholeiite connection. Geology 25, 647–650.

Frost, C.D., Frost, B.R., 2011. On ferroan (A-type) granitoids: their compositional variability and modes of origin. Journal of Petrology 52, 39–53.

Frost, C.D., Frost, B.R., Chamberlain, K.R., Edwards, B. R., 1999. Petrogenesis of the 1.43 Ga Sherman batholith, SE Wyoming: a reduced rapakivi-type anorogenic granite. Journal of Petrology 40, 1771–1802.

Gao, P., Zheng, Y., Zhao, Z.F., 2016. Experimental melts from crustal rocks: a lithochemical constraint on granite petrogenesis. Lithos 266–267, 133–157.

Gao, X.Y., Zheng, Y.F., Xia, X.P., Chen, Y.X., 2014. U-Pb ages and trace elements of metamorphic rutile from ultrahigh-pressure quartzite in the Sulu orogen. Geochimica et Cosmochimica Acta. 143, 87–114.

Gelman, S.E., Deering, C.D., Bachmann, O., Huber, C., Gutierrez, F.J., 2014. Identifying the crystal graveyards remaining after large silicic eruptions. Earth and Planetary Science Letters 403, 299–306.

Geng, Q., Zhang, Z., Peng, Z., Guan, J., Zhu, X., Mao, X., 2016, Jurassic-Cretaceous granitoids and related tectono-metallogenesis in the Zapug-Duobuza arc, western Tibet. Ore Geology Reviews 77, 163–175.

Gómez-Tuena, A., Langmuir, C.H., Goldstein, S.L., Straub, S.M., Ortega-Gutiérrez, F., 2007. Geochemical evidence for slab melting in the Trans-Mexican Volcanic Belt. Journal of Petrology 48, 537–562.

Gómez-Tuena, A., Mori, L., Rincón-Herrera, N.E., Ortega-Gutiérrez, F., Solé, J., Iriondo, A., 2008. The origin of a primitive trondhjemite from the Trans-Mexican Volcanic Belt and its implications for the construction of a modern continental arc. Geology 36, 471–474.

Goss, A.R., Kay, S.M., Mpodozis, C., 2013. Andean adakite-like high-Mg andesites on the northern margin of the Chilean-Pampean flat-slab (27-28.5°S) associated with frontal arc migration and fore-arc subduction erosion. Journal of Petrology 54, 2193–2234.

Goussin, F., Riel, N., Cordier, C., Guillot, S., Boulvais, P., Roperch, P., Replumaz, A., Schulmann, K., Dupont-Nivet, G., Rosas, F., Guo, Z., 2020. Carbonated inheritance in the eastern Tibetan lithospheric mantle: petrological evidences and geodynamic implications. Geochemistry Geophysics Geosystems 21, e2019GC008495.

Green, D.H., Ringwood, A.E., 1967. An experimental investigation of the gabbro to eclogite transformation and its petrological applications. Geochimica et Cosmochimica Acta 31, 767–833.

Green, E., Holland, T., Powell, R., 2007. An order-disorder model for omphacitic pyroxenes in the system jadeite-diopside-hedenbergite-acmite, with applications to eclogitic rocks. American Mineralogist 92, 1181–1189.

Griffin, W.L., Pearson, N.J., Belousova, E., Jackson, S.E., van Achterbergh, E., O'Reilly, S.Y., Shee, S.R., 2000. The Hf isotope composition of cratonic mantle: LAM-MC-ICPMS analysis of zircon megacrysts in kimberlites. Geochimica et Cosmochimica Acta 64, 133–147.

Grimes, C.B., John, B.E., Cheadle, M.J., Mazdab, F.K., Wooden, J.L., Swapp, S., Schwartz, J.J., 2009. On the occurrence, trace element geochemistry, and crystallization history of zircon from in situ ocean lithosphere. Contributions to Mineralogy and Petrology 158, 757–783.

Groppo, C., Rolfo, F., Liu, Y.C., Deng, L.P., Wang, A.D., 2015. *P-T* evolution of elusive UHP eclogites from the Luotian dome (North Dabie Zone, China): how far can the thermodynamic modeling lead us? Lithos 226, 183–200.

Groppo, C., Rolfo, F., Sachan, H.K., Rai, S.K., 2016. Petrology of blueschist from the Western Himalaya (Ladakh, NW India): exploring the complex behavior of a lawsonite-bearing system in a paleo-accretionary setting. Lithos 252-253, 41–56.

Grove, M., Bebout, G., Jacobson, C., Barth, A., Kimbrough, D., King, R., Zou, H., Lovera, O., Mahoney, B., Gehrels, G., 2008. The Catalina Schist: evidence for middle Cretaceous subduction erosion of southwestern North America. Geological Society of America Special Papers 436, 335–361.

Gualda, G.A.R., Ghiorso, M.S., 2015. MELTS_Excel: a Microsoft Excel-based MELTS interface for research and teaching of magma properties and evolution. Geochemistry Geophysics Geosystems 16, 315–324.

Guillot, S., Hattori, K., Agard, P., Schwartz, S., Vidal, O., 2009. Exhumation processes in oceanic and continental subduction contexts: a review. In: Lallemand, S., Funiciello, F. (eds.), Subduction zone geodynamics. Springer, 175–205.

Guo, J.H., O'Brien, P.J., Zhai, M., 2002. High-pressure granulites in the Sanggan area, North China craton: metamorphic evolution, *P-T* paths and geotectonic significance. Journal of Metamorphic Geology 20, 741–756.

Guo, Z., Wilson, M., 2019. Late Oligocene-early Miocene transformation of postcollisional magmatism in Tibet. Geology 47, 776–780.

Guo, Z., Wilson, M., Liu, J., Mao, Q., 2006. Post-collisional, potassic and ultrapotassic magmatism of the northern Tibetan Plateau: constraints on characteristics of the mantle source, geodynamic setting and uplift mechanisms. Journal of Petrology 47, 1177–1220.

Guo, Z.F., Wilson, M., 2012. The Himalayan leucogranites: constraints on the nature of their crustal source region and geodynamic setting. Gondwana Research 22, 360–376.

Gutscher, M.A., 2018. Scraped by flat-slab subduction. Nature Geoscience 11, 890–891.

Gutscher, M.A., Olivet, J.L., Aslanian, D., Eissen, J.P., Maury, R., 1999. The "lost Inca Plateau": cause of flat subduction beneath Peru? Earth and Planetary Science Letters 171, 335–341.

Gutscher, M.A., Spakman, W., Bijwaard, H., Engdahl, E.R., 2000a. Geodynamics of flat subduction: seismicity and tomographic constraints from the Andean margin. Tectonics 19, 814–833.

Gutscher, M.A., Maury, R., Eissen, J.P., Bourdon, E., 2000b. Can slab melting be caused by flat subduction? Geology 28, 535–538.

Haase, K.M., 1996. The relationship between the age of the lithosphere and the composition of oceanic magmas: constraints on partial melting, mantle sources and the thermal structure of the plates. Earth and Planetary Science Letters 144, 75–92.

Hacker, B.R., Gerya, T.V., 2013. Paradigms, new and old, for ultrahigh-pressure tectonism. Tectonophysics 603, 79–88.

Hacker, B.R., Peacock, S.M., Abers, G.A., Holloway, S.D., 2003. Subduction factory 2. Are intermediate-depth earthquakes in subducting slabs linked to metamorphic dehydration reactions? Journal of Geophysical Research: Solid Earth 108, 2030.

Haider, V.L., Dunkl, I., von Eynatten, H., Ding, L., Frei, D., Zhang, L., 2013. Cretaceous to Cenozoic evolution of the northern Lhasa Terrane and the Early Paleogene development of peneplains at Nam Co, Tibetan Plateau. Journal of Asian Earth Sciences 70, 79–98.

Hao, L.L., Wang, Q., Wyman, D.A., Ou, Q., Dan, W., Jiang, Z.Q., Wu, F.Y., Yang, J.H., Long, X.P., Li, J., 2016a. Underplating of basaltic magmas and crustal growth in a continental arc: evidence from Late Mesozoic intermediate-felsic intrusive rocks in southern Qiangtang, central Tibet. Lithos 245, 223–242.

Hao, L.L., Wang, Q., Wyman, D.A., Ou, Q., Dan, W., Jiang, Z.Q., Yang, J.H., Li, J., Long, X. P., 2016b. Andesitic crustal growth via mélange partial melting: evidence from Early Cretaceous arc dioritic/andesitic rocks in southern Qiangtang, central Tibet. Geochemistry Geophysics Geosystems 17, 1641–1659.

Hao, L.L., Wang, Q., Zhang, C., Ou, Q., Yang, J.H., Dan, W., Jiang, Z., 2019. Oceanic plateau subduction during closure of the Bangong-Nujiang Tethyan Ocean: insights from central Tibetan volcanic rocks. Geological Society of America Bulletin 131, 864–880.

Harley, S.L., 1989. The origins of granulites: a metamorphic perspective. Geological Magazine 126, 215–247.

Harris, N., Ronghua, X., Lewis, C., Hawkesworth, C.J., Yuquan, Z., 1988. Isotope geochemistry of the 1985

Tibet geotraverse, Lhasa to Golmud. Philosophical Transactions of the Royal Society A Mathematical Physical and Engineering Sciences 327, 263–285.

Hauri, E.H., Shimizu, N., Dieu, J.J., Hart, S.R., 1993. Evidence for hotspot-related carbonatite metasomatism in the oceanic upper mantle. Nature 365, 221–227.

Hawkesworth, C.J., Turner, S.P., McDermott, F., Peate, D.W., van Calsteren, P., 1997. U-Th isotopes in arc magmas: implications for element transfer from the subducted crust. Science 276, 551–555.

Hawkesworth, C.J., Dhuime, B., Pietranik, A., Cawood, P., Kemp, A.I., Storey, C., 2010. The generation and evolution of the continental crust. Journal of the Geological Society 167, 229–248.

Hawthorne, F.C., Oberti, R., 2007. Classification of the amphiboles. Reviews in Mineralogy and Geochemistry 67, 55–88.

He, H.Y., Li, Y.L., Wang, C.S., Zhou, A., Qian, X.Y., Zhang, J.W., Du, L.T., Bi, W.J., 2018. Late Cretaceous (ca. 95 Ma) magnesian andesites in the Biluoco area, southern Qiangtang subterrane, central Tibet: petrogenetic and tectonic implications. Lithos 302–303, 389–404.

He, H.Y., Li, Y.L., Wang, C.S., Han, Z.P., Ma, P.F., Xiao, S., 2019. Petrogenesis and tectonic implications of Late Cretaceous highly fractionated I-type granites from the Qiangtang block, central Tibet. Journal of Asian Earth Sciences 176, 337–352.

Healy, B., Collins, W.J., Richards, S.W., 2004. A hybrid origin for Lachlan S-type granites: the Murrumbidgee Batholith example. Lithos 78, 197–216.

Herzberg, C., O'Hara, M., 2002. Plume-associated ultramafic magmas of Phanerozoic age. Journal of Petrology 43, 1857–1883.

Herzberg, C., Asimow, P.D., Arndt, N., Niu, Y., Lesher, C., Fitton, J., Cheadle, M., Saunders, A., 2007. Temperatures in ambient mantle and plumes: constraints from basalts, picrites, and komatiites. Geochemistry Geophysics Geosystems 8, Q02006.

Holland, T., Powell, R., 2003. Activity-composition relations for phases in petrological calculations: an asymmetric multicomponent formulation. Contributions to Mineralogy and Petrology 145, 492–501.

Holland, T.J.B., Powell, R., 1998. An internally consistent thermodynamic data set for phases of petrological interest. Journal of Metamorphic Geology 16, 309–343.

Hopkinson, T.N., Harris, N.B., Warren, C.J., Spencer, C.J., Roberts, N.M., Horstwood, M.S., Parrish, R.R., 2017. The identification and significance of pure sediment-derived granites. Earth and Planetary Science Letters 467, 57–63.

Hu, F., Wu, F., Chapman, J.B., Ducea, M.N., Ji, W., Liu, S., 2020b. Quantitatively tracking the elevation of the Tibetan plateau since the cretaceous: insights from whole-rock Sr/Y and La/Yb ratios. Geophysical Research Letters 47, e2020GL089202.

Hu, P.Y., Zhai, Q.G., Jahn, B.M., Wang, J., Li, C., Lee, H.Y., Tang, S.H., 2015. Early Ordovician granites from the South Qiangtang terrane, northern Tibet: implications for the early Paleozoic tectonic evolution along the Gondwanan proto-Tethyan margin. Lithos 220–223, 318–338.

Hu, P.Y., Zhai, Q.G., Jahn, B.M., Wang, J., Li, C., Chung, S. L., Lee, H.Y., Tang, S.H., 2017. Late Early

Cretaceous magmatic rocks (118-113 Ma) in the middle segment of the Bangong-Nujiang suture zone, Tibetan Plateau: evidence of lithospheric delamination. Gondwana Research 44, 116–138.

Hu, W.L., Wang, Q., Yang, J.H., Zhang, C., Tang, G.J., Ma, L., Qi, Y., Yang, Z.Y., Sun, P., 2019. Late early cretaceous peraluminous biotite granites along the Bangong-Nujiang suture zone, central Tibet: products derived by partial melting of metasedimentary rocks? Lithos 344–345, 147–158.

Hu, W.L., Wang, Q., Yang, J.H., Tang, G.J., Qi, Y., Ma, L., Yang, Z.Y., Sun, P., 2020a. Amphibole and whole-rock geochemistry of early Late Jurassic diorites, central Tibet: implications for petrogenesis and geodynamic processes. Lithos 370–371, 105644.

Hu, W.L., Wang, Q., Yang, J.H., Tang, G.J., Ma, L., Yang, Z.Y., Qi, Y., Sun, P., 2021. Petrogenesis of Late Early Cretaceous high-silica granites from the Bangong-Nujiang suture zone, central Tibet. Lithos 402-403, 105788.

Hu, W.L., Wang, Q., Tang, G.J., Zhang, X.Z., Qi, Y., Wang, J., Ma, Y.M., Yang, Z.Y., Sun, P., Hao, L.L., 2022. Late Early Cretaceous magmatic constraints on the timing of closure of the Bangong-Nujiang Tethyan Ocean, central Tibet. Lithos 416–417, 106648.

Huang, Q.T., Li J.F., Cai Z.R., Xia, L.Z., Yuan, Y.J., Liu, H.C., Xia, B., 2015. Geochemistry, geochronology, Sr-Nd isotopic compositions of Jiang Tso ophiolite in the middle segment of the Bangong-Nujiang Suture Zone and their geological significance. Acta Geologica Sinica - English Edition 89, 389–401.

Huang, T.T., Xu, J.F., Chen, J.L., Wu, J.B., Zeng, Y.C., 2017. Sedimentary record of Jurassic northward subduction of the Bangong-Nujiang Ocean: insights from detrital zircons. International Geology Review 59, 166–184.

Inger, S., Harris, N., 1993. Geochemical constraints on leucogranite magmatism in the Langtang Valley, Nepal Himalaya. Journal of Petrology 34, 345–368.

Jahn, B., Wu, F.Y., Capdevila, R., Martineau, F., Zhao, Z.H., Wang, Y.X., 2001. Highly evolved juvenile granies with tetrad REE patterns: the Woduhe and Baerzhe granites from the Great Xing'an Moutains in NE China. Lithos 59, 171–198.

James, D.E., 1981. The combined use of oxygen and radiogenic isotopes as indicators of crustal contamination. Annual Review of Earth and Planetary Sciences 9, 311–344.

Janoušek, V., Braithwaite, C.J.R., Bowes, D.R., Gerdes, A., 2004. Magma-mixing in the genesis of Hercynian calc-alkaline granitoids: an integrated petrographic and geochemical study of the Sázava intrusion, Central Bohemian Pluton, Czech Republic. Lithos 78, 67–99.

Ji, C., Yan, L.L., Lu, L., Jin, X., Huang, Q.T., Zhang, K.J., 2021. Anduo Late Cretaceous high-K calc-alkaline and shoshonitic volcanic rocks in central Tibet, western China: relamination of the subducted Meso-Tethyan oceanic plateau. Lithos 400–401, 106345.

Johnson, M.C., Plank, T., 2000. Dehydration and melting experiments constrain the fate of subducted sediments. Geochemistry Geophysics Geosystems 1, 1007.

Kapp, P., DeCelles, P., 2019. Mesozoic-Cenozoic geological evolution of the Himalayan-Tibetan orogen and working tectonic hypotheses. American Journal of Science 319, 159–254.

Kapp, P., Yin, A., Manning, C.E., Harrison, T.M., Taylor, M.H., Ding, L., 2003. Tectonic evolution of the early Mesozoic blueschist-bearing Qiangtang metamorphic belt, central Tibet. Tectonics 22, 1043.

Kapp, P., DeCelles, P.G., Gehrels, G.E., Heizler, M., Ding, L., 2007. Geological records of the Lhasa-Qiangtang and Indo-Asian collisions in the Nima area of central Tibet. Geological Society of America Bulletin 119, 917–932.

Katayama, I., Parkinson, C.D., Okamoto, K., Nakajima, Y., Maruyama, S., 2000. Supersilicic clinopyroxene and silica exsolution in UHPM eclogite and pelitic gneiss from the Kokchetav massif, Kazakhstan. American Mineralogist 85, 1368–1374.

Kemp, A.I.S., Hawkesworth, C.J., Foster, G.L., Paterson, B.A., Woodhead, J.D., Hergt, J.M., Gray, C.M., 2007. Magmatic and crustal differentiation history of granitic rocks from Hf-O isotopes in zircon. Science 315, 980–983.

Kooijman, E., Mezger, K., Berndt, J., 2010. Constraints on the U-Pb systematics of metamorphic rutile from in situ LA-ICP-MS analysis. Earth and Planetary Science Letters 293, 321–330.

Kopp, H., Flueh, E.R., Petersen, C.J., Weinrebe, W., Wittwer, A., Scientists, M., 2006. The Java margin revisited: evidence for subduction erosion off Java. Earth and Planetary Science Letters 242, 130–142.

Kretz, R., 1983. Symbols for rock-forming minerals. American Mineralogist 68, 277–279.

Kumar, C.R.R., Chacko, T., 1994. Geothermobarometry of mafic granulites and metapelite from the Palghat Gap, South India: petrological evidence for isothermal uplift and rapid cooling. Journal of Metamorphic Geology 12, 479–492.

Kylander-Clark, A.R.C., Hacker, B.R., Johnson, C.M., Beard, B.L., Mahlen, N.J., 2009. Slow subduction of a thick ultrahigh-pressure terrane. Tectonics 28, TC2003.

Lai, S., Qin, J., Grapes, R., 2011. Petrochemistry of granulite xenoliths from the Cenozoic Qiangtang volcanic field, northern Tibetan Plateau: implications for lower crust composition and genesis of the volcanism. International Geology Review 53, 926–945.

Lai, W., Hu, X., Garzanti, E., Xu, Y., Ma, A., Li, W., 2019. Early Cretaceous sedimentary evolution of the northern Lhasa terrane and the timing of initial Lhasa-Qiangtang collision. Gondwana Research 73, 136–152.

Laurie, A., Stevens, G., 2012. Water-present eclogite melting to produce Earth's early felsic crust. Chemical Geology 314–317, 83–95.

Leake, B.E., Woolley, A.R., Arps, C.E.S., Birch, W.D., Gilbert, M.C., Grice, J.D., Hawthorne, F.C., Kato, A., Kisch, H.J., Krivovichev, V.G., Linthout, K., Laird, J., Mandarino, J., Maresch, W.V., Nickel, E.H., Rock, N.M.S., Schumacher, J.C., Smith, D.C., Stephenson, N.C.N., Ungaretti, L., Whittaker, E.J.W., Youzhi, G., 1997. Nomenclature of amphiboles；report of the subcommittee on amphiboles of the International Mineralogical Association Commission on New Minerals and Mineral Names. Mineralogical Magazine 61, 295–310.

Lee, C.T.A., Bachmann, O., 2014. How important is the role of crystal fractionation in making intermediate magmas? Insights from Zr and P systematics. Earth and Planetary Science Letters 393, 266–274.

Lee, C.T.A., Luffi, P., Plank, T., Dalton, H., Leeman, W.P., 2009. Constraints on the depths and temperatures of basaltic magma generation on Earth and other terrestrial planets using new thermobarometers for mafic magmas. Earth and Planetary Science Letters 279, 20–33.

Lei, M., Chen, J., Xu, J., Zeng, Y., 2015. Geochemistry of early Late Cretaceous Gaerqiong high-$Mg^{\#}$ diorite porphyry in midnorthern Lhasa terrane: partial melting of delaminated lower continental crust? Geological Bulletin of China 34, 337–346.

Li, G.M., Qin, K.Z., Li, J.X., Evans, N.J., Zhao, J.X., Cao, M.J., Zhang, X.N., 2017d. Cretaceous magmatism and metallogeny in the Bangong–Nujiang metallogenic belt, central Tibet: evidence from petrogeochemistry, zircon U-Pb ages, and Hf-O isotopic compositions. Gondwana Research 41, 110–127.

Li, J.X., Qin, K.Z., Li, G.M., Xiao, B., Zhao, J.X., Cao, M.J., Chen, L., 2013b. Petrogenesis of ore bearing porphyries from the Duolong porphyry Cu-Au deposit, central Tibet: evidence from U-Pb geochronology, petrochemistry and Sr-Nd-Hf-O isotope characteristics. Lithos 160, 216–227.

Li, J.X., Qin, K.Z., Li, G.M., Richards, J.P., Zhao, J.X., Cao, M.J., 2014a. Geochronology, geochemistry, and zircon Hf isotopic compositions of Mesozoic intermediate-felsic intrusions in central Tibet: petrogenetic and tectonic implications. Lithos 198, 77–91.

Li, J.X., Qin, K.Z., Li, G.M., Zhao, J.X., Cao, M.J., 2015. Petrogenesis of diabase from accretionary prism in the southern Qiangtang terrane, central Tibet: evidence from U-Pb geochronology, petrochemistry and Sr-Nd-Hf-O isotope characteristics. Island Arc 24, 232–244.

Li, J.X., Qin, K.Z., Li, G.M., Xiao, B., Zhao, J.X., Chen, L., 2016b. Petrogenesis of Cretaceous igneous rocks from the Duolong porphyry Cu-Au deposit, central Tibet: evidence from zircon U-Pb geochronology, petrochemistry and Sr-Nd-Pb-Hf isotope charateristics. Geological Journal 51, 285–307.

Li, L., Xiong, X.L., Liu, X.C., 2017c. Nb/Ta fractionation by amphibole in hydrous basaltic systems: implications for arc magma evolution and continental crust formation. Journal of Petrology 58, 3–28.

Li, S., Ding, L., Guilmette, C., Fu, J., Xu, Q., Yue, Y., Henrique-Pinto, R., 2017a. The subduction-accretion history of the Bangong-Nujiang Ocean: constraints from provenance and geochronology of the Mesozoic strata near Gaize, central Tibet. Tectonophysics 702, 42–60.

Li, S., Guilmette, C., Ding, L., Xu, Q., Fu, J.J., Yue, Y.H., 2017b. Provenance of Mesozoic clastic rocks within the Bangong-Nujiang suture zone, central Tibet: implications for the age of the initial Lhasa-Qiangtang collision. Journal of Asian Earth Sciences 147, 469–484.

Li, S., Yin, C., Guilmette, C., Ding, L., Zhang, J., 2019. Birth and demise of the Bangong-Nujiang Tethyan Ocean: a review from the Gerze area of central Tibet. Earth-Science Reviews 208, 102907.

Li, S.M., Zhu, D.C., Wang, Q., Zhao, Z.D., Sui, Q.L., Liu, S.A., Liu, D., Mo, X.X., 2014b. Northward subduction of Bangong-Nujiang Tethys: insight from Late Jurassic intrusive rocks from Bangong Tso in western Tibet. Lithos 205, 284–297.

Li, S.M., Zhu, D.C., Wang, Q., Zhao, Z., Zhang, L.L., Liu, S.A., Chang, Q.S., Lu, Y.H., Dai, J.G., Zheng, Y.C., 2016a. Slab-derived adakites and subslab asthenosphere-derived OIB-type rocks at 156±2 Ma from the north of Gerze, central Tibet: records of the Bangong-Nujiang oceanic ridge subduction during the Late Jurassic. Lithos 262, 456–469.

Li, S.M., Wang, Q., Zhu, D.C., Stern, R.J., Cawood, P.A., Sui, Q.L., Zhao, Z., 2018a. One or two Early Cretaceous arc systems in the Lhasa Terrane, southern Tibet. Journal of Geophysical Research: Solid Earth 123, 3391–3413.

Li, X.K., Chen, J., Wang, R.C., Li, C., 2018b. Temporal and spatial variations of Late Mesozoic granitoids in the SW Qiangtang, Tibet: implications for crustal architecture, Meso-Tethyan evolution and regional mineralization. Earth-Science Reviews 185, 374–396.

Li, Y., He, J., Wang, C., Santosh, M., Dai, J., Zhang, Y., Wei, Y., Wang, J., 2013a. Late Cretaceous K-rich magmatism in central Tibet: evidence for early elevation of the Tibetan plateau? Lithos 160–161, 1–13.

Liu, D., Shi, R., Ding, L., Huang, Q., Zhang, X., Yue, Y., Zhang, L., 2017. Zircon U-Pb age and Hf isotopic compositions of Mesozoic granitoids in southern Qiangtang, Tibet: implications for the subduction of the Bangong-Nujiang Tethyan Ocean. Gondwana Research 41, 157–172.

Liu, D.L., Huang, Q.S., Fan, S.Q., Zhang, L.Y., Shi, R.D., Ding, L., 2014. Subduction of the Bangong-Nujiang Ocean: constraints from granites in the Bangong Co area, Tibet. Geological Journal 49, 188–206.

Liu, D.L., Shi, R.D., Ding, L., Zou, H.B., 2018. Late cretaceous transition from subduction to collision along the Bangong-Nujiang Tethys: new volcanic constraints from Central Tibet. Lithos 296, 452–470.

Liu, T., Zhai, Q.G., Wang, J., Bao, P.S., Qiangba, Z., Tang, S.H., Tang, Y., 2016b. Tectonic significance of the Dongqiao ophiolite in the north-central Tibetan plateau: evidence from zircon dating, petrological, geochemical and Sr-Nd-Hf isotopic characterization. Journal of Asian Earth Sciences 116, 139–154.

Liu, Z.C., Wu, F.Y., Ding, L., Liu, X.C., Wang, J.G., Ji, W.Q., 2016a. Highly fractionated Late Eocene (~35 Ma) leucogranite in the Xiaru Dome, Tethyan Himalaya, South Tibet. Lithos 240–243, 337–354.

Lu, L., Zhang, K.J., Jin, X., Zeng, L., Yan, L.L., Santosh, M., 2019. Crustal thickening of the central Tibetan Plateau prior to India-Asia collision: evidence from petrology, geochronology, geochemistry and Sr-Nd-Hf isotopes of a K-rich charnockite-granite Suite in Eastern Qiangtang. Journal of Petrology 60, 827–854.

Ma, A., Hu, X., Garzanti, E., Han, Z., Lai, W., 2017b. Sedimentary and tectonic evolution of the southern Qiangtang basin: implications for the Lhasa-Qiangtang collision timing. Journal of Geophysical Research: Solid Earth 122, 4790–4813.

Ma, L., Wang, Q., Li, Z.X., Wyman, D.A., Jiang, Z.Q., Yang, J.H., Gou, G.N., Guo, H.F., 2013a. Early Late Cretaceous (ca. 93Ma) norites and hornblendites in the Milin area, eastern Gangdese: lithosphere-asthenosphere interaction during slab roll-back and an insight into early Late Cretaceous (ca. 100-80Ma) magmatic "flare-up" in southern Lhasa (Tibet). Lithos 172, 17–30.

Ma, L., Wang, Q., Wyman, D.A., Li, Z.X., Jiang, Z.Q., Yang, J.H., Gou, G.N., Guo, H.F., 2013b. Late cretaceous (100–89 Ma) magnesian charnockites with adakitic affinities in the Milin area, eastern Gangdese: partial melting of subducted oceanic crust and implications for crustal growth in southern

Tibet. Lithos 175, 315–332.

Ma, L., Wang, Q., Li, Z.X., Wyman, D.A., Yang, J.H., Jiang, Z.Q., Liu, Y.S., Gou, G.N., Guo, H.F., 2017a. Subduction of Indian continent beneath southern Tibet in the latest Eocene (~35Ma): insights from the Quguosha gabbros in southern Lhasa block. Gondwana Research 41, 77–92.

Ma, L., Wang, Q., Kerr, A.C., Tang, G.J., 2021a. Nature of the pre-collisional lithospheric mantle in central Tibet: insights to Tibetan Plateau uplift. Lithos 388–389, 106076.

Ma, L., Gou, G.N., Kerr, A.C., Wang, Q., Wei, G.J., Yang, J.H., Shen, X.M., 2021b. B isotopes reveal Eocene mélange melting in northern Tibet during continental subduction. Lithos 392–393, 106146.

Maniar, P.D., Piccoli, P.M., 1989. Tectonic discrimination of granitoids. Geological Society of America Bulletin 101, 635–643.

Manning, C., Aranovich, L., 2014. Brines at high pressure and temperature: thermodynamic, petrologic and geochemical effects. Precambrian Research 253, 6–16.

McKenzie, D., Bickle, M., 1988. The volume and composition of melt generated by extension of the lithosphere. Journal of Petrology 29, 625–679.

Middlemost, E.A.K., 1994. Naming materials in the magma/igneous rock system. Earth-Science Reviews 37, 215–224.

Miyashiro, A., 1974. Volcanic rock series in island arcs and active continental margins. American Journal of Science 274, 321–355.

Möller, C., 1998. Decompressed eclogites in the Sveconorwegian (-Grenvillian) orogen of SW Sweden: petrology and tectonic implications. Journal of Metamorphic Geology 16, 641–656.

Montel, J.M., Vielzeuf, D., 1997. Partial melting of metagreywackes, Part II. Compositions of minerals and melts. Contributions to Mineralogy and Petrology 128, 176–196.

Morimoto, N., 1988. Nomenclature of pyroxenes. Mineralogy and Petrology 39, 55–76.

Müntener, O., Kelemen, P.B., Grove, T.L., 2001. The role of H_2O during crystallization of primitive arc magmas under uppermost mantle conditions and genesis of igneous pyroxenites: an experimental study. Contributions to Mineralogy and Petrology 141, 643–658.

Neave, D.A., Putirka, K.D., 2017. A new clinopyroxene-liquid barometer, and implications for magma storage pressures under Icelandic rift zones. American Mineralogist 102, 777–794.

O'Brien, P.J, Rötzler, J., 2003. High-pressure granulites: formation, recovery of peak conditions and implications for tectonics. Journal of Metamorphic Geology 21, 3–20.

Parsons, I., 2010. Feldspars defined and described: a pair of posters published by the Mineralogical Society. Sources and supporting information. Mineralogical Magazine 74, 529–551.

Patiño Douce, A.E., 1997. Generation of metaluminous A-type granites by low-pressure melting of calc-alkaline granitoids. Geology 25, 743–746.

Patiño Douce, A.E., 1999. What do experiments tell us about the relative contributions of crust and mantle to the origin of granitic magmas? In: Castro, A., Fernandez, C., Vigneresse, J.L. (eds.), Understanding granites: integrating new and classical techniques. Geological Society, London, Special Publications 168,

55–75.

Patiño Douce, A.E., Harris, N., 1998. Experimental constraints on Himalayan anatexis. Journal of Petrology 39, 689–710.

Patiño Douce, A.E., McCarthy, T.C., 1998. Melting of crustal rocks during continental collision and subduction. In: Hacker, B.R., Liou, J.G. (eds.), When continents collide: geodynamics and geochemistry of ultra-high pressure rocks. Kluwer Academic Publishers, 27–55.

Patino, L.C., Velbel, M.A., Price, J.R., Wade, J.A., 2003. Trace element mobility during spheroidal weathering of basalts and andesites in Hawaii and Guatemala. Chemical Geology 202, 343–364.

Pauly, J., Marschall, H.R., Meyer, H.P., Chatterjee, N., Monteleone, B., 2016. Prolonged Ediacaran-Cambrian metamorphic history and short-lived high-pressure granulite-facies metamorphism in the H.U. Sverdrupfjella, Dronning Maud Land (East Antarctica): evidence for continental collision during Gondwana assembly. Journal of Petrology 57, 185–228.

Peccerillo, A., Taylor, S.R., 1976. Geochemistry of Eocene calc-alkaline volcanic rocks from the Kastamonu area, Northern Turkey. Contributions to Mineralogy and Petrology 58, 63–81.

Peng, Y., Yu, S., Li, S., Liu, Y., Santosh, M., Lv, P., Li, Y., Xie, W., Liu, Y., 2020. The odyssey of Tibetan Plateau accretion prior to Cenozoic India-Asia collision: probing the Mesozoic tectonic evolution of the Bangong-Nujiang Suture. Earth-Science Reviews 211, 103376.

Percival, J.A., 1991. Granulite-facies metamorphism and crustal magmatism in the Ashuanipi complex, Quebec—Labrador, Canada. Journal of Petrology 32, 1261–1297.

Pietranik, A., Waight, T.E., 2008. Processes and sources during Late Variscan Dioritic-Tonalitic Magmatism: insights from plagioclase chemistry (Gęsiniec Intrusion, NE Bohemian Massif, Poland). Journal of Petrology 49, 1619–1645.

Plank, T., 2005. Constraints from Thorium/Lanthanumon sediment recycling at subduction zones and the evolution of the continents. Journal of Petrology 46, 921–944.

Powell, R., Holland, T., Worley, B., 1998. Calculating phase diagrams involving solid solutions via non-linear equations, with examples using THERMOCALC. Journal of Metamorphic Geology 16, 577–588.

Prouteau, G., Scaillet, B., 2003. Experimental Constraints on the Origin of the 1991 Pinatubo Dacite. Journal of Petrology 44, 2203–2241.

Prouteau, G., Scaillet, B., Pichavant, M., Maury, R.C., 1999. Fluid-present melting of ocean crust in subduction zone. Geology 27, 1111–1114.

Putirka, K., 2008. Excess temperatures at ocean islands: implications for mantle layering and convection. Geology 36, 283–286.

Qin, Z.W., Wu, Y.B., Wang, H., Gao, S., Zhu, L.Q., Zhou, L., Yang, S.H., 2014. Geochronology, geochemistry, and isotope compositions of Piaochi S-type granitic intrusion in the Qinling orogen, central China: Petrogenesis and tectonic significance. Lithos 202, 347–362.

Qu, X.M., Wang, R.J., Xin, H.B., Jiang, J.H., Chen, H., 2012. Age and petrogenesis of A-type granites in the middle segment of the Bangonghu-Nujiang suture, Tibetan plateau. Lithos 146, 264–275.

Rapp, R.P., Watson, E.B., 1995. Dehydration melting of metabasalt at 8-32 kbar: implications for continental growth and crust-mantle recycling. Journal of Petrology 36, 891–931.

Rapp, R.P., Shimizu, N., Norman, M.D., 2003. Growth of early continental crust by partial melting of eclogite. Nature 425, 605–609.

Reagan, M.K., Hanan, B.B., Heizler, M.T., Hartman, B.S., Hickeyvargas, R., 2008. Petrogenesis of volcanic rocks from Saipan and Rota, Mariana Islands, and implications for the evolution of nascent island arcs. Journal of Petrology 49, 441–464.

Roberts, M.P., Clemens, J.D., 1993. Origin of high-potassium, calc-alkaline, I-type granitoids. Geology 21, 825–828.

Rudnick, R.L., Gao, S., 2003. Composition of the continental crust. Treatise on Geochemistry 3, 1–64.

Rushmer, T., 1991. Partial melting of two amphibolites: contrasting experimental results under fluid-absent conditions. Contributions to Mineralogy and Petrology 107, 41–59.

Safonov, O.G., Kovaleva, E.I., Kosova, S.A., Rajesh, H., Belyanin, G.A., Golunova, M.A., Van Reenen, D.D., 2012. Experimental and petrological constraints on local-scale interaction of biotite-amphibole gneiss with H_2O-CO_2-(K, Na)Cl fluids at middlecrustal conditions: example from the Limpopo complex, South Africa. Geoscience Frontiers 3, 829–841.

Schmidt, M.W., Poli, S., 1998. Experimentally based water budgets for dehydrating slabs and consequences for arc magma generation. Earth and Planetary Science Letters 163, 361–379.

Searle, M.P., Fryer B.J., 1986. Garnet, tourmaline, muscovite-bearing leucogranites, gneisses and migmatites of the Higher Himalayas from Zanskar, Kulu, Lahoul and Kashmir. Geological Society Special Publication 19, 185–201.

Sharma, M., 1997. Siberian traps. In: Mahoney, J.J., Coffin, M.F. (eds.), Large igneous provinces: continental, oceanic, and planetary flood volcanism. American Geophysical Union, 273–295.

Sisson, T.W., Ratajeski, K., Hankins, W.B., Glazner, A.F., 2005. Voluminous granitic magmas from common basaltic sources. Contributions to Mineralogy and Petrology 148, 635–661.

Smyth, J.R., 1980. Cation vacancies and the crystal chemistry of breakdown reactions in kimberlitic omphacites. American Mineralogist 65, 1185–1191.

Söderlund, U., Patchett, P.J., Vervoort, J.D., Isachsen, C.E., 2004. The ^{176}Lu decay constant determined by Lu-Hf and U-Pb isotope systematics of Precambrian mafic intrusions. Earth and Planetary Science Letters 219, 311–324.

Song, S.G., Yang, J.S., Xu, Z.Q., Liou, J.G., Shi, R.D., 2003. Metamorphic evolution of the coesite-bearing ultrahigh-pressure terrane in the North Qaidam, Northern Tibet, NW China. Journal of Metamorphic Geology 21, 631–644.

Sorensen, S.S., 1988. Petrology of amphibolite-facies mafic and ultramafic rocks from the Catalina Schist, southern California: metasomatism and migmatization in a subduction zone metamorphic setting. Journal of Metamorphic Geology 6, 405–435.

Springer, W., Seck, H.A., 1997. Partial fusion of basic granulites at 5 to 15 kbar: implications for the origin of

TTG magmas. Contributions to Mineralogy and Petrology 127, 30–45.

Sugawara, T., 2000. Empirical relationships between temperature, pressure, and MgO content in olivine and pyroxene saturated liquid. Journal of Geophysical Research: Solid Earth 105, 8457–8472.

Sun, P., Dan, W., Wang, Q., Tang, G.J., Ou, Q., Hao, L.L., Jiang, Z.Q., 2020. Zircon U-Pb geochronology and Sr-Nd-Hf-O isotope geochemistry of Late Jurassic granodiorites in the southern Qiangtang block, Tibet: remelting of ancient mafic lower crust in an arc setting? Journal of Asian Earth Sciences 192, 104235.

Sun, P., Wang, Q., Hao, L.L., Dan, W., Ou, Q., Jiang, Z.Q., Tang, G.J., 2021. A mélange contribution to arc magmas recorded by Nd-Hf isotopic decoupling: an example from the southern Qiangtang Block, central Tibet. Journal of Asian Earth Sciences 221, 104931.

Sun, S.S., McDonough, W.F., 1989. Chemical and isotopic systematics of oceanic basalts: implications for mantle composition and processes. Geological Society Special Publication 42, 313–345.

Takahashi, Y., Yoshida, H., Sato, N., Hama, K., Yusa, Y., Shimizu, H., 2002. W- and M-type tetrad effects in REE patterns for water-rock systems in the Tono uranium deposit, central Japan. Chemical Geology 184, 311–335.

Tang, Y.W., Chen, L., Zhao, Z.F., Zheng, Y.F., 2019. Geochemical evidence for the production of granitoids through reworking of the juvenile mafic arc crust in the Gangdese orogen, southern Tibet. Geological Society of America Bulletin 132, 1347–1364.

Tapponnier, P., Zhiqin, X., Roger, F., Meyer, B., Arnaud, N., Wittlinger, G., Jingsui, Y., 2001. Oblique stepwise rise and growth of the Tibet Plateau. Science 294, 1671–1677.

Tatsumi, Y., 2006. High-Mg andesites in the Setouchi volcanic belt, southwestern Japan: analogy to Archean magmatism and continental crust formation? Annual Review of Earth and Planetary Sciences 34, 467–499.

Tatsumi, Y., Eggins, S.M., 1995. Subduction zone magmatism. Blackwell, Cambridge.

Thost, D.E., Hensen, B.J., Motoyoshi, Y., 1991. Two-stage decompression in garnet-bearing mafic granulites from Sostrene Island, Prydz Bay, East Antarctica. Journal of Metamorphic Geology 9, 245–256.

Tomkins, H.S., Powell, R., Ellis, D.J., 2007. The pressure dependence of the zirconium-in-rutile thermometer. Journal of Metamorphic Geology 25, 703–713.

Tonarini, S., Leeman, W.P., Leat, P.T., 2011. Subduction erosion of forearc mantle wedge implicated in the genesis of the South Sandwich Island (SSI) arc: evidence from boron isotope systematics. Earth and Planetary Science Letters 301, 275–284.

Topuz, G., Altherr, R., Siebel, W., Schwarz, W.H., Zack, T., Hasözbek, A., Barth, M., Satır, M., Şen, C., 2010. Carboniferous high-potassium I-type granitoid magmatism in the Eastern Pontides: the Gümüşhane pluton (NE Turkey). Lithos 116, 92–110.

Tsujimori, T., Sisson, V.B., Liou, J.G., Harlow, G.E., McDonough, S.S., 2006. Very-low- temperature record of the subduction process: a review of worldwide lawsonite eclogites. Lithos 92, 609–624.

Turner, S., Hawkesworth, C., Liu, J.Q., Rogers, N., Kelley, S., Van Calsteren, P., 1993. Timing of Tibetan uplift constrained by analysis of volcanic rocks. Nature 364, 50–54.

Turner, S., Arnaud, N., Liu, J., Rogers, N., Hawkesworth, C., Harris, N., Kelley, S.V., Van Calsteren, P., Deng, W., 1996. Post-collision, shoshonitic volcanism on the Tibetan Plateau: implications for convective thinning of the lithosphere and the source of ocean island basalts. Journal of Petrology 37, 45–71.

Turner, S., Handler, M., Bindeman, I., Suzuki, K., 2009. New insights into the origin of O-Hf-Os isotope signatures in arc lavas from Tonga-Kermadec. Chemical Geology 266, 187–193.

Valley, J.W., 2003. Oxygen isotopes in zircon. Reviews in Mineralogy and Geochemistry 53, 343–385.

Valley, J.W., Lackey, J.S., Cavosie, A.J., Clechenko, C.C., Spicuzza, M.J., Basei, M.A.S., Bindeman, I.N., Ferreira, V.P., Sial, A.N., King, E.M., 2005. 4.4 billion years of crustal maturation: oxygen isotope ratios of magmatic zircon. Contributions to Mineralogy and Petrology 150, 561–580.

van Hunen, J., van den Berg, A.P., Vlaar, N.J., 2002. The impact of the South-American plate motion and the Nazca Ridge subduction on the flat subduction below South Peru. Geophysical Research Letters 29, 35-1–35-4.

Vannucchi, P., Sak, P.B., Morgan, J.P., Ohkushi, K.i., Ujiie, K., 2013. Rapid pulses of uplift, subsidence, and subduction erosion offshore Central America: implications for building the rock record of convergent margins. Geology 41, 995–998.

Vavra, G., Gebauer, D., Schmid, R., Compston, W., 1996. Multiple zircon growth and recrystallization during polyphase Late Carboniferous to Triassic metamorphism in granulites of the Ivrea Zone (Southern Alps): an ion microprobe (SHRIMP) study. Contributions to Mineralogy and Petrology 122, 337–358.

Vervoort, J.D., Blichert-Toft, J., 1999. Evolution of the depleted mantle: Hf isotope evidence from juvenile rocks through time. Geochimica et Cosmochimica Acta 63, 533–556.

von Huene, R., Ranero, C.R., Vannucchi, P., 2004. Generic model of subduction erosion. Geology 32, 913–916.

Vry, J.K., Baker, J.A., 2006. LA-MC-ICPMS Pb-Pb dating of rutile from slowly cooled granulites: confirmation of the high closure temperature for Pb diffusion in rutile. Geochimica et Cosmochimica Acta 70, 1807–1820.

Wang, B.D., Wang, L.Q., Chung, S.L., Chen, J.L., Yin, F.G., Liu, H., Li, X.B., Chen, L.K., 2016. Evolution of the Bangong-Nujiang Tethyan Ocean: insights from the geochronology and geochemistry of mafic rocks within ophiolites. Lithos 245, 18–33.

Wang, J., Gou, G.N., Wang, Q., Zhang, C., Dan, W., Wyman, D.A., Zhang, X.Z., 2018. Petrogenesis of the Late Triassic diorites in the Hoh Xil area, northern Tibet: insights into the origin of the high-Mg# andesitic signature of continental crust. Lithos 300–301, 348–360.

Wang, Q., Wyman, D.A., Xu, J.F., Zhao, Z.H., Jian, P., Xiong, X.L., Bao, Z.W., Li, C.F., Bai, Z.H., 2006a. Petrogenesis of cretaceous adakitic and shoshonitic igneous rocks in the Luzong area, Anhui Province (eastern China): implications for geodynamics and Cu–Au mineralization. Lithos 89, 424–446.

Wang, Q., Xu, J.F., Jian, P., Bao, Z.W., Zhao, Z.H., Li, C.F., Xiong, X.L., Ma, J.L., 2006b. Petrogenesis of adakitic porphyries in an extensional tectonic setting, Dexing, South China: implications for the genesis of porphyry copper mineralization. Journal of Petrology 47, 119–144.

Wang, Q., Zhu, D.C., Zhao, Z.D., Liu, S.A., Chung, S.L., Li, S.M., Liu, D., Dai, J.G., Wang, L.Q., Mo, X.X., 2014. Origin of the ca. 90 Ma magnesia-rich volcanic rocks in SE Nyima, Central Tibet: products of lithospheric delamination beneath the Lhasa–Qiangtang collision zone. Lithos 198, 24–37.

Wang, Q., Zhu, D.C., Cawood, P.A., Zhao, Z.D., Liu, S.A., Chung, S.L., Zhang, L.L., Liu, D., Zheng Y.C., Dai, J.G., 2015. Eocene magmatic processes and crustal thickening in southern Tibet: insights from strongly fractionated ca. 43 Ma granites in the western Gangdese Batholith. Lithos 239, 128–141.

Wang, X.C., Li, Z.X., Li, X.H., Li, J., Liu, Y., Long, W.G., Zhou, J.B., Wang, F., 2011. Temperature, pressure, and composition of the mantle source region of Late Cenozoic basalts in Hainan Island, SE Asia: a consequence of a young thermal mantle plume close to subduction zones? Journal of Petrology 53, 177–233.

Wang, X.S., Williams-Jones, A., Bi, X.W., Hu, R.Z., Xiao, J.F., Huang, M.L., 2019. Late cretaceous transtension in the eastern Tibetan Plateau: evidence from postcollisional A-Type granite and syenite in the Changdu area, China. Journal of Geophysical Research: Solid Earth 124, 6409–6427.

Wang, Z.L., Fan, J.J., Wang, Q., Hu, W.L., Yang, Z.Y., Wang, J., 2021. Reworking of juvenile crust beneath the Bangong-Nujiang suture zone: evidence from Late Cretaceous granite porphyries in Southern Qiangtang, Central Tibet. Lithos 390–391, 106097.

Wang, Z.L., Fan J.J., Wang Q., Hu W.L., Wang, J., Ma, Y.M., 2022. Campanian transformation from post-collisional to intraplate tectonic regime: evidence from ferroan granites in the Southern Qiangtang, central Tibet. Lithos 408–409, 106565.

Warren, C., 2013. Exhumation of (ultra-)high-pressure terranes: concepts and mechanisms. Solid Earth 4, 75–92.

Warren, C.J., Waters, D.J., 2006. Oxidized eclogites and garnet-blueschists from Oman: *P-T* path modelling in the NCFMASHO system. Journal of Metamorphic Geology 24, 783–802.

Watson, E.B., Harrison, T.M., 1983. Zircon saturation revisited-temperature and composition effects in a variety of crustal magma types. Earth and Planetary Science Letters 64, 295–304.

Watson, E.B., Wark, D.A., Thomas, J.B., 2006. Crystallization thermometers for zircon and rutile. Contributions to Mineralogy and Petrology 151, 413–433.

Wei, C., Powell, R., 2004. Calculated phase relations in high-pressure metapelites in the system NKFMASH (Na_2O-K_2O-FeO-MgO-Al_2O_3-SiO_2-H_2O). Journal of Petrology 45, 183–202.

Wei, C. J., Clarke, G. L., 2011. Calculated phase equilibria for morb compositions: a reappraisal of the metamorphic evolution of lawsonite eclogites, Journal of Metamorphic Geology 29, 939–952.

Wei, C.J., Yang, Y., Su, X.L., Song, S.G., Zhang, L.F., 2009. Metamorphic evolution of low-T eclogite from the North Qilian orogen, NW China: evidence from petrology and calculated phase equilibria in the system NCKFMASHO. Journal of Metamorphic Geology 27, 55–70.

Wei, S.G., Tang, J.X., Song, Y., Liu, Z.B., Feng, J., Li, Y.B., 2017. Early Cretaceous bimodal volcanism in the Duolong Cu mining district, western Tibet: record of slab breakoff that triggered ca. 108-113 Ma magmatism in the western Qiangtang terrane. Journal of Asian Earth Sciences 138, 588–607.

Weinberg, R.F., Hasalová, P., 2015. Water-fluxed melting of the continental crust: a review. Lithos 212, 158–188.

Whalen, J.B., Currie, K.L., Chappell, B.W., 1987. A-type granites: geochemical characteristics, discrimination and petrogenesis. Contributions to Mineralogy and Petrology 95, 407–419.

Williams, H., Turner, S., Pearce, J., Kelley, S., Harris, N., 2004. Nature of the source regions for post-collisional, potassic magmatism in southern and northern Tibet from geochemical variations and inverse trace element modelling. Journal of Petrology 45, 555–607.

Wilson, M., 1989. Igneous petrogenesis. Springer, Harper Collins Academic, London.

Wolf, M.B., Wyllie, P.J., 1994. Dehydration-melting of amphibolite at 10 kbar: the effects of temperature and time. Contributions to Mineralogy and Petrology 115, 369–383.

Woodhead, J.D., 1996. Extreme HIMU in an oceanic setting: the geochemistry of Mangaia Island (Polynesia), and temporal evolution of the Cook-Austral hotspot. Journal of Volcanology and Geothermal Research 72, 1–19.

Woodhead, J.D., Hergt, J.M., Davidson, J.P., Eggins, S.M., 2001. Hafnium isotope evidence for 'conservative' element mobility during subduction zone processes. Earth and Planetary Science Letters 192, 331–346.

Wu, F.Y., Sun, D.Y., Li, H., Jahn, B.M., Wilde, S., 2002. A-type granites in northeastern China: age and geochemical constraints on their petrogenesis. Chemical Geology 187, 143–173.

Wu, F.Y., Jahn, B.M., Wilde, S.A., Lo, C.H., Yui, T.F., Lin, Q., Ge, W.C., Sun, D.Y., 2003. Highly fractionated I-type granites in NE China (I): geochronology and petrogenesis. Lithos 66, 241–273.

Wu, F.Y., Liu, X.C., Ji, W.Q., Wang, J.M., Yang, L., 2017. Highly fractionated granites: recognition and research. Science China Earth Sciences 60, 1201–1219.

Wu, H., Xie, C., Li, C., Wang, M., Fan, J., Xu, W., 2016. Tectonic shortening and crustal thickening in subduction zones: evidence from Middle-Late Jurassic magmatism in Southern Qiangtang, China. Gondwana Research 39, 1–13.

Wyllie, P.J., 1977. Crustal anatexis: an experimental review. Tectonophysics 43, 41–71.

Xu, W., Li, C., Wang, M., Fan, J.J., Wu, H., Li, X., 2017. Subduction of a spreading ridge within the Bangong Co-Nujiang Tethys Ocean: evidence from Early Cretaceous mafic dykes in the Duolong porphyry Cu-Au deposit, western Tibet. Gondwana Research 41, 128–141.

Yan, H., Long, X., Wang, X.C., Li, J., Wang, Q., Yuan, C., Sun, M., 2016a. Middle Jurassic MORB-type gabbro, high-Mg diorite, calc-alkaline diorite and granodiorite in the Ando area, central Tibet: evidence for a slab roll-back of the Bangong-Nujiang Ocean. Lithos 264, 315–328.

Yan, M., Zhang, D., Fang, X., Ren, H., Zhang, W., Zan, J., Song, C., Zhang, T., 2016b. Paleomagnetic data bearing on the Mesozoic deformation of the Qiangtang Block: implications for the evolution of the Paleo- and Meso-Tethys. Gondwana Research 39, 292–316.

Yang, P., Huang, Q., Zhou, R., Kapsiotis, A., Xia, B., Ren, Z. Cai, Z., Lu, X., Cheng, C., 2019c. Geochemistry and geochronology of ophiolitic rocks from the Dongco and Lanong areas, Tibet: insights into the evolution history of the Bangong-Nujiang Tethys Ocean. Minerals 9, 466.

Yang, Z.Y., Wang, Q., Yang, J.H., Dan, W., Zhang, X.Z., Ma, L., Qi, Y., Wang, J., Sun, P., 2019a. Petrogenesis of Early Cretaceous granites and associated microgranular enclaves in the Xiabie Co area, central Tibet: crust-derived magma mixing and melt extraction. Lithos 350, 105199.

Yang, Z.Y., Wang, Q., Zhang, C.F., Yang, J.H., Ma, L., Wang, J., Sun, P., Qi, Y., 2019b. Cretaceous (~100 Ma) high-silica granites in the Gajin area, central Tibet: petrogenesis and implications for collision between the Lhasa and Qiangtang Terranes. Lithos 324–325, 402–417.

Yang, Z.Y., Wang, Q., Hao, L.L., Wyman, D.A., Ma, L., Wang, J., Qi, Y., Sun, P., Hu, W.L., 2021. Subduction erosion and crustal material recycling indicated by adakites in central Tibet. Geology 49, 708–712.

Yi, J.K., Wang, Q., Zhu, D.C., Li, S.M., Liu, S.A., Wang, R., Zhang, L.L., Zhao, Z.D., 2018. Westward-younging high-Mg adakitic magmatism in central Tibet: record of a westward-migrating lithospheric foundering beneath the Lhasa-Qiangtang collision zone during the late cretaceous. Lithos 316, 92–103.

Yin A., Harrison T.M., 2000. Geologic evolution of the Himalayan-Tibetan Orogen. Annual Review of Earth and Planetary Sciences 28, 211–280.

Zack, T., von Eynatten, H., Kronz, A., 2004. Rutile geochemistry and its potential use in quantitative provenance studies. Sedimentary Geology 171, 37–58.

Zeng, Y.C., Chen, J.L., Xu, J.F., Wang, B.D., Huang, F., 2016. Sediment melting during subduction initiation: geochronological and geochemical evidence from the Darutso high-Mg andesites within ophiolite melange, central Tibet. Geochemistry Geophysics Geosystems 17, 4859–4877.

Zhai, Q.G., Zhang, R.Y., Jahn, B.M., Li, C., Song, S.G., Wang, J., 2011. Triassic eclogites from central Qiangtang, northern Tibet, China: petrology, geochronology and metamorphic *P-T* path. Lithos 125, 173–189.

Zhang, G.L., Chen, L.H., Jackson, M.G., Hofmann, A.W., 2017b. Evolution of carbonated melt to alkali basalt in the South China Sea. Nature Geoscience 10, 229–235.

Zhang, K.J., Zhang, Y.X., Tang, X.C., Xia, B., 2012. Late Mesozoic tectonic evolution and growth of the Tibetan plateau prior to the Indo-Asian collision. Earth-Science Reviews 14, 236–249.

Zhang, K.J., Xia, B., Zhang, Y.X., Liu, W.L., Zeng, L., Li, J.F., Xu, L.F., 2014b. Central Tibetan Meso-Tethyan oceanic plateau. Lithos 210–211, 278–288.

Zhang, X.Z., Dong, Y.S., Li, C., Deng, M.R., Zhang, L., Xu, W., 2014a. Silurian high-pressure granulites from Central Qiangtang, Tibet: constraints on early Paleozoic collision along the northeastern margin of Gondwana. Earth and Planetary Science Letters 405, 39–51.

Zhang, X.Z., Dong, Y.S., Wang, Q., Dan, W., Zhang, C., Deng, M.R., Xu, W., Xia, X.P., Zeng, J.P., Liang, H., 2016b. Carboniferous and Permian evolutionary records for the Paleo-Tethys Ocean constrained by newly discovered Xiangtaohu ophiolites from central Qiangtang, central Tibet. Tectonics 35, 1670–1686.

Zhang, X.Z., Wang, Q., Dong, Y.S., Zhang, C., Li, Q.Y., Xia, X.P., Xu, W., 2017a. High-pressure granulite facies overprinting during the exhumation of eclogites in the Bangong-Nujiang suture zone, central Tibet: link to flat-slab subduction. Tectonics 36, 2918–2935.

Zhang, Y. X., Li, Z. W., Zhu, L. D., Zhang, K. J., Yang, W. G., Jin, X., 2016a. Newly discovered eclogites from the Bangong Meso-Tethyan suture zone (Gaize, central Tibet, western China): mineralogy, geochemistry, geochronology, and tectonic implications. International Geology Review 58, 574–587.

Zhang, Z., Zhao, G., Santosh, M., Wang, J.L., Dong, X., Shen, K., 2010. Late Cretaceous charnockite with adakitic affinities from the Gangdese batholith, southeastern Tibet: evidence for Neo-Tethyan mid-ocean ridge subduction? Gondwana Research 17, 615–631.

Zhao, G., Cawood, P.A., Wilde, S.A., Lu, L., 2001. High-pressure granulites (retrograded eclogites) from the Hengshan Complex, North China Craton: petrology and tectonic implications. Journal of Petrology 42, 1141–1170.

Zhao, T.P., Zhou, M.F., Zhao, J.H., Zhang, K.J., Chen, W., 2008. Geochronology and geochemistry of the c. 80 Ma Rutog granitic pluton, northwestern Tibet: implications for the tectonic evolution of the Lhasa Terrane. Geological Magazine 145, 845–857.

Zhao, Z.F., Zheng, Y.F., Wei, C.S., Wu, Y.B., 2007. Post-collisional granitoids from the Dabie orogen in China: zircon U-Pb age, element and O isotope evidence for recycling of subducted continental crust. Lithos 93, 248–272.

Zheng, Y.F., Fu, B., Gong, B., Li, L., 2003. Stable isotope geochemistry of ultrahigh pressure metamorphic rocks from the Dabie-Sulu orogen in China: implications for geodynamics and fluid regime. Earth-Science Reviews 62, 105–161.

Zheng, Y.F., Wu, Y.B., Chen, F.K., Gong, B., Li, L., Zhao, Z.F., 2004. Zircon U-Pb and oxygen isotope evidence for a large-scale ^{18}O depletion event in igneous rocks during the Neoproterozoic. Geochimica et Cosmochimica Acta 68, 4145–4165.

Zheng, Y.F., Gao, X.Y., Chen, R.X., Gao, T., 2011. Zr-in-rutile thermometry of eclogite in the Dabie orogen: constraints on rutile growth during continental subduction-zone metamorphism. Journal of Asian Earth Sciences 40, 427–451.

Zheng, Y.F., Chen, Y.X., Dai, L.Q., Zhao, Z.F., 2015. Developing plate tectonics theory from oceanic subduction zones to collisional orogens. Science China Earth Sciences 585, 1045–1069.

Zhong, Y., Liu, W.L., Xia, B., Liu, J.N., Guan, Y., Yin, Z.X., Huang, Q.T, 2017. Geochemistry and geochronology of the Mesozoic Lanong ophiolitic mélange, northern Tibet: implications for petrogenesis and tectonic evolution. Lithos 292–293, 111–131.

Zhu, D.C., Zhao, Z.D., Niu, Y., Dilek, Yildirim., Hou, Z.Q., Mo, X.X., 2013. The origin and pre-Cenozoic evolution of the Tibetan Plateau. Gondwana Research 23, 1429–1454.

Zhu, D.C., Wang, Q., Zhao, Z.D., Chung, S.L., Cawood, P.A., Niu, Y., Liu, S.A., Wu, F.Y., Mo, X.X., 2015. Magmatic record of India-Asia collision. Scientific Reports 5, 14289.

Zhu, D.C., Li, S.M., Cawood, P.A., Wang, Q., Zhao, Z.D., Liu, S.A., Wang, L.Q., 2016. Assembly of the Lhasa and Qiangtang terranes in central Tibet by divergent double subduction. Lithos 245, 7–17.

Zhu, Z., Zhai, Q., Hu, P., Chung, S., Tang, Y., Wang, H., Wu, H., Wang, W., Huang, Z., Lee, H., 2019. Closure of the Bangong-Nujiang Tethyan Ocean in the central Tibet: results from the provenance of the Duoni Formation. Journal of Sedimentary Research 89, 1039–1054.

第5章

羌塘古生代—中生代地质演化

5.1 古生代地质演化

5.1.1 龙木错－双湖特提斯洋开启

羌塘中部龙木错－双湖－澜沧江缝合带中的蛇绿岩兼具洋中脊（MOR）和俯冲带（SSZ）的地球化学特征（Zhai et al.，2013；Zhang et al.，2016a），其形成时代可以从寒武纪一直延续到二叠纪（505~275 Ma）（李才，2008；Zhai et al.，2013，2016；Hu et al.，2014；Zhang et al.，2016a）。这些时代断续的蛇绿岩可能代表了一个连续演化的洋盆（Zhai et al.，2016），或者其早古生代（505~440 Ma）蛇绿岩是原羌塘洋的残留，而晚古生代蛇绿岩才是古特提斯洋演化记录（Dan et al.，2023a，2023b）。原羌塘洋在早、中志留世消亡闭合后不久，古特提斯洋在晚志留世—早泥盆世打开（Zhang et al.，2016a；Dan et al.，2023b）。本研究新发现了在该缝合带中存在早石炭世（约350 Ma）、早二叠世（281~275 Ma）两期蛇绿岩，揭示古特提斯洋主洋盆可能经历了多阶段演化过程（Zhang et al.，2016a）。区域内泥盆纪和二叠纪放射虫硅质岩，进一步证实龙木错－双湖－澜沧江缝合带很可能为古特提斯洋主洋盆遗迹（朱同兴等，2006；Metcalfe，2013；Zhang et al.，2017a）。因此，龙木错－双湖－澜沧江缝合带是南羌塘和北羌塘的分界线，也可能是晚古生代冈瓦纳、劳亚大陆的分界线（李才，1987，2008；Metcalfe，1994，2013；Zhang et al.，2017a）。

5.1.2 龙木错－双湖古特提斯洋俯冲与北羌塘岩石圈演化

龙木错－双湖洋的开启和扩张也导致北羌塘地块的向北漂移，北羌塘地块于二叠纪晚期（约 259 Ma）位于近赤道的古纬度（-7.6 ± 5.6°N），确证了北羌塘地块在早二叠世至晚三叠世期间发生了快速的北向运动，揭示北羌塘地块在二叠纪期间与华南板块一起向北漂移（Ma et al.，2019）。龙木错－双湖古特提斯洋自泥盆—石炭纪时开始向北俯冲，在北羌塘南缘形成洋内弧环境，并产生了晚泥盆—早石炭世（370~350 Ma）弧岩浆岩（Dan et al.，2018a，2019）。早石炭世晚期—晚石炭世北羌塘地块的岩浆岩稀少，这一时期龙木错－双湖古特提斯洋的演化过程还有待进一步研究。但此后，龙木错－双湖古特提斯洋的俯冲又开始被岩浆岩和碎屑锆石所记录（Dan et al.，2021a）。向北俯冲的龙木错－双湖古特提斯洋板片在 260 Ma 发生回卷，导致扬子地块西缘的峨眉山地幔柱向西流动，引发板片－地幔柱相互作用，从而在北羌塘形成了同期玄武岩和（A 型）流纹岩的双峰式火山岩（Wang et al.，2018）。

5.1.3 南羌塘早二叠世地幔柱活动与新特提斯洋开启

在古特提斯洋向北俯冲消亡过程中，新特提斯洋在冈瓦纳大陆一侧于早二叠世打开。因此，古特提斯洋俯冲所形成的板片拉力是造成新特提斯洋打开的重要原因。基于对南羌塘基性岩墙群的研究，发现其主要形成于早二叠世（290~285 Ma，主要峰期为 285 Ma），即古特斯洋的俯冲阶段（Dan et al.，2021a）。结合区域上其他地块同期的与裂解相关的基性岩，可以重建羌塘 – 潘伽大火成岩省以及东基梅里陆块在冈瓦纳大陆中的位置。玄武质岩石样品显示高达 1560℃的地幔潜能温度，指示羌塘 – 潘伽大火成岩省是地幔柱成因（Dan et al.，2021a）。因此，古特提斯洋俯冲的板片拉力造成了冈瓦纳北缘的区域伸展，而地幔柱集中作用于这些伸展区域，两者的联合作用形成了羌塘 – 潘伽大火成岩省。羌塘 – 潘伽大火成岩省又进一步造成了岩石圈弱化，在与板片拉力的联合作用下不仅造成了东基梅里陆块的裂解，还导致新特提斯洋在约 285 Ma 打开（Dan et al.，2021a）。

5.2　早中生代地质演化

5.2.1　早 – 中三叠世龙木错 – 双湖特提斯洋俯冲、闭合与被动陆缘伸展

羌塘中部低温高压带西起红脊山，经片石山和双湖，一直延续到滇西的勐库地区，断续出露超过 500 km（李才，1987，2008；Metcalfe，1994，2011a，2011b，2013；Kapp et al.，2003；李才等，2006a，2006b；陆济璞等，2006；Zhai et al.，2011a，2011b；张修政等，2010a，2010b，2010c；Zhang et al.，2014），是青藏高原内部延伸规模最大的高压变质带。龙木错 – 双湖榴辉岩约 238 Ma 锆石年龄代表了榴辉岩原岩形成的时间，而并非榴辉岩峰期变质时代（Dan et al.，2018b），而前人石榴子石 Lu-Hf 年龄（约 233 Ma），应代表了其峰期变质时代和南、北羌塘碰撞时限和龙木错 – 双湖古特提斯洋闭合的时限（Pullen et al.，2008；Zhai et al.，2011a；Dan et al.，2018b），单矿物 Ar-Ar 年龄（约 227~203 Ma）代表了碰撞后高压带的快速折返和退变发生时间（Kapp et al.，2003；李才等，2006a；张修政等，2010a；Zhai et al.，2011b）。因此，在 233 Ma 南、北羌塘发生碰撞之后，羌塘进入碰撞后演化阶段（Dan et al.，2018b）。另外，作为古特提斯洋的分支洋盆，羌塘北部的金沙江缝合带也发现了峰期变质时代为 244~240 Ma（Tang et al.，2020）、退变质时代为 226~210 Ma（王保弟等，2021）的榴辉岩，揭示金沙江缝合带在中三叠世已经闭合。在古特提斯主洋盆闭合后最早的沉积盖层是晚三叠世（214 Ma）望湖岭组（李才等，2007），说明南北羌塘在晚三叠世已完成了拼合过程，并开始了新一轮的沉积。

龙木错 – 双湖古特提斯洋板片在 242~235 Ma 仍在持续向北俯冲并发生了板片回卷，俯冲板片流体或熔体交代的地幔楔发生熔融形成了北羌塘南缘同期岛弧玄武岩（Chen et al.，2016；Ou et al.，2021）。与此同时，在南羌塘北缘分布有面积超过 4000 km^2 的约 239 Ma 基性岩墙群，其形成与龙木错 – 双湖缝合带中榴辉岩的原岩（基性岩墙）的形成时代（约 238 Ma）一致，但早于南、北羌塘中间的古特提斯洋闭合的时间（约

233 Ma)，表明榴辉岩原岩为俯冲下盘岩石圈伸展形成的基性岩浆岩，而约 239 Ma 基性岩墙群则形成于被动陆缘伸展环境（Dan et al.，2018b，2021b）。在区域上，这期岩浆活动与古特提斯洋板片回撤导致的松潘－甘孜弧后盆地的形成同期。因此，大洋一侧板片回撤导致的增强板片拉力可以在大洋另一侧的被动陆缘产生强烈的伸展作用和岩浆活动（图 3.60）。

5.2.2 晚三叠世碰撞后龙木错－双湖古特提斯洋板片断离

在羌塘中部存在大量晚三叠世（225~205 Ma）火山岩、侵入岩（图 3.27），这些侵入岩的形成时代与超高压变质岩的折返时间（约 227~203 Ma）一致，暗示这些岩石形成于碰撞后伸展的背景中（Wu et al.，2016； Wang et al.，2021a）。青藏高原中部羌塘保护站的高 $Mg^{\#}$（0.45~0.65）（含富钙石榴石）闪长斑岩形成于晚三叠世（约 220 Ma），它们是由幔源岩浆在地壳底部（约 1 GPa）等压降温条件下经过分离结晶形成（Wang et al.，2021a）。由于富钙石榴石在低压下不稳定、容易分解，在火山岩或斑岩中保存富钙石榴石则要求石榴石在地壳底部结晶之后，寄主岩浆快速上升到浅部。因此，从岩浆的下地壳滞留演化到快速上升，意味着该区域应力状态从挤压到伸展的迅速转变，这与羌塘中部在晚三叠世处于古特提斯洋闭合后的区域伸展演化相吻合（Wang et al.，2021a）。导致该期岩浆作用的重要机制最有可能是俯冲的龙木错－双湖古特提斯洋板片断离（Wu et al.，2016； Wang et al.，2021a）。

5.3 晚中生代地质演化

5.3.1 侏罗纪班公湖－怒江新特提斯洋俯冲过程

班公湖－怒江缝合带洞错和安多存在遭受麻粒岩相退变质作用叠加的榴辉岩，且这些退变榴辉岩展示了 N-MORB 型的稀土微量元素和 Nd 同位素特征，其原岩年龄为 250~226 Ma，代表了班公湖－怒江新特提斯洋早期洋壳的信息（Dong et al.，2016；Zhang et al.，2016b，2017b；Peng et al.，2022）。这些退变质榴辉岩的峰期变质年龄为 190±1 Ma，麻粒岩相－角闪岩相退变质年龄为 179~168 Ma（Zhang et al.，2016b，2017b；Peng et al.，2022）。据此，我们建立了班公湖－怒江新特提斯洋三叠纪—早侏罗世的俯冲演化模型（Zhang et al.，2017b）：班公湖－怒江新特提斯洋在早期（255~177 Ma）经历了一个正常俯冲或陡俯冲过程，随后大洋高原俯冲引发平坦俯冲，俯冲角度变缓导致洞错榴辉岩折返速率变慢，其滞留在深部遭受了 177 Ma 高压麻粒岩相的叠加作用。177~168 Ma 以后，俯冲大洋高原的榴辉岩化引发俯冲板片回卷，造成了区域同期或稍后的岩浆活动（Zhang et al.，2017b）。与班公湖－怒江新特提斯洋的初始俯冲呼应的是北羌塘雀莫错早侏罗世（191 Ma）镁铁－超镁铁质岩（Wang et al.，2022a），但后者远离班公湖－怒江洋俯冲带且不具有岛弧的稀土微量元素特征，暗示其形成于北羌塘和南羌塘碰撞后伸展阶段或班公湖 – 怒江洋北向俯冲的远程响应所触发的陆内伸展背景中。

中、晚侏罗世岩浆岩主要分布在南羌塘西部，少量分布在北羌塘。其中班公湖 – 怒江洋带西段南羌塘中、晚侏罗世（168~154 Ma）岩浆岩（Hao et al.，2016a；Sun et al.，2021）显示从南往北逐渐变年轻的趋势，这种迁移规律很可能暗示着自中侏罗世（168 Ma）开始，正常俯冲的（170 Ma）班公湖 – 怒江洋板片又逐渐开始向平俯冲过渡。这种平坦俯冲也引发了俯冲侵蚀作用，导致了尼玛地区晚侏罗世（155 Ma）之前岩浆弧的截切，在羌塘南缘晚中生代形成侵蚀型活动大陆边缘（Yang et al.，2021）。平坦俯冲板片的前缘甚至到达北羌塘下方，北羌塘邦达错晚侏罗世（约 148 Ma）辉绿岩很可能是这种背景下的产物：形成于平板俯冲阶段，是被俯冲洋壳沉积物交代的碳酸盐化岩石圈地幔在 1225~1240℃和 90~100 km 深度部分熔融的产物（Ma et al.，2021）。晚侏罗世岩浆作用在班公湖 – 怒江洋带中 – 东段的南羌塘也有少量分布。对克那玛地区晚侏罗世（161 Ma）闪长岩的研究揭示了其形成于岛弧环境，和班公湖 – 怒江洋的北向俯冲有关（Hu et al.，2020）。

5.3.2　早白垩世班公湖 – 怒江新特提斯洋俯冲、闭合过程

南羌塘在 145~125 Ma 为岩浆宁静期，随后发育大量的早白垩世（145~100 Ma）岩浆岩。特别是在改则地区的早白垩世火山岩中识别出一套富铌玄武安山岩和牙买加型埃达克质岩，这是大洋高原熔体与地幔楔相互作用的产物（Hao et al.，2019）。结合岩浆间歇期，我们构建了班公湖 – 怒江洋早白垩世的俯冲模型：前面提到，自中、晚侏罗世起，班公湖 – 怒江洋俯冲角度逐渐变缓，到早白垩世早期，平坦俯冲导致了地幔楔的消失，从而引起岩浆间歇。需要注意的是，低角度俯冲容易引发俯冲上盘物质的侵蚀作用，从而在俯冲隧道中形成大量的 mélange（俯冲混杂岩）。125 Ma 以后，板片发生回卷，形成了 125~104 Ma 的岩浆爆发和金属成矿（Li et al.，2014；Hao et al.，2016b，2019）。这一期岩浆作用强烈，岩石类型丰富，其中包括 mélange 来源的安山质或闪长质岩浆岩（Hao et al.，2016b）。尼玛县噶金地区出现约 100 Ma 的高硅花岗岩，随后进入 100~85 Ma 的岩浆薄弱期（Yang et al.，2018，2019a，2019b）。这意味着构造体制的转变，可能对应了班公湖 – 怒江洋带西段在 100 Ma 左右发生了拉萨 – 南羌塘地块的碰撞。

然而，在班公湖 – 怒江洋带中 – 东段的班戈地区，我们发现三个侵入到蛇绿岩中的“钉合”岩体几乎同时形成于早白垩世晚期（116~112 Ma），结合班戈 – 东巧地区的南北向的岩浆岩剖面，限定了班公湖 – 怒江洋缝合带中 – 东段的闭合上限，即在约 115 Ma 之前已经闭合（Hu et al.，2022）。同时，通过对该段那扣来地区 119~115 Ma 镁铁质岩墙的研究，发现其是后碰撞板片断离的构造背景下，由上涌软流圈地幔熔体和被交代的岩石圈地幔熔体相互作用形成（Hu et al.，2024）。结合区域上早白垩世晚期 A_2 型花岗岩等（Qu et al.，2012），我们认为公湖 – 怒江洋带中 – 东段可能在约 120 Ma 时

发生了拉萨－南羌塘地块的碰撞。因此，我们提出班公湖－怒江新特提斯洋在早白垩世经历了穿时闭合过程，闭合时间东早（120 Ma）西晚（100 Ma）。这一认识也得到区域上古地磁学和沉积地层学研究结果的证实。

5.3.3 晚白垩世羌塘陆内岩石圈演化

自早白垩世晚期—晚白垩世早期（115~85 Ma）班公湖－怒江特提斯洋闭合后，羌塘陆块进入陆内岩石圈演化阶段。北羌塘地块晚白垩世岩浆岩出露较少。其中，晚白垩世早期（约 90 Ma）在西部邦达错地区发育一套钠质、具 OIB 特征的碧玄岩，其有可能是板片断离环境下上涌的软流圈地幔与上覆岩石圈地幔相互作用的产物（Ma et al.，2021）。晚白垩世晚期岩浆活动主要为中酸性岩，多分布于中东段，包括木乃－龙亚拉雪山地区的高钾钙碱性至钾玄岩系列花岗岩（68 Ma；段志明等，2009；Lu et al.，2019）和昂赛地区的埃达克质花岗斑岩（64 Ma；Zhang et al.，2015），为加厚下地壳部分熔融的产物。南羌塘地块晚白垩世中晚期（80~66 Ma）岩浆活动以中酸性岩浆岩为主，包括西部洞错地区的花岗闪长斑岩（74 Ma；付佳俊等，2015；车旭等，2021），中部阿布山安山－英安岩（80~74 Ma；白志达等，2009；Li et al.，2013；Chen et al.，2017；Ji et al.，2021；He et al.，2022）以及中东部多玛－纳木－错那湖地区花岗岩（79~75 Ma；Wang et al.，2021b，2022b）。这些岩石均为高钾钙碱性系列，部分具有埃达克质地球化学特征，主要形成于交代的岩石圈地幔或镁铁质下地壳的部分熔融。上述研究表明羌塘陆块岩浆作用主要集中于晚白垩世中晚期，表明该阶段发生了广泛的陆内岩石圈伸展。晚白垩世是青藏高原演化的一个重要阶段，该阶段构造体制不仅与拉萨－羌塘地块碰撞密切相关，还可能受南侧新特提斯洋板片俯冲影响。晚白垩世同样在中北拉萨地块发育了广泛的、小体量的、中酸性下地壳来源的岩浆岩（图 4.96）。羌塘及中北拉萨陆块晚白垩世岩浆岩整体呈南北向面状分布，表明其形成可能受控于共同的动力学机制，即新特提斯洋俯冲板片回卷引起的远程岩石圈伸展效应。这与前人认为新特提斯洋板片可能经历了从晚白垩世早期洋脊俯冲（Zhang et al.，2010；Zhu et al.，2013）到晚白垩世晚期板片回卷（Chapman et al.，2018；Ma et al.，2013a，2013b）的构造转变这一认识相一致。和这种转变相对应，羌塘陆块岩石圈可能经历了晚白垩世早期碰撞后挤压增厚和中晚期的强烈伸展，板片回卷触发的软流圈地幔上涌加热并导致地壳广泛的部分熔融（Wang et al.，2021b，2022b）。

参考文献

白志达, 徐德斌, 陈梦军, 孙立新, 2009. 西藏安多地区粗面岩的特征及其锆石SHRIMP U-Pb定年. 地质通报28, 1229–1235.

车旭, 刘一鸣, 范建军, 于云鹏, 郭润华, 权立诚, 解超明, 王明, 2021. 西藏洞错晚白垩世花岗闪长斑岩: 岩石圈拆沉的产物. 地质通报40, 1357–1368.

段志明, 李勇, 祝向平, 沈占武, 钟成全, 2009. 藏北唐古拉山木乃花岗岩地壳隆升的裂变径迹证据. 矿物岩石29, 61–65.

付佳俊, 丁林, 许强, 蔡福龙, 岳雅慧, 郭钰, 2015. 西藏改则洞错地区白垩纪火山岩锆石U-Pb年代学、 Hf同位素组成及对班公–怒江洋俯冲闭合的制约. 地质科学50, 182–202.

李才, 1987. 龙木错–双湖–澜沧江板块缝合带与石炭二叠纪冈瓦纳北界. 长春地质学院学报 17, 155–166.

李才, 2008. 青藏高原龙木错–双湖–澜沧江板块缝合带研究二十年. 地质论评54, 105–119.

李才, 翟庆国, 董永胜, 黄小鹏, 2006a. 青藏高原羌塘中部榴辉岩的发现及其意义. 科学通报51, 70–74.

李才, 黄小鹏, 翟庆国, 朱同兴, 于远山, 王根厚, 曾庆高, 2006b. 龙木错–双湖–吉塘板块缝合带与青藏高原冈瓦纳北界. 地学前缘13, 136–147.

李才, 翟庆国, 董永胜, 于介江, 黄小鹏, 2007. 青藏高原羌塘中部果干加年山上三叠统望湖岭组的建立及意义. 地质通报8, 1003–1008.

陆济璞, 张能, 黄位鸿, 唐专红, 李玉坤, 许华, 周秋娥, 陆刚, 李乾, 2006. 藏北羌塘中北部红脊山地区蓝闪石+硬柱石变质矿物组合的特征及其意义. 地质通报25, 70–75.

王保弟, 王立全, 王冬兵, 李奋其, 唐渊, 王启宇, 闫国川, 吴喆, 2021. 西南三江金沙江弧盆系时空结构及构造演化. 沉积与特提斯地质41, 246–264.

姚华舟, 段其发, 牛志军. 中华人民共和国区域地质调查报告赤布张错幅(I46C003001)(比例尺1：250000). 北京: 地质出版社.

张修政, 董永胜, 李才, 陈文, 施建荣, 张彦, 王生云, 2010a. 青藏高原羌塘中部不同时代榴辉岩的识别及其意义——来自榴辉岩及其围岩^{40}Ar-^{39}Ar年代学的证据. 地质通报29, 1815–1824.

张修政, 董永胜, 李才, 施建荣, 王生云, 2010b. 青藏高原羌塘中部榴辉岩地球化学特征及其大地构造意义. 地质通报29, 1804–1814.

张修政, 董永胜, 施建荣, 王生云, 2010c. 羌塘中部龙木错–双湖缝合带中硬玉石榴石二云母片岩的成因及意义. 地学前缘17, 93–103.

朱同兴, 张启跃, 董瀚, 王玉净, 于远山, 冯心涛, 2006. 藏北双湖地区才多茶卡一带构造混杂岩中发现晚泥盆世和晚二叠世放射虫硅质岩. 地质通报25, 1413–1418.

Chapman, J.B., Scoggin, S.H., Kapp, P., Carrapa, B., Ducea, M.N., Worthington, J., Oimahmadov, I., Gadoev, M., 2018. Mesozoic to Cenozoic magmatic history of the Pamir. Earth and Planetary Science Letters 482, 181–192.

Chen, S.S., Shi, R.D., Yi, G.D., Zhou, H.B., 2016. Middle Triassic volcanic rocks in the Northern Qiangtang (central Tibet): geochronology, petrogenesis, and tectonic implications. Tectonophysics 666, 90–102.

Chen, S.S., Fan, W.M., Shi, R.D., Gong, X.H., Wu, K., 2017. Removal of deep lithosphere in ancient continental collisional orogens: a case study from central Tibet, China. Geochemistry Geophysics Geosystems 18, 1225–1243.

Dan, W., Wang, Q., Zhang, X.Z., Zhang, C., Tang, G.J., Wang, J., Ou, Q., Hao, L.L., Qi, Y., 2018a. Magmatic record of Late Devonian arc-continent collision in the northern Qiangtang, Tibet: implications for the early evolution of East Paleo-Tethys Ocean. Lithos 308, 104–117.

Dan, W., Wang, Q., White, W.M., Zhang, X.Z., Tang, G.J., Jiang, Z.Q., Hao, L.L., Ou, Q., 2018b. Rapid formation of eclogites during a nearly closed ocean: revisiting the Pianshishan eclogite in Qiangtang, central Tibetan Plateau. Chemical Geology 477, 112–122.

Dan, W., Wang, Q., Li, X.H., Tang, G.J., Zhang, C.F., Zhang, X.Z., Wang, J., 2019. Low $\delta^{18}O$ magmas in the carboniferous intra-oceanic arc, central Tibet: implications for felsic magma generation and oceanic arc accretion. Lithos 326, 28–38.

Dan, W., Wang, Q., Murphy, J.B., Zhang, X.Z., Xu, Y.G., White, W.M., Jiang, Z.Q., Ou, Q., Hao, L.L., Qi, Y., 2021a. Short duration of Early Permian Qiangtang-Panjal large igneous province: implications for origin of the Neo-Tethys Ocean. Earth and Planetary Science Letters 568, 117054.

Dan, W., Wang, Q., White, W.M., Li, X.H., Zhang, X.Z., Tang, G.J., Ou, Q., Hao, L.L., Qi, Y., 2021b. Passive-margin magmatism caused by enhanced slab-pull forces in central Tibet. Geology 49, 130–134.

Dan, W., Murphy, J.B., Tang, G.J., Zhang, X.Z., White, W.M., Wang, Q., 2023a. Cambrian–Ordovician magmatic flare-up in NE Gondwana: a silicic large igneous province? Geological Society of America Bulletin 135, 1618–1632.

Dan, W., Murphy, J.B., Wang, Q., Zhang, X.Z., Tang, G.J., 2023b. Tectonic evolution of the Proto-Qiangtang Ocean and its relationship with the Palaeo-Tethys and Rheic oceans. In: Hynes, A.J., Murphy, J.B. (eds.), The Consummate Geoscientist: A Celebration of the Career of Maarten de Wit. Geological Society, London, Special Publications 531, 249–264.

Dong, Y.L., Wang, B.D., Zhao, W.X., Yang, T.N., Xu, J.F., 2016. Discovery of eclogite in the Bangong Co-Nujiang ophiolitic mélange, central Tibet, and tectonic implications. Gondwana Research 35, 115–123.

Hao, L.L., Wang, Q., Wyman, D.A., Ou, Q., Dan, W., Jiang, Z.Q., Wu, F.Y., Yang, J.H., Long, X.P., Li, J., 2016a. Underplating of basaltic magmas and crustal growth in a continental arc: evidence from Late Mesozoic intermediate-felsic intrusive rocks in southern Qiangtang, central Tibet. Lithos 245, 223–242.

Hao, L.L., Wang, Q., Wyman, D.A., Ou, Q., Dan, W., Jiang, Z.Q., Yang, J.H., Li, J., Long, X. P., 2016b. Andesitic crustal growth via mélange partial melting: evidence from Early Cretaceous arc dioritic/andesitic rocks in southern Qiangtang, central Tibet. Geochemistry Geophysics Geosystems 17, 1641–1659.

Hao, L.L., Wang, Q., Zhang, C., Ou, Q., Yang, J.H., Dan, W., Jiang, Z., 2019. Oceanic plateau subduction during closure of the Bangong-Nujiang Tethyan Ocean: insights from central Tibetan volcanic rocks. Geological Society of America Bulletin 131, 864–880.

He, H., Li, Y., Ning, Z., Wang, C., Xiao, S., Bi, W., Zhang, H., Wang, Z., Chen, L., 2022. Transition from oceanic subduction to continental collision in central Tibet: evidence from the Cretaceous magmatism in Qiangtang block. International Geology Review 64, 545–563.

Hu, P.Y., Li, C., Wu, Y.W., Xie, C.M., Wang, M., Li, J., 2014. Opening of the Longmu Co-Shuanghu-Lancangjiang ocean: constraints from plagiogranites. Chinese Science Bulletin 59, 3188–3199.

Hu, W.L., Wang, Q., Yang, J.H., Tang, G.J., Qi, Y., Ma, L., Yang, Z.Y., Sun, P., 2020. Amphibole and whole-rock geochemistry of early Late Jurassic diorites, central Tibet: implications for petrogenesis and geodynamic processes. Lithos 370–371, 105644.

Hu, W.L., Wang, Q., Tang, G.J., Zhang, X.Z., Qi, Y., Wang, J., Ma, Y.M., Yang, Z.Y., Sun, P., Hao, L.L., 2022. Late Early Cretaceous magmatic constraints on the timing of closure of the Bangong-Nujiang Tethyan Ocean, Central Tibet. Lithos 416–417, 106648.

Hu, W.L., Wang, Q., Tang, G.J., Qi, Y., Wang, J., Yang, Z.Y., Sun, P., 2024. First identification of Early Cretaceous mafic dikes in the Baingoin area, central Tibet: implications for crust-mantle interactions and magmatic flare-up. Geological Society of America Bulletin 136: 846–860.

Ji, C., Yan, L.L., Lu, L., Jin, X., Huang, Q.T., Zhang, K.J., 2021. Anduo Late Cretaceous high-K calc-alkaline and shoshonitic volcanic rocks in central Tibet, western China: relamination of the subducted Meso-Tethyan oceanic plateau. Lithos 400–401, 106345.

Kapp, P., Yin, A., Manning, C.E., 2003. Tectonic evolution of the early Mesozoic blueschist-bearing Qiangtang metamorphic belt, central Tibet. Tectonics 22, 1043.

Li, J.X., Qin, K.Z., Li, G.M., Richards, J.P., Zhao, J.X., Cao, M.J., 2014. Geochronology, geochemistry, and zircon Hf isotopic compositions of Mesozoic intermediate-felsic intrusions in central Tibet: petrogenetic and tectonic implications. Lithos 198, 77–91.

Li, Y.L., He, J., Wang, C.C., Santosh, M., Dai, J.G., Zhang, Y.X., Wei, Y.S., Wang, J.G., 2013. Late cretaceous K-rich magmatism in central Tibet: evidence for early elevation of the Tibetan plateau? Lithos 160, 1–13.

Lu, L., Zhang, K.J., Jin, X., Zeng, L., Yan, L.L., Santosh, M., 2019. Crustal thickening of the central Tibetan Plateau prior to India–Asia Collision: evidence from petrology, geochronology, geochemistry and Sr-Nd-Hf isotopes of a K-rich charnockite-granite suite in eastern Qiangtang. Journal of Petrology 60, 827–854.

Ma, L., Wang, Q., Kerr, A.C., Tang, G.J., 2021. Nature of the pre-collisional lithospheric mantle in central Tibet: insights to Tibetan Plateau uplift. Lithos 388, 106076.

Ma, L., Wang, Q., Wyman, D.A., Jiang, Z.Q., Yang, J.H., Li, Q.L., Gou, G.N., Guo, H.F., 2013a. Late cretaceous crustal growth in the Gangdese area, southern Tibet: petrological and Sr-Nd-Hf-O isotopic evidence from Zhengga diorite-gabbro. Chemical. Geology 349, 54–70.

Ma, L., Wang, Q., Wyman, D.A., Li, Z.X., Jiang, Z.Q., Yang, J.H., Gou, G.N., Guo, H.F., 2013b. Late cretaceous (100–89 Ma) magnesian charnockites with adakitic affinities in the Milin area, eastern Gangdese: partial melting of subducted oceanic crust and implications for crustal growth in southern Tibet. Lithos 175, 315–332.

Ma, Y.M., Wang, Q., Wang, J., Yang, T.S., Tan, X.D., Dan, W., Zhang, X.Z., Ma, L., Wang, Z.L., Hu, W.L., Zhang, S.H., Wu, H.C., Li, H.Y., Cao, L.W., 2019. Paleomagnetic constraints on the origin and drift history of the north Qiangtang Terrane in the Late Paleozoic. Geophysical Research Letters 46, 689–697.

Metcalfe, I., 1994. Gondwanaland origin, dispersion, and accretion of East and Southeast Asian continental terranes. Journal of South American Earth Sciences 7, 333–347.

Metcalfe, I., 2011a. Palaeozoic–Mesozoic history of SE Asia. Geological Society Special Publication 355,

7–35.

Metcalfe, I., 2011b. Tectonic framework and Phanerozoic evolution of Sundaland. Gondwana Research 19, 3–21.

Metcalfe, I., 2013. Gondwana dispersion and Asian accretion: tectonic and palaeogeographic evolution of eastern Tethys. Journal of Asian Earth Sciences 66, 1–33.

Ou, Q., Wang, Q, Zeng, J., Yang, J., Zhang, H., Xia, X., Chen, Y., 2021. Petrogenesis and tectonic implications of Middle Triassic basalts and rhyolites in the northern Qiangtang Block, central Tibet. Journal of Asian Earth Sciences, 206, 104573.

Peng, Y.B., Yu, S.Y., Lai, Z.Q., Li, S.Z., Liu, Y.L., Li, C.Z., Qi, L.L., Jian, Z.Z., 2022. Newly recognized retrograde eclogites overprinted by high-temperature metamorphism in the Amdo microcontinent, central Tibet: implications for subduction erosion during continental subduction. Geological Journal 57, 4110–4121.

Pullen, A., Kapp, P., Gehrels, G.E., Vervoort, J.D., Ding, L., 2008. Triassic continental subduction in central Tibet and Mediterranean-style closure of the Paleo-Tethys Ocean. Geology 36, 351–354.

Qu, X.M., Wang, R.J., Xin, H.B., Jiang, J.H., Chen, H., 2012. Age and petrogenesis of A-type granites in the middle segment of the Bangonghu-Nujiang suture, Tibetan plateau. Lithos 146, 264–275.

Sun, P., Wang, Q., Hao, L.L., Dan, W., Ou, Q., Jiang, Z.Q., Tang, G.J., 2021. A mélange contribution to arc magmas recorded by Nd-Hf isotopic decoupling: an example from the southern Qiangtang Block, central Tibet. Journal of Asian Earth Sciences 221, 104931.

Tang, Y., Qin, Y.D., Gong, X.D., Duan, Y.Y., Chen, G., Yao, H.Y., 2020. Discovery of eclogites in Jinsha River suture zone, Gonjo County, eastern Tibet and its restriction on Paleo-Tethyan evolution. China Geology 3, 83–103.

Wang, J., Wang, Q., Zhang, C.F., Dan, W., Qi, Y., Zhang, X.Z., Xia, X.P., 2018. Late Permian bimodal volcanic rocks in the northern Qiangtang Terrane, central Tibet: evidence for interaction between the Emeishan Plume and the Paleo-Tethyan subduction system. Journal of Geophysical Research: Solid Earth 123, 6540–6561.

Wang, J., Dan, W., Wang, Q., Tang, G.J., 2021a. High-Mg# adakitic rocks formed by lower-crustal magma differentiation: mineralogical and geochemical evidence from garnet-bearing diorite porphyries in central Tibet. Journal of Petrology 62, 1–25.

Wang, J., Wang, Q., Zeng, J.P., Ou, Q., Dan, W., Yang, A. Y., Chen, Y.W., Wei, G.J., 2022a. Generation of continental alkalic mafic melts by tholeiitic melt-mush reactions: a new perspective from contrasting mafic cumulates and dikes in central Tibet. Journal of Petrology 63, egac039.

Wang, Z.L., Fan, J.J., Wang, Q., Hu, W.L., Yang, Z.Y., Wang, J., 2021b. Reworking of juvenile crust beneath the Bangong–Nujiang suture zone: evidence from Late Cretaceous granite porphyries in Southern Qiangtang, Central Tibet. Lithos 390, 106097.

Wang, Z.L., Fan J.J., Wang Q., Hu W.L., Wang, J., Ma, Y.M., 2022b. Campanian transformation from post-collisional to intraplate tectonic regime: evidence from ferroan granites in the Southern Qiangtang, central Tibet. Lithos 408–409, 106565.

Wu, H., Xie, C., Li, C., Wang, M., Fan, J., Xu, W., 2016. Tectonic shortening and crustal thickening in subduction zones: evidence from Middle-Late Jurassic magmatism in Southern Qiangtang, China. Gondwana Research 39, 1–13.

Yang, Z. Y., Wang, Q., Zhang, C., Dan, W., Zhang, X. Z., Qi, Y., Xia, X.P., Zhao, Z. H. 2018. Rare earth element tetrad effect and negative Ce anomalies of the granite porphyries in southern Qiangtang Terrane, central Tibet: new insights into the genesis of highly evolved granites. Lithos 312–313, 258–273.

Yang, Z.Y., Wang, Q., Yang, J.H., Dan, W., Zhang, X.Z., Ma, L., Qi, Y., Wang, J., Sun, P., 2019a. Petrogenesis of Early Cretaceous granites and associated microgranular enclaves in the Xiabie Co area, central Tibet: crust-derived magma mixing and melt extraction. Lithos 350, 105199.

Yang, Z.Y., Wang, Q., Zhang, C.F., Yang, J.H., Ma, L., Wang, J., Sun, P., Qi, Y., 2019b. Cretaceous (~100 Ma) high-silica granites in the Gajin area, central Tibet: petrogenesis and implications for collision between the Lhasa and Qiangtang Terranes. Lithos 324–325, 402–417.

Yang, Z.Y., Wang, Q., Hao, L.L., Wyman, D.A., Ma, L., Wang, J., Qi, Y., Sun, P., Hu, W.L., 2021. Subduction erosion and crustal material recycling indicated by adakites in central Tibet. Geology 49, 708–712.

Zhai, Q.G., Zhang, R.Y., Jahn, B.M., Li, C., Song, S.G., Wang, J., 2011a. Triassic eclogites from central Qiangtang, northern Tibet, China: petrology, geochronology and metamorphic *P-T* path. Lithos 125, 173–189.

Zhai, Q.G., Jahn, B.M., Zhang, R.Y., 2011b. Triassic subduction of the Paleo-Tethys in northern Tibet, China: evidence from the geochemical and isotopic characteristics of eclogites and blueschists of the Qiangtang Block. Journal of Asian Earth Sciences 42, 1356–1370.

Zhai, Q.G., Jahn, B.M., Wang, J., Su, L., Mo, X.X., Wang, K.L., Tang, S.H., Lee, H.Y., 2013. The Carboniferous ophiolite in the middle of the Qiangtang terrane, Northern Tibet: SHRIMP U-Pb dating, geochemical and Sr-Nd-Hf isotopic characteristics. Lithos 168–169, 186–199.

Zhai, Q.G., Jahn, B.M., Wang, J., Hu, P.Y., Chung, S.L., Lee, H.Y., Tang, S.H., Tang, Y., 2016. Oldest Paleo-Tethyan ophiolitic melange in the Tibetan Plateau. Geological Society of America Bulletin 128, 355–373.

Zhang, H., Yang, T., Hou, Z., Jia, J.W., Hu M.D., Fan, J.W., Dai, M.N., Hou, K.J., 2015. Paleocene adakitic porphyry in the northern Qiangtang area, north-central Tibet: evidence for early uplift of the Tibetan Plateau. Lithos 212, 45–58.

Zhang, X.Z., Dong, Y.S., Li, C., Deng, M.R., Zhang, L., Xu, W., 2014. Silurian high-pressure granulites from central Qiangtang, Tibet: constraints on early Paleozoic collision along the northeastern margin of Gondwana. Earth and Planetary Science Letters 405, 39–51.

Zhang, X.Z., Dong, Y.S., Wang, Q., Dan, W., Zhang, C.F., Deng, M.R., Xu, W., Xia, X.P., Zeng, J.P., Liang, H., 2016a. Carboniferous and Permian evolutionary records for the Paleo-Tethys Ocean constrained by newly discovered Xiangtaohu ophiolites from central Qiangtang, central. Tectonics 35, 1670–1686.

Zhang, X.Z., Dong, Y.S., Wang, Q., Dan, W., Zhang, C.F., Xu, W., Huang, M.L., 2017a. Metamorphic records for subduction erosion and subsequent underplating processes revealed by garnet-staurolite-muscovite schists in central Qiangtang, Tibet. Geochemistry Geophysics Geosystems 18, 266–279.

Zhang, X.Z., Wang, Q., Dong, Y.S., Zhang, C., Li, Q.Y., Xia, X.P., Xu, W., 2017b. High-pressure granulite facies overprinting during the exhumation of eclogites in the Bangong-Nujiang suture zone, central Tibet: link to flat-slab subduction. Tectonics 36, 2918–2935.

Zhang, Y. X., Li, Z. W., Zhu, L. D., Zhang, K. J., Yang, W. G., Jin, X., 2016b. Newly discovered eclogites from the Bangong Meso-Tethyan suture zone (Gaize, central Tibet, western China): mineralogy, geochemistry, geochronology, and tectonic implications. International Geology Review 58, 574–587.

Zhang, Z., Zhao, G., Santosh, M., Wang, J.L., Dong, X., Shen, K., 2010. Late Cretaceous charnockite with adakitic affinities from the Gangdese batholith, southeastern Tibet: evidence for Neo-Tethyan mid-ocean ridge subduction? Gondwana Research 17, 615–631.

Zhu, D.C., Zhao, Z.D., Niu, Y., Dilek, Y., Hou, Z.Q., Mo, X.X., 2013. The origin and pre-Cenozoic evolution of the Tibetan Plateau. Gondwana Research 23, 1429–1454.